Werner Döpke

Ergebnisse der Alkaloid-Chemie · 1969—1970

Dr. habil. Werner Döpke · Berlin

Ergebnisse der
Alkaloid-Chemie
1969-1970

Akademie-Verlag · Berlin · 1978

Erschienen im Akademie-Verlag, 108 Berlin, Leipziger Straße 3—4

Lizenz-Nr.: 202 · 100/497/78
Schutzumschlag und Einband: Rolf Kunze
Gesamtherstellung: VEB Druckhaus „Maxim Gorki", 74 Altenburg
Bestellnummer: 761 976 7 (6241) · LSV 1275
Printed in GDR
DDR 98,— M

Abkürzungen für Literaturzitate

Ann.	Liebigs Annalen der Chemie
Am. Soc.	Journal of the American Chemical Society
Arch.	Archiv der Pharmazie
Ann. Pharm. Franc.	Annales Pharmaceutiques Francaises
Angew. Chem.	Angewandte Chemie
Acta Cryst.	Acta Crystallographica
Acta Chem. Scand.	Acta Chemica Scandinavica
Austral. J.	Australian Journal of Chemistry
B.	Berichte der Deutschen Chemischen Gesellschaft
Bull.	Bulletin de la Societe chimique de France
C. A.	Chemical Abstracts
C. R.	Comptes Rendus Hebdomadaires des Seances de l'Academie des Sciences
Canad. J.	Canadian Journal of Chemistry
Chem. Soc.	Journal of the Chemical Society (London)
Chem. Comm.	Chemical Communications (London)
Chem. Ind.	Chemistry and Industry
Chem. nat. Verb.	Chemie natürlicher Verbindungen (russ.)
Coll.	Collection of Czechoslovak Chemical Communications
Exp.	Experentia
Helv.	Helvetica chimica Acta
Ind. Chem. Soc.	Journal of the Indian Chemical Society
Monatsh.	Monatshefte der Österreichischen chemischen Gesellschaft
Naturw.	Die Naturwissenschaften
Nat.	Nature
Org. Chem.	Journal of Organic Chemistry
Pharm. Ass.	Journal of Pharmaceutical Sciences
Pharm.	Pharmazie
Pharm. Soc.	Journal of the Pharmaceutical Society of Japan
Pharm. Bull; Bull.	Chemical and Pharmaceutical Bulletin (Japan)
Planta Med.	Planta Medica
T. L.	Tetrahedron Letters
T.	Tetrahedron
Z.	Chemisches Zentralblatt

Abkürzungen in Tabellen und Formelfolgen

A	Äthanol
Ac	Acetyl
Acn	Aceton
Add.	Addukt
Ä	Diäthyläther
B	Benzol
C	Chloroform
Carb.	Carbonat
Der.	Derivat
DMF	Dimethylformamid
E	Äthylacetat
F	Schmelzpunkt
HBr	Hydrobromid
HCl	Hydrochlorid
HJ	Hydrojodid
H.A.	Hofmann-Abbau
Hydr.	Hydrierung
Jodm.	Jodmethylat
Sdp.	Siedepunkt
M.	Methanol
Ox.	Oxalat
Perchl.	Perchlorat
Ph.	Phenyl
Pikr.	Pikrat
Pikrol.	Pikronolat
Py.	Pyridin
Rk.	Reaktion
R-Ni	Raney-Nickel
Schmp.	Schmelze, Schmelzpunkt
sd.	siedend
Ts.	p.Tosyl.
Vers.	Verseifung

Inhalt

1. Einfache Basen

Zu der Gruppe der einfachen Basen gehören aliphatische Amine, Phenylalkylamine und auch Pyrrolidin-Basen, von denen jeweils eine Reihe von Vertretern in Pflanzen und im Tierreich aufgefunden worden sind. Von den einfachen Alkylaminen sind bisher Methylamin, Dimethylamin, Trimethylamin, Trimethylaminoxid, Tetramin und dessen Salze, Äthylamin, Propylamin, Isopropylamin, Isobutylamin, Isoamylamin und n-Hexylamin nativ isoliert worden.

Die im Pflanzen- und Tierreich aufgefundenen Phenylalkylamine lassen sich nach ihren Grundgerüsten in drei Gruppen einteilen: 1. Benzylamine, 2. β-Phenyläthylamine und 3. β-Aminophenylpropane, die in der Natur weit verbreitet sind.

Die bisher bekannten Pyrrolidin-Alkaloide stellen zum Teil einfache Derivate des Prolins und der Hydroxyproline dar:

Alkaloid	Schmp.	$[\alpha]_D$	Derivat	Vorkommen
Piperidylacetophenon $C_{15}H_{21}NO_3$	81°	±0 (A)	Dihydro 143°	*Boehmeria platyphylla*
Pterogynin $C_{11}H_{21}N_3$	—	—	Perchl. 101° Pikr. 157° HCl 142° Dihydropikr. 164°	*Pterogyna nitens*
N-Methyl-4-methoxy-phenyläthylamin	—	—	—	*Lepidocoryphanta runyonii*
N_1,N_1-Diisopentyl-guanidin $C_{11}H_{21}N_3$	—	—	HCl 139° Acetyl 218° Pikr. 156°	*Alchornea javanensis*[2])
Cryptopleurospermin $C_{20}H_{21}NO_6$	188°	0° (C)	—	*Cryptocarya pleurosperma*[3])
Trichostachin $C_{16}H_{17}NO_3$	142—3°	—	—	*Piperpeepuloids*[4])
Pierardin $C_{12}H_{13}NO_2$	01°	—69° (C)	HCl 185° Jodm. 199°	*Dendrobium Pierardii*[5])
Piperylin $C_{16}H_{17}NO_3$	142°	—	—	*Piper nigrum*[6])
Unbenanntes Alk I $C_{13}H_{15}NO$	—	—	—	*Piper methysticum*[7])

Alkaloid	Schmp.	[α_D]	Derivat	Vorkommen
Unbenanntes Alk II $C_{14}H_{17}NO_2$	—	—	—	Piper methysticum[7])
Peyonin $C_{16}H_{19}NO_5$	131°	—	—	*Lopophora williams*[8])
Dihydrocapsaicin $C_{18}H_{29}NO_3$	—	—	—	*Fructus capsici*[9])
Homodihydrocapsaicin $C_{19}H_{31}NO_3$	55°	—	—	*Fructus capsici*[9])
N_1,N_2,N_3-Triiso-pentylguanidin $C_{16}H_{29}N_3$	44—6°	—	Dihydro 180—1°	*Alchorena javanensis*[2])
Pithecolobin (Gemisch von vier Komponenten)				
Leonurin $C_{14}H_{21}N_3O_5$	—	—	HCl 193°	*Leonorus sibiricus*[10])
Gentiocrucin $C_6H_9NO_3$	139°	—	—	*Gentiana Sp.*[11])
Halbacetalalk. $C_9H_{11}NO_2$	155/60°	—	—	*Gentiana Sp.*[11])
Kodonposinin $C_{13}H_{19}NO_3$	169—70°	—8° (M)	—	*Codonopsis dematidea*[12])
Kodonopsin $C_{14}H_{21}NO_4$	150—1°	—16° (M)	—	*Codonopsis dematidea*[13])
Damascinin $C_{10}H_{14}N_2O_3$	75—9°	—	—	*Nigella damascena*[14])

1) St. Agurell, Exp. **25**, 1132 (1969)
2) N. K. Hart, S. R. Johns, J. A. Lamberton, R. J. Willing, Austral. J. **23**, 1679 (1970)
3) S. R. Johns, J. A. Lamberton, A. A. Sioumis, R. J. Wiling, Austral. J. **23**, 353 (1970)
4) J. Singh, K. L. Dhar, C. K. Atal, T. L. **56**, 4975 (1969)
5) M. Elander, K. Leander, B. Lüning, Acta Chem. Scand. **23**, 2177 (1969)
6) R. Grewe, W. Freist, H. Neumann, S. Kersten, B. **103**, 3752 (1970)
7) H. Achenbach, W. Karl, B. **103**, 2535 (1970)
8) G. J. Kapadia, R. J. Highet, J. Pharm. Ass. **57**, 191 (1968)
9) K. Jentzsch, H. Pock, W. Kubelka, O. Saika, Monatsh. **99**, 661 (1968)
10) T. Goto, N. Kato, Y. Hirata, Y. Hayashi, T. L. **13**, 545 (1962)
11) N. Marekov, St. Popov, Izv. Otd. Khim. Nauki Bulg. Akad. Nauk 2. 575 (1970)
12) S. F. Matchalikova, W. M. Malikow, S. Yunusov, Chem. nat. Verb. 607 (1969)
13) S. F. Matchalikova, W. M. Malikov, S. Y. Yunusov, Chem. nat. Verb. 606 (1969)
14) W. Döpke, G. Fritsch, Pharm. **25**, 69 (1970)

Cryptopleurospermin,

eine tert. Base, mit einer Methylendioxy-, einer phenolischen Hydroxy-, zwei Carbonyl- und zwei N-Methylgruppen, liefert bei der Reduktion mit $NaBH_4$ ein Glykol, das bei der anschließenden Spaltung mit Perjodsäure in Isovanillin und 2-Dimethylaminoäthyl-4,5-methylendioxybenzaldehyd übergeht.

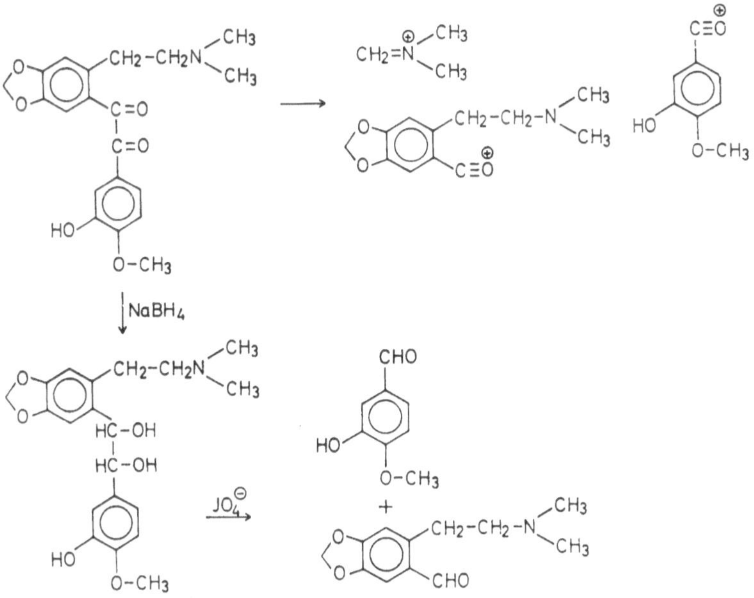

Im Zusammenhang mit den MS- und KMR-Untersuchungen ist damit voranstehende Struktur abzuleiten.

Gentiacrucin

ist ein aus einer nicht näher bezeichneten *Gentiana*-Spezies isoliertes Alkaloid, das die folgende Struktur besitzen soll und das in geringen Mengen von einem Halbacetalalkaloid begleitet wird[2]).

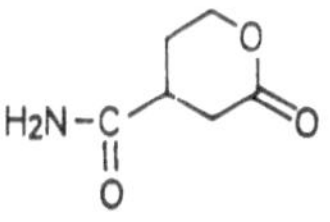

Gentiacrucin

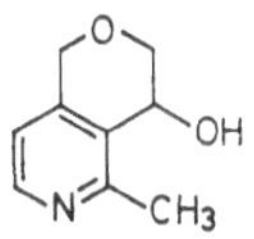

Halbacetalalkaloid

[1]) S. R. Johns, J. A. Lamberton, A. A. Sioumis, R. I. Willing, Austral. J. **23**, 353 (1970)
[2]) N. Marekov, St. Popov, Izv. Otd. Khim. Nauki. Bulg. Akad. Nauk **2** ,575 (1970)

Dihydrocapsaicin und Homodihydrocapsaicin

Beide Alkaloide konnten aus den Früchten von *Capsicum*-Arten chilenischer Herkunft isoliert werden und wurden durch vergleichende MS- und KMR-Untersuchungen in ihrer Struktur abgeklärt[1]).

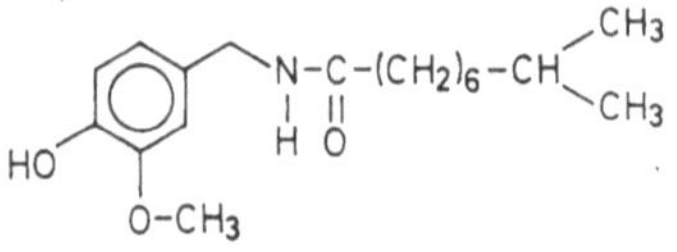
Dihydrocapsaicin

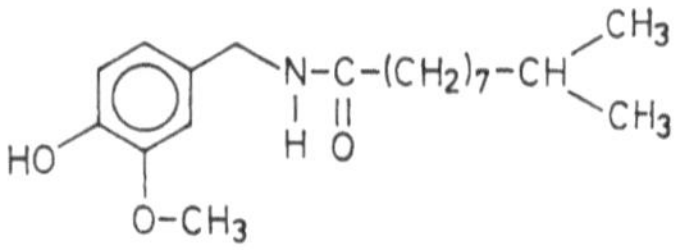
Homodihydrocapsaicin

Drei nicht näher bezeichnete Pyrrolidin-Alkaloide

konnten aus den nichtbasischen Anteilen des *Peyote*-Kaktus isoliert und durch Kombination von Gas- und Massenspektrometrie in ihrer Struktur aufgeklärt werden[2]).

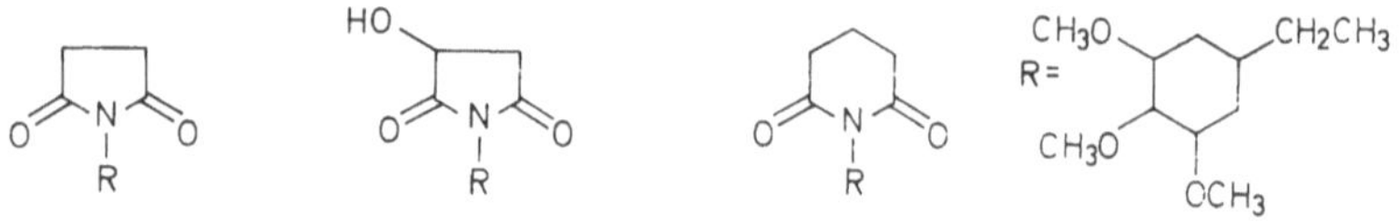

Unbenannte Alkaloide

Bei der Chromatographie des methanolischen Extraktes der *Ka-wa*-Wurzel wurden zwei Alkaloide erhalten, deren typisches Fragmentierungsverhalten im MS für die Strukturen eines Zimtsäure-pyrrolodids (1) und m-Methoxyzimtsäure-pyrrolidids (2) sprachen[3]).

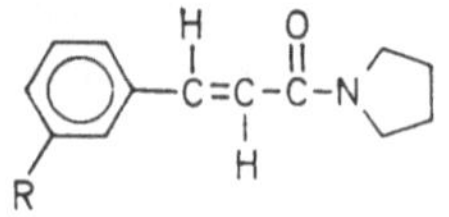
1. R=H

2. R=OCH_3

[1]) K. Jentzsch, H. Pock, W. Kubelka, O. Saiko, Monatsh. **99**, 661 (1968)
[2]) G. J. Kapadia, H. N. Fales, Chem. Comm. 1688 (1968)
[3]) H. Achenbach, W. Karl, B. **103**, 2535 (1970)

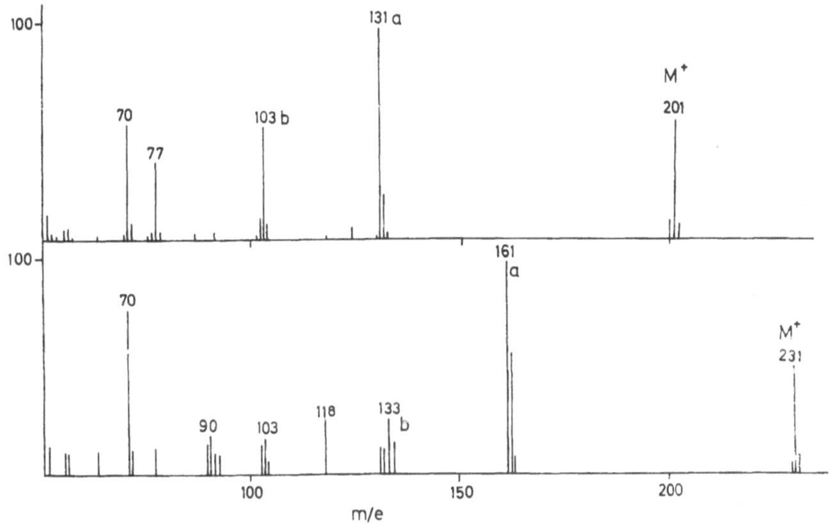

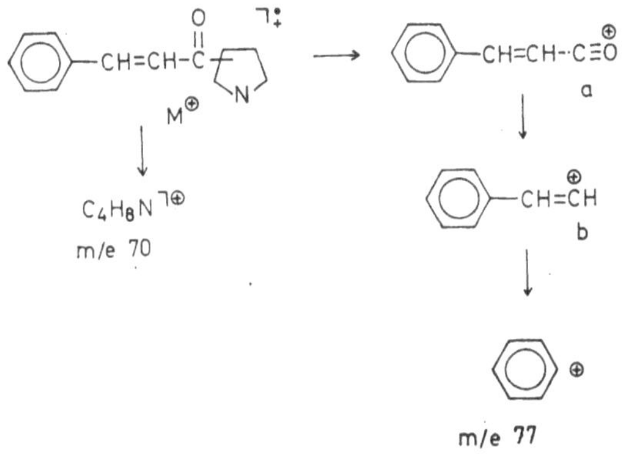

Pithecolobin

Das bereits länger bekannte Alkaloid Pithecolobin hat sich bei erneuten Untersuchungen als ein Gemisch der nachfolgenden Basen erwiesen.

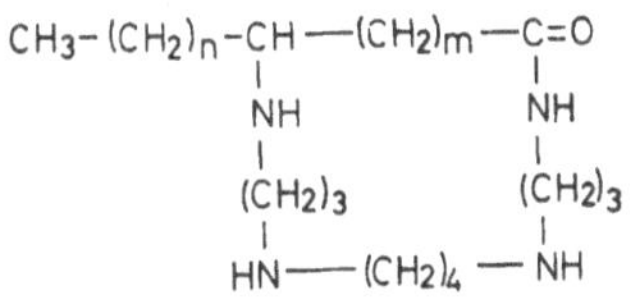

1) m+n = 9, 10, 11 / 1a) m = 3, n = 6 /
1b) m = 1, n = 8 / 1c) m = 1, n = 10

Eine Hauptkomponente bildet hierbei die Base 1a, deren Struktur durch die Synthese des Desoxypithecolobins sichergestellt werden konnte[1]).

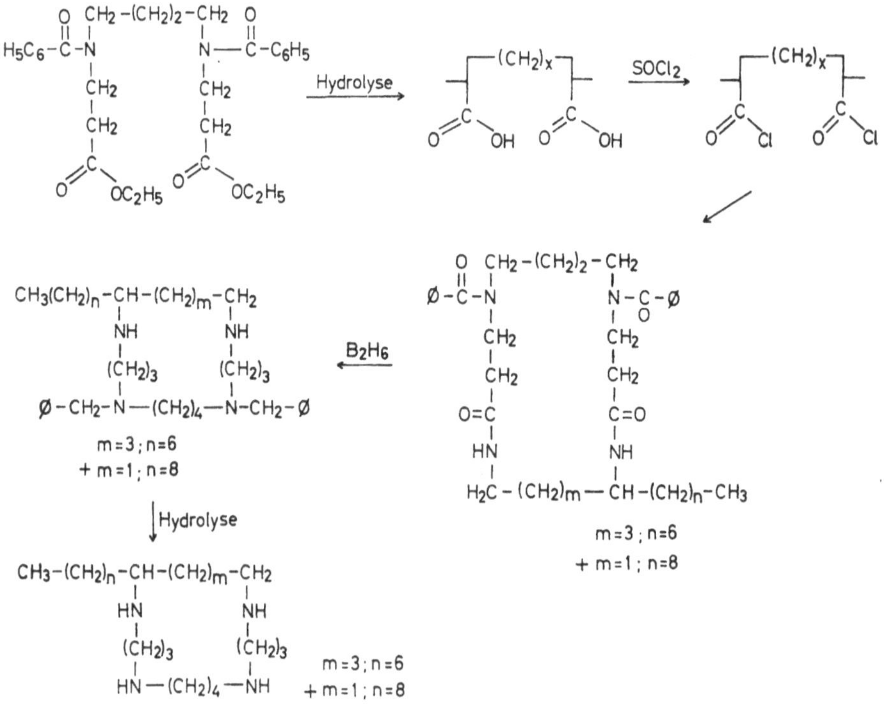

Peyonin

Peyonin besitzt auf Grund der IR-, MS- und KMR-Spektren die Struktur einer 1(β-3′,4′,5′-Trimethoxyphenyläthyl)-pyrrol-2-carbonsäure[2]),

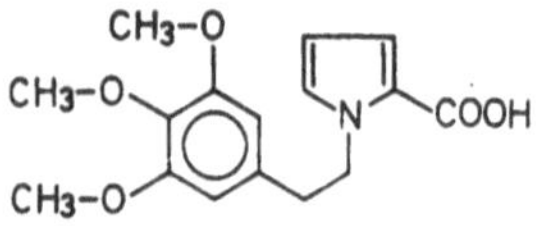

die durch die Synthese aus Mescalin und 2.5-Dimethoxytetrahydro-2-furfurolcarbonsäuremethylester bestätigt werden konnte.

1) K. Wiesner, Z. Valenta, O. E. Orr, V. Liede, G. Kohan, Canad. J. 3617 (1968)
2) G. J. Kapadia, R. J. Highet, J. Pharm. Ass. **57**, 191 (1968)

Pierardin

Pierardin, ein optisch aktives Öl der Zusammensetzung $C_{12}H_{13}NO_2$, besitzt auf Grund der spektroskopischen Untersuchungen sowie der Oxydation mit Peroxid und anschließenden Hydrierung des Oxydationsproduktes zu 3-Propylphthalid die folgende Struktur[1]):

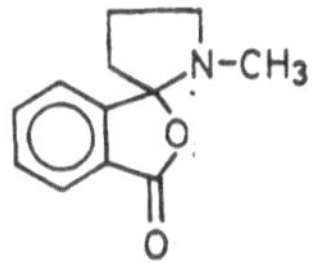

Trichostachin

Trichostachin, $C_{16}H_{17}NO_3$, ein Alkaloid, das bei der Hydrolyse mit 10% alkoholische KOH in Pyrrolidin und Piperinsäure übergeht, besitzt in Übereinstimmung mit den KMR- und MS-Spektren die folgende Struktur, die auch durch eine Synthese bestätigt werden konnte[2]).

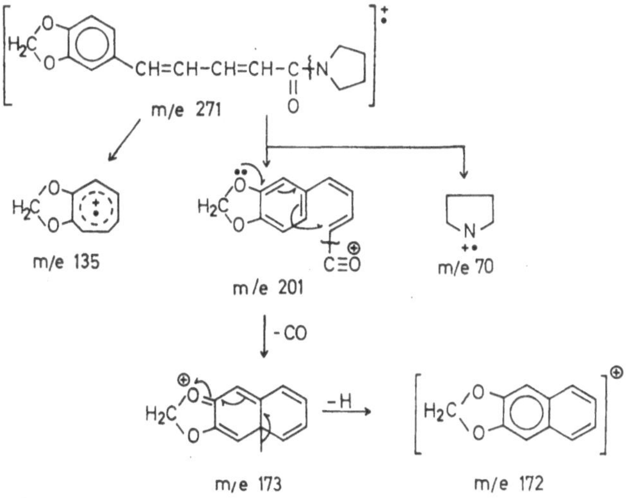

Kodonopsin

Kodonopsin, $C_{14}H_{21}NO_4$, ist ein aus *Codonopsis dematidea* isolierbares Alkaloid mit zwei Hydroxygruppen sowie je einer N-Methyl- und C-Methylfunktion und zwei an einem aromatischen Ring haftenden Methoxygruppen. Aus den spektroskopischen Befunden

[1]) M. ELANDER, K. LEANDER, B. LÜNING, Acta Chem. Scand. **23**, 2177 (1969)
[2]) J. SINGH, K. L. DHAR, C. K. ATAL, T. L. **56**, 4975 (1969)

sowie den Ergebnissen des Hofmann-Abbaus und der Perjodsäure-Titration wurde die nachstehende Struktur für das Alkaloid abgeleitet[3]).

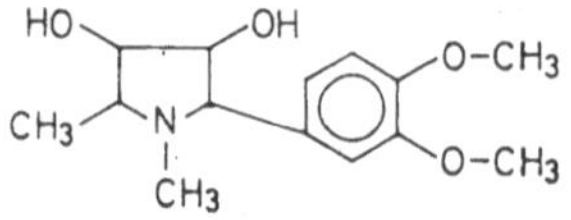

Kodonopsinin

Kodonopsinin, ein Alkaloid der Bruttozusammensetzung $C_{13}H_{19}NO_3$ mit zwei im IR-Spektrum nachweisbaren Hydroxy, einer C-Methyl-, einer N-Methyl- und einer Methoxyfunktion, besitzt auf Grund des spektrographischen Vergleichs mit Kodonopsin sowie der Oxydierbarkeit zu m-Methoxybenzoesäure die folgende Struktur[4]):

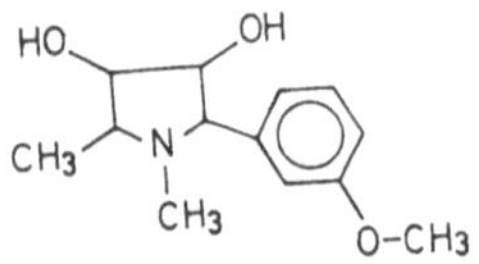

Piperylin

Nachdem durch erneute Untersuchungen klar geworden war, daß Chavicin mit dem synthetischen *cis-cis*-Piperidin, abgesehen von seiner öligen Beschaffenheit, nichts gemein hat, war als sicher anzunehmen, daß im Pfeffer neben dem gewöhnlichen *trans-trans*-Piperin nicht auch die *cis-cis*-Form auftritt. Da es sich sicherlich um ein Gemisch von Piperin und verschiedenen Nebenalkaloiden handelt, wurde *Piper nigrum* einer erneuten Untersuchung unterzogen und ein Nebenalkaloid, das als Piperylin bezeichnet wurde, isoliert. Piperylin, $C_{16}H_{17}NO_3$, besitzt auf Grund der IR-, UV-, NMR- und MS-Untersuchungen die folgende Struktur:

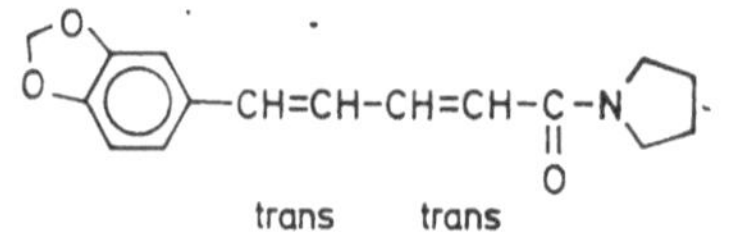

Damascinin

Anthranilsäure ist als solche bei höheren Pflanzen bisher nur in einer Mutante von *Zea mays* aufgefunden worden. Sie tritt aber in Form ihres Methylesters in den ätherischen Ölen zahlreicher Rutaceen und Vertretern anderer Familien auf, in denen vereinzelt auch der Methylester der N-Methylanthranilsäure vorkommt. Sie bilden ferner einen Baustein mehrerer Alkaloide aus den Ranunculaceen-Gattungen *Aconitum* und *Delphinium*, die

[1]) R. Grewe, W. Freist, H. Neumann, S. Kersten, B. **103**, 3752 (1970)
[2]) s. a. J. Singl, K. L. Dhar, C. T. Atai, T. L. 4975 (1969)
[3]) S. F. Matchalikova, W. M. Malikov, S. Y. Yunusov, Chem. nat. Verb. 30 und 606 (1969)
[4]) S. F. Matchalikova, W. M. Malikow, S. Yunusov, Chem. nat. Verb. 607 (1969)

sich als Ester der Anthranilsäure oder von N-Acylanthranilsäuren mit Aminoalkoholen der Diterpen-Reihe erwiesen haben. Ein Derivat der 3-Hydroxyanthranilsäure liegt in dem aus den Ranunculaceen *Nigella damascena* und *Nigella arvensis* isolierten Damascenin vor, das die Konstitution eines 3-Methoxy-N-methylanthranilsäure-methylesters besitzt.

Bei der Aufarbeitung von 500 g Samen von *Nigella damascena* durch Extraktion mit Äthanol und Chromatographie an Aluminiumoxid (Aktivitätsstufe II) gelang es, neben dem Damascenin eine zweite Base (Damascinin) zu isolieren, der auf Grund der Untersuchungen die nachstehende interessante Struktur zuzuordnen ist. Das 60-MHz-KMR-Spektrum zeigt Signale für zwei aromatische Protonen, eine Methylgruppe und zwei $-NH-CH_3$-Funktionen. Die Fragmentierung des Alkaloids stimmt nach der Eliminierung eines $-NHCH_3$-Restes mit der des Damascenins überein, wenn die durch Eisen(III)-chlorid nachweisbare phenolische Hydroxygruppe vorher veräthert wurde. Hieraus und aus dem Nachweis der zwei orthoständigen aromatischen Protonen ergibt sich zugleich die Anordnung der Substituenten[1]).

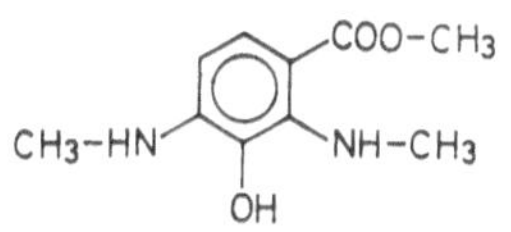

Leonurin

Leonurin, eine Base aus den Blättern von *Leonurus sibiricus* isolierbar, sollte nach den Strukturuntersuchungen die Strukturelemente der Syringasäure und des 4-Guanidino-1-butanols besitzen. Die aus diesen Untersuchungen resultierende Strukturableitung führte zu dem folgenden Strukturvorschlag, der durch die nachstehende Synthese belegt werden sollte:

Synthese des Leonurins[2]):

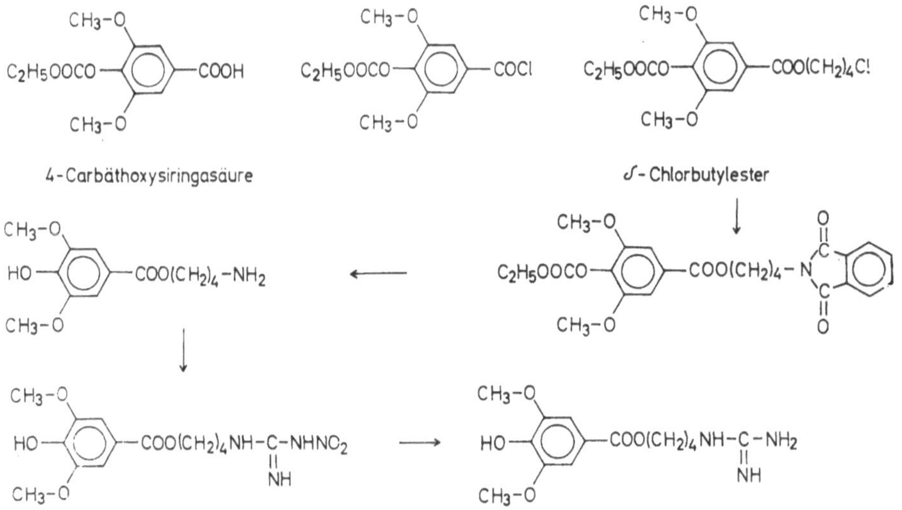

[1]) W. Döpke, G. Fritsch, Pharm. **25** (69) 1970
[2]) Y. Kishi, S. Sugiura, S. Inone, Y. Hayashi, T. Goto, T. L. **5**, 637 (1968)

Weitere Untersuchungen und eine neue Synthese konnten dann aber schließlich die folgende Struktur wahrscheinlicher machen[1]):

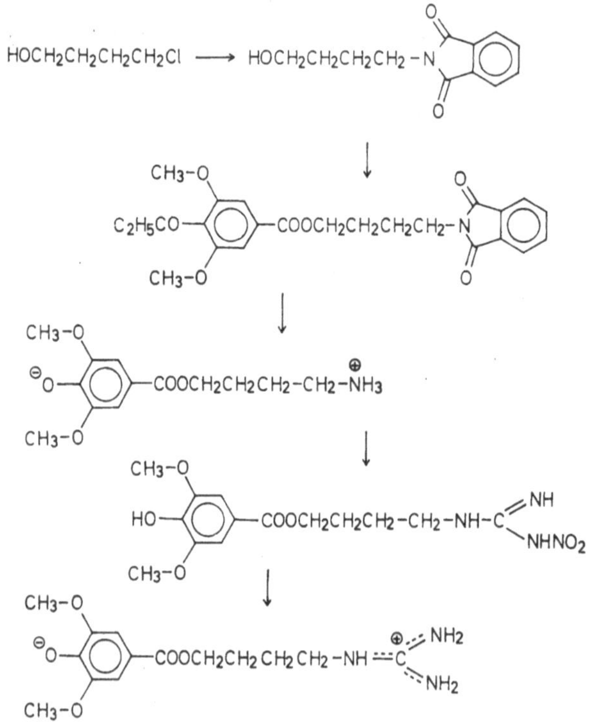

Pterogynin und Pterogynidin,

ein als Pikrat isolierbares Alkaloid aus der Rinde von *Pterogyne nitens*, besitzt auf Grund des Fragmentierungsverhaltens im MS[2]) die folgende Struktur, die durch die Hydrolyse des Tetrahydroderivates zu Diisoamylamin bestätigt wird.

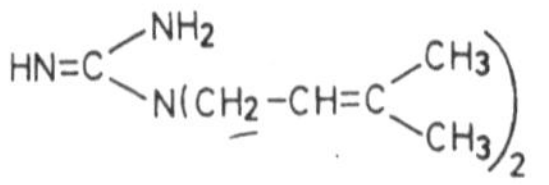

Eine Bestätigung dieser Struktur konnte durch eine Synthese erbracht werden:

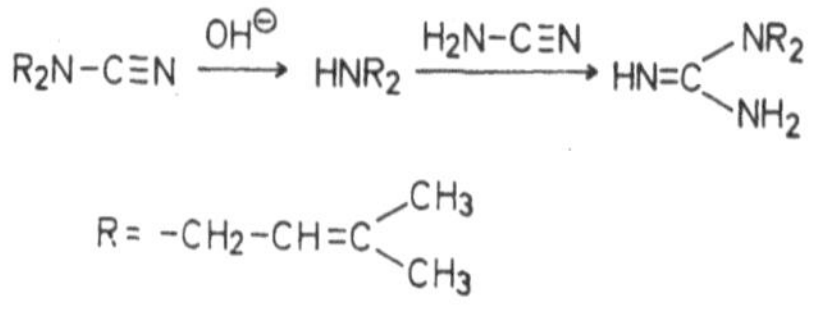

[1]) S. Sugiura, S. Inoue, Y. Hayashi, Y. Kishi, T. Goto, T. **25**, 5155 (1969)
[2]) R. A. Corral, O. O. Orazi, M. F. de Petruccelli, Exp. **25**, 1020 (1969)
[3]) s. a. I. H. Beynon, J. A. Hopkinson, A. E. Williams, Org. Mass. Spectrum **1**, 109 (1968)

Ein zweites Alkaloid, das Pterogynidin, erwies sich als ein Isomeres des Pterogynins und konnte ebenfalls durch eine Synthese dargestellt werden[1]).

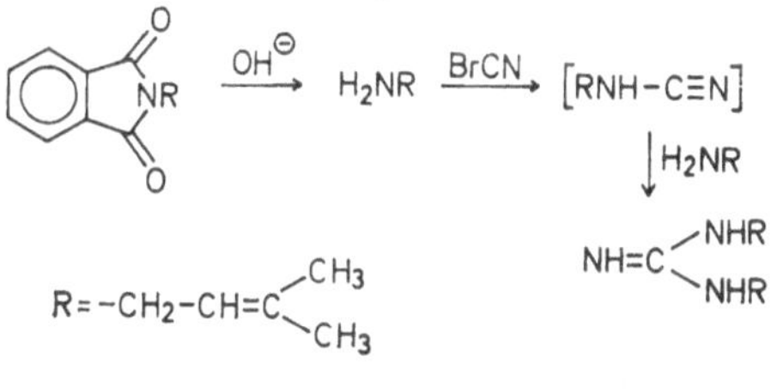

Muscarin und Allomuscarin

Für die beiden physiologisch außerordentlich interessanten Alkaloide ist die folgende stereospezifische Synthese beschrieben worden:

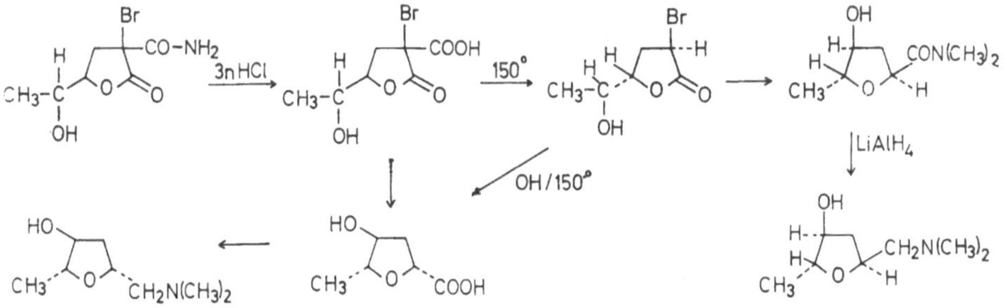

(±) Muscarin (±) Allonormuscarin

[1]) R. A. Corral, O. O. Orazi, M. F. de Petrucelli, Chem. Comm. 556 (1970)
[2]) T. Matsumoto, A. Ichihara, N. Ito, T. L. **16**, 1969 (1968)
[3]) T. Matsumoto, A. Ichihara, N. Ito, T. **25**, 5892 (1969)
[4]) s. a. F. V. Mudryi, V. V. Smirnov, S. B. Zotov, Khim. Geterotsikl. Soedin **5**, 579 (1970); C. A. **73**, 56276 (1970)

2. Peptid-Alkaloide

Die Bezeichnung Peptid-Alkaloide wurde vor einer Reihe von Jahren für eine Gruppe nahe verwandter Polyamid-Pflanzenbasen gewählt, die im allgemeinen als basische Peptide angesehen wurden. Für die folgende Zusammenstellung wurde als Peptid-Alkaloid dagegen ein Stoff bezeichnet, der zwei oder mehrere Amidgruppierungen im Molekül aufweist.

Peptid-Alkaloide wurden bisher in fünfzehn Pflanzen aus sieben Familien aufgefunden, wobei der Gehalt zwischen 0,02 und 0,9% betrug. Nach den bisherigen Strukturuntersuchungen haben wir drei Gruppen anzunehmen, deren Basisstruktur wie folgt wiedergegeben werden kann:

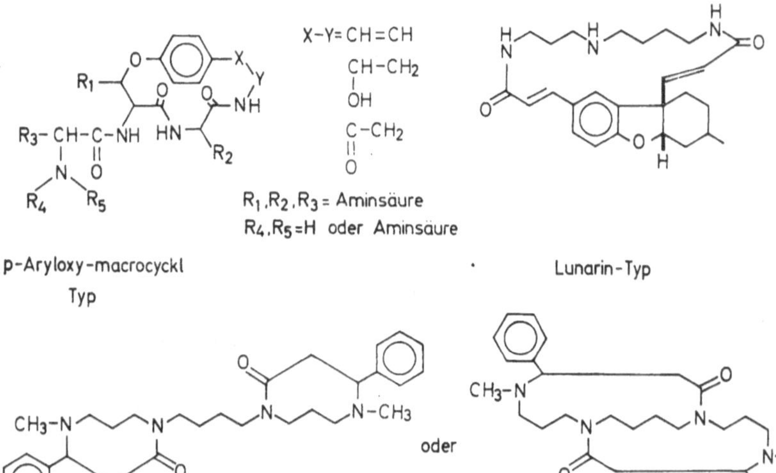

p-Aryloxy-macrocyckl Typ

Lunarin-Typ

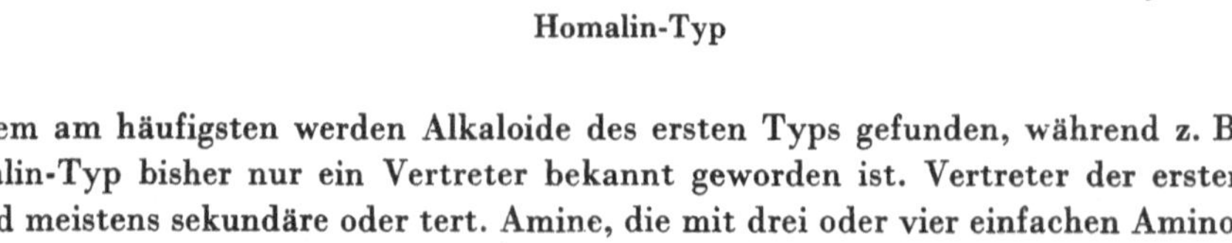

Homalin-Typ

Bei weitem am häufigsten werden Alkaloide des ersten Typs gefunden, während z. B. vom Homalin-Typ bisher nur ein Vertreter bekannt geworden ist. Vertreter der ersten Gruppe sind meistens sekundäre oder tert. Amine, die mit drei oder vier einfachen Aminosäuren und einem Tyramin-Rest verknüpft sind. Die durch Hydrolyse erhältlichen Aminosäuren sind meistens Leucin, Isoleucin, Valin, Phenylalanin, Prolin, Tryptophan und deren N-methylierte und β-hydroxylierte Derivate. Auffällig ist der Befund, daß die Aminosäuren alle, bis auf das D-*threo*-Phenylserin, zur L-Reihe gehören, während die β-Hydroxyaminosäuren alle *threo*-Konfiguration aufweisen.

Alkaloid	Schmp.	$[\alpha]_D$	Derivat	Vorkommen
Aralionin-A $C_{34}H_{38}N_4O_5$	165—7°	+82° (C)		*Araliorhamnus vaginata*[1])
Aralionin-B $C_{33}H_{38}N_4O_4$	103—5°	—73° (M)		*Araliorhamnus vaginata*[2])
Lasiodin-B $C_{35}H_{47}N_5O_5$	221°	—301° (C)		*Lasiodiscus marmoratus*[3])
Lasiodin-A $C_{39}H_{49}N_5O_7$	195°	+38° (C)		*Lasiodiscus Marmoratus*[3])
Myrianthin-A $C_{31}H_{42}N_4O_4$	286°	—305° (C)		*Myrianthus arborens*[4]) *Waltheria americana* *Melochia corchorifolia*
Myrianthin-B = Adouetin-Y′ $C_{31}H_{42}N_4O_4$	302°	—294° (C)		*Melochia corchorifolia*
Myrianthin-C $C_{27}H_{42}N_4O_4$	294°	—288°		*Melochia corchorifolia*
Ceanothin-D $C_{26}H_{38}N_4O_4$	227—9°	—347° (C)		*Ceanothus americanus*[5])
Ceanothin-E $C_{34}H_{40}N_4O_4$	238—9°	—285° (C)		*Ceanothus americanus*[5])
Canthiumin	232°	—254° (C)		*Canthium euryoides*[6])
Homalin $C_{30}H_{42}N_4O_2$	134°	—34° (C)		*Homalium Sp.*[13])
Hymenocardin $C_{37}H_{50}N_6O_6$	261°	—124° (C)		*Hymenocardia acida*[7])
Zizyphinin $C_{32}H_{47}N_5O_6$	amorph	—457° (C)		*Zizyphus oenophia*[8])
Franganin $C_{28}H_{44}N_4O_4$	248°	—302° (C)		*Rhamnus frangula*[9])
Frangufolin $C_{31}H_{42}N_4O_4$	244°	—299° (C)		*Rhamnus frangula*[9]) *Melochia corchorifola*
Americin $C_{31}H_{39}N_5O_4$	135—7°	—198°		*Ceanothus americanus*[11])
Homoamericin $C_{32}H_{41}N_5O_4$	—	—		*Ceanothus americanus*[11])
Integerrin $C_{35}H_{39}N_5O_4$	—	—		*Ceanothus integerrinus*[12])
Ceanothin-C $C_{26}H_{38}N_4O_4$	23—9°	—368° (C)		*Ceanothus americanus*[5])
Lunariamin $C_{24}H_{33}N_3O_4$	290° Block 248° Vak 253—4° Z	0°		*Lunaria biennensis*[10])
Lunaridin $C_{25}H_{31}N_3O_4$	255°	+233° (C)		*Lunaria biennensis*[15])

Alkaloid	Schmp.	$[\alpha]_D$	Derivat	Vorkommen
Iandenin $C_{23}H_{45}N_3O_2$	amorph	0° (M)		*Oncinotis inandensis*[16])
LBX $C_{26}H_{31}N_3O_4$	250°	+201° (C)		*Lunaria biennensis*[17])
LBY $C_{26}H_{35}N_3O_4$	268—70°	+108° (A)		*Lunaria biennensis*[17])
LBZ $C_{26}H_{33}N_3O_4$	—	—		*Lunaria biennensis*[17])

Lunarin

Lunarin, für das bereits früher auf chemischem Wege eine Struktur abgeklärt werden konnte, besitzt auf Grund der Rö-Kristallstrukturanalyse des Hydrojodids, das in der orthorhombischen Raumgruppe $P2_12_12_1$ der Dimensionen a = 11,60, b = 16,53, c = 14,01 Å kristallisiert, die folgende Struktur[18]):

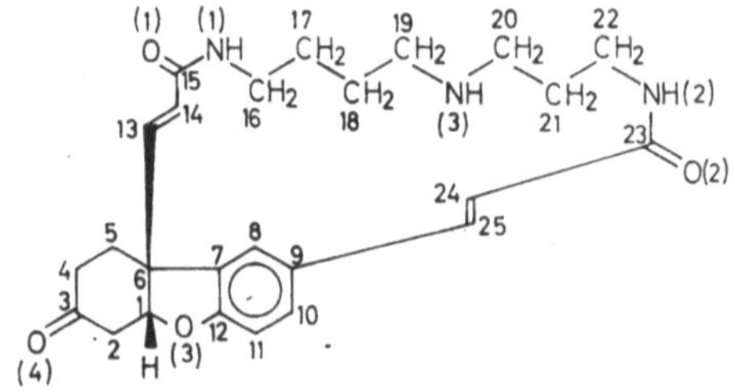

[1]) R. Tschesche, L. Behrendt, H. W. Fehlhaber, B. **102**, 50 (1969)
[2]) R. Tschesche, E. Frohberg, H. W. Fehlhaber, B. **103**, 2501 (1970)
[3]) J. Marchand, M. Pais, X. Monseur, F. Xavier-Jarreau, T **25**, 937 (1969)
[4]) J. Marchand, X. Monseur, M. Pais, Ann. pharm. Franc. **26**, 771 (1968)
[5]) R. E. Servis, A. J. Kosak, R. Tschesche, E. Frohberg, H. W. Fehlhaber, Am. Soc. **91**, 5619 (1969)
[6]) G. Boulvin, R. Ottinger, M. Pais, G. Chiurdogen, Bull. Soc. Chim. Belg. **78**, 583 (1969)
[7]) M. Pais, J. Marchand, G. Ratle, F. X. Jarreau, Bull. 2979 (1968)
[8]) M. Pailer, E. Haslinger, E. Zbiral, Monatsh. **100**, 1608 (1969)
[9]) R. Tschesche, H. Last, T. L. **25**, 2933 (1968)
[10]) M. M. Janot, J. LeMen, Bull. 1804 (1956)
[11]) F. K. Klein, H. Rapoport, Am. Soc. **90**, 2398 (1968)
[12]) R. Tschesche, E. Frohberg, H. W. Fehlhaber, T. L. **11**, 1311 (1968)
[13]) M. Pais, G. Ratle, R. Sarfati, F. X. Jarreau, C. R. Ser. C **266**, 37 (1968)
[14]) H. W. Fehlhaber, Z. Analyt. Chem. 235 (1968)
[15]) S. Hunneck, Naturwiss. **49**, 233 (1962)
[16]) H. J. Veith, M. Hesse, H. Schmid, Helv. **53**, 1355 (1970)
[17]) Ch. Poupat, B. Rodriguez, H. P. Husson, P. Potier, M. M. Janot, C. R. Ser. C. **269**, 335 (1969)
[18]) J. A. D. Jeffreys, G. Ferguson, Chem. Soc. (B) 826 (1970)

LBX, LBY, LBZ

sind drei weitere Alkaloide aus *Lunaria biennis*, die auf Grund einiger Korrelierungsreaktionen sowie spektroskopischer Befunde in ihrer Struktur aufgeklärt werden konnten. Für das Alkaloid LBY konnte so die folgende Struktur sicher nachgewiesen werden:

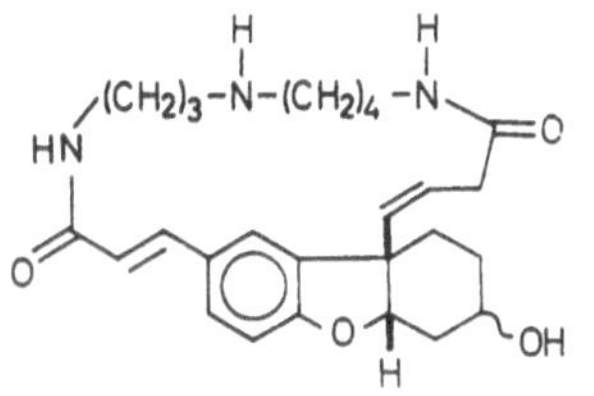

Die Basen LBX und LBZ besitzen die nachstehenden Strukturen, da LBX leicht durch Methylierung mit Formaldehyd aus Lunarin gewonnen werden kann. Diese Methylierung läuft über ein Immonium-Ion ab, und bildet dann das LBX, das damit durch eine der beiden Formeln wiedergegeben werden kann.

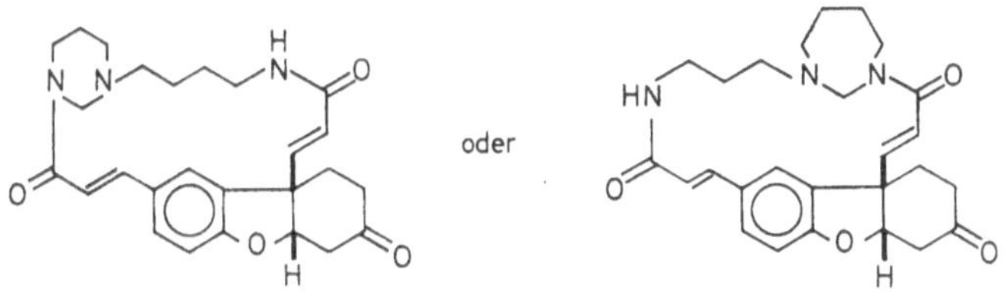

Die durch Reduktion mit $NaBH_4$ daraus erhältliche Base LBZ ist damit einer der möglichen epimeren Alkohole[1]).

Inandenin

Inandenin, $C_{23}H_{45}N_3O_2$, ein Alkaloid, das sich nicht als freie Base kristallin gewinnen läßt, weist im UV-Spektrum nur eine Endabsorption auf, im NMR-Spektrum erscheinen nicht aufgelöste Signale, und im IR-Spektrum sind eine Keto- und eine tert. Amidgrup-

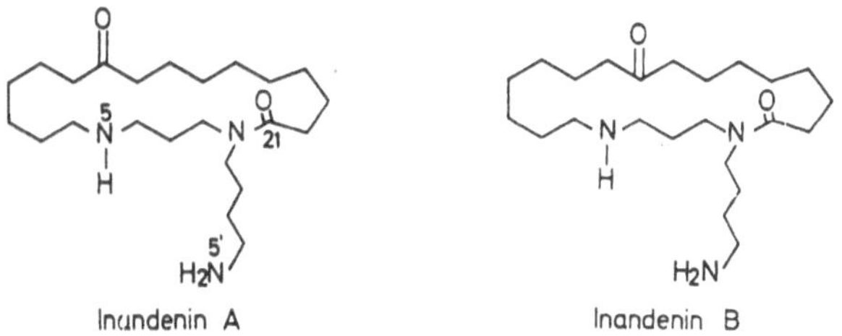

[1]) Ch. Poupat, B. Rodriguez, H. P. Jusson, P. Potier, M. M. Janot, C. R. Ser. C **269**, 335 (1969)

pierung nachweisbar. Wie aus den Untersuchungen abzuleiten war, besteht das Inandenin aus einem 1:1-Gemisch aus Inandenin A und Inandenin B, die bisher nicht voneinander getrennt werden konnten.

Mit Acetanhydrid/Natriumacetat läßt sich Inandenin-hydrochlorid in die 5,5'-Diacetylverbindung umwandeln, bei deren Reduktion mit $LiAlH_4$ ein Triaminnol entsteht, das seinerseits bei der Acetylierung ein 5'-Diacetylderivat liefert.

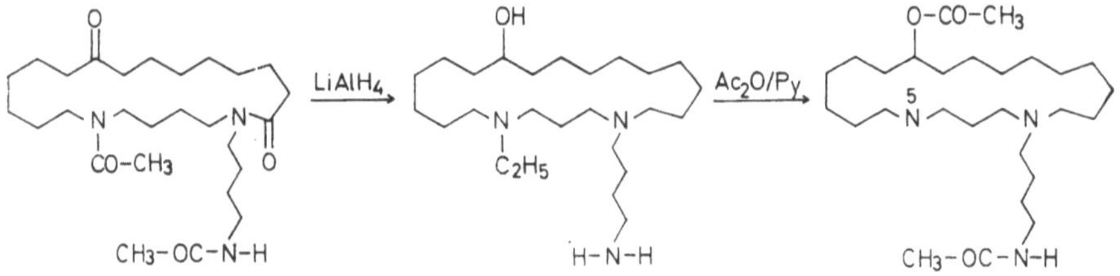

Wird Inandenin mit $LiAlH_4$ reduziert, so erhält man eine Base, die bei der Acetylierung in das 5,5'-O-Triacetylderivat mit IR-Absorptionen bei 3333 cm^{-1} übergeht. Bei der Behandlung von Inandenin mit Formaldehyd/Ameisensäure entsteht das 5,5',5'-Trimethylinandenin.

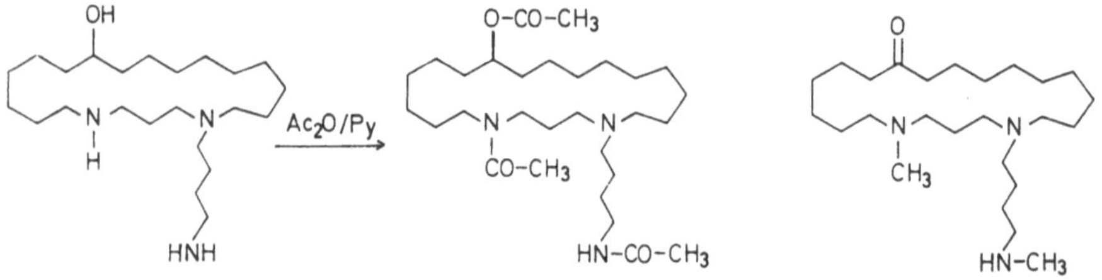

Base 5,5'-O-Triacetylderivat 5,5',5'-Trimethylinandenin

Auf Grund der Molekularformel enthält Inandenin neben der Keto- und Amid-Gruppierung eine C—C-Doppelbindung oder einen Ring. Gegen das Vorhandensein einer C—C-Doppelbindung sprechen die Hydrierung, die zu einem Alkohol führt, der auch aus dem Inandenin durch Reduktion mit $NaBH_4$/Methanol erhalten werden kann.

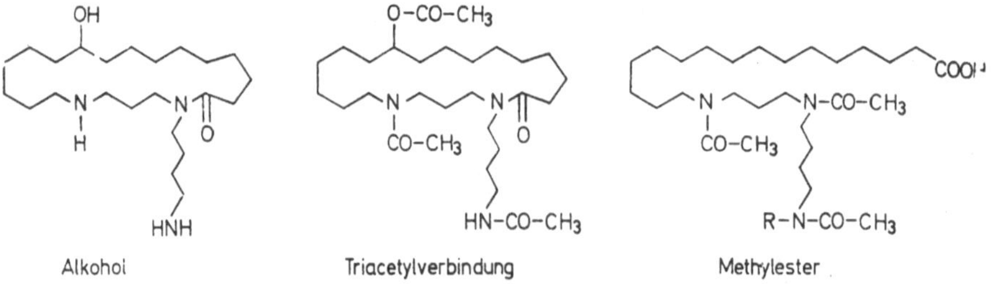

Alkohol Triacetylverbindung Methylester

Die aus dem Alkohol bereitete 5,5'-0-Triacetylverbindung absorbiert bei 3333, 1717 und 1625 cm^{-1} und sollte damit einen Lactam-Ring enthalten. Dieser Befund wird erhärtet durch die Öffnung des Lactam-Ringes mit 2N wäßriger Salzsäure und anschließender Veresterung mit Methanol/HCl zu einem Triacetylmethylester.

Die Schmelze des Inandenin-hydrochlorids mit KOH im Vakuum liefert Spermidin, das massenspektroskopisch mit authentischem Material verglichen werden konnte.

Die massenspektrometrischen Untersuchungen lieferten die folgenden Hinweise: Das Massenspektrum des Inandenins zeigt einen intensiven Pik für den Verlust von Wasser aus dem Molekular-Ion; vermutlich wird der Sauerstoff der Ketogruppe eliminiert.

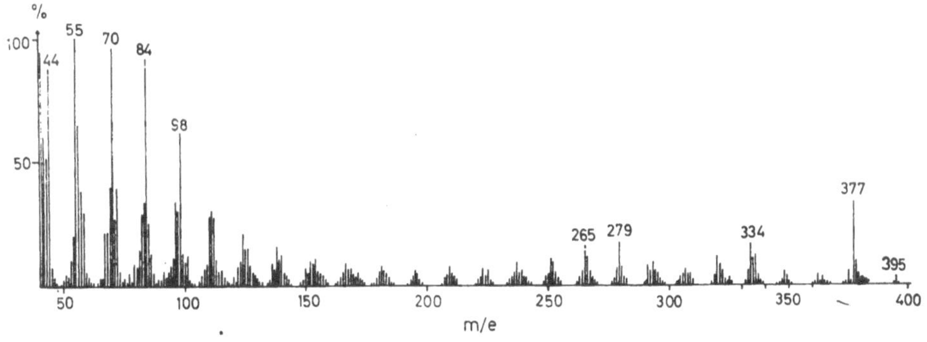

MS des Inandenins

Neben den Massenspektren des Inandenins zeigen die Spektren des 5,5'-0-Triacetyl, des Methylesters und des Desoxymethyläthers eine Reihe von wertvollen Fragmenten die zur Abklärung der Struktur von großer Bedeutung waren. Von größter Wichtigkeit für die Strukturermittlung erwies sich aber das Massenspektrum des Diäthylenketals. Die Umwandlung der Ketogruppe in eine Diäthylenketalgruppierung bewirkt eine deutliche Veränderung des Fragmentierungsbildes.

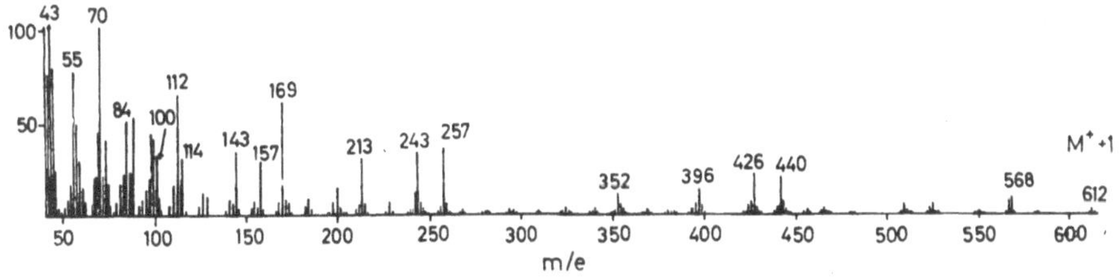

Wie aus dem folgenden Schema hervorgeht, wird die zu diesen Ionen führende Fragmentierung durch die Diäthylenketalgruppierung bestimmt. Daraus geht hervor, daß Inandenin ein ca. 1:1-Gemisch von 1-(4'-Aminobutyl)-12,21-dioxo-1,5-diazacycloheneikosan und 1-(4'-Aminobutyl)-13,21-dioxo-1,5-diazacycloheneikosan dargestellt[1]).

[1]) H. J. Veith, M. Hesse, H. Schmid, Helv. **53**, 1355 (1970)

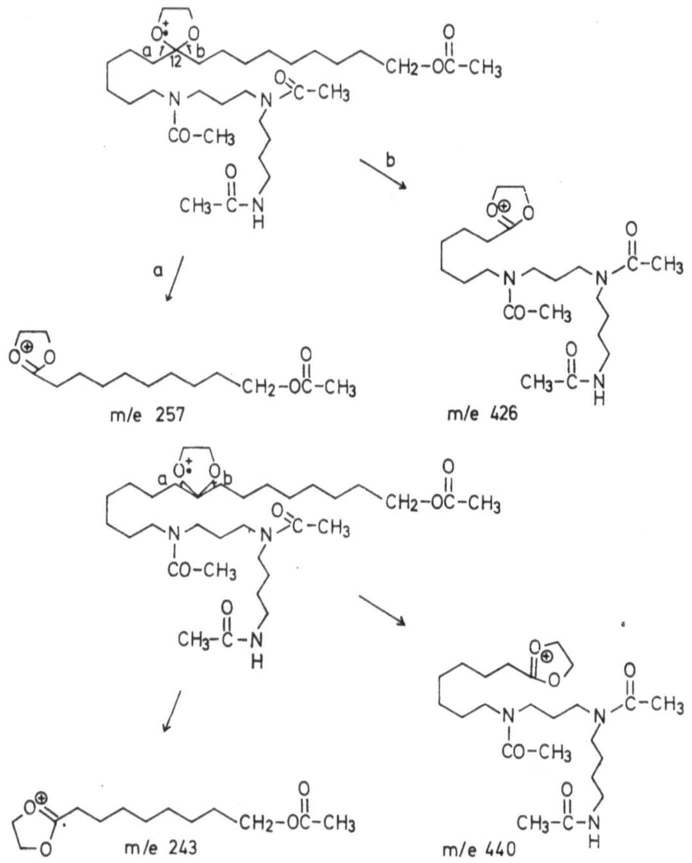

Palustridin

Palustridin, $C_{18}H_{31}N_3O_3$, wurde früher bereits als Nebenalkaloid in *Equisetum palustre* isoliert, ist methoxylfrei und spaltet wie Palustrin im Herzig-Meyer-Abbau ca. 0,3 Moläquivalent CH_3J ab. Auf Grund des Fragmentierungsverhaltens im MS ist dem Palustridin in neueren Untersuchungen die Struktur eines N_b-Formylpalustrins zuerkannt worden.

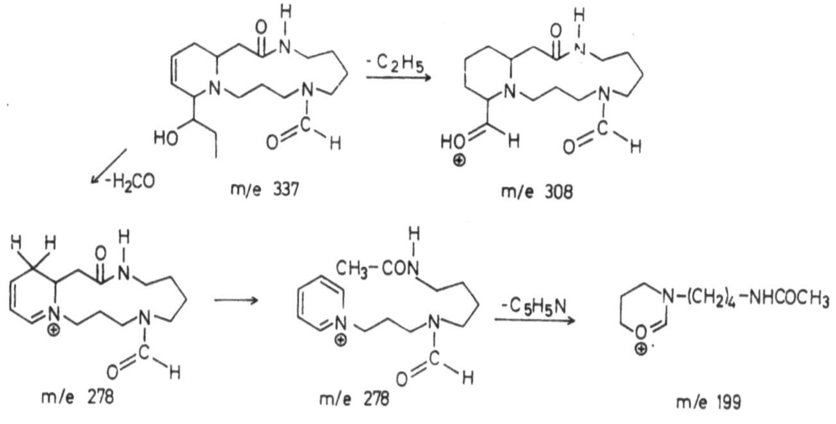

Die aus den Spektren gezogenen Schlüsse für die Struktur des Palustridins ließen sich auch chemisch erhärten: So liefert die Hydrolyse mit verd. heißer HCl Palustrin und die Formylierung am N_b des Palustrins quantitativ das N_b-Formylpalustrin[1]).

Bei den in den letzten Jahren durchgeführten Untersuchungen der basischen Inhaltsstoffe verschiedener Vertreter der Rhamnaceae und verwandter Pflanzenfamilien stieß man auf eine weitere Klasse von Naturstoffen, die ebenfalls als Peptid-Alkaloide bezeichnet worden sind. Davon besitzen die meisten Verbindungen das gleiche Bauprinzip: ein 14gliedriges Ringsystem, gebildet aus p-Hydroxstyrylamin, einer α-Aminosäure und einer β-Hydroxy-α-aminosäure sowie als Seitenkette eine N-methylierte Aminosäure. Bei der Strukturaufklärung erwies sich die Massenspektrometrie als ein außerordentlich leistungsfähiges Hilfsmittel, da der Elektronenstoß induzierte Zerfall dieser Alkaloide weitgehend gleichartig, also unabhängig von der Natur der Aminosäurereste, erfolgt. Das allgemeine Fragmentierungsschema läßt sich in vier prinzipielle Abbauwege aufgliedern.

Besonders bevorzugt ist die Spaltung der zur basischen Aminogruppe benachbarten C—C-Bindung, die zur Bildung der Ionen a und a′ bzw. b führt. a erleidet dann einen Sekundärzerfall, wobei bei einer in der β-Stellung verzweigten Aminosäure dieser Alkylrest abgespalten wird.

a a′

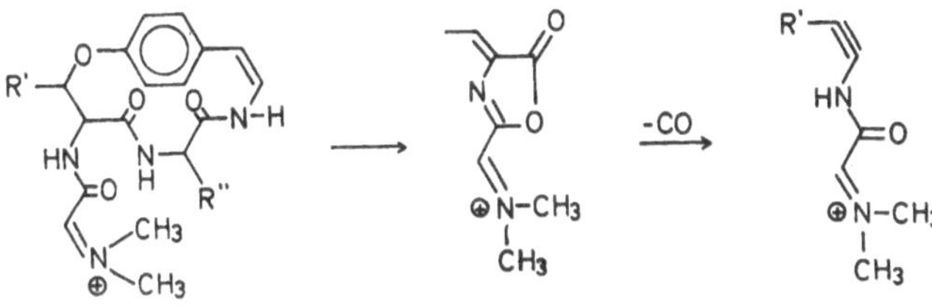

Durch eine Homolyse der dem Äthersauerstoff benachbarten C—C-Bindung wird das Ringsystem geöffnet. Anschließende, unter H-Verschiebung ablaufende Spaltungen an den Amidgruppen ergeben die Fragment-Ionen e und f.

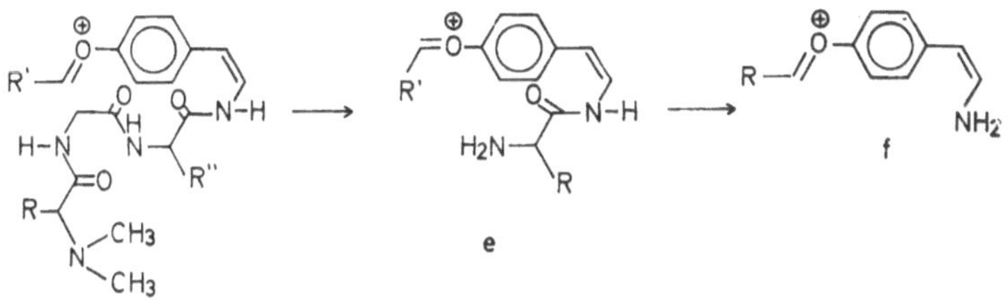

Eine weitere Ringöffnungsreaktion erfolgt durch den für Phenoläther typischen, mit einer H-Verschiebung verbundenen Zerfall zum Phenol-Ion. Durch weiteren Zerfall entsteht daraus das Bruchstückion i.

[1]) C. L. Green, C. Mayer, C. H. Eugster, Helv. **52**, 673 (1969)

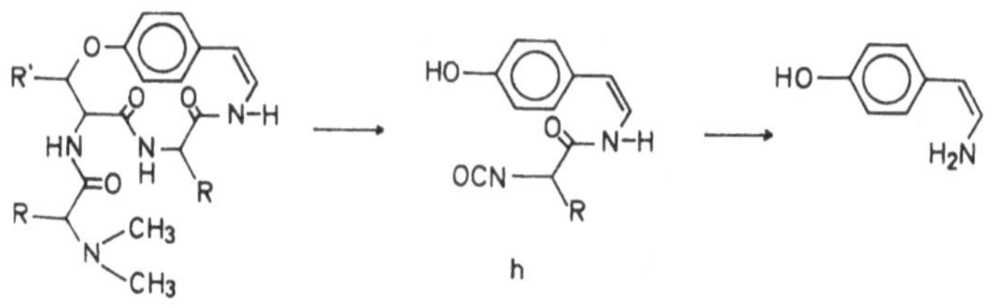

Der stufenweise Abbau der Seitenkette ergibt die Fragmente g und j aus dem durch Sekundärreaktion die Ionen k, l und m entstehen können.

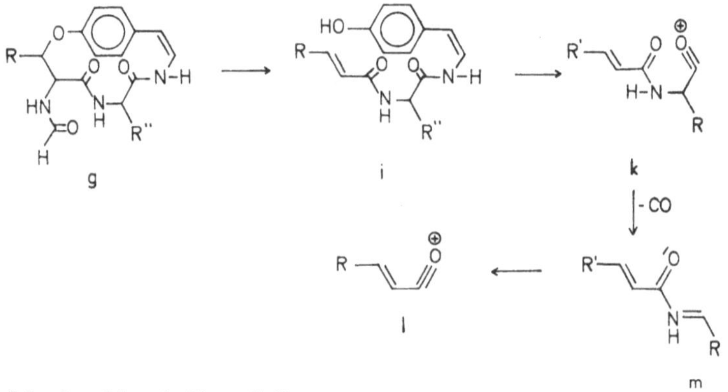

Myrianthin A, B und C

besitzen auf Grund der vergleichenden MS-Untersuchungen die nachfolgenden Strukturen:

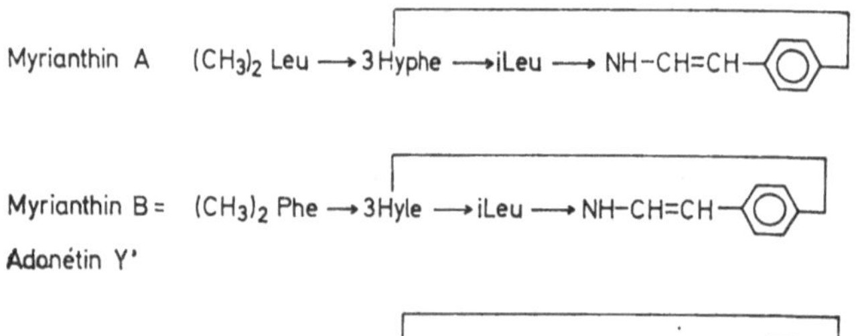

Die Hauptfragmente und deren m/e-Werte sind in der folgenden Tabelle zusammengefaßt:

Fragment	Ion	m/e Werte für A	B	C
A	$R_1-CH=\overset{\oplus}{N}(CH_3)_2$	114	148	114
B	$R_2-CH=CH-C\equiv O^{\oplus}$	131	97	97
C	$OH-C_6H_4-CH=CH-NH_2]^{\oplus}$	135	135	13
D	$R_3-CH=\overset{\oplus}{N}H_2$	86	86	72

[1]) H. W. FEHLHABER, Z. analyt. Chemie **235**, 91 (1968)

Fragment		m/e Werte für		
		A	B	C
B und D	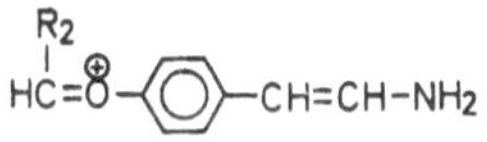	224	190	190
D und C	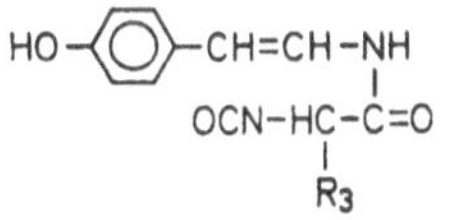	274	274	260
B und C	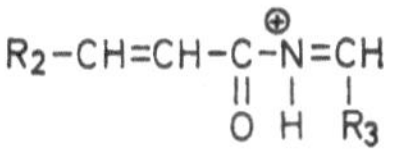	216	182	168
	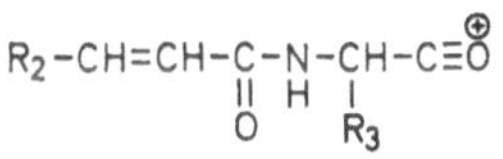	224	–	196
	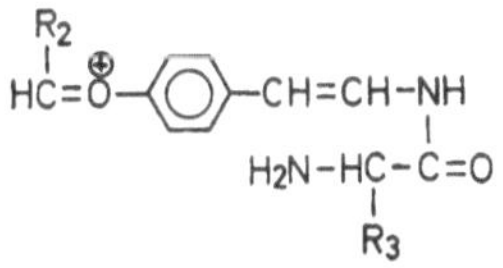	337	303	289
	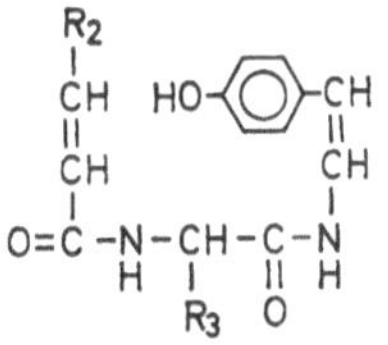	378	344	330
	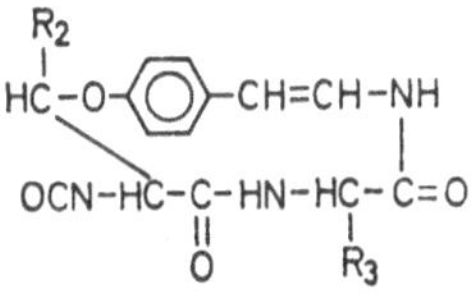			

Lasiodin-A

Lasiodin-A, $C_{39}H_{49}N_5O_6$, besitzt auf Grund seiner Hydrolyse und der spektroskopischen Untersuchungen die folgende Struktur:

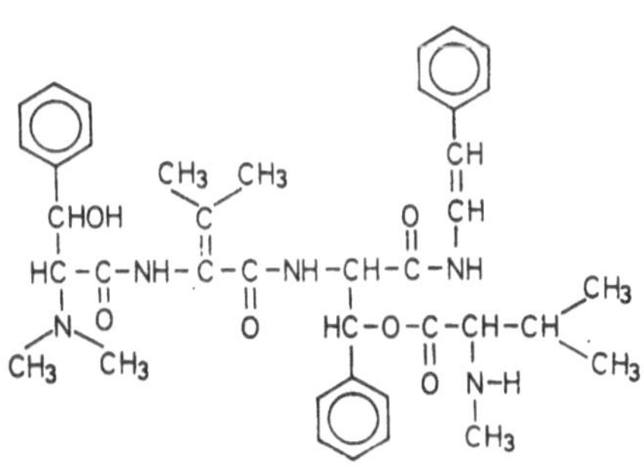

[1]) J. Marchand, X. Monseur, M. Pais, Ann. pharm. Franc. **26**, 771 (1968)

Lasiodin-B

Lasiodin-B, $C_{35}H_{47}N_5O_5$, konnte ebenfalls durch spektroskopische Untersuchungen in einer Struktur abgeklärt werden[1]).

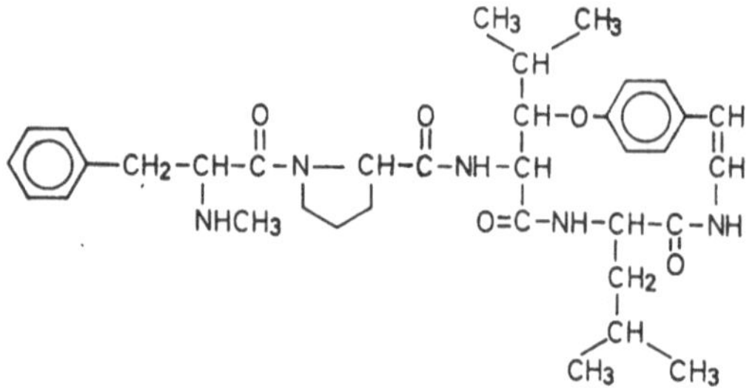

Aralionin-B

Aralionin-B, $C_{33}H_{38}N_4O_4$, liefert bei der sauren Hydrolyse N-Methylphenylalanin, β-Phenylserin und Isoleucin, so daß im Zusammenhang mit den spektroskopischen Befunden die folgende Struktur zutreffen sollte[2]):

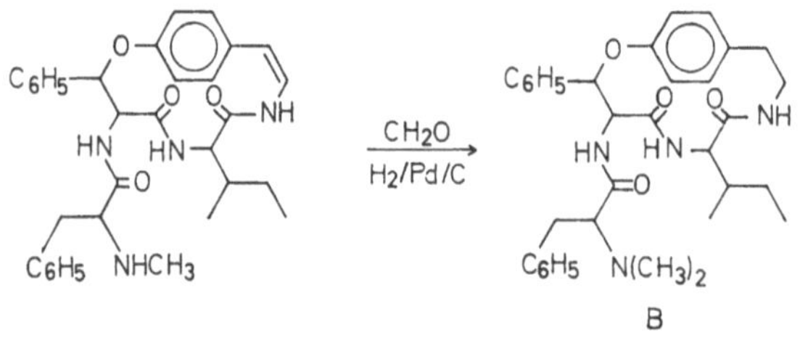

Versuche, Aralionin-B durch Methylierung der terminalen Aminofunktion in das bereits bekannte Peptid-Alkaloid Adouetin-Y zu überführen, mißlangen. Durch Umsetzung mit Formaldehyd und Wasserstoff über Palladium/Aktivkohle erhielt man neben der erwünschten Methylierung auch eine Absättigung der C=C-Doppelbindung, die Base B, die bei der Hydrolyse N.N-Dimethylphenylalanin, Phenylserin, Isoleucin und p-Tyramin liefert.

[1]) J. Marchand, M. Pais, X. Monseur, F. X. Jarreau, T. **25**, 937 (1969)
[2]) R. Tschesche, E. Frohberg, H. W. Fehlhaber, B. **103**, 2501 (1970)
[3]) R. E. Servis, A. I. Kosak, R. Tschesche, E. Frohberg, H. W. Fehlhaber, Am. Soc. **91**, 5619 (1969)

Ceanothin D und E

besitzen auf Grund der bereits bekannten Fragmentierungen im MS die nachstehenden Strukturen[3]):

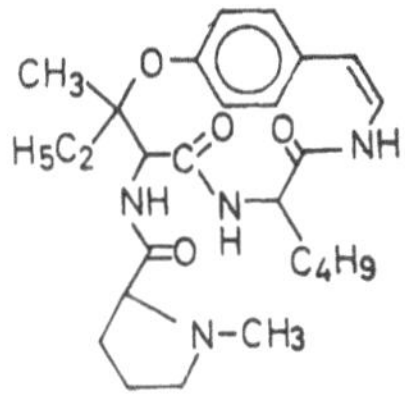

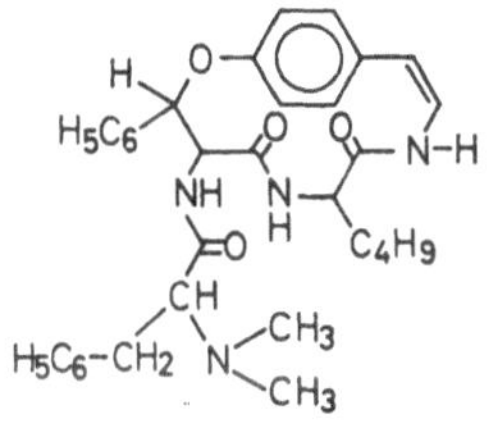

Canthiumin

Canthiumin, ein Alkaloid aus *Canthium euryoides*, liefert bei der Hydrierung ein Hydroprodukt und beim Hofmann-Abbau Canthiumen, so daß die folgende Struktur wahrscheinlich ist[1]).

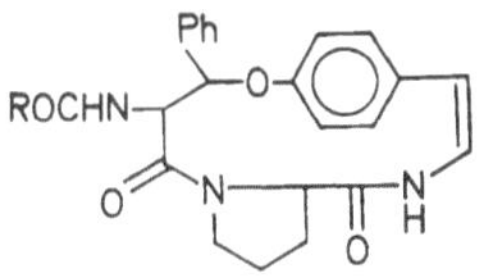

Canthiumen

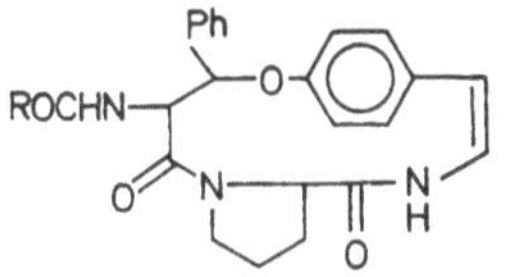

Canthiumin
R= PhCH2CH–N(CH3)2

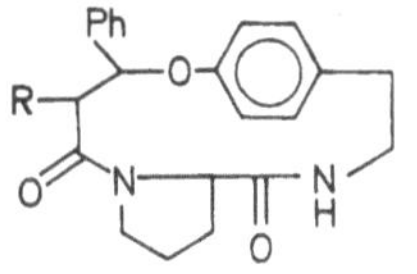

R=NHCON(CH3)2CHCH2Ph

Homalin

Homalin, $C_{30}H_{42}N_4O_2$, besitzt auf Grund des Hofmann-Abbaus und der KMR- und MS-Spektren eine der beiden nachstehenden Strukturen[2]):

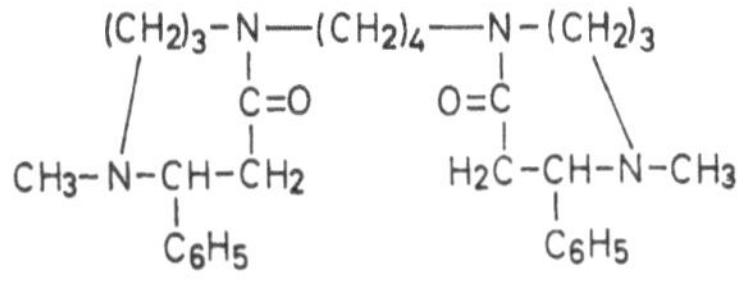

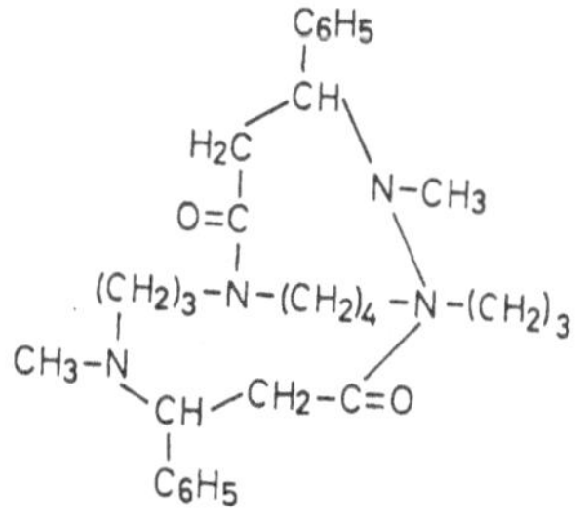

[1]) G. Boulvin, R. Ottinger, M. Pais, G. Chiurdogen, Bull. Soc. Chim. Belg. **78**, 583 (1969)
[2]) M. Pais, G. Roger, R. Sarfati, F. X. Jarreau, C. R. Ser. C 82 (1968)

Hymenocardin

Hymenocardin, ein Peptidalkaloid aus *Hymenocardia acida* Tul., besitzt die Bruttozusammensetzung $C_{37}H_{50}N_6O_6$ und weist in seinem IR-Spektrum je eine Bande für sekundäre Amidfunktionen und eine Ketongruppierung, in seinem KMR-Spektrum Signale für N-Dimethylgruppen sowie für aliphatische und aromatische Protonen auf.

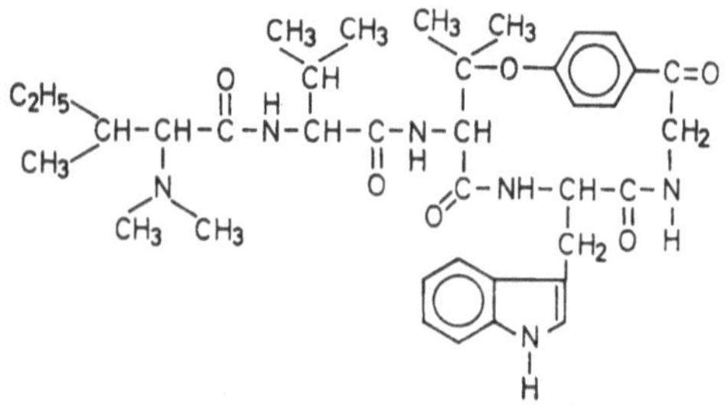

Die saure Hydrolyse mit einem Gemisch HCl und Essigsäure führt zu den folgenden Produkten

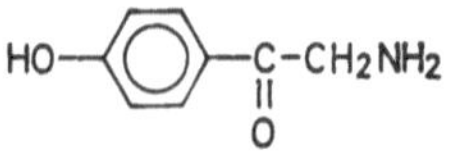

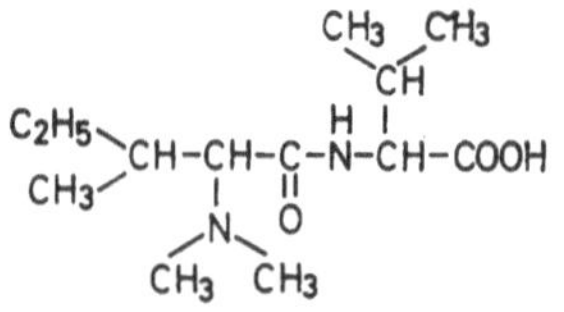

Dipeptid

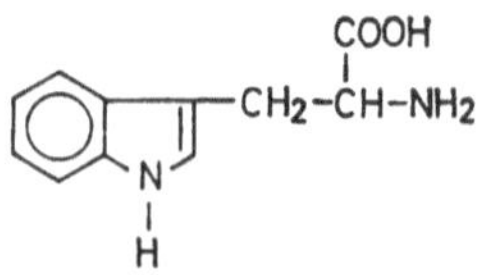

und die Hydrolyse mit Alkalien führt durch β-Eliminierung des Phenolatteils zur Öffnung der Ringe:

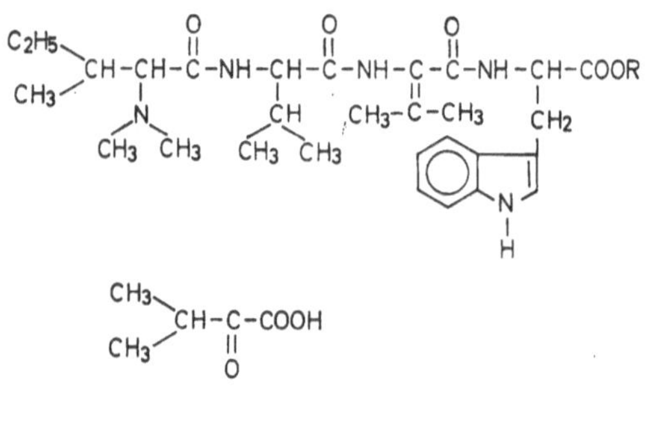

Damit sollte dem Alkaloid in Übereinstimmung mit der MS

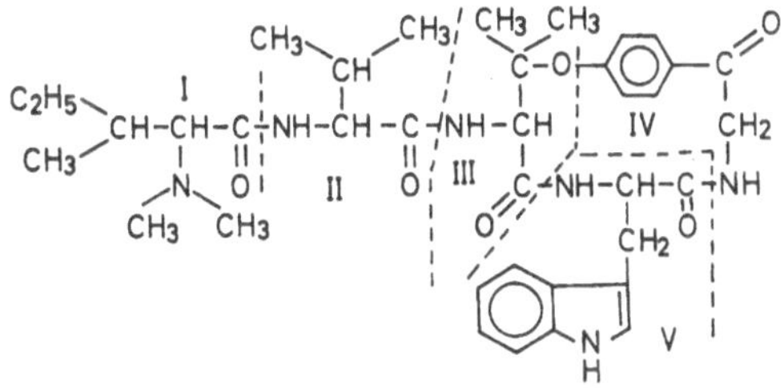

die voranstehende Struktur zukommen, deren Stereochemie sich aus der Kenntnis der Konfiguration des Tryptophans sowie der Synthese des Dipeptids ergibt[1]).

Zizyphinin

Zizyphinin, ein Peptidalkaloid aus *Zizyphus oenoplia*, weist in seinem spektrographischen Verhalten weitgehende Ähnlichkeiten mit denen des Zizyphins auf und geht dementsprechend bei der Hydrolyse mit 6 N HCl und anschließender Veresterung in den L(N,N)-Dimethylisoleucyl)-L-*iso*-leucin-äthylester über. Da die Methylierung zu einem mit Zizyphin identischen Produkt führte, ist dem Alkaloid die folgende Struktur zuzuordnen[2]).

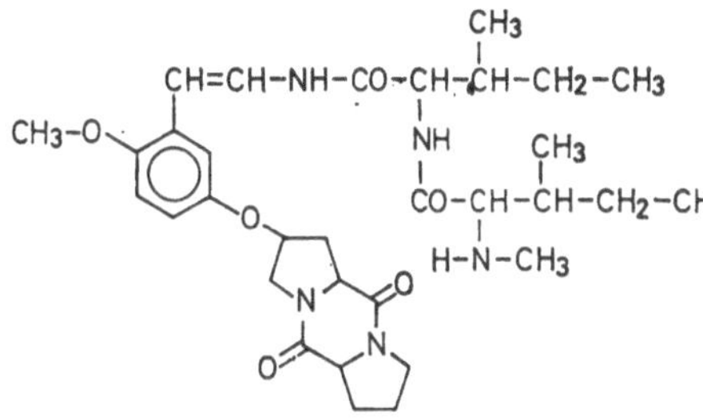

Franganin und Frangufolin

wurden aus der Rinde von *Rhamnus frangula* isoliert und gehören in die Reihe der bereits bekannten, durch eine Ätherbrücke cyclisierten Peptid-Alkaloide.

Franganin, $C_{28}H_{44}N_4O_4$, und Frangufolin, $C_{31}H_{42}N_4O_4$, stimmen in ihren IR-, UV- und CD-Spektren weitgehend mit denen der bekannten Cyclopeptid-Alkaloide überein, unterscheiden sich aber in ihren KMR-Spektren. Beide Alkaloide entfärben eine alkalische $KMnO_4$-Lösung, und beide Verbindungen können über vorhydriertes Platinoxid in Dihydroderivate übergeführt werden.

Bei der Hydrolyse des Franganins mit 6 N HCl im Bombenrohr bei 110° erhält man β-Hydroxyleucin, Leucin, Glycin und N.N-Dimethylleucin, während die analoge Hydrolyse des Frangufolins β-Hydroxyleucin, Leucin, Glycin und N.N-Dimethylphenylalanin liefert.

1) M. Pais, J. Marchand, G. Ratle, F. X. Jarreau, Bull. 2979 (1968)
2) M. Pailer, E. Haslinger, E. Zbiral, Monatshefte **100**, 1608 (1969)

Hierbei ist das Glycin unter den Hydrolysebedingungen offensichtlich aus β-Hydroxyleucin entstanden.

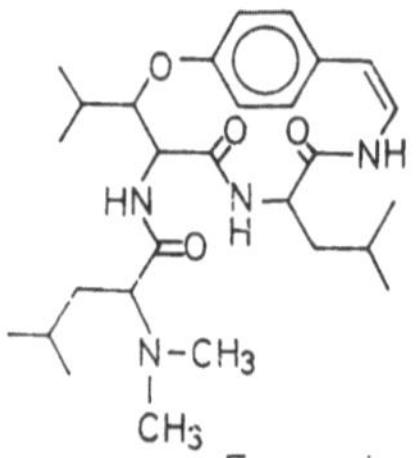

Franganin

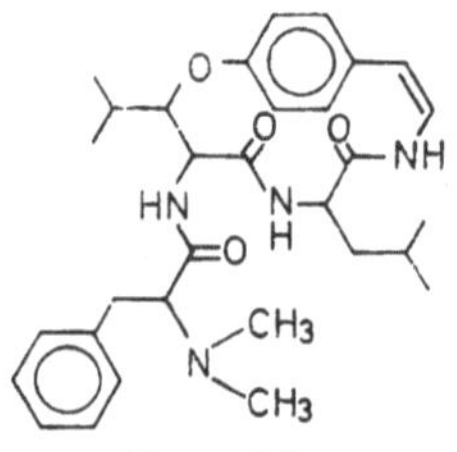

Frangufolin

Auf Grund der für die Alkaloide dieses Typs geltenden Fragmentierungsschemen können die voranstehenden Strukturen abgeleitet werden[1]).

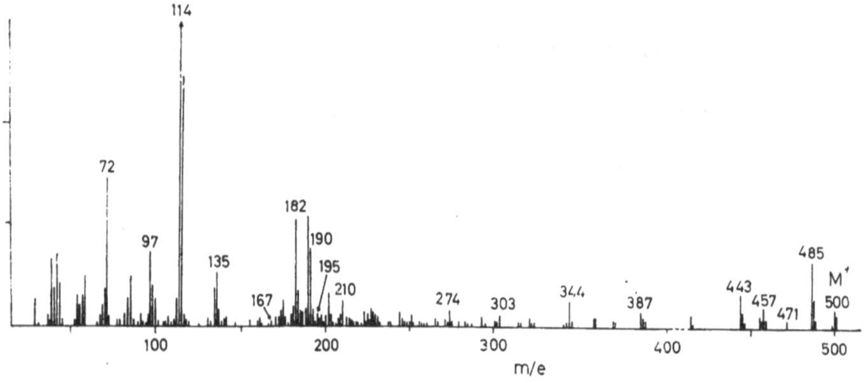

Massenspektrum des Franganins

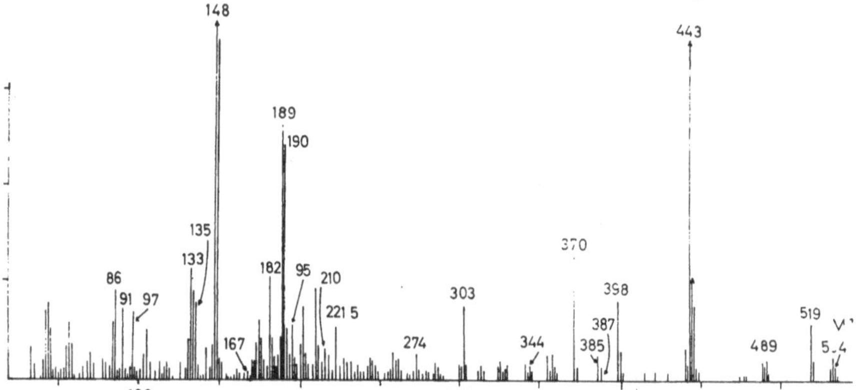

Massenspektrum des Frangufolins

[1]) R. Tschesche, H. Last, T. L. **25**, 2993 (1968)

Ceanothin-B

Ceanothin-B, $C_{29}H_{36}N_4O_4$, sollte auf Grund der Ozonolyse und der anschließenden Zersetzung des Ozonids mit Trimethylphosphit die nachstehende Struktur, die mit dem MS übereinstimmt, besitzen[1]).

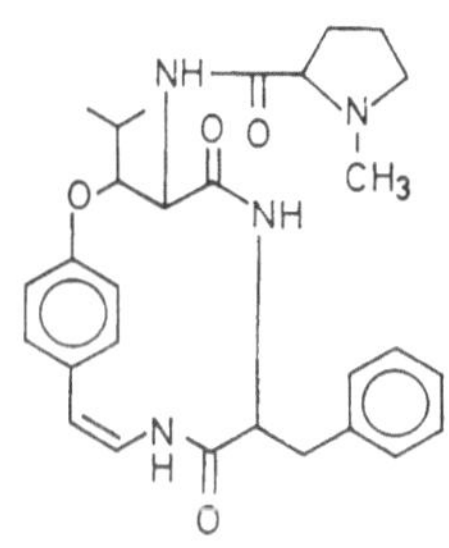

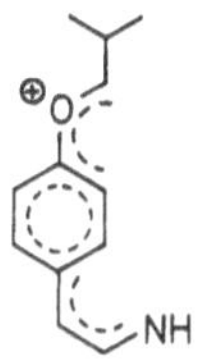

m/e 189

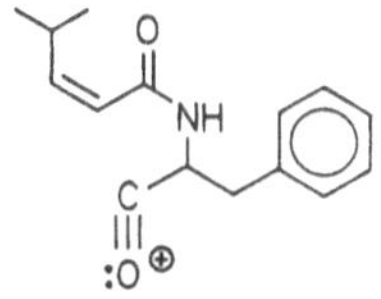

m/e 244

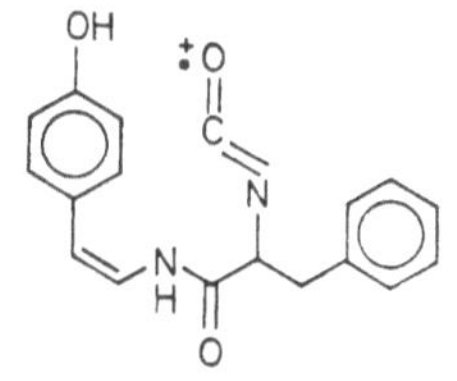

m/e 308

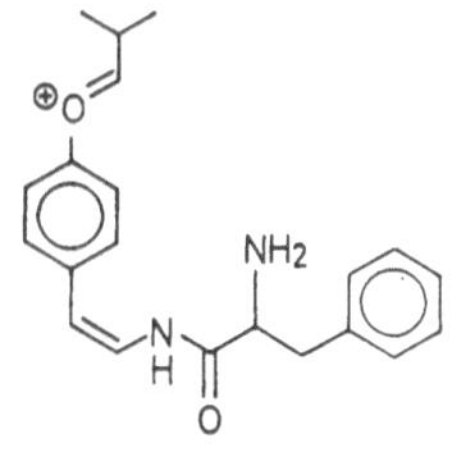

m/e 337

Auf Grund erneut durchgeführter Hydrolyse-Untersuchungen des Dihydroderivates mit 6 N HCl, die zum Tyramin führten, kommt dem Alkaloid jedoch nicht die voranstehende Struktur zu, sondern die in der folgenden Abbildung dargestellte, die mit den MS-Untersuchungen des Alkaloids, der Dihydro-Verbindung und des Dideutero-Alkaloids übereinstimmt[2]).

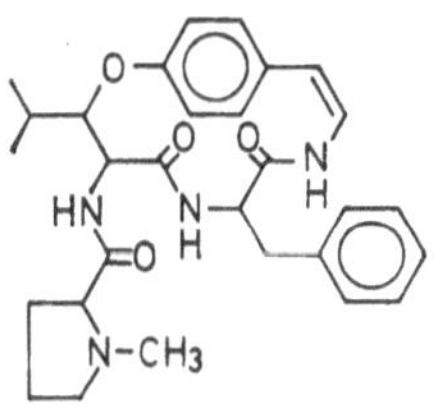

[1]) F. K. KLEIN, H. RAPOPORT, Am. Soc. **90**, 3576 (1968)
[2]) R. E. SERVIS, A. I. KOSAK, Am. Soc. **90**, 4179 (1968)

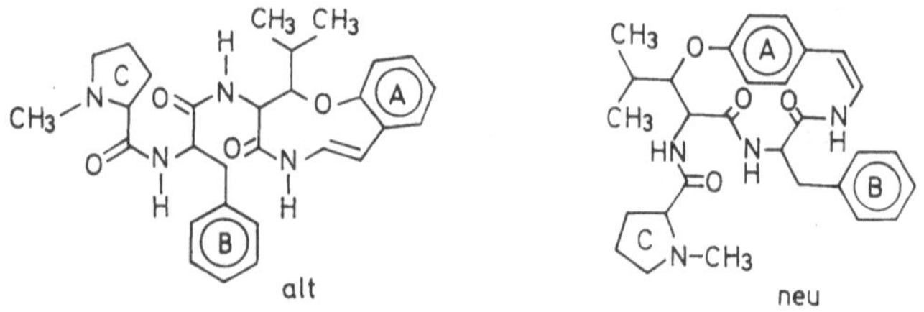

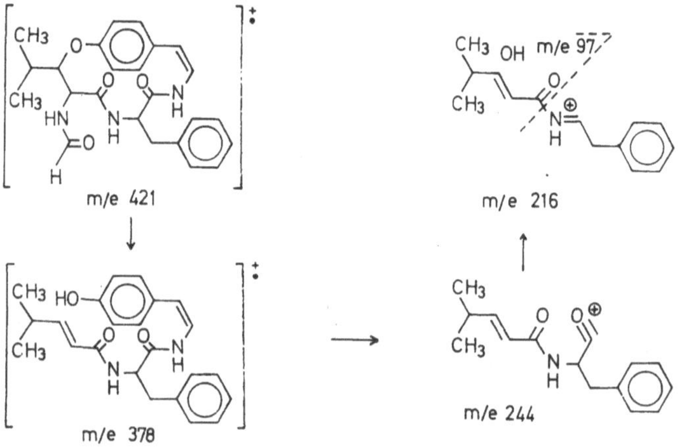

Americin

Americin, ein optisch aktives Alkaloid aus den unterirdischen Teilen von *Ceanothus americanus*, besitzt die Zusammensetzung $C_{31}H_{39}N_5O_4$ und ist in den meisten Fällen stets mit Homoamericin $C_{32}H_{41}N_5O_4$ vermengt.

Die saure und alkalische Totalhydrolyse führt zu Tryptophan, Leucin, Ammoniak, 3-(Hydroxyphenyl)-äthylamin und N-Methylvalin. Auf Grund der Microozonolyse und der anschließenden Umwandlung der Ozonide in die entsprechenden Aldehyde liegt ein p-Alkoxystyrylamino-Chromophor im Americin vor, so daß dem Alkaloid in Übereinstimmung mit den MS-Untersuchungen die folgende Struktur zukommen sollte.

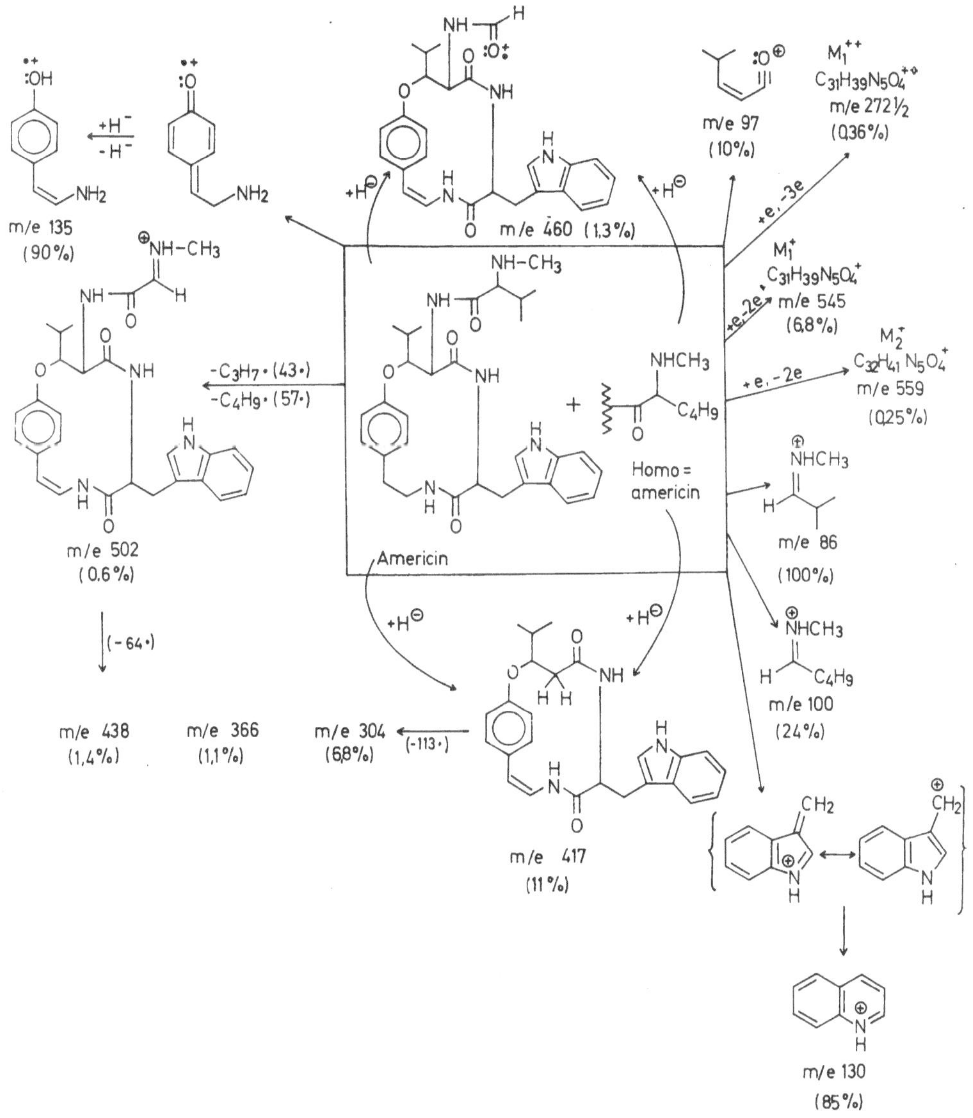
m/e 135
(90%)
+H⁻
-H⁻
m/e 460 (1,3%)
+H⊖
m/e 97
(10%)
M_1^{++}
$C_{31}H_{39}N_5O_4^{++}$
m/e 272½
(0,36%)
+e, -3e
M_1^{+}
$C_{31}H_{39}N_5O_4^{+}$
m/e 545
(6,8%)
+e, -2e
M_2^{+}
$C_{32}H_{41}N_5O_4^{+}$
m/e 559
(0,25%)
-C3H7· (43·)
-C4H9· (57·)
m/e 502
(0,6%)
(-64·)
Americin
Homo = americin
m/e 86
(100%)
m/e 100
(24%)
m/e 438
(1,4%)
m/e 366
(1,1%)
m/e 304
(6,8%)
(-113·)
m/e 417
(11%)
m/e 130
(85%)

Der Bildungsmechanismus der beiden wichtigen Fragmente m/e 97 und m/e 130 ist dabei sicherlich im Sinne der nachstehenden Fragmentierung zu erklären[1,2]:

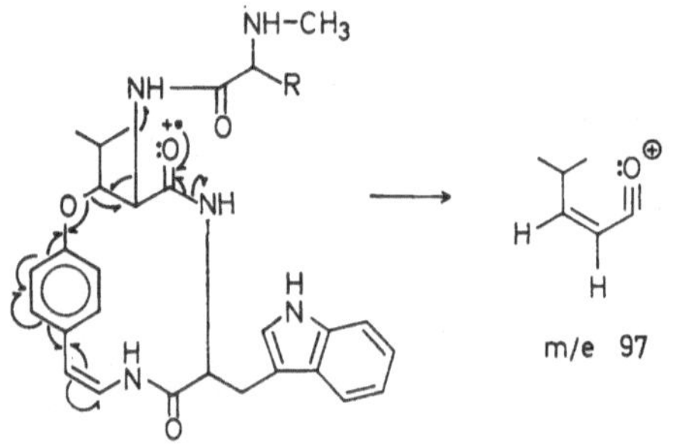

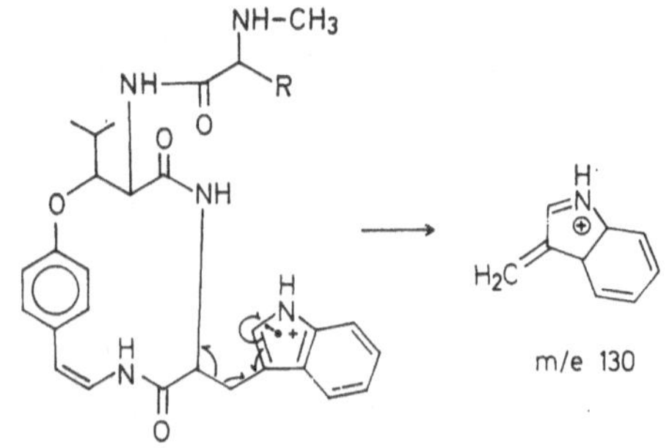

Integerrin

ein weiteres Peptid-Alkaloid der Zusammensetzung $C_{35}H_{39}N_5O_4$, konnte in seiner Struktur durch die hochauflösende Massenspektrometrie aufgeklärt werden.

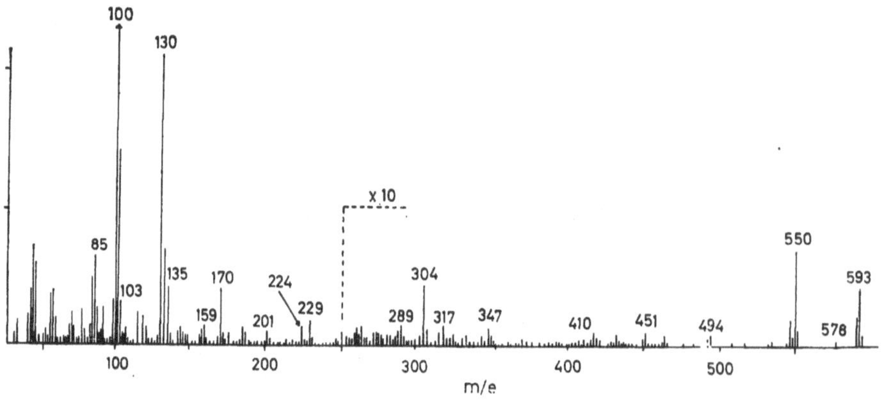

Massenspektrum des Integerrins

[1]) F. K. Klein, H. Rapoport, Am. Soc. **90**, 2398 (1968)
[2]) R. Tschesche, E. Frohberg, H. W. Fehlhaber, T. L. **11**, 1311 (1968)

Die wichtigsten Bruchstücke sind in der folgenden Zusammenstellung abgebildet:

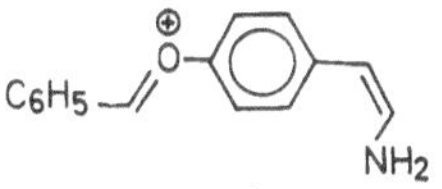
f

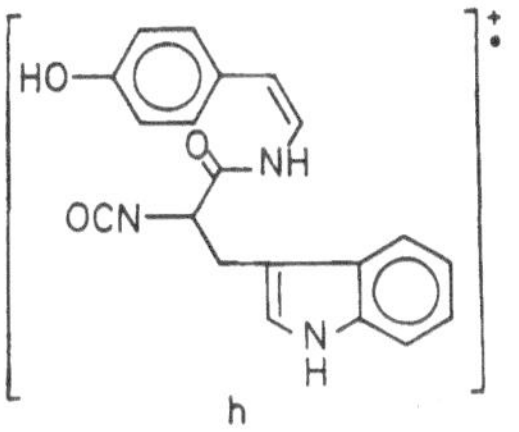
h

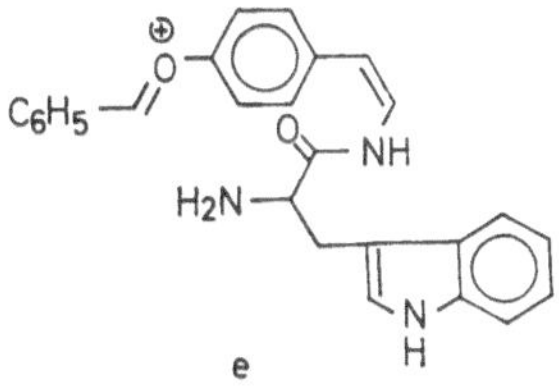
e

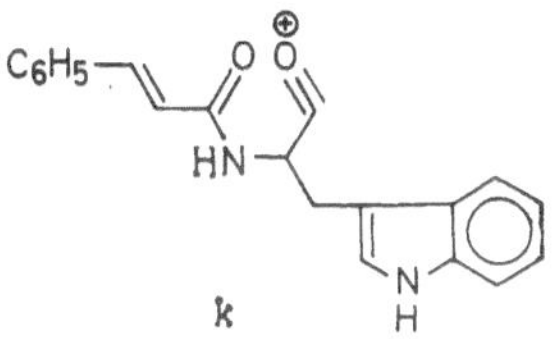
k

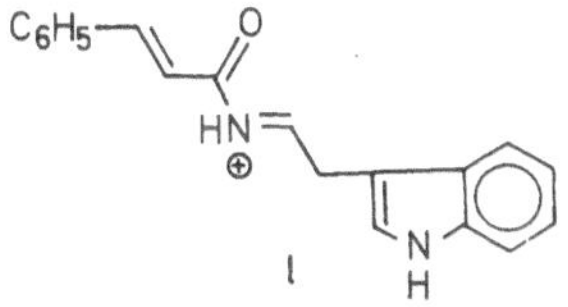
l

Hiernach kommt dem Alkaloid die folgende Struktur zu

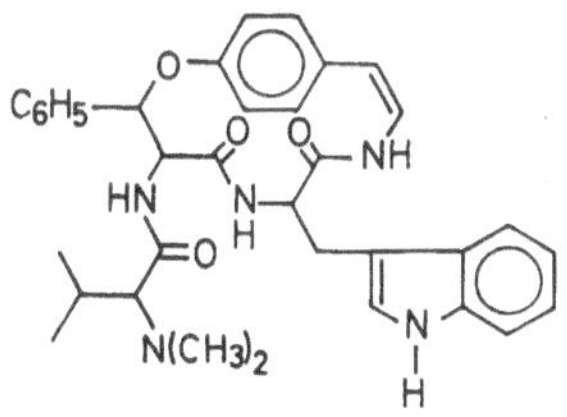
Integerrin

und unterscheidet sich daher vom Intergerresin durch den Austausch der Phenylalaningruppe gegen eine Tryptophangruppe.

3. Tropan-Alkaloide

Alkaloide mit dem Ringgerüst des Tropans finden sich in den Solanaceen-Gattungen *Atropa*, *Datura*, *Duboisia*, *Hyoscyamus*, *Mandragora*, *Physochlaina*, *Scopolia* und *Solandra*, in der Convolvulaceen-Gattung *Convolvus*, der Erythroxylaceen-Gattung *Erythroxylum* und der Dioscoreceen-Gattung *Dioscorea.*

Neue biosynthetische Arbeiten zeigten eindeutig, daß vom Ornithin bei der Hyoscyaminsynthese der δ-Stickstoff verwendet wird, wie durch intakten Einbau von δ-N-Methylornithin bewiesen wurde.[1]) In Gewebekulturen von *Datura metel* konnte Alkaloidbildung nachgewiesen werden[2]). In *Datura innoxia* wird Atropin schnell metabolisiert[3]).

Alkaloid	Schmp.	$[\alpha]_D$	Derivat	Vorkommen
(+)-Brugin $C_{12}H_{19}NO_2S_2$	amorph	+265° (M)	—	*Bruguiera sexangula*[4])
Tropin-propionester				*Bruguiera sexangula*
Tropin-isobuttersäure-ester				*Bruguiera sexangula*
3.4.5-Trimethoxy-zimmtsäureester des Tropins	165—7°	—	—	*Erythroxylum ellipticum*[5])
Tropinbuttersäureester				*Bruguiera sexangula*[4])
Tropin-α-methyl-buttersäureester				*Bruguiera exaristata*[5])
Tropinbenzoesäureester	—	—	—	*Bruguiera exaristata*[4])

6β-Isovaleryloxy-3α-tigloyloxytropan

wurde aus den Wurzeln von *Datura sanguinea* isoliert, besitzt die Zusammensetzung $C_{18}H_{29}NO_5$ und geht bei der partiellen Hydrolyse in Meteloidin und ein Gemisch aus Isovaleriansäure und α-Methylbuttersäure über, während die Totalhydrolyse zu Teloidin und

1) A. Ahmad, E. Leete, Phytochemistry **9**, 2345 (1970)
2) B. Kouassi, C. Peaud-Lenoel, C. R. Seances, Soc. Biol. **164**, 46 (1970)
3) N. W. Hamon, H. W. Youngken, jr., Lloydia **34**, 199 (1971)
4) J. W. Loden, G. B. Rusell, Austral. J. **22**, 1271 (1969)
5) S. R. Johns, J. A. Lamberton, A. A. Sioumis, Austral. J. **23**, 421 (1970)

Tiglinsäure führt. Damit kommt dem Alkaloid die Struktur eines 6β-Isovaleryloxy-3α-tigloyloxytropan-7β-ols zu[1]).

(+)-*Brugin*

sollte auf Grund seines optischen und spektroskopischen Verhaltens sowie seiner Synthese[2]) aus 1,2-Dithiolan-3-carbonsäure wie folgt zu formulieren sein[3]).

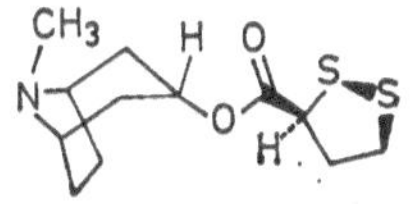

Die absolute Konfiguration der 1,2-Dithiolan-3-carbonsäure I wurde auf zwei voneinander unabhängigen Wegen bestimmt.

Die Quasi-Racemat-Methode gestattete die Zuordnung der Konfiguration am C-3 der 1,2-Dithiolan-3-carbonsäure durch die Korrelierung mit der Thiophan-2-carbonsäure II. Hierbei lieferten die Säuren mit entgegengesetztem Drehsinn ein typisches Quasiracemat, während die Säuren mit gleichem Drehsinn nur ein eutektisches Gemisch lieferten. Die daraus ableitbare Konfiguration kann damit wie folgt wiedergegeben werden:

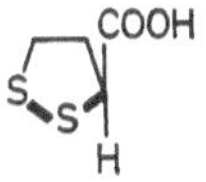

I

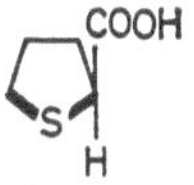

II

Die zweite Methode der Konfigurationsbestimmung geht von einer Synthese aus dem L-Methionin aus[4]).

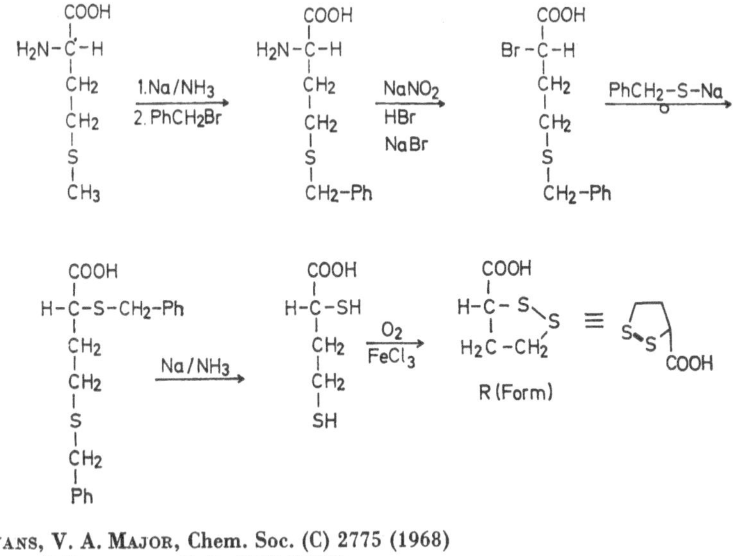

[1]) W. C. Evans, V. A. Major, Chem. Soc. (C) 2775 (1968)
[2]) G. Claesen, J. Pedersen, T. L. 3975 (1968)
[3]) J. W. Loder, G. B. Russel, Austral. J. 22, 1271 (1969)
[4]) G. Claesen, J. Pedersen, T. L. 37, 3975 (1968)

Cocain

Die Konfiguration und Konformation der vier möglichen Cocaine ergab sich durch KMR-Untersuchungen und kann durch die folgenden Formelbilder wiedergegeben werden. Der bevorzugte Ring, der Piperidinring, liegt in allen vier Formen als Sessel-Konformation vor. Ausgehend vom 2-Methoxycarbonyltropinon sollten damit die folgenden Konfigurationen vorliegen:

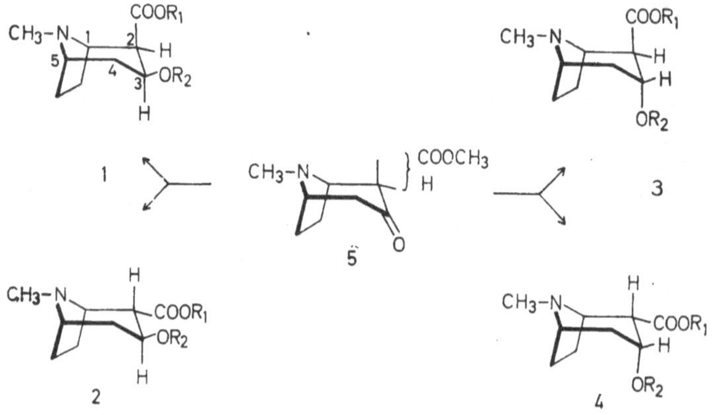

1. Cocain	$R_1 = CH_3$ und $R_2 = CO \cdot C_5H_6$	3. Allococain	$R_1 = CH_3$ und $R_2 = CO \cdot C_6H_5$
Ecgonin	$R_1 = R_2 = H$	Alloecgonin	$R_1 = R_2 = H$
2. Pseudococain	$R_1 = CH_3$ und $R_2 = CO \cdot C_6H_5$	4. Allopseudococain	$R_1 = CH_3$ und $R_2 = CO \cdot C_6H_5$
Pseudoecgonin	$R_1 = R_2 = H$	Allopseudoecgonin	$R_1 = R_2 = H$

5. 2-Methoxycarbonyltropinon

[1]) A. Sinnema, L. Maat, A. J. van der Gugten, H. C. Beyerman, Rec. **87**, 1027 (1968)

Nortropin

kann, ausgehend vom Tropin, Tropinacetat und Tropinon, wie folgt dargestellt werden[1]):

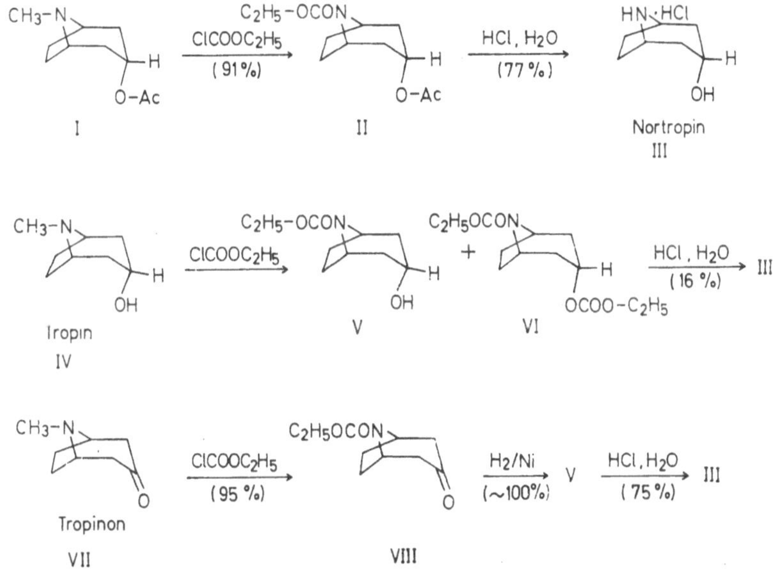

Scopolamin

Die Struktur des Scopolamin-HBr (Hyoscin-HBr) konnte durch eine Rö-Kristallstrukturanalyse geklärt werden[2]).

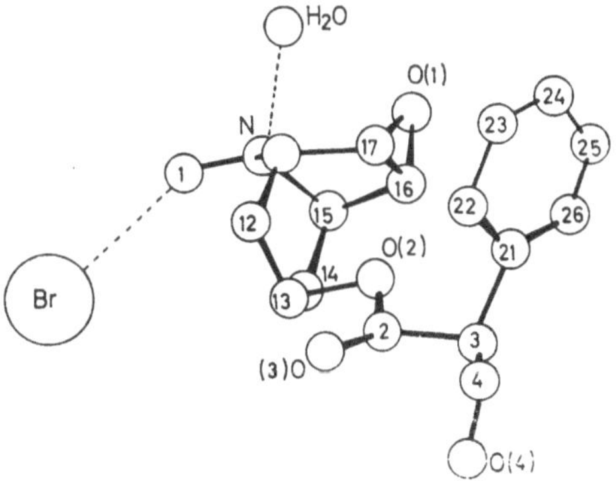

Danach liegt ein sechsgliedriger Ring als Sessel vor, der Epoxid-Sauerstoff an der Methylenbrücke liegt als das Ende einer Wanne vor, wenn das N-Atom mit in die Betrachtung einbezogen wird. Die Methylgruppe am C-1 haftet in axialer Position.

Die absolute Konfiguration wurde durch die Beziehung zur (—)-Tropasäure als S-Konfiguration festgelegt.

[1]) G. Kraiss, K. Nador, T. L. **57** (1971)

[2]) P. Pauling, T. J. Petcher, Chem. Comm. 1001 (1969)

4. Pyrrolizidin-Alkaloide

Alkaloide mit dem Ringgerüst des Pyrrolizidins sind nach den bisherigen Untersuchungen als charakteristische Inhaltsstoffe der Pflanzen der Compositen-Gattungen *Senecio*, *Erechites*, *Nardosmia*, der Boraginaceen-Gattungen *Cynoglossum*, *Echium*, *Heliotropum*, *Lindelofia Macrotomia*, *Rindera*, *Tournefortia*, *Trachelanthus* und *Trichodesma* sowie der Leguminosen-Gattung *Crotalaria* anzusehen.

Den meisten Pyrrolizidin-Alkaloiden liegen Mono- oder Diester von Aminoalkoholen der Strukturen

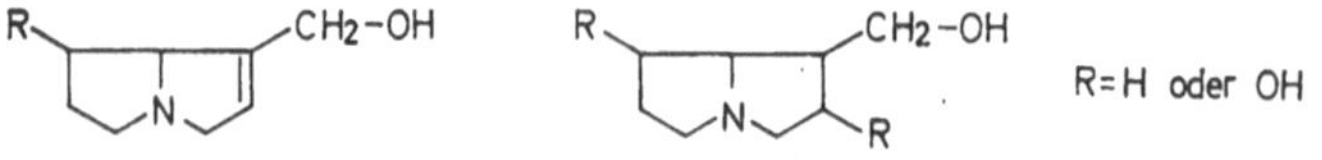

und deren N-Oxiden mit einer oder zwei aliphatischen Monocarbonsäuren oder einer Dicarbonsäure vor. Bei den Monocarbonsäuren handelt es sich um verzweigte C-5- und C-7-Säuren, während die Dicarbonsäuren im allgemeinen 10 Kohlenstoffatome enthalten.

Alkaloid	Schmp.	$[\alpha]_D$	Derivat	Vorkommen
(+)-Methylcarbonyl-pyrrolizidin $C_9H_{15}NO$	0° n_D 1,4763	+64° (C)	Jodmethyl. 141–2°	*Chysis bractescens*[1])
Crotostriatin $C_{19}H_{25}NO_6$	133°	+96° (C)	—	*Crotalaria stricta*[2])
Auriculin $C_{31}H_{45}NO_8$	—	–19° (M)	—	*Liparis auriculata*[3])
Nilgirin $C_{17}H_{23}NO_5$	127–8°	+31° (A)	—	*Crotolaria mucromata*[4])
Anadolin $C_{20}H_{29}NO_6$	186°	+9,2° (C)	—	*Symphytum oreintale*[5])
Phalaenopsin La $C_{20}H_{27}NO_5$	—	—	—	*Kingiella taenialis*[7]) *Phalaeanopsis mamii*[6])
Anodendrin $C_{13}H_{21}NO_2$	—	—	Pikr. 123–4° = 9,6° (A)	*Anodendron affine*[8])
Alloanodendrin $C_{13}H_{21}NO_2$	—	—	p-Bromphenacyl-esterbromid 82° = –18° (A)	*Anodendron affine*[9])

Alkaloid	Schmp.	$[\alpha]_D$	Derivat	Vorkommen
Grahamin $C_{21}H_{31}NO_7$	163°	+100° (M)		*Crotalaria grahamiana*[9])
Axillarin $C_{18}H_{27}NO_7$	205°	+65° (Py)	Pikr. 214° HCl X228°	*Crotalaria axillaris*[10])
Axillaridin $C_{18}H_{27}NO_6$	148°	+241° (M)	Pikrat 235°	*Crotalaria axillaris*[10])
9-Angelyl-retronecin-N-Oxid, $C_{13}H_{19}NO_4$	153°	+30° (C)		*Bhesa archboldiana*[11])
Loroquin $C_8H_9NO_2$	77–8°	–	Acetyl 67–9°	*Urechites karwinsky*[12])
Isolin $C_{20}H_{29}NO_7$	173°	–4,8° (Ä)	–	*Senecio othomniformis*[13])
Bislin $C_{18}H_{27}NO_6$	169°	–	–	*Senecio othomniformis*[13])
Quart. Alkaloid $C_{24}H_{37}N_2O_6Cl$	–	–	–	*Heliotropium europaeum*[14])
Laburninacetat $C_{10}H_{17}NO_2$	Öl	+13° (A)	Pikrat 138° Jodm. 104°	*Vanda cristata*[15])
Mucronatinin $C_{18}H_{25}NO_6$	161–3°	–	Pikr. 228°	*Crotalaria mucronata*[16])
Neoplatyphyllin $C_{18}H_{27}NO_5$	–	–	–	*Senecio rhombifolius*[17])
Florosenin $C_{21}H_{29}NO_8$	100–3°	+23° (C)	–	*Cacalia floridana*[18])
Floricalin $C_{23}H_{33}NO_{10}$	120–2° 177–8°	+74° (C)	–	*Cacalia floridana*[18])
Floridanin $C_{21}H_{31}NO_9$	195–6°	+66° (C)	–	*Cacalia floridana*[18])

1) B. Lüning, H. Tränkner, Acta Chem. Scand. **22**, 2324 (1968)
2) R. N. Gandhi, T. R. Rajagopalan, T. R. Seshadri, Curr. Sci. **37**, 285 (1968)
3) K. Nishikawa, Y. Hirata, T. L. **60**, 6289 (1968)
4) C. K. Atal, R. S. Sawhney, C. C. J. Culvenor, L. W. Smith, T. L. **54**, 5605 (1968)
5) A. Ulubelen, S. Doganca, T. L. **30**, 2583 (1970)
6) S. Brandänge, B. Lüning, Acta Chem. Scand. **23**, 1151 (1969)
7) S. Brandänge, J. Granelli, B. Lüning, Acta Chem. Scand. **24**, 354 (1970)
8) K. Sasaki, Y. Hirata, T. L. **46**, 4065 (1969)
9) C.. KAtal, C. C. J. Culvenor, R. S. Sawhney, L. W. Smith, Austral. J. **22**, 1773 (1969)
10) D. H. G. Crout, Chem. Soc. (C) 1379 (1969)
11) C. C. J. Culvenor, S. R. Johns, J. A. Lamberton, L. W. Smith, Austral. J. **23**, 1279 (1970)
12) J. B. del Castillo, A. G. de Aguirre, J. L. Breton, A. G. Gonzales, J. Trujillo, T. L. **15**, 1219 (1970)
13) E. D. Conconrakis, C. G. Gordon-Gray, Chem. Soc. (C) 2312 (1970)
14) C. C. J. Culvenor, L. W. Smith, T. L. **41**, 3606 (1969)
15) B. Lindström, B. Luning, Acta Chem. Scand. **23**, 3352 (1969)
16) N. S. Bhacca, R. K. Sharma, T. **24**, 6319 (1968)
17) C. C. J. Culvenor, N. J. Koretskaya, L. W. Smith, L. M. Utkin, Austral. J. **21**, 1671 (1968)
18) J. A. Weisbach, R. F. Raffauf, B. Douglas, Org. Chem. **33**, 3507 (1968)

Macronecin

Macronecin ist ein Dihydroxy-Aminoalkohol, der durch Hydrolyse aus dem Macrophyllin gewonnen werden kann. Während der Abbau des Macrophyllins zu Laburnin alle strukturellen Probleme klären konnte, ist die Stereochemie des Aminoalkohols bisher ein offenes Problem geblieben. Durch die nachfolgende Synthese aus dem leicht zugänglichen (±)-Carbäthoxy-2,3-dioxopyrrolizidin konnte durch verschiedene Reduktionsverfahren, wie aus dem nachfolgenden Schema ersichtlich, (±)-Macronecin dargestellt werden, wonach dem Alkaloid Macrophyllin nunmehr die endgültige Stereostruktur zugeordnet werden kann.

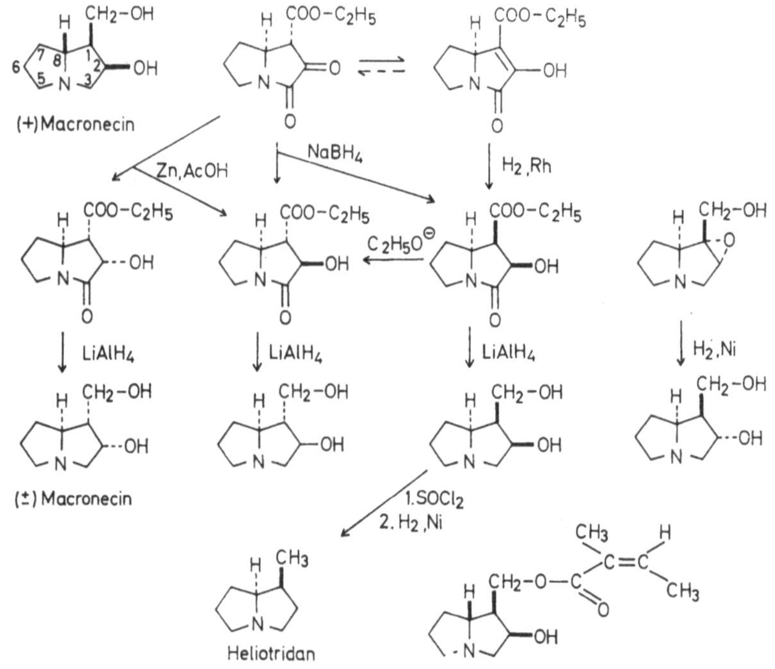

Die Umwandlung des (±)-2β-Hydroxy-1β-hydroxymethyl-8α-pyrrolizidins in Heliotridan kann als eine zusätzliche Absicherung der Befunde angesehen werden.

Für das Macronecin konnte außerdem durch die folgende Synthese die Struktur eines Hexahydropyrrolizidin-2,9-Diols nachgewiesen werden.

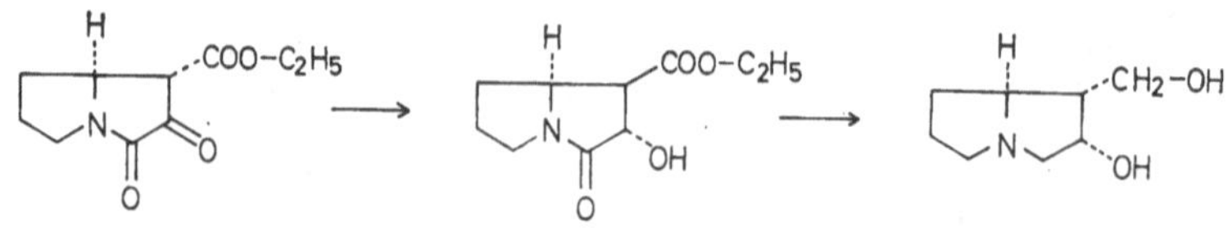

[1]) A. J. Aasen, C. C. J. Culvenor, Chem. Comm. 34 (1969)

Loroquin

Loroquin, $C_8H_9NO_2$, enthält eine im IR-Spektrum nachweisbare, acetylierbare Hydroxygruppe sowie eine Ketofunktion und liefert bei der Reduktion mit $NaBH_4$ ein mit 1-Hydroxy-methylen-7α-hydroxy-dihydropyrrolizidin identisches Diol, sowie bei der Oxydation einen Aldehyd[1]).

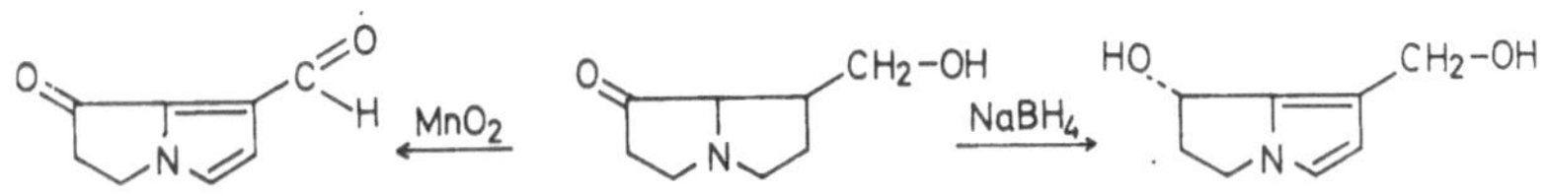

Hastanecin

Die für das Alkaloid noch immer offene Frage der Stereochemie des Aminoalkohols wurde einer erneuten Untersuchung unterzogen. Hierbei konnte das 7-Angelylheliotridin — aus dem Lasiocarpin darstellbar — durch katalytische Hydrierung in das 1-β-Hydroxy-methyl-7α-(2′-methylbutyroxy)-8α-pyrrolizidin übergeführt werden, aus dem durch Oxydation mit Jones-Reagenz und Veresterung 1-β-Carbäthoxy-7α-(2′-methylbutyroxy)-8α-pyrrolizidin und anschließender Reaktion mit Na-methylat und Reduktion mit $LiAlH_4$ 7α-Hydroxy-1α-hydroxymethyl-8α-pyrrolizidin, das identisch mit natürlichem (—)-Hastanecin ist, erhalten wurde. Damit sollte dem Hastanecin eine 7β-Hydroxy-1β-hydroxy-methyl-8β-pyrrolizidin-Struktur zukommen[2]).

1) J. B. del Castillo, A. G. de Aguirre, J. L. Bréton, A. G. Gonzales, J. Trugillo, T. L. **15**, 1219 (1970)
2) A. J. Aasen, C. C. L. Culvenor, L. W. Smith, Organ. Chem. **34**, 4137 (1969)

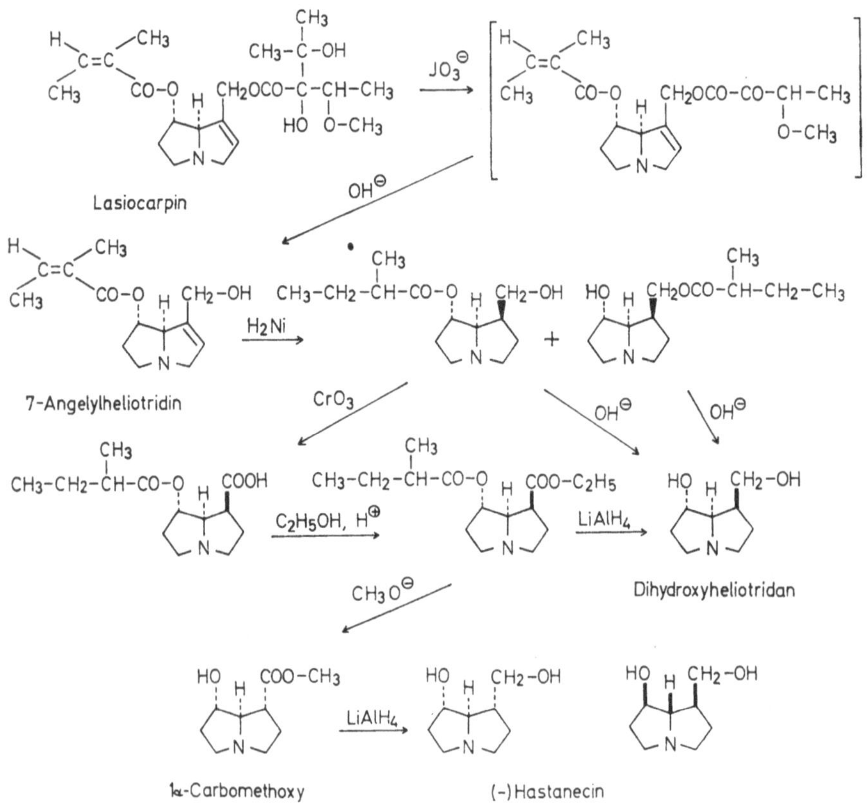

9-Angelylretronecin-N-Oxid

kommt als Nebenalkaloid neben Calycanthin in *Bhesa archboldiana* vor und liefert bei der alkalischen Hydrolyse Retronecin-N-Oxid und Angelicasäure sowie bei der Reduktion mit Zn in Schwefelsäure eine tert. Base, die bei der anschließenden Hydrierung einer Hydrogenolyse unter Bildung von Retronecanol und 2-Methylbuttersäure unterliegt. Damit ist zugleich die Angelicasäuregruppierung an das C-9 fixiert[1]).

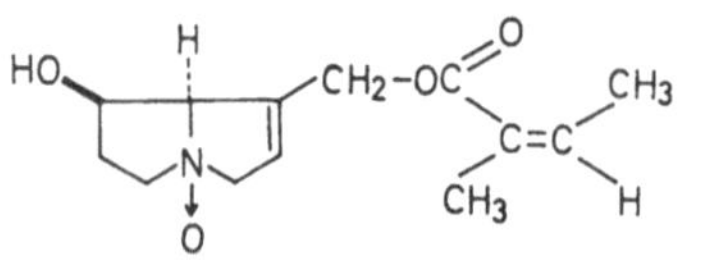

[1]) C. C. J. Culvenor, S. R. Johns, J. A. Zamberton, L. W. Smith, Austral. J. **23**, 1279 (1970)

Phalaenopsin-La

liefert bei der Methanolyse (—)-Dimethyl-2-benzyl-malonsäure und Laburnin und besitzt in Übereinstimmung mit den spektroskopischen Daten damit die folgende Struktur[1]):

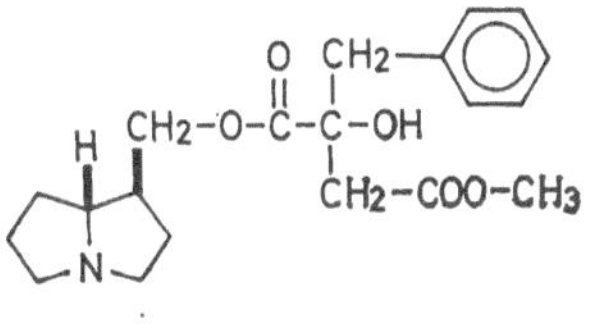

Crotostriatin

Crotostriatin, $C_{19}H_{25}NO_6$, geht bei der Hydrolyse mit $Ba(OH)_2$ in Retronecin und Striatinsäure über, die auf Grund von KMR-Untersuchungen eine der beiden folgenden Strukturen besitzen soll[2]):

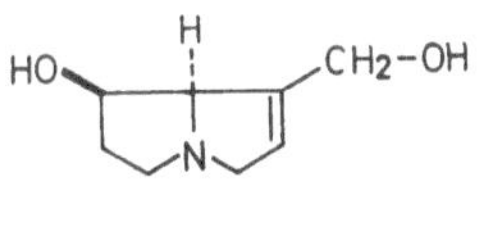

Retronecin

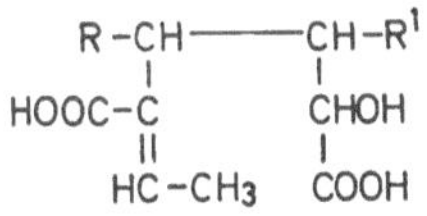

A: R=H; R'=CH3 oder
B: R=CH3; R'=H

(+)-*1-Methoxycarbonylpyrrolizidin*

Das Alkaloid (+)-1-Methoxycarbonylpyrrolizidin wurde aus *Chysis bractescens* isoliert und besitzt die Zusammensetzung $C_9H_{15}NO_2$. Der bicyclische Methylester liefert bei der Verseifung eine optisch aktive Säure, die bei der anschließenden Decarboxylierung in Pyrrolizidin übergeht. Der bei der Reduktion mit $LiAlH_4$ erhältliche Alkohol Lindelofidin gestattet neben der nachstehenden Struktur zugleich eine Aussage über die absolute Konfiguration des Alkaloids, das darüber hinaus durch eine Synthese in seiner Struktur bestätigt werden konnte[3]).

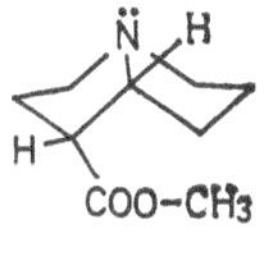

Anadolin

Anadolin, $C_{20}H_{29}NO_6$, enthält auf Grund der KMR-spektroskopischen Untersuchungen fünf Methylgruppen, und zwei IR-spektroskopisch nachweisbare Hydroxygruppen.

1) S. BRANDÄNGE, J. GRANELLI, B. LÜNING, Acta Chem. Scand. **24**, 354 (1970)
2) R. N. GANDHI, T. R. RAJAGOPALAN, T. R. SESHADRI, Curr. Sci. **37**, 285 (1968); C. A. **69**, 67579 (1968)
3) B. LÜNING, H. TRÄNKNER, Acta Chem. Scand. **22**, 2324 (1968)

Die Hydrolyse mit 10%iger NaOH lieferte Tiglin- und Trachelanthinsäure und die Hydrogenolyse mit PtO_2 in schwefelsaurer Lösung 7-(2-Methylbutyryl)-retronecanol[1]).

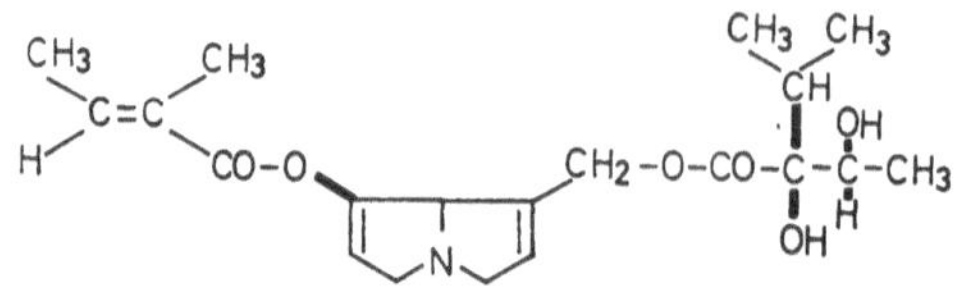

Laburninacetat

konnte durch sein typisches Fragmentierungsverhalten im MS in seiner Struktur abgeklärt werden[2]).

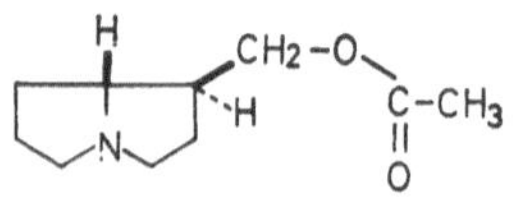

Synthese einiger Esteralkaloide

Die Synthese des Trachelanthamins, Lindelofins und Viridiflorins gelang durch Einsatz der entsprechenden optisch aktiven Säuren nach dem folgenden Schema:

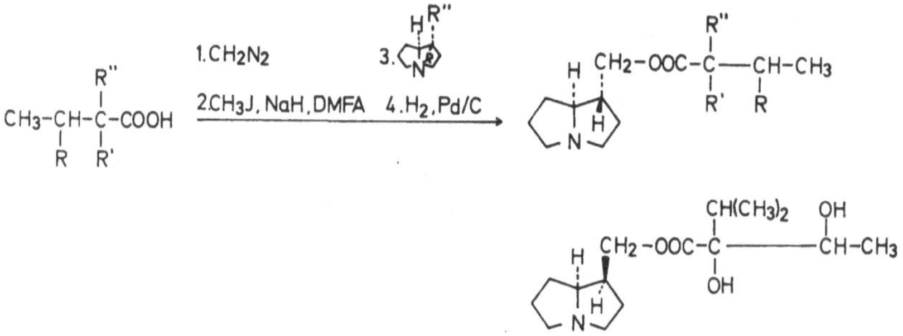

Trachelanthamin : R = R'' = OH; R' = CH(CH₃)₂ ; R''' = H; R'''' = CH₂OH

Viridiflorin : R = R' = OH; R'' = CH(CH₃)₂ ; R''' = H; R'''' = CH₂OH

Lindelofin : R = R'' = OH; R' = CH(CH₃)₂ ; R''' = CH₂OH; R'''' = H

Da die absolute Konfiguration der natürlichen Hydroxymethylpyrrolizidine bekannt ist, war es für die weiteren Untersuchungen der voranstehenden Alkaloide nur erforderlich, die absolute Konfiguration eines Zentrums in jedem isomeren Paar zu bestimmen, da auch hier die relativen Konfigurationen bekannt waren. Durch eine Reihe von Um-

[1]) A. Ulubelen, S. Doganca, T. L. **30**, 2583 (1970)
[2]) B. Lindström, B. Lüning, Acta Chem. Scand. **23**, 3352 (1969)

wandlungsreaktionen stehen damit heute die folgenden Esteralkaloide in ihrer Konfiguration fest:

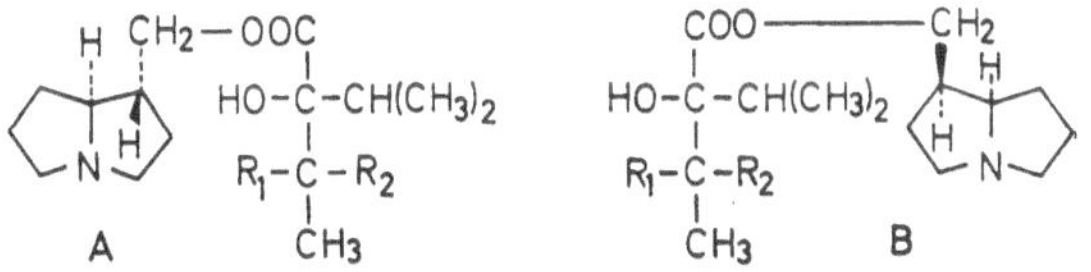

A B

Trachelanthamin: $R_1 = H$; $R_2 = OH$. A
Lindelofin: $R_1 = H$; $R_2 = OH$. B
Viridiflorin: $R_1 = OH$; $R_2 = H$. A
Cynaustralin: $R_1 = OH$; $R_2 = H$. B

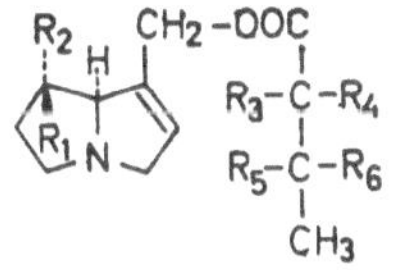

Supinin: $R_1 = R_2 = R_5 = H$; $R_3 = R_6 = OH$; $R_4 = CH(CH_3)_2$
Heleurin: $R_1 = R_2 = R_5 = H$; $R_3 = OH$; $R_4 = CH(CH_3)_2$; $R_6 = OCH_3$
Amabilin: $R_1 = R_2 = R_6 = H$; $R_3 = R_5 = OH$; $R_4 = CH(CH_3)_2$

Rinderin : $R_1 = R_5 = H$; $R_2 = R_3 = R_6 = OH$; $R_4 = CH(CH_3)_2$
Echinathin: $R_1 = R_6 = H$; $R_2 = R_3 = R_5 = OH$; $R_4 = CH(CH_3)_2$
Heliotrin : $R_1 = R_5 = H$; $R_2 = R_3 = OH$; $R_4 = CH(CH_3)_2$; $R_6 = OCH_3$
Indicin : $R_1 = R_4 = R_5 = OH$; $R_2 = R_6 = H$; $R_3 = CH(CH_3)_2$
Echiumin : $R_1 =$ 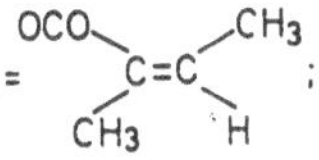 ; $R_2 = R_5 = H$; $R_3 = R_6 = OH$; $R_4 = CH(CH_3)_2$

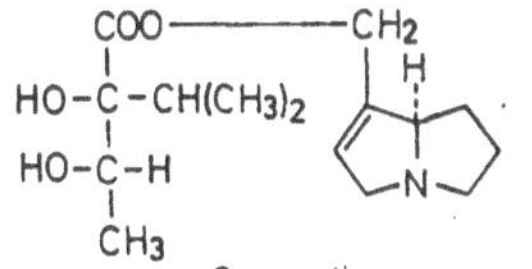

Cynaustin

Isoretronecanol-trans-β-methylthioacrylsäureester

Bei der weiteren eingehenden Untersuchung von *Planchonella anteridifera* konnte auf Grund der Hydrolysierbarkeit des Alkaloids zu (—)-Isoretronecanol für die neue Base die Struktur eines (—)-Isoretronecanol-*trans*-β-Methylthioacrylsäureesters abgeleitet werden.[2])

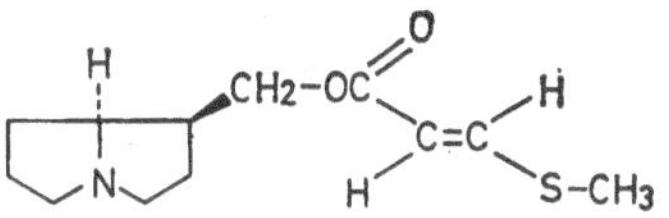

[1]) N. K. Kochetkov, A. M. Likhosherstov, V. N. Kulakov, T. 25, 2313 (1969)
[2]) N. K. Hart, S. R. Johns, J. A. Lamberton, Austral. J. 21, 1393 (1968)

Stereospezifische Synthese des (±)-Isoretronecanols

Die Möglichkeit einer transanularen Synthese wurde an dem unsubstituierten bicyclischen System des Pyrrolizidins erprobt:

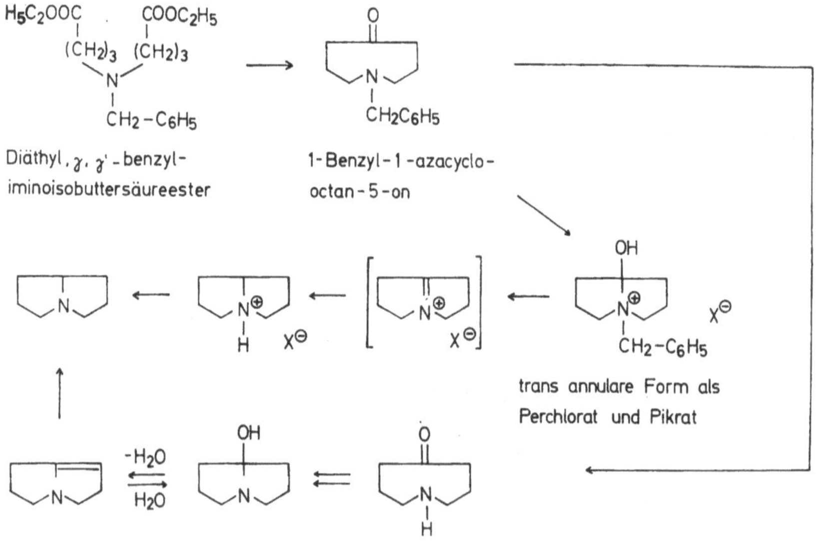

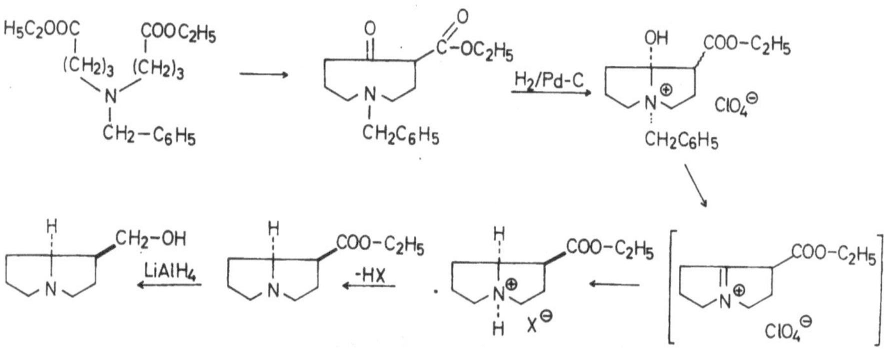

Anodendrin und Alloanodendrin

Anodendrin weist in seinem IR-Spektrum eine Carbonylbande auf und besitzt einen pK_a-Wert von 3,7, so daß eine quartäre Base vorliegen muß. Da die Hydrierung Laburninsäure liefert und die spektroskopischen Untersuchungen eine ungesättigte Säure aus-

[1]) N. J. LEONHARD, T. SATO, Org. Chem. **34**, 1066 (1969)

wiesen, kam als Struktur nur die nachstehende Betainstruktur in Betracht.

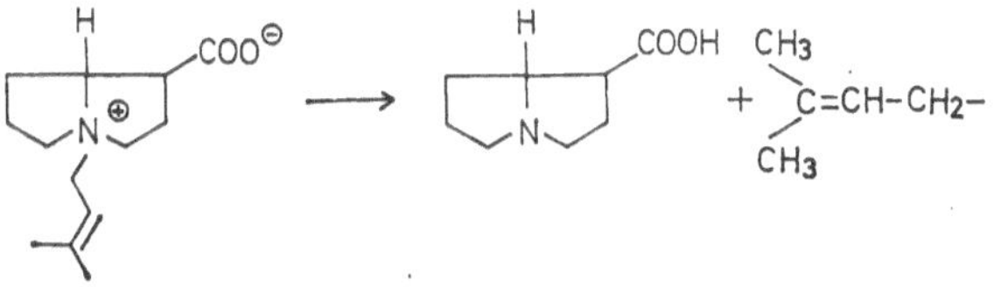

Alloanodendrin ist als p-Bromphenacylester-bromid isolierbar und erwies sich auf Grund seiner spektroskopischen Daten als Epimer mit Anodendrin. In Übereinstimmung hiermit liefert die Hydrogenolyse (+)-Isoretronecanolsäure. Da beide Alkaloide wieder resynthetisiert werden konnten, sind die Strukturen wie angegeben zu formulieren[1]).

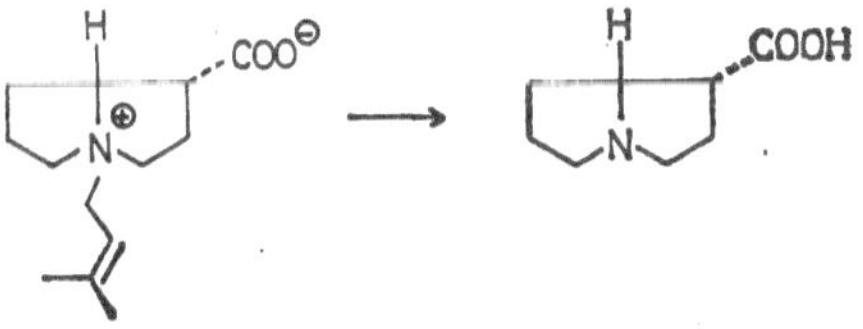

Die Strukturen einer N-Isopropylenlaburninsäure und einer N-Isopropenyl-(+)-isoretronecanolsäure ergibt sich aus dem Fragmentierungsverhalten des Anodendrinmethylester-jodids:

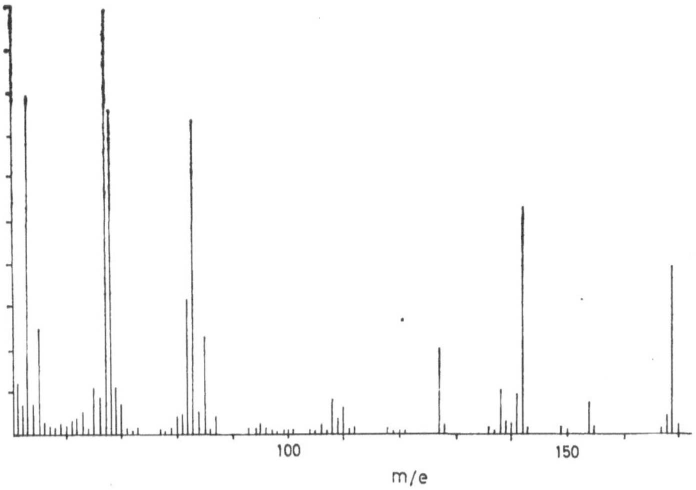

[1]) K. Sasaki, Y. Hirata, T. L. **46**, 4065 (1969)

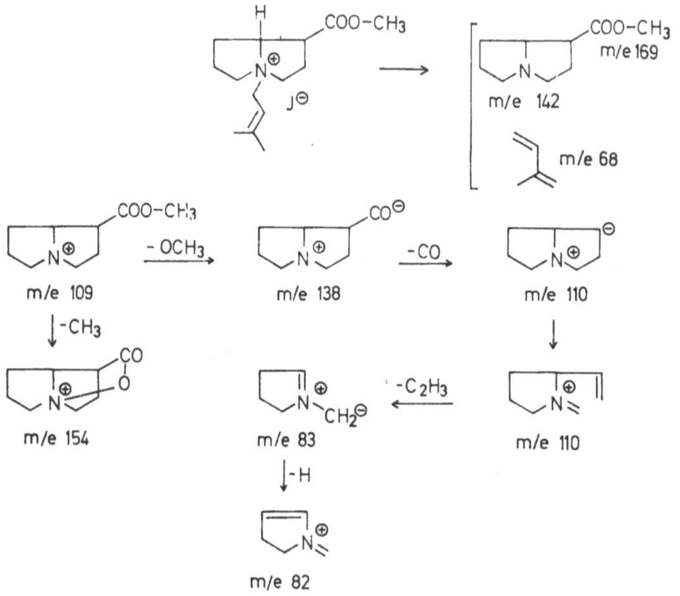

sowie der bereits erwähnten Synthesemöglichkeit beider Alkaloide[1]):

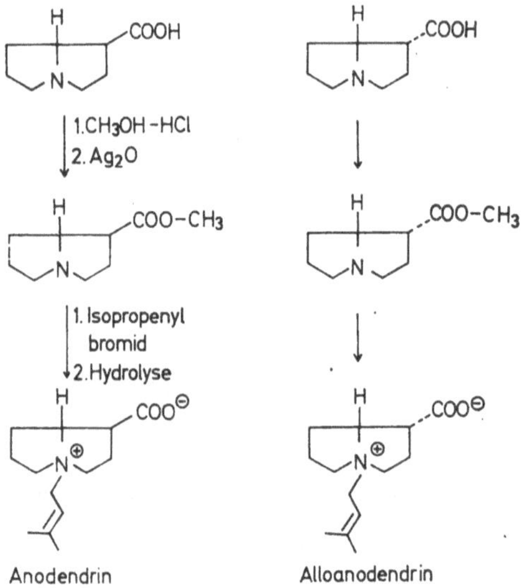

Quartäres Alkaloid $C_{24}H_{37}N_2O_6Cl$

Auf Grund spektroskopischer Untersuchungen konnte dem Alkaloid die folgende Struktur zuerkannt werden, die durch eine Synthese aus Heliotrin und Dehydroheliotrin

[1]) K. SASAKI, Y. HIRATA, T. 26, 2119 (1970)

bestätigt wurde. Auf Grund der Untersuchungen ist die Bildung während des Aufarbeitungsprozesses auszuschließen[2]).

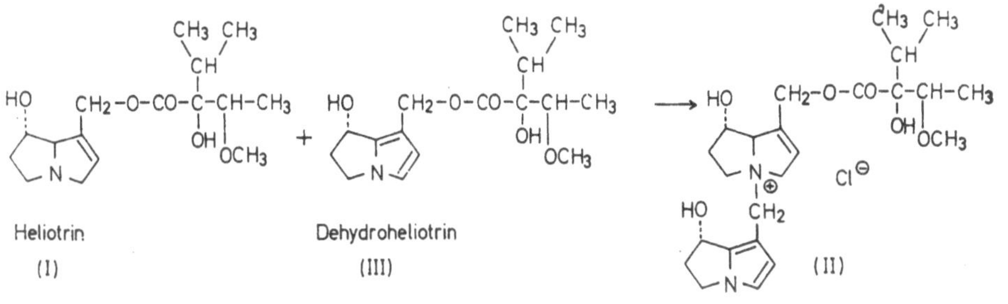

Lolin und Festucin

Nachdem festgestellt werden konnte, daß Despropionylcorticasin und Norlolin sowie N-Methyldespropionylcorticasin und Festucin identisch sind, wurde nunmehr durch direkten und spektroskopischen Vergleich sichergestellt, daß auch Lolin und Festucin identisch sind[1]).

[1]) A. J. Aasen, C. C. J. Culvenor, Austral. J. **22**, 2021 (1969)
[2]) C. C. J. Culvenor, L. W. Smith, T. L. **41**, 3603 (1969)

Synthese des Tetraacetyl-Malaxin und Kuranerins

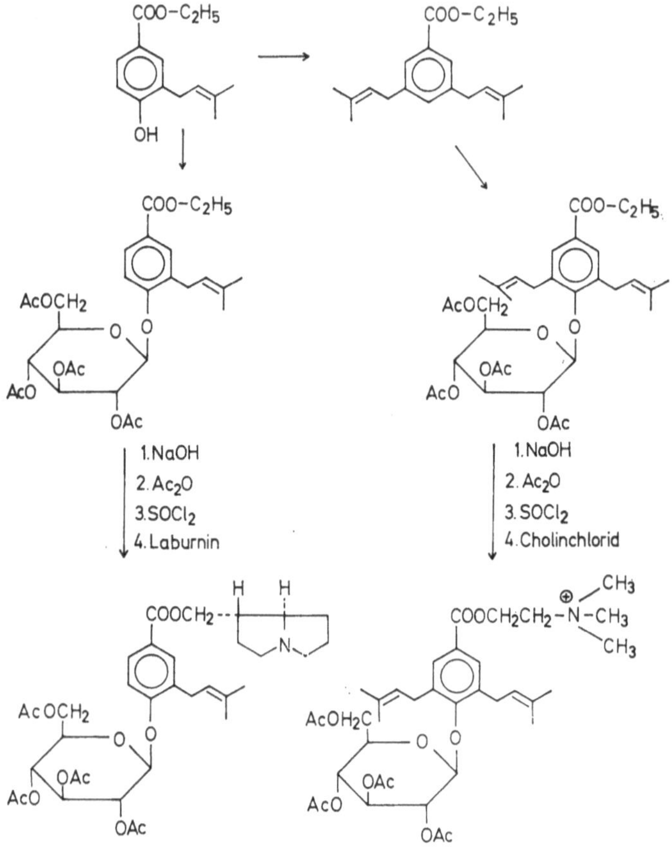

Axillarin und Axillaridin

zwei Alkaloide aus dem Samen von *Crotalaria axillaris*, besitzen auf Grund des MS eine makrocyclische Diester-Struktur mit der Pyrrolizidin-Base Retronecin.

Demgemäß führt auch die Hydrierung des Axillarins nach der anschließenden Alkalisierung zu Retronecanol. Aufschluß über die Necinsäure lieferte die Reduktion mit $LiAlH_4$. Der hierbei erhältliche Alkohol kann durch anschließende Oxydation in das durch Phenylhydrazin isolierbare 2-Isopropylprop-2-enal übergeführt werden. Da auf Grund der IR- und KMR-Untersuchungen in der Necinsäure ein vicinales Glykol vorgelegen hat, muß dem Alkaloid damit die folgende Struktur zukommen:

[1]) H. Tanino, S. Inoue, K. Nishikawa, Y. Hirata, T. **25**, 3033 (1969)

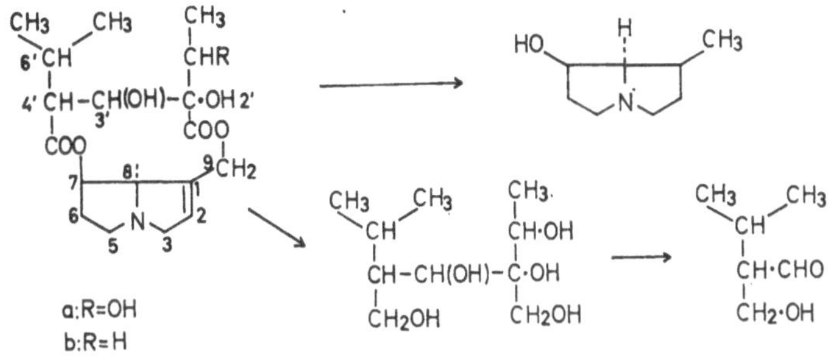

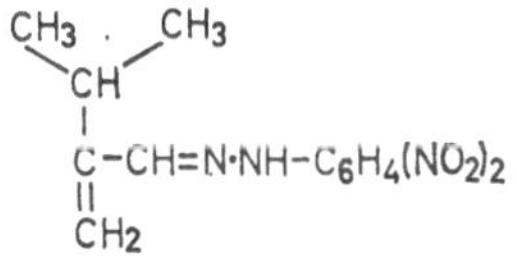

Bei der Chromatographie der Mutterlaugen konnte das Alkaloid Axillaridin, $C_{18}H_{27}NO_6$, isoliert werden und besitzt die Struktur eines Desoxyaxillaridins, wie aus den IR- und KMR-Spektren abgeleitet werden konnte.[1])

Grahamin

Grahamin, $C_{21}H_{31}NO_7$, liefert bei der Hydrolyse mit 8% HCl Monocrotalin und bei der analogen Hydrolyse mit 15% HCl eine neutrale Komponente, die als das Lacton der 4-Hydroxy-2,3-dimethylpent-2-en-säure identifiziert werden konnte.

Die Hydrolyse mit 10% alkoholischer NaOH-Lösung führt zu (—)-2-Methylbuttersäure und die Hydrogenolyse mit R-Ni zu dem Buttersäureester der Monocrotalinsäure. Hiernach kann dem Alkaloid nur die Struktur eines 3'-[(—)-2-Methylbutyryl-Derivates des Monocrotalins zukommen.

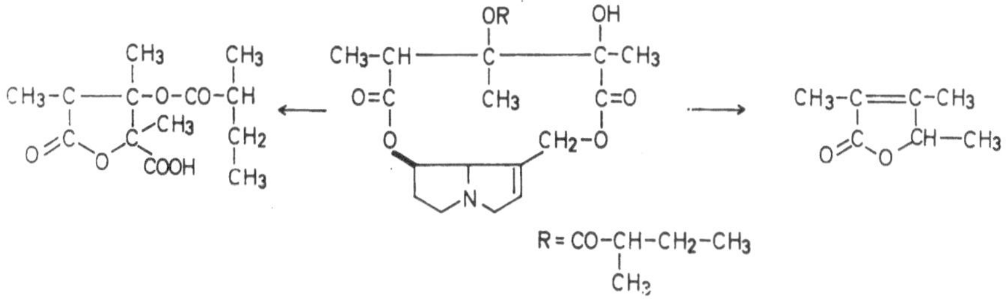

[1]) D. H. G. Crout, Chem. Soc. (C) 1379 (1969)

Für diese Struktur sprach auch das Fragmentierungsverhalten im MS[1]):

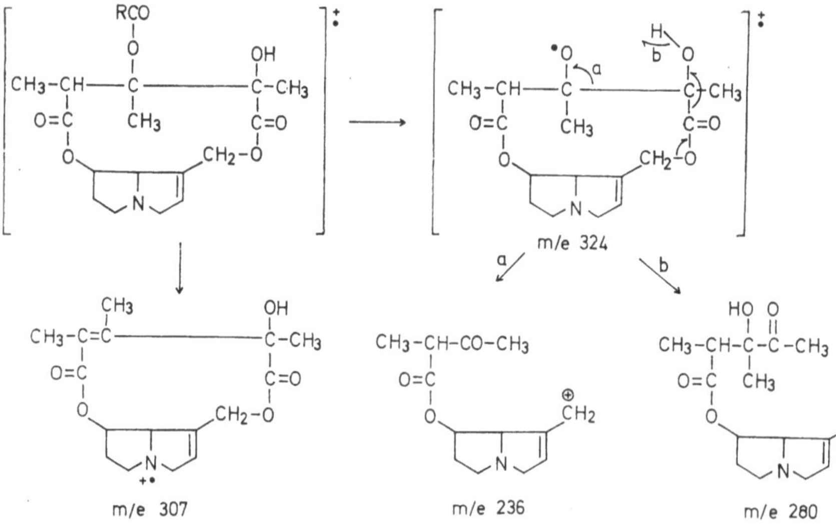

Isolin und Bislin

Isolin, $C_{20}H_{29}NO_7$, liefert bei der Hydrolyse mit Säuren und Basen Essigsäure, Retronecin und Isolinecinsäure, die auf Grund ihres spektralen Verhaltens und der Bildung eines Di-γ-Lactons beim Versetzen mit Essigsäureanhydrid wie nachstehend als 2,5-Dihydroxy-3-methylheptan-2,5-dicarbonsäure oder sein 2,4-Dihydroxyisomeres zu formulieren ist.

Unter Berücksichtigung der nicht aufgeklärten Stereochemie ist das Alkaloid daher wie folgt strukturiert[2]):

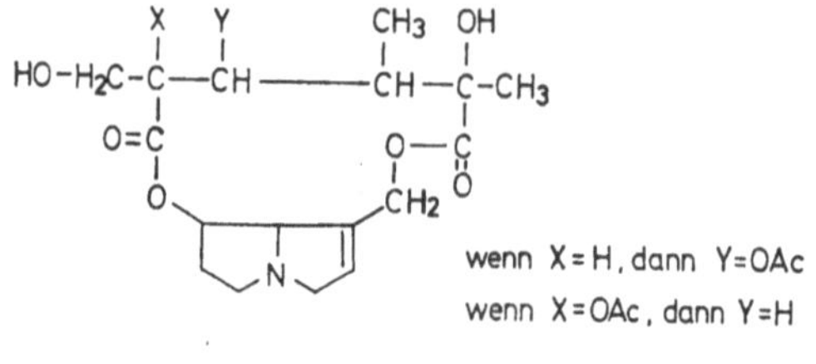

Isolin ist als das Monoacetylderivat des Bislins aufzufassen.

[1]) C. K. Atal, C. C. J. Culvenor, R. S. Sawhney, L. W. Smith, Austral. J. **22**, 1773 (1969)
[2]) E. D. Coucourakis, C. G. Gordon-Gray, Chem. Soc. 2312 (1970)

Nilgirin

Nilgirin, $C_{17}H_{23}NO_5$, eine tert. Base aus *Crotalaria mucronata*, wurde auf Grund der ausführlichen KMR-Untersuchungen in seiner Struktur abgeklärt[1]).

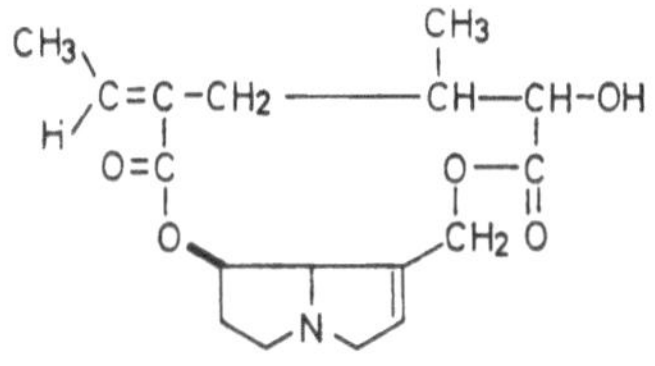

Mucronatinin

Mucronatinin, $C_{18}H_{25}NO_6$, ist ein Diastereoisomeres des Retrorsins und wurde durch den Vergleich der 220-MHz-KMR-Spektren in seiner Struktur abgeklärt. Der Unterschied der beiden Alkaloide liegt hierbei in dem makrocyclischen 12gliedrigen Diester-Ring-System, in dem die beiden Methyl- und Hydroxygruppen eine trans-Anordnung besitzen.

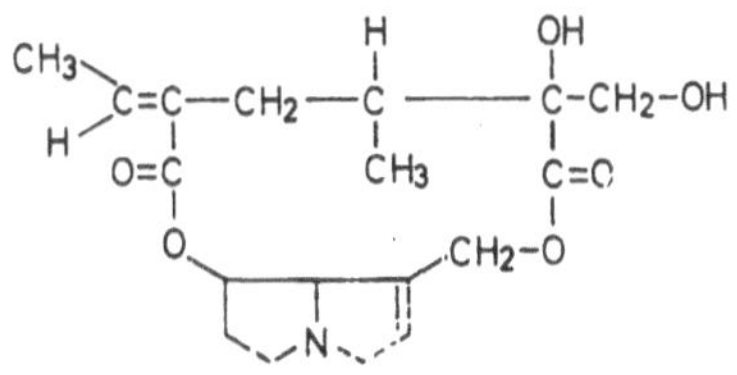

Mucronatinin

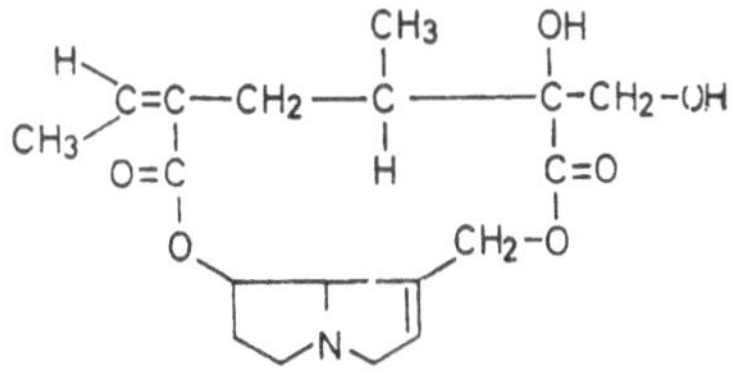

Retrorsin

In Übereinstimmung mit diesem Strukturvorschlag weisen auch beide Alkaloide im MS das gleiche Fragmentierungsverhalten auf:

[1]) C. K. Atal, R. S. Sawhney, C. C. J. Culvenor, L. W. Smith, T. L. **54**, 5605 (1968)

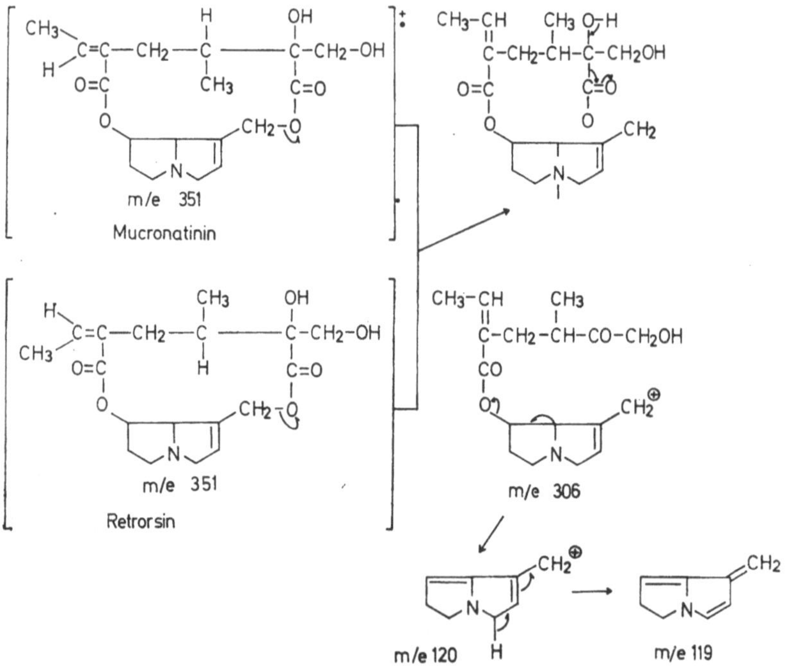

Die Bildung der Fragmente m/e 136 und 93 ist wie folgt zu erklären[1]):

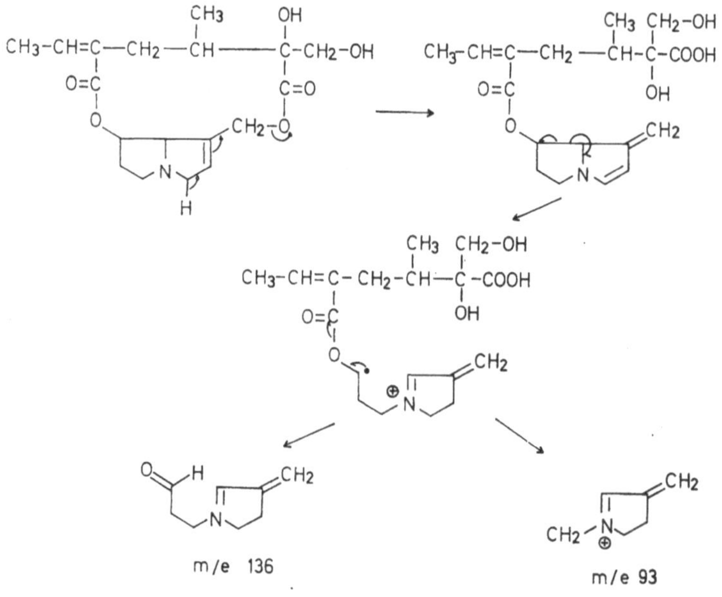

[1]) N. S. BHACCA, R. K. SHARMA, T. **24**, 6319 (1968)

Neoplatyphyllin und Hastacin

Neoplatyphyllin, $C_{18}H_{27}NO_5$, wurde aus den Mutterlaugen der industriellen Platyphyllin-Verarbeitung gewonnen und liefert bei der alkalischen und sauren Hydrolyse die gleichen Produkte wie das Platyphyllin, das als Ester des Platynecins mit Seneciosäure anzusehen ist. Hastacin liefert bei der Hydrolyse Hastanecin, Isomer mit Platynecin, und die Dicarbonsäure Integerrininsäure.

Die KMR-Spektren des Neoplatyphyllins und Hastacins ähneln weitgehend dem des Platyphyllins, bis auf eine Verschiebung der Signale für die Protonen der $CH_3-CH=C(-CO-)$-Gruppierung, so daß in den beiden Alkaloiden eine *trans*-Äthyliden-Gruppierung in der veresterten Säure vorliegen muß. Dieser Befund wird durch die Verseifung zu Integerrinecinsäure bestätigt. Damit ist das Neoplatyphyllin ein Ester des Platynecins mit Integerrinecinsäure.

Für das Hastanecin ergibt sich auf Grund der weitgehenden Ähnlichkeit der MS- von Hastacin und Hastanecin sowie der Ähnlichkeit der KMR-Spektren von Hastacin und Platyphyllin sowie von Hastanecin und Neoplatyphyllin eine diastereoisomere Struktur.

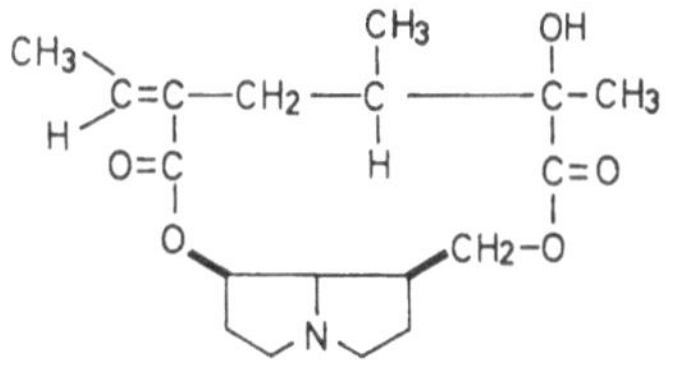

Neoplatyphyllin

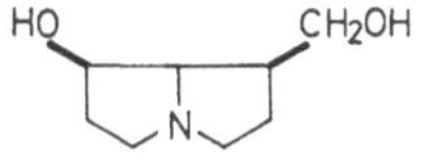

Platynecin

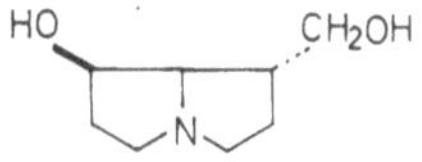

Hastanecin

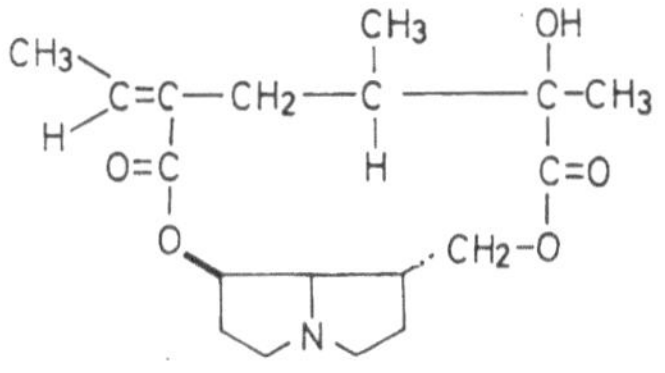

Hastacin

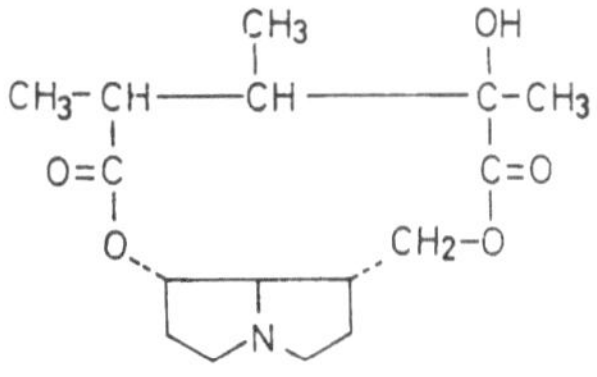

Retusin

Hastacin und Retusin sind damit die bisher einzigen Vertreter makrocyclischer Pyrrolizidin-Alkaloide mit der weniger stabilen 1α-Acyloxymethyl-Konfiguration[1]).

Axillarin

Axillarin, $C_{18}H_{27}NO_7$, weist in seinem IR-Spektrum eine wasserstoffbrückengebundene Estergruppierung und auf Grund der Reaktion mit Perjodat, wobei Acetaldehyd isoliert werden kann, ein 1,2,3-Triol-System auf. Die Reduktion mit $LiAlH_4$ führt zu einem Neutralstoff, der bei der anschließenden Hydrolyse und Versetzen mit 2.4-Dinitrophenylhydrazin das entsprechende Derivat des 2-Isopropyl-2-enals liefert. Da ferner die Hydrie-

[1]) C. C. J. Culvenor, N. I. Koretskaya, L. W. Smith, L. M. Utkin, Austral. J. **21**, 1671 (1968)

rung und anschließende Hydrolyse Retronecanol liefert, kommt dem Alkaloid durch den Vergleich mit anderen bekannten Säuren die folgende Struktur zu[1]:

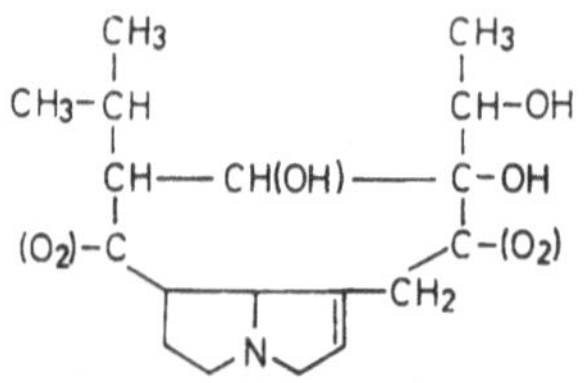

Retrorsin

Die Doppelbindung in dem Alkaloid Retrorsin ist cis-ständig angeordnet, aber die Hydrolyse mit wäßrigem Alkali des Retrorsins führt zu Isatinecinsäure, während die Hydrolyse des Alkaloids oder auch der Säure mit alkoholischem Alkali zu einer *trans*-Retronecinsäure führt. Auch die Bromierung des Retrorsins mit anschließender Debromierung und Hydrolyse liefert ein *trans*-Retrorsin-HCl[2,3,4].

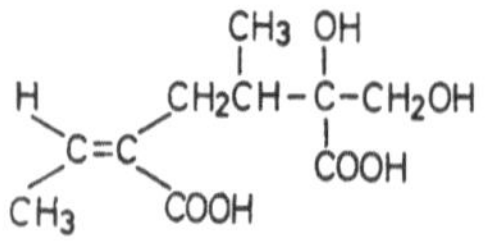

Isatinecinsäure

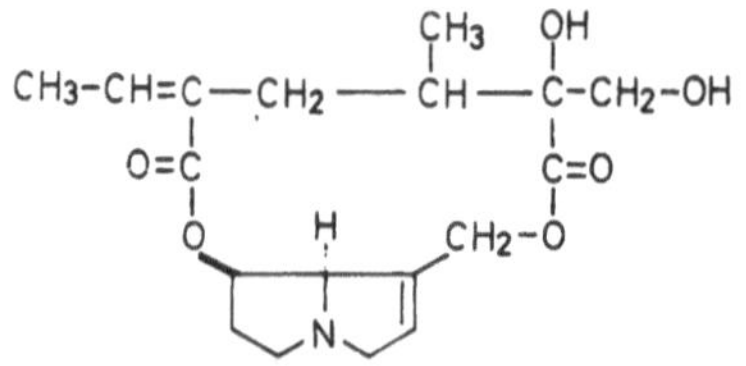

Retrorsin

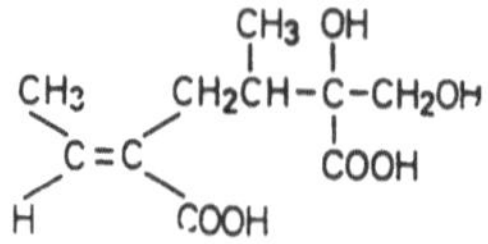

trans-Retronecinsäure

Das erste bisher bekannte Alkaloid mit einer *trans*-Retronecinsäure ist das Usaramin.[2]

Madurensin

Madurensin besitzt entgegen früheren Befunden die nachstehende Struktur, wie aus KMR-Untersuchungen abgeleitet worden ist. Das Alkaloid ist damit der erste Vertreter der makrocyclischen Diester, in dem der Makroring am C-6 haftet[5].

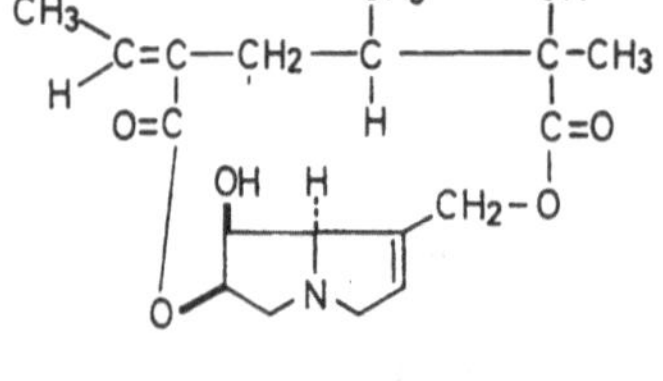

[1]) D. H. G. Crout, Chem. Comm. 429 (1968)
[2]) S. M. H. Christie, M. Kropman, L. Novellie, F. L. Warren, Chem. Soc. 1703 (1949)
[3]) C. C. J. Culvenor, L. W. Smith, Austral. J. 2127 (1966)
[4]) A. R. Mattocks, Chem. Soc. (C) 225 (1968)
[5]) C. C. J. Culvenor, L. W. Smith, R. J. Willing, Chem. Comm. 65 (1970)

Florosenin, Floricalin und Floridanin

Drei Alkaloide aus *Cacalia floridana* konnten in ihrer Struktur durch die Korrelierung mit bereits bekannten Basen und durch spektroskopische Untersuchungen abgeklärt werden.

Florosenin, $C_{21}H_{29}NO_8$, unterscheidet sich vom Otosenin durch den Mindergehalt der Elemente des Ketens, so daß Floresenin als das O-Acetylderivat des Otosenins angesehen werden kann. In Übereinstimmung mit dieser Vorstellung konnte durch Acetylierung des Otosenins das Florosenin und durch Verseifung des Florosenins das Otosenin erhalten werden.

Die Zusammensetzung des Floridanins, $C_{21}H_{31}NO_9$, legte die Vermutung nahe, daß es sich um das um ein Mol Wasser reichere Florosenin handelt. Damit wären die Basen Florosenin und Floridanin Analoga zu dem bereits bekannten Paar Otosenin und Onetin.

Auf Grund der Bruttozusammensetzung des Floricalin, $C_{23}H_{33}NO_{10}$, sowie der Reaktionsweise handelt es sich beim Floricalin um das Monoacetyl-Derivat des Floridanins.

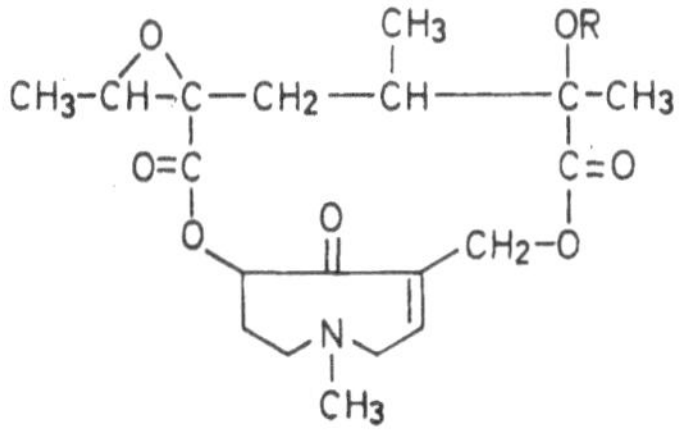

Otosenin R=H
Florosenin R=COCH3

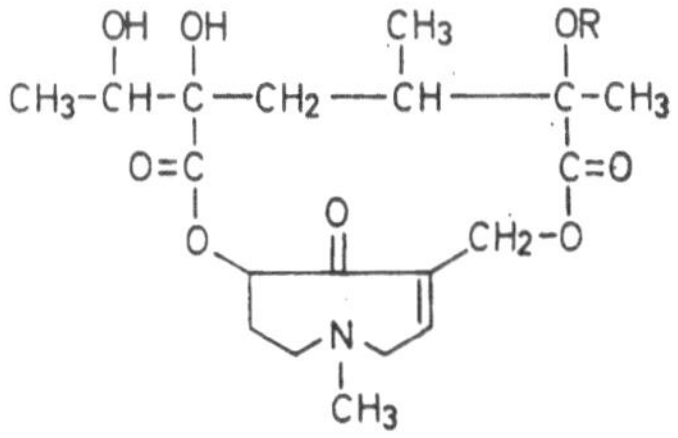

Onetin R=H
Floridanin R=COCH3

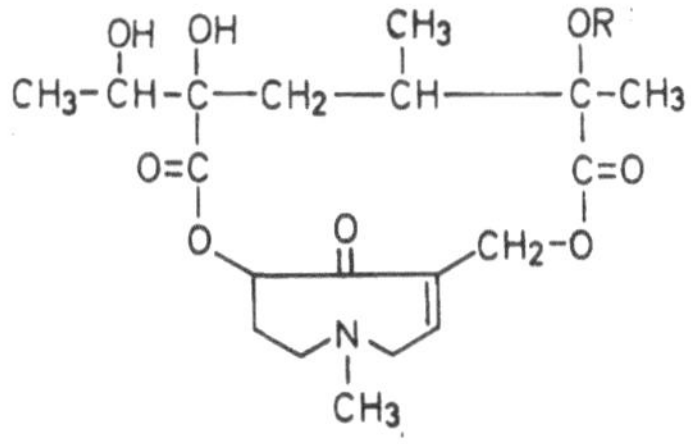

Floricalin

Die angegebenen Strukturen stimmen mit den spektralen Eigenschaften dieser Basen befriedigend überein. Als Beispiel ist das Fragmentierungsverhalten des Floridanins wiedergegeben:

[1]) M. P. Cava, K. V. Rao, J. A. Weisbach, R. F. Raffauf, B. Douglas, Org. Chem. **33**, 3570 (1968)

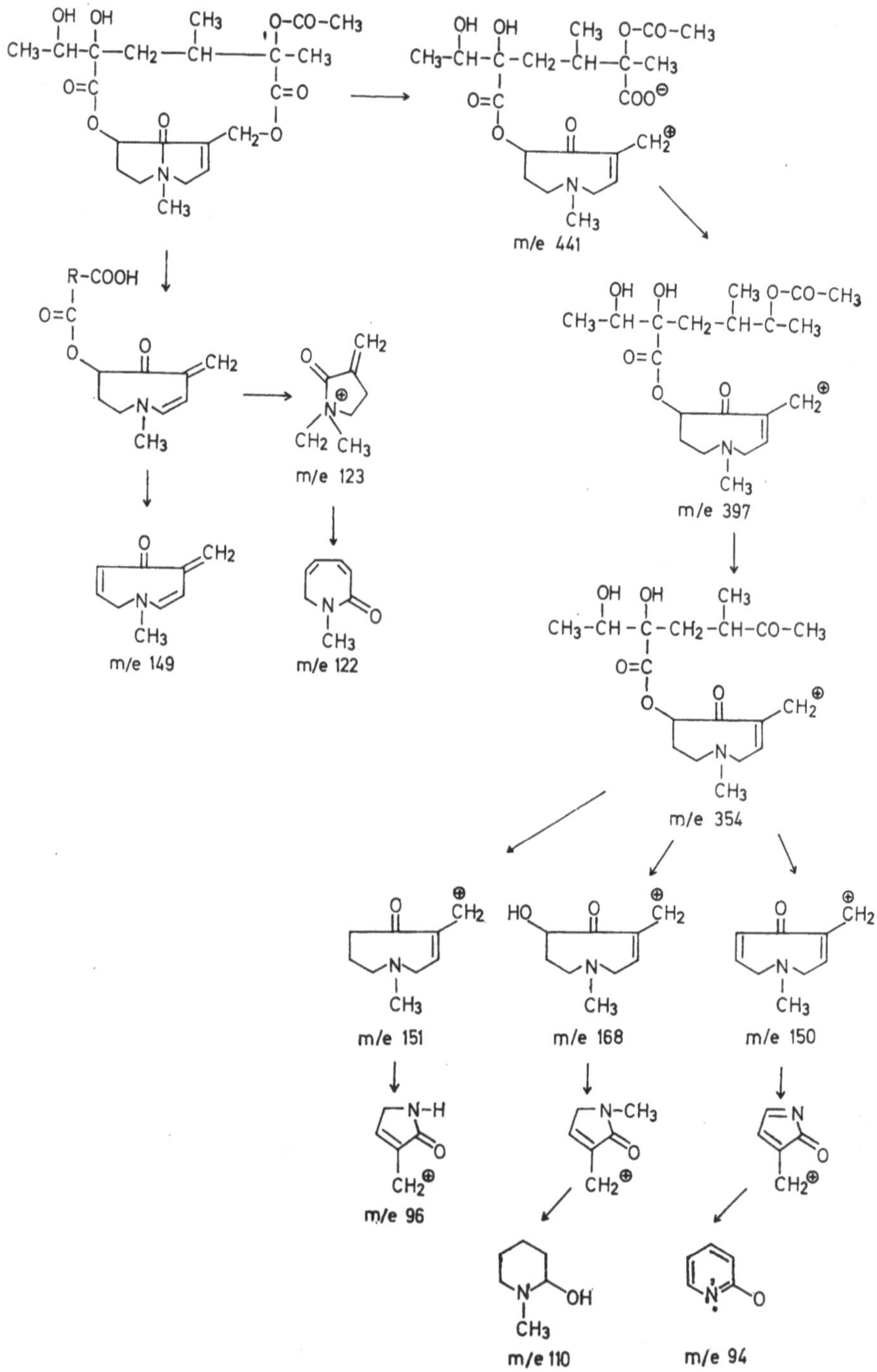
m/e 441
m/e 397
m/e 354
R-COOH
m/e 123
m/e 149
m/e 122
m/e 151
m/e 168
m/e 150
m/e 96
m/e 110
m/e 94

Auriculin

Auriculin, ein Nebenalkaloid aus *Liparis auriculata*, liefert bei der Hydrolyse mit 2 N HCl bei 100 °C Glucose, Laburnin und eine Carbonsäure.

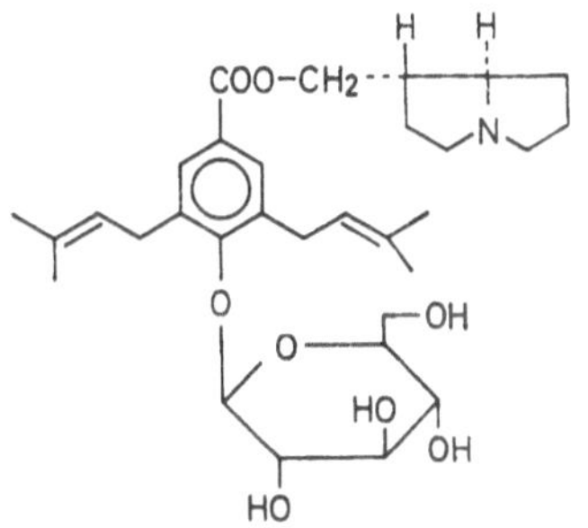

Damit ist Auriculin aus Glucose, 3,5-Dimethylallyl-4-hydroxybenzoesäure und Laburnin aufgebaut und besitzt die angegebene Struktur.

[1]) K. Nishikawa, Y. Hirata, T. L. **60**, 6289 (1968)

5. Pyridin- und Piperidin-Alkaloide

Bei den zahlreichen Pyridinverbindungen aus dem Tier- und Pflanzenreich handelt es sich entweder um einfache Abkömmlinge dieser Base, die sich durch verschiedenartige Substitution unterscheiden, oder um komplizierter gebaute Naturstoffe, die den Pyridinkern als ein charakteristisches Strukturelement enthalten. Vielfach sind die bisher bekannten Pyridinbasen durch besondere physiologische Eigenschaften ausgezeichnet. Einige der Basen treten im Grundstoffwechsel aller Organismen auf, andere sind nur Inhaltsstoffe einiger höherer Pflanzen oder Ausscheidungsprodukte bestimmter Mikroorganismen.

Zwischen den nativ vorkommenden Pyridin und Piperidin-Basen bestehen nach unseren heutigen Kenntnissen enge strukturelle Beziehungen, obgleich beiden Verbindungsklassen kein gemeinsames biogenetisches Entstehungsprinzip zugrunde liegt.

Als Substituenten einfach oder mehrfach substituierter Piperidinbasen finden sich Methyl-, Carboxyl-, Hydroxyl- und Aminogruppen sowie aliphatische Seitenketten unterschiedlicher Länge. Die Substitution erfolgt bevorzugt an den C-Atomen 2, 3 und 6 sowie am Heteroatom. In zahlreichen Fällen ist der Piperidinring in α- oder β-Stellung direkt oder über eine C-Brücke mit einem weiteren Heterocyclus verbunden. Viele der bisher aufgefundenen Piperidinbasen weisen eine ausgesprochene Artspezifität auf. Im Gegensatz zu den meisten Pyridin-Alkaloiden finden sich die Piperidinbasen oft mit strukturell andersartig gebauten Alkaloiden vergesellschaftet.

Alkaloid	Schmp.	$[\alpha]_D$	Derivat	Vorkommen
N-Methylpyridin C_7H_8N	—	—	—	*Vandopsis longicaulis*[1])
N-Methylpiperidin-N-Oxid $C_7H_{13}N_2O$	—	—	HBr 175—90°	*Vandopsis longicaulis*[1])
Nigrifactin $C_{12}H_{17}N$	—	—	Pikrat 175—6°	*Streptomyces*[2])
Lythranin	—	—	—	*Lythrum auceps*[3])
Lythranidin	—	—	—	*Lythrum auceps*[3])
Lythramin	—	—	—	*Lythrum auceps*[3])
Piperylin $C_{16}H_{17}NO_3$	142°	—	—	*Piper nigrum*[4]) *Piper trichostachyon*[5])
Piperolein-A $C_{19}H_{25}NO_3$	—	—	—	*Piper nigrum*[4])

Alkaloid	Schmp.	$[\alpha]_D$	Derivat	Vorkommen
Piperolein-B $C_{21}H_{29}NO_3$	—	—	—	*Piper nigrum*[4])
Peepuloidin $C_{16}H_{19}NO_5$	149°	—	—	*Piper peepuloides*[6])
Oncinotin $C_{23}H_{45}N_3O$	—	−29° (C)	—	*Oncinotis nitida*[7])
Gentiflavin $C_{10}H_{11}NO_3$	218—20°	—	—	*Gentiana Sp.*[8])
Piplartin $C_{17}H_{19}NO_5$	124°	—	Dihydro 116—7°	*Piper longum*[9])
3.4-Dimethoxy-ω-(2′-piperidyl)-aceto-phenon, $C_{15}H_{21}NO_3$	81—2°	0° (A)	Dihydro 143°	*Boehmeria platyphylla*[10])
Azimin $C_{24}H_{42}N_2O_4$	112—13°	−899° (M)	Dimethyl 92—3°	*Azima tetracantha*[11])
Azcarpin $C_{26}H_{46}N_2O_4$	78—80°	−343° (M)	—	*Azima tetracantha*[11])
Campedin $C_{14}H_{17}NO_4$	Öl	—	—	*Campanula medium*[12])
O-Methyllythranidin $C_{25}H_{33}NO_4$	156°	—	—	Syntheseprodukt
Isooncinotin $C_{23}H_{45}N_3O$	66—71	—	—	*Oncinotis nitida*[7])
Alk. $C_9H_{11}NO_3$	—	—	—	*Nandea diderrichii*[13])
Alk. $C_{10}H_{13}NO_3$	—	—	—	*Nandea diderrichii*[13])
Alk. $C_9H_{12}N_2O_2$	—	—	—	*Nandea diderrichii*[13])
Alk. $C_9H_9NO_2$	—	—	—	*Nandea diderrichii*[13])

1) S. Brandäge, B. Lüning, Acta Chem. Scand. **24**, 353 (1970)
2) T. Terashima, Y. Kuroda, Y. Kaneko, T. L. **30**, 2535 (1969)
3) E. Fugita, K. Fugi, K. Bessho, S. Nakamura, Chem. Pharm. Bull. **18**, 2216 (1970)
4) R. Grewe, W. Freist, H. Neumann, S. Kersten, B. **103**, 3752 (1970)
5) J. Singh, K. L. Dhar, C. T. Atai, T. L. 4975 (1969)
6) C. K. Atal, P. N. Moza, T. L. **11**, 1397 (1968)
7) M. M. Badawi, A. Guggisberg, P. v. d. Broek, M. Hesse, H. Schmid, Helv. **51** 1813 (1968)
8) N. Mollov, N. Makerov, S. Popov, B. Konzmanov, C. R. Acad. bulg. Sci. **18**, 947 (1965)
9) B. S. Joshi, V. N. Kamat, A. K. Sakena, T. L. **20**, 2395 (1968)
10) N. K. Hart, S. R. Johns, J. A. Lamberton, Austral. J. **21**, 1397 (1968)
11) T. M. Smallberger, G. J. H. Rall, H. L. DeWal, R. R. Arndt, T. **24**, 6417 (1968)
12) W. Döpke, G. Fritsch, Pharm. **25**, 128 (1970)
13) St. McLean, D. G. Murray, Canad. J. **48**, 867 (1970)

Piperolein-B

Ein Alkaloid mit einer im IR-Spektrum nachweisbaren Methylendioxygruppe sowie einer Amidfunktion, einer Doppelbindung und einem im UV-Spektrum erkennbaren Isosafrol-Chromophor besitzt nach Ausweis des KMR-Spektrums die Struktur einer 9-[3.4-Methylendioxyphenyl]-nonen-8-säure, bei der im MS nach Abspaltung von Piperidin aus dem Molekül-Ion die Spaltung in Allylstellung zum Fragment m/e 161 führt, und die anschließende Abspaltung von CH_2O und CO aus der Methylendioxygruppe die angeführten Fragmente liefert[1]).

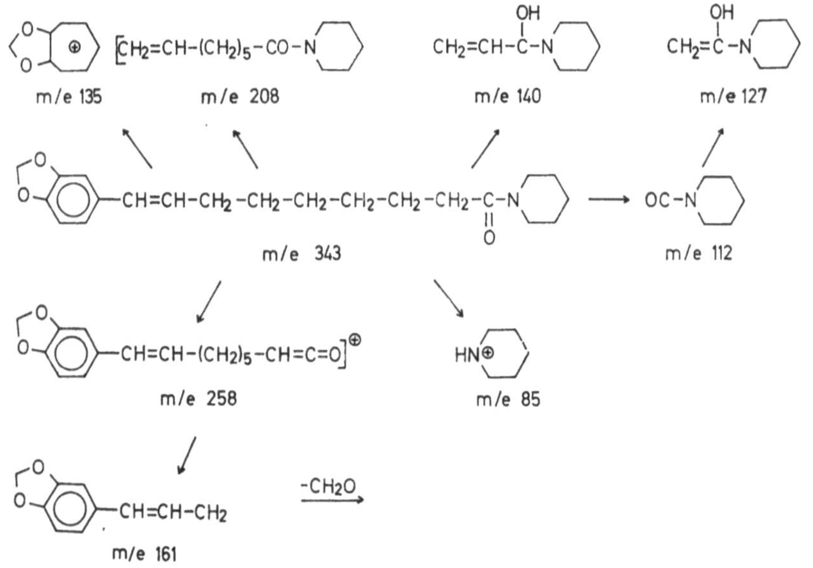

Die alkalische Verseifung des Piperolein-B liefert Piperidin und Piperoleinsäure-B, und mit OsO_4 wird das Alkaloid zu einem öligen Glykol abgebaut, das bei der Perjodsäurespaltung in Piperonal übergeht. Die Synthese des Piperolein-B gelingt durch folgende Reaktionsschritte:

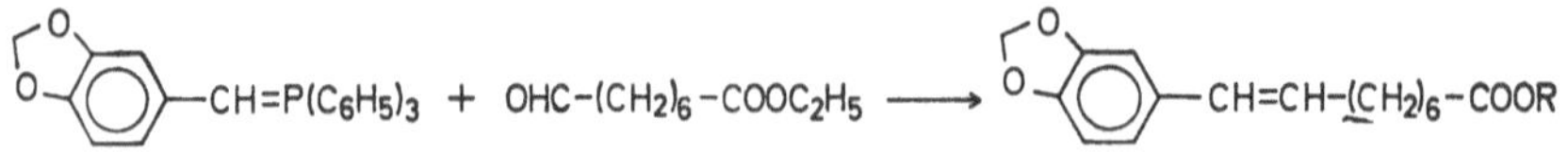

Piperolein-A

entspricht in seinem spektroskopischen Verhalten weitgehend dem voranstehenden Alkaloid und besitzt die folgende Struktur[1]):

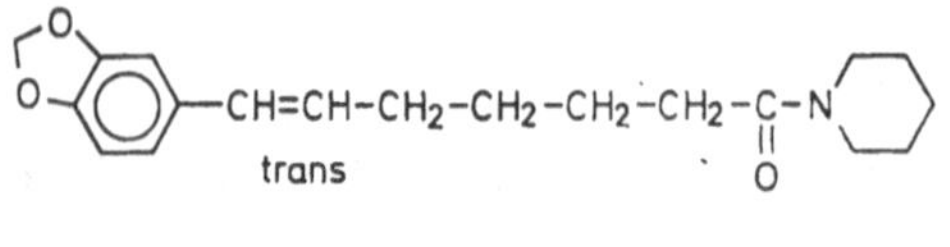

[1]) R. Grewe, W. Freist, H. Neumann, S. Kersten, B. **103**, 3752 (1970)

Lythranin, Lythranidin und Lythramin

Lythranin, Lythranidin und Lythramin sind drei Alkaloide, die aus *Lythrum auceps* isoliert werden konnten. Lythranidin enthält nach den spektroskopischen Untersuchungen eine aromatische Methoxy- und eine phenolische Hydroxygruppe sowie zwei sekundäre alkoholische, eine Iminofunktion und sechs aromatische Protonen im Molekül.

Lythranidin liefert bei der Methylierung mit Diazomethan ein amorphes O-Methyllythranidin sowie ein O.N-Dimethyllythranidin. O-Methyllythranidin geht bei der Oxydation mit $KMnO_4$ und anschließender Verätherung mit Diazomethan in eine Dimethyl-2,2'-dimethoxydiphenyl-5,5'-dicarbonsäure über.

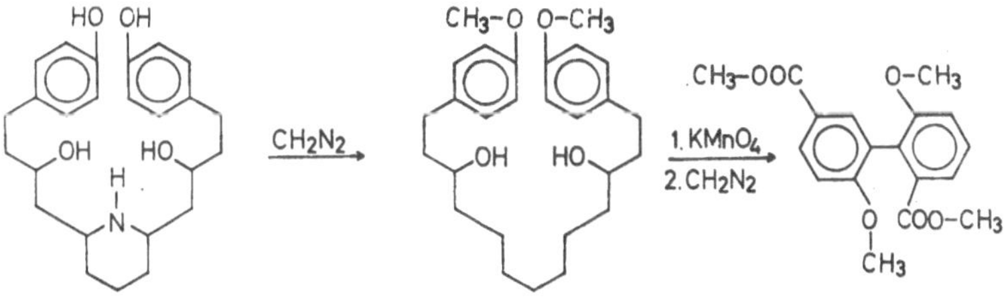

O.N-Dimethyllythranidin andererseits liefert beim Hofmann-Abbau, anschließender Hydrierung, Methylierung mit Diazomethan, Hydrierung und erneutem Hofmann-Abbau eine stickstofffreie Verbindung mit zwei sekundären Hydroxygruppen, die bei der anschließenden Oxydation in ein Diketon übergeht.

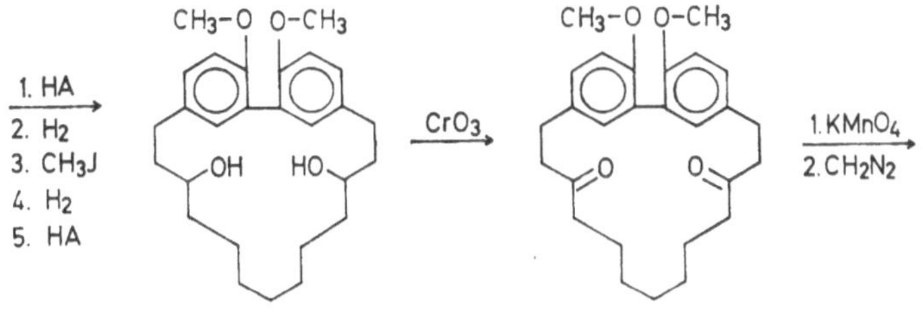

Zur Abklärung dieser Struktur wurde eine erneute Oxydation mit $KMnO_4$ und anschließender Verätherung mit Diazomethan durchgeführt, und die Oxydationsprodukte einer gaschromatographischen Untersuchung unterzogen. Hierbei konnten Adipinsäure, Azelainsäure, aber keine Sebacinsäure identifiziert werden.

Im Zusammenhang mit weiteren Abbaureaktionen und den spektroskopischen Befunden sollte dem Alkaloid damit die voranstehende Struktur zukommen[1]).

Conhydrin

Conhydrin konnte in seiner Stereochemie durch den Abbau zu L-(—)-Pipecolinsäure bereits früher abgeklärt werden. Ein weiterer Beweis für die eingenommene Konfiguration ergab sich durch die Hydrierung des (+)-2-Pyridyl-äthylcarbinols, das stereospezifisch

[1]) E. Fujita, K. Fuji, K. Bessho, S. Nakamura, Chem. Pharm. Bull. **18**, 2393 (1970)

in (+)-Conhydrin übergeführt werden konnte. Das N.O-Dibenzoyl-(+)-conhydrin wurde einem von Braun-Abbau unterworfen und führte zu (—)-3-Octyl-benzoesäureester, das sich von dem natürlich vorkommenden nur im Drehungssinn unterscheidet. Damit muß natürliches Conhydrin R-Konfiguration am Carbinol-C-Atom besitzen[1]).

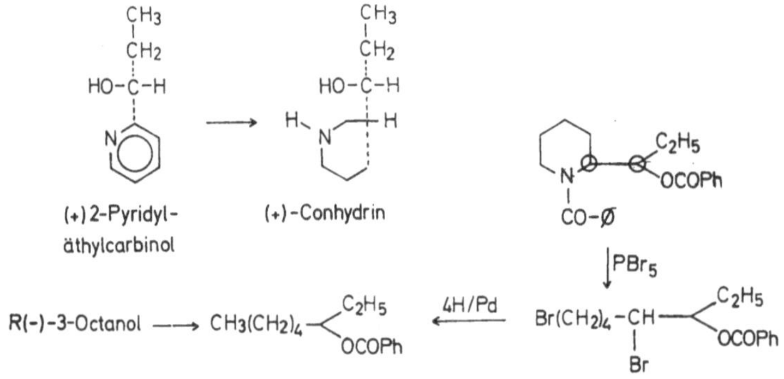

Eine einfache *Synthese der optischen Antipoden des Sedridins und Allosedridins* sowie die gleichzeitige Bestimmung der absoluten Konfiguration des (+)- und (—)-Allosedridins erfolgte wie nachstehend:

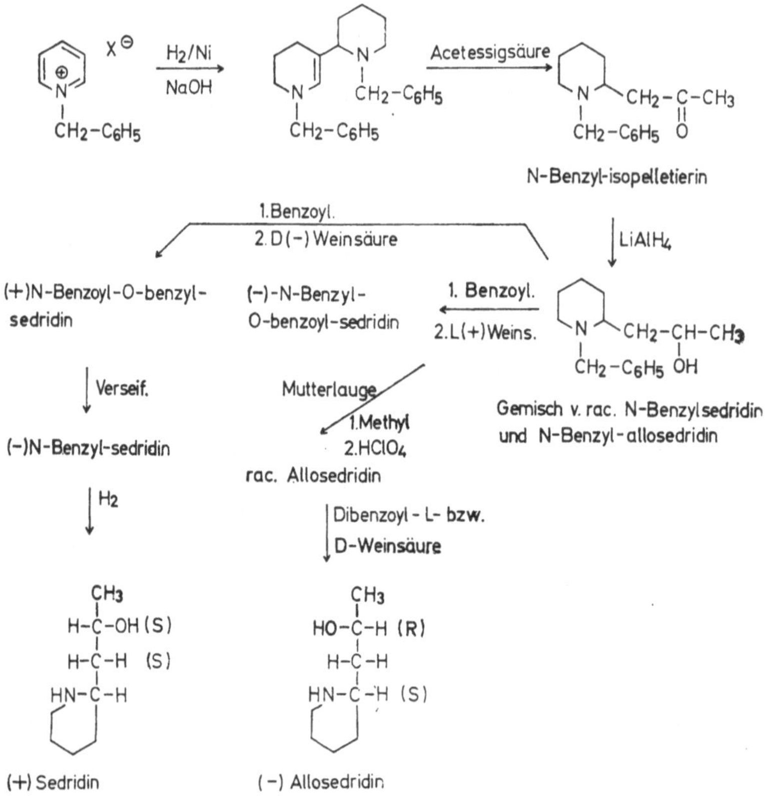

[1]) G. Fodor, E. Bauerschmidt, C. Cymerman-Craig, Canad. J. 47, 4393 (1969)

Um die Identität des linksdrehenden Isomeren mit (—)-Allosedridin zu sichern, wurde eine Synthese durchgeführt:

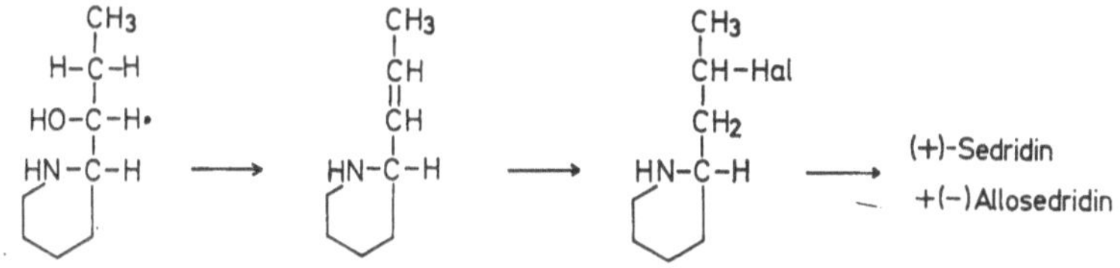

Aus diesem Zusammenhang mit (+)-Conhydrin folgt auch für das (—)-Allosedridin die gleiche Konfiguration im Piperidin-Ring wie für das (+)-Sedridin. Da dessen in der Projektionsformel wiedergegebene absolute Konfiguration im Piperidin-Ring und in der Seitenkette bekannt, (—)-Allosedridin aber vom (+)-Sedridin verschieden ist, muß es in der Seitenkette die entgegengesetzte Konfiguration besitzen[1]).

Eine direkte konfigurative Korrelierung des (+)-Sedridins mit S-(+)-Octan-2-ol konnte durch den von Braun-Abbau des (+)-O.N.-Dibenzoyl-(+)-Sedridins erreicht werden und führte zu der folgenden Stereochemie[2]).

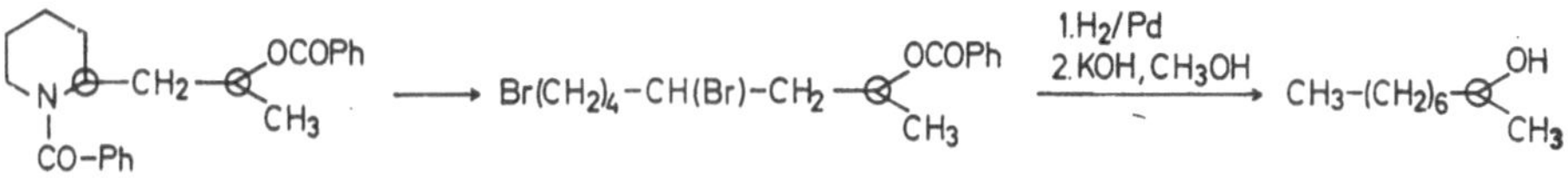

Peepuloidin,

ein Alkaloid, $C_{16}H_{19}NO_5$, das in seinem IR-Spektrum eine Amid- und eine Methylendioxygruppe sowie eine *trans*-disubstituierte Doppelbindung ausweist, besitzt auf Grund der KMR- und MS-Spektren die nachstehende Struktur, die mit der Isolierung der Dillapiolonsäure bei der Oxydation mit $KMnO_4$ übereinstimmt[3]).

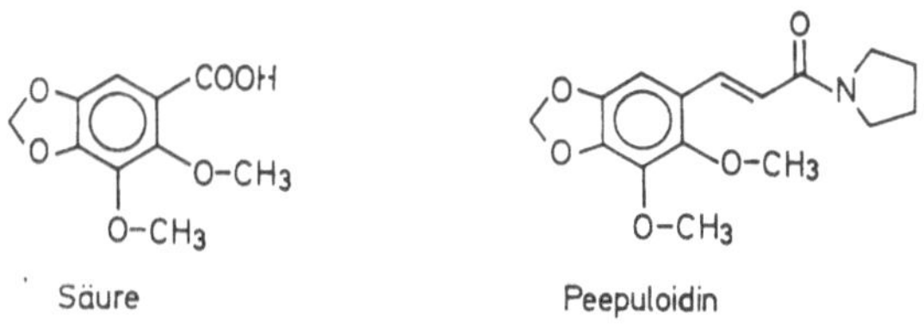

Nigrifactin

Nigrifactin, $C_{12}H_{17}N$, ein als Pikrat aus *Streptomyces* isolierbares Alkaloid, liefert bei der Hydrierung ein Octahydroderivat, das bei der Dehydrierung in 2-Heptylpyridin übergeht.

[1]) C. Schöpf, E. Gams, F. Koppernock, R. Rausch, R. Walbe, Ann. **732**, 181 (1970)
[2]) G. Fodor, D. Butruille, Chem. Ind. 1437 (1968)
[3]) C. K. Atal, P. N. Moza, T. L. **11**, 1397 (1968)

Damit ist dem Nigrifactin die Struktur[1]) eines 2-Heptytrienyl-Piperidins zuzuschreiben,

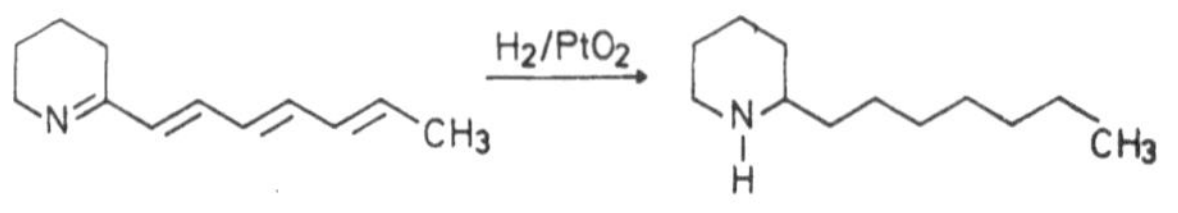

die durch die folgende Synthese[2]) bewiesen werden konnte:

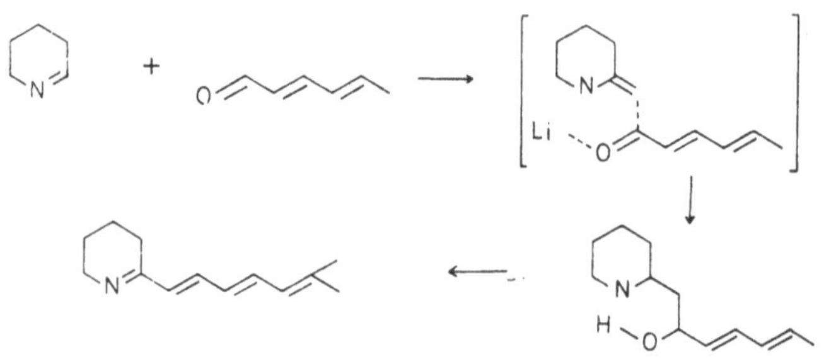

Oncinotin und Iso-oncinotin

Aus der Stammrinde der in Nigeria beheimateten Apocynacee *Oncinotis nitida* ließ sich durch Extraktion mit Methanol das ölige Oncinotin $C_{23}H_{45}N_3O$ gewinnen, das bei der Acetylierung mit Acetanhydrid/Pyridin ein öliges Monoacetylderivat und bei der Reduktion mit $LiAlH_4$ Desoxyoncinotin lieferte. Die Struktur für Oncinotin ließ sich aus der chemischen und insbesondere massenspektrometrischen Untersuchung des N.N'-Diacetyl-oncinotin-methylesters, das aus dem Alkaloid durch Erhitzen mit 2 N wäßriger Salzsäure im Bombenrohr, anschließender Veresterung mit methanolischer Salzsäure und Acetylierung darstellbar war, ableiten.

So konnte der Ester in das Methofluorid umgewandelt werden, dessen MS eindeutig die nachfolgenden Strukturen bewies.

[1]) T. Terashima, Y. Kuroda, Y. Kaneko, T. L. **30**, 2535 (1969)
[2]) H. W. Gschwend, T. L. 2711 (1970)

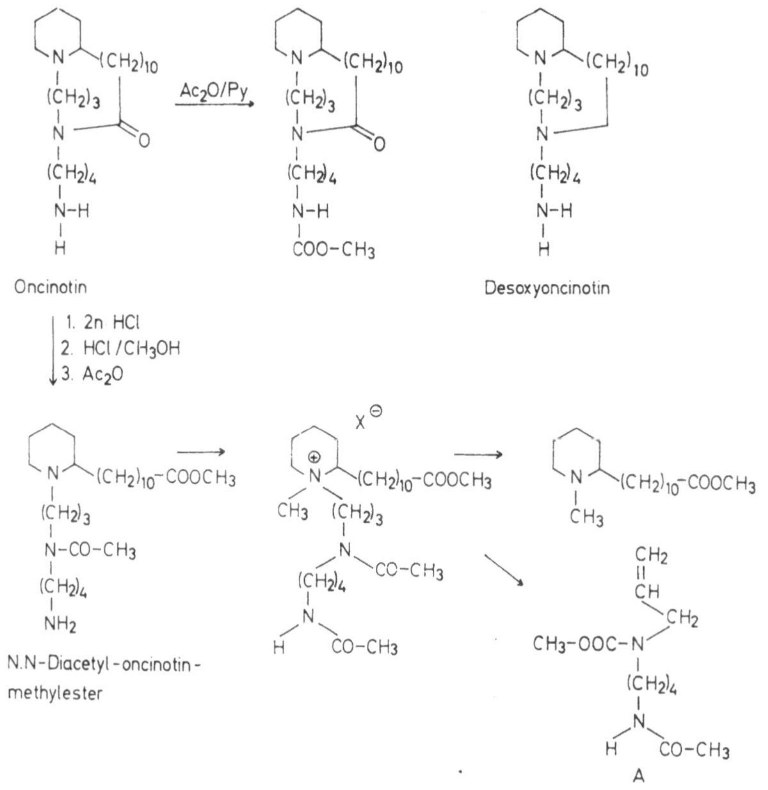

Die Bildung dieser Spaltstücke ist wie folgt zu erklären:

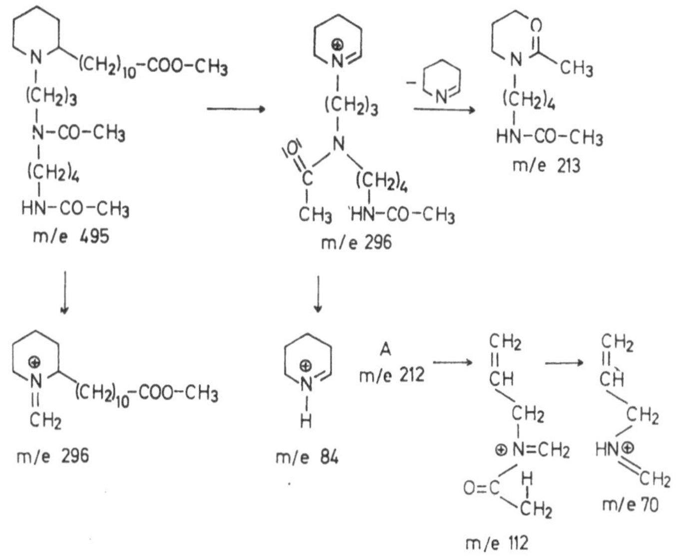

Das mit Oncinotin isomere Iso-Oncinotin ist aus Oncinotin durch Erhitzen in Substanz oder mit Säuren und Basen darstellbar, und da das letztere unter diesen Bedingungen nur eine Umamidierung erleiden kann, folgt für Isooncinotin die folgende Struktur[1]):

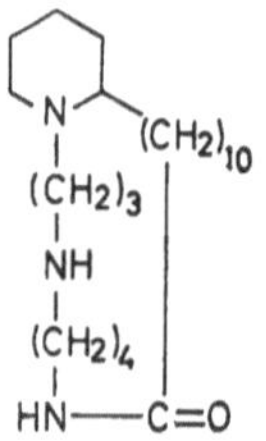

Gentiflavin

Gentiflavin, $C_{10}H_{11}NO_3$, weist in seinem IR-Spektrum eine NH-Gruppierung und eine konjugierte Carbonyl-Funktion aus, und die Gegenwart einer Aldehyd-Gruppe konnte durch die Reaktion mit ammoniakal. Silbernitrat-Lösung sowie der Bildung eines Semicarbazons bewiesen werden.

Die Oxydation mit konz. HNO_3 liefert 3,4,5-Pyridintricarbonsäure, und 4-Hydroxy-3,5-Pyridin-dicarbonsäure und die Oxydation mit Br-Wasser CO_2 und Bromgentioflavin $C_9H_8NO_2Br$, dessen IR-Spektrum ein Lacton-Carbonyl — eine N-Methylgruppe und einen aromatischen Ring ausweist, dem auf Grund der KMR-Spektren sowie der Bildung einer Hydroxysäure beim Versetzen mit Alkali die nachstehende Struktur zukommt[2]):

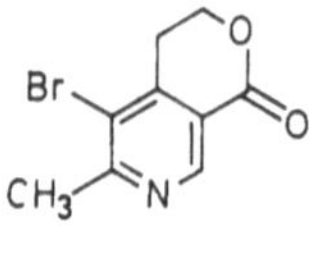

Bromgentioflavin

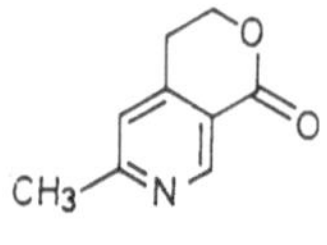

Gentianidin

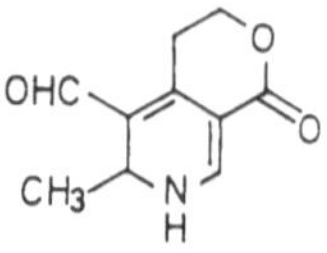

Gentiflavin

Bromgentioflavin kann durch Einwirkung von R-Ni in das Gentianidin umgewandelt werden, so daß dem Alkaloid selbst die voranstehende Struktur zugeordnet werden kann.

Alkaloide aus Sarcocephalus-Arten

Bei der Aufarbeitung der Sarcocephalus-Art *Nandea diderrichii* konnten die folgenden Pyridin-Alkaloide isoliert werden, die durch spektroskopische Untersuchungen in ihrer Struktur abgeklärt werden konnten[3]).

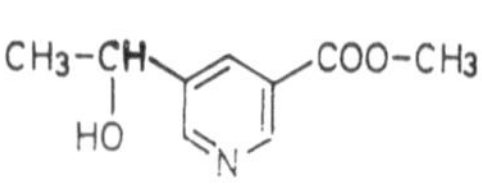

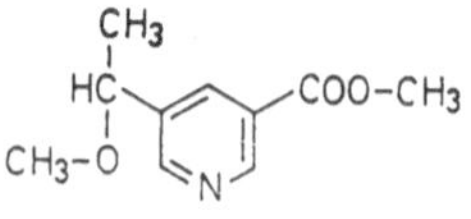

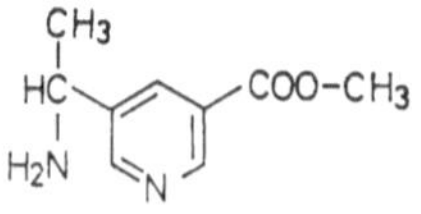

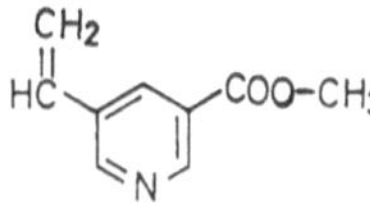

[1]) M. M. Badawi, A. Guggisberg, P. van den Broek, M. Hesse, H. Schmid, Helv. **51**, 1813 (1968)
[2]) N. L. Marekov, S. S. Popov, T. L. **24**, 1323 (1968)
[3]) St. McLean, D. G. Murray, Canad. J. **48**, 867 (1970)

Piplartin

Piplartin, $C_{17}H_{19}NO_5$, eine tert. Base aus den Wurzeln von *Piper longum*, geht bei der Reduktion mit Pd/C in Dihydropiplartin und bei der Reduktion mit PtO_2 in Essigsäure in ein Tetrahydroderivat über.

Die Ozonolyse führt zu 3,4,5-Trimethoxybenzaldehyd und die alkalische Hydrolyse zu 3,4,5-Trimethoxyzimtsäure[1]).

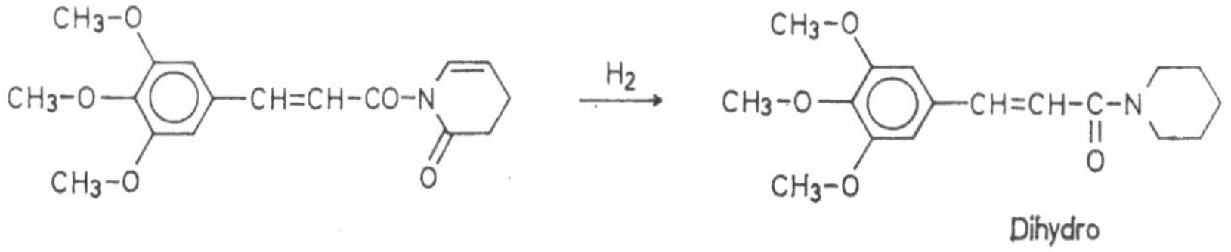

Die hierdurch abzuleitende Struktur kann durch die Resynthese aus 3,4,5-Trimethoxycinnamoylchlorid und α-Piperidon für das Dihydropiplartin bestätigt werden.

Die Zuordnung der Doppelbindung folgt aus den KMR-Untersuchungen.

3,4-Dimethoxy-(2'-piperidyl)-ω-acetophenon

Eine Überprüfung des Alkaloidgehaltes der Ostaustralischen Species *Boehmeria platyphylla* (Urticaceae) führte zur Isolierung und Identifizierung eines Alkaloids, dem die Struktur eines 3,4-Dimethoxy-(2'-piperidyl)-ω-acetophenons zukommt[2]),

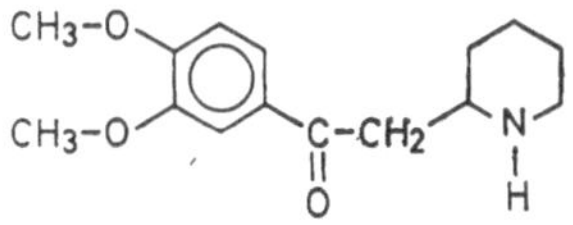

da es aus dem Pleurospermin durch Methylierung gewonnen werden kann.

Azimin und Azcarpin

Die Struktur und Konfiguration des Azimins und Azcarpins konnten durch die Umwandlung des Azimins in den N-Methylcaraminsäuremethylester, dessen Konfiguration bekannt ist, durch die folgende Reaktionsfolge bestimmt werden:

[1]) B. S. Joshi, V. N. Kamat, A. K. Saksena, T. L. **20**, 2396 (1968)

[2]) N. K. Hart, S. R. Johns, J. A. Lamberton, Austral. J. **21**, 1397 (1968)

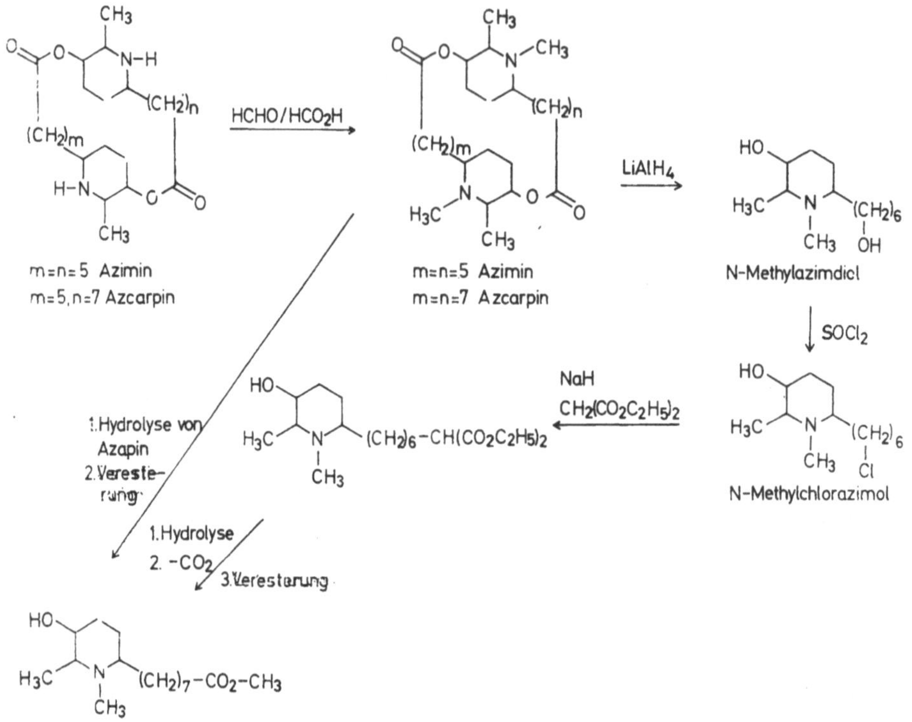

Die absolute Konfiguration des C-3 im Azimin wurde aus ORD-Untersuchungen abgeleitet, wonach eine S-Konfiguration vorliegt. Somit handelt es sich beim Azimin um das *bis*-Lacton des 2(S)-Methyl-3(S)-hydroxy-6(R)-(5′-carboxypentyl-piperidins und beim Azcarpin um das 2(S)-Methyl-3(S)-hydroxy-6R)-(5′-carboxypentyl)-piperidin.

Campedin

Campedin, $C_{14}H_{17}NO_4$, eine aus dem Samen von *Campanula medium* isolierbare Base, die in ihrem IR-Spektrum eine Sechsringcarbonylfunktion und eine phenolische Hydroxygruppe aufweist, besitzt auf Grund der spektroskopischen Untersuchungen die folgende Struktur:

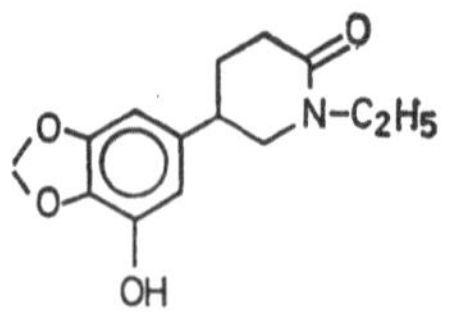

[1]) T. M. Smalberger, G. J. H. Rall, H. L. de Waal, R. R. Arndt, T. **24**, 6417 (1968)
[2]) W. Döpke, G. Fritsch, Pharm. **25**, 128 (1970)

Hystrin

Eine Synthese für das Hystrin nimmt den folgenden Verlauf[1]):

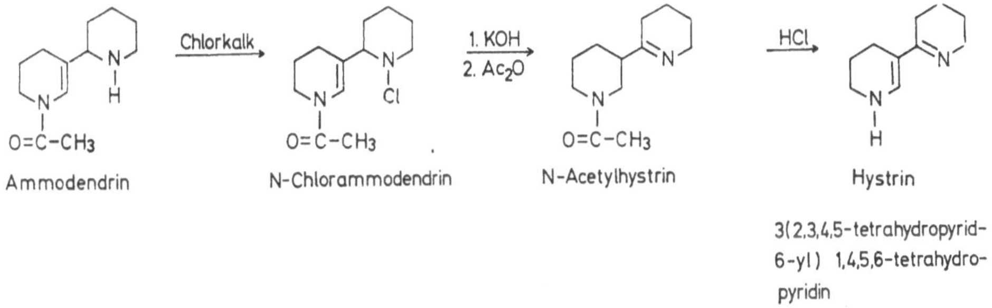

Viridicatin und verwandte Verbindungen

Viridicatin, Viridicatol und Cyclopenin und Cyclopenol bilden sich aus Anthranilsäure und Phenylalanin[2]). Anthranilsäure-(Ring-T) konnte in alle vier Alkaloide inkorporiert werden.[3,4]) Anthranilsäure-(^{14}COOH) zeigte dagegen nur einen Einbau in Cyclopenin und Cyclopenol.[3,4,5,12]) Durch Einwirkung von Säure, Alkali bzw. von Cyclopenase, einem aus Pilzen isolierten Ferment, wird Cyclopenin und Cyclopenol in Viridicatin bzw. Viridicatol umgewandelt, wobei als Nebenprodukte Methylamin und Kohlendioxid entstehen.[6–9]) Die Tatsache, daß das gebildete Kohlendioxid die gesamte Radioaktivität aus der Anthranilsäure-(^{14}COOH) enthielt, beweist deren spezifischen Einbau in Cyclopenin und Cyclopenol. Mit verschieden radioaktiv markierten Phenylalaninen sollte der spezifische Einbau dieser Aminosäure gezeigt werden.[3,4,5,12]) In Cyclophenol wurde Anthranilsäure und L-Phenylalanin mit ihrem Stickstoff inkorporiert.[12]) Die Tatsache, daß Phenylalanin auch sehr gut in die Alkaloide Cyclopenol und Viridicatol eingebaut wird, weist darauf hin, daß die m-ständige Hydroxylgruppe durch nachträgliche Oxydation entsteht. Es konnte gezeigt werden, daß mischfunktionelle Oxygenasen daran beteiligt sind.[13]) Dabei tritt ein NIH-Shift auf.[13]) Bei der Biosynthese dieser Alkaloide entstehen zuerst die Basen Cyclopenin und Cyclopenol, die dann in Viridicatin und Viridicatol übergehen. Der 3-Hydroxy-Sauerstoff des Viridicatins entsteht aus dem Epoxidsauerstoff des Cyclopenins[9]), der seinerseits mittels einer mischfunktionellen Oxygenase eingebaut wird, wie aus Untersuchungen mit $^{18}O_2$ hervorgeht[13]). Die N-Methylgruppen von Cyclopenin und Cyclopenol entstammen dem Methionin[12]). Für den Mechanismus des Übergangs werden verschiedene Möglichkeiten diskutiert.[2,9,10,11])

1) W. STEINEGGER, P. WEBER, Helv. **51**, 206 (1968)
2) M. LUCKNER, in: K. MOTHES u. H. R. SCHÜTTE, „*Biosynthese der Alkaloide*“. VEB Deutscher Verlag der Wissenschaften, Berlin 1969, S. 532
3) M. LUCKNER, K. MOTHES, T. L. 1035 (1962)
4) M. LUCKNER, K. MOTHES, Arch. **296**, 18 (1963)
5) Y. S. MOHAMMED, M. LUCKNER, T. L. 1953 (1963)
6) M. LUCKNER, Verh. Ges. exp. Med. DDR **6**, 395 (1964)
7) M. LUCKNER Scientiae Pharmaceuticae I, Proc. 25th Congr. Pharmac. Sci., Prague 24.—27 August 1965, S. 449

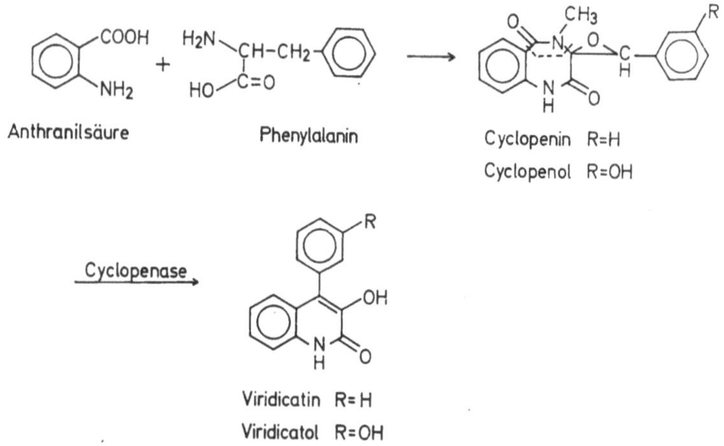

[8]) M. LUCKNER, European J. Biochem. 2, 74 (1967)'
[9]) M. LUCKNER, K. WINTER, J. REISCH, European J. Biochem. 7, 380 (1969)
[10]) H. W. SMITH, H. RAPOPORT, Amer. Soc **91**, 6083 (1969)
[11]) J. D. WHITE, M. J. DUNSDALE, Chem. Commun. **1969**, 1285
[12]) L. NOVER, M. LUCKNER, European J. Biochem. J. **10**, 268 (1969)
[13]) L. NOVER, M. LUCKNER, FEBS Letters **3**, 292 (1959)

6. Pyrindan-Alkaloide (Monoterpen – Alkaloide)

Die zu dieser Gruppe zusammengefaßten Alkaloide besitzen ein Gerüst aus zehn C-Atomen, denen ein Pyridinring mit einem ankondensierten Methylcyclopenten-Ring zugrunde liegt.

Grundkörper dieser Verbindungsklasse ist das L(—)-Actinidin aus *Actinidia polygama* sowie das als Inhaltsstoff von *Valeriana officinalis* nachgewiesene (—)-Methoxyactinidin.

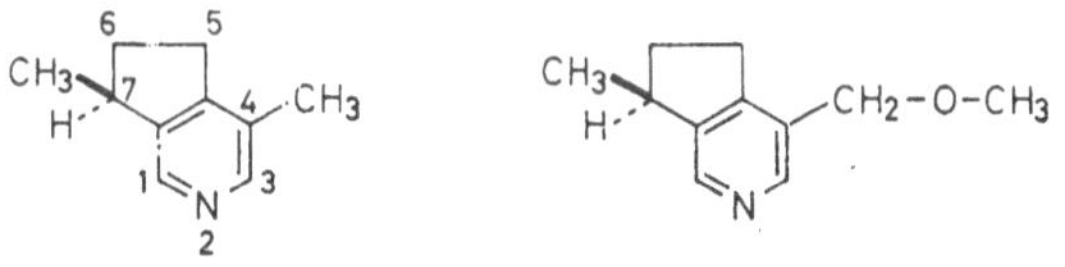

L-(–)Actinidin (–)Methoxyactinidin

Alkaloid	Schmp.	[α]	Derivat	Vorkommen
Jasminin $C_{11}H_{12}N_2O_3$	174—6°	−37° (C)	—	*Jasminium Spec.*[1]) *Ligustrum noroguineense*
Unbenanntes Alkaloid $C_{11}H_{13}NO_3$	132—3°	−34° (C)	—	*Jasmium Sp.*[2])
Cantleyin $C_{11}H_{13}NO_3$	130°	−40° (C)	—	*Cantleya corniculata*[3])
β-Skytanthin-N-Oxid $C_{11}H_{21}NO$	218°	—	—	*Skytanthus acutus*[4])
Pedikulin $C_{10}H_{11}NO$	188—9°	+62° (C)	—	*Pedicularis olgae*[5])
Valerianin $C_{11}H_{15}NO$	134°	−10° (M)	—	*Valeriana officinalis*[6])
Plantagonin $C_{10}H_{11}NO_2$	218—20°	+31°	—	*Plantago indica*[7])
Indicain $C_{10}H_{11}NO$	—	—	—	*Plantago indica*[7])

1) N. K. Hart, S. R. Johns, J. A. Lamberton, Austral. J. **12**, 1321 (1968)
2) N. K. Hart, S. R. Johns, J. A. Lamberton, Austral. J. **22**, 1283 (1969)
3) Th. Sevenet, B. C. Das, J. Parello, P. Portier, Bull. 3120 (1970)
4) M. Streeter, P. G. Adolphen, H. H. Appel, Chem. Ind. 1631 (1969)
5) A. Abdusamatov, Ch. Ubajev, S. Y. Yunusov, Chem. nat. Verb. 136 (1968)
6) B. Franck, U. Petersen, F. Hüper, Angew. Chem. **82**, 875 (1970)
7) A. V. Danilova, R. A. Konovalova, Zh. Obshch. Khim 22, 2237 (1952)

Alkaloid	Schmp.	[α]	Derivat	Vorkommen
Cantleyin $C_{11}H_{13}NO_3$	130°	−40° (C)	—	*Cantleya corniculata*[2])
Jasminin $C_{11}H_{12}N_2O_3$	174°	−37° (C)	—	*Jasmium Sp.* *Ligustrum novoguieense*[1])
N-Normethylskytanthin			Pikr. 179	
$C_{16}H_{22}N_4O_7$	125/13°	+35°	—	*Tecoma stans*[3])
4-Nor-actinidin $C_9H_{11}N$	—	—	Pikrat 135° [α] +21° (C)	*Tecoma stans*[3])
Boschniakin $C_{10}H_{11}NO$	—	—	—	*Tecoma stans*[3])
Alkaloid $C_{11}H_{21}NO$	—	—	—	*Tecoma stans*[3])
Alkaloid $C_1H_{21}NO$	—	—	—	*Tecoma stans*[3])

Patchoulipyridin

ist ein Sesquiterpenalkaloid aus ***Pogostemon pathcouly***, dessen Grundgerüst einen Pyridin-Kern besitzt. Die Struktur konnte durch die Fragmentierung im MS sowie durch eine

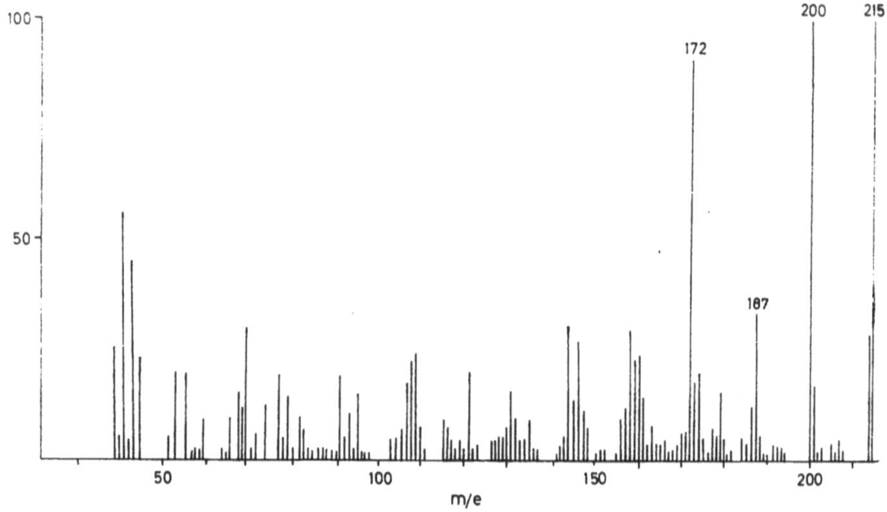

Synthese bewiesen werden[4]).

[1]) N. K. Hart, S. R. Johns, J. A. Lamberton, Austral. J. **21**, 1321 (1968)
[2]) T. Sevenet, B. C. Das, J. Parello, P. Potier, Bull. 3120 (1970)
[3]) E. M. Dickinson, G. Jones, T. **25**, 1523 (1969)
[4]) M. C. Cren, G. Defaye, M. Fetizon, Bull. 3020 (1970)

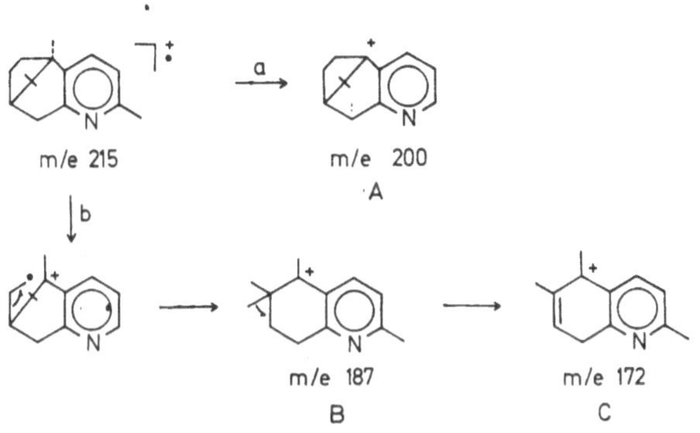

Pedikulin

Pedikulin, $C_{10}H_{11}NO$, eine Pyridinbase mit einer allylständigen Hydroxygruppe sowie einer C-Methylgruppe, besitzt auf Grund der MS-Untersuchungen wahrscheinlich die folgende Struktur[1]):

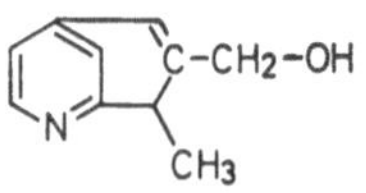

Valerianin

Valerianin, ein aus frischen Valeriana-Wurzeln isolierbares tert. Alkaloid der Zusammensetzung $C_{11}H_{15}NO$, besitzt auf Grund der spektroskopischen Befunde sowie der Synthese die folgende Struktur[1]):

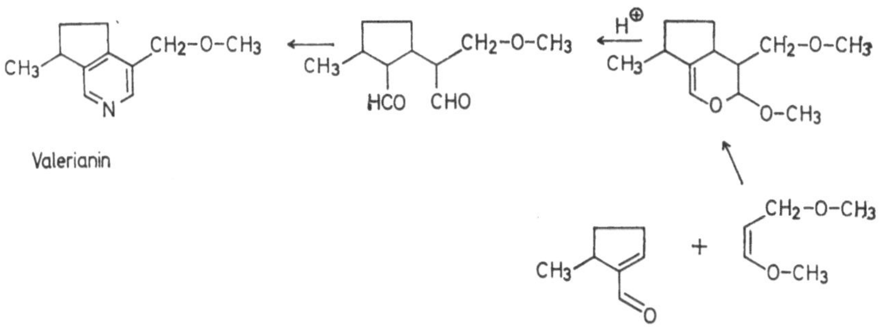

Der nach der Racematspaltung mit Dibenzoylweinsäure erhaltene (—)-Antipode stimmt auch in der optischen Drehung gut mit dem nativen Alkaloid überein. Da Valerianin mit seinem chiralen Chromophor und in der optischen Drehung mit dem Actinidin und dem Tecostidin entspricht, dürfte ihm wie diesen beiden Alkaloiden die S-Konfiguration und

[1]) A. Abdusamatov, Ch. Ubajev, S. Y. Yunusov, Chem. nat. Verb. 136 (1968)

damit die vollständige Struktur[1])

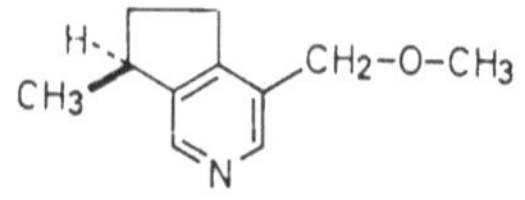

zukommen.

Alkaloid RW-47 und Venoterpin,

zwei seit längerer Zeit bekannte Alkaloide, wurden auf Grund des Interesses an der Stereochemie von di- oder trisubstituierten cyclopentanoiden Monoterpenen erneut einer Prüfung unterzogen. Durch den Vergleich der ORD- und CD-Kurven konnte nunmehr die Identität festgestellt werden. Da die absolute Konfiguration des L-(—)-Actinidins bekannt ist[2]), konnte auf Grund der KMR- und ORD-Untersuchungen für das Venoterpin eine enantiomere Anordnung in der Benzylposition abgeleitet werden.

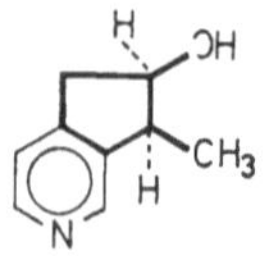

Plantagonin und Indicain

zwei Monoterpen-Alkaloide aus *Pedocularis olgae* und *Plantago indica*, besitzen auf Grund der UV- und KMR-Spektren die folgenden Strukturen[4]):

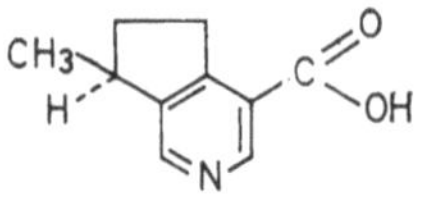

Plantagonin

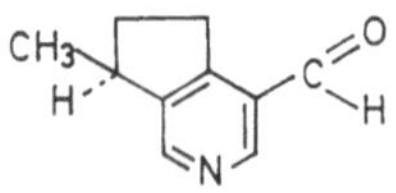

Indicain

Alkaloid aus Jasminum

Ein nicht näher bezeichnetes Alkaloid aus einer Jasminum-Species, besitzt auf Grund der spektroskopischen Untersuchungen die folgende Struktur[5]):

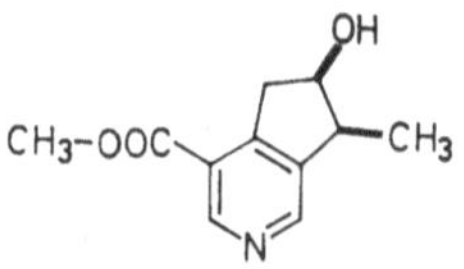

[1]) B. Franck, U. Petersen, F. Hüper, Angew. Chem. 875 (1970)
[2]) L. A. Mitscher, A. B. Ray, A. Chatterjee, T. L. **23**, 2763 (1968)
[3]) T. Sakan, A. Fujino, F. Murai, Y. Butsugan, A. Suzuki, Bull. chem. Soc. Jap. **32**, 315 (1959); **33**, 712 (1960)
[4]) K. Torssell, Acta Chem. Scand. **22**, 2715 (1968)
[5]) N. K. Hart, S. R. Johns, J. A. Lamberton, Austral. J. **22**, 1283 (1969)

Jasminin

Jasminin, $C_{11}H_{12}N_2O_3$, besitzt auf Grund vornehmlich spektroskopischer Untersuchungen die nachstehende Struktur, die als Wannenkonformation vorliegen sollte[1]).

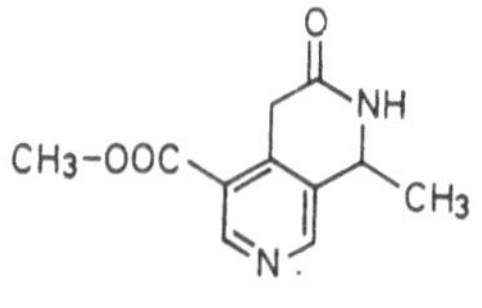

Jasminin

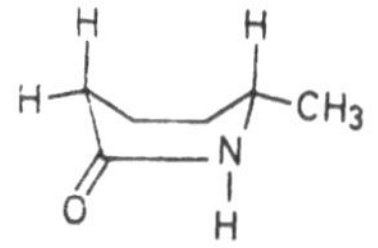

Cantleyin

ein weiteres Monoterpen-Alkaloid, besitzt nach eingehender Untersuchung der Spektren die folgende Struktur:

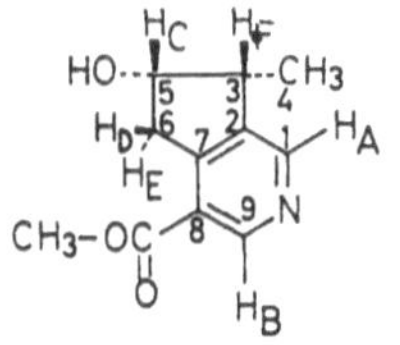

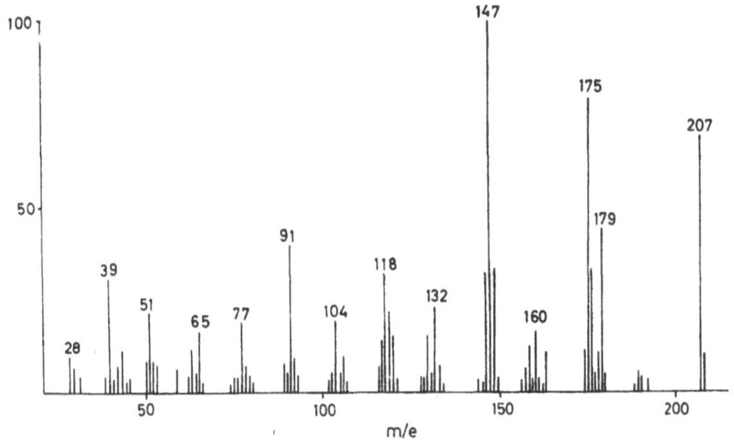

Die Bildung der Hauptfragmente wird dabei im Sinne der folgenden Fragmentierung interpretiert.

[1]) N. K. Harte, S. R. Johns, J. A. Lamberton, Austral. J. **21**, 1321 (1968)
[2]) Th. Sévenet, B. C. Das, J. Parello, P. Portier, Bull. 3120 (1970)

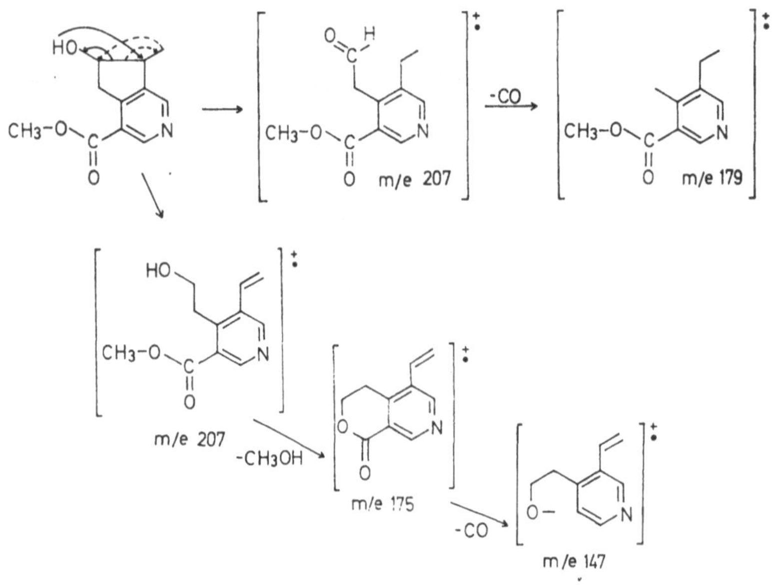

N-Normethylskytanthin, 4-Noractinidin, Boschniakin und zwei unbenannte Alkaloide

N-Normethylskytanthin, eine aus *Tecoma stans* isolierbare Base, konnte durch die Dehydrierung zu D,L-Actinidin in seiner Struktur abgeklärt werden.

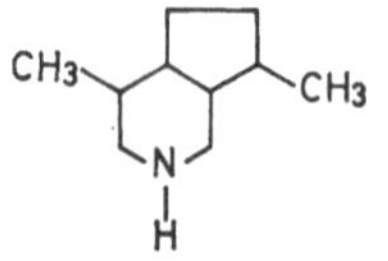

N-Normethylskytanthin

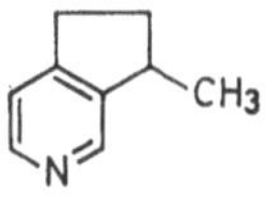

4-Noractinidin

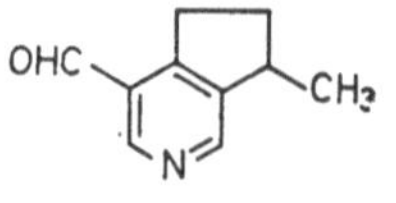

Boschniakin

Die Basen 4-Noractinidin und Boschniakin besitzen auf Grund der spektroskopischen Untersuchungen die angeführten Strukturen, während zwei weitere tert. Alkohole nach den bisherigen Untersuchungen die möglichen, in der folgenden Abb. dargestellten Strukturen besitzen:

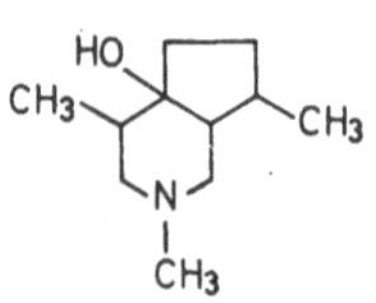

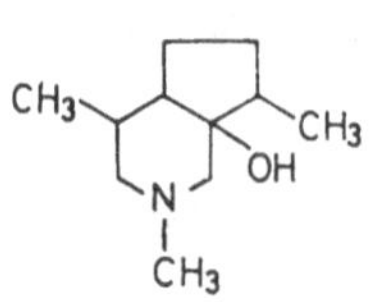

[1]) E. M. Dickinson, G. Jones, T. **25**, 1523 (1969)

7. Secamin- und Secodin-Alkaloide

Aus der besonders umfangreichen und strukturell so vielfältigen Gruppe der Indolalkaloide kennt man seit kurzer Zeit Verbindungen, die neben dem charakteristischen Indolteil einen Piperidinring besitzen. Zu diesen Verbindungen gehören die seit einigen Jahren bekannten dimeren Alkaloide Dihydrosecamin, Tetrahydrosecamin und Secamin aus der Apocynacee *Rhazia stricta* und aus *R. orientalis*. Die entsprechenden monomeren Basen, die Secodine, besitzen am C-2 des Indolkerns eine Äthylgruppe oder einen verzweigten C-3-Rest. Das C-Atom 3 des Indols ist über eine Äthylenbrücke mit dem Heteroatom eines äthylsubstituierten Piperidinringes verbunden.

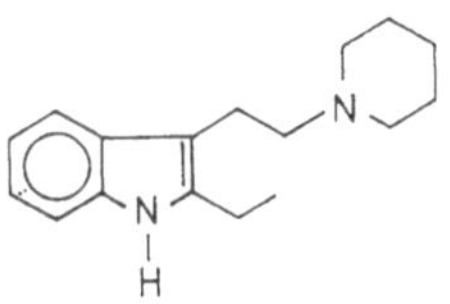

2-Äthyl-3-[2'(3''-äthylpiperidin)-äthyl] indol

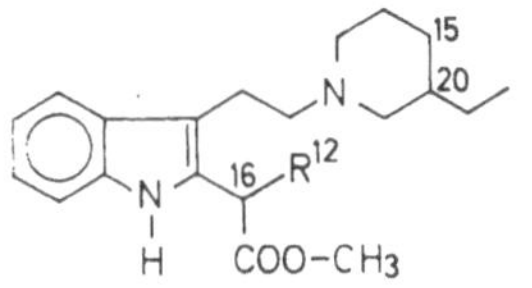

Tetrahydrosecodin

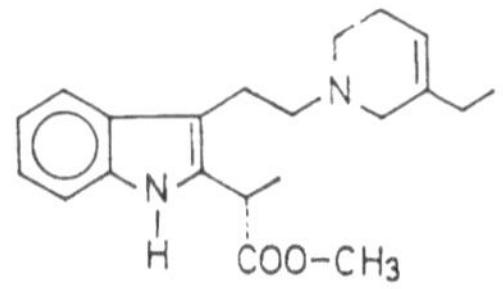

Dihydrosecodin

Die Alkaloide stellen sicherlich Nebenprodukte der zu den Indolbasen führenden Biosynthese dar.

Alkaloid	Schmp.	$[\alpha]_D$	Derivat	Vorkommen
16,17,15,20-Tetra-hydrosecodin $C_{21}H_{30}N_2O_2$	—	−6,5° (C)	Pikrolonat 216°	*Rhazya stricta* *Rhazya orientalis*
16,17,15,20-Tetra-hydrosecodin-17-ol $C_{21}H_{30}N_2O_3$	—			*Rhazya orientalis*
16,17-Dihydrosecodin $C_{21}H_{28}N_2O_2$				
16,17-Dihydrosecodin-17-ol				

Alkaloid	Schmp.	$[\alpha]_D$	Derivat	Vorkommen
2-Äthyl-3-[2'-(3-äthyl-piperidin)-äthyl]-indol $C_{17}H_{24}N_2$	Öl	—	—	*Tabernamontana cumminsii*
Secamin $C_{25}H_{52}N_4O_4$	amorph			*Rhazya stricta*
Dihydrosecamin $C_{42}H_{54}N_4O_4$	amorph			*Rhazya orientalis*
Dihydrosecamin $C_{42}H_{54}N_4O_4$	amorph			*Rhazya orientalis*
Tetrahydrosecamin $C_{42}H_{56}N_4O_4$	amorph			*Rhazya stricta*
Tetrahydrosecamin $C_{42}H_{56}N_4O_4$				*Rhazya stricta*

Dihydro- und Tetrahydrosecodin-Alkaloide

Bei der Gegenstromverteilung der Basen von *Rhazya stricta* konnte 16,17,15,20-Tetrahydrosecodin, $C_{21}H_{30}N_2O_2$, als Pikronolat isoliert werden, das in seinem UV-Spektrum einen typischen Indol-Chromophor und in seinem IR- und NMR-Spektrum einen disubstituierten Indol-Kern aufweist. Im Zusammenhang mit weiteren massenspektroskopischen Untersuchungen kommen den Basen die folgenden Strukturen zu:

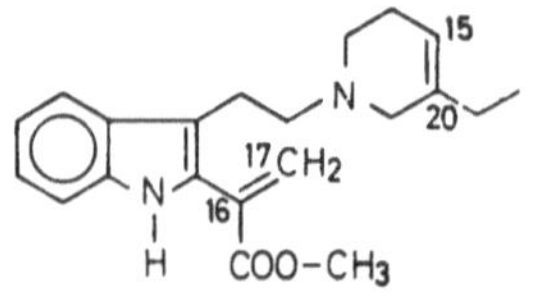

Secodin

1. Dihydrosecodin: 16,17 Dihydro

2. Dihydrosecodin: 15,20 Dihydro

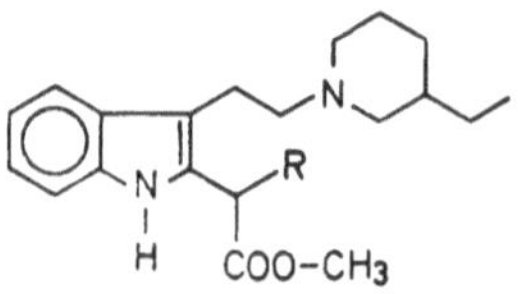

Tetrahydrosecodin: R=CH3

Tetrahydrosecodin-17-ol: R=CH2OH

Diese Strukturen konnten für das Tetrahydrosecodin-17-ol, Dihydrosecodin und das 15,20-Dihydrosecodin durch Synthese bestätigt werden[1]).

Tetrahydrosecodin

Das Alkaloid, 16,17,15,20-Tetrahydrosecodin, konnte durch eine Isotopenverdünnungsanalyse in *Rhazya orientalis* nachgewiesen und auf dem folgenden Wege synthetisiert werden:

[1]) G. A. Cordell, G. F. Smith, G. N. Smith, Chem. Comm. 189 (1970)

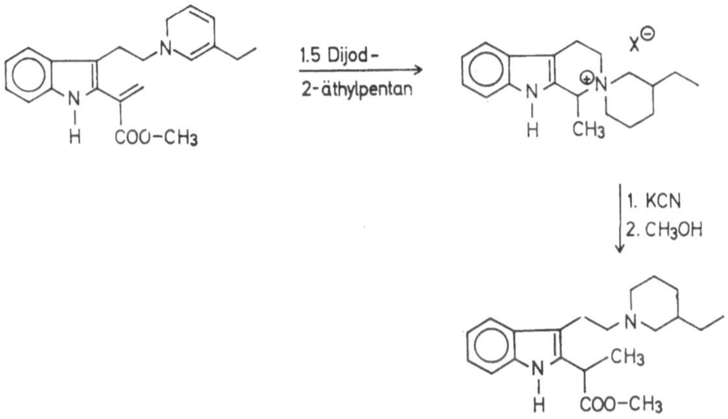

Alkaloid $C_{19}H_{28}N_2$

Die ätherlöslichen Basen der Blätter von *Tabernaemontana cumminsi* enthalten ein Alkaloid $C_{19}H_{28}N_2$, das in seinem UV-Spektrum einen charakteristischen Indol-Chromophor aufweist und in seinen Massenspektrum Signale bei m/e 158, 143 und 126 zeigt, die den folgenden Strukturelementen zugeordnet werden konnten[2]):

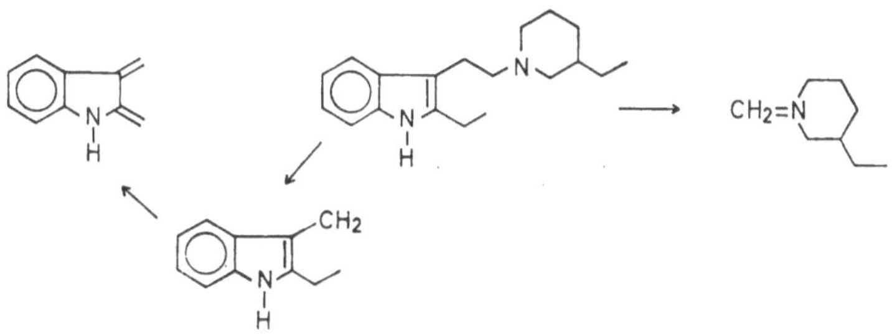

Die daraus ableitbare Struktur konnte durch eine Synthese aus 2-Äthylindol und 3-Äthylpyridin und anschließender Reduktion mit $LiAlH_4$ bewiesen werden.

Secamin- und Secodin-Alkaloide

Bei der erschöpfenden Extraktion der Petroläther unlöslichen Basen von *Rhazya stricta* und *Rhazya orientalis* erhielt man einen alkaloidhaltigen Rückstand, der durch Gegenstromverteilung in eine Reihe von Verbindungen neuen Typs aufgetrennt werden konnte. Die bisher bekannten fünf Basen: das Secamin, $C_{42}H_{52}N_4O_4$, zwei Dihydrosecamine, $C_{42}H_{54}N_4O_4$, und zwei Tetrahydrosecamine, $C_{42}H_{56}N_4O_4$, konnten nicht kristallin erhalten werden und lassen sich auch nicht als Salze isolieren. Die Einheitlichkeit der Basen beruht auf MS- und DC-Untersuchungen.

Das *Tetrahydrosecamin* wird mit wäßrigem Alkali zu einer sauerstofffreien Base Didesmethoxycarbonyl-tetrahydrosecamin abgebaut und weist damit auf das Vorliegen

[1]) R.-T. Brown, G. F. Smith, K. S. J. Stapleford, D. A. Taylor, Chem. Comm. 190 (1970)
[2]) P. A. Crooks, B. Robinson, G. F. Smith, Chem. Comm. 1210 (1968)

je eines 2-Indolessigsäure-Restes hin. Deuterierungsexperimente und MS-Untersuchungen dieser Base führen zu dem Schluß, daß die fünf C-D-Bindungen in einem zentralen Ring, der die C-Atome 16, 17, 17′ und 16′ umfaßt, vorliegen müssen, was durch direkten Austausch bestätigt werden konnte. Die Desmethoxycarbonylierung des Tetrahydrosecamins führt außerdem zu einem einfachen Indolderivat, dessen Struktur durch Vergleich mit synthetischem Material sichergestellt werden konnte.

Die reduktive Decarbomethoxylierung führt zu einer Base $C_{38}H_{54}N_4$, deren Struktur durch Ozonolyse gesichert werden konnte, da hierbei sowohl Adipinsäure als auch Glutarsäure identifiziert werden konnte. Die Position der C-15-, C-20- und C-15′—C-20′-Doppelbindung im Secamin wurde durch den Hofmann-Abbau des Jodmethylats zu 3-Äthyl-1,2,5,6-tetrahydro-N-methylpyridin bewiesen, da auf Grund der KMR-Untersuchungen eine Wanderung der Doppelbindung aus der C-14—C-15-Position nachgewiesen werden konnte.

Im Zusammenhang mit den MKR- und MS-Untersuchungen wären den Secaminen daher die folgenden Strukturen zuzuordnen:

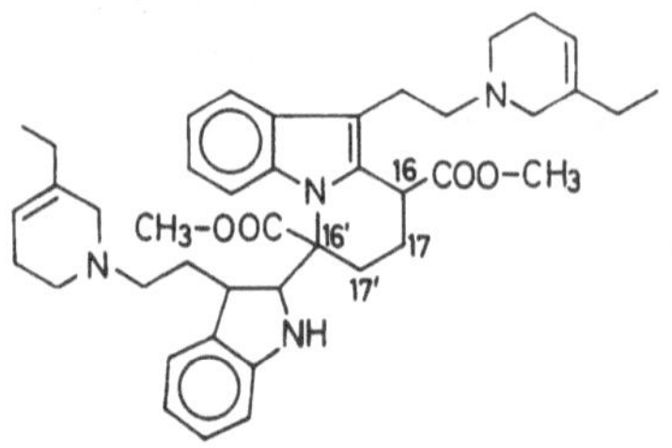

oder

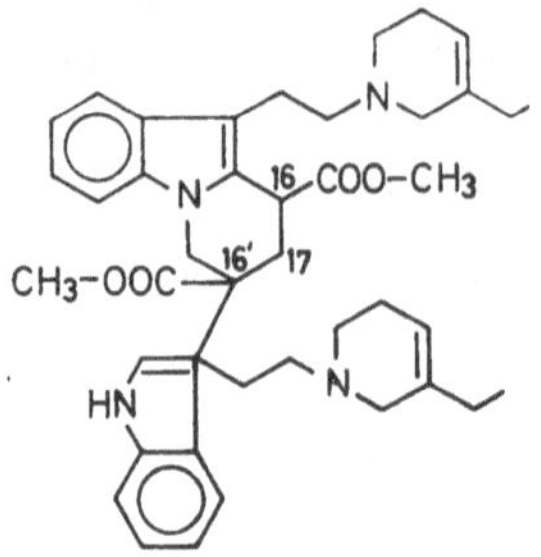

Secamin

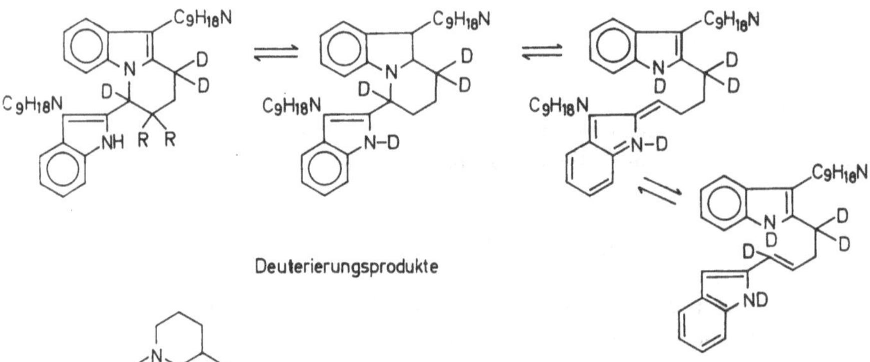

Deuterierungsprodukte

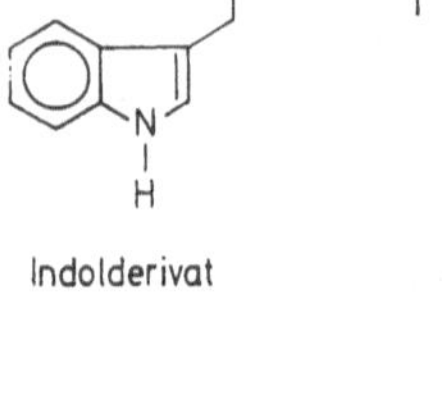

Indolderivat

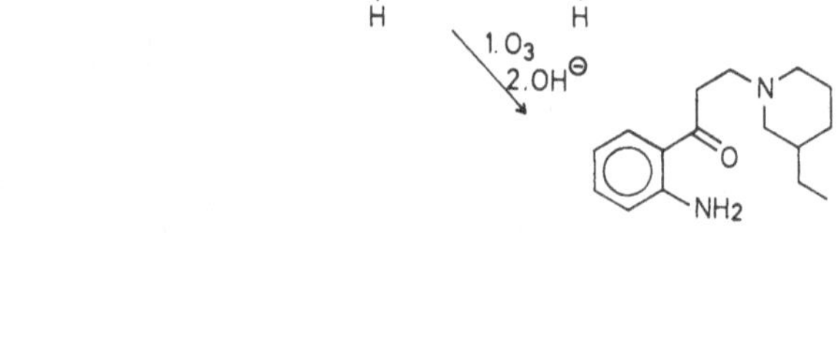

Die Eliminierung der Methoxycarbonylfunktion aus dem Tetrahydrosecamin führt zu einem durch Synthese erhältlichen Produkt A und die reduktive Eliminierung der gleichen Gruppierung zu einem Bisindol-Derivat, dessen Struktur durch anschließende Ozonolyse und Hydrolyse zu einem Aminoketon und einem 2:1-Gemisch von Adipin- und Glutarsäure sowie der Synthese aus dem racemischen Bisindol und Oxalylchlorid bewiesen werden konnte.

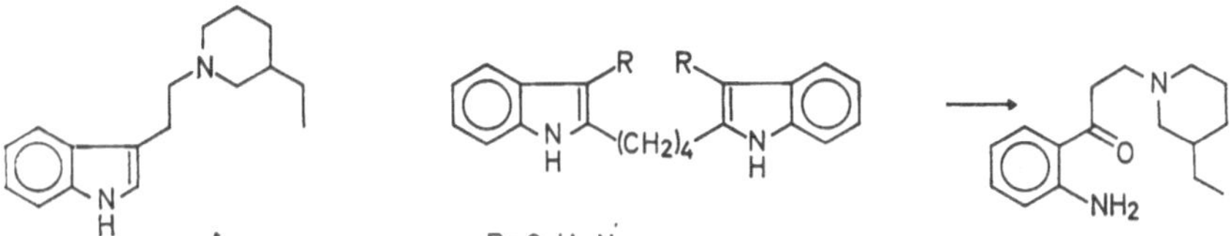

A $R = C_9H_{18}N$

Die Position der C-15—20- und C-15'—20'-Doppelbindung im Secamin konnte durch einen Hofmann-Abbau zu 3-Äthyl-1,2,5,6-tetrahydro-N-methylpyridin abgeleitet werden, wobei die Wanderung der Doppelbindung im Verlaufe des Hofmann-Abbaus durch KMR-Untersuchungen ausgeschlossen werden konnte. Der analoge Hofmann-Abbau bei Tetrahydrosecamin liefert 3-Äthyl-N-methylpiperidin und beim Dihydrosecamin ein Gemisch von 3-Äthyl-N-methylpiperidin und 3-Äthyl-1,2,5,6-tetrahydro-N-methylpiperidin.

Die massenspektroskopische Untersuchung lieferte als wichtigstes Ion ein Bruchstück mit der Massenzahl m/e 126, dem die folgende Struktur zukommt und von besonderem diagnostischem Wert für die Secodin-Alkaloide ist[1]).

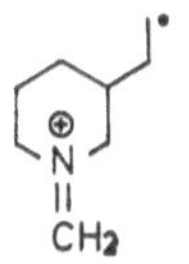

Presecamine

Obgleich die Gruppe der Presecamin-Alkaloide strukturell nicht in das Kapitel der Piperidin-Basen einzuordnen ist, sollen sie doch aus genetischen Gründen hier mit behandelt werden. Bei diesen Alkaloiden handelt es sich um dimere Alkaloide, die durch Gegenstromverteilung der Extrakte aus den Blättern von *Rhazya stricta* und den Wurzeln von *Rhazya orientalis* gewonnen wurden.

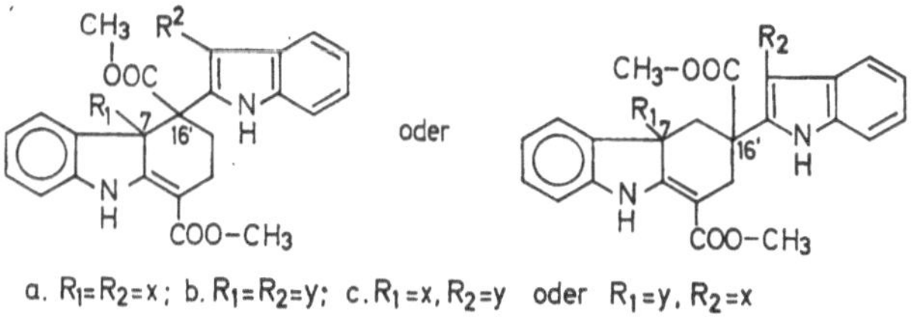

a. $R_1=R_2=x$; b. $R_1=R_2=y$; c. $R_1=x$, $R_2=y$ oder $R_1=y$, $R_2=x$

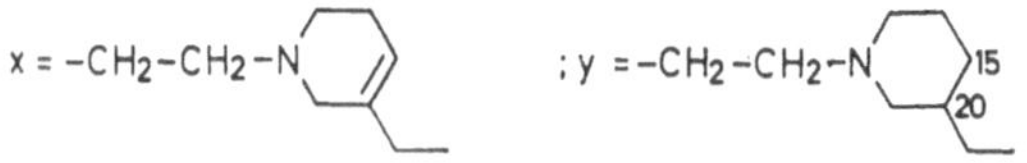

1) D. A. Evans, C. F. Smith, G. N. Smith, K. S. J. Stapleford, Chem. Comm. 859 (1968)

Alkaloid	Schmp.	$[\alpha]_D$	Vorkommen
Presecamin $C_{42}H_{52}N_4O_4$	amorph	—	*Rhazya stricta*
Tetrahydropresecamin $C_{42}H_{56}N_4O_4$	amorph	$-1,9°$ (Ä)	*Rhazya orientalis*
Dihydropresecamin $C_{42}H_{54}N_4O_4$	amorph	—	*Rhazya stricta*

Die drei amorphen Alkaloide besitzen ein nahezu identisches UV-Spektrum, das jeweils ein Indol- und ein β-Anilinacrylester-System ausweist. Das MS weist keinen Molpeak auf.

Sowohl das Presecamin als auch das Tetrahydropresecamin lagern sich bei der Behandlung mit 2 N wäßriger HCl in eines der Secamine A oder B um.

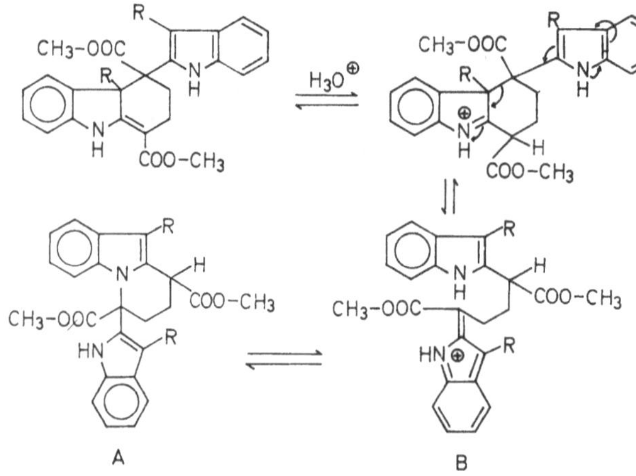

Bei der Sublimation (175°/0,2 mm) erhält man 15,20-Dihydrosecodin, das seinerseits durch Behandlung mit Methanol nach 10 Tagen in 17-Methoxy-16,17,15,20-tetrahydro-

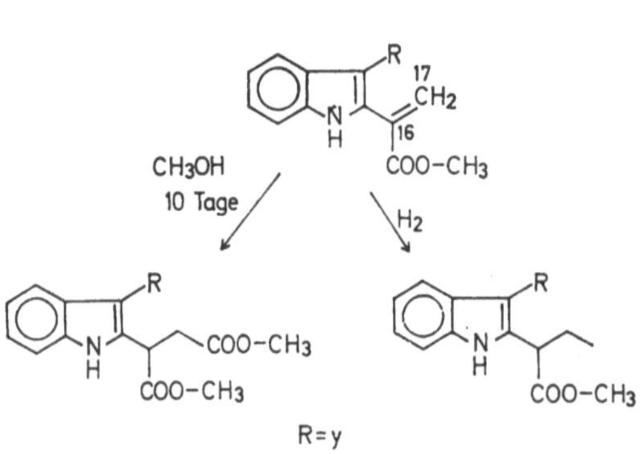

secodin übergeht, während die katalytische Hydrierung nur zum 16,17,15,20-Tetrahydrosecodin führt.

Analog führt die kurze Destillation des Presecamins zu Secodin, das katalytisch zu 16,17-Dihydrosecodin und 16,17,15,20-Tetrahydrosecodin reduzierbar ist. Mit Methanol erhält man unter den analogen Bedingungen 17-Methoxy-16,17-dihydrosecodin.

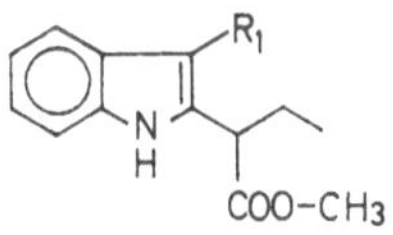

$R_1 = X$

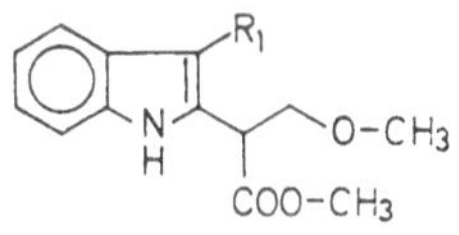

$R_1 = X$

[1]) B. A. Cordell, G. F. Smith, G. N. Smith, Chem. Comm. 191 (1970)

8. Chinolizidin-Alkaloide

Zur Gruppe der Chinolizidin-Alkaloide werden Pfanzenstoffe zusammengefaßt, in denen das Ringgerüst des Chinolizidins entweder für sich allein oder kondensiert mit einem Piperidin- oder einem zweiten Chinolizidin-System vorliegt. Bei den Vertretern dieser Alkaloidgruppe handelt es sich um Pflanzenbasen, die vornehmlich in Papilionaceen (Leguminosen), vereinzelt auch in den Berberidaceen-Gattungen *Caulophyllum* oder *Leontice* oder der Chenopodiaceen-Gattung *Anabasis* und der Papaveraceen-Gattung *Chelidonium* vorkommen.

Alkaloid	Schmp.	$[\alpha]_D$	Derivat	Vorkommen
Leontiformin $C_{15}H_{26}N_2O$	61–3°	+52° (A)	HBr 275–6° +57,7°	*Leontice leontopetalum*[1])
Albertin $C_{15}H_{22}N_2O_2$	–	–101° (C)	–	
Lamprolobin $C_{15}H_{24}N_2O_2$	Öl	+29° (Ä)	Pikr. 153–4°	*Lamprolobin fruticosum*[3])
Cinegallin $C_{23}H_{30}N_2O_6$	–	–	–	*Genista cinera*[3])
Sinicuichin $C_{26}H_{29}NO_5$	–	–	–	*Heimia salicifolia*[4])
BNC-1 $C_{15}H_{22}N_2O$	–	–	Dihydro	*Thermopsis rhombifolia*[6])
Formylcinegallin $C_{25}H_{32}N_2O_7$	–	–	–	*Genista cinera*[7])
Sarodesmin $C_{25}H_{34}N_2O_6$	–	–	–	*Sarothamnus catalaunicus*[8])
Albertin $C_{15}H_{22}N_2O_2$	161°	–110°	–	*Leontice albertii*[9])
Gebelin $C_{15}H_{22}N_2O$	–	–	–	*Leontice albertii*[10])
Nuttalin $C_{15}H_{24}N_2O_2$	108–9°	+25° (Ä)	Perchlorat 170–2°	*Lupinus nuttali*[11])
Methylcorypalin $C_{12}H_{17}NO_2$	–	–	–	*Nelumbo nucifera*[12])

Leontiformin

Leontiformin, $C_{15}H_{26}N_2O$, weist in seinem IR-Spektrum eine Amidcarbonyl- und eine *trans*-Chinolizidin-Bande auf und liefert bei der $LiAlH_4$-Reduktion eine ölige Substanz, deren IR-Spektrum keine Carbonylbande mehr besitzt, während im KMR-Spektrum eine N-Methylgruppe nachweisbar ist. Die Hydrolyse mit konz. HCl führt zu einer zweiten Komponente, die auch aus dem $LiAlH_4$ Reduktionsprodukt darstellbar war.

Diese Ergebnisse legten die Struktur eines 3-[N-Formylpiperidyl-(2)]-chinolizidins nahe, dessen Konfiguration durch den Vergleich mit den vier möglichen Racematen der synthetisch darstellbaren 3-Piperidyl-(2)-chinolizidine abgeleitet werden konnte[1]).

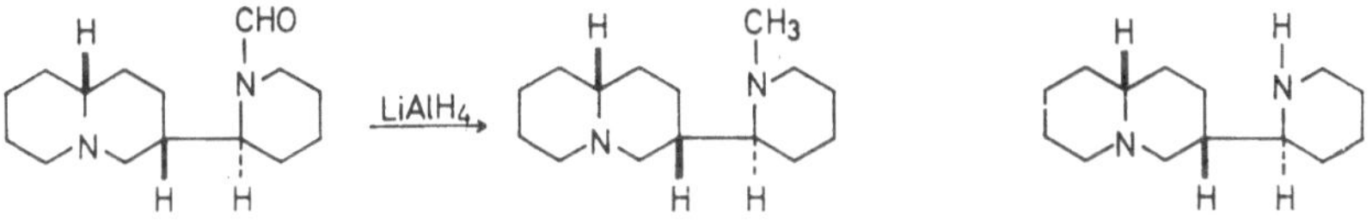

Leontiformin   Base A

Die auf dem nachstehend skizzierten Wege dargestellte Base V erwies sich als (—)-Enantiomere der Base A.

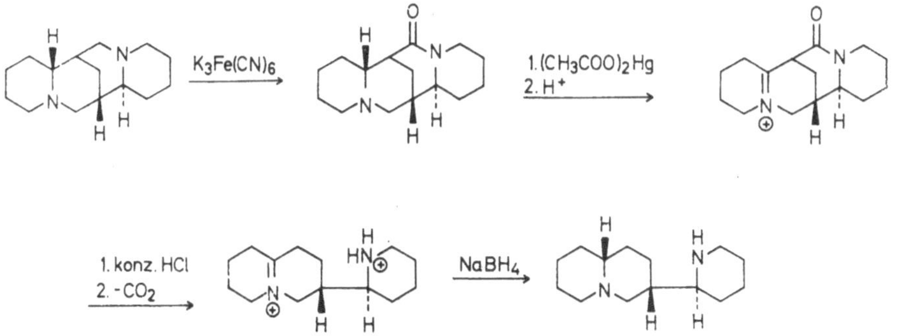

Base V

Lamprolobin

Lamprolobin, $C_{15}H_{24}N_2O_2$, ist als farbloses Öl isolierbar und enthält in seinem IR-Spektrum eine Carbonylbande sowie eine für *trans*-diaxiale Chinolizidine typische Bohlmann-Bande.

[1]) N. M. Mollov, I. C. Ivanov, T. **26**, 3805 (1970)
[2]) S. Iscandarov, S. Y. Yunusov, Chem. nat. Verb. 137 (1968)
[3]) N. K. Hart, S. R. Johns, J. A. Lamberton, Chem. Comm. 302 (1968)
[4]) R. Raymond, C. R. Ser. D 538 (1968)
[5]) R. B. Hörhammer, A. E. Schwarting, J. M. Edwards, Lloydia **33**, 483 (1970)
[6]) Y. D. Cho, R. O. Martin, Canad. J. **49**, 265 (1970)
[7]) G. Fangeras, R. R. Paris, C. R. Ser. D **271**, 1219 (1970)
[8]) G. Fangeras, R. R. Paris, C. R. Ser. D **271**, 611 (1970)
[9]) S. Iskandarov, S.-Y. Yunusov, Chem. nat. Verb. 137 (1968)
[10]) A. Kh. Aslanov, Y. K. Kushmuradov, U. N. Zainutdinov, A. S. Sadykov, Dokl. Akad. Nauk Uzb. SSR **26**, 24 (1969)
[11]) S. J. Goldberg, V. M. Balthis, Chem. Comm. 660 (1969)
[12]) T. H. Yang, C. M. Chen, J. Chin. Chem. Soc. **17**, 235 (1970)
[13]) N. M. Mollov, I. C. Ivanov, T. **26**, 3805 (1970)

Die saure Hydrolyse des Alkaloids führt zur Bildung von Glutarsäure und (+)-1-Aminomethylchinolizidin, das als N-Acetylverbindung charakterisiert werden konnte. Das Verhalten dieser N-Acetylverbindung führte zur gleichen Stereochemie wie sie im Epilupanin vorliegt, zumal das gleiche Acetylderivat aus dem Epilupanin dargestellt werden konnte[1,2].

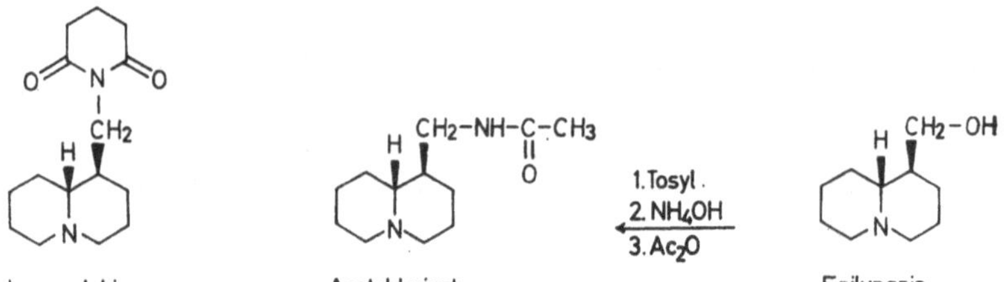

Lamprolobin Acetylderivat Epilupanin

Aus dem gleichen Extrakt konnte noch der nachstehende Ester isoliert werden, von dem aber angenommen wird, daß es sich um ein Artefact handelt.

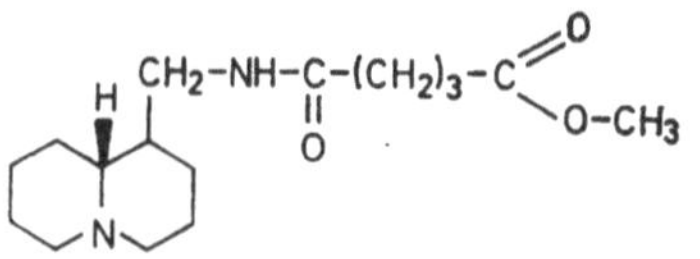

Lamprolobin, für das auf Grund von Abbaustudien die Struktur eines (—)-(1R, 5R, 10R)-1-(Glutarimidomethyl)-chinolizidins nachgewiesen werden konnte[1], kann auf dem folgenden Wege synthetisiert werden[1,3]:

a)

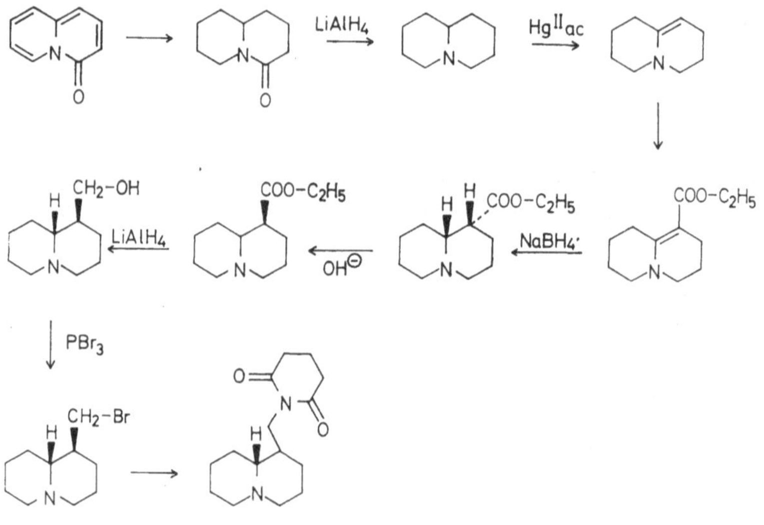

[1]) N. K. Hart, S. R. Johns, J. A. Lamberton, Austral. J. **21**, 1619 (1968)
[2]) N. K. Hart, S. R. Johns, J. A. Lamberton, Chem. Comm. 302 (1968)
[3]) St. J. Goldberg, A. H. Lipkin, Org. Chem. **35**, 242 (1970)

b[1])

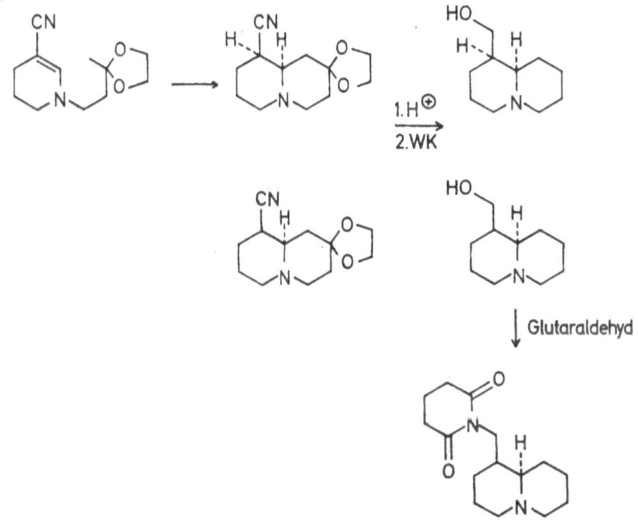

Cinegallin

Cinegallin, $C_{23}H_{30}N_2O_6$, ein Alkaloid aus *G. cinerea*, geht bei der alkalischen Hydrolyse in 13-Hydroxylupanin über und besitzt auf Grund der spektroskopischen Untersuchungen die Struktur eines (+)-13-(3,5-Dihydroxy-4-methoxy-benzyloxy)-lupanins.[2])

Für das (±)-Lupanin ist die folgende Synthese beschrieben worden:[3])

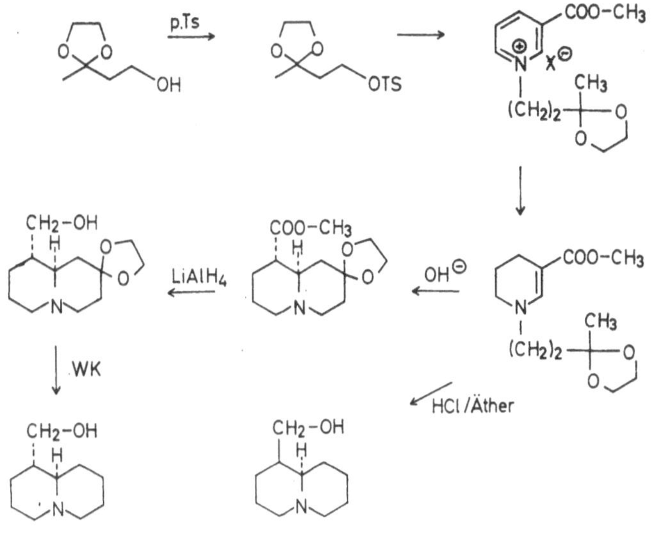

Epilupanin Lupanin

[1]) E. Wenkert, A. R. Jeffcoal, Org. Chem. **35**, 515 (1970)
[2]) R. Raymond, C. R. Ser. D 538 (1968)
[3]) E. Wenkert, K. G. Dave, R. V. Shevens, Am. Soc. **90**, 6177 (1968)

Alkaloid BNC-1

Das Alkaloid BNC-1 hat die Bruttozusammensetzung $C_{15}H_{22}N_2O$ und liefert bei der Hydrierung Lupanin. Die vergleichenden spektroskopischen Untersuchungen erlaubten, die Struktur eines 5,6-Dehydrolupanins abzuleiten[1]).

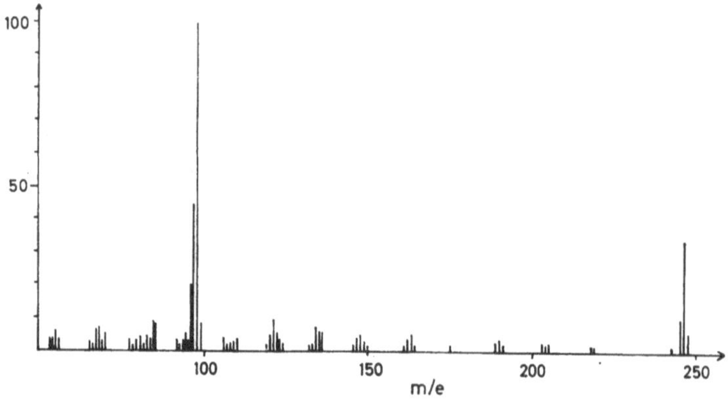

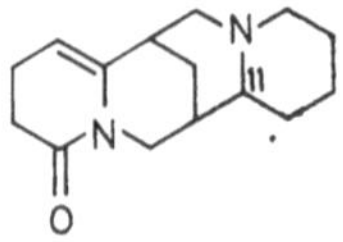

Gebelin

Gebelin besitzt auf Grund der bisher durchgeführten spektroskopischen Untersuchungen die folgende Struktur[2]):

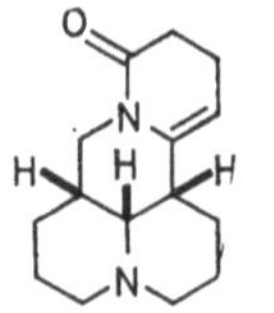

Formylcinegallein und Sarodesmin

sind zwei Alkaloide unterschiedlicher pflanzlicher Herkunft, denen die nachstehenden Strukturen zukommen sollen:

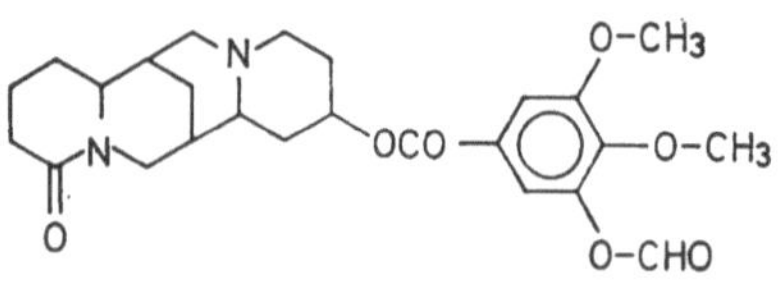

Formylcinegallein

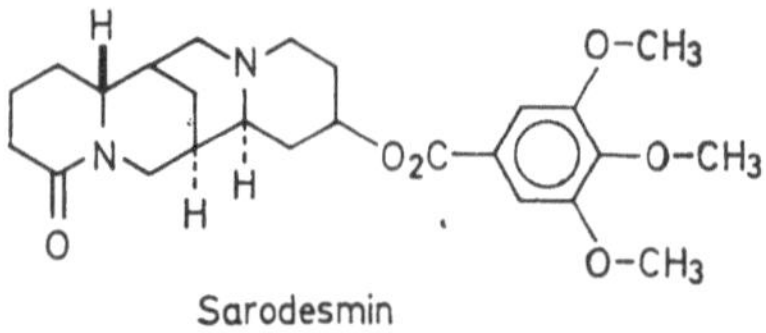

Sarodesmin

[1]) Y. D. Cho, R. O. Martin, Canad. J. **49**, 265 (1970)
[2]) A. Kh. Aslanov, Y. K. Kushmuradov, U. N. Zainutdinov, A. S. Sadykow, Dokl. Akad. Nauk Uzb. SSR **26**, 24 (1969)

Hiernach wäre das Formylcinegallein als 13-(5-Formyl-3,4-dimethoxybenzyloxy)-lupanin und das Sarodesmin als (+)-13-(3,4,5-Trimethoxybenzyloxy)-lupanin zu bezeichnen[1]).

Nuttalin

Nuttalin, $C_{15}H_{24}N_2O_2$, besitzt eine im IR-Spektrum nachweisbare Hydroxy- und eine Lactamfunktion, geht bei der Reduktion mit $LiAlH_4$ in (—)-4α-Hydroxyspartein und bei der Oppenauer-Oxydation in 2.4-Dioxyspartein über. Die tetracyclische Ringstruktur des Nuttalins folgt aus einer analogen Reaktion des Desoxynuttalins, das durch Dehydratisierung mit P_2O_5 in 4,5-Didehydrospartein überführbar ist, aus dem durch anschließende Hydrierung dann Spartein darstellbar ist. Zur Festlegung der Position der Lactamcarbonylgruppe wurde Nuttalin mit P_2O_5 zu (+)-2-Oxo-3,4-didehydrospartein umgesetzt, das durch anschließende Hydrierung in (+)-2-Oxospartein übergeführt werden konnte[2]).

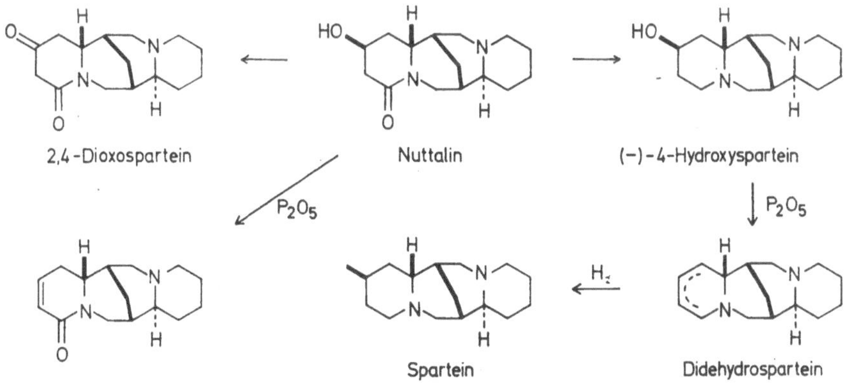

Albertin

Albertin, ein Alkaloid der Bruttozusammensetzung $C_{15}H_{22}N_2O_2$, besitzt eine Hydroxy- und eine Carbonylfunktion und liefert bei der Hydrierung eine Dihydrobase. In Übereinstimmung mit den KMR- und IR-Untersuchungen sollte dem Alkaloid daher die Struktur eines 13-Hydroxy-Δ^7-dehydromatrins zukommen[3]).

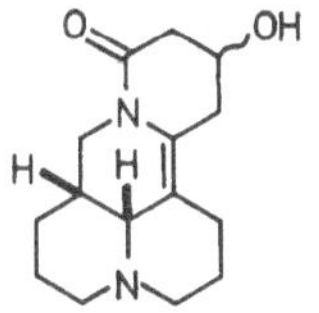

[1]) G. Faugeras, R. R. Paris, C. R. Ser. D. 271/1219 (1970); 271/611 (1970)
[2]) S. J. Goldberg, V. M. Balthis, Chem. Comm. 660 (1969)
[3]) S. Iskandarov, S. Y. Yunusov, Chem. nat. Verb. 137 (1968)

Sinicuichin

Ein Alkaloid aus *Heimia salicifolia* besitzt nach den verfügbaren Angaben die nachstehende Struktur[1]):

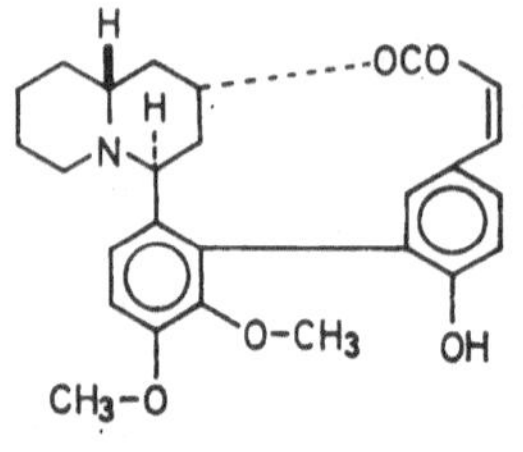

Die Synthese des Grundskeletts der Ormosia-Alkaloide gelang auf dem folgenden Wege:

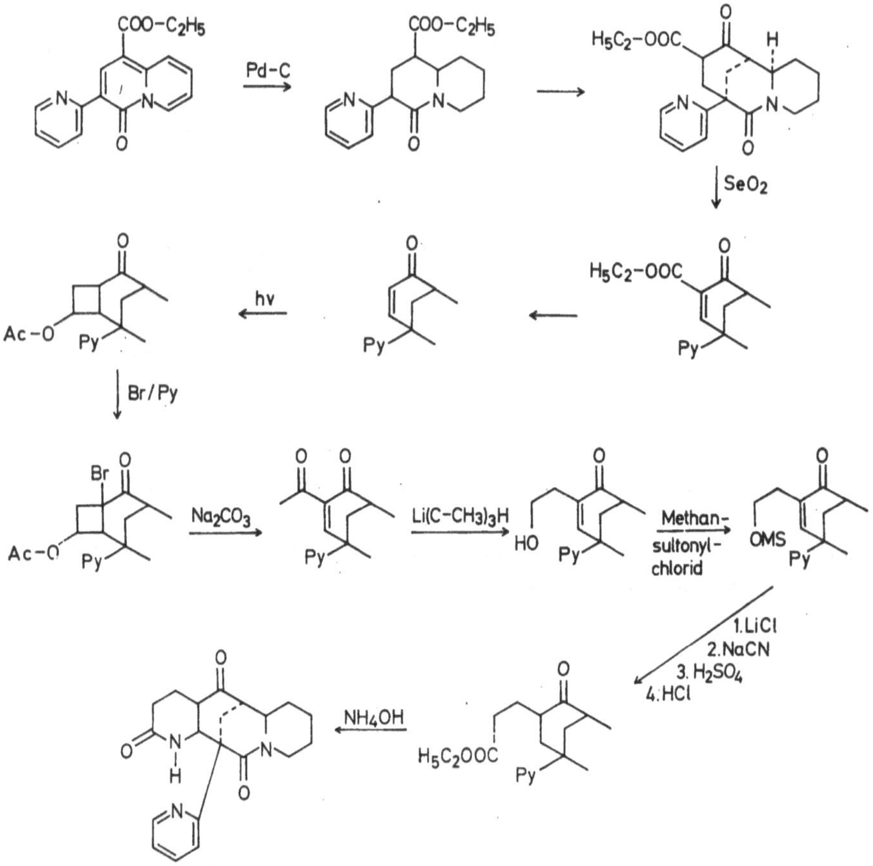

[1]) R. B. Hörhammer, A. E. Schwarting, J. M. Edwards, Lloydia **33**, 483 (1970)
[2]) H. J. Liu, Z. Valenta, J. S. Wilson, T. T. J. Yu, Canad. J. **47**, 509 (1969)

Decalin und Vertalin

Decalin und Vertalin, zwei Alkaloide aus der Familie der Lythraceen, konnten durch eine Rö-Kristallstruktanalyse des Vertalin-Hydrobromids, das im orthorhombischen System der Raumgruppe $P2_12_12_1$ kristallisiert, in seiner Struktur abgeklärt werden.

Da die übrigen spektroskopischen Befunde und auch die ORD-Kurve des Vertalins mit denen des Decalins übereinstimmten, mußten die Methoxygruppen in beiden Alkaloiden die gleichen Positionen einnehmen, und das Grundgerüst beider Alkaloide kann sich nur in der Stereochemie des Chinolizidinringsystems unterscheiden[1]).

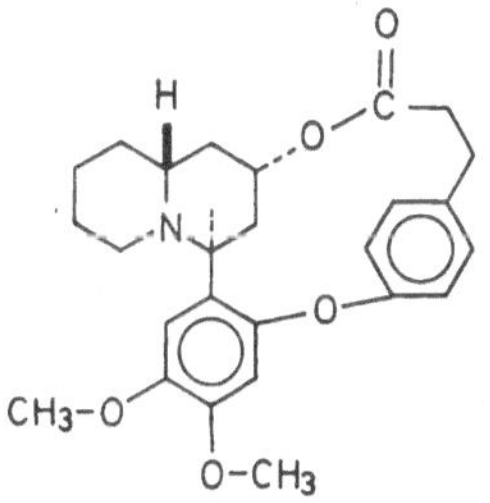

Vertalin

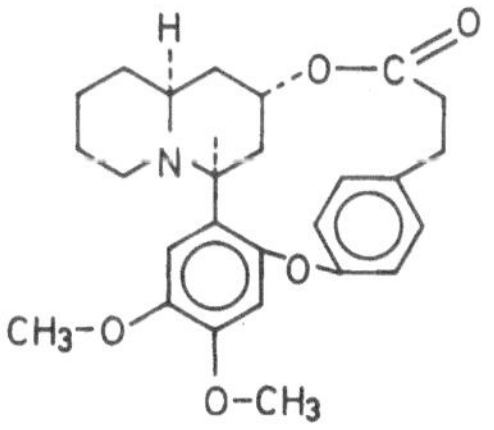

Decalin

Die Strukturen beider Alkaloide konnten durch die IR- und KMR-Spektren der beiden N-Oxide und der Emde-Abbauprodukte bestätigt werden.

[1]) J. P. FERRIS, R. C. BRINER, C. B. BOYCE, M. J. WOLF, T. L. **42**, 5121 (1966)

9. Tetrahydroisochinolin-Alkaloide

Die zu dieser Gruppe zusammengefaßten Alkaloide enthalten fast alle ein 1,2,3,4-Tetrahydroisochinolin- oder ein 1-Methyl-1,2,3,4-tetrahydroisochinolingerüst, das am aromatischen Kern durch zwei oder drei sauerstoffhaltige Funktionen substituiert ist.

Tetrahydroisochinolin-Alkaloide finden sich vorwiegend in Cactaceen, vereinzelt auch in Papaveraceen- (Gattung *Corydalis*), der Chenopodiaceen-Gattung *Salsola* und den Leguminosen-Gattungen *Calycotome* und *Cytisus*.

Die natürlich vorkommenden 7,8- und 5,6,7-substituierten Tetrahydroisochinolin-Alkaloide sind dagegen bisher außerordentlich selten im Pflanzenreich aufgefunden worden. Lediglich das Petalin, das Tepenin und das Methylcorypalin machen hier eine Ausnahme.

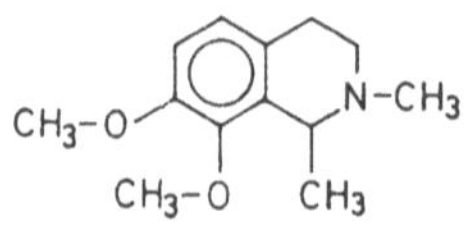

Tepenin

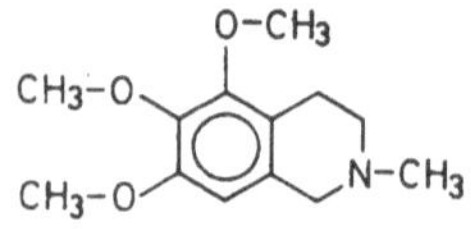

Tehaunin

Alkaloid	Vorkommen
Tepenin $C_{13}H_{19}NO_2$	*Pachycereus hautepecanus*[1])
Tehaunin $C_{13}H_{19}NO_2$	*Pachycereus hautepecanus*[1])
Methylcorypalin $C_{12}H_{17}NO_2$	*Nelumbo nucifera*[2])
Alkaloid 1–9	*Peyote Cactus*[3])

Biosynthetische Untersuchungen zeigten, daß das bereits seit längerer Zeit bekannte Pilocerein durch oxydative Phenolkupplung aus Lophocerin gebildet wird.[4]) Für die einfachen Tetrahydroisochinolinalkaloide in Peyote wird die Folge Dopamin → meta-O-Methylierung → Hydroxylierung in 5-Stellung → para-O-Methylierung → Anhalamin,

[1]) Fußnote in der Arbeit Chem. Comm. 856 (1970)
[2]) T. H. Yang, C. M. Chen, J. Chin. Chem. Soc. **17**, 235 (1970)
[3]) G. J. Kapadia, H. M. Fales, Chem. Comm. 1688 (1968)
[4]) D. G. O'Donovan, E. Barry, H. Horan, Chem. Soc. C **1971**, 2398

Anhalidin, Anhalonidin und Pellotin postuliert.[1,2]) Bei Anhalamin und Anhalonidin hat sich das Kondensationsprodukt von 3-Demethylmescalin mit Glyoxylsäure und Brenztraubensäure als spezifische Vorstufe erwiesen (auch für C-1)[3]) (Übersicht vgl. [4])).

Tepenin

Die für das Tepenin angegebene Struktur konnte durch eine Synthese bestätigt werden:

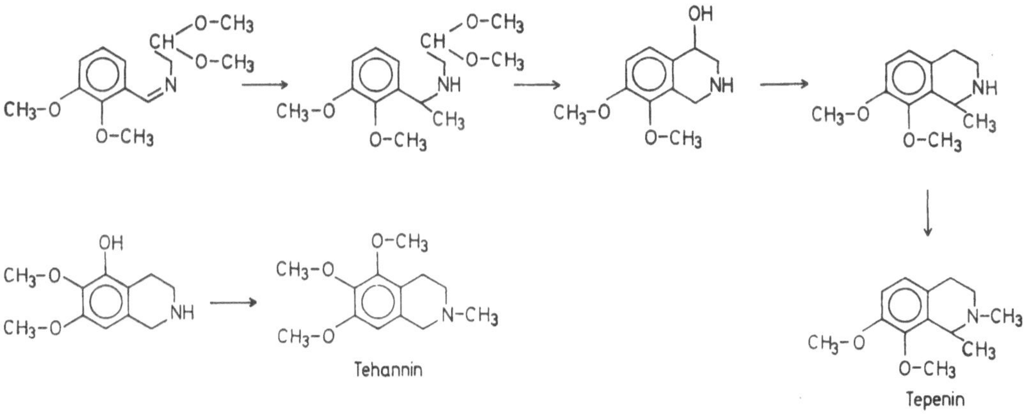

Gigantin

Für das früher bereits in seiner Struktur abgeklärte Gigantin ergaben sich auf Grund erneuter KMR-Untersuchungen Hinweise für eine andere Struktur. So konnte u. a. ein positiver Gibbs-Test festgestellt werden, der mit der bisher diskutierten Struktur nicht in Übereinstimmung zu bringen war.

Die Synthese des Methyläthers[5]) schließlich erbrachte den neuen Strukturvorschlag

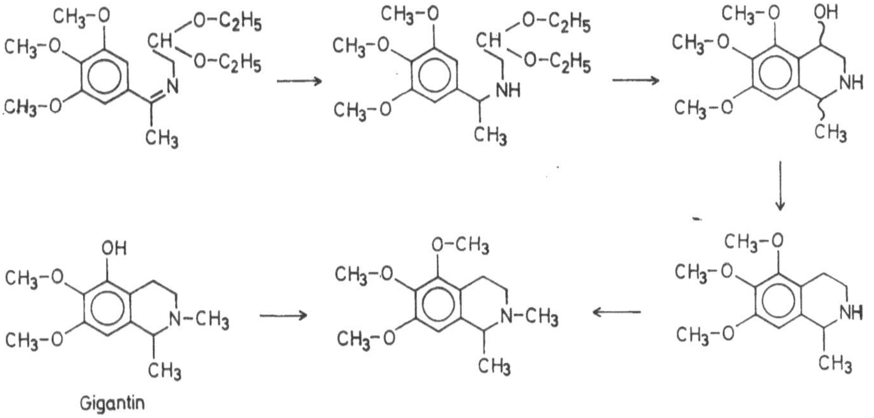

[1]) K. L. Khanna, M. Takido, H. Rosenberg, A. G. Paul, Phytochemistry **9**, 1811 (1970)
[2]) J. G. Bruhn, U. Svensson, St. Agurell, Acta Chem. Scand. **24**, 3775 (1970)
[3]) G. J. Kapadia, G. Subba Rao, E. Leete, M. B. E. Fayez, Y. N. Vaishnav, H. M. Fales, J. Amer. Soc. **92**, 6943 (1970)
[4]) G. J. Kapadia, M. B. E. Fayez, J. Pharm. Sci. **59**, 1699 (1970)
[5]) G. J. Kapadia, M. B. E. Fayez, M. L. Sethi, G. S. Rao, Chem. Comm. 856 (1970)

und die Synthese des (±)-Gigantins[1]) schließlich führt zu einem eindeutigen Strukturbeweis:

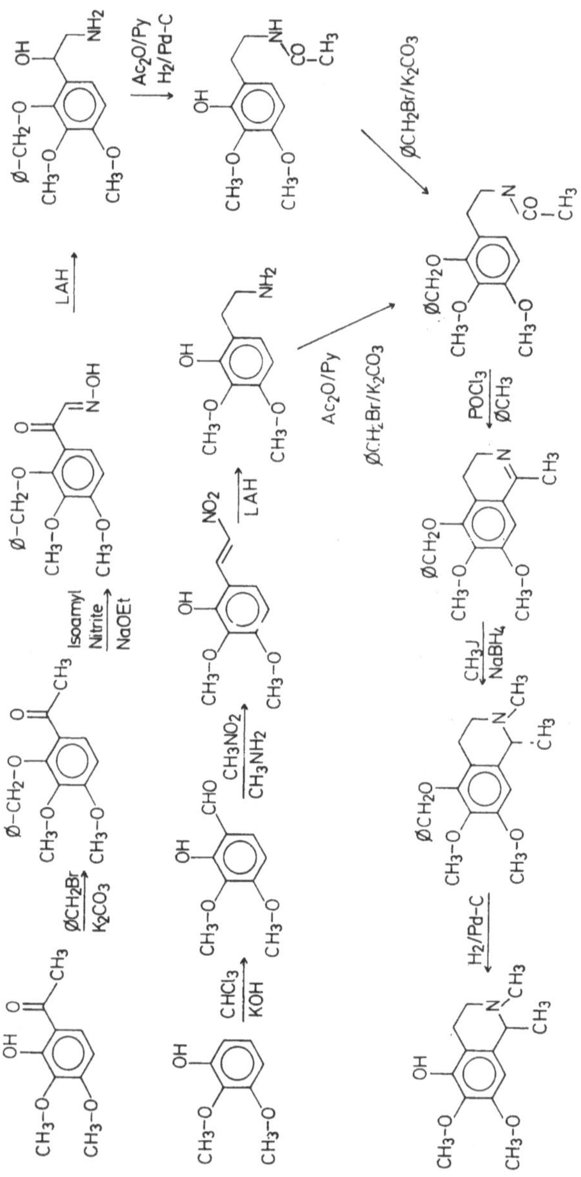

[1]) G. J. Kapadia, G. S. Rao, M. B. E. Favez, B. K. Choddhury, M. L. Sethi, Chem. Ind. 1593 (1970)

Methylcorypalin

wurde durch erschöpfende Extraktion von *Nelumbo nucifera* isoliert und besitzt wahrscheinlich die folgende Struktur[1]):

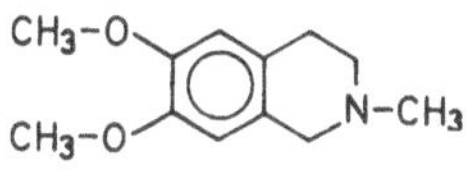

Peyot-Alkaloide

Der Peyot-Kaktus ist zu verschiedenen Zeiten immer Gegenstand intensiver Untersuchungen gewesen. Zumeist wurde über die Isolierung von Tetrahydroisochinolin-Basen berichtet, die durch Kondensation einer C-1- oder C-2-Einheit und dem Mescalin entstanden sein sollten.

Bei einer erneuten Untersuchung konnten durch Kombination von Gas- und Massenspektrometrie aus der nichtbasischen Fraktion neun weitere Alkaloide isoliert werden, die die folgenden Strukturen aufweisen[2]):

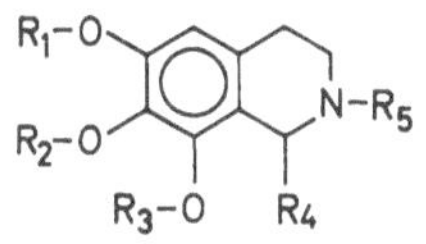

R_1	R_2	R_3	R_4	R_5
CH_3	CH_3	CH_3	H	CHO
CH_3	CH_3	CH_3	CH_3	CHO
CH_3	CH_3	H	H	CHO
CH_3	CH_3	H	H	Ac
CH_3	CH_3	H	CH_3	CHO
CH_3	CH_2		CH_3	CHO
CH_3	CH_2		CH_3	Ac
CH_3	CH_2		CH_3	C_2H_5

[1]) T. H. Yang, C. M. Chen, J. Chin. Chem. Soc. 17, 235 (1970); C. A. 100254/74
[2]) G. J. Kapadia, H. M. Fals, Chem. Comm. 1688 (1968)

10. Benzylisochinolin-Alkaloide

Die natürlich vorkommenden 1-Benzyl-tetrahydroisochinolin-Alkaloide entsprechen in ihrem Aufbau den einfachen Tetrahydroisochinolin-Alkaloiden und dürften auf analogem Wege auch wie diese biosynthetisch gebildet werden.

Es ist anzunehmen, daß 1-Benzyltetrahydroisochinolin-Alkaloide, von zahlreichen Pflanzen synthetisiert werden, daß diese Basen aber in den meisten Fällen in Alkaloide anderer Strukturtypen umgewandelt werden, soweit die Reaktionsfähigkeit nicht durch die Abwesenheit phenolischer Gruppen eingeschränkt worden ist.

Als Hauptvorkommen der 1-Benzyltetrahydroisochinolin-Alkaloide sind bis heute vor allem einige Vertreter der Papaveraceen-Gattungen *Papaver* und *Corydalis*, der Menispermaceen-Gattungen *Cocculus* und *Chondodendron*, der Magnoliaceen-Gattungen *Magnolia* und *Michelia*, der Rutaceen-Gattung *Phellodendron*, der Anonaceen-Gattung *Anona* und der Combretaceen-Gattung *Gyrocarpus* anzusehen.

Biogenetisch ist erwähnenswert, daß Norreticulin ohne Demethylierung in Papaverin eingebaut wird, wobei nicht die Stufe des 1,2-Dehydronorreticulins durchschritten wird.[1]) (+)-Laudanosin wird aus (+)-Reticulin über (+)-Laudanidin gebildet.[1])

Alkaloid	Schmp.	$[\alpha]_D$	Derivat	Vorkommen
Palaudin $C_{19}H_{19}NO_4$	175–6°	—	—	Opium[2])
Cinnamolaurin $C_{18}H_{19}NO_3$	212–3°	–100° (Ä)	HCl 230°	*Cinnamonum Sp.*[3])
Norcinnamolaurin $C_{17}H_{17}NO_3$	197–8°	+55°	—	*Cinnamonium Sp.*[4])
Veronamin $C_{26}H_{35}NO_8$	—	–155° (M)	—	*Thalictrum feddleri*[5])
Alkaloid $C_{19}H_{21}NO_4$	101–2°	+54° (C)	—	*Cryptostylis fulva*[6])

[1]) E. Brochmann-Hanssen, C. C. Fu, A. Y. Leung, G. Zanati, J. Pharm. Sci. **60**, 1672 (1971)
[2]) E. Brockmann-Hanssen, K. Hirai, J. Pharm. Sci. **57**, 940 (1968)
[3]) E. Gellert, R. E. Summons, T. L. **58**, 5055 (1969)
[4]) E. Gellert, R. E. Summons, Austral. J. **23**, 2095 (1970)
[5]) M. Shamma, M. G. Kelly, M. A. Podczay, T. L. **56**, 4951 (1969)
[6]) K. Leander, B. Lüning, T. L. **11**, 1393 (1968)

Cinnamolaurin

Cinnamolaurin, $C_{18}H_{19}NO_3$, besitzt auf Grund der spektroskopischen Befunde die Struktur eines (—)-1-(4'-Hydroxybenzyl)-6,7-methylendioxy-2-methyl-1,2,3,4-tetrahydroisochinolins, wie aus dem folgenden Fragmentierungsverhalten

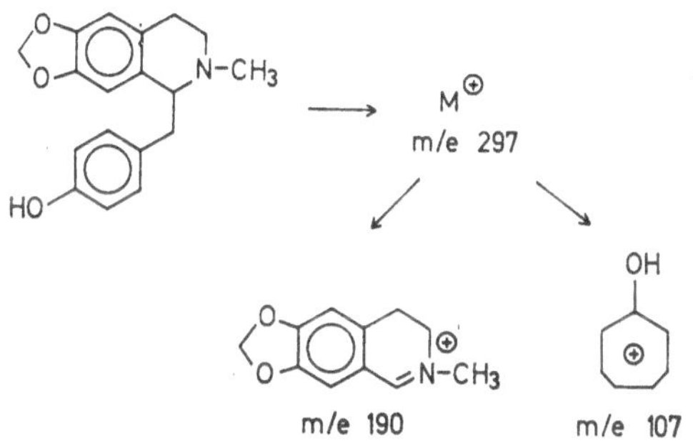

sowie der nachstehend skizzierten Synthese hervorgeht[1]).

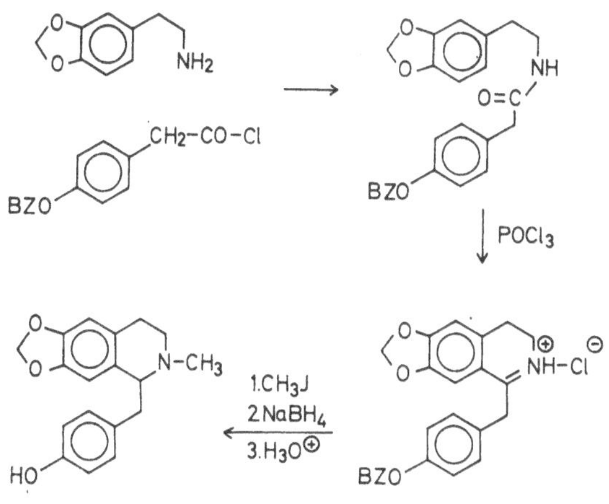

Norcinnamolaurin,

eine Base der Zusammensetzung $C_{17}H_{17}NO_3$, weist ein für 1-Benzyl-1,2,3,4-tetrahydroisochinoline typisches UV-Spektrum auf, das beim Zusatz von Alkali eine starke bathochrome Verschiebung erfährt. Auf Grund der KMR- und MS-Untersuchungen sowie der Methylierung zu (—)-Cinnamolaurin ist dem Alkaloid die Struktur eines (+)-1-(4'-Hydroxybenzyl)-6,7-methylendioxy-1,2,3,4-tetrahydroisochinolins zuzuordnen.

Obgleich Cinnamolaurin und Norcinnamolaurin entgegengesetzten Drehsinn aufweisen, und bei der N-Methylierung aus dem (+)-Norcinnamolaurin (—)-Cinnamolaurin gebildet

[1]) E. Gellert, R. E. Summos, T. L. **58**, 5055 (1969)

wird, werden beide Alkaloide auf Grund der ORD-Untersuchungen der D-Reihe zugeordnet[1]).

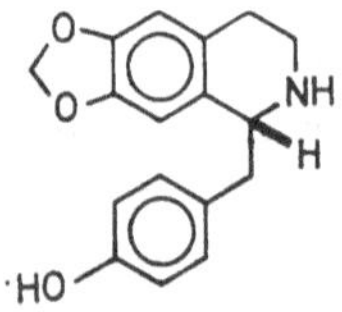

Veronamin

Veronamin, $C_{26}H_{35}NO_8$, liefert bei der Hydrolyse mit 3% Schwefelsäure (—)-Thalifendlerin und L-(—)-Rhamnose und konnte unter Koenigs-Knorr-Bedingungen auch wieder resynthetisiert werden. Da diese Reaktion unter Walden-Umkehr verläuft und die eingesetzte Triacetylrhamnose α-Konfiguration besitzt, ist dem natürlichen Glykosid eine β-Konfiguration zuzuordnen[2]).

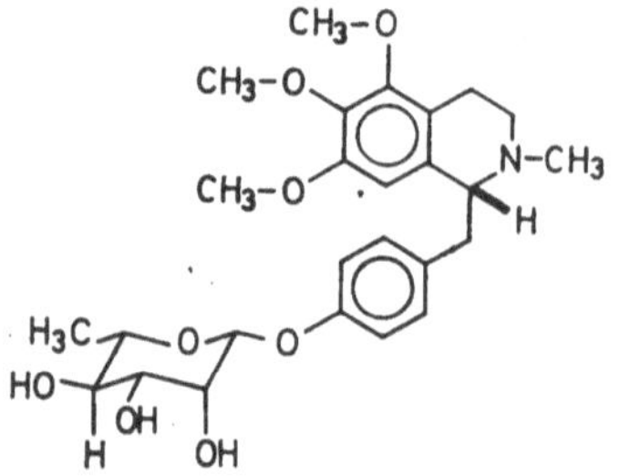

Palaudin

Palaudin, eine sek. Base, die aus der Phenolbasen-Fraktion des pulverisierten Opiums durch eine präparative Schichtchromatographie isolierbar ist, besitzt auf Grund der spektroskopischen Vergleichsuntersuchungen die Struktur eines O-Desmethylpapaverins (Papaverolin-trimethyläther), wie durch eine Synthese bewiesen werden konnte[3]):

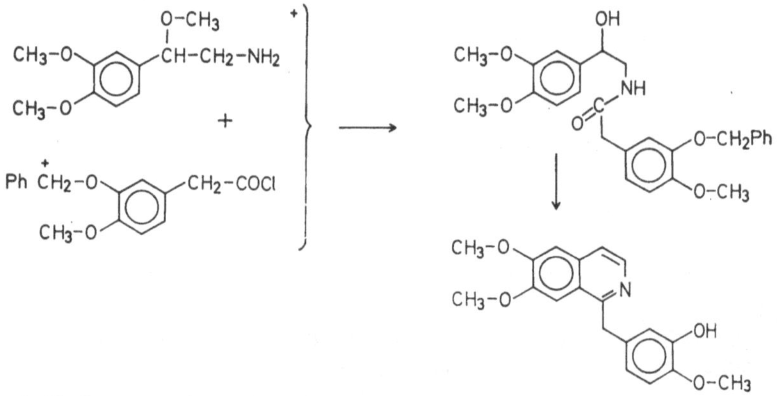

[1]) E. Gellert, R. E. Summons, Austral. J. **23**, 2095 (1970)
[2]) M. Shamma, M. G. Kelly, M. A. Podczasy, T. L. **56**, 4951 (1969)
[3]) E. Brochmann-Hanssen, K. Hirai, J. Pharm. Sci. **57**, 940 (1968)

Romnein

Romnein wurde in seiner Struktur bereits vor einigen Jahren aufgeklärt. Zur Ableitung der Konfiguration wurde nunmehr eine Synthese durchgeführt und das (±)-N-Norromnein durch den Einsatz eines Gemisches von N-Acetyl-L-Leucin- und Di-p-Toluoyl-(+)-weinsäure getrennt. Dabei wurde das linksdrehende N-Norromnein aus dem N-Acetyl-L-Leucin-Derivat erhalten, anschließend N-methyliert und als Hydrobromid abgetrennt. Das isolierte Alkaloid erwies sich als identisch mit dem natürlichen Romnein-Hydrobromid.

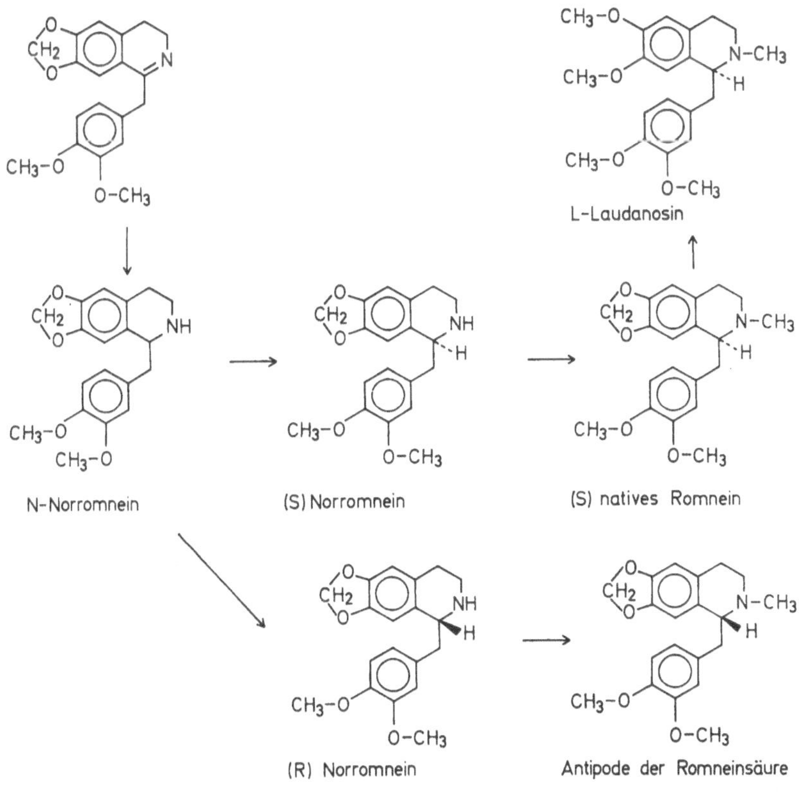

Um die absolute Konfiguration des Romneins abzuleiten, wurde die Methylendioxygruppe durch Einwirkung von Phloroglucin/Schwefelsäure geöffnet und anschließend methyliert, wobei das in seiner Konfiguration bekannte L-Laudanosin entstand[1]).

Alkaloid $C_{19}H_{21}NO_4$

Ein kristallines Alkaloid $C_{19}H_{21}NO^4$ mit einer N-Methyl-, zwei Methoxy- und einer Methylendioxygruppe besitzt auf Grund des MS an dem zum Stickstoff benachbarten C-Atom einen Phenylrest.

[1]) J. KUNITOMO, E. YUGE, Y. NAGAI, K. FUJITANI, Chem. Pharm. Bull. **16**, 364 (1968)

Der Beweis für die abzuleitende Struktur konnte durch die nachfolgende Synthese erbracht werden[1]):

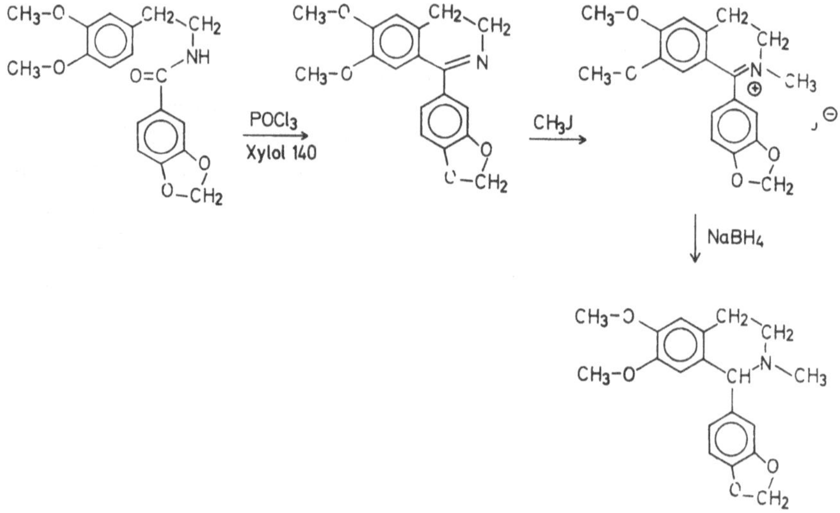

Papaverin

Einige ungewöhnliche Transformationsreaktionen erfahren das 6'-Nitro-3,4-dihydropapaverin und das 6'-Nitropapaverin bei Einwirkung von Oxydationsmitteln:

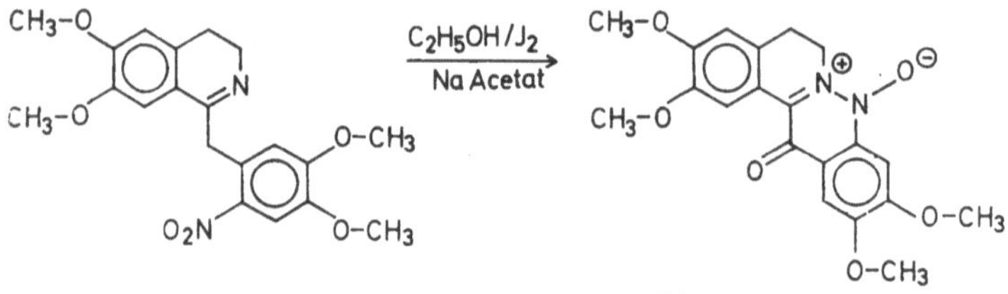

Dihydroazaberbinon-N-Oxid.

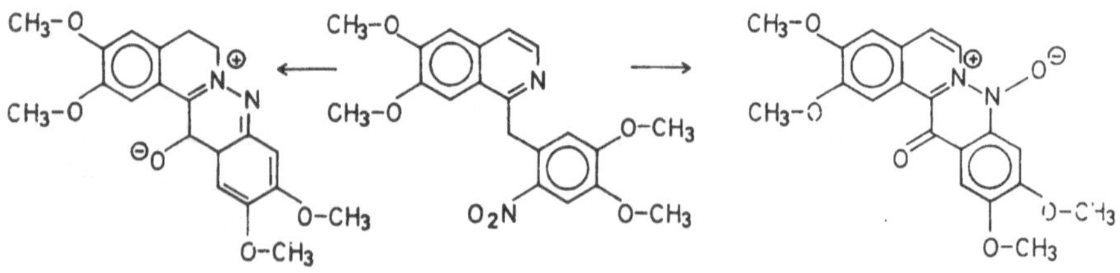

Azaberbinon

Azaberbinon-N-Oxid

Synthese des (+)-Isococlaurins und (+)-Lotusin

Die reduktive Desalkylierung des 1-(4-Benzyloxybenzyl)-3.4-dihydro-6,7-dimethoxyisochinolins mit Li und Ammoniak führt zu Isococlaurin und Coclaurin. Die reduktive Methy-

[1]) K. Leander, B. Lüning, T. L. 11, 1393 (1968)
[2]) M. P. Cava, M. J. Mitchell, D. T. Hill, Chem. Comm. 1601 (1970)

lierung des Isococlaurins mit Formaldehyd und $NaBH_4$ und anschließende Methylierung mit Methyljodid führt zu (±)-Lotusin-jodid.

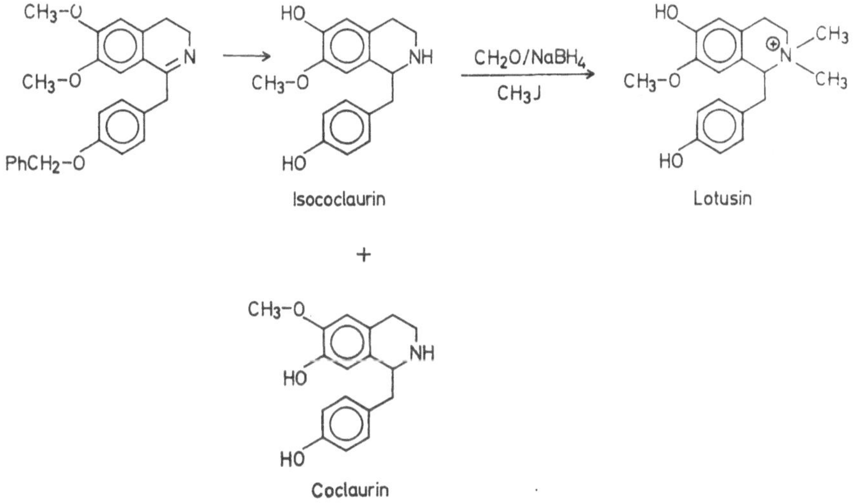

Synthese des Petalins[2])

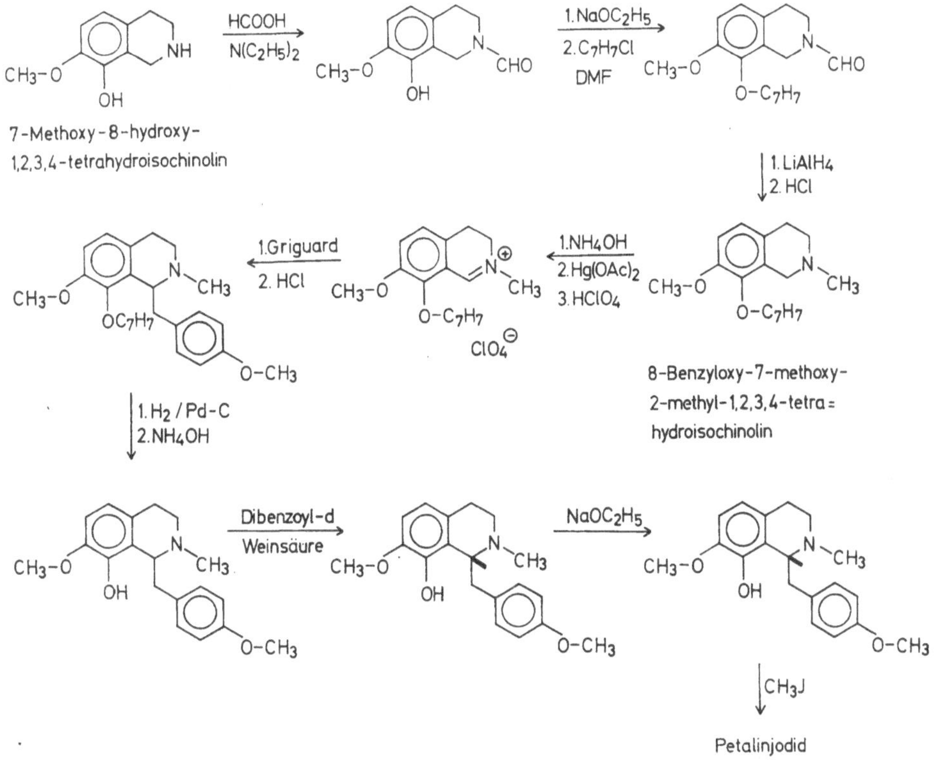

[1]) T. Kametani, S. Takano, F. Sasaki, K. Yamaki, Chem. Pharm. Bull. **16**, 20 (1968)
[2]) H. Grethe, M. Uskokuvicz, A. Brossi, Org. Chem. **33**, 2500 (1968)

Synthese des ($\pm$)-*Hernandins*[1])

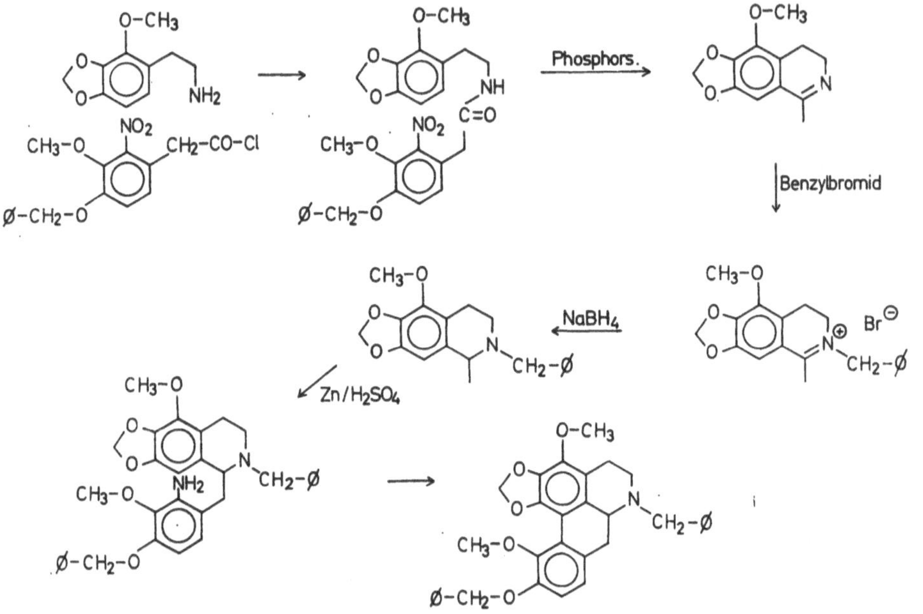

In einer gewissen Analogie zu den bereits beschriebenen Racemisierungen bei der Hydrierung von Protoberberin-Alkaloiden[2]) steht die mit der Hydrierung einhergehende Racemisierung von 1-Benzyltetrahydroisochinolinen[3]):

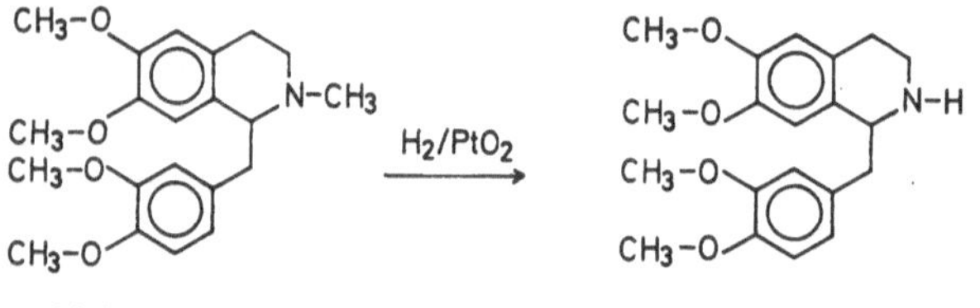

L(+) Laudanosin (±) Norlaudanosin

Analog reagieren (+)-Laudanosin und L(—)-Norlaudanosin, L-(—)-N-Methylcoclaurin. Wird andererseits das (—)-Norlaudanosin mit Wasserstoff in Äthanol in Gegenwart von Adams-Katalysator und N-Methylat versetzt, so wird keine Racemisierung erreicht.

[1]) K. S. Soh, F. N. Lahey, T. L. 1, 19 (1968)
[2]) T. Kametani, M. Ihara, K. Shima, Chem. Soc. (C) 1619 (1968)
[3]) T. Kametani, M. Ihara, Chem. Soc. (C) 191 (1908)

11. Phenyl-tetrahydroisochinolin-Alkaloide

Eine Gruppe neuer Alkaloide aus der Familie der Orchidaceaen konnte in seiner Struktur durch spektroskopische Untersuchungen abgeklärt werden. Es handelt sich um die folgenden Cryptostyline I—III.

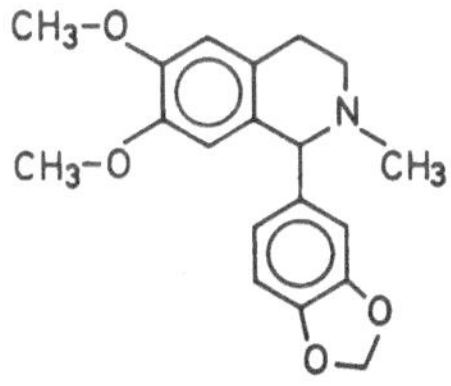

Cryptostylin-I

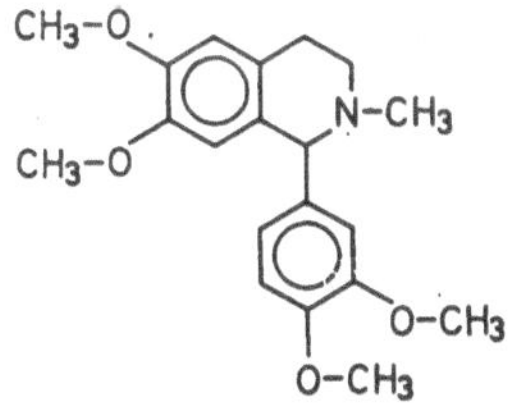

Cryptostylin-II

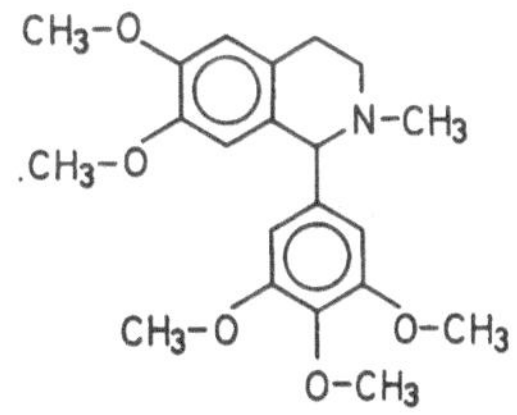

Cryptostylin-III

Name	Schmp.	$[\alpha]_D$	Derivat	Vorkommen
Cryptostylin-I $C_{19}H_{21}NO_4$	101—2°	+50° (C)	—	*Cryptostylis fulva*
Cryptostylin-II $C_{20}H_{25}NO_4$	117—8°	+58° (C)	—	*Cryptostylis fulva*
Cryptostylin-III	126—9°	+51° (C)	—	*Cryptostylis fulva*

[1]) K. Leander, B. Lüning, E. Ruusa, Acta Chem. Scand. **23**, 244 (1969)
[2]) K. Leander, B. Lüning, T. L. 1393 (1968)

12. Bisbenzylisochinolin-Alkaloide

Die Bisbenzylisochinolin-Alkaloide enthalten zwei 1-Benzylisochinolin-Kerne, die durch eine, zwei oder auch drei Ätherbrücken miteinander verknüpft sind. Je nach den Verknüpfungsstellen können so durch Ausbildung einer oder mehrerer Ätherbrücken Basen vom Typ des Magnolamins oder des Oxyacanthins und Thalicberins gebildet werden. Interessant ist das Vorkommen von Basen, in denen eine orthoständige Ätherbrücke ausgebildet worden ist, wie beim Tiliacorinin.

Alkaloid	Schmp.	$[\alpha]_D$	Derivat	Vorkommen
Thalsimidin $C_{37}H_{38}N_2O_7$	195—6°	+48° (C)	—	*Thalictrum simplex*[1])
Espinin $C_{37}H_{42}N_2O_6$	123—5°	+25° (C)	—	*Berberis laurina*[2])
Espinidin $C_{37}H_{42}N_2O_6$	—	—	—	*Berberis laurina*[2])
Adiantifolin $C_{42}H_{50}N_2O_9$	143°	+90° (C)	—	*Thalictrum minus*[3])
Thalidasin $C_{39}H_{44}N_2O_7$	105—7°	—70° (M)	Pikr. 175—6°	*Thalictrum dasycarpum*[4])
Coclobin $C_{37}H_{43}N_2O_6$	amorph	+123° (C)	—	*Cocculus trilobus*[5])
O-Methylisothalicberin $C_{38}H_{42}N_2O_6$	209°	—195° (C)	—	*Berberis laurina*[6])
Lauberin $C_{37}H_{40}N_2O_6 \cdot 2\,HBr$	—	—	250—5° —335° (M)	*Berberis laurina*[6])
Tiliacorinin $C_{35}H_{36}N_2O_5$	195°	+310° (Py.)	O-Acetyl 238°	*Tiliacora racemosa*[7])
Nortiliacorinin-A $C_{33}H_{31}N_2O_5$	262—8°	+268° (Py.)	O-N-Diacetyl 306°	*Tiliacora racemosa*[6])
Nortiliacorinin-B $C_{35}H_{34}N_2O_5$	218—20°	+356° (Py.)	O-N-Diacetyl 208°	*Tiliacora racemosa*[6])
Pendulin $C_{37}H_{40}N_2O_6$	192—4°	+265°	HCl 276° Pikr. 210° Jodm. 282°	*Cocculus pendulus*[8])
Cocsulin $C_{35}H_{34}N_2O_5$	272—4°	+280°	Pikr. 194° O-Methyl 212° = Isotrilobin	*Cocculus pendulus*[9])

Alkaloid	Schmp.	$[\alpha]_D$	Derivat	Vorkommen
Dauricinolin $C_{37}H_{42}N_2O_6$	94°	–	O-Dimethyl = O-methyldauricin	*Menispermum daluricum*[10])
Unbenanntes Alkaloid $C_{42}H_{50}N_2O_{10}$	–	–	–	*Thalictrum minus*[11])
Dryadin $C_{38}H_{42}N_2O_6$	249–51°	+468°	–	*Dryadodaphne noroguineensis*[12])
Ocoteamin $C_{36}H_{38}N_2O_6$	–	–	HCl +250° (W)	*Ocotea rodiaei*[13])
Demerarin $C_{36}H_{38}N_2O_6$	–	–	HCl –181° (W)	*Ocotea rodiaei*[13])
Dryadodaphnin $C_{36}H_{38}N_2O_6$	amorph	+390° (M)	–	*Dryadodaphne noroguieensis*[12])
Isotiliarin $C_{35}H_{34}N_2O_5$	252°	+324° (C)	Perchlor. 270°	*Tiliacora funifera*[14])
Pseudotiliarin $C_{34}H_{32}N_2O_5$	276°	–	–	*Tiliacora funifera*[14])

1) S. Ch. Majech, S. F. Ismailow, S. Y. Yunusov, Chem. nat. Verb. 138 (1968)
2) M. R. Falco, J. X. DeVries, Z. Maccio, I. R. C. Bick, Exp. **25**, 1236 (1969)
3) R. W. Doskotch, P. L. Schiff, J. L. Beal, T. L. **48**, 4999 (1968)
4) S. M. Kupchan, T. H. Yang, G. S. Vasilikiotis, M. H. Barnes, M. L. King, J. Org. Chem. **34**, 3884 (1969)
5) K. Ito, H. Furukawa, K. Sato, J. Takahashi, J. Pharm. Soc. Japan **89**, 1163 (1969)
6) M. R. Falco, J. X. de Vries, A. G. de Brovetto, Z. Maccio, S. Releuffo, I. R. C. Bick, T. L. **16**, 1953 (1968)
7) B. Anjaneyulu, T. R. Govindachari, S. S. Sathe, N. Viswanathan, K. W. Gopinath, B. R. Pai, T. **25**, 3091 (1969)
8) N. C. Gupta, D. S. Bhakuni, M. M. Dhar, Exp. **26**, 12 (1970)
9) D. S. Bhakuni, N. C. Gupta, M. M. Dhar, Exp. **26**, 241 (1970)
10) M. Tomita, Y. Okamoto, Y. Nagai, S. Tanaka, T. Hayata, J. Pharm. Soc. Japan **90**, 1182 (1970)
11) N. M. Mollov, P. P. Panov, N. Th. Le, L. Panova, Dokl. Bulg. Akad. Nauk **23**, 1243 (1970)
12) I. R. C. Bick, G. K. Douglas, W. I. Taylor, Chem. Soc. (C) 1627 (1969)
13) P. J. Hearst, M. Shamma, B. S. Dudock, R. J. Shine, J. Org. Chem. **33**, 1229 (1968)
14) A. N. Tackie, A. Thomas, Planta Med. 158 (1968)

Dryadin und Dryadodaphnin

Dryadin, $C_{38}H_{42}N_2O_6$, eine ditert. Base mit zwei Methylamino- und drei Methoxygruppen, liefert bei der Methylierung mit Methyljodid, anschließendem zweifachen Hofmann-Abbau ein O-Methyl-*des*-N-Dryadin, das bei der anschließenden Oxydation mit $KMnO_4$ in 4-Methoxy-3,4-diphenylätherdicarbonsäure übergeht, wie es auch aus Oxyacanthin und Berbamin erhalten worden ist.

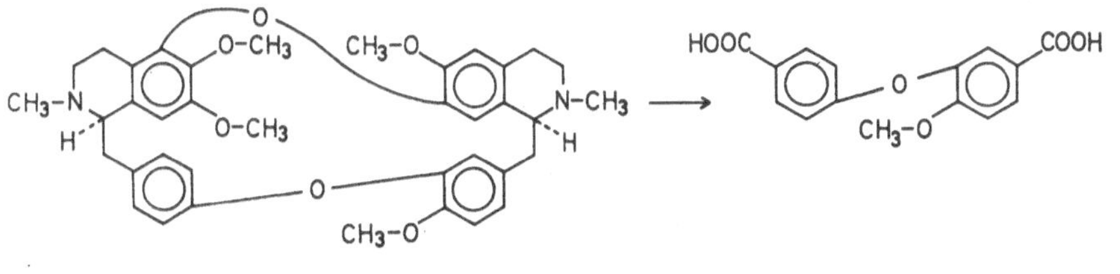

Dryadodaphnin, eine Phenolbase, die eine Methoxygruppe weniger enthält als das Dryadin, liefert bei der Methylierung mit Diazomethan und dem anschließenden Abbau mit Na in fl. Ammoniak (—)-Armepavin und eine Cryptophenolfraktion, die auf Grund ihrer spektroskopischen Daten als (+)-N.O-Dimethylcoclaurin identifiziert werden konnte. Da auch die IR- und KMR-Spektren des O.O-Dimethyldryadaphnins und des O-Methyldryadins identisch sind, und außerdem das O-Methyldryadin vom O-Methyloxyacanthin unterschieden werden kann, ist dem Dryadin die voranstehende Struktur zuzuordnen.

Die Position der Hydroxy-Gruppen in Dryadodaphnin konnte durch Äthylierung mit Diazoäthan und Spaltung mit Na in fl. Ammoniak abgeleitet werden, denn hierbei entstanden (—)-Armepavin und (+)-6-Äthoxy-1-(p-äthoxybenzyl)-7-hydroxy-2-methyl-1,2,3,4-tetrahydroisochinolin. Damit sollte dem Dryadodaphnin die folgende Struktur zukommen[1]):

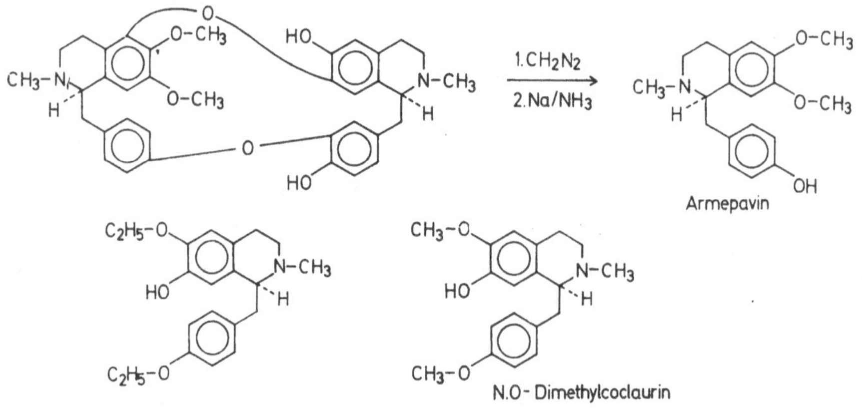

Nach diesen Befunden sollte das O-Methyldyrandin und das O-Methyllauberin enantiomer sein. Die bisher nur zweimal aufgefundene ungewöhnliche 5,7'-Äthergruppierung stimmt mit den KMR und den MS überein.

Adiantifolin

Adiantifolin, $C_{42}H_{50}N_2O_9$, eine tert. Base, wurde aus der Nichtphenol-Basen-Fraktion von *Thalictrum minus* var. *adiantifolium* isoliert und besitzt ein weitgehend mit dem Thalicarpin identisches UV-Spektrum. Das KMR-Spektrum weist die Signale für zwei N-Methyl-, acht O-Methylgruppen, sechs aromatische und 14 weitere Methylen- und Methin-Protonen auf.

Die Oxydation mit $KMnO_4$ führt zu einem Produkt, das in seinem IR-Spektrum mit einer Phenanthren-Struktur sowie einer Aldehydgruppierung übereinstimmt.

Die Spaltung mit Na in Ammoniak führt zu 6'-Hydroxylaudanosin, wie es auch aus Thalicarpin erhalten worden ist, und in der Nichtphenolbasen-Fraktion zu einem Aporphin.

[1]) I. R. C. Bick, G. K. Douglas, W. I. Taylor, Chem. Soc. (C) 1627 (1969)

Damit sind auch die Sauerstoffunktionen fixiert und die Verknüpfung im Sinne der nachstehenden Abb. abzuleiten. Auf Grund der ORD- und CD-Kurven des Alkaloids ergibt sich ferner die gleiche Stereochemie, wie sie im Thalicarpin abgeleitet werden konnte[1,2]).

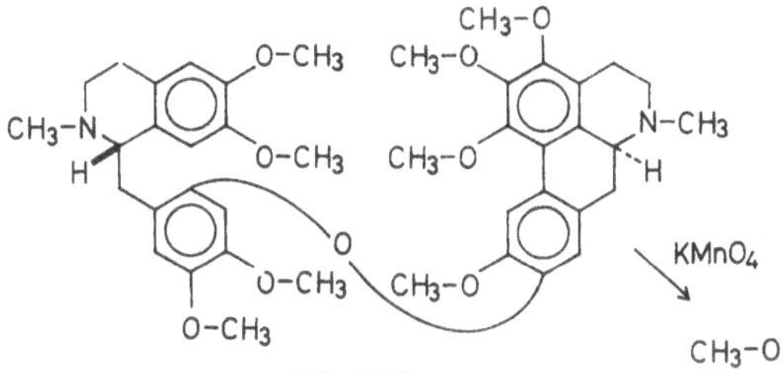

Adiantifolin

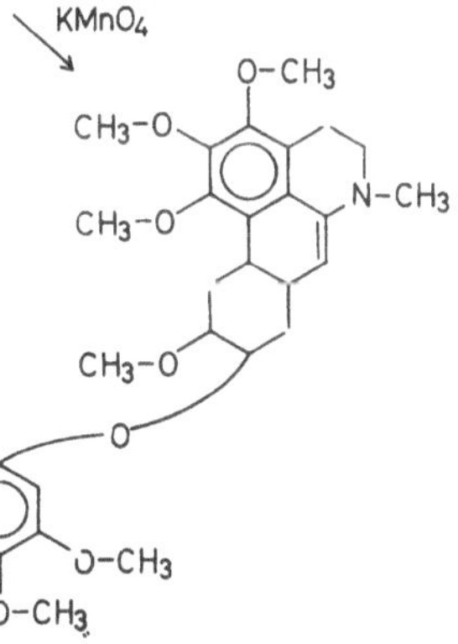

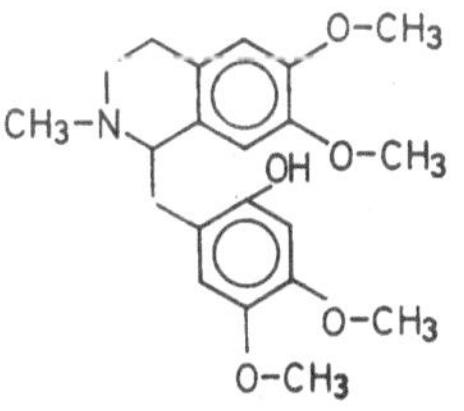

6'-Hydroxylaudanosin

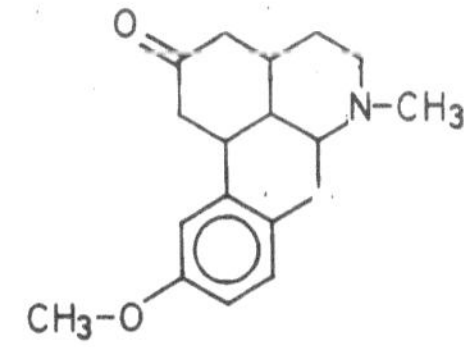

Aporphin

Die Synthese aus (+)-6'-Bromlaudanosin und (+)-1,2,3,10-Tetramethoxy-9-hydroxyaporphin schließlich bestätigte diese Struktur.

Ocoteamin = Sepeerin und Demerarin,

ein Phenolalkaloid mit einer sek. Aminogruppe, geht bei der Methylierung in ein N-Methylocoteamin über, dessen Hydrochlorid in seinen Spektren von denen des Oxyacanthins nicht mehr zu unterscheiden ist, so daß es sich bei dem Alkaloid um ein *des*-N-Methyloxyacanthin handeln muß[3]).

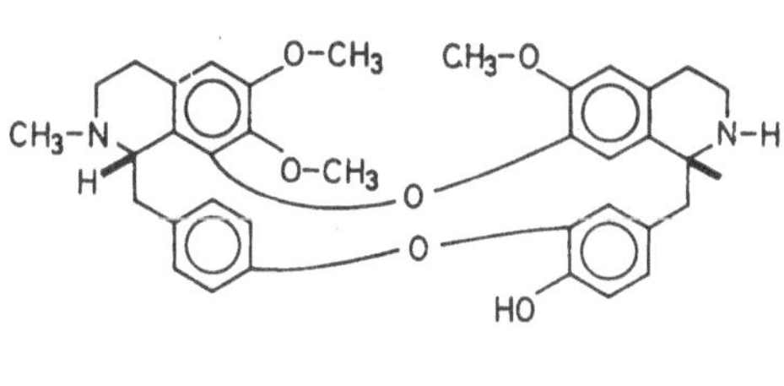

[1]) R. W. Doskotch, P. L. Schiff, J. L. Beal, T. L. **48**, 4999 (1968)
[2]) R. W. Doskotch, J. D. Phillipson, A. B. Ray, J. L. Beal, Chem. Comm. 1083 (1969)
[3]) P. J. Hearst, M. Shamma, B. S. Dudock, R. J. Shine, Org. Chem. **33**, 1229 (1968)

Demerarin

geht bei der N-Methylierung in Repandin über.

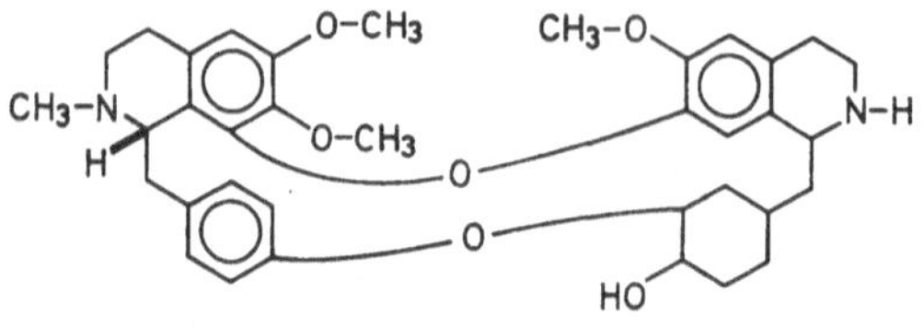

Coclobin

Coclobin, eine Base mit vier Methoxy-, einer N-Methyl- und zwei Äther-Funktionen, geht bei der Hydrierung in das Dihydrococlobin-A und das Dihydrococlobin-B über, die bei der Methylierung jeweils das Obaberin und O-Methylrepandin liefern. Nach diesen Befunden sollte es sich bei dem Alkaloid um ein Diastereoisomeres des Epistephanins handeln[1].

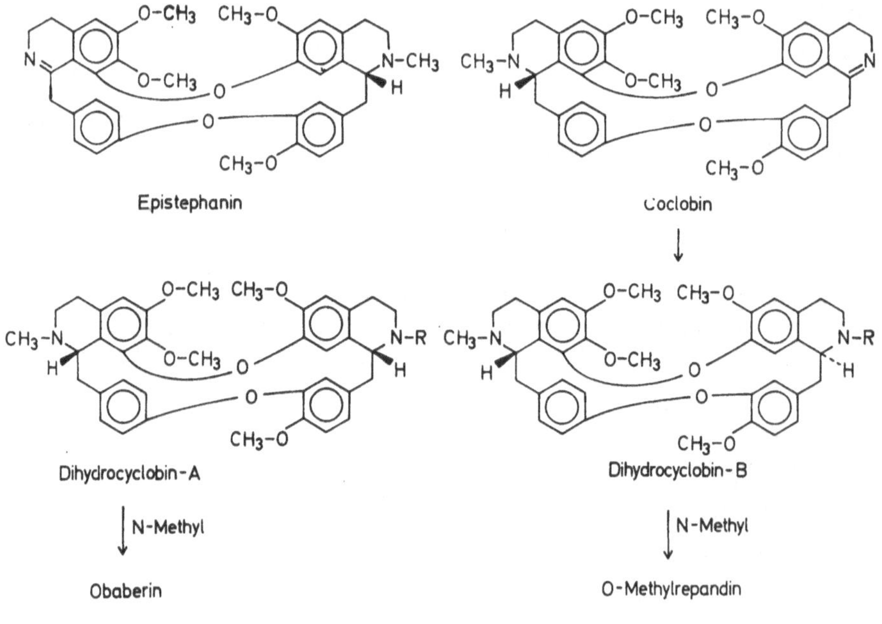

[1] K. Ito, H. Furukawa, K. Sato, J. Takashi, J. Pharm. Soc. Japan **89**, 1163 (1969)

Dauricinolin

Dauricinolin ist als gelbes amorphes Pulver isolierbar und liefert bei der Methylierung mit Diazomethan O-Methyldauricin. Die durch Äthylierung erhältliche 0.0-Diäthylverbindung geht bei der Spaltung mit Na in NH_3 in D(-0-1-(p-Äthoxybenzyl-)-6-äthoxy-7-methoxy-2-methyl-1,2,3,4-tetrahydroisochinolin und D-(—)-Armepavin über[1]).

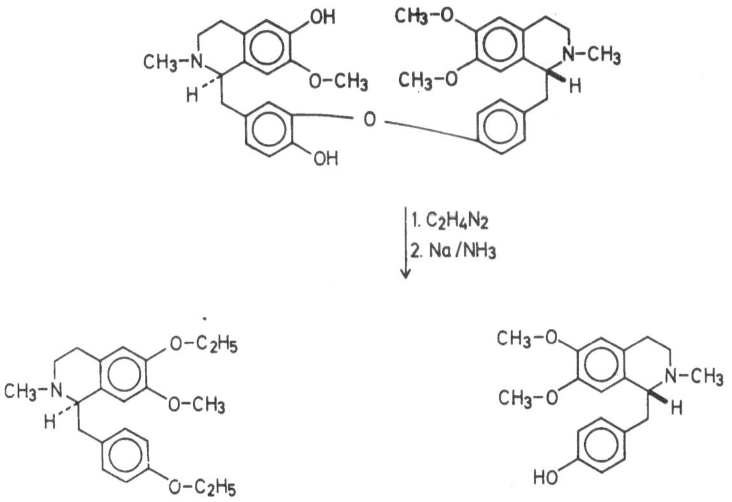

D (−) - Armepavin

Unbenanntes Alkaloid

Ein nicht näher bezeichnetes Alkaloid konnte aus *Thalictrum minus* isoliert werden und besitzt auf Grund der spektroskopischen Untersuchungen die nachstehende Struktur[2]).

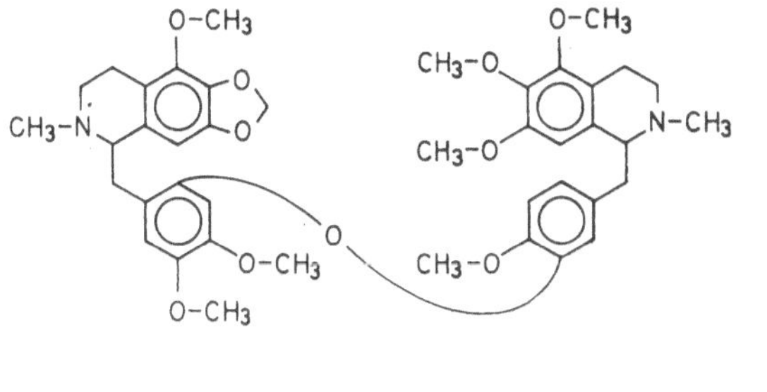

[1]) M. Tomita, Y. Okamoto, Y. Nagai, S. Tanaka, T. Hayata, J. Pharm. Soc. Japan **90**, 1182 (1970)
[2]) N. M. Mollov, P. P. Panov, N. Th. Le, L. Panova, Dokl. Bulg. Akad. Nauk **23**, 1243 (1970); C. A. 61584 (1970)

Tiliacorinin

Tiliacorinin, $C_{35}H_{36}N_2O_5$, weist ein mit dem Tiliacorin weitgehend identisches UV-Spektrum auf und besitzt je zwei O-Methyl- und N-Methylgruppen. Die Oxydation des O-Methyl-dijodmethylats mit $KMnO_4$ führt zu 5,5'-Dicarboxy-2,2'-dimethoxydiphenyl und 3,4,7,8-Tetracarboxy-2-äthoxy-2'-methoxydiphenyl. Damit sollte die Hydroxygruppe analog wie im Tiliacorin angeordnet sein.

Eine direkte Beziehung zwischen Tiliacorin und Tiliacorinin ergab sich durch den Hofmann-Abbau der zu zwei Methinen A und B führte.

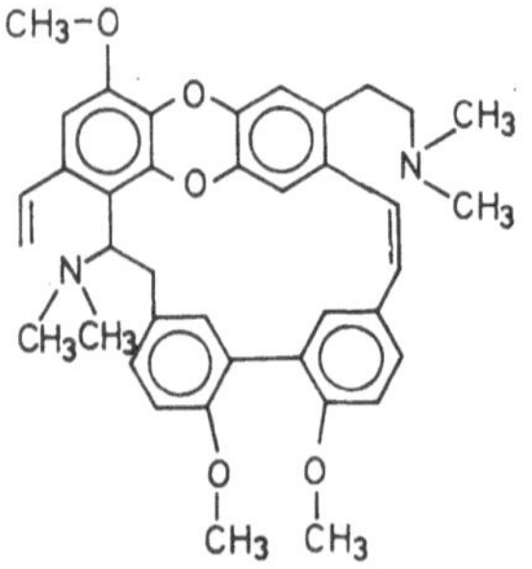

Methin A

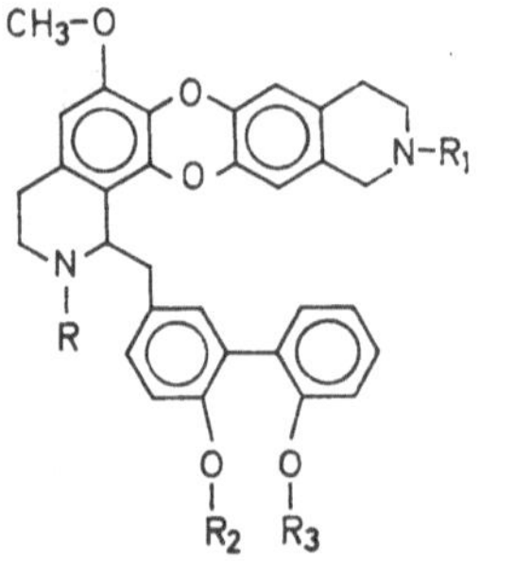

Tiliacorinin
R = R_1 = R_2 = CH_3, R_3 = H
R = R_1 = R_3 = CH_3, R_2 = H

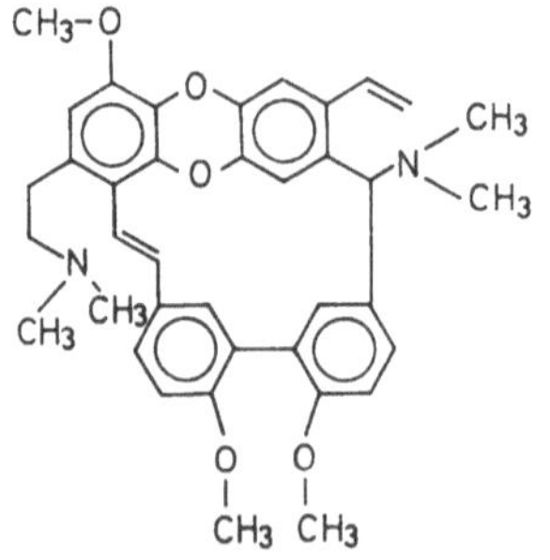

Methin B

Beide Methine sind optisch inaktiv und gehen bei dem zweiten Hofmann-Abbau in das N-freie, optisch inaktive Produkt A über.

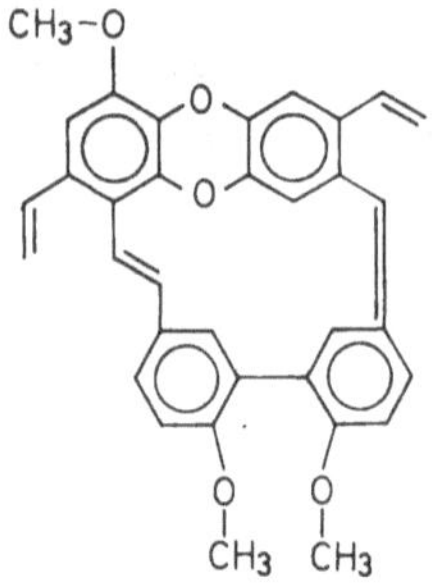

A

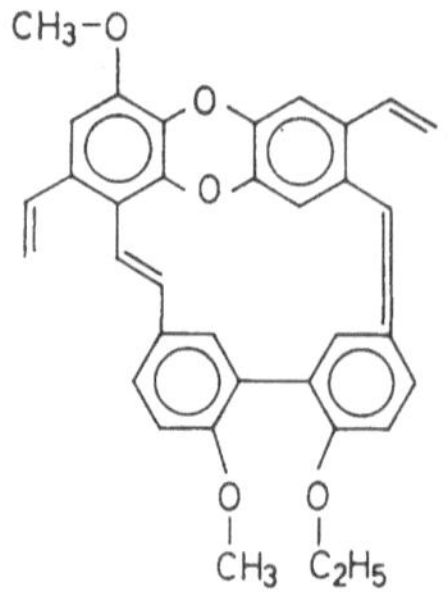

B

Der zweistufige Hofmann-Abbau des O-Äthyltiliacorin-dijodmethylats und der des O-Äthyltiliacorinin-dijodmethylats liefert ein identisches, N-freies, optisch inaktives Produkt B. Damit besitzt die phenolische Hydroxygruppe in beiden Alkaloiden die gleiche Position, und beide Alkaloide müssen als Diastereoisomere angesehen werden.

Nortiliacorinin A und B

liefern beide bei der N-Methylierung Tiliacorinin, so daß sie als isomere N-Desmethyl-tiliacorinine angesehen werden müssen[1]).

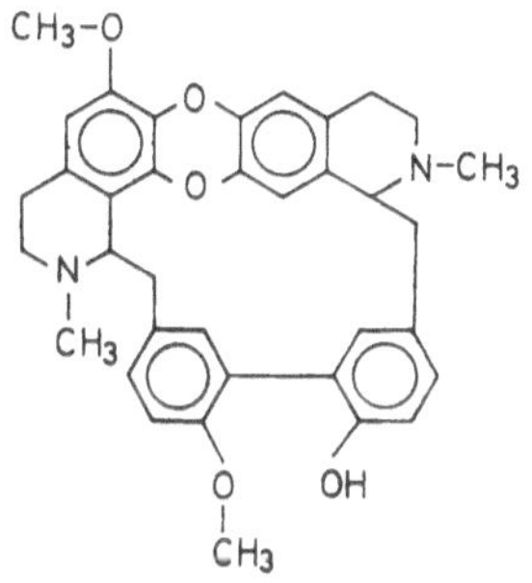

Isotiliarin und Pseudotiliarin,

zwei isomere Alkaloide der Bruttozusammensetzung $C_{35}H_{34}N_2O_5$, wurden in ihre Struktur mit Hilfe spektroskopischer Verfahren abgeklärt und besitzen hiernach die folgenden Konstitutionen[2]):

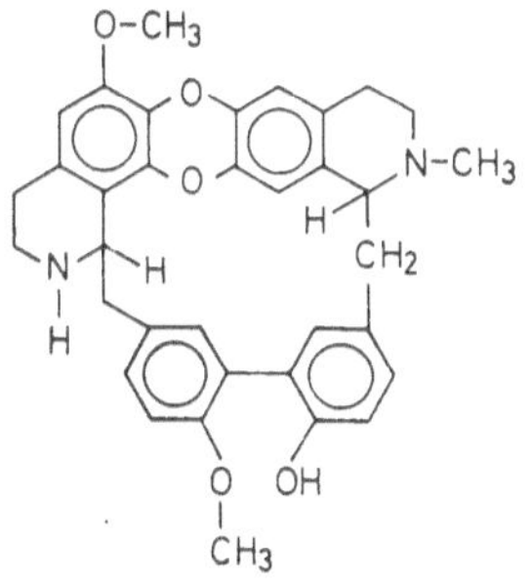

Isotiliarin

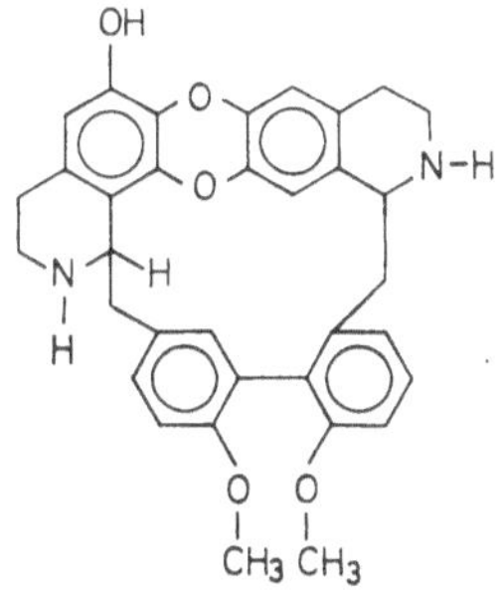

Pseudotiliarin

Pendulin

Pendulin, $C_{37}H_{40}N_2O_6$, eine ditertiäre Base mit zwei N-Methyl- und drei Methoxy-sowie einer phenolischen Hydroxygruppe besitzt auf Grund der typischen Fragmentierung im MS die folgende Struktur:

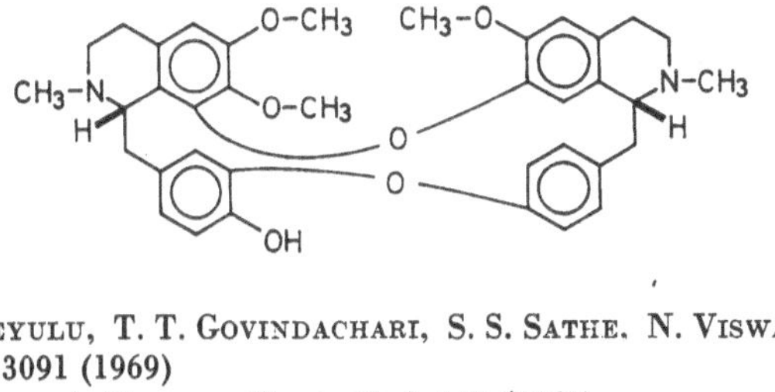

[1]) B. Anjaneyulu, T. T. Govindachari, S. S. Sathe, N. Viswanathan, K. W. Gopinath, B. R. Pai T. **25**, 3091 (1969)
[2]) A. N. Tackie, A. Thomas, Planta Med. 158 (1968)

Da bei der Reduktion mit Na/NH_3 sowohl (+)-O-Äthylarmepavin als auch (+)-N-Methylcoclaurin gefunden worden ist, muß es sich beim Pendulin um den optischen Antipoden des Pycnamins handeln[1]).

Cocsulin

Cocsulin, $C_{35}H_{34}N_2O_5$, liefert bei der Verätherung mit Diazomethan ein O-Methylderivat, das sich als identisch mit Isotrilobin erwies. Die Position der Hydroxygruppe im Cocsulin ergab sich aus dem MS und die Stereochemie durch die Korrelierung mit dem in seiner Konfiguration bekannten Isotrilobin[2]):

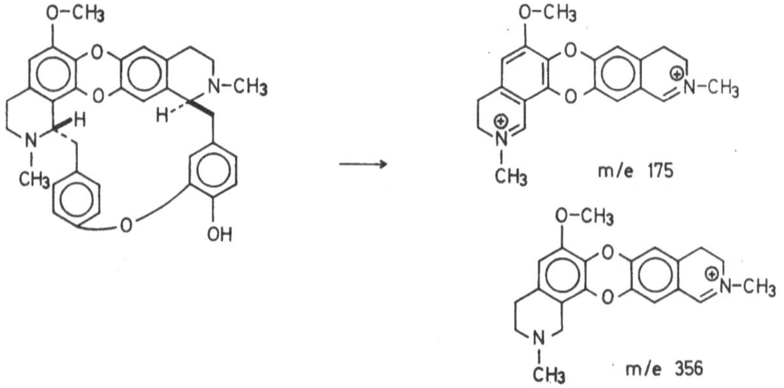

Thalidasin

Thalidasin, $C_{39}H_{44}N_2O_7$, ein Alkaloid mit zwei N-Methyl- und fünf Methoxygruppen, geht bei der Spaltung mit Na/NH_3 in L-O-Methylarmepavin, L-1-(4'-Hydroxybenzyl)-2-methyl-5-hydroxy-6,7-dimethoxy-1,2,3,4-tetrahydroisochinolin, L-Armepavin und L-1-(4'-Methoxybenzyl-2-methyl)-6,7-dimethoxy-8-hydroxy-1,2,3,4-tetrahydroisochinolin

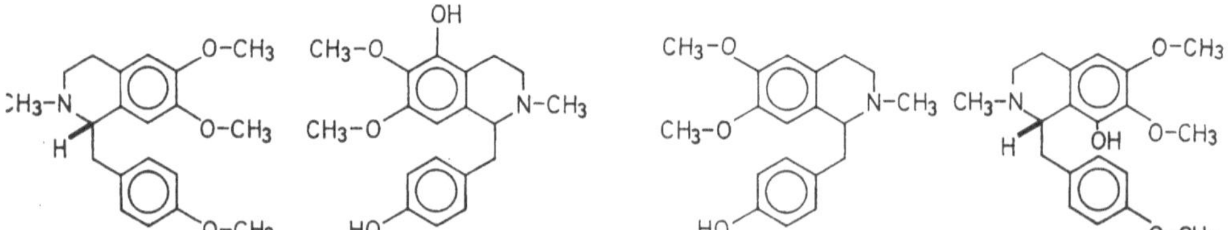

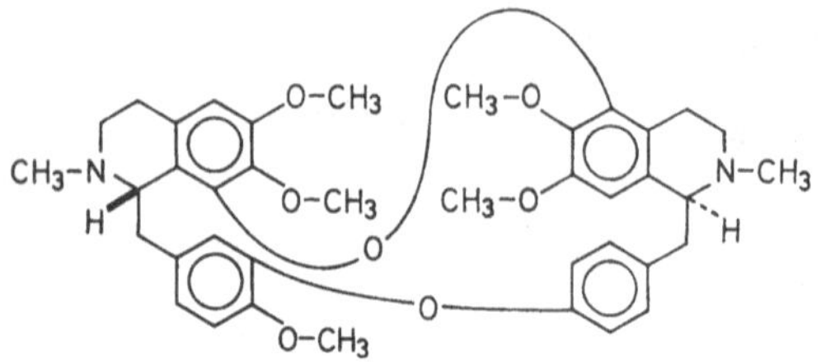

[1]) N. C. Gupta, D. S. Bha-knuni, M. M. Dhar, Exp. **26**, 12 (1970)
[2]) D. S. Bhakuni, N. C. Gupta, M. M. Dhar, Exp. **26**, 241 (1970)

Die Permanganat-Oxydation liefert darüber hinaus 2-Methoxydiphenyläther-4'-5-dicarbonsäure.

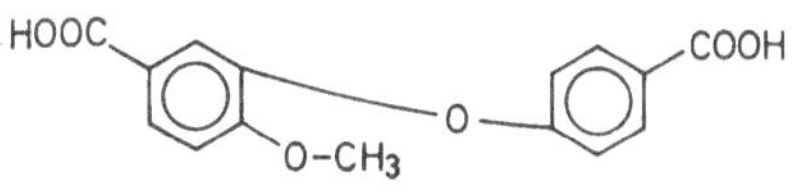

Da O-Methylthalfoetidin identisch ist mit dem Methylierungsprodukt des Thalidasins, ist diesem Alkaloid die folgende korrigierte Struktur zuzuordnen[1]).

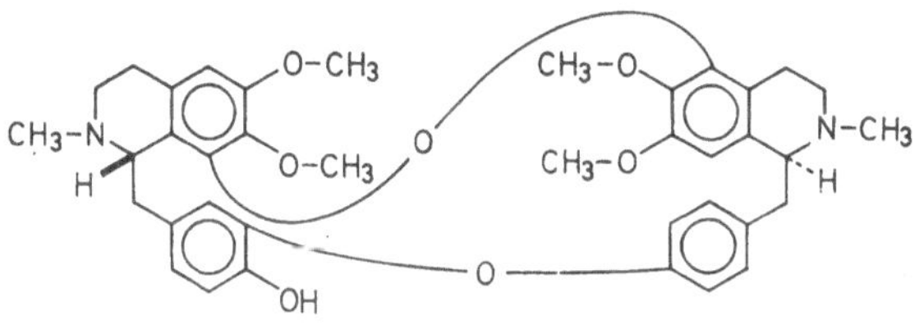

Espinin und Espinidin

In der Alkali-unlöslichen Fraktion von ***Berberis laurina*** konnten durch Gegenstromverteilung zwei Alkaloide Espinin, $C_{37}H_{42}N_2O_6$, und Espinidin, $C_{37}H_{42}N_2O_6$, isoliert werden, die beide ein nahezu identisches charakteristisches Bisbenzyltetrahydroisochinolin-UV-Spektrum aufweisen.

Espinin weist ebenfalls ein typisches MS auf und liefert bei der Spaltung mit Na/NH_3 +)-N-Methyl-6-O-äthylisococlaurin und (—)-N-Methyl-O,O'-diäthylcoclaurin.

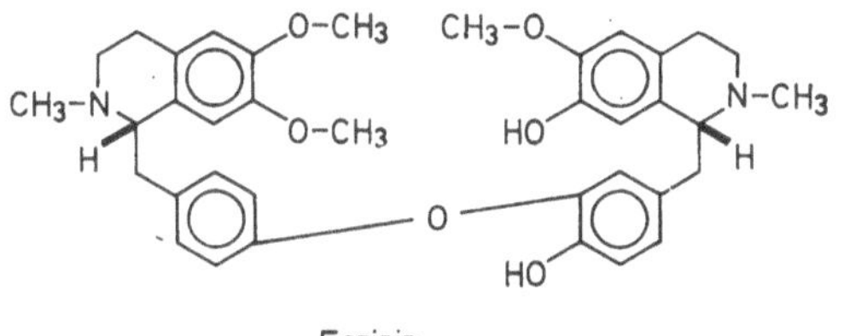

Espinin

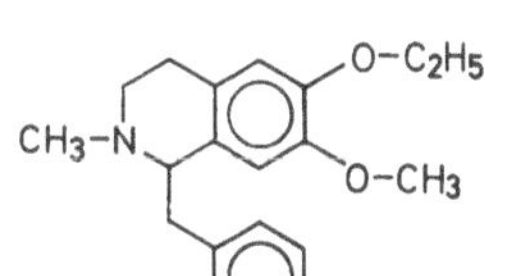

(+)-N-Methyl-6-O-äthyl-isococlaurin

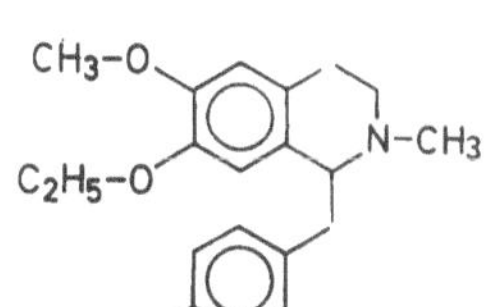

(—)-N-Methyl-O,O'-di-äthylcoclaurin

Espinidin liefert bei der Verätherung mit Diazomethan O-Trimethylespinin und beim Umsatz mit Diazoäthan ein O-O-Diäthyl-Derivat, das bei der anschließenden Spaltung

[1]) S. M. Kupchan, T. H. Yang, G. S. Vasilikiotis, M. H. Barnes, M. L. King, Org. Chem. **34**, 3884 (1969)

mit Na/NH_3 (+)-N-Methyl-6-O-äthyl-isococlaurin und (—)-N-Methyl-7-O-äthyl-4'-O-methylcoclaurin liefert[1]).

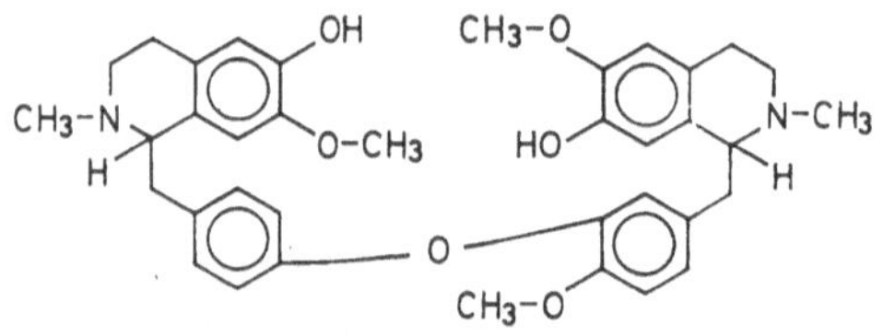

Espinidin

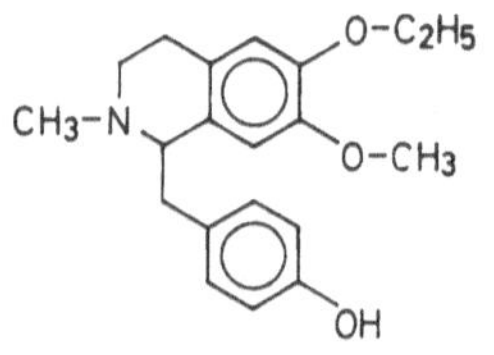

(+)-N-Methyl-6-O-äthyl-isococlaurin

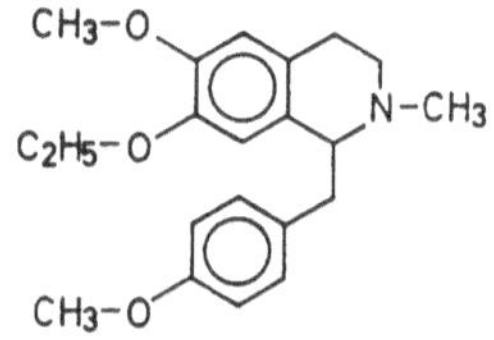

(−)-N-Methyl-7-O-äthyl-4'-O-methylcoclaurin

O-Methylisothalicberin

O-Methylisothalicberin, $C_{38}H_{42}N_2O_6$, weist eine für Bisbenzylisochinolin-Alkaloide typische UV- und ORD-Kurve auf sowie vier im KMR-Spektrum nachweisbare Methoxygruppen.

O-Methylisothalicberin geht bei der Spaltung mit Na in Ammoniak in (—)-O-Methylarmepavin und (+)-N-Methylisococlaurin über, das bei der Verätherung mit Diazoäthan in das N-Methyl-O,O-diäthylisococlaurin übergeht.

Die Konfiguration wurde aus den bei hohen Feldern auftretenden Signalen für die N-Methyl- und Methoxygruppen zugunsten einer (S, R)-Konfiguration abgeleitet[2]).

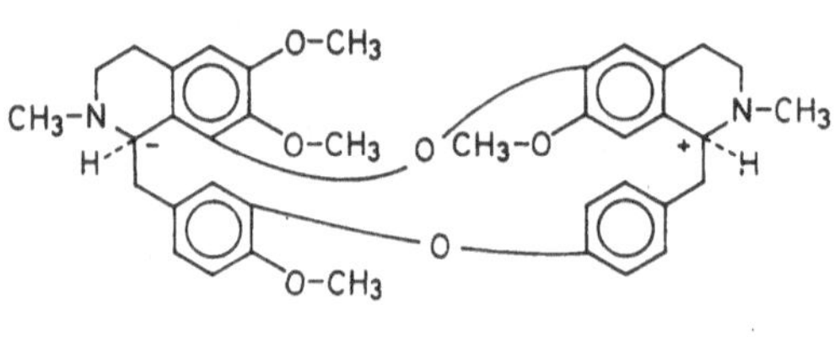

O-Methylisothalicberin

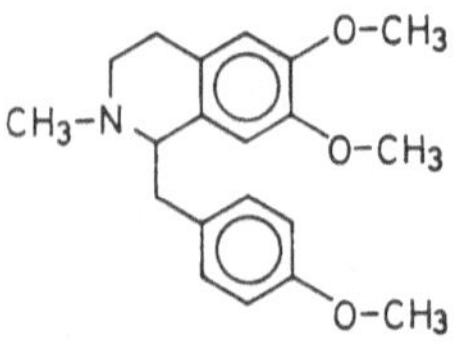

(−)-O-Methylarmepavin

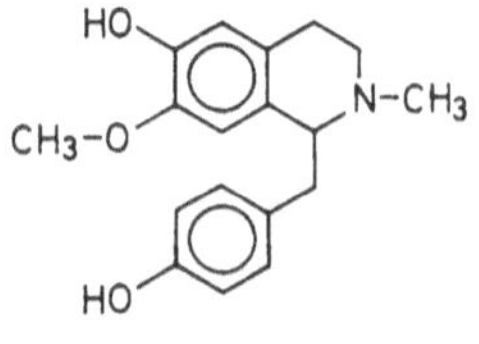

(+)-N-Methylisococlaurin

[1]) M. R. FALCO, J. X. DE VRIES, Z. MACCIO, I. R. C. BICK, Exp. **25,** 1236 (1969)
[2]) M. R. FALCO, J. X. DE VRIES, A. G. DE BROVETTO, Z. MACCIO, S. REBUFFO, I. R. C. BICK, T. L. **16,** 1953 (1968)

Lauberin

kristallisiert als Dihydrobromid $C_{37}H_{40}N_2O_6 \cdot 2\,HBr$ und wird an der Luft leicht oxydiert. Die Base besitzt drei Methoxy-, zwei N-Methyl- und eine cryptophenolische, acetylierbare Hydroxygruppe. O-Äthyllauberin liefert bei der Spaltung mit Na/NH_3 (—)-O,N-dimethylcoclaurin und (+)-N-Methyl-6-O-äthylisococlaurin, während die Spaltung des O-Methyllauberins (+)-Armepavin und (—)O,N-dimethylcoclaurin liefert.

Die durch KMR-Untersuchungen ausgewiesene Struktur ist wie nachstehend zu formulieren:

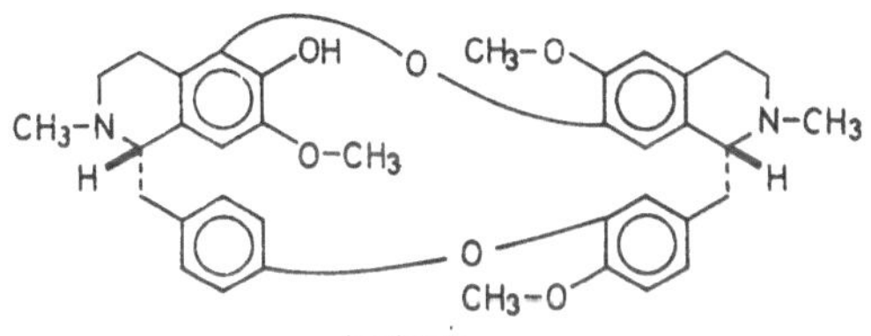

Lauberin

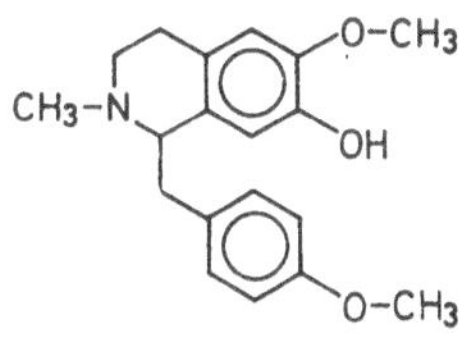

(−)-O,N-Dimethylcoclaurin

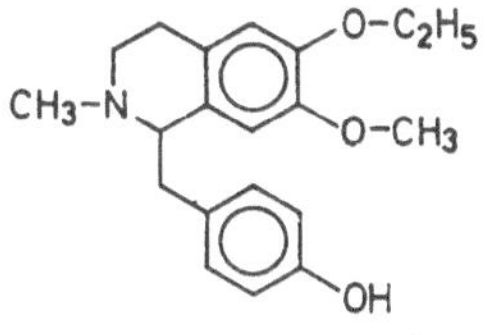

(+)-N-Methyl-6-O-äthyl-isococlaurin

Das Massenspektrum ist im Sinne der folgenden Formelfolge interpretiert worden:

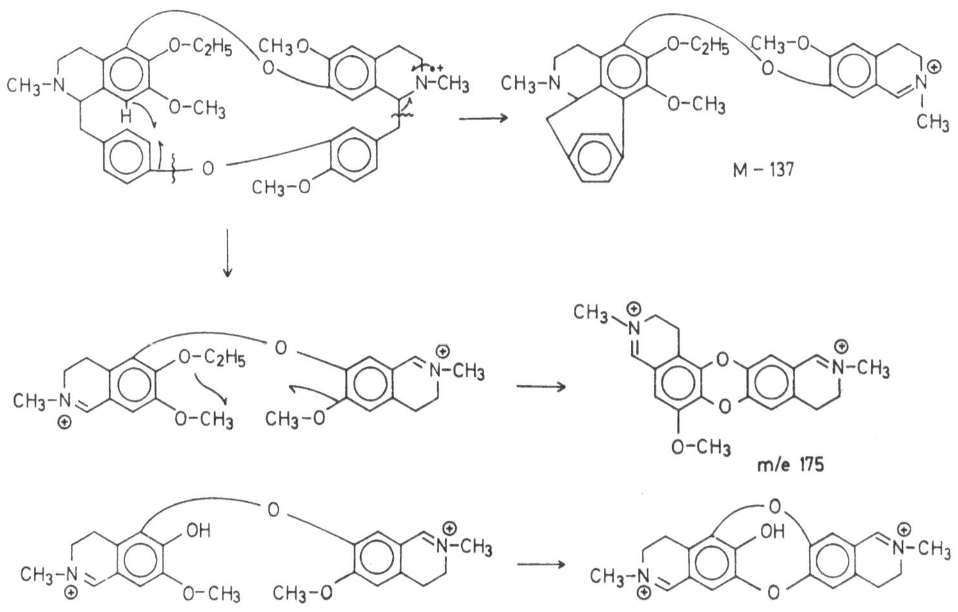

[1]) M. R. Falco, J. X. de Vries, A. G. de Brovetto, Z. Maccio, S. Rebuffo, I. R. C. Bick, T. L. **16**, 1953 (1968)

Tubocurarin und Chondrocurin

Die bisherigen Strukturen für das (+)-Tubocurarin-chlorid und das (+)-Chondrocurin müssen einer Revision unterzogen werden, da spektroskopische Untersuchungen erwiesen haben, daß auf Grund des folgenden Abbaus zu (+)-O-Methylarmepavinjodmethylat und einem Emde-Abbauprodukt die quartären und tertiären Funktionen anders verteilt sind als angenommen.

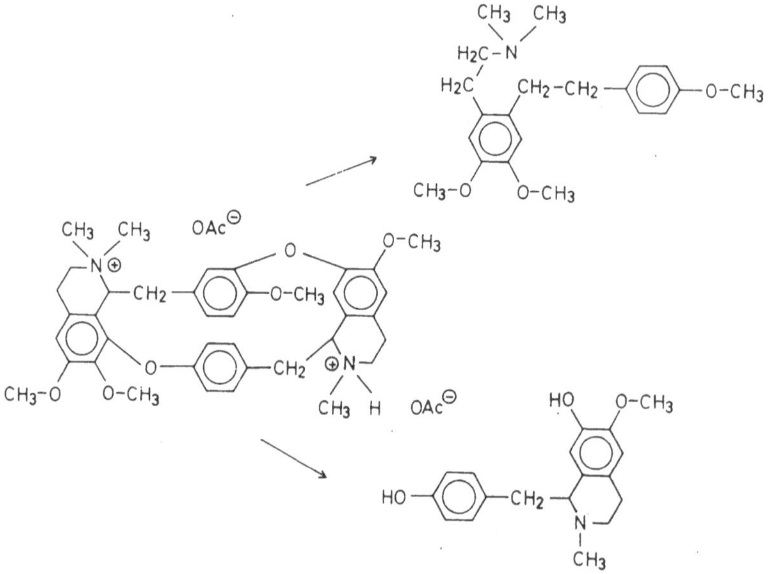

Die korrekte Struktur des (+)-Tubocurarin-chlorids ist nachstehend angegeben:

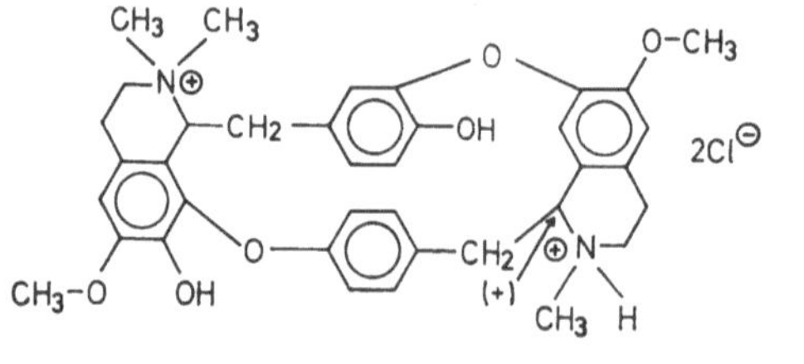

1) A. J. EVERRETT, L. A. LOWE, S. WILKINSON, Chem. Comm. 1020 (1970)

Synthesen in der Reihe der Bisbenzylisochinolin-Alkaloide

a) Synthese des (±)-Cycleanins:

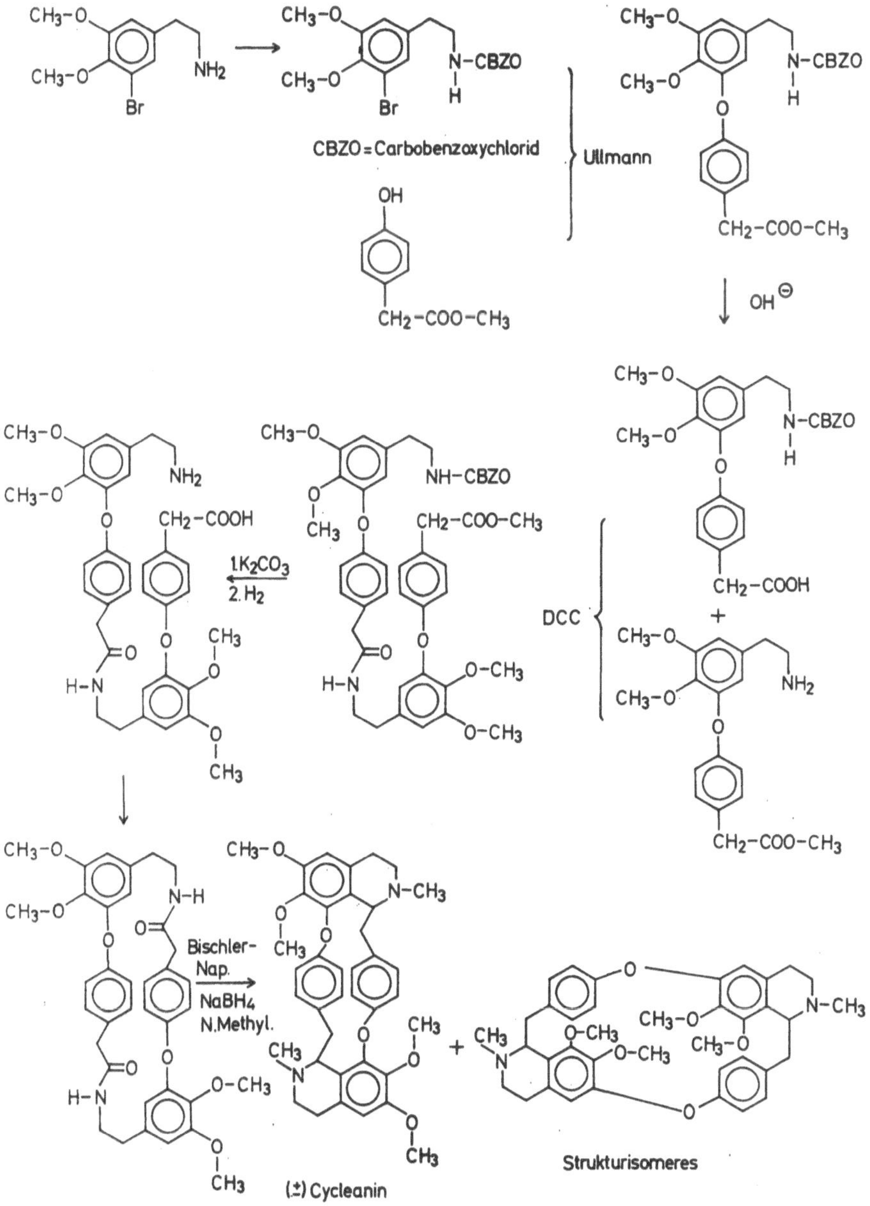

[1]) M. Tomita, K. Fujitani, Y. Aoyagi, Chem. Pharm. Bull. 16, 57 (1968)

b) Synthese des (+)-Cepharanthins:

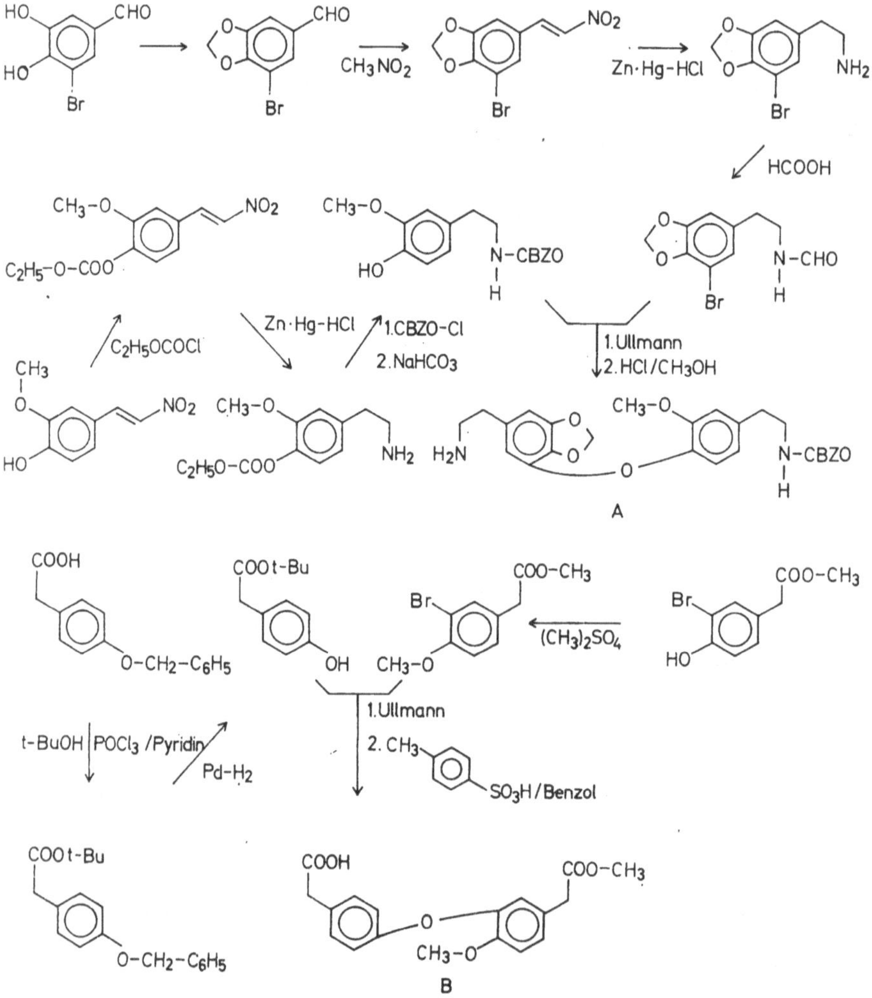

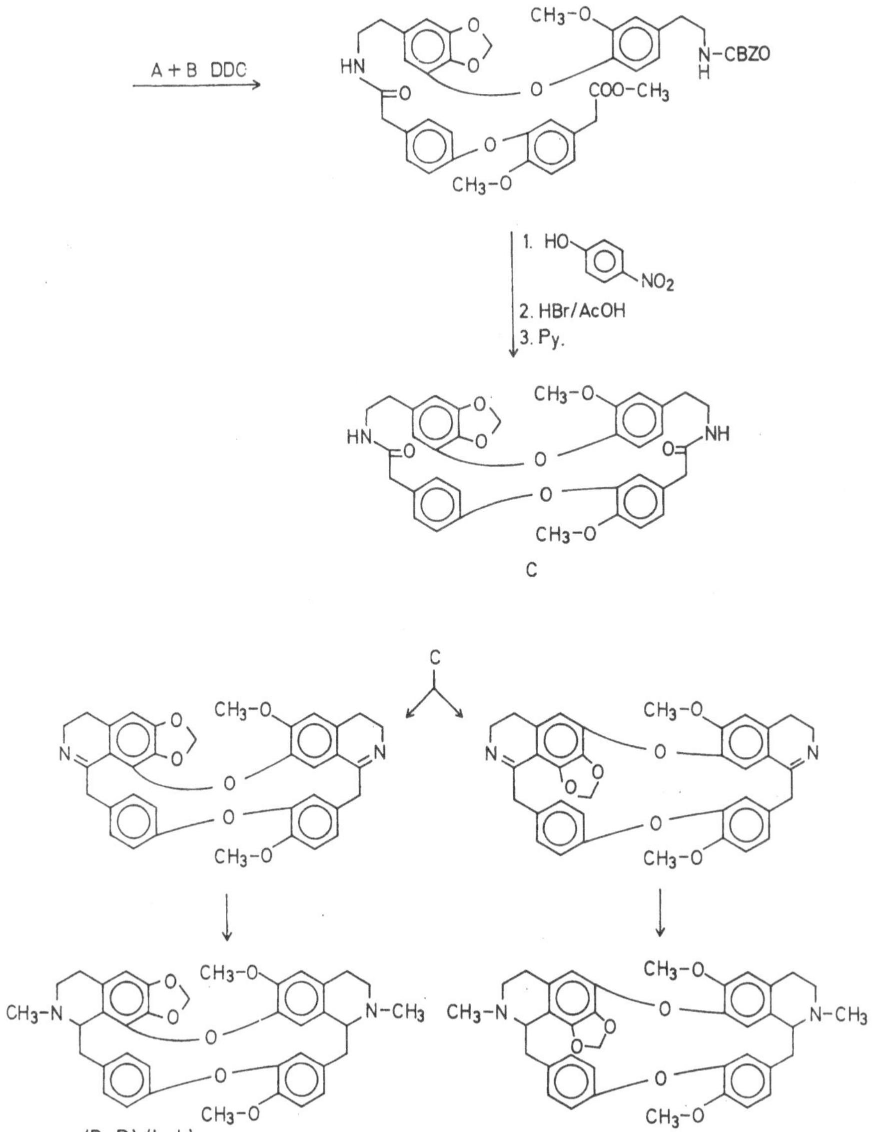

(D–D), (L–L)
(±) Paar (Base D) = Diastereomer mit Cepharanthin
(D–L), (L–D)
(±) Paar
(±) Cepharanthin

(Base A, B)

[1]) M. Tomita, K. Fujitani, Y. Aoyagi, Y. Kajita, Chem. Pharm. Bull. **16**, 217 (1968)

c) Synthese des Magnolins[1]):

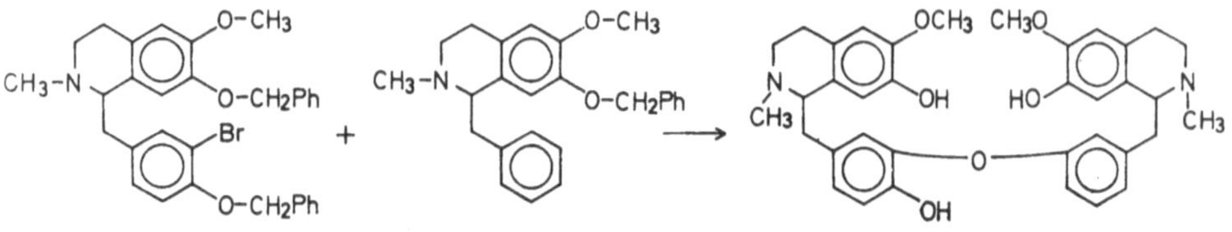

(±)-7,4'-O,O-Dibenzyl-3'-brom-N-methylcoclaurin (±)-7-Benzyl-N-methylcoclaurin

d) Synthese des (±)-Cuspidalins[2]):

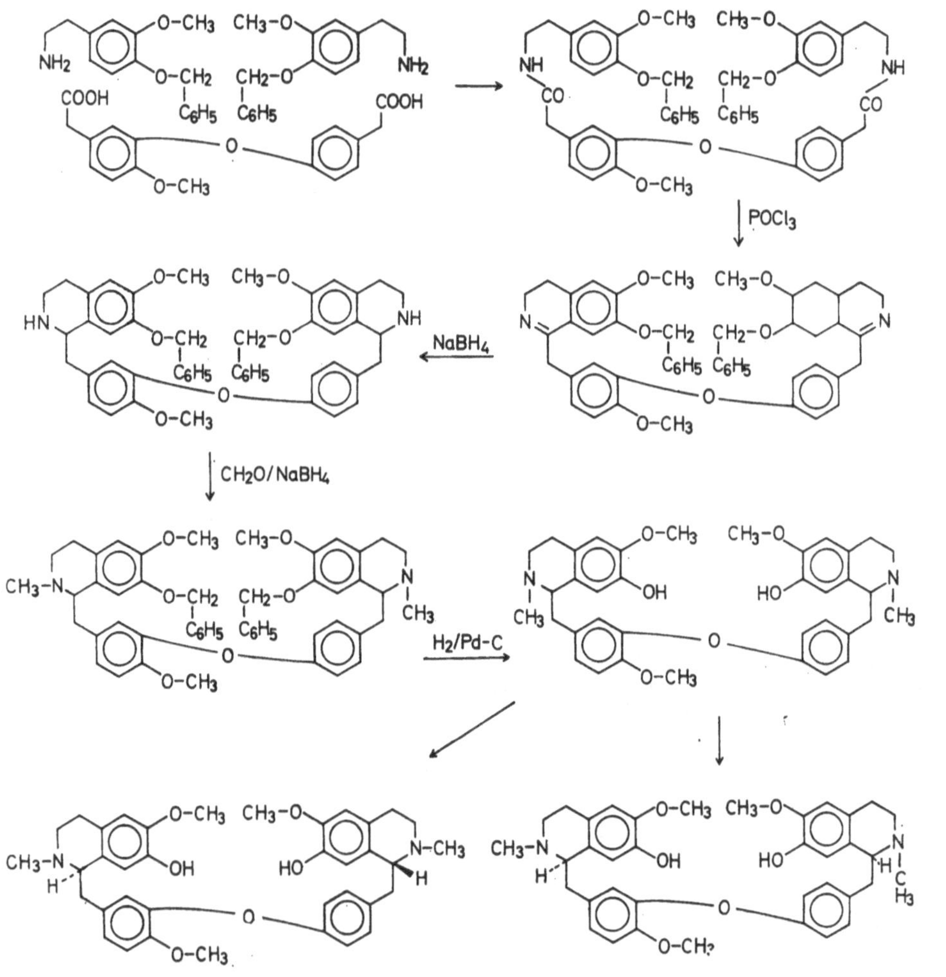

Cuspidalin (±)-4'-O-Methylberbamunin

[1]) T. Kametani, H. Iida, K. Sakurai, Chem. Soc. (C) 500 (1969)
[2]) M. Tomita, K. Fujitani, Y. Masaki, Y. Okamoto, Chem. Pharm. Bull. 16, 70 (1968)

e) eine Synthese des Heptaphyllins[1]:

f) Synthese des optisch aktiven Isotetrandrins, Phaeanthins und Tetrandrins:

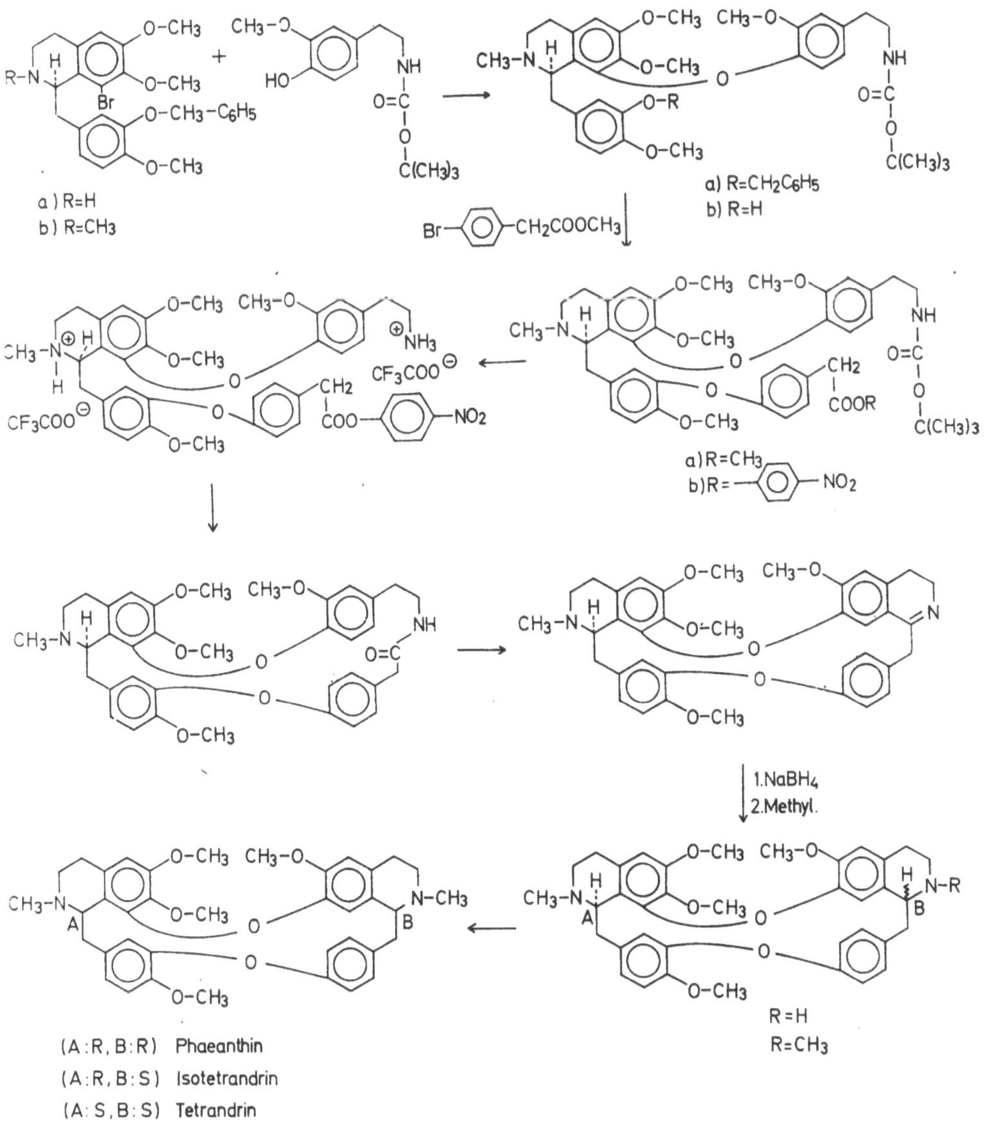

Die Abtrennung des jeweiligen Diastereomeren gelang durch die unterschiedliche Löslichkeit des Isotetrandrinpikrats und Phaeanthin-Pikrats.

[1]) B. S. Joshi, D. F. Raue, Chem. Ind. 685 (1968)

Die gleiche Reaktionssequenz bei Verwendung von optisch aktivem O-Benzyl-8-brom-laudanidins führt zu (±)-Tetrandrin, dessen Racemattrennung bereits seit längerem bekannt ist.[1-3])

g) Synthese des (±)-Obaberins[4]) (O-Methyloxyaecuthins):

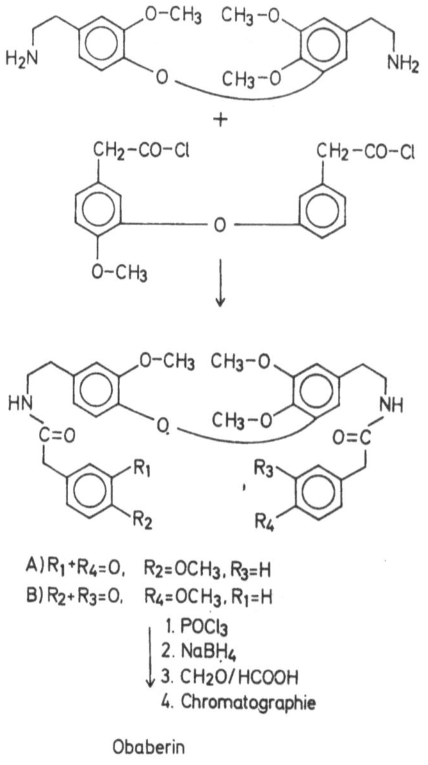

Bei der Oxydation des (+)-Armepavin-jodmethylats entsteht das folgende Biaryl-derivat[5])

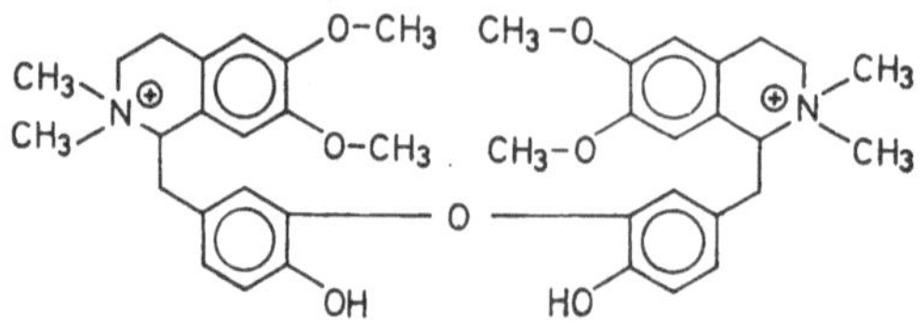

1) Y. Inubushi, Y. Masaki, S. Matsumoto, F. Takami, Chem. Soc. (C) 547 (1968)
2) Y. Inubushi, Y. Masaki, S. Matsumoto, F. Takami, T. L. **30**, 3399 (1968)
3) S. M. Kupchan, N. Yokoyama, B. S. Thyagarajan, J. Pharm. Sci. **50**, 164 (1961)
4) T. Kametani, K. Wakisaka, K. Kigasawa, Chem. Comm. 273 (1970)
5) A. M. Choudhury, I. G. C. Coutts, A. K. Durbin, K. Schofield, D. J. Humphreys, Chem. Comm. 1341 (1968)

h) Synthese des Magnolins:

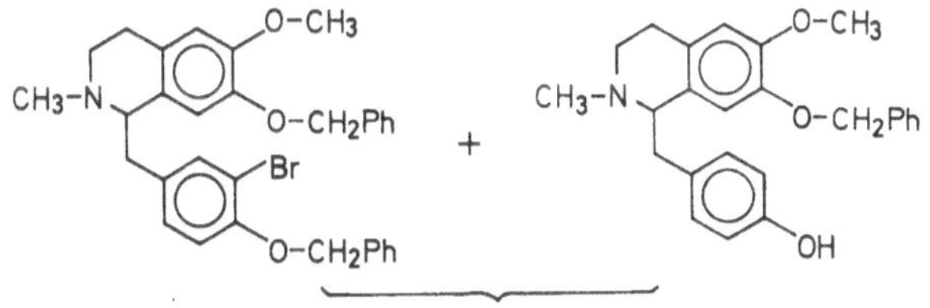

(+)-L-7-Benzyloxy-1-(4-benzyloxy-3-brombenzyl)-6-methoxy-2-methyl-tetrahydroisochinolin

(−)-D-7-Benzyloxy-1-(4-hydroxybenzyl)-6-methoxy-2-methyl-tetrahydroisochinolin

↓

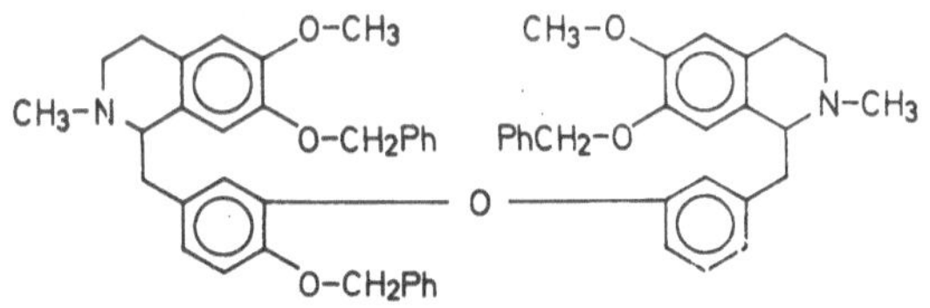

O.O.O. Tribenzylmagnolin

i) Synthese des Berbamunins:

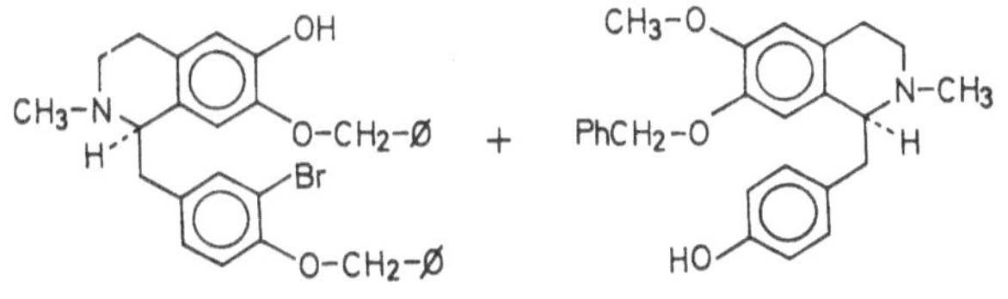

D (−)

1. Ullmann Reakt.
2. Hydrolyse

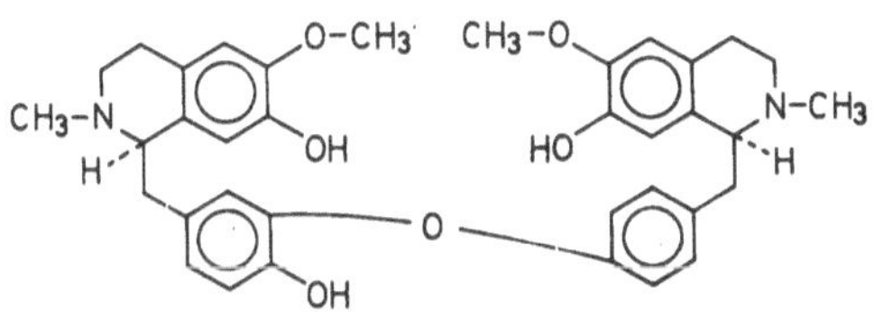

[1]) T. Kametani, H. Lida, K. Sakurei, Chem. Soc. (C) 500 (1969)
[1]) T. Kametani, K. Sakurai, H. Iida, J. Pharm. Soc. Japan **88**, 1163 (1968)

j) Synthese des optisch aktiven O-Methylthalicberins:

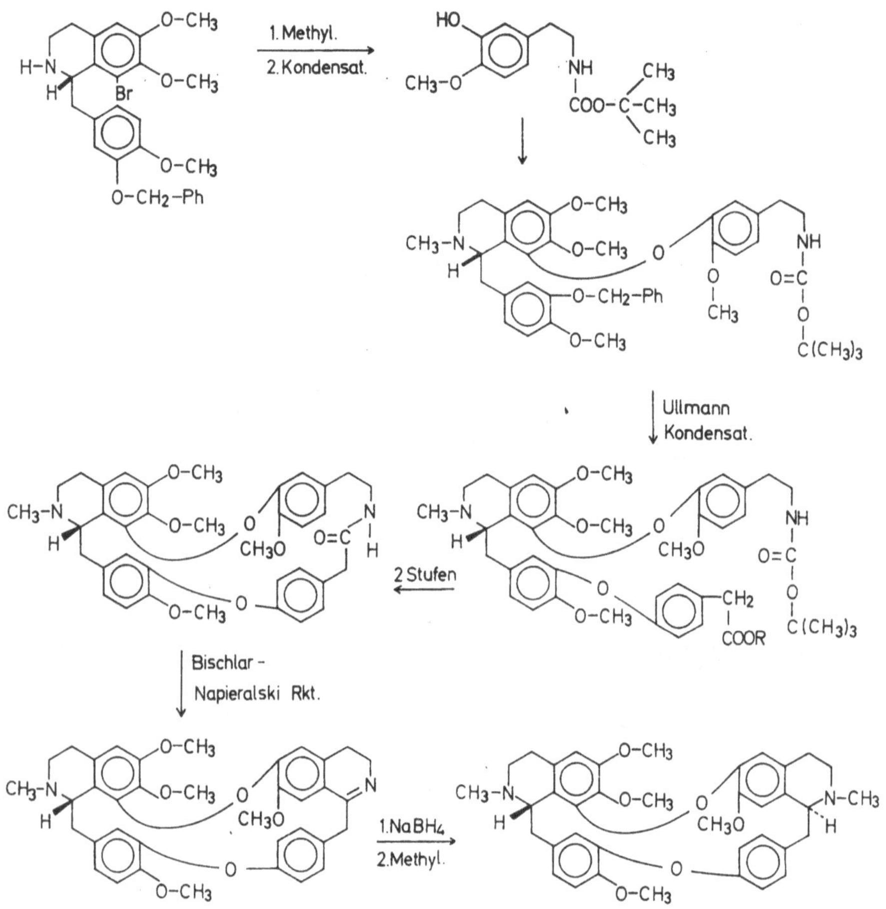

1) E. FUJITA, A. SUMI, Chem. Pharm. Bull. 18, 2591 (1970)

k) Synthese des Daurinolins:

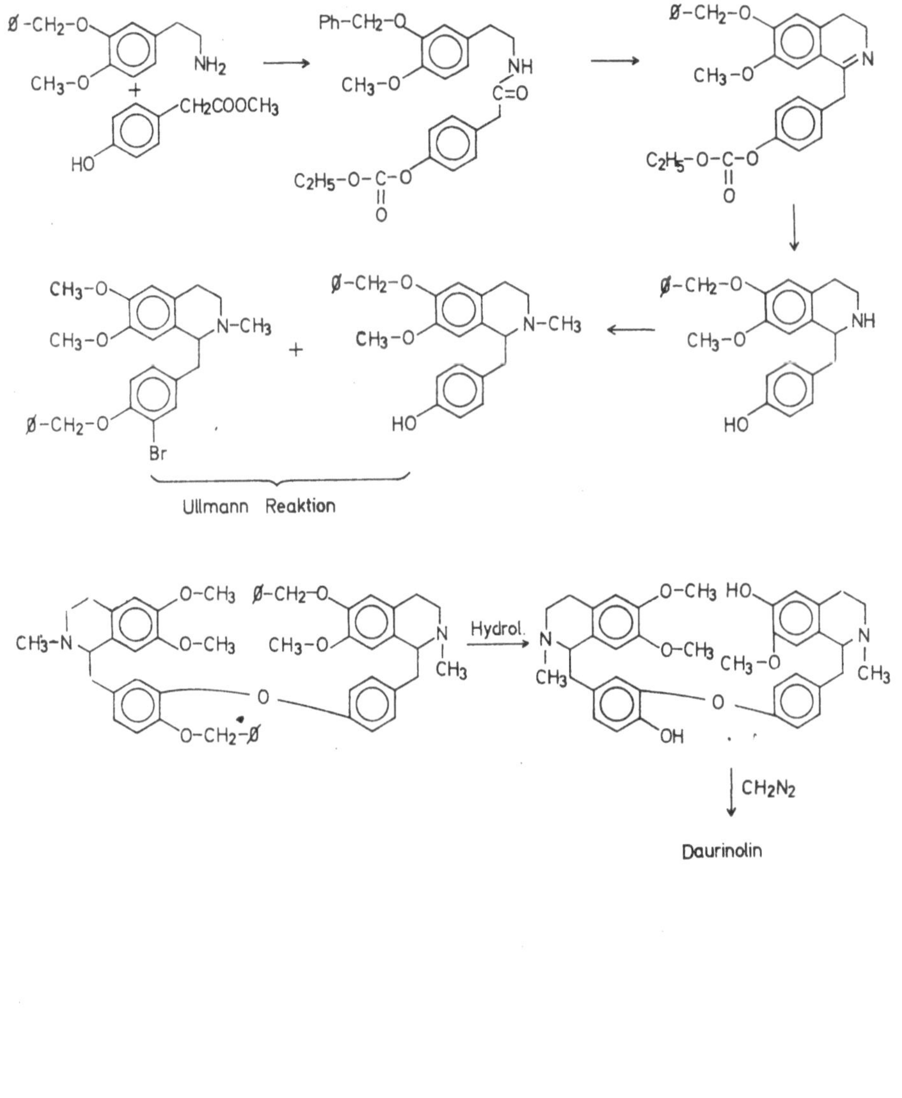

[1]) T. Kametani, S. Takano, T. Kobari, H. Iida, M. Shinbo, Chem. Pharm. Bull. 16, 1625 (1968)

Dehydrothalicarpin

liefert bei der Spaltung mit Na/NH_3 die folgenden Produkte:

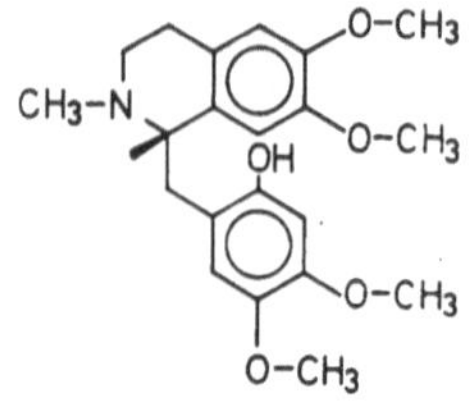

6'-Hydroxylaudanosin

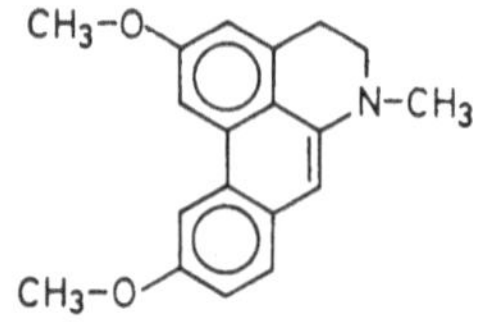

2.10-Dimethoxydehydroaporphin

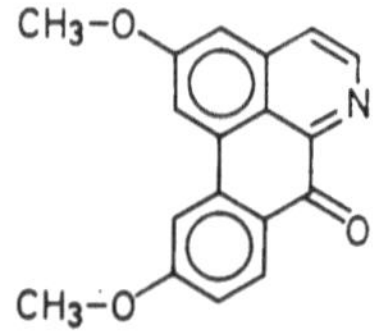

(+) 2.10-Dimethoxydibenzo-[de,g] chinolin-7-on

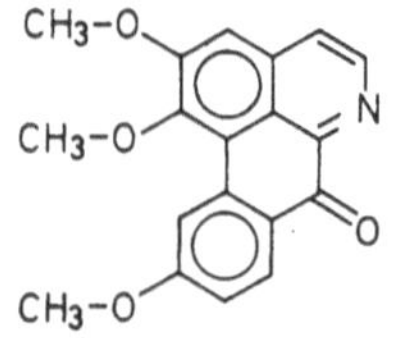

1.2.10-Trimethoxydibenzo-[de,g] chinolin-7-on

[1] S. M. Kupchan, T. H. Yang, M. L. King, R. T. Borchardt, Org. Chem. **33**, 1052 (1968)

13. Aporphin-Alkaloide

Alkaloide mit dem Ringgerüst des Aporphins sind in verhältnismäßig großer Zahl bekannt, im Pflanzenreich ziemlich weit verbreitet und werden in den folgenden Familien und Gattungen angetroffen:
Anonaceen: *Anona, Artabotrys, Asimina, Xylopia*
Aristolochiaceen: *Aristolochia*
Berberidaceen: *Berberis, Caulophyllum, Epimedium, Mahonia, Nandina*
Lauraceen: *Actinodaphne, Cryptocarya, Litsea, Neolitsea, Ocotea*
Magnoliaceen: *Magnolia, Michelia*
Menispermaceen: *Cissampelos, Cocculus, Legnephora, Menispermum, Sinomenium, Stephania*
Monimiaceen: *Atherosperma, Laurelia*
Nymphaeaceen: *Nelumbium*
Papaveraceen: *Corydalis, Dicentra, Dicranostigma, Glaucum, Papaver, Roemeria*
Ranunculaceen: *Coptis, Thalictrum*
Rutaceen: *Phellodendron, Zanthoxylum.*

Alkaloid	Schmp.	$[\alpha]_D$	Derivat	Vorkommen
Cassameridin $C_{18}H_{11}NO_6$	300	—	—	*Cassytha americana*[1])
Cassamedin $C_{19}H_{11}NO_6$	278	—	—	*Cassytha americana*[1])
Dehydrodicentrin $C_{21}H_{19}NO_5$	218°	0°	—	*Ocotea macropoda*[3])
Ocopodin $C_{21}H_{23}NO_5$	116°	+87° (A)	—	*Ocotea macropoda*[3])
Ocokryptin $C_{20}H_{21}NO_5$	160°	+164° (C)	—	*Ocotea macropoda*[3])
Oconovin $C_{22}H_{27}NO_5$	amorph	—	Jodm. 204° [α] +70° (C)	*Ocotea macropoda*[3])
Imenin $C_{20}H_{17}NO_5$	206—7°	—	Dihydro. 205°	*Abuta imene*[4])
Nuciferolin $C_{19}H_{21}NO_3$	219° (A)	+160° (A)	—	*Papaver caucasicum*[5])
Dehydroglaucin $C_{21}H_{23}NO_4$	133—4°	0°	—	*Glaucium flavum*[6])
Oxoxylopin $C_{18}H_{11}NO_4$	319—21°	—	Acetyl. 216°	*Stephania abyssinica*[7])

Alkaloid	Schmp.	$[\alpha]_D$	Derivat	Vorkommen
Roemerolin $C_{18}H_{15}NO_4$	228—31°	0°	—	*Roemeria refracta*[8])
Hernandonin $C_{18}H_9NO_5$	> 280°	—	—	*Hernandia ovigera*[9])
Steporphin $C_{18}H_{17}NO_3$	177—9°	—90° (M)	—	*Stephania sasakii*[11])
(+)-2-Hydroxy-1.9.10-trimethoxy-aporphin $C_{20}H_{23}NO_4$	200—5°	+97° (A)	HBr 200—5° [α] +97° (A)	*Beilschmiedia podogrica*[12])
(+)-2-Hydroxy-1.9.10-trimethoxy-noraporphin $C_{19}H_{24}NO_4$	—	—	Acetyl. 133—5° [α] 406°	*Beilschmidia podogrica*[12])
9-Methoxyliriodenin $C_{18}H_{11}NO_4$	—	—	—	*Xylopia brasiliensis*[13])
1.2.9.10-Tetrameth-oxy-noraporphin	—	—	N-Acetyl. 102° [α] +333° (M)	*Pseuduvaria Sp.*[14])
1-Hydroxy-2.10.11-trimethoxy-noraporphin (Norcorydin)	—	—	Jodm. 210—2° [α] +135°	*Popowia cyanocarpa*[15])
1-Hydroxy-2.9.10-trimethoxynoraporphin, $C_{19}H_{21}NO_4$	108—10°	+47° (M)	(+) Wilsonirin	*Popowia cyanocarpa*[15])
Taliksimidin $C_{21}H_{24}NO_5$				
Lanuginosin $C_{18}H_{11}NO_4$	302°	—	—	*Michelia lanuginosa*[18])

1) M. P. Cava, K. V. Rao, B. Douglas, J. A. Weisbach, Org. Chem. **33**, 2443 (1968)
2) S. T. Akramov, S. Y. Yunusov, Chem. nat. Verb. 199 (1968)
3) M. P. Cava, Y. Watanabe, K. Bessho, M. J. Mitchell, A. J. da Rocha, B. Hwang, B. Douglas, J. A. Weisbach, T. L. **20**, 2437 (1968)
4) M. D. Glick, R. E. Cook, M. P. Cava, M. Srinivasan, J. Kunitomo, A. T. da Rocha, Chem. Comm. 1217 (1969)
5) S. Pfeifer, L. Kühn, Pharm. **23**, 267 (1968)
6) H. G. Kiryakov, Chem. Ind. 1807 (1968)
7) S. M. Kupchan, M. J. Suffness, E. M. Gordon, Org. Chem. **35**, 1682 (1970)
8) J. Slavik, L. Slavikova, L. Dolejs, Coll. **33**, 4066 (1968)
9) K. Ito, H. Furukawa, T. L. **34**, 3023 (1970)
10) S. K. Talapatra, A. Patra, B. Talapatra, Chem. Ind. 1056 (1969)
11) J. Kunitomo, Y. Okamoto, E. Yuge, Y. Nagai, T. L. **38**, 3287 (1969)
12) S. R. Johns, J. A. Lamberton, A. A. Sioumis, H. J. Tweedale, Austral. J. **22**, 1277 (1969)
13) C. Cassagrande, G. Merotti, Farmaco Ed. Sci. **25**, 799 (1970); C. A. 23047/74
14) S. R. Johns, J. A. Lamberton, C. S. Li, A. A. Sioumis, Austral. J. **23**, 423 (1970)
15) S. R. Johns, J. A. Lamberton, C. S. Li, A. A. Sioumis, Austral. J. **23**, 363 (1970)
16) K. Ito, H. Furukawa, T. L. 3023 (1970)
17) Z. F. Ismailov, M. V. Telezhenetskaja, S. Y. Yunusov, Chem. nat. Verb. 136 (1968)
18) S. K. Talapatra, A. Patra, B. Talapatra, Chem. Ind. 1056 (1969)

Die Aporphin-Alkaloide Corydin, Glaucin und Dicentrin aus *Dicentra exinia* werden nicht durch direkte o,o- bzw. o,p-Kupplung gebildet, sondern entstehen nach der Folge Norlaudanosolin → Norprotosinomenin und die Dienone I und II, die nach einer Dienon-Phenol-Umlagerung einerseits Boldin bilden, aus dem Glaucin und Dicentrin entstehen und andererseits das Aporphin III ergeben, aus dem sich Corydin bilden kann. Das Dienon II ist auch ein Zwischenprodukt für die Biosynthese der Erythrina-Alkaloide. Die unterschiedliche Verwendung dieses Skeletts in *Erythrina* (Leguminosen) und *Dicentra* (Papaveraceen) ist von biosynthetischem und taxonomischem Interesse.[1])

Bei der Glaucin-Biosynthese wird Dopa nur für den Teil des Isochinolinsystems verwendet. Es wird nur ein Molekül Dopa eingebaut, im Gegensatz zu zwei Molekülen Tyrosin[1]).

(±)-Reticulin wird von *Papaver somniferum* in Isololdin, aber nicht in Magnoflorin eingebaut. Es wird angenommen, daß in *Papaver somniferum* die Aporphine mit 1,2,9,10-Substitution (Isololdintyp) durch direkte Phenolkupplung (o-p) und die mit 1,2,10,11-(Corytuberintyp) evtl. über eine Dienonzwischenstufe (Proaporphine) und anschließender Dienon-Phenol-Umlagerung entstehen.[2])

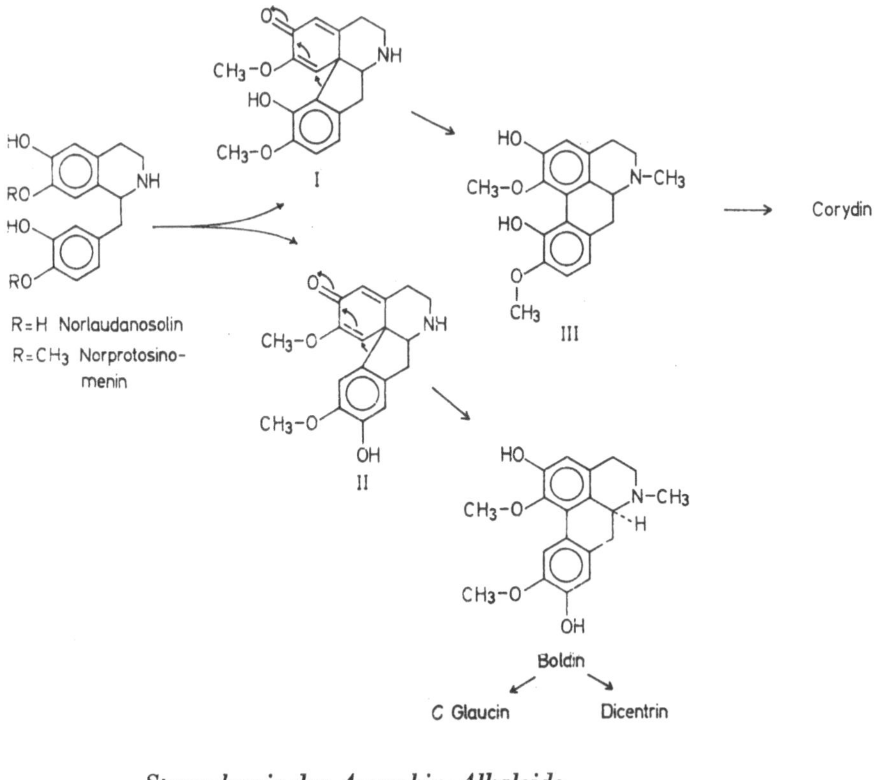

Stereochemie der Aporphin-Alkaloide

Alle Aporphin-Alkaloide besitzen ein verdrehtes Biphenyl-System und können nach den bisherigen Erfahrungen in ihrer Konfiguration gut durch die unterschiedliche Drehung bei 589 nm unterschieden werden. Dreht eine Aporphinbase die Ebene des polarisierten

[1]) A. R. Battersby, J. L. McHugh, J. Staunton, M. Todd, Chem. Comm. **1971**, 985
[2]) E. Brochmann-Hanssen, C. C. Fu, L. Y. Misconi, J. pharm. Sci. **60**, 1880 (1971)

Lichtes nach rechts, so kommt dem Alkaloid die absolute Konfiguration I zu, während linksdrehende Basen die abs. Konfiguration II besitzen.

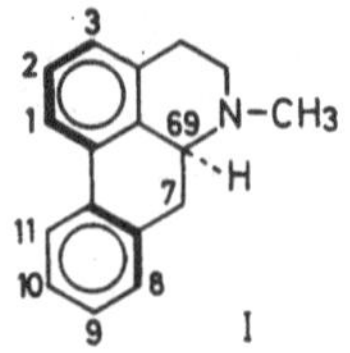

I

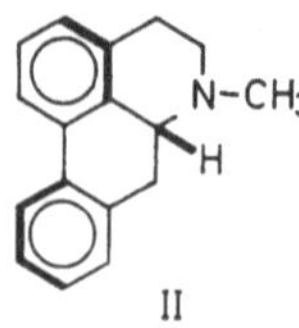

II

1,2,9,10-substituierte Aporphine drehen im allgemeinen die Ebene des polarisierten Lichtes nach rechts und besitzen die Konfiguration I, abgesehen von wenigen Ausnahmen:

				Position					
Alkaloid	1	2	3	N	8	9	10	[α]D	
Neolitsin	$O-CH_2-O$			CH_3		$O-CH_2-O$		+56,5°	($CHCl_3$)
Cassyfilin (Cassythine)	$O-CH_2-O$		OCH_3	H		OH	OCH_3	+24°	($CHCl_3$)
Ocotein	$O-CH_2-O$		OCH_3	CH_3		OCH_3	OCH_3	+33,3°	($CHCl_3$)
Cassythidin	$O-CH_2-O$		OCH_3	H		$O-CH_2-O$		+15°	($CHCl_3$)
Ocopodin	$O-CH_3-O$			CH_3	OCH_3	OCH_3	OCH_3	+87°	(EtOH)
Actinodaphnin	$O-CH_3-O$			H		OH	OCH_3	+39°	(EtOH)
N-Methylactinodaphnin (Cassythicine)	$O-CH_3-O$			CH_3		OH	OCH_3	+59°	(EtOH)
Dicentrin	$O-CH_3-O$			CH_3		OCH_3	OCH_3	+56°	(EtOH)
Phanostenin	$O-CH_3-O$			CH_3		OCH_3	OH	−36,7°	($CHCl_3$)
Isoboldin	OH	OCH_3		CH_3		OH	OCH_3	+41,2°	(EtOH)
Laurelliptin	OH	OCH_3		H		OH	OCH_3	+47°	(EtOH)
Thaliporphin (Thalicmidine)	OH	OCH_3		CH_3		OCH_3	OCH_3	+110°	(EtOH)
Bracteolin	OH	OCH_3		CH_3		OH	OCH_3	+35°	($CHCl_3$)
Wilsonerin	OH	OCH_3		H		OCH_3	OCH_3	+56°	(MeOH)
Laurifolin chlorid	OH	OCH_3		$(CH_3)_2$		OH	OCH_3	+26,3°	(H_2O)
Domesticin	OH	OCH_3		CH_3		$O-CH_2-O$		+60,5°	
Nordomesticin	OH	OCH_3		H		$O-CH_2-O$		+31,5°	($CHCl_3$)
Laurolitsin	OCH_3	OH		H		OH	OCH_3	+102,5°	(EtOH)
Boldin	OCH_3	OH		CH_3		OH	OCH_3	+112°	(EtOH)
Xanthoplanin Jodid	OCH_3	OCH_3		$(CH_3)_2$		OH	OCH_3	+71°	(EtOH)
Nantenin	OCH_3	OCH_3		CH_3		$O-CH_2-O$		+101°	($CHCl_3$)
Nornantenin	OCH_3	OCH_3		H		$O-CH_2-O$		+85°	($CHCl_3$)
N-Methyllaurotetanin	OCH_3	OCH_3		CH		OH	OCH_3	+88°	($CHCl_3$)
Laurotetanin	OCH_3	OCH_3		H_3		OH	OCH_3	+98°	(EtOH)
Glaucin	OCH_3	OCH_3		CH_3		OCH_3	OCH_3	+119°	($CHCl_3$)
Cocsarmin Jodid	OCH_3	OCH_3		$(CH_3)_2$		OCH_3	OH	+27,9°	(EtOH)

1,2,10,11-substituierte Aporphine drehen die Ebene des polarisierten Lichtes im allgemeinen ebenfalls nach rechts und besitzen demgemäß die Konfiguration I.

Alkaloid	Position 1	2	3	N	10	11	[α]D	
Launobin	$O-CH_2-O$			H	OCH_3	OH	+192,7°	($CHCl_3$)
Nandigerin (Hernangerin)	$O-CH_2-O$			H	OH	OCH_3	+248°	(EtOH)
N-Methylnandigerin hydrobromid	$O-CH_2-O$			CH_2	OH	OCH_3	+170°	(H_2O)
Ovigerin (Hernovin)	$O-CH_2-O$			H	$O-CH_2-O$		+217°	($CHCl_3$)
N-Methylovigerin	$O-CH_2-O$			CH_2	$O-CH_2-O$		+222°	($CHCl_3$)
Bulbocapnin	$O-CH_2-O$			CH_2	OCH_3	OH	+237°	($CHCl_3$)
Hernandin	$O-CH_2-O$		OCH_3	H	OCH_3	OCH_3	+347°	
N-Methylcorydinium Jodid	OH	OCH_3		$(CH_3)_2$	OCH_3	OCH_3	+168,6°	(EtOH–H_2O)
Magnoflorin	OH	OCH_3		$(CH_3)_2$	OCH_3	OH	+220°	(MeOH)
Corydin	OH	OCH_3		CH_3	OCH_3	OCH_3	+205°	($CHCl_3$)
Corytuberin	OH	OCH_3	CH_3	OCH_2	OCH_3	OH	+282,5°	(EtOH)
Hernovin	OCH_3	OH		H	OH	OCH_3	+142°	(Py.)
Lindcarpin	OCH_3	OH		H	OCH_3	OH	+166°	(EtOH)
N-Methyllindcarpin	OCH_3	OH		CH_3	OCH_3	OH	+160°	($CHCl_2$)
N-Methylhernovin hydrochlorid	OCH_3	OH		CH_3	OH	OCH_3	+209°	(MeOH)
10-O-Methylhernovin	OCH_3	OH		H	OCH_3	OCH_3	+188°	(EtOH)
N-Methyl-10-methyl-hernovin	OCH_3	OH		CH_3	OCH_3	OCH_3	+139°	(MeOH)
Catalpifolin	OCH_3	OCH_3		H	OCH_3	OCH_3	+220°	(EtOH)
Isocorydin	OCH_3	OCH_3		CH_3	OCH_3	OH	+202°	(MeOH)
Oconovine	OCH_3	OCH_3	OCH_3	CH_3	OCH_3	OH	+156°	($CHCl_3$)
Ocokryptin	OCH_3	$O-CH_3-O$		. CH_3	OCH_3	OH	+164°	($CHCl_3$)
Norisocorydin	OCH_3	OCH_3		H	OCH_3	OH	+158,5°	(EtOH)
N-Methylcorydinium chlorid	OCH_3	OCH_3		$(CH_3)_2$	OCH_3	OH	+168,6°	(H_2O)
Laurepukin	OH	OH		CH_3	$O-CH_2-O$		−222°	($CHCl_3$)

Im Ring D monosubstituierte Aporphine gehören dagegen zur Konfiguration II,

Alkaloid	Position 1	2	N	8	9	10	11	[α]D	
Sparsiflorin hydrochlorid	OH	OCH_3	H			OH		+43°	(H_2O)
1.10-Dihydroxy-2-methoxyaporphin	OH	OCH_3	CH_3			OH		−35°	($CHCl_3$)
(+)-Mecambrolin	$O-CH_2-O$		CH_3			OH		−76°	($CHCl_3$)
(−)-Mecambrolin	$O-CH_2-O$		CH_2			OH		−77°	($CHCl_3$)
Tuduranin	OCH_3	OCH_3	H			OH		−127,5°	(EtOH)
Michepressinjodid	$O-CH_2-O$		$(CH_3)_2$			OH		−130,8°	(MeOH)
Laurelin	$O-CH_2-O$		CH_2			OCH_3		−98,5°	(EtOH)
Anolobin	$O-CH_2-O$		H		OH			−22,5°	($CHCl_2$·MeOH)
Xylopin	$O-CH_2-O$		H		OCH_3			−23,4°	(MeOH)
Pukatein	$O-CH_2-O$		CH_3				OH	−220°	(EhOH)
Pukateinmethyläther	$O-CH_2-O$		CH_3				OCH_3	−293,4°	($CHCl_2$)
Isothebain	OH	OCH_3	CH_3				OCH_3	+285,1°	(EtOH)
Stephanin	$O-CH_2-O$		CH_3	OCH_3				−92,5°	($CHCl_3$)
Nuciferolin	OCH_3	OCH_3	CH_3			OH		+154°	(EtOH)

während bei den im Ring D unsubstituierten Aporphinen beide Reihen bekannt geworden sind. Auffällig ist, daß bei den Basen aus Papaveraceen die Rechtsdrehung überwiegt und bei den Basen aus den anderen Genera die Linksdrehung[1]):

	Position						
Alkaloid	1	2	3	N	7	$[\alpha]_D$	
(−)-Nuciferin	OCH_3	OCH_3		CH_3		−157,5°	(EtOH)
(+)-Nuciferin	OCH_3	OCH_3		CH_3		+165°	(EtOH)
Nornuciferin	OCH_3	OCH_3		H		−145°	(EtOH)
Anonain	$O-CH_3-O$			H		−52°	($CHCl_3$)
(−)-Roemerin	$O-CH_3-O$			CH_3		−72,5°	(EtOH)
(+)-Roemerin (Aporeine)	$O-CH_3-O$			CH_3		+75°	(EtOH)
Ushinsunin	$O-CH_3-O$			CH_3	OH	−117°	($CHCl_3$)
Norushinsunin (Michelalbin)	$O-CH_3-O$			H	OH	−105,2°	($CHCl_3$)
Guatterin	$O-CH_3-O$		OCH_3	CH_3	OH	−57,1°	($CHCl_3$)
1-Methoxy-2-hydroxyaporphin	OCH_3	OH		CH_3		−265°	($CHCl_3$)
Asimilobin	OCH_3	OH		H		−213°	($CHCl_3$)
Caaverin	OH	OCH_3		H		−89°	(MeOH)

Steporphin

Steporphin weist in seinem spektralen Verhalten gewisse Ähnlichkeiten mit dem Ushinsunin auf, unterscheidet sich aber in seinem Fragmentierungsverhalten im MS, das zugleich die Zuordnung der Hydroxygruppe in den Ring B gestattet[2])

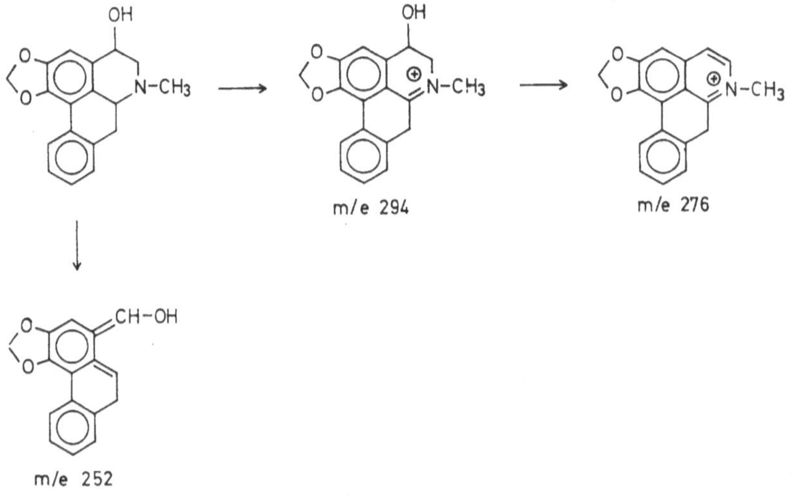

[1]) M. Shamma, M. J. Hilman, Exp. **25**, 544 (1969)
[2]) J. Kunitomo, Y. Okamoto, E. Yuge, Y. Nagai, T. L. **38**, 3287 (1969)

(+)-2-Hydroxy-1,9,10-Trimethoxyaporphin und
(+)-2-Hydroxy-1,9,10-Trimethoxynoraporphin,

zwei Alkaloide, die bereits als synthetische Basen bekannt waren, konnten nunmehr auch nativ isoliert werden und besitzen demgemäß die folgenden Strukturen[1]):

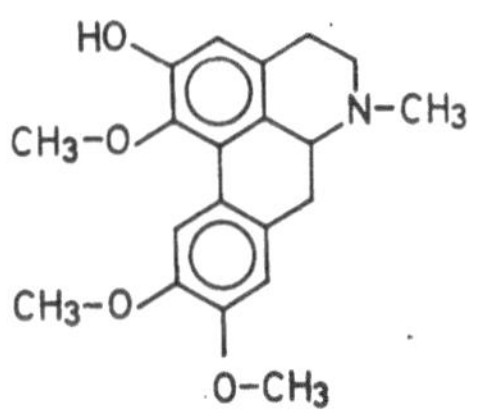

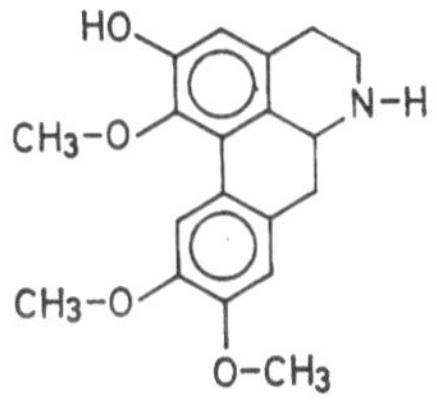

Oxoxylopin

Oxoxylopin, $C_{18}H_{11}NO_4$, liefert bei der Reduktion mit Zn/HCl und anschließender Acetylierung Acetylxylopin und besitzt damit in Übereinstimmung mit den physikalischen Daten die nachfolgende Struktur[2]):

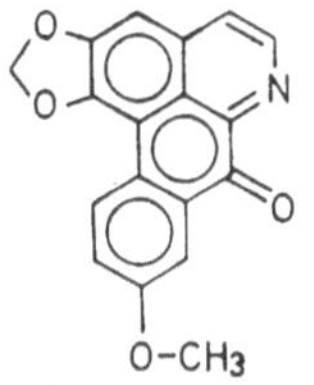

Roemerolin

Roemerolin, ein Nebenalkaloid aus *Roemeria refracta*, besitzt auf Grund spektroskopischer Untersuchungen wahrscheinlich die folgende Struktur[3]):

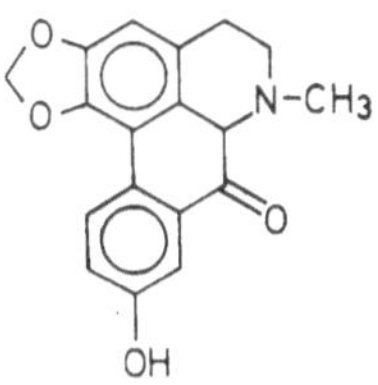

Imenin

Imenin, $C_{20}H_{17}NO_5$, eine Nichtphenolbase aus der am Amazonas beheimateten *Abuta imene* (Menispermaceae), besitzt auf Grund der MS- und KMR-spektroskopischen Befunde die nachstehende Struktur mit einem Substituenten im Ring B. Das Alkaloid liefert bei

[1]) S. R. Johns, J. A. Lamberton, A. A. Sioumis, H. J. Tweedale, Austral. J. **22**, 1277 (1969)
[2]) S. M. Kupchan, M. I. Suffness, E. M. Gordon, Org. Chem. **35**, 1682 (1970)
[3]) J. Slavik, L. Slavikova, L. Dolejs, Coll. **333**, 4066 (1968)

der katalytischen Hydrierung ein Dihydro-Derivat und konnte außerdem in seiner Keto-Aporphin-Struktur durch eine Rö-Kristallstrukturanalyse des in der Raumgruppe P_1 und in den Dimensionen a = 9,08, b = 8,53, c = 11,60 Å kristallisierenden Alkaloids bestätigt werden[1]).

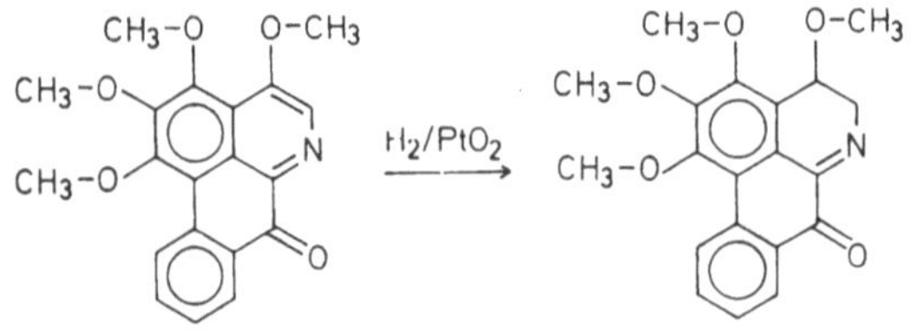

Nuciferolin

Nuciferolin, $C_{19}H_{21}NO_3$, erwies sich als identisch mit dem aus (—)-Pronuciferin darstellbarem (+)-1.2-Dimethoxy-10-hydroxyaporphin[2]).

Dehydrodicentrin

Dehydrodicentrin, $C_{20}H_{21}NO_4$, weist in seinem UV-Spektrum ein konjugiertes Doppelbindungs-System aus, in seinem KMR-Spektrum eine N-Methylgruppe, zwei Methoxy- und eine Methylendioxygruppe und ist durch milde Oxydation des Dicentrins darstellbar.

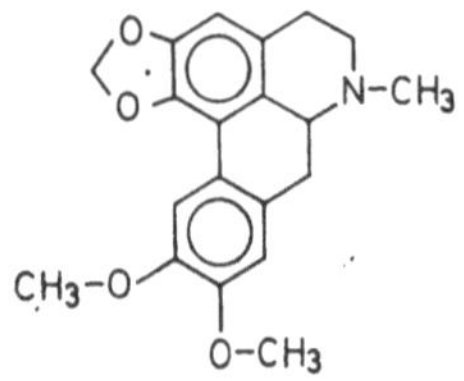

Ocopodin

Ocopodin, $C_{21}H_{23}NO_5$, enthält nach Ausweis des KMR-Spektrums eine N-Methyl-, drei Methoxy- und eine Methylendioxygruppe und liefert bei der $KMnO_4$-Oxydation ein als N-Äthyl-Derivat charakterisierbares 3,4,4-Trimethoxyphthalimid.

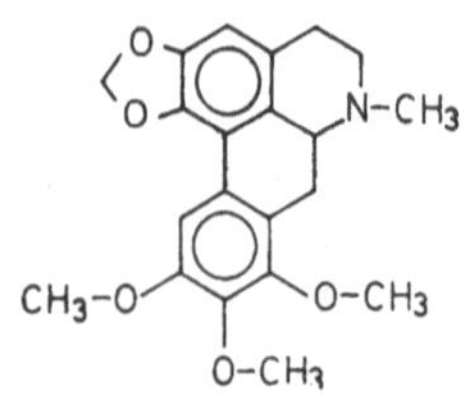

[1]) M. D. Glick, R. E. Cook, M. P. Cava, M. Srinivasan, J. Kunitomo, Chem. Comm. 1217 (1969)
[2]) S. Pfeifer, L. Kühn, Pharm. **23**, 276 (1968)

Ocokryptin

Ocokryptin, eine Kryptophenolbase, besitzt auf Grund der spektroskopischen Untersuchungen die Struktur eines 1,10-Dimethoxy-2,3-methylendioxy-11-hydroxyaporphins,

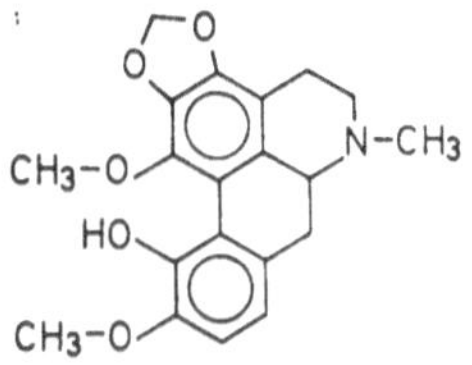

die sich durch die folgende Synthese bestätigen ließ:

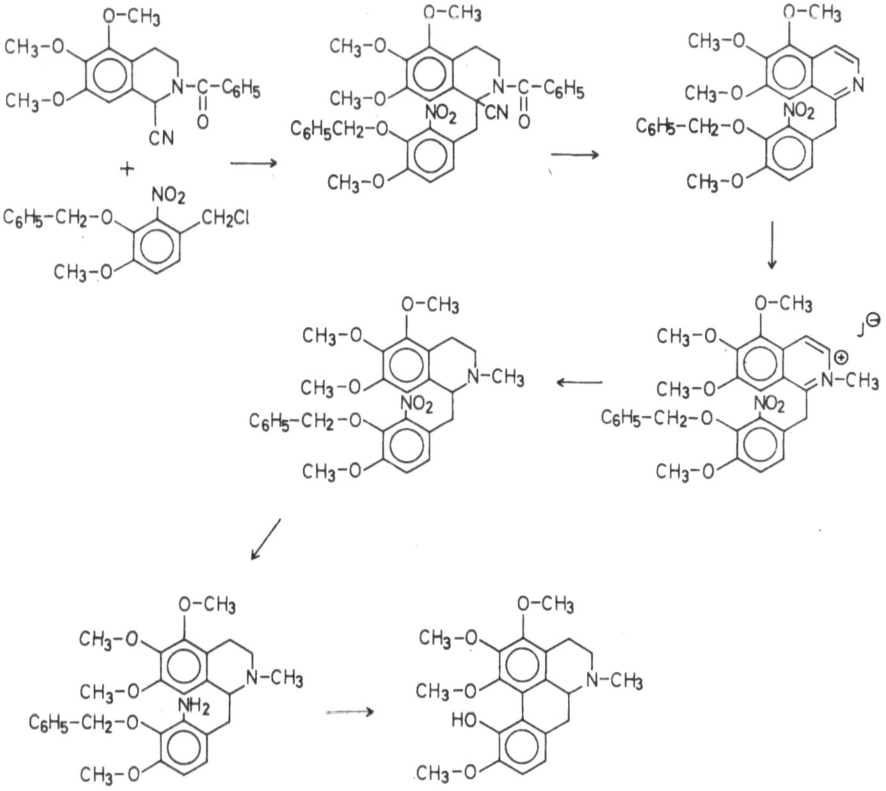

[1]) M. P. Cava, M. V. Lakshmikantham, Org. Chem. **35**, 1863 (1970)

Oconovin

Oconovin ist eine als Jodmethylat, $C_{22}H_{28}NO_5J$, identifizierbare Base, der auf Grund der KR-Untersuchungen die folgende Struktur zukommen sollte[1]):

Korrektur: Oconovin besitzt am C-9 keine OCH_3-, dafür am C-11 eine Hydroxygruppe.

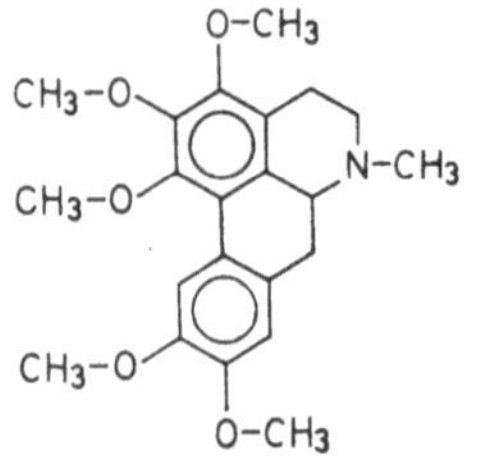

Dehydroglaucin

Dehydroglaucin, $C_{21}H_{23}NO_4$, eine tert. Base, die bei der Hydrierung in Glaucin übergeht, weist in ihrem KMR-Spektrum die in der folgenden Abbildung dargestellte Substitutionsfolge auf[2]):

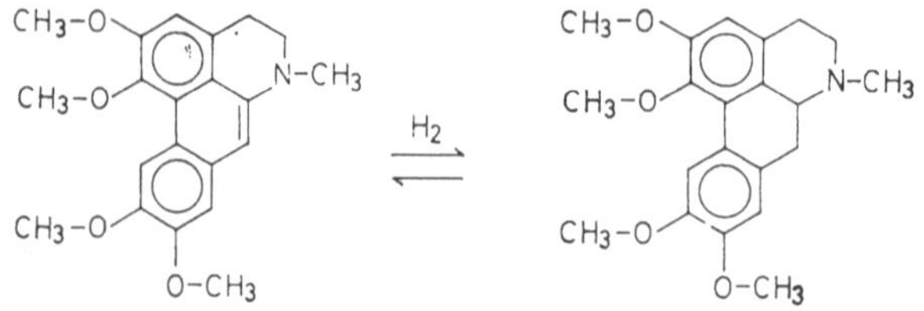

Cassamedin und Cassameridin

Cassamedin, $C_{19}H_{11}NO_6$, besitzt auf Grund der UV-, KMR- und MS-Spektren die nachstehende Struktur eines Oxoaporphins, während das Cassameridin sich vom Cassamedin nur durch den Mindergehalt einer Methoxygruppe unterscheidet[3]).

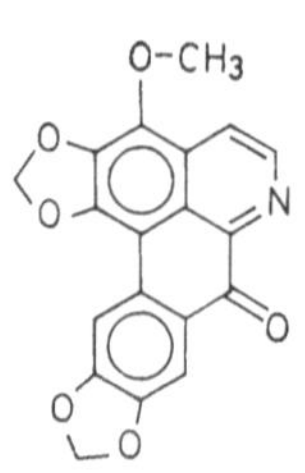

Cassamedin

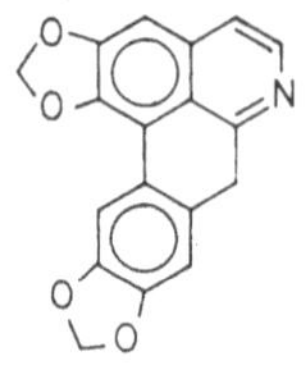

Cassameridin

[1]) M. P. Cava, Y. Watanabe, M. J. Mitchell, A. I. da Rocha, B. Hwang, B. Douglas, J. A. Weisbach, T. L. **20**, 2437 (1968)
[2]) H. G. Kiryakov, Chem. Ind. 1807 (1968)
[3]) M. P. Cava, K. V. Rao, B. Douglas, J. A. Weisbach, Org. Chem. **33**, 2441 (1968)

Lanuginosin

Lanuginosin, $C_{18}H_{11}NO_4$, ein in den üblichen organischen Lösungsmitteln schwer lösliches Alkaloid, konnte in seiner Struktur durch die vergleichenden Untersuchungen mit dem Liriodenin und Atherospermidin abgeklärt werden[1]).

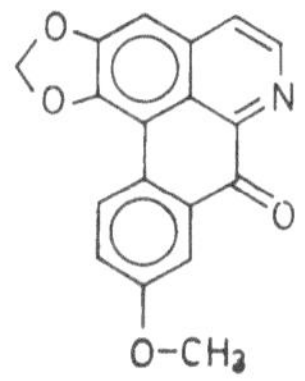

Taliksimidin

besitzt auf Grund der KMR- und MS-Untersuchungen die nachstehende Struktur[2]):

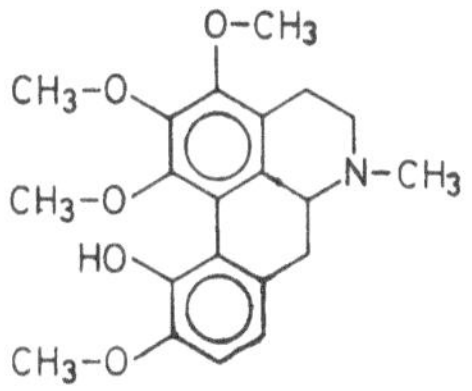

Römrefidin

Römrefidin erwies sich durch direkten Vergleich als identisch mit dem Jodmethylat des Isoroemerins[3]).

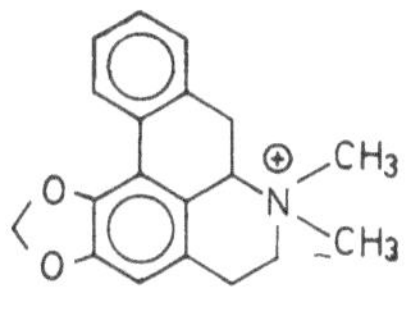

[1]) S. K. Talapatra, A. Patra, B. Talapatra, Chem. Ind. 1056 (1969)
[2]) Z. F. Ismailov, M. V. Telezhenetskaja, S. Y. Yunusov, Chem. nat. Verb. 136 (1968)
[3]) S. T. Akramov, S. Y. Yunusov, Chem. nat. Verb. 199 (1968)

Hernandonin

Hernandonin, $C_{18}H_9NO_5$, weist in seinem IR-Spektrum eine konjugierte Carbonylgruppe aus und kann durch Oxydation des N-Methylhernovins partialsynthetisch dargestellt werden[1]).

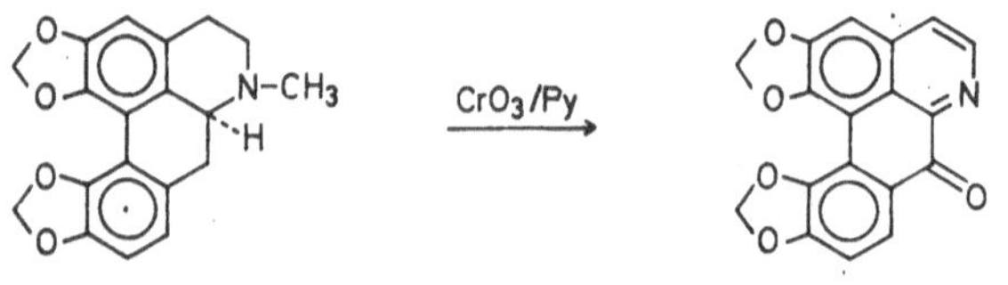

N-Methylhernovin   Hernandonin

9-Methoxyliriodenin,

ein Alkaloid aus *Xylopia brasiliensis*, besitzt nach den bisherigen Angaben die folgende Struktur[2]):

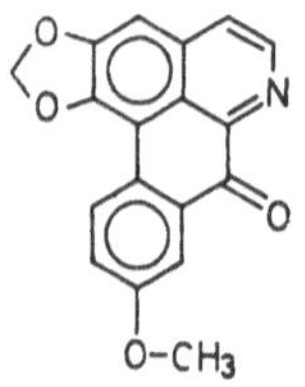

Synthesen in der Reihe der Aporphin-Alkaloide

a) Synthese des (±)-Predicentrins[3]):

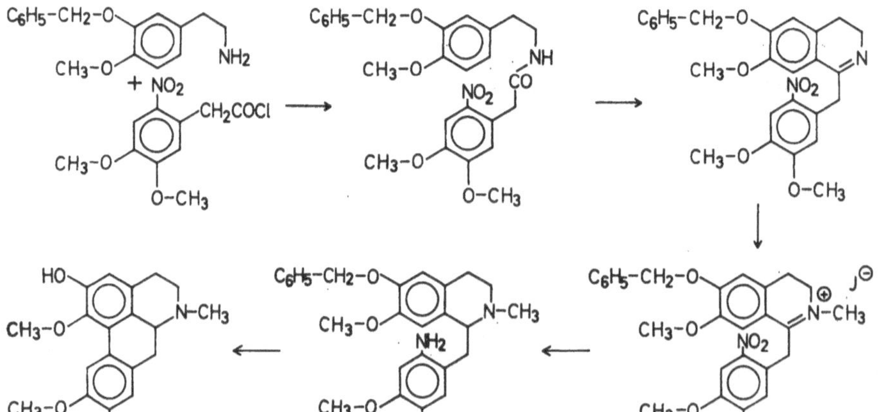

[1]) K. Ito, H. Furukawa, T. L. **34**, 3023 (1970)
[2]) C. Cassagrande, G. Merotti, Farmaco Ed. Sci. **25**, 799 (1970)
[3]) R. Charubala, B. R. Pai, T. R. Govindachari, N. Viswanathan, B. **101**, 2668 (1968)

b) Synthese des (±)-Bracteolins:

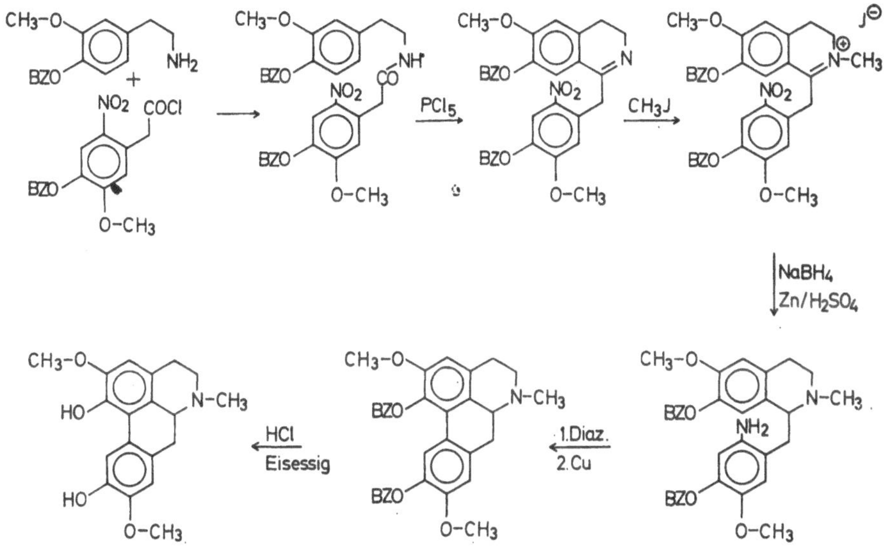

[1]) P. Kerekes, K. Délenk-Heydenreich, S. Pfeifer, T. L. **28**, 2483 (1970)

c) Synthese des N-Methylovigerins:

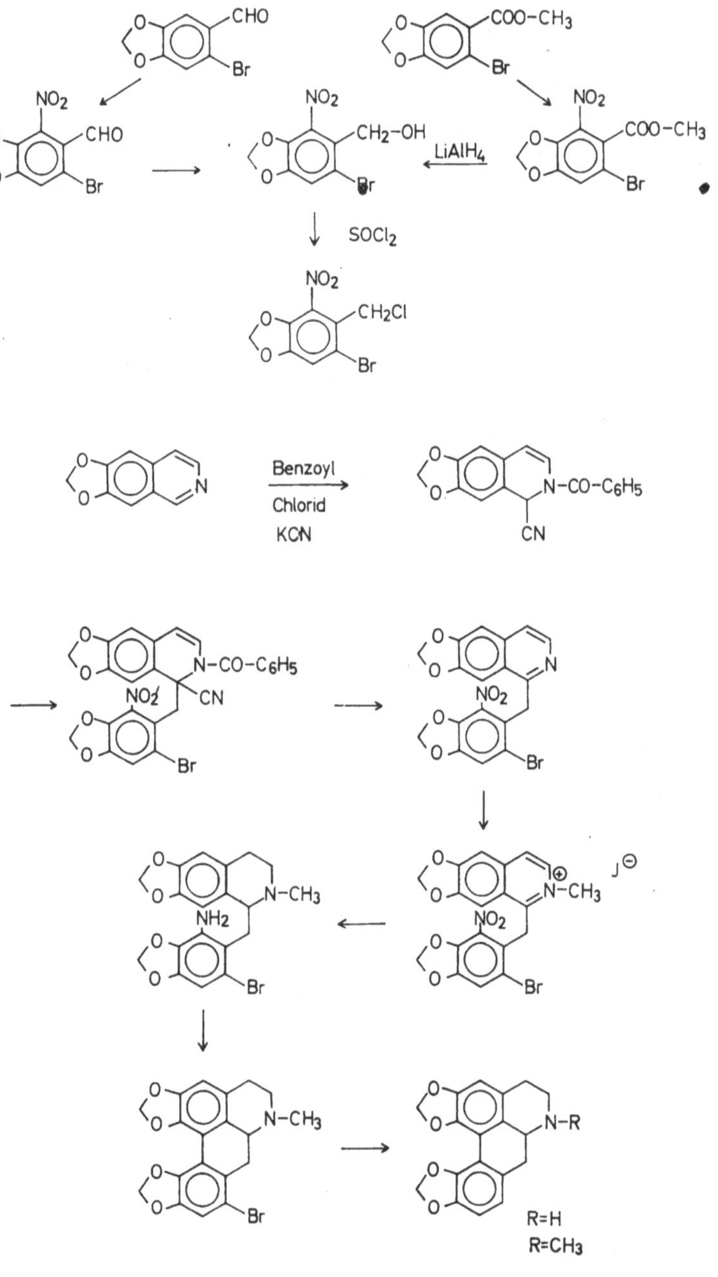

[1]) M. P. Cava, M. Srinivasan, T. **26**, 4649 (1970)

d) Synthese des (+)-Pukatheins:

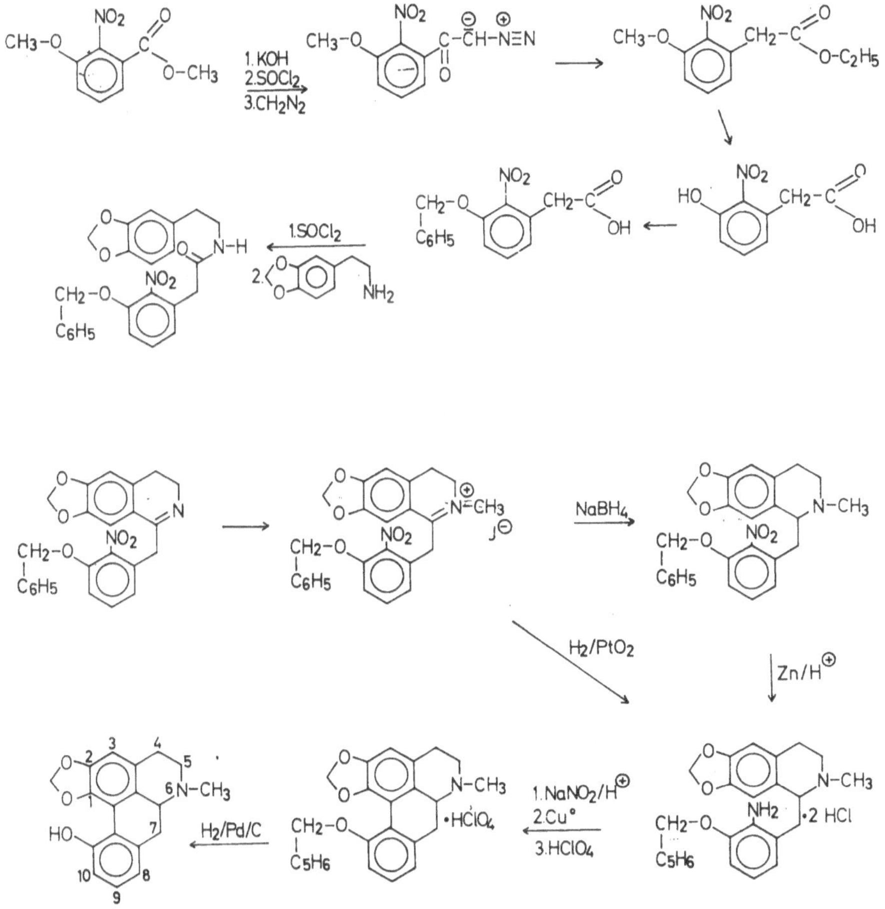

[1]) F. Zymalkowski, K. H. Happel, T. L. **3**, 219 (1969)
[2]) F. Zymalkowski, K. H. Happel, B. **102**, 2959 (1969)

e) Synthese des N-Methylcaaverins[1]):

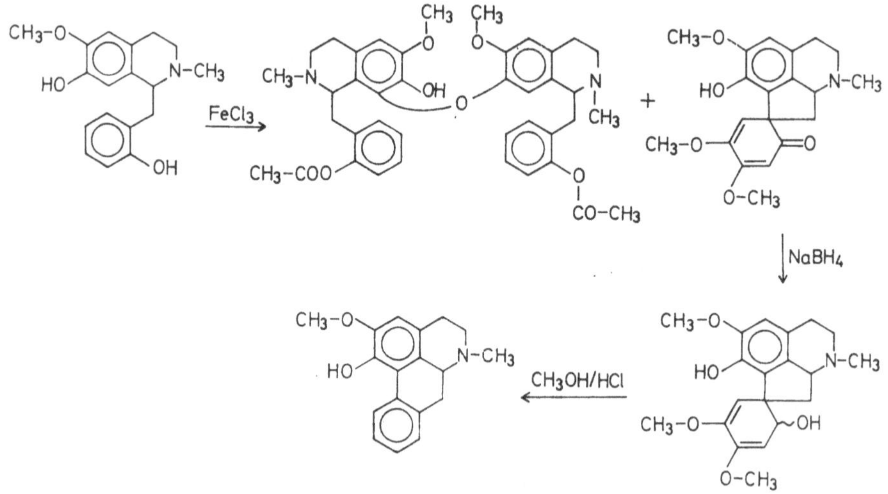

f) Synthese von 7-Hydroxyaporphinen: 7-Hydroxynoraporphinen und 6a. 7-Dehydronoraporphinen:

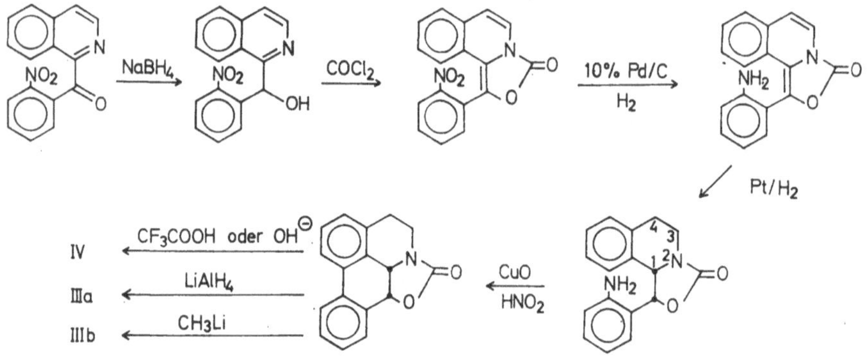

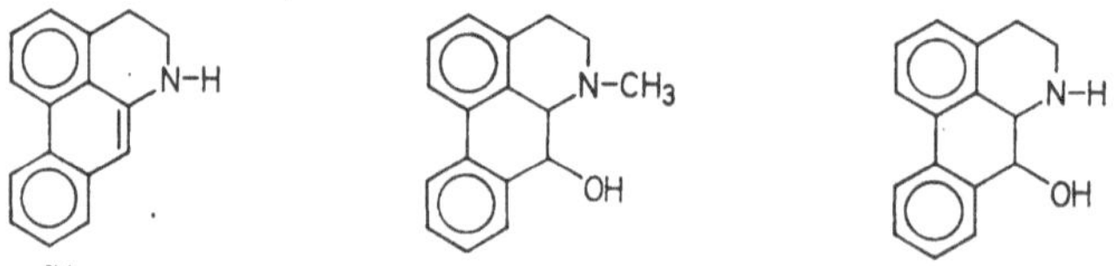

IV IIIa IIIb

[1]) T. Kametani, I. Noguchi, Chem. Soc. (C), 502 (1969)
[2]) J. L. Neumeyer, F. E. Granchelli, T. L. **60**, 5261 (1970)

g) Nuciferin und Glaucin:

können durch eine Phothocyclisierung von 1-Benzyliden-2-carbäthoxy-1,2,3,4-tetrahydroisochinolinen dargestellt werden:

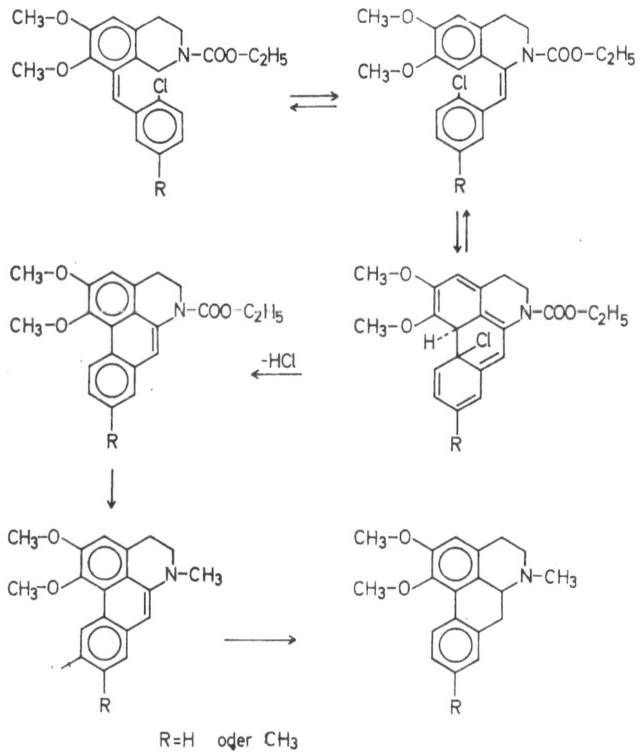

Benzylisochinolin-Aporphin-Alkaloide

Alkaloid	Schmp.	$[\alpha]_D$		Vorkommen
Adiantifolin $C_{42}H_{50}N_2O_9$	143–4°	+90°	—	*Thalictrum minus*[1])
Thalminclin $C_{42}H_{50}N_2O_{10}$	96–8°	+22°	—	*Thalictrum minus*[2])

Adiantifolin

Adiantifolin, $C_{42}H_{50}N_2O_9$, eine ditert. Base mit ein dem Thalicarpin ähnlichen KMR-Spektrum, geht bei der $KMnO_4$-Oxydation in ein Bruchstück mit einer im IR-Spektrum nachweisbaren Aldehydfunktion über.

[1]) R. W. Doskotch, P. L. Schiff, J. L. Beach, T. L. **48**, 4999 (1968)
[2]) J. Reisch, H. Alfes, T. Kaniewska, B. Borbowski, T. L. **24**, 2113 (1970)

Die Spaltung mit Na/fl. Ammoniak führte in der Phenolbasenfraktion zu 6'-Hydroxylaudanosin und in der Fraktion der Nichtphenolbasen zu dem auch aus Thalicarpin darstellbaren Keton¹).

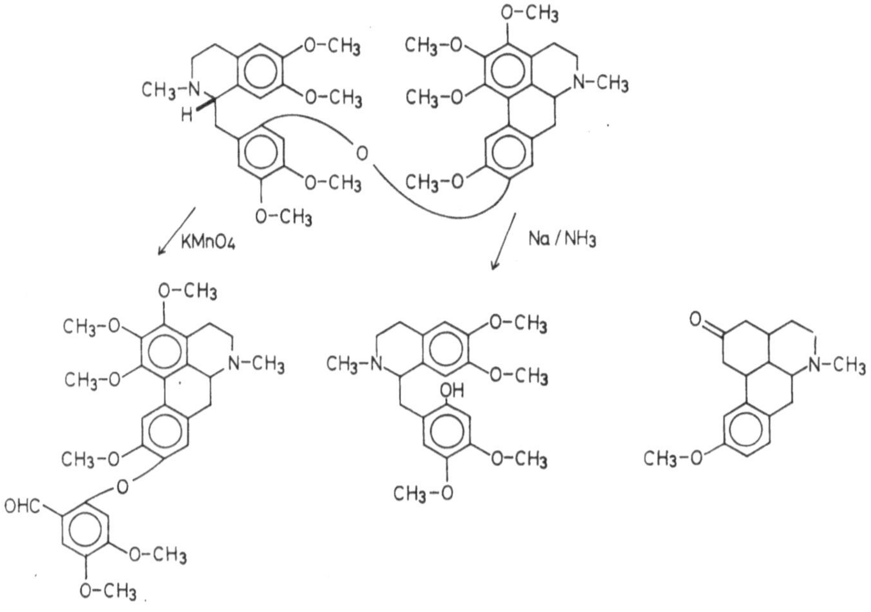

Die Struktur dieses Benzylisochinolin-Aporphin-Alkaloids konnte durch eine Ullmann-Kondensation von (+)-(S)-6'-Bromlaudanosin und (+)-(S)-1,2,3,10-Tetramethoxy-9-hydroxyaporphin zugunsten der folgenden Formel bestätigt werden²):

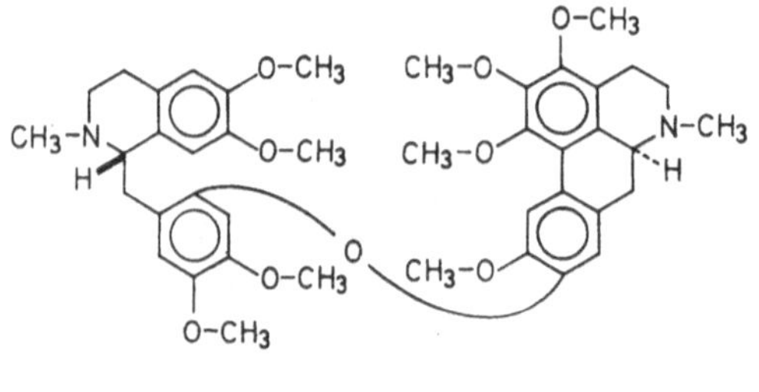

¹) R. W. Doskotch, P. L. Schiff, J. L. Beal, T. L. **48**, 4999 (1968)
²) R. W. Doskotch, J. D. Philippson, A. B. Ray, J. L. Beal, Chem. Comm. **1083** (1969)

Thalminelin

Thalminelin, $C_{42}H_{50}N_2O_{10}$, besitzt auf Grund der vergleichenden spektroskopischen Untersuchungen mit anderen Alkaloiden dieses Strukturtyps die nachstehende Konstitution mit einer phenolischen Hydroxygruppe im Ring A des Benzylisochinolin-Teils.

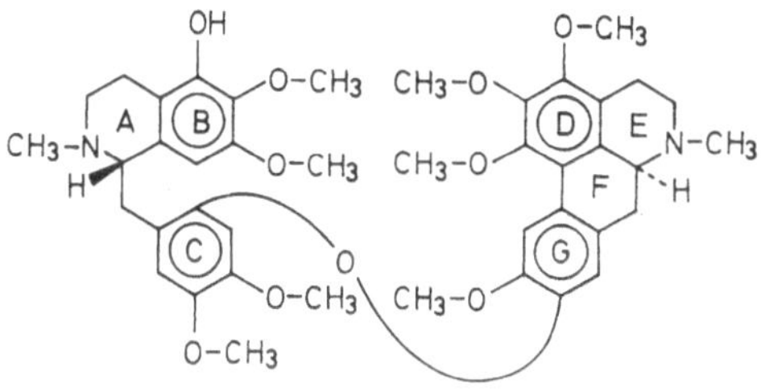

[1]) J. Reisch, H. Alfes, T. Kaniewska, B. Borbowski, T. L. **24**, 2113 (1970)

14. Proaporphin-, Homoproaporphin- und Spirobenzylisochinolin-Alkaloide

Proaporphin-Alkaloide sind bisher in folgenden Pflanzen-Familien und -Gattungen aufgefunden worden:

Euphorbiacea: *Croton*
Lauraceae: *Ocotea, Neolitsea*
Menispermacea: *Stephania, Pericamphylus*
Monimiaceae: *Laurelia*
Nymphaceae: *Nelumbo*
Papaveracea: *Papaver, Meconopsis, Roemeria*
Liliacea: *Bulbocodium*

während die Spirobenzylisochinolin-Alkaloide bisher auf die zur Familie der Papaveraceen gehörende Gattungen *Fumaria* und *Corydalis* beschränkt zu sein scheinen.

Berücksichtigt man ferner, daß eine enge biogenetische Verwandtschaft zwischen den Proaporphinen und den Aporphinen besteht, so steht zu erwarten, daß Proaporphin-Basen auch in allen Familien zu finden sind, in denen Aporphine nachgewiesen werden konnten, d. h. z. B. auch in den Familien Anonaceae, Berberidacea, Ranunculacea und Rutaceae.

Bemerkenswert ist die Beobachtung, daß sowohl Proaporphine als auch hydrierte Proaporphine-Alkaloide nebeneinander in der gleichen Pflanze vorkommen, ebenso wie Proaporphine der D- und L-Reihe.

Alkaloid	Schmp.	$[\alpha]_D$	Derivat	Vorkommen
Roemeramin $C_{18}H_{21}NO_3$	66–7°	–93° (M)	HCl 284°	*Roemeria refracta*[6])
Roemeronin $C_{18}H_{19}NO_3$	102–3	–79° (A)	HCl 265–6° HBr 275 Jodm. 232°	*Roemeria refracta*[6])
Jacularin $C_{17}H_{19}NO_3$	—	—	N.O-Diacetyl Dihydro 173–4°	*Croton linearis*[10])
Oridin $C_{17}H_{23}NO_3$	234–6°	–87° (A)	Jodm. 259°	*Papaver oreophilum*[11])
Bulbocodin $C_{19}H_{23}NO_3$	222°	+111° (C)	—	*Bulbocodium vernum*[8])
Crotsparin $C_{17}H_{17}NO_3$	193–5°	–30° (C)	N-Methyl 223°	*Croton sparsiflorus*[7]

Alkaloid	Schmp.	$[\alpha]_D$	Derivat	Vorkommen
Crotoflorin $C_{18}H_{17}NO_2$	—	—	Acetyl 156° $[\alpha]$ +33° (C)	*Croton sparsiflorus*[1])
Discolorin $C_{19}H_{25}NO_3$	206–8°	+99° (A)	—	*Croton discolor*[2])
Jaculadin $C_{21}H_{27}NO_4$	amorph	—	Acetyl 201–4° $[\alpha]$ −164° (M)	*Croton linearis*[2])
Ochrobirin $C_{20}H_{19}NO_6$	—	—	Diacetyl 179°	*Corydalis sibirica*[3])
Fumaricin $C_{21}H_{23}NO_5$	177°	−31° (C)	—	*Fumaria officinalis*[9])
Fumaritin $C_{20}H_{21}NO_5$	157°	—	—	*Fumaria officinalis*[9])
Fumarilin $C_{20}H_{17}NO_5$	138°	+138° (C)	—	*Fumaria officinalis*[9])
Sibricin $C_{20}H_{17}NO_6$	225°	—	—	*Corydalis sibirca*[5])
Parfumin $C_{20}H_{19}NO_5$	111–20°	—	O-Acetyl 198° O-Methyl 165°	*Fumaria parsiflora*[9])

Roemeramin und Roemeronin

sind als Hydrochlorid aus der Nichtphenolbasen-Fraktion des Gesamtextraktes von *Roemeria refracta* isolierbar und gehören zur Gruppe der 8,9-Dihydromecambran-Alkaloide und repräsentieren ein analoges Basen-Paar wie die Alkaloide Amurolin/Amuronin.

Roemeramin, $C_{18}H_{21}NO_3$, enthält eine Methylendioxy-, eine N-Methyl- und eine alkoholische Hydroxygruppe. Die Struktur konnte auf Grund der vergleichenden MS-Untersuchungen abgeklärt werden und wurde durch den Vergleich der UV-, IR- und MS-

1) A. Chatterjee, P. L. Majumder, J. Ind. Chem. Soc. **45**, 1087 (1968)
2) K. L. Stuart, D. Byfield, C. Chambers, G. E. M. Husbands, Chem. Soc. (C) 1228 (1970)
3) R. H. F. Manske, R. G. A. Rodrigo, D. M. McLean, D. E. F. Gracey, J. K. Sanders, Canad. J. 3589 (1969)
4) D. B. McLean, R. A. Bell, J. K. Sanders, C. Y. Chen, R. H. F. Manske, Canad. J. **47**, 3593 (1969)
5) R. H. F. Manske, R. Rodrigo, D. B. McLean, D. E. F. Gracey, J. K. Saunders, Canad. J. **47**, 3585 (1969)
6) J. Slavik, J. Slavikova, L. Dolejs, Coll. **33**, 4066 (1968)
7) D. S. Bhakuni. M. M. Dhar, Exp. **24**, 11 (1968)
8) T. Reichstein, G. Snatzke, F. Santavy, Planta Med. **16**, 357 (1968)
9) K. L. Stuart, L. J. Haynes, M. Barrett, G. E. M. Husbands, T. L. **42**, 4473 (1968)
10) J. A. Ismailov, Inst. Khim. Rast. Veshch. Tashkent **1969**, 189 (1962)
11) I. Mann, S. Pfeifer, Pharm. **22**, 124 (1967)

Spektren mit denen des stereoisomeren Dihydromecambrinols, das aus (S)(—)-Mecambrin durch Reduktion dargestellt werden konnte, bestätigt.

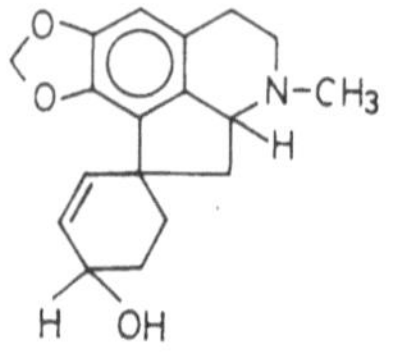

Roemeramin

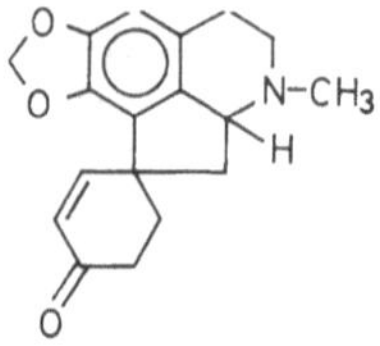

Roemeronin

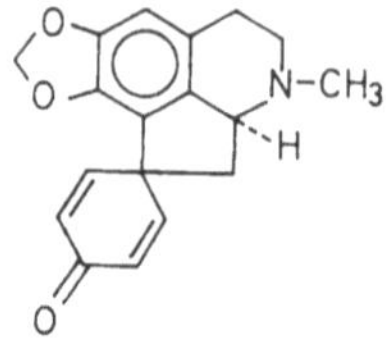

Mecambrin

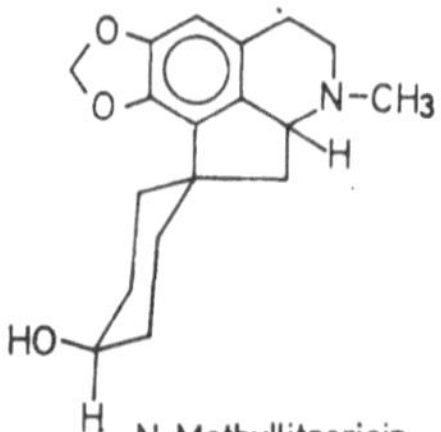

N-Methyllitsericin

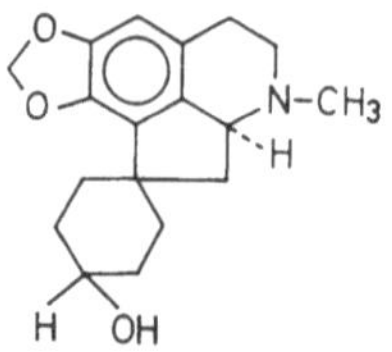

Dihydromecambrinol

Bei der Reduktion des Roemeramins mit Zn/HCl erhielt man eine rechtsdrehende Base, die sich als N-Methyllitsericin erwies. Da diese Base der optische Antipode des (—)-Tetrahydromecambrinols-A ist, muß dem Roemeramin am C6a eine R-Konfiguration und somit eine zum (S)(—)-Mecambrin entgegengesetzte Konfiguration zukommen.

Roemeronin, $C_{18}H_{19}NO_3$, ist das entsprechende Keton und geht bei der Reduktion mit $NaBH_4$ in zwei epimere Alkohole über, von denen der eine identisch ist mit (—)-Roemeramin[1,2]).

Crotsparin

Crotsparin, $C_{17}H_{17}NO_3$, besitzt auf Grund der spektroskopischen Befunde die nachstehende Struktur, da bei allen diesen Untersuchungen auf die weitgehende Übereinstimmung mit den bereits bekannten Proaporphin-Alkaloiden zurückgegriffen werden konnte.

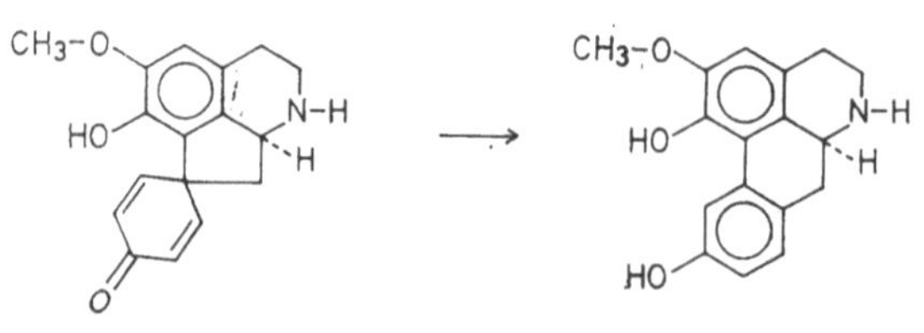

Bei der Reaktion mit 3 N HCl erfolgt eine Umlagerung in das Apocrotsparin, das ein für 3,5- und 6-trisubstituierte Aporphine typisches UV-Spektrum aufweist. Da das N-Methylcrotsparin auf dem DC identisch mit Glaziovin ist, muß es sich um ein Enantiomeres des Glaziovins handeln.

1) J. SLAVIK, L. SLAVIKOVA, L. DOLEJS, Coll. **33**, 4066 (1968)
2) W. DÖPKE, H. FLENTIE, P. W. JEFFS, T. 24, 2297 (1968)

Da die Proaporphine Crotonosin, Glaziovin, Pronuciferin und Stepharin eine R-Konfiguration besitzen, sollte dem Crotsparin auf Grund der gefundenen Werte eine S-Konfiguration zukommen[1]).

Jacularin

Jacularin, ein weiteres partiell hydriertes Proaporphin-Alkaloid, ist als N.O-Diacetyl-Derivat isolierbar und durch Hydrierung in ein N.O-Diacetyltetrahydrojacularin überführbar, das nach partieller Hydrolyse und Methylierung in ein auch aus N-Acetyl-O-methyltetrahydrocrotonosin erhältliches Produkt umwandelbar ist.

Damit kommt dem Alkaloid die folgende Struktur zu[2]):

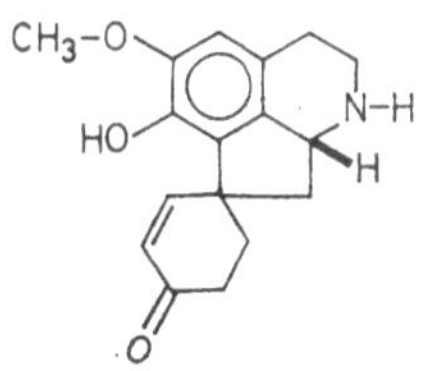

Crotoflorin

Crotoflorin, ein als Monoacetat isolierbares Alkaloid aus *Croton sparsiflorus*, besitzt auf Grund der spektroskopischen Vergleichsuntersuchungen die nachstehende Struktur

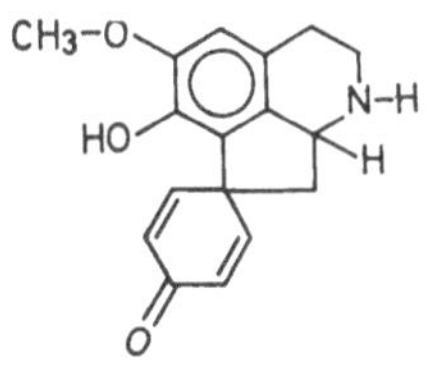

die durch die Umwandlung in das Proaporphin-Alkaloid Sparsiflorin bestätigt werden konnte[3]).

Oridin

Oridin, $C_{17}H_{23}NO_3$, eine Base mit einer sekundären Aminfunktion sowie je einer phenolischen und einer alkoholischen Hydroxylfunktion, geht bei der Eschweiler- und Eschweiler-Clarke-Reaktion in das N-Methyloridin, das O-Methyloridin und unter den gleichen

[1]) D. S. Bhakuni, M. M. Dhar, Ex. **24**, 11 (1968)
[2]) K. L. Stuart, L. J. Haynes, M. Barrett, G. E. M. Husbands, T. L. **42**, 4473 (1968)
[3]) A. Chatterjee, P. L. Majumder, J. Ind. Chem. Soc. **45**, 1087 (1968)

Bedingungen in das N.O-Dimethyloridin über, das bei dem Hofmann-Abbau zwei amorphe Produkte liefert.

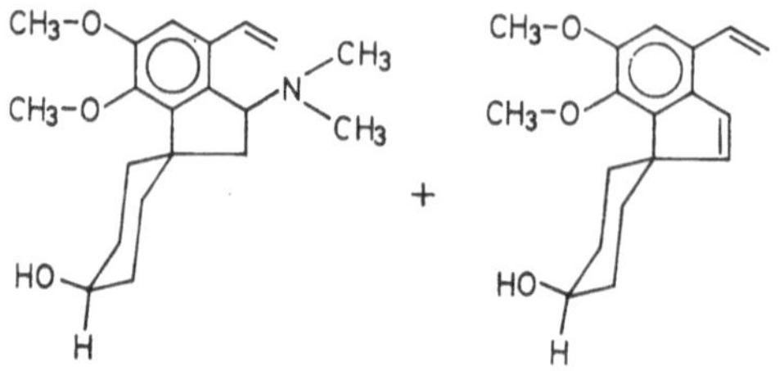

Hofmann-Abbau Produkte

Aus den Ergebnissen wurde eine Hexahydropronuciferin-Struktur mit einer in axialer Stellung befindlichen Hydroxygruppe am Ring D abgeleitet. Für das C-1 wurde mit Hilfe der ORD-Untersuchungen sowie der Korrelation mit den bekannten Alkaloiden Mecambrin und Hexahydromecambrin eine S-Konfiguration bestimmt. Für das Alkaloid Oreolin wurde die gleiche Struktur angegeben.[2])

Jaculadin

Jaculadin ist durch mehrfache Gegenstromverteilung aus dem Extrakt von *Croton linearis* zu isolieren, besitzt die Bruttoformel $C_{17}H_{21}NO_3$ und liefert ein N,O,O-Triacetylderivat, das nach der Hydrierung, nach Ausweis seines IR-Spektrums, keine allylalkoholische Funktion mehr besitzt. Das hierbei gebildete Produkt ist identisch mit Desoxyhexahydro-N.O-diacetylcrotonosin, das durch Huang-Minlon-Reduktion aus Crotonosin gewonnen werden kann.

Die Konfiguration am C-6a wurde, wie in der Formel angegeben, festgelegt, da der Drehungssinn des N.O-Diacetyltetrahydrocrotonosins und des Hydrierungsproduktes des Jaculadin-Acetyl-Derivates nahezu identisch sind[3]).

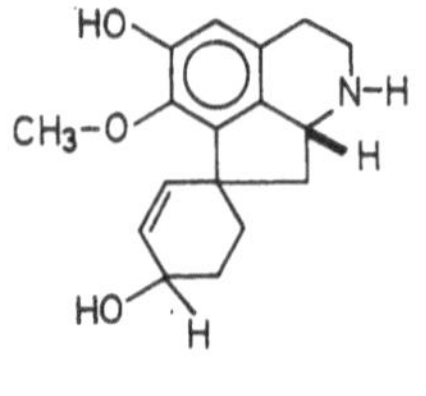

Discolorin

Discolorin besitzt auf Grund des bathochromen shifts beim Zusatz von Alkali in seinem UV-Spektrum eine phenolische Hydroxygruppe, die bei der Verätherung mit Diazomethan ein mit Amurolin identisches Methylderivat liefert.

[1]) I. Mann, S. Pfeifer, Pharm. **22**, 124 (1967)
[2]) F. Šantavý, M. Maturovà, Planta Med. **15**, 311 (1968)
[3]) K. L. Stuart, D. Byfield, C. Chambers, G. E. M. Husbands, Chem. Soc. (C) 1228 (1970)

Discolorin muß damit ein mit Amurolin am C-10 enantiomeres Alkaloid sein und eine 10β-Hydroxygruppe besitzen[1]).

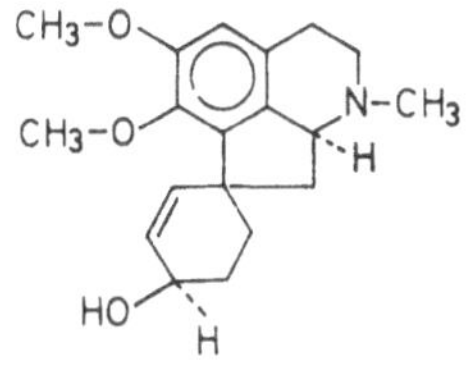

Synthesen der Proaporphin-Alkaloide:

1. Synthese des Homolinearisins[2]):

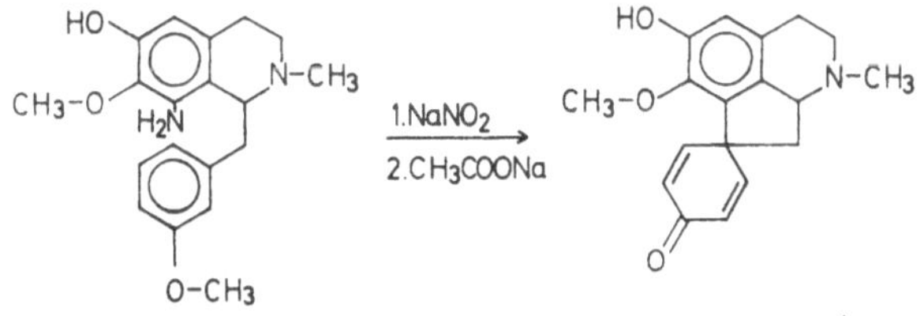

2. Synthese des O-Methylorientalinon[3]):

3. Synthese des Pronuciferins[4]):

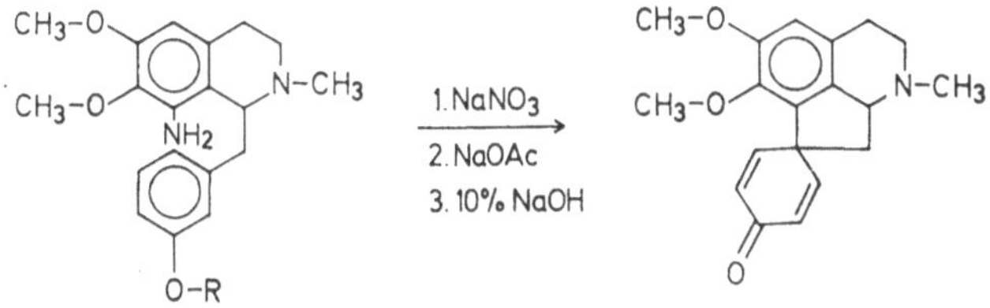

[1]) K. L. Stuart, D. Byfield, C. Chambers, G. E. M. Husbands, Chem. Soc. (C) 1228 (1970)
[2]) S. Ishiwata, K. Itakura, Chem. Pharm. Bull. **18**, 416 (1970)
[3]) S. Ishiwata, K. Itakura, Chem. Pharm. Bull. **18**, 1224 (1970)
[4]) S. Ishiwata, K. Itakura, K. Misawa, Chem. Pharm. Bull. **18**, 1219 (1970)

4. Synthese des (±)-Hexahydropronuciferin[1]):

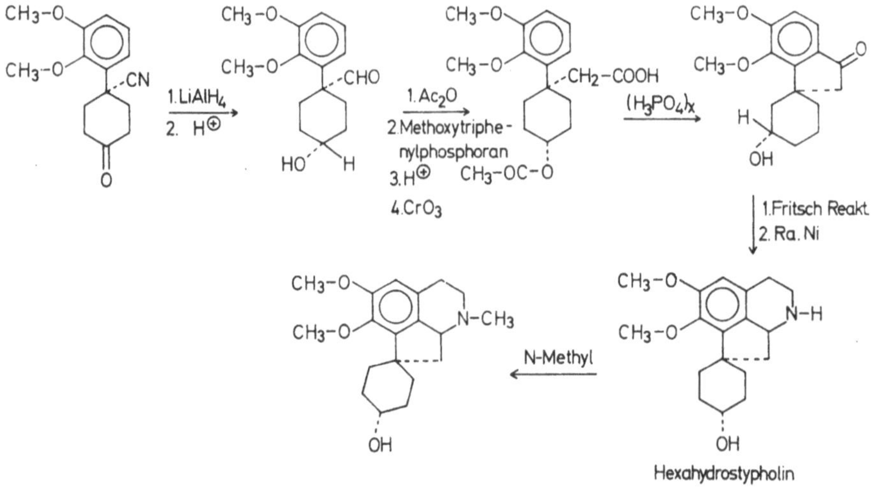

Bulbocodin

Bulbocodin, $C_{19}H_{23}NO_3$, ein Alkaloid mit weitgehend ähnlichen spektralen Eigenschaften wie das Amurin, besitzt auf Grund der IR-, KMR- und Massenspektren die folgende Struktur mit 6a-S-Konfiguration:

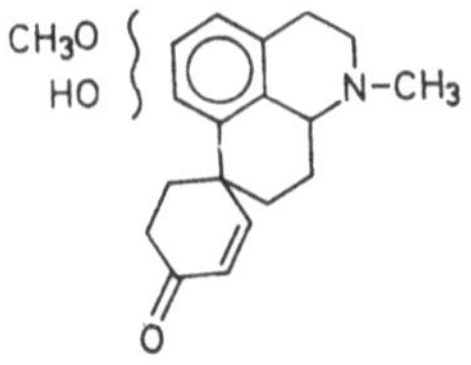

[1]) J. W. Huffmann, C. E. Oplige, T. L. **60**, 5243 (1969)
[2]) T. Reichstein, G. Snatzke, F. Santavý, Planta Med. **16**, 357 (1968

Kreysiginon

Für das Alkaloid wurde bereits eine Synthese beschrieben. Eine neuere Synthese verläuft wie folgt:

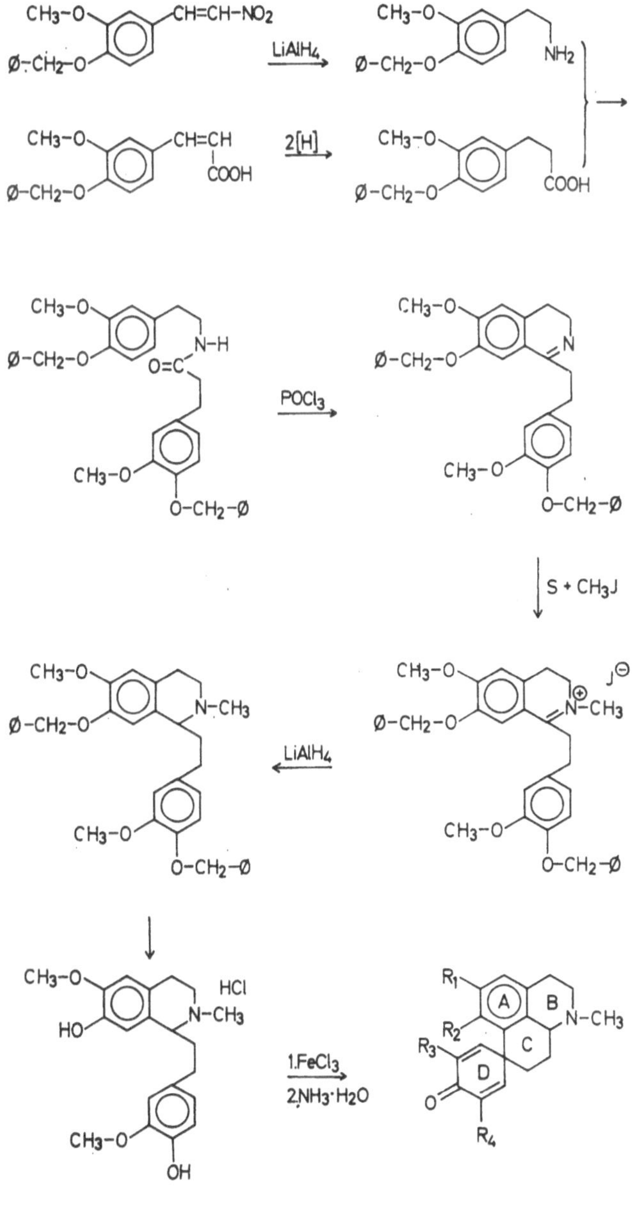

Bei der Einwirkung von Licht erfolgt eine interessante Umlagerung, der nach den bisherigen Untersuchungen wahrscheinlich der folgende Mechanismus zugrunde liegt[1]:

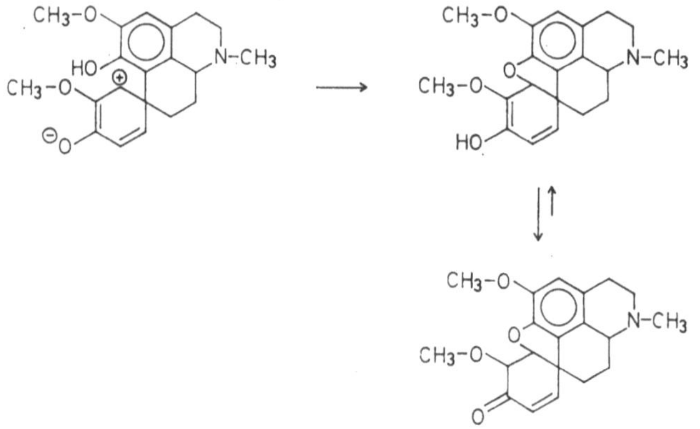

Bei Einwirkung von konz. HCl in Eisessig bei 10° entstehen aus dem Dienon A die folgenden zwei Komponenten, während durch Einwirkung von konz. Schwefelsäure durch eine Dienol-Phenol-Umlagerung das Alkaloid Multifloramin gebildet wird[2].

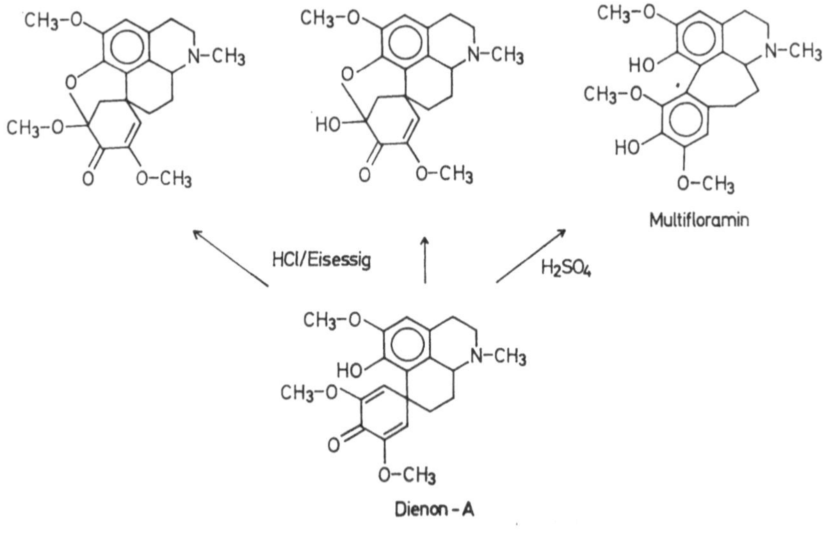

[1]) R. E. Harmon, B. L. Jensen, J. Heterocykl. Chem. 7, 1077 (1970)
[2]) T. Kametani, H. Yagi, K. Fukumoto, F. Satoh, Chem. Pharm. Bull. 16, 2297 (1968)

Die absolute Konfiguration des Multifloramins ergab sich durch die folgende Synthese, die durch die Darstellung der beiden Antipoden des Ausgangsmaterials möglich wurde, zu einer R-Konfiguration[1]):

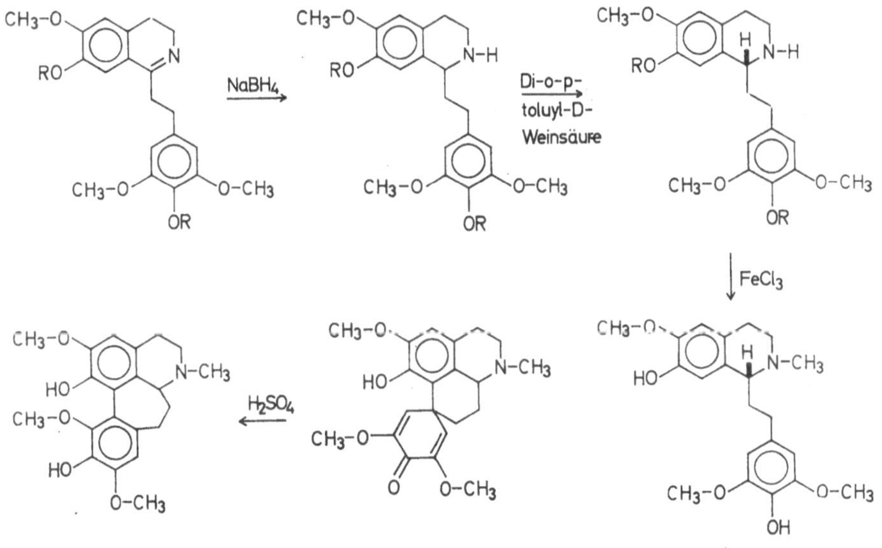

Spirobenzylisochinolinalkaloide

Als Modell für eine mögliche Biogenese konnte eine in-vitro-Umlagerung vom Protoberberintyp in den Spirobenzylisochinolintyp, z. B.

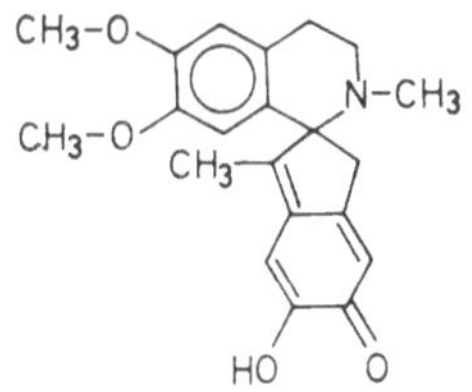

erreicht werden.[2])

[1]) A. Brossi, J. O'Brien, S. Teitel, Helv. **52**, 678 (1969)
[2]) M. Shamma, C. D. Jones, Amer. Soc. **92**, 4943 (1970)

Ochrobirin

Ochrobirin, $C_{20}H_{19}NO_6$, ein Alkaloid aus *Corydalis sibirica*, besitzt auf Grund der durchgeführten KMR- und NOE-Untersuchungen (Nuclear Overhauser effect) die folgende Struktur[2]:

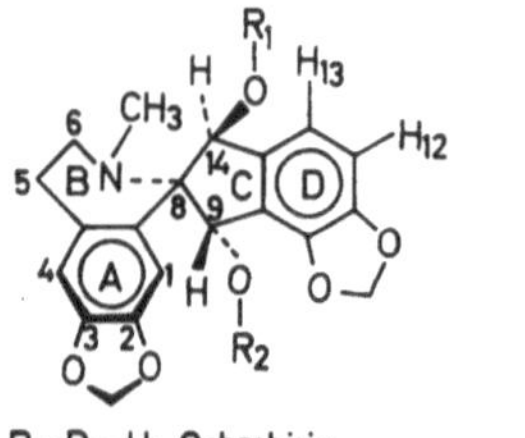

$R_1 = R_2 = H$; Ochrobirin

$R_1 = R_2 = CH_3CO$; Diacetylochrobirin

Fumaricin, Fumaritin und Fumarilin

sind drei weitere Alkaloide des voranstehenden Strukturtyps und konnten aus *Fumaria officinalis* isoliert werden. Die spektroskopischen Untersuchungen führten zu den folgenden Strukturen:

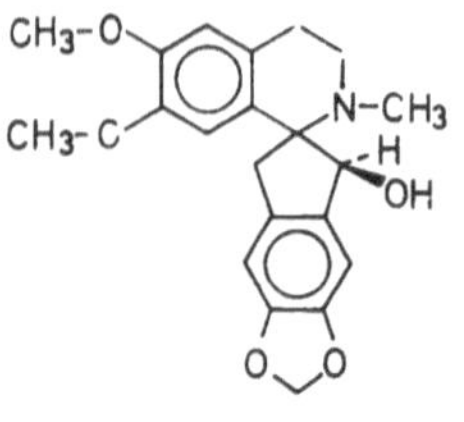

Fumaricin

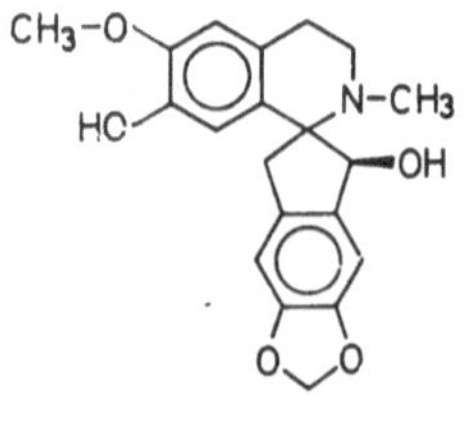

Fumaritin

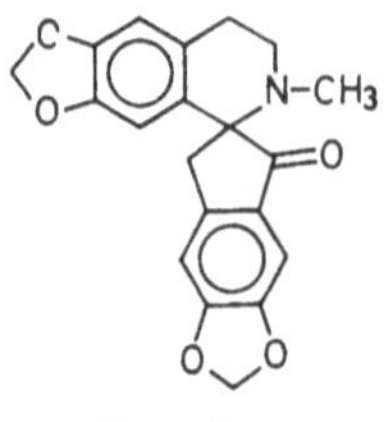

Fumarilin

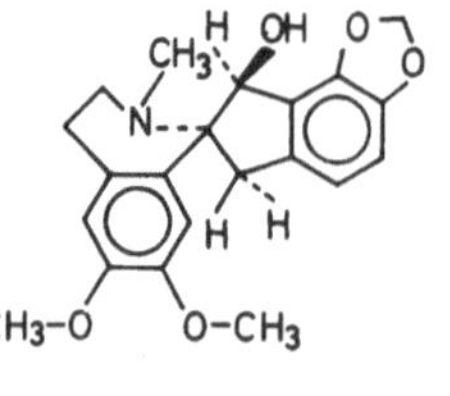

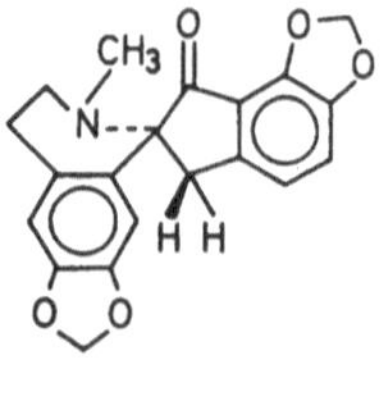

[1]) M. Shamma, J. F. Nugent, T. L. **1970**, 2625

[2]) R. H. F. Manske, R. G. A. Rodrigo, D. B. MacLean, D. E. F. Gracey, J. K. Saunders, Canad. J. 3589 (1969)

Einen wesentlichen Beitrag zur Strukturuntersuchung leistete die Massenspektrometrie, deren Fragmente in der folgenden Abbildung wiedergegeben sind:

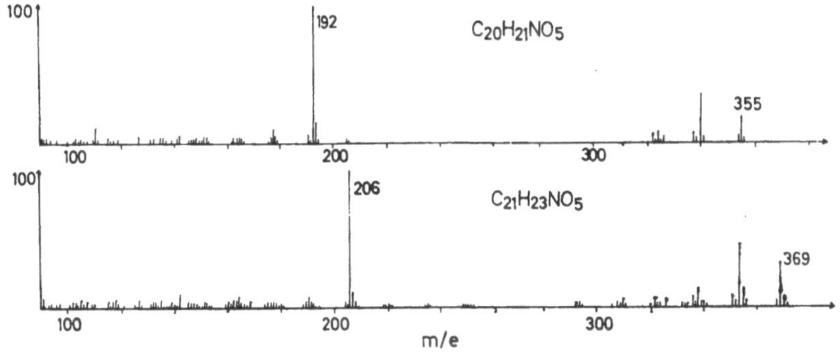

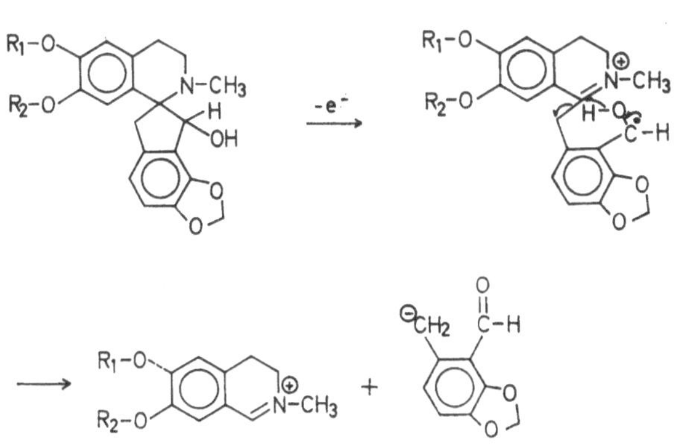

[1]) D. B. MacLean, R. A. Bell, J. K. Saunders, C. Y. Chen, R. H. F. Manske, Canad. J. **47**, 3593 (1969)

Die Synthese des (±)-Fumaricins brachte eine weitere Bestätigung der vorgeschlagenen Struktur[1]:

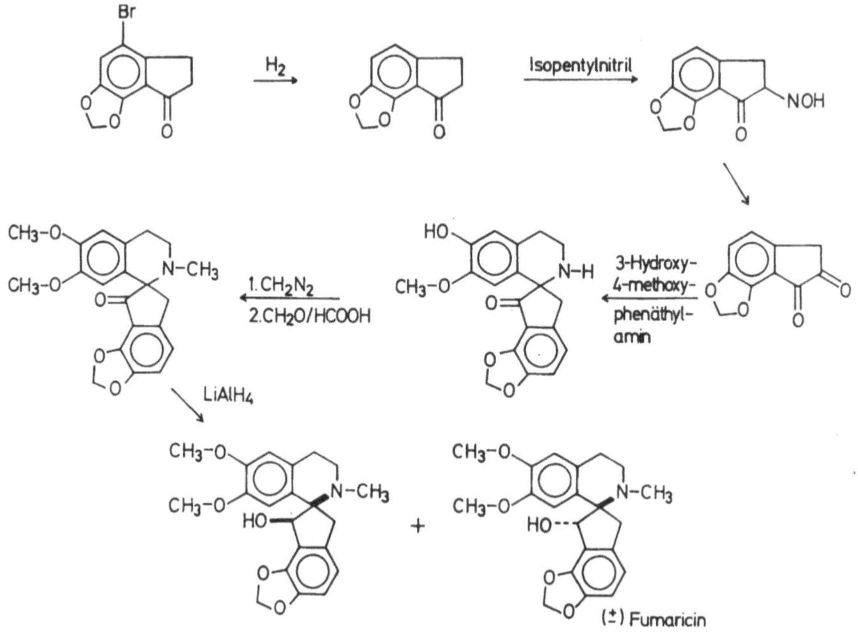

Die sterischen Beziehungen bei diesen Alkaloiden sollten durch die Untersuchungen des Kern-Overhauser-Effektes wie folgt wiedergegeben werden können[2,3]:

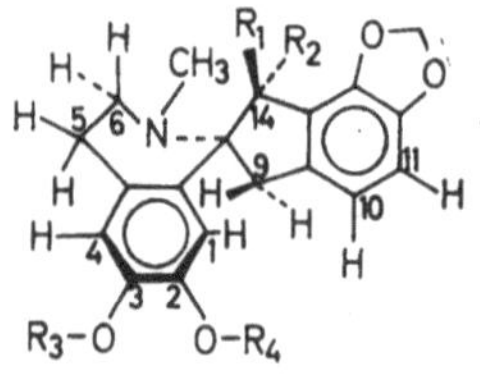

[1]) T. Kishimoto, S. Uyeo, Chem. Soc. (B) 2600 (1969)
[2]) J. K. Saunders, R. A. Bell, C. Y. Chen, D. B. MacLean, R. H. F. Manske, Canad. J. **46**, 2876 (1968)
[3]) D. B. MacLean, R. A. Bell, J. K. Saunders, C. Y. Chen, R. H. F. Manske, Canad. J. **47**, 3593 (1969)

Sibiricin

Sibiricin, $C_{20}H_{17}NO_6$, ein Alkaloid aus *Corydalis sibirica*, besitzt nach den KMR-Untersuchungen sowie dem typischen Fragmentierungsverhalten im MS die folgende Struktur[1]):

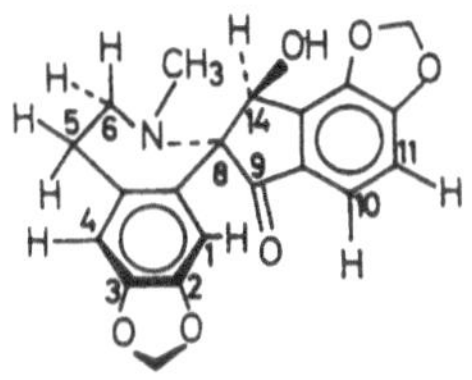

Sibiricin

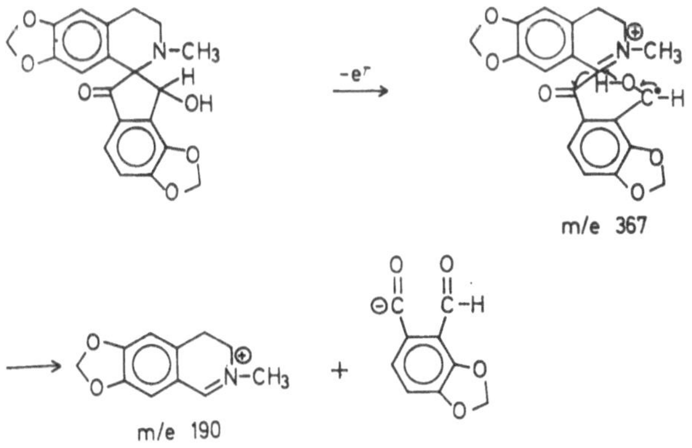

Parfumin

Parfumin, eine Base, $C_{20}H_{19}NO_5$, aus *Fumaria parsiflora*, soll auf Grund der spektroskopischen Untersuchungen die folgende Struktur besitzen[2]):

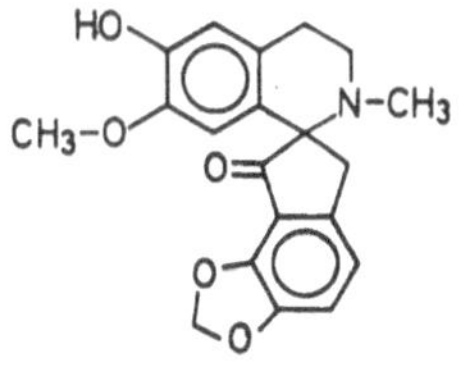

1) R. H. F. MANSKE, R. RODRIGO, D. B. MACLEAN, D. E. F. GRACEY, J. K. SAUNDERS, Canad. J. **47**, 3585 (1969)
2) J. A. ISMAILOV, Inst. Khim. Rast. Veshch Taschkent 1969, 189, 1262

Synthese des Ochotensimins[1])

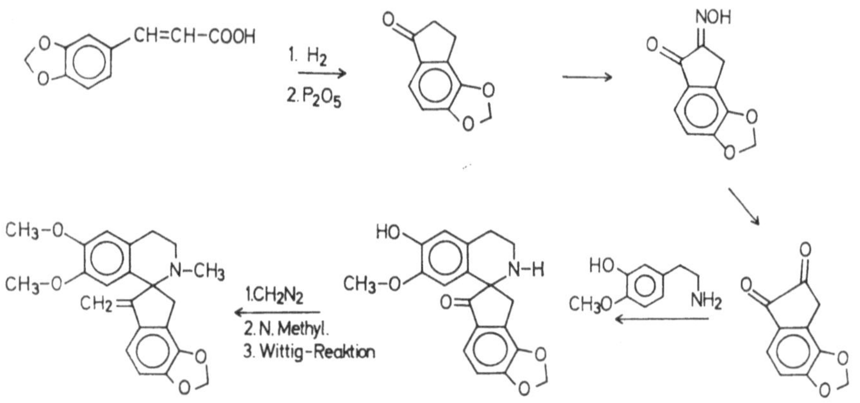

Die Synthese der Homoproaporphine gelingt auf dem Wege einer oxydativen Phenolkupplung mit 1,2,3,4-Tetrahydro-7-hydroxy-1-(4-hydroxy-3-methoxyphenäthyl)-6-methoxy-2-methylisochinolin[2]).

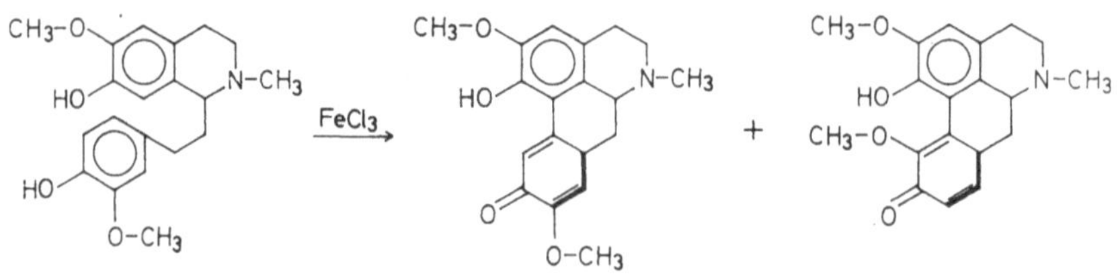

[1]) ST. McLEAN, M. S. LIN, J. WHELAN, T. L. **20**, 2425 (1968)
[2]) T. KAMETANI, F. SATOH, H. YAGI, K. FUKUMOTO, Org. Chem. **33**, 690 (1968)

15. Alkaloide der Argemonin-Gruppe

Die Alkaloide dieser Gruppe, die aus den zur Familie der Papaveracea gehörenden Gattungen *Argemone*, *Eschscholtzia*, *Roemeria* sowie der Lauracea *Cryptocarya* und aus der zur Familie der Ranunculaceen gehörenden Gattung *Thalictrum* isoliert werden konnten, besitzen ein Bicyclo[3.3.1]azanonadien Gerüst, das in den Positionen 2, 3, 8, 9 zumeist mit je einer Sauerstoff-Funktion substituiert ist, und deren optische Aktivität durch die Wechselwirkung der zwei nicht coplanaren Veratrol-Chromophore bedingt ist.

Alkaloid	Schmp.	$[\alpha]_D$	Derivat	Vorkommen
Argemonin-N-Oxid $C_{21}H_{25}NO_5$	140–60°	–185° (C)	—	*Argemone gracilenta*[1])
Argemonin-metho-hydroxid $C_{22}H_{28}NO_4$	—	–170°	—	*Argemone gracilenta*[1])
Isonorargemonin $C_{19}H_{21}NO_4$	219–21°	–202° (C)	—	*Argemone gracilenta*[1])
Reframin $C_{20}H_{21}NO_4$	amorph	–146° (M)	Jodm. 278–9° $CHCl_3$ 256–9°	*Roemeria refracta*[2])
Reframidin $C_{19}H_{16}NO_4$	amorph	–123° (M)	Jodm. 223°	*Roemeria refracta*[2])
Reframinol $C_{19}H_{17}NO_4$	amorph	–140° (M)	O-Methyl-jodm. 265°	*Roemeria refracta*[2])
Thalisopavin $C_{20}H_{23}NO_4$	211 °	–210° (C)	O-Methyl 91–2°	*Thalictrum dasycarpum*[3])

[1]) F. R. Stermitz, K. D. McMurtrey, Org. Chem. **34**, 555 (1996)
[2]) J. Slavik, L. Slavikova, L. Dolejs, Coll. **33**, 4066 (1968)
[3]) S. M. Kupchan, A. Yoshitake, Org. Chem. **34**, 1062 (1969)

(—)-*Argemonin-N-Oxid*, (—)-*Argemonin-methohydroxid*, (—)-*Isonorargemonin und Platycerin*,

drei Alkaloide mit dem bereits bekannten Grundgerüst des Argemonins, wurden durch MS-Vergleichsuntersuchungen in ihrer Struktur abgeklärt.

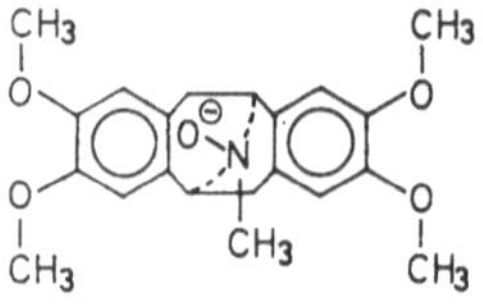

(-) Argemonin-N-Oxid

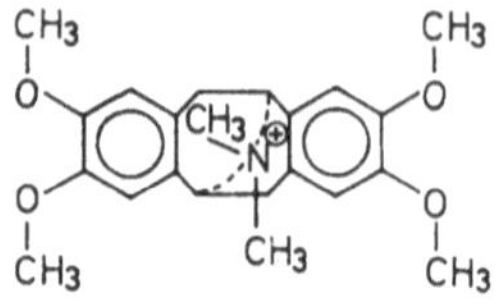

(-) Argemonin-methohydroxid

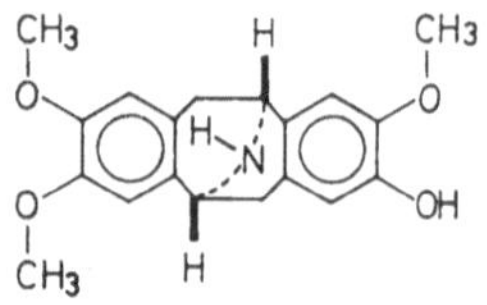

(-) Isonorargemonin

Platycerin, ein weiteres Alkaloid dieses Strukturtyps, konnte in seiner Struktur durch die Partialsynthese aus Munitagin abgeklärt werden[1]).

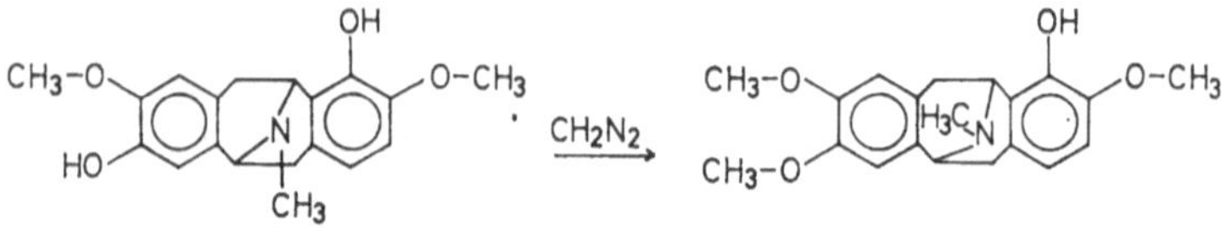

Munitagin Platycerin

Reframin, Reframidin und Reframinol,

drei weitere Alkaloide vom Isopavin-Typ, konnten in ihrer Struktur durch das typische Fragmentierungsverhalten im MS in ihrer Struktur abgeklärt werden[2]).

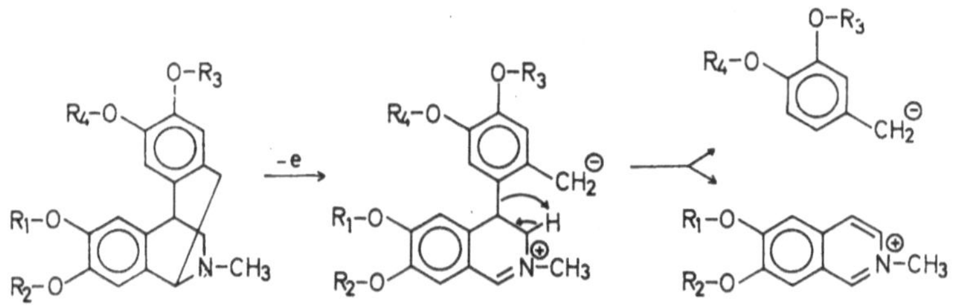

Reframin	$R_1 = R_2 = CH_3$; $R_3 + R_4 = CH_2$	m/e 204
Reframidin	$R_1 + R_2 = R_3 + R_4 = CH_2$	m/e 188
Reframinol	$R_1 + R_2 = H + CH_3$; $R_3 + R_4 = CH_3$	m/e 190

1) F. R. Stermitz, K. D. Murtrey, Org. Chem. **34**, 555 (1969)
2) L. Dolejs, J. Slavik, Coll. **33**, 3917 (1968)

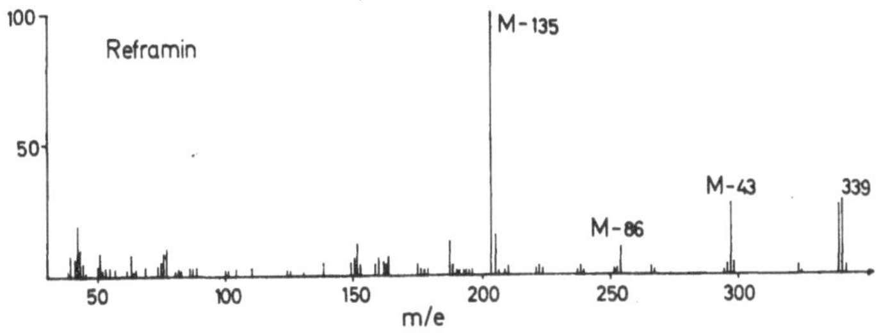

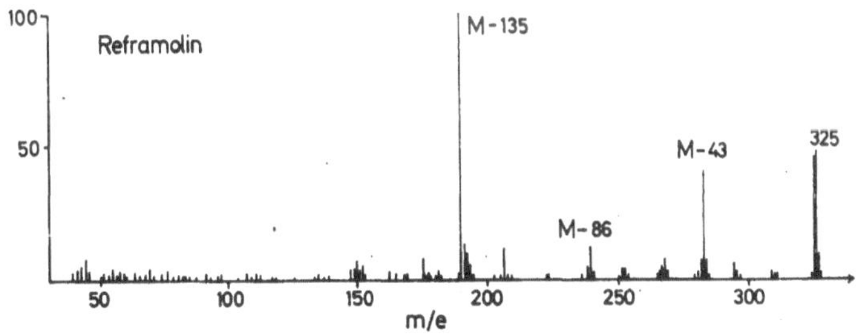

Synthese des (—)-Norargemonins

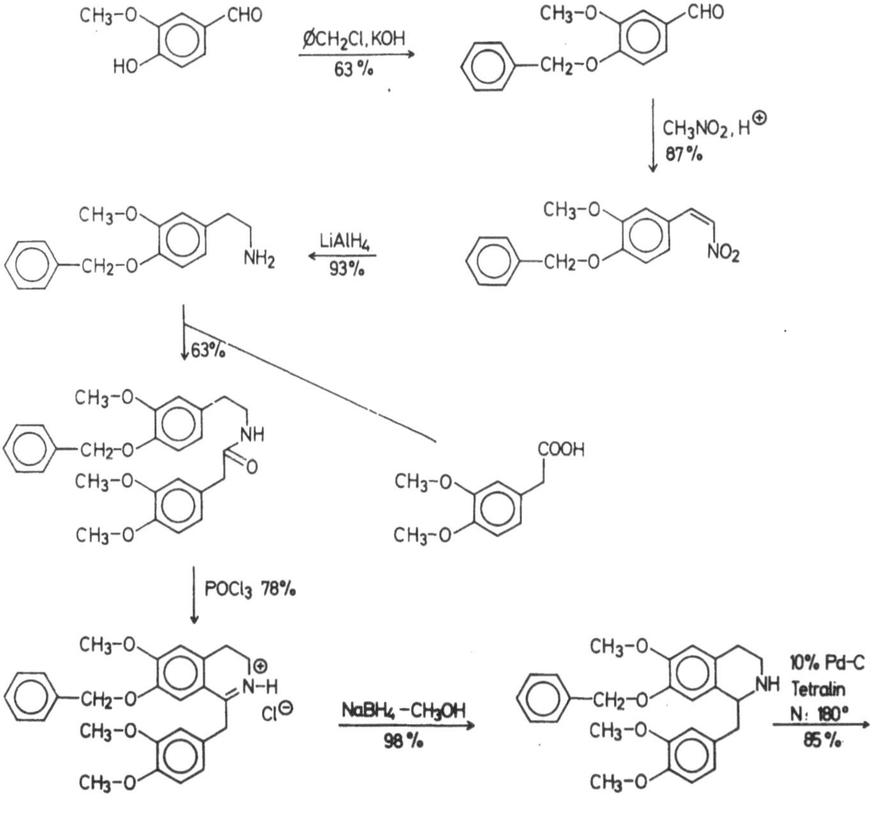

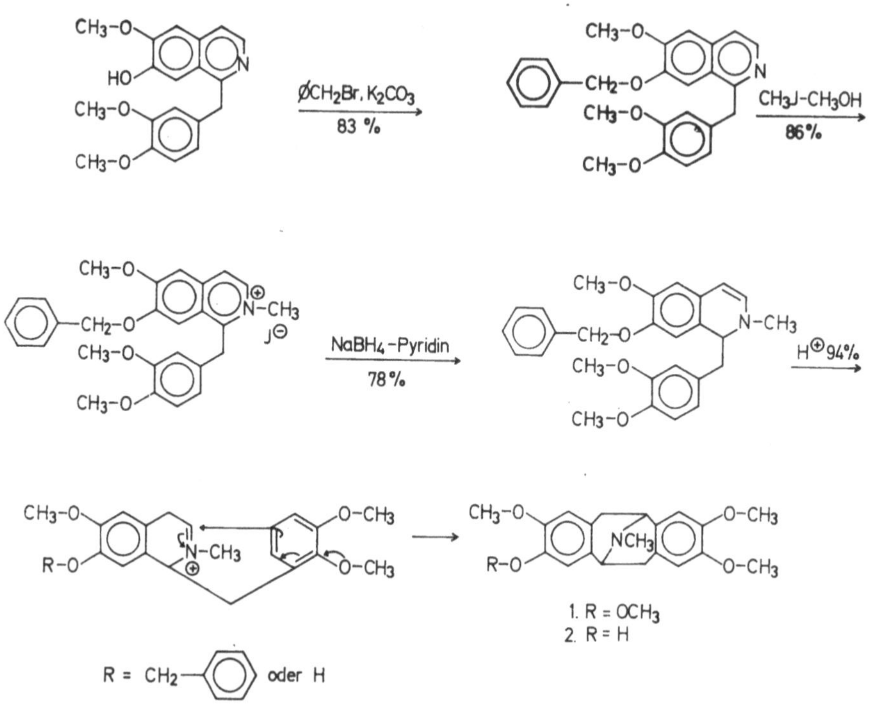

Eine weitere Synthese des (±)-Bisnorargenonins findet sich bei CH. HSING CHEN, T. O. SOINE, K. HSIUNG LU, J. Pharm. Sci. **59**, 1529 (1970).

Thalisopavin

Thalisopavin, $C_{20}H_{23}NO_4$, ist eine tert. Base, die in ihrem IR-Spektrum einen aromatischen Ring und eine Hydroxygruppe, in ihrem KMR-Spektrum eine N-Methylgruppe, drei O-Methylgruppen, vier aromatische Protonen, ein phenolisches Proton und sechs aliphatische Protonen ausweist.

Die Methylierung mit Diazomethan führt zu einem O-Methylthalisopavin, das beim anschließenden Hofmann-Abbau in ein optisch inaktives Methin übergeht, das seinerseits mit N-Methylisopavinmethin identisch ist.

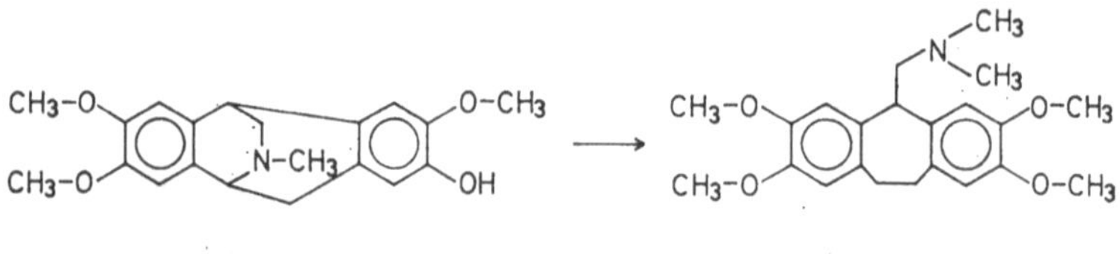

Thalisopavin N-Methylisopavinmethin

[1]) K. H. LEE, T. O. SOINE, J. Pharm. Sci. **57**, 1922 (1968)

Die Hydroxygruppe haftet auf Grund der KMR-Untersuchungen sowie der spektroskopischen Vergleiche mit dem Amurensin und Amurensinin am C-5.

Die voranstehende Struktur konnte durch eine eindeutig verlaufende Synthese bewiesen werden.

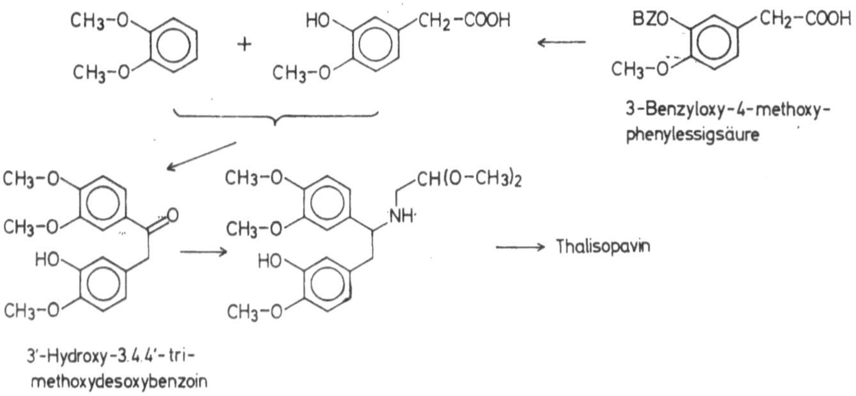

[1]) S. M. Kupchan, A. Yoshitake, Org. Chem. **34**, 1062 (1969)

16. Morphinan und Morphinandienon-Alkaloide

Das Morphinan-System kann als ein durch Verknüpfung der C-Atome 4a und 2′ entstandenes Cyclisierungsprodukt des 1-Benzyl-octahydroisochinolins angesehen werden und erscheint zugleich als ein Derivat des Phenanthrens mit einer die Positionen 9 und 4b überbrückenden Iminoäthyl-Kette.

Die bisher aufgefundenen Basen wurden in Vertretern der folgenden Familien und Gattungen aufgefunden:
Papaveraceen: *Papaver*, *Corydalis*, *Dicentra*
Menispermaceen: *Menispermum*, *Sinomenium* und *Stephania*.

Alkaloid	Schmp.	$[\alpha]_D$	Derivat	Vorkommen
Desmethylhasubanonin $C_{20}H_{25}NO_5$	229–36°	–145° (M)	Brosylat 209–11° [α] –149° (C)	*Stephania hernandifolia*[1])
Akuadinin $C_{20}H_{25}NO_5$	66–70°	280° (A)	HBr 215° [α] –155° (M)	*Stephania hernandifolia*[2])
Aknadicin $C_{19}H_{23}NO_5$	—	—	O-Methyl-HBr [α] –105°	*Stephania hernandifolia*[2])
Aknadilactam	amorph	–212° (C)	—	*Stephania sasakii*[3])
Stephavanin $C_{26}H_{27}NO_9 \cdot HCl$	—	—	217–8° [α] +16° (M)	*Stephania abyssinica*[4])
Pallidin $C_{18}H_{20}NO_3$	159–60°	–32°	—	*Corydalis pallida var. tennis*[5])
Stephisoferulin $C_{29}H_{33}NO_9 \cdot 2/3\,CH_3Cl$	133–5°	+48° (M)	—	*Stephania hernandifolia*[6])
Flavinantin $C_{19}H_{21}NO_4$	130–2°	141°	—	*Croton flavens*[7])
Acutuminin $C_{19}H_{24}NO_5Cl$	175–7°	–110° (C)	—	*Menispermum dauricum*[8])
Cancentrin $C_{36}H_{34}N_2O_7$	238°	—	—	*Dicentra canandensis*[9])

[1]) S. M. Kupchan, M. J. Suffness, D. N. J. White, A. T. McPhail, G. A. Sim, Org. Chem. **33**, 4529 (1968)
[2]) B. K. Moza, B. Bhaduni, D. K. Basu, Chem. Ind. 1178 (1969)
[3]) J. Kunitomo, Y. Okamoto, E. Yuge, Y. Nagai, T. L. **38**, 3287 (1969)
[4]) S. M. Kupchan, M. J. Suffness, R. J. McClure, G. A. Sim, Am. Soc. **92**, 5756 (1970)

Stephisoferulin

Ein Alkaloid mit dem Hasubanan-Skelett wurde aus den Rhizomen von *Stephania hernandifolia* isoliert und liefert bei der Hydrolyse mit 2,5 N NaOH Stephulin und Isoferulasäure. Stephulin geht bei der Methylierung mit Formaldehyd/$NaBH_4$ in ein Methylderivat, bei der Hydrolyse mit verd. HCl in ein 8-Desmethylstephulin und bei der Oxydation mit Jones-Reagenz in 6-Dehydrostephulin über.

Die Acetylierung des Stephulins liefert ein Triacetylderivat, das bei der Hydrierung 1 Mol Wasserstoff aufnimmt und nunmehr seinerseits mit Dimethylacetal und p-Toluolsulfonsäure in ein Keton übergeführt werden kann.

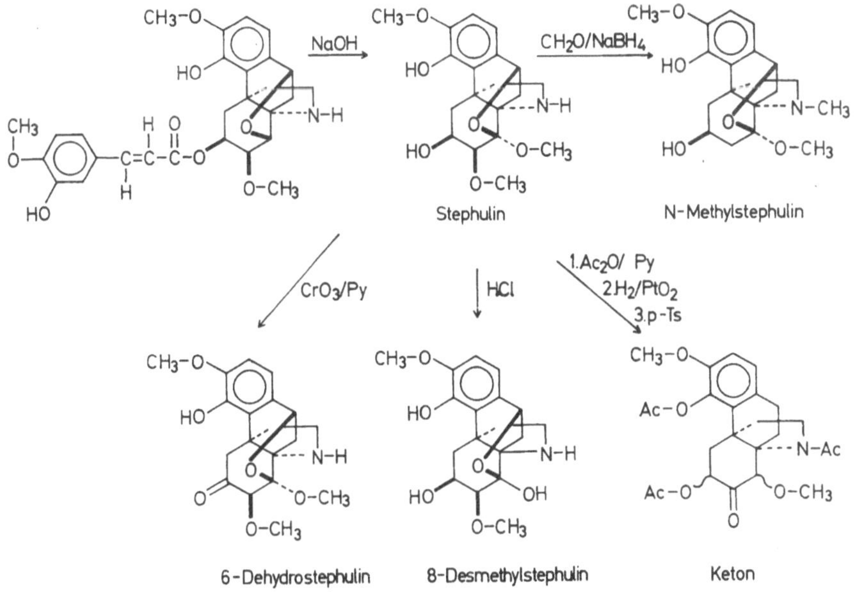

Da Stephulin auf Grund des positiven Gibbs-Testes eine unsubstituierte *para*-Position zur Phenolgruppierung besitzt, muß die Phenolfunktion entweder am C-4 oder C-1 haften.

4-Desmethylnorhasubabonin, das in seiner Struktur durch eine Rö-Kristallstrukturanalyse aufgeklärt werden konnte, liefert bei der Reduktion mit $NaBH_4$ zwei epimere Alkohole, die nach anschließender Acetylierung in das Keton übergeführt werden konnten.

[5]) T. Kametani, M. Ihara, T. Honda, Chem. Comm. 1301 (1969)
[6]) S. M. Kupchan, M. J. Sffness, T. L. 4975 (1970)
[7]) C. Chambers, K. L. Stuart, Chem. Comm. 328 (1968)
[8]) Y. Okomoto, E. Yuge, Y. Nagai, R. Katsuta, A. Kishimoto, Y. Kobayashi, T. Kikuchi, M. Tomita, T. L. **24**, 1933 (1969)
[9]) G. R. Clark, R. H. F. Manske, G. J. Palenik, R. Rodrigo, D. B. MacLean, L. Baczynskyj, D. E. F. Gracey, J. K. Saunders, Am. Soc. **92**, 4998 (1970)

Diese Korrelierung beweist damit zugleich die Molekularstruktur sowie die relative Stereochemie am C-8, C-10, C-13 und C-14 sowie die absolute Konfiguration des Alkaloids[1]).

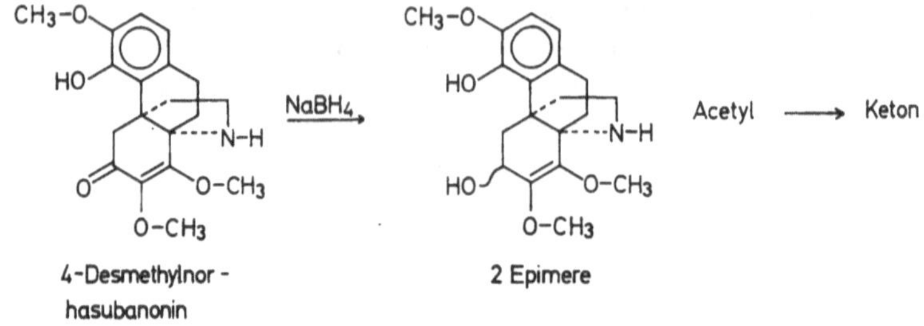

Stephavanin

Stephavanin, $C_{26}H_{27}NO_9 \cdot HCl$, kristallisiert aus der Fraktion der schwachen Basen von *Stephania abyssinica*, liefert bei der alkalischen Hydrolyse Vanillinsäure und Stephin, das seinerseits bei der Oxydation mit Jones-Reagenz 6-Dehydrostephin liefert, das unter Alkalieinwirkung zu Iso-6-dehydrostephin isomerisiert wird.

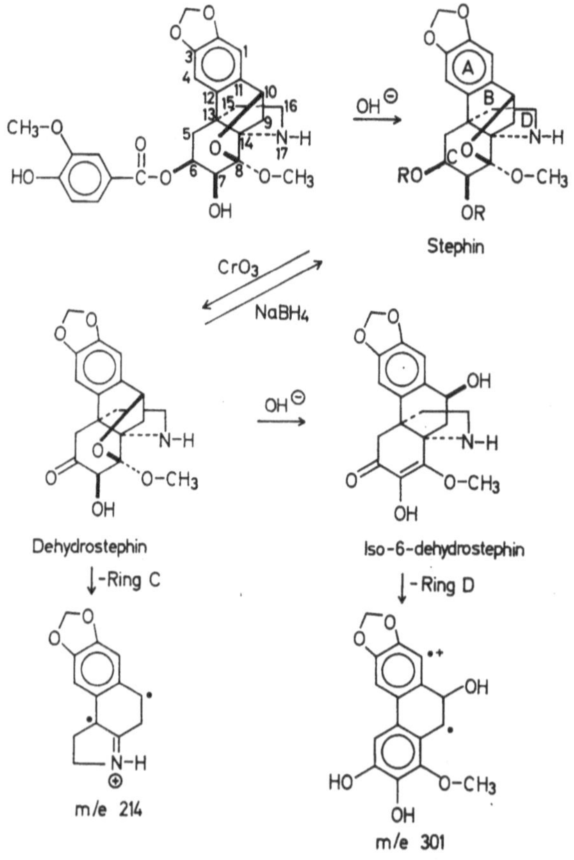

1) S. M. Kupchan, M. I. Suffness, T. L. 4975 (1970)

Die Überprüfung der vorgeschlagenen Struktur konnte durch eine Rö-Kristallstrukturanalyse des Hydrobromids, das im orthorhombischen System der Raumgruppe $P2_12_12_1$ und den Zelldimensionen a = 7,73, b = 24,82, c = 16,04 Å kristallisiert, bestätigt werden[1]).

Flavinantin

Flavinantin, $C_{19}H_{21}NO_4$, hat ein mit einer Morphinandienon-Struktur übereinstimmendes UV-Spektrum und geht bei der Methylierung in das N.O-Dimethylflavinin über. Die Lokalisierung der Hydroxy- und Methoxygruppen gelang durch die Korrelierung mit dem aus Reticulin darstellbaren Isosalutaridin. Da sowohl die Basen als auch die Jodmethylate nicht identisch waren, kommt dem Alkaloid die nachstehende Struktur zu[2])

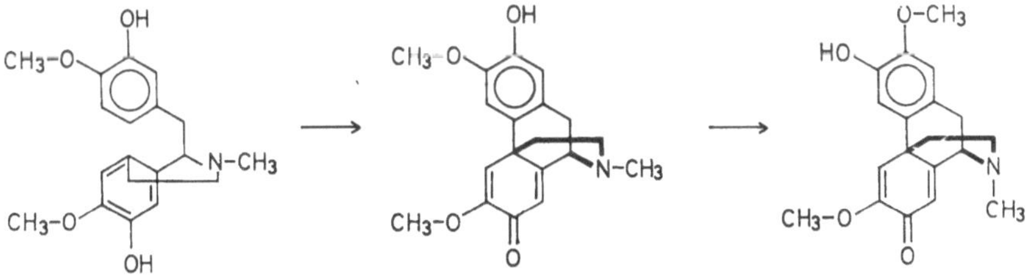

Reticulin Isosalutaridin Flavinanthin

die durch die folgende Synthese bestätigt werden konnte[3]):

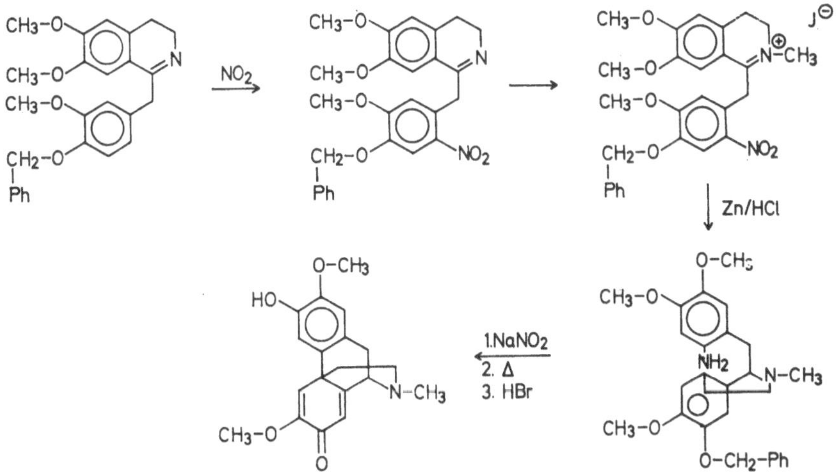

[1]) S. M. Kupchan, M. I. Suffness, R. J. McClure, G. A. Sim, Am. Soc. **92**, 5756 (1970)
[2]) C. Chambers, K. L. Stuart, Chem. Comm. 328 (1968)
[3]) T. Kametani, T. Sugahara, H. Yagi, K. Fukumoto, Chem. Soc. (C) 1063 (1968)

Pallidin

Pallidin wurde aus *Corydalis pallida* var. *tenuis* gewonnen und weist in seinen Spektren ein typisches Morphinandienon-Skelett aus. Das Alkaloid ist identisch mit dem synthetisierten[1]) Isosalutaridin, während das IR-Spektrum des O-Methylpallidins identisch ist mit dem des O-Methylflavinantins.

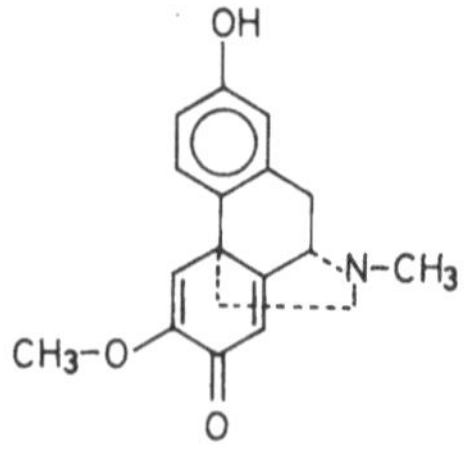

4-Desmethylhasubanonin,

ein Alkaloid aus *Stephania hernandifolia* mit einer im IR-Spektrum nachweisbaren α,β-ungesättigten Ketonfunktion sowie einer durch den Gibbs-Test erwiesenen freien phenolischen Hydroxygruppe, besitzt auf Grund der vergleichenden NMR-spektroskopischen Untersuchungen sowie der Rö-Kristallstrukturanalyse des Brosylates, das in der Raumgruppe $P2_12_12_1$ mit vier Molekülen $C_{20}H_{25}NO_5$ in den Zelldimensionen a = 8,52, b = 24,23, c = 12,60 Å kristallisiert, die folgende Struktur[4]):

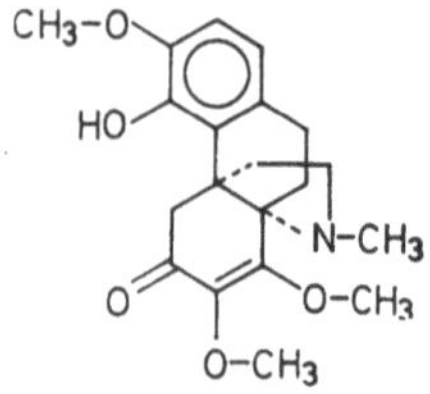

Aknadinin und Aknadicin

Aknadinin, $C_{20}H_{25}NO_5$, ein in der ätherlöslichen Fraktion aufgefundenes Alkaloid aus *Stephania hernandifolia*, liefert bei der Verätherung mit Diazomethan einen Methyläther, der mit Hasubanonin identisch ist. Da auch Aknadivin zu Aknadinin methylierbar ist, muß auch diesem Alkaloid die gleiche Grundstruktur zukommen. Damit scheinen die

[1]) T. KAMETANI, K. FUKUMOTO, A. KOZUKA, M. KOIZUMI, Chem. Soc. (C) 2034 (1969)
[2]) T. KAMETANI, M. IHARA, T. HONDA, Chem. Comm. 1301 (1969)
[3]) T. KAMETANI, M. IHARA, T. HONDA, Chem. Soc. (C) 1060 (1970)
[4]) S. M. KUPCHAN, M. I. SUFFNESS, D. N. J. WHITE, A. T. MCPHAIL, G. A. SIM, Org. Chem. 33, 4529 (1968)

beiden Alkaloide strukturell mit den bereits aufgefundenen 4-Desmethylhasubanonin[1,2]) und 4-Desmethyl-nor-hasubanonin übereinzustimmen.

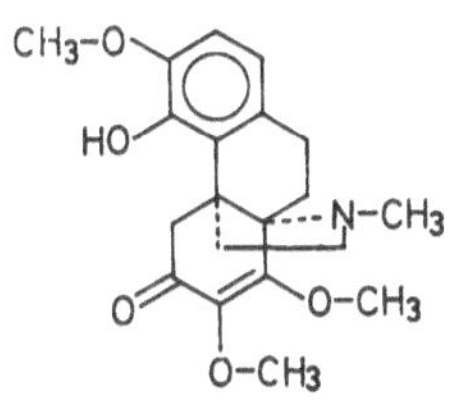

Aknadinin

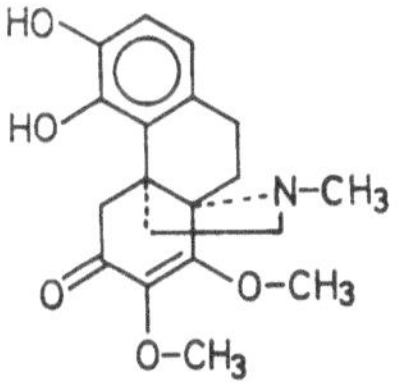

Aknadicin

Aknadilactam

Aknadilactam, ein aus der schwachen Basenfraktion des Gesamtextraktes von *Stephania sasakii* als amorphes Pulver isolierbares Alkaloid, besitzt auf Grund der spektroskopischen Untersuchungen das gleiche Grundgerüst wie das 4-Desmethylhasubanonin, mit dem es auf Grund der folgenden Reaktion korreliert werden kann[3]):

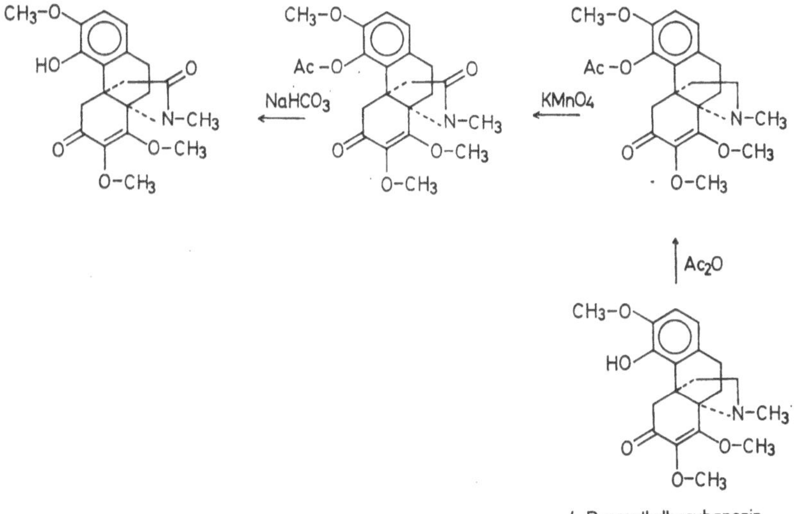

4-Desmethylhasubanonin

Acutuminin

Acutuminin, $C_{19}H_{24}NO_5Cl$, ist eine tert. Base mit vier Methoxy- und zwei Carbonylfunktionen, die eine Sauerstoffgruppierung weniger enthält als das Acutumin.

Auf Grund der vergleichenden spektroskopischen Daten kommt dem Alkaloid die nachfolgende Struktur zu

1) S. M. KUPCHAN, M. I. SUFFNESS, D. N. J. WHITE, A. T. MCPHAIL, A. T. SIM, Org. Chem. **33**, 4529 (1968)
2) B. K. MOZAM, B. BHADURI, B. K. BASU, Chem. Ind. 1178 (1969)
3) J. KUNITOMO, Y. OKAMOTO, E. YUGE, Y. NAGAI, T. L. **38**, 3287 (1969)

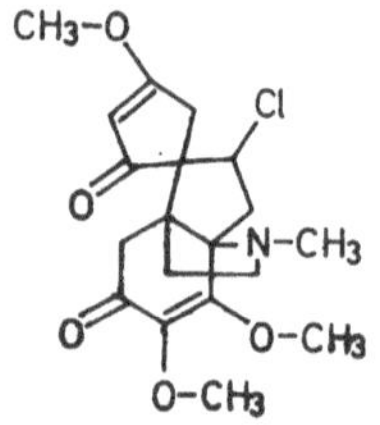

die durch das folgende Fragmentierungsverhalten im MS weiter erhärtet werden konnte:

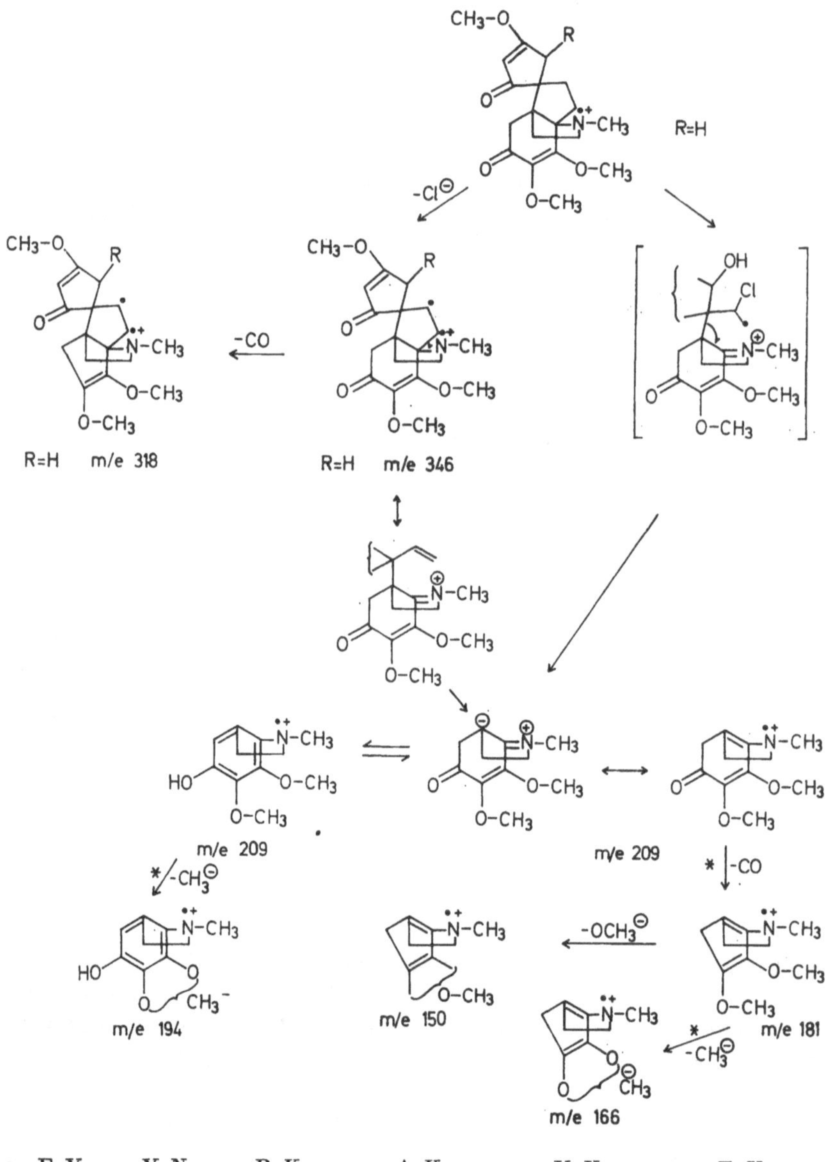

[1]) Y. Okamoto, E. Yuge, Y. Nagai, R. Katsuta, A. Kishimoto, Y. Kobayashi, T. Kikuchi, M. Tomita, T. L. **24**, 1933 (1969)

Acutumin

Für das Acutumin konnte die auf chemischem und spektroskopischem Wege nachgewiesene Struktur durch eine Rö-Kristallstrukturanalyse des Acetylderivates, das im monoklinen System der Raumgruppe $P2_1$ oder $P2_{1/m}$ und den Dimensionen a = 20,78, b = 8,26, c = 13,35 Å kristallisiert, bestätigt werden[1]).

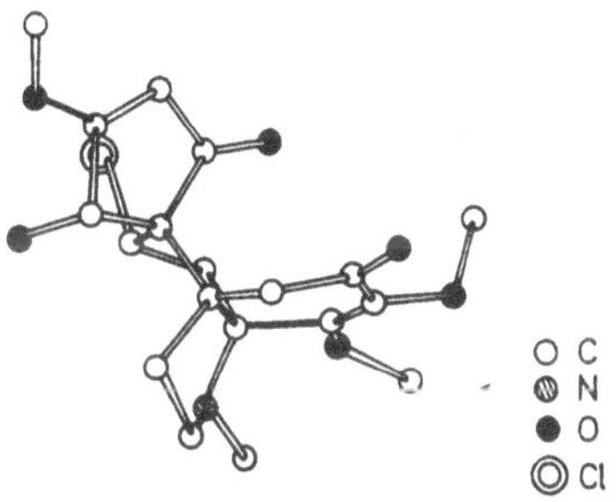

Thebain

Durch einen kontrollierten Hofmann-Abbau des Thebains gelangt man zum photo- und thermolabilen Thebaincyclomethin-perchlorat, das in Thebainmethin-methoperchlorat umgewandelt werden kann[2]).

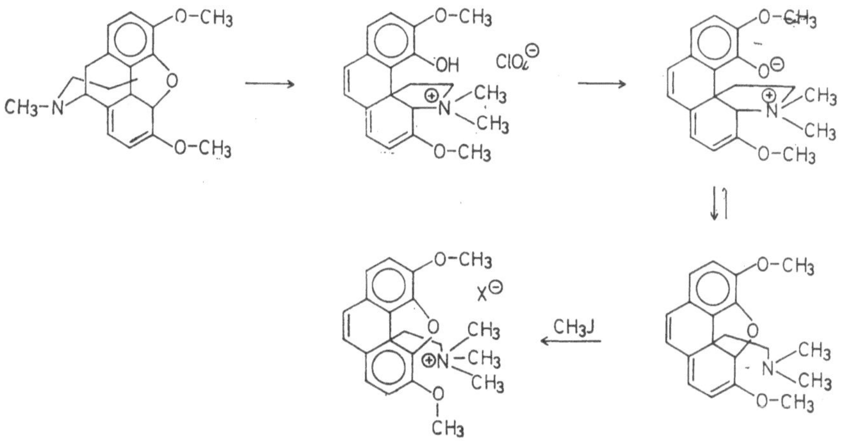

[1]) M. Nishikawa, K. Kamiya, M. Tomita, Y. Okamoto, T. Kikuchi, K. Osaki, Y. Tomiie, I. Nitta, K. Goto, Chem. Soc. (B) 652 (1968)
[2]) W. Fleischhacker, W. Passl, F. Vieböck, Monatsh. **99**, 300 (1968)

Dihydrodesoxycodein-E

Die Struktur des Dihydrodesoxycodein-E, dem Reduktionsprodukt des 14-Bromcodeins, konnte durch NMR-Untersuchungen abgeleitet werden.

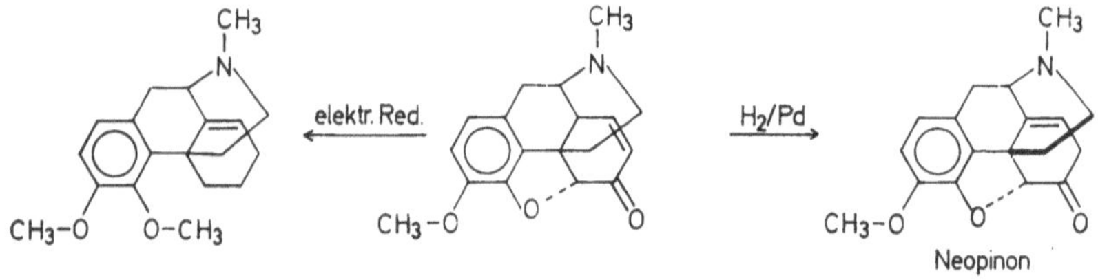

Hiernach wird zunächst die Carbonylgruppe entfernt, die Sauerstoffbrücke reduktiv geöffnet und das Br — begleitet von der Allylwanderung der Doppelbindung — hydrogenolytisch entfernt. Dieser Vorgang ist formal identisch mit der Umwandlung in das Neopinon[1]).

Cancentrin

Cancentrin, $C_{36}H_{34}N_2O_7$, ist ein dimeres Alkaloid aus *Dicentra canadensis*, das beim Hofmann-Abbau und anschließender Hydrierung sowie Verätherung mit Diazomethan ein Dihydromethin-O-methyläther liefert, der als Hydrobromid isoliert (Raumgruppe $P2_12_12_1$; Dimension: a = 10,63, b = 12,03, c = 26,97 Å), einer Rö-Kristallstrukturanalyse unterzogen werden konnte.

Dadurch und durch die spektroskopische Korrelierung des Cancentrins mit dem Codein konnte sowohl die Position der Brücke im Morphin-Teil des Alkaloids festgelegt werden als auch die Verknüpfungsart abgeleitet werden[2]).

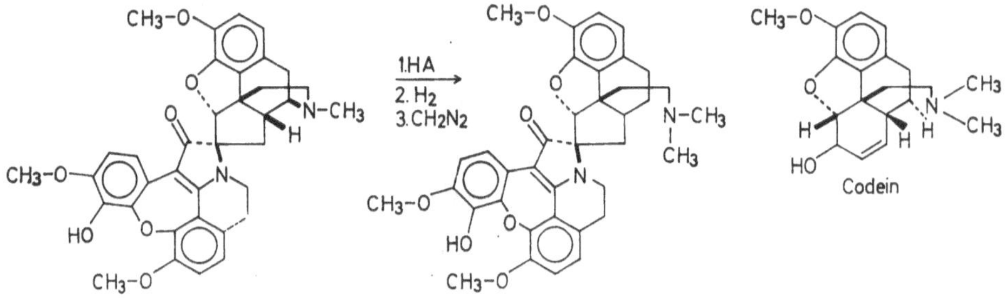

[1]) U. Weiss, Th. Rüll, R. B. Bradley, Org. Chem. **33**, 3000 (1968)

[2]) G. R. Clark, R. H. Manske, G. J. Palenik, R. Rodrigo, D. B. MacLean, L. Baczynskyj, D. E. F. Gracey, J. K. Saunders, Am. Soc. **92**, 4998 (1970)

Synthesen der Morphinan-Morphan-Dienon-Alkaloide

1. Synthese des Amurins:

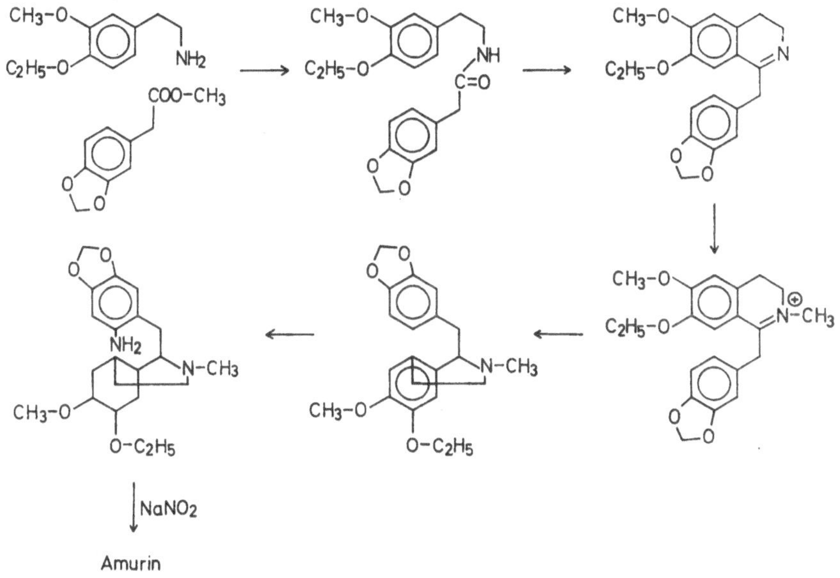

¹) T. Kametani, K. Fukumoto, T. Sugahara, Chem. Soc. 801 (1969)
²) T. Kametani, K. Fukumoto, T. Sugahara, T. L. **52**, 5459 (1968)

2. Synthese des Hasubanonins:

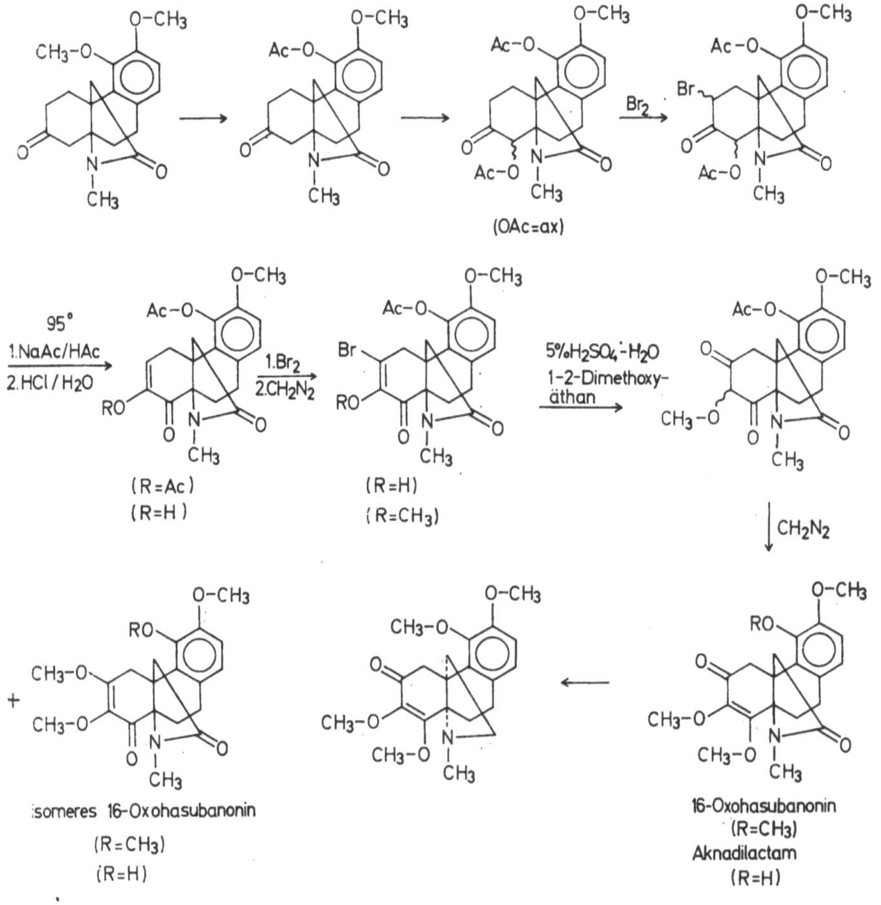

1) T. Ibuka, K. Taneka, Y. Inubushi, T. L. 55, 4811 (1970)

3. Synthese des (±)-N-Methylhasubans[1]):

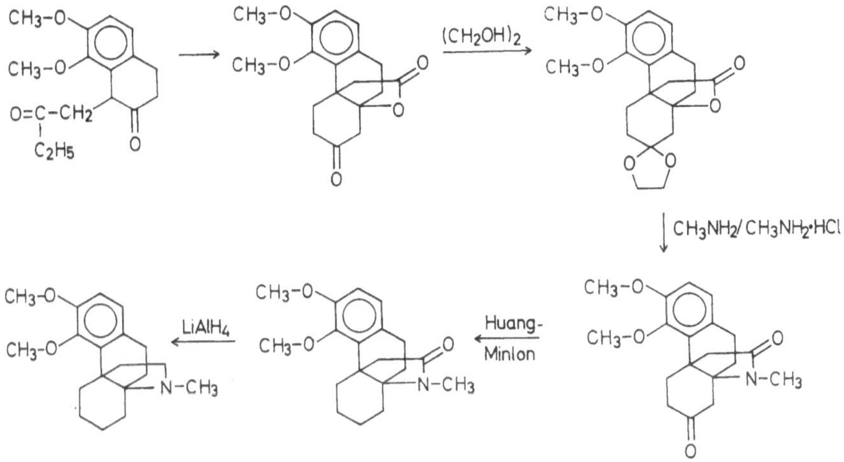

4. Synthese des Isosalutaridins:

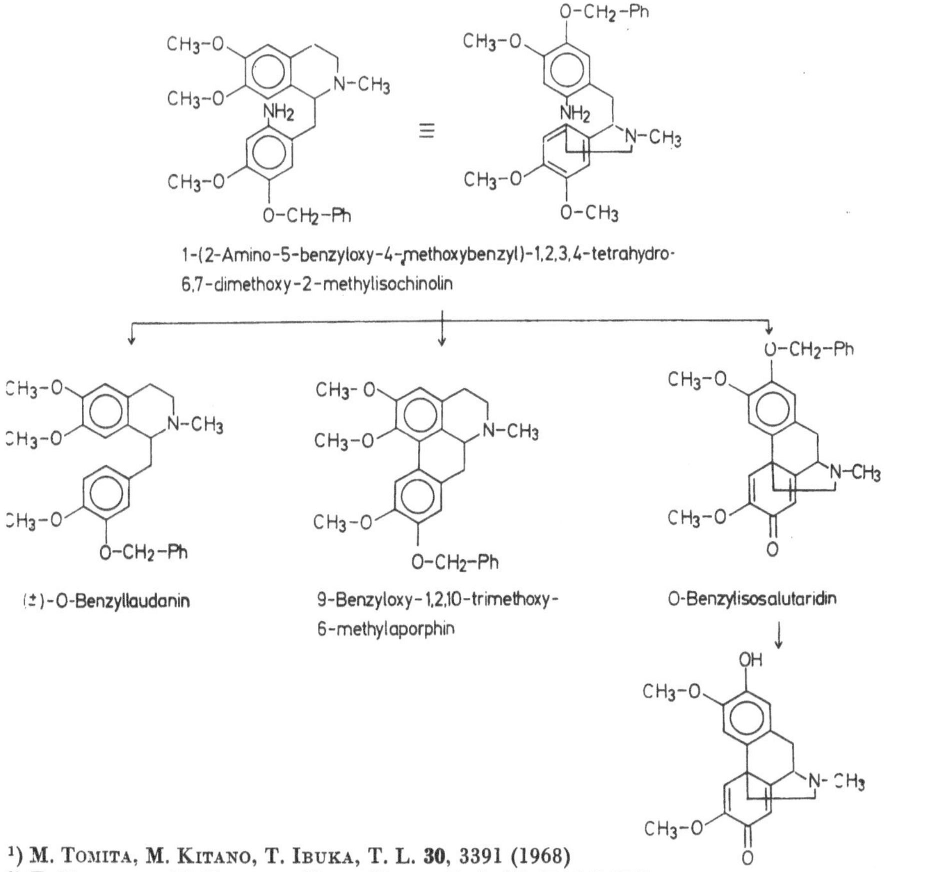

1-(2-Amino-5-benzyloxy-4-methoxybenzyl)-1,2,3,4-tetrahydro-6,7-dimethoxy-2-methylisochinolin

(±)-O-Benzyllaudanin

9-Benzyloxy-1,2,10-trimethoxy-6-methylaporphin

O-Benzylisosalutaridin

[1]) M. Tomita, M. Kitano, T. Ibuka, T. L. **30**, 3391 (1968)
[2]) T. Kametani, M. Koizumi, Chem. Pharm. Bull. **17**, 2245 (1969)
[3]) T. Kametani, K. Fukumoto, A. Kozuka, H. Yagi, M. Koizumi, Chem. Soc. (C) 2034 (1969)

5. Synthese des Salutaridins, Sinoacutins und Thebains:

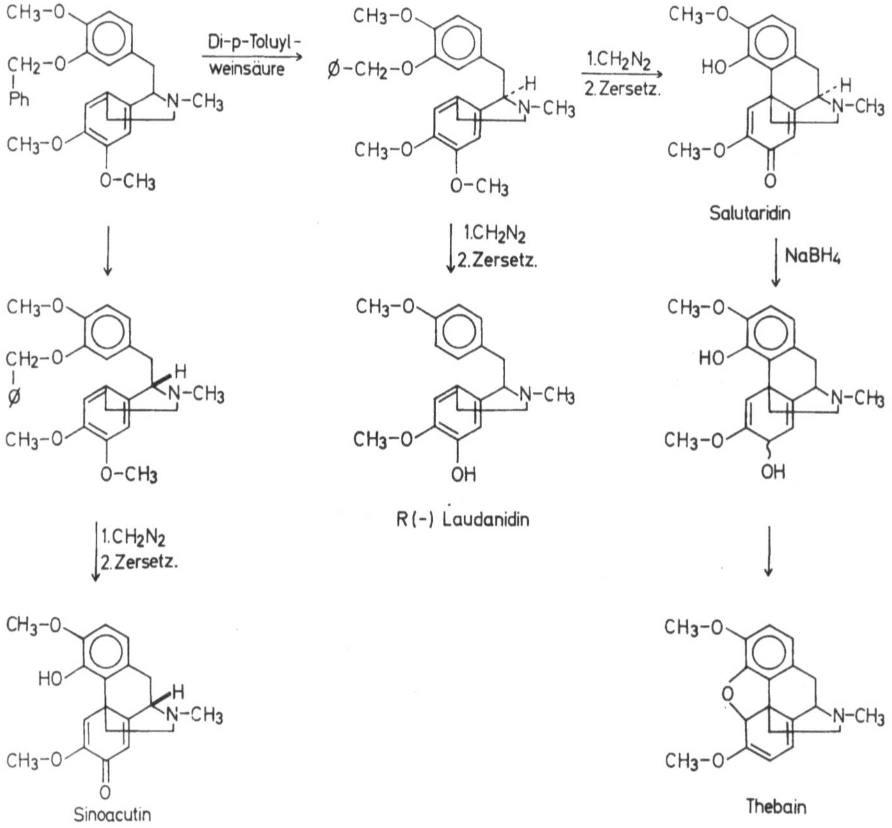

[1]) T. Kametani, M. Ihara, K. Fukumoto, H. Yagi, Chem. Soc. (C) 2030 (1969)

6. Synthese des (±)-Cepharamins[1]):

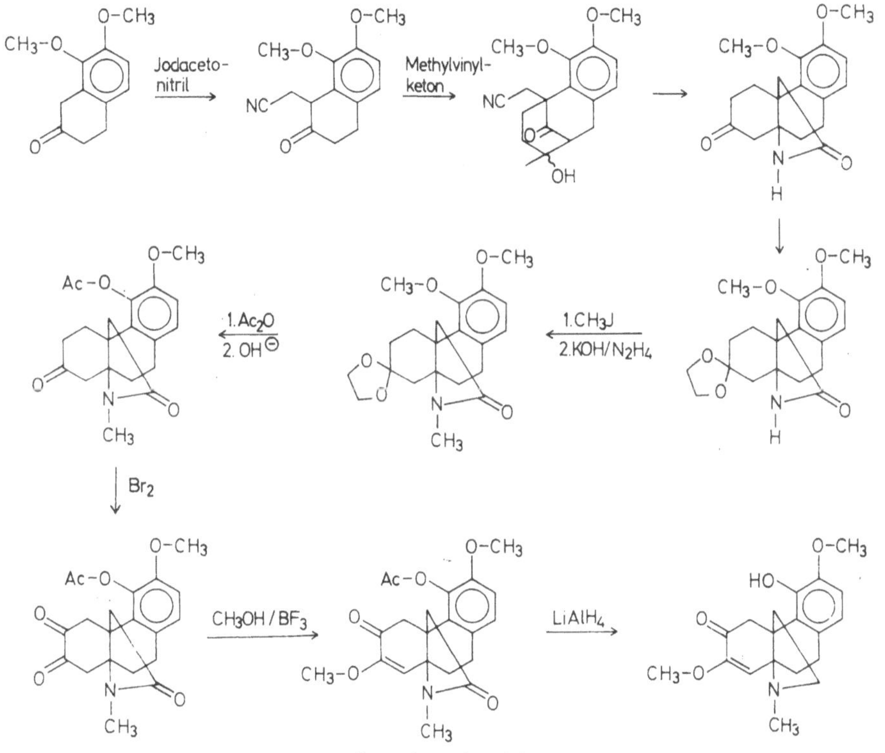

Oxocepharaminacetat

7. Die Synthese des O-Methylflavinanthins gelang durch die folgende Reaktionssequenz[2]):

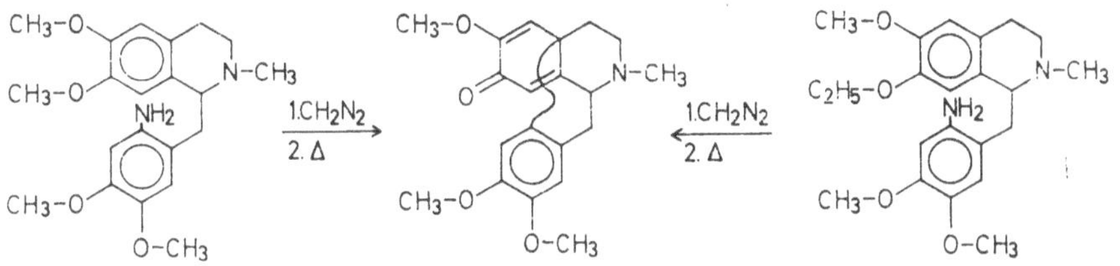

[1]) Y. Inubushi, T. Ibuka, M. Kitano, T. L. **20**, 1611 (1969)
s. a. S. L. Keely, A. J. Martinez, F. C. Tahk, T. **26**, 4729 (1970)
D. A. Evans, C. A. Bryan, G. M. Wahl, T. L. 1537 (1969)
D. A. Evans, C. A. Bryan, G. M. Wahl, Org. Chem. **35**, 4122 (1970)

[2]) T. Kametani, K. Fukumoto, F. Satoh, H. Yagi, Chem. Soc. (C) 520 (1969)

8. Die Synthese des Morphadienon-Grundgerüstes gelingt auch durch eine photochemische Reaktionsfolge:

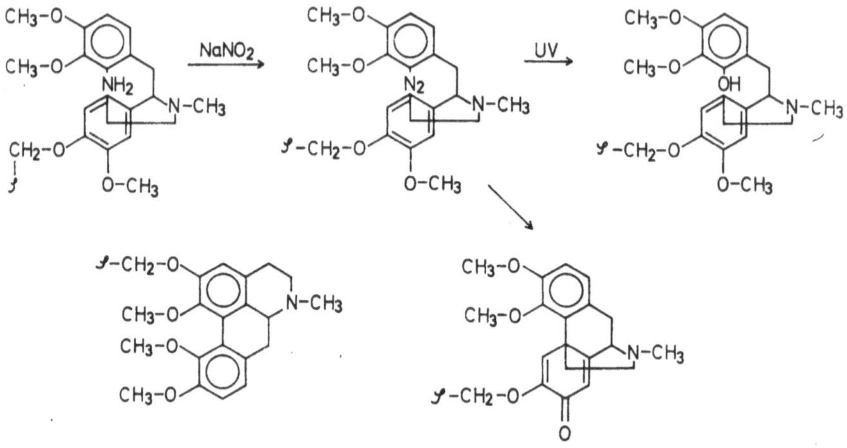

[1]) T. Kametami, K. Fukumoto, K. Shishido, Chem. Ind. 1566 (1970)

17. 1-Phenäthylisochinolin-Alkaloide (Homomorphin-Alkaloide)

Die Gruppe der 1-Phenäthylisochinolin-Alkaloide sind Basen, die als Ring-B-Homologe der Alkaloide vom Morphin-Typ aufgefaßt werden können.

Neben der Strukturuntersuchung des Kreysigins standen vor allem Arbeiten zur Stereochemie im Vordergrund des Interesses.

Kreysiginin (Alk. CC-21)

Kreysiginin, $C_{21}H_{27}NO_5$, ein weiterer Vertreter der 1-Phenyläthylisochinolin-Alkaloide, enthält auf Grund der KMR-Untersuchungen eine N-Methyl- und drei Methoxygruppen sowie eine Hydroxygruppe und einen 1,2,3-trisubstituierten Benzolkern.

Die Oxydation des Kreysiginins führt zu Dehydrokreysiginin, das bei der Behandlung mit Basen unter Öffnung des Oxidringes in ein Dienon übergeht und durch O-Methylierung in das O-Methylanhydrocymbin übergeführt werden kann. Damit kommt dem Alkaloid die nachstehende Struktur zu, deren Stereochemie durch KMR-Untersuchungen ebenfalls abgeklärt werden konnte.

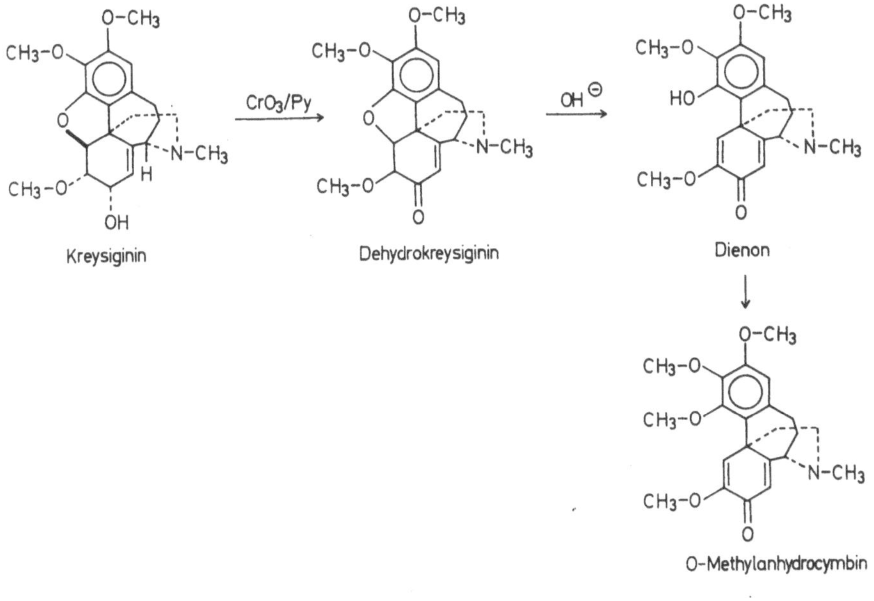

[1]) A. R. Battersby, M. H. G. Munro, R. B. Bradbury, F. Šantavý, Chem. Comm. 695 (1968)

In seiner absoluten Stereostruktur konnte das Kreysiginin durch eine Rö-Kristallstrukturanalyse des Jodmethylats, das im orthorhombischen System der Raumgruppe $P2_12_12_1$ und den Dimensionen a = 8,36, b = 16,34, c = 18,50 Å kristallisiert, aufgeklärt werden. Hiernach ist es durch die beiden folgenden Formeln wiederzugeben

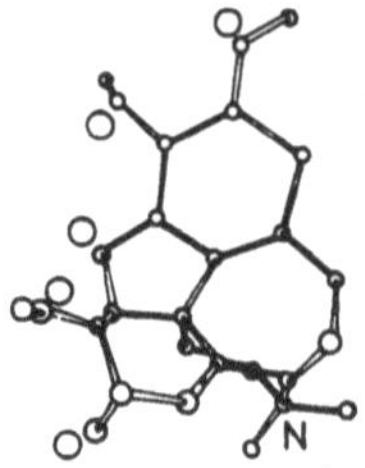

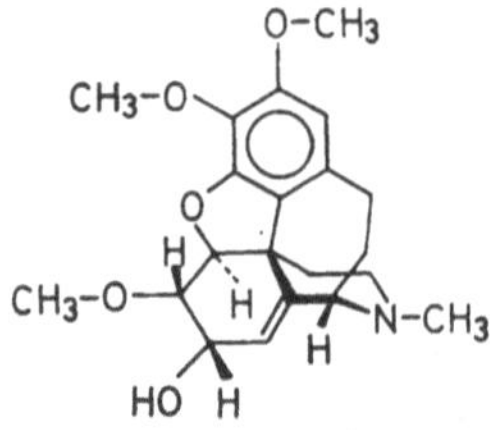

und ist damit in seiner Chiralität dem Morphin entgegengesetzt,

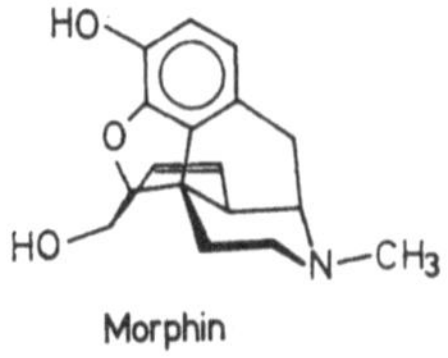

Morphin

wie Untersuchungen des 100-MHz-KMR-Spektrums bewiesen[1,2]).

Kreysigin und Floramultin

Das bereits seit längerer Zeit bekannte Kreysigin erwies sich als ein Racemat, während das Floramultin als optisch aktiv ($[\alpha]_D$ −97° Äthanol, $[\alpha]_D$ −77° Chloroform) anzusehen ist, dessen Chiralität durch das Biphenyl-System hervorgerufen wird, so daß die nachstehende absolute Konfiguration abgeleitet werden konnte:

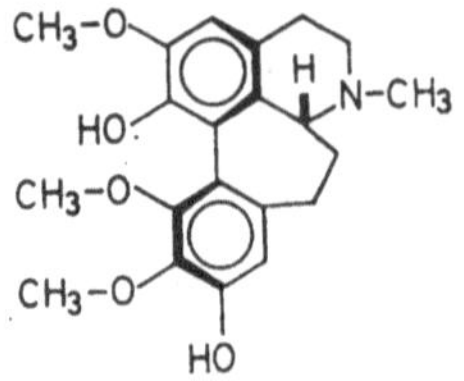

Damit besitzen das (+)-Kreysigin und das (−)-Floramultin entgegengesetzte Konfiguration und spiegeln zugleich auch die unterschiedliche Verhaltensweise bei der oxydativen

[1]) J. Friedrichson, M. F. Mackay, A. McL. Mathieson, T. L. **23**, 2887 (2968)
[2]) N. K. Hart, S. R. Johns, J. A. Lamberton, J. K. Saunders, T. L. **24**, 2891 (1968)

Kupplung aus den zwei verschiedenen Ausgangsstufen wider — wie es eine Parallele in der Umwandlung des (+)-Reticulins in das Morphin-Alkaloid Sinomenin findet[1]).

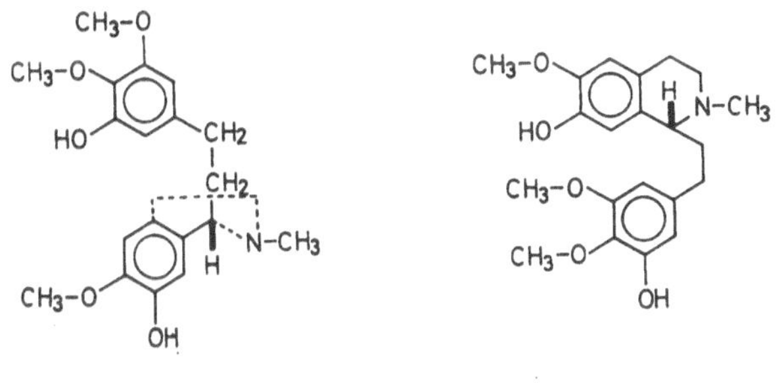

Synthese des O-Methylanhydrocymbins

Für das kürzlich aus *Colchicum autumnale* isolierte O-Methylanhydrocymbin konnte eine einfache Synthese erarbeitet werden[2]):

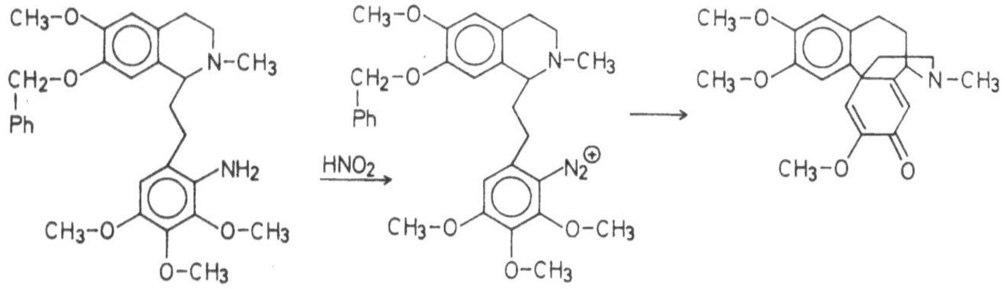

[1]) A. F. Beecham, N. K. Hart, S. R. Johns, J. A. Lamberton, Austral. J. 21, 2829 (1968)
[2]) T. Kametani, M. Koizumi, K. Fukumoto, Chem. Comm. 1157 (1970)

18. Protoberberin-Alkaloide und Homoberbine

Die Protoberberin- oder Berbin-Alkaloide enthalten ein Dibenzo[a,g]-chinolizin-Gerüst, das in den Positionen 2, 3, 9 und 10 oder 2, 3, 10 und 11 durch sauerstoffhaltige Funktionen substituiert ist und bei den Vertretern vom Corydalin-Typ darüber hinaus am C-Atom 13 eine Methyl-Gruppe trägt. Die Alkaloide dieses Strukturtyps treten vorwiegend in zwei Oxydationsstufen auf: als gelb bis rot gefärbte quartäre Protoberberine, die auch tautomer als α-Carbinolamine oder als ringoffene sekundäre Aldehydbasen formuliert werden können, und als farblose tertiär-basische Tetrahydroprotoberberine.

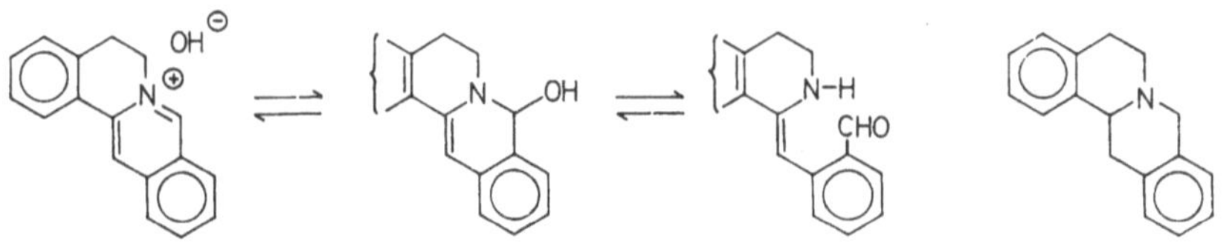

Protoberberin

Tetrahydroprotoberberin

Berberin

Die Pflanzen, aus denen Protoberberin-Alkaloide isoliert worden sind, gehören den folgenden Familien und Gattungen an:

Anonaceen: *Enantia, Xylopia*

Berberidaceen: *Berberis, Mahonia, Nandina*

Menispermaceen: *Archangelisia, Burasaia, Cocculus, Cissampelos, Coscinium, Fibraurea, Jateorhiza, Parabaena, Sinomenium, Stephania, Tinospora*

Papaveraceen: *Argemone, Chelidonium, Corydalis, Dactylicapnos, Dicranostigma, Dicentra, Fumaria, Glaucium, Macleaya, Meconopsis, Papaver, Sanguinaria, Stylophorum*

Ranunculaceen: *Coptis, Hydrastis, Thalictrum, Zanthorhiza*

Rutaceen: *Evodia, Phellodendron, Toddalia, Zanthoxylum.*

Biosynthetisch wurde gefunden, daß Natriumformiat neben dem Einbau in die Methylgruppen vor allem in die Berberinbrücke von Palmatin inkorporiert wird.[1])

[1]) A. R. Skerl, E. G. Gros, Phytochemistry **10**, 2719 (1971)

Alkaloid	Schmp.	$[\alpha]_D$	Derivat	Vorkommen
Kikemanin $C_{20}H_{23}NO_4$	177–8°	–287° (C)	–	*Corydalis pallida*[1])
Caseamin $C_{19}H_{21}NO_4$	257°	–406° (C)	Tetramethoxy 186°	*Corydalis caseana*[8])
Caseadin $C_{20}H_{23}NO_4$	145°	–193° (C)	Tetramethoxy 186°	*Corydalis caseana*[8])
Stepholidin $C_{19}H_{21}NO_4$	126–38°	–311° (A)	–	*Stephania glabra*[9])
Cissamin-Chlorid $C_{20}H_{24}NO_4Cl$	215–20°	–129° (M)	–	*Cissampelos pareira*[2])
Escholidin $C_{20}H_{22}NO_4$	–	–	Perchl. 281–2° –155° (M)	*Eschscholtzia californica*[3]), *E. douglasii*, *E. glauca*
Orientalidin $C_{22}H_{23}NO_6$	196–8	–254° (M)	– –	*Papaver orientale*[4])
Alkaloid II $C_{20}H_{19}NO_5$	200–2°	–	–	*Zanthoxylum conspersi-punctatum*[5])
Dehydrocapaurimin	–	–	–	*Corydalis platycarpa*[6])
Cavidin $C_{21}H_{23}NO_4$	192°	0°	–	*Corydalis thalictrifolia*[7])
Apocavidin $C_{20}H_{21}NO_4$	175°	–	–	*Corydalis thalictrifolia*[7])

Massenspektrometrie der Tetrahydroprotoberberin-Alkaloide sowie der Pseudobasen

Die Spektren der Alkaloide dieser Gruppe sind in drei Hauptgruppen zu unterteilen:

a) Alkaloide mit einer Hydroxygruppe im Ring D,

b) Alkaloide mit einer 9,10-Dimethoxy-Substitution und

c) Alkaloide mit einer 10,11-Dimethoxy-Substitution.

1) T. Kametani, M. Ihara, T. Honda, Chem. Comm. 1301 (1969)

2) F. Auwer, S. S. Popli, R. M. Srivastava, M. P. Khare, Exp. **24**, 999 (1968)

3) J. Slavik, I. Dolejs, P. Sedunera, Coll. **35**, 2597 (1970)

4) D. Neubauer, K. Mothes, Planta Med. **9**, 466 (1961)

5) S. R. Johns, J. A. Lamberton, H. J. Tweeddale, R. J. Willing, Austral. J. **22**, 2233 (1969)

6) C. Tani, I. Imanishi, J. Nishigo, J. Pharm. Soc. Japan **90**, 903 (1970)

7) C. K. Yu, D. B. MacLean, R. G. A. Rodrigo, R. H. F. Manske, Canad. J. **48**, 3673 (1970)

8) C. Y. Chen, D. B. MacLean, R. H. F. Manske, T. L. **3**, 349 (1968)

9) M. P. Cava, K. Nomura, S. K. Talapatra, M. J. Mitchell, R. H. Schlesinger, K. T. Buck, J. L. Beal, B. Douglas, R. F. Raffauf, J. A. Weisbach, Org. Chem. **33**, 2785 (1968)

Das Hauptfragmentierungsschema ist wie folgt wiederzugeben:

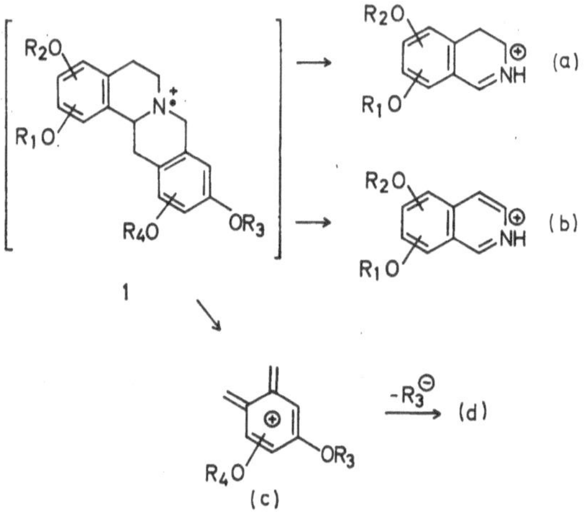

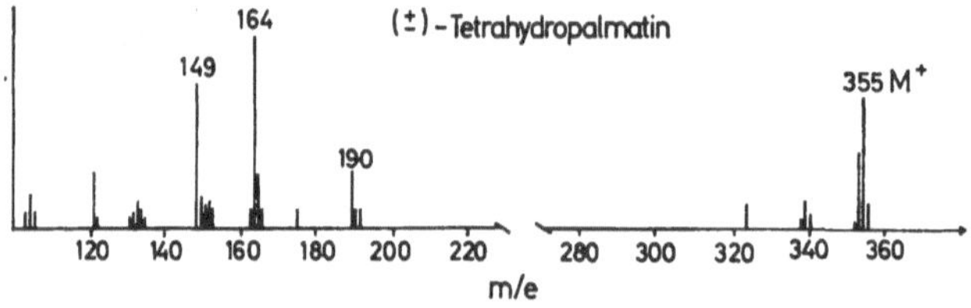

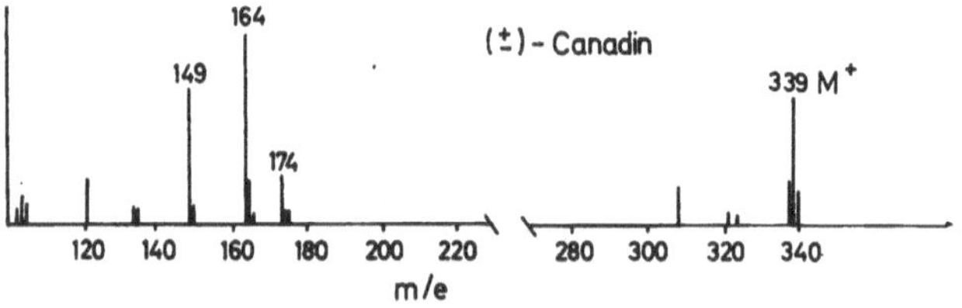

Pseudobasen weisen im Massenspektrum dagegen verschiedene Zerfallsschemata auf, je nachdem, ob sie als Carbinolamin, als Aminoaldehyd oder als Immoniumhydroxid reagieren. Carbinolamine disproportionieren thermisch in Säureamid und Amin, wodurch eine M-14-Spitze vorgetäuscht wird; bei Aminoaldehyden treten die charakteristischen Bruchstücke von Aldehyden auf, während bei den Immoniumhydroxiden die Eliminierung von Wasser und die Abspaltung eines OH-Radikals die Hauptfragmentierungsreaktionen sind.

Bei der Aufnahme des MS des Berberins findet man nicht das Molekül-Ion, sondern eine Spitze bei m/e 351 und 337. Die Spitze bei m/e 337 macht es unwahrscheinlich, daß 351

[1]) C. Y. Chen, D. B. MacLean, Canad. J. **46**, 2502 (1968)

dem tatsächlichen Molekül-Ion entspricht, da eine Abspaltung von 14 Masseneinheiten bisher nur in Ausnahmefällen beobachtet worden ist.

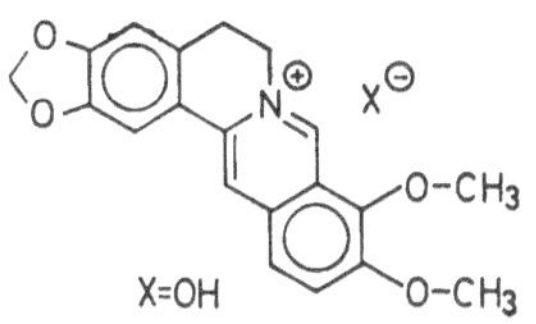

Berberin

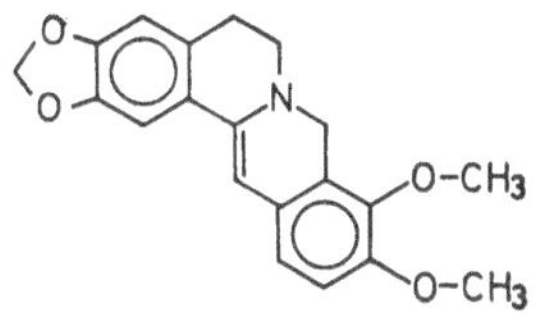

Dihydroberberin

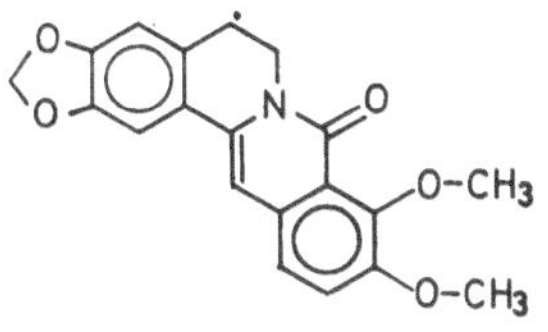

Oxyberberin

Berberin wird im Massenspektrometer zu Dihydroberberin und Oxyberberin disproportioniert. Wie man aus dem Vergleich der Massenspektren sieht, stellt das Spektrum des Berberins eine Überlagerung der Spektren der Thermolyseprodukte Dihydroberberin und Oxyberberin dar. Damit kann das Fehlen des Molekül-Ions bei 353 sowie das Auftreten der Spitzen bei 351 und 337 erklärt werden.

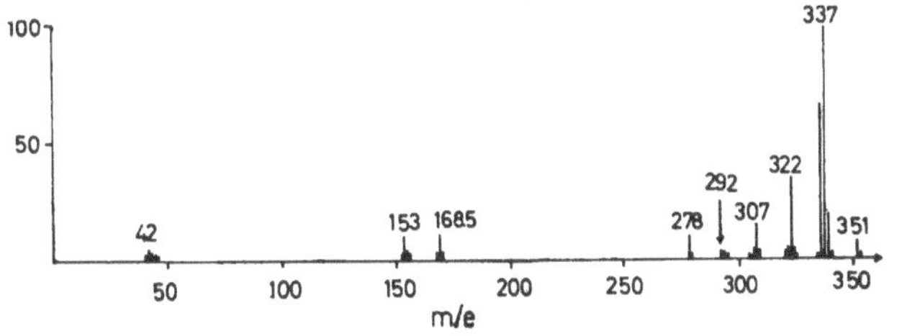

MS des Dihydroberberins

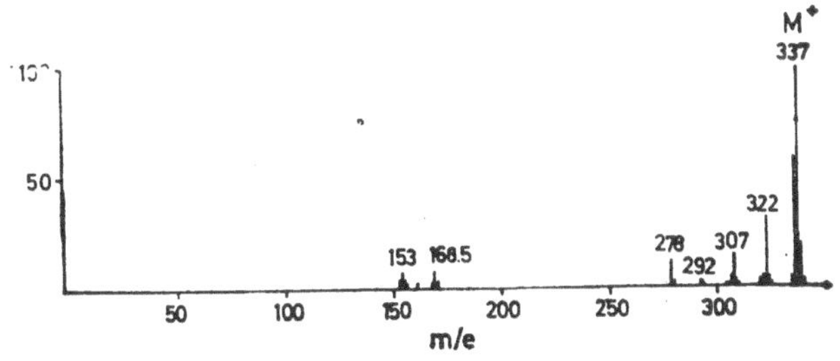

MS des Berberins

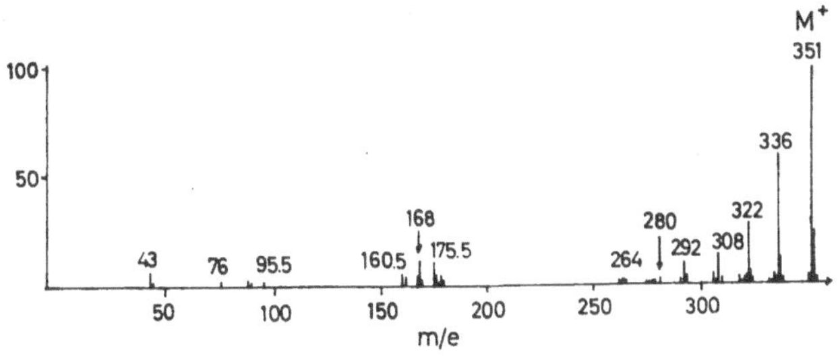

Da davon ausgegangen werden konnte, daß aus den folgenden Formen der Zerfall

Aminaldehyd

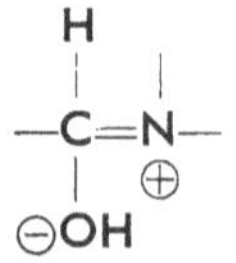

Immoniumhydroxid

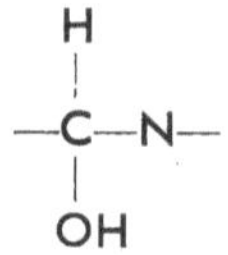

Carbinolamin

erfolgen kann, wurden in diese Untersuchungen weitere Pseudobasen mit einbezogen, um abzuklären, ob die erwähnte Disproportionierung allgemeingültig ist.

Beim Hydrastin tritt kein Molekül-Ion der erwarteten Masse 207 auf, sondern man findet die Spitzen für Hydrohydrastinin und Oxyhydrastinin, was schließlich wiederum zu einer Überlagerung der Spektren der Thermolyseprodukte führt.

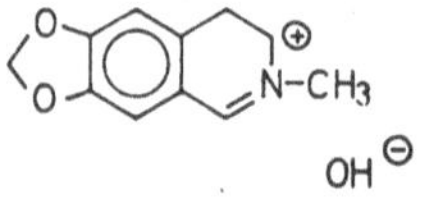

Hydrastinin

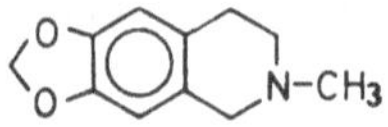

Hydrohydrastinin

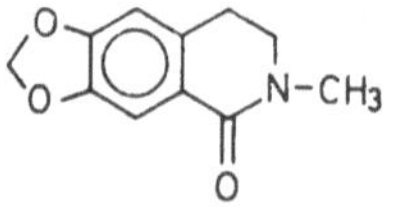

Oxyhydrastinin

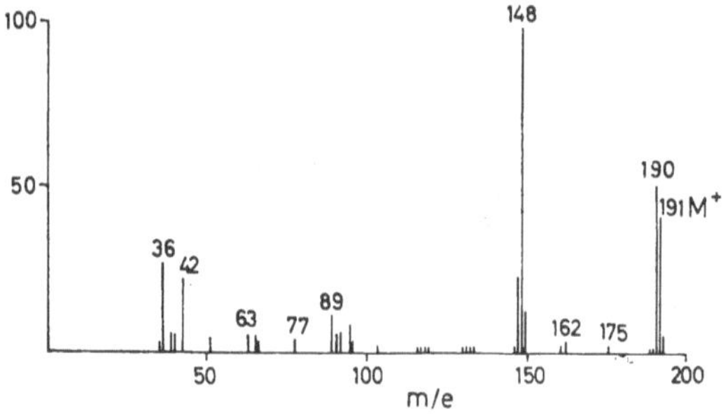

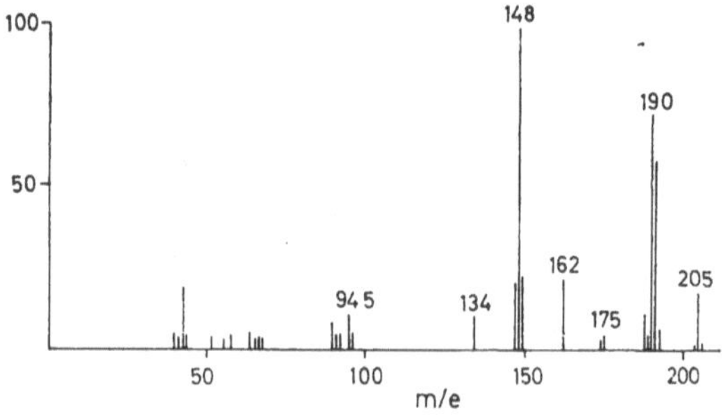

Massenspektren von a) Hydrastinin und b) Hydrohydrastinin

Im Gegensatz zu diesen beiden Beispielen tritt im Massenspektrum des Cotarnins das erwartete Molekül-Ion bei 237 auf; Cotarnin zerfällt unter Aromatisierung des Ringes B; Hauptfragmentierungsreaktionen sind hierbei die Abspaltung von OH aus dem Molekularion (237—220) und die von Wasser aus M-1 (236—218). Zusätzlich zu dieser Fragmentierung tritt auch die beim Berberin und Hydrastinin erwähnte Disproportionierung auf. Daher muß ein Teil der Ionen bei m/e 220 dem bei der Disproportionierung des Cotarnins entstehenden Hydrocotarnin zugeordnet werden. Bewiesen wird die Disproportionierung durch das Fragment bei m/e 178, das durch Retro-Diels-Alder-Reaktion des Hydrocotarnins entsteht.

Auch beim Hydrastinin findet sich eine Spitze bei m/e 188, die sich hier durch den Weg b des Zerfallsschemas zwanglos erklären läßt[1]).

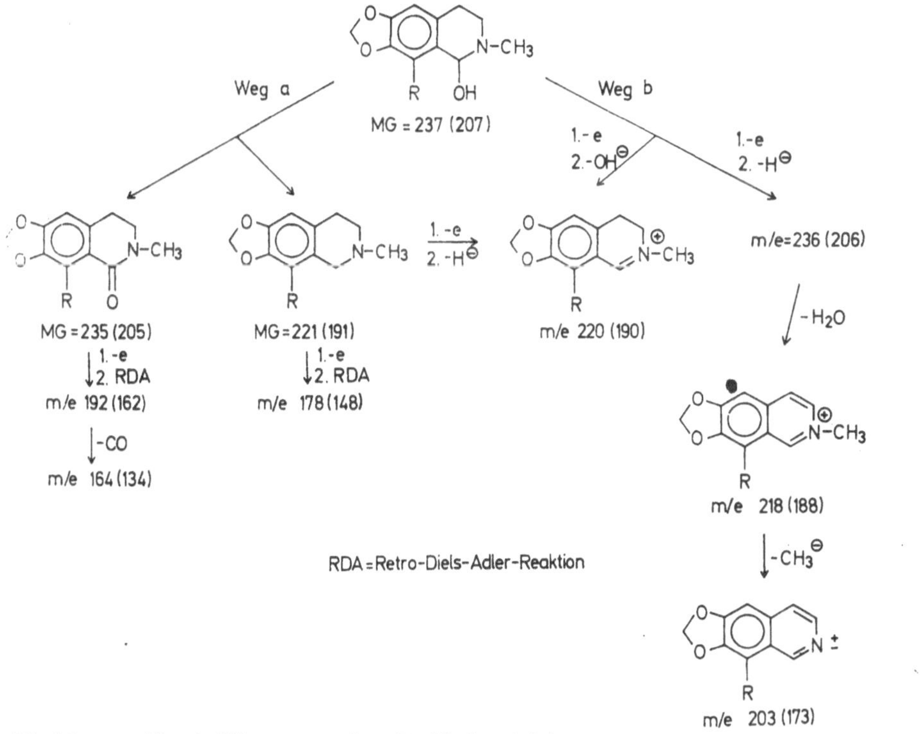

(Die Massenzahlen in Klammern gelten für Hydrastinin)

Kikemanin

Kikemanin, $C_{20}H_{23}NO_4$, konnte aus der Phenolbasen-Fraktion von *Corydalis pallida* var. *tenuis* isoliert werden und entspricht in seinen Spektren weitgehend dem Alkaloid F-51[1]), besitzt aber drei Methoxygruppen und liefert bei der Methylierung mit Diazomethan (—)-Tetrahydropalmatin. Auf Grund der MS- wurde für die Hydroxygruppe das C-9 oder C-10 als Haftstelle angenommen.

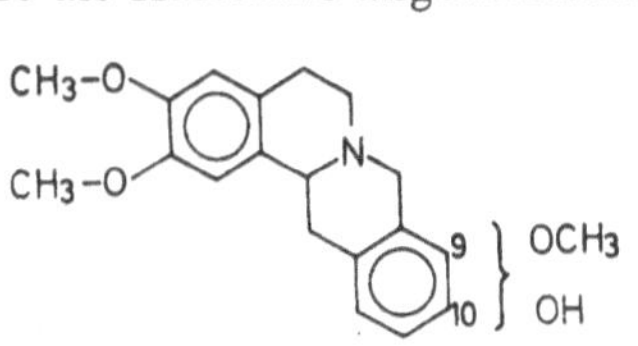

[1]) G. HABERMEHL, J. SCHUNCK, G. SCHADEN, Ann. **742**, 138 (1970)
[2]) R. H. F. MANSKE, Canad. J. 1950, B 18, 80
[3]) T. KAMETANI, M. IHARA, T. HONDA, Chem. Comm. 1301 (1969)
[4]) T. KAMETANI, M. IHARA, T. HONDA, Chem. Soc. (C) 1060 (1970)

Cissamin-Chlorid

Cissamin-Chlorid, $C_{20}H_{24}NO_4Cl$, konnte aus den Wurzeln von *Cissampelos pareira* isoliert werden und erwies sich auf Grund der vergleichenden MS-Untersuchungen als identisch mit dem Cyclanolinchlorid[5]).

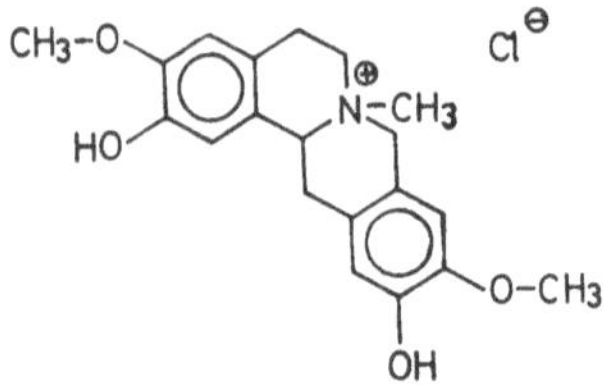

Capaurin

Capaurin, $C_{21}H_{25}NO_5$, besitzt auf Grund der Rö-Kristallstrukturanalyse seines Hydrobromids, das im orthorhombischen System der Raumgruppe $P2_12_12_1$ und den Dimensionen a = 24,79, b = 8,08, c = 10,32 Å kristallisiert, die nachstehende Struktur[1,4]):

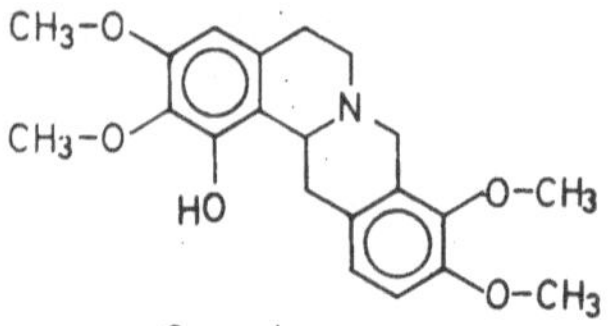

Capaurin

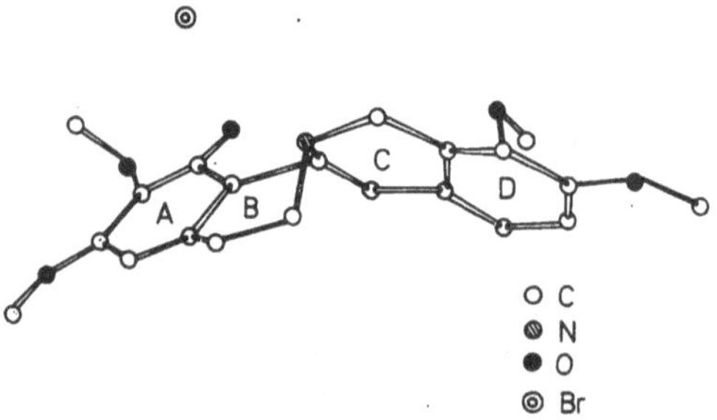

Hiernach liegen die Ringe BC in einer *cis*-Verknüpfung vor und beide Ringe besitzen eine Halbsesselkonformation. Nach ausführlichen NMR- und MS-Untersuchungen sollten die Alkaloide Capaurimin und Capaurin drei Substituenten am Ring A und zwei Substituenten am Ring D besitzen. Damit muß aber das Grundgerüst als *cis*-Chinolizidin vorliegen[2,3]).

1) H. Shimanouchi, Y. Sasada, M. Ihara, T. Kametani, Acta Cryst. B **25**, 1310 (1969)
2) T. Kametani, M. Ihara, K. Fukumoto, H. Yagi, H. Shimanouchi, Y. Sasada, T. L. **40**, 4251 (1968)
3) T. Kametani, M. Ihara, T. Hoida, Chem. Soc. (C) 2342 (1970)
4) T. Kametani, M. Ihara, Y. Kitahara, C. Kabuto, H. Shimanouchi, Y. Sasada, Chem. Comm. 1241 (1970)
5) F. Anwer, S. P. Popli, R. M. Srivastava, M. P. Khare, Exp. **24**, 999 (1968)

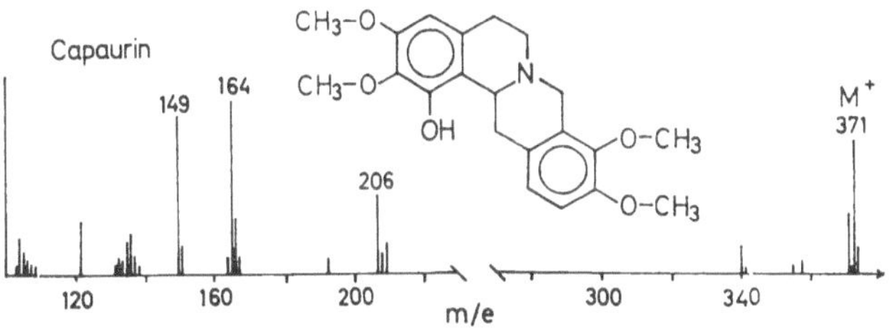

Massenspektrum des Capaurins

Capaurimin

Capaurimin, $C_{20}H_{23}NO_5$, ein Alkaloid mit zwei phenolischen Hydroxy- und drei Methoxygruppen, besitzt auf Grund der voranstehenden Befunde sowie der MS-Untersuchungen die folgende Struktur[1]):

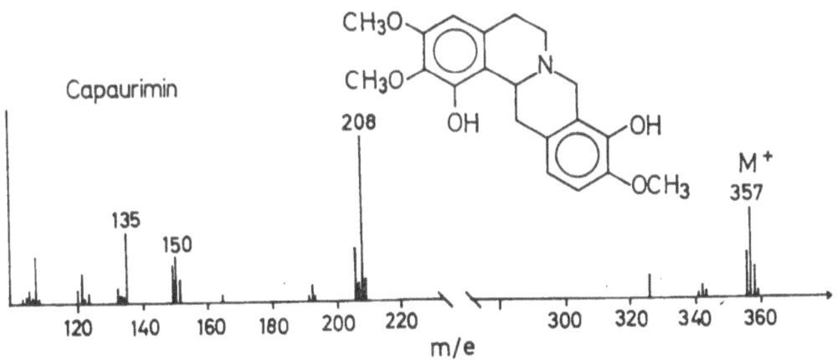

Dehydrocapaurimin

Soll nach MS-Untersuchungen in *Corydalis platycarpa* vorkommen[2]).

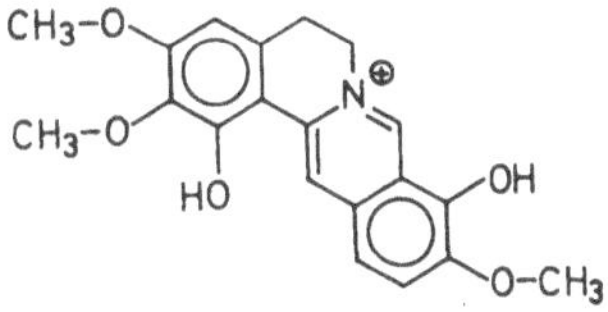

Caseamin und Caseadin

Caseamin, $C_{19}H_{21}NO_4$, und Caseadin, $C_{20}H_{23}NO_4$, liefern beide beim Versetzen mit Diazomethan ein Tetramethoxy-Derivat und besitzen auf Grund der typischen Fragmentierung im MS beide ein Tetrahydroprotoberberin-Gerüst. Auf Grund der ausführlichen

[1]) T. Kametani, K. Fukumoto, H. Yagi, H. Iida, T. Kikuchi, Chem. Soc. (C) 1178 (1968)
[2]) C. Tani, I. Imanashi, J. Nishijo, J. Pharm. Soc. Japan **90**, 903 (1970)

KMR-Untersuchungen sind den beiden Alkaloiden die nachstehenden Strukturen zuzuordnen.

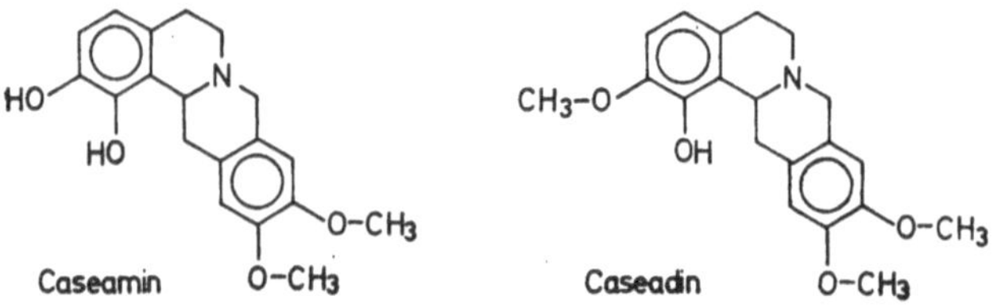

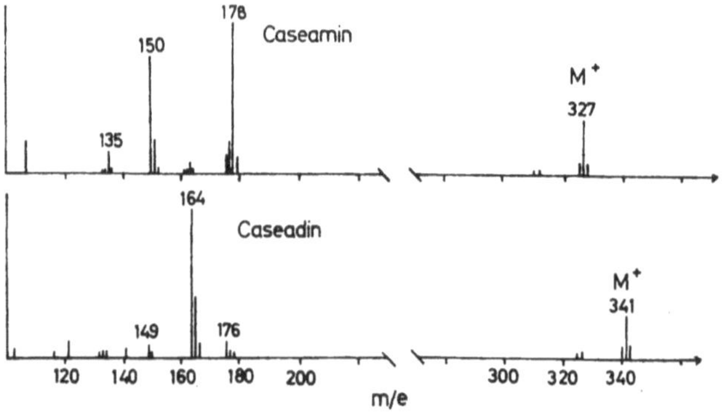

Das Vorliegen eines *trans*-Chinolizidin-Gerüstes folgt aus den IR-Spektren, und eine α-Orientierung des Wasserstoffs am C-14 kann aus der hohen negativen Drehung des Caseadins abgeleitet werden. Damit sollte sich die folgende relative und absolute Konfiguration beider Alkaloide ergeben[1]):

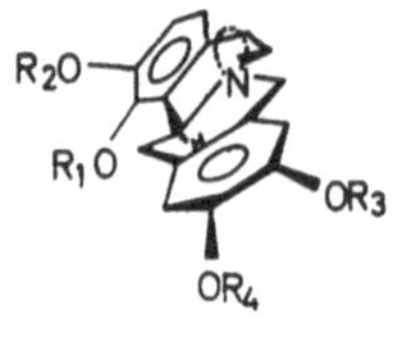

Stepholidin

Stepholidin, $C_{19}H_{21}NO_4$, geht bei der Methylierung in (—)-Tetrahydropalmatin und bei der Äthylierung in das O.O-Diäthylstepholidin über, das bei der anschließenden Oxydation mit $KMnO_4$ 6-Methoxy-7-äthoxy-1-keto-1,2,3,4-tetrahydroisochinolin liefert. Das aus der ebenfalls erhaltenen Neutralfraktion als Äthylimid isolierbare 4-Äthoxy-5-methoxy-N-äthylphthalamid repräsentiert damit den Ring A des Alkaloids, das die nachstehende

[1]) C. Y. Chen, D. B. MacLean, R. H. F. Manske, T. L. **3**, 349 (1968)

Struktur besitzen muß, da die alternative Struktur dem Scoulerin zukommt[1]).

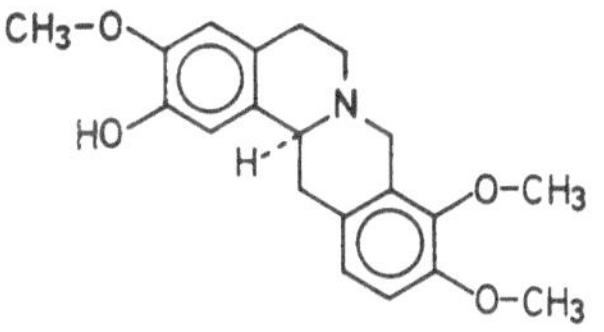

Stepholidin

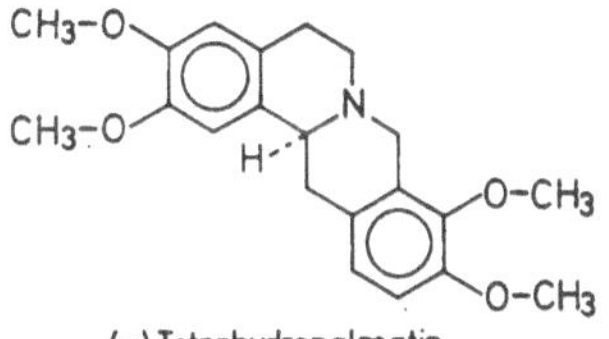

(−) Tetrahydropalmatin

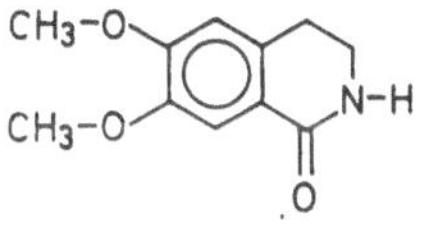

Tetrahydroisochinolin

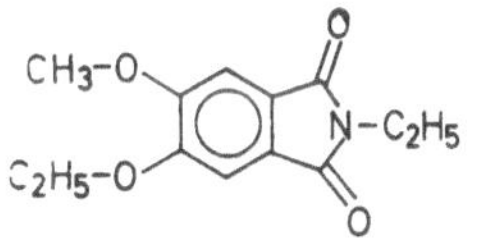

N-Äthylphthalimid

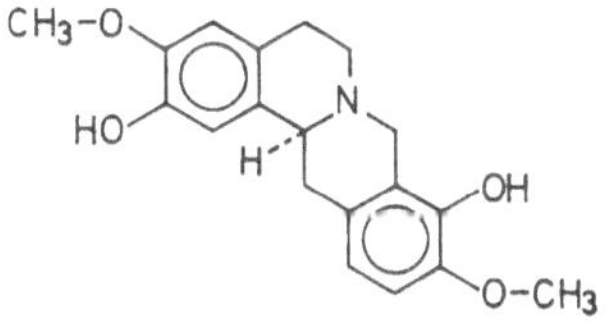

Scoulerin

Cavidin und Apocavidin

Cavidin, $C_{21}H_{23}NO_4$, ist eine optisch inaktive Base mit zwei Methoxy-, einer Methylendioxy- und einer C-Methylfunktion der nachstehenden Struktur, die auf Grund der MS- und KMR-Untersuchungen abgeleitet werden konnte[2]):

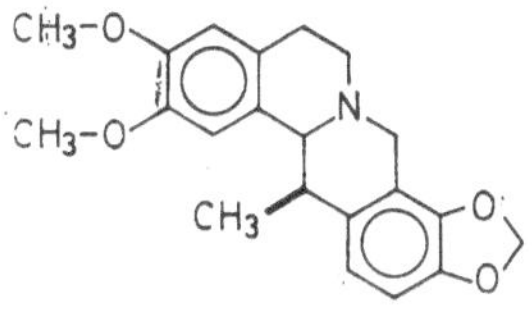

Cavidin

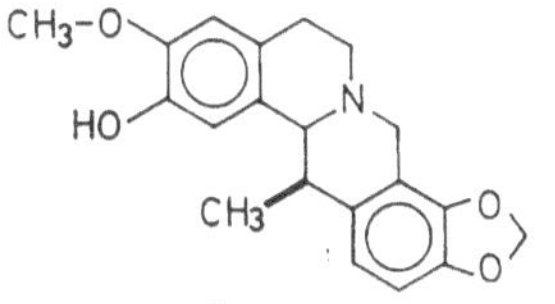

Apocavidin

Die zweite Base besitzt die Struktur eines Desmethylcavidins. In beiden Alkaloiden sind die beiden Wasserstoffe an den C-14 und C-14a *cis*-ständig zueinander angeordnet.

Escholidin

Escholidin, $C_{20}H_{22}NO_4$, ist als Perchlorat isolierbar und enthält nach Ausweis des IR-Spektrums eine Methylendioxygruppe, eine phenolische Hydroxygruppe, und liefert bei der Methylierung mit Methyljodid O-Methylescholidin-jodid, das mit (—)-α-Canadin-jodmethylat identisch ist. Eine N-Methylierung des O-Methylescholidins führt unter partieller Racemisierung zu partiell racemisiertem (—)-Canadin, das bei der Oxydation mit Quecksilberacetat in Berberin übergeht, während die Reduktion der Base mit Zn/HCl zu ($\pm$)-Tetrahydroberberin führt. Da der Hofmann-Abbau zu einem Methin führt, dessen

[1]) M. P. Cava, K. Nomura, S. K. Talapatra, M. J. Mitchell, R. H. Schlesinger, K. T. Buck, J. L. Beal, B. Douglas, R. F. Raffauf, J. A. Weisbach, Org. Chem. **33**, 2785 (1968)
[2]) C. K. Yu, D. B. MacLean, R. G. A. Rodrigo, R. H. F. Manske, Canad. J. **48**, 3673 (1970)

spektrales Verhalten die abgebildete Struktur abzuleiten gestattet, ist dem Alkaloid im Zusammenhang mit vergleichenden MS-Untersuchungen die folgende Struktur zuerkannt worden[1]):

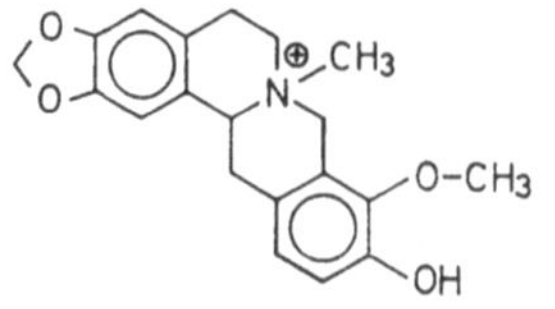

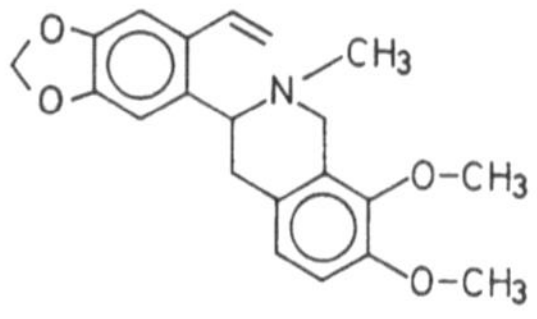

Methin

Orientalidin

Orientalidin, $C_{22}H_{23}NO_6$, eine tert.-Base mit einer Methylendioxy- und zwei Methoxygruppen, konnte in seiner Struktur durch die KMR-spektroskopischen Untersuchungen der Base sowie des Orientalidinmethins und des Orientalidinbismethins abgeklärt werden.

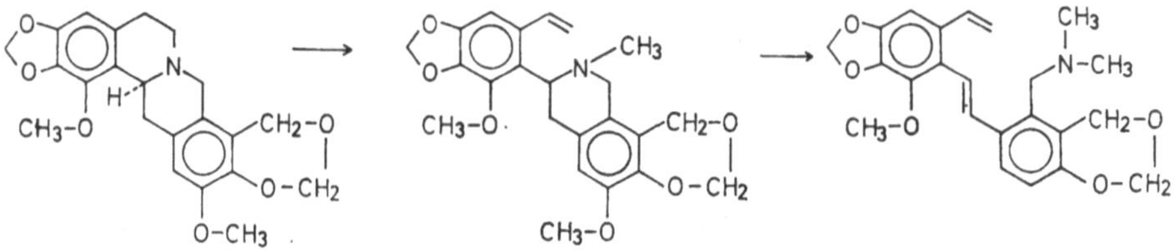

Einen zusätzlichen Beweis lieferte die Massenspektroskopie, die zeigte, daß der 1,3-Dioxan-Ring an einem aromatischen Ring haften muß[2]).

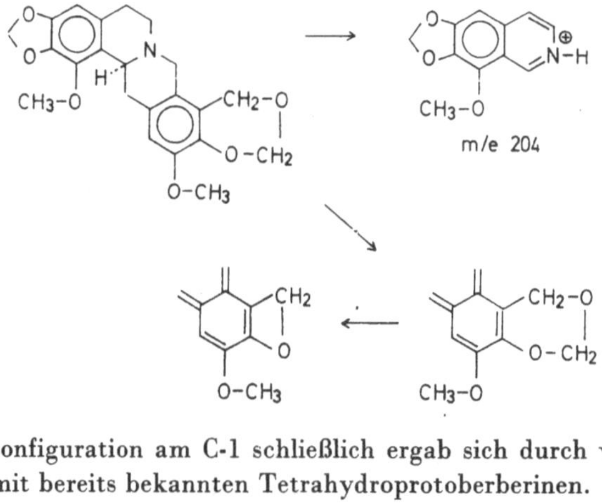

Die (S)-Konfiguration am C-1 schließlich ergab sich durch vergleichende ORD-Untersuchungen mit bereits bekannten Tetrahydroprotoberberinen.

[1]) J. Slavik, L. Dolejš, P. Sedmera, Coll. **35**, 2597 (1970)
[2]) V. Preininger, A. D. Cross, J. W. Murphy, F. Šantavý, T. Toube, Coll. **34**, 875 (1969)

Mecambridin, Orientalidin, Alkaloid PO-5, Alkaloid PO-4

besitzen auf Grund erneuter eingehender UV-spektroskopischer Untersuchungen der Basen und der Methine die folgenden Strukturen, von denen PO-4 eine zusätzliche OCH_3-Gruppe enthält:

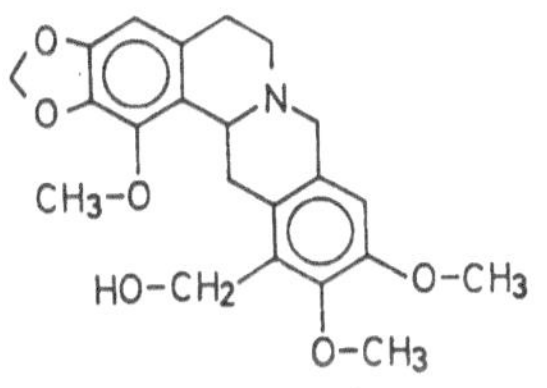

Mecambridin

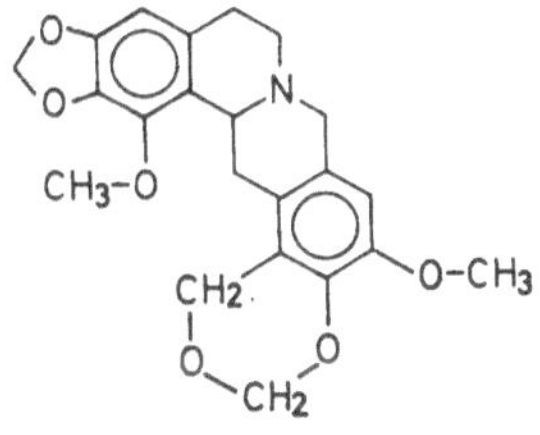

Orientalidin

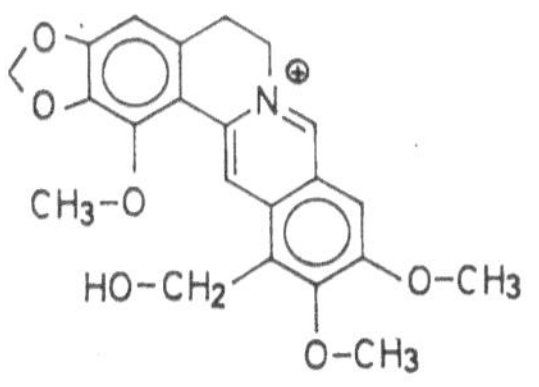

PO-5
Alborin

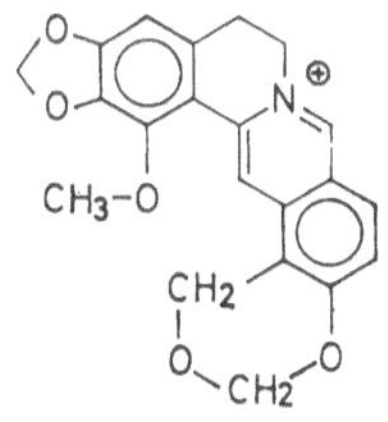

P-O-4

Bei der Hydrierung der optisch aktiven Protoberberine (—)-Corexímin, (—)-Tetrahydropalmatin und (—)-Norcoralysin entstehen bei der Verwendung von PtO_2 die entsprechenden Racemate, während bei Verwendung von Palladiumoxid in Essigsäure und Pd/C oder W_2-Raney-Nickel in Äthanol keine Racemisierung stattfindet.

Zur Aufklärung des denkbaren Mechanismus wurde das Trideuteroprotoberberin katalytisch hydriert, wobei das Deuterium am C-13a durch einen Wasserstoff ersetzt worden ist, wie aus vergleichenden MS-Untersuchungen abgeleitet werden konnte.

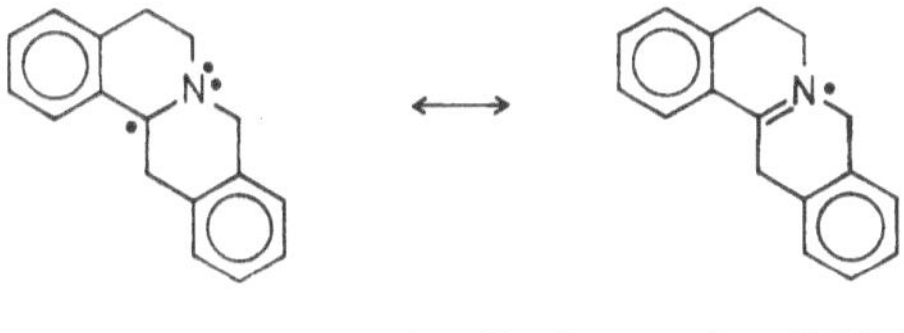

Damit sollte eine homolytische Spaltung der C-13aH-Bindung erfolgen und das dabei entstehende Produkt dann zum Racemat hydriert werden[4]).

[1]) V. Preininger, V. Šimánek, F. Šantavý, T. L. **26**, 2109 (1969)
[2]) V. Preininger, V. Šimánek, F. Šantavý, Coll. **35**, 124 (1970)
[3]) V. Šimánek, V. Preininger, P. Sedmera, F. Šantavý, Coll. **35**, 1440 (1970)
[4]) T. Kametani, M. Ihara, Chem. Soc. (C) 191 (1968)

Tetrahydropalmatin kann durch direkte Umwandlung des Benzylisochinolin-Alkaloids Laudanosin dargestellt werden.

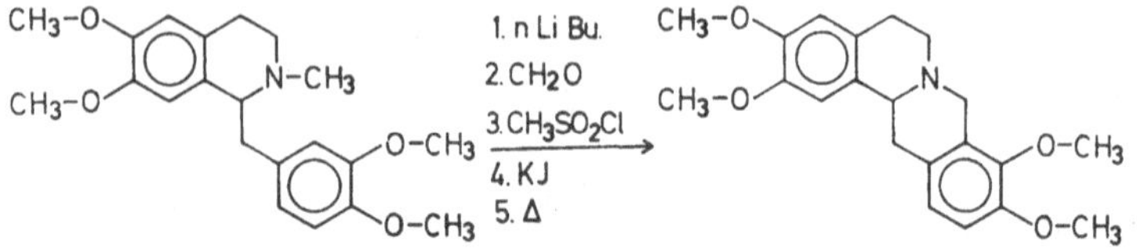

Synthesen von Protoberberin-Alkaloiden

Die Synthese durch eine Mannich-Kondensation des 1-(4-Benzyloxy-3-hydroxybenzyl)-1,2,3,4-tetrahydro-6,7-dimethoxyisochinolins führte zur folgenden Struktur[2]):

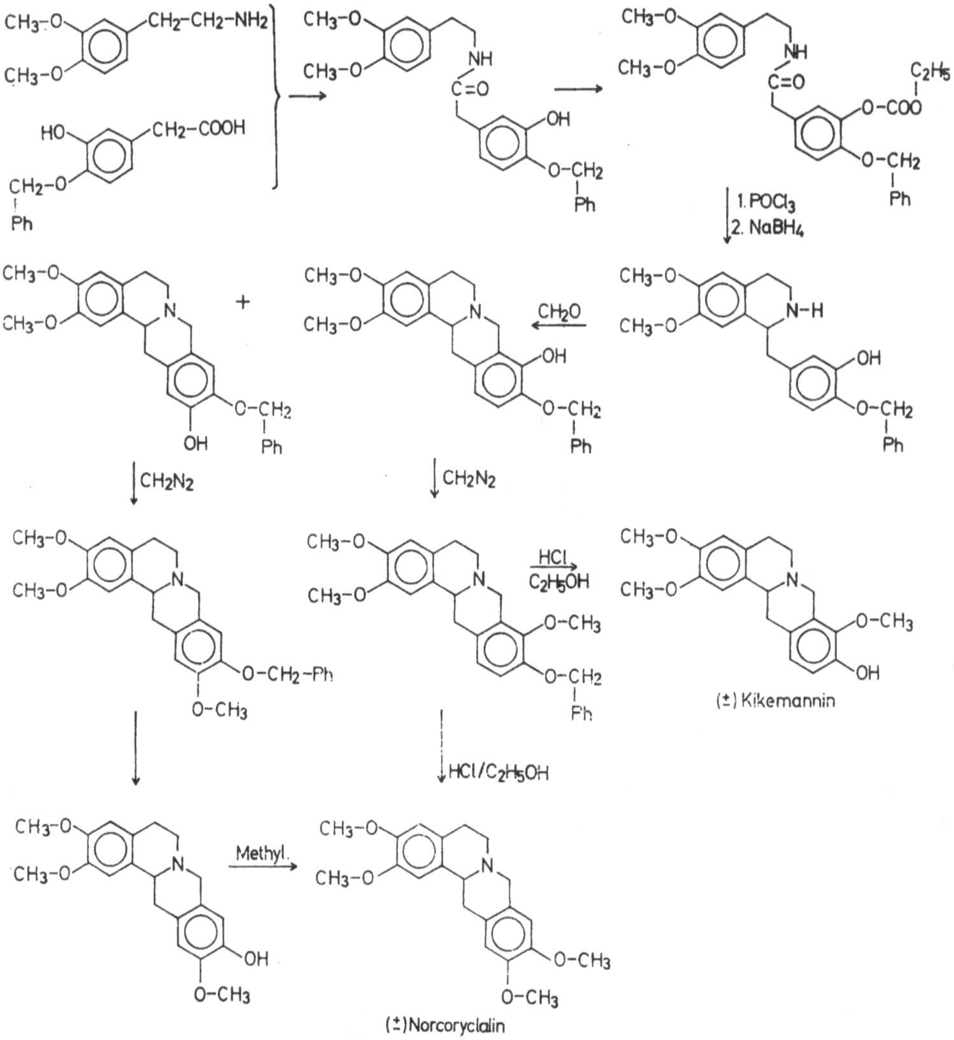

[1]) N. S. Narasimhan, B. H. Bhide, Chem. Ind. 621 (1969)
[2]) T. Kametani, T. Houda, M. Ihara, Chem. Comm. 1253 (1970)

Protoberberin

Eine Synthese des Coreximins gelang durch eine oxydative Phenolkupplung des (±)-Nor-reticulins[1]:

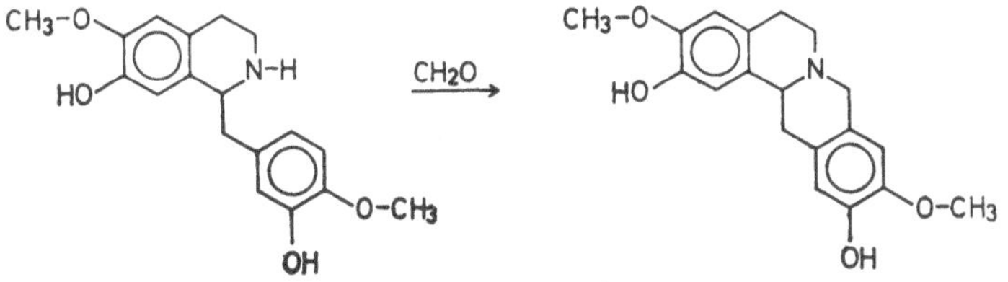

Synthese des Stepharotins[2])

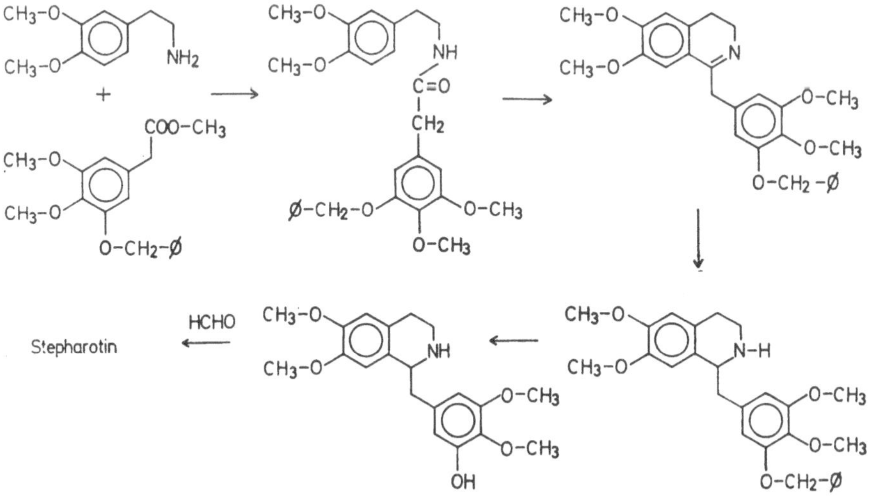

Synthese des (±)-Nandinins und (±)-Candins[3])

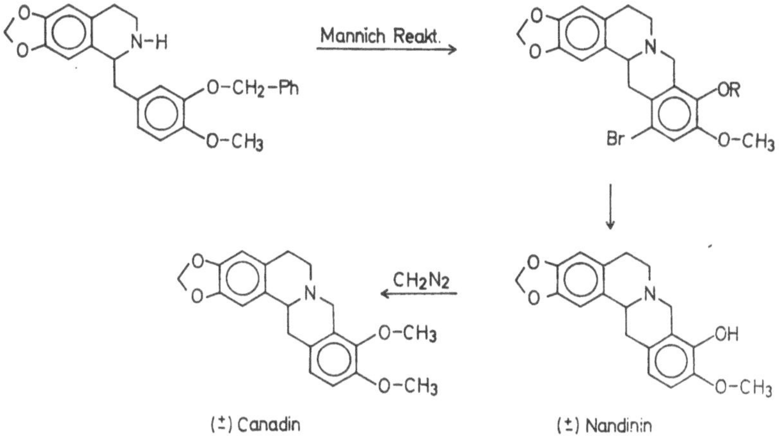

[1]) T. Kametani, K. Fukumoto, H. Agui, H. Yagi, K. Kigasawa, H. Sugahara, M. Hiiragi, T. Hayasaka, H. Ishimaru, Chem. Soc. (C) 112 (1968)
[2]) T. Kametani, H. Iida, T. Kikuchi, J. Pharm. Soc. Japan **88**, 1185 (1968)
[3]) T. Kametani, J. Noguchi, K. Saita, S. Kaneda, Chem. Soc. (C) 2036 (1969)

Synthese des (±)-Xylopinins[1])

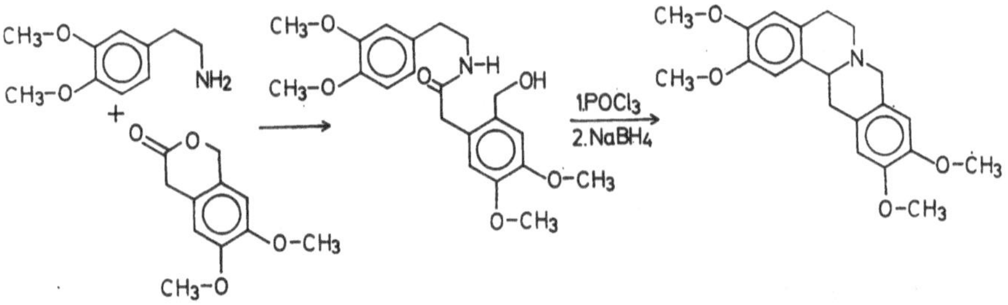

Homoberbine

Homoberbine bilden eine neue Gruppe von potentiellen Alkaloiden, die durch eine modifizierte Pictet-Spengler-Cyclisierung von Tetrahydroisochinolinen dargestellt werden können[2]).

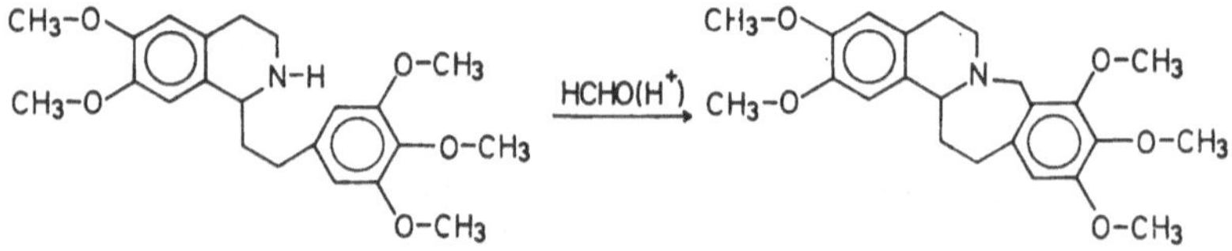

Ein neueres Verfahren zur Synthese geht von rac. Tetrahydroisochinolinen aus und führt durch Cyclisierung mit Formaldehyd zu den Homoberbinen:

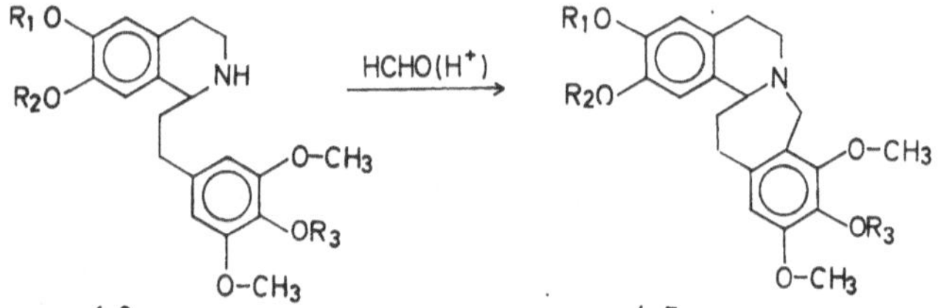

1-3 4-7

	R_1	R_2	R_3	
1	$-CH_2-$		CH_3	4
2	CH_3	CH_3	CH_3	5
3	CH_3	CH_3	C_7H_7	6
	CH_3	CH_3	H	7

[1]) W. Meise, F. Zymalkowski, T. L. **19**, 1475 (1969)
[2]) A. Brossi, A. I. Rachlin, S. Teitel, M. Shamma, M. J. Hillman, Exp. **24**, 766 (1968)

Die Darstellung der optisch aktiven Homoberbine geht aus von den entsprechenden optisch aktiven Tetrahydro-isochinolinen.

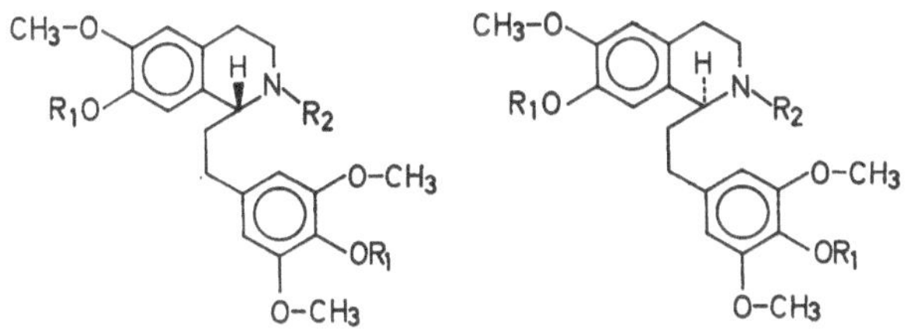

	R_1	R_2	
R(+)	C_7H_7	H	S(−)
R(−)	H	H	S(+)
R(−)	H	CH_3	S(+)

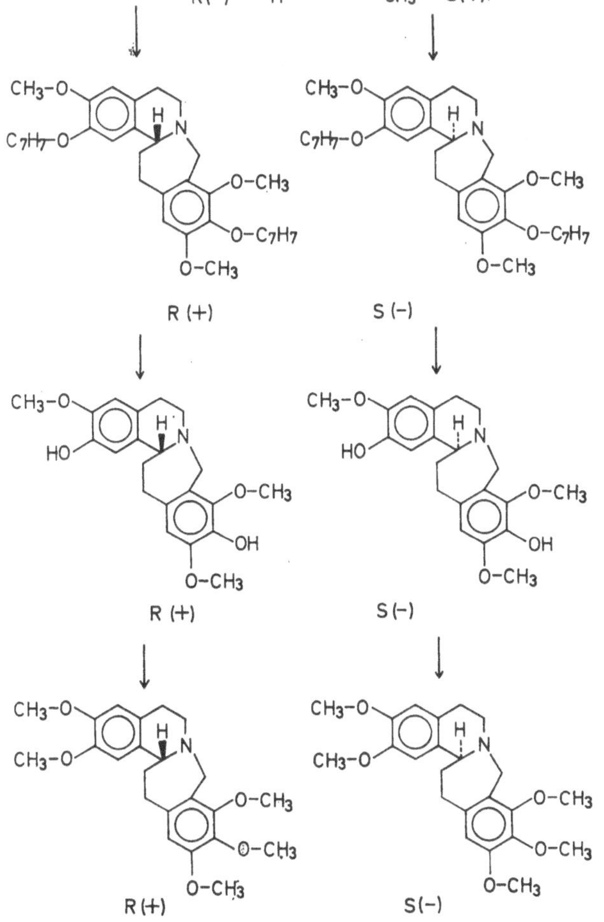

¹) A. Brossi, S. Teitel, Helv. **52**, 1228 (1969)

19. Protopin-Alkaloide

In den Alkaloiden der Protopin-Gruppe liegen Basen der allgemeinen Struktur Ia vor, die auch in der mesomeren zwitterionischen Form Ib zu reagieren vermögen und dementsprechend als N-Methyl-Derivate hydratisierter Dihydroprotoberberine angesehen werden können.

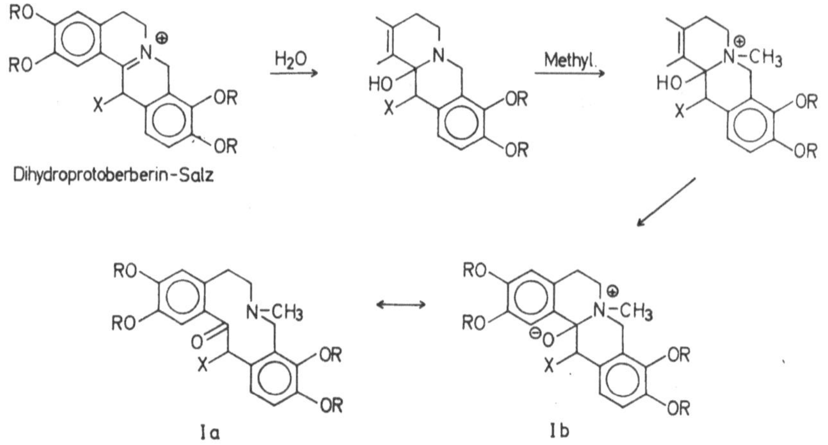

Die bisher bekannten Alkaloide dieses Strukturtyps finden sich, von vereinzelten Vorkommen in der Rutaceen-Gattung *Zanthoxylum* (Fagara) und der Berberidaceen-Gattung *Nandina* abgesehen, lediglich in Papaveraceen. Unter ihnen nimmt das Protopin insofern eine Sonderstellung ein, als es nahezu aus allen bisher untersuchten Vertretern dieser Familie isoliert worden ist und somit als Leitalkaloid der Papaveraceen gelten kann.

Alkaloid	Schmp.	$[\alpha]_D$	Derivat	Vorkommen
Alkaloid $C_{20}H_{19}NO_5$	200—2°	—	—	*Zanthoxylum spersipunctatum*[1])
13-Oxoprotopin	226—30°	—	—	*Papaver nudicaule*[2])
13-Oxocryptopin	185°	—	—	*Papaver nudicaule*[2])
13-Oxomuramin	173°	—	—	*Papaver nunicaule*[2])
Oreonon $C_{22}H_{23}NO_6$	212—13°	±0° (C)	—	*Papaver oreophilum*[3])

[1]) S. R. Johns, J. A. Lamberton, H. J. Tweedale, R. J. Willing, Austral. J. **22**, 2233 (1969)
[2]) H. Flentje, W. Döpke, Pharmazie **21**, 321 (1966)
[3]) M. Maturová, Vl. Preininger, F. Šantavý, Planta Medica **16**, 121 (1968)

Protopin und Cryptopin

Protopin besitzt auf Grund der Rö-Kristallstrukturanalyse der Base, die in der Raumgruppe $P2_1/c$ und den Dimensionen a = 7,10, b = 17,44, c = 16,08 Å, β = 122°45', Z = 4 kristallisiert, die bereits bekannte Struktur.

Das gleiche gilt für das Cryptopin, das im monoklinen System der Raumgruppe $P2_1/n$ und den Zellkonstanten a = 14,43, b = 8,70, c = 14,43 Å, β = 91°22' kristallisiert.

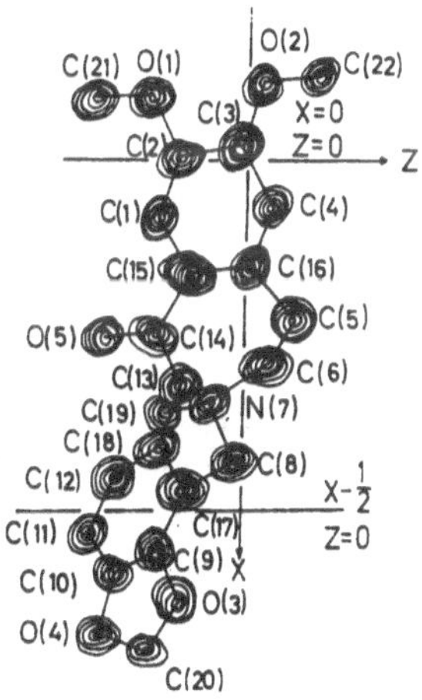

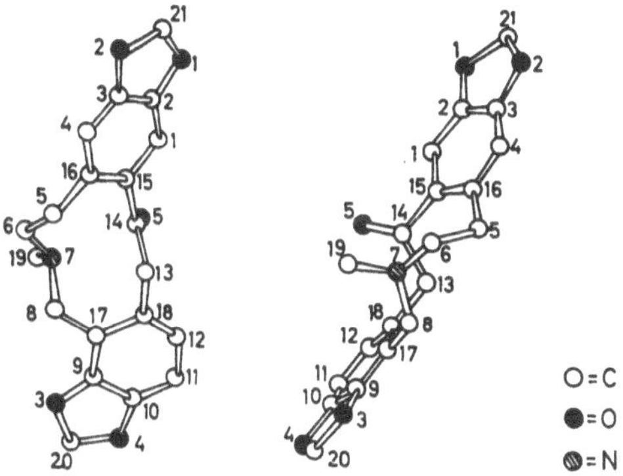

1) S. R. Hall, F. R. Ahmed, Acta Cryst. B **24**, 337 (1968)

Aus IR-Untersuchungen steht ferner fest, daß die sauren Salze der Protopin-Alkaloide nicht durch eine einfache N-protonierte Struktur wiedergegeben werden können, sondern daß zugleich ein Ringschluß des 10gliedrigen Ringes stattgefunden haben muß. So ist unwahrscheinlich, daß Coulteropin in der Form II vorliegt,

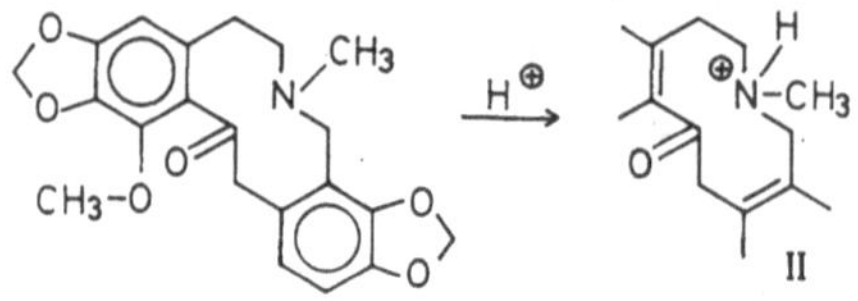

II

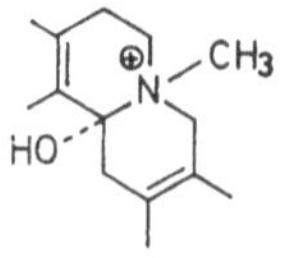

IV

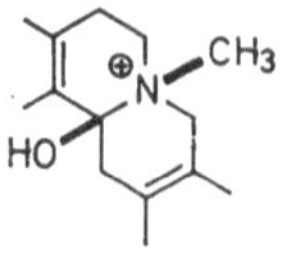

V

sondern eher in der Form IV oder V. Eine Unterscheidung wurde durch eine Rö-Kristallstrukturanalyse des HBr-Salzes möglich, das in der Raumgruppe $P2_12_12_1$ des orthorhombischen Systems und den Dimensionen a = 15,19, b = 17,82, c = 7,20 Å kristallisiert. Diese Analyse zeigt, daß ein Ringschluß stattgefunden hat und daß hierbei die *trans*-Form erhalten wird. Die Bindungswinkel und Bindungslängen zeigen kein ungewöhnliches Verhalten, mit Ausnahme einer leichten Verdrehung des rechten Aromaten und einer ungewöhnlich langen C—N-Bindung.

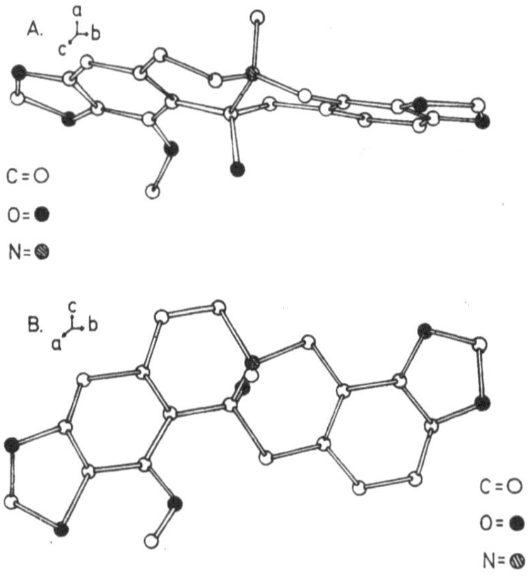

[1]) F. R. STERMITZ, R. M. COOMES, D. R. HARRIS, T. L. **36**, 3915 (1968)

Anhydrocryptopin-methosulfat

geht beim Erhitzen mit konz. HCl in das Pseudocryptopin-chlorid über.

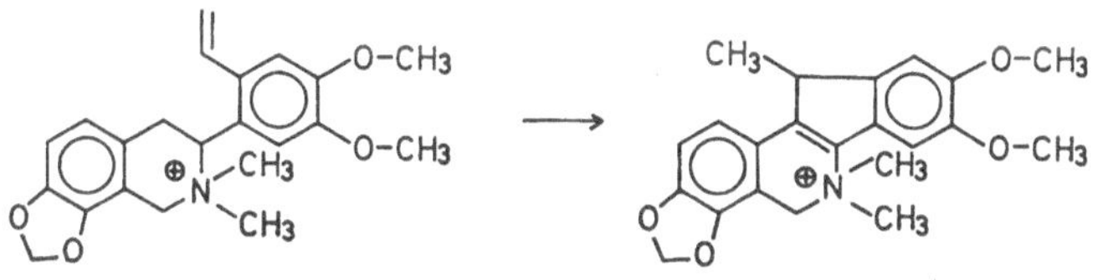

Anhydrocryptopin-methosulfat | Pseudocryptopin-chlorid

In diesem Zusammenhang ergibt sich für das ψ-Anhydrodihydrocryptopin die folgende Struktur, da es aus Epicryptopirubin-chlorid dargestellt werden kann[1]):

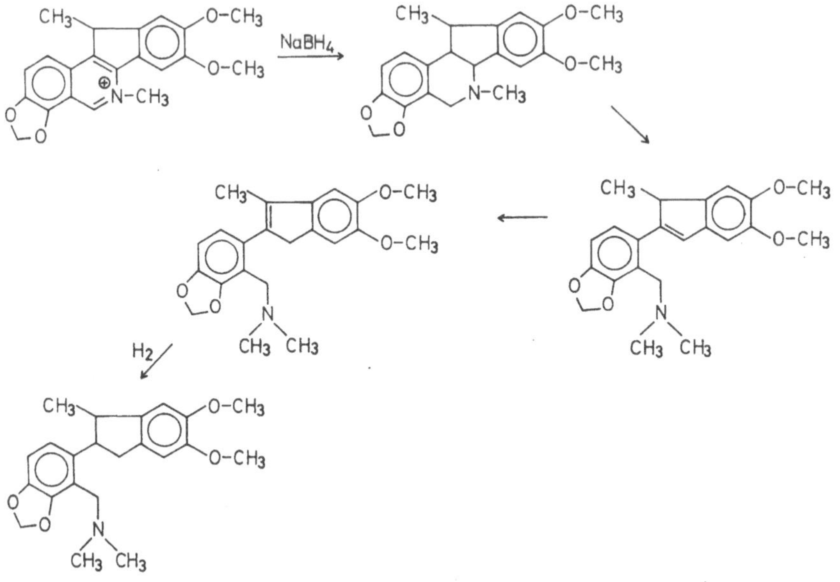

Die katalytische Hydrierung schließlich führt zu Dihydroanhydro-ψ-cryptopin, was auch durch Einwirkung von NaHg auf Cryptopin erhalten werden kann[2]).

Coulteropin

Coulteropin, $C_{21}H_{21}NO_6$, besitzt auf Grund der Rö-Kristallstrukturanalyse des Hydrobromids das im orthorhombischen System der Raumgruppe $P2_12_12_1$ und den Dimensionen a = 15,19, b = 17,82, c = 7,20 Å kristallisiert, die folgende Struktur[3]):

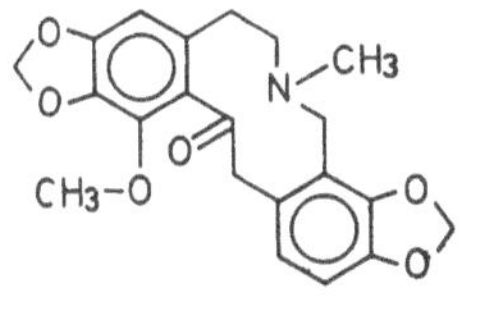

[1]) D. W. Brown, S. F. Dyke, T. L. **21**, 2605 (1968)
[2]) D. W. Brown, S. F. Dyke, T. L. **25**, 5775 (1969)
[3]) F. R. Stermitz, R. M. Coomes, D. R. Harris, T. L. **36**, 3915 (1968)

Unbenanntes Alkaloid

Ein nicht näher bezeichnetes Alkaloid der Bruttozusammensetzung $C_{20}H_{19}NO_5$ besitzt auf Grund der 100-MHz-KMR-Spektren die Struktur eines Protopin-Isomeren[1]):

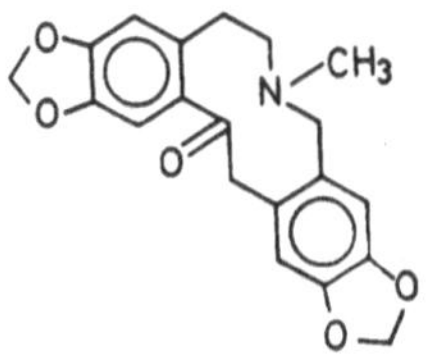

Durch vergleichende MS-Untersuchungen mit authentischen Präparaten konnten die nachstehenden Alkaloide in ihrer Struktur abgeklärt werden[2,3]):

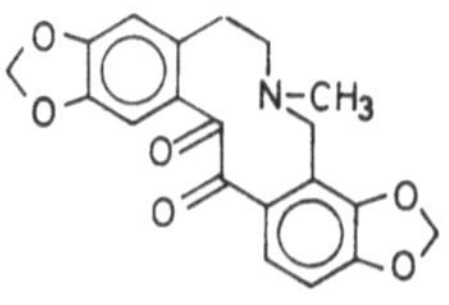

13-Oxoprotopin

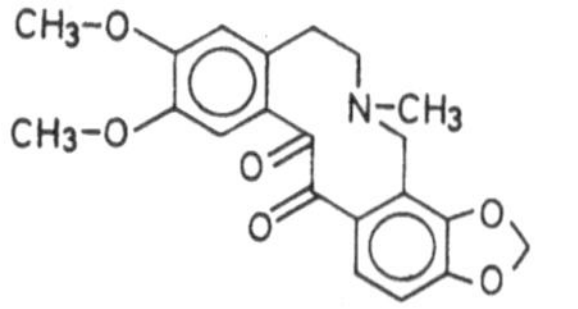

13-Oxocryptopin

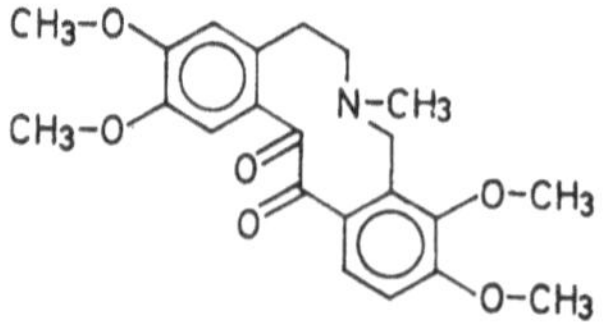

13-Oxomuramin

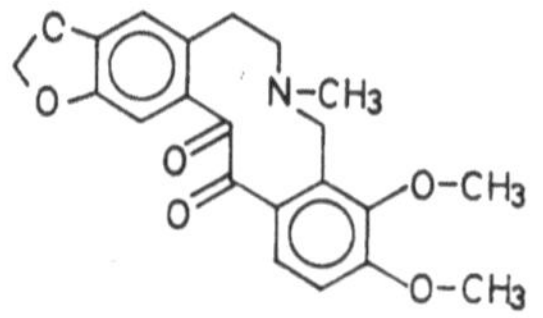

13-Oxo-1-methoxyallo-cryptopin = Oreonon

Eine Synthese des Protopin-Ringgerüstes gelingt ausgehend von einer quartären Base[4]):

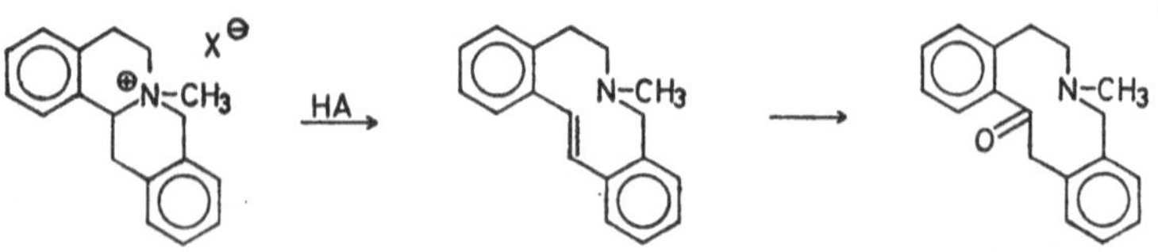

[1]) S. R. Johns, J. A. Lamberton, H. J. Tweeddale, R. I. Willing, Austral. J. **22**, 2233 (1969)
[2]) V. Hanus, L. Dolejs, B. Müller, W. Döpke, Coll. **32**, 1759 (1967)
[3]) M. Maturova, Vl. Preininger, F. Šantavý, Planta Medica **16**, 121 (1968)
[4]) A. L. Margui, D. Giacopello, V. Deulofeu, Chem. Soc. (B) 2587 (1970)

20. Benzophenanthridin-Alkaloide

Die Gruppe der 1.2-Benzophenanthridin-Alkaloide wird durch die Basen Norchelidonin, (+)- und (—)-Chelidonin, Sanguinarin, Dihydrosanguinarin, α-Homochelidonin, Chelerythrin, Dihydrochelerythrin, Nitidin, Avicin, Bocconin, sowie die Neutralstoffe Oxychelidonin, Oxysanguinarin und Oxynitidin repräsentiert.

Neu aufgefunden wurden die beiden Basen 11-O-Methyldihydrochelerythrin- und 1.3-Bis-(11-hydrochelerythrinyl)-aceton.

Die bisher bekannten Basen dieses Strukturtyps kommen überwiegend in Pflanzen aus der Familie der Papaveraceen und nur vereinzelt in den Rutaceen-Gattungen *Toddalia* und *Zanthoxylum* vor.

Alkaloid	Schmp.	$[\alpha]_D$	Derivat	Vorkommen
11-O-Methyldihydro-chelerythrin $C_{22}H_{26}NO_5$	—		—	*Bocconia arborea*[1])
1.3-Bis-(11-hydro-chelerylthrinyl)-aceton $C_{24}H_{26}NO_5$	304°	—	—	*Bocconia arborea*[1])
Bocconin $C_{21}H_{17}NO_6$	—	—	Dihydro. 206—7° Oxoverb. 295°	*Bocconia cordata*[2])
Dihydrosanguinarin $C_{19}H_{13}NO_4$	191	—	—	*Bocconia arborea*[1])
Oxosanguinarin $C_{19}H_{11}NO_4$	—	—	—	*Bocconia arborea*[1])

Zur Stereochemie der Benzophenanthridin-Alkaloide

Die bereits früher durchgeführten Untersuchungen zur Stereochemie führten zu der Annahme, daß die Ringe B/C in einer *cis*-verknüpften Sessel-Wannen-Konformation vorliegen. Die im IR-Spektrum nachweisbare *cis*-Verknüpfung des Ringsystems zeigt dar-

[1]) D. B. MacLean, D. E. F. Gracey, J. K. Saunders, R. Rodrigo, R. H. F. Manske, Canad. J. **47**, 1951 (1969)

[2]) M. Onda, K. Takiguchi, M. Hirakura, H. Fukushima, M. Akagawa, F. Naoi, Nippon, Nogaikagaku Kaishi **39**, 168 (1965)

über hinaus noch eine Wasserstoffbrückenbindung zwischen der Hydroxygruppe im Chelidonin und dem N-Atom an. Ein weiterer Beweis für diese Anordnung ist ebenfalls in der Umwandlung des Corynolins in die Base V zu sehen, bei der eine Äther-Brücke zwischen den C-Atomen 5 und 12 vorliegt. Dieses Reaktionsverhalten ist aber nur mit einer *cis*-B/C-Halbsessel/Halbsessel-Konformation vereinbar.

Nach eingehenden KMR-Untersuchungen scheint der Ring C bei der Acetylierung des Corynolins und des Chelidonins in eine *cis*-B/C-Halbsessel-twist-Halbwannen-Konformation überzugehen.

Damit sind die folgenden Konformationen abzuleiten:

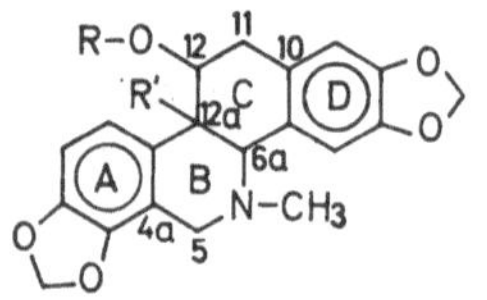

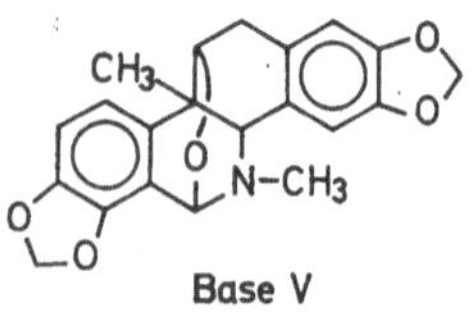

Base V

	R'	R
I Corynolin	CH_3	H
II Corynolin O-acetat	CH_3	Ac
III Chelidonin	H	H
IV Chelidonin O-acetat	H	Ac

Hiernach liegt das Corynolin und Chelidonin in einer *cis*-B/C-Halbsessel-Halbsessel-Konformation und das jeweilige Acetylderivat in der *cis*-B/C-Halbsessel-twist-Halbwannen-Konformation vor und ist durch die folgenden Newman-Projektionen wiederzugeben[1]):

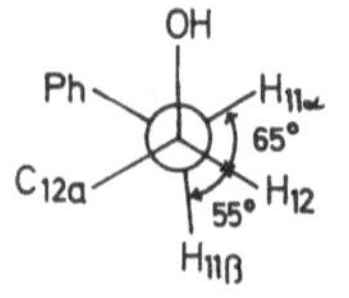

Halbsessel
Ring C

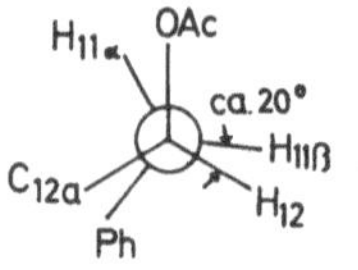

twist-Wanne
Ring C

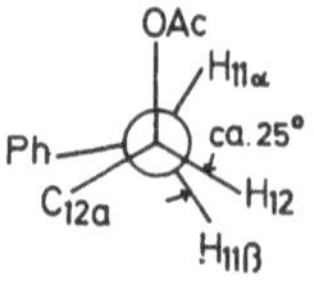

twist-Sessel
Ring C

Weitere Untersuchungen bedienten sich der ORD- und CD-Methoden sowie der Reaktion mit racemischem α-Phenylbuttersäureanhydrid. Hiernach sind folgende Konfigurationen abgeleitet worden[2]):

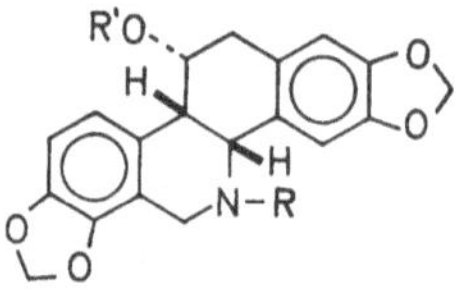

(+) Chelidonin: R=CH_3, R'=H
(+) Norchelidonin R=R'=H

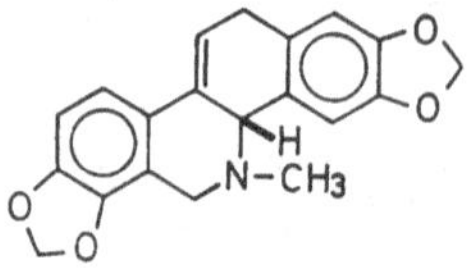

(+) Anhydrochelidonin

[1]) S. Naruto, S. Arakawa, H. Kaneko, T. L. **14**, 1705 (1968)
[2]) G. Snatzke, J. Hrbek, L. Hruban, A. Horeau, F. Santavy, T. **26**, 5013 (1970)

In der Reihe der Benzophenanthridin-Alkaloide wurden einige Basen aufgefunden, die als Nebenalkaloide in *Bocconia arborea* vorkommen. Es handelt sich hier um

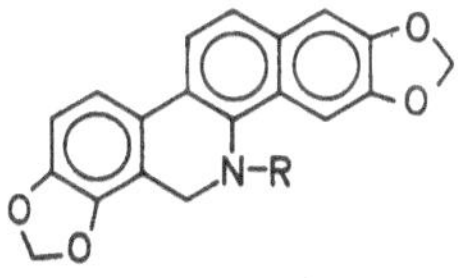

Dihydrosanguinarin

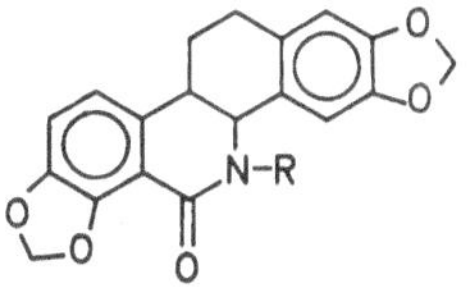

Oxosanguinarin

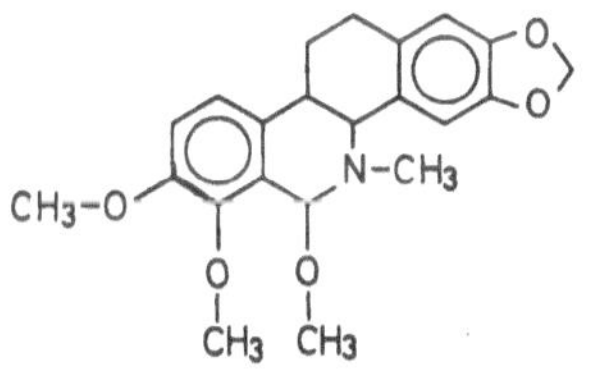

11-O-Methyldihydrochelerythrin

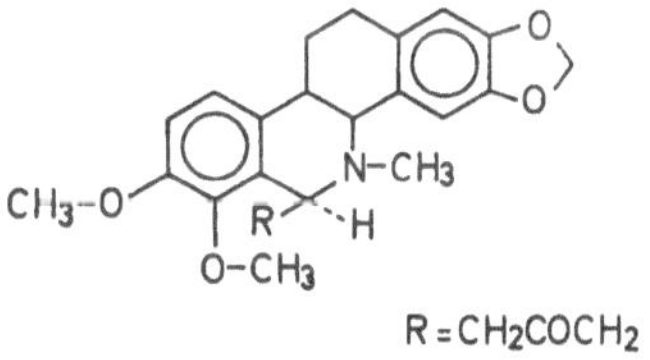

1,3-Bis-(11-hydrochelerythrinyl)-aceton

Eingehend untersucht wurde ferner das Fragmentierungsverhalten einiger Dihydrochelerythrin-Basen im Massenspektrum,

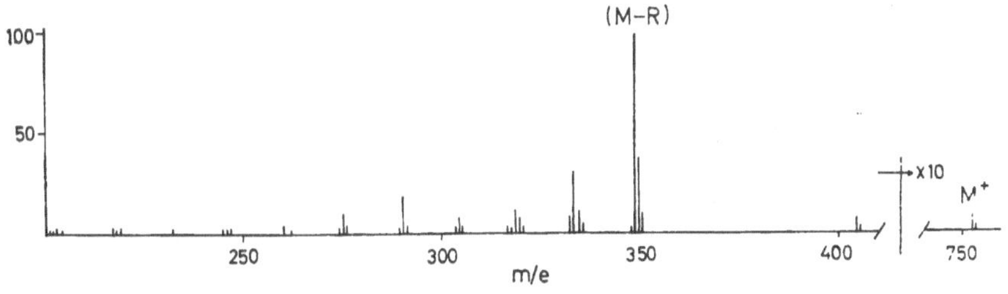

die wie nachstehend fragmentieren[1]):

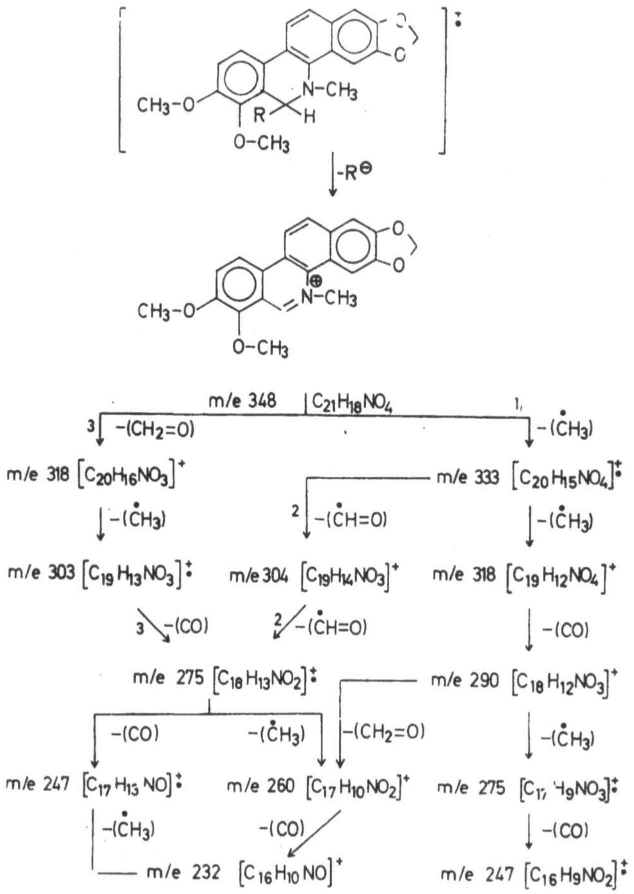

Didehydrochelidonin

Das als Oxydationsprodukt des Chelidonins oder auch Chelidoninacetats bekannte Didehydrochelidonin liefert bei der Reduktion mit Zn/Schwefelsäure Chelidonin und kann sich unter speziellen Reaktionsbedingungen auch in Dihydrosanguinarin umlagern. Diese Umlagerung verläuft sicherlich über die folgenden Stufen, wie aus neuen KMR-Untersuchungen und Oxydationsreaktionen abzuleiten ist.

[1]) D. B. MacLean, D. E. F. Gracey, J. K. Saunders, R. Rodrigo, R. H. F. Manske, Canad. J. 47, 1951 (1969)

Hiernach ist dem Didehydrochelidonin die folgende Struktur eines inneren Carbinolaminäthers zuzuschreiben[1]).

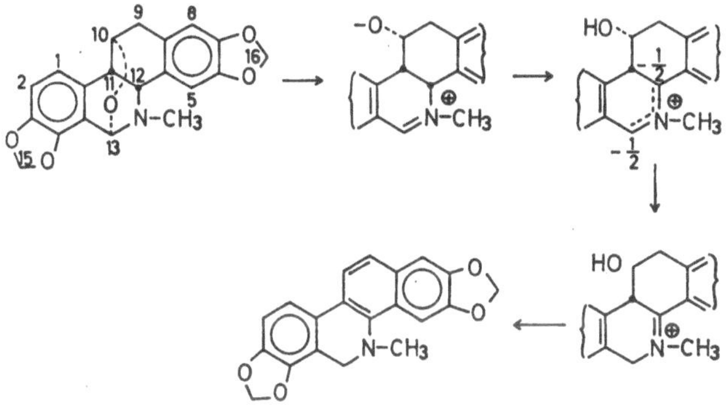

Bocconin,

ein bereits früher isoliertes Alkaloid, wurde in seiner Struktur durch KMR-Untersuchungen abgeklärt. In Übereinstimmung mit seinem chemischen Verhalten sollte der Base hiernach die folgende Struktur zukommen[2]):

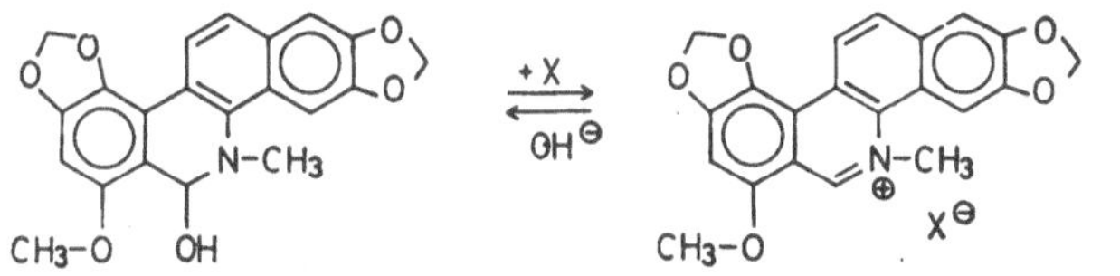

Synthese des Oxyavicins[3])

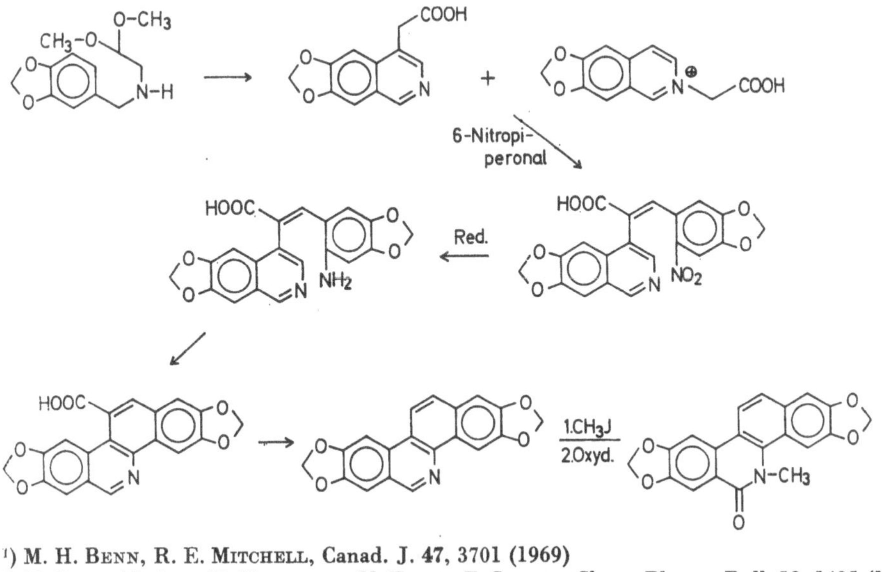

[1]) M. H. BENN, R. E. MITCHELL, Canad. J. **47**, 3701 (1969)
[2]) M. ONDA, K. ABE, K. YONEZAWA, N. ESUMI, T. SUZUKI, Chem. Pharm. Bull. **18**, 1435 (1970)
[3]) S. F. DYKE, M. SAINSBURY, B. J. MOON, T. **24**, 1467 (1968)

Synthesen des Sanguinarins

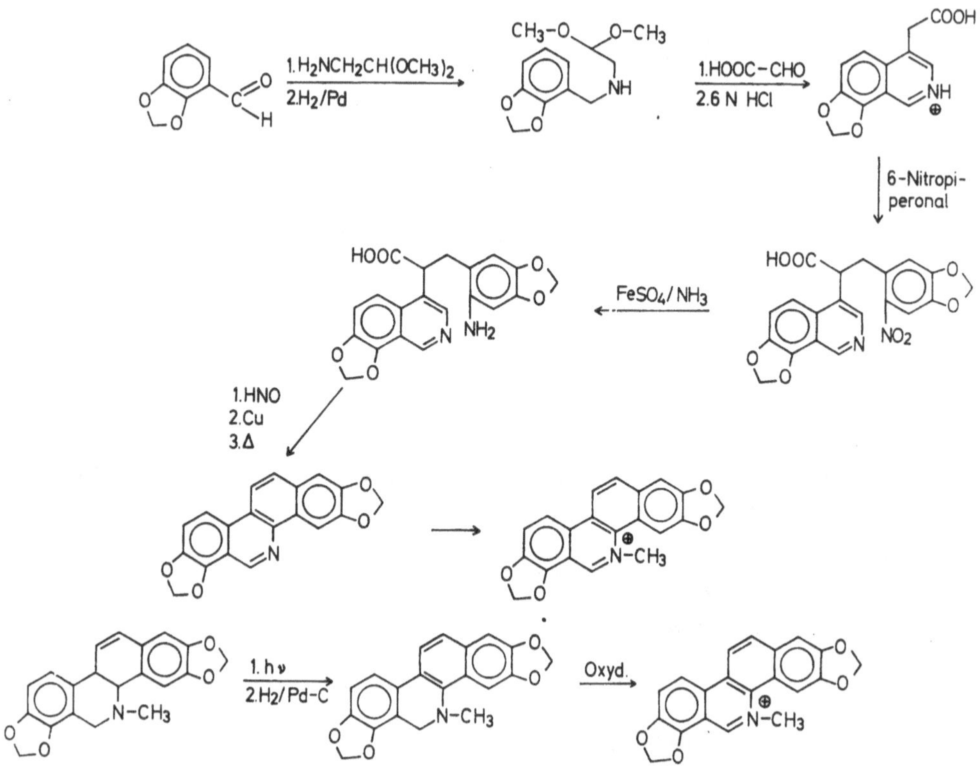

[1]) S. F. Dyke, B. J. Moon, M. Sainsbury, T. L. **36**, 3933 (1968)
[2]) M. Onda, K. Yonezawa, Chem. Pharm. Bull. 404 (1969)

21. Ipecacuanha-Alkaloide

Die Alkaloide dieser Gruppe enthalten als charakteristisches Strukturelement ein 7-Äthyl-1,2-benzochinolizin-Gerüst, das über eine am C-Atom 8 befindliche Methylenbrücke mit der Position 1 eines Isochinolin-Kerns verknüpft ist. Zusätzlich zu diesen Alkaloiden sollen in dieser Gruppe auch Basen mit besprochen werden, bei denen das Benzochinolizin-Gerüst mit dem C-1 eines β-Carbolinkerns verknüpft ist. Diese Alkaloide kommen hauptsächlich in der zur Familie der Alangiaceen gehörenden Gattung *Alangium* vor.

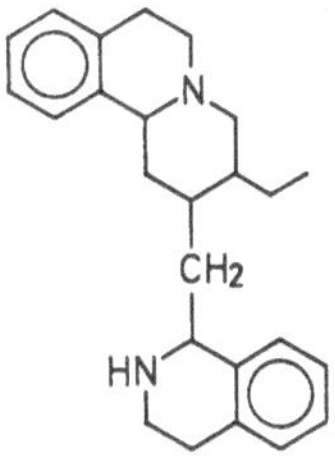

Ipecac-Typ

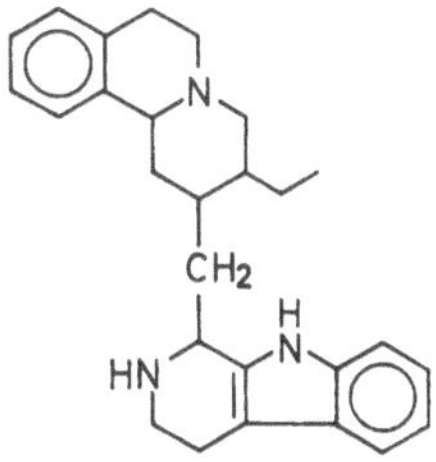

Tubulosin-Typ

Alkaloid	Schmp.	$[\alpha]_D$	Derivat	Vorkommen
Desmethylcaephalin $C_{27}H_{36}N_2O_4$	147–9°	−53° (C)		*Alangium lamarckii*[1])

Korrelierung der Ipecacuanha-Alkaloide mit Indol-Alkaloiden

Eine Korrelierung der Ipecacuanha-Alkaloide mit den Indol-Alkaloiden gelang durch den Abbau des Emetins über das Desoxyprotoemetin in das Dehydrodesoxyprotoemetin einerseits und den Abbau des Corynantheins in das Perchlorat des Hg(II)-Acetat-Oxyda-

[1]) B. Achari, Exp. 933 (1970)

tionsprodukts.

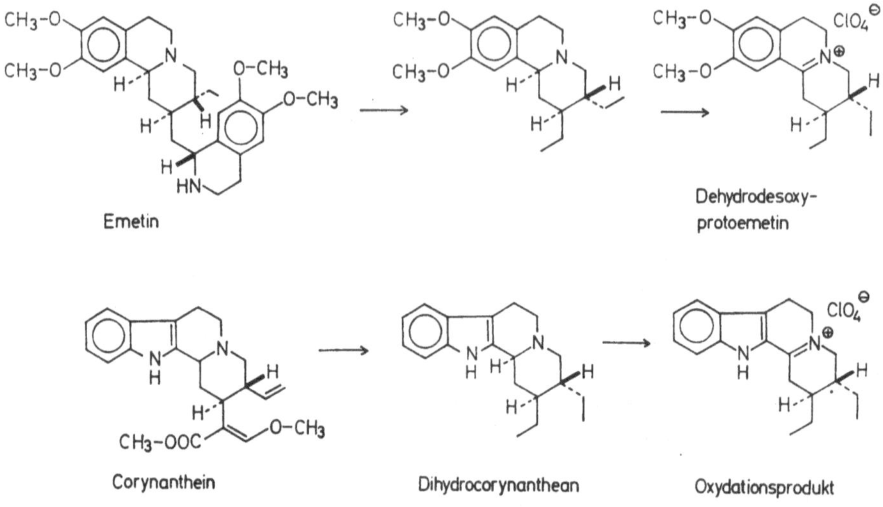

Die Reaktion der (+)-3,4-Diäthyladipinsäure zu (—)-trans-3,4-Diäthylcyclopentanon, die anschließende Oxydation mit Perbenzoesäure zum Lacton, Umwandlung in die (—)-Äthyl-*threo*-5-brom-3,4-diäthylvalerinsäure und schließlich die Umsetzung mit 3,4-Dimethoxyphenyläthylamin führte zu einem Enantiomeren des Dehydrodesoxyprotoemetins und die gleiche Umsetzung mit Tryptamin zu einem Enantiomeren des Dehydrierungsproduktes des Dihydrocorynantheins.

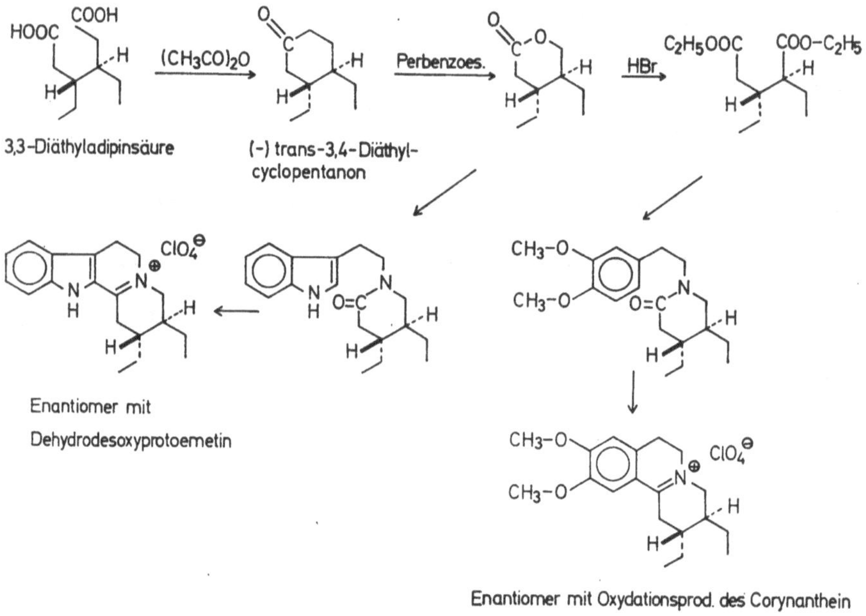

Damit sind sowohl die Konfiguration am C-1', C-10 und C-11 des Emetins bewiesen, als auch die Identität der absoluten Konfiguration des C-10 im Emetin und der übrigen Ipecacuanha-Alkaloide mit den entsprechenden Zentren (C-15) des Corynantheins sichergestellt[1]).

Desmethylcephaelin,

ein Alkaloid aus *Alangium lamarckii*, liefert bei der Umsetzung mit Diazomethan Cephaelin und besitzt auf Grund der spektroskopischen Untersuchungen die Struktur eines Ring-A-monodesmethylierten Cephaelins.

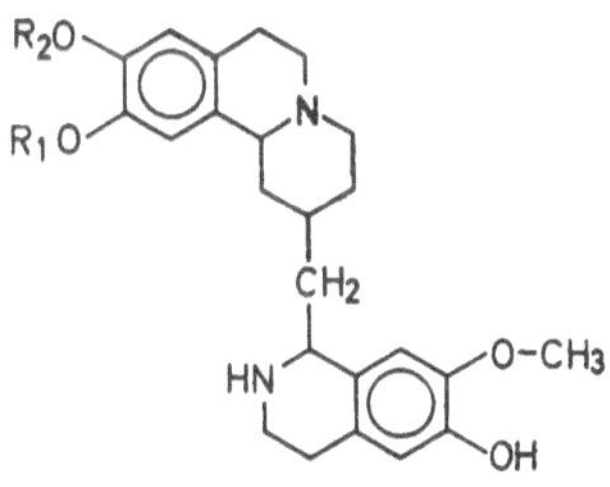

$R_1 = H$; $R_2 = CH_3$
oder $R_2 = H$; $R_1 = CH_3$

Als Zwischenprodukte bei der Biosynthese der Ipecacuanha-Alkaloide konnten Secologanin und Desacetylipecosid bewiesen werden[2]). Das isomere Desacetylisoipecosid wird nicht inkorporiert, obwohl es stereochemisch mit Cephaelin und Emetin korreliert. Das entsprechende Wasserstoffatom am C-5 des Desacetylipecosids wird mit umgekehrter Konfiguration in die 11b-Position der Alkaloide inkorporiert. Bei der Bildung der Äthylgruppe der Alkaloide wird eine Äthylidengruppierung als Zwischenprodukt angenommen,

[1]) A. R. Battersby, S. W. Breuer, S. Garrat, Chem. Soc. (C) 2467 (1968)
[2]) S. C. Pkrashi, B. Achari, Exp. 933 (1970)

wie sie in Verbindung I dargestellt ist. Das Aldehydproton von Secologanin erscheint erwartungsgemaß am C-Atom 11b des Emetins[1]).

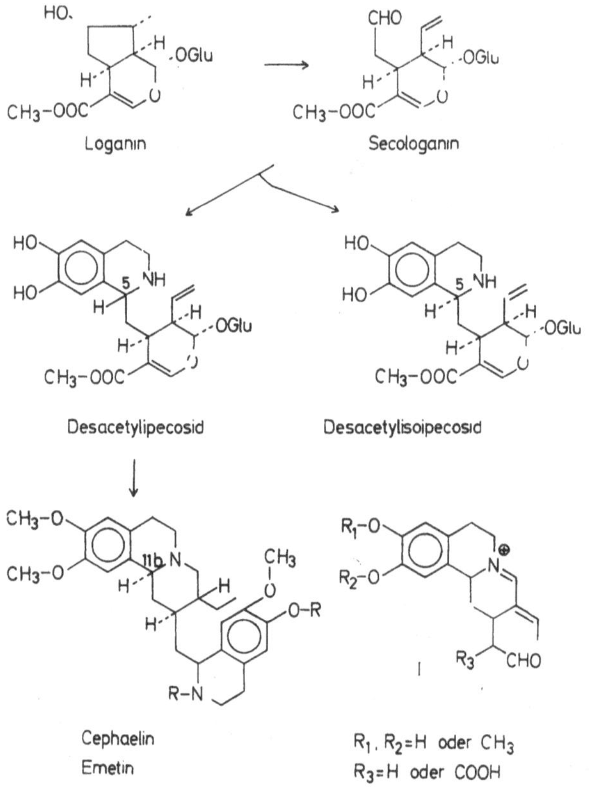

[1]) A. R. BATTERSBY, R. J. PARRY, Chem. Comm. **1971**, 901

Synthese des Tubulosins und Isotubulosins

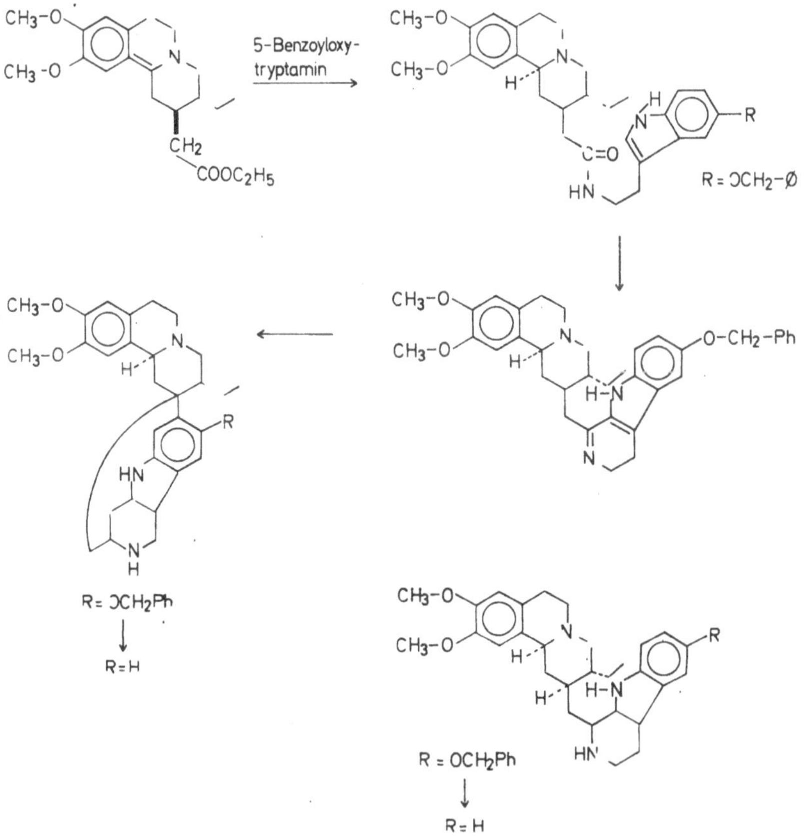

[1]) T. Openshaw, N. Whittaker, Chem. Soc. (C) 91 (1969)

22. Erythrina-Alkaloide

Eine Reihe von tertiären Basen mit dem nachstehend aufgeführten Ringgerüst des Erythrinans kommen in der Leguminosen-Gattung *Erythrina* vor und sind außerhalb dieser Gattung bisher nur in der Menispermacee *Cocculus laurifolius* aufgefunden worden.

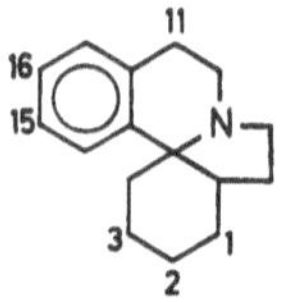

Das Grundgerüst ist bei allen Basen einfach oder auch zweifach ungesättigt und in den Positionen 2, 3, 15, 16 und neuerdings auch in 11 durch Hydroxy-Methoxy- oder Methylendioxygruppen substituiert.

Alkaloid	Schmp.	$[\alpha]_D$	Derivat	Vorkommen
Erythroculin $C_{20}H_{25}NO_4$	Öl	+194° (C)	Styphnat 193°	*Cocculus laurifolius*[1])
Erythristemin $C_{20}H_{25}NO_4$	127–9°	+189°	—	*Erythrina lysistemon*[2])
Erythrinin $C_{30}H_{36}N_4O_5$	—	—	—	*Erythrina lithosperma*[3])

Massenspektrometrie der Erythrina-Alkaloide

Die bisher bekannten Erythrina-Alkaloide können nach den heutigen Kenntnissen in zwei Gruppen eingeteilt werden, von denen die eine ein konjugiertes 1.6-Dien-System und die andere eine isolierte 1(6)-Doppelbindung enthält.

Die erste Gruppe, die aromatischen Dien-Alkaloide mit den Basen Erythralin, Erysodin,

[1]) Y. Inubushi, H. Furakawa, M. Juichi, T. L. **3**, 153 (1969)
[2]) D. H. R. Barton, D. N. Jenkins, R. Letscher, D. A. Widdowson, E. Hough, D. Rogers, Chem. Comm. 391 (1970)
[3]) P. Tandon, P. K. Tiwari, A. P. Gupta, Proc. Nat. Acad. Sci. Ind. Sect. A **39**, 263 (1969)

Erysopin, Erysotrin und Erysovin und den Lactonen α und β-Erythroidin weisen das folgende Fragmentierungsverhalten auf:

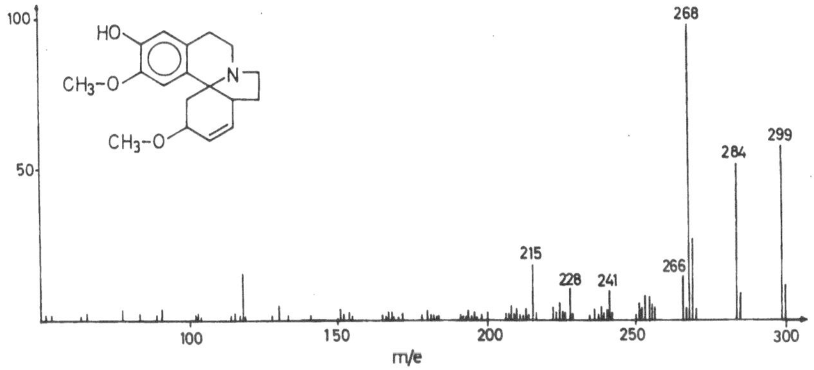

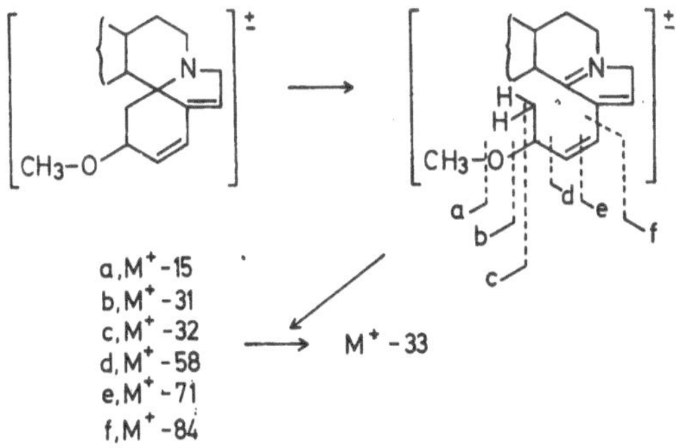

Das Massenspektrum des Erythratins dagegen ist in der folgenden Abbildung dargestellt:

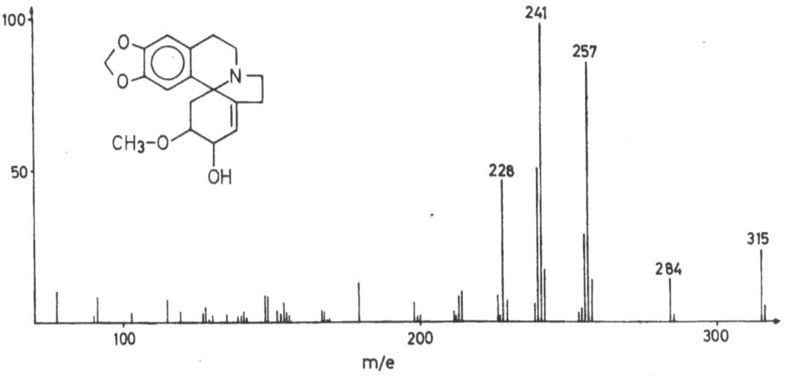

Die mögliche Fragmentierung könnte wie folgt wiedergegeben werden

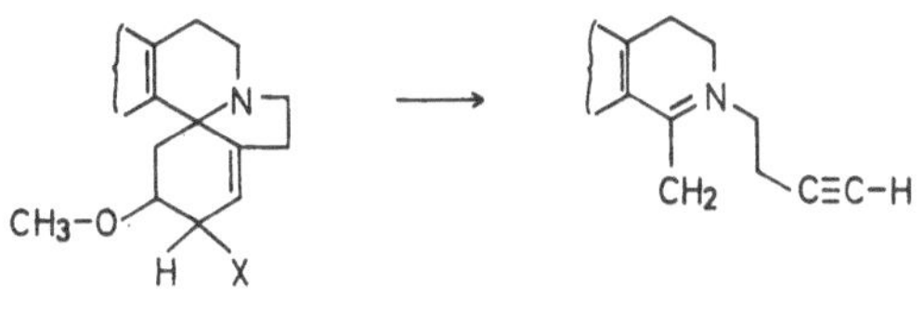

während das Erythratinon nach dem folgenden Schema fragmentieren könnte[1]):

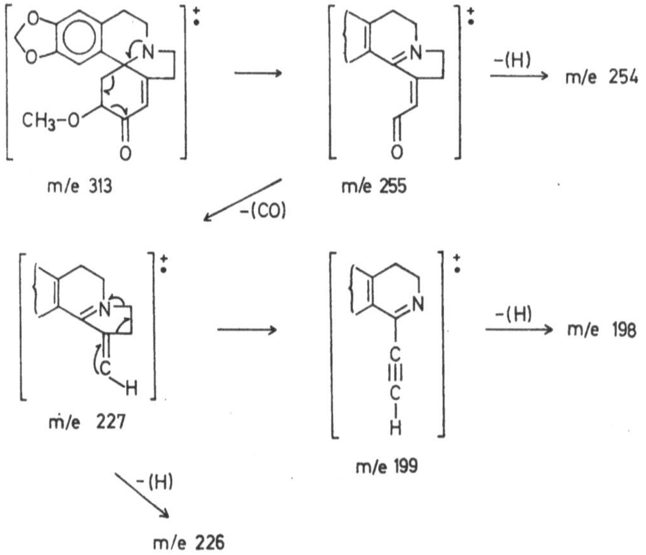

Erythroculin

Erythroculin, $C_{20}H_{25}NO_4$, geht bei der Reduktion mit $LiAlH_4$ in Erythroculinol über, während die Reaktion mit BF_3 zu einem Phenol führt. Die katalytische Hydrierung über PtO_2 führt zu Dihydroerythroculin mit einem für trisubstituierte isolierte Doppelbindungen typischen UV-Spektrum.

Acetyliert man das Erythroculinol, so erhält man ein öliges Acetylderivat, das beim anschließenden von Braun-Abbau eine Cyan-Komponente liefert, die ein für behinderte

[1]) R. B. Boar, D. A. Widdowson, Chem. Soc. (B) 1591 (1970)

Biphenyl-Derivate typisches UV-Spektrum aufweist, was durch eine Dehydrobromierung und Eliminierung einer Methoxygruppe erklärbar ist.

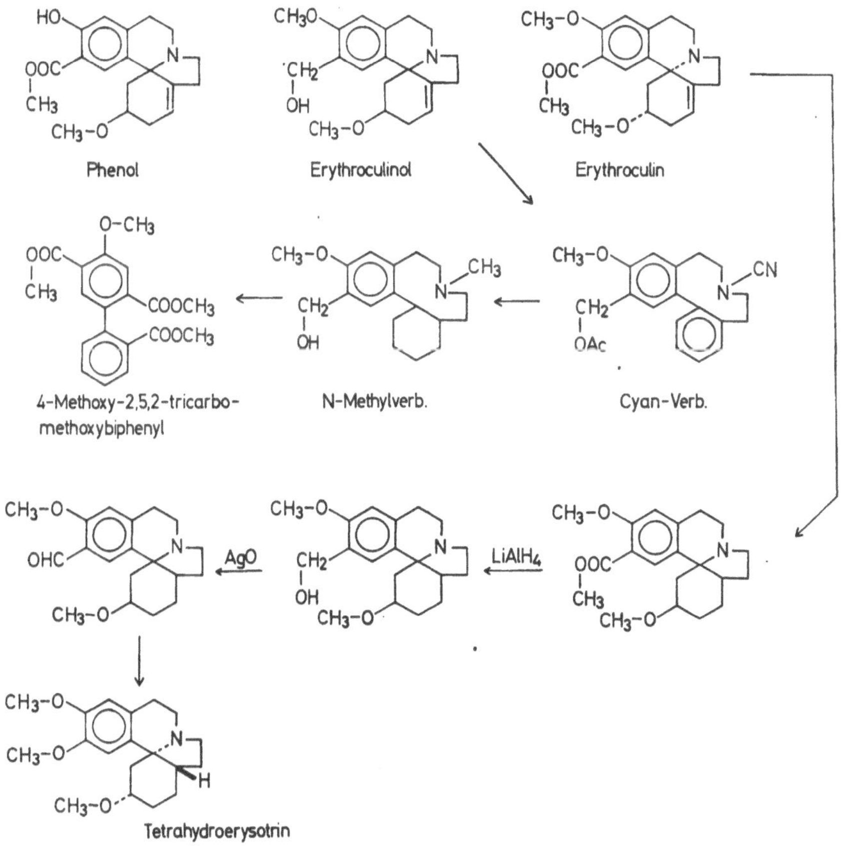

Die Reduktion der N-Cyan-Verbindung mit $LiAlH_4$ und anschließende N-Methylierung führt zu einer N-Methylverbindung, die beim darauffolgenden Hofmann-Abbau und Oxydation des Folgeproduktes 4-Methoxy-2,5,2-tricarbomethoxy-biphenyldicarbonsäure liefert. Den endgültigen Beweis für die voranstehende Struktur brachte die chemische Korrelierung des Alkaloids mit dem Tetrahydroerysotrin[1,2]).

Synthetische Untersuchungen in der Reihe der Erythrina-Alkaloide wurden beschrieben von A. Mondon, K. F. Hansen, K. Boehme, H. P. Faro, H. J. Nestler, H. G. Vilhuber, K. Böttcher, B. 103, 615 (1970).

Erythristemin

Erythristemin, $C_{20}H_{25}NO_4$, ein Nebenalkaloid aus *Erythrina lysistemon*, konnte in seiner Struktur und absoluten Konfiguration durch eine Rö-Kristallstrukturanalyse des in der

[1]) Y. Inubushi, H. Furukawa, M. Ju-ichi, T. L. **3**, 153 (1969)
[2]) Y. Inubushi, H. Furukawa, M. Ju-ichi, Chem. Pharm. Bull. **18**, 1951 (1970)

monoklinen Raumgruppe $P2_1$ kristallisierenden 2-Brom-4,6-dinitrophenolatsalzes abgeklärt werden[1]):

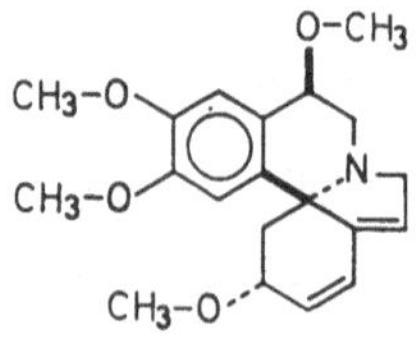

[1]) D. H. R. Barton, P. N. Jenkins, R. Letcher, D. A. Widdowson, E. Hough, D. Rogers, Chem. Comm. 391 (1970)

23. Homoerythrina-Alkaloide

In der zur Familie der Liliaceen gehörenden Gattung *Schelhammera pedunculata* wurden mit den Basen Schelhammerin und Schelhammeridin zwei Alkaloide aufgefunden, denen als erste Basen das Grundgerüst des Homoerythrinans zugeordnet wurde. Diese Basisstruktur war zunächst synthetisch bearbeitet worden, und als mögliche biogenetische Zwischenstufe der Homoerythrinan-Alkaloide angesehen worden, nachdem zuvor das synthetische Erythrinandienon als mögliche Vorstufe bei der Biosynthese der Erythrina-Alkaloide postuliert worden war.

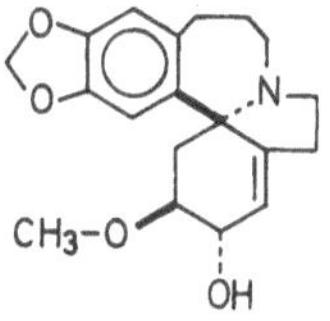

Die bisher bekannten Basen dieses Strukturtyps sind in der folgenden Tabelle zusammengefaßt.

Alkaloid	Schmp.	$[\alpha]_D$	Derivat	Vorkommen
Schelhammeridin $C_{19}H_{21}NO_3$	118°	−108° (C)	Jodm. 216° Pikr. 202°	*Schelhammera pedunculata*[1])
Schelhammerin $C_{19}H_{23}NO_4$	173−4°	+186° (C)	Jodm. 210°	*Schelhammera pedunculata*[2])
Schelhammericin	76−7°	+122° (C)	O-Acetyl 143° = Dihydroschelhammeridin	*Schelhammera pedunculata*[1])
Alkaloid A $C_{19}H_{23}NO_3$	—	−100° (C)	Pikrat 188°	*Schelhammera pedunculata*[2])
Alkaloid G $C_{19}H_{21}NO_3$	131°	+24° (C)	—	*Schelhammera pedunculata*[2])
Alkaloid E $C_{19}H_{23}NO_3$	—	+123° (C)	Pikrat 169°	*Schelhammera pedunculata*[2])
Alkaloid B $C_{19}H_{25}NO_3$	152−3°	+111° (C)	—	*Schelhammera pedunculata*[2])
Alkaloid H $C_{19}H_{23}NO_4$	182−5°	+167° (C)	—	*Schelhammera pedunculata*[2])

Alkaloid	Schmp.	$[\alpha]_D$	Derivat	Vorkommen
Alkaloid J $C_{19}H_{19}NO_4$	151°	−47° (C)	—	*Schelhammera pedunculata*[2])
Alkaloid K $C_{19}H_{19}NO_4$	170−1°	+35°		*Schelhammera pedunculata*[2])
Alkaloid 1 $C_{19}H_{23}NO_4$	184−5°	+172° (C)	—	*Phelline comosa*[3])
Alkaloid 2	—	—	—	*Phelline comosa*[3])
Majoritain 1 $C_{17}H_{23}NO_3$	133°	+140°	—	*Phelline billiardieri*[4])
Majoritain 2	186°	+143° (C)	—	*Phelline billiardieri*[4])

[1]) J. S. Fitzgerald, S. R. Johns, J. A. Lamberton, A. A. Sioumis, Austral. J. **22**, 2187 (1969)
J. S. Fitzgerald, S. R. Johns, J. A. Lamberton, A. A. Sioumis, Chem. Comm. 1102 (1968)
[2]) S. R. Johns, J. A. Lamberton, A. A. Sioumis, Austral. J. **22**, 2219 (1969)
[3]) N. Lonlois, B. C. Das, P. Portier, C. R. (Ser. C) **269**, 639 (1969)
[4]) H. N. Mai, N. Langlois, B. C. Das, P. Portier, C. R. (Ser. C) 2154 (1970)

Schelhammerin und Schelhammeridin

Schelhammerin, $C_{19}H_{23}NO_4$, eine tert. Base mit einer Methylendioxy- und einer Methoxygruppe, besitzt auf Grund umfangreicher 100-MHz-KMR-Untersuchungen die nachstehende Struktur mit einer zusätzlichen Doppelbindung am C-7.

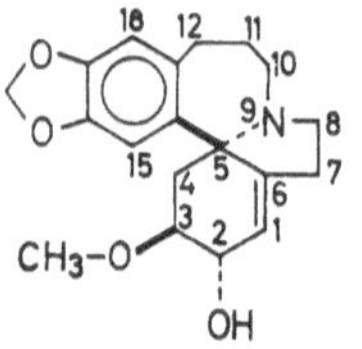

Schelhammerin

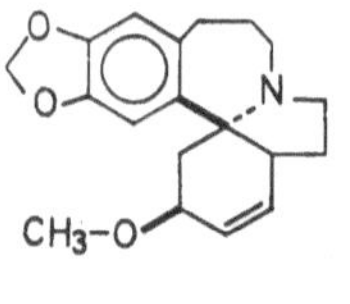

Schelhammeridin

Schelhammeridin unterscheidet sich vor allem durch die Anwesenheit von zwei Doppelbindungen vom Schelhammerin. Bei der katalytischen Hydrierung erhält man Desmethoxydihydroschelhammeridin, 1,2,6α,7-Tetrahydroschelhammeridin, Dihydroschelhammeridin und ein Tetrahydro-Derivat, dessen Bildung den Bruch der Bindung C-5—N-9 einschließt.

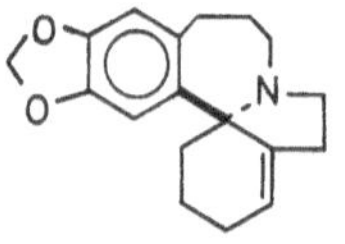

Desmethoxydihydro-schelhammeridin

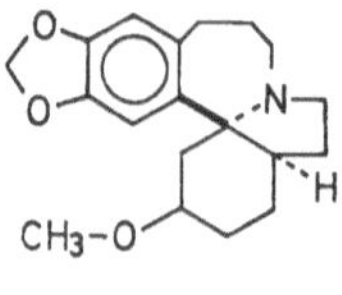

1,2,6α,7-Tetrahydro-schelhammeridin

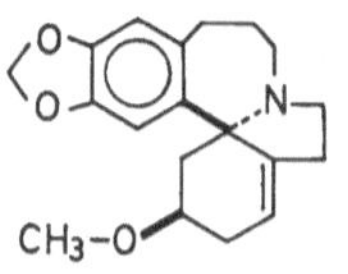

Dihydroschelhammeridin

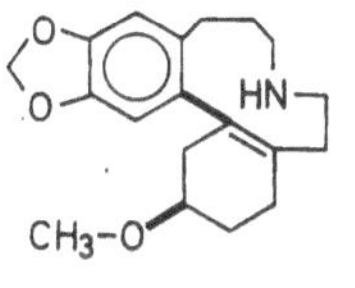

Tetrahydro-Derivat.

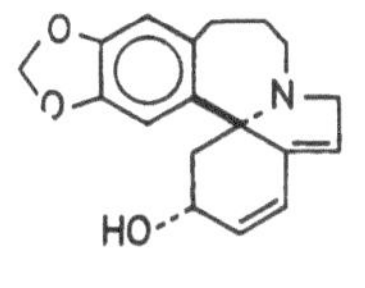

Alkohol

Bei der sauren Hydrolyse entsteht als Hauptprodukt ein Alkohol mit einer am C-3 entgegengesetzten Konfiguration.

Daneben bilden sich die folgenden Alkohole, die beide ein Diphenyl-System, das durch Aromatisierung des Ringes A entstanden ist, besitzen.

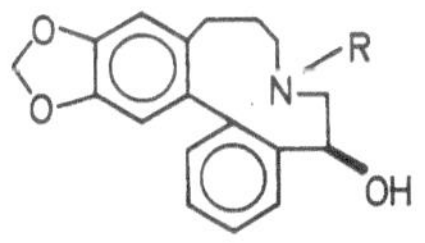

A

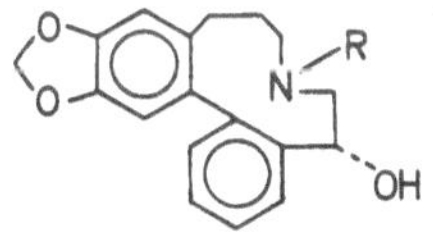

Die zwei voranstehenden Aminoalkohole sind dabei Diastereoisomere mit der abs. Konfiguration des dissymmetrischen Biphenyl-Systems, aber unterschiedlicher Konfiguration am C-7.

Beim Erhitzen des Schelhammeridins mit Acetanhydrid bildet sich ein N.O-Diacetylderivat, das bei der Hydrolyse den optischen Antipoden des Acetylderivates des Aminoalkohols A liefert.

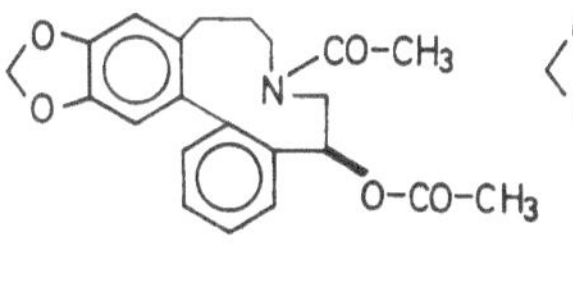

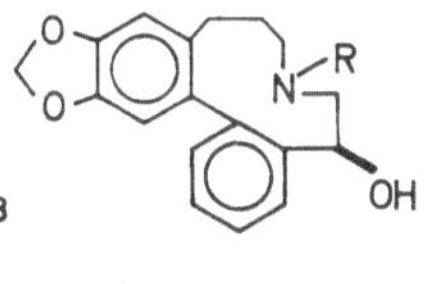

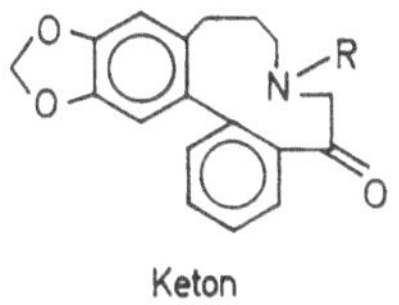

Keton

Durch Oxydation sind alle Acetylderivate in das gleiche Keton überführbar.

Die absolute Konfiguration des Schelhammeridins (3S, 5S) konnte durch die Umwandlung des Schelhammerins in Schelhammeridin durch Behandlung mit Methansulfonylchlorid abgeleitet werden. Damit besitzen beide Alkaloide die gleiche Konfiguration am C-3 und C-5. Als Nebenprodukt entstanden hierbei die zwei epimeren C-2-Chlorverbindungen.

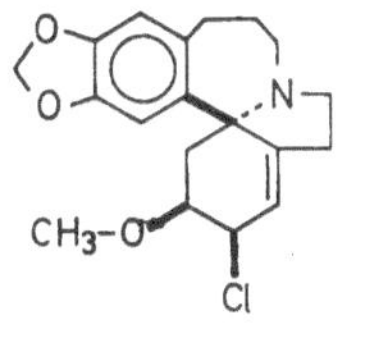

X /a

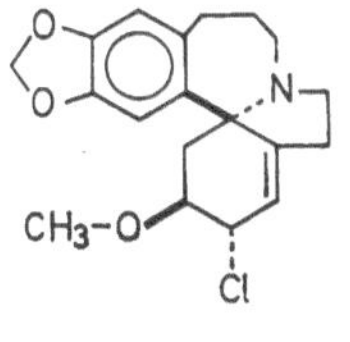

X / b

Die voranstehend abgeleiteten Strukturvorschläge konnten durch das Fragmentierungsverhalten im MS bestätigt werden:

a)

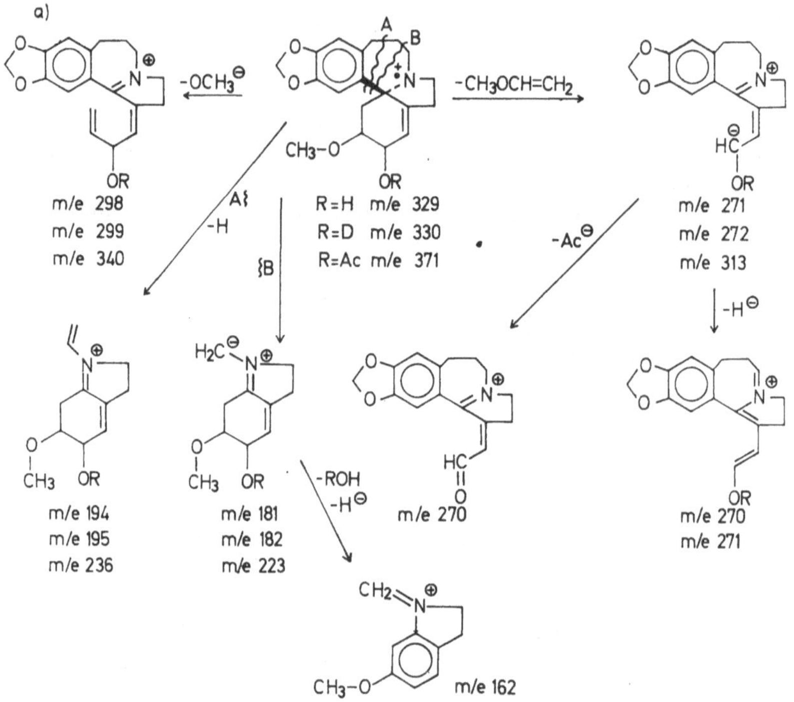

b)

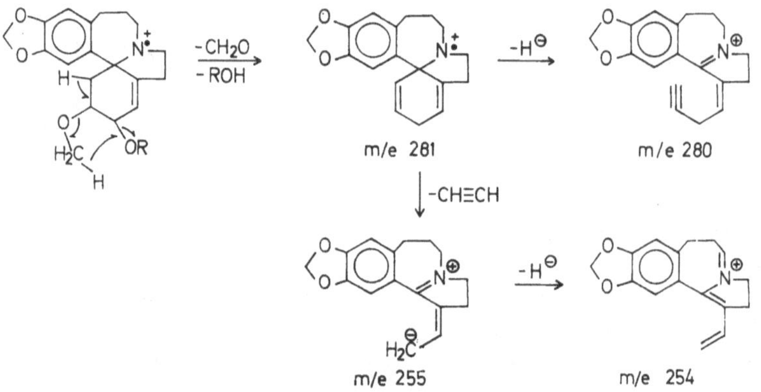

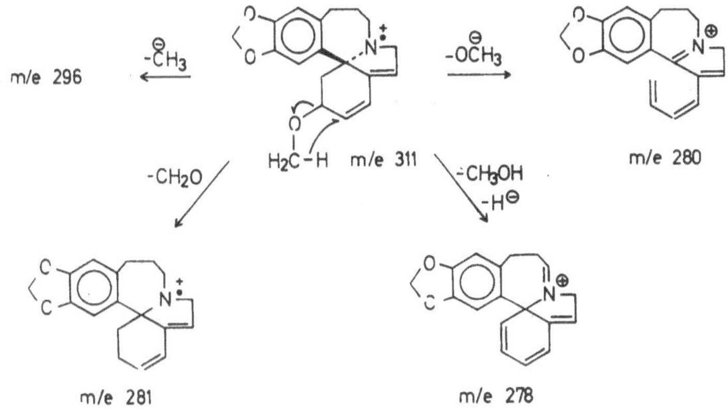

Die Struktur und absolute Stereochemie des Schelhammerins konnte durch eine Rö-Kristallstrukturanalyse des Schelhammerin-hydrobromids, das in der orthorhombischen Raumgruppe $P2_12_12_1$ und den Dimensionen a = 21,22, b = 9,64, c = 8,92 Å kristallisiert, bestätigt werden[3]).

Schelhammericin, Alkaloid A, G, E, B, H,

erwies sich durch direkten Vergleich als identisch mit Dihydroschelhammeridin.

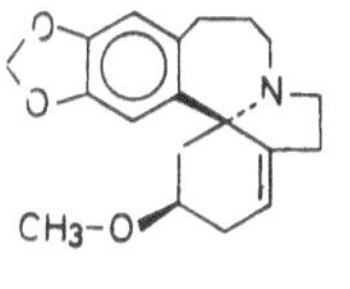

Schelhammericin

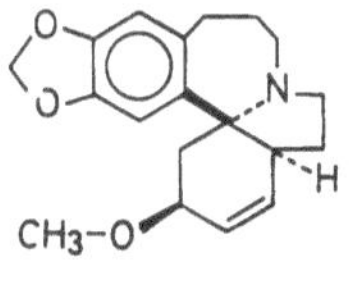

Alkaloid A

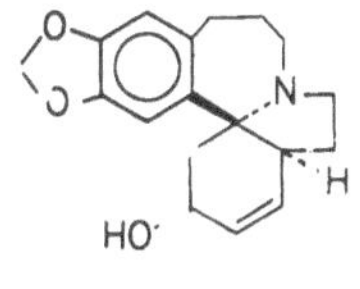

Alkohol

Alkaloid A, $C_{19}H_{23}NO_3$, geht bei dem Erhitzen mit 10% HCl in einen Alkohol, der die entgegengesetzte Konfiguration am C-3 besitzt, und bei der katalytischen Hydrierung in 1,2,6α,7-Tetrahydroschelhammeridin über.

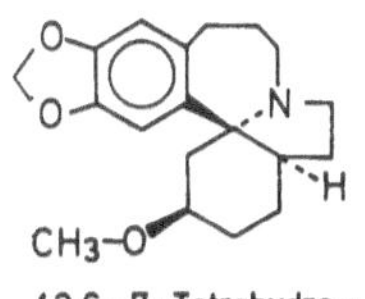

1,2,6α,7-Tetrahydro-schelhammeridin

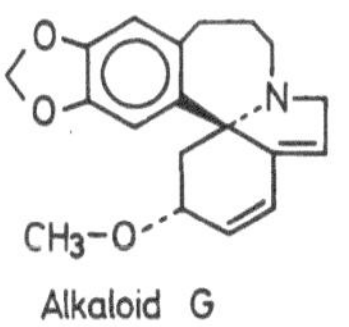

Alkaloid G

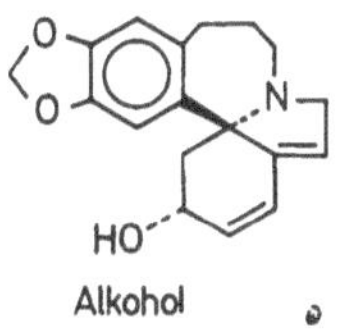

Alkohol

Alkaloid G, $C_{19}H_{21}NO_3$, geht bei der Hydrolyse in einen Alkohol über, aus dem es durch Einwirkung von Diazomethan in Gegenwart von BF_3 wieder resynthetisiert werden kann.

Alkaloid E, $C_{19}H_{23}NO_3$, ist isomer mit Alkaloid A und Schelhammericin und kann durch Hydrierung aus dem Alkaloid G gewonnen werden. Da das Alkaloid G mit Schelhamme-

[1]) J. S. Fitzgerald, S. R. Johns, J. A. Lamberton, A. A. Sioumis, Austral. J. **22**, 2187 (1969)
[2]) S. R. Johns, J. A. Lamberton, A. A. Sioumis, H. Suares, Austral. J. **22**, 2203 (1969)
[3]) S. R. Johns, C. Kowala, J. A. Lamberton, A. A. Sioumis, J. A. Wunderlich, Chem. Comm. 1102 (1968)

ridin und Schelhammerin korreliert werden konnte, muß an den Zentren C-3 und C-5 die gleiche absolute Konfiguration vorliegen.

Auf ähnlichem Wege konnten die folgenden Alkaloide in ihrer Struktur abgeklärt werden[1,2]:

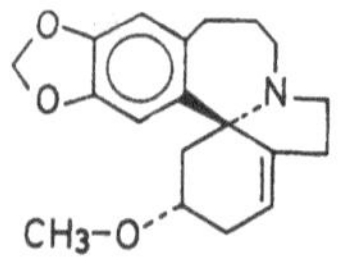

Alkaloid E

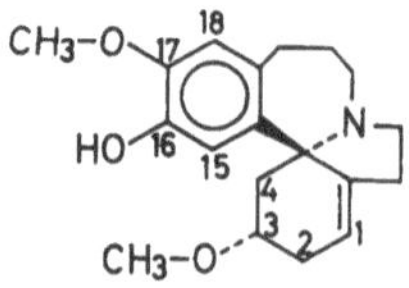

Alkaloid B

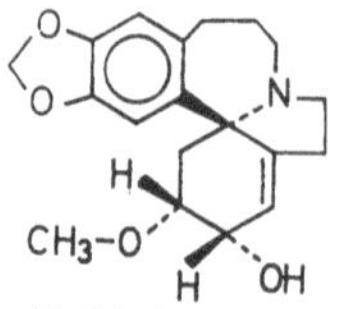

Alkaloid H

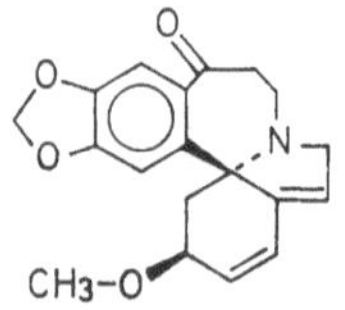

Alkaloid J

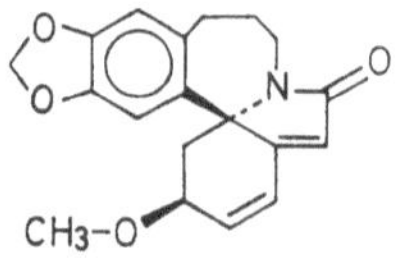

Alkaloid K

Alkaloid 1 und 2

sind nach spektroskopischen Untersuchungen als *epi*-Schelhammerin und 3-*epi*-Schelhammericin aufzufassen[3]).

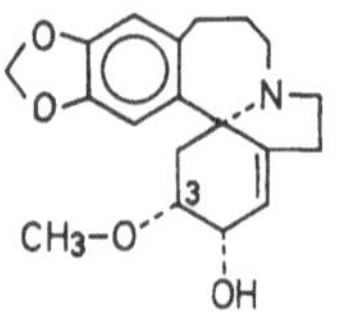

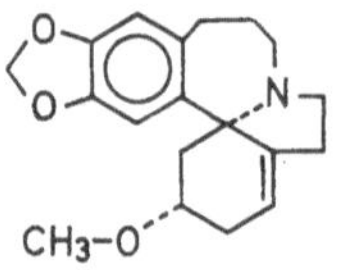

[1]) S. R. Johns, J. A. Lamberton, A. A. Sioumis, Chem. Comm. 1102 (1968)
[2]) S. R. Johns, J. A. Lamberton, A. A. Sioumis, Austral. J. **22**, 2219 (1969)
[3]) N. Langlois, B. C. Das, P. Portier, C. R. **269**, 639 (1969)

Majoritain 1 und 2

sind zwei Alkaloide mit einer im IR-Spektrum nachweisbaren Lacton-Funktion, denen auf Grund der Fragmentierungen im MS die folgenden Strukturen zugeordnet worden sind[1]):

Majoritain 1 Majoritain 2

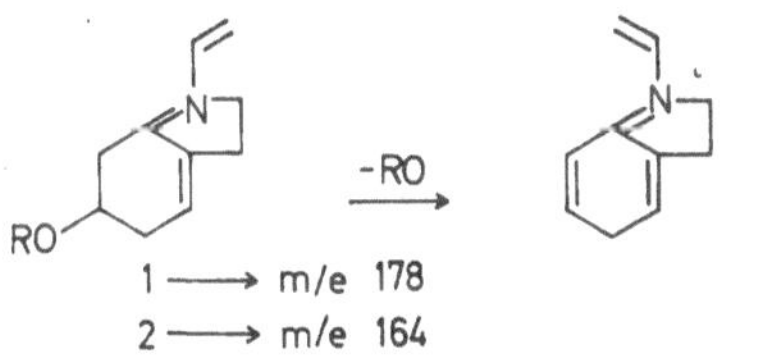

In Analogie zu der bereits beschriebenen Synthese des Erythrinadienons[2,3]) kann auch die Synthese des Homoerythrinadienons durchgeführt werden[4]):

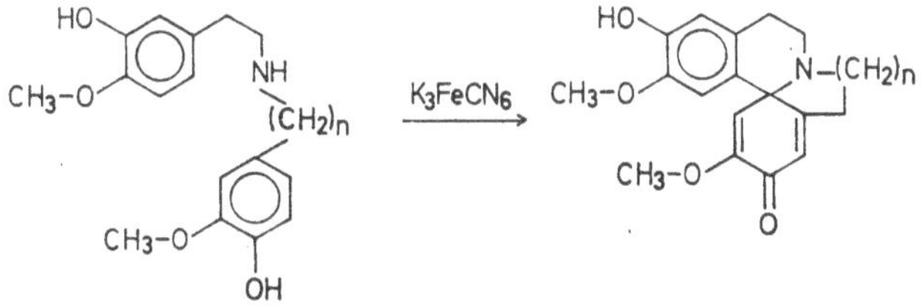

[1]) H. N. Mai, N. Longlois, B. Das, P. Portier, C. R. (C) 2154 (1970)
[2]) J. E. Gervay, F. McCapra, T. Money, G. M. Sharma, A. I. Scott, Chem. Comm. 142 (1966)
[3]) A. Mondon, M. Ehrhardt, T. L. 2557 (1966)
[4]) T. Kametani, F. Fukumoto, Chem. Comm. 26 (1968)
s. A. R. V. Stevens, M. P. Wentland, Chem. Comm. 1104 (1968)

24. Protostephanin

Protostephanin, ein in der Menispermacee *Stephania japonica* aufgefundenes Alkaloid, besitzt das Grundgerüst des Dibenz-[d,f]-azonins

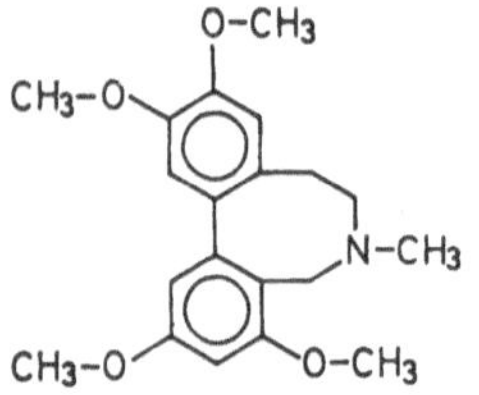

und kann wie folgt synthetisiert werden:

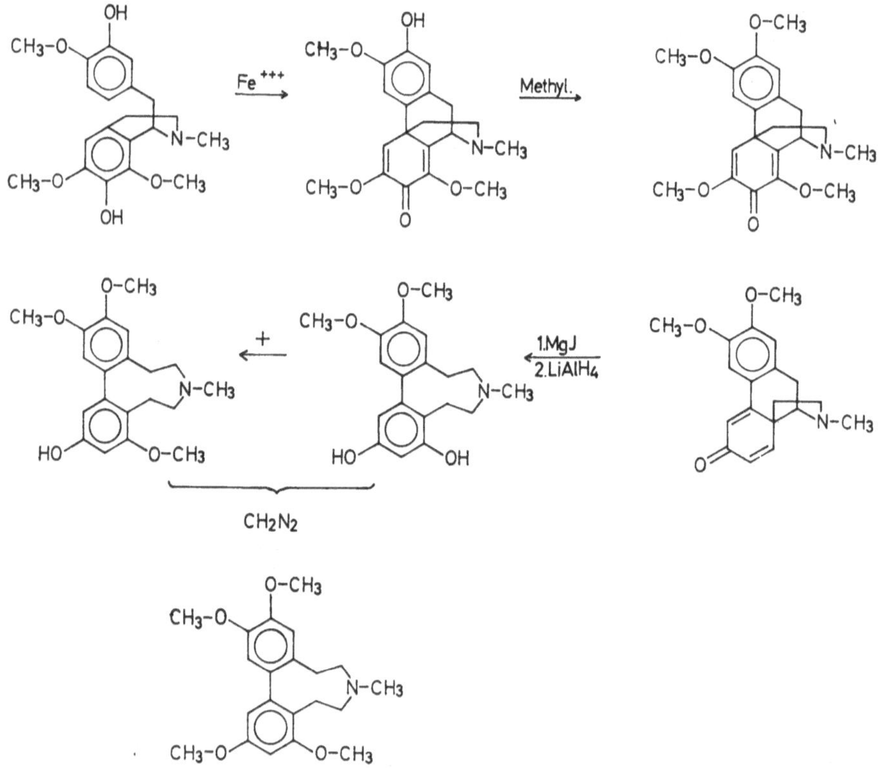

[1]) A. R. Battersby, A. K. Bhatnagar, P. Hackett, C. W. Thornber, J. Staunton, Chem. Comm. 1214 (1968)

25. Dibenzopyrrocolin-Alkaloide

Die beiden bekannten Alkaloide mit dem Ringgerüst des Dibenzo[b.g]pyrrocolins sind das Cryptaustolin und das Cryptowollin, zwei aus der Rinde der Lauracee *Cryptocarya bowiei* isolierte quartäre Basen der Zusammensetzung $C_{20}H_{24}NO_4$ bzw. $C_{19}H_{20}NO_4$. Es handelt sich um einen Trimethyläther bzw. einen Methylmethylenäther des sogenannten Dehydrolaudanosolins, welches aus Laudanosolin durch Dehydrierung erhalten wird.

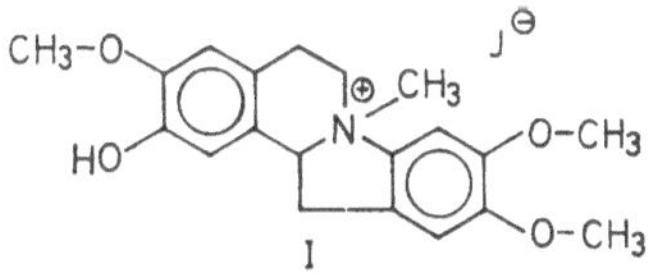

I

Cryptaustolin

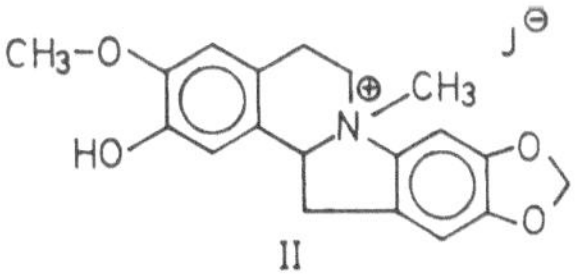

II

Cryptowollin

Bei den massenspektrometrischen Untersuchungen zeigen beide Alkaloide keinen M^+-Peak, was wohl sicherlich auf die leichte Pyrolyse unter den Bedingungen der Untersuchungen im Massenspektrometer zurückzuführen ist. Die resultierenden Spektren sind Spektren tertiärer Basen.

Von besonderem Interesse ist bei den Alkaloiden dieses Strukturtyps, daß die weitere Fragmentierung des M^+-sec-2-Ions der Fragmentierung eines 2-Methoxy-tropons entspricht.

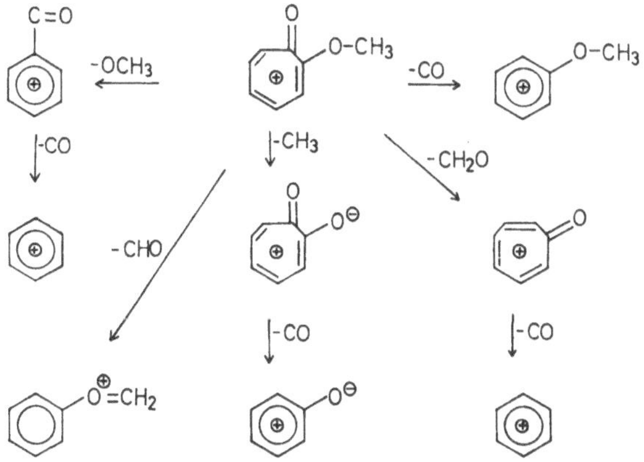

Überträgt man diese Fragmentierungsmöglichkeit auf die Alkaloide, so könnte die Bildung des Tropons wie folgt ablaufen:

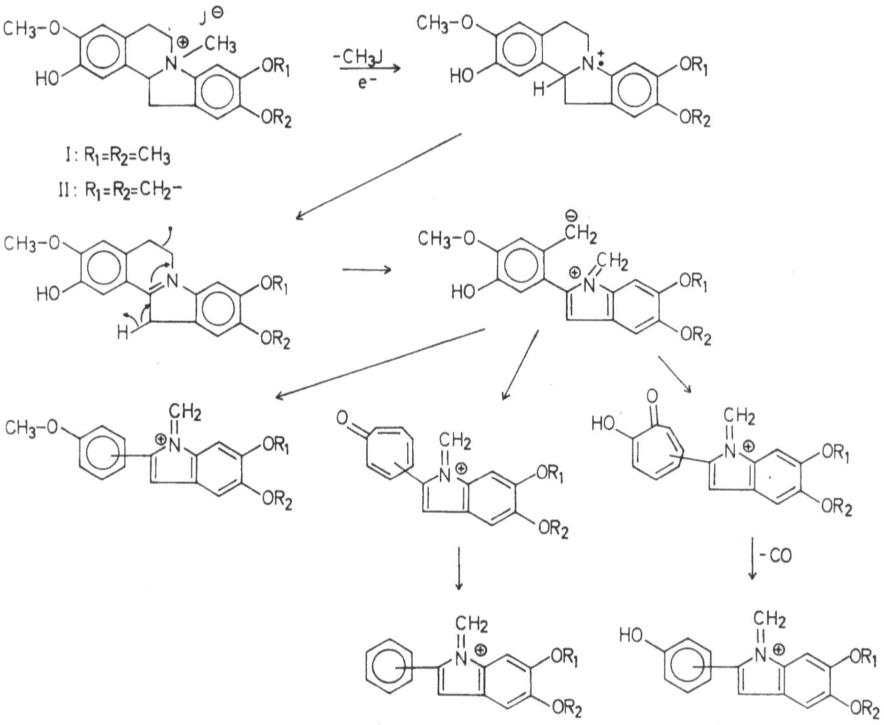

[1]) T. Kametani, K. Ogasawara, Chem. Pharm. Bull. **16**, 1498 (1968)

26. Cryptopleurin-Tylophorin-Alkaloide

Im Cryptopleurin, dem hautreizenden und blasenziehenden Prinzip der Rinde von *Cryptocarya pleurosperma* (Lauraceae) liegt das Ringgerüst des Phenanthro-[9.10.2'.3']-chinolizins vor.

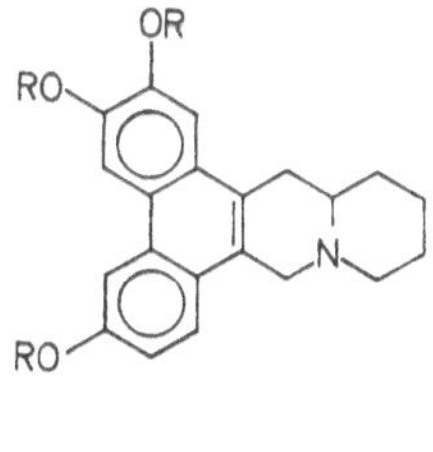

Cryptopleurin

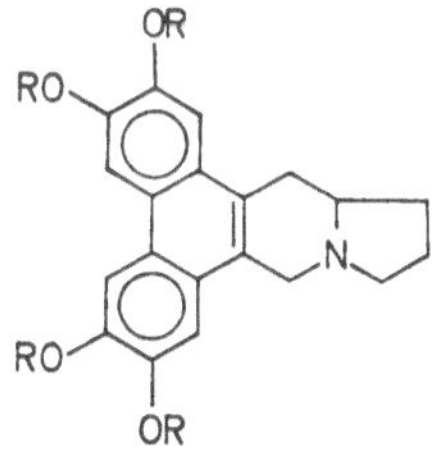

Tylophorin

Alkaloid	Schmp.	$[\alpha]_D$	Derivat	Vorkommen
Cryptopleuridin $C_{23}H_{23}NO_4$	194—7°	+90° (C)	O-Acetyl 268°	*Cryptocarya pleurosperma*[1])
Cryptopleurin (part. Racemat)	—	—	—	*Boehmeria platyphylla*[2])
Unbenanntes Alkaloid $C_{23}H_{25}NO_4$	—	—	—	*Cynanchum vincetoxicum*[3])
seco-Base $C_{24}H_{29}NO_3$	134—5°	+4,6° (C)	—	*Boehmeria platyphylla*[4])
Alkaloid D $C_{23}H_{25}NO_4$	—	—	—	*Cynanchum vincetoxicum*[3])

Zwei unbenannte Alkaloide A und C aus Cinanchum vincetoxicum

Aus den oberirdischen Teilen von *Cynanchum vincetoxicum* konnten neben dem bereits bekannten Tylophorin zwei weitere Alkaloide isoliert werden und die Strukturen eines 2,3,6-Trimethoxy- bzw. 6-Hydroxy-2,3-dimethoxy-9.11.12.13.13a.14-hexahydro-dibenzo-

[1]) S. R. Johns, J. A. Lamberton, A. A. Sioumis, R. I. Willing, Austral. J. **23**, 353 (1970)
[2]) N. K. Hart, S. R. Johns, J. A. Lamberton, Austral. J. **21**, 1397 (1968); **21**, 2579 (1968)
[3]) W. Wiegrebe, H. Buzikiewicz, L. Faber, Arch. Pharm. **303**, 1009 (1970)
[4]) N. K. Hart, S. R. Johns, J. A. Lamberton, Austral. J. **21**, 2579 (1968)

[f,h]-pyrrolo-[1.2-b]-isochinolins auf MS-spektrographischem Wege bewiesen werden.

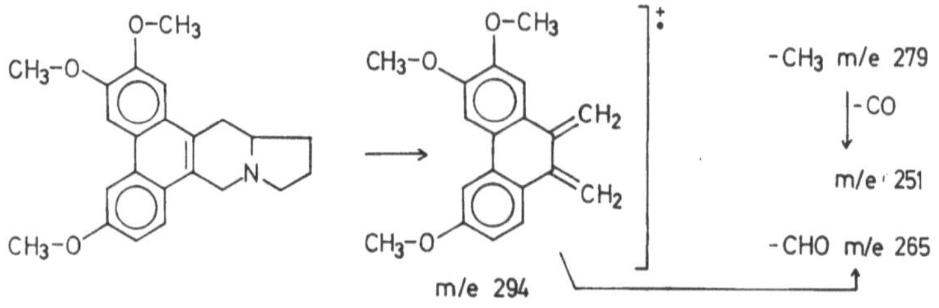

Die zweite Base besitzt nach den vorliegenden Untersuchungen eine 2.3-Dimethoxy-6-hydroxy-Struktur:

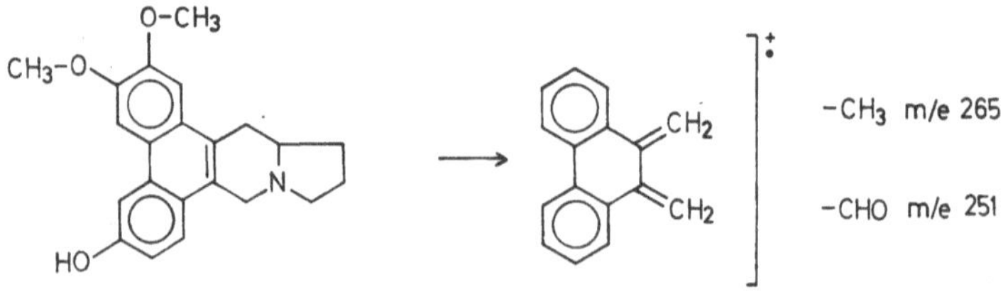

[1]) W. Wiegrebe, L. Faber, H. Brockmann, H. Budzikiewicz, U. Krüger, Ann. **721**, 154 (1969)

Einen weiteren Beweis für die Richtigkeit der Struktur des (6-Hydroxy-2,3-dimethoxy-9.11.12.13.13a.14-hexahydro-dibenzo-[f,h]-pyrrolo-[1.2]-isochinolins lieferte die folgende Synthese[1]):

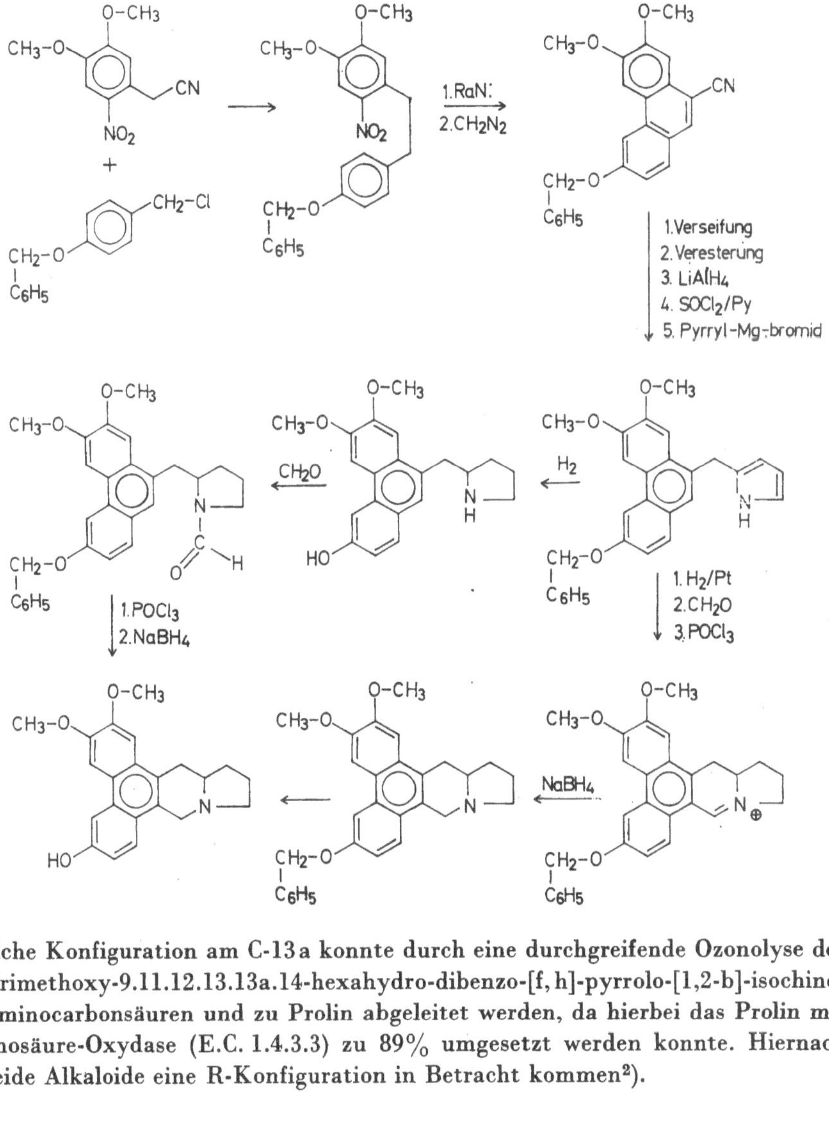

Die fragliche Konfiguration am C-13a konnte durch eine durchgreifende Ozonolyse des (—)-2,3,6-Trimethoxy-9.11.12.13.13a.14-hexahydro-dibenzo-[f,h]-pyrrolo-[1,2-b]-isochinolins zu ω-Aminocarbonsäuren und zu Prolin abgeleitet werden, da hierbei das Prolin mit der D-Aminosäure-Oxydase (E.C. 1.4.3.3) zu 89% umgesetzt werden konnte. Hiernach sollte für beide Alkaloide eine R-Konfiguration in Betracht kommen[2]).

[1]) W. Wiegrebe, L. Faber, H. Budzikiewicz, Ann. **733**, 125 (1970)
[2]) W. Wiegrebe, L. Faber, Th. Breyhan, Arch. Pharm. **304**, 188 (1971)

Cryptopleuridin

Cryptopleuridin, $C_{23}H_{23}NO_4$, ein Nebenalkaloid, konnte in seiner Struktur durch die vergleichenden 110-MHz-KMR-Untersuchungen mit dem Cryptopleurin abgeklärt werden[1]).

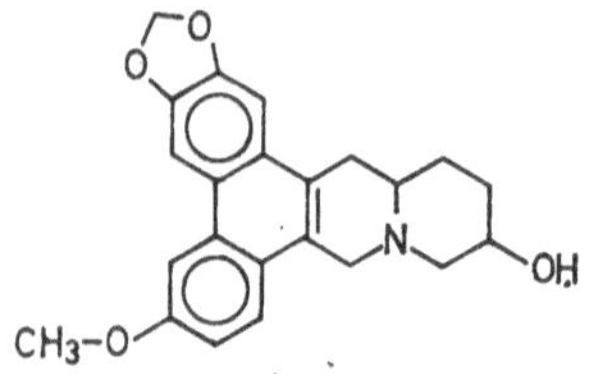

seco-Phenanthrochinolizidin

ist ein Nebenalkaloid aus *Boehmeria platyphylla* der Zusammensetzung $C_{24}H_{29}NO_3$, dem nach den vorliegenden spektroskopischen Befunden eine der folgenden Strukturen zukommt[2]).

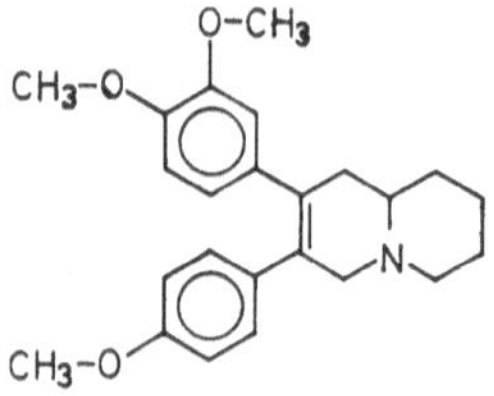

oder

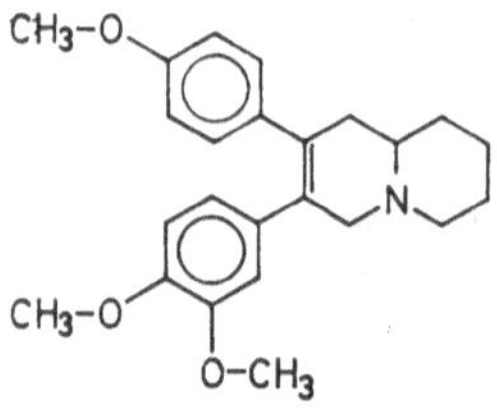

Alkaloid-D

Aus *Cinanchum vincetoxicum* wurde ein Isomeres des Tylophorinins isoliert und die Struktur als 14-Hydroxy-2,3,6-trimethoxy-9,11,12,13,13a,14-hexahydro-dibenzo-[f,h]-pyrrolo-[1,2-b]-isochinolins erkannt,

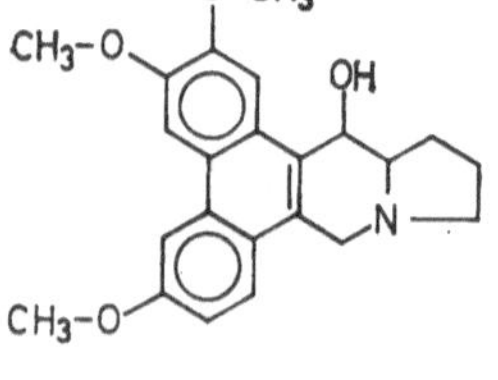

[1]) S. R. Johns J. A. Lamberton, A. A. Sioumis, R. I. Willing, Austral. J. **23** 353 (1970)
[2]) N. K. Hart, S. R. Johns, J. A. Lamberton, Austral. J. **21**, 2579 (1968)

und die Fragmentierung des Acetylderivates im Massenspektrometer wie folgt interpretiert:

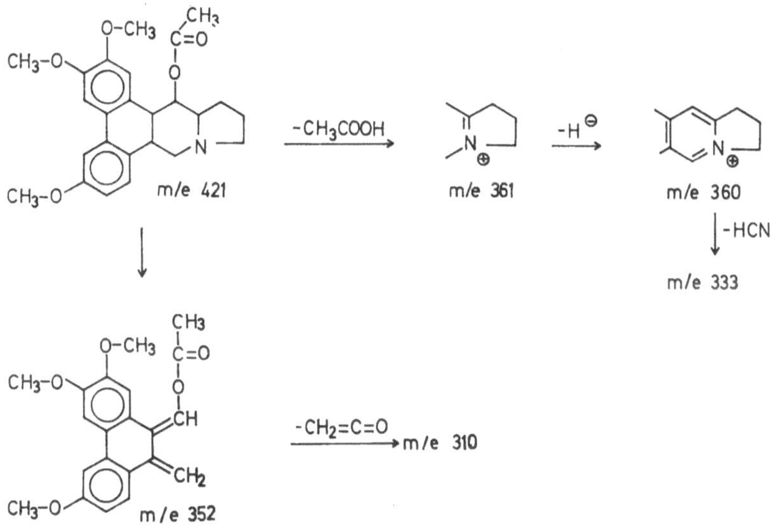

[1]) W. Wiegrebe, H. Budzikiewicz, L. Faber, Arch. Pharm. **303**, 1009 (1970)

Synthesen:

1. Eine Synthese, die die Darstellung der Phenanthroindolizidinalkaloide Tylocrebin, Tylophorin, Antofin und des bisher unbekannten 2,3-Dimethoxyphenanthroindolizidins gestattet, verläuft über die folgenden Reaktionssequenzen:

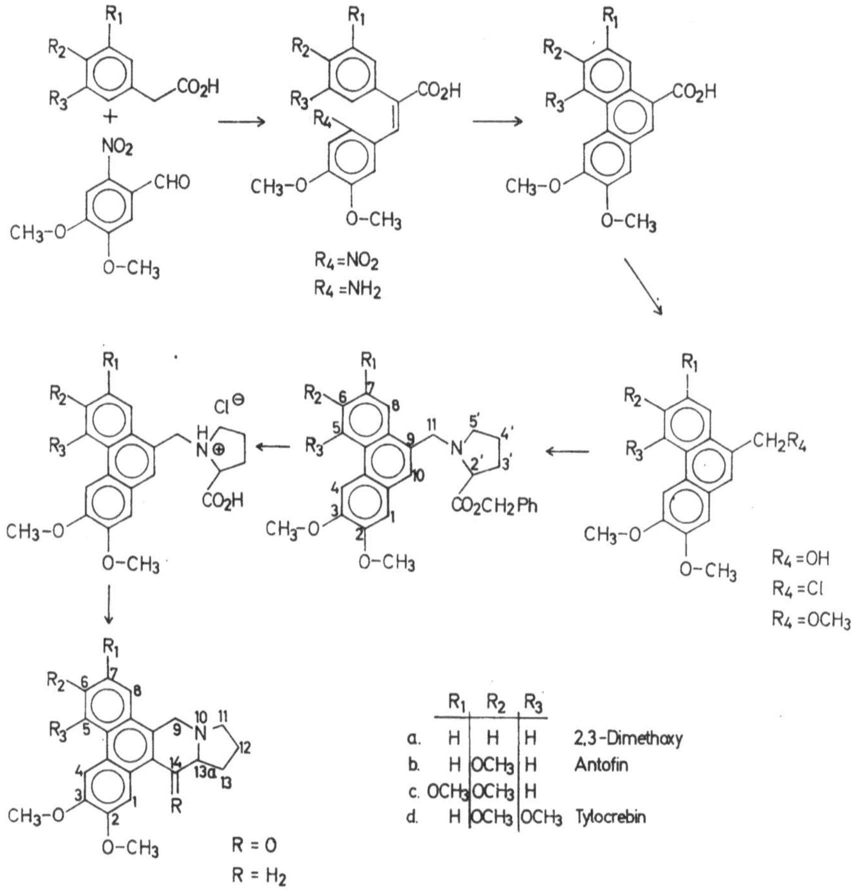

	R_1	R_2	R_3	
a.	H	H	H	2,3-Dimethoxy
b.	H	OCH_3	H	Antofin
c.	OCH_3	OCH_3	H	
d.	H	OCH_3	OCH_3	Tylocrebin

[1]) R. Chauncy, E. Gellert, Austral. J. **23**, 2503 (1970)

2. Synthese des Cryptopleurins:

Das einzige bisher bekannte Phenanthrochinolizidin-Gerüst kann wie folgt dargestellt werden[1]):

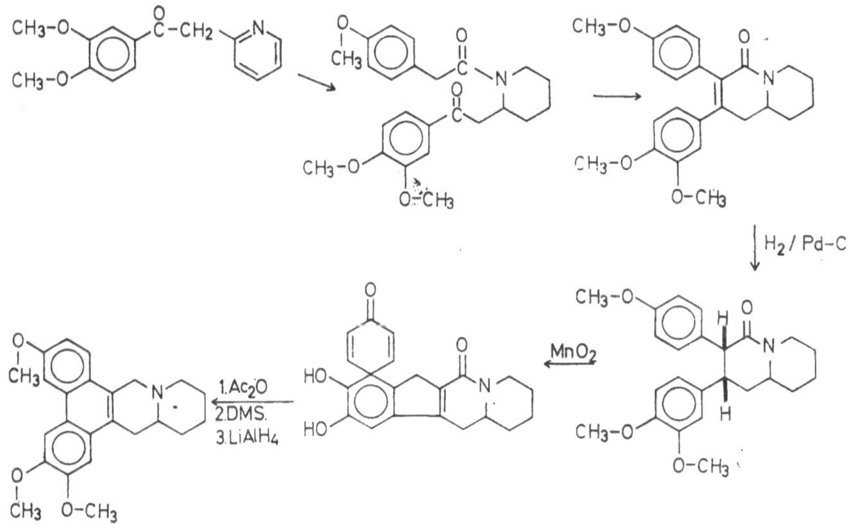

3. Eine Synthese des (+)-Tylophorins geht den folgenden Weg[2]):

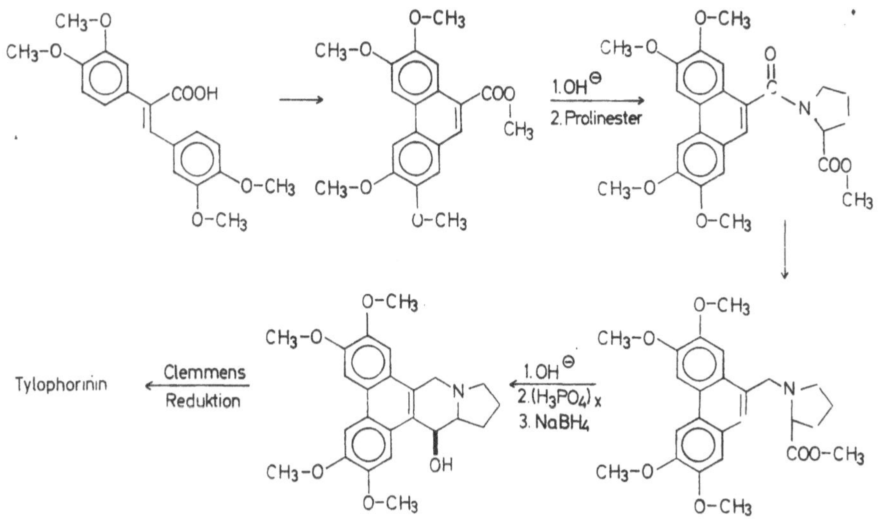

[1]) J. M. Paton, P. L. Pauson, T. S. Stevens, Chem. Soc. (C) 1309 (1969)
[2]) R. B. Herbert, C. J. Moody, Chem. Comm. 121 (1970)

4. Septicin, dem die Struktur eines 6,7-Bis-(3,4-dimethoxyphenyl)-6,7-dehydroindolizidins zukommt, kann wie folgt synthetisch dargestellt werden[2]):

a)

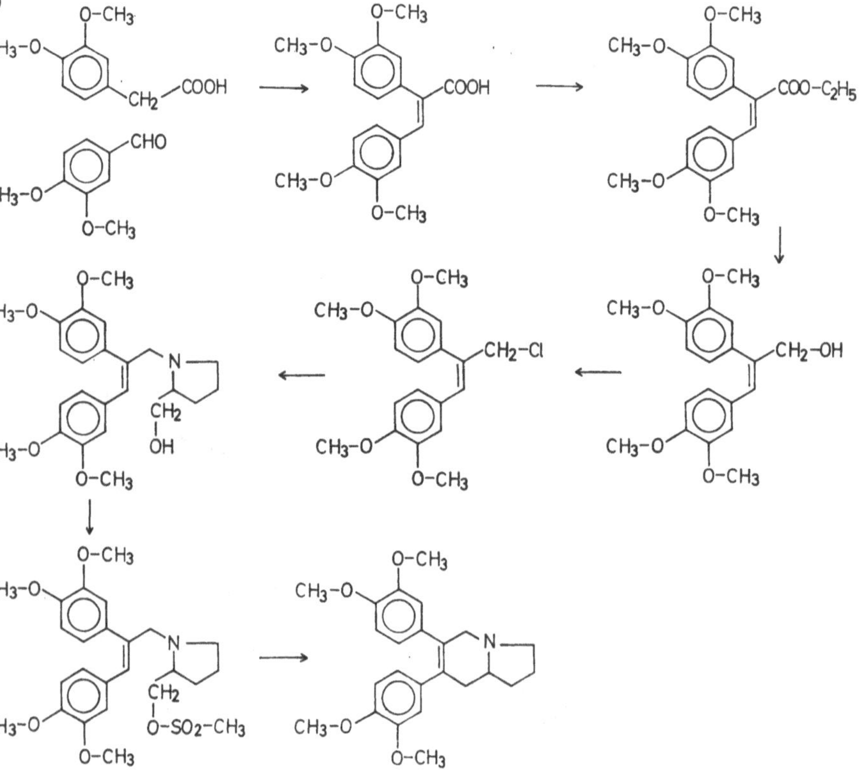

b)

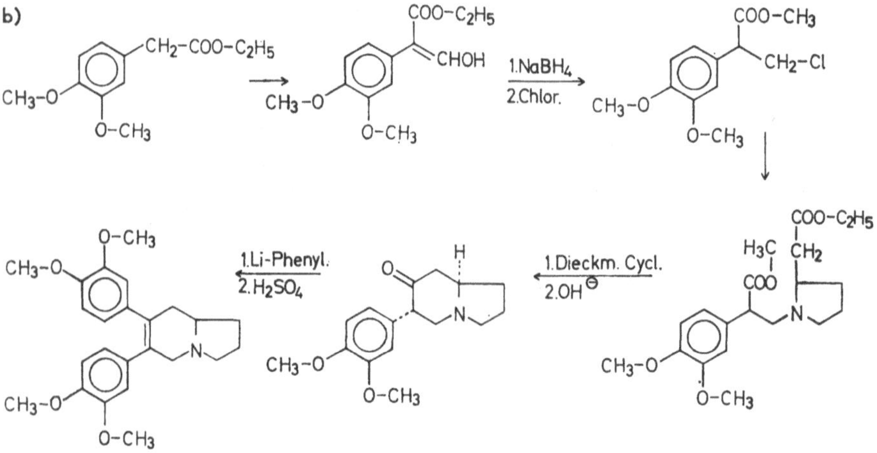

[1]) J. H. Russel, H. Hunziker, T. L. **46**, 4035 (1969)
[2]) T. R. Govindachari, N. Viswanathan, T. **26**, 715 (1970)

27. Amaryllidaceen-Alkaloide

Weit über siebzig Pflanzen der Amaryllidaceen wurden in den letzten Jahren einer weiteren Prüfung unterzogen und führten damit zur Isolierung von nunmehr nahezu 160 Alkaloiden, die an anderer Stelle in der Natur anscheinend nicht auftreten und daher als den Pflanzen jener Familie eigentümliche Inhaltsstoffe betrachtet werden können. Neben den bereits bekannten Strukturtypen konnten zwei neue Typen von Alkaloiden mit dem Gerüst des 5,11-Methanomorphanthridin und dem Biphenylsystem aufgefunden werden und gestatten damit einen weiteren Einblick in die Biosynthese dieser Alkaloide.

Bemerkenswert ist vor allem die Isolierung von dimeren und trimeren Basen in der Lacton-Serie sowie vor allem das Auffinden der *epi*-Verbindungen der Lactonreihe und der denkbaren biogenetischen entsprechenden *epi*-Vorstufen der Lycorin-Serie. Wie in allen anderen Gruppen haben auch bei den Amaryllidaceen-Alkaloiden die modernen physikalischen Untersuchungsmethoden einen entscheidenden Fortschritt in der Strukturuntersuchung gebracht und damit bei den Amaryllidaceen-Alkaloiden sicherlich zu einem gewissen Ende der Untersuchungen beigetragen.

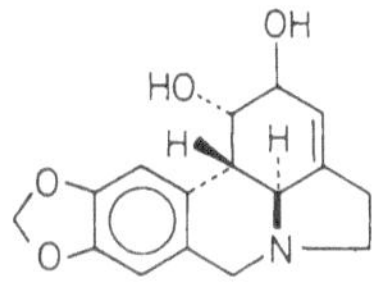

Lycorin

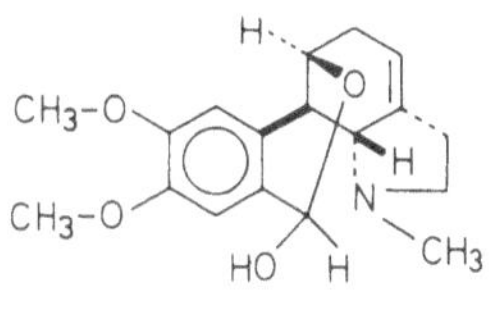

Lycorenin

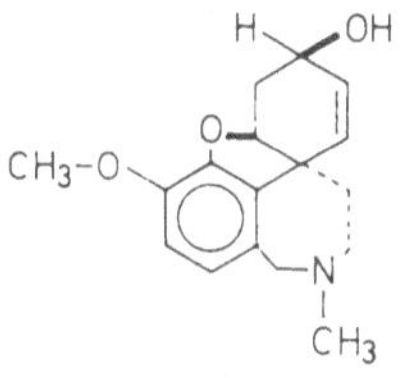

Galanthamin

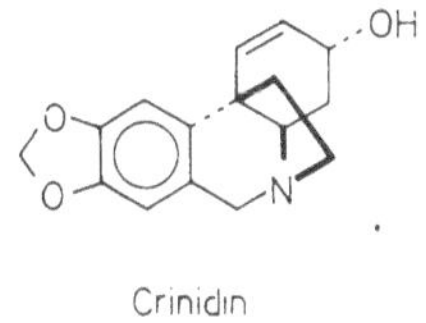

Crinidin

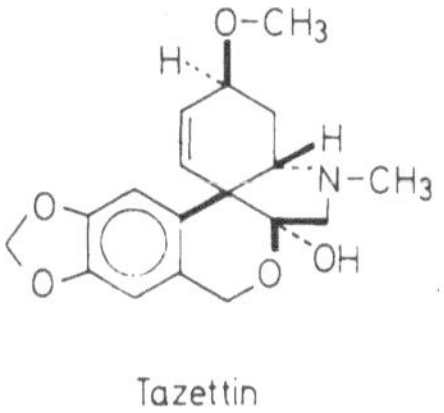

Tazettin

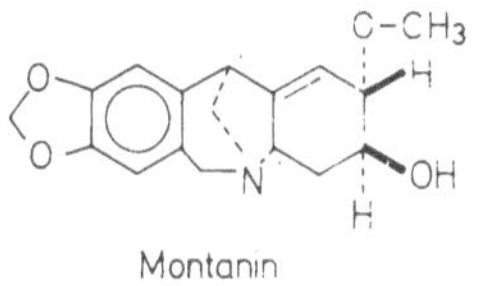

Montanin

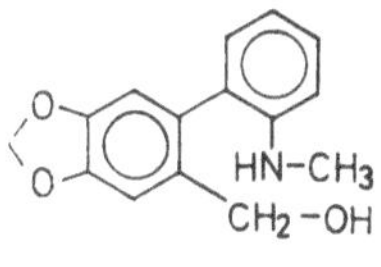

Ismin

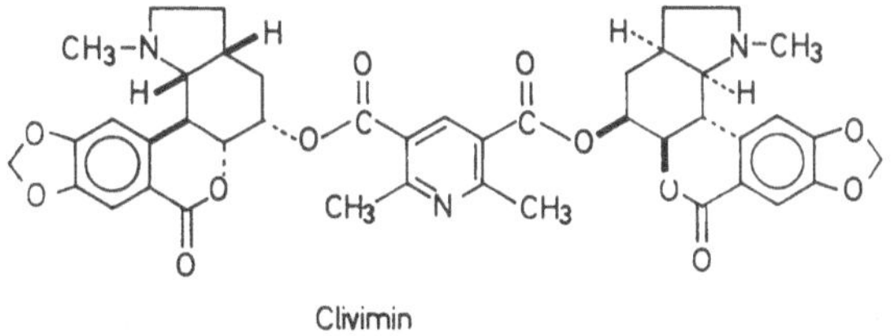

Clivimin

Alkaloid	Schmp.	$[\alpha]_D$	Derivat	Vorkommen
Pancracin $C_{16}H_{17}NO_4$	272–3°	−74° (M)	Diacetyl 163–5°	*Pancratium maritimum*[1] *Rhodophilia bifida*
Cheryllin $C_{17}H_{19}NO_3$	217–8°	−69° (M)	O-Methyl·HCl 229–30°	*Crinum powellii var. alba*[2]
Joubertiamin $C_{16}H_{21}NO_2$	—	—	Dihydro 226°	*Sceletium joubertii*[3]
Dihydrojoubertiamin $C_{16}H_{23}NO_2$	—	—	Dihydro 226°	*Sceletium joubertii*[3]
Dehydrojoubertiamin $C_{16}H_{19}NO_2$	—	—	—	*Sceletium joubertii*[3]
Mesembrenol $C_{17}H_{23}NO_3$	140°	+91° (C)	—	*Sceletium strictum*[4]
O-Acetylmesembrenol $C_{19}H_{25}NO_4$	Öl	—	—	*Sceletium strictum*[4]
4'-O-Desmethyl-mesembrenol $C_{16}H_{21}NO_3$	200–3° 219–20°	+533° (A)	—	*Sceletium strictum*[4]
4'-O-Desmethyl-mesembranol $C_{16}H_{23}NO_3$	201°	−195° (A)	—	*Sceletium strictum*[4]
Epihaemanthamin $C_{17}H_{19}NO_4$	205°	−24°	—	*Haemanthus katharinea*[5]
3-Epimacronin $C_{17}H_{19}NO_5$	—	—	—	*Sprekelia formosissima*[6]
Precriwellin $C_{18}H_{21}NO_5$	amorph	+228° (C)	HCl 199°	—
N-Desmethylmacronin $C_{17}H_{17}NO_5$	166–7°	—	—	*Crinum erubescens*[6]
N-Desmethyl-carbäthoxymacronin $C_{20}H_{21}NO_7$	amorph	+313° (C)	—	*Crinum erubescens*[6]

[1]) W. C. Wildman, C. L. Brown, Am. Soc. **90**, 6349 (1968)
[2]) A. Brossi, G. Grethe, S. Teitel, W. C. Wildman, D. T. Bailey, Org. Chem. **35**, 1100 (1970)
[3]) R. R. Arndt, P. E. J. Krüger, T. L. **37**, 3237 (1970)
[4]) P. W. Jeffs, G. Ahmann, H. F. Campbell, D. S. Farrier, G. Ganguli, R. L. Hawks, Org. Chem. **35**, 3512 (1970)
[5]) C. Nogueiras, W. Döpke, E. Gründemann, G. Lehmann, T. L. **29**, 2743 (1971)
[6]) W. C. Wildman, D. T. Bailey, Org. Chem. **33**, 3749 (1968)

Lycorin

Eine Totalsynthese des Dihydrolycorins geht aus vom 1,2,3,6-Tetrahydro-3-(3,4-methylendioxyphenyl)-phthalsäureanhydrid, das mit Methanol unter Rückfluß erhitzt wird und dabei ein Gemisch von Halbestern bildet:

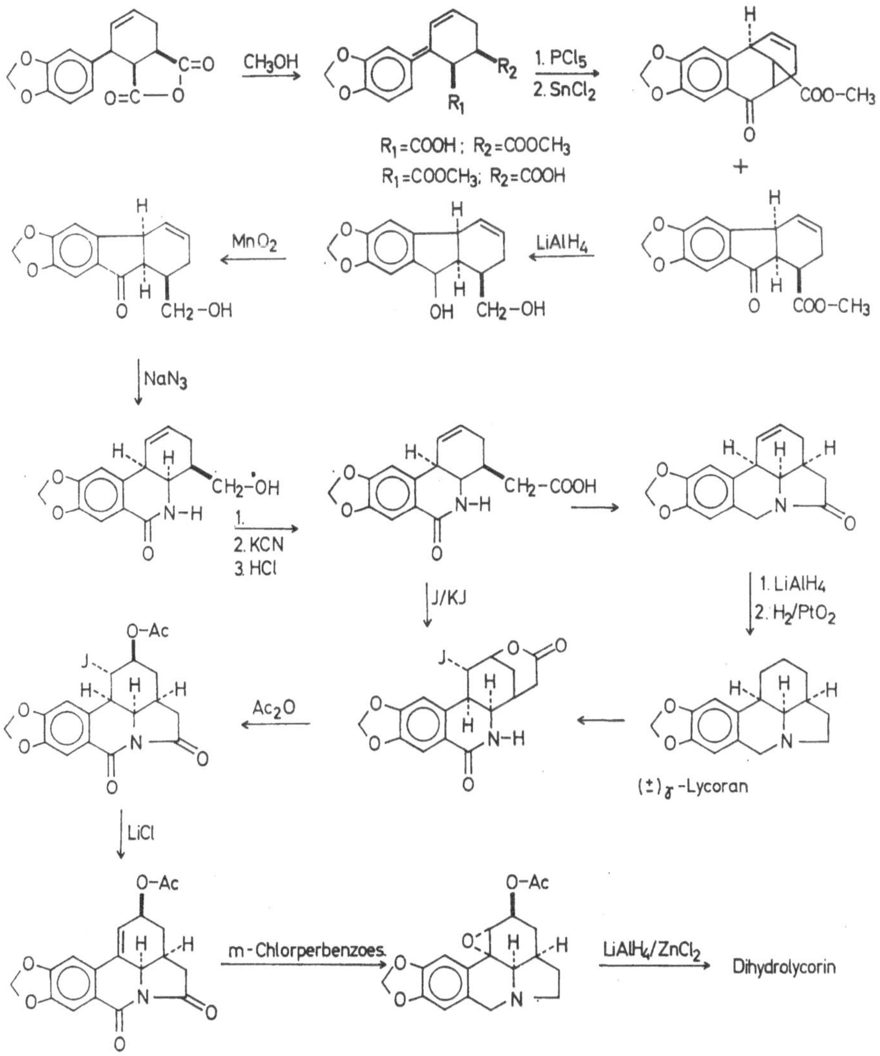

[1]) H. Irie, Y. Nishitani, M. Sugita, S. Uyeo, Chem. Comm. 1313 (1970)

Narcissidin, Parkacin und Ungminorin

Narcissidin, ein seit längerer Zeit bekanntes Alkaloid aus verschiedenen Narcissus-Species, wurde einer Rö-Kristallstrukturanalyse (Narcissidin-hydrobromid-Raumgruppe $P2_12_12_1$; Dimensionen a = 16,10, b = 15,53, c = 7,34 Å) unterworfen, die zur folgenden Raumstruktur für das Alkaloid führte:

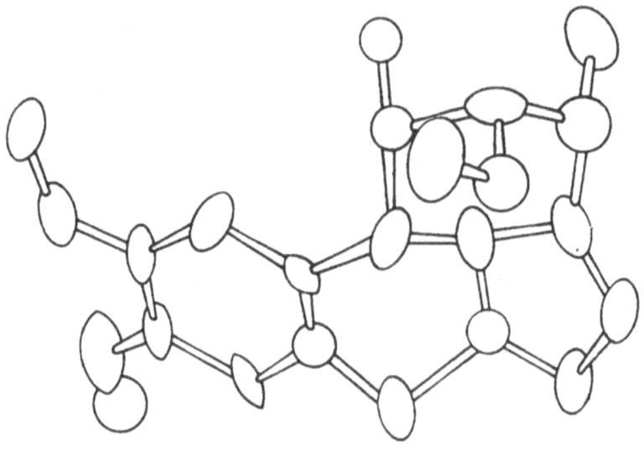

Hiernach kommt dem Narcissidin eine Dihydrolycorin-Grundstruktur und den zu diesem Typ gehörenden Alkaloide Parkacin und Ungminorin die im folgenden abgebildeten Strukturen zu[1]):

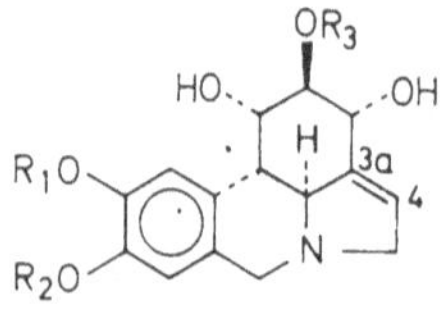

Narcissidin $R_1=R_2=R_3=CH_3$
Parkacin $R_1=R_2=CH_3$; $R_3=H$
Ungminorin $R_1=R_2=-CH_2-$; $R_3=H$

Pancracin

Pancracin, $C_{16}H_{17}NO_4$, ein Alkaloid, das bereits früher aus *Pancratium maritimum* isoliert werden konnte, besitzt auf Grund der leichten Hydrolysierbarkeit des Montanins zu Pancracin die folgende Struktur:

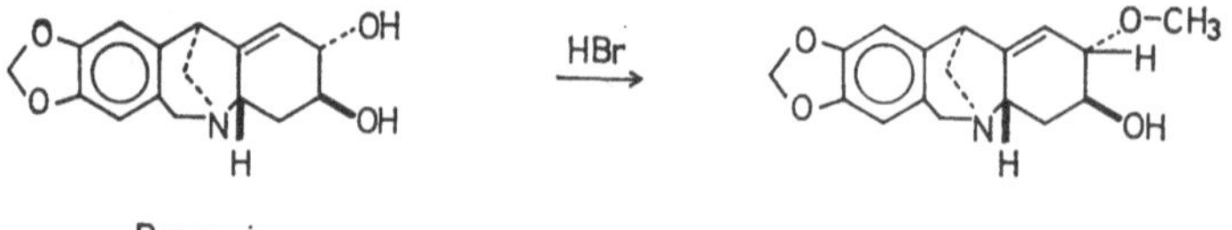

Pancracin Montanin

Die wiedergegebene Stereochemie konnte aus den IR-spektroskopischen Untersuchungen abgeleitet werden, allerdings ist die Stereochemie der B/C-Ring-Verknüpfung im Dihydropancracin bisher noch unbekannt.

[1]) J. C. Clardy, W. C. Wildman, F. M. Hauser, Am. Soc. **92**, 1781 (1970)

Wertvolle Aufschlüsse für die Strukturuntersuchungen lieferten die Massenspektren, zumal sich Pancracin von Montanin, Coccinin und Manthin durch die unterschiedliche Stereochemie der Substituenten am C-2 und C-3 voneinander unterscheiden. Die Natur dieser Substituenten und ihre besondere Konfiguration haben aber andererseits einen entscheidenden Einfluß auf die Fragmentierung.

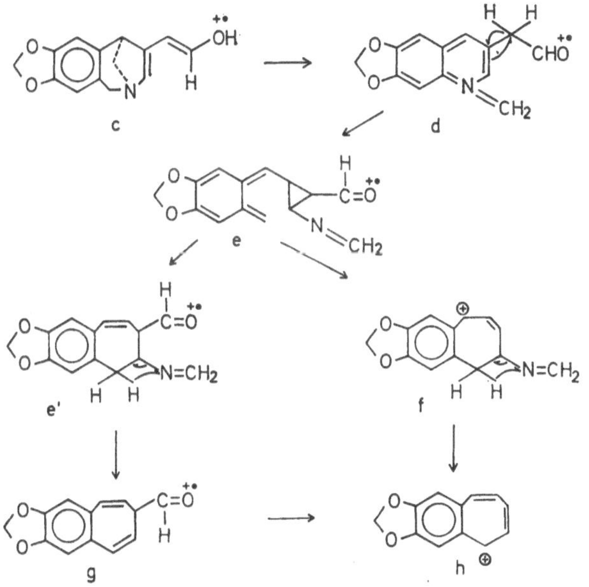

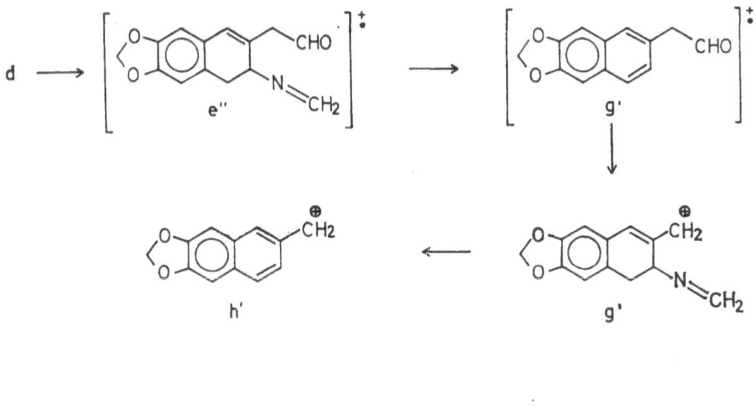

1) W. C. Wildman, C. L. Brown, Am. Soc. 6435 (1968)

Galanthamin

Die Synthese des Galanthamins durch eine oxydative Phenolkopplung gelang wie folgt[1,2]:

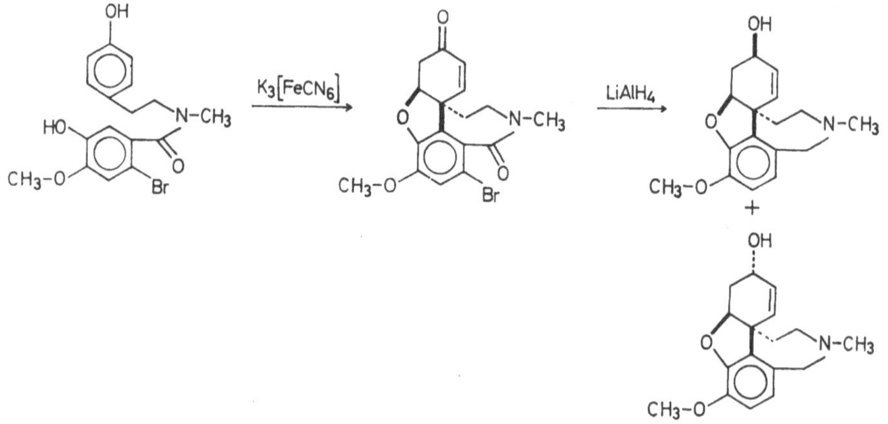

Bei der Oxydation des Galanthamins wird neben dem Narwedin ein Ketoaldehyd erhalten, dem auf Grund der spektroskopischen Untersuchungen die folgende Struktur zukommt[3]:

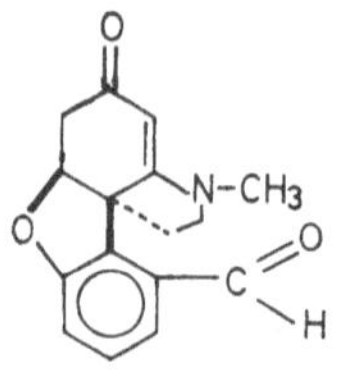

Stereochemie der Alkaloide vom Crinan-Typ

Die Molekularstruktur und absolute Konfiguration der Alkaloide vom 5.10b-Äthanophenanthridin-Typ wurden bereits durch Anwendung der Millschen Regel, und durch ORD- und CD-Untersuchungen weitgehend abgeklärt. Auch der chemische Abbau des Dihydrotazettins zeigte, daß die bisher abgeleiteten absoluten Konfigurationen korrekt waren.

[1]) T. Kametani, K. Yamaki, H. Yagi, K. Fukumoto, Chem. Comm. 425 (1969)
[2]) T. Kametani, K. Yamaki, H. Yagi, K. Fukumoto, Chem. Soc. (C) 2602 (1969)
[3]) J. G. Bhandarkar, G. W. Kirby, Chem. Soc. (C) 592 (1970)

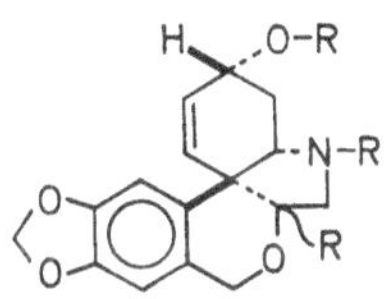

Criwellin
Isotazettinol
Desoxyisotazettinol
Acetyldesoxytazettinol
O-Methylisotazettin-jodethylat

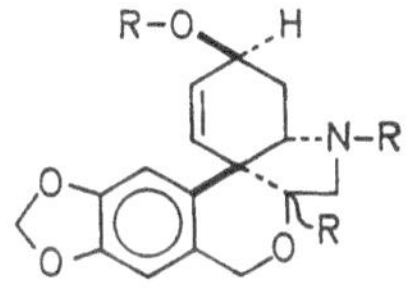

Tazettin
Tazettinol
Desoxytazettinol
Acetyldesoxytazettinol
O-Methyltazettin-jodmethyl

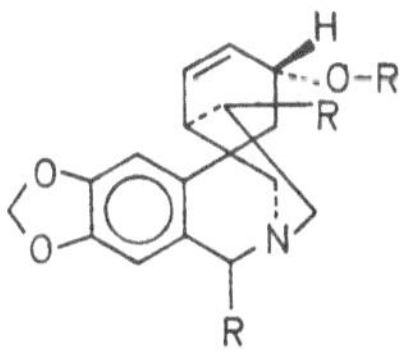

Crinamin
(+) Epicrinin
6-Hydroxycrinamin
6-Oxocrinamin

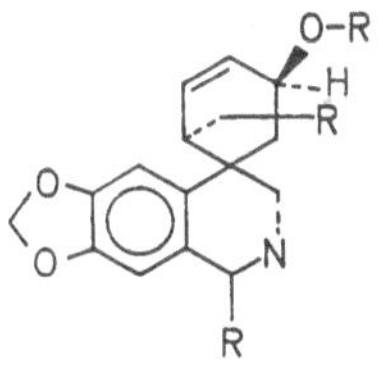

Haemanthamin
Haemanthidin
Vittatin
Oxohaemanthidin

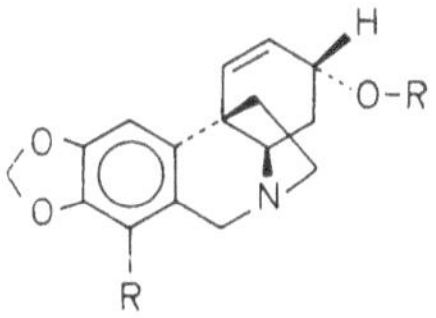

Crinin
Powellin
Buphanisin

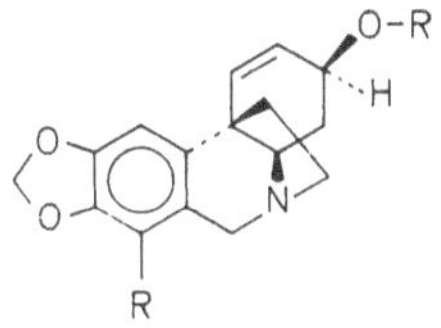

(−) Epicrinin
Epipowellin
(−) Epibuphanisin

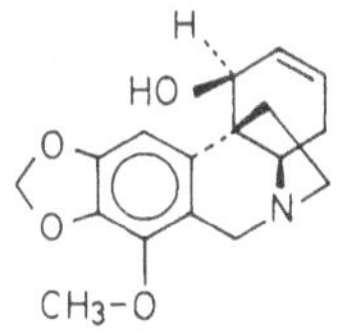

Epibuphanamin

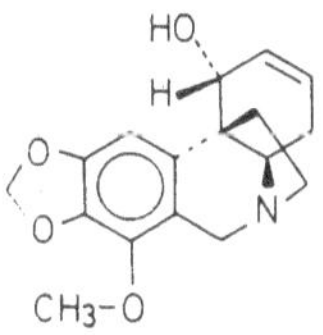

Buphanamin

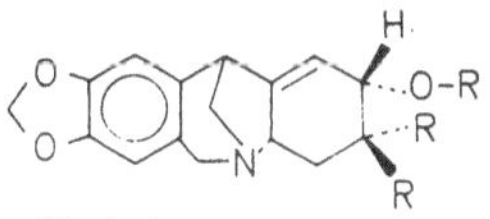

Montanin
Montanin-jodmethylat
Manthin
Isohaemanthamin
β-Isocrinamin

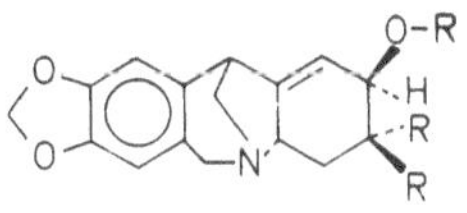

Coccinin
Cocciningjodmethylat
α-Isocrinamin
O-Methylcoccinin
Epiisohaemanthamin

[1]) R. J. HIGHET, P. F. HIGHET, Org. Chem. **33**, 3105 (1968)

Neuerdings wurden nunmehr Rö-Kristallstrukturanalysen von zwei Basen durchgeführt, die die bisher gewonnenen Erkenntnisse überprüfen sollten.

Das Jodmethylat des 6-Hydroxybuphanidrins, das im orthorhombischen System der Raumgruppe $P2_12_12_1$ und den Dimensionen a = 20,02, b = 13,62, c = 7,24 Å kristallisiert, zeigte, daß vier Moleküle pro Zelleinheit vorliegen

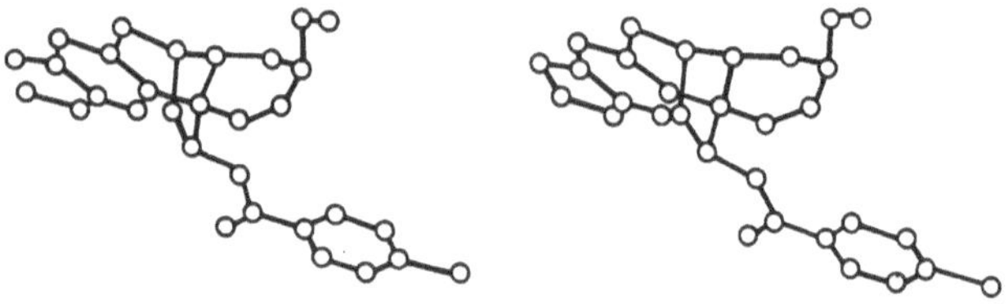

und das Haemanthamin-p-brombenzoat (monoklines System, Zelldimension a = 9,11, b = 13,13, c = 8,91 Å) weist den folgenden räumlichen Aufbau auf:

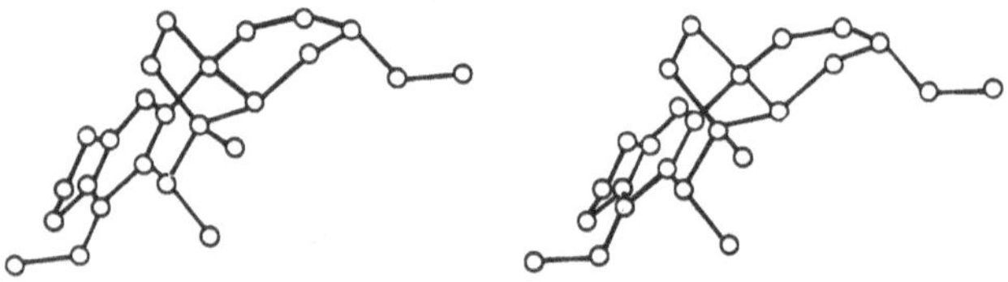

Nach diesen Untersuchungen liegt die 6-Hydroxygruppe in quasiaxialer Anordnung vor. Der O-O-Abstand zur O-Methylgruppe beträgt 3,04 Å und ist damit zur Ausbildung einer starken Wasserstoffbrückenbindung zur benachbarten Methoxygruppe zu groß. Das im monoklinen System und der Raumgruppe $P2_1(C_2^2)$ kristallisierende p-Brombenzoat des Haemanthamins bestätigte die bereits bekannte absolute Konfiguration[4]) dieses Alkaloids.

Damit sind zugleich die absoluten Konfigurationen der Alkaloide vom Crinin-Tazettin- und Montanin-Typ bestätigt.

[1]) J. A. MILLS, Chem. Soc. 4976 (1952)

[2]) G. G. DE ANGELIS, W. C. WILDMAN, T. **25**, 5099 (1969); T. L. **9**, 729 (1969)
K. KURIYAMA, T. IWATA, M. MORIYAMA, K. KOTERA, Y. HAMEDA, R. MITSUI, K. TAKED, Chem. Soc. (B) 46 (1967)

[3]) R. J. HIGHET, P. F. HIGHET, T. L. 4099 (1966)

[4]) W. C. HAMILTON, Acta Cryst. **18**, 502 (1969)

[5]) C. C. CLARDY, F. M. HAUSER, D. DAHM, R. A. JACOBSON, W. C. WILDMAN, Am. Soc. **92**, 6337 (1970)

Die Stereochemie des Haemanthidins konnte auch durch eine weitere Korrelierung im Sinne des folgenden Schemas weiter erhärtet werden:

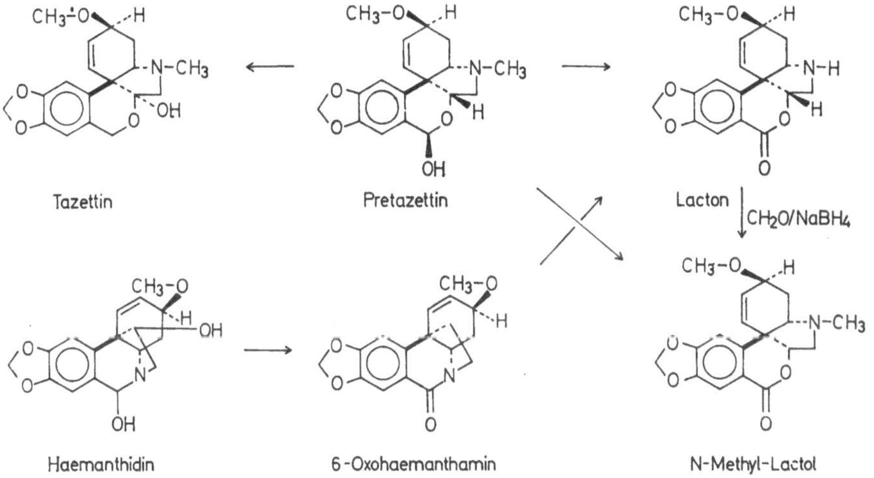

Aus den IR- und KMR-Untersuchungen folgt damit die voranstehende Stereostruktur. Der Mechanismus der Umlagerung des Pretazettins in das Tazettin muß damit wie folgt formuliert werden:

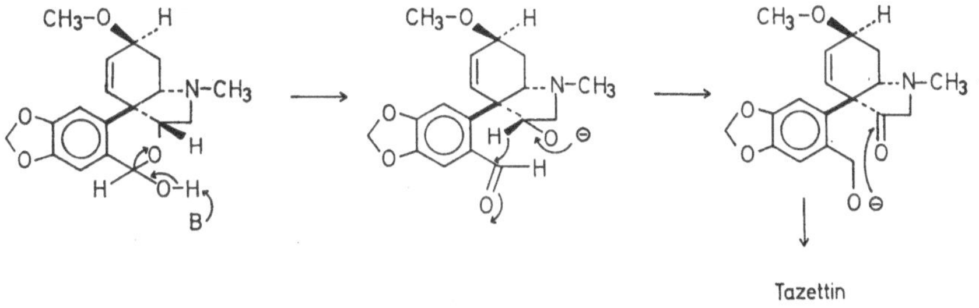

Pretazettin besitzt eine *trans*-B/D-Ring-Verknüpfung, während Tazettin eine *cis*-B/D-Ring-Verknüpfung aufweist und ein relativ flexibles Molekül darstellt. Die Umlagerung könnte als eine intramolekulare Cannizzaro-Reaktion mit anschließender Hemiketal-Bildung betrachtet werden.

Precriwellin und N-Desmethylmacronin

Ein als Precriwellin bezeichnetes Alkaloid geht bei der Behandlung mit Alkali in Criwellin und bei der Oxydation mit MnO_2 in Macronin und N-Desmethylmacronin über, so daß den Alkaloiden die nachstehenden Strukturen zukommen sollten:

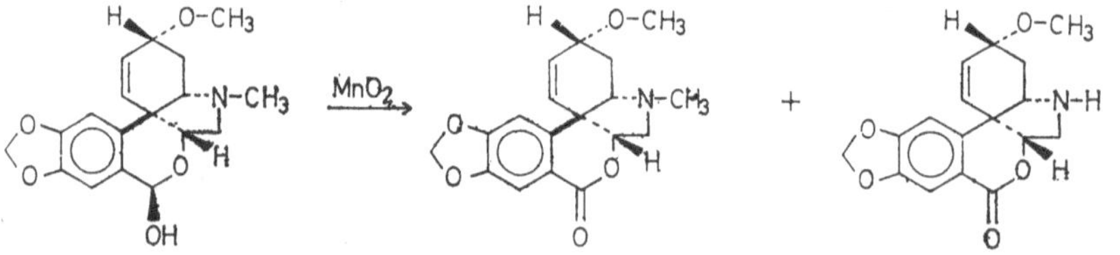

Precriwellin Macronin N-Desmethylmacronin

N-Desmethylmacronin konnte außerdem auch als natives Alkaloid isoliert werden.

N-Desmethyl-carboäthoxymacronin

Ein weiteres Alkaloid sollte auf Grund seiner Synthese aus N-Desmethylmacronin und Chlorkohlensäureäthylester wie folgt zu beschreiben sein[1]).

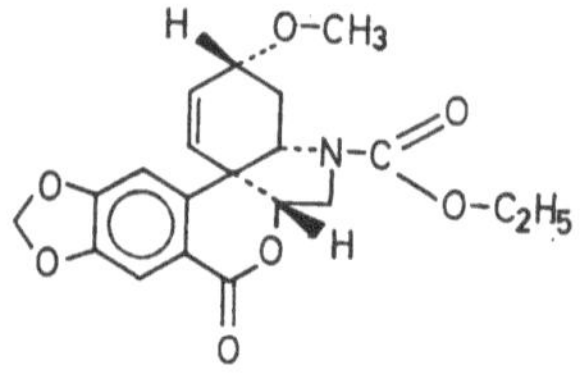

3-Epimacronin

3-Epimacronin ist durch N-Methylierung des Macronins darstellbar und auch durch MnO_2-Oxydation des Pretazettins im Gemisch mit N-Desmethyl-3-epi-macronin erhältlich.

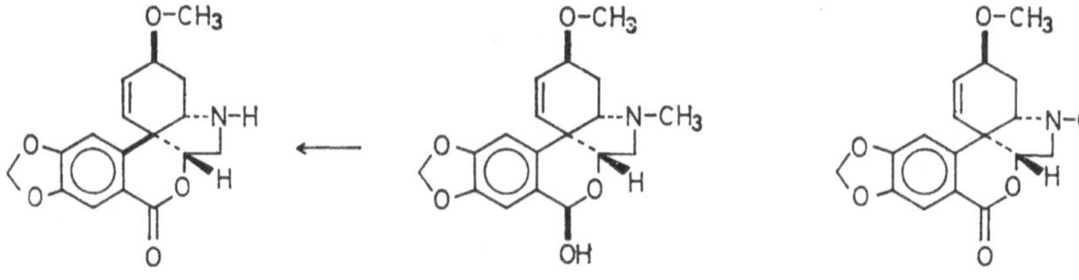

Pretazettin 3-Epimacronin

Die Struktur und Stereochemie konnte durch synthetische Untersuchungen weiter abgeklärt werden. Haemanthidin geht durch Oxydation mit MnO_2 in 6-Oxohaemanthamin über, das dann beim Erwärmen mit Na-Acetat/Essigsäure-Puffer eine Umlagerung durch

[1]) W. C. Wildman, D. T. Bailey, Org. Chem. **33**, 3749 (1968)

Hydrolyse der Lactamgruppe zu einer Aminosäure erfährt, die dann einer Lactonisierung zwischen der Säurefunktion und der C-11-Hydroxygruppe unterliegt[1]).

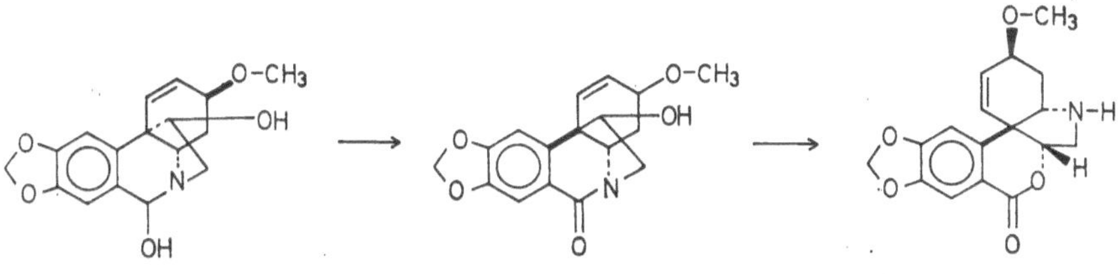

Das hierbei erhältliche N-Desmethyl-3-epi-macronin ist durch anschließende Methylierung mit Formaldehyd/$NaBH_4$ in 3-Epi-macronin überführbar.

Clividin

Clividin, $C_{17}H_{19}NO_5$, wurde aus *Clivia miniata* isoliert und weist in seinem IR- und Massenspektrum auf eine weitgehende Strukturidentität mit Dihydrohippeastrin hin. Da bei den vergleichenden CD-Untersuchungen ein zum Clivonin enantiomerer Kurvenverlauf festgestellt wurde, sollte im Clividin eine *cis*-Verknüpfung des Lactonringes mit dem Cyclohexanring vorliegen, so daß bei einer möglichen Epimerie am C-5 die Hydroxygruppe eine äquatoriale Lage einnehmen und sich somit in *cis*-Stellung zur potentiellen Hydroxygruppe befinden sollte.

Die einfachste Möglichkeit der Korrelation des Clividins mit dem Dihydrohippeastrin wäre die Oxydation zu einem aus beiden identischen Keton. Da diese Oxydation aber nicht realisierbar ist, wurde zur Abklärung der möglichen Epimerie das Clividin mit $LiAlH_4$ unter milden Bedingungen zum Halbacetal reduziert und mit Perjodsäure in 30 Minuten zu 96% oxydiert, während das trans-diaxiale Glykol des entsprechenden Dihydrohippeastrins erst zu 16% oxydiert war. Zur Korrelierung des Clividins mit dem Hippeastrin wurde Hippeastrin mit MnO_2 zum entsprechenden Keton oxydiert, das bei der anschließenden Reduktion mit $LiAlH_4$ in ein Halbacetal und das 5-*epi*-Tetrahydrohippeastrin überging. Die anschließende Hydrierung führte zu 5-*epi*-α-Tetrahydrohippeastrin, das zudem auch aus Clividin durch drastische Reduktion und Cyklisierung erhältlichen α-Dihydro-desoxy-5-*epi*-hippeastrin cyklisiert werden konnte.

[1]) W. C. Wildman, D. T. Bailey, Org. Chem. **33**, 3749 (1968)
Über einige Partialsynthesen siehe: W. C. Wildman, D. I. Bailey, Am. Soc. 150 (1969)

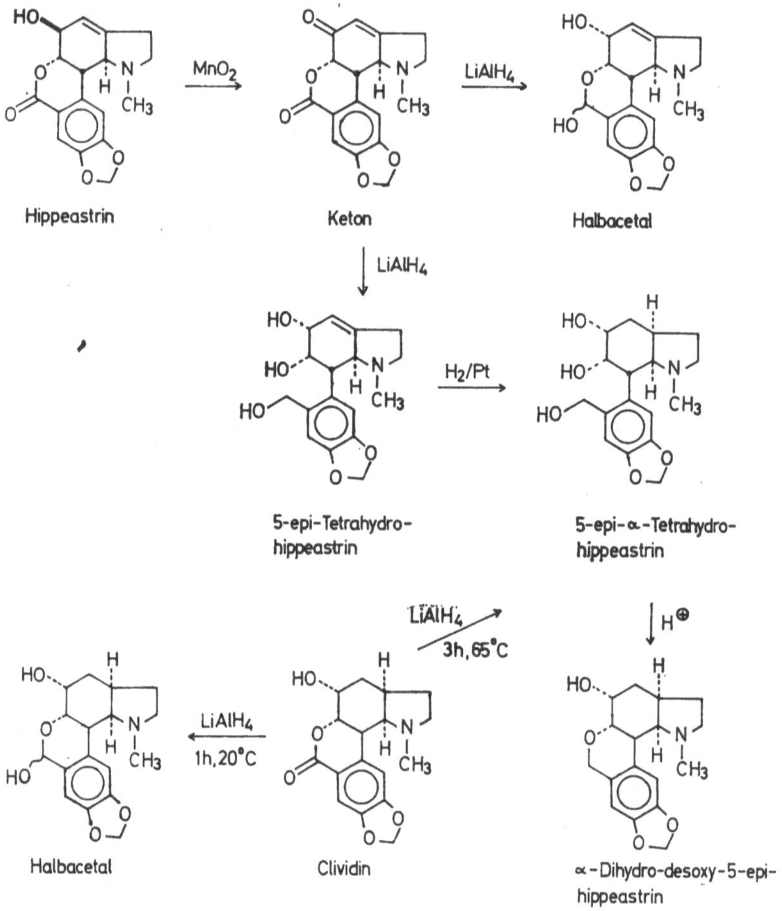

Da die Stereochemie an den C-Atomen 5, 5c—11b und 11c damit und auch durch die spektroskopischen Vergleichsverfahren in Analogie zu den Alkaloiden der Homolycorin-Lycorenin-Reihe abgeklärt werden konnten, war nunmehr die Konfiguration am C-3a abzuklären.

Die durch die chemischen Reaktionen nicht eindeutig abzuleitende Konfiguration am C-3a konnte durch spektroskopische Verfahren bestimmt werden, und die durch das 100-MHz-KMR-Spektrum gesicherte Zuordnung der Stereochemie ergab für das Clividin die Stereostruktur eines 5-*epi*-α-Dihydrohippeastrins[1]).

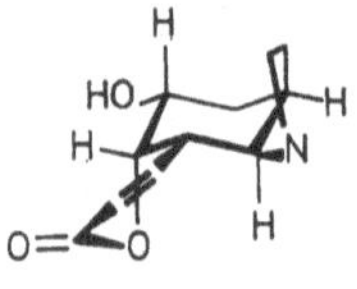

[1]) W. Döpke, M. Bienert, T. L. **37**, 3245 (1970)

Cliviasin

Bei der wiederholten Chromatographie der Restbasen von *Clivia miniata* konnte neben Clivimin ein weiteres Alkaloid isoliert werden, dessen IR-Spektrum mit dem des-α-Dihydrohippeastrins identisch war, so daß im Zusammenhang mit den physikalischen Daten die Identität von Cliviasin und α-Dihydrohippeastrin wahrscheinlich erschien. Der Misch-Schmp. beider Verbindungen zeigte keine nennenswerte Depression. Cliviasin ließ sich weiterhin mit Lithiumalanat zu einer Tetrahydroverbindung reduzieren, die ebenso wie die entsprechende Verbindung des α-Dihydrohippeastrins Kristallaceton bindet und beim Erhitzen mit 2 N HCl eine mit α-Dihydrohippeastrinhydrochlorid identische Verbindung ergab.

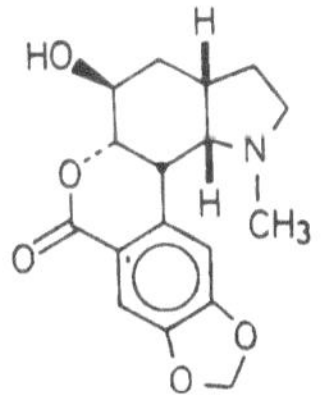

Nach Clivonin (α-Dihydro-5a-epihippeastrin) und Clividin (α-Dihydro-5-epihippeastrin) konnte mit dem Alkaloid Cliviasin eine dritte stereochemische Variante des Dihydrohippeastrins aus *Clivia miniata* isoliert werden[1]).

Miniatin

Miniatin, eine aus *Clivia miniata* isolierte, schwerlösliche, schwach rechtsdrehende Base $C_{43}H_{45}N_3O_{13}$ weist in ihrem IR-Spektrum gewisse Gemeinsamkeiten mit dem des Clivimins auf und wurde bei der Verseifung mit äthanolischer KOH nach Relactonisierung der entstandenen Hydroxyaminosäure in das Alkaloid Clivonin übergeführt. Die Verseifung des Miniatins mit wäßriger $Ba(OH)_2$-Lösung in Dioxan führte zu Clivoninhydroxysäure und 2,6-Lutidindicarbonsäure. In Übereinstimmung mit der Annahme, daß die Clivoninhydroxysäure selbst als Strukturelement des Alkaloids vorliegt, konnte bei der einstündigen Erwärmung mit 1 N HCl das Alkaloid Clivimin isoliert werden.

Zur Abklärung der Frage, ob ein oder zwei Einheiten Clivoninhydroxysäure am Aufbau des Miniatins beteiligt sind, wurde das Alkaloid mit $LiAlH_4$ reduziert, wobei Clivoninhydroxysäure und Tetrahydroclivonin identifiziert wurden.

Das MS des Miniatins, das keinen Molekularpeak aufweist, zeigte jedoch unter veränderten Aufnahmebedingungen ein dem Clivimin entsprechenden Molekularpeak von m/e 793, so daß in der Ionenquelle sowohl eine Wasserabspaltung als auch eine Relactonisierung stattgefunden haben muß.

[1]) W. Döpke, M. Bienert, Pharm. **25**, 699 (1970)

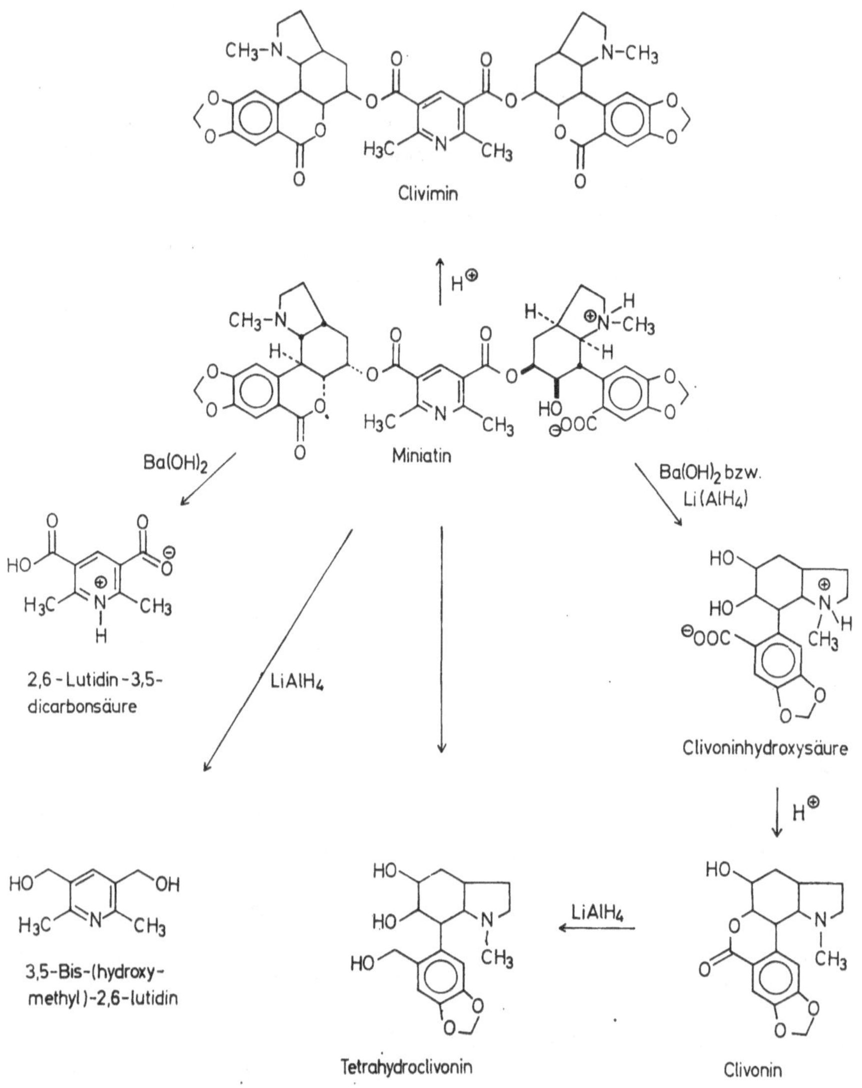

Das MS beweist damit zwar die Anwesenheit einer Clivoninhydroxysäure, gibt aber keinen sicheren Anhaltspunkt darüber, ob im Miniatin ein oder zwei Einheiten Clivoninhydroxysäure vorliegen. Die Äquivalentgewichtsbestimmung lieferte einen Wert von 811, womit bewiesen war, daß das Miniatin als Cliviminmonohydroxysäure zu formulieren ist. Die in der Abb. angegebene Stereochemie beruht auf vergleichenden KMR- und CD-Untersuchungen mit dem Clivonin und den Alkaloiden der Lactol-Lacton-Gruppe[1]).

[1]) W. Döpke, M. Bienert, T. L. **10**, 745 (1970)

Mesembrin

Die absolute Konfiguration des Mesembrins konnte durch erneute eingehende spektroskopische und kinetische Untersuchungen der möglichen Mesembranole sowie der entsprechenden Acetyl-Derivate abgeleitet werden. Hiernach scheint es wahrscheinlich, daß Mesembrin wie folgt zu formulieren ist:

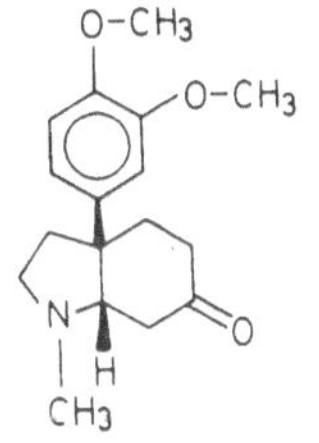

Unterstützt wird dieser Befund durch die vergleichenden CD-Untersuchungen mit dem (—)-Crinin, das in seiner absoluten Konfiguration bekannt ist[1]).

In Ergänzung hierzu wurde eine Rö-Kristallstrukturanalyse des 6-Epimesembranol-methojodids, das in der Raumgruppe $P2_1$ mit den Zelldimensionen a = 9,1,2 b = 8,50, c = 12,25 Å kristallisiert, durchgeführt und bestätigte die bereits voranstehende Stereochemie des Mesembrins.

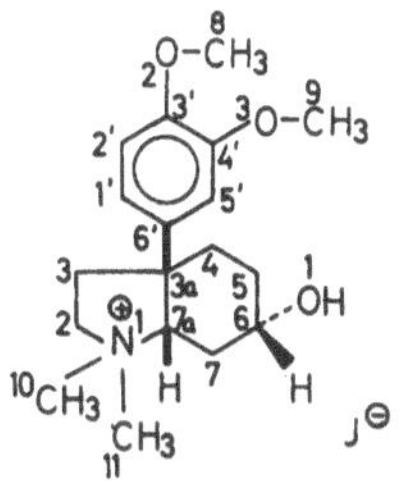

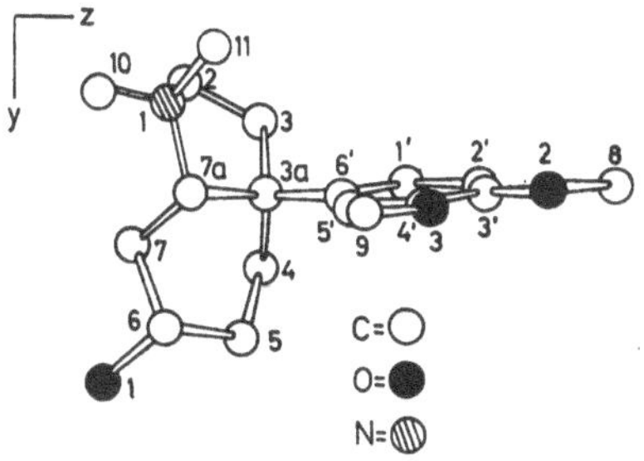

Synthesen des Mesembrins:

1. Das Prinzip der Synthese besteht in der Reaktion zwischen Methylvinylketon und einem Pyrrolin und nimmt den folgenden Verlauf:

[1]) P. W. Jeffs, R. L. Hawks, D. S. Farrier, Am. Soc. **91**, 3831 (1969)
[2]) P. Coggon, D. S. Farrier, P. W. Jeffs, A. T. McPhail, Chem. Soc. (B) 1267 (1970)

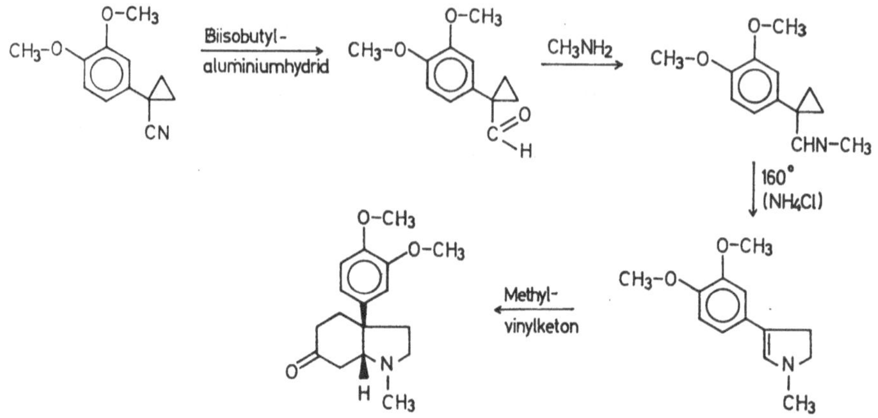

2.[3,4])

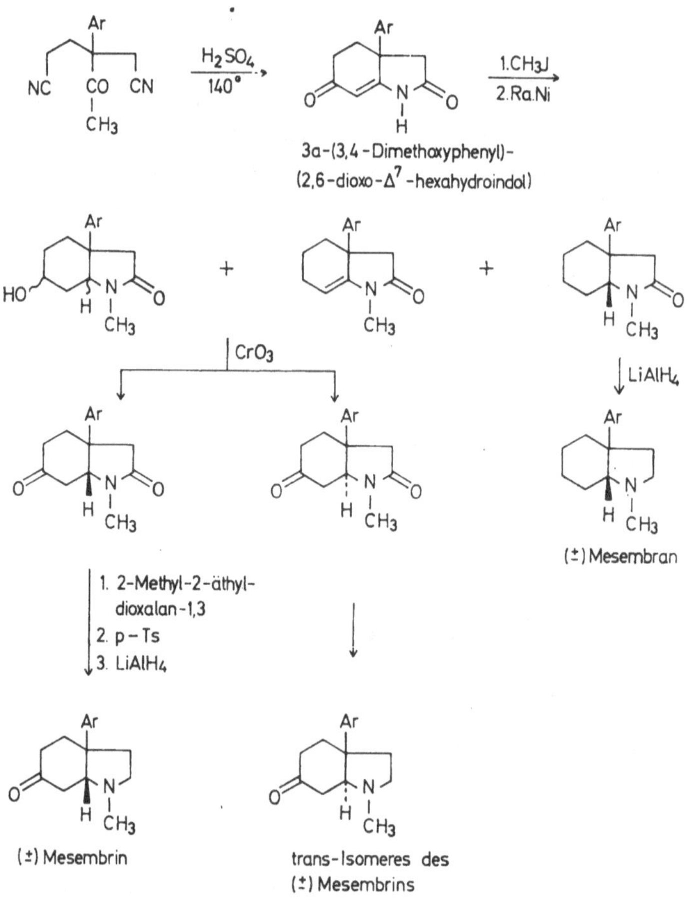

[1]) S. L. Keely, F. C. Tahk, Chem. Comm. 441 (1968)
[2]) S. L. Keely, F. C. Tahk, Am. Soc. **90**, 5584 (1968)
[3]) T. Ohoishi, H. Kigita, T. L. **52**, 5445 (1968)
[4]) T. Ohoishi. H. Kigita, Chem. Pharm. Bull. **18**, 299 (1970)

3.[1])

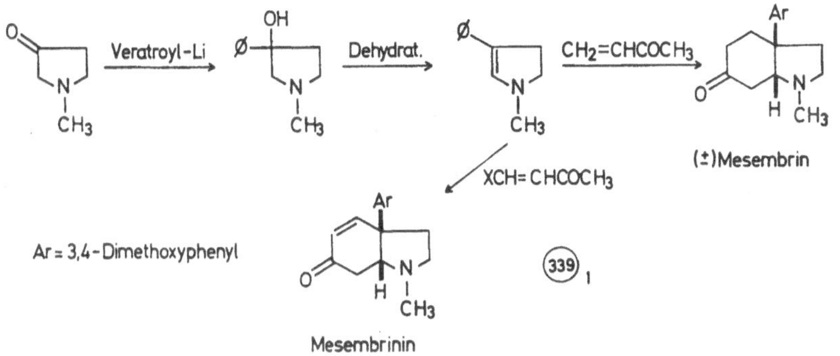

4.[2,3])

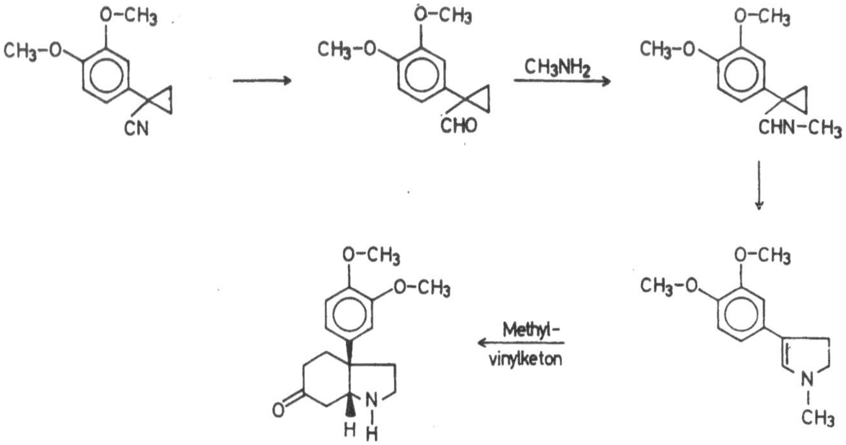

5.[4,5])

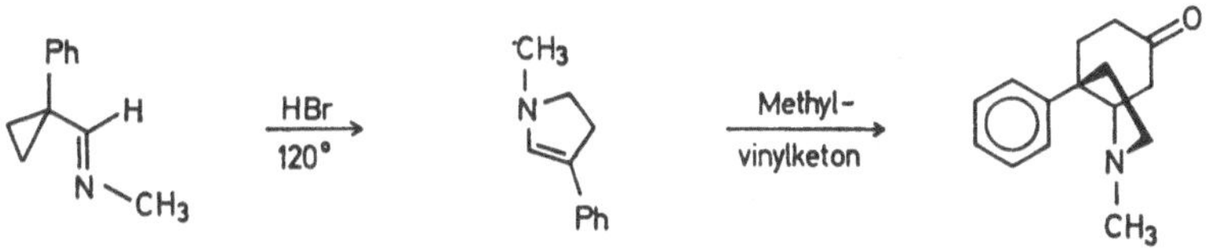

Mesembrenol, O-Acetylmesembrenol, 4'-O-Desmethylmesembrenol und 4'-O-Desmethylmesembranol

sind vier weitere Alkaloide aus *Sceletium strictum* und besitzen auf Grund der vergleichenden MS-Untersuchungen alle das Grundgerüst des Mesembrins. Die Position der phenolischen Hydroxygruppe in 4-β-O-Desmethylmesembranol konnte durch eine Isotopenver-

[1]) T. J. Curphey, H. L. Kim, T. L. **12**, 1441 (1968)
[2]) S. L. Keely, F. C. Takh, Chem. Comm. 441 (1968)
[3]) S. L. Keely, F. C. Takh, Am. Soc. **90**, 5584 (1968)
[4]) R. V. Stevens, M. P. Wentland, T. L. **22**, 2613 (1968)
[5]) R. V. Stevens, M. P. Wentland, Am. Soc. 5580 (1968)

dünnungsanalyse abgeleitet werden, da bei der Oxydation des tritierten Produktes markierte Veratrumsäure erhalten wurde[1]).

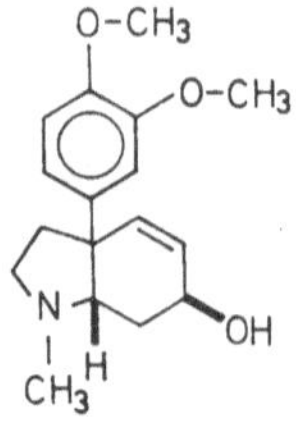

Mesembrenol

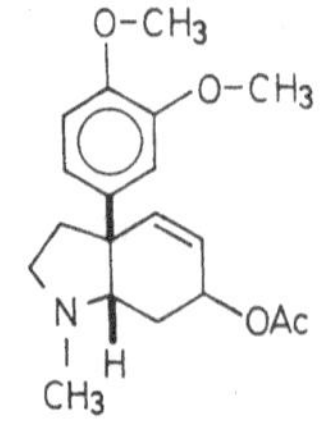

O-Acetylmesembrenol

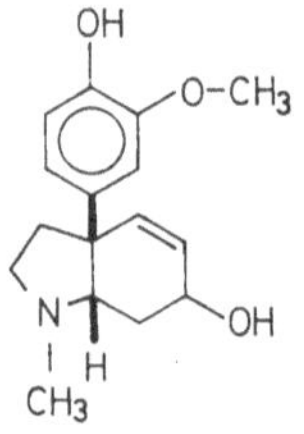

4'-O-Desmethyl-mesembrenol

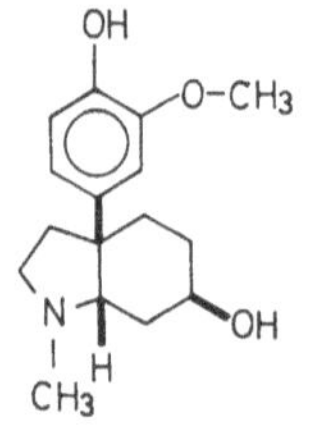

4'-O-Desmethyl-mesembranol

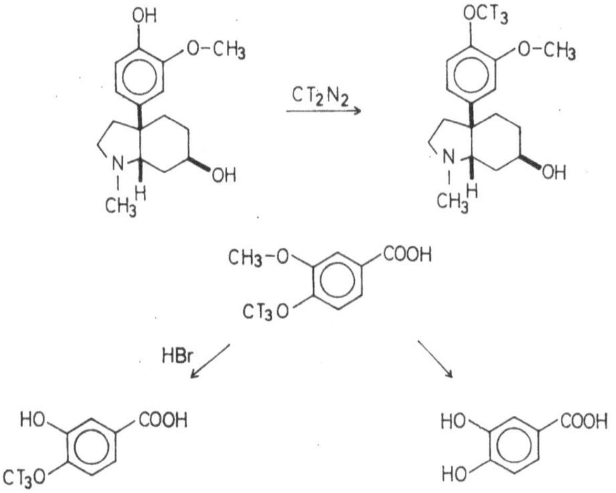

Joubertiamin, Dihydrojoubertiamin und Dehydrojoubertiamin,

drei Alkaloide aus *Sceletium joubertii*, besitzen das Grundgerüst des Mesembrans, des N-Methyl-3a-(3',4'-dimethoxyphenyl)-*cis*-octahydroindols und besitzen auf Grund der MS- und KMR-Befunde die folgenden Strukturen:

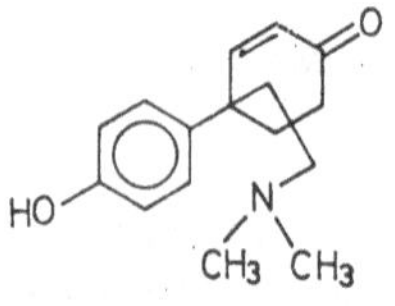

Joubertiamin

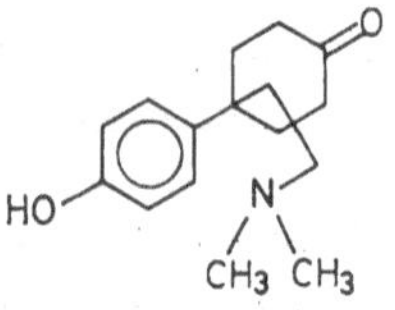

Dihydrojoubertiamin

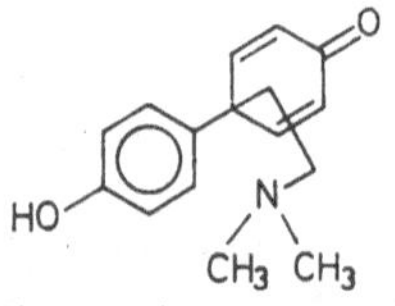

Dehydrojoubertiamin

Joubertiamin und Dihydrojoubertiamin lieferten bei der katalytischen Hydrierung beide das gleiche vizinale Dihydrojoubertiaminol, das bei der Verätherung mit Diazo-

[1]) P. W. Jeffs, G. A. Ahman, H. F. Cambell, D. S. Farrier, G. Ganguli, R. L. Hawks, Org. Chem. **35**, 3512 (1970)

methan in einen Methyläther übergeht. Dehydrojoubertiamin liefert bei der Hydrierung das identische Hydrierungsprodukt[1]):

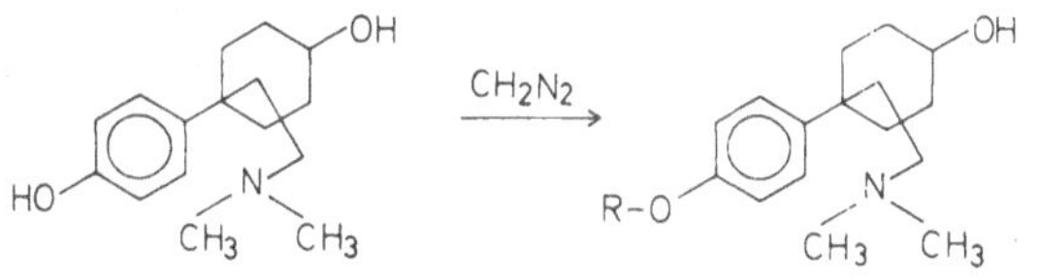

Dihydrojoubertiamin   Dihydrojoubertiaminol

Narciclasin und Narciprimin

Narciclasin, $C_{14}H_{13}NO_7$, weist in seinem IR-Spektrum eine Carbonyl-, drei Hydroxy- und eine Methylendioxygruppe aus, in seinem KMR-Spektrum eine chelatisierte Hydroxy-, drei alkoholische Hydroxy- und eine Amid-NH-Gruppe aus. Das Alkaloid nimmt bei der Hydrierung ein Mol Wasserstoff unter Bildung von Dihydronarciclasin auf, liefert bei der Zn-Staub-Dest. Phenanthridin und bei der Oxydation mit $KMnO_4$ Cotarnsäure.

In Übereinstimmung mit der Perjodsäurespaltung, die unter Bildung eines Aldehyds verläuft, sowie den KMR-Untersuchungen und den Permethylierungen zu Permethylnarciclasin wurde dem Alkaloid die nachstehende Struktur zugeordnet.

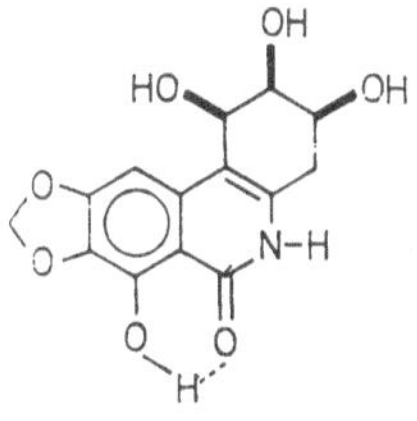

Narciclasin

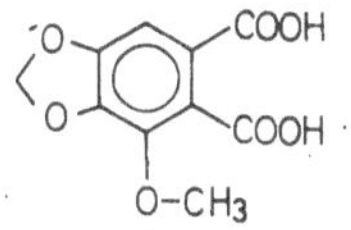

Cotarnsäure

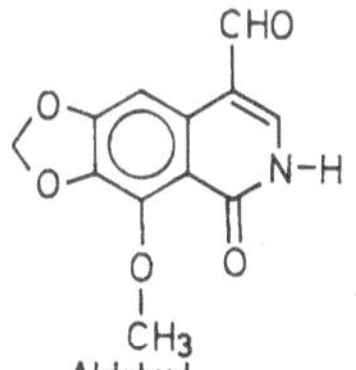

Aldehyd

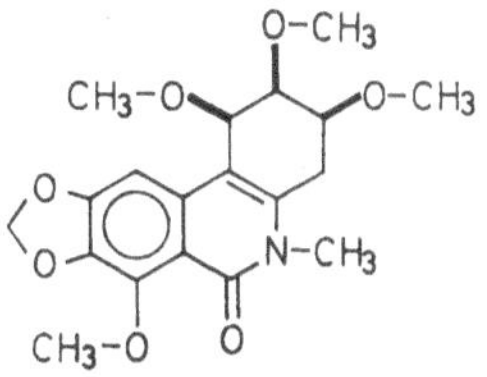

Permethyl-narciclasin

Auf Grund analoger Befunde bei der Oxydation und Hydrierung sowie bei den KMR-Untersuchungen ist dem Narciprimin die folgende Struktur zuerkannt worden[2]).

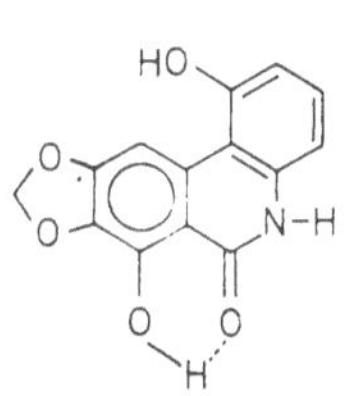

[1]) R. R. Arndt, P. E. J. Krüger, T. L. **37**, 3237 (1970)
[2]) F. Piozzi, C. Fuganti, R. Mondelli, C. Ceriotti, T. **24**, 1119 (1968)

Diese Struktur für das aus dem Mitosegift Narciclasin durch Wasserabspaltung hervorgehende Narciprimin und auch die Struktur des Narciclasins selbst konnten durch den Vergleich mit synthetisch dargestellten Phenanthridon-Derivaten nicht bestätigt werden. Es ist daher wahrscheinlich, daß den Alkaloiden alternative Strukturen zukommen[1])

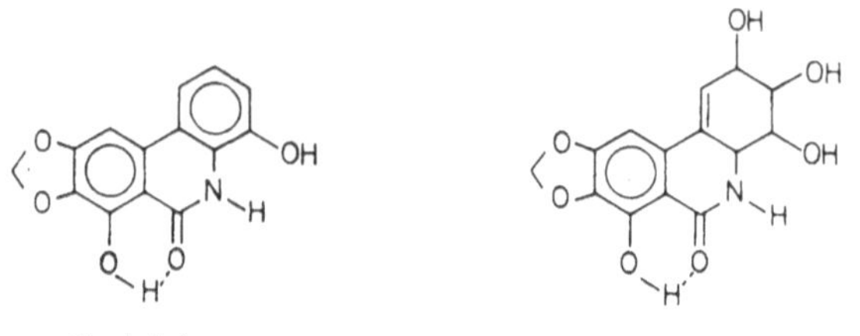

Narciprimin Narciclasin

wie aus der folgenden Synthese ebenfalls abzuleiten ist[2]):

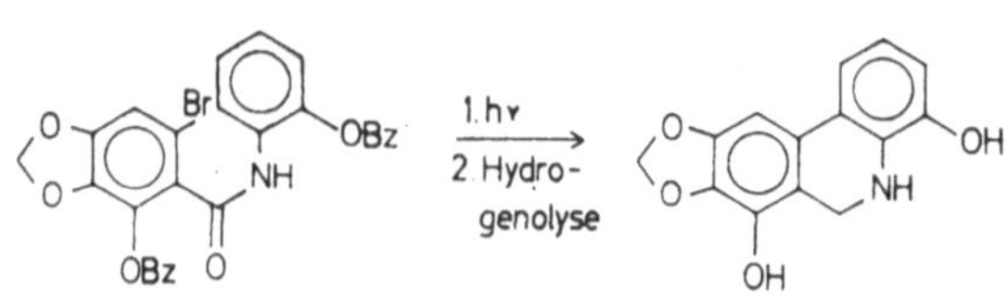

Cheryllin

Cheryllin, $C_{17}H_{19}NO_3$, ein Phenolalkaloid aus der alkalilöslichen Fraktion des Extraktes einiger Crinum-Species, besitzt auf Grund der KMR-spektroskopischen Untersuchungen die nachstehende Struktur, die sowohl durch eine Synthese des (+)-O.O-Dimethylcheryllin · HCl als auch durch ORD- und CD-Messungen des Cheryllins und der zwei Enantiomeren des O.O-Dimethylderivates in der Struktur und Stereochemie bestätigt werden konnte.

[1]) A. Mondon, K. Krohn, B. **103**, 2729 (1970)
[2]) A. Mondon, K. Krohn, T. L. 2123 (1970)

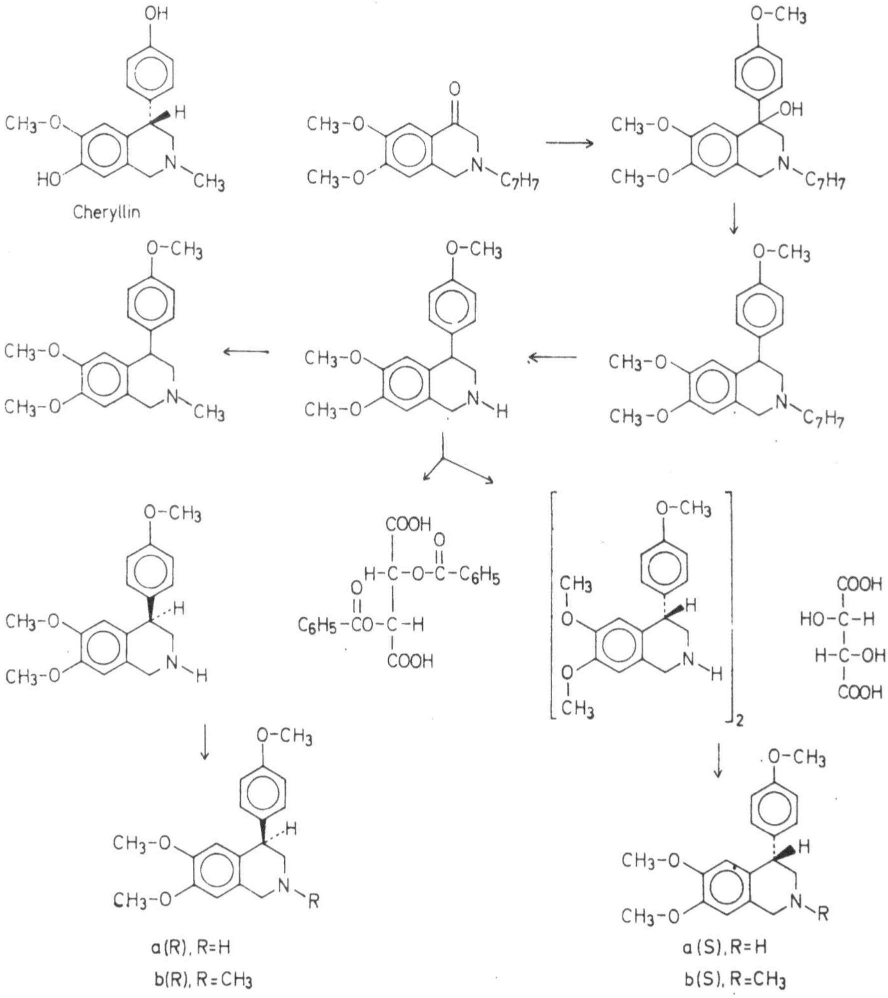

[1]) A. Brossi, G. Grethe, S. Teitel, W. C. Wildman, D. T. Bailey, Org. Chem. **35**, 1100 (1970)

Die voranstehende Struktur des Cherrylins konnte durch Synthesen bestätigt werden:

a)

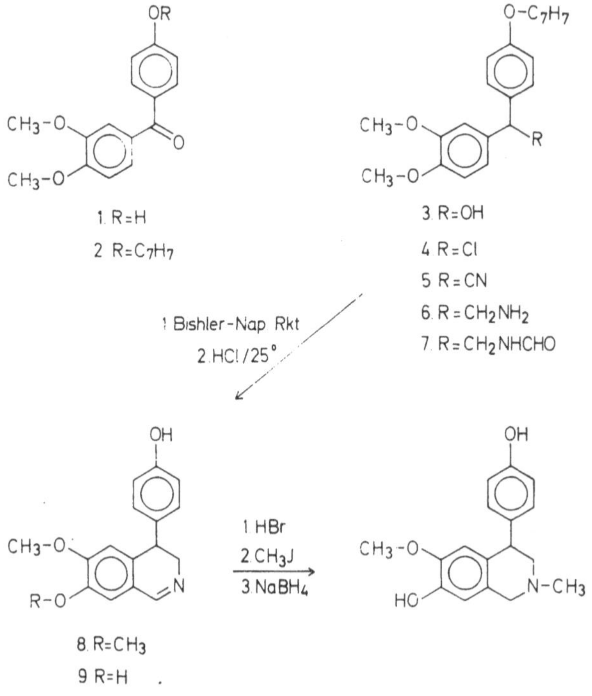

[1] A. Brossi, S. Teitel, T. L. 417 (1970)

b)

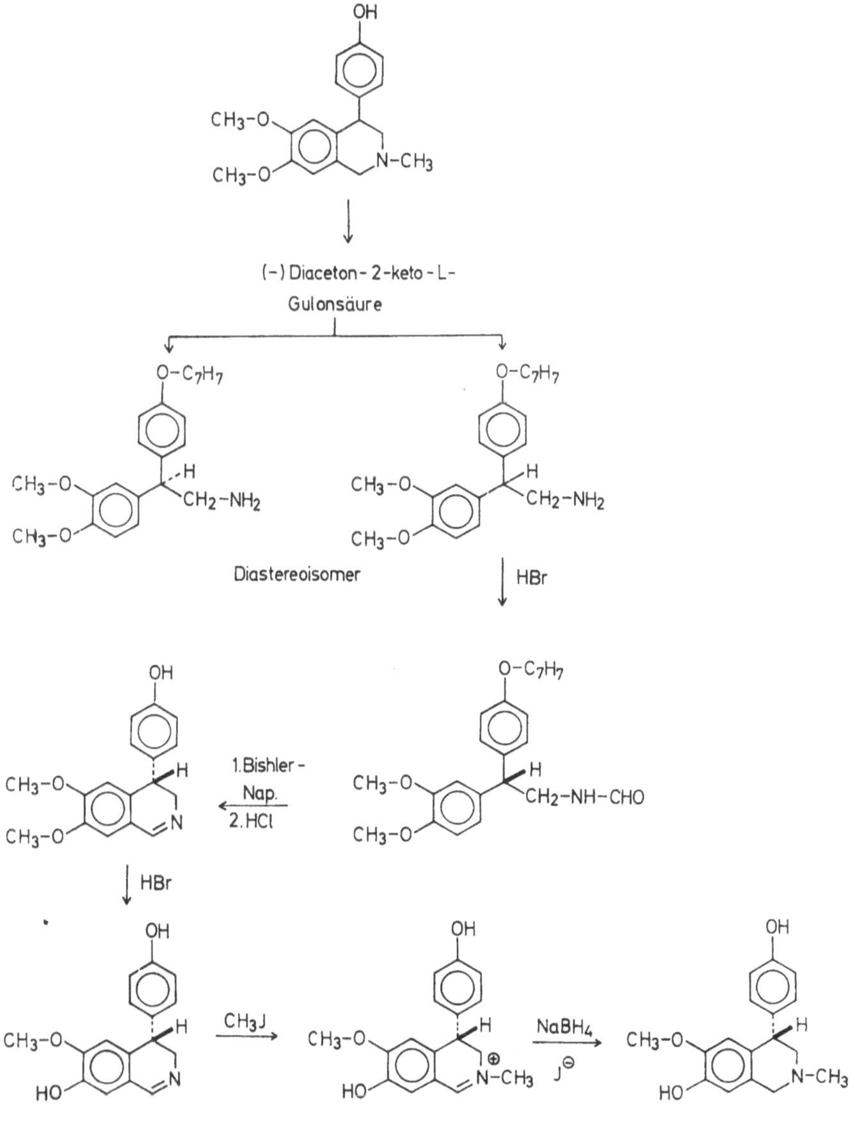

¹) A. Brossi, S. Teitel, Org. Chem. **35**, 3559 (1970)

Die Alkaloide des Crinin-Typs können nach dem folgenden Prinzip auf einem biosyntheseähnlichen Wege dargestellt werden:

1.

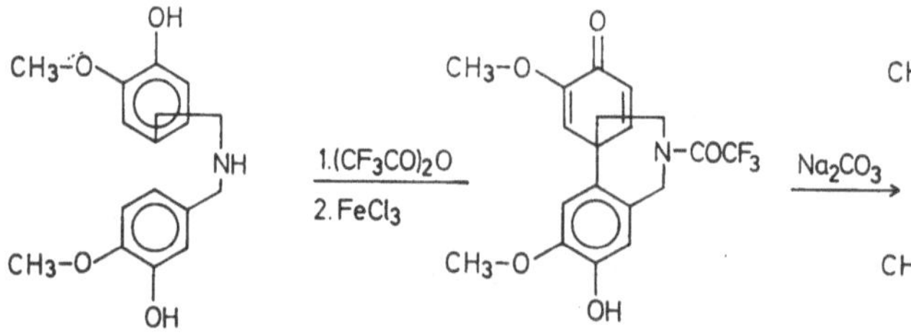

2. Synthese des (±)-Crinans:

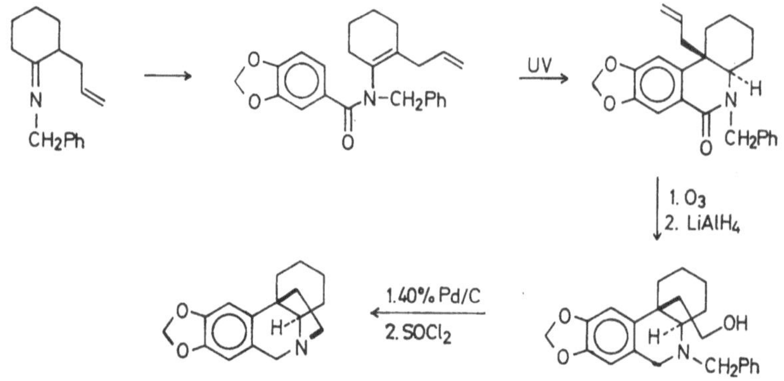

3. Synthese des (±)-3-epi-Elwesins:

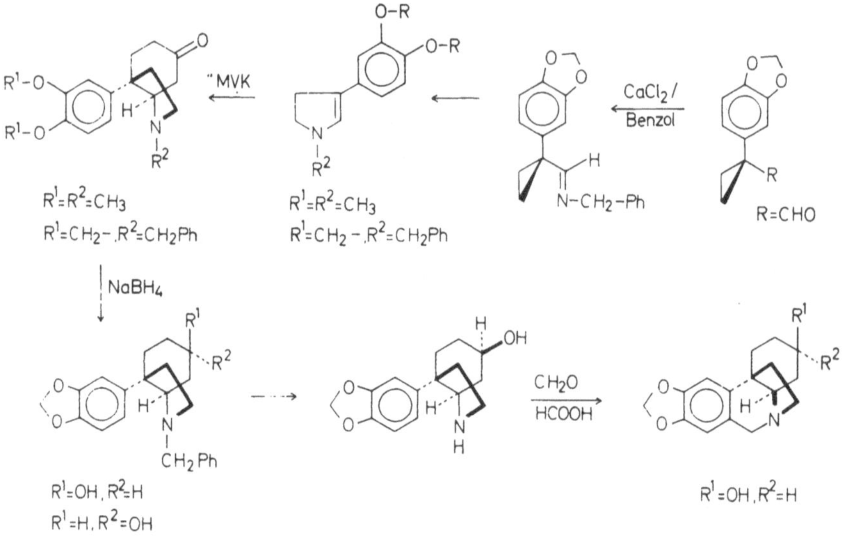

[1]) B. Franck, H. J. Lubs, Angew. Chem. **80**, 238 (1968)
[2]) I. Ninomiya, T. Naito, T. Kiguchi, Chem. Comm. 1669 (1970)
[3]) R. V. Stevens, L. E. du Pree, Chem. Comm. 1585 (1970)

4. Synthese des Haemanthidins und Tazettins:

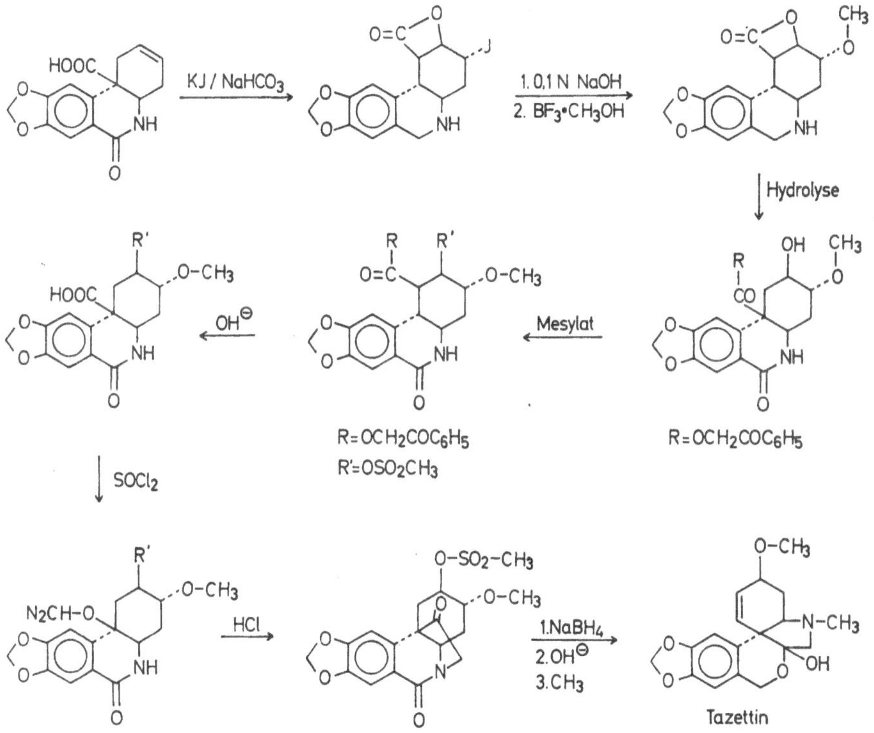

[1]) J. B. Hendrickson, T. L. Bogard, M. E. Fish, Am. Soc. **92**, 5538 (1970)

5. Synthese des (+)-Maritidins[1]):

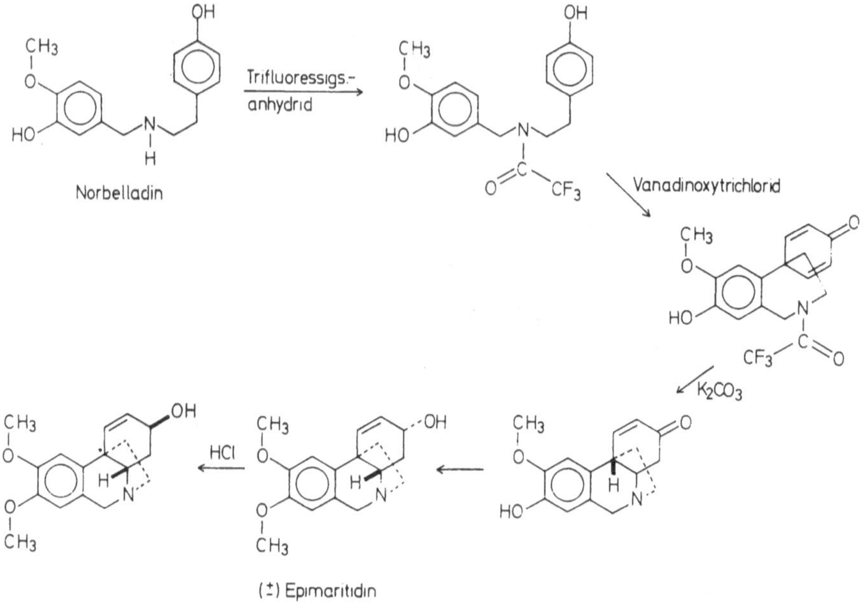

Habranthin

Habranthin, $C_{17}H_{21}NO_4$, ist eine tert. Base mit einer N-Methyl- und einer aromatisch gebundenen Methoxygruppe, die beim Versetzen mit Thionylchlorid und anschließender Reduktion mit $LiAlH_4$ in Desoxylycoramin übergeht. Damit sollte in Übereinstimmung mit den spektroskopischen Daten dem Alkaloid die folgende Struktur zugeordnet werden

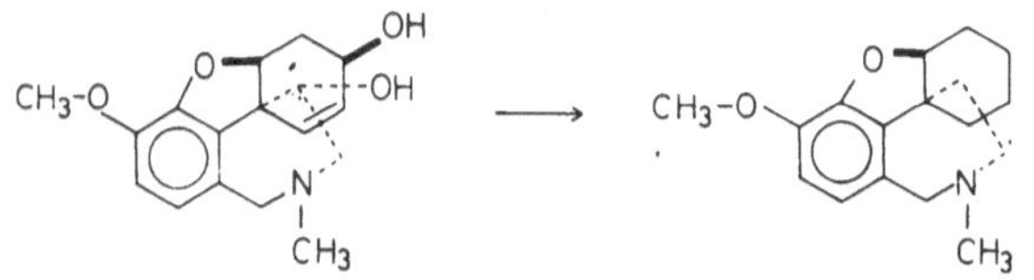

und der Fragmentierungsmechanismus wie folgt zu erklären sein:

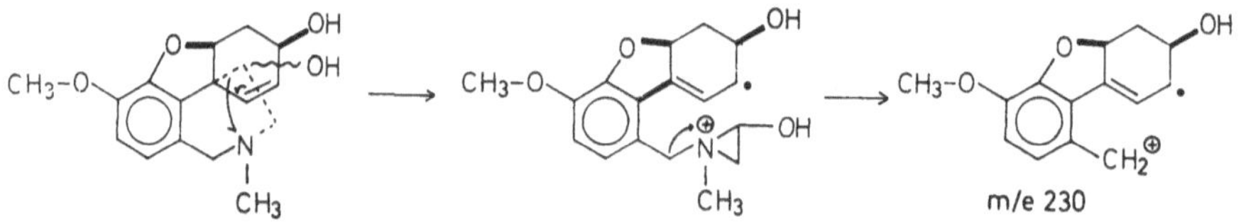

[1]) M. A. Schwartz, R. A. Holton, Am. Soc. **92**, 1090 (1970)
[2]) W. C. Wildman, C. L. Brown, T. L. **43**, 4573 (1968)

28. Physostigmin-Gruppe

Die unter dem Namen Calabar-Bohnen bekannten Samen der Leguminose *Physostigma venenosum* enthalten als Hauptalkaloid Physostigmin und Geneserin, von denen das erstere auch in *Physostigma cylindrospermum* sowie in einigen Arten der mit Physostigma verwandten Gattung *Dioclea* vorkommen soll. Die bisherige Ansicht, daß es sich beim Geneserin um das Physostigmin-N-oxid handeln sollte, konnte durch neuere Untersuchungen widerlegt werden.

Physostigmin

ist eine seit langer Zeit bekannte, photochemisch aktive Komponente. Bei kürzlichen Untersuchungen konnten bei einer 24stündigen Bestrahlung mit Licht von einer Wellenlänge 300 nm Desoxyeserolin identifiziert werden, das in seinem spektralen Verhalten mit auf anderem Wege gewonnenen Material übereinstimmt[1]).

Für den möglichen Bildungsweg wird folgender Mechanismus diskutiert:

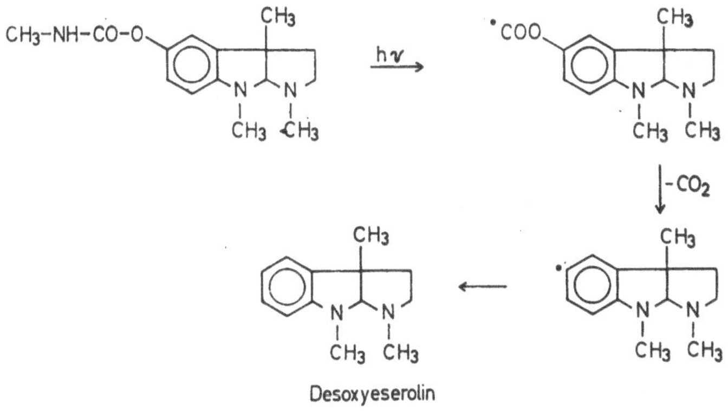

Die absolute Konfiguration des Physostigmins konnte durch den Abbau des Alkaloids zu (+)-1,3-Dimethyl-3-äthyloxindol, das nur noch ein asymmetrisches Zentrum der ursprünglichen Base enthält, abgeleitet werden, denn das Enantiomorphe dieses Oxindols

[1]) E. F. Travecedo, V. I. Stenberg, T. L. **52**, 4539 (1970)

konnte durch Synthese aus R-(—)-2-Methyl-2-phenylbuttersäure, einer Substanz mit bekannter Konfiguration, gewonnen werden[1]).

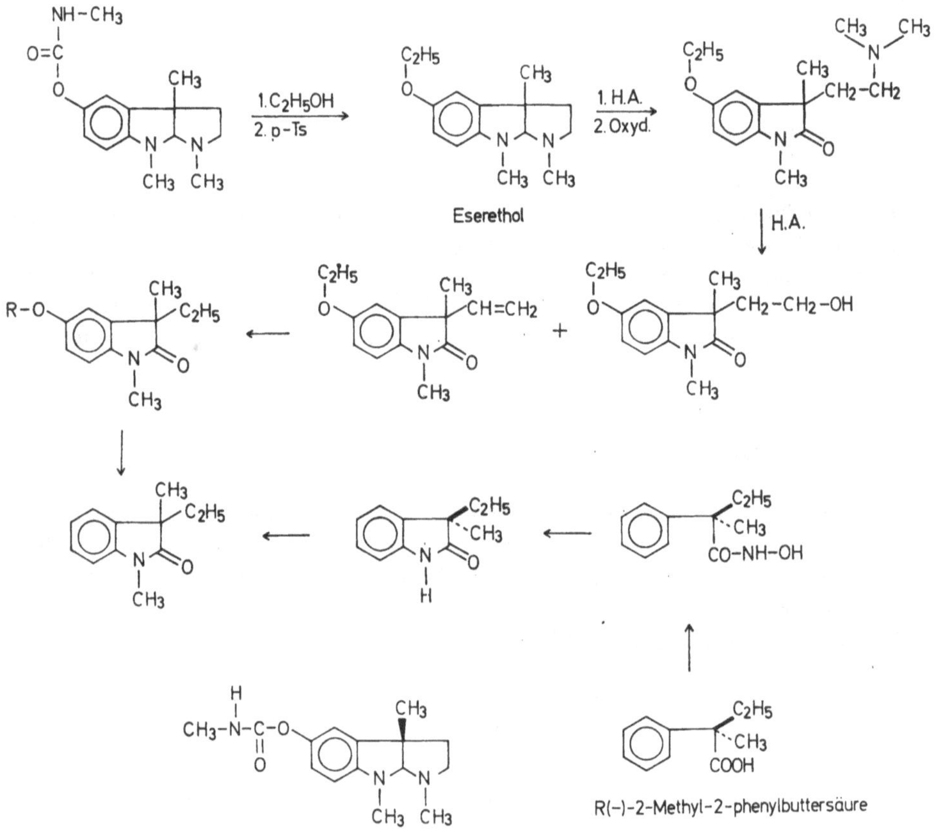

Damit sollte dem Alkaloid eine 3a:8aR-Konfiguration zukommen.

[1]) R. K. Hill, G. R. Newkome, T. **25**, 1249 (1969)

Die absolute Konfiguration des Physostigmins kann auch durch die folgende Reaktionsfolge abgeleitet werden:

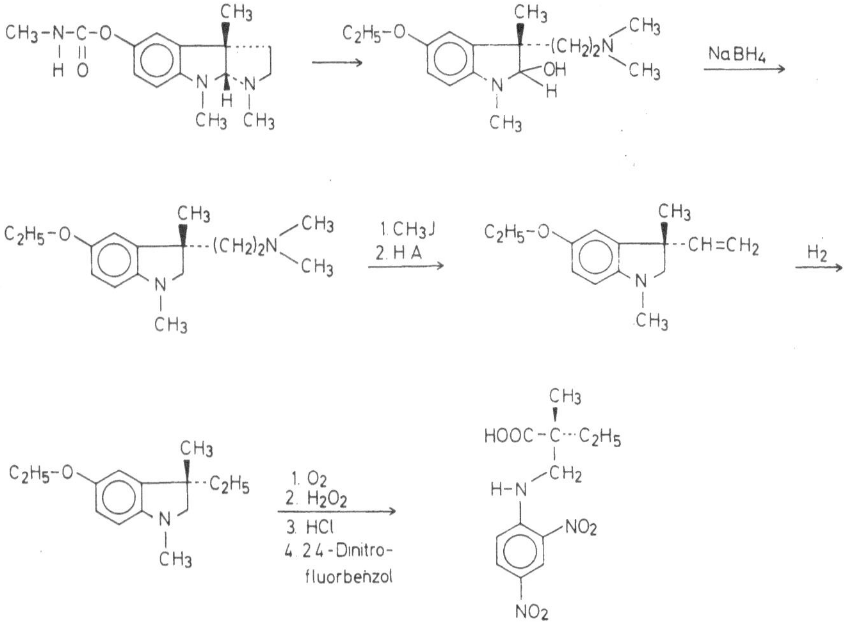

Da die letzte Verbindung durch die Synthese seines Enantiomeren aus (—)-3-Äthyl-3-methoxycarbonyl-3-methylpropionsäure sowie der Hydrolyse dieser Säure zu (—)-α-Äthyl-α-methylbernsteinsäure in ihrer Konfiguration bekannt ist, kann auch die Konfiguration des Physostigmins als gesichert gelten.

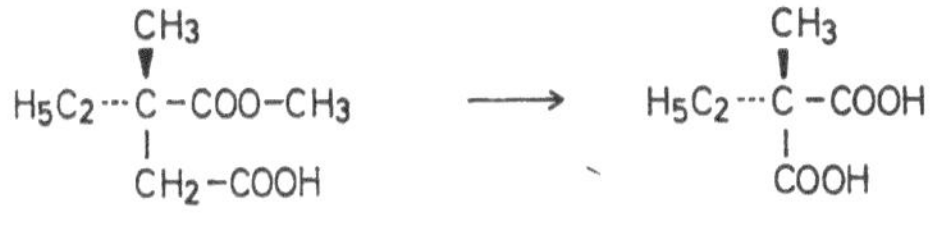

Die absolute Konfiguration der Säure konnte außerdem durch Vergleich mit der Konfiguration des asymmetrischen C-13 im Rosenolacton, dessen absolute Konfiguration durch Rö-Kristallstrukturanalyse feststeht, abgeleitet werden[1]).

Auch die Untersuchungen des Kern-Overhauser-Effektes führten zur Bestätigung der angegebenen Struktur[2]).

Geneserin

Für das Alkaloid wurde die Struktur eines N-Oxids des Physostigmins beschrieben. Hiermit stimmte aber das Verhalten der Base nicht überein. Nach neueren spektroskopischen Untersuchungen wird die folgende Formel dem physikalischen Verhalten weitaus

[1]) R. B. Longmore, B. Robinson, Chem. Ind. 622 (1969)
[2]) G. R. Newkome, N. S. Bhacca, Chem. Comm. 385 (1969)

gerechter. Die Reduktion zum Physostigmin kann demnach als Hydrogenolyse der C_2-O-N-Bindung und anschließender nukleophiler Substitution der Hydroxy-Gruppe am C-2 durch das N-β gedeutet werden.

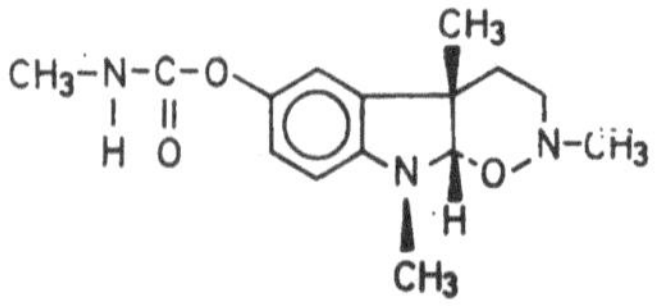

Weitere Untersuchungen unter Ausnutzung des Nuclear-Overhauser-Effekts haben gezeigt, daß die Ringe B/C *cis* verknüpft und daß die N-Methylgruppe und das C-2-Proton des Indolsystems vorwiegend in *cis*-Stellung vorliegen. In Übereinstimmung mit ausführlichen KMR-Untersuchungen ist das Alkaloid daher wie voranstehend formuliert wiederzugeben.

[1]) C. Hootele, T. L. **32**, 2713 (1969)
[2]) R. Robinson, D. Moorcroft, Chem. Soc. (C) 2077 (1970)

29. Harman-Alkaloide

In den Harman-Alkaloiden liegt das Ringgerüst des 1-Methyl-β-carbolins vor, das in den Positionen 3 und 4 oder 1, 2, 3 und 4 hydriert und in der Position 7 durch eine Hydroxy- oder Methoxygruppe substituiert ist.

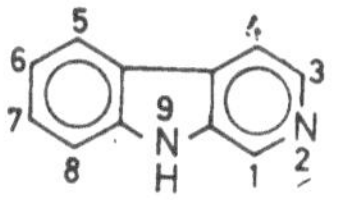

Aus biogenetischen Gründen sind in dieser Gruppe die aus der Gattung Euxylophora isolierten Basen mit aufgeführt.

Alkaloid	Schmp.	$[\alpha]_D$	Derivat	Vorkommen
Euxylophorin $C_{21}H_{19}N_3O_3$	227—30°	—	—	*Euxylophora paraensis*[1])
Euxylophoricin-A $C_{20}H_{17}N_3O_3$	295°	—	—	*Euxylophora paraensis*[1])
Euxylophoricin-B $C_{20}H_{15}N_3O_3$	310—12°	—	—	*Euxylophora paraensis*[1])
Brevicarin $C_{17}H_{21}N_3$	—	—	N-Methyl 128°	*Carex brevicolis*[2])
Heptazolin $C_{18}H_{17}NO_3$	212—4°	0°	HCl 195° Nitrat 206°	*Clausenia heptaphylla*[3])
4-Methoxy-1-vinyl-β-carbolin $C_{14}H_{12}N_2O$	146°	—	Dihydro = Crenatin	*Picrasma javanica*[4])
2.9-Dimethyl-6-methoxy-1.2.3.4-tetrahydro-β-carbolin $C_{14}H_{18}N_2O$	214°	—	—	*Phalaris arundinaceae*[5])

[1]) L. Canonica, B. Danielli, P. Manitto, G. Russo, G. Ferrari, T. L. **47**, 4865 (1968)
[2]) J. W. Terentjeva, G. W. Lasurewski, T. J. Schinschowa, Chem. nat. Verb. 397 (1968)
[3]) P. D. Chakraborty, C. K. Das, A. Islam, J. Ind. Chem. Soc. **47**, 1197 (1970)
[4]) S. R. Johns, J. A. Lamberton, A. A. Sioumis, Austral. J. **23**, 629 (1970)
[5]) R. C. S. Audette, H. M. Vijayanagar, J. Bolan, K. W. Clark, Canad. J. **48**, 149 (1970)

Alkaloid	Schmp.	$[\alpha]_D$	Derivat	Vorkommen
Sherpheridin $C_{14}H_{16}N_2O_2$	—	—	Diacetyl 192°	*Shepherdia canadensis*[6])
Perlolyrin $C_{16}H_{12}N_2O_2$	—	—	—	*Lolium perenne*[7])
Strictosidin $C_{27}H_{29}N_2O_9$	—	—	Pentaacetat	*Rhazya stricta*[8])
Alkaloid $C_{11}H_{17}N_2$	—	—	—	*Dendrobium anosmum*[9])
Nitrarin $C_{20}H_{25}N_3$	231—2°	$\pm 0°$	—	*Nitraria schoberi*[10])

[6]) W. A. AYER, L. M. BROWNE, Cand. J. **48**, 1980 (1970)
[7]) J. A. D. JEFFREYS, Chem. Soc. 1091 (1970)
[8]) G. M. SMITH, Chem. Comm. 912 (1968)
[9]) K. LEANDER, B. LÜNING, T. L. **8**, 905 (1968)
[10]) M. NORMATOV, S. Y. YUNUSOV, Chem. nat. Verb. 139 (1968)

Euxylophorin, Euxylophoricin A und B

Euxylophorin, $C_{21}H_{19}N_3O_3$, geht beim Erhitzen mit K/Amylalkohol in 1-Tetrahydronorharmanon und 6-Methylaminoveratrumsäure über. Die daraufhin abgeleitete Struktur konnte durch die Synthese aus den beiden Abbauprodukten bestätigt werden:

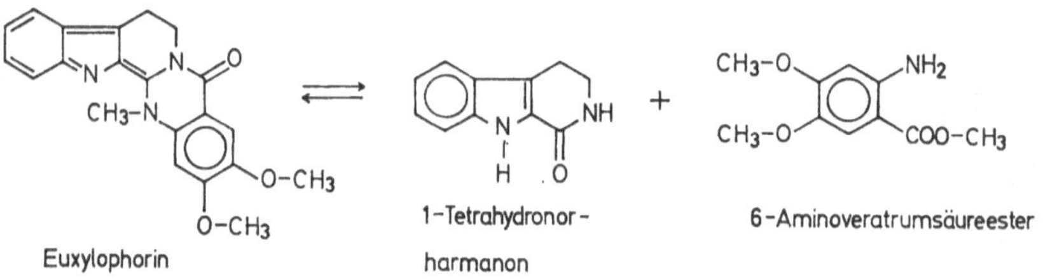

Euxylophoricin-A, $C_{20}H_{17}N_3O_3$, liefert unter den gleichen Hydrolysebedingungen 6-Aminoveratrumsäure und 1-Tetrahydronorharmanon und konnte aus 6-Aminoveratrumsäuremethylester und 1-Tetrahydronorharmanon resynthetisiert werden:

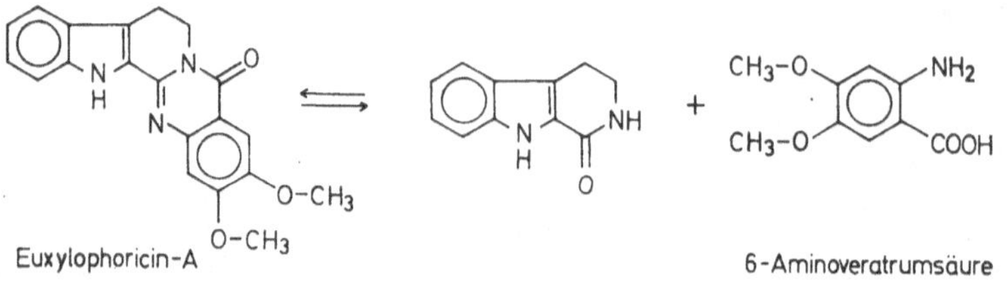

Euxylophoricin-B, $C_{20}H_{15}N_3O_3$, entsteht bei der Se-Dehydrierung aus Euxylophoricin-A und besitzt damit die nachstehende Struktur mit einer zusätzlichen Doppelbindung am N_3:

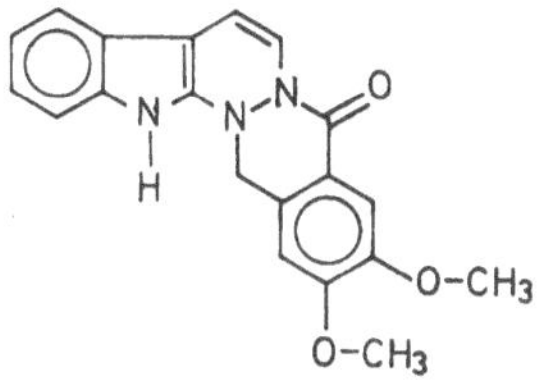

Diese Alkaloide sind damit die ersten Vertreter der Gruppe von Chinazolincarbolin-Alkaloiden[1]).

Perlolyrin

Perlolyrin, eine Base der Zusammensetzung $C_{16}H_{12}N_2O_2$ aus *Lolium perenne*, wurde in seiner Struktur durch eine Rö-Kristallstrukturanalyse des in der Raumgruppe P1 kristallisierenden Hydrobromids abgeklärt:

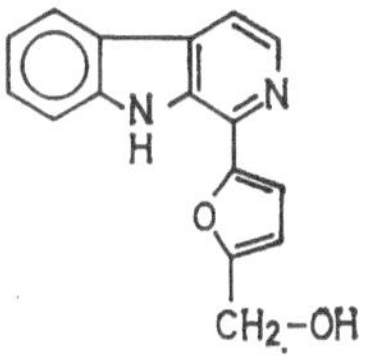

Die 1-(5-Hydroxymethyl-2-furyl)-9H-pyrido[3,4b]-indol-Struktur konnte außerdem durch eine Synthese aus Tryptophan und 5-Acetoxymethyl-2-formylfuran bestätigt werden[2]).

Adifolin

Adifolin, ein bereits seit längerer Zeit bekanntes Alkaloid, besitzt die Bruttozusammensetzung $C_{22}H_{20}N_2O_7$, enthält eine C-Methyl- und eine O-Methylgruppe, geht bei der Acetylierung in ein Diacetylderivat und bei der Methylierung in ein Trimethylderivat über.

Auf Grund der 220 MHz KMR-Untersuchungen besitzt das Alkaloid die nachfolgende Struktur mit einer zusätzlichen CH_3-Gruppe am C-19.

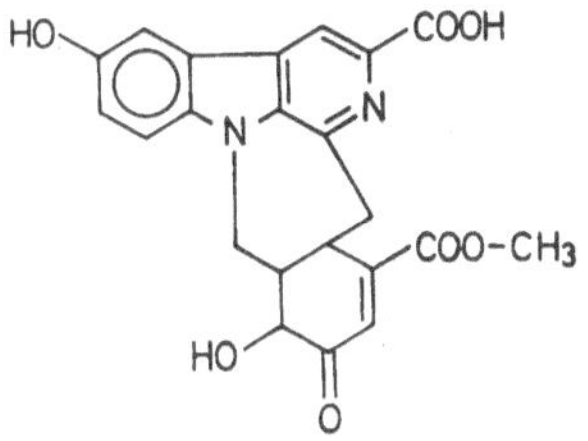

1) L. Canonica, B. Danielli, P. Manitto, G. Russo, G. Ferrari, T. L. **47**, 4865 (1968)
2) J. A. D. Jeffreys, Chem. Soc. 1091 (1970)
3) R. T. Brown, K. V. J. Rao, L. R. Row, Chem. Comm. 350 (1968)

Brevicarin,

ein Alkaloid aus *Carex brevicolis*, besitzt auf Grund der spektroskopischen Untersuchungen die folgende Struktur[1]):

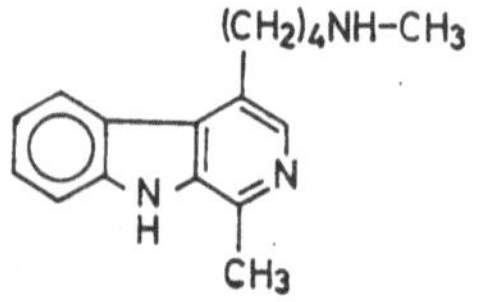

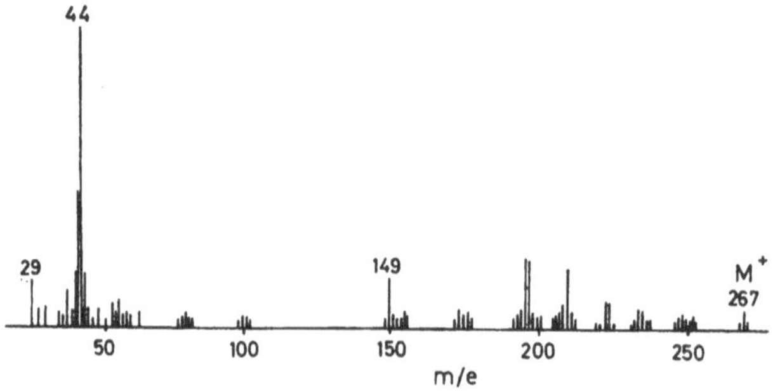

Heptazolin

Heptazolin, ein aus *Clausenia heptaphylla* isolierbares Alkaloid, besitzt auf Grund der spektroskopischen Untersuchungen die folgende Struktur[2]):

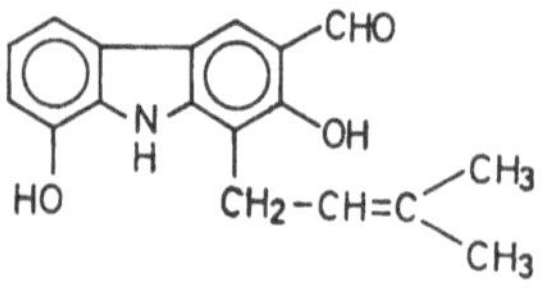

4-Methoxy-1-vinyl-β-Carbolin

ist ein weiteres Nebenalkaloid, das auf spektroskopischem Wege in seiner Struktur aufgeklärt werden konnte. Dieses aus *Picrasma javannica* isolierte Alkaloid geht bei der Hydrierung in ein Dihydroderivat über, das mit Crenatin identisch ist[3]).

[1]) I. W. Terentjeva, G. W. Lasurewski, T. I. Schirschowa, Chem. nat. Verb. 397 (1969)
[3]) P. D. Chakraborty, C. K. Das, A. Islam, J. Ind. Chem. Soc. **47**, 1197 (1970)
[2]) S. R. Johns, J. A. Lamberton, A. A. Sioumis, Austral. J. **23**, 629 (1970)

2.9-Dimethyl-6-methoxy-1,2,3,4-tetrahydro-β-carbolin

ist ein Alkaloid aus *Phalaris arundinacea*, dessen Struktur durch die Fragmentierung im MS sichergestellt werden konnte.

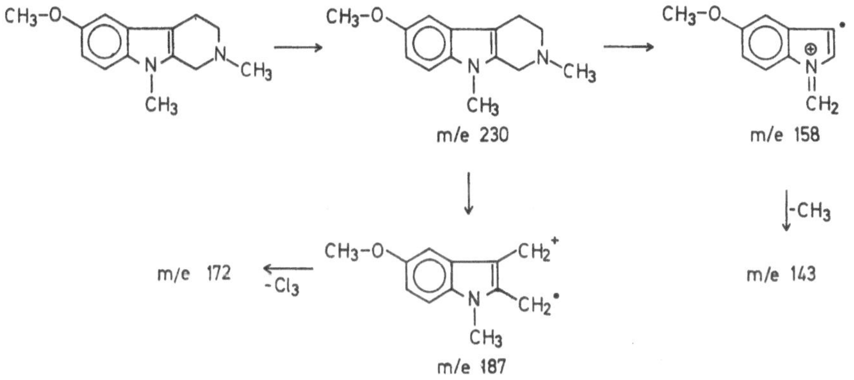

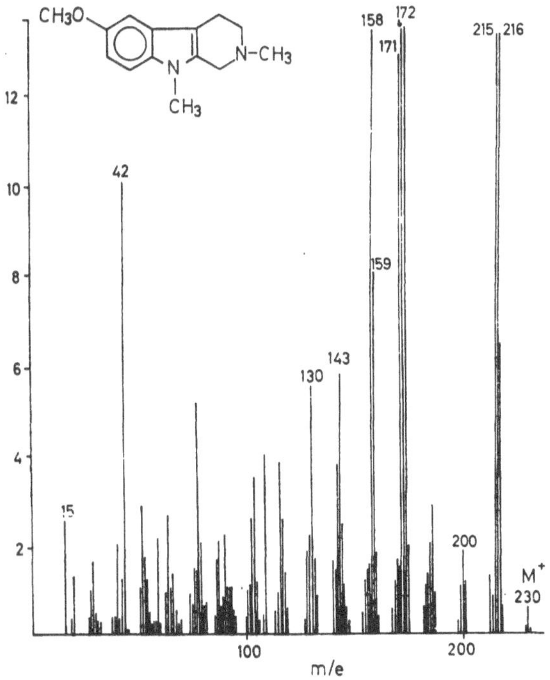

[1]) R. C. S. Audette, H. M. Vijayanagar, J. Bolan, K. W. Clark, Canad. J. **48**, 149 (1970)

Sherpheridin

kann aus 5-Benzyloxytryptamin synthetisiert werden und besitzt in Übereinstimmung mit dem MS die folgende Struktur[1]):

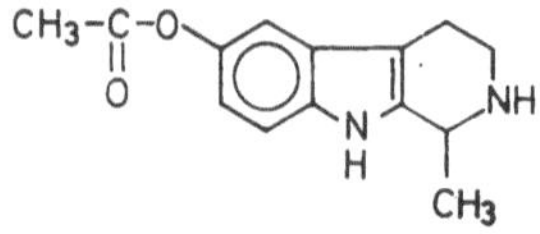

Alkaloid $C_{11}H_{17}N_2$

Das Alkaloid $C_{11}H_{17}N_2$ konnte aus *Dendrobium anosmum* isoliert werden und besitzt die nachstehende tricyclische Imidazolium-Salz-Struktur, wie aus Doppelresonanz-Untersuchungen und einer Synthese abgeleitet werden konnte[2]).

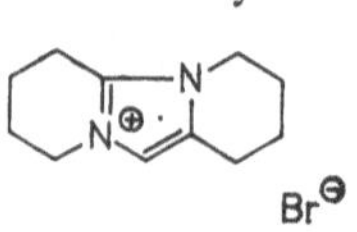

Alkaloid aus Sarcocephales

Aus der zur Familie der Sarcocephales gehörenden Gattung *Nauclea* (*Nauclea diderichii*) konnten die folgenden β-Carbolin-Basen isoliert und durch Synthese in ihrer Struktur abgeklärt werden[3]).

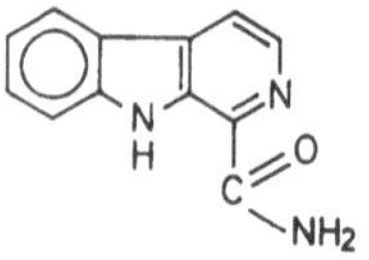

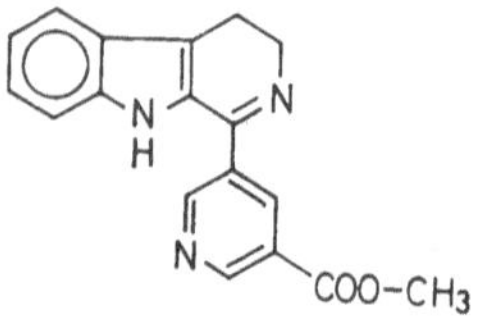

Nitrarin

Nitrarin, $C_{20}H_{25}N_3$, soll auf Grund der MS-Untersuchungen wie nachstehend zu formulieren sein[4]).

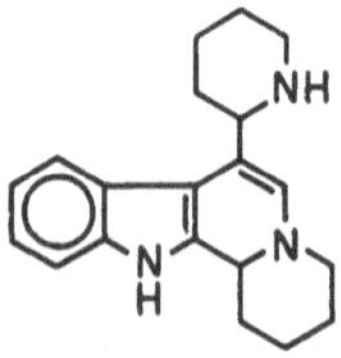

[1]) W. A. Ayer, L. M. Browne, Canad. J. **48**, 1980 (1970)
[2]) K. Leander, B. Lüning, T. L. **8**, 905 (1968)
[3]) St. MacLean, D. G. Murray, Canad. J. **48**, 867 (1970)
[4]) M. Normatov, S. Y. Yunosov, Chem. nat. Verb. 139 (1968)

Strictosidin

Strictosidin, eine flüssige Base aus *Rhazya stricta*, liefert bei der Hydrolyse Vallesiachotamin und Glucose und besitzt damit sowie auf Grund der MS-Untersuchungen des Pentaacetats und Penta-Silyl-Derivates die nachfolgende Struktur:

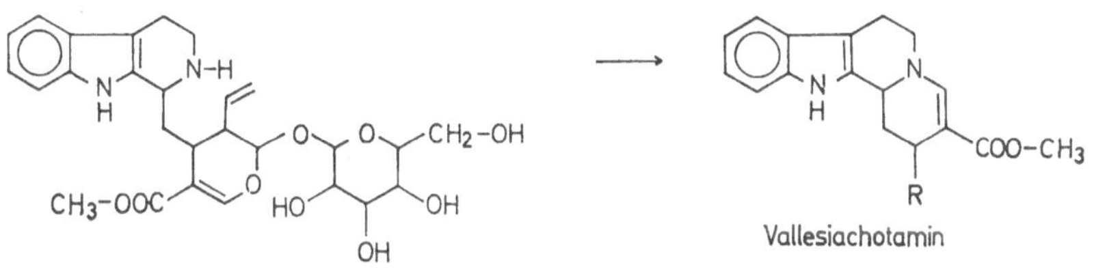

Synthese des Sempervirins

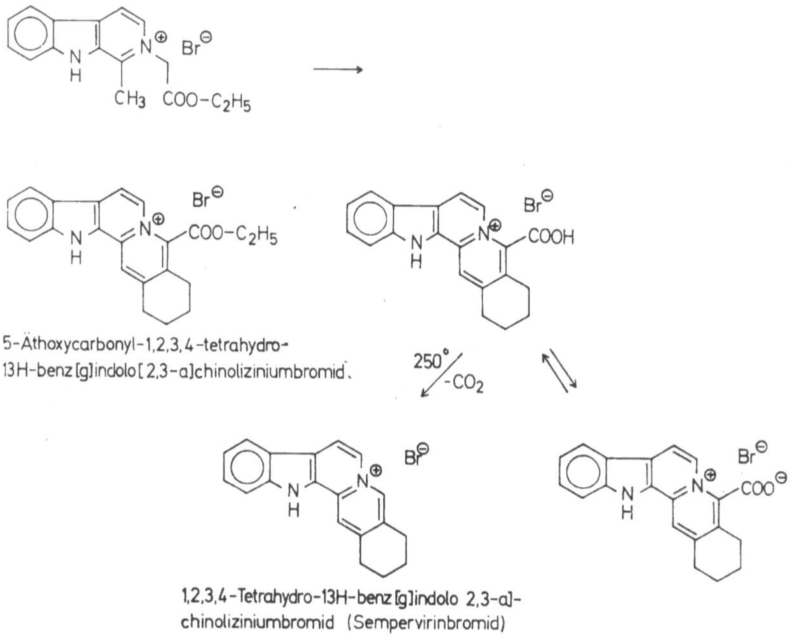

[1]) G. N. Smith, Chem. Comm. 912 (1968)
[2]) K. T. Potts, G. S. Mattingly, Org. Chem. **33**, 3985 (1968)

30. Rhoeadin-Papaverrubin-Alkaloide

Aus verschiedenen Arten der Gattung Papaver wurden bisher Basen isoliert, denen das folgende Grundgerüst zukommt:

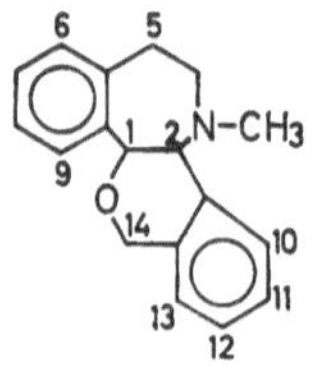

Das für die Alkaloide dieser Gruppe charakteristische Ringgerüst, in dem ein zum 7-Ring erweitertes Tetrahydroisochinolin-System vorliegt, ist in den Positionen 7, 8, 12 und 13 durchweg mit Sauerstoffunktionen besetzt. Die einzelnen Alkaloide unterscheiden sich durch die Substituenten an den beiden aromatischen Ringen bzw. am Stickstoff, sowie durch die unterschiedliche Verknüpfung des 7-Ring-Heterocyclus mit einem cyklischen Acetal oder Halbacetal, so daß *cis*- und *trans*-Isomere resultieren und schließlich durch die Konfiguration am acetalischen C-Atom. Beide Gruppen sind leicht ineinander umwandelbar und weisen alle einen Rechtssinn des optischen Drehwertes auf. Die natürlichen instabilen *trans*-Basen weisen dabei gegenüber den cis-Verbindungen die höheren Drehwerte auf, während bei den C-14-Isomeren die instabilen stärker rechtsdrehend sind.

Alkaloid	Schmp.	$[\alpha]_D$	Derivat	Vorkommen
N-Methyl-14-O-desmethylepiporphyroxin	217–8°	+340° (M)		*Papaver Sp.*[1])

Die Rhoeadin-Alkaloide sind nach den bisherigen Kenntnissen in zwei Gruppen zu unterteilen, die sich voneinander in der unterschiedlichen Verknüpfung der Ringe B/D unterscheiden.

Bei den B/D *trans* verknüpften Basen wird eine relativ geringe Jodmethylat-Bildungsgeschwindigkeit beobachtet, so daß die N-Methylgruppe im Glaudin z. B. wie nachstehend

[1]) E. Brochmann-Hanssen, K. Hirai, B. Nielsen, S. Pfeifer, L. Mann, L. Kühn, J. Pharm. Sci. **57**, 30 (1968)

zu formulieren ist. Damit ergibt sich für die durch Einwirkung von 0,004 N HCl zu erreichende Isomerisierungsbase zugleich die Stereostruktur.

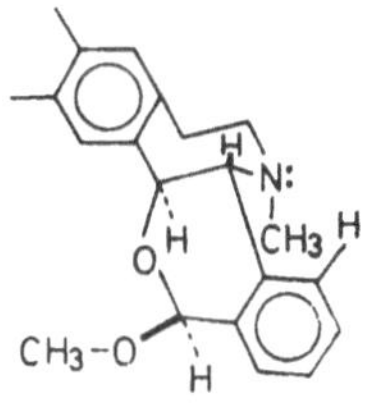

Glaudin

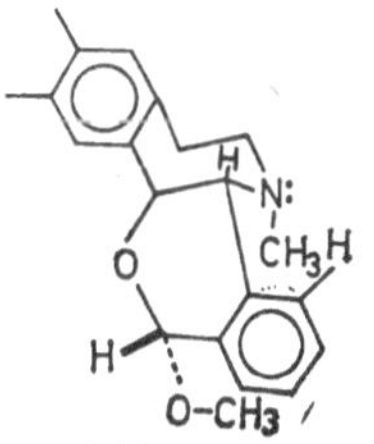

Epiglaudin

Dieser Befund wird durch umfangreiche KMR-spektroskopische Untersuchungen der Bindungswinkel bestätigt.

Für die Basen mit B/D-*cis*-verknüpften Ringen ergibt sich in Übereinstimmung mit den sehr extremen Bildungsraten der Jodmethylate von $23{,}1 \cdot 10^{-4}\,\mathrm{sec}^{-1}$ die folgende bevorzugte Konformation, die mit den Ergebnissen der KMR-Untersuchungen voll übereinstimmt.

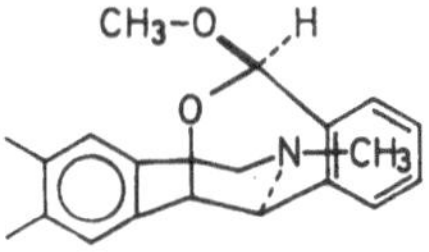

Damit ergeben sich für die bisher bekannten Basen dieses Strukturtyps die folgenden Stereostrukturen in einer Übersicht:

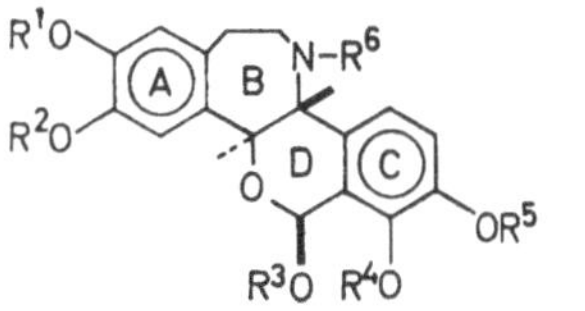

B/D trans. unstabil C-14

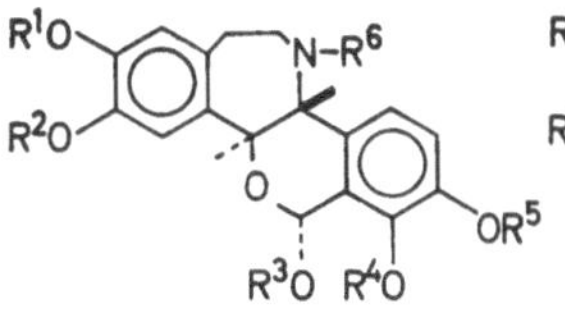

B/D trans. stabil C-14

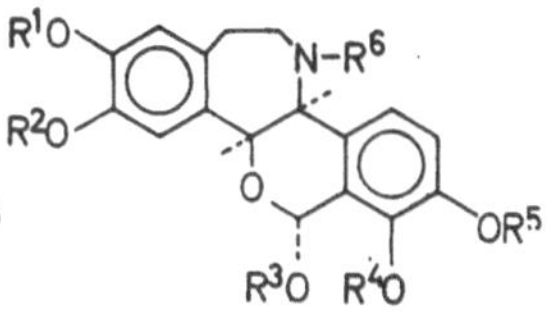

B/D cis stabil C-14

$R^1 = R^2 = R^3 = R^4 = Me$; $R^4 + R^5 = CH_2$	Glaudin	Epiglaudin	Oreodin
$R^1 = R^2 = R^4 = Me$; $R^3 = H$; $R^4 + R^5 = CH_2$	—	Glaucamin	Oreogenin
$R^1 = R^2 = R^3 = Me$; $R^4 + R^5 = CH_2$; $R^6 = H$	Papaverubin B	Epipapaverrubin B	Papaverrubin F

$R^1 + R^2 = R^4 + R^5 = CH_2$; $R^3 = R^6 = Me$	Isorhoeadin	Epiisorhoeadin	Rhoeadin
$R^1 + R^2 = R^4 + R^5 = CH_2$; $R^3 = H$; $R^6 = Me$	—	Isorhoeagenin	Rhoeagenin
$R^1 + R^2 = R^4 + R^5 = CH_2$; $R^3 = Me$; $R^6 = H$	Papaverrubin A	Epipapaverrubin A	Papaverrubin E
$R^1 = R^3 = Me$; $R^2 = R^6 = H$; $R^4 + R^5 = CH_2$	Papaverrubin D (Porphyroxin)	Epipapaverrubin D (Papaverrubin C)	—
$R^1 = R^3 = R^6 = Me$; $R^2 = H$; $R^4 + R^5 = CH_2$	N-Methylporphyroxin	N-Methylepiporphyroxin	cis-N-Methylepiporphyroxin
$R^1 = R^6 = Me$; $R^2 = R^3 = H$; $R^4 + R^5 = CH_2$	—	N-Methyl-14-O-demethylepiporphyroxin	—
$R^1 = R^2 = R^3 = R^4 = R^5 = R^6 = Me$	Alpinin	Epialpinin	cis-Alpinin
$R^1 = R^2 = R^4 = R^5 = R^6 = Me$; $R^3 = H$	—	Alpinigenin	cis-Alpinigenin
$R^1 = R^2 = R^3 + R^4 = R^5 = Me$; $R^6 = H$	Papaverrubin G	—	—

Rhoeadin

Eines der weitverbreitetsten Alkaloide des Genus *Papaver* aus der Familie der Papaveraceae, mit einer 3-Benzazepin-Struktur, kann wie folgt totalsynthetisch dargestellt werden:

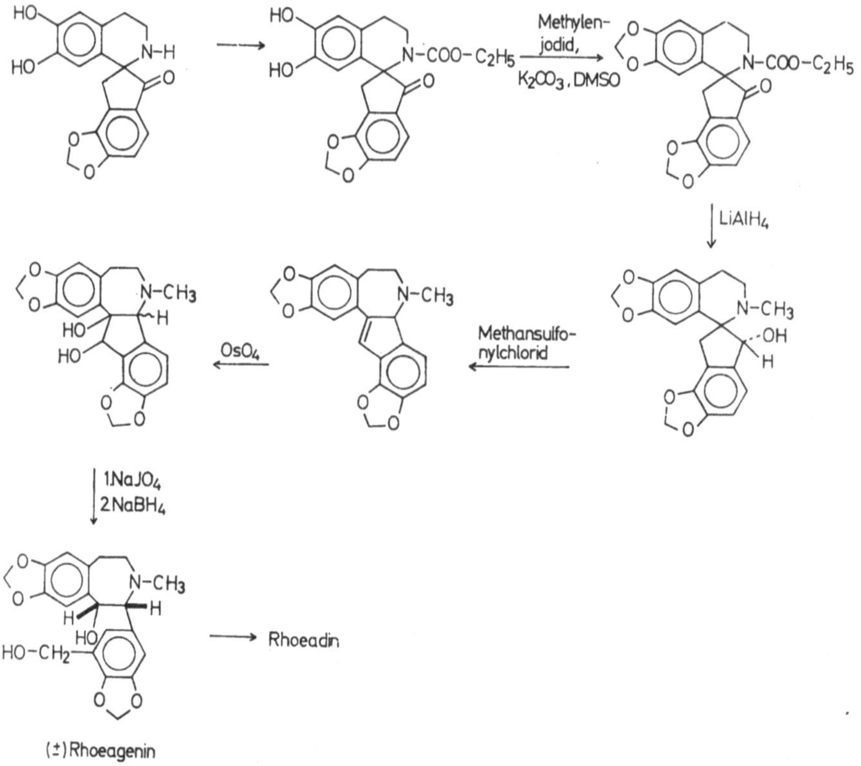

[1]) M. Shamma, J. A. Weiss, S. Pfeifer, H. Döhnert, Chem. Comm. 212 (1968)
[2]) H. Irie, S. Tani, H. Yamane, Chem. Comm. 1713 (1970)

Für die etwa 20 Alkaloide aus der Gattung Papaver mit 2-Phenyltetrahydro-3H-3-benzazepin-Struktur konnte ein Abbau zu Phthalimidin-Derivaten wie folgt erarbeitet werden, der es gestattet, spezifische Markierungen eindeutig nachzuweisen.

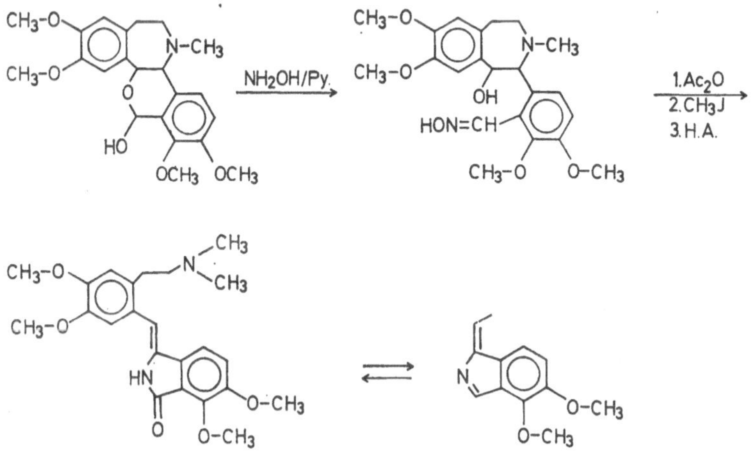

Die Umsetzung des Alpinigenins, z. B. mit Hydroxylamin in Pyridin, gab unter Öffnung des Halbacetalringes D ein Oxim, das sich mit Acetanhydrid bei 120° zum Nitril dehydratisieren läßt. Der anschließende Hofmann-Abbau des Jodmethylats führt dann zu einem Phthalimidin-Derivat, dessen Grundstruktur durch die oxydative Spaltung mit OsO_4/$NaJO_4$ gesichert werden konnte[1]).

14-Desmethoxyrhoeadin

ist ein Nebenprodukt der Reduktion des Rhoeadins oder der Reduktion des Rhoeagenindiols mit Mineralsäuren und besitzt ein ähnliches MS wie das Desmethoxyglaudin.

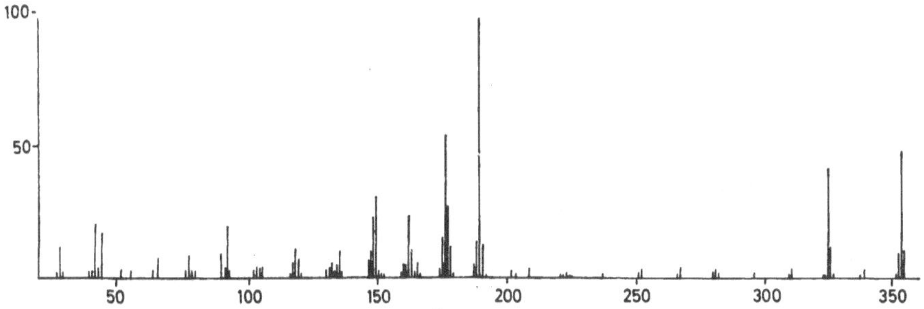

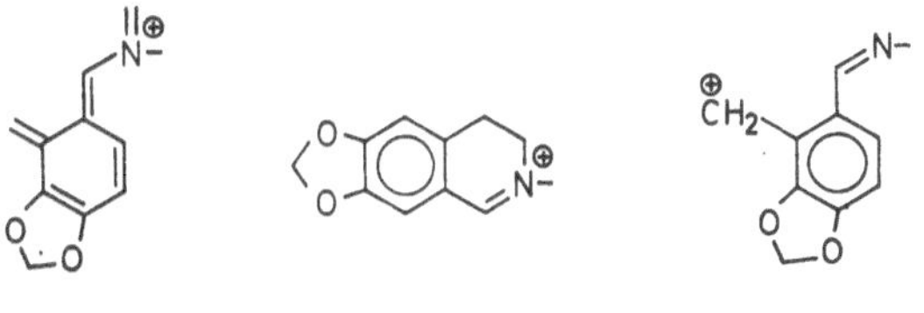

[1]) H. Rönsch, T. L. **58**, 5121 (1969)

Der Hofmann-Abbau führt zu Desmethoxyrhoeadinmethin und einer Komponente mit einer im UV-Spektrum nachweisbaren *trans*-Stilben-Gruppierung. Die zweite Stufe dieses Abbaus liefert von beiden Komponenten das gleiche Desmethoxyrhoeadinbismethin.

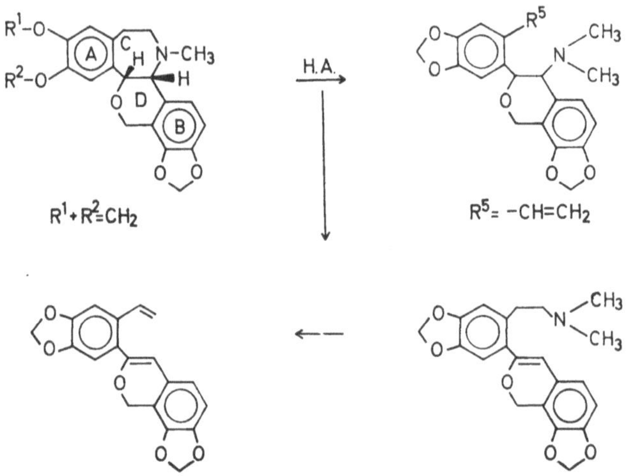

Die Struktur des Desmethoxyrhoeadinmethin folgte aus MS-Untersuchungen, dessen Fragmentbildung wie folgt interpretiert worden ist.

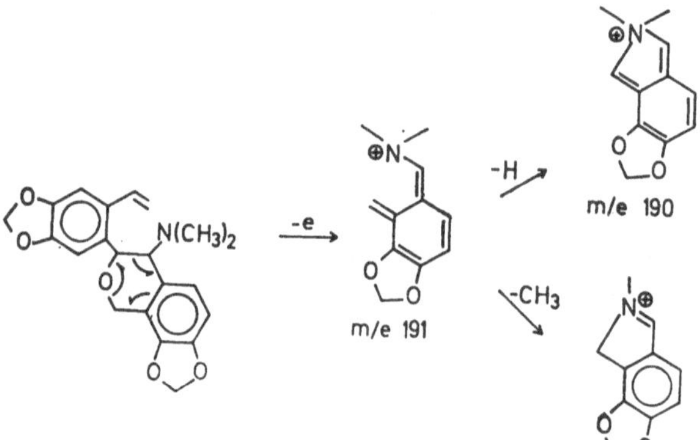

N-Methyl-14-O-desmethylepiporphyroxin

ein weiteres Alkaloid aus Opium, besitzt auf Grund der vergleichenden Strukturuntersuchungen die nachstehende Struktur:

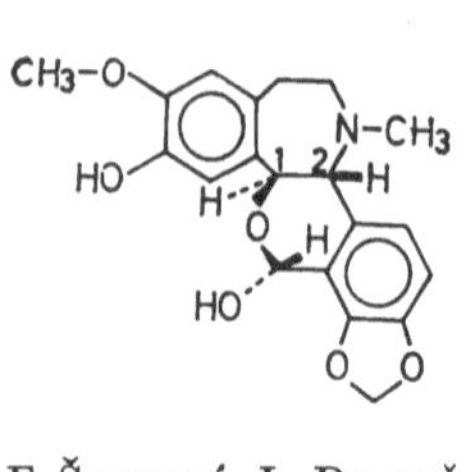

[1]) J. Hrbek, F. Šantavý, L. Dolejš, Coll. **35**, 3712 (1970)

Die Kopplungskonstante von $J_{1,2}$ liefert ferner den Beweis, daß die Base zur B/D-*trans*-Serie gehört.

Die O-Methylierung des Alkaloids führt zu Glaucamin, das seinerseits zu Epiglaudin weiter methyliert werden kann und das bei Einwirkung von 1 N HCl in das *cis*-Isomere Oreogenin umgewandelt wird.

Das MS weist auf das folgende Fragmentierungsverhalten hin:

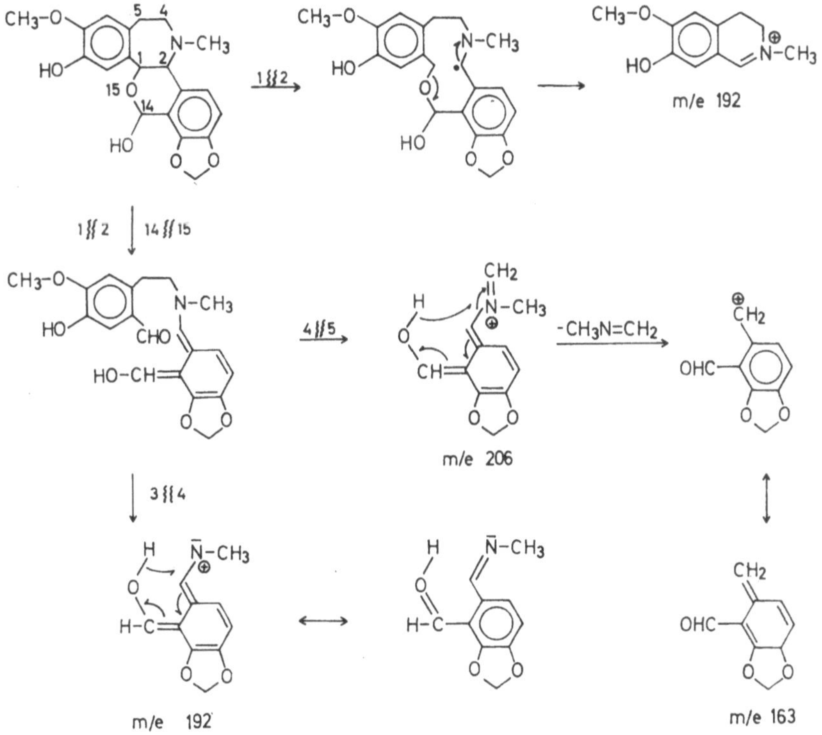

Damit ergeben sich auf Grund der heutigen Kenntnisse die folgenden Zusammenhänge zwischen den einzelnen Alkaloiden[1]):

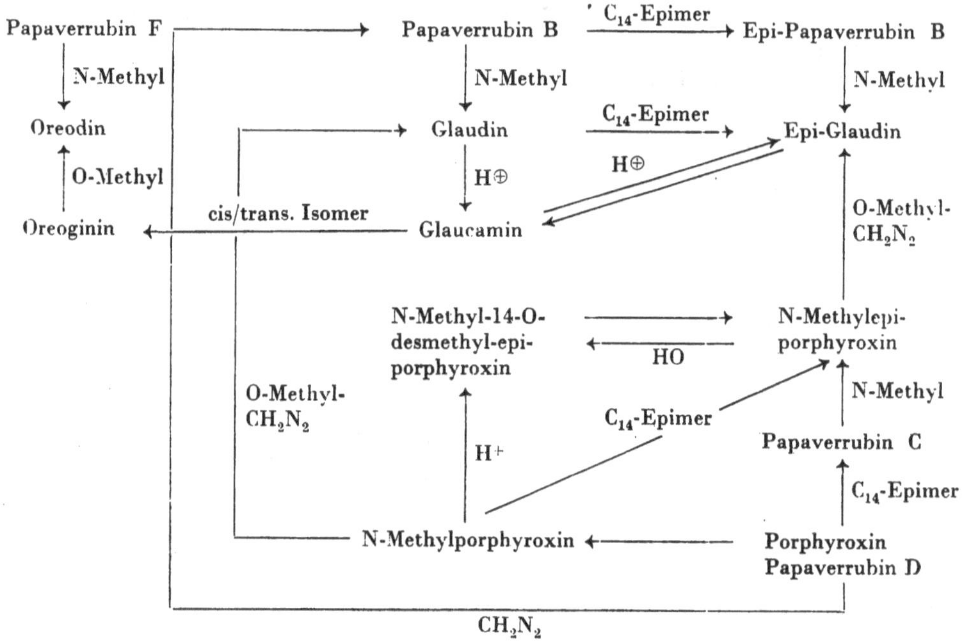

Die Umwandlung des Rhoeagenindiols in das Coptisin gelingt durch Einwirkung von Thionylchlorid[2]).

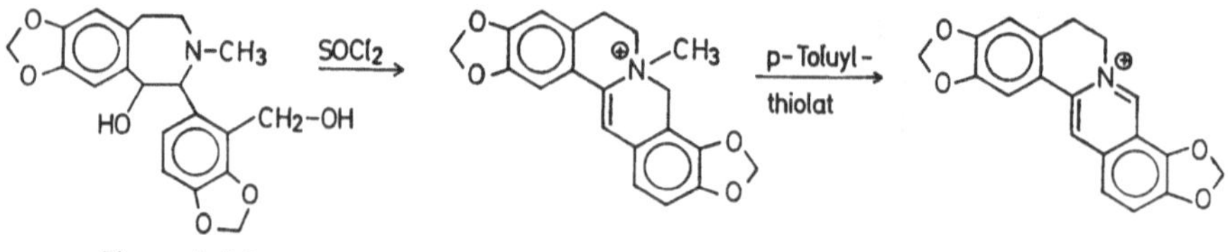

Rhoeganindiol Substanz R Coptisin

[1]) E. Brochmann-Hanssen, K. Hirai, B. Nielsen, S. Pfeifer, I. Mann, L. Kühn, J. Pharm. Sci. **57**, 30 (1968)

[2]) A. Klasek, V. Simanek, F. Santyvy, T. L. **43**, 4549 (1968)

31. Indol-Alkaloide

Die in dieser Gruppe zusammengefaßten Alkaloide verschiedener Indol-Grundstrukturen werden vorzugsweise in einigen Arten aus den Familien der Apocynaceen, Loganiaceen, Rubiaceen und Asclepiadaceen aufgefunden und ordnen sich in ihrer Biosynthese dem bereits ausführlich diskutierten Schema unter.

Die Bildung vieler dieser Alkaloide ist andererseits durch die extreme Reaktionsfähigkeit des Indolsystems zu erklären, von dem einige Möglichkeiten nachfolgend zusammengestellt sind:

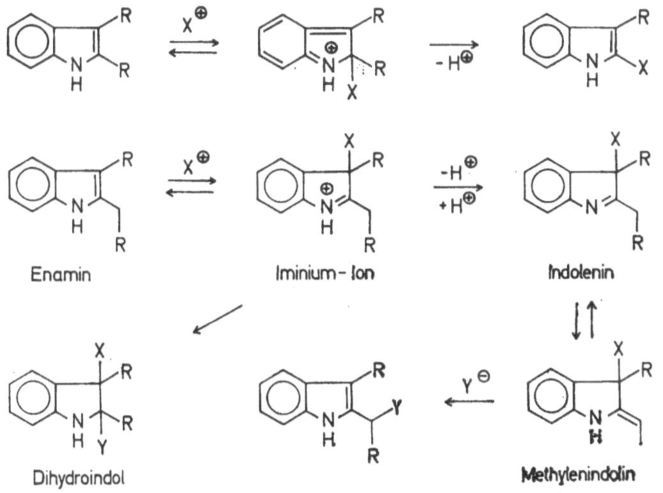

Die Bildung der Oxindole und Pseudooxindole kann wie folgt erklärt werden:

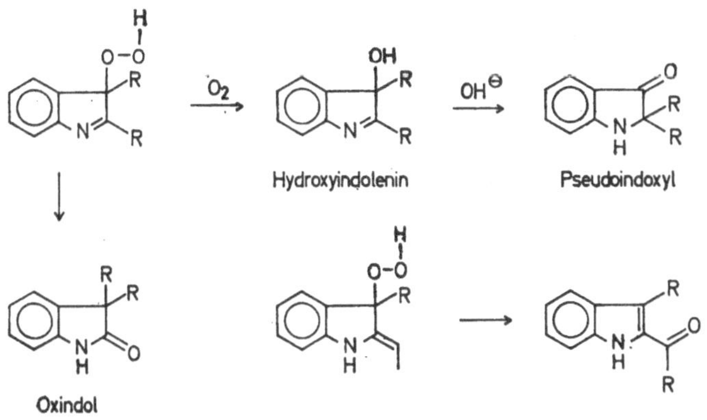

Alkaloid	Schmp.	$[\alpha]_D$	Derivat	Vorkommen
Desoxyaspidospermin $C_{19}H_{24}N_2O_2$	amorph	−20° (M)	Pikr. 184—6°	*Aspidosperma dispersum*[1])
Aspidodispermin $C_{19}H_{24}N_2O_2$	amorph	+119° (M)	Methyl. 189—9°	*Aspidosperma dispersum*[2])
19-Oxoconopharyngin $C_{23}H_{28}N_2O_5$	284—6°	−48° (C)	—	*Conypharyngia jollyana*[16])
Voacristin-hydroxy-indolenin $C_{21}H_{27}N_2O_4$	167—9°	−22° (C)	—	*Ervatamia dichotoma*[17])
Taberpsychin $C_{20}H_{24}N_2O$	—	—	—	*Tabernaemontana psychotrifolia*[11])
Alstonerin $C_{21}H_{26}N_2O_2$	172°	−195° (A)	—	*Alstonia muelleriana*[10])
Eripin $C_{23}H_{28}N_2O_5$	186°	−188° (C)	—	*Hunteria umbellata*[18])
Lonicerin $C_{21}H_{26}N_2O_4$	105—7°	−127° (C)	N-O-Diacetyl	*Callichilia barteri*[12])
Meloscandonin $C_{20}H_{20}N_2O_2$	—	+72° (C)	—	*Melodinus scandens*[8])
(+)-Vincadifformin $C_{21}H_{26}N_2O_2$	96°	+600° (A)	—	*Amsonia tabernaemontana*[3])
Dichotin $C_{22}H_{26}N_2O_6$	211—13°	+88° CH_3CN	Acetyl 247° Tetrahydro 158°	*Vallesia dichotoma*[6])
11-Methoxydichotin $C_{23}H_{28}N_2O_7$	120—1°	+11° (C)	Acetyl 189° Tetrahydro 203—4°	*Vallesia dichotoma*[6])
Meloscin $C_{19}H_{20}N_2O$	178—80°	—	Jodm. 240° Tetrahydro 163°	*Melodinus scandens*[9])
Epimeloscin $C_{19}H_{20}N_2O$	—	238° (A)	—	*Melodinus scandens*[9])
Scandin $C_{21}H_{22}N_2O_3$	188—92°	+254° (A)	Jodm. 196°	*Melodinus scandens*[9])
Hydroxycamptothecin $C_{20}H_{16}N_2O_5$	268—70°	—	Acetyl 255° Diacetyl 270°	*Campthothea acuminata*[7])
Methoxycamptothecin $C_{21}H_{18}N_2O_5$	254—5°	—	—	*Campthothea acuminata*[7])
(+)-Minovincin	—	+340° (A)	—	*Tabernaemontana riedellii*[14])
Cylindrocarin	204—5°	−280° (M)	—	*Aspidosperma cylindrocarpa*[19])
N-Formylcylindrocarin	161°	−140° (%)	—	*Aspidosperma cylindrocarpa*[19])
N-Benzoylcylindrocarin	—	−131° (M)	—	*Aspidosperma cylindrocarpa*[19])

Alkaloid	Schmp.	$[\alpha]_D$	Derivat	Vorkommen
N-Methylcylindrocarin	—	—110° (M)	—	*Aspidosperma cylindrocarpa*[19])
Dimethyleburnamonin $C_{21}H_{25}N_2O_3$	220°	—	—	*Vinca minor*[20])
16-Methoxyvinca-difformin $C_{22}H_{28}N_2O_3$	amorph	—368° (C)	—	*Vinca minor*[21])
11-Methoxyeburnamonin, $C_{20}H_{24}N_2O_2$	169—70°	—107° (C)	—	*Vinca minor*[13])
N-Formylcylindro-carpinol	101°	—150° (M)	—	*Aspidosperma cylindrocarpon*[19])
N-Acetylcylindro-carpinol	210—15°	—	—	*Aspidosperma cylindrocarpon*[19])
(+)-8-Oxominovincin $C_{21}H_{22}N_2O_4$	252—3°	+268° (A)	—	*Tabernaemontana riedellii*[14])
Eburnin $C_{21}H_{28}N_2O_2$	—	—18° (A)	—	*Hunteria eburnea*[5])
Eburcin $C_{23}H_{30}N_2O_4$	—	—61° (A)	—	*Hunteria eburnea*[5])
Eburenin	—	—	1,2-Dehydroaspido-spermidin	*Hunteria eburnea*[5])
16-Methoxymino-vincinin $C_{22}H_{28}N_2O_4$	amorph	—395° (C)	Dialkohol 237°	*Vinca minor*[15])
Horhammericin $C_{21}H_{24}N_2O_4$	—	—	—	*Catharanthus lanceus*[4])
Horhammerinin $C_{22}H_{26}N_2O_5$	—	—	—	*Catharanthus lanceus*[4])
17-Desmethoxy-N-acetylcylindrocarin	160—2°	0° (M)	—	*Aspidosperma cylindrocarpa*[19])
N-Formyl-20-hydroxy-cylindrocarin	—	—250° (M)	—	*Aspidosperma cylindrocarpa*[19])
N-Cinnamoyl-20-hydroxycylindrocarin	123°	—384° (M)	—	*Aspidosperma cylindrocarpa*[19])
N-Dihydrocinnamoyl-20-hydroxycylindro-carin	—	—	—	*Aspidosperma cylindrocarpa*[19])
N-Benzoyl-20-hydroxy-cylindrocarin	215°	—150° (M)	—	*Aspidosperma cylindrocarpa*[19])
N-Acetyl-20-hydroxy-cylindrocarin	—	—400° (M)	—	*Aspidosperma cylindrocarpa*[19])
Voacangin-hydroxy-indolenin				

Alkaloid	Schmp.	$[\alpha]_D$	Derivat	Vorkommen
Iboxygain-hydroxy-indolenin $C_{20}H_{26}N_2O_3$	223°	111° (C)	—	*Peschiera lundii*[22])
Voacristin-pseudo-indoxyl $C_{22}H_{28}N_2O_5$	—	—	HCl 261°	*Peschiera lundii* [22])

Biosynthese der Indolalkaloide

Ein gefundener Einbau von Glycin in Ajmalin und Reserpin ist noch umstritten[23-26]). Es wird angenommen, daß die Monoterpeneinheit dieser Alkaloide auf einem anderen Weg als die für Steroide aufgebaut wird.[24]) Zwischen Geraniol und Loganin tritt Hydroxygeraniol und Hydroxynerol als Vorstufe der Indol-Alkaloide auf.[27,28]) Versuche mit Loganin ergaben, daß das Proton an C-5 (sekundäre OH-Gruppe) während der Umwandlung in Vincosid und in die verschiedenen Alkaloidgruppen erhalten bleibt.[29]) Desoxyloganin ist Precursor von Loganin und den Indolalkaloiden und konnte aus *Vinca rosea* isoliert

1) M. Ikeda, C. Djerassi, T. L. **56**, 5837 (1968)
2) W. Döpke, H. Meisel, G. Spiteller, T. L. **58**, 6065 (1968)
3) B. Zsadon, P. Kaposi, T. L. **52**, 4615 (1970)
4) R. N. Blomster, N. R. Farnsworth, D. J. Abraham, Naturwiss. **55**, 298 (1968)
N. R. Farnsworth, W. D. Loub, R. N. Blomster, D. J. Abraham, Z. Naturf. **23**b, 1061 (1968)
5) L. Olivier, F. Quirin, P. Manperin, J. Levy, J. le Men, C. R. **270**, C. 1667 (1970)
6) N. C. Ling, C. Djerassi, P. G. Simpson, Am. Soc. **92**, 222 (1970)
7) M. C. Wani, M. E. Wall, Org. Chem. **34**, 1364 (1969)
8) M. Plat, M. Hachem-Mehri, M. Koch, U. Scheidegger, P. Portier, T. L. **39**, 3395 (1970)
9) K. Bernauer, G. Englert, W. Vetter, Ek. Weiss, Helv. **52**, 1886 (1969)
10) J. M. Cook, P. W. le Quesne, R. C. Elderfield, Chem. Comm. 1306 (1969)
11) P. R. Benoin, R. H. Burnell, J. D. Medina, T. L. **7**, 807 (1968)
12) J. Naranjo, M. Hesse, H. Schmid, Helv. **53**, 749 (1970)
13) W. Döpke, H. Meisel, E. Gründemann, G. Spiteller, T. L. **15**, 1805 (1968)
14) M. P. Cava, S. S. Tjoa, Q. A. Ahmed, A. I. da Rocha, Org. Chem. **33**, 1055 (1968)
15) W. Döpke, H. Meisel, G. Spiteller, T. L. **58**, 6065 (1968)
16) G. Hootele, J. Pecher, Chimia **22**, 245 (1968)
17) H. K. Schnoes, D. W. Thomas, R. Aksornvitaya, W. R. Schleigh, S. M. Kupchan, Org. Chem. **33**, 1225 (1968)
18) Y. Morita, M. Hesse, H. Schmid, Helv. **51**, 1438 (1968)
19) B. V. Milborrow, C. Djerassi, Chem. Soc. (C) 417 (1969)
20) W. Döpke, H. Meisel, G. Spiteller, Pharm. **23**, 98 (1968)
21) W. Döpke, H. Meisel, Pharm. **23**, 521 (1968)
22) B. Hwang, J. A. Weisbach, B. Douglas, R. Raffauf, M. P. Cava, K. Bessho, Org. Chem. **34**, 412 (1969)
23) A. K. Garg, J. R. Gear, Chem. Comm. **1969**, 1447
24) A. K. Garg, J. R. Gear, Phytochemistry **11**, 689 (1971)
25) J. P. Kutney, J. F. Beck, V. R. Nelson, K. L. Stuart, A. K. Bose, Am. Soc. **92**, 2174 (1970)
26) D. Gröger, W. Maier, P. Simchen, Experientia (Basel) **26**, 820 (1970)
27) S. Escher, P. Loew, D. Arigoni, Chem. Comm. **1970**, 823
28) A. R. Battersby, St. H. Brown, T. G. Payne, Chem. Comm. **1970**, 827
29) A. R. Battersby, K. H. Gibson, Chem. Comm. **1971**, 902

werden.[1]) Eine Reihe von Experimenten sprechen für die Ableitung der Alkaloide vom Eburnamin-Vincamin-Typ aus dem Aspidosperma-Typ[1]) entsprechend folgendem Schema[2]):

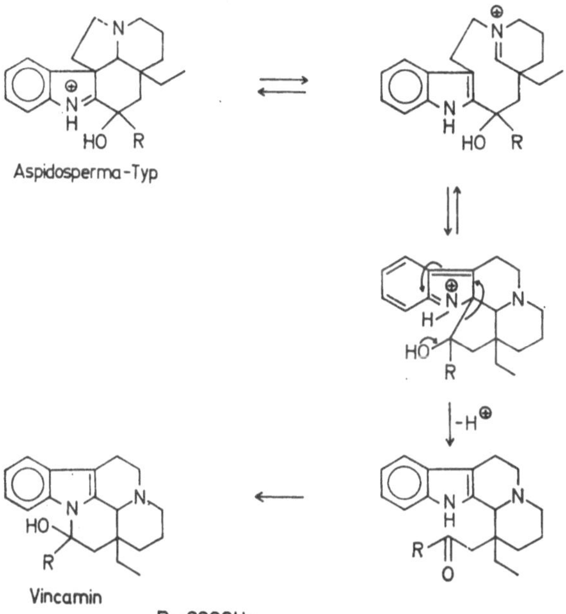

R = $COOCH_3$

Das natürlich vorkommende Secodin hat sich als Vorstufe des Aspidospermaalkaloides Vindolin erwiesen.[3,4,5])

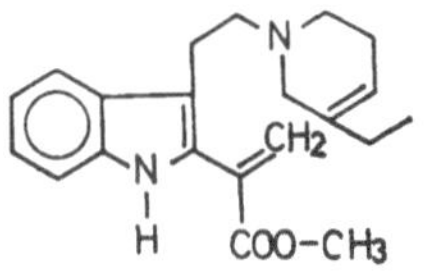

Secodin

5-Hydroxytryptophan wird nicht in die Strychnos-Alkaloide eingebaut.[6]) Wahrscheinlich findet die Hydroxylierung des Benzolringes auf einer späten Stufe statt.

Nebenalkaloide aus Aspidosperma cylindrocarpon

Durch eine Schichtchromatographie der Restbasen von *Aspidosperma Cylindrocarpon* konnte eine Reihe weiterer Nebenbasen isoliert werden, die z. T. sehr eng mit dem Cylindrocarpin oder Cylindrocarpidin verwandt sind. So sind fünf Alkaloide in ihrer Struktur als

1) A. R. BATTERSBY, A. R. BURNETT, P. G. PARSONS, Chem. Comm. **1970**, 826
2) J. P. KUTNEY, J. F. BECK, V. R. NELSON, R. S. SOOD, Am. Soc. **93**, 255 (1971)
3) J. P. KUTNEY, J. F. BECK, N. J. EGGERS, H. W. HANSSEN, R. S. SOOD, N. D. WESTCOTT, Am. Soc. **93**, 7322 (1971)
4) A. I. SCOTT, P. B. REICHARDT, M. B. SLAYTOR, J. G. SWEENY, Bioorg. Chem. **1**, 157 (1971); C. A. biochem. Sect. **75**, 148564f. (1971)
5) J. P. KUTNEY, J. F. BECK, CH. EHRET, G. POULTON, R. S. SOOD, N. D. WESTCOTT, Bioorg. Chem. **1**, 194 (1971); C. A. biochem. Sect. **75**, 148559h (1971)
6) W. MAIER, D. GRÖGER, Z. Naturforsch. **25b**, 1192 (1970)

einfache Derivate des Cylindrocarpins sichergestellt worden, z. B. das Cylindrocarin als auch das N-Formyl-N-Benzoyl und N-Methyl-Derivat, sowie das 17-Desmethoxyanalogon des Cylindrocarpidins, das als 17-Desmethoxy-N-Acetylcylindrocarin bezeichnet wurde.

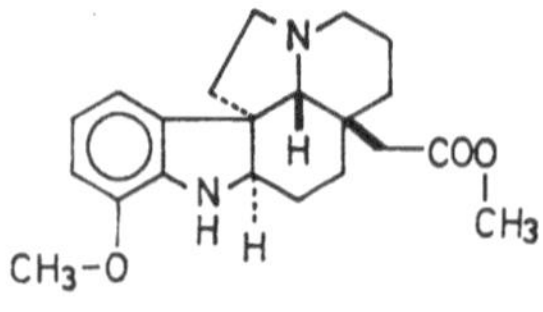

Cylindrocarin

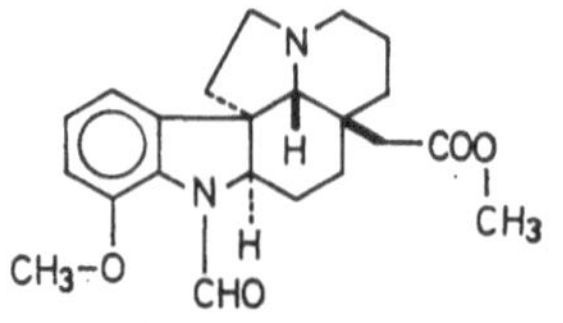

N-Formyl-Derivat

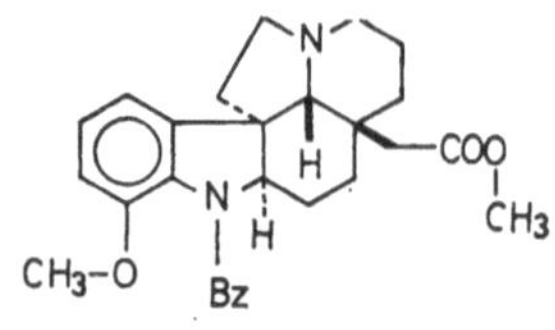

N-Benzoyl-Derivat

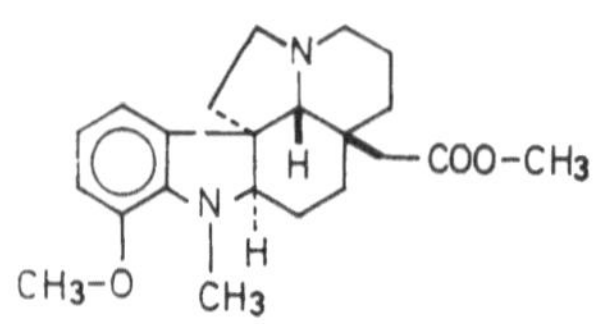

N-Methyl-Derivat

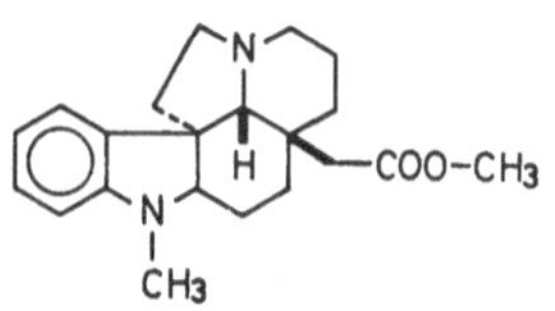

17 Desmethoxy-N Acetylcylindrocarin

Alle Alkaloide gehören auf Grund der vergleichenden ORD-Untersuchungen der (—)-Aspidospermin-Reihe an.

Eine weitere Gruppe von neuen Alkaloiden bilden die N-acylierten Basen vom Typ des bisher unbekannten 20-Hydroxycylindrocarins, deren Strukturen vor allem mit Hilfe von MS-Untersuchungen abgeklärt werden konnten.

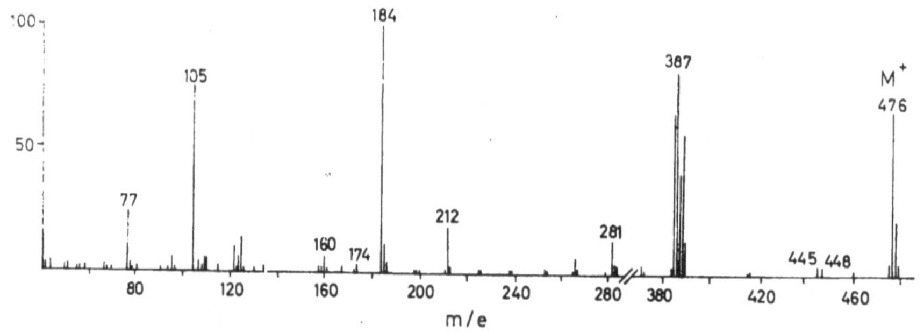

1

) MS des N-Benzoyl-20-hydroxycylindrocarin

Das MS des N-Benzoylcylindrocarins ist durch die folgenden Hauptfragmente gekennzeichnet

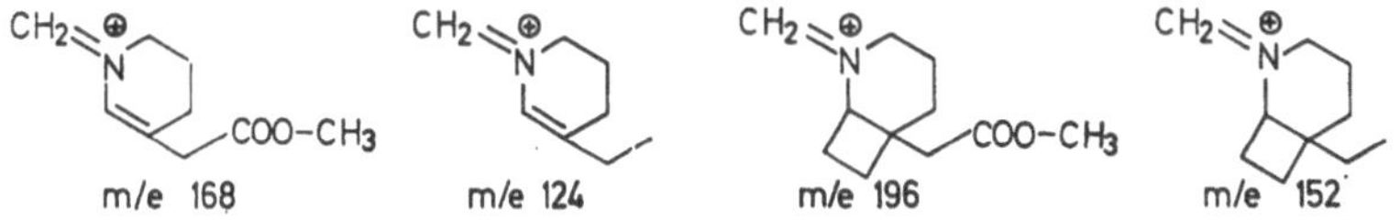

m/e 168 m/e 124 m/e 196 m/e 152

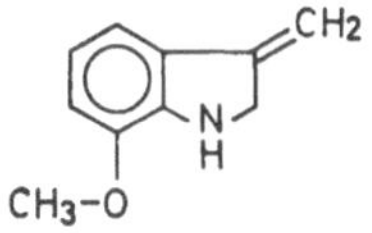

m/e 160

und bietet damit auch die Basis für die Strukturuntersuchungen der anderen Alkaloide. Neben dem N-Benzoyl-20-hydroxycylindrocarin konnten noch das N-Formyl, N-Acetyl, N-Cinnamoyl, N-Dihydrocinnamoyl-Derivat sowie die nachstehende freie Base isoliert werden.

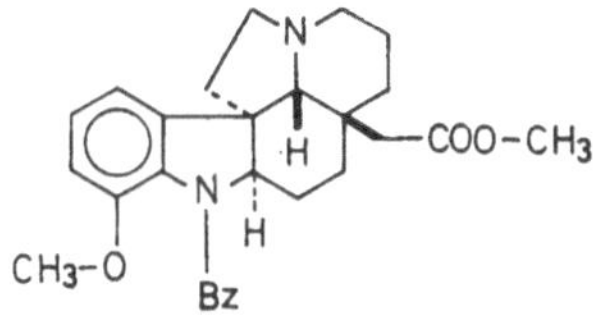

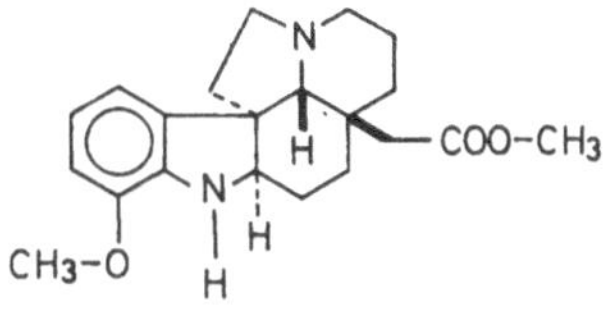

Die absolute Konfiguration dieser Verbindungen ist identisch mit denen der Cylindrocarin-Serie. Die noch ausstehende Untersuchung der Konfiguration am C-20 konnte durch CD-Messungen der Xanthogenate sichergestellt werden, da sich herausstellte, daß die Konfiguration mit der der (R)-(—)-Milchsäure identisch war.

Zwei Alkaloide, in denen die angulare Carboxymethylgruppe durch eine 2-Hydroxyäthylfunktion ersetzt worden ist, besitzen die folgende Struktur[1]).

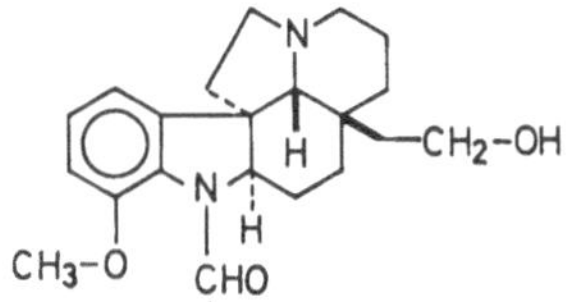

N-Formylcylindrocarpinol

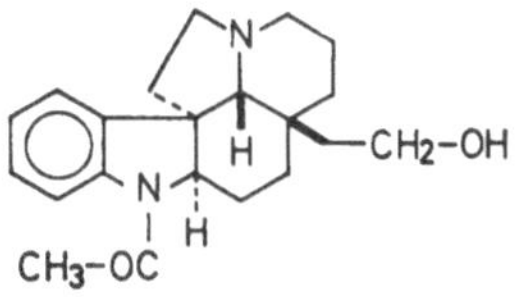

N-Acetylcylindrocarpinol

[1]) B. V. Milborrow, C. Djerassi, Chem. Soc. (C) 417 (1969)

(+)-*8-Oxominovincin,*

ein Alkaloid der Zusammensetzung $C_{21}H_{22}N_2O_4$, kann durch eine kontrollierte Kaliumpermanganat-Oxydation des (+)-Minovincins dargestellt werden und besitzt auf Grund der spektroskopischen Untersuchungen die nachstehende Struktur[1]):

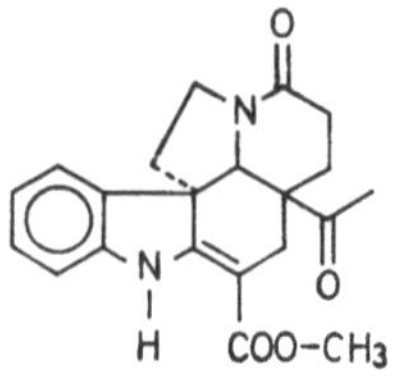

16-Methoxyminovincinin,

ein Nebenalkaloid aus *Vinca minor*, weist in seinem IR-Spektrum ein Carbomethoxy-α-methylen-indolin-System aus und geht bei der Reduktion mit $LiAlH_4$ in einen Dialkohol $C_{21}H_{30}N_2O_3$ über.

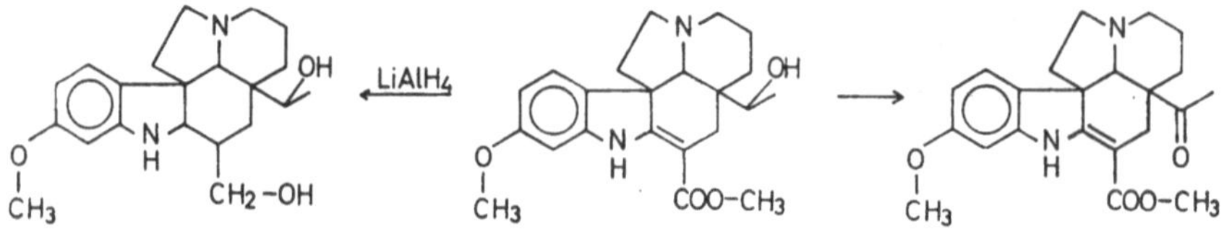

Da die modifizierte Oppenauer-Oxydation zu 16-Methoxyminovincin führte, ist in Übereinstimmung mit dem Fragmentierungsverhalten im MS die voranstehende Struktur abgeleitet worden[2]).

Horhammericin und Horhammerinin

konnten in ihrer Struktur durch vergleichende MS- und KMR-Untersuchungen abgeklärt werden[3]).

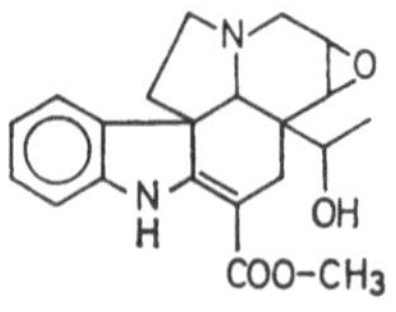

Horhammericin

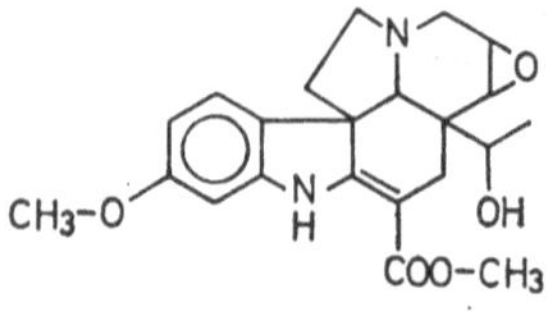

Horhammerinin

Desoxyaspidodispermin und Aspidodispermin,

zwei Alkaloide, die durch wiederholte dünnschichtchromatographische Trennverfahren isoliert werden konnten, weisen eine vom Aspidospermin abweichende biogenetisch sehr interessante Substituentenfolge auf.

[1]) M. P. Cava, S. S. Tjoa, Q. A. Ahmed, A. I. da Rocha, Org. Chem. **33**, 1055 (1968)
[2]) W. Döpke, H. Meisel, G. Spiteller, T. L. **58**, 6065 (1968)
[3]) D. J. Abraham, N. R. Farnsworth, W. D. Loub, R. N. Blomster, Org. Chem. **34**, 1575 (1969)

Desoxyaspidodispermin, $C_{19}H_{24}N_2O_2$, weist im IR-Spektrum einen Acetyldihydroindol-Kern auf, der auch für das Aspidodispermin durch das UV-Spektrum ausgewiesen werden konnte. Die Acetylierung des Aspidodispermins führt zu einem amorphen Monoacetat, das in seinem IR-Spektrum sowohl eine Phenolacetatgruppierung als auch eine Hydroxygruppe aufweist, während die Methylierung zu einem O-Methylderivat führt. Die Hydroxygruppe konnte auf Grund der KMR-Untersuchungen am C-17 lokalisiert werden.

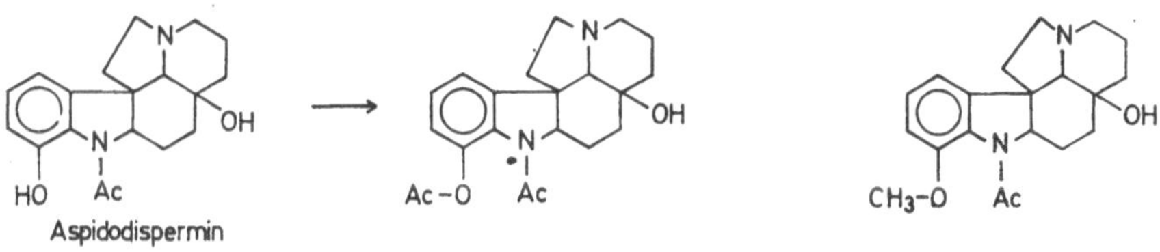

Da alle bisherigen Verbindungen sowohl eine Hydroxygruppe im IR-Spektrum anzeigten und auch im MS ein M-18-Peak nachzuweisen war, mußte ein Sauerstoffatom als weitere Hydroxygruppe vorliegen. Das MS zeigte die dafür typischen Fragmente.

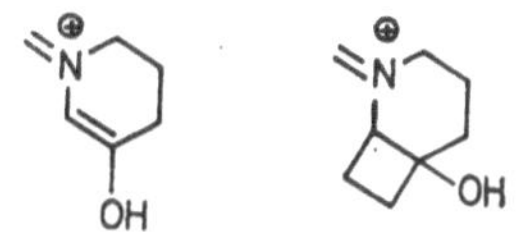

Die Acetylierung des Desoxyasidodispermins und des Methyläthers mit Acetanhydrid in Pyridin führte zu einem O-Acetylderivat, das zur Ausgangsbase zurück hydrolysiert werden konnte. Da auch die modifizierte Moffatt-Oxydation unter Verwendung von Tri-

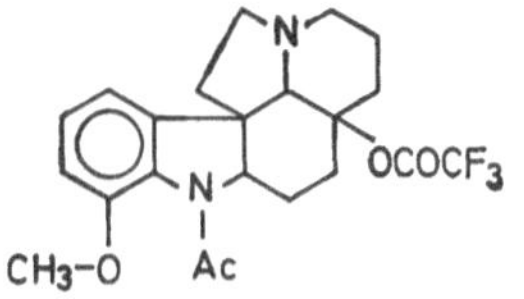

fluoressigsäure zu einem amorphen Trifluoracetat führte und keine Ketonbasen erhalten wurden, mußte die zweite Hydroxygruppe als eine tert. Funktion vorliegen[1]).

17-O-Methylaspidospermin-N_b-hydrobromid

Für die früher isolierten Alkaloide (—)-Desoxyaspidodispermin und (+)-Aspidodispermin wurde angenommen, daß die übliche Äthylseitenkette des Aspidospermin-Skeletts durch eine Hydroxygruppe ersetzt ist. Da keine direkte Korrelierung mit anderen Indol-Alkaloiden gemacht worden ist, wurde nunmehr eine Rö-Kristallstrukturanalyse des (—)-17-O-Methyl-aspidodispermin-N_b-hydrobromids, das im orthorhombischen System der Raumgruppe $P2_12_12_1$ und den Zelldimensionen a = 12,17, b = 21,89, c = 7,36 Å kristallisiert, durchgeführt. Da auch die ORD-Kurven der Alkaloide (—)-Aspidospermin

[1]) M. IKEDA, C. DJERASSI, T. L. 56, 5837 (1968)

und (—)-17-O-Methylaspidodispermin übereinstimmen, muß dem Alkaloid die gleiche absolute Konfiguration zuerkannt werden[1]).

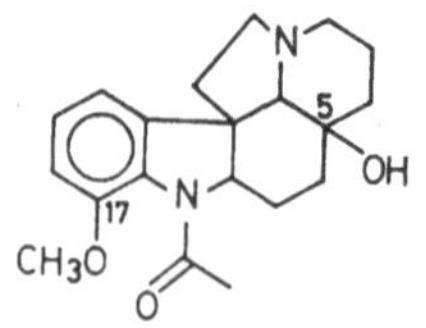

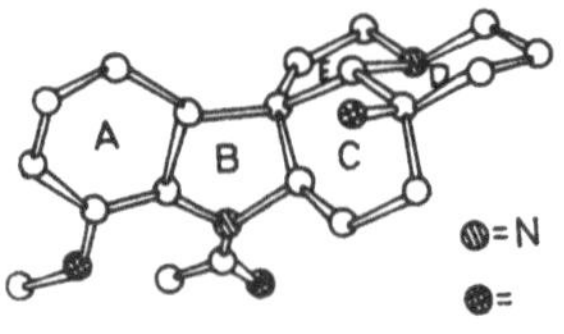

Die absolute Konfiguration des (—)-*Aspidospermin-N_b-jodmethylats* wurde röntgenographisch unter Anwendung der anormalen Streuung an Kristallen, die in der Raumgruppe $P2_12_12_1$ und den Dimensionen a = 24,3, b = 8,50 und c = 11,1 Å kristallisieren, untersucht. Damit ist zugleich die absolute Konfiguration des (—)-Aspidospermins festgelegt[2]).

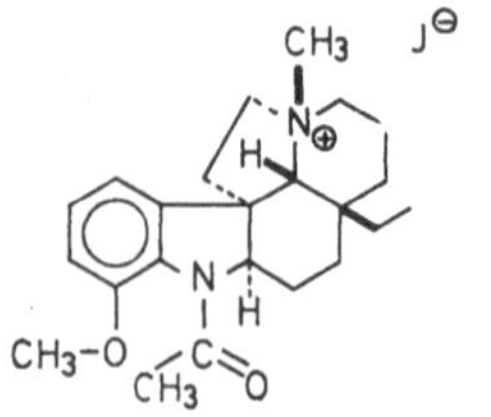

Racemisches *Desacetylaspidospermin* wurde als Hydrojodid ebenfalls einer Rö-Kristallstrukturanalyse unterzogen (Raumgruppe $P2_1/c$, Dimensionen: a = 9,17, b = 11,51, c = 18,44 Å) und führte zu folgender Struktur[3]):

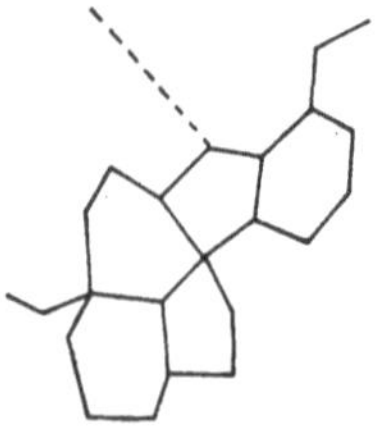

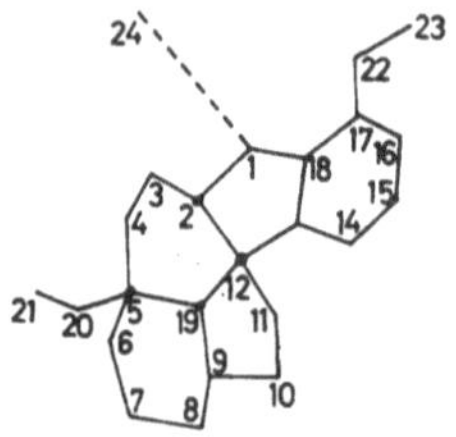

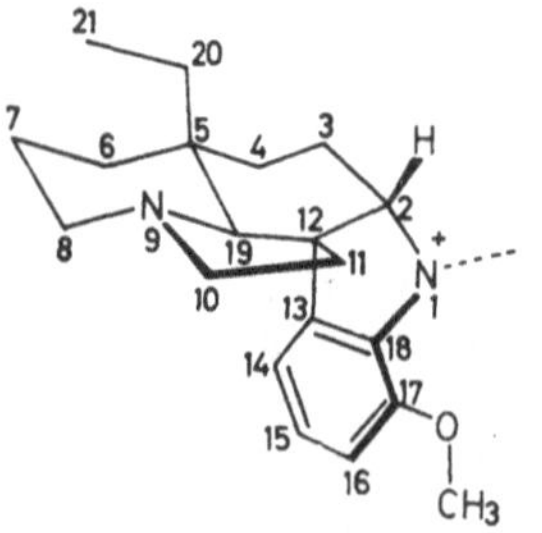

[1]) N. C. Ling, C. Djerassi, T. L. **34**, 3015 (1970)
[2]) B. M. Craven, D. E. Zacharias, Exp. **24**, 770 (1968)
[3]) N. Sakabe, Y. Sendo, I. Jigima, Y. Ban, T. L. **30**, 2557 (1969)

Das für die Strukturanalyse benötigte racemische Desacotylaspidospermin kann auf dem folgenden Wege synthetisiert werden:

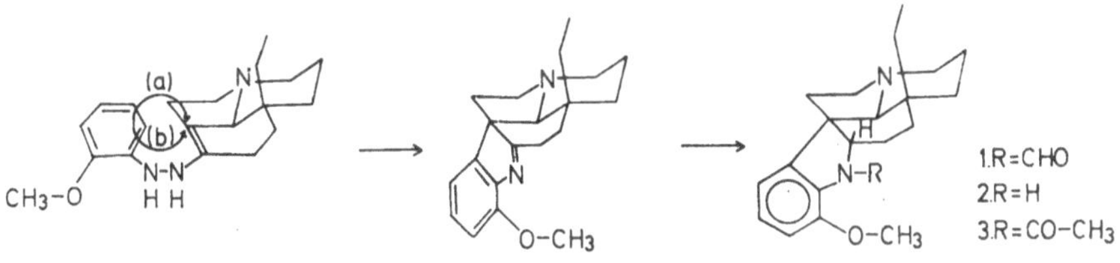

Eburin, Eburcin und Eburenin

konnten durch die chemische Korrelierung mit dem (—)-Tabersonin in ihrer Struktur aufgeklärt werden.

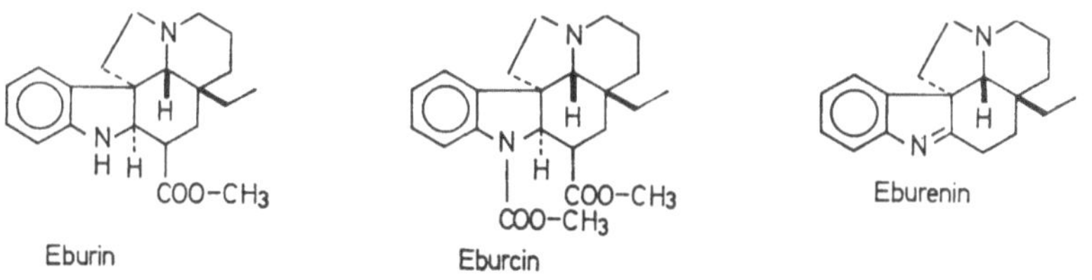

Die möglichen experimentellen Umwandlungen der Corynanthe, Aspidosperma und Iboga-Alkaloide sind in dem folgenden Schema zusammengestellt[3]).

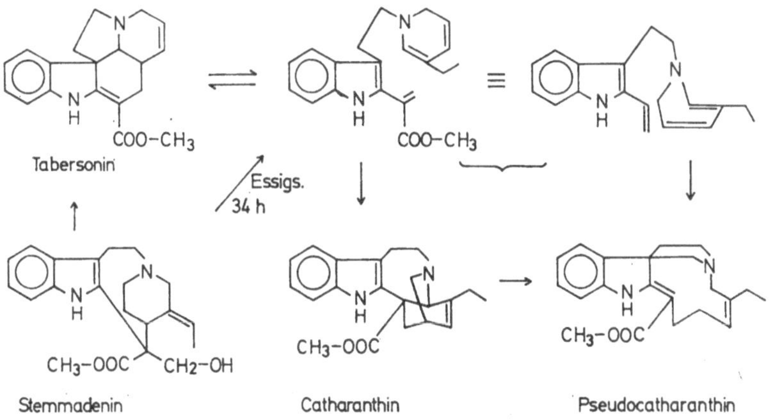

[1]) Y. Ban, I. Iijima, T. L. **30**, 2527 (1969)
[2]) F. Quirin, P. Manperin, J. Levy, J. LeMen, C. R. 270 (C) 1667 (1970)
[3]) A. S. Qureshu, A. I. Scott, Chem. Comm. 945 (1968)

Synthese des 6,7-Dehydroquebrachamins[1])

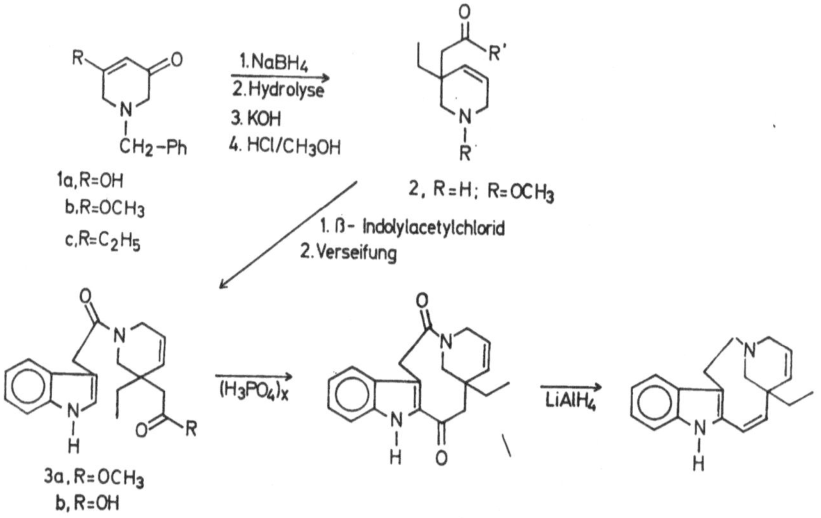

[1]) F. E. ZIEGLER, G. B. BENETT, T. L. **29**, 2545 (1970); s. a. F. E. ZIEGLER, J. A. KLOEK, PH. A. ZORETIC, Am. Soc. **91**, 2342 (1969)

Synthese des Minorins, Vincadins, Vincadifformins und Vincaminorins

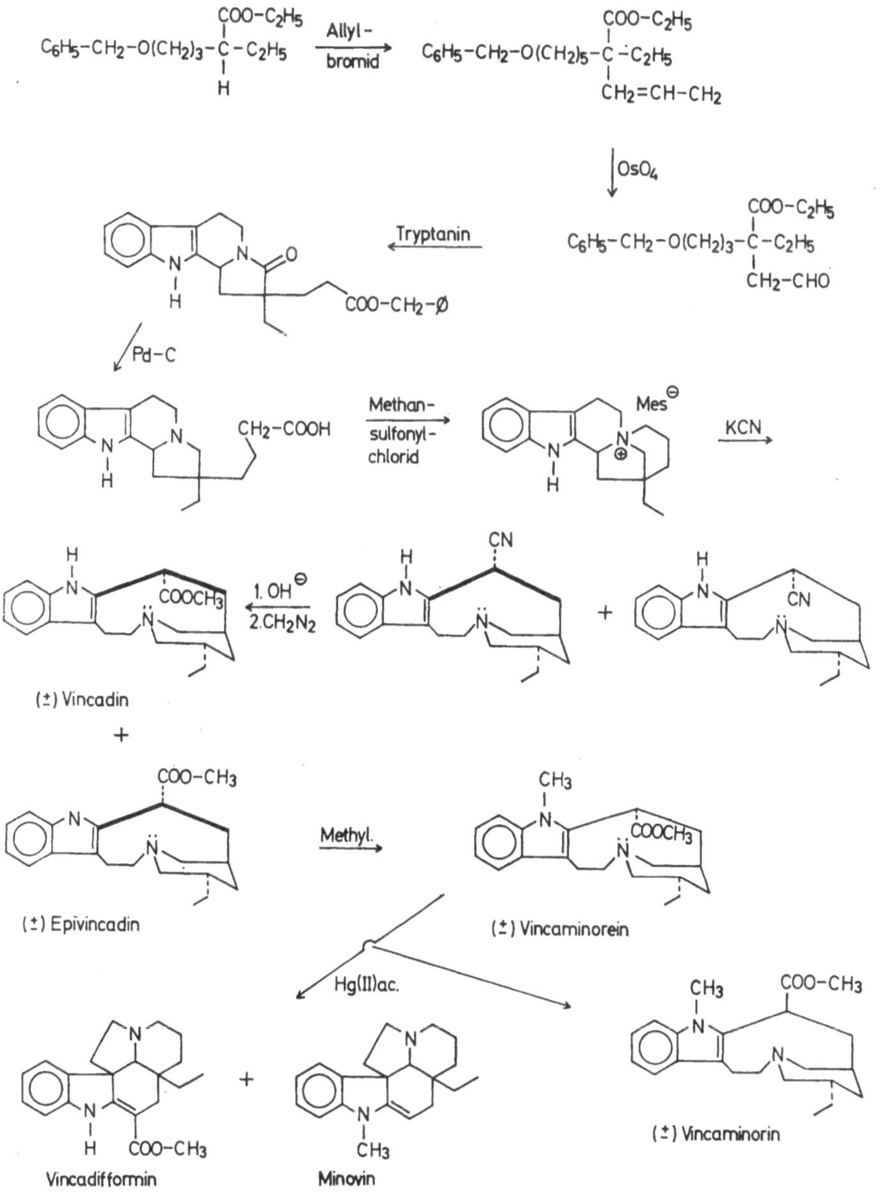

Auf ähnlichem Wege kann auch das Alkaloid Vincaminoridin synthetisch dargestellt werden.

[1]) J. P. Kutney, K. K. Chan, A. Failli, J. M. Fromson, C. Gletsos, V. R. Nelson, Am. Soc. **90**, 389 (1968)

Synthese des (±)-Minovins[1])

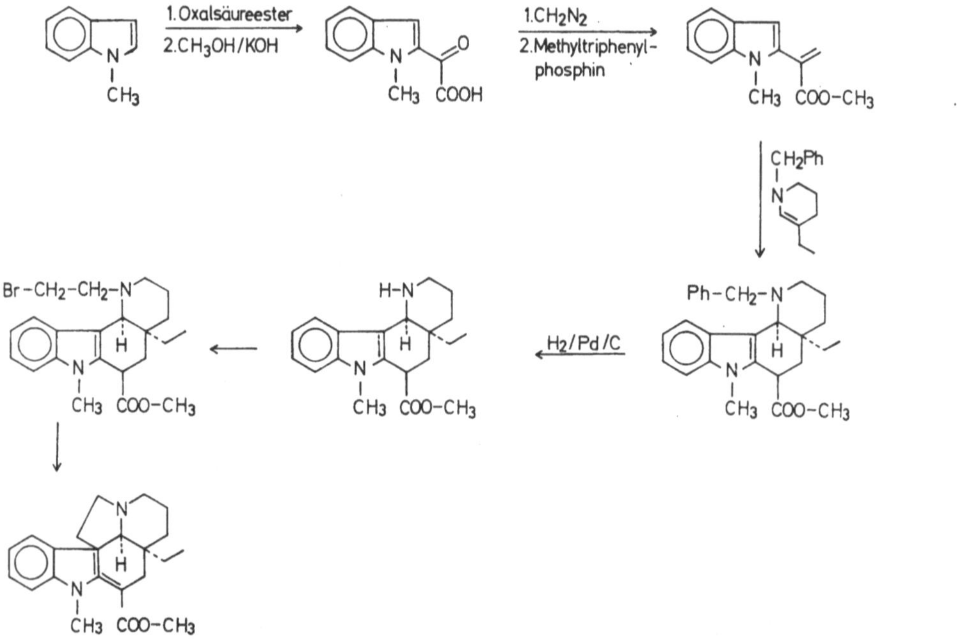

Die absolute Konfiguration des Vincamins ergab sich durch den Vergleich des 1,2,3,4,-6,7,12,12b-Octahydroindol[2,3-a]chinolizins, das durch den Abbau des Vincamins über die Stufen der Vincaminsäure, (—)-16-Eburnanons erhalten wurde und des (+)-1,2,3,4-Tetrahydroharmons, das zu (—)-N-Carboxyäthyl-D-Alanin abgebaut werden konnte.

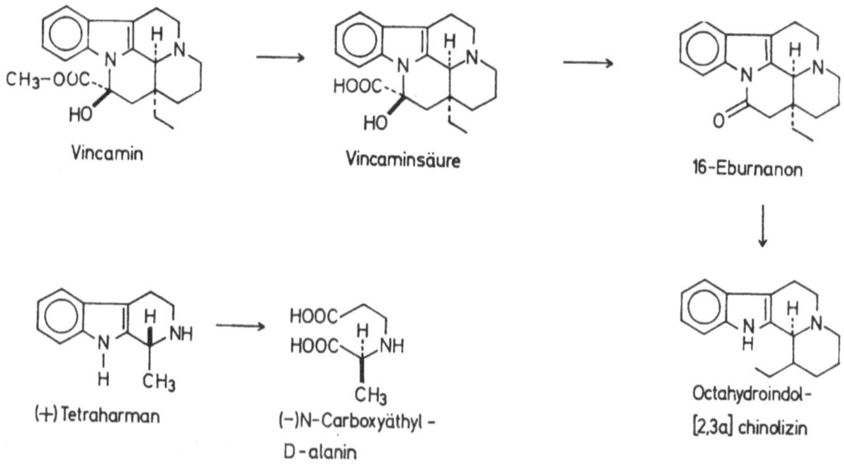

[1]) F. E. Ziegler, E. B. Spitzner, Am. Soc. **92**, 3492 (1970)

Zu dem gleichen Ergebnis führten auch die ORD-Vergleichsuntersuchungen mit den Alkaloiden vom Yohimbin-Typ, die sich vor allem durch eine unterschiedliche Ringverknüpfung unterscheiden[1]).

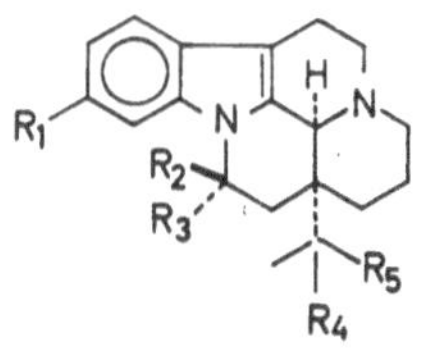

	R 1	R 2	R 3	R 4	R 5
(+)-Vincamin	H	OH	$COOCH_3$	H	H
(−)-Eburnamonin	H	=O		H	H
(−)-16-Epivincamin	H	$COOCH_3$	OH	H	H
(+)-Vincin	OCH_3	OH	$COOCH_3$	H	H
(−)-11-Methoxy-16-eburnanon	OCH_3	=O		H	H
(+)-Vincaminin	H	OH	$COOCH_3$	=O	
(+)-Vincin	OCH_3	OH	$COOCH_3$	=O	

Dimethoxyeburnamonin

Dimethoxyeburnamonin, $C_{21}H_{25}N_2O_3$, weist ein um 60 Masseneinheiten zu höheren Massen verschobenes Eburnamonin-Spektrum auf, und besitzt damit im Zusammenhang mit den KMR-Untersuchungen die nachstehende Struktur[3]):

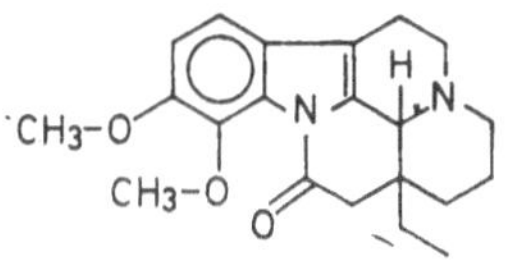

16-Methoxyvincadifformin

Bei der Chromatographie des Extraktes der oberirdischen Teile von *Vinca minor* konnte durch präparative Schichtchromatographie ein Alkaloid isoliert werden, dem auf Grund der spektroskopischen Untersuchungsergebnisse die nachstehende Struktur eines 16-Methoxy-6,7-dihydrotabersonins zukommen dürfte[4]).

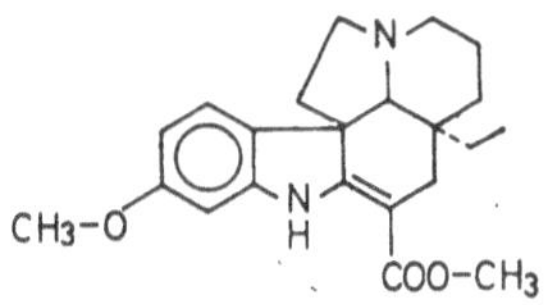

[1]) J. Trojanek, Z. Koblicova, K. Blaha, Coll. **33**, 2950 (1968)
[2]) K. Blaha, K. Kavkova, Z. Koblicova, J. Trojanek, Coll. **33**, 3833 (1968)
[3]) W. Döpke, H. Meisel, G. Spiteller, Pharm. **23**, 99 (1968)
[4]) W. Döpke, H. Meisel, Pharm. **23**, 521 (1968)

11-Methoxy-eburnamonin

ist ein weiteres Alkaloid aus den Blättern von *Vinca minor* und weist das nachstehende typische Fragmentierungsverhalten auf:

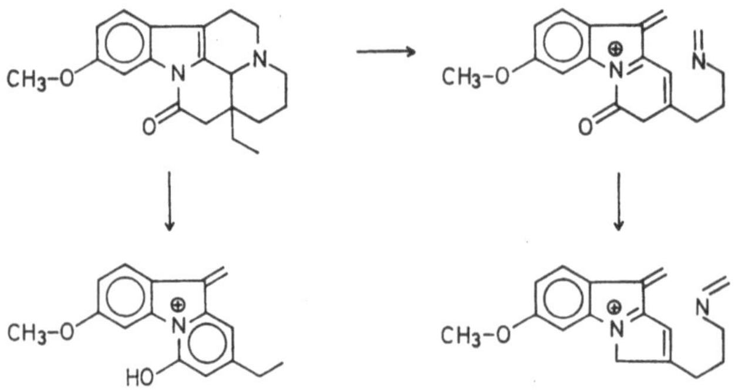

In Übereinstimmung mit den voranstehenden Befunden kann durch $LiAlH_4$-Reduktion des Vincins durch präparative Schichtchromatographie die Base 11-Methoxyeburnamonin isoliert werden.

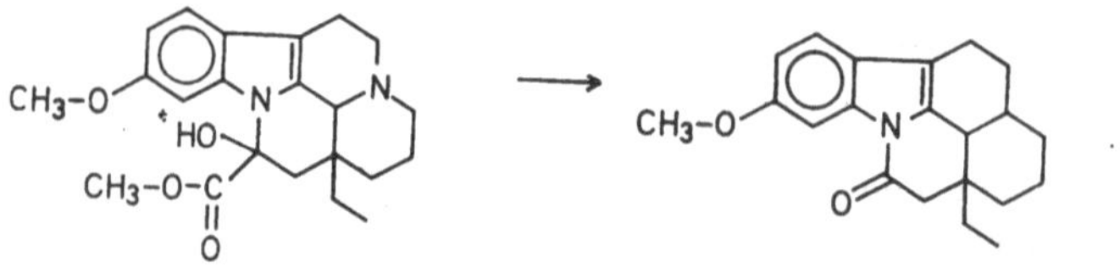

[1]) W. Döpke, H. Meisel, E. Gründemann, G. Spiteller, T. L. **15**, 1805 (1968)

Synthese des (±)-Eburnamins, (±)-Homoeburnamenins und (±)-21-Epihomoeburnamenins[1]):

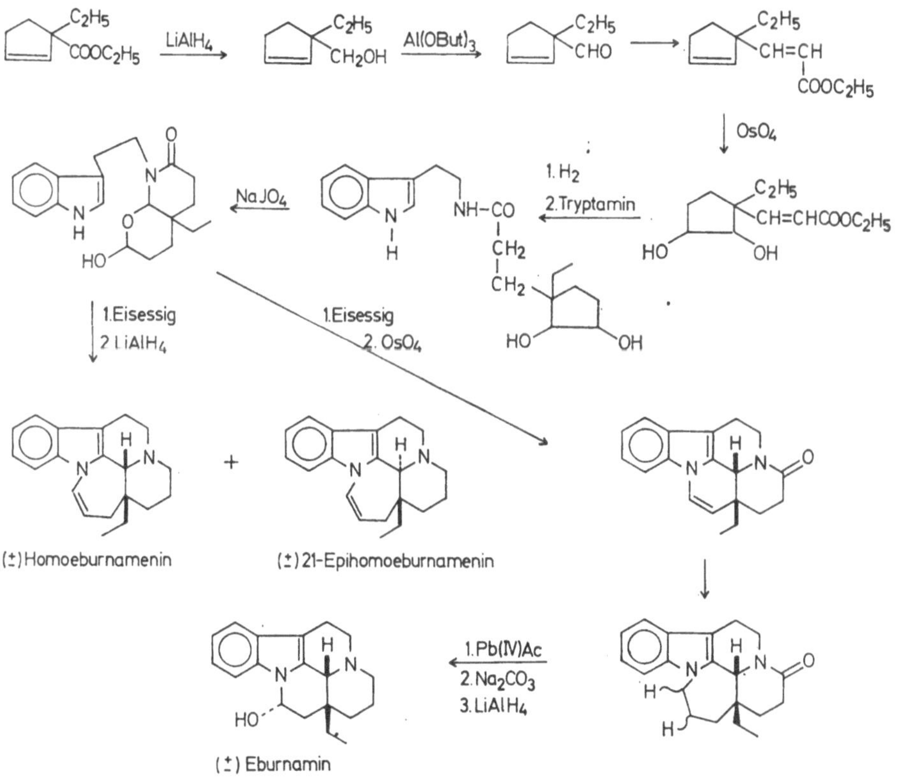

Das bereits bei früheren Synthesen in der Eburnamonin-Reihe verwendete Lactam kann durch Einwirkung von Dimethylsulfoxid/Dicyclohexylcarbodiimid in das auch durch Reduktion von Vincamin erhältliche Vincaminol übergeführt werden[2]):

Synthese des Vincaminols

Die Hydroxylierung der Doppelbindung, Perjodsäurespaltung des entstehenden Diols und anschließende Reduktion mit $LiAlH_4$ des tetracyclischen Lactams, führt zu zwei Diolen, von denen das eine bei der Oxydation mit Dimethylsulfoxid, Dicyclohexylcarbo-

[1]) K. H. Gibson, J. E. Saxton, Chem. Comm. 799 (1969)
[2]) L. Castedo, J. Harley-Mason, T. J. Leeney, Chem. Comm. 1186 (1968)

diimid (±)-Vincaminol liefert[1]).

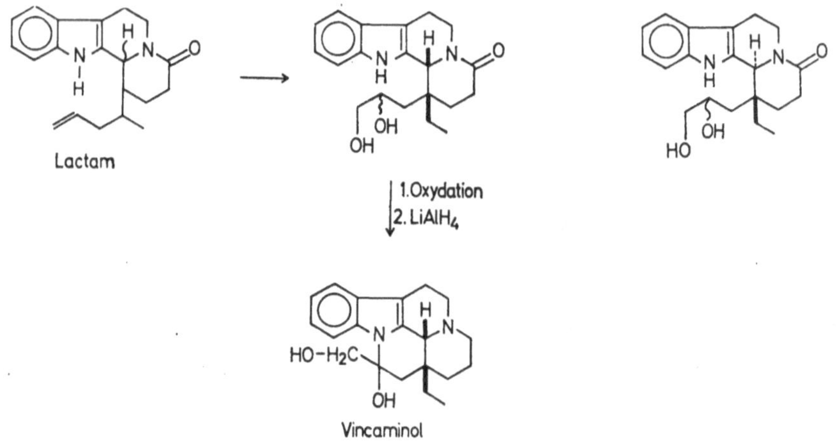

Vincamon

Vincamon liefert bei der Reduktion mit $LiAlH_4$ das Isovincamol (opt. Antipode) des Isoeburnamins, während durch Einwirkung von Alkali und anschließender Reduktion mit $LiAlH_4$ der optische Antipode des Eburnamins gebildet wird.

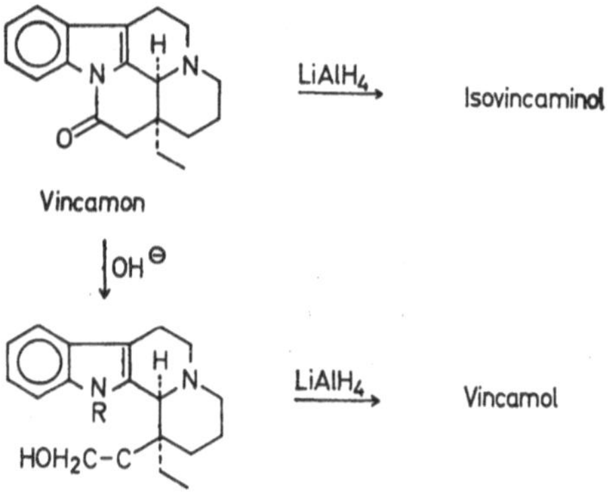

[1]) L. Castedo, J. Harley-Mason, T. J. Leeney, Chem. Comm. 1186 (1968)
[2]) G. Lajos, C. Otto, Acta Pharm. Hung. **38**, 71 (1968)

Synthese des Vincaminols:

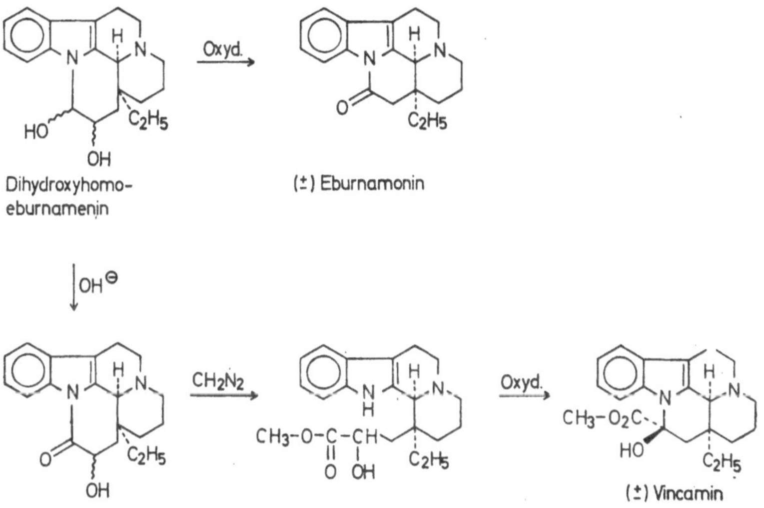

19-Oxoconopharyngin und 19-Oxocoronaridin

ein Alkaloid der Zusammensetzung $C_{23}H_{28}N_2O_5$, ist eine Base mit einem Indol-UV-Spektrum (225 und 304 nm), einer im IR-Spektrum nachweisbaren gesättigten Ester, einer Lactamfunktion, sowie einem 1,2,4,5-tetrasubstituierten Benzolring und einer im KMR-Spektrum ausgewiesenen Äthylseitenkette und einer Carbomethoxygruppe.

Bei der Reduktion mit $LiAlH_4$ erhält man Conopharyngol und bei der Decarbomethoxylierung ein Ibogalin-Derivat.

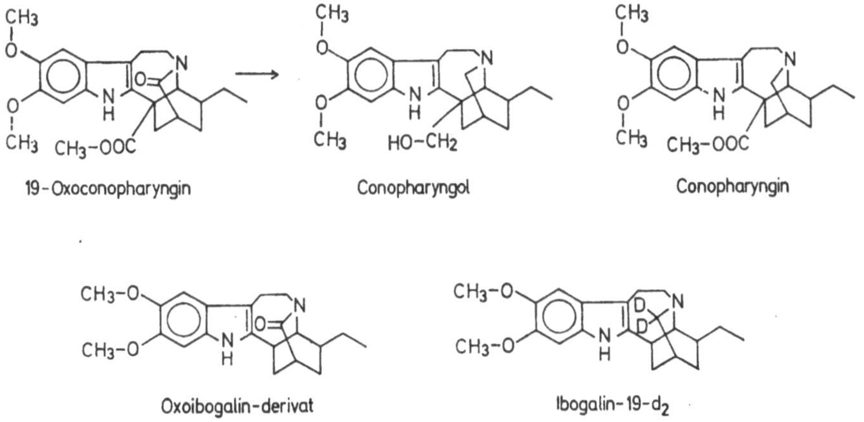

Die Position der Carbonylgruppe ergab sich aus der Reduktion mit $LiAlD_4$, die zu Ibogalin-d_2 führt, in dem die Position der D-Atome durch den MS-Vergleich mit dem Ibo-

[1]) K. H. Gibson, J. E. Saxton, Chem. Comm. 1490 (1969)

galin und dem Dideuteroibogalin mit dem des Ibogains und Ibogain-d_2 bewiesen werden konnte.

Aus der gleichen Pflanze konnte das amorphe 19-Oxocoronaridin isoliert werden[1]).

Voacangin-Hydroxyindolenin und Pseudoindoxyl

Das Hydroxyindolenin-Derivat des Voacangins aus *Voacanga africana* bildet einen neuen Typ von natürlich vorkommenden Alkaloiden, deren Struktur durch vergleichende MS-Untersuchungen sichergestellt werden konnte:

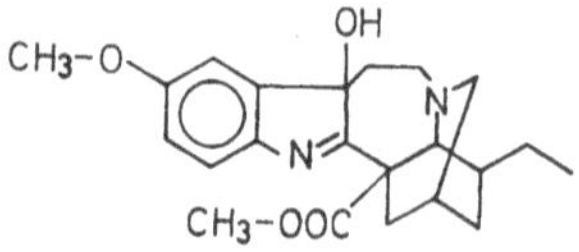

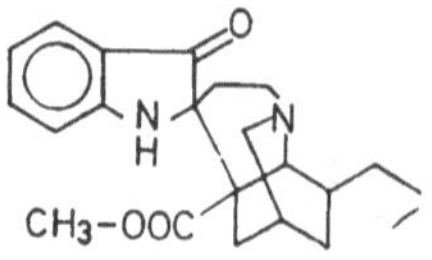

Das Umlagerungsprodukt des Hydroxyindolenins, das Pseudoindoxyl, konnte ebenfalls in seiner Struktur abgeklärt werden.

Die Hauptfragmente werden sicherlich auf dem folgenden Wege gebildet werden:

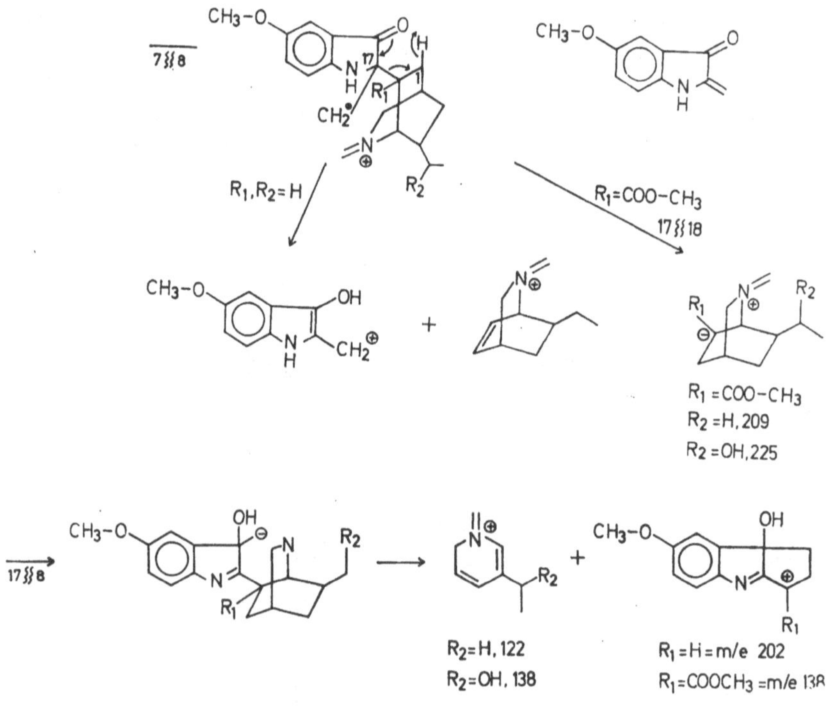

[1]) C. Hootele, J. Pecher, Chimia **22**, 245 (1968)

[2]) D. W. Thomas, K. Biemann, T. **24**, 4223 (1968)

Voacristin-Hydroxyindolenin

eine Base der Zusammensetzung $C_{21}H_{27}N_2O_5$, weist in seinen UV- und IR-Spektren einen Indolchromophor und einen substituierten Benzolring aus, außerdem eine Hydroxy- und eine Carbomethoxygruppe, während das KMR-Spektrum schließlich noch eine Methoxy- und eine $-CHOHCH_3$-Gruppierung anzeigt.

Auf Grund sowohl der konventionellen als auch der hochauflösenden MS kommt dem Alkaloid daher die nachstehende Struktur zu, die durch Partialsynthese aus dem Voacristin bestätigt werden konnte[1]).

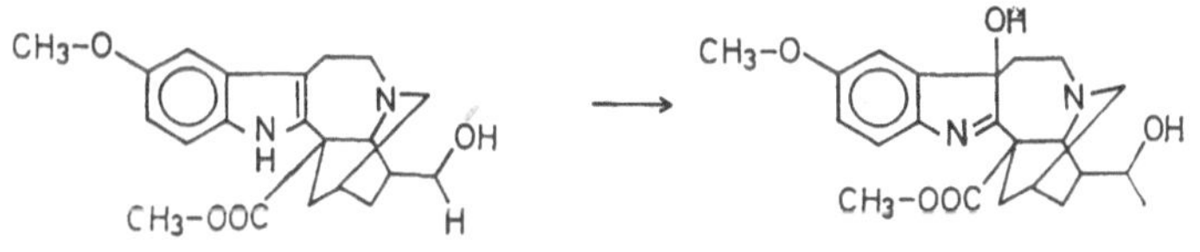

Synthesen der Iboga-Alkaloide

1. Synthese des (±)-Ibogamins[2]):

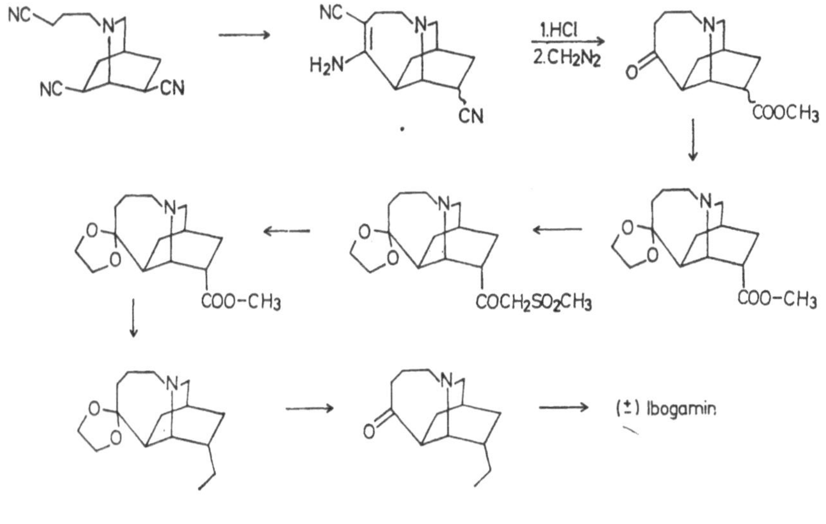

[1]) H. K. Schnoes, D. W. Thomas, R. Aksornvitaya, W. R. Schleigh, S. M. Kupchan, Org. Chem. **33**, 1226 (1968)
[2]) M. Ikezaki, T. Wakamatsu, Y. Ban, Chem. Comm. 88 (1969)

2. Synthese des (±)-Epiibogamins:

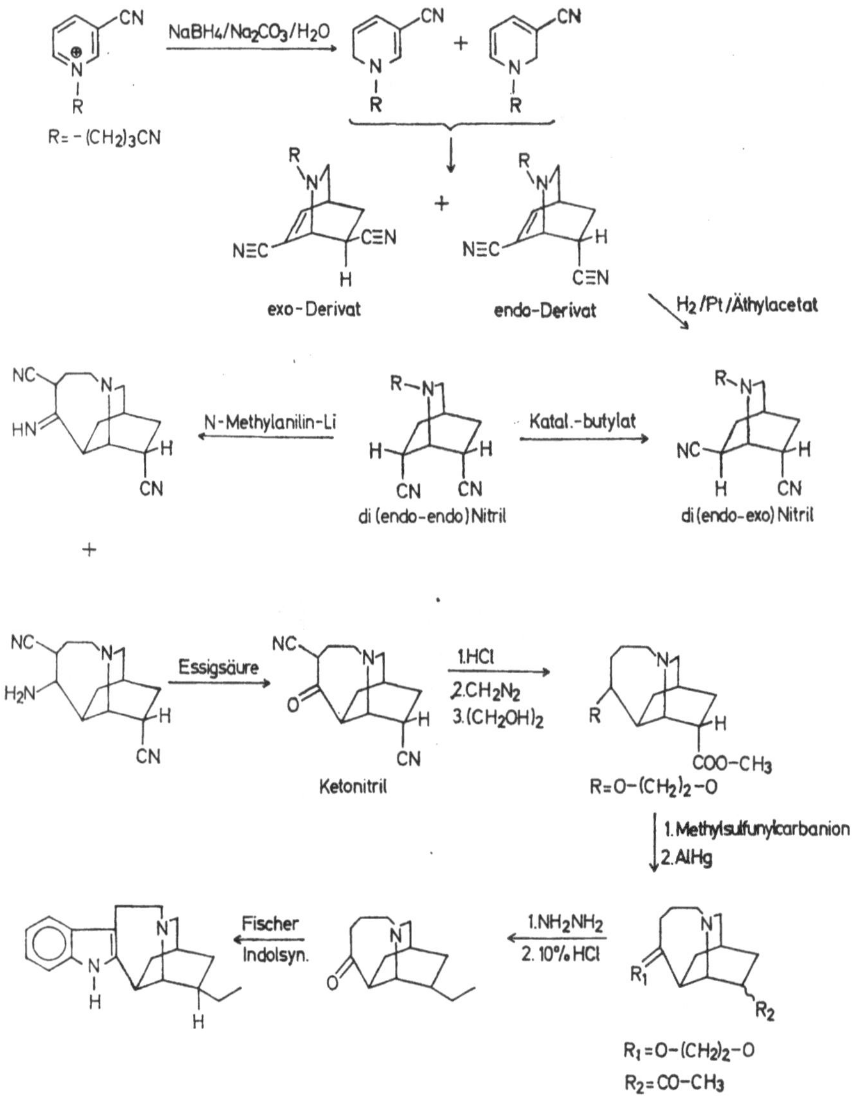

¹) Y. Ban, T. Wakamatsu, Y. Fujimoto, T. Oishi, T. L. **30**, 3383 (1968)

3.

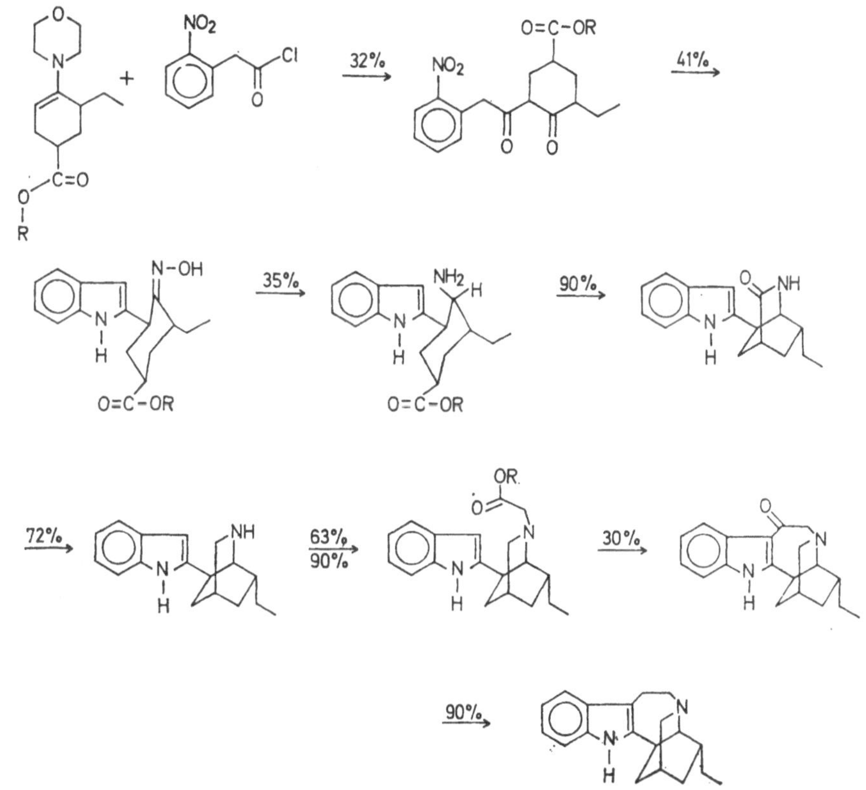

[1]) P. Rosenmund, W. H. Haase, J. Bauer, T. L. 4121 (1970)

4. Eine stereochemisch kontrollierte Totalsynthese des (±)-Ibogamins und (±)-Epi-ibogamins:

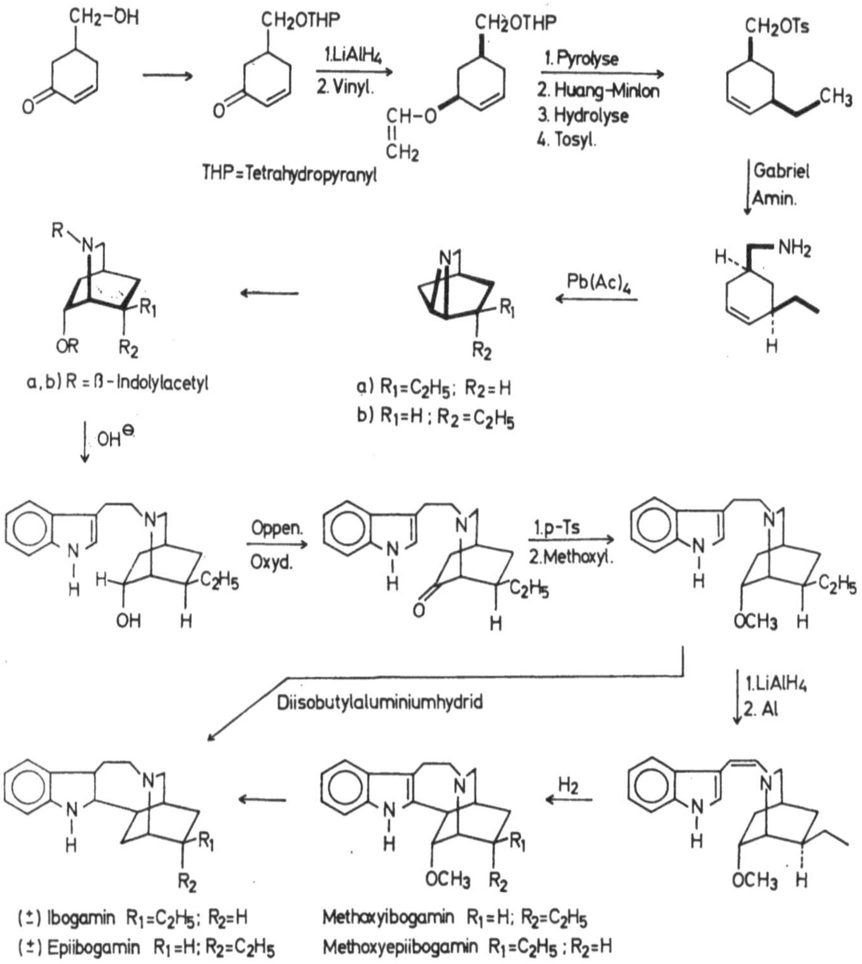

[1]) W. Nagata, S. Hirai, T. Okumura, K. Kawata, Am. Soc. **90**, 1650 (1968)

5. Synthese des (±)-Desäthylibogamins:

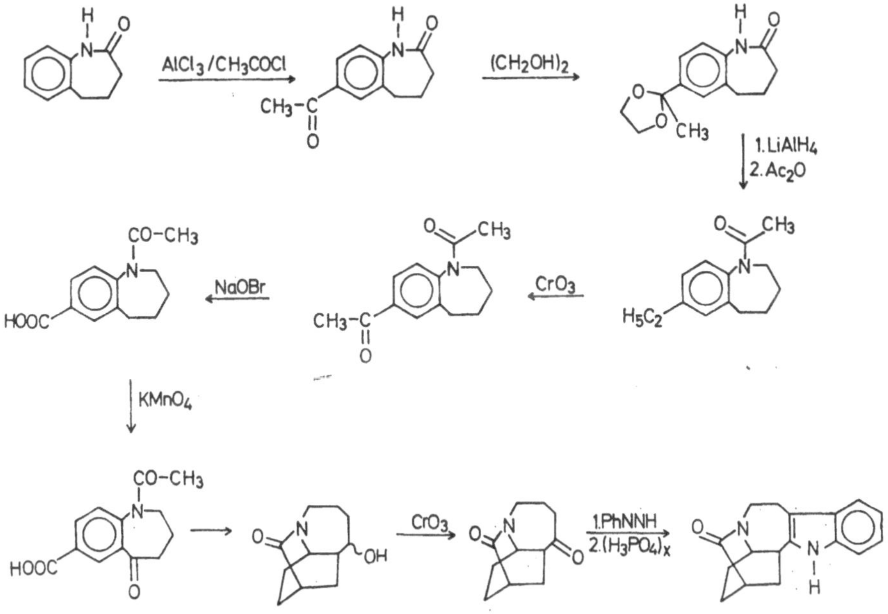

1) R. L. Augustine, W. G. Pierson, Org. Chem. **34**, 1070 (1969)

6. Synthese des Isovelbanamins, Velbanamins, Cleavamins, 18-β-Carbomethoxycleavamins und Catharanthins:

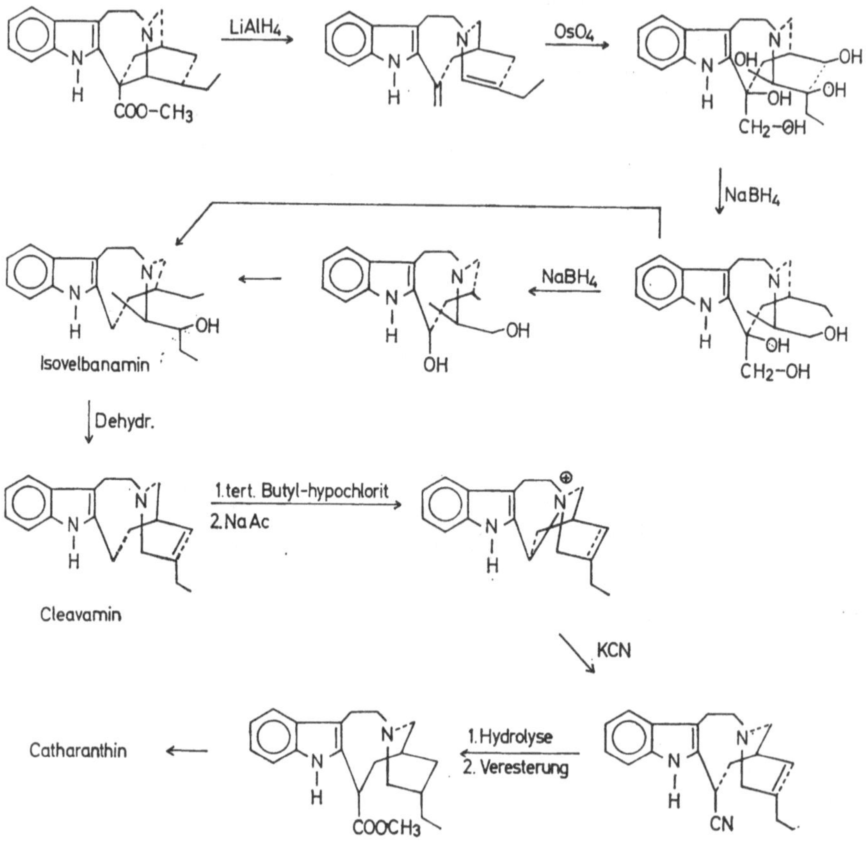

[1]) J. P. Kutney, F. Bylsma, Am. Soc. **92**, 6090 (1970)

7. Synthesen des Velbanamins:

a)

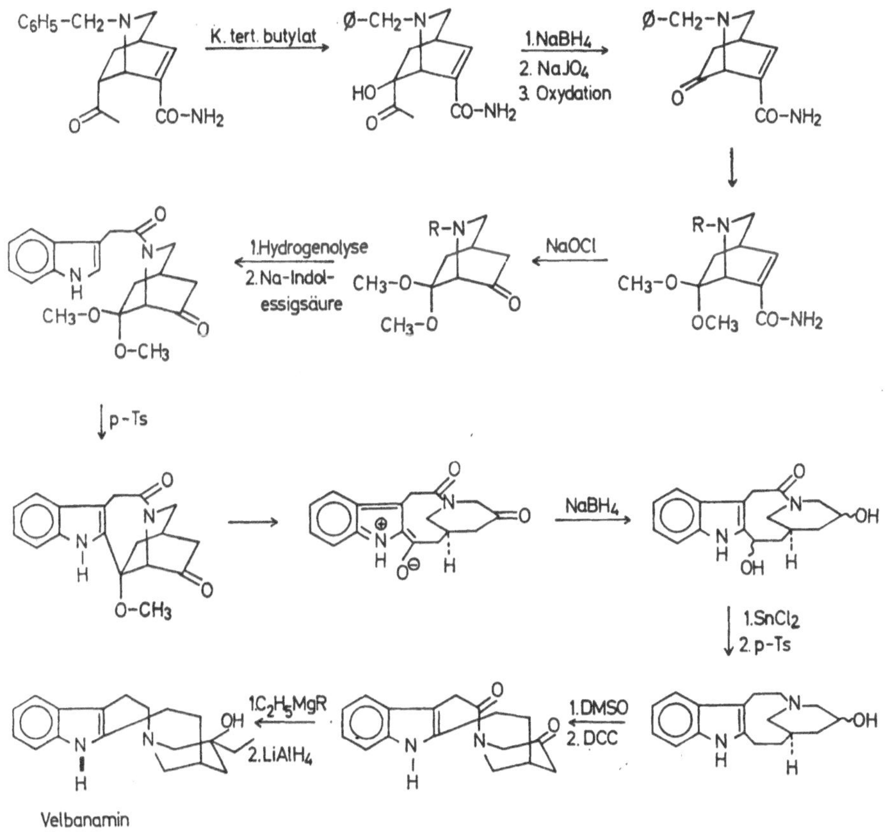

[1]) G. Büchi, P. Kulsa, K. Ogasawara, R. L. Rosati, Am. Soc. **92**, 999 (1970)

b)

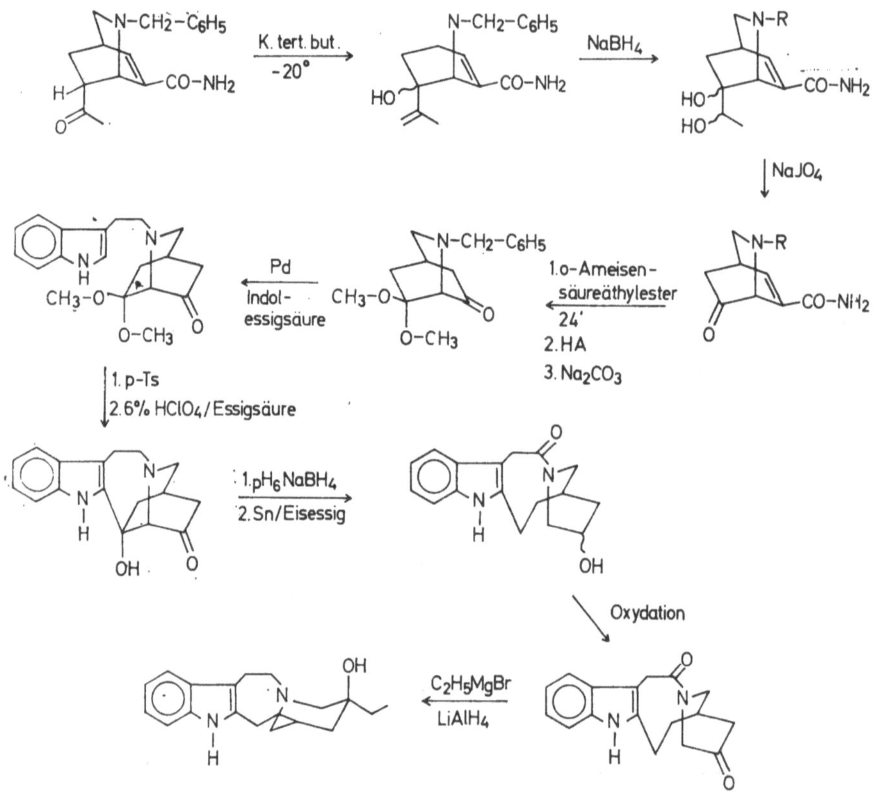

R. Büchi, P. Kulsa, R. L. Rosati, Am. Soc. **90**, 2448 (1968)

8. Synthese des (±)-Coronaridins:

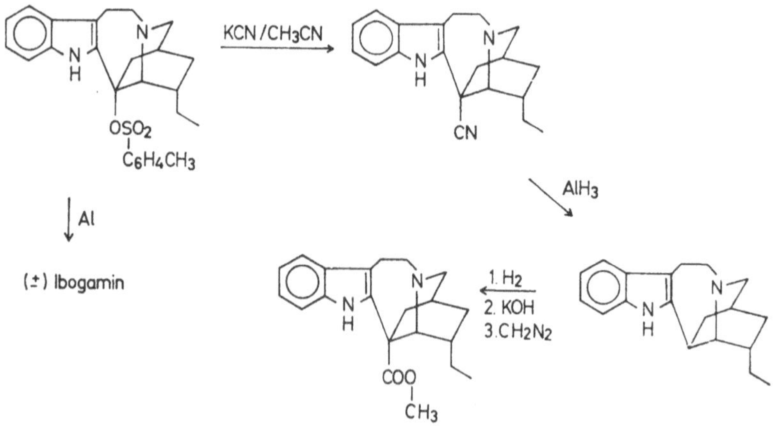

[1]) S. Hirai, K. Kawata, W. Nagata, Chem. Comm. 1016 (1968)

9. Die Alkaloide vom Typ des Corynantheinaldehyds oder auch des Geissoschizins lassen sich durch eine Folge von Reaktionen in Basen des Catharanthins umwandeln[1]):

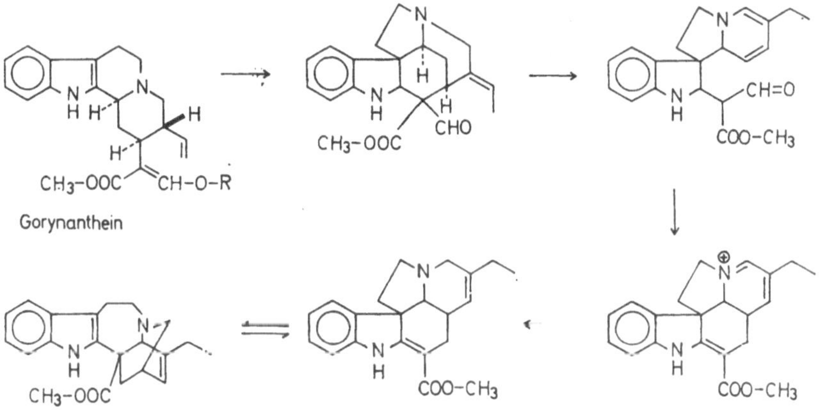

Dichotin und 11-Methoxydichotin

sind zwei Alkaloide, die aus *Vallesia dichotoma* isoliert werden konnten und sich in ihrer Struktur durch den Gehalt einer Methoxygruppe voneinander unterscheiden, wie aus den Massendifferenzen abgeleitet werden konnte. Das UV-Spektrum der beiden Basen in neutraler Lösung ist untypisch, aber das gleiche Spektrum in saurer Lösung weist einen N-Acylindolin-Chromophor aus, der zugleich durch ein oder mehrere Sauerstoffatome am Benzolring substituiert sein muß. Beim Zusatz von Basen wird der ursprüngliche Kurvenverlauf wiedergefunden. Dieses ungewöhnliche Verhalten kann nur durch eine Zwitterionenstruktur erklärt werden.

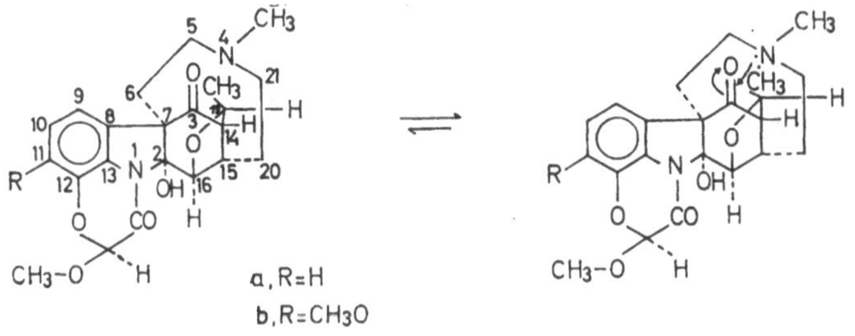

Die Gegenwart einer Hydroxygruppe kann sowohl im IR- als auch KMR-Spektrum nachgewiesen werden, wie auch durch die Acetylierung zu einem Acetylderivat. Die Reduktion mit $NaBH_4$ führt zu einem Produkt, dessen spektrales Verhalten dafür spricht, daß die Amidgruppierung des N-Acylindolin-Kerns aufgespalten worden sein muß.

Die $LiAlH_4$-Reduktion des Tetrahydro-11-methoxydichotins liefert, wie aus den Massenverlusten zu entnehmen ist, Desoxytetrahydro-11-methoxydichotin. Die analoge Reduktion mit $LiAlD_4$ führt zum Einbau von nur einem Deuterium-Atom — und da aus dem MS abzulesen war, daß auch nur ein Sauerstoff bei dieser Reaktion eliminiert wird, muß

[1]) A. A. Qureshi, A. I. Scott, Chem. Comm. 947 (1968)

dieser Sauerstoff aus einer Carbinolamin-Hydroxygruppe stammen. Aus dem MS des markierten Desoxytetrahydro-11-methoxydichotins ist zu entnehmen, daß diese Hydroxylfunktion nur in der α-Position eines Indolinrings haften kann. Die Carbinoylaminstruktur kann durch die anschließende Spaltung der Glykolaldehydmethylacetal-Gruppierung des Tetrahydro-11-methoxydichotins zu einem o-Hydroxyanilin-Derivat und anschließender Methylierung zu einem o-Methoxyanilinderivat bewiesen werden.

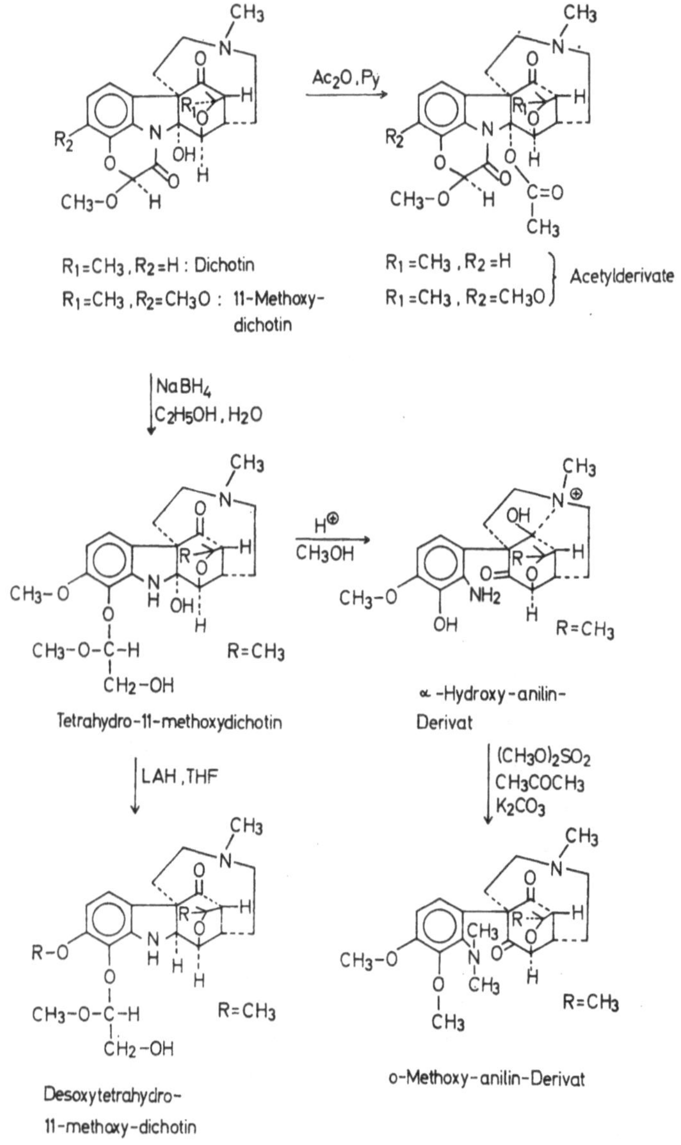

Das IR-Spektrum dieser Verbindung weist weder eine NH- noch eine OH-Funktion aus.

Um das in der Carbinoalamingruppierung austauschbare Proton für die KMR-Untersuchungen zu lokalisieren, wurde das Desoxytetrahydro-11-methoxydichotin am N_a

acetyliert, um das zu erwartende Signal des α-Protons zu tieferen Feldern zu verschieben. Das MS der acetylierten Verbindung beweist, daß ein Diacetylderivat gebildet worden ist und eine der beiden Acetylfunktionen an der primären Hydroxylgruppe haftet.

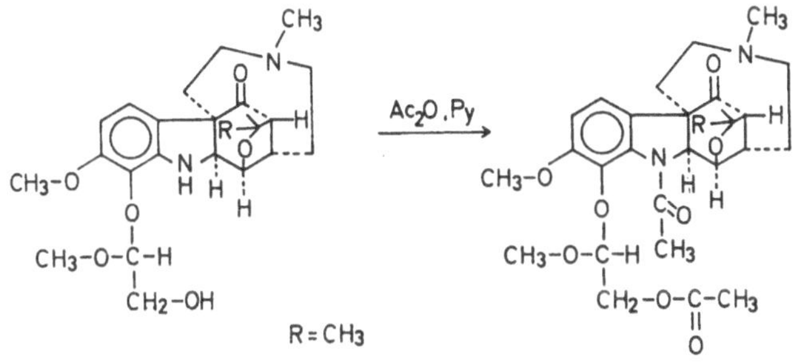

Zur weiteren Untersuchung dieser Teilstruktur wurde das 11-Methoxydichotin mit $NaBD_4$ reduziert und anschließend durch Reduktion mit $LiAlH_4$ und Acetylierung in das Desoxy-d_2-tetrahydro-11-methoxydichotin übergeführt. Durch die im KMR-Spektrum auftretenden Signale konnte nunmehr wahrscheinlich gemacht werden, daß das Dublett H_a zu dem α-Proton gehört, das bei der Reduktion der Carbinolamingruppe eliminiert worden ist. Zur Überprüfung wurde schließlich noch das Dideutero-Analoge des Tetrahydro-11-methoxydichotins mit $LiAlD_4$ reduziert und durch anschließende Acetylierung in das Desoxy-d_2-tetrahydro-11-methoxy-dichotin-d_1-diacetat übergeführt und spektroskopisch untersucht. Hierbei konnte die Position des α-Protons bestätigt werden.

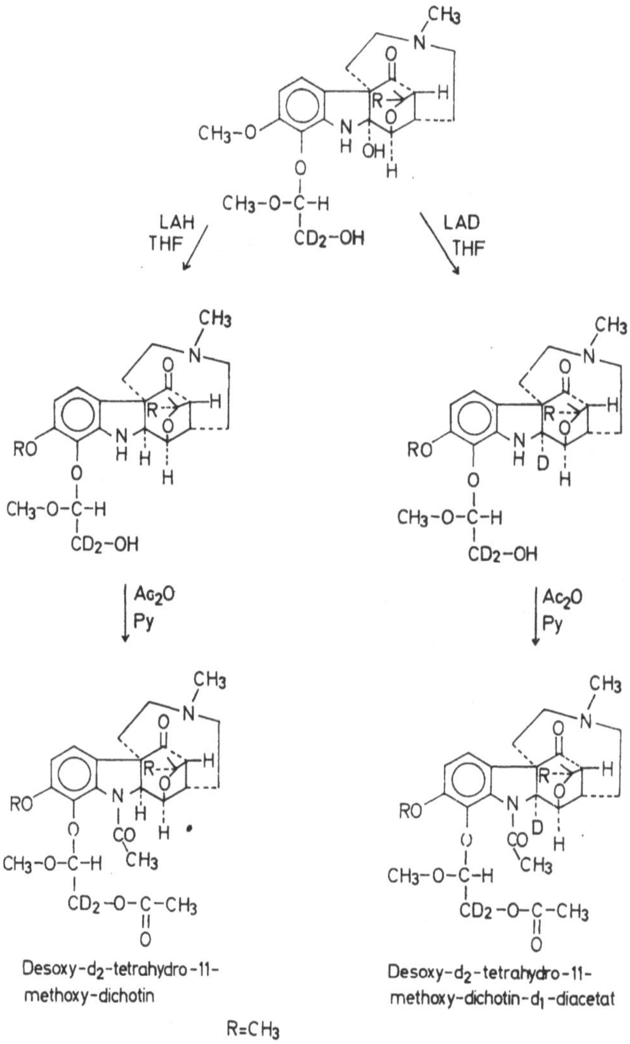

Bei der Reaktion des 11-Methoxydichotin-acetats mit Zn/Eisessig in Gegenwart von Luft und $FeSO_4$ erhält man Oxy-11-methoxydichotinacetat, dessen Struktur durch IR- und KMR-spektroskopische Untersuchungen abgeklärt werden konnte, und das seinerseits bei der Acetylierung mit Acetanhydrid in Pyridin ein Diacetylderivat liefert, dessen Bildung nur durch das Vorliegen in einer Keto-Enol-Tautomerie erklärbar ist.

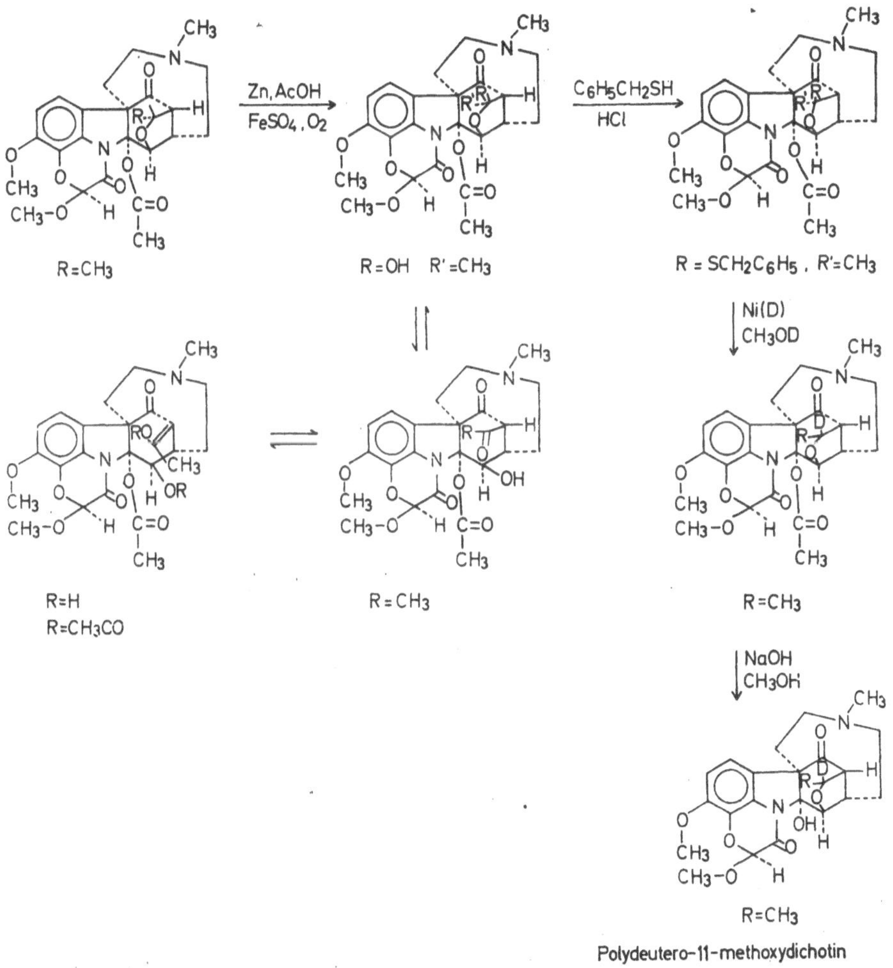

Versetzt man andererseits Oxy-11-methoxydichotin-acetat mit HCl-Gas in Benzylmercaptan und desulfuriert das entstandene Benzylmerkaptoketal mit Raney-Nickel, so erhält man ein Produkt, dessen KMR-Spektrum sich von dem des 11-Methoxydichotin-acetats nur unwesentlich unterscheidet; nur mit der Ausnahme, daß das H_e-Proton gegen Deuterium ausgetauscht worden ist.

Die Hydrolyse des Polydeutero-11-methoxydichotinacetats mit methanolischer NaOH führt zu dem entsprechenden polydeutero-11-methoxydichotin, dessen Deuterium-Gehalt identisch mit dem des Ausgangsmaterials ist, und dessen Fragmentierung im MS dem des 11-Methoxydichotins entspricht.

Der im Massenspektrometer zu beobachtende Verlust einer Einheit C_2H_5N ($CH_3N = CH_2$) im Dichotin, 11-Methoxydichotin und den Tetrahydroderivaten führt zu dem Schluß, daß diese Fragmentierung nur möglich ist, wenn eine zum Stickstoff benachbarte Methylengruppe für die Fragmentierung zur Verfügung steht. Zur Abklärung wurde 11-Methoxydichotinacetat mit CrO_3/Py. zu einem Amid oxydiert, zum 11-Methoxydichotin-amid hydrolysiert und mit $NaBH_4$ und $LiAlD_4$ zu einer Verbindung reduziert, die sich vom Tetrahydro-11-methoxydichotin nur durch den Mehrgehalt von zwei Deuteriumatomen unterscheidet. Da diese beiden Deuteriumatome aber in dem Fragment C_2H_5N ihren Niederschlag finden, muß dieses Fragment die zum N_b befindliche Methylengruppe und die Methylgruppe repräsentieren.

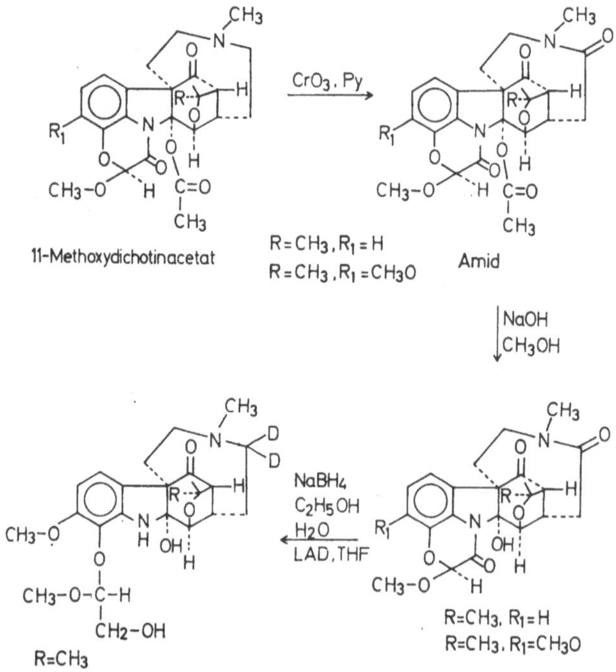

Bei der Hydrierung des Dichotins wird Dehydrodichotin erhalten, so daß bei der Hydrierung zwei Wasserstoffatome verlorengegangen sein müssen. Das IR-Spektrum dieser Base weist weder auf eine NH- noch eine OH-Funktion hin, und das UV-Spektrum ist als typisch für einen N-Acylindolin-Chromophor anzusehen. Führt man die Hydrierung des Dehydrodichotins mit H_2/PtO_2 durch, so erhält man in Übereinstimmung mit dem voranstehenden Befund Dichotin.

Andererseits liefert Dehydrodichotin bei der Hydrierung mit Deuterium/PtO_2 in Deuteroäthanol ein Dichotin, das lediglich ein Deuterium-Atom enthält. Aus den spektroskopischen Untersuchungen dieses Dichotin-d_1 und der möglichen Dehydrierung mit Pd, die zu Dehydrodichotin führt, kann die Bildung der Carbinolamin-Ätherbrücke abgeklärt werden, zumal das Tetrahydro-11-methoxydichotin bei der Dehydrierung mit Pd das entsprechende Dehydrierungsprodukt liefert, oder bei Einsatz des entsprechenden Dideuteroderivates auch das entsprechende Deuteroderivat mit nur einem Deuteroatom liefert, so daß die Ätherbrücke das N-Methylen-C-Atom mit erfassen muß.

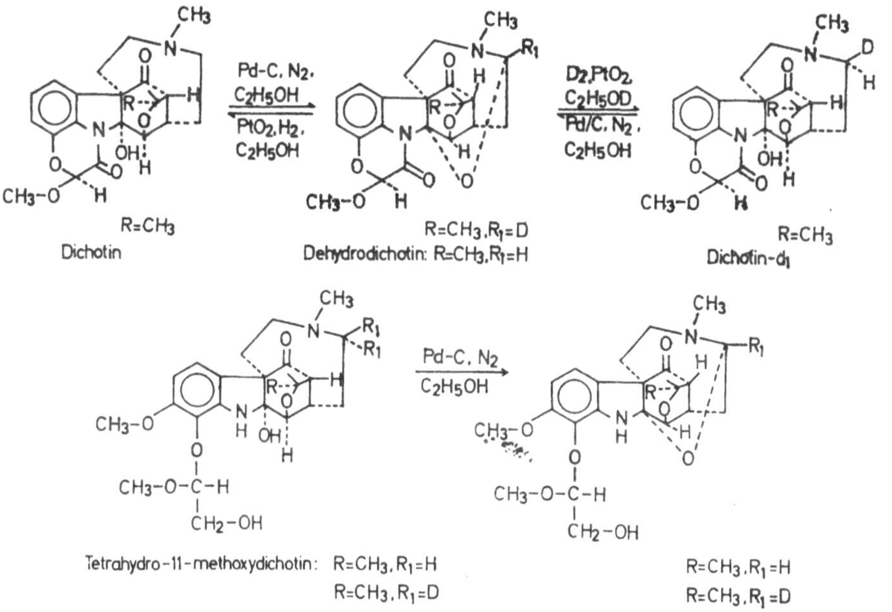

Biogenetisch könnte die Bildung des Dichotins und des 11-Methoxydichotins ausgehen von dem ebenfalls in *Vallesia dichotoma* vorkommenden Alkaloid Condylocarpin.

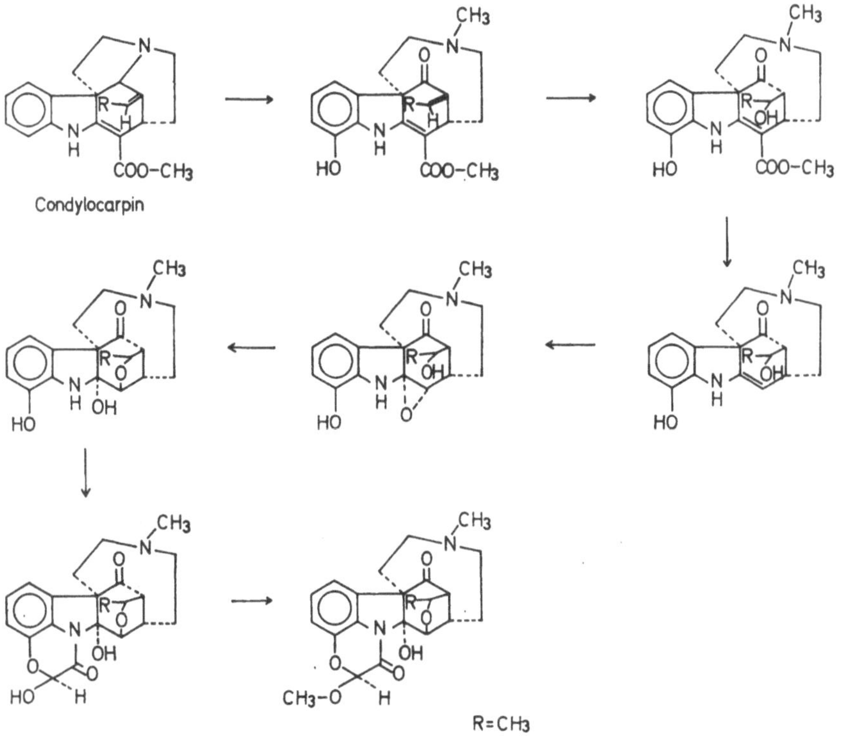

[1]) N. C. Ling, C. Djerassi, Am. Soc. **92**, 6019 (1970)

Die voranstehend abgeleiteten Strukturen der zwei Alkaloide aus *Vallesia dichotoma* konnten durch die Rö-Kristallstrukturanalyse des Dichotin-hydrobromids, das im orthorhombischen System der Raumgruppe $P2_12_12_1$ und den Dimensionen $a = 14{,}01$, $b = 17{,}24$, $c = 9{,}91$ Å kristallisiert, bestätigt werden[1]).

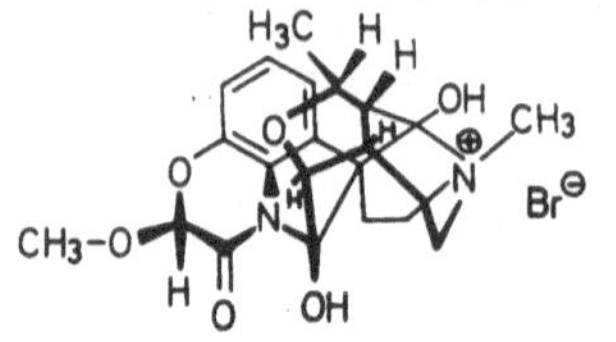

Eripin

Eripin, $C_{23}H_{28}N_2O_5$, eine bitert. Base mit einem dem Erinin sehr ähnlichen UV-Spektrum, liefert bei der Acetylierung ein Acetylderivat und bei der Hydrolyse Eripinsäure.

Die katalytische Hydrierung führt zu Dihydroeripin-A und -B, während das Erhitzen des Eripins auf 250° mit der Umwandlung in Erinin und Isoerinin einhergeht, wodurch die Struktur als bewiesen anzusehen ist[2]).

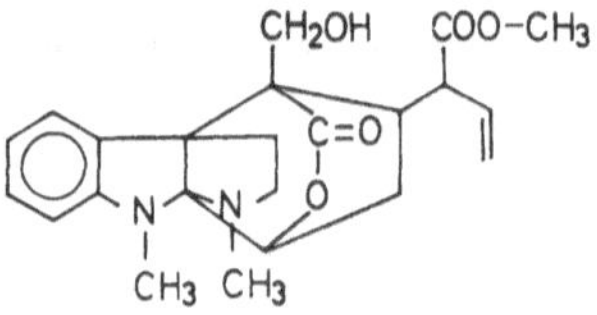

Dihydroeripin A

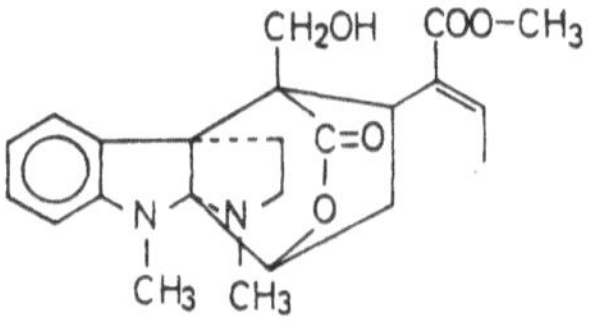

Eripin

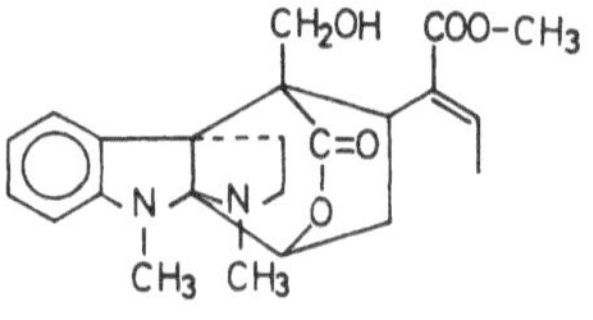

Dihydroeripin B

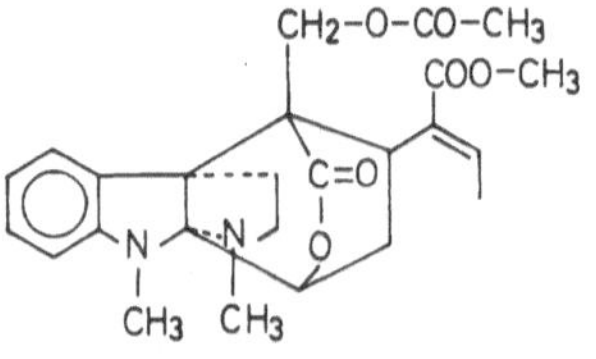

O-Acetyleripin

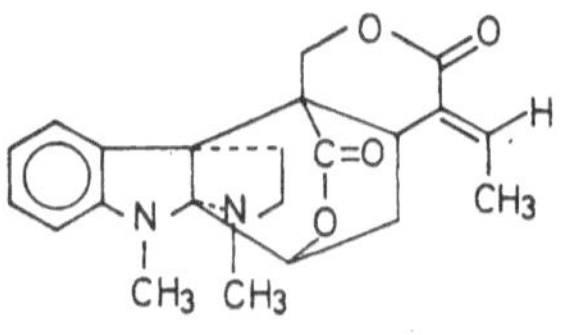

Erinin

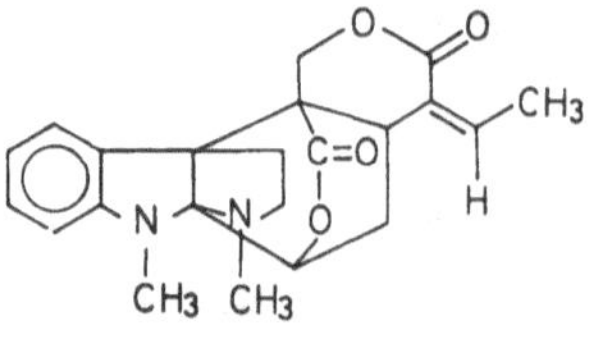

Isoerinin

Meloscin

Meloscin, $C_{19}H_{20}N_2O$, ist eine farblose Verbindung, deren Summenformel massenspektroskopisch ermittelt wurde. Das UV-Spektrum läßt das Vorliegen eines N-Acylanilin-Chromophors erkennen, während das IR-Spektrum ein Amidcarbonyl-, ein NH- und ein aromatisches System ausweist.

Bei der Hydrierung des Meloscins erhält man eine Tetrahydroverbindung, die Kaliumpermanganat-Oxydation von Tetrahydromeloscin in Aceton bei 0° liefert zwei neutrale,

[1]) N. C. Ling, C. Djerassi, P. G. Simpson, Am. Soc. **92**, 222 (1970)
[2]) Y. Morita, M. Hesse, H. Schmid, Helv. **51**, 1438 (1968)

isomere Verbindungen der Summenformel $C_{19}H_{22}N_2O_2$, die in ihren IR-Spektren Carbonylgruppierungen erkennen lassen und die bei der weiteren Untersuchung als zwei Dilactame charakterisiert werden konnten, die sich hinsichtlich der Stellung der Lactam-Funktion voneinander unterscheiden.

Bei der katalytischen Hydrierung der Methoverbindung in alkalischer Lösung entstehen drei Emde-Basen, während die Reduktion mit $LiAlH_4$ eine Desoxyverbindung liefert.

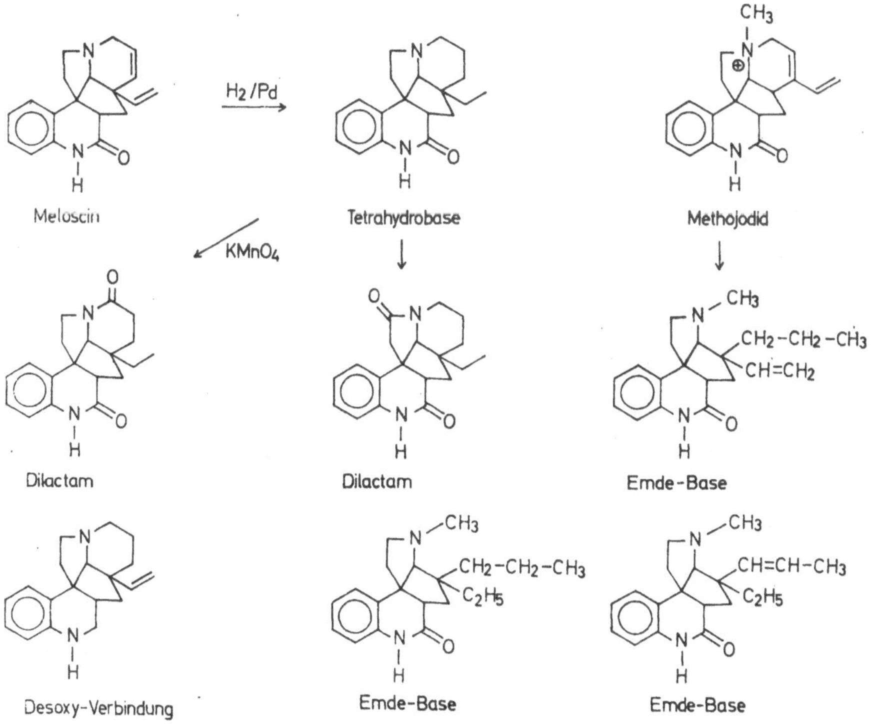

Im Zusammenhang mit den 100-MHz-KMR-Untersuchungen und dem MS, das einen starken Pik bei m/e 134 aufweist, der bei der Tetrahydroverbindung um vier Masseneinheiten verschoben ist, sollten die angegebenen Strukturen als gesichert anzusehen sein.

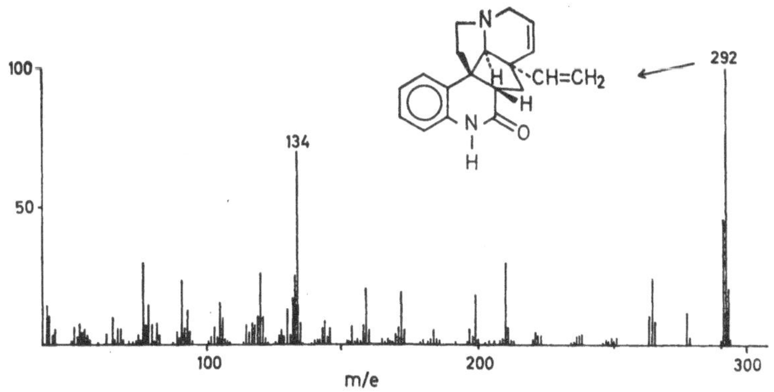

Massenspektrum von Meloscin

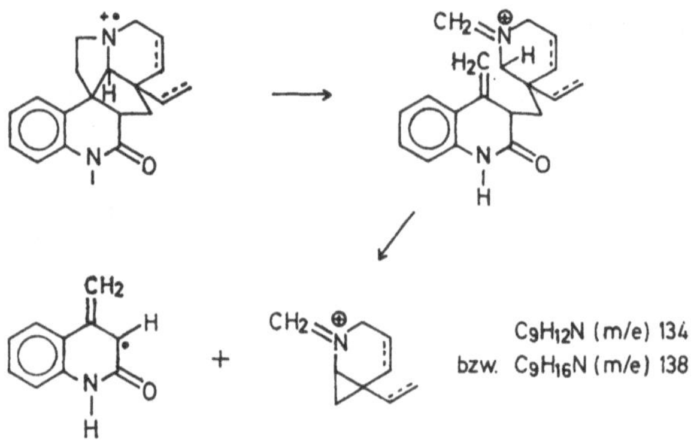

Epimeloscin

Das amorphe Epimeloscin ist epimer mit Meloscin. Sein Massenspektrum ähnelt sehr stark dem des Meloscins. Das Gleiche gilt für die IR- und UV-Spektren. Bei der Behandlung mit starken Basen, z. B. mit Kalium-tert.-butylat oder Natriummethylat geht das Epimeloscin in Meloscin über. Nach Dünnschichtchromatographischen Befunden liegt das Epimerisationsgleichgewicht praktisch vollständig auf der Seite des Meloscins. Wie aus Deuterierungsversuchen abzuleiten ist, unterscheiden sich beide nur in der Konfiguration am C-3, was durch ausführliche KMR-Untersuchungen bestätigt werden konnte.

Scandin

Scandin, ein weiteres Alkaloid der Zusammensetzung $C_{21}H_{22}N_2O_3$, besitzt auf Grund des Verhaltens im MS eine Methylestergruppierung sowie eine im IR-Spektrum nachweisbare Lactamcarbonylgruppe.
Beim Erwärmen mit wäßriger Mineralsäure oder mit methanolischer Natronlauge geht Scandin in Meloscin über.

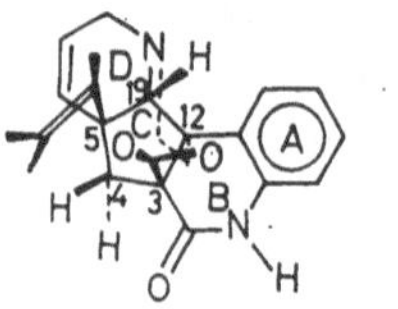

Daraus folgt für das Alkaloid die Struktur eines 3-Methoxycarbonylmeloscins.

Zur Stereochemie

In den Alkaloiden Meloscin-Epimeloscin und Scandin sind die fünfgliedrigen Ringe C und E *cis*-verknüpft, wodurch die relative Konfiguration der Zentren C-12 und C-19 festgelegt ist. Für Scandin läßt sich auf Grund von NMR-Vergleichen auch die relative

[1]) K. Bernauer, G. Englert, W. Vetter, Ek. Weiss, Helv. **52**, 1886 (1969)
[2]) K. Bernauer, G. Englert, W. Vetter, Exp. **21**, 374 (1965)

Konfiguration der Zentren C-3 und C-5 ermitteln: Das C-19-Proton aller Melochinoline liefert ein scharfes Singulett; das des Meloscins ein solches bei 3,53 ppm, das des Epimeloscins ein solches bei 3,93 ppm. Das entsprechende Signal des Scandins wird hingegen bei 3,02 ppm gefunden. Es ist also mit einer Differenz der chemischen Verschiebungen von 0,5 bzw. 0,9 ppm zu rechnen, je nachdem, ob Scandin bezüglich der Konfiguration an C-3 dem Meloscin oder dem Epimeloscin entspricht. Anhand von Dreiding-Modellen ist ersichtlich, daß dieser in beiden Fällen beträchtliche Effekt durch die diamagnetische Anisotropie der Methoxycarbonylgruppe an C-3 erklärt werden kann, wenn man annimmt, daß diese 1. *cis*-ständig zum H-Atom an C-19 angeordnet ist (was *trans*-Verknüpfung der Ringe B und C bedeutet), und daß 2. die Ringe C und D *cis*-verknüpft sind, weil dann die zwei Vorzugskonformationen für die Methoxycarbonylgruppe erklärt sind, die der Abschirmeffekt fordert.

Die diamagnetische Anisotropie der Estergruppe sollte sich — mit umgekehrtem Vorzeichen — auch auf die chemische Verschiebung mindestens eines der beiden Protonen an C-4 auswirken. Deren Signale sind gut bei D_2O-Lösungen der Alkaloidsalze zu erkennen. Im 100-MHz-Spektrum von Scandin-N_b-methojodid findet man die Signale der zwei Protonen als *AB*-Spektrum bei 2,85 und 3,07 ppm; in dem von Epimeloscin-hydrochlorid bei 1,92 und 2,28 ppm; in demjenigen von Meloscin-N_b-methochlorid schließlich bei 1,86 und 2,11 ppm. Die erwartete Differenz der δ-Werte wird also gefunden. — Endlich ist aus dem Modell auch noch ersichtlich, daß in einer der beiden Vorzugskonformationen das Methyl der Estergruppe etwas über den aromatischen Ring zu liegen kommt. Damit im Einklang wird das Signal der Methylgruppe im 100-MHz-Spektrum des Scandins bei 3,53 ppm, also um etwa 0,2 ppm bei höherem Feld als das Signal einer „normalen" Ester-Methylgruppe gefunden.

Damit kann für Scandin die in der Raumformel angegebene relative Konfiguration als gesichert gelten. Es ist noch zu entscheiden, ob das Meloscin oder das Epimeloscin bezüglich der Verknüpfung der Ringe B und C dem Scandin entspricht. Vergleicht man die Dreiding-Modelle der Strukturen C (= B/C-*trans*) und A (= B/C-*cis*), so erkennt man, daß die erstere größere Spannungen aufweist und wesentlich starrer ist als die zweite und des-

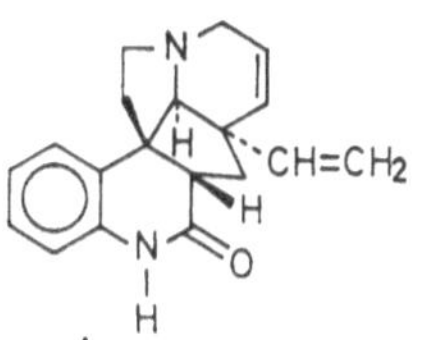

A

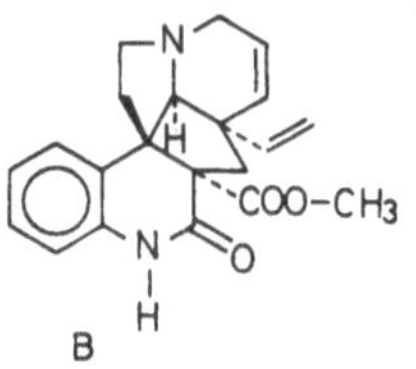

B

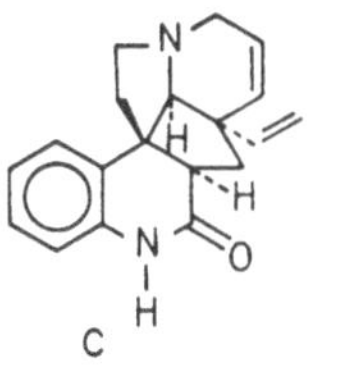

C

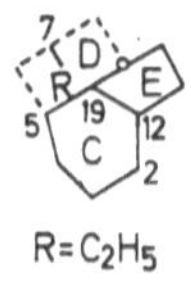

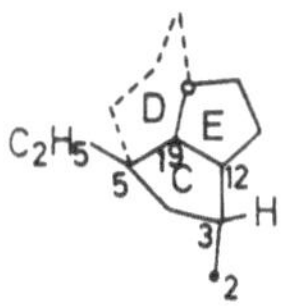

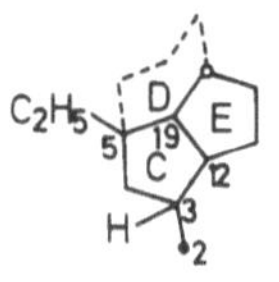

halb dem thermodynamisch weniger stabilen Epimeren, also dem Epimeloscin zuzuordnen sein dürfte. Für Meloscin bliebe dann die durch die Stereoformel A dargestellte relative Konfiguration.

Es ist gezeigt worden, daß N_a-acetylierte Alkaloide des Aspidospermin- und Strychnin-Typs, deren nichtaromatische Doppelbindungen aushydriert sind, sehr ähnliche ORD-Kurven liefern, wenn sie der gleichen sterischen Reihe bezüglich des Spirozentrums C-12 bzw. C-3 angehören. Diese Befunde wurden mit „übereinstimmender Geometrie der für den Cotton-Effekt besonders wichtigen chromophornächsten Ringe C und E zum Chromophor“ erklärt. Die Strukturen D und E des Tetrahydromeloscins und Tetrahydro-

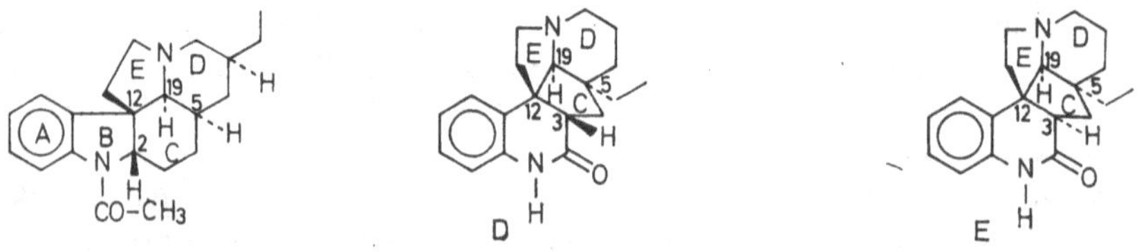

epimeloscins sind bezüglich der intramolekularen Umgebung des Spirozentrums C-12 sehr ähnlich dem N_a-Acetyl-7-äthyl-5-desäthyl-aspidospermidin und zeigen ORD-Kurven vom gleichen Typ wie dieses. Es liegt daher nahe, für sie und die korrelierten Alkaloide die absoluten Konfigurationen anzunehmen, die den in der vorliegenden Arbeit verwendeten Raumformeln entsprechen.

Die hier besprochenen Melochinoline sind strukturell offensichtlich eng mit den Alkaloiden vom Aspidospermin-Typ verwandt. Es ist anzunehmen, daß beide Alkaloid-Klassen biogenetisch zusammenhängen. Das folgende Formelschema zeigt zwei mögliche biogenetische Mechanismen für die Umwandlung eines Tabersonin-ähnlichen Vorläufers in Scandin.

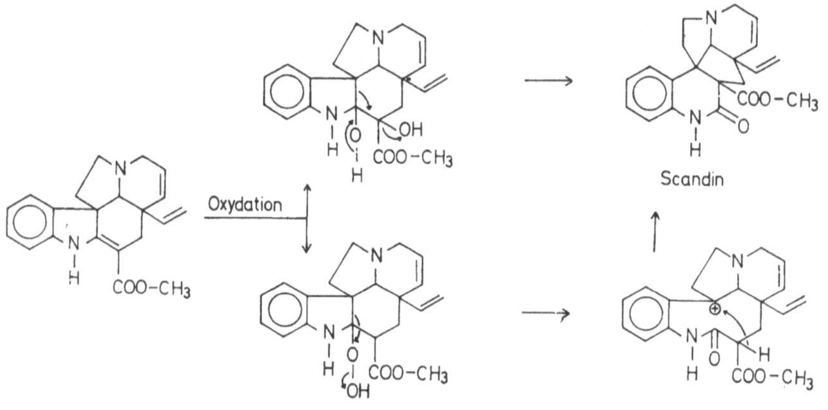

Die Kristallstruktur und absolute Konfiguration des aus der neukaledonischen Apocynacee *Melodinus scandens* isolierten Meloscins konnte durch eine Rö-Kristallstrukturanalyse des im orthorhombischen System in den Dimensionen a = 10,01, b = 17,79 und c = 11,43 Å kristallisierenden N_b-Methobromids bestätigt werden. Hiernach besitzt das Alkaloid ein neuartiges Skelett. Im Gegensatz zu den Indol-Alkaloiden liegt der Ring B als sechsgliedriger Lactamring vor. Die größte Ähnlichkeit zeigt das Meloscin zu den

Indol-Alkaloiden vom Aspidospermin-Typ[1]).

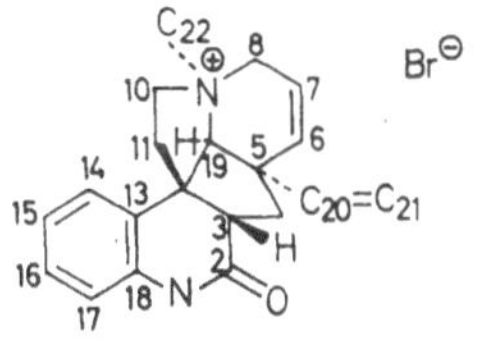

Absolute Konfiguration und Numerierung der Atome

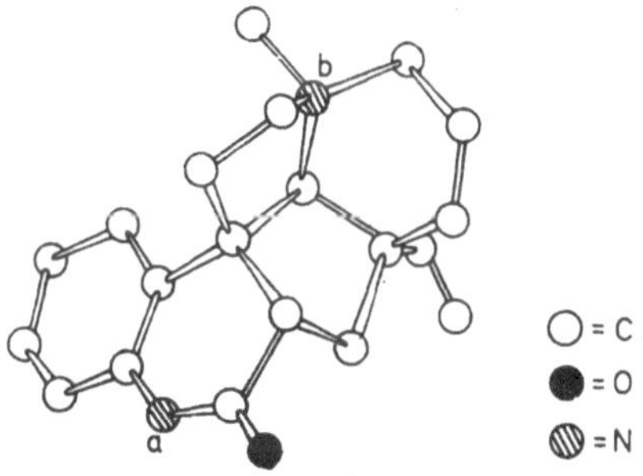

Perspektivische Darstellung des (+)-Meloscin N(b)-methobromid-Skeletts

Meloscandonin,

ein Alkaloid der Bruttozusammensetzung $C_{20}H_{20}N_2O_2$, weist in seinem IR-Spektrum eine Carbonylgruppe und in seinem KMR-Spektrum vier aromatische Protonen, eine Amidgruppierung und 2 olefinische Protonen auf und liefert bei der Reduktion mit $NaBH_4$ zwei epimere Alkohole.

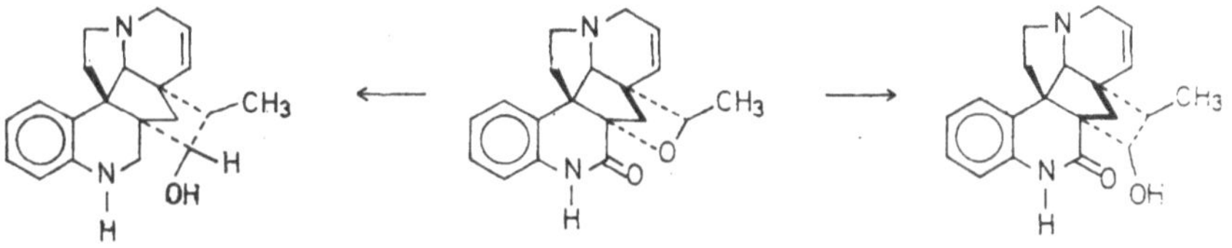

Nach Abklärung der spektroskopischen Untersuchungen sowie der ORD-Befunde kommt dem Alkaloid die voranstehende Struktur und Stereochemie zu. Die Base besitzt damit eine gewisse strukturelle Verwandtschaft mit dem Scandin und Meloscin[2]).

[1]) W. E. OBERHÄNSLI, Helv. **52**, 1905 (1969)
[2]) M. PLAT, M. HACHEM-MEHRI, M. KOCH, U. SCHEIDEGGER, P. PORTIER, T. L. **39**, 3395 (1970)

Alstonerin

Alstonerin, $C_{21}H_{24}N_2O_2$, besitzt auf Grund der spektrographischen Befunde die nachstehende Struktur, die mit dem Nicht-Pleiocarpamin-Teil des Villalstonins eine recht enge Verwandtschaft aufweist[1]).

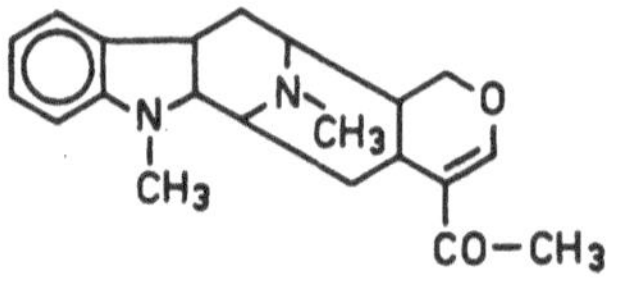

Taberpsychin,

ein Indol-Alkaloid der Zusammensetzung $C_{20}H_{24}N_2O$, mit einer hydrierbaren Doppelbindung unterliegt beim Zusatz von Methyljodid einem Hofmann-Abbau zu einem Produkt $C_{21}H_{28}N_2O$, das eine Doppelbindung in Konjugation zum Indolchromophor enthält und besitzt auf Grund der KMR-Spektren die nachstehende Struktur. Damit gehört das Alkaloid zu einer Gruppe mit einem pentacyclischen Grundgerüst von dem Vobasin, Tabernaemontanin und Dregamin Beispiele mit einem Tetracyclus sind. Die Stereochemie des heterocyclischen Oxid-Ringes ist in der Formel dargestellt[2]).

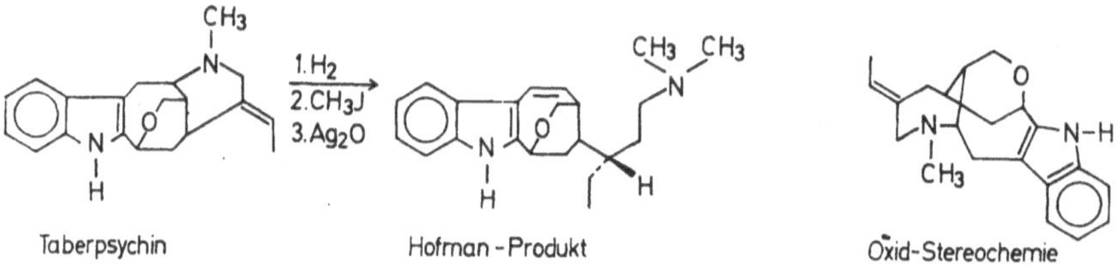

Vallesamidin

Vallesamidin kommt zusammen mit (+)-N-Methylaspidospermidin, (—)-Aspidospermin, (—)-Vallesin, (—)-N-Methylquebrachamin und (+)-Haplocidin in Vallesia dichotoma vor und besitzen auf Grund der vergleichenden ORD-Untersuchungen alle die gleiche absolute Konfiguration.

Die Struktur konnte durch eine Rö-Strukturanalyse des Jodmethylats, das im monoklinen System der Raumgruppe $P2_1$ und den Dimensionen a = 11,97, b = 12,00, c = 9,42 Å kristallisiert aufgeklärt werden.

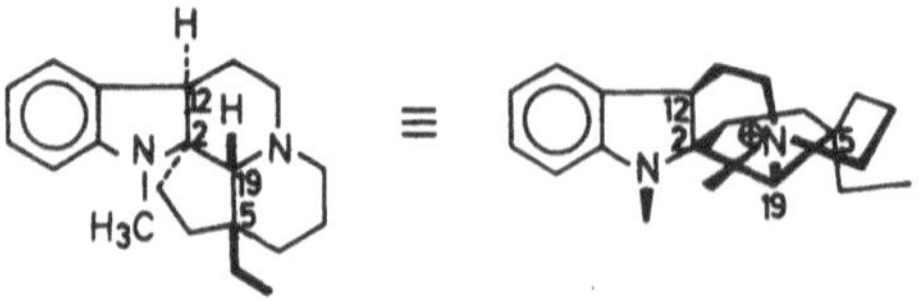

[1]) J. M. Cook, P. W. Le Quesne, R. D. Elderfield, Chem. Comm. 1306 (1969)
[2]) P. R. Benoin, R. H. Burnell, J. D. Medina, T. L. 7, 807 (1968)
[3]) S. H. Brown, C. Djerassi, P. G. Simpson, Am. Soc. **90**, 2445 (1968)

Die Synthese des Vobasin-Skelettes gelang durch die folgende Reaktionsfolge:

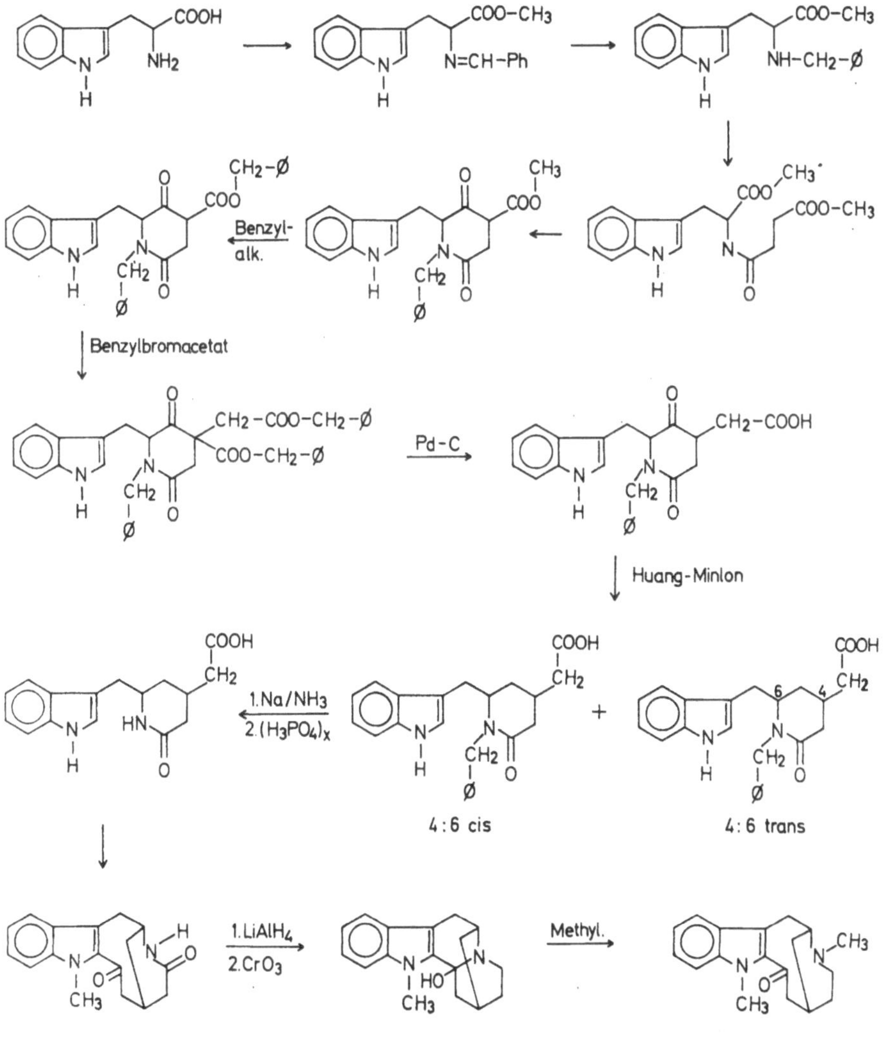

¹) T. Shioiri, S. Yamada, T. **24**, 4159 (1968)

Hunteracin

Hunteracin, ein quartäres Alkaloid aus *Hunteria eburnea*, geht beim Erwärmen mit Alkoholat in ein Pseudoindoxyl über und besitzt auf Grund der Rö-Kristallstrukturanalyse des in der orthorhombischen Raumgruppe $P2_12_12_1$ mit a = 18,00, b = 9,66, c = 9,645 Å kristallisierenden Hydrobromids die folgende Struktur[1]):

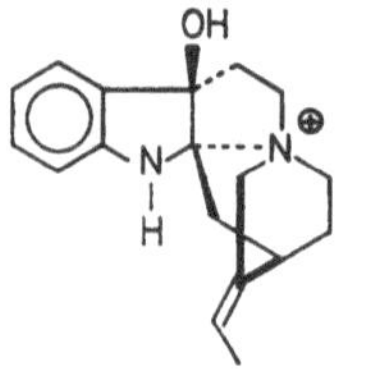

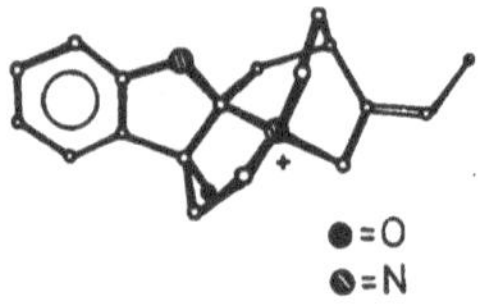

Lonicerin

Lonicerin, $C_{21}H_{26}N_2O_4$, eine sekundäre Base mit einer im IR-Spektrum nachweisbaren Indolinbande sowie einer $COOCH_3$- und einer CH_2OH-Funktion, liefert bei der Acetylierung ein N_b,O-Diacetylderivat, das bei der Behandlung mit methanolisch wäßriger Kalilauge zu N_b-Acetyllonicerin verseift wird.

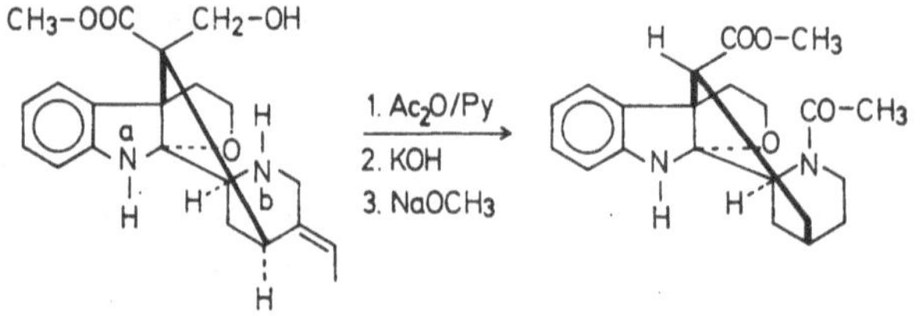

Die anschließende Behandlung mit 2 n absoluter methanolischer Natriummethylatlösung führt zu einer Entformylierung am C-16 unter Bildung einer Desformylbase, die mit Desformyl-N_b-acetyl-aspidodasycarpin identisch ist. Da beide Substanzen sehr ähnliche ORD-Kurven aufweisen, besitzen sie auch dieselbe absolute Konfiguration[2]).

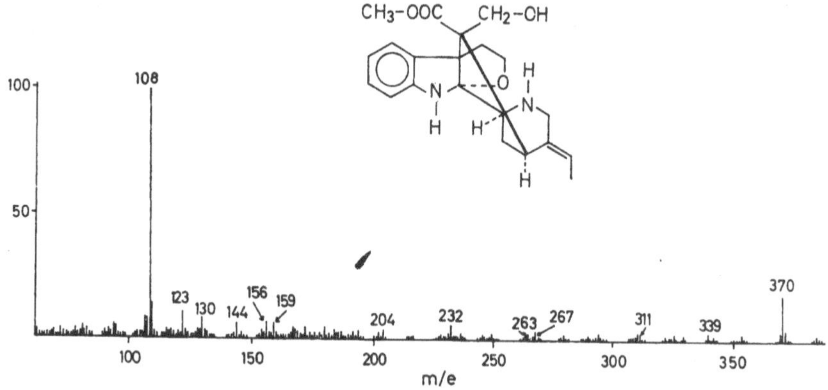

Massenspektrum des Lonicerin

[1]) R. H. BURNELL, A. CHAPELLE, M. F. KHAIL, Chem. Comm. 772 (1970)
[2]) J. NARANJO, M. HESSE, H. SCHMID, Helv. 53, 749 (1970)

Synthese des (±)-Dasycarpidons und (±)-Epidasycarpidons

1. Die Synthese des natürlich vorkommenden Dasycarpidons kann durch Einwirkung von N-Methylaziridin auf α-Brombutyrylchlorid, wobei N-Methyl-N-(2-chloräthyl)-α-brombutyramid erhalten wird und anschließender Kondensation mit Dimethylmalonester erreicht werden. Das hierbei erhältliche 1-Methyl-3-äthyl-4,4-dicarbomethoxy-2-piperidon wird dann im Sinne des folgenden Schemas weiterverarbeitet[1]).

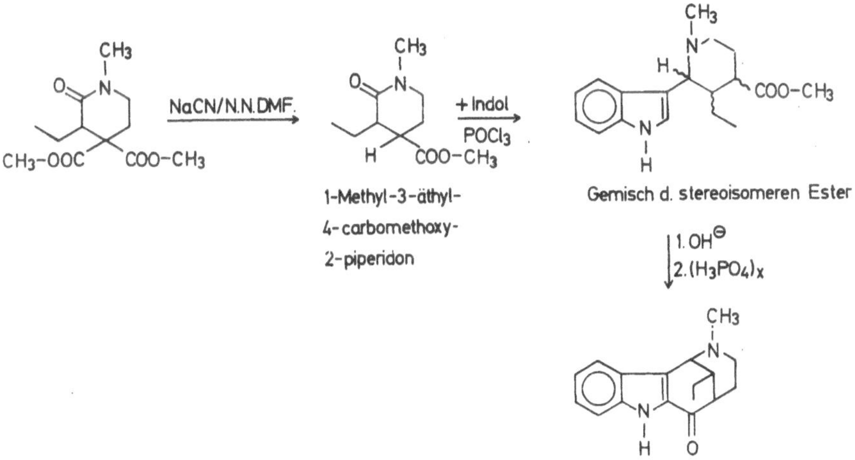

Bei Einwirkung von Mg-Amalgam-/Methylenjodid auf 3-*epi*-Dasycarpidon bei 25° erhält man dann 3-*epi*-Ulein, während das Dasycarpidon nur durch Einwirkung von Methylentriphenylphosphoran in DMS in das Ulein umgewandelt werden kann[2]).

[1]) L. J. Dolby, H. Biere, Am. Soc. **90**, 2699 (1968)
[2]) N. D. V. Wilson, A. Jackson, A. J. Gaskell, J. A. Joule, Chem. Comm. 584 (1968)

2.[1])

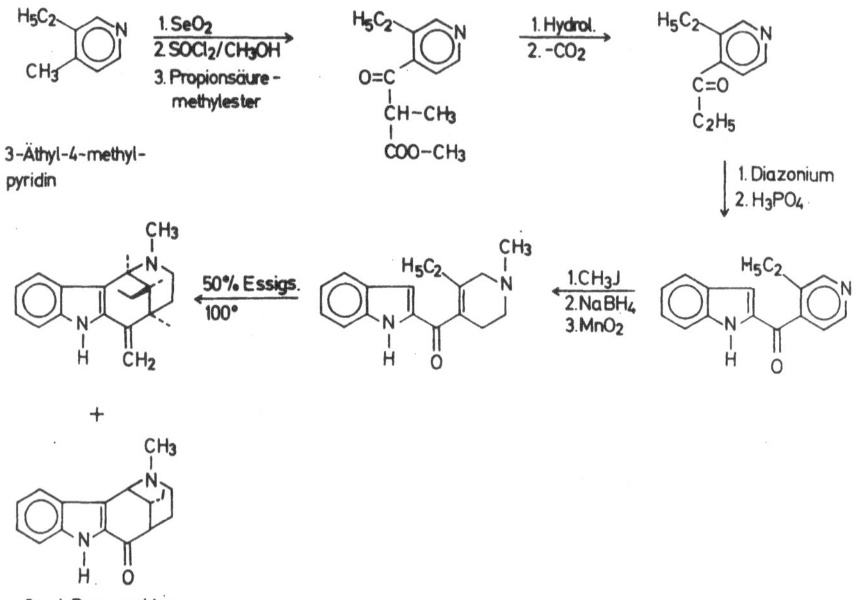

3-epi-Dasycarpidon

3.[2,3])

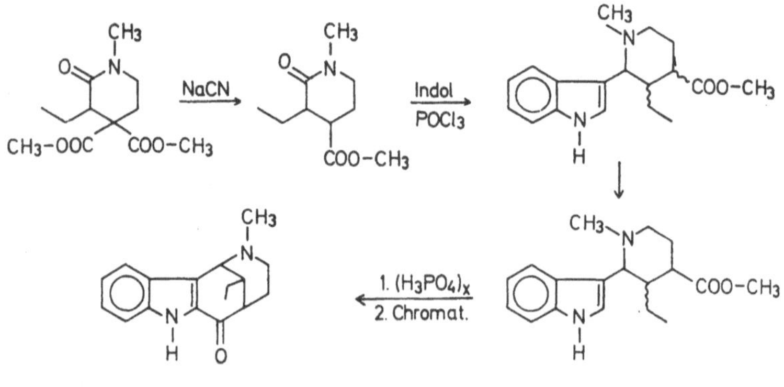

Campothecin

Campothecin, $C_{20}H_{16}N_2O_4$, ein Alkaloid mit signifikanter inhibierender Wirkung gegen Leukämie L 1210 aus *Camphtotheca acuminata*, besitzt auf Grund der Rö-Kristallstrukturanalyse des Jodacetates, das im orthorhombischen System der Raumgruppe $P2_12_12_1$ und

[1]) A. Jackson, A. J. Gaiskell, N. D. V. Wilson, J. A. Joule, Chem. Comm. 364 (1968)
[2]) L. J. Dobby, H. Biere, Am. Soc. **90**, 2769 (1968)
[3]) L. J. Dobby, H. Biere, Org. Chem. **35**, 3843 (1970)

den Dimensionen a = 12,77, b = 22,70 und c = 7,07 Å kristallisiert, die folgende Struktur:

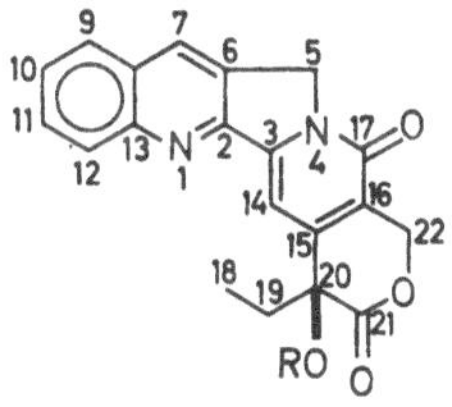

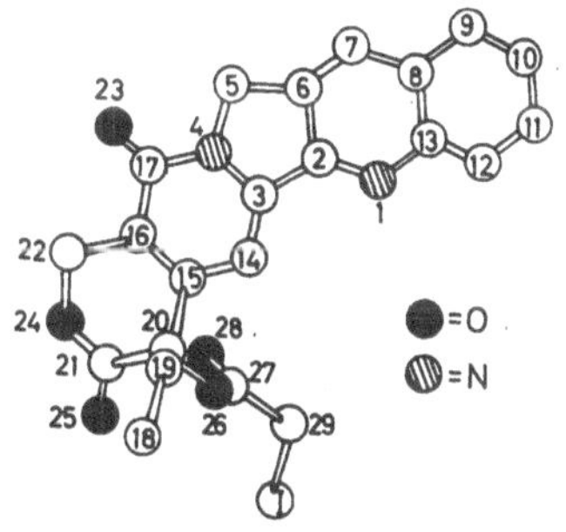

Auf Grund biogenetischer Vorstellungen wird die folgende Bezifferung vorgeschlagen:

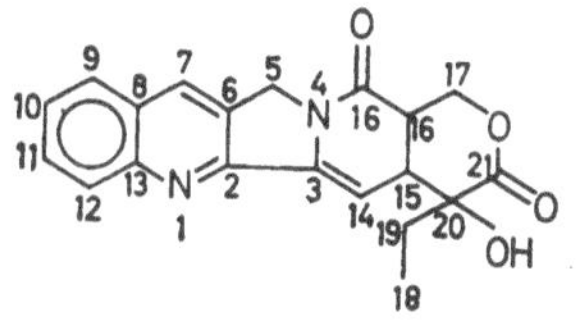

Hydroxy- und Methoxycamptothecin

sind zwei weitere Alkaloide, die sich durch eine beachtliche Anti-Leukämie-Aktivität auszeichnen. Bei der Strukturabklärung konnte die phenolische Hydroxygruppe in beiden Basen durch den bathochromen Shift im UV-Spektrum beim Zusatz von Basen abgeleitet werden, während die Methylierung des Hydroxycamptothecin zu dem natürlich vorkommenden Methoxycamptothecin führte.

[1]) M. SHAMMA, Exp. **24**, 107 (1968)

Die Festlegung der Position der Hydroxygruppe erfolgte durch Deuterierungsexperimente und anschließende KMR-Messungen[1]).

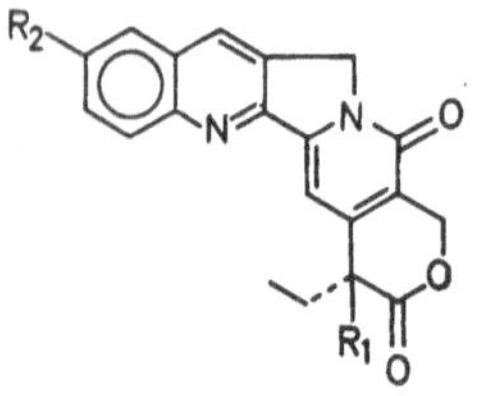

Hydroxy: $R_1 = R_2 = OH$

Methoxy: $R_1 = OH$, $R_2 = OCH_3$

Voacristin-pseudoindoxyl und Iboxygainhydroxyindolenin

ein als gelbes Harz isolierbares Alkaloid aus dem Gesamtextrakt von *Peschiera lundii*, besitzt auf Grund der Darstellbarkeit aus Voacristin die nachfolgende Struktur:

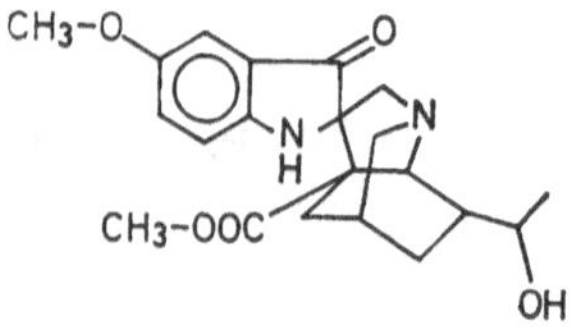

Ein weiteres Alkaloid aus der Fraktion pH 7 besitzt die Bruttozusammensetzung $C_{20}H_{26}N_2O_3$ und konnte auf Grund der Luftoxydation des Iboxygain als Iboxygainhydroxyindolenin erkannt werden[2]).

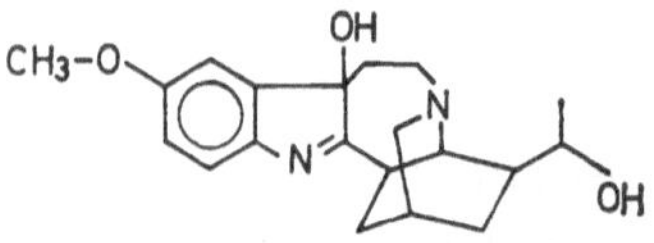

[1]) M. C. Wani, M. E. Wall, Org. Chem. **34**, 1364 (1969)

[2]) B. Hwang, J. A. Weisbach, B. Douglas, R. Raffauf, M. P. Cava, K. Bessho, Org. Chem. **34**, 412 (1969)

2-Äthyl-3-[-2-(3-äthylpiperidino)-äthyl]-indol

Ein Indol-Alkaloid, das aus biogenetischer Hinsicht recht interessant ist, wurde durch präparative Schichtchromatographie aus den Blättern von *Tabernaemontana cumminisii* isoliert. Auf Grund des MS, das die beiden folgenden Fragmente aufwies, ist dem Alkaloid die Struktur eines 2-Äthyl-3-[2-(3-äthylpiperidino)-äthyl]-indols zuerkannt worden:

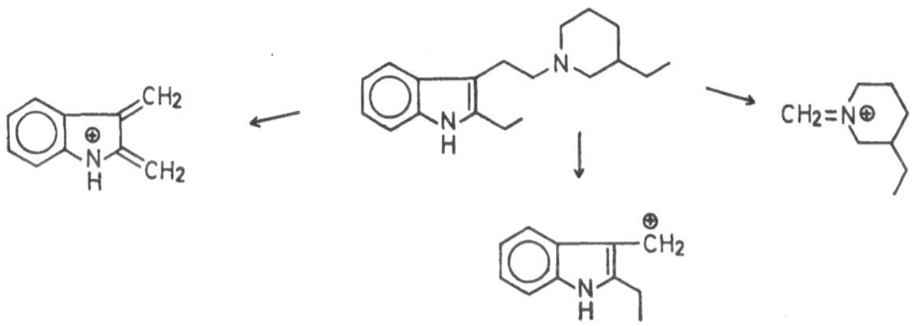

Die Struktur konnte durch eine Synthese aus 2-Äthylindol und Oxalylchlorid und dessen Umsetzung mit 3-Äthylpiperidin und anschließende Reduktion mit $LiAlH_4$ bestätigt werden[1]):

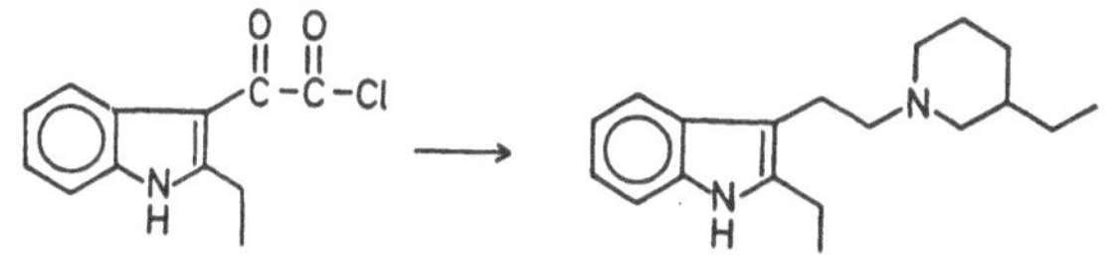

Korrelierung der Alkaloide vom Kopsin und Pleiocarpin-Typ mit denen des Minovin-Typs

Kopsin geht bei der Oxydation mit Perjodsäure in saurer Lösung in Kopsinpseudosäure über, die durch Erhitzen mit methanolischer Salzsäure einen Ketocarbonsäureester liefert, und der seinerseits unter Einwirkung von kalter Natriummethylat-Lösung zum Epimeren isomerisiert wird.

In Übereinstimmung mit den angegebenen Strukturen liefert der Ester und auch das Epimere bei der Reduktion mit $NaBH_4$ Kopsin-Lacton, in dem auf Grund der KMR-Untersuchungen die β-Seite durch das C-11 mit der β-ständigen Methoxycarbonylgruppe sterisch stark abgeschirmt ist. Diese β-ständige Methoxycarbonylgruppe ist aber nicht notwendig für eine stereospezifische Reduktion der Ketogruppe, so daß die Reduktion des Epimeren mit $NaBH_4$ zu einem Alkohol führte, in dem die sek. Hydroxylgruppe auf Grund der leichten Umwandelbarkeit durch Natriummethylat in ein Lacton, in β-Stellung haften muß.

[1]) P. A. Crooks, B. Robinson, G. F. Smith, Chem. Comm. 1210 (1968)

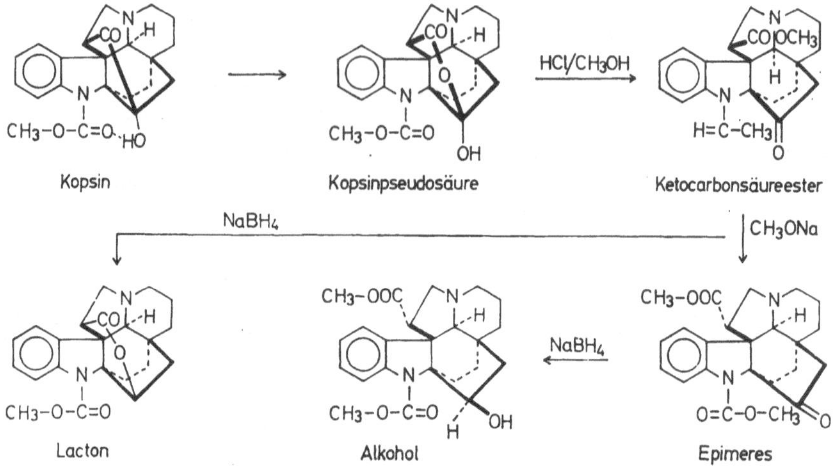

Die Clemmensen-Reduktion des Epimeren führte zu $N_{(a)}$-11α-Dimethoxycarbonyl-aspidofraktinin, sowie zu einer ungesättigten Komponente, die durch Hydrierung ebenfalls in das Aspidofraktinin-Derivat übergeführt werden konnte. Die Entfernung der 11-ständigen Methoxycarbonylgruppe gelang durch Dehydrierung des Epimeren, die zu einer Dehydrobase führte, die bei der Reduktion mit Zn in methanolisch-wäßriger Salzsäure wieder in das Epimere und das 11-α-Dimethoxycarbonyl-aspidofraktinin überging. Durch Erhitzen des Dehydrierungsproduktes in Dioxan mit Salzsäure wurde ein Enamin und daraus das $N_{(a)}$-Methoxycarbonyl-3-oxo-aspidofraktinin erhalten, das auch direkt aus dem Dehydrierungsprodukt dargestellt werden konnte.

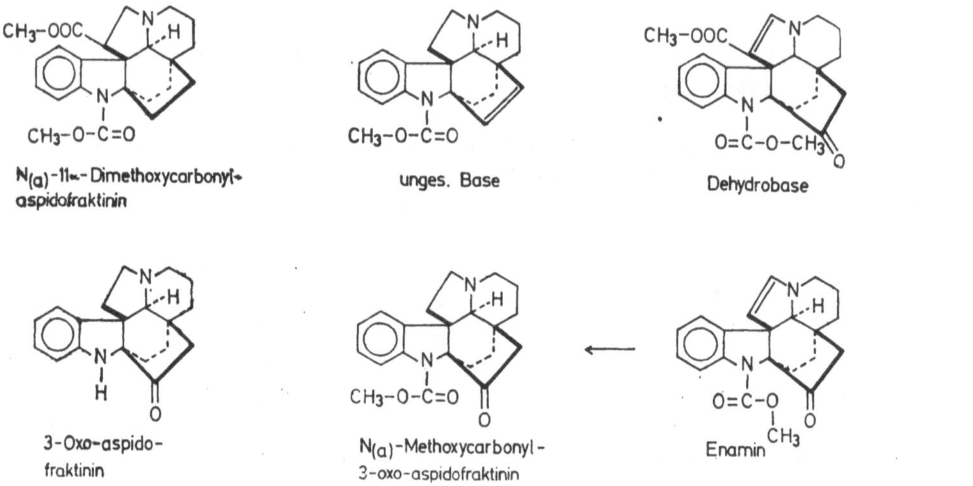

Die anschließende N-Demethoxycarbonylierung führte zu 3-Oxoaspidofraktinin, das als $N_{(a)}$-Acetylderivat charakterisiert werden konnte und seinerseits als die Relais-Substanz der Alkaloide vom Pleiocarpin-Typ anzusehen ist.

Die Clemensen-Reduktion des $N_{(a)}$-Methoxycarbonyl-3-oxo-aspidofraktinins schließlich führt zu $N_{(a)}$-Methoxycarbonyl-aspidofraktinin, das durch langes Erhitzen mit Lauge in Aspidofraktinin übergeführt werden kann.

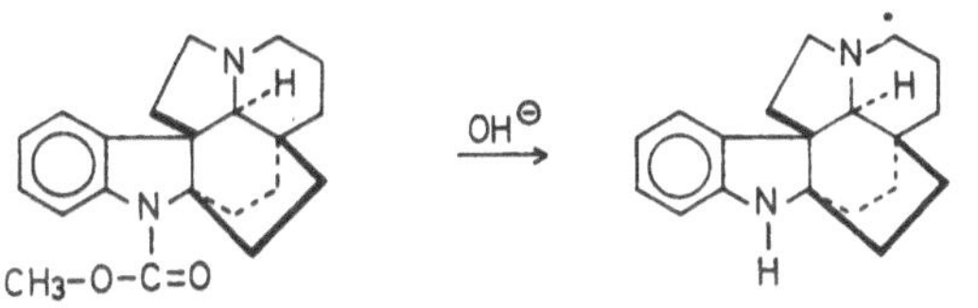

$N_{(a)}$-Methoxycarbonyl-aspidofraktinin

Aspidofraktinin

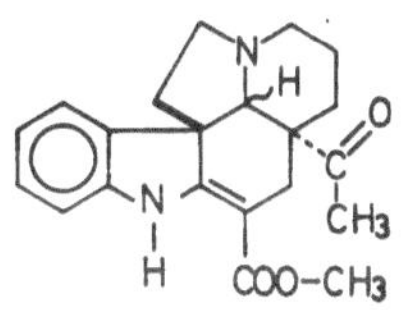

(−)Minovincin

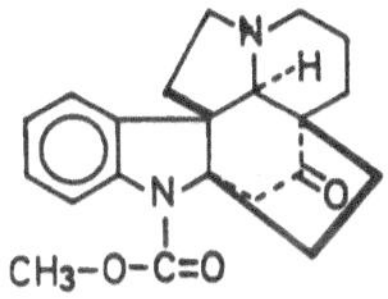

20-Oxo-aspidofraktinin

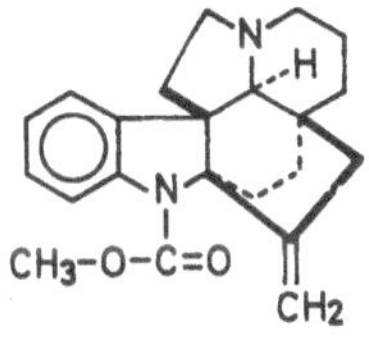

$N_{(a)}$-Acetyl-kopsinylen

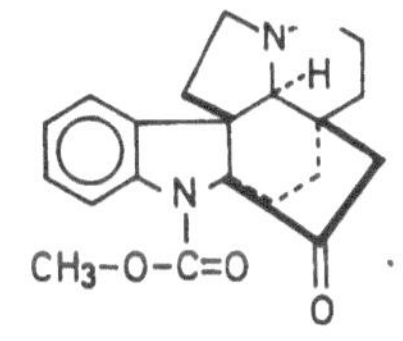

$N_{(a)}$-Acetyl-3-oxo-aspidofraktinin

(—)-Minovincin von bekannter absoluter Konfiguration geht beim Erwärmen mit Salzsäure in das 20-Oxoaspidofraktinin über, das als Acetylderivat charakterisiert werden konnte und bei der Reduktion mit Zn und methanolischer Salzsäure (—)-Aspidofraktinin liefert. Damit besitzt das Kopsin das unveränderte Aspidofraktinin-Grundgerüst.

$N_{(a)}$-Acetyl-kopsinylen, das bereits aus (—)-Pleiocarpin dargestellt werden konnte, liefert bei der Oxydation mit OsO_4/Natriumperjodat $N_{(a)}$-Acetyl-3-oxo-aspidofraktinin.

Die Verknüpfung von (—)-Kopsin und (—)-Minovincin mit dem natürlich vorkommenden (—)-Aspidofraktinin, sowie von (—)-Kopsin und (—)-Pleiocarpin durch das (—)-$N_{(a)}$-Acetyl-3-oxo-aspidofraktinin zeigt, daß (—)-Kopsin, (—)-Aspidofraktinin, (—)-Minovincin und (—)-Pleiocarpin die gleiche absolute Konfiguration mit β-ständiger Tryptaminbrücke besitzen.

Auf Grund der chemischen Korrelation ist daher den folgenden Alkaloiden dieselbe absolute Konfiguration zuzuweisen, wie sie dem Kopsin zugrunde liegt: (—)-Kopsinin, (—)-Kopsininsäure-methochlorid, (—)-Pleiocarpolin, (—)-Pleiocarpolinin, (—)-Venalstonin, (—)-Kopsanon, (+)-Kopsanol, (—)-Fruticosin und (+)-Fruticosamin. Da außerdem das (—)-Refraktidin in das Desformyl-desmethoxy-$N_{(a)}$-acetyl-6-oxorefraktidin umgewandelt werden konnte und dieses Abbauprodukt eine zu (+)-$N_{(a)}$-Acetyl-aspidofraktinin sehr ähnliche ORD-Kurve aufweist, ist dem (—)-Refraktidin demnach dieselbe absolute Konfiguration zuzuweisen wie dem (—)-Aspidofraktinin[1]).

Die Bestimmung der absoluten Konfiguration des (—)-Kopsanons gelang durch eine Rö-Kristallstrukturanalyse des Kopsanon-N_b-jodmethylats, das im orthorhombischen System der Raumgruppe $P2_12_12_1$ und den Dimensionen a = 13,98, b = 17,20, c = 7,67 Å kristallisiert.

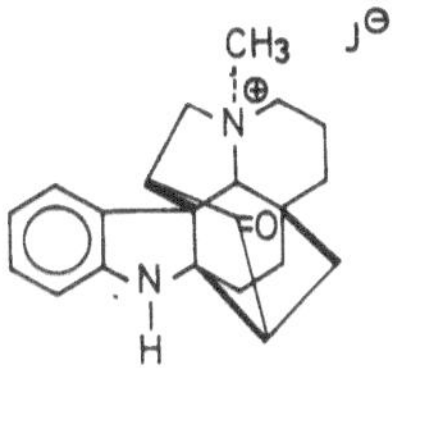

[1]) A. Guggisberg, A. A. Gorman, B. W. Bycroft, H. Schmid, Helv. **52**, 76 (1969)

[2]) B. M. Craven, B. Gilbert, L. A. P. Leme, Chem. Comm. 955 (1968)

32. Yohimbin-Alkaloide

Die Alkaloide der Yohimbin-Gruppe enthalten ein partiell hydriertes Benz-[g]-indolo-[2.3a]-chinolizin-Gerüst, das in den unterschiedlichsten Positionen sauerstoffhaltige Substituenten trägt.

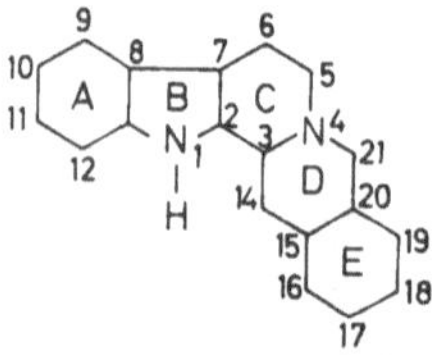

Es gibt bereits eine große Zahl von Alkaloiden dieses Strukturtyps, die alle in Species der Gattungen Apocynaceane, Loganiaceane, Rubiacean, Euphorbiacean aufgefunden worden sind.

Veneserpin $C_{32}H_{36}N_2O_9$	249—50°	—100°	—	*Alstonia venenata*

Die Synthese des Yohimbin-Gerüstes aus dem Corynanthe-Typ-Alkaloiden ist durch Cyclisierung aus dem Ketoester unter katalytischer Wirkung von α-Pyridon in das Enamin möglich geworden.

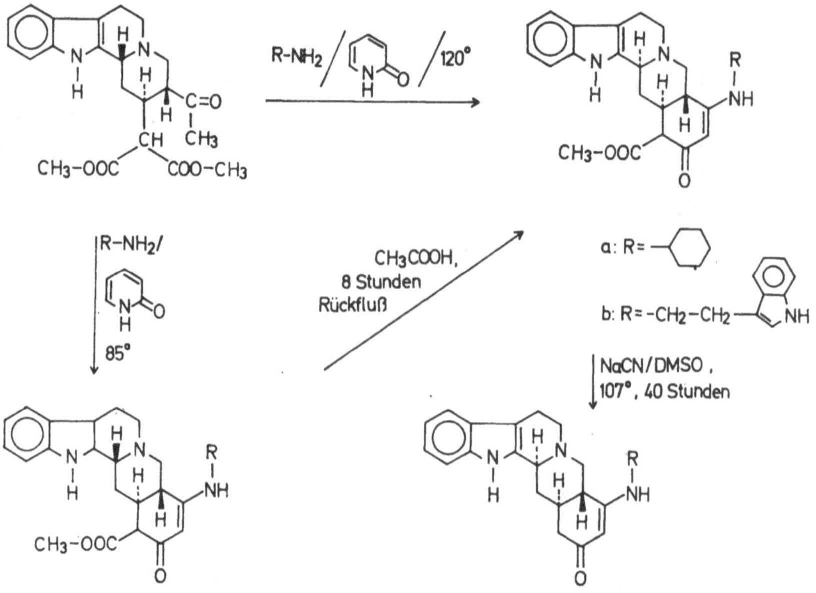

[1]) A. Chatterjee, P. L. Majunder, B. C. Das, Chem. Ind. 1388 (1969)

Bei 85° bleibt die *cis*-Konfiguration am C-3 zum Teil erhalten, während bei 120° die Isomerisierung zum *trans*-Isomeren erfolgt[1]).

Reserpin

Reserpin besitzt auf Grund der Rö-Kristallstrukturanalyse der Base, die in der Raumgruppe $P2_1$ und den Zellparametern a = 14,45, b = 8,98, c = 13,37 Å, β = 115,2° kristallisiert, die folgende Struktur[2]):

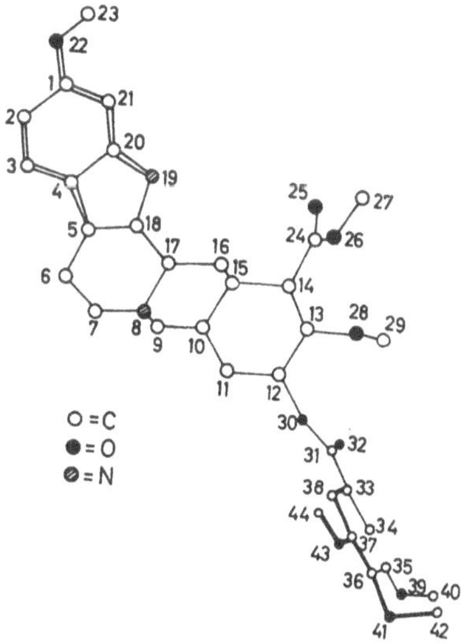

Reserpin liefert bei der Oxydation mit vier Äquivalenten 0,1 N $Ce(SO_4)_2$ Lumireserpin, dem die folgende Struktur zukommt[3]):

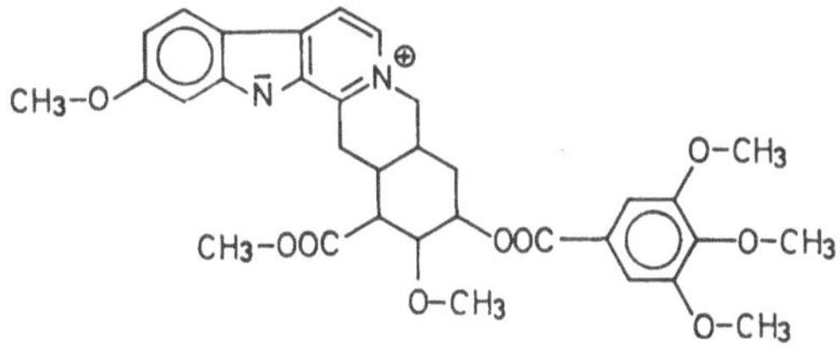

Veneserpin

Veneserpin, $C_{32}H_{36}N_2O_9$, enthält vier Methoxygruppen und weist in seinem UV-Spektrum eine weitgehende Ähnlichkeit mit dem Reserpin auf, während das IR-Spektrum auf zwei Esterfunktionen hinweist. Die Methanolyse des Alkaloids führt zu Reserpsäuremethylester und einer Verbindung, die bei der weiteren Hydrolyse in Myristicinsäure übergeht.

[1]) E. WINTERFELDT, H. RIESNER, Syn. 261 (1970)
[2]) I. L. KARLE, J. KARLE, Acta Cryst. B 24, 81 (1968)
[3]) TH. HAKESTEEGT, Pharm. Weekbl. **103**, 297 (1968)

Die Identität dieser Säure konnte durch Synthese aus Gallussäure sichergestellt werden. In Übereinstimmung mit der vorgeschlagenen Struktur kann die Base auch aus Reserpsäuremethylester und Myristicinylchlorid wieder resynthetisiert werden.

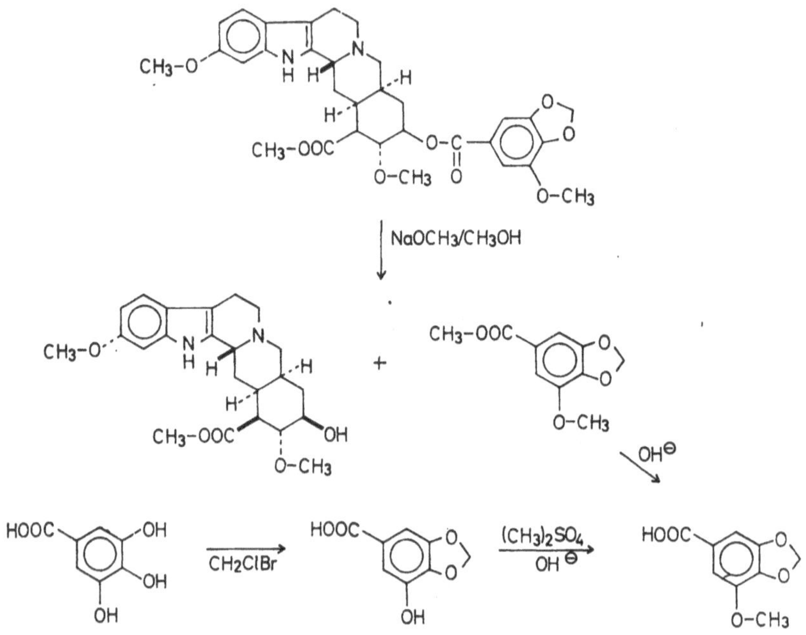

1) A. Chatterjee, P. L. Majumder, B. C. Das, Chem. Ind. 1388 (1969)

33. Corynanthein-Alstonin-Alkaloide

Die Alkaloide der Corynanthein-Alstonin-Gruppe treten in den gleichen Pflanzenfamilien, häufig auch in den gleichen Arten auf wie die biogenetisch nahe verwandten Alkaloide der Yohimbin-Gruppe, nämlich in den Apocynaceen-Gattungen *Alstonia*, *Geissospermum*, *Ochrosia*, *Picralima*, *Rauwolfia*, *Aspidosperma* und *Vinca* (Lochnera), der Loganiaceen-Gattung *Strychnos* und den Rubiaceen-Gattungen *Cinchona*, *Corynanthe* (*Pausinystalia*) und *Pseudocinchona*.

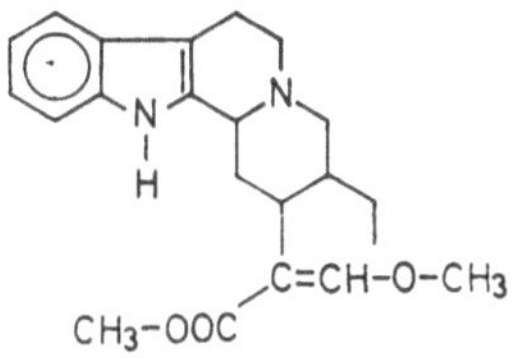

Corynanthein-Typ

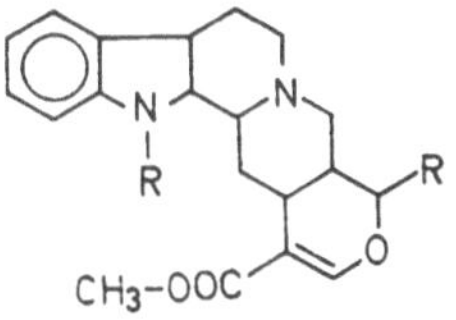

Alstonin-Typ
Heteroyohimban-Typ

10-Methoxyajmalicin $C_{22}H_{26}N_2O_4$	167–9°	–120° (M)	—	*Cabucala Madagascariensis*

10-Methoxyajmalicin,

ein Nebenalkaloid aus *Cabucala madagascariensis*, besitzt auf Grund des eindeutigen MS- und KMR-spektroskopischen Verhaltens die folgende Struktur:

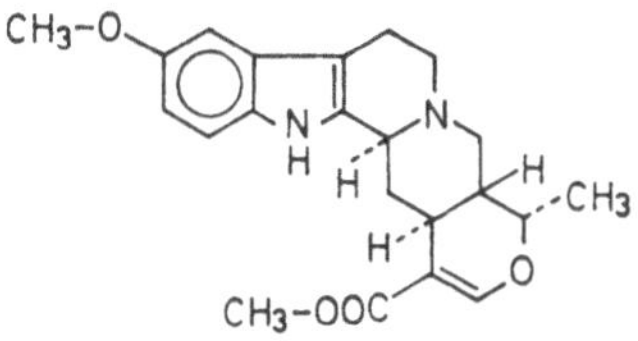

Die *trans*-Konfiguration am C-3 folgt aus der intensiven Bande bei 2760 cm^{-1} im IR-Spektrum, so daß eine 3αH-Anordnung vorliegen muß. Die Konfiguration am C-20 folgt aus dem IR- und MS-Spektrum und das KMR-Spektrum weist für das CH_3-Signal am C-19 eine relativ hohe Lage aus, so daß eine α-axiale Methylgruppe vorliegen muß[1]).

[1]) A. Groebel, D. Lenoir, R. Perute, Planta Med. **19**, 1 (1970)

Stereoselektive Synthese des (±)-Akuammigins und (±)-Tetrahydroalstonins[1]:

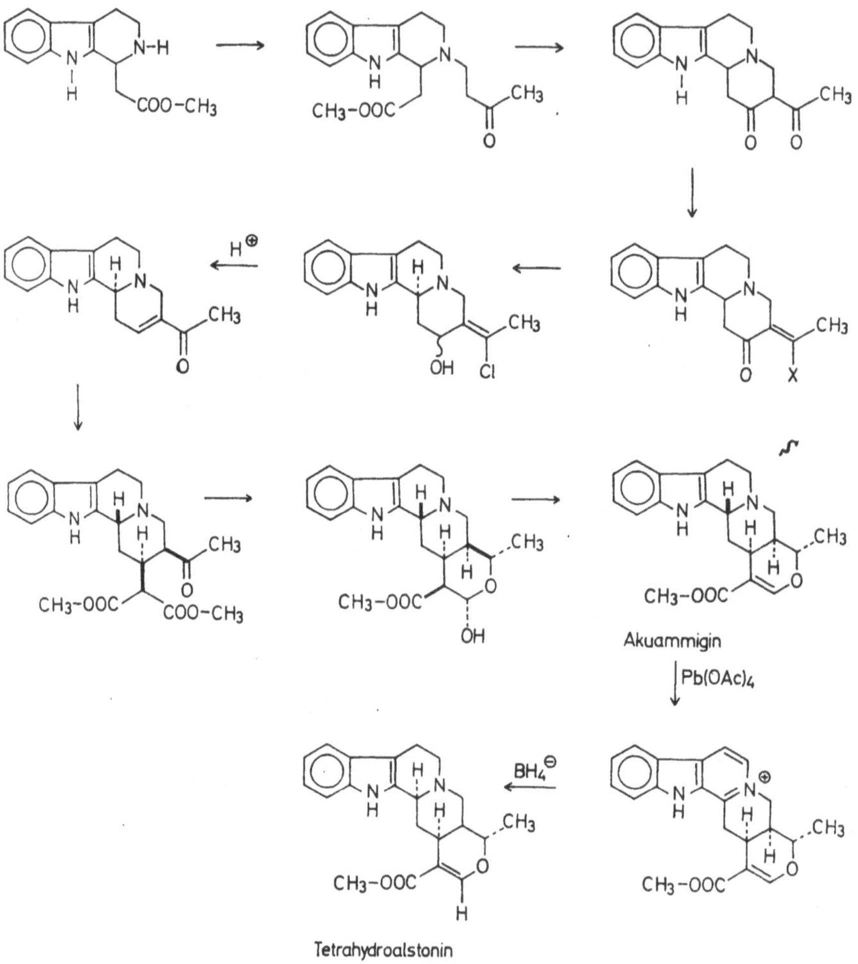

[1]) E. Winterfeldt, H. Radunz, T. Korth, B. **101**, 3172 (1968)

Synthese des Ajmalicins, 19-epi-Ajmalicins, Formosanins und iso-Formosanins:

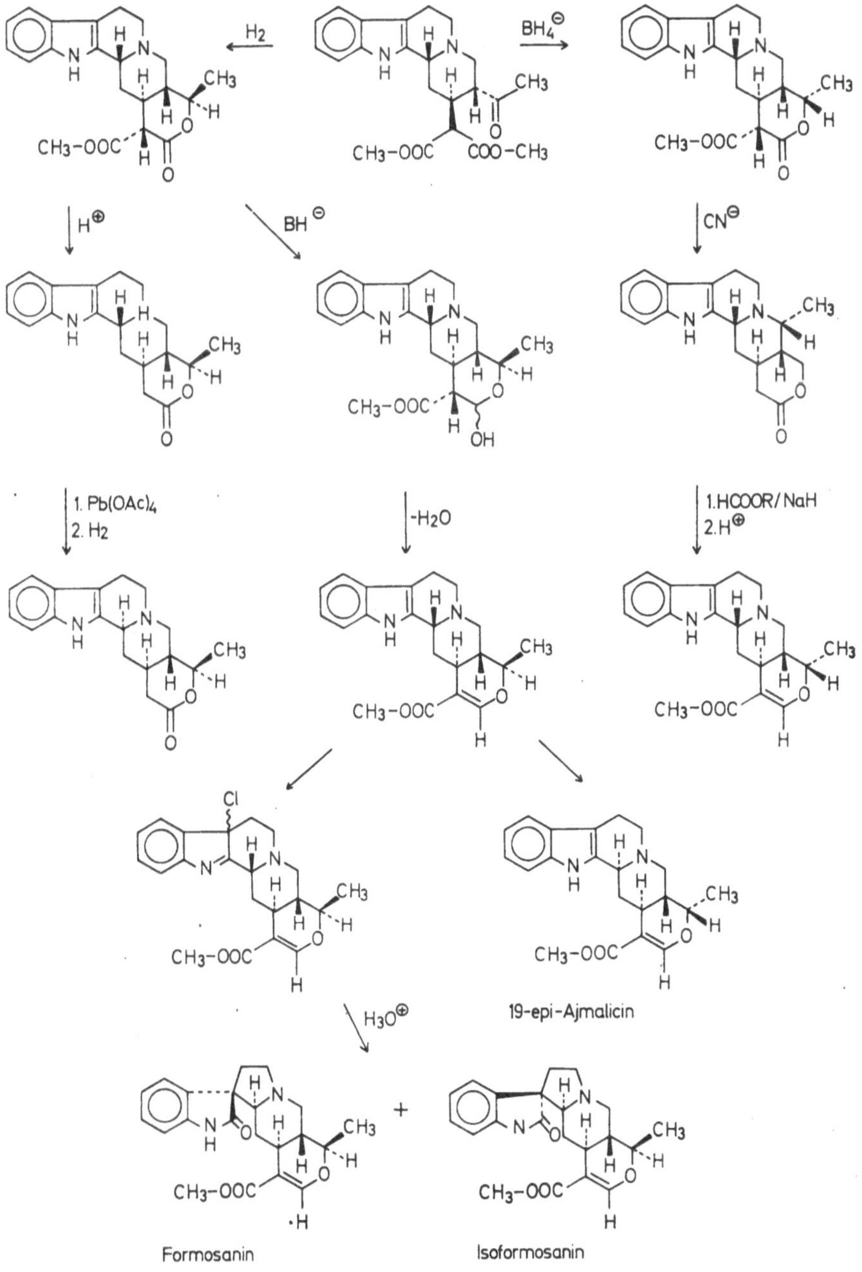

Den gleichen Verlauf nimmt die Boranat-Reduktion des durch Konfigurationsumkehr am C-3 darstellbaren Ketoesters. Stereoselektiv bildet sich das Lacton 15, dessen veränderte Konfiguration am C-3 durch eine deutlich auftretende Bohlmann-Bande und die Verschiebung des NMR-Signals des Protons H_A zu hohem Feld klar belegt ist. Die C-19-epimere Verbindung tritt nur als Nebenprodukt auf[1]).

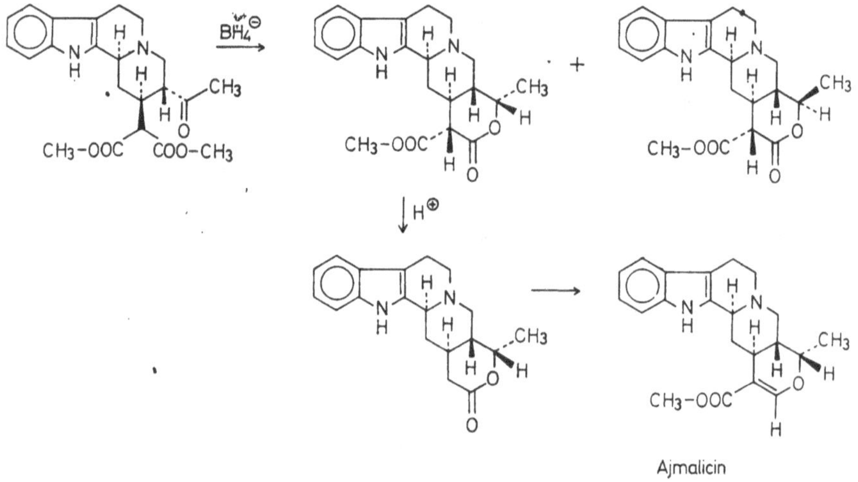

[1]) E. Winterfeldt, A. J. Gaskell, T. Korth, H. E. Radunz, M. Walkowiak, B. **102**, 3558 (1969)

Synthese des Corynantheins[1]):

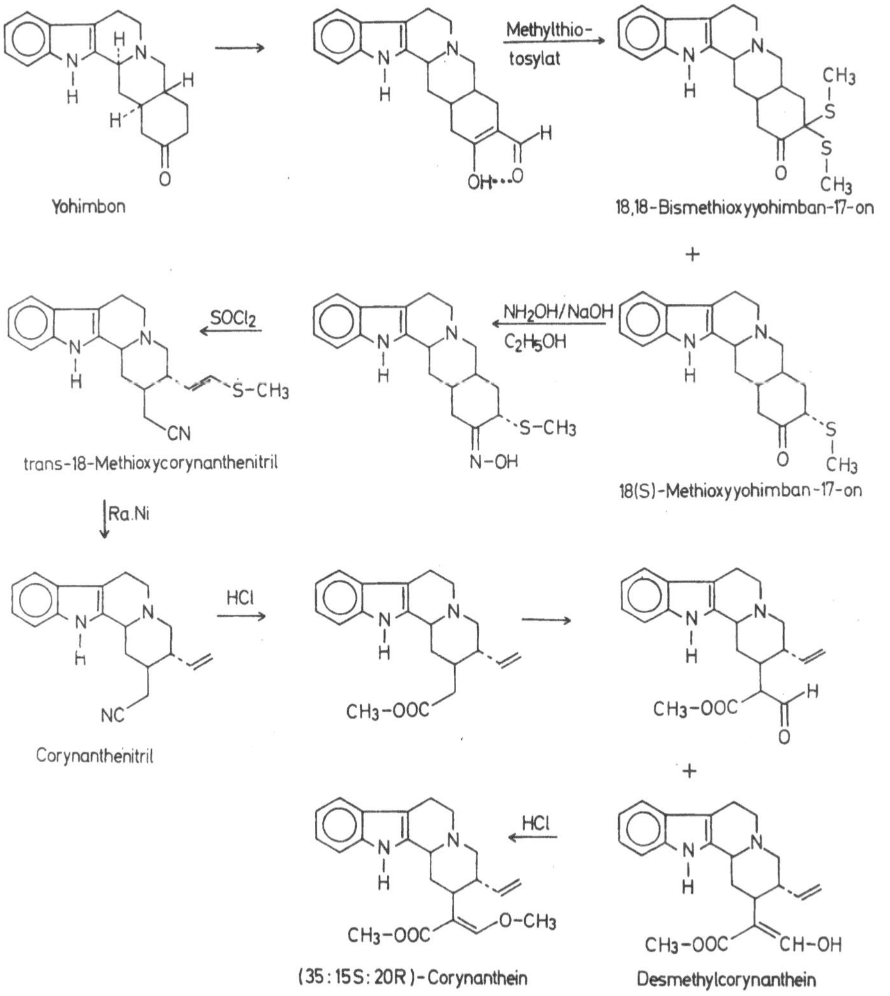

[1]) R. L. Autrey, P. W. Scullard, Am. Soc. **90**, 4917 (1968)

Synthesen des (—)-Corynantheidins[1,2]:

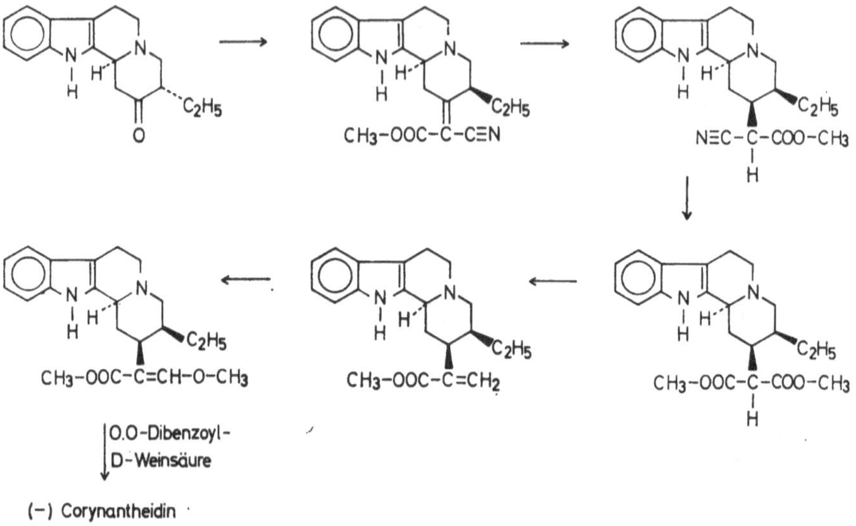

Alstonilin

kann wie folgt synthetisiert werden[3]:

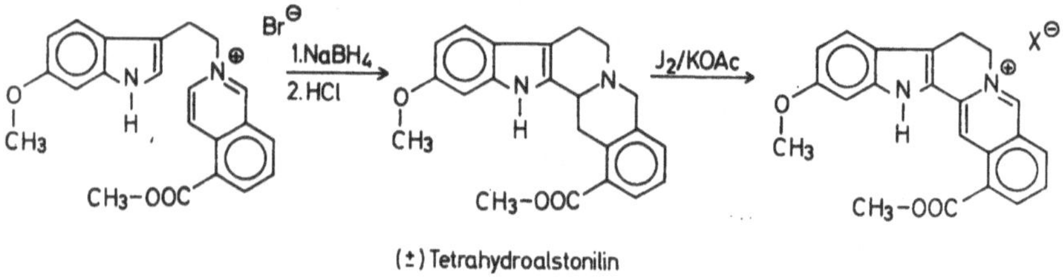

[1]) C. Szantay, M. Barczai-Beke, B. **102**, 3963 (1969)
[2]) C. Szantay, M. Barczai-Beke, T. L. **11**, 1405 (1968)
[3]) J. A. Beisler, B. **103**, 3360 (1970)

34. Sarpagin-Ajmalin-Alkaloide

Die Alkaloide der Sarpagin-Ajmalin-Gruppe sind bisher als Begleiter des Yohimbins und des Alstonins in Pflanzen der Apocynaceengattungen *Rauwolfia*, *Tonduzia* und *Vinca* sowie in *Calebassen-Curare* aufgefunden worden. An neueren Vorkommen sind vor allem die Gattungen Aspidosperma, Geissospermum, Picralima, Voacanga und die Loganiaceae *Strychnos* zu erwähnen.

Das in den beiden Alkaloidgruppen vorliegende Grundgerüst ist in der folgenden Abbildung dargestellt[1]).

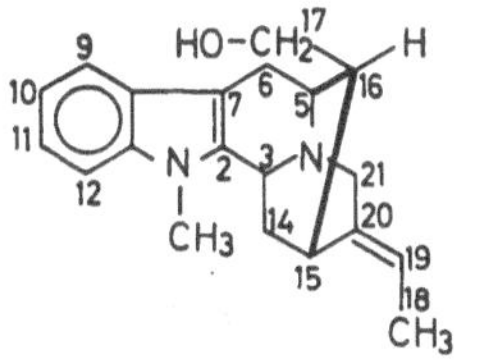

Sarpagin-Typ

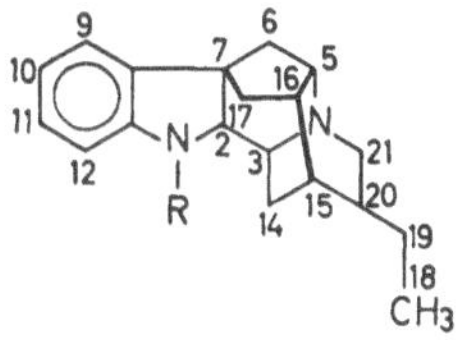

Ajmalin-Typ

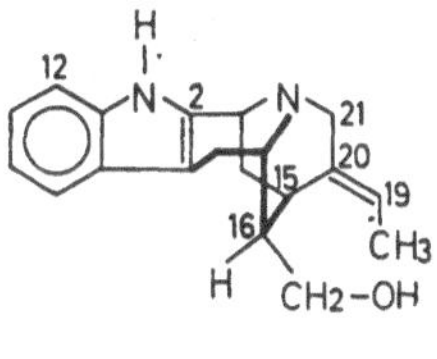

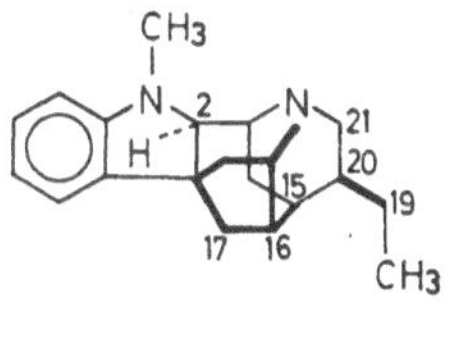

Alkaloid	Schmp.	[α]D	Derivat	Vorkommen
O-Benzoylvincamajin $C_{29}H_{30}N_2O_4$	267—9°	—147°	—	*Alstonia macrophylla*[2])
Gardnerin $C_{20}H_{24}N_2O_2$	243—4°	—29° (M)	Acetyl, 218—9° Dihydro 230°	*Gardnenia nutans*[3])
Gardnutin $C_{20}H_{22}N_2O_2$	319—20°	+30° (M)	—	*Gardnenia nutans*[3])
Hydroxygardnutin $C_{20}H_{22}N_2O_3$	311—12°	+36° (M)	Acetyl 278°	*Gardnenia nutans*[3])

1) Jrojanek, K. Blaha, Lloydia **29**, 149 (1966)
2) B. Mukherjee, A. B. Ray, A. Chatterjee, B. C. Das, Chem. Ind. 1387 (1969)
3) J. Haginiwa, S. Sakai, Symp. Chem. of Nat. Prod. 1966 Tokyo

Alkaloid	Schmp.	$[\alpha]_D$	Derivat	Vorkommen
N_a-Desmethylsered-amin $C_{20}H_{24}N_2O_2$	241–5°	+33° (M)	N.O-Diacetyl 172–5°	*Rauwolfia sumatrana*[1])
Raucaffricin $C_{27}H_{36}N_2O_8 \cdot {}^1/_2 H_2O$	—	—	—	*Rauwolfia caffra*[2])
Unbenanntes Alk. $C_{21}H_{12}N_2O^4$	—	—	—	*Voacanga chalotiana*[3])
Picralinal $C_{21}H_{22}N_2O_4$	179–80°	−179° (C)	—	*Alstonia scholaris*[4])
17-Acetylajmalin $C_{22}H_{28}N_2O_3$	153°	+53° (C)	Diacetyl 172° +230° (C)	*Rauwolfia vomitoria*[5])
Dehydrovoachalotin $C_{22}H_{26}N_2O_3$	239°	+124° (M)	—	*Voacanga chalutina*[6])
Vinorin $C_{21}H_{22}N_2O_2$	—	—	Red-Prod = Normacusin-B	*Vinca minor*[7])
Vincarizin $C_{21}H_{24}N_2O_4$	178–9°	—	—	*Vinca erecta*[8])

Gardnerin, Gardnutin und Hydroxygardnutin,

drei Indol-Alkaloide aus den Wurzeln und Früchten von *Gardneria nutans*, besitzen ein identisches Grundgerüst und damit einen 2,3-disubstituierten 6-Methoxy-indol-Chromophor.

Gardnerin geht bei Einwirkung von p-Toluolsulfonylchlorid in ein Ajmalin-Derivat über, während die Oxydation mit Chromsäure einen cyclischen Äther und eine sek. Base lieferte, die sich als identisch mit Gardnutin erwies, das seinerseits bei der $LiAlH_4$-Reduk-

1) M. Hanaoka, M. Hesse, H. Schmid, Helv. **53**, 1723 (1970)
2) M. Ataullah Khan, A. M. Ahsan, T. L. 5137 (1970)
3) J. C. Braekman, M. Tirious-Lampe, J. Pecher, Bull. Soc. Chim. Belg. **78**, 523 (1969)
4) R. C. Rastogli, R. S. Kapil, S. S. Popli, Exp. 1056 (1970)
5) M. Muquet, J. L. Pousset, J. Poisson, C. R. Ser. C 1542 (1968)
6) G. Tirious, M. Kaisin, J. C. Braekman, J. Pecher, R. H. Martin, Chimia **22**, 87 (1968)
7) H. Meisel, W. Döpke, E. Gründemann, T. L. **17**, 1291 (1971)
8) A. D. Rachimov, Ch. T. Kjasova, W. M. Malikov, S. Y. Yunusov, Chem. nat. Verb. 327 (1968)

tion eine Indolinbase liefert und aus der es durch Bleitetraacetat-Oxydation wiedergewonnen werden kann.

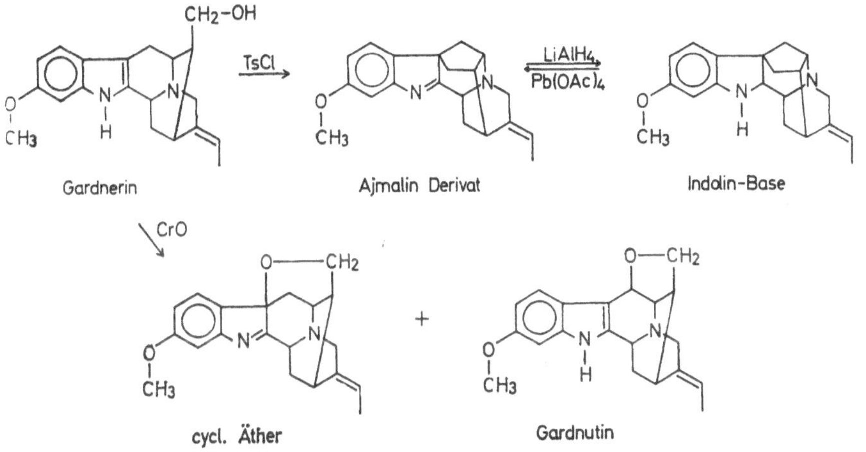

Die Reduktion mit $LiAlH_4$ führte zu Gardnerin zurück.

Gardnutin, $C_{20}H_{22}N_2O_2$, besitzt auf Grund des voranstehenden Befundes die angegebene Struktur.

Hydroxygardnutin, $C_{20}H_{22}N_2O_3$, liefert bei der Reduktion mit $LiAlH_4$ ein Dihydroxyderivat, bei der Hydrogenolyse ein 19,20-Dihydrogardnutin, das auch aus Gardnutin durch Hydrierung erhalten werden kann,

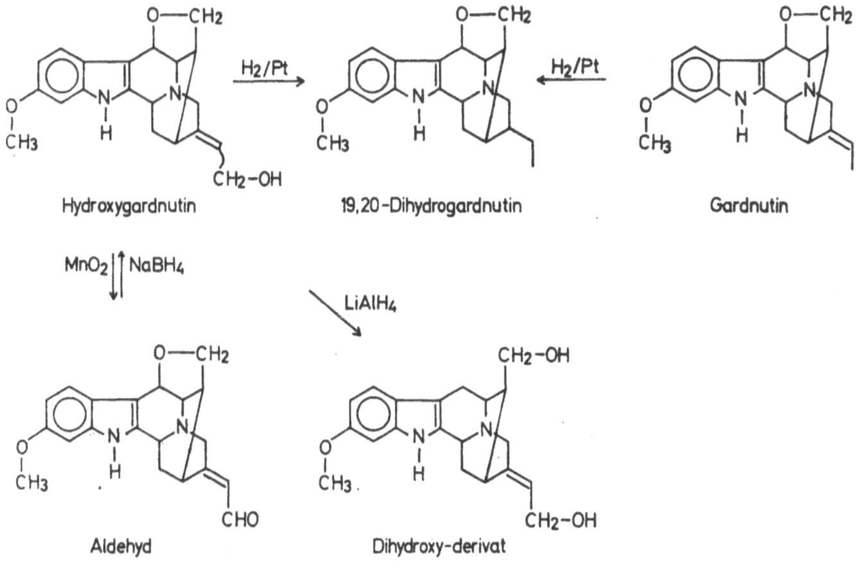

und bei der Oxydation mit MnO_2 einen Aldehyd, aus dem bei Einwirkung von $NaBH_4$ das Ausgangsalkaloid wieder zurückerhalten werden kann.

Die absolute Konfiguration des Gardnerins konnte durch Korrelierung mit dem in seiner absoluten Konfiguration bekannten Ajmalin abgeleitet werden:

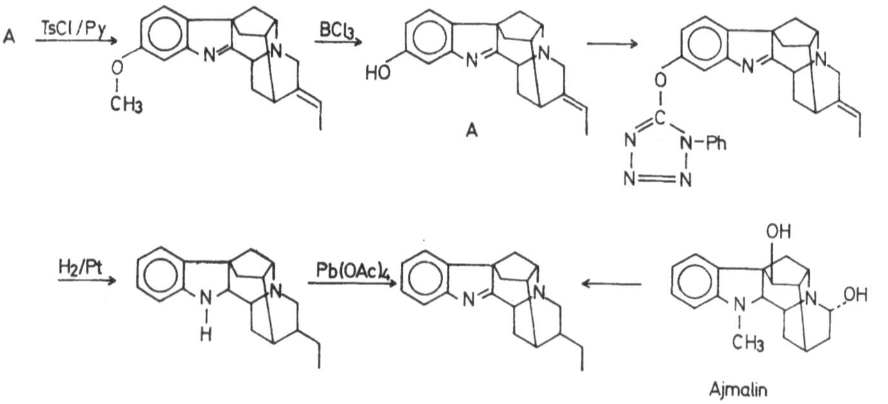

Eine weitere Möglichkeit ergab sich durch die Bildung des Desmethoxy-19,20-dihydro-Derivates aus A, das andererseits auch aus Isoajmalin erhalten werden konnte.

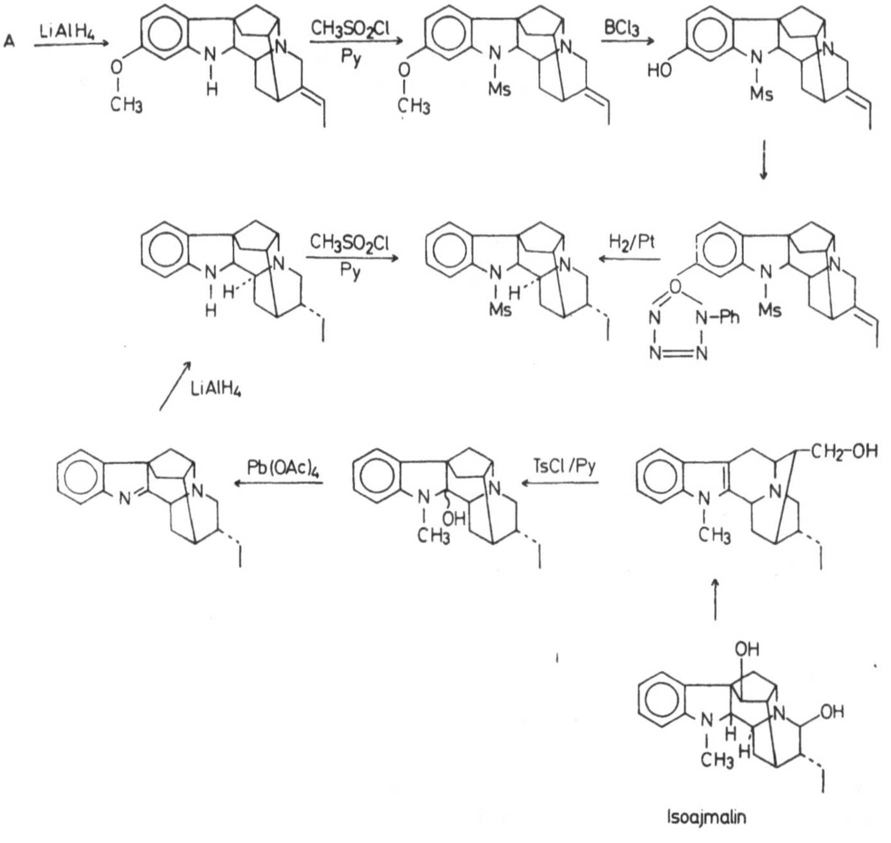

Unbenanntes Alkaloid

Durch Craig-Verteilung konnte aus den Extrakten von *Voacanga chalotiana* ein weiteres Alkaloid isoliert werden, dem die folgende Struktur zukommt[1]).

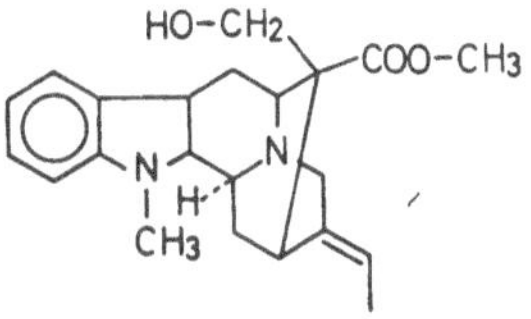

Picralinal

Picralinal, $C_{22}H_{28}N_2O_3$, liefert bei der Reduktion mit $NaBH_4$ Desacetylpicralin, das bei der anschließenden Behandlung mit wäßrig/alkoholischer KOH in Picrinin übergeht[2]).

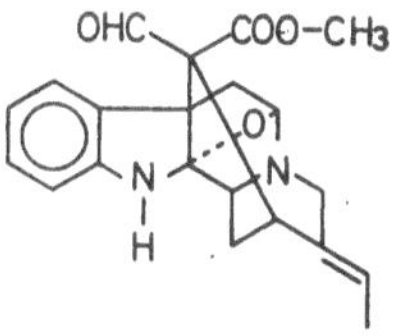

17-Acetylajmalin

wurde erstmalig auch natürlich vorkommend in *Rauwolfia vomitoria* aufgefunden[3]).

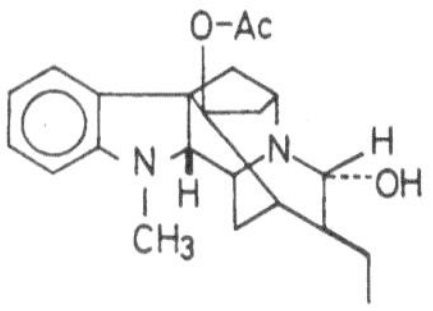

O-Benzoylvincamajin,

ein Alkaloid aus den Blättern von *Alstonia macrophylla*, besitzt auf Grund des MS die Bruttozusammensetzung $C_{29}H_{30}N_2O_4$ und weist zwei Spitzen bei m/e 144 und 157 auf, die beide für ein Indol-Stickstoff-System mit einer N-Methylgruppe sprechen. Die Hydrolyse des Alkaloids mit 6 N Schwefelsäure und anschließende Methylierung mit Diazomethan führt zu einer Base $C_{22}H_{26}N_2O_3$, die sich als identisch mit Vincamajin erwies.

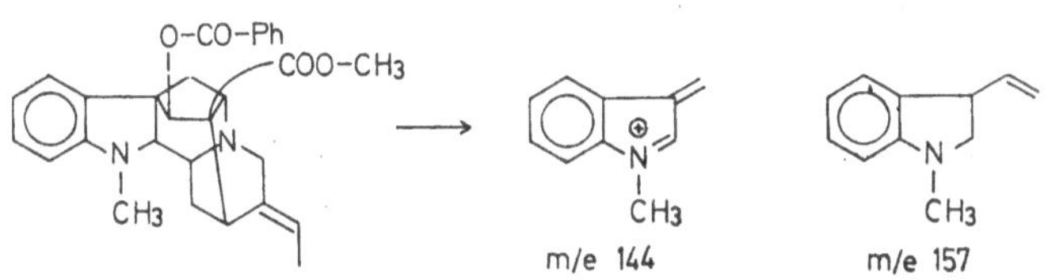

[1]) J. C. BRAEKMAN, M. TIRIOUS-LAMPE, J. PECHER, Bull. Soc. Chim. Belg. **78**, 523 (1969)
[2]) R. C. RASTOGLI, R. S. KAPIL, S. P. POPLI, Exp. 1056 (1970)
[3]) M. MUQUET, J. L. POUSSET, J. POISSON, C. R. Ser. C 1542 (1968)

In Übereinstimmung hiermit führte die Benzoylierung des Vincamajins mit Benzoylchlorid zu O-Benzoylvincamajin.

Raucaffricin

Raucaffricin besitzt die Bruttozusammensetzung $C_{27}H_{36}N_2O_8$ und liefert bei der Hydrolyse mit 1 N HCl D(+)-Galactose und Vomilenin. Damit ist die nachstehende Struktur wahrscheinlich und die glykosidische Bindung auf Grund von Modellvorstellungen α-ständig, das C-21 des Vomilenin-Kerns axial angeordnet und die Geometrie des C-18 Methyl wahrscheinlich die gleiche wie bei den Sarpagin-Alkaloiden.

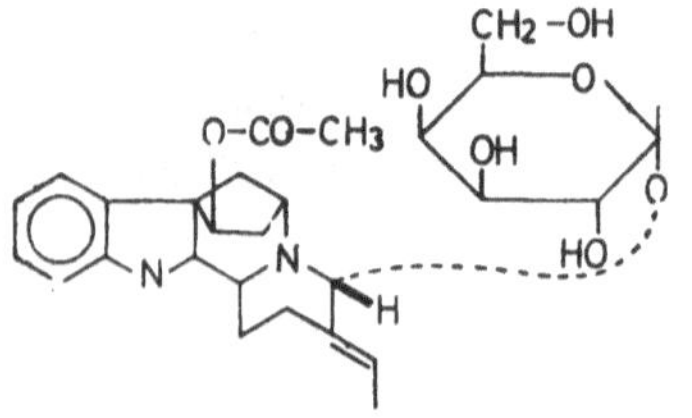

N(a)-Desmethylseredamin,

ein Alkaloid aus der Sproßrinde von *Rauwolfia sumatrana* mit der Bruttoformel $C_{20}H_{24}N_2O_2$, liefert bei der energischen Acetylierung ein $N_{(a)}$-O-Diacetylderivat, das beim Versetzen mit methanolischem Ammoniak in ein $N_{(a)}$-Acetyl-$N_{(a)}$-desmethylseredamin übergeht.

Andererseits läßt sich die durch Einwirkung von einem Gemisch aus Ameisensäure/Essigsäure erhältliche $N_{(a)}$-Diformylverbindung mit $LiAlH_4$ in das bekannte (+)-Seredamin überführen. Die Oppenauer-Oxydation des Seredamins liefert ein Keton, das mit (+)-Purpelin identisch ist.

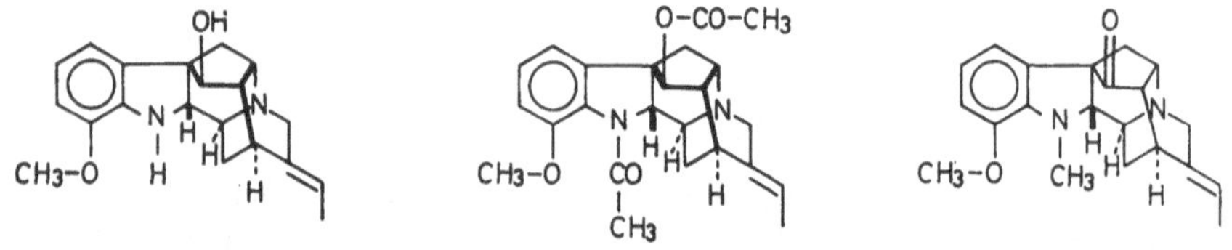

Desmethyl-Seredamin Acetylderivat Keton

Um die Stellung der Methoxygruppe im Seredamin und den mit ihm chemisch korrelierten Alkaloiden Purpelin und Mitoridin sicherzustellen, wurde das O-Acetylderivat des Seredamins mit Pyridinperbromid/Eisessig in 2-Hydroxy-10-brom-O-acetylseredamin umgewandelt, KMR-spektroskopisch untersucht und die Position 12 als Haftstelle der Methoxygruppe festgelegt.

Die 2-Stellung der parallel zum Brom eingeführten Hydroxygruppe folgt aus der bathochromen Verschiebung des UV-Spektrums auf Zusatz von starker Säure sowie der Reduktion mit $LiAlD_4$ zu 2-epi-2-Deutero-10-brom-seredamin, das im MS die für eine 2α-H-Konfiguration typische Spitze aufwies.

[1]) B. Mukherjee, A. B. Ray, A. Chatterjee, B. C. Das, Chem. Ind. 1387 (1969)
[2]) M. Ataullah Khan, A. M. Ahsan, T. L. 5137 (1970)

Zur Sicherstellung der durch ORD- und CD-Untersuchungen abgeleiteten Konfiguration wurde das (+)-Seredamin mit dem in seiner absoluten Konfiguration bekannten (+)-Ajmalin chemisch korreliert, in dem das O-Acetylseredamin mit Bortribromid in ein Phenol, das mit Tosylchlorid/Pyridin in ein Tosylat umgewandelt wurde, das dann bei der Behandlung mit Raney-Nickel O-Acetyl-21-Desoxyajmalin liefert, das durch Methanolyse zum 21-Desoxyajmalin umgewandelt werden konnte[1]).

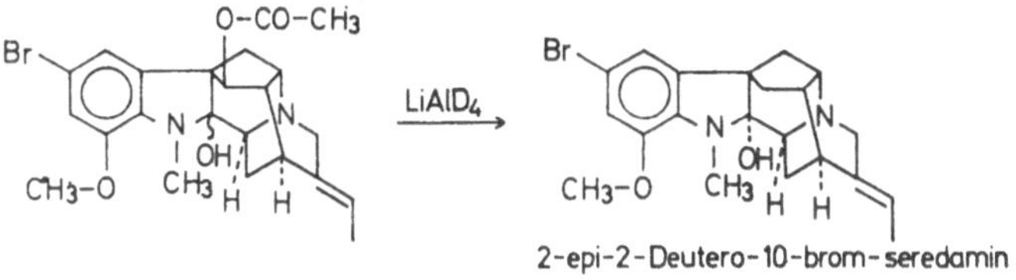

2-epi-2-Deutero-10-brom-seredamin

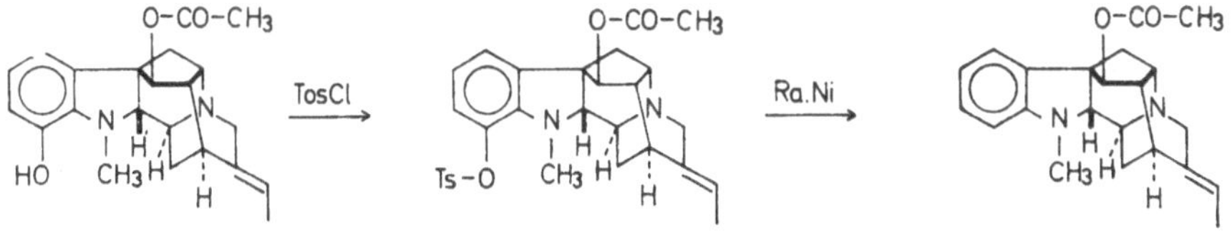

Phenol Tosylat

Dehydrovoachalotin,

ein Alkaloid der Zusammensetzung $C_{22}H_{24}N_2O_3$, besitzt auf Grund seiner KMR und MS die nachstehende Struktur, deren Richtigkeit durch die Oxydation des Voacholatins mit $K_2Cr_2O_7$ bestätigt werden konnte[2]).

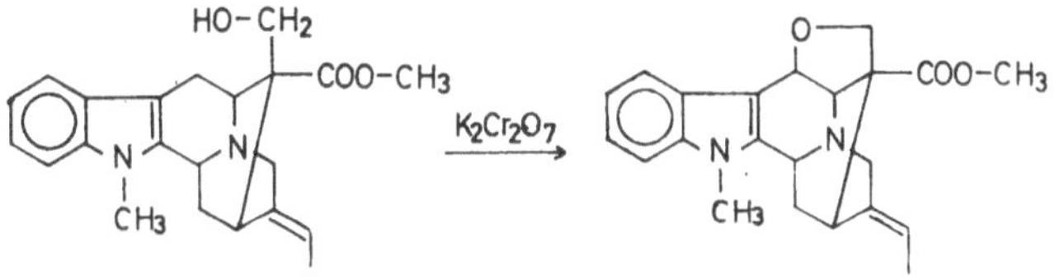

Vincarizin

Vincarizin, $C_{21}H_{24}N_2O_4$, ist ein aus *Vinca erecta* isolierbares Alkaloid mit einer aromatischen Methoxy- und einer Methoxycarbonylfunktion, der auf Grund der spektroskopischen Befunde sowie der Oxydierbarkeit die folgende Struktur zukommen soll[3]).

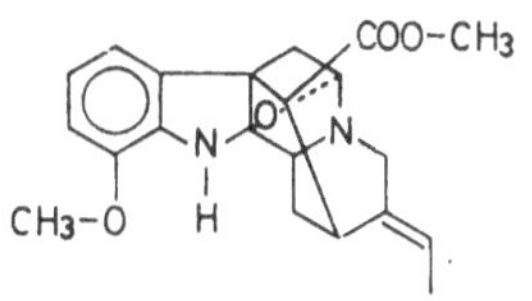

[1]) M. HANAOKA, M. HESSE, H. SCHMID, Helv. **53**, 1723 (1970)
[2]) G. TIRIONS, M. KAISIN, J. C. BRAEKMAN, J. PECHER, R. H. MARTIN, Chimia, **22**, 87 (1968)
[3]) D. A. RACHIMOW, CH. T. KJASOVA, W. M. MALIKOV, S. Y. YUNUSOV, Chem. nat. Verb. 327 (1968)

Vinorin

Vinorin, eine optisch aktive Verbindung der Zusammensetzung $C_{21}H_{22}N_2O_2$, weist im IR-Spektrum intensive Banden bei 1745, 1620 und 1590 cm^{-1} auf, die für das Vorhandensein einer Estergruppierung, einer C=N- und einer C=C-Gruppe sprechen. Die UV-Maxima bei 219 nm und 268 nm erleiden bei Säurezusatz eine bathochrome Verschiebung, so daß auf ein Indoleninsystem geschlossen werden konnte.

Das MS wies Spitzen bei m/e 334, 275 sowie 182, 169 und 168 auf, die als typisch für Tetrahydro-β-carboline und Sarpagin-Typ-Alkaloide anzusehen sind. Die Reduktion mit $LiAlH_4$ führte zu einem Produkt $C_{19}H_{22}N_2O$, das sich als identisch mit Normacusin-B-Vellosiminol erwies. Auf Grund der MS- und KMR-spektroskopischen Untersuchungen konnte dem Vinorin daher die Struktur A zukommen. Eine Entscheidung der Struktur konnte aus dem 100-MHz-KMR-Spektrum getroffen werden. Die Aufspaltung der zwischen 7,15 und 7,7 ppm auftretenden Signale der aromatischen Protonen bestätigte die Existenz eines orthodisubstituierten Benzolringes. Die Anwesenheit einer Äthylidenseitenkette geht aus dem Methyldublett bei 1,72 ppm und dem bei 5,5 ppm gelegenen Quartett des olefinischen Protons hervor.

Aus den vorliegenden Resultaten muß aber angenommen werden, daß Vinorin ein Grundgerüst besitzt, das erst durch Reduktion mit $LiAlH_4$ ein Sarpagin-Skelett bildet, wie es beim Vomilenin beobachtet worden ist.

Durch die Verknüpfung von Vinorin mit Normacusin-B, dessen absolute Konfiguration bekannt ist, liegt somit auch die Konfiguration an den chiralen Zentren C-3, C-15 und C-5 als auch die Verknüpfung zum C-7 fest.

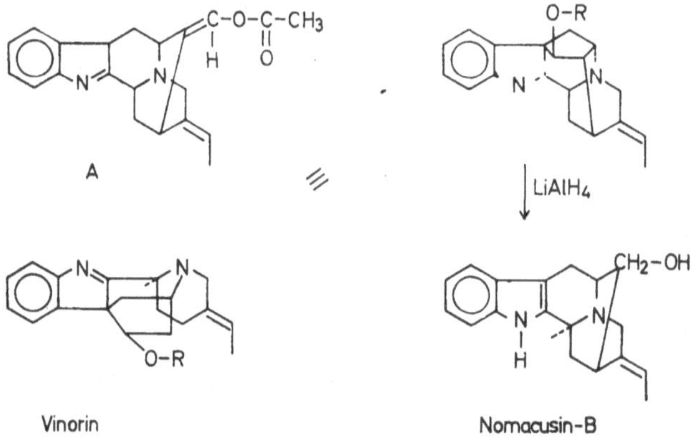

[1]) H. Meisel, W. Döpke, E. Gründemann, T. L. **17**, 1291 (1971)

Synthese des Isoajmalins:

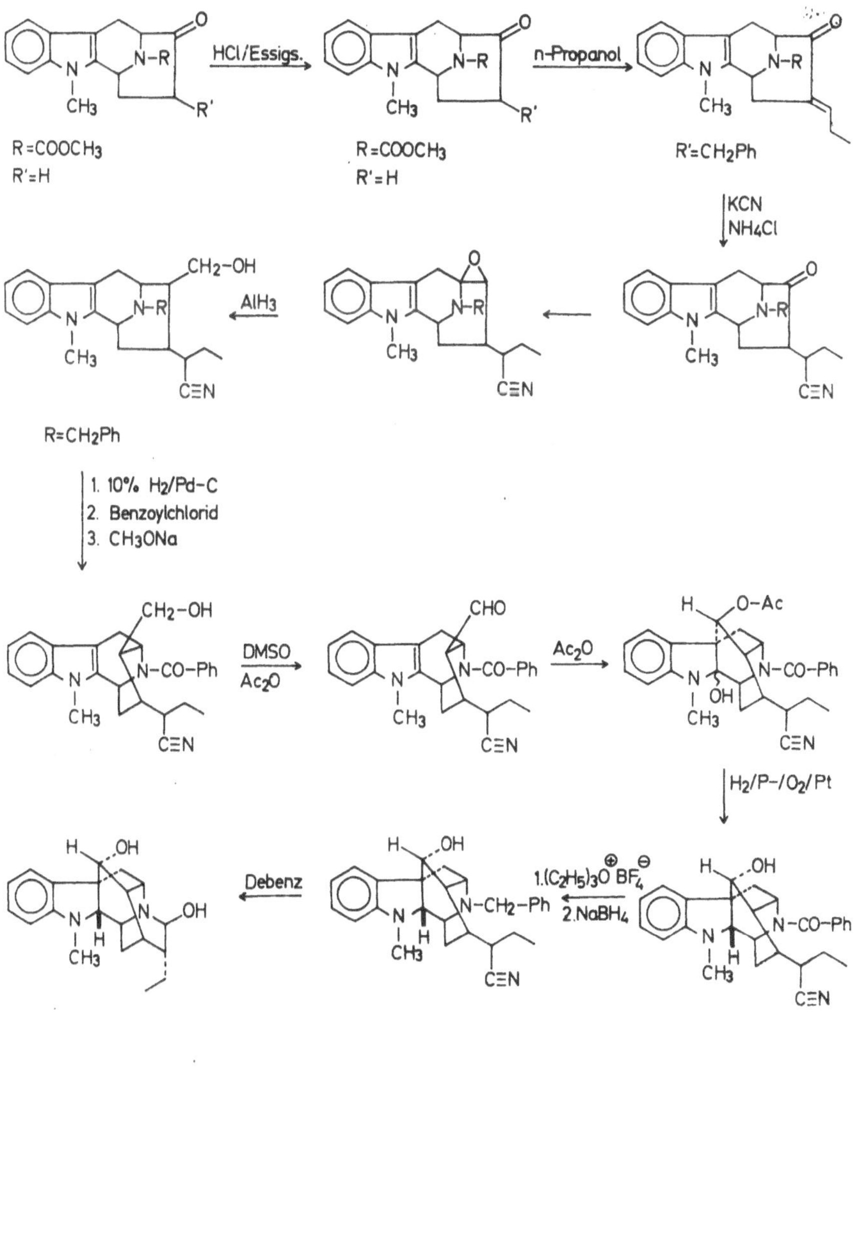

[1]) K. Mashimo, Y. Sato, T. L. **11**, 901 (1969)

Synthese des Dihydrocorynantheols und 3-epi-Dihydrocorynantheols:

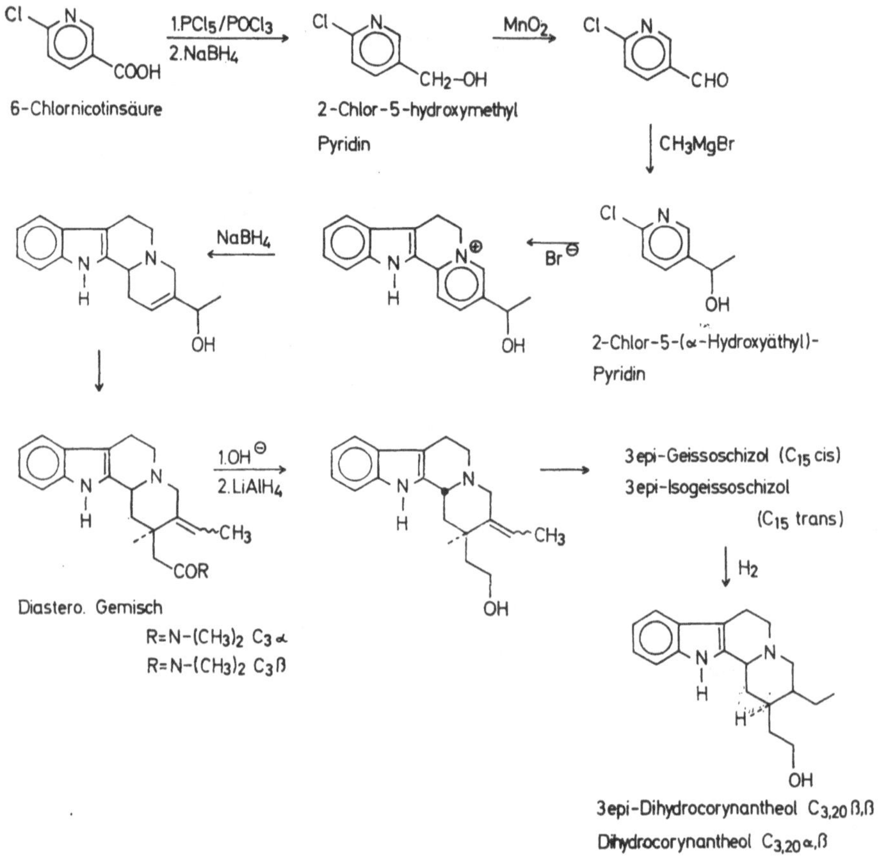

[1]) F. E. Ziegler, J. G. Sweeny, T. L. **14**, 1097 (1969)

35. Hexahydroimidazopyrimidin-Alkaloide

Mit dieser Gruppe ist eine weitere, bisher nicht in der Natur aufgefundene Gruppe von Alkaloiden isoliert worden. Als einziges bisheriges Vorkommen der Alkaloide mit dem Hexahydroimidazo-[1,2a]-pyrimidin-Grundgerüst gilt *Alchornea javanensis.*

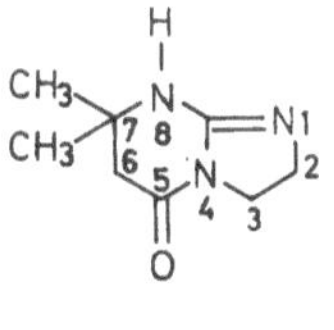

Alchornin $C_{11}H_{17}N_3O$	134–5°	+74° (C)	–	*Alchornea javanensi*
Alchornidin $C_{16}H_{23}N_3O_2$	96–7°	−18° (C)	–	*Alchornea javanensi*

Alchornin

Alchornin, $C_{11}H_{17}N_3O$, eine Base mit zwei C-Methylgruppen sowie einer NH-Funktion, liefert bei der Hydrierung ein Dihydroderivat und bei der Reduktion mit $LiAlH_4$ ein sauerstofffreies Produkt.

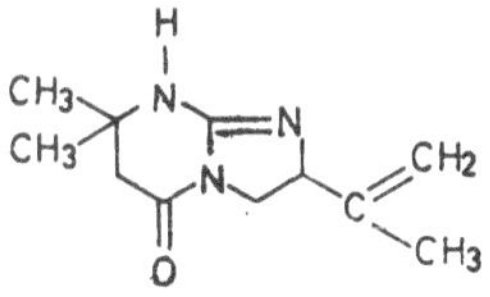

Alchornin

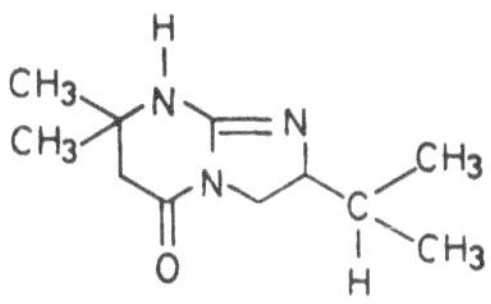

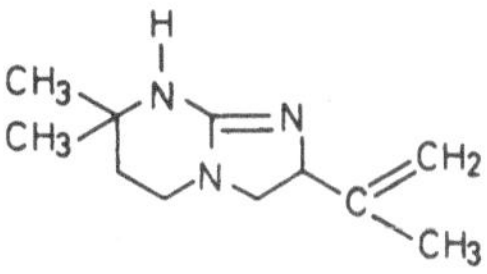

Bei Einwirkung von konz. HCl erhält man einen Alkohol, dessen Proton mit D_2O austauschbar ist.

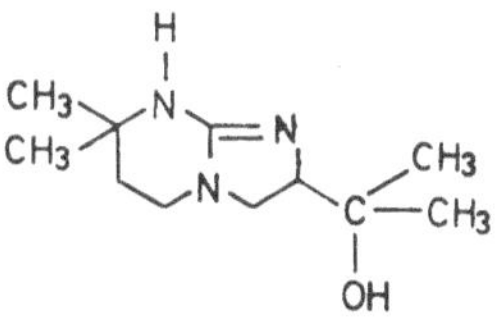

Im Zusammenhang mit den spektroskopischen Befunden ist dem Alkaloid damit die voranstehende Struktur zuzuschreiben.

Alchornidin

Alchornidin, $C_{16}H_{23}N_3O_2$, geht bei der Hydrolyse mit wäßriger KOH in 2,2-Dimethylacrylsäure und Alchornin über, während die Hydrolyse mit wäßriger Essigsäure zu dem isomeren Isoalchornidin führt, das seinerseits durch Einwirkung von äthanol. NaOH in Alchornin umgewandelt wird.

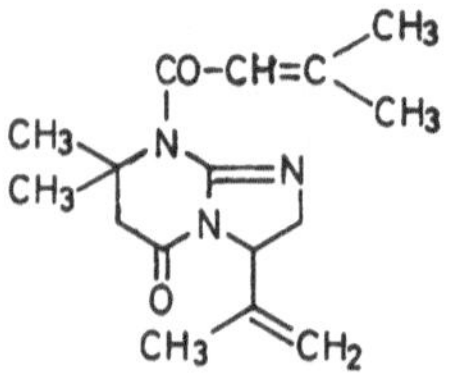

Alchornidin

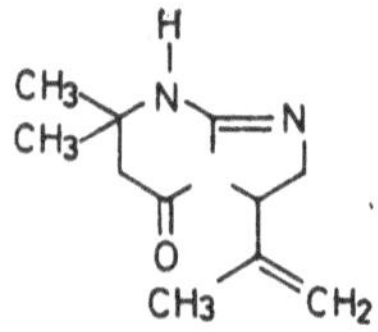

Isoalchornidin

Das Isoalchornidin besitzt in Nachbarschaft zum C=0 ein N.

Die Umwandlung des Isoalchornins in das Alchornin ist dabei als eine Lactamringöffnung am N-4 und Recyclisierung zum N-1 aufzufassen.

[1]) N. K. Hart, S. R. Johns, J. A. Lamberton, Chem. Comm. 1485 (1969)
[2]) N. K. Hart, S. R. Johns, J. A. Lamberton, Austral. J. 1679 (1970)

36. Oxindol-Alkaloide

In diesem Kapitel werden Alkaloide aus Pflanzen der Rubiaceen-Gattungen *Mitragyna*, *Uncaria*, *Pseudocinchona*, der Longaniaceen-Gattungen *Gelsemium* und *Mostuea*, sowie der Apocynaceen-Gattungen *Alstonia*, *Rauwolfia*, *Aspidosperma*, *Vinca* und *Voacanga* behandelt, die als hervortretendes Strukturmerkmal einen Oxindol-Kern besitzen und sich von den Alkaloiden des Corynantheins vor allem durch das Vorliegen eines Spiro-[pyrrolidin-3.3']-oxindol unterscheiden. Während die Oxindole natürlich vorkommende Basen sind, werden die Pseudooxindole meistens durch den Aufarbeitungsprozeß gebildet. Die bisher bekannten Basen lassen sich den nachstehend aufgeführten tetra- und pentacyclischen Typen zuordnen.

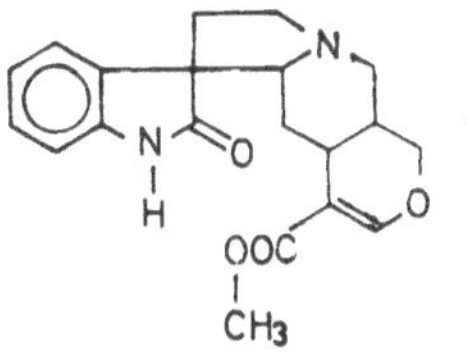

Aricin-Oxindole

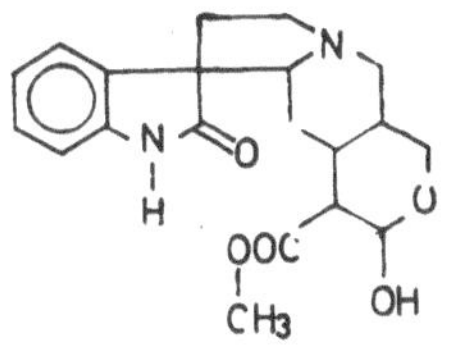

Yohimbin-Oxindole

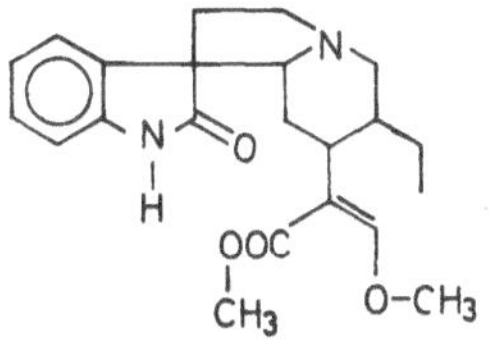

Rhynchophyllin-Oxindole

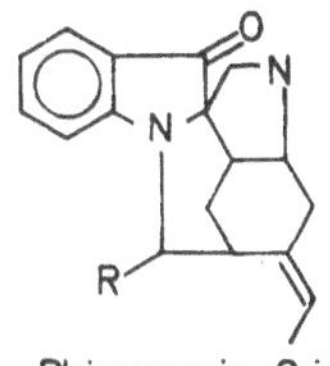

Pleiocarpanin-Oxindole

Alkaloid	Schmp.	$[\alpha]_D$	Derivat	Vorkommen
Voachalotinoxindol	280—1°	—33° (C)	—	*Voacanga chalotina*[1])
Herbavin	—	—	—	*Vinca herbaceae*[2])
Crassanin $C_{23}H_{28}N_2O_5$	190—1°	+21° (A)	—	*Tabernaemontana crassa*[3])

[1]) G. Braekman, M. Tirious-Lampe, J. Pecher, Bull. Soc. Chim. Belg. **78**, 523 (1969)
[2]) E. Z. Dzakeli, K. S. Mudshini, Sootshch Akad. Nauk. Gruz. SSR. **57**, 353 (1970); C. A. **73**, 25723 (1970)
[3]) M. P. Cava, Y. Watanabe, K. Besho, J. A. Weisbach, B. Douglas, Org. Chem. **33** 3350 (1968)

Alkaloid	Schmp.	$[\alpha]_D$	Derivat	Vorkommen
Ericinin $C_{21}H_{26}N_2O_5$	206–7°	+44° (A)	—	*Vinca erecta*[1])
Majdin $C_{23}H_{28}N_2O_6$	192–6°	−141°	—	*Vinca major, V. herbacea*[2])
Isomajdin $C_{23}H_{28}N_2O_6$	208–10°	−111° (Py.)	—	*Vinca major*[2])
Gambirdin $C_{21}H_{24}N_2O_4$	199–200°	+84° (C)	—	*Uncaria gambir*[3])
Isogambirdin $C_{21}H_{24}N_2O_4$	Öl	+115° (C)	HCl 179°	*Uncaria gambir*[3])
Vincatin $C_{22}H_{30}N_2O_3$	111°	−13° (M)	—	*Vinca minor*[4])

Crassanin

Crassanin, eine sek. Base mit zwei Methoxy-, einer Carbonyl- und einer Carbomethoxygruppe, besitzt ein dem 5,6-Dimethoxyoxindol entsprechendes UV-Spektrum. Im Zusammenhang mit den KMR- sowie den MS-Untersuchungen ist dem Alkaloid die folgende Struktur zuzuordnen.

[1]) N. Abdurakhimova, Sh. Z. Kasimov, S. Y. Yunusov, Chem. nat. Verb. **13**, 135 (1968)
[2]) J. Oguyanov, B. Pyuskyulev, J. Kompis, T. Sticzay, G. Spiteller, M. Shamma, R. J. Shine, T. **24**, 4641 (1968)
J. L. Kaul, J. Trojanek, Lloydia **29**, 25 (1966)
[3]) K. C. Chan, T. L. **30**, 3403 (1968)
[4]) W. Döpke, H. Meisel, H. W. Fehlhaber, T. L. **21**, 1701 (1969)

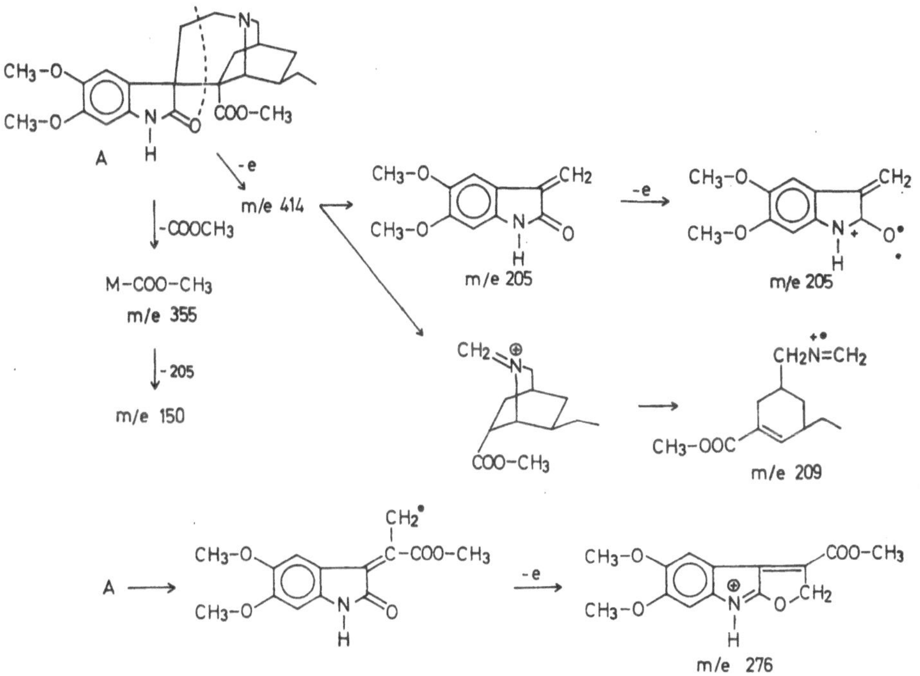

Ericinin

Ericinin, $C_{21}H_{26}N_2O_5$, eine tert. Base mit einer Carbomethoxy-, einer NH- und einer Methoxygruppe, geht bei der Acetylierung in ein Acetylderivat über und beim Erwärmen in Pyridin in ein Isomerisierungsprodukt, das identisch mit Oxindol-Reserpinin ist. Demnach muß das Alkaloid eine isomere Base des Vinerins sein und kann demgemäß wie nachstehend formuliert werden[2]).

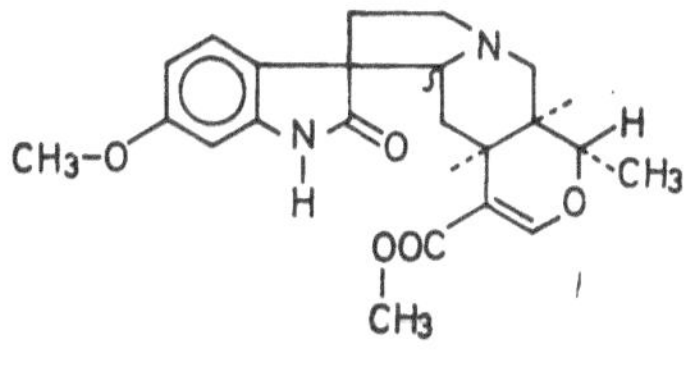

[1]) M. P. CAVA, Y. WATANABE, K. BESSHO, J. A. WEISBACH, B. DOUGLAS, Org. Chem. **33**, 3350 (1968)

[2]) N. ABDURAKHIMOVA, SH. Z. KASIMOV, S. Y. YUNESOV, Chem. nat. Verb. **13**, 135 (1968)

Majdin und Isomajdin,

zwei Alkaloide aus *Vinca herbacea* und *V. major*, besitzen auf Grund der spektroskopischen Vergleichsuntersuchungen die nachstehenden Strukturen:

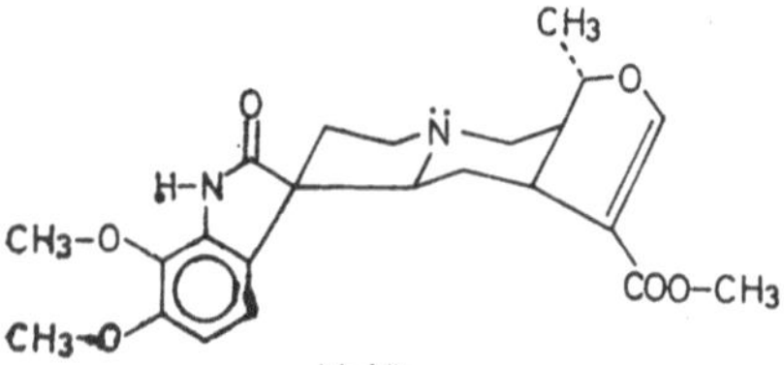

Majdin

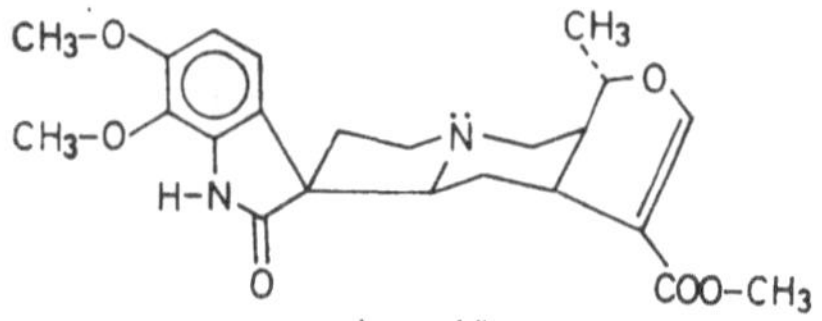

Isomajdin

Majdin geht bei Einwirkung von Pyridin und Erhitzen in Isomajdin über, während bei Einfluß von 10% Essigsäure unverändertes Ausgangsmaterial zurückgewonnen wird.

Majdin muß daher zur *syn*-Serie gehören (Lactam-Sauerstoff und das Elektronenpaar am N_b befinden sich auf der gleichen Seite), während Isomajdin der *anti*-Reihe angehört. Unter Berücksichtigung der allgemeinen Stereochemie der pentacyclischen Oxindol-Alkaloide muß Majdin damit die gleiche *allo*-Stereochemie besitzen wie das Pteropodin und Carapanaubin.

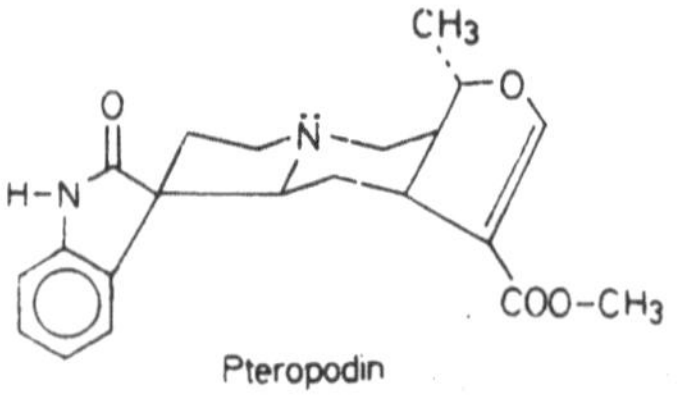

Pteropodin

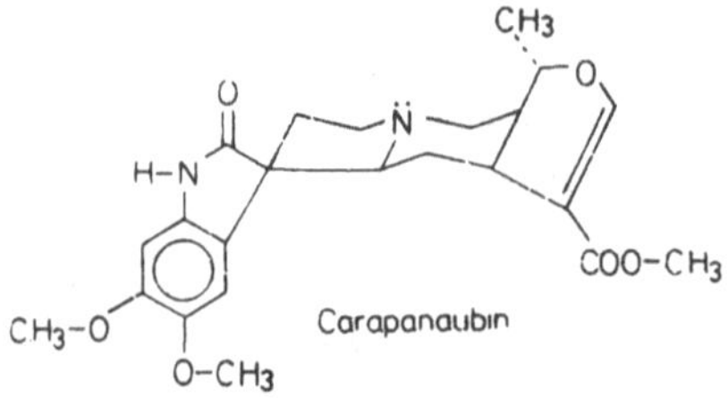

Carapanaubin

In Übereinstimmung mit den voranstehend abgeleiteten Ergebnissen steht auch das Fragmentierungsverhalten des 2-Desoxy-2-dihydromajdinols,

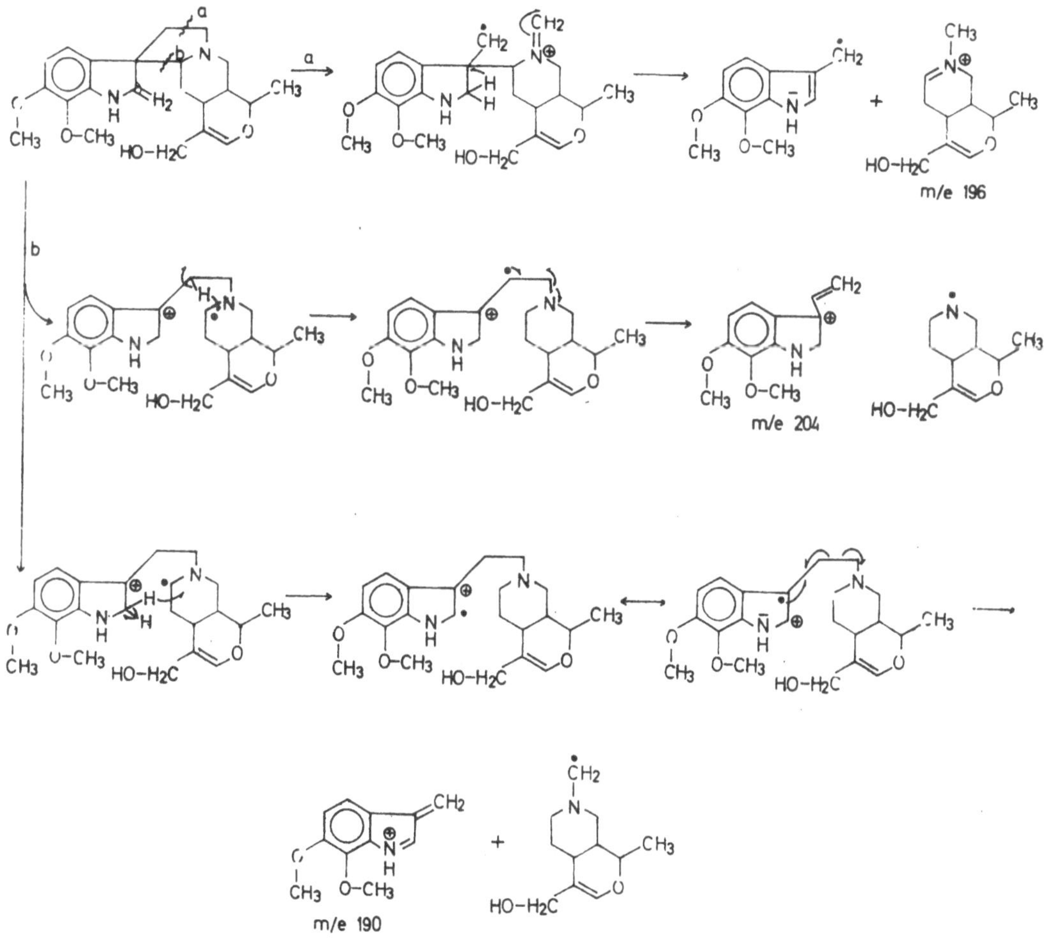

das mit dem analogen Zerfall der Alkaloide selber auf Grund der durch den voranstehenden Fragmentierungsmechanismus ableitbaren Massendifferenzen verglichen werden kann.

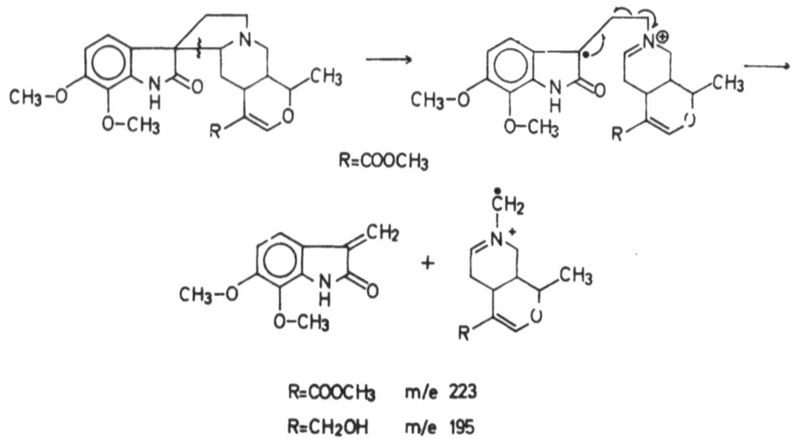

Rauvoxinin

für das die Struktur bereits früher abgeklärt werden konnte, besitzt auf Grund der Rö-Kristallstrukturanalyse des in der Raumgruppe $P4_32_12$ kristallisierenden Derivates der Dimension a = 10,58, b = 14,70, c = 16,80 Å die folgende Struktur[2,3]:

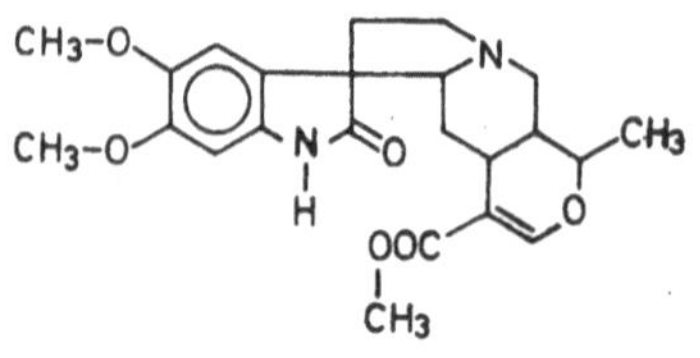

Voachalotin-Oxindol,

konnte durch Craig-Verteilung aus dem Gesamtextrakt von *Voacanga challotiana* isoliert werden. Die Base nimmt bei der Hydrierung ein Mol Wasserstoff auf und besitzt in Übereinstimmung mit den massenspektroskopischen Befunden die folgende Struktur[4]:

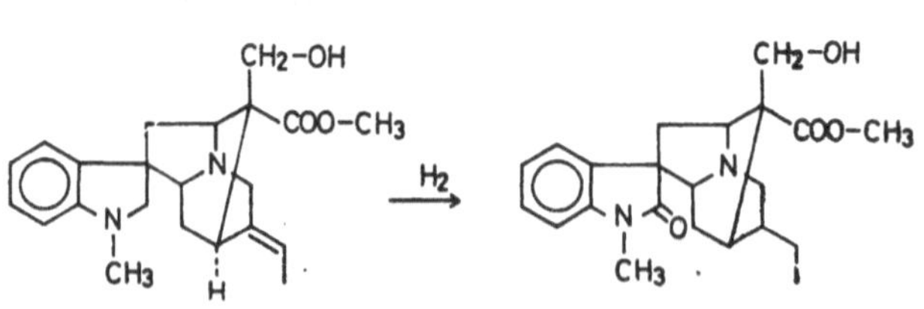

[1]) I. Ognyanov, B. Pyuskyulev, I. Kompis, T. Sticzay, G. Spiteller, M. Shamma, R. J. Shine, T. **24**, 4641 (1968)
[2]) Cl. Pascard-Billy, Bull. 3289 (1968)
[3]) Cl. Pascard-Billy, Acta Cryst. **1325**, 166 (1969)
[4]) J. Braekman, M. Tirious-Lampe, J. Pecher, Bull. Soc. Chim. Belg. **78**, 523 (1969)

Herbavin

Ein Alkaloid aus *Vinca herbaceae* soll auf Grund spektroskopischer Befunde die folgende Struktur besitzen[4]):

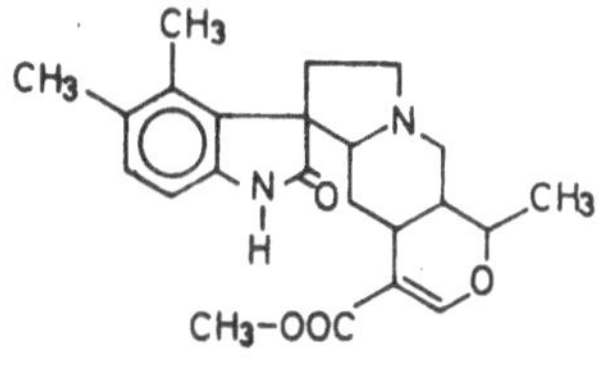

Vincatin

Vincatin, $C_{22}H_{30}N_2O_3$, liefert bei der Reduktion mit $LiAlH_4$ ein Diol, das sich mit Acetanhydrid in ein Monoacetat überführen läßt. Die Verseifung des Alkaloids mit 5 N HCl liefert eine Carbonsäure, aus der durch Verestern mit Diazomethan das Ausgangsalkaloid wieder zurückgewonnen werden kann.

Die Strukturermittlung stützt sich im wesentlichen auf die massenspektrometrische Fragmentierung von Vincatin und seinen Derivaten.

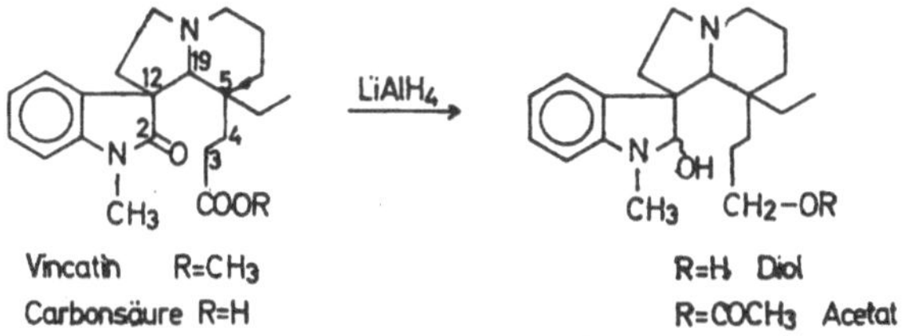

Die Fragmentierung des Alkaloids selbst und die seines Verseifungsproduktes sind völlig gleichartig und, wie im nebenstehenden Schema wiedergegeben, zu deuten (im Schema aufgeführte Prozentwerte beziehen sich auf die relative Intensität der Peaks im Massenspektrum). Von diesen Bruchstück-Ionen entsprechen zwei, nämlich *d* und *e*, Fragmenten, die bereits bei Oxindol-Alkaloiden anderen Strukturtyps beobachtet und als charakteristisch für diese Verbindungsklasse erkannt wurden.

Im Gegensatz zu den durch Abspaltung der beiden aliphatischen Reste am (quartären) C-Atom 5 gebildeten Ionen $M-C_2H_5$ und $M-C_2H_4COOR$, die jeweils nur mit etwa 5% relativer Häufigkeit auftreten, besitzt der durch Verlust eines CH_2COOR-Radikals entstehende Peak eine bemerkenswert große Intensität. Da dies bei Ausbildung eines primären Carboniumions an C-4 unverständlich wäre, muß man annehmen, daß eine Cyclisierung zur Carbonylgruppe an C-2 eintritt, wie es im Ion *a* formuliert wurde. Interessant ist nun, daß in ungewöhnlich starkem Maße das Fragment-Ion *e*, wie durch entsprechende metastabile Ionen belegt wird, in Sekundärreaktionen jeweils einen der beiden Reste an C-5 verliert unter Bildung der beiden häufigsten Bruchstück-Ionen *g* und *h*. Offenbar liegt dies an der — überwiegend an C-19 lokalisierten — Radikalstelle im Fragment *e*.

Die Massenspektren des Diols und seines Monoacetates weisen nur zwei charakteristische Fragment-Peaks auf, die den Ionen *i* und *j* entsprechen. Beide dürften über ein Molekül-Ion *b'* durch Wasserstoffverschiebungen entstehen, die hier — im Gegensatz zu *b* — mög-

[1]) E. Z. DZAKALI, K. S. MUDSHIRI, Soobshch. Akad. Nauk Gruz. S.S.R. 57, 353 (1970)

lich sind; zur Bildung des Ions *j* sind allerdings mehrere Wasserstoffübertragungen nötig, darunter wohl auch eine reziproke. Da *i* und *j* keine Radikal-Ionen sind, fehlen hier die Sekundärreaktionen wie im Falle des Ions *e*. Bemerkenswert ist ferner, daß das Diol und das Monoacetat keine dem Ion *a* entsprechenden Bruchstücke liefern, was auf die Umwandlung der Carbonylfunktion in eine zur Ladungsstabilisierung weniger geeignete Hydroxylgruppe zurückzuführen ist.

Damit bestätigen die Massenspektren des Diols und seines Acetats die angegebene Deutung zur Bildung der Fragment-Ionen *a*, *g* und *h*. Dies setzt aber voraus, daß sowohl der Äthylrest als auch die $C_2H_4COOCH_3$-Seitenkette im Vincatin an C-5 haften müssen. Das Alkaloid leitet sich von den üblichen Aspidosperma-Alkaloiden, also formal durch eine oxydative Bindungsöffnung zwischen den C-Atomen 2 und 3 ab[1]).

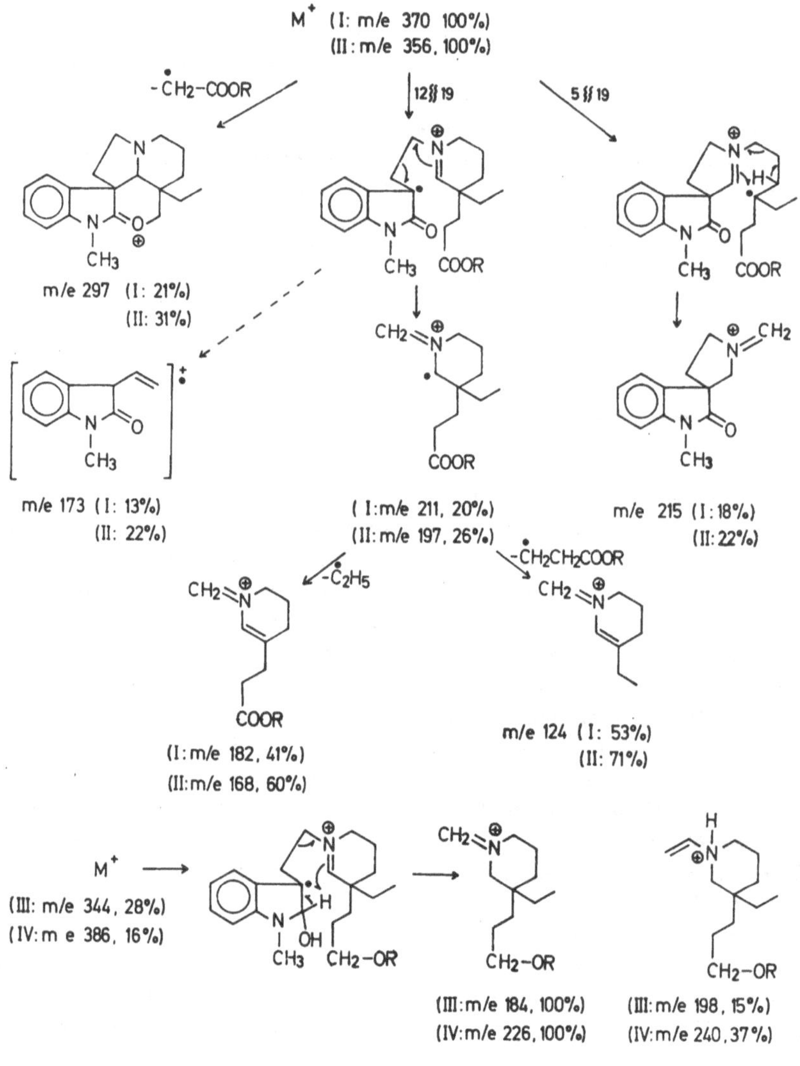

1) W. Döpke, H. Meisel, H. W. Fehlhaber, T. L. 21, 1701 (1969)

Vincatin ist das erste bisher bekannt gewordene Oxindol-Alkaloid, das aus *Vinca minor* isoliert werden konnte.

Die Richtigkeit der abgeleiteten Struktur des Vincatins konnte durch die Synthese eines Reduktionsproduktes bestätigt werden[1]):

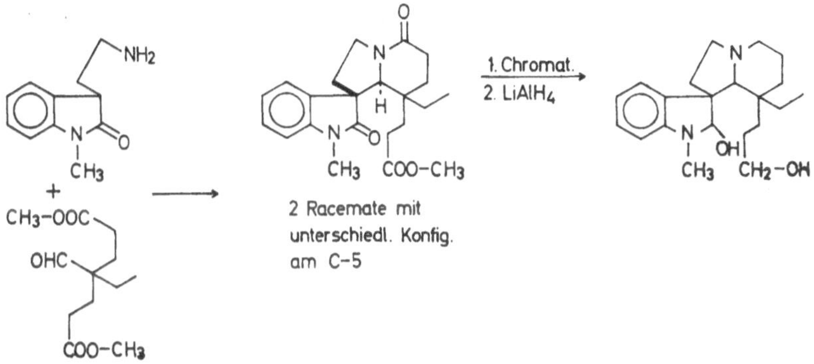

Gambirdin und Isogambirdin

Auf Grund der spektroskopischen Untersuchungen (IR, KMR und MS) sind beide Alkaloide Stereoisomere des Mitraphyllins, Uncarins-A, Uncarins-B, Pteropodins und Isopteropodins. Die für Alkaloide dieses Typs charakteristische Umwandlung der Basen vom Mitraphyllin-Typ in Basen vom Rhynchophyllin-Typ kann auch beim Isogambirdin beobachtet werden, daß sich beim Erwärmen mit verd. Säuren in das Gambirdin umwandelt[2]).

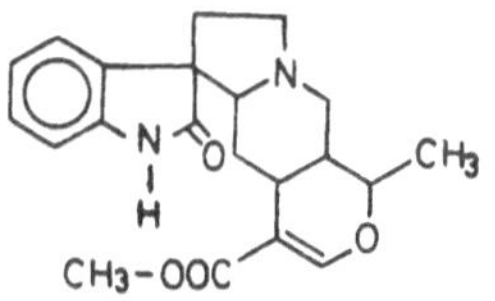

Zur Stereochemie der Oxindol-Alkaloide

Die Konfiguration des Mitragynins konnte durch eine Rö-Kristallstrukturanalyse zugunsten einer *allo*-Konfiguration mit einer *trans*-Methoxy/Carbomethoxy-1-16-C-17-Doppelbindungsgeometrie bestimmt werden. Die weiteren Konfigurationsbestimmungen der drei Diastereoisomeren Speciogynin, Speciociliatin und Mitraciliatin wurden durch eine Oxydation mit Hg(II)-Acetat und anschließender Reduktion mit Zn/HCl durchgeführt.

Der Angriff des Quecksilberacetat-Anions erfolgt aus einer coplanaren Lage (diaxial), so daß bei den Alkaloiden, in denen sowohl das Proton am **C**-3 als auch das einsame Elektronenpaar am N-Atom axial angeordnet sind, wesentlich schneller reagieren sollten

[1]) L. Castedo, J. Harley-Mason, M. Kaplan, Chem. Comm. 1449 (1969)
[2]) K. C. Chan, T. L. **30**, 3403 (1968)

als die Alkaloide mit einer äquatorialen Anordnung der gleichen Gruppierung. Mitragynin geht bei der voranstehenden Oxydation in Speciociliatin über, so daß beim Speciociliatin eine *epiallo*-Zuordnung getroffen werden kann.

Das durch die anschließende Reduktion ebenfalls erhältliche Mitragynin ist identisch mit natürlichem Mitragynin, so daß keine Isomerisierung an der C-16-, C-17-Doppelbindung stattgefunden haben kann und somit eine *trans*-Geometrie vorliegen muß.

Da auf Grund der identischen ORD-Kurven der beiden Mitragynine die absolute Konfiguration bekannt ist, liegt somit im Speciociliatin eine 3β,15α,20α-Konfiguration vor.

Von den beiden Diastereoisomeren Speciogynin und Mitraciliatin muß eine als *normal* konfiguriert und die andere als *pseudo*-konfiguriert vorliegen. Da unter den analogen Bedingungen das Speciogynin wesentlich schneller reagiert als das Mitraciliatin, muß das Speciogynin in der *normal*-Konfiguration und das Mitraciliatin in der *pseudo*-Konfiguration vorliegen.

Beim Versetzen des Speciogynins mit Quecksilberacetat und anschließender Reduktion mit Zn/HCl erhält man Speciogynin und Mitraciliatin. Auf Grund der identischen ORD-Kurven der beiden Mitraciliatine steht nunmehr fest, das Speciogynin und Mitraciliatin die gleiche absolute Konfiguration besitzen müssen. Damit kommt dem Speciogynin eine 3α,15α,20β-Konfiguration und dem Mitraciliatin eine 3β,15α,20β-Konfiguration zu.

Da ferner die Konfiguration des Dihydrocorynantheins und Corynantheidins bereits früher abgeleitet werden konnte war die Möglichkeit geschaffen, durch eine analoge Reaktionsfolge auch die Konfiguration des Hirsutins im Sinne einer *pseudo*-Konfiguration zu bestimmen. Die allgemeinen Zuordnungen geschehen wie folgt:

Konfiguration	C-3H	C-15H	C-20H
normal	α	α	α
pseudo	β	α	β
allo	α	α	α
epiallo	β	α	α

Zur Stereochemie der Oxindol-Alkaloide Uncarin, A, B, C, D, E und F

Einige Species von Mitragyna und tropische Lianen des Genus *Uncaria* (Ourouparia) enthalten eine Reihe von Oxindol-Alkaloiden, von denen aber lediglich das Mitraphyllin und Isomitraphyllin in ihrer kompletten Stereochemie abgeklärt werden konnten, da hier eine Korrelierung mit dem Alkaloid Ajmalicin durchgeführt werden konnte.

Typisch ist für alle Oxindol-Alkaloide, das sie in Paaren von ineinander überführbaren Stereoisomeren vorkommen. So erhält man beim Erwärmen in Pyridin oder Essigsäure von einem Isomeren stets ein Gemisch der Stereoisomeren. Dies wird möglich, da ein Angriff an der β-Aminolactam-Gruppierung stattfindet und dabei die C-3—C-7-Bindung

[1]) W. F. Trager, J. D. Phillipson, A. H. Beckett, T. **24**, 2681 (1968)

geöffnet und wieder geschlossen wird. Damit sollten sich diese Stereoisomeren in der Konfiguration am C-3 und/oder C-7 unterscheiden.

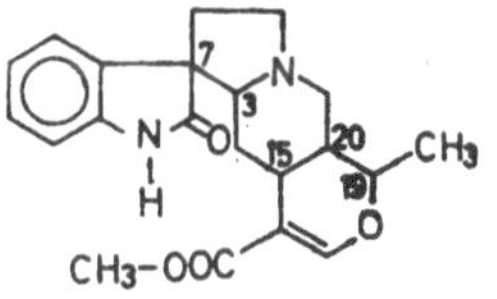

Für die vier Alkaloide Uncarin C (Pteropodin), Uncarin E (Isopteropodin), Uncarin D (Speciophyllin) und Uncarin F ergibt sich auf Grund eingehender KMR-spektroskopischer Untersuchungen eine *trans*-pseudoaxiale Konfiguration für die Protonen am C-19 und C-20 im Uncarin C und D, während eine geringere Kopplungskonstante im Uncarin D und F für eine *trans*-pseudo-diäquatoriale Anordnung der gleichen Protonen sprechen.

Die C-15αH, C-20αH, C-19βH Stereochemie für die vier Isomeren ergibt sich aus der Partialsynthese aus dem in seiner Stereochemie bekannten Tetrahydroalstonin.

Tetrahydroalstonin liefert bei der Oxydation mit Blei(IV)-acetat ein 7-Acetoxyindolenin-Derivat, das beim Versetzen mit methanolischer Essigsäure in ein Gemisch von vier Stereoisomeren übergeht, die identisch waren mit Uncarin C, D, E und F. Damit ist zugleich eine *cis*-Verknüpfung der Ringe D/E und eine *trans*-Konfiguration der Protonen am C-19 und C-20 bewiesen.

Weitere KMR-Untersuchungen führten zu dem Schluß, daß eine Epimerisierung sowohl am C-3 als auch am C-7 stattfinden kann, allerdings nur bei D/E *cis*-verknüpften Basen, während bei der *trans*-Serie diese Epimerisierung nicht möglich ist. Damit können die Stereostrukturen des Uncarin D und F mit C-3βH und Uncarin C und E mit C-3αH wiedergegeben werden. Eine weitere Bestätigung konnte durch die Auswertung der Signale der Methoxycarbonylgruppe gefunden werden.

Die Stereochemie am C-7 schließlich wurde durch circulardichroitische Untersuchungen festgelegt.

Damit ergeben sich die folgenden Konfigurationen:

Uncarin A	7S:	3S:	4R:	15S:	19R:	20R
Uncarin B	7R:	3S:	4R:	15S:	19R:	20R
Uncarin C	7R:	3S:	4R:	15S:	19S:	20S
Uncarin D	7S:	3R:	4S:	15S:	19S:	20S
Uncarin E	7S:	3S:	4R:	15S:	19S:	20S
Uncarin F	7R:	3R:	4S:	15S:	19S:	20S

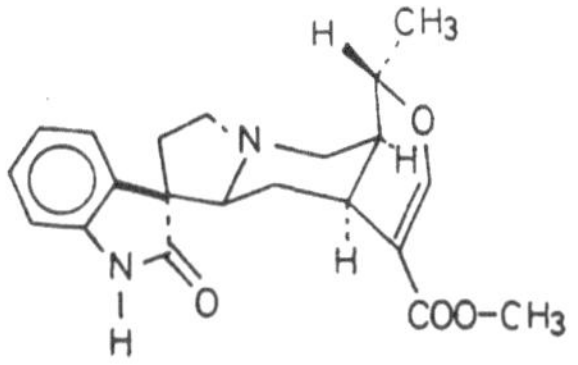

Uncarin C

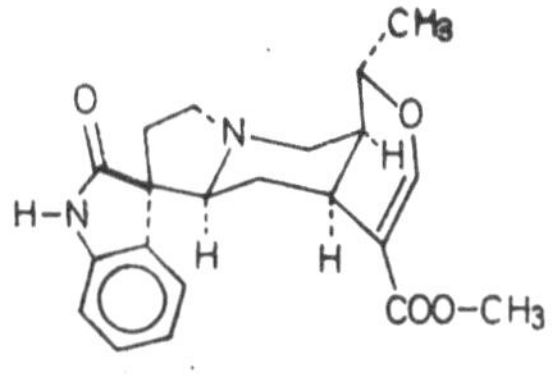

Uncarin E

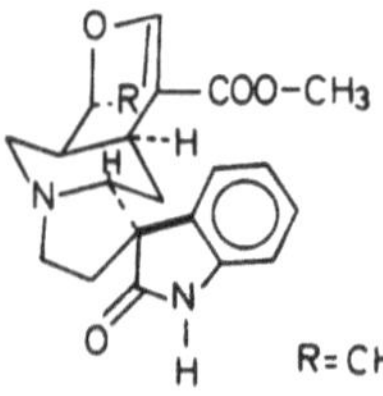

R=CH3

Uncarin D

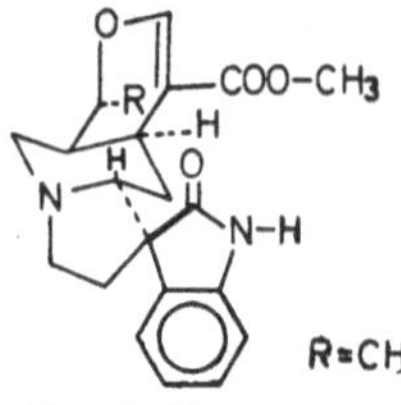

R=CH3

Uncarin F

Synthese des Rhyncophyllols[2]):

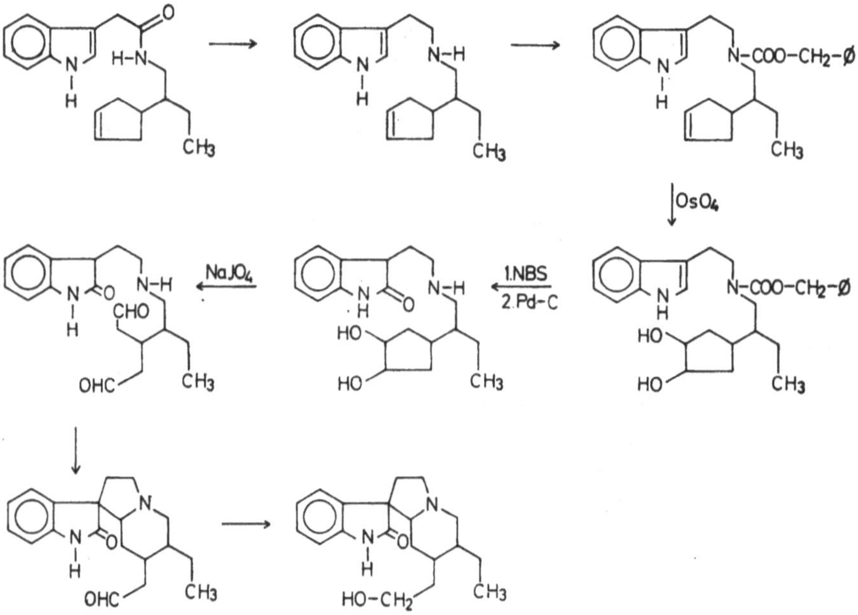

[1]) A. F. Beecham, N. K. Hart, S. R. Johns, J. A. Lamberton, Austral. J. **21**, 491 (1968)
[2]) E. E. van Tamelen, J. P. Yardley, M. Miyanov, W. B. Hinshaw, Am. Soc. **91**, 7333 (1969)

37. Strychnin-Alkaloide

Die Strychnin-Gruppe wird durch eine Reihe von Alkaloiden repräsentiert, die in den Pflanzen der Loganiaceen-Gattung *Strychnos* vorkommen, oder aus dem sogen. Calebassen-Curare isoliert worden sind, als dessen wesentliche Stammpflanze gewisse südamerikanische *Strychnos*-Arten gelten. Außerhalb der Gattung *Strychnos* treten in die Strychnin-Gruppe einzuordnende Basen anscheinend nur vereinzelt bei *Picralima* und *Vinca*-Arten auf, die zu den Apocynaceen gehören, genau wie die in jüngster Zeit aus *Vallesia*, *Aspidosperma*, *Alstonia*, *Tabernaemontana* und *Pleiocarpa*-Arten isolierten Basen.

Alkaloid	Schmp.	$[\alpha]_D$	Derivat	Vorkommen
Jobertin = O-Acetyl-diabolin	87—91°	—	—	*Strychnos jobertiana*[1])
11-Methoxyhenningsamin, $C_{23}H_{24}N_2O_6$	238—40°	—20° (C)	—	*Strychnos henningsii*[2])
O-Acetylhenningsolin	280—2°	—109° (C)	—	*Strychnos henningsii*[2])
4-Hydroxystrychnin	276°	—8° (C)	—	*Strychnis ocaja*[3])
Tsilanin	—	—	—	*Strychnis henningsii*[4])
10-Methoxytsilanin	—	—	—	*Strychnis henningsii*[4])
O-Desmethyltsilanin	—	—	—	*Strychnis henningsii*[4])
10-Methoxy-O-desmethyltsilanin	—	—	—	*Strychnis henningsii*[4])
16-Hydroxy-α-colubrin	225—7°	—54° (C)	—	Industrielle Mutterlaugen
16-Hydroxy-β-colubrin	140°	—56° (C)	—	Industrielle Mutterlaugen
Vincanizin $C_{20}H_{22}N_2O_2$	amorph	—438° (C)	—	*Vinca erecta*[5])
Preakuammicin $C_{21}H_{24}N_2O_3$	—	—	—	*Vinca rosea*[6])
2.16-Dehydrodiabolin				*Strychnis henningsii*[2])
21.22-Epoxynovacin $C_{24}H_{28}N_2O_6$	239—41°	+12° (C)	—	*Strychnis icaja*[7])
2.16-Dihydro-diabolin	—	—	—	*Strychnos henningsii*[2])
Sewarin $C_{20}H_{22}N_2O_4$ 4-Hydroxystrychnin	245°	—	HCl 210° —224° (A)	*Rhazya stricta*[8])

11-Methoxyhenningsamin

Die Rinde von *Strychnos henningsii* enthält eine Reihe von empfindlichen Basen, die sich bei der Aufbereitung zumeist zersetzen. Kürzlich gelang es durch eine schonende Aufarbeitung des Extraktes neben dem Henningsamin zwei weitere Alkaloide zu isolieren, deren Struktur durch vergleichende spektroskopische Untersuchungen abgeklärt werden konnten. Bei dem einen Alkaloid handelt es sich um das 11-Methoxyhenningsamin (11-Methoxy-O.N-diacetyl-Wieland-Gumlich-aldehyd).

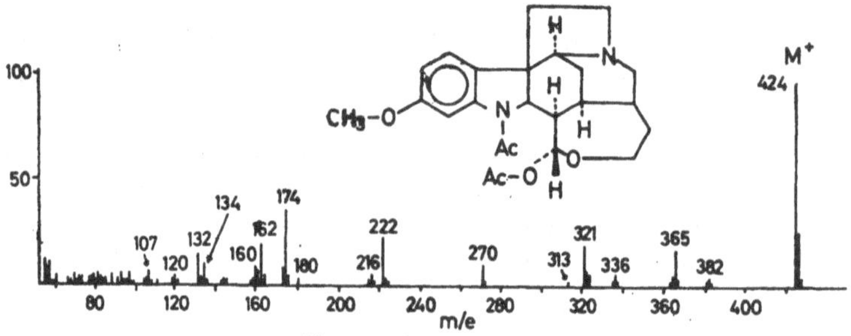

Massenspektrum von 11-Methoxyhenningsamin

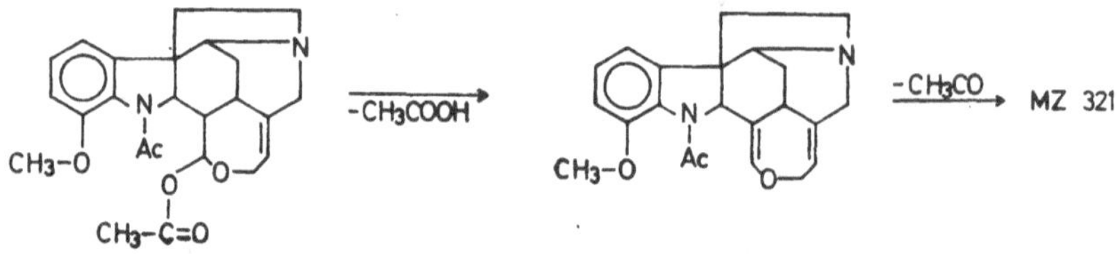

Die Methoxygruppe im aromatischen Ring läßt sich eindeutig am Auftreten der Bruchstücke mit MZ 160 und 174 erkennen, die für die Monomethoxy-substituierten Indol-Alkaloide typisch sind.

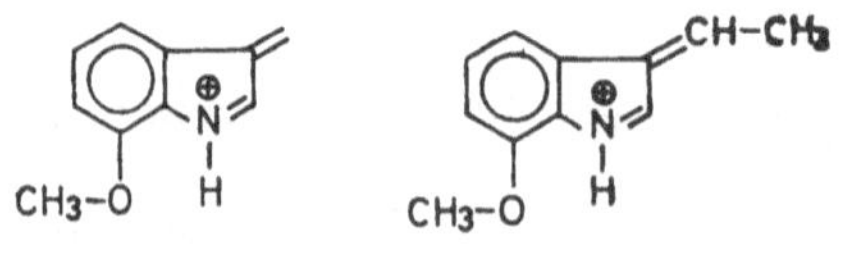

1) F. D. MONACHE, E. CORIA, G. B. MARINI-BETTOLO, Ann. Ist. Super Sanita **3**, 564 (1967); C. A. **68**, 87440 (1968)

2) M. SPITTELLER-FRIEDMANN, G. SPITTELLER, Ann. **712**, 179 (1968)

3) F. SANDBERG, K. ROOS, K. J. RYRBERG, K. KRISTIANSSON, T. L. **59**, 6217 (1968)

4) R. SARFATI, M. PAIS, F. X. JARREAU, Phytochem. **9**, 1107 (1970)

5) D. A. RACHIMOV, W. M. MALIKOW, S. Y. YUNUSOV, Chem. nat. Verb. 461 (1969)

6) A. J. SCOTT, A. A. QURESHI, Am. Soc. **91**, 5874 (1969)

7) N. G. BISSET, T. L. **27**, 3107 (1968)

8) Y. AHMAD, P. W. LE QUESNE, W. NEUS, Chem. Comm. 538 (1970)

Die Bildung des Ions der Masse 222 läßt sich durch primäre Spaltung der Bindung a und nachfolgender Elektronenverschiebung interpretieren:

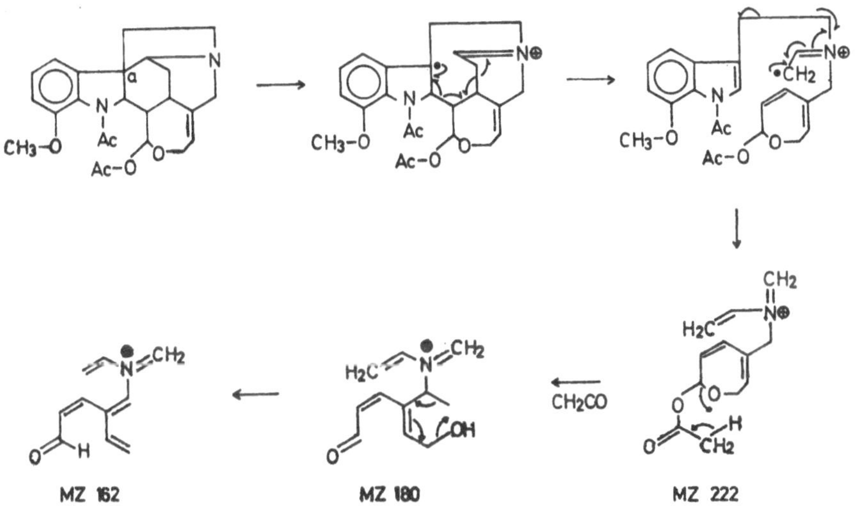

Aus dem so gebildeten Ion der Masse 222 kann durch Keten-Verlust das Ion der Masse 180 entstehen, das seinerseits unter Wasser-Eliminierung zum Bruchstück der Masse 162 spaltbar ist.

Ein weiteres Alkaloid aus diesem Extrakt erwies sich ebenfalls durch vergleichende MS-Untersuchungen als das O-Acetyl-henningsolin und entspricht dem phenolischen Alkaloid vom Schmp. 280—82° von Rindl[1]).

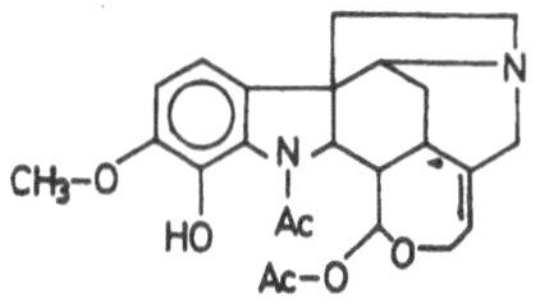

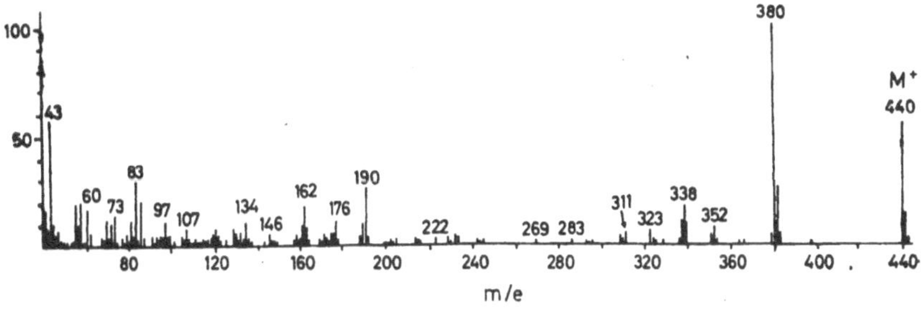

2.16-Dihydro-diabolin

Bei der erneuten Untersuchung der amorphen Basenfraktion konnte ein Alkaloid mit der MZ 350 gewonnen werden, das bei der Reduktion mit $LiAlH_4$ in ein Produkt mit der MZ 340 überging und in seinem MS mit dem Reduktionsprodukt des Gemisches aus

[1]) M. M. Rindl, South African J. Sci. **26**, 50 (1969)

Diabolin und seines Methoxyderivates übereinstimmt. Bei der Reduktion mußte also neben der acetalischen Gruppierung und der N-Acetylgruppe auch eine Doppelbindung hydriert worden sein, was nur möglich ist, wenn diese in Konjugation zu der halbacetalischen Aldehydgruppe gelegen ist. Damit ergibt sich für das Alkaloid die nachstehende Struktur und für sein Hydrierungs- und $LiAlH_4$-Reduktionsprodukt ebenfalls die folgenden Strukturen[1]):

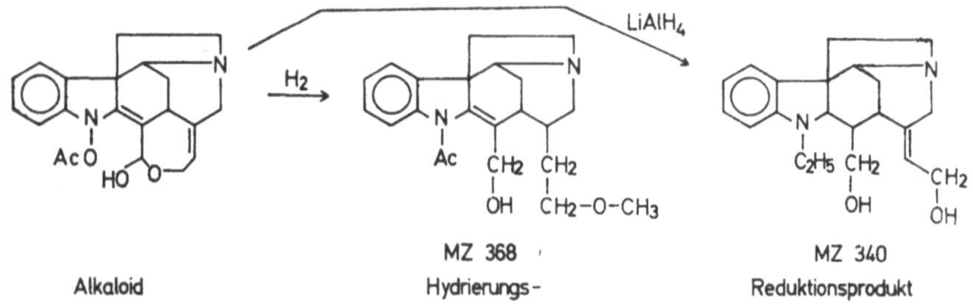

4-Hydroxystrychnin

wurde als Nebenalkaloid aus *Strychnos icaja* isoliert und auf Grund der typischen Indolfragmente in seinem MS erkannt. Die Verschiebungen der optischen Drehwerte $[\alpha]_D = -8°$ beim 4-Hydroxystrychnin und $[\alpha]_D = -134°$ beim Strychnin entsprechen der gleichen Rechtsverschiebung zwischen dem Paar Vomicin und Icajin[2]).

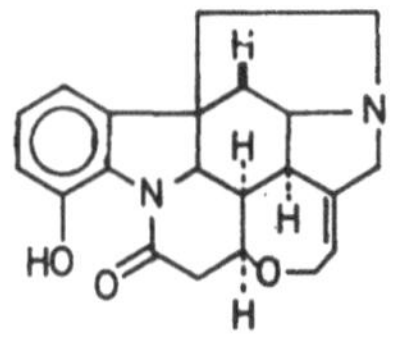

Rindlin

Rindlin, ein Alkaloid aus *Strychnos henningsii*, besitzt auf Grund der MS-Untersuchungen die folgende Struktur, deren endgültige Bestätigung noch aussteht.

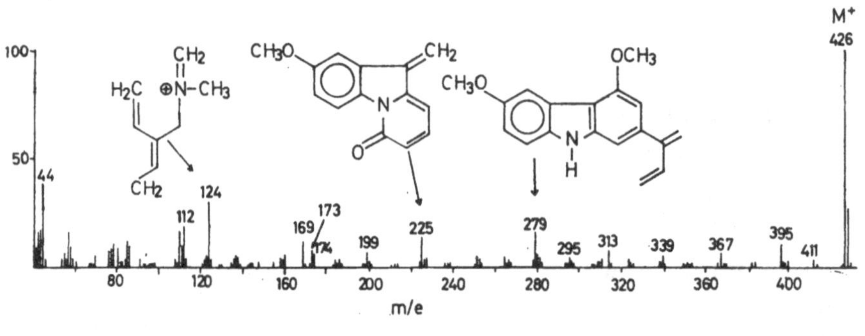

1) M. Spiteller-Friedmann, G. Spiteller, Ann. **712**, 179 (1968)

2) F. Sandberg, K. Roos, K. J. Rybberg, K. Kristiansson, T. L. **59**, 6217 (1968)

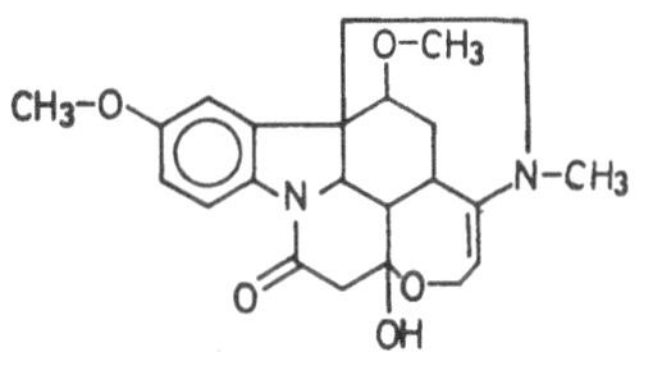

Tsilanin, 10-Methoxy-tsilanin, O-Desmethyl-tsilanin[2]*,*
10-Methoxy-O-desmethyl-tsilanin

besitzen auf Grund der spektroskopischen Untersuchungen die folgenden Strukturen:

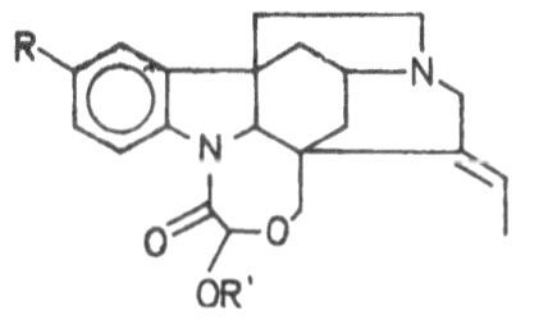

I: Tsilanin	I) R=H, R'=CH_3
II: 10-Methoxy-tsilanin	II) R=CH_3O, R'=CH_3
III: O-Desmethyltsilanin	III) R=R'=H
IV: 10-Methoxy-O-desmethyltsilanin	IV) R=OCH_3, R'=H

Als weitere Nebenalkaloide konnten aus den industriellen Mutterlaugen der Strychnin-sulfat-Gewinnung das 16-Hydroxy-α-colubrin und das 16-Hydroxy-β-colubrin isoliert werden[3].

21,22-α-Epoxy-N-methyl-sec.pseudobrucin,

ein Alkaloid der Zusammensetzung $C_{24}H_{28}N_2O_6$, besitzt ein mit dem Brucin identisches UV-Spektrum, geht beim Erhitzen mit Eisessig in eine Hydroxyacetoxy-Verbindung (IIb), $C_{26}H_{32}N_2O_8$, und eine Dihydroxyverbindung (IIa), $C_{24}H_{30}N_2O_7$, über mit einer sek. Hydroxygruppe, wie aus dem KMR-Spektrum zu entnehmen ist.

Die Hydroxylierung der Doppelbindung des Novacins mit OsO_4 führt zu 21α.22α-Dihydroxy-21,22-dihydronovacin, die beim Versetzen mit Acetylchlorid in das 21α.22α-Hydroxy-22α-acetoxyderivat (IIb) übergeht. Da beide Produkte identisch sind, kommt dem Alkaloid die Struktur eines 21,22-Epoxynovacins zu[4].

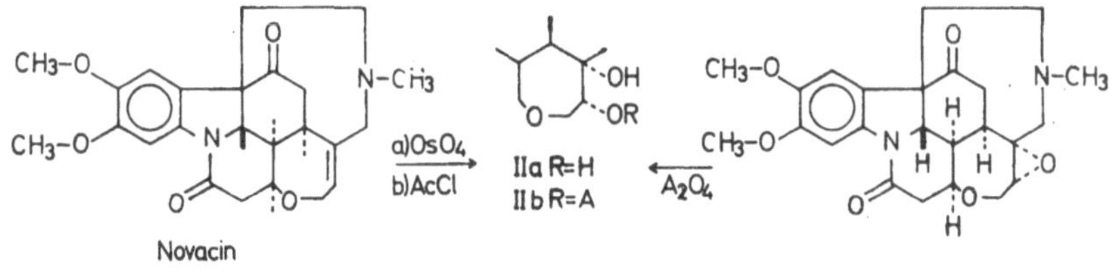

[1] M. Spiteller-Friedmann, G. Spiteller, Ann. **711**, 205 (1968)
[2] R. Sarfati, M. Pais, F. X. Jarreau, Phytochemistry **9**, 1107 (1970)
[3] G. B. Marini-Bettolo, M. E. delle Monache, C. Cgalaffi, M. A. Ciasca, A. Villardel, Fresno Ann. Chim. **60**, 444 (1970)
[4] N. G. Bisset, T. L. **27**, 3107 (1968)

Die Umwandlung des Strychnins in das Brucin gelingt, ausgehend vom 2-Hydroxy-strychnin, durch eine Fremy-Salz-Oxydation[1]):

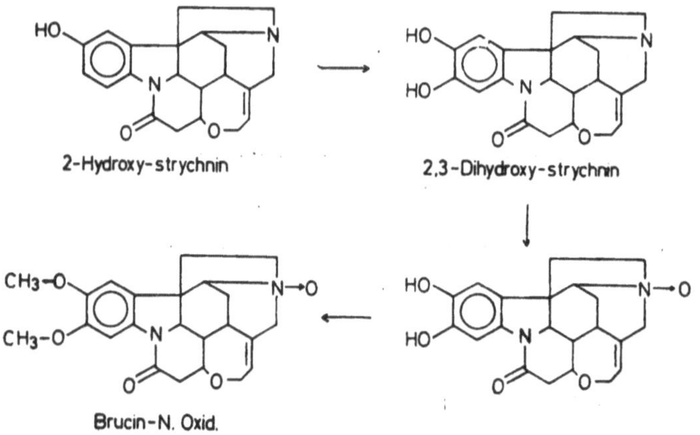

Vincanizin

Vincanizin, eine amorphe Base aus *Vinca erecta*, soll nach den bisher bekannten spektroskopischen Untersuchungen die folgende Struktur eines O-Methyläthers des Vincanidins besitzen[2]).

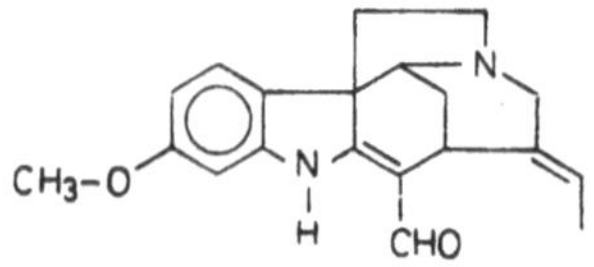

[1]) P. Rosendmund, W. H. Haase, K. Kaiser, B. **101**, 2754 (1968)
[2]) D. A. Rachimov, W. M. Malikov, S. Y. Yunusov, Chem. nat. Verb. 461 (1969)

Die Synthese des (±)-Tubifolins, (±)-Tubifolidins und (±)-Condyfolins ist von einer tert. racyclischen Indol-Zwischenstufe möglich:

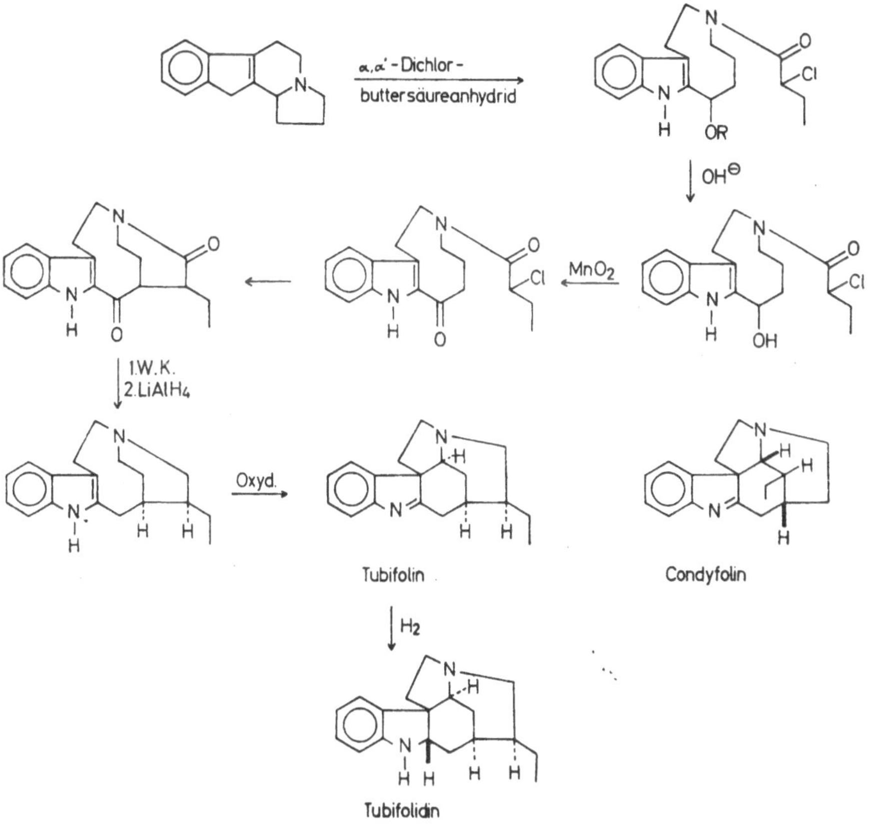

[1]) B. A. Dadson, J. Harley-Mason, G. H. Foster, Chem. Comm. 1223 (1968)

Eine stereoselektive Totalsynthese des (+)-Dihydronorfluorocurarins und des (+)-Geissoschizolins gelingt auf dem folgenden Wege:

a)

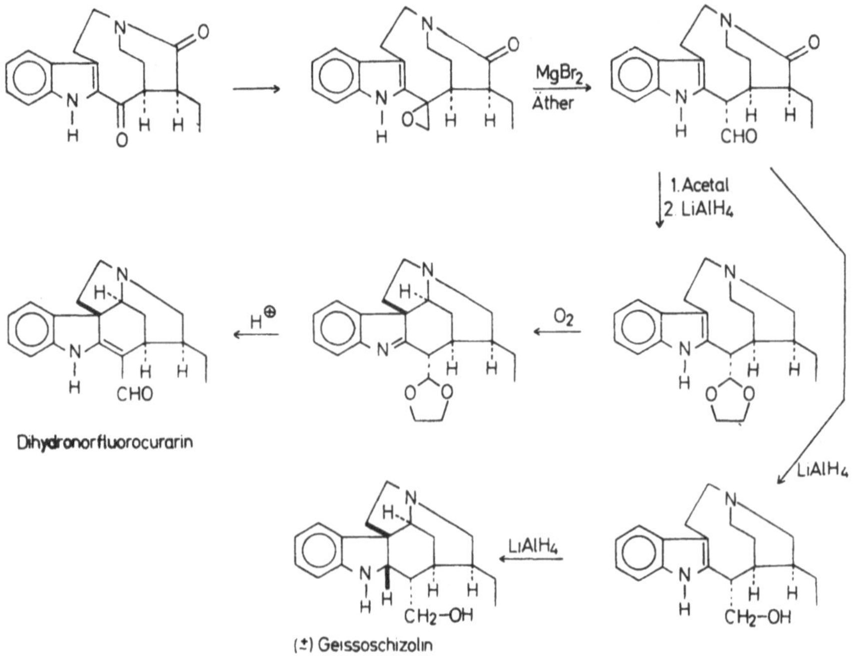

b)

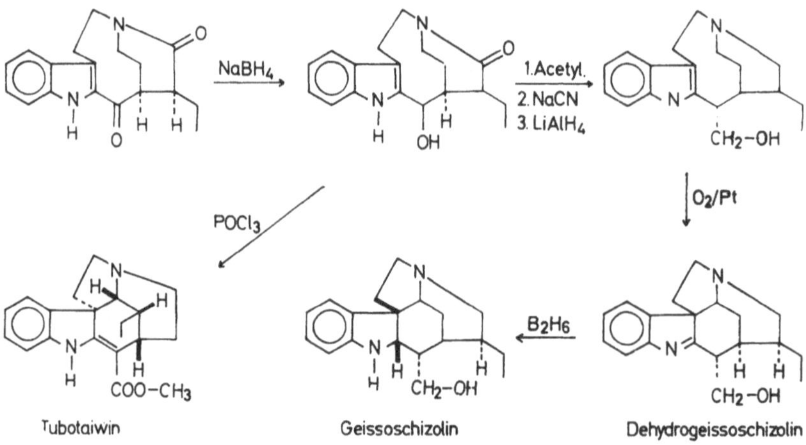

[1]) J. Harley-Mason, C. G. Taylor, Chem. Comm. 812 (1970)
[2]) B. A. Dadson, J. Harley-Mason, Chem. Comm. 665 (1969)

Preakuammicin

wurde durch sorgfältige Dünnschichtchromatographie aus den 24 Std. alten Sämlingen von *Vinca rosea* isoliert und auf Grund der spektroskopischen Befunde sowie seiner leichten Umwandelbarkeit in Akuammicin in seiner Struktur bestätigt[1]).

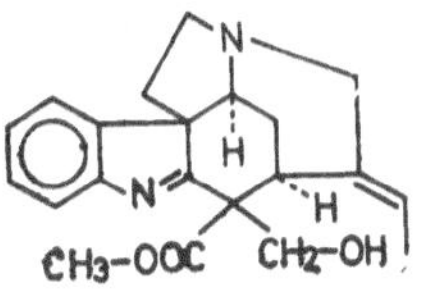

Sewarin und Calebassen-Alkaloid C

Sewarin, $C_{20}H_{22}N_2O_3$, weist in seinem KMR-Spektrum drei aromatische Protonen, eine Methoxycarbonyl- und eine Äthylidengruppierung aus, die zudem phenolischen Charakter haben muß, da das UV-Spektrum beim Zusatz von Alkali eine bathochrome Verschiebung aufweist. Beim Versetzen mit Methyljodid/Na-Methylat erhält man ein O.N-Dimethylquartärjodid, dessen KMR-Spektrum die für die Methylgruppen zu erwartenden Signale zeigt. Beim Erhitzen mit HCl erhält man ein Desmethoxycarbonylsewarin. Die Position der phenolischen Hydroxygruppe folgt aus den Vergleichen der chemischen Verschiebungen mit den Protonen im Vindolin, Ibogain zu Gunsten der Position am C-10, womit auch der schwache Peak für M-17 im MS übereinstimmt. Bei der Reduktion mit $NaBH_4$ in wäßriger Lösung erhält man ein 2,16-Dihydroprodukt, dessen MS mit dem des 2,16-Dihydroakuammicin weitgehend übereinstimmt[2]).

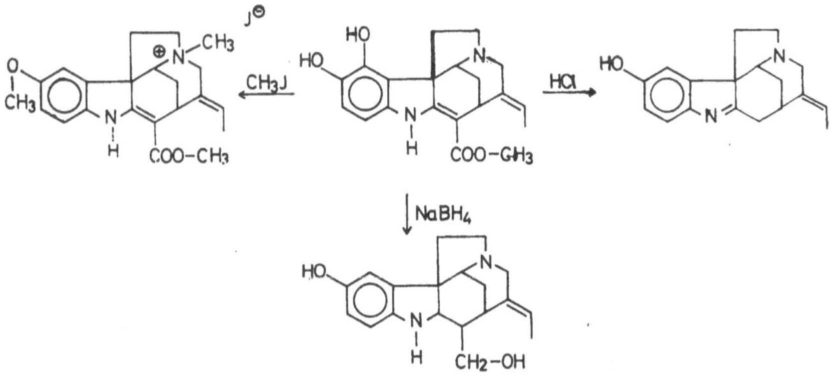

Damit sollte die Struktur eines 10-Hydroxyakuammicins vorliegen, diese erscheint umso interessanter, als die entsprechende 11-Hydroxyverbindung bereits bekannt ist.

Das Calebassen-Alkaloid C, Calebassin, $C_{40}H_{48}N_4O_2^{++} \cdot 2X^-$, liefert bei der Behandlung mit heißer Mineralsäure ein Anhydro-isocallebassinsäure-Addukt, das beim Versetzen mit

[1]) A. I. Scott, A. A. Qureshi, Am. Soc. **91**, 5975 (1969)
[2]) Y. Ahmad, P. W. le Quesne, N. Neus, Chem. Comm. 538 (1970)

alkalischem Dimethylsulfat in Anhydro-isocallebassin-methyläther, $C_{41}H_{48}N_4O^{++} \cdot 2X^- \cdot H_2O$ übergeht.

Die Struktur dieses Produktes konnte durch eine Rö-Kristallstrukturanalyse des Dijodids, das im orthorhombischen System der Raumgruppe $P2_12_12_1$ mit vier Molekeln in einer Elementarzelle der Dimension a = 15,02, b = 33,36, c = 10,02 Å kristallisiert, abgeklärt werden. Hieraus folgt eine *cisoide* Anordnung der Indolsysteme, im Gegensatz zur *transoiden* im C-Calebassin. Die Doppelbindung C-16'—C-17' zeigt einen Torsionswinkel von 13°.

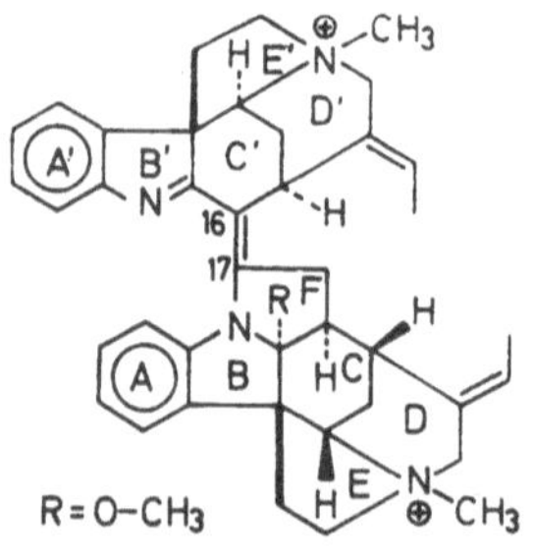

Anhydro-isocalebassin-methyläther

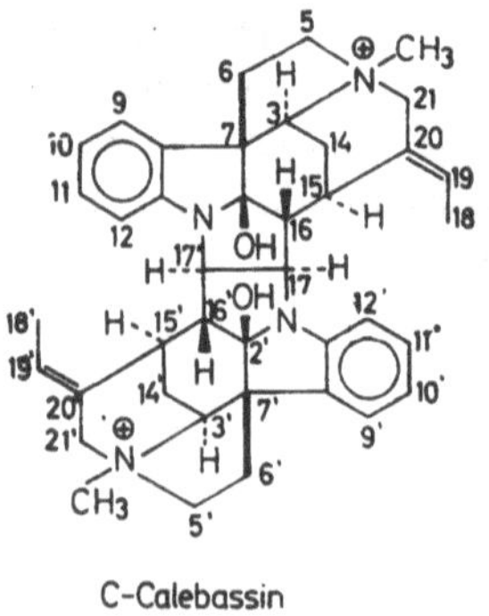

C-Calebassin

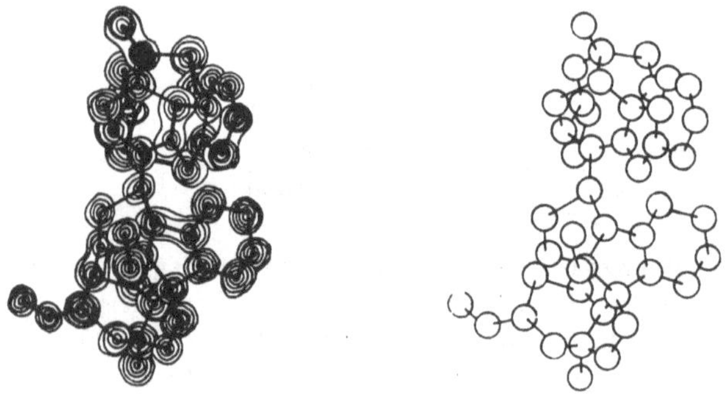

[1]) K. W. Gemmel, J. Monteath, Robertson, G. A. Sim, K. Bernauer, A. Guggisberg, M. Hesse, H. Schmid, P. Karrer, Helv. **52**, 689 (1969)

Spermostrychnin-Alkaloide

Für die Alkaloide mit dem Gerüst des Spermostrychnins ergibt sich auf Grund der 220-MHz-KMR-Spektren die folgende Stereostruktur:

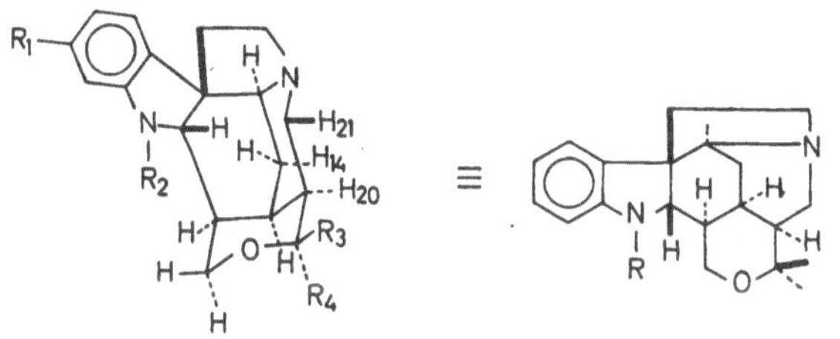

Spermostrychnin:	$R_1{=}R_4{=}H$, $R_2{=}COCH_3$; $R_3{=}CH_3$
Desacetylstrychnospermin:	$R_1 = OCH_3$, $R_2 = R_4 = H$, $R_3 = CH_3$
Strychnospermin:	$R_1 = OCH_3$, $R_2 = COCH_3$, $R_3 = CH_3$, $R_4 = H$
3-Desoxy-3-isostrychnosplendin:	$R_1 = R_2 = H$, $R_3 = HR_4 = CH_3$

Die Stereochemie am C-21 im N_b-Methyldihydrochanodihydrostrychnin und Iso-N_b-Methyldihydrochanodihydrostrychnin konnte durch neuere spektroskopische Vergleichsuntersuchungen abgeleitet werden[3]).

1) M. Plat, M. Koch, J. LeMen, M. M. Janot, C. R. **267**, 1419 (1969)
2) M. Plat, M. Koch, J. LeMen, M. M. Janot, T. **25**, 3377 (1969)
3) O. Achmatowicz, J. Szychowski, Rocz. Chem. **43**, 699 (1969); C. A. **71**, 70784 (1969)

38. Cinchonin-Cinchonamin-Alkaloide

Die Alkaloide der Cinchonin-Cinchonamin-Gruppe bilden die charakteristischen basischen Inhaltsstoffe von Pflanzen der Rubiaceen-Gattungen *Cinchona* und *Remijia.* Sie enthalten als gemeinsames Strukturelement ein 3-Vinyl- oder 3-Äthyl-chinuclidin-System, dessen C-Atom 6 beim Cinchonamin-Typ mit der α-Position eines Indol-Kerns, beim Cinchonin-Typ über eine Carbinol-Gruppe mit der Position 4 eines Chinolin-Kerns verknüpft ist.

Biosynthese der Chinaalkaloide

Auf dem Weg zu den Cinchonaalkaloiden konnten Loganin[1]), Vincosid[2]) und Corynanthein-Aldehyd[2]) als Zwischenstufen nachgewiesen werden. Weitere Experimente zeigten[3]), daß der Weg über Cinchonaminal verlaufen muß, das dann die Umlagerung zum Chinolinsystem eingeht. Der entsprechende Alkohol Cinchonamin scheidet als Vorstufe aus; dagegen konnte Cinchonidinon als Intermediäres gesichert werden[3]), so daß folgender Biogeneseweg wahrscheinlich ist:

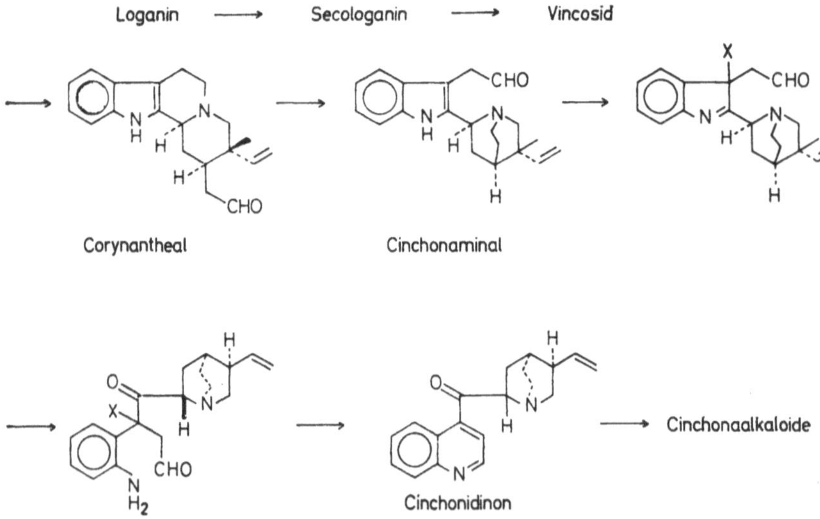

[1]) A. R. Battersby, E. S. Hall, Chem. Comm. **1970**, 194
[2]) A. R. Battersby, R. J. Parry, Chem. Comm. **1971**, 30
[3]) A. R. Battersby, R. J. Parry, Chem. Comm. **1971**, 31

Synthese des Chinins und Chinidins

Eine Totalsynthese des Chinins und Chinidins führt im ersten Schritt durch eine Vierstufensynthese zum racemischen N-Benzoylmerochinin.

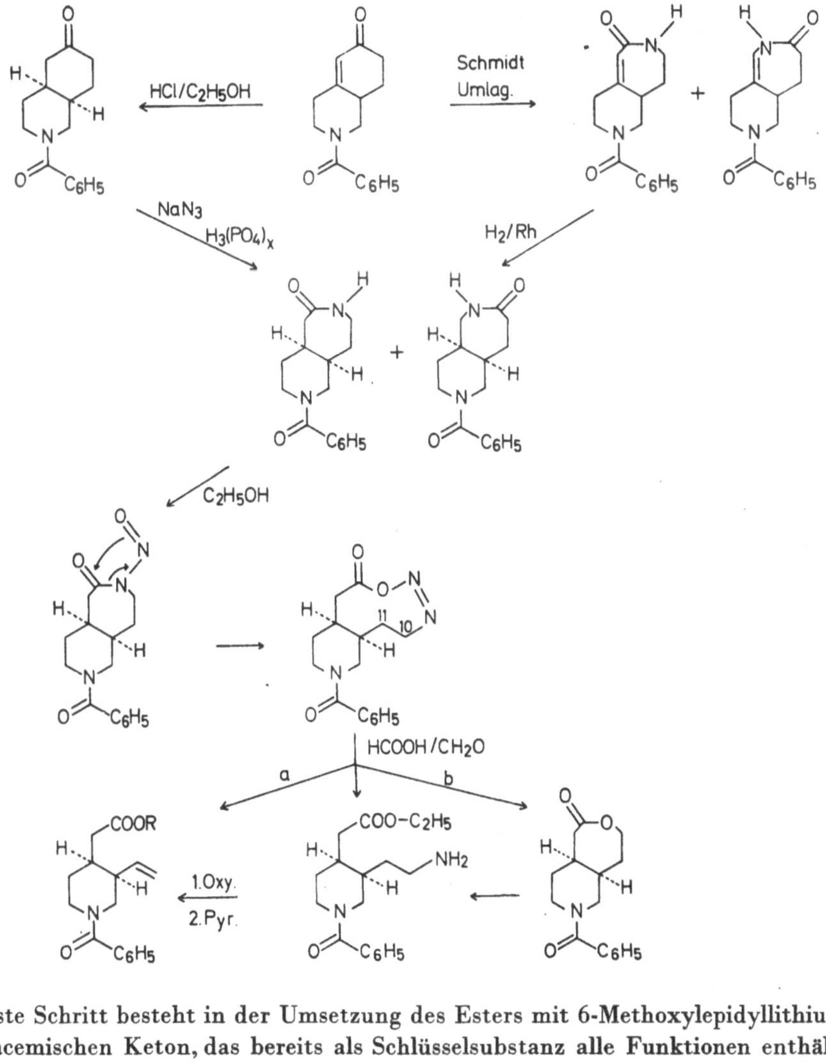

Der nächste Schritt besteht in der Umsetzung des Esters mit 6-Methoxylepidyllithium zu einem racemischen Keton, das bereits als Schlüsselsubstanz alle Funktionen enthält, die zur Cyclisierung und Einführung der Sauerstoff-Funktion erforderlich sind. Die Überführung dieses Ketons in die Alkaloide Chinin und Chinidin kann entweder über das Chinuclidin oder das Aminoepoxid erfolgen. Die N-Benzoylgruppe kann durch milde Reduktionsbedingungen eliminiert werden[1,2]).

[1]) J. Gutzwiller, Am. Soc. **92**, 204 (1970)
[2]) M. Uskokovic, J. Gutzwiller, Th. Henderson, Am. Soc. **92**, 203 (1970)

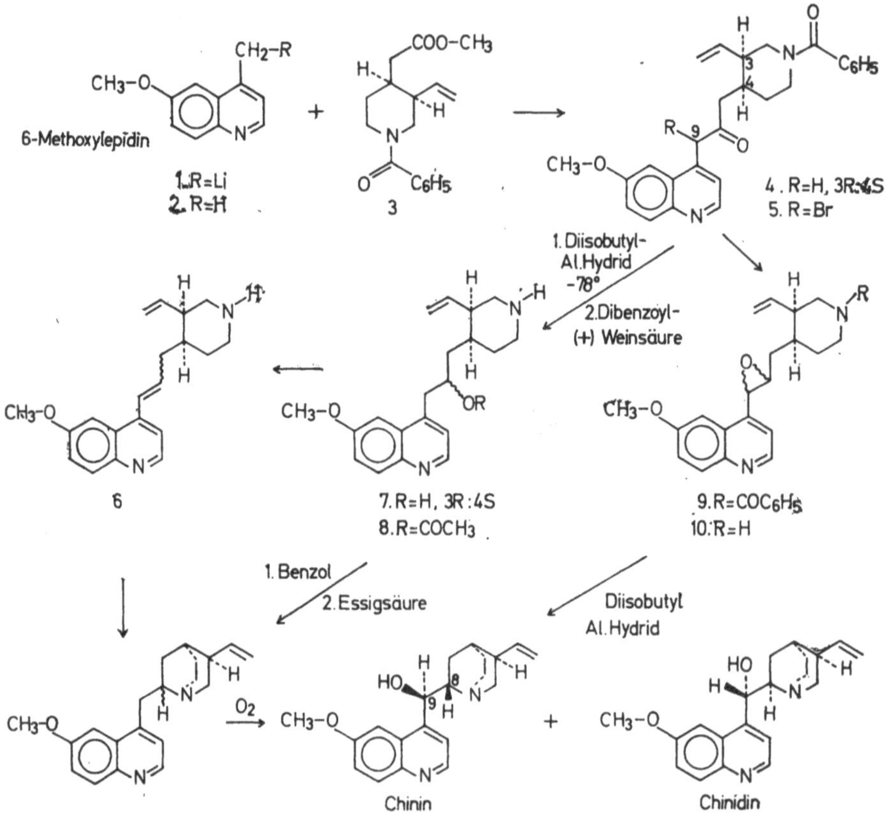

Bei der Hydrierung des Chinins erhält man neben dem bekannten Dihydrochinin zwei weitere Isomere, die als α-Isochinin und β-Isochinin bezeichnet werden[1]).

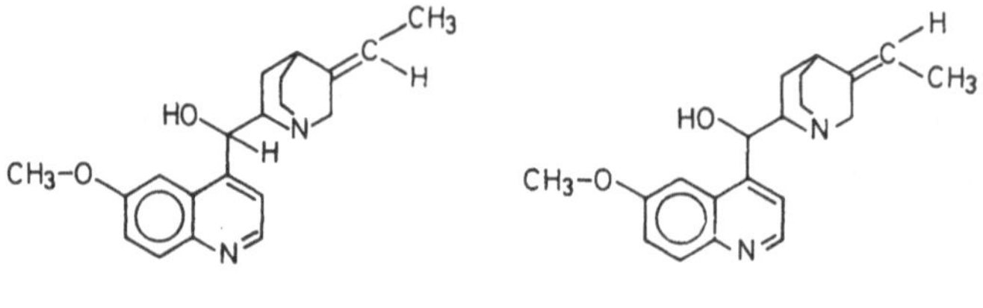

α-Isochinin β-Isochinin

[1]) A. P. Cheung, A. Benitez, P. Lim, Org. Chem. **33**, 3005 (1968)

Dihydrocuprein

Ein aus der Rinde von *Timonius kaniensis* isoliertes Alkaloid konnte als Dihydrocuprein, das aus dem Chinin durch Hydrierung und Desmethylierung dargestellt werden konnte, identifiziert werden.

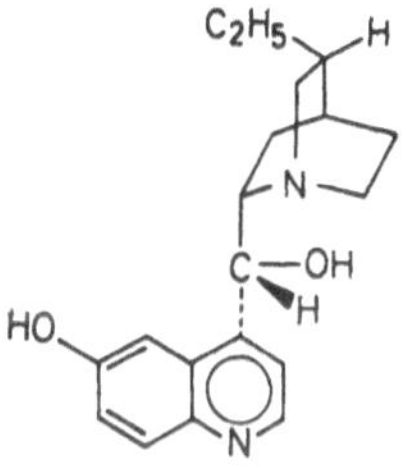

Die Umwandlung des Chinins in die Alkaloide Dihydroantirhin, Dihydrohunterburnin-α-methochlorid, 10-Methoxydihydrocorynantheol, Dihydrocorynantheol und Ochrosandwin ist durch die folgenden Reaktionsschritte möglich geworden:

[1]) S. R. Johns, J. A. Lamberton, Austral. J. 23, 211 (1970)

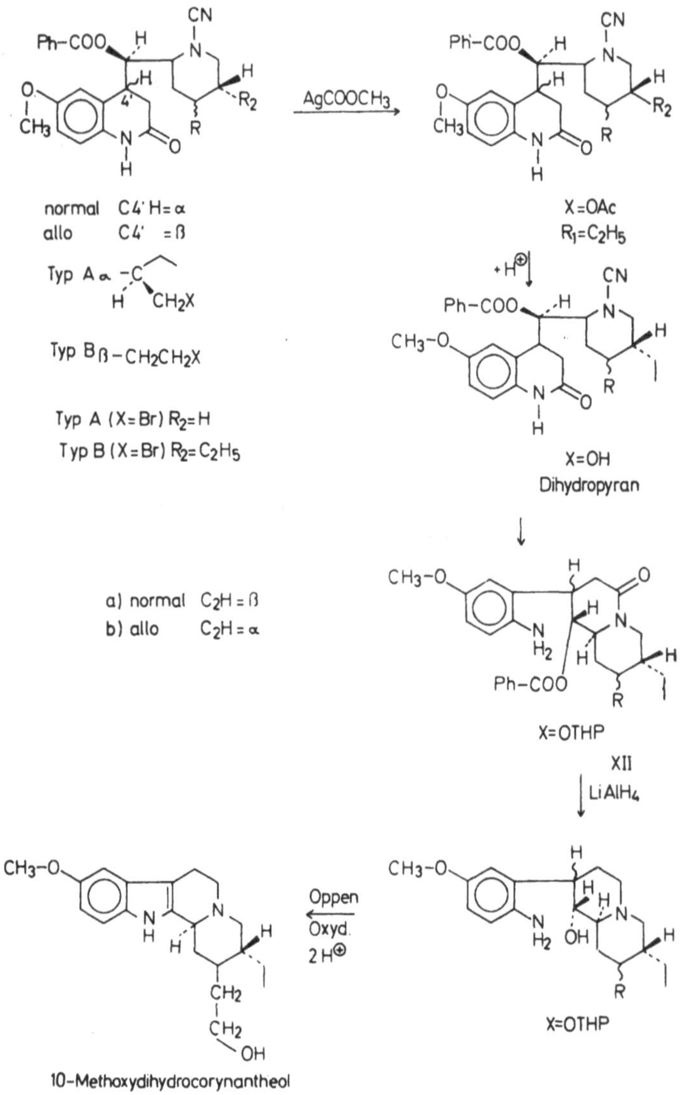

Ph–COO
CN
N
H
4'
O
CH3
N
H
O
R
R2
normal C4'H=α
allo C4' =β
Typ Aα –C
H CH2X
Typ Bβ – CH2CH2X
Typ A (X=Br) R2=H
Typ B (X=Br) R2=C2H5
AgCOOCH3
X=OAc
R1=C2H5
+H⊕
CH3–O
X=OH
Dihydropyran
a) normal C2H=β
b) allo C2H=α
X=OTHP
XII
LiAlH4
OH
Oppen
Oxyd.
2H⊕
CH2
10-Methoxydihydrocorynantheol

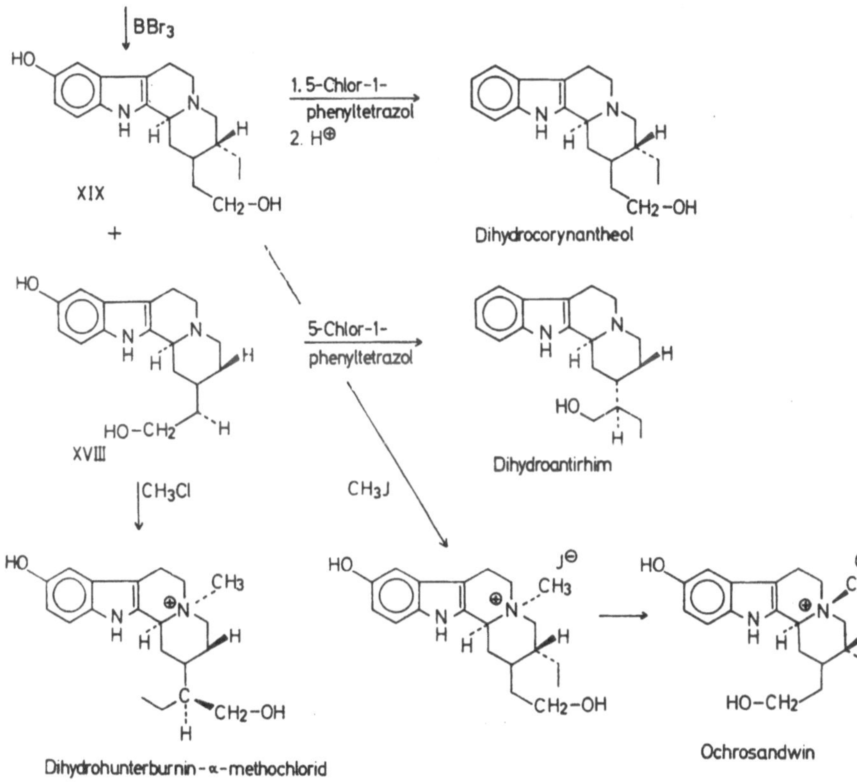

Für die folgende Synthese des Chinins und Chinidins ist die Schlüsselsubstanz auf zwei unterschiedlichen Wegen darstellbar:

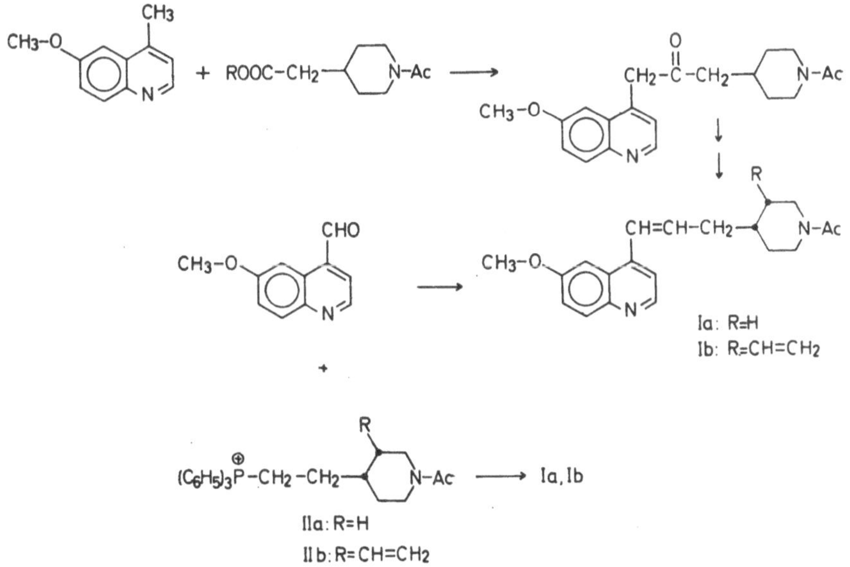

[1]) Y. K. Sawa, H. Matsumura, Chem. Comm. 679 (1968)

Die Cyclisierung der sekundären Amine, die sich durch Hydrolyse des Olefins darstellen lassen, zu den Alkaloiden gelingt durch Erhitzen in saurem oder basischem Äthanol. So führt die Hydrolyse des Olefins zu racemischem 6-Methoxyruban, während bei Einsatz des optisch aktiven Olefins R—CH=CH_2 zu einem schwer trennbaren Gemisch von Desoxychinin und seinem C-8 epimeren Desoxychinidin führt.

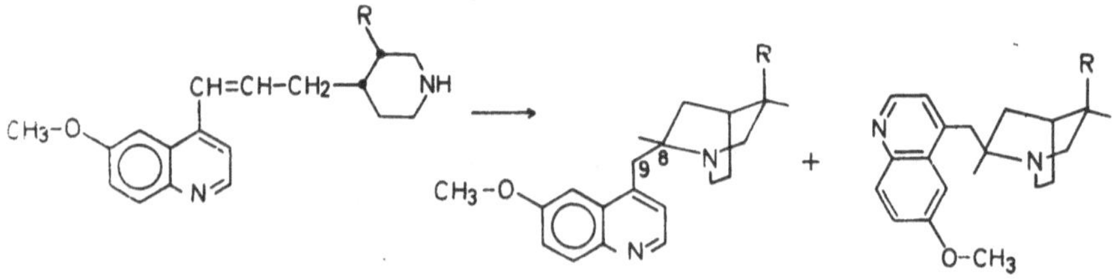

R=H: 6-Methoxyruban
R=CH=CH2: Desoxychinin

Desoxychinidin

Die Oxydation des racemischen 6-Methoxyrubans sowie des Gemisches von Desoxychinin und Desoxychinidin mit molekularem Sauerstoff, in Gegenwart von K-tert.-butylat und Triphenylphosphin in Dimethylformamid-tert.-butanol, erlaubt die Einführung der C-9 Hydroxygruppe. Es werden hierbei die in dem Schema aufgeführten Basen erhalten:

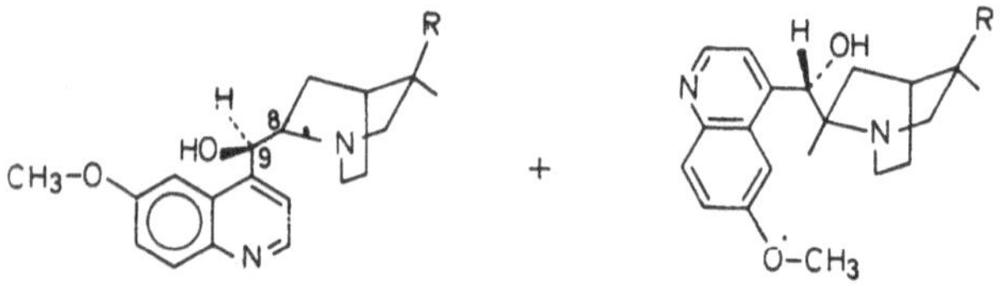

R=H 6-Methoxyrubanol
R=CH=CH2 Chinin

R=H Chinidin

[1]) M. Gates, B. Sugavanam, W. L. Schreiber, Am. Soc. **92**, 205 (1970)

39. Indolizidin-Alkaloide

Obgleich das Vorkommen von Alkaloiden in verschiedenen Pflanzen der Familie der Elaeocarpaceen seit langem diskutiert wird, ist eine systematische Untersuchung dieser Pflanzenfamilie auf ihren Alkaloidgehalt bisher nicht durchgeführt worden.

Die meisten Species dieser Familie sind tropische Pflanzen, von denen aus *Elaeocarpus polydactylus* mit dem Elaeocarpin das erste Alkaloid mit einem Indolizidingerüst isoliert werden konnte. Die daraufhin durchgeführten intensiven Untersuchungen führten zur Isolierung einer Reihe von Alkaloiden, die in der nachfolgenden Tabelle zusammengestellt sind.

Alkaloid	Schmp.	$[\alpha]_D$	Derivat	Vorkommen
Elaeocarpin $C_{16}H_{19}NO_2$	81—2°	+0,1° (C)	—	*Elaeocarpus polydactylus*[1])
Isoelaeocarpin $C_{16}H_{19}NO_2$	51—1	+0,4° (C)	—	*Elaeocarpus polydactylus*[1])
Elaeocarpilin $C_{16}H_{21}NO_2$	165—6	+395° (C)	—	*Eleaocarpus polydactylus*[2])
Isoelaeocarpilin $C_{16}H_{21}NO_3$	146—7°	—400° (C)	—	*Elaeocarpus polydactylus*[2])
Isoelaeocarpisin $C_{16}H_{21}NO_3$	164—6°	+29° (C)	—	*Eleaocarpus polydactylus*[2])
epi-Isoelaeocarpilin $C_{16}H_{21}NO_2$	98—100°	+340° (C)	—	*Eleaocarpus spaericus*[3])
Epielaeocarpilin $C_{16}H_{21}NO_2$	70—4°	—396° (C)	—	*Eleaocarpus spaericus*[3])
Epialloelaeocarpilin $C_{16}H_{21}NO_2$	136—7	+139° (C)	—	*Eleaocarpus spaericus*[3])
Alloelaeocarpilin $C_{16}H_{21}NO_2$	—	—	—	*Eleaocarpus spaericus*[3])
Pseudoisoelaeocarpilin $C_{16}H_{21}NO_2$	amorph	+222° (C)	—	*Eleaocarpus spaericus*[3])
Ipalbidin $C_{15}H_{19}NO$	147°	—	Dihydro. 156/3 mm Pikrat 178° HCL 104 Jodm. 206°	*Ipomoea alba*[4])
Ipalbin $C_{21}H_{29}NO_6$	118°	+32°	—	*Ipomoea alba*[4])
Elaeokanin-A $C_{12}H_{19}NO$	Öl	+13° (C)	—	*Elaeocarpus kaniensis*[5])

Alkaloid	Schmp.	$[\alpha]_D$	Derivat	Vorkommen
Elaeokanin-B $C_{12}H_{21}NO$	Harz	$-72°$ (C)	—	*Elaeocarpus kaniensis*[5])
Elaeokanin-C	Harz	$-14°$ (C)	—	*Elaeocarpus kaniensis*[5])
Elaeokanin-D $C_{12}H_{19}NO_2$	76—9°	$+51°$ (C)	—	*Elaeocarpus kaniensis*[5])
Elaeokanin-E $C_{12}H_{19}NO_2$	57—9°	$+35°$ (C)	—	*Elaeocarpus kaniensis*[5])
Elaeokanidin-A $C_{12}H_{20}N_2O$	38°	$+9°$	—	*Elaeocarpus kaniensis*[5])
Elaeokanidin-B $C_{12}H_{20}N_2O$	93°	0°	—	*Elaeocarpus kaniensis*[5])
Elaeokanidin-C $C_{12}H_{20}N_2O$	56°	$+1°$	—	*Elaeocarpus kaniensis*[5])
Elaeocarpidin $C_{17}H_{21}N_3$	229—30°	0°	—	*Elaeocarpus archbildiamus*[6])

Elaeocarpidin,

ein Alkaloid der Zusammensetzung $C_{17}H_{21}N_3$, besitzt ein Indol-UV-Spektrum, eine NH-Bande im IR-Spektrum und ein KMR-Spektrum, in dem nur ein Proton gegen D austauschbar ist. Da sich bei der Se-Dehydrierung 1-Äthyl-β-carbolin bildet, das bei der Hydrierung in eine Dihydrobase übergeht, die beim Hofman-Abbau schließlich N-Methylpyrrolidin liefert, kommt dem Alkaloid in Übereinstimmung mit den KMR-Untersuchungen die nachstehende Struktur zu[7]).

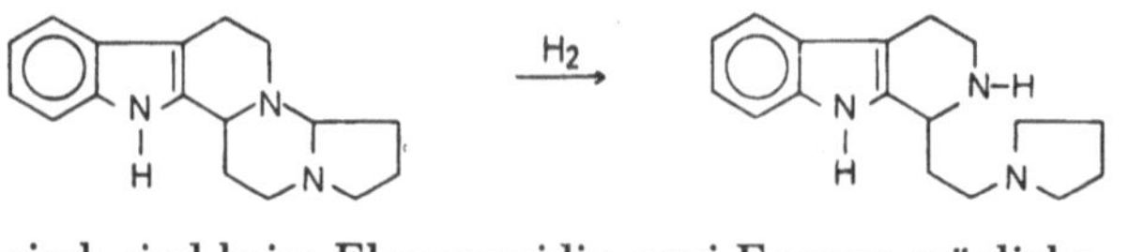

Stereochemisch sind beim Elaeocarpidin zwei Formen möglich:

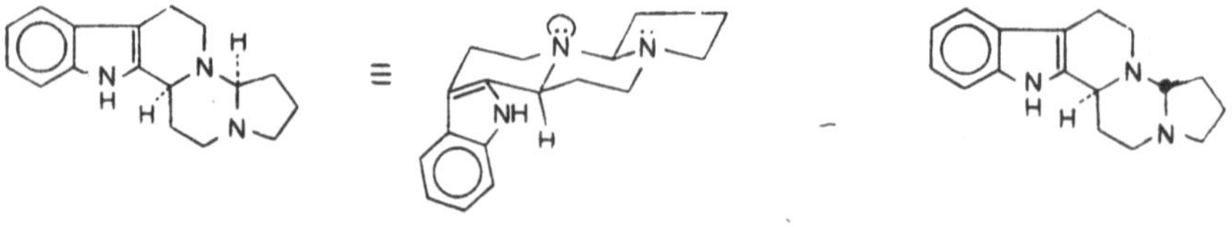

[1]) S. R. Johns, J. A. Lamberton, A. A. Souimis, J. A. Wunderlich, Chem. Comm. 290 (1968)
[2]) S. R. Johns, J. A. Lamberton, A. A. Sioumis, Chem. Comm. 1324 (1968)
[3]) S. R. Johns, J. A. Lamberton, A. A. Sioumis, H. Suarez, R. J. Willing, Chem. Comm. 804 (1970)
[4]) J. M. Gourley, R. A. Heacock, A. G. McInnes, B. Nikolin, F. G. Smith, Chem. Comm. 709 (1969)
[5]) N. K. Hart, S. R. Johns, J. A. Lamberton, Chem. Comm. 359 (1970)
[6]) S. R. Johns, J. A. Lamberton, A. A. Sioumis, Chem. Comm. 410 (1968)
[7]) S. R. Johns, J. A. Lamberton, A. A. Sioumis, Chem. Comm. 410 (1968)

Auf Grund von IR- und KMR-Untersuchungen scheint aber eine *trans*-anti-*trans*-Konformation am besten in Übereinstimmung mit den Befunden zu sein[1]).

Synthesen des Elaeocarpidins[2]):

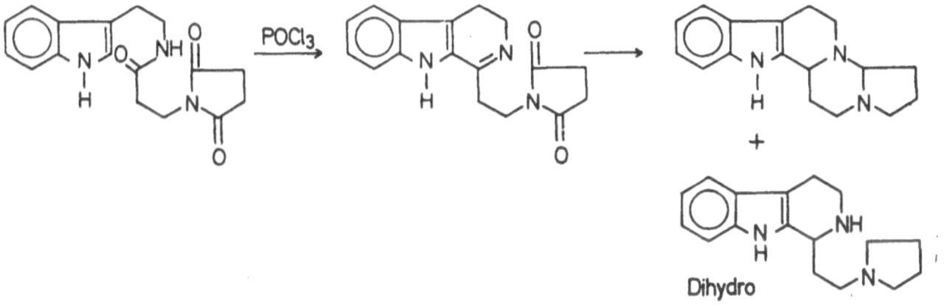

Elaeocarpin und Isoelaeocarpin,

zwei isomere Alkaloide der Zusammensetzung $C_{16}H_{19}NO_2$, besitzen ein Indolizidin-Ringsystem und wurden in ihrer Struktur durch eine Rö-Kristallstrukturanalyse des Hydrobromids des Elaeocarpins, das im triklinen System mit zwei Einheiten in der Elementarzelle der Dimension a = 12,46, b = 7,38, c = 8,05 Å, $\alpha = 96{,}1$, $\beta = 92{,}8$ und $\gamma = 94{,}0$ kristallisiert, aufgeklärt.

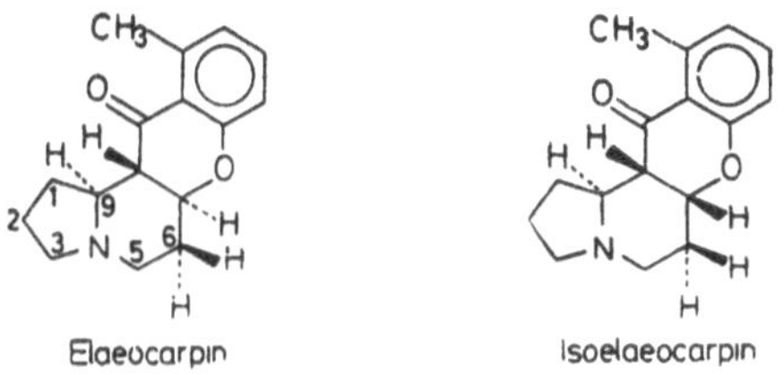

Nach den KMR-Untersuchungen ist das Isoelaeocarpin als das C-7 epimere des Elaeocarpins zu betrachten, da das Signal des C-7-Protons im Elaeocarpin als ein breites Multiplett bei 4,14 und $J_{7,8} = 11{,}8$ c/sec und $^1/_2$ ($J_{7,6\beta} + J_{7,6\alpha}$ 7,8 c/sec erscheint, während das C-7-Multiplett des Isoelaeocarpins sehr schmal ist und die Kopplungskonstanten mit $J_{7,8}$ 2,1 c/sec; $^1/_2$ ($J_{7,6\beta} + J_{7,6\alpha} = 2{,}8$ c/sec ebenfalls klein sind.

1) G. W. Gribble, Org. Chem. **35**, 1944 (1970)
2) J. Harley-Mason, C. G. Taylor, Chem. Comm. 281 (1969)

Diese Strukturen können durch das Fragmentierungsverhalten im MS bestätigt werden[1]):

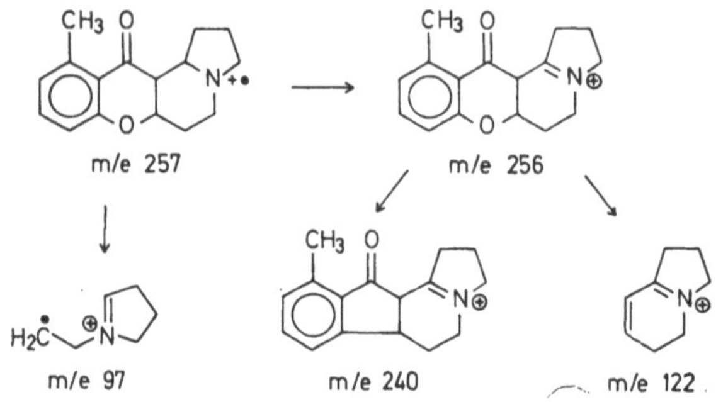

Synthese des Elaeocarpins und Isoelaeocarpins[3]):

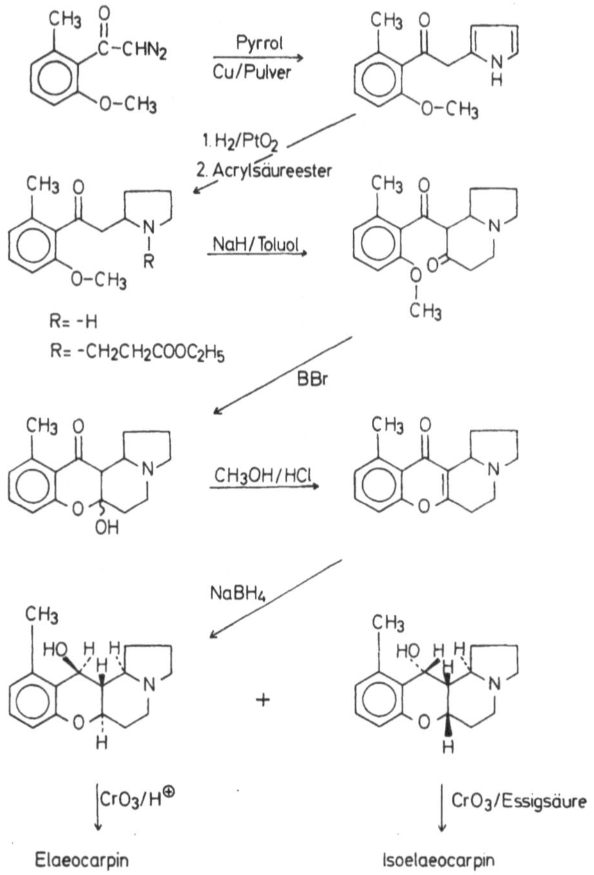

[1]) S. R. Johns, J. A. Lamberton, A. A. Sioumis, R. I. Willing, Austral. J. **22**, 775 (1969)
[3]) S. R. Johns, J. A. Lamberton, A. A. Sioumis, J. A. Wunderlich, Chem. Comm. 290 (1968)
[2]) T. Tanaka, I. Iijima, T. L. **46**, 3963 (1970)

(+)-*Isoelaecarpicin*

Isoelaecarpicin, $C_{16}H_{21}NO_3$, geht beim Erwärmen mit NaOH in Elaeocarpin und Isoelaeocarpin geringer optischer Drehung über. Da aber diese beiden Alkaloide leicht racemisieren, ist der Schluß, daß das Isoelaeocarpicin nativ als Racemat vorliegt, nicht zulässig. Auf Grund seines Verhaltens gegenüber Acetylierungs- und Methylierungsversuchen besitzt die im IR-Spektrum nachweisbare Hydroxygruppe phenolischen Charakter.

Das Massenspektrum weist demgemäß auch das erwartete Fragmentierungsverhalten aus, so daß die folgende Struktur abgeleitet werden kann.

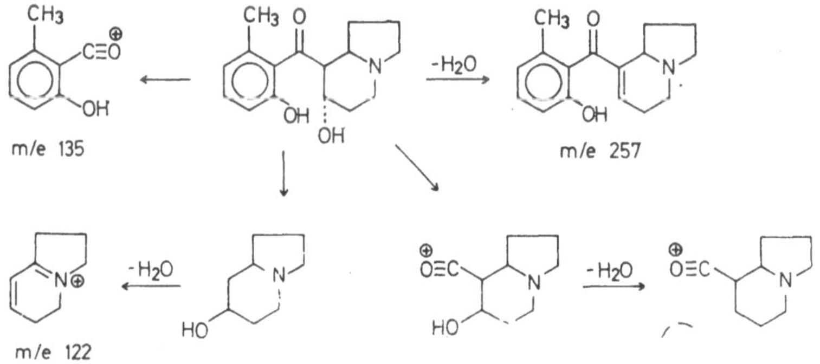

Die sich hieraus ergebende Stereostruktur kann mit einiger Sicherheit wie folgt wiedergegeben werden[1]):

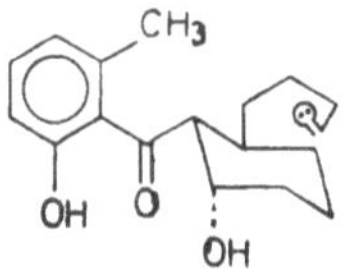

(+)-*Elaeocarpilin und* (+)-*Isoelaeocarpilin,*

zwei weitere Alkaloide aus *Elaeocarpus polichostylis*, erwiesen sich auf Grund der leicht durchführbaren katalytischen Hydrierung mit Pd/C als das (+)-15,16-Dihydroelaeocarpin und (+)-15.16-Dihydroisoelaeocarpin.

Elaeocarpilin Isoelaeocarpilin

[1]) S. R. Johns, J. A. Lamberton, A. A. Sioumis, R. I. Willing, Austral. J. **22**, 775 (1969)

Isoelaeocarpilin,

ein Nebenalkaloid der Bruttozusammensetzung $C_{16}H_{21}NO_3$, besitzt auf Grund der Umwandelbarkeit in Elaeocarpin und Isoelaeocarpin die nachstehende Struktur. Die KMR-spektroskopischen Untersuchungen gestatten eine *cis*-axiale Zuordnung der zwei Protonen am C-7 und C-8 sowie die Ableitung einer äquatorialen Konformation des Substituenten am C-8[1,2]).

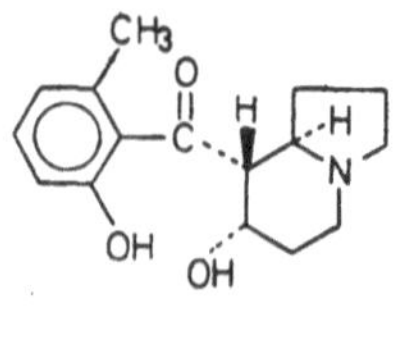

Die absolute Konfiguration des (—)-Isoelaeocarpilins ergab sich durch die Oxydation mit $KMnO_4$ zu S-(—)-Methylbernsteinsäure, der Dehydrierung zu 7R:8S:9S-(—)-Isoelaeocarpin und des 7R:8S:9S:16S-(—)-Dihydroisoeleacarpilin zu 7R:8S:9S:16S.

(+)-epi-Isoelaeocarpilin,

ein weiteres Nebenalkaloid, weist ein weitgehend ähnliches spektrales Verhalten wie das (—)-Isoelaeocarpilin auf und geht bei der Dehydrierung in 7S:8R:9R-(+)-Isoelaeocarpin und 7S:8R:9R:16S-(+)-Dihydro-epi-isoelaeocarpilin über. Da aus den KMR-Untersuchungen auf eine entgegengesetzte Konfiguration am C-16 geschlossen werden kann, sollte dem Alkaloid eine 7S:8R:9R:16S-Konfiguration zukommen.

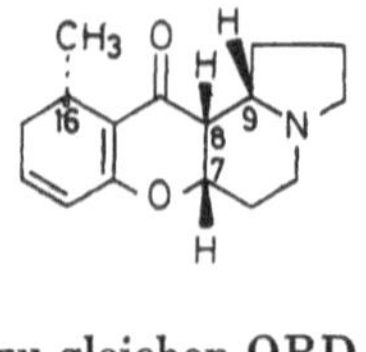

Die nahezu gleichen ORD-Kurven des (+)-Elaeocarpilins und (+)-epi-Isoelaeocarpilins weisen auf eine identische Stereochemie am C-16 und C-8 hin. Da die Stereochemie am C-7, C-8 und C-9 des (+)-Elaeocarpilins als 7-H,8H-*trans*-diaxial, 8-H,9-H-*trans*-diaxial abgeleitet werden konnte, kann die absolute Konfiguration des (+)-Elaeocarpilins als 7R:8R:9R:16S angegeben werden.

(—)-Epielaeocarpilin

stimmt mit seinen spektralen Eigenschaften ebenfalls weitgehend mit dem (+)-Elaeocarpilin überein und liefert bei der Dehydrierung ein Gemisch von 7S:8S:9S-(—)-Elaeo-

[1]) S. R. Johns, J. A. Lamberton, A. A. Sioumis, Chem. Comm. 1324 (1968)
[2]) S. R. Johns, J. A. Lamberton, A. A. Sioumis, Austral. J. **22**, 793 (1969)

carpin und 7S:8S:9S:16S-(—)-Dihydroelaeocarpilin. Damit kann eine 7S:8S:9S:16S-Konfiguration zugeordnet werden.

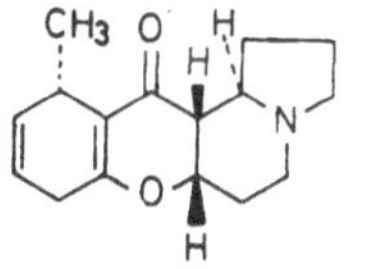

(+)-*Epialloelaeocarpilin*,

ein Alkaloid mit einem Dienon-Chromophor, liefert bei der Dehydrierung 7S:8R:9R-(+)-Isoelaecarpin und isomerisiert bei der DC zu 7S:8R:9R:16S-(+)-epi-Isoelaeocarpilin. Dieses ungewöhnliche Verhalten, daß das (+)-Epialloelaeocarpilin mit einer *trans*-diaxialen Anordnung der Protonen am C-7 und C-8 in das (+)-epi-Isoelaeocarpilin mit *cis*-verknüpften Ringen A/B übergeht, kann nur erklärt werden, wenn man das (+)-Epialloelaeocarpilin als eine Konformation mit *cis*-verknüpften Ringen C/D auffaßt.

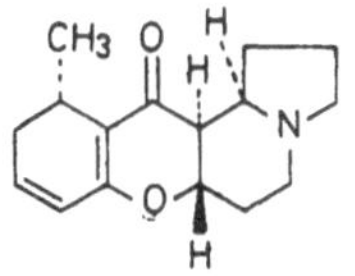

Die Umwandlung kann dann über eine Enolisierung und Epimerisierung am C-8 mit einer synchronen Sessel-Sessel-Inversion des Ringes C, die eine Wandlung der C/D-Ringverknüpfung zur Folge hat, aufgefaßt werden. Unter dieser Voraussetzung kann die Konfiguration als 7S:8S:9R:16S formuliert werden.

(—)-*Alloelaeocarpilin*

weist ein mit dem (+)-Epialloelaeocarpilin ähnliches KMR-Spektrum auf und besitzt eine 7R:8R:9S:16S-Konfiguration, da bei der Chromatographie an Kieselgel ein Gemisch von (—)-Alloelaeocarpilin und (—)-Isoelaeocarpilin gebildet wird.

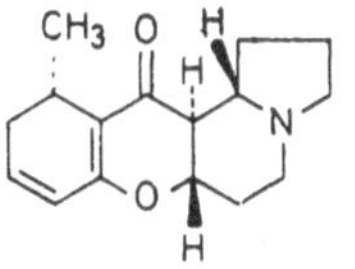

(+)-*Pseudoepi-isoelaeocarpilin*,

ein amorphes Alkaloid, liefert bei der Hydrierung 7S:8R:9R:16S-(+)-Dihydroepiisoelaeocarpilin. Da das KMR-Spektrum weitgehend mit dem des (+)-epi-Isoelaecarpilins identisch ist, konnte ihm die Konfiguration 7S:8R:9R:16S zugeordnet werden.

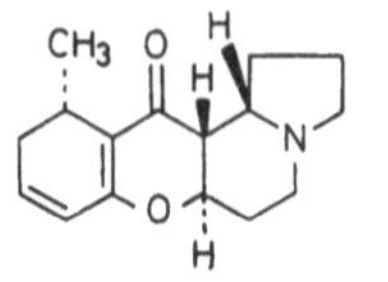

Slaframin

Slaframin besitzt auf Grund der Spin-Entkopplungsuntersuchungen am N-Acetylslaframin die nachstehende Struktur eines 1S:6S:8aS-1-Acetoxy-6-aminooctahydroindolizins, da das Proton am C-8a mit dem Proton am C-1 koppelt und nicht so sehr mit den Protonen der CH-NAc-Gruppe. Die Signalbreite auf halber Bandhöhe von 6—7 Hz spricht damit für eine äquatoriale Anordnung.

Slaframin 1-Acetoxyoctahydroindolizin

Die relative Konfiguration am C-1 und C-9 konnte durch den Vergleich der 100-MHz-KMR-Spektren des N-Acetylslaframins und des entsprechenden 1-Acetoxyoctahydroindolizins abgeleitet werden. Die absolute Konfiguration am C-1 kann nach Horeau durch Versetzen des N-Acetyl-O-desacetylslaframins mit α-Phenylbuttersäureanhydrid abgeleitet werden, denn hierbei resultiert eine (—)-α-Phenylbuttersäure, so daß am C-1 S-Konfiguration vorliegen muß.

Die hochauflösende MS zeigt das folgende Fragmentierungsverhalten und bestätigt damit die vorgeschlagene Struktur[2]) eines 1S:6S:8aS:1-Acetoxy-6-aminooctahydro-

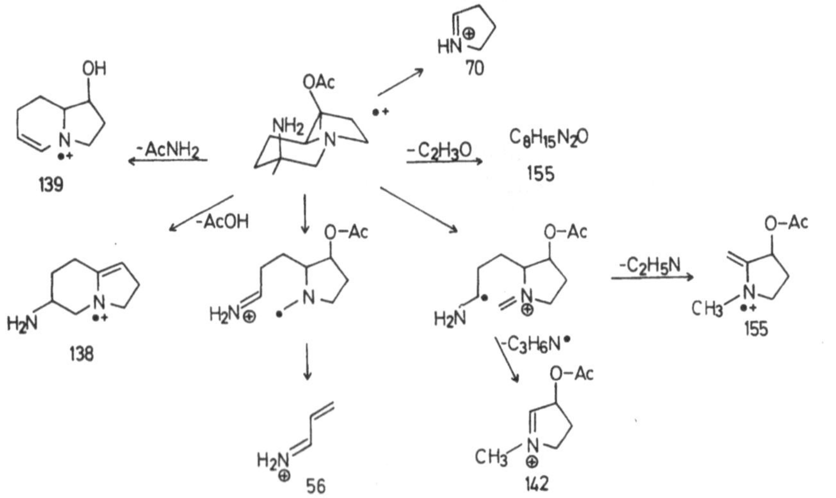

[1]) S. R. Johns, J. A. Lamberton, A. A. Sioumis, H. Svares, R. I. Willing, Chem. Comm. 804 (1970)

[2]) R. A. Gardiner, K. L. Rinehart, J. J. Snyder, H. P. Broquist, Am. Soc. **90**, 5639 (1968)

indolizins, die auch in der folgenden Synthese wiederkehrt[1,2]):

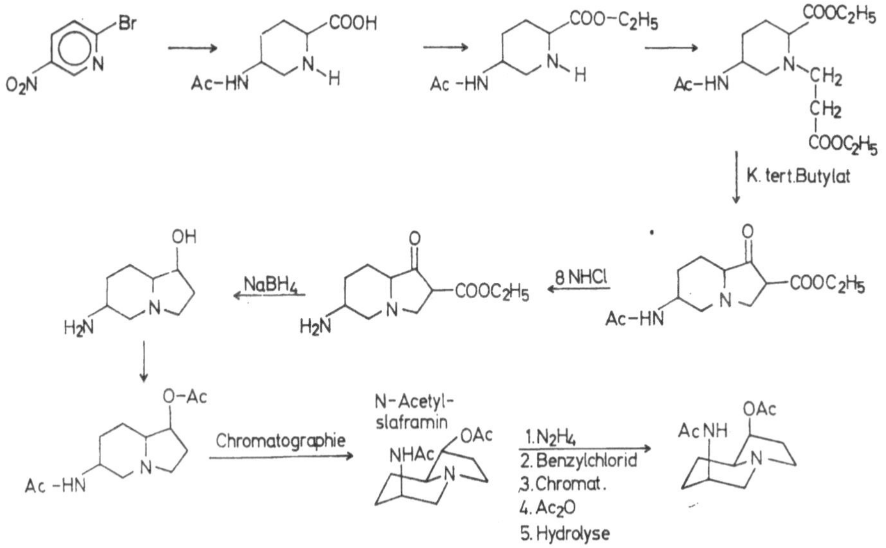

Ipalbidin und Ipalbin,

zwei Alkaloide aus dem Samen von *Ipomoea alba* L., deren Struktur durch den Abbau zu 5-p-Hydroxyphenyl-4-methyl-2-n-propylpyridin abgeleitet[2]) werden konnte,

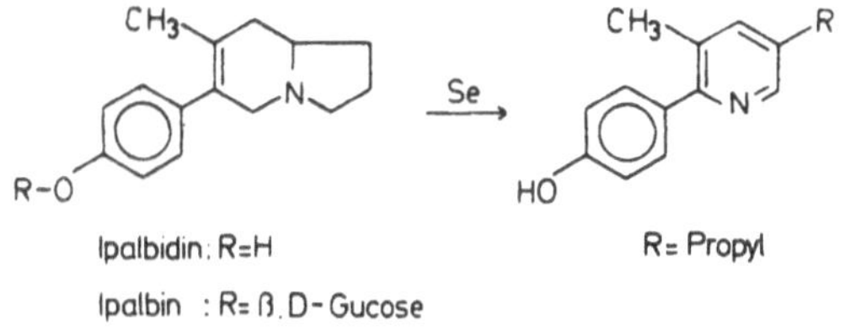

[1]) D. Cartwright, R. A. Gardiner, K. L. Rinehart, Am. Soc. **92**, 7615 (1970)
[2]) J. M. Gourley, R. A. Heacock, A. G. McInnes, B. Nikolin, D. G. Smith, Chem. Comm. 709 (1969)

konnten wie folgt synthetisiert werden[1,2]):

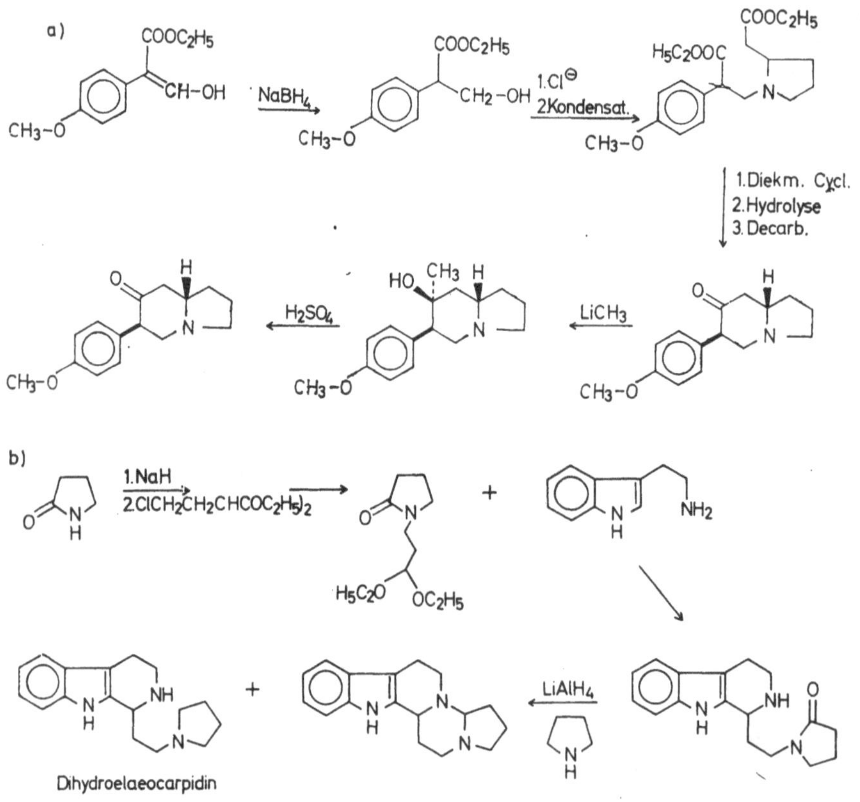

Alkaloide aus dem Peyot-Kaktus

Drei Indolizidin-Ketone konnten aus dem Peyote-Kaktus isoliert werden und besitzen auf Grund der spektroskopischen Untersuchungen die folgenden Strukturen[3]):

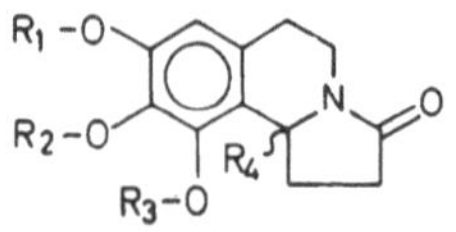

	R_1	R_2	R_3	R_4
I	CH_3	CH_3	CH_3	H
II	CH_3	CH_3	CH_3	H

[1]) T. R. Govindachari, A. R. Sidhave, N. Viswanathan, T. L. **26**, 3829 (1970)
[2]) s. a. A. E. Wick, P. A. Bartlett, D. Dolphin, Helv. **54**, 513 (1961)
[3]) G. J. Kapadia, H. M. Fales, Chem. Comm. 1688 (1968)

Elaeokanin A, B, C, D, E und Elaeokanidin A

sind weitere Alkaloide aus *Eleaocarpus kaniensis* und konnten in ihrer Struktur auf der Basis detaillierter KMR-Untersuchungen abgeklärt werden[1]).

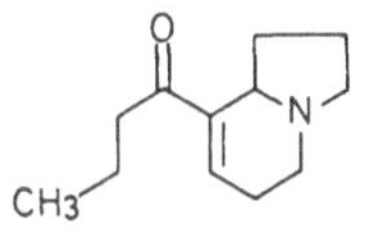

Elaeokanin A

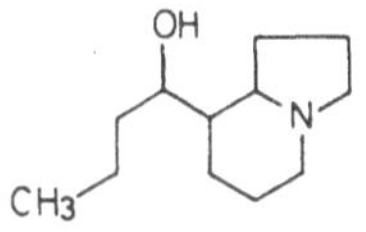

Elaeokanin B

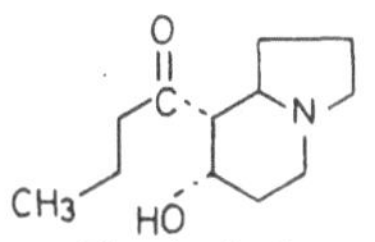

Elaeokanin C

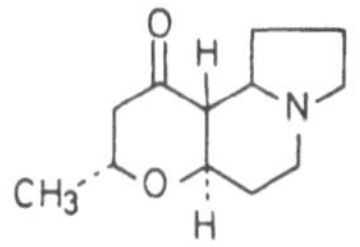

Elaeokanin D

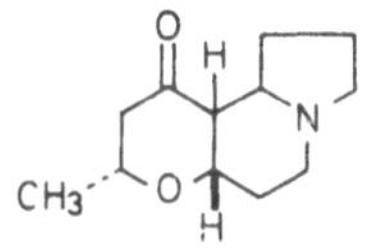

Elaeokanin E

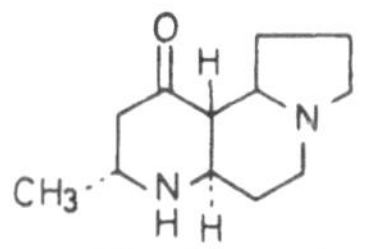

Elaeokanidin A

Bei den Alkaloiden Elaeokanidin B und C handelt es sich nach den bisherigen Untersuchungen um stereoisomere des Elaeokanidin A.

[1]) N. K. Hart, S. R. Johns, J. A. Lamberton, Chem. Soc. D 460 (1971), 359 (1970)

40. Dimere Indol-Alkaloide

Alkaloid	Schmp.	$[\alpha]_D$	Derivat	Vorkommen
Roxburghin-A $C_{31}H_{32}N_4O_2$	290–5°	−264° (M)	—	*Uncaria gambier*[1])
Roxburghin-B $C_{31}H_{32}N_4O_2$	255	−350° (M)	—	*Uncaria gambier*[1])
Roxburghin-C $C_{31}H_{32}N_4O_2$	245–50°	−221° (M)	—	*Uncaria gambier*[1])
Roxburghin-D $C_{31}H_{32}N_4O_2$	197–200°	+160° (M)	—	*Uncaria gambier*[1])
Roxburghin-E $C_{31}H_{32}N_4O_2$	234–6°	−105° (M)	—	*Uncaria gambier*[1])
Isovoafolin $C_{42}H_{48}N_4O_4$	232°	−567° (C)	—	*Voacanga africana*[2])
Voafolin $C_{42}H_{48}N_4O_4$	> 325° (Z)	−310°	Acetyl 250°	*Voacanga africana*[2])
Voafolidin $C_{42}H_{48}N_4O_5$	200°	−300°	—	*Voacanga africana*[2])
Folicangin $C_{42}H_{46}N_4O_5$	200°	−271°	—	*Voacanga africana*[2])
Pycnanthin $C_{40}H_{44}N_4O_2$	> 250°	+321° (C)	—	*Pleiocarpa pycnantha*[3])
Umbellamin $C_{41}H_{48}N_4O_4$	250°	−217° (C)	O-Methyl > 250°	*Hunteria umbellata*[4])
Pleurosin $C_{46}H_{56}N_4O_{10}$	—	—	—	*Vinca rosea*[5])

1) L. Merlini, R. Mondelli, G. Nasini, M. Hesse, T. L. **26**, 2259 (1970)
2) N. Kunesh, B. C. Das, J. Poisson, Bull. 4370 (1970)
3) A. A. Gorman, N. J. Pastor, M. Hesse, W. v. Phillipsborn, U. Renner, H. Schmid, Helv. **52**, 33 (1969)
4) Y. Morita, M. Hesse, H. Schmid, Helv. **52**, 89 (1969)
5) N. Neuss, M. Gorman, N. C. Cone, L. L. Huckstep, T. L. **7**, 783 (1968)

Roxburghin A, B, C, D, E

sind Alkaloide der gleichen Bruttozusammensetzung $C_{31}H_{32}N_4O_2$ und sehr ähnlichem spektralem Verhalten. Nach den spektroskopischen Untersuchungen sind die Dehydroroxburghine B und E identisch und am C-19 antipodal zu den Dehydroroxburghinen C und D, die ebenfalls identisch sind. Da andererseits das Roxburghin E durch Erhitzen mit Zn/Eisessig in Roxburghin B umwandelbar ist, haben beide Alkaloide damit am C-19 die gleiche Konfiguration.

In sehr ausführlichen KMR-Untersuchungen wurde den diastereoisomeren Alkaloiden im Zusammenhang mit den MS-Untersuchungen die folgenden Strukturen zugeordnet, von denen noch nicht mit Sicherheit gesagt werden kann, welche die endgültig richtige ist.

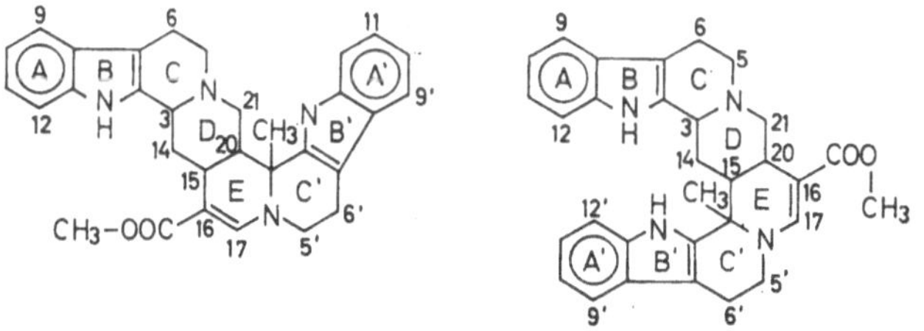

Die massenspektrometrischen Untersuchungen lieferten die folgenden Fragmente und erlaubten damit die Ableitung einer Reihe von Partialstrukturen.

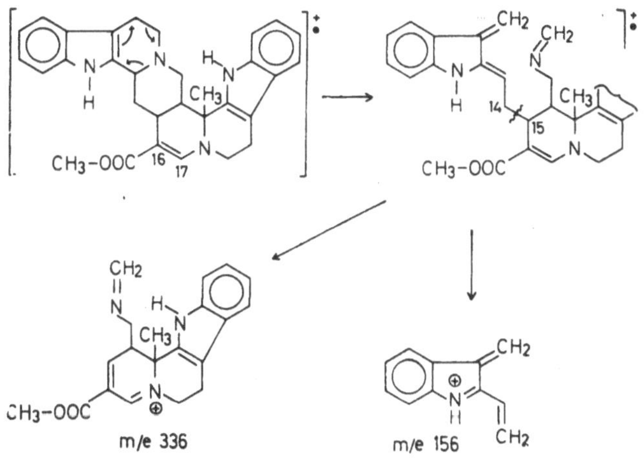

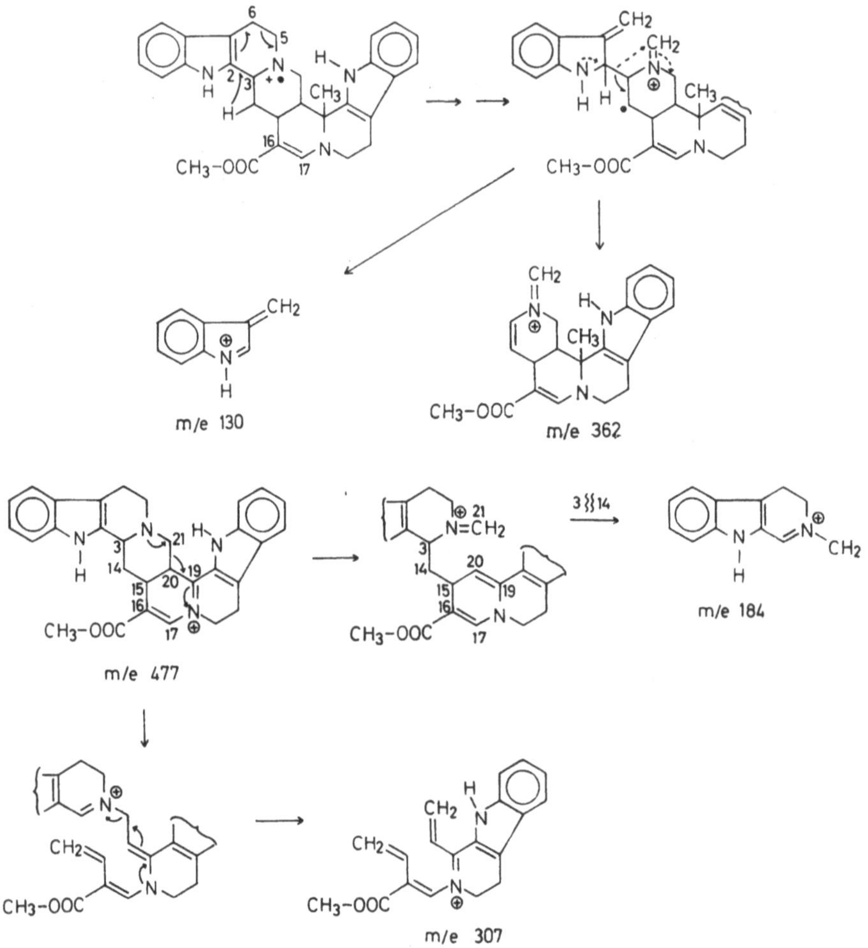

Isovoafolin, Voafolin, Voafolidin und Folicangin

sind neue Alkaloide, die man formal zum Vobtusin-Typ rechnen kann und aus *Voacanga africana* isoliert werden konnten.

[1]) L. Merlini, R. Mondelli, G. Nasini, M. Hesse, T. **26**, 2259 (1970)

Auf Grund der überwiegend spektroskopischen Untersuchungen kommen den Basen die nachstehenden Strukturen zu:

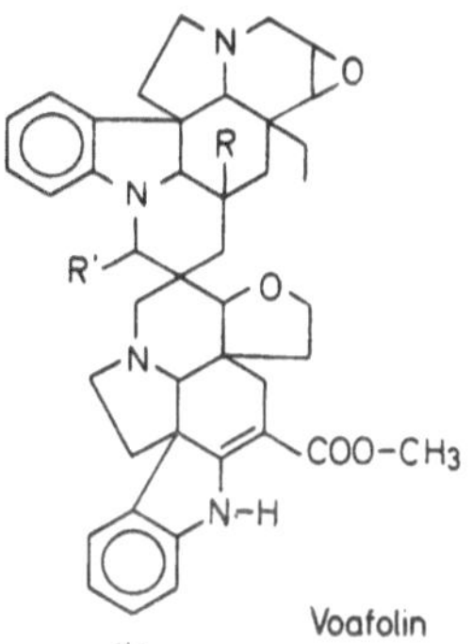

Voafolin	R=H, R'=H
Isovoafolin	R=H, R'=H
Voafolidin	R=OH, R'=H
Folicangin	R=R'=-O-

Die Hauptfragmente besitzen wahrscheinlich die folgenden Strukturen[1]:

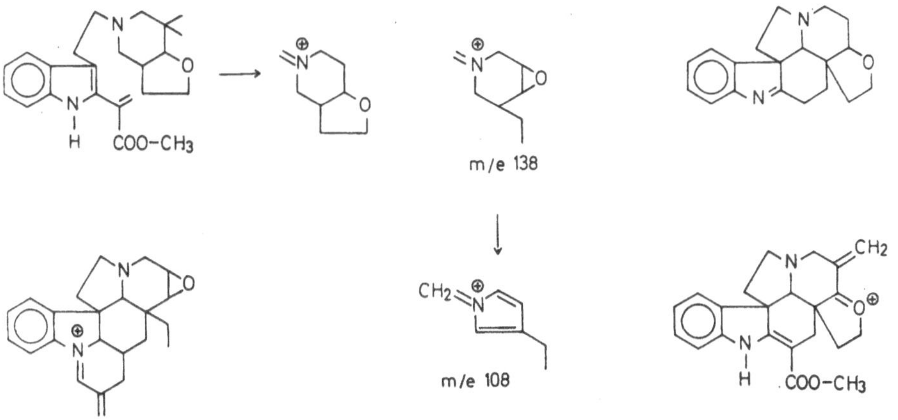

Pycnanthin

Pycnanthin, $C_{40}H_{44}N_4O_2$, enthält eine Methoxy-, zwei C-Methyl- sowie eine Carbomethoxygruppe, geht bei der Reduktion mit $LiAlH_4$ in Pycnanthinol über, während die Reduktion mit H_2/Pt sowohl zu 6',7'-Dihydropycnanthin als auch zu 6',7',8',9'-Tetrahydro-8',9'-*chano*-pycnanthin führt, von denen sich das 6',7'-Dihydropycnanthin als identisch mit Pleiomutinin erwies.

Die säurekatalysierte Solvolyse des Pycnanthins führte neben Formaldehyd zu (+)-Pleiocarpamin sowie bei Gegenwart von Zink und Salzsäure zu 2,7-Dihydropleiocarpamin und Iso-dihydropleiocarpamin, das durch eine Emde-Spaltung der $N_{(b)}$-C-3-Bindung, gefolgt von einer säurekatalysierten Reaktion des $N_{(b)}$ mit dem Indolsystem, gebildet wird.

1) N. Kunesh, B. C. Das, J. Poisson, Bull. 4370 (1970)

Das Erhitzen von 6',7'-Dihydropycnanthin mit Zn in 3 N Salzsäure führte darüberhinaus noch zu Isotuboxenin.

Die Hydrolyse des Pycnanthins unter den analogen Bedingungen führte zu 2,7-Dihydropleiocarpamin, Iso-dihydropleiocarpamin, 6,7-Dehydrotuboxenin und 6,7-Dehydroisotuboxenin sowie ein chromatographisch nicht auftrennbares Gemisch von $N_{(a)}$-Methyl-6,7-dehydro-tuboxenin und $N_{(a)}$-Methyl-6,7-dehydro-isotuboxenin. Erwartungsgemäß führte die Spaltung von Pycnanthin mit methanolischer Salzsäure außer zu Pleiocarpamin zu einem 6,7-Dehydrotuboxenin/6,7-Dehydroisotuboxenin-Gemisch und die analoge Spaltung des 6,7-Dihydropycnanthins zu Tuboxenin und Isotuboxenin. Daß das 6',7'-Dihydro-Derivat sich als identisch mit Pleiomutinin erwies, sollte dem Alkaloid im Zusammenhang mit ausführlichen KMR- und MS-Untersuchungen die nachstehende Struktur zukommen[1]).

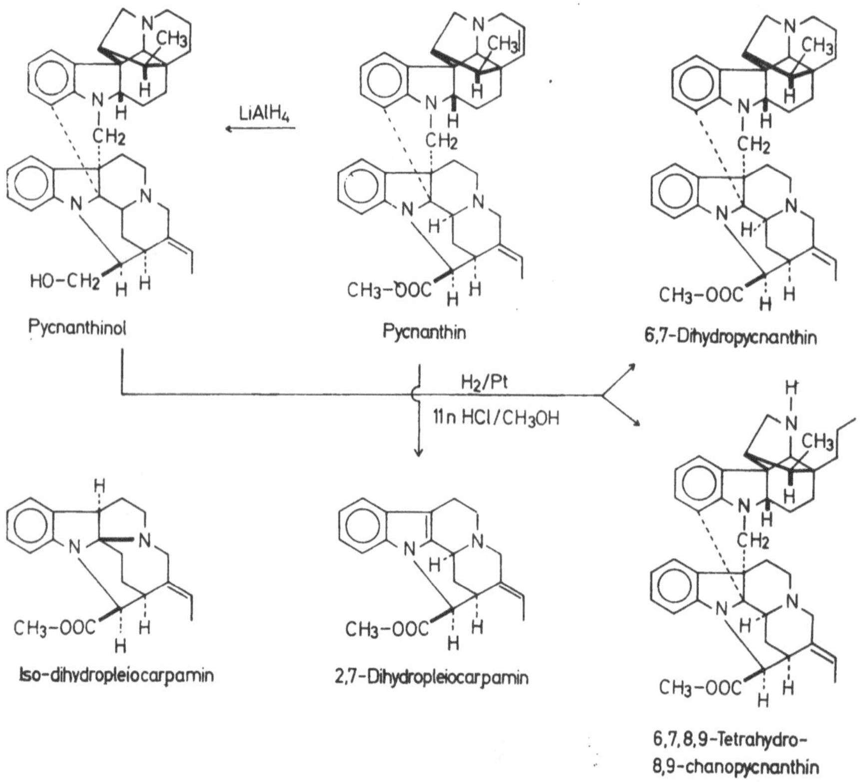

Leurosin und Pleurosin

Leurosin, $C_{46}H_{56}N_4O_9$, besitzt auf Grund neuer Untersuchungen die nachstehende Struktur, da es bei der Behandlung mit vorhydriertem R-Ni in das Desoxy-VLB-B und in Isoleurosin, $C_{46}H_{58}N_4O_8$, das als Desoxy-VLB-A bezeichnet wurde, übergeht, das

[1]) A. A. Gorman, N. J. Dastoor, M. Hesse, W. v. Philipsborn, U. Renner, H. Schmid, Helv. 52, 33 (1969)

seinerseits bei der sauren Spaltung in Vindolin-Derivate und 4-β-Dihydrocleavamin liefert. Somit müssen sich das Desoxy-VLB-A und -B in der Konfiguration am C-4 unterscheiden. Die saure Spaltung des Leurosins führt zu Cleavamin und Desacetylvindolin.
Pleurosin $C_{46}H_{56}N_4O_{10}$ erwies sich als das N_b-Oxid des Leurosins[1]).

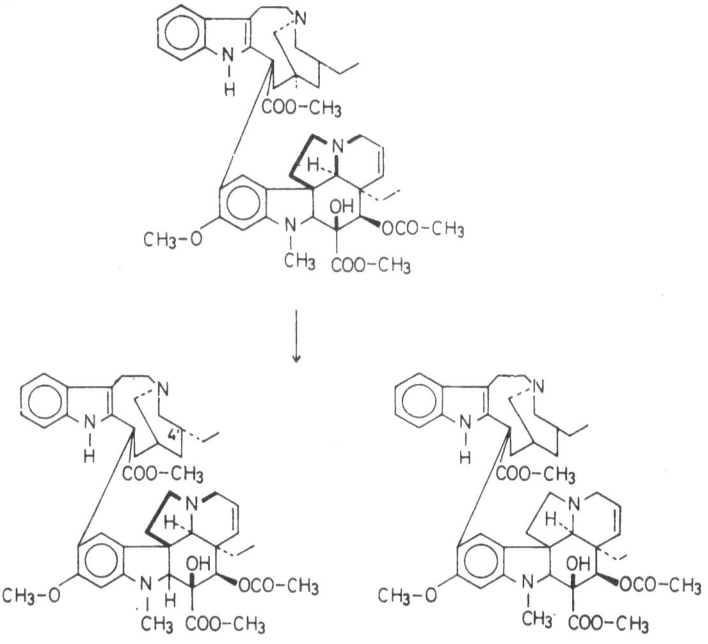

Desoxy VLB - A   Desoxy VLB - B

Die Dimerisierung von Vinca-Alkaloiden gelingt durch Vereinigung eines Chlorindolenins und einer Base.

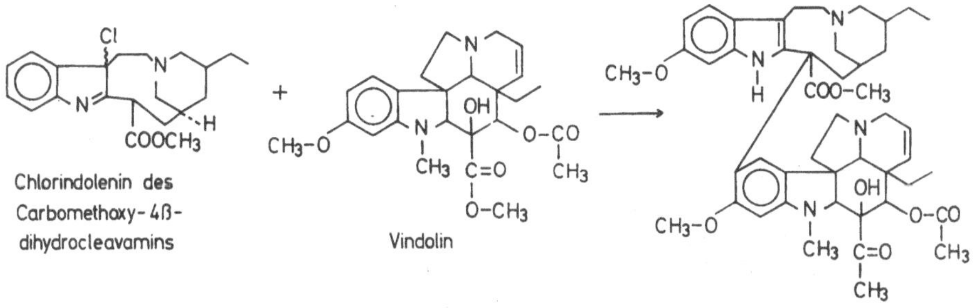

[1]) N. Neuss, M. Gorman, N. J. Cone, L. L. Huckstep, T. L. 7, 783 (1968)

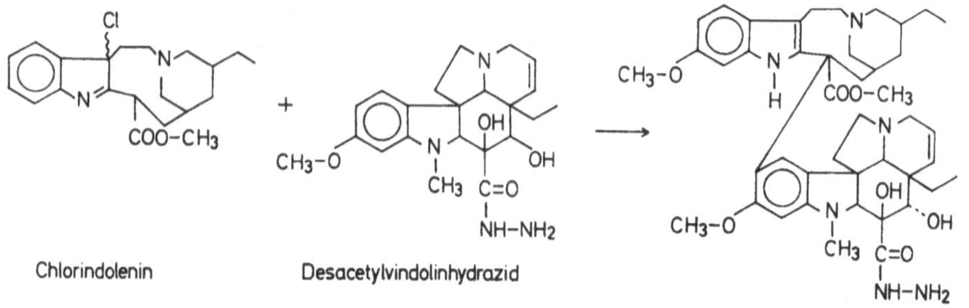

Chlorindolenin Desacetylvindolinhydrazid

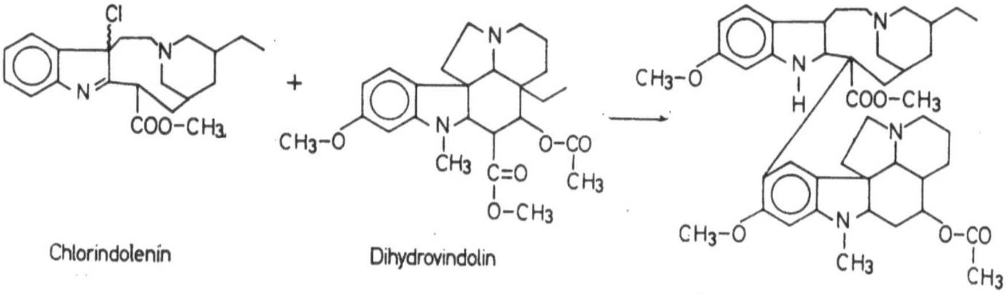

Chlorindolenin Dihydrovindolin

Auf gleichem Wege konnten synthetisiert werden[1]):

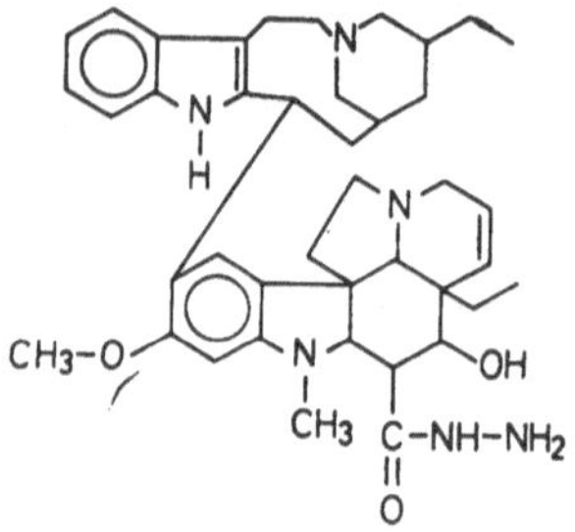

Umbellamin

Umbellamin, $C_{41}H_{48}N_4O_4$, liefert bei der präparativen Pyrolyse (+)-Eburnamenin und geht bei der Reaktion mit Diazomethan in Dimethylformamid in einen O-Methyläther über, der bei der energischen Reduktion mit $LiAlH_4$ ein Diol liefert, das seinerseits bei Einwirkung von Acetanhydrid in eine amorphe Diacetylverbindung übergeht. Da das MS des Diols die charakteristischen Spitzen für den aliphatischen Teil des Pseudoakuammigols aufweist, sollte das Diol aus einem an der Stelle 15 oder 14 substituierten 14,15-Dihydroeburnamenyl-Teil und einem im aromatischen Ring durch Methoxyl und dem Dihydroeburnamenyl-Teil substituierten Pseudoakuammigol-Rest aufgebaut sein.

Die Anwesenheit einer Methoxycarbonylgruppe und eines Ätherringes mit einer CH_2-O-Gruppierung ergibt sich aus der Identifizierung des $LiAlH_4$-Reduktionsproduktes des O-Methylumbellamins, das beim Versetzen mit Acetanhydrid ein O-Monoacetylderivat

[1]) J. P. Kutney, J. Beck, F. Bylsma, W. J. Cretney, Am. Soc. **90**, 4505 (1968)

liefert. Bei Anwesenheit einer Lactongruppierung müßte dagegen eine $-CH_2-O-CH_3$-Gruppe vorliegen, die mit $LiAlH_4$ eine ungewöhnliche Ätherspaltung hätte erleiden müssen. Gegen diese Gruppierung sprechen auch die MS-Untersuchungen des Umbellamins, seines O-Acetylderivates und des Methyläthers.

Die Verknüpfungsstellen der beiden Teile folgte aus den Analysen des Aromaten-Bereiches in den KMR-Spektren.

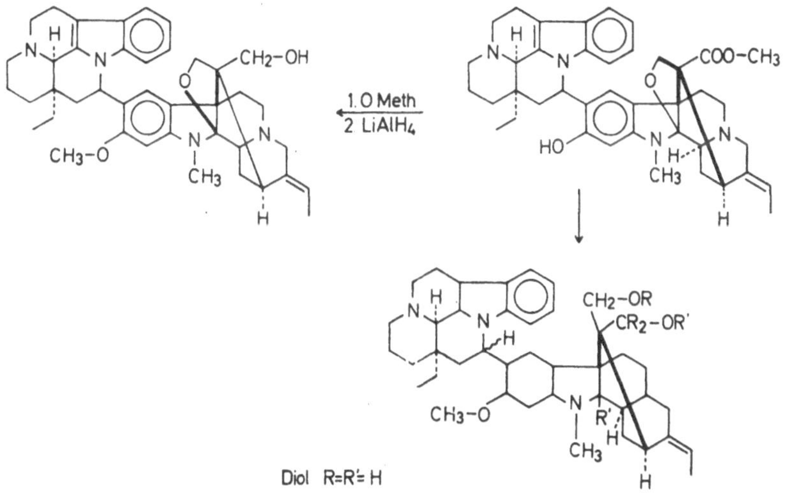

Diol R=R'=H

Diacetyl R=COCH3, R'=H

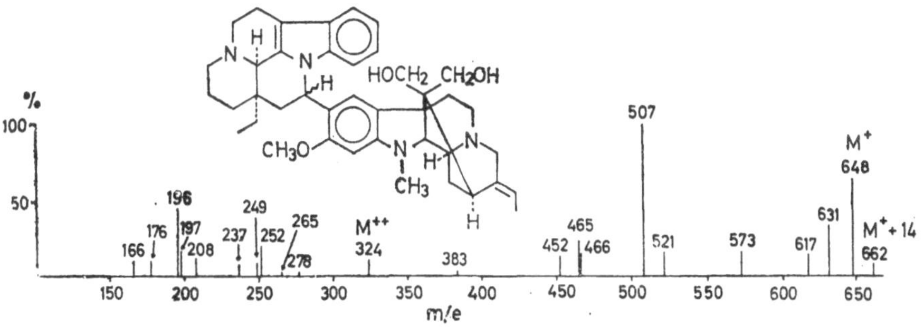

Massenspektrum des Diols

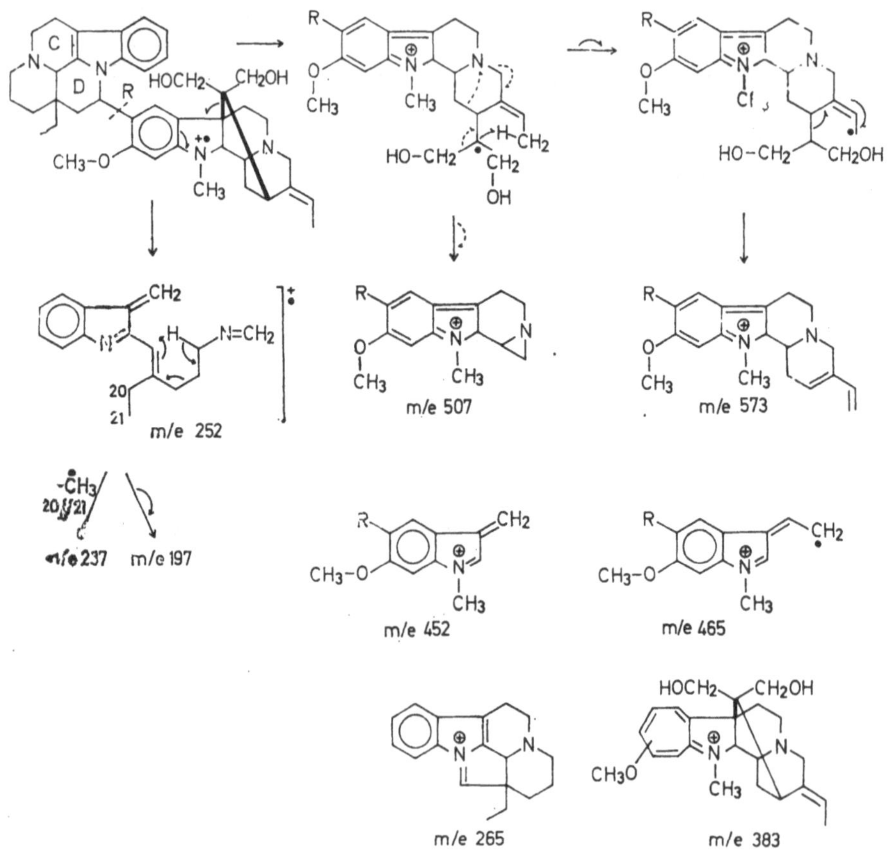

[1]) Y. Morita, M. Hesse, Schmid, Helv, **52**. 89 (1969)

41. Carbazol-Alkaloide

Die Alkaloide mit dem Ringgerüst des Dibenzopyrrols kommen nach den derzeitigen Kenntnissen vor allem in der Rutaceen-Gattung *Murraya*, der Graminaceen-Gattung *Phalaris* und der Elaeagnaceen-Gattung *Shepherdia* vor.

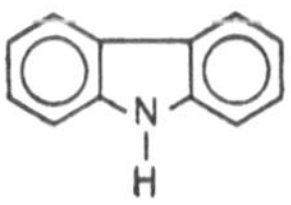

Die bisher aufgefundenen Vertreter dieser Alkaloidgruppe werden hauptsächlich durch drei Strukturtypen repräsentiert:

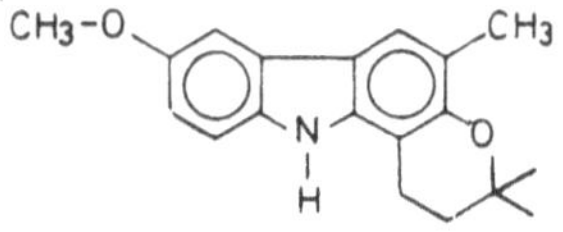

Koenimbin-Typ

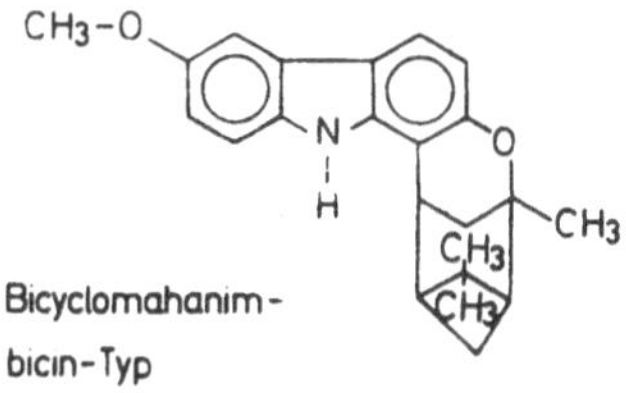

Bicyclomahanim-bicin-Typ

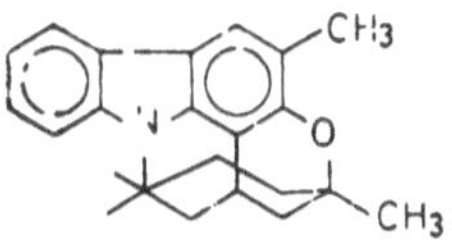

Mahanimbicin-Typ

Alkaloid	Schmp.	$[\alpha]_D$	Derivat	Vorkommen
Murrayacin $C_{18}H_{15}NO_2$	244—5°	0°	—	*Murraya koenigii*[1])
Mahanimbin $C_{23}H_{25}NO$	94°	+52°	Dihydro 101° Tetrahydro 108°	*Murraya koenigii*[2])
Koenigicin $C_{20}H_{21}NO_3$	224—5°	0°	Dihydro 232° N-Methyl 189°	*Murraya koenigii*[3])
Koenimbin $C_{19}H_{19}NO_2$	194—5°	—	Dihydro 250°	*Murraya koenigii*[2]

1) D. P. Chakraborty, K. C. Das, Chem. Comm. 967 (1968)
2) N. S. Narasimhan, M. V. Paradkar, V. P. Chitguppi, T. L. **53**, 5501 (1968)
3) S. P. Kurell, R. S. Kapil, S. P. Popli, Exp. **25**, 790 (1969)

Alkaloid	Schmp.	$[\alpha]_D$	Derivat	Vorkommen
2.9-Dimethyl-6-methoxy-1,2,3,4-tetrahydrocarbolin $C_{14}H_{18}N_2O$	—	—	—	*Phalaris arundinaceo*[1])
Murrayazolidin $C_{23}H_{25}NO$	143°	+20° (C)	Dihydro 176°	*Murraya koenigii*[2])
Mahanimbicin $C_{23}H_{25}NO$	142°	+18° (C)	—	*Murraya koenigii*[3])
Bicyclomahanimbicin $C_{23}H_{25}NO$	218°	—	—	*Murraya koenigii*[4])
Isomahanimbin $C_{23}H_{25}NO$	142°	—	Tetrahydro 166° N-Methyl 94°	*Murraya koenigii*[4])
Koenimbidin $C_{20}H_{21}NO_3$	225°	—	N-Methyl 190° Dihydro 237°	*Murraya koenigii*[4])
Cyclomahanimbin $C_{23}H_{25}NO$	146°	—	Dihydro 136—7° N-Methyl 169°	*Murraya koenigii*[5])
Bicyclomahanimbin $C_{23}H_{25}NO$	145°	—1,2° (C)	Methyl-Der. 156°	*Murraya koenigii*[5])
Mahanimbidin $C_{23}H_{25}NO$	266°	0°	—	*Murraya koenigii*[5])

Murrayacin

Murrayacin, $C_{18}H_{15}NO_2$, eine sek. Base mit einer im IR-Spektrum nachweisbaren NH-Gruppe weist in seinem MS eine Spitze für ein Carbazol-pyrylium-Ion auf, das nur durch den Verlust einer Methylgruppe aus einem Pyranocarbazol-Grundgerüst entstanden sein kann. Die Reduktion des Alkaloids mit $NaBH_4$ führt zu einem Alkohol, der in seinem UV-Spektrum mit dem des Girinimbins weitgehend übereinstimmt. Dementsprechend

1) R. C. S. Audette, H. M. Vijayanagar, J. Bolan, K. W. Clark, Canad. J. **48**, 149 (1970)
2) D. P. Chakraborty, A. Islam, S. P. Dasak, R. Das, Chem. Ind. 593 (1970)
3) S. P. Kurell, R. S. Kapil, S. P. Popli, Chem. Ind. 958 (1970)
4) B. S. Joshi, V. N. Kamat, D. H. Gawad, T. **26**, 1475 (1970)
5) S. P. Kurell, R. S. Kapil, S. P. Popli, T. L. 3857 (1970)

liefert die Zn-Staub-Dest. auch Carbazol und die $LiAlH_4$-Reduktion des Dihydromurrayanins führt zu einem mit Dihydrogirinimbin identischen Produkt[1]).

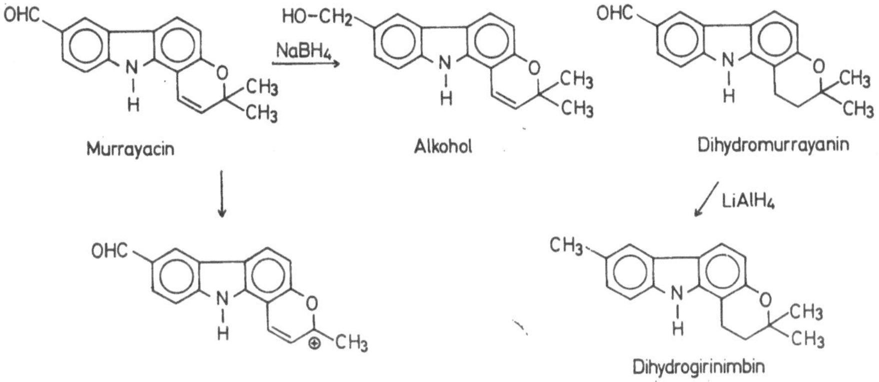

Mahanimbin und Koenimbin,

ein Alkaloid $C_{23}H_{25}NO$, das aus den Stengeln von *Murrayakoenigii* isoliert werden konnte, weist nach der Hydrierung ein 2-Methoxycarbazol-IR-Spektrum auf und besitzt in Übereinstimmung mit den MS-Untersuchungen die folgende Struktur[2,3]):

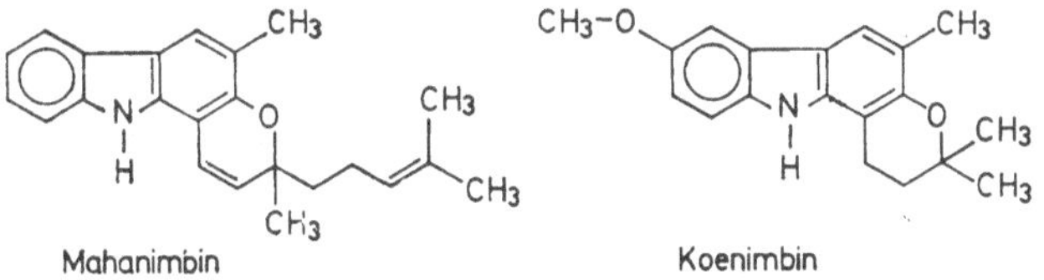

Koenimbin, $C_{19}H_{19}NO_2$, nimmt bei der Hydrierung ein Mol Wasserstoff unter Bildung eines Dihydro-Derivates auf und besitzt auf Grund der überwiegend KMR-spektroskopischen Untersuchungen die vorstehende Struktur, die durch eine Synthese bestätigt werden konnte. Koenimbin enthält in α-Stellung zur $(CH_3)_2$-C-Gruppe eine Doppelbindung.

Koenigicin

Koenigicin, $C_{20}H_{21}NO_3$, konnte auf Grund seiner KMR- und MS-spektrographischen Untersuchungen in seiner Struktur abgeklärt werden[4]).

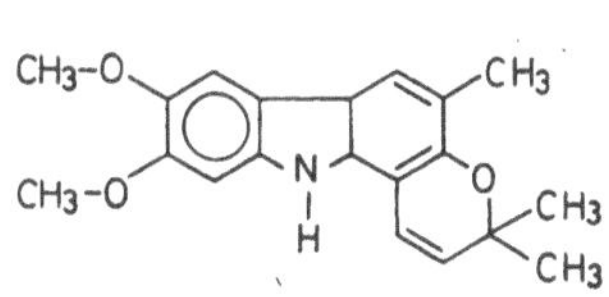

[1]) D. P. Chakraborty, K. C. Das, Chem. Comm. 967 (1968)
[2]) N. S. Narasimhan, M. V. Paradkar, V. P. Chitguppi, T. L. **53**, 5501 (1968)
[3]) S. P. Kureel, R. S. Kapil, S. P. Popli, Chem. Comm. 1120 (1969)
[4]) S. P. Kureel, R. S. Kapil, S. P. Popli, Exp. **25**, 790 (1969)

Murrayazolidin

Murrayazolidin, $C_{23}H_{25}NO$, enthält eine im IR-Spektrum nachweisbare NH-Funktion sowie ein aromatisches und ein im UV-Spektrum erkennbares Carbazol-System. Das KMR-Spektrum war weitgehend mit dem des Mahanimbins identisch, zeigte demgemäß auch Signale für ein benzylisches Methinproton sowie ein Signal für eine geminale Dimethylgruppe und legen damit auch das Vorliegen eines Dihydropyran-Ringes nahe.

Bei der Hydrierung der Base erhält man ein Dihydroderivat, dessen UV-Spektrum den Nachweis für eine nicht in Konjugation zum aromatischen Ring befindlichen Doppelbindung gestattet. Bei der Zn-Staub-Dest. erhält man 3-Methylcarbazol und Formaldehyd.

Murrayazolidin ist damit ein 3-Methylcarbazol, das mit einer C-10-Einheit verknüpft ist. In Übereinstimmung mit den typischen MS-Fragmenten ergibt sich daher die folgende Struktur[1]:

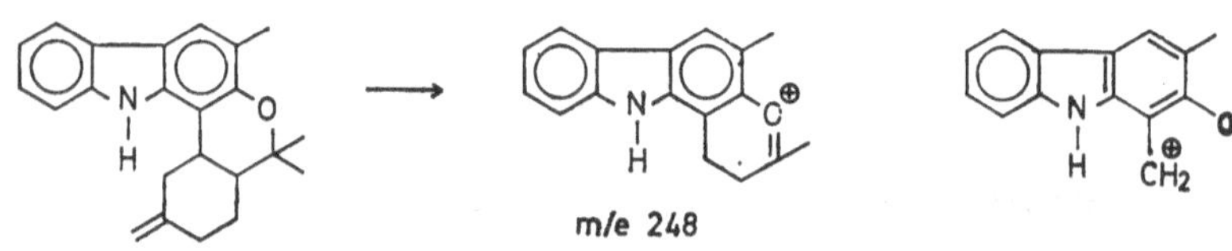

Mahanimbicin,

ein weiteres Alkaloid aus *Murraya koenigii*, weist in seinem IR-Spektrum zwei C-Methyl- und eine sekundäre NH-Funktion und in seinem KMR-Spektrum drei aromatische Protonen sowie ein Isopentenylsystem aus. Im Zusammenhang mit früheren Untersuchungen ist dem Alkaloid daher die angegebene Struktur zuzuordnen[2]).

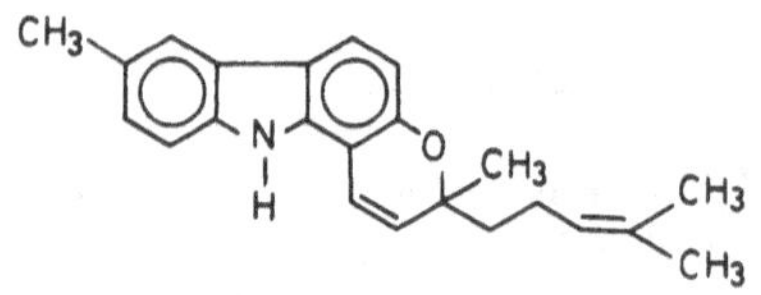

Bicyclomahanimbicin,

ein Alkaloid der Bruttozusammensetzung $C_{23}H_{25}NO$, besitzt auf Grund der KMR-Untersuchungen die nachfolgende Struktur, die durch eine Synthese aus 2-Hydroxy-6-methylcarbazol und Citral bestätigt werden konnte. Die analoge Reaktion kann auch durch Schütteln des Mahanimbicins mit einem Ionenaustauscher Dowex 50-X8 (H+)-Form herbeigeführt werden.

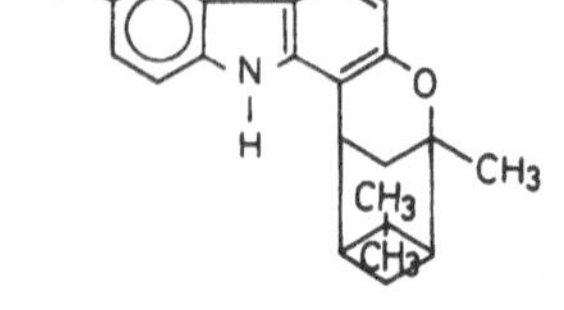

1) D. P. Chakraborty, A. Islam, S. P. Basak, R. Das, Chem. Ind. 593 (1970)

2) S. P. Kureel, R. S. Kapil, S. P. Popli, Chem. Ind. 968 (1970)

Im Hinblick auf die Biosynthese ergibt sich damit aber für das 2-Hydroxy-3-methylcarbazol eine Schlüsselstellung, denn es können folgende Produkte biosynthetisch gewonnen werden[1]):

2-Hydroxy-3-methylcarbazol	2-Hydroxy-6-methylcarbazol
Murrayacin, Girinimbin	Mahanimbicin
Koenimbin, Koenigicin	Bicyclomahanimbicin
Mahanimbin, Cyclomahanimbin,	
Bicyclomahanimbin	

Isomahanimbin

weist ein mit dem Mahanimbin weitgehend identisches UV-Spektrum auf, liefert bei der Reduktion mit Pd/C ein Tetrahydroderivat, bei der Ozonolyse einen Aldehyd sowie ein weiteres Produkt mit drei Aldehydgruppen. Das 100-MHz-KMR-Spektrum liefert einen Hinweis auf die nachfolgende Struktur:

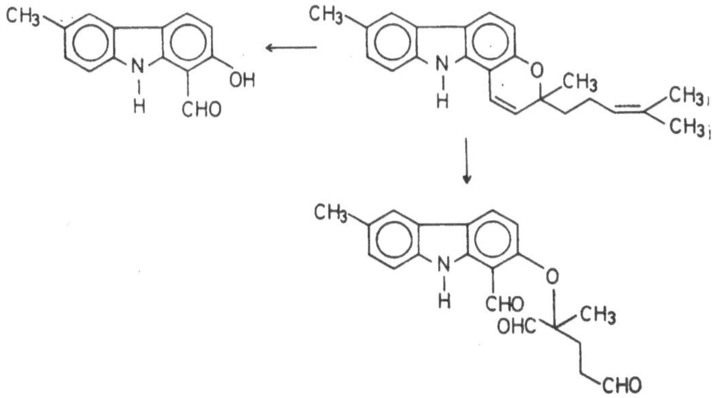

Koenimbidin

ist ein weiteres Alkaloid dieses Strukturtyps und weist ein mit dem Koenimbin weitgehend identisches UV-Spektrum auf.

Das 100-MHz-KMR-Spektrum sowohl der Base als auch des N-Methyl-Derivates erlaubt die folgende Strukturzuordnung[2]).

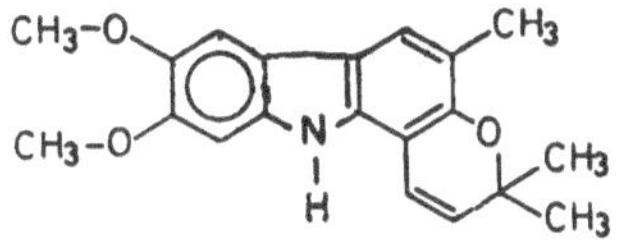

1) S. P. Kureel, R. S. Kapil, S. P. Popli, Chem. Ind. 958 (1970)
2) B. S. Joshi, V. N. Kamat, D. H. Gawad, T. **26**, 1475 (1970)

Cyclomahanimbin

Cyclomahanimbin, $C_{23}H_{25}NO$, ist ebenfalls aus den Blättern von *Murraya koenigii* isolierbar und besitzt auf Grund der spektroskopischen Untersuchungsbefunde die folgende Struktur und könnte aus dem Mahanimbin wie folgt gebildet werden[1]:

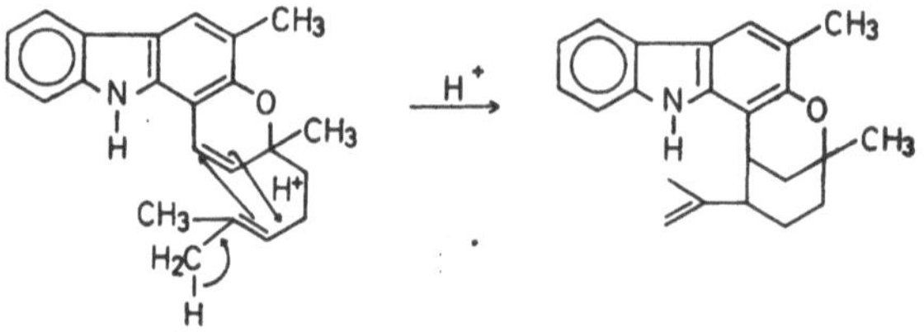

Bicyclomahanimbin

ist ein Alkaloid aus der gleichen Pflanze und der gleichen Bruttozusammensetzung und weist in seinem spektralen Verhalten auf eine weitgehend ähnliche Struktur wie die des Cyclomahanimbins hin. Die mögliche Umwandlung des Mahanimbins in das Bicyclomahanimbin kann wie folgt erklärt werden[2]:

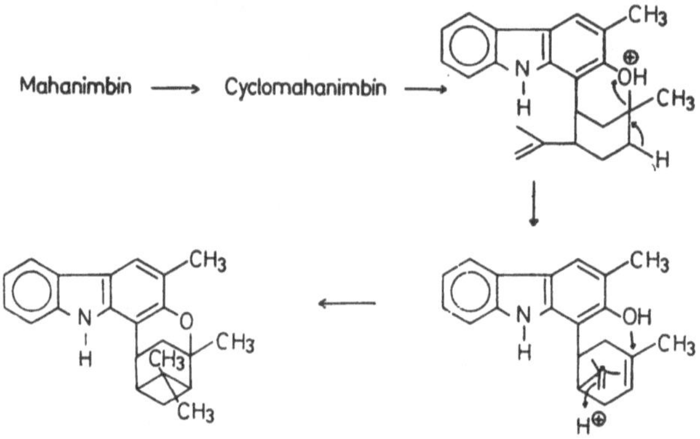

Mahanimbidin

besitzt ebenfalls die Bruttozusammensetzung $C_{23}H_{25}NO$ und ist optisch inaktiv. Die Ergebnisse der spektroskopischen Untersuchungen legen die folgende Struktur nahe, die wie folgt aus dem Mahanimbin gebildet werden kann[3].

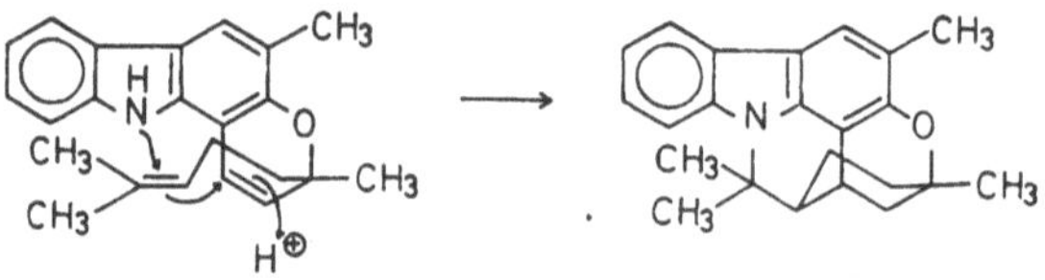

[1]) S. P. Kureel, R. S. Kapil, S. P. Popli, T. L. 3857 (1970)
[2]) S. P. Kureel, R. S. Kapil, S. P. Popli, T. L. 3857 (1970)
[3]) S. P. Kureel, R. S. Kapil, S. P. Popli, T. L. 3857 (1970)

Die voranstehenden Strukturen und auch die Bildung des Bicyclomahanimbins konnte durch eine Synthese bestätigt werden[1]).

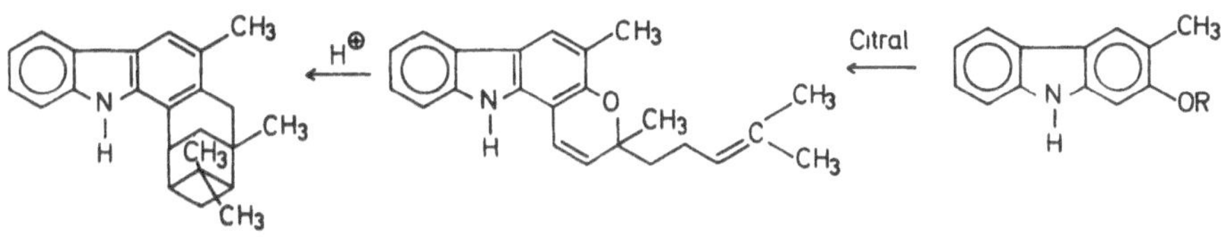

Synthesen

1. Synthese des Koenins, Koenimbins und Girinimbins[2]):

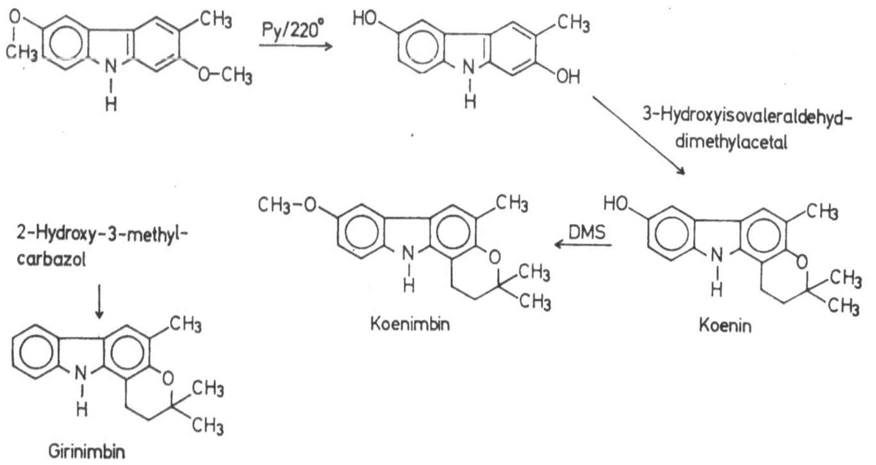

2. Synthese des Mahanimbins[3]):

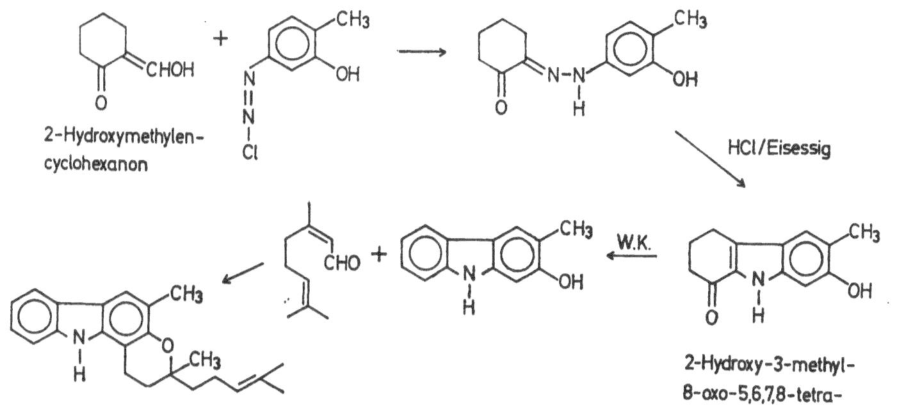

[1]) S. P. Kureel, R. S. Kapil, S. P. Popli, Chem. Comm. 1120 (1969)
[2]) S. P. Kurell, R. S. Kapil, S. P. Popli, Chem. Ind. 1262 (1970)
[3]) D. P. Chakraborty, D. Chatterjee, S. N. Ganguly, Chem. Ind. 1662 (1969)

3. Synthese des Girinimbins:

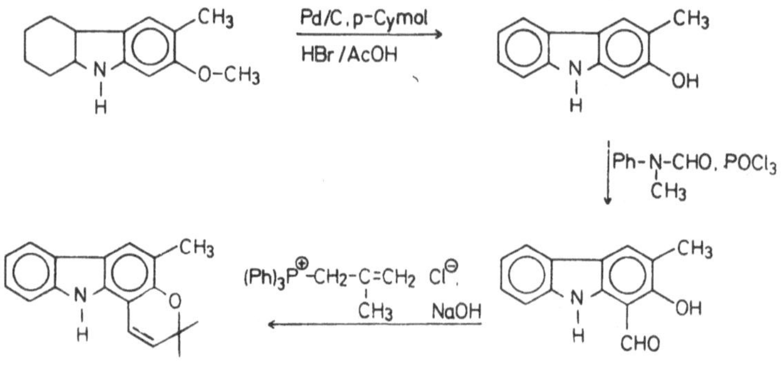

4. Synthese des Mahanimbins:

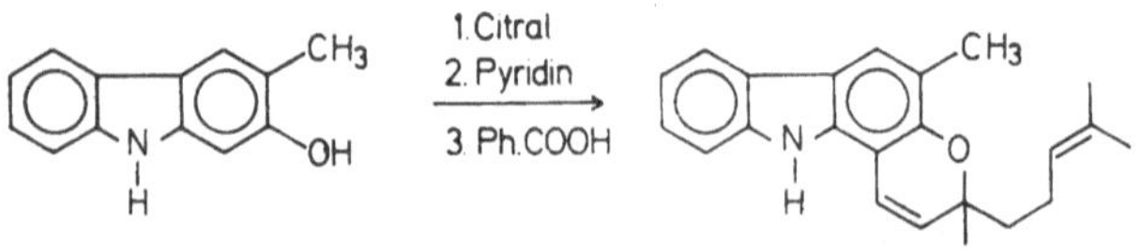

[1]) N. S. NARASIMHAN, M. V. PARADKAR, A. M. GOKHALE, T. L. **19**, 1665 (1970)

5. Synthese des Murrayanins[1]):

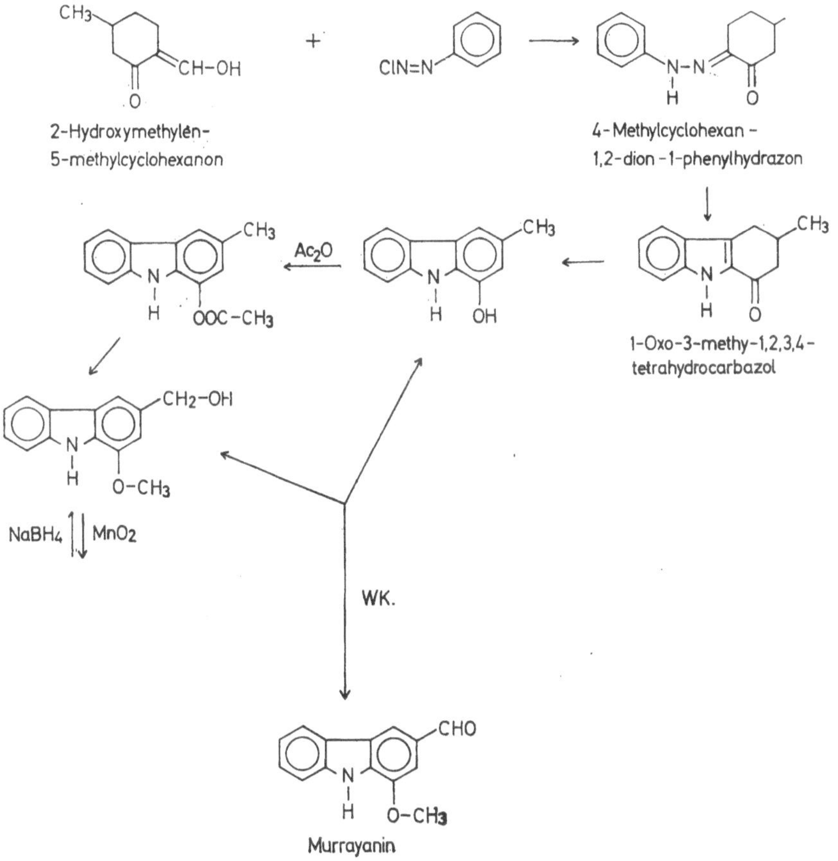

6. Synthese des Heptaphyllins[2]):

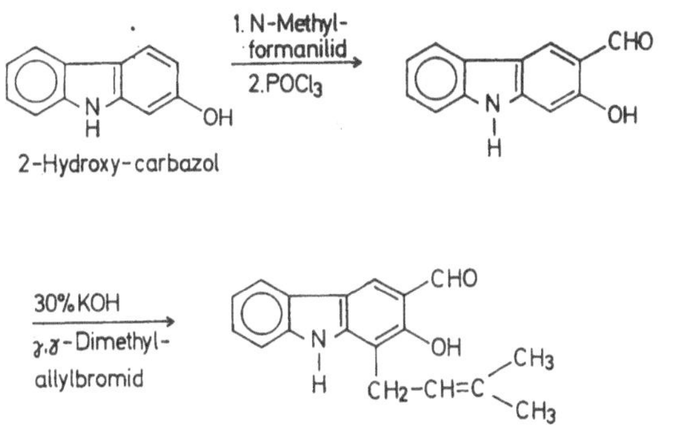

[1]) D. P. Chakraborty, B. K. Chowdhury, Org. Chem. **33**, 1265 (1968)
[2]) B. S. Joshi, D. F. Rane, Chem. Ind. 685 (1968)

42. Acridin-Alkaloide

Alkaloide mit dem Ringgerüst des Acridins finden sich in mehreren Arten der Rutaceen-Gattungen *Acronychia*, *Melicope*, *Haplophyllum*, *Teclea* und *Atalantia*, und sind zumeist von Furochinolinen begleitet.

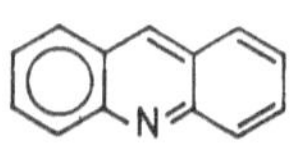

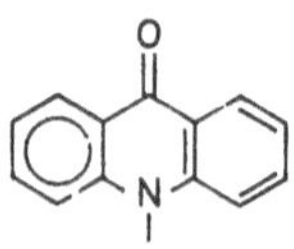

Alkaloid	Schmp.	$[\alpha]_D$	Derivat	Vorkommen
Atalaphyllin $C_{23}H_{25}NO_4$	246°	—	Tetrahydro 225° N-Methyl 192	*Atalantia monophylla*[1])
N-Methylataphyllin $C_{24}H_{27}NO_4$	192°	—	—	*Atalantia monophylla*[1])
Tecleanthin $C_{17}H_{15}NO_5$	158°	—	Pikronolat 175° Pikrat 171	*Teclea natalensis*[2])
1-Hydroxy-2.3-dimethoxy-N-methyl-acridon, $C_{16}H_{15}NO_4$	175—7°	—	Trimethoxy-Der. 168—70°	*Fagara leprieurii*[3])

Atalaphyllin und N-Methylatalaphyllin,

zwei Alkaloide aus dem wildwachsenden Baum *Atalantia monophylla*, weisen drei spektroskopisch nachweisbare Hydroxygruppen, eine Carbonylfunktion und ein für 9-Acridone typisches UV-Spektrum auf. Die Verätherung mit Diazomethan liefert einen Methyläther mit einer freien Hydroxygruppe und der Umsatz mit Formaldehyd ein Bicycloatalaphyllin.

[1]) T. R. Govindachari, N. Viswanathan, B. R. Pai, V. N. Ramachandran, P. S. Subramaicum, T. **26**, 2905 (1970)
[2]) K. H. Pegel, W. G. Wright, Chem. Soc. (B) 2327 (1969)
[3]) L. Fonzes, F. Winternitz, C. R. Ser. C. 990 (1968)

In Übereinstimmung mit den MS- und KMR-Untersuchungen gilt die folgende Struktur als gesichert[1]:

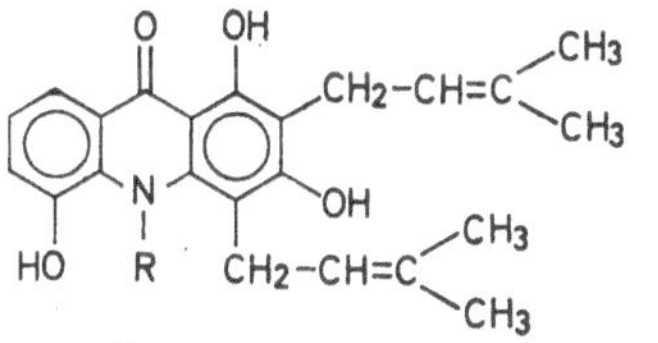

Atalaphyllin N-Methyl: R:CH_3

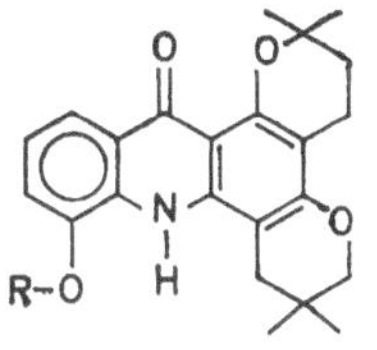

Bicyclo

Tecleanthin

Tecleanthin, $C_{17}H_{15}NO_5$, weist in seinem UV- und Massenspektrum auf eine 9-Acridon-Grundstruktur hin und konnte durch KMR-Untersuchungen in seiner Struktur abgeklärt werden[2].

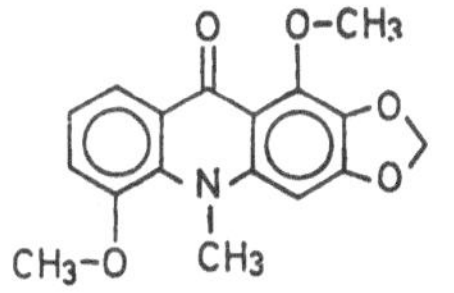

1-Hydroxy-2.3-dimethoxy-N-methylacridon

ist ein aus *Fagara leprieurii* isolierbares Alkaloid der Zusammensetzung $C_{16}H_{15}NO_4$, das nach Ausweis des KMR-Spektrums eine phenolische Hydroxy-, zwei Methoxy- und eine N-Methylgruppe besitzt. Auf Grund der spektroskopischen Befunde ist dem Alkaloid die nachstehende Struktur zugeordnet worden[3].

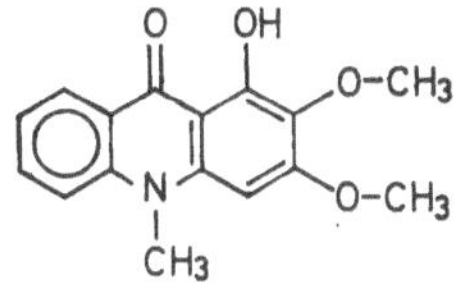

[1]) T. T. Govindachari, N. Viswanathan, B. R. Pai, V. N. Ramachandran, P. S. Subramaniam, T. L. **26**, 2905 (1970)

[2]) K. H. Pegel, W. G. Wright, Chem. Soc. (B) 2327 (1969)

[3]) L. Fouzes, F. Winternitz, C. R. Ser. C 930 (1968)

Acronycin

Synthese[1]):

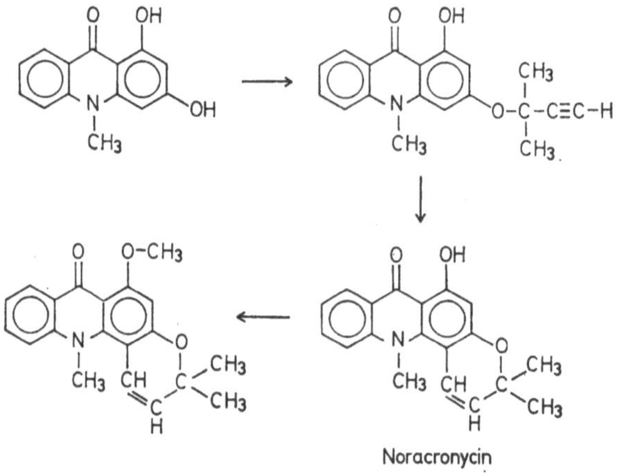

Meloscin

Die absolute Konfiguration des Meloscin-methobromids, das aus Äthanol unter Einschluß von Lösungsmittel in der Raumgruppe $P2_12_12_1$ und den Dimensionen a = 10,01, b = 17,79, c = 11,43 Å krist., konnte durch eine Rö-Kristallstrukturanalyse festgelegt werden[2]).

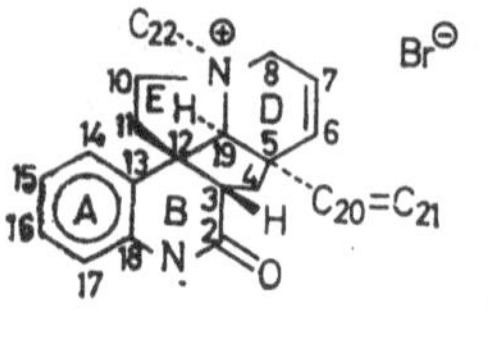

[1]) J. Hlubucek, E. Ritchie, W. C. Taylor, Chem. Ind. 1909 (1969)
[2]) W. E. Oberhänsli, Helv. 52, 1908 (1969)

43. Chinolin-Chinolon-Alkaloide

Vertreter der Alkaloide mit einem Chinolin- oder Chinolon-Grundgerüst finden sich bei höheren Pflanzen hauptsächlich in den Familien der Rutaceen und Ranuculaceen, vereinzelt aber auch in Vertretern der Familie der Compositaceen.

Alkaloid	Schmp.	$[\alpha]_D$	Derivat	Vorkommen
Bucharain $C_{19}H_{25}NO_4$	151–2°	—	Dibromid 145–6° O-Acetyl 168–9° N-Acetyl 142–3	*Haplophyllum bucharicum*[1])
5-Hydroxy-1-methyl- 1-phenyl-4-Chinolon $C_{16}H_{13}NO_2$	174–6°	—	—	*Lunasia quercifolia*[2])
Halfordamin $C_{12}H_{13}NO_4$	240–1°	—	—	*Halfordium scleroxyla*[3])
Ptelefolon $C_{17}H_{19}NO_4$	70–1°	+1,9° (C)	—	*Ptelea trifoliata*[4])
Noroxyhydrastinin $C_{10}H_9NO_3$	182–3°	—	—	*Thalictrum minus var, adiantifolium*[5])
Thalifolin $C_{11}H_{13}NO_3$	210–11°	—	—	*Thalictrum minus*[6])
Thalactamin $C_{13}H_{15}NO_4$	112–4°	—	—	*Thalictrum minus*[6])
Ptelefructin $C_{19}H_{25}NO_5$	146–9°	—	—	*Ptelea trifoliata*[7])
Isoptelefolin $C_{18}H_{23}NO_5$	145–6°	—	—	*Ptelea trifoliata*[7])
Ptelefolidin $C_{17}H_{19}NO_5$	118–9°	—	—	*Ptelea trifoliata*[7])
Ptelefolidinmethyläther $C_{18}H_{21}NO_5$	133–5°	—	—	*Ptelea trifoliata*[7])
Bucharidin $C_{19}H_{25}NO_4$	251–2°	—	—	*Haplophyllum bucharicum*[8])
Unbenanntes Alkaloid $C_{19}H_{23}NO_2$	114–5°	—	Dihydro 235° = Dihydroflindersin	*Haplophyllum tuberculatum*[9])
Pumiliotoxin-C $C_{13}H_{25}N$	—	—	HCl 230–40°	*Dendrobates pumilio*[5])

Alkaloid	Schmp.	$[\alpha]_D$	Derivat	Vorkommen
Pumiliotoxin-A $C_{19}H_{33}NO_2$	—	—	—	*Dendrobates pumilio*[4])
Pumiliotoxin-B $C_{19}H_{33}NO_3$	—	—	—	*Dendrobates pumilio*[4])

Der Einbau von Anthranilsäure und einer Ornithineinheit in Peganin (Vasicin) konnte erneut bestätigt werden.[10]) Die Acridonalkaloide aus *Acronychia baueri* und *Evodia xanthoxyloides* werden aus Anthranilsäure, N-Methylanthranilsäure und 4-Hydroxy-1-methyl-2(1H)-chinolon aufgebaut.[11]) Der Ring C des Arborinins entsteht aus Acetat; in das Alkaloid werden 1,3-Dihydroxyacridin, 1,3-Dimethoxy-10-methylacridiniumsalz und 1,3-Dimethoxy-10-methylacridon eingebaut.[12]) Arborin entsteht aus N-Methylanthranilsäure und Phenylalanin, das einschließlich des Stickstoffs und ohne die Carboxylgruppe inkorporiert wird.[13]) Andere Autoren haben Hinweise, daß Arborin aus Anthranilsäure und Phenylalanin über Phenylessigsäure und N-Methyl-N-(phenylacetyl)-anthranilsäure entsteht.[14])

Thalactamin

Thalactamin, $C_{13}H_{15}NO_4$, ein Alkaloid aus den oberirdischen Teilen von *Thalictrum minus*, besitzt auf Grund der spektroskopischen Untersuchungen die Struktur eines 1-Oxo-2-methyl-5,6,7-trimethoxy-1,2-dihydroisochinolins, mit einer Doppelbindung am C-3.

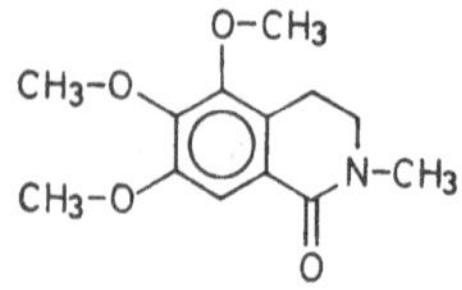

Die Synthese der Base erfolgte durch Formaldehyd-Cyclisierung des 2,3,4-Trimethoxyphenäthylamins zu 2-Methyl-5,6,7-trimethoxy-1,2,3,4-tetrahydroisochinolin und $KMnO_4$-Oxydation sowie anschließender Zn-Staub-Destillation zu Thalactamin[15]).

[1]) S. M. Scharafutdinov, S. Y. Yunusov, Chem. nat. Verb. 194 (1968)
[2]) N. K. Hart, S. R. Johns, J. A. Lamberton, J. R. Price, Austral. J. **21**, 1389 (1968)
[3]) W. D. Crow, J. H. Hodgkin, Austral. J. **21**, 3075 (1968)
[4]) J. Reisch, K. Szendrei, V. Papay, J. Novak, E. Minker, T. L. **38**, 3365 (1970)
[5]) R. W. Doskotch, P. L. Schiff, J. L. Beal, T. **25**, 469 (1969)
[6]) N. M. Mollov, H. B. Dutschewska, T. L. **24**, 1951 (1969)
[7]) J. Reisch, K. Szendrei, V. Papay, E. Minker, T. L. 1945 (1970)
[8]) Ssch. Faisutdinova, J. A. Bessonova, S. Y. Yunusov, Chem. nat. Verb. 445 (1969)
[9]) D. Lavie, N. Danielli, R. Weitman, E. Glotter, T. **24**, 3011 (1968)
[10]) D. R. Liljegren, Phytochemistry **10**, 2661 (1971)
[11]) R. H. Prager, H. M. Thredgold, Austral. J. **22**, 2627 (1969)
[12]) S. Johne, H. Bernasch, D. Gröger, Pharmazie **25**, 777 (1970)
[13]) S. Johne, K. Waiblinger, D. Gröger, Europ. J. Biochem. **15**, 415 (1970)
[14]) D. G. O'Donovan, H. Horan, Chem. Soc. (C) (London) **1970**, 2466
[15]) N. M. Mollov, H. B. Dutschewska, T. L. **24**, 1951 (1969)

Bucharidin

Bucharidin, $C_{19}H_{27}NO_4$, soll auf Grund spektroskopischer Untersuchungen die folgende Struktur besitzen[1]):

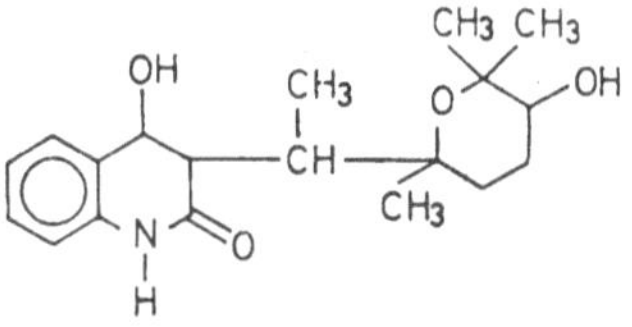

Unbenanntes Alkaloid

Die Struktur eines neuen Alkaloides aus *Haplophylum tuberculatum* konnte durch die Fragmentierung im MS zu einem Chinolon, das beim Versetzen mit Diazomethan einen Methyläther liefert, weitgehend abgeklärt werden. Das MS dieses 3-Dimethylallyl-4-hydroxy-2-chinolons ist weitgehend mit dem des Dihydroflindersins identisch.

Da die saure Cyclisierung des Chinolons zu Dihydroflindersin führt, muß dem Alkaloid die Struktur eines 3-Dimethylallyl-4-dimethylallyloxy-2-chinolons zukommen[2]).

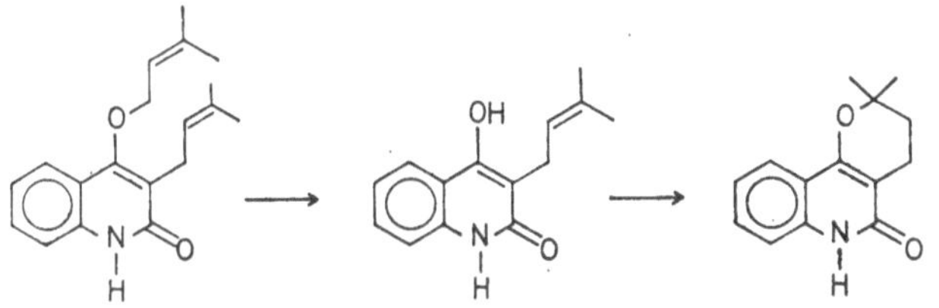

Dihydroflindersin

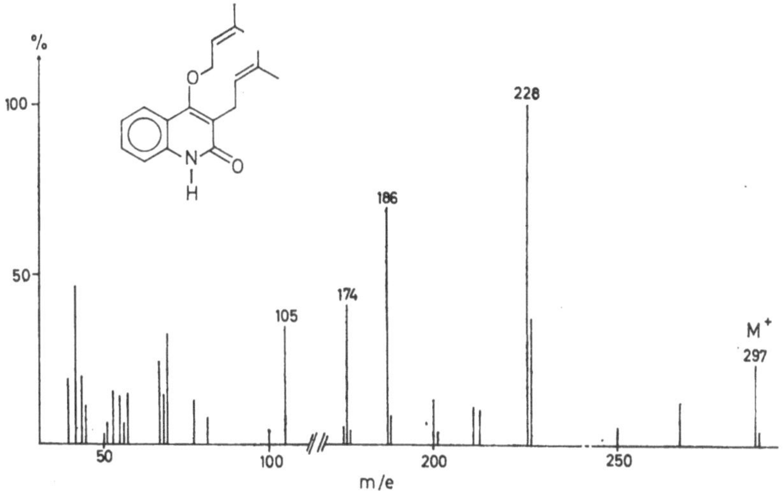

[1]) S. Sch. Faisuddinowa, I. A. Bessonova, S. Y. Yunusov, Chem. nat. Verb. 455 (1969)
[2]) D. Lavie, N. Danielli, R. Weitman, E. Glotter, T. 24, 3011 (1968)

Bucharain

Bucharain, $C_{19}H_{25}NO_4$, ist eine sek. Base mit einer im IR-Spektrum nachweisbaren Carbonylbande, einer Doppelbindung; bildet bei der Methylierung ein N-Methylderivat und besitzt ein UV-Spektrum, eines 2-Chinolons. Auf Grund der Ergebnisse der Hydrierung und der übrigen spektroskopischen Untersuchungen ist dem Alkaloid die nachstehende Struktur zugeordnet worden[1,2]:

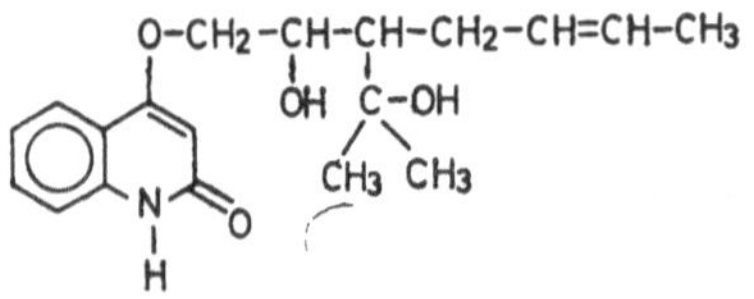

Alkaloid A

Ein Alkaloid der Zusammensetzung $C_{16}H_{13}NO_2$ konnte auf Grund der vergleichenden spektroskopischen Untersuchungen mit dem bereits bekannten Alkaloid Edulein als 5-Hydroxy-1-methyl-2-phenyl-4-chinolon erkannt werden[3].

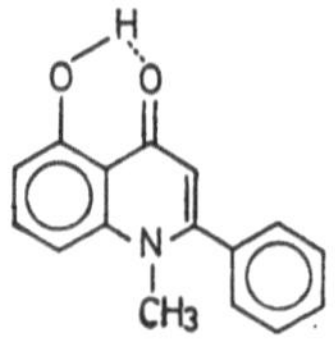

[1]) S. M. Scharafutdinova, S. Y. Yunusov, Chem. nat. Verb. 198 (1968)
[2]) S. M. Scharafutdinova, S. Y. Yunusov, Chem. nat. Verb. 394 (1969)
[3]) N. K. Hart, S. R. Johns, J. A. Lamberton, J. R. Price, Austral. J. **21**, 1389 (1968)

Thalifolin und Noroxyhydrastinin

konnten in ihrer Struktur auf Grund des nachstehend aufgeführten Fragmentierungsverhaltens im MS in ihrer Struktur abgeklärt werden.

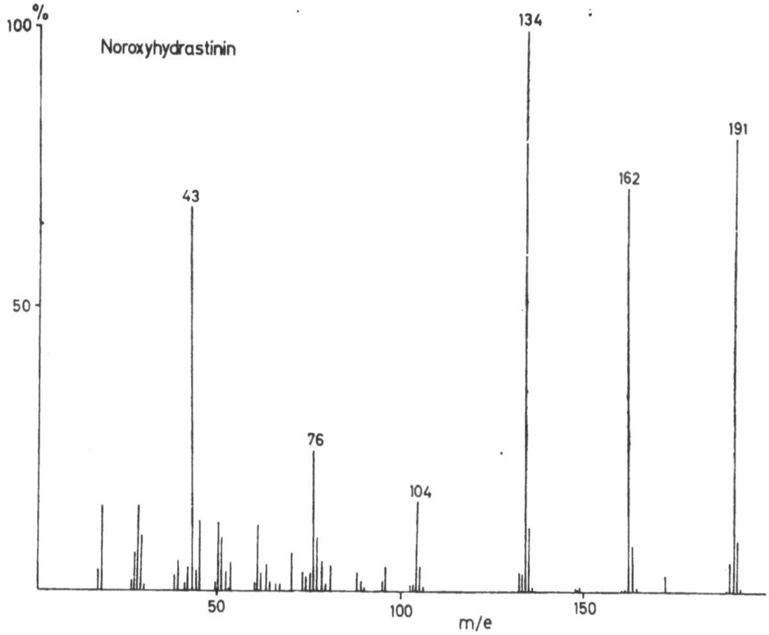

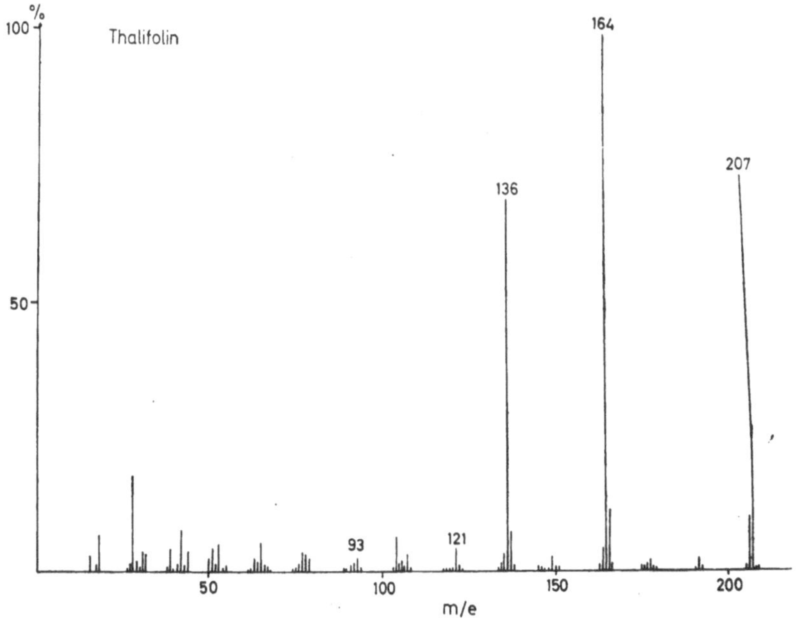

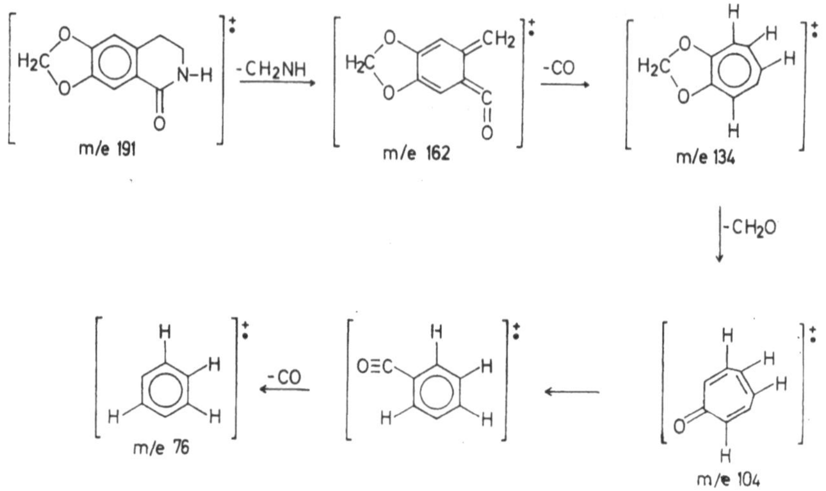

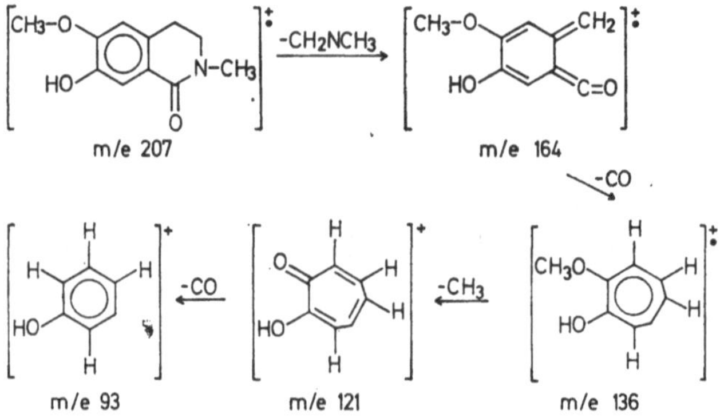

Eine weitere Bestätigung der vorgeschlagenen Struktur ist in der vom 3-Methoxy-4-benzyloxy-β-phenäthylamin ausgehenden Synthese des Thalifolins zu sehen.

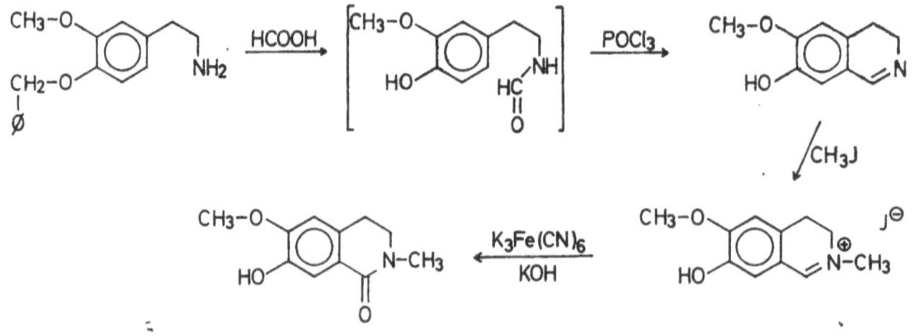

[1]) R. W. Doskotch, P. L. Schiff, J. L. Beal, T. **25**, 469 (1969)

Methylierungen und Desmethylierungen verlaufen beim Glycorin und Arborin im Sinne der folgenden Übersicht[1]):

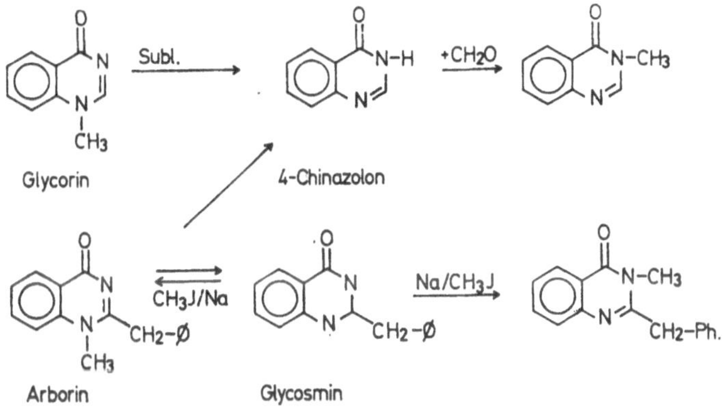

Edulitin

Eine Synthese für das aus dem mexikanischen Baum *Casimiroa edulis* isolierte Alkaloid Edulitin gelang auf dem folgenden Weg[2]):

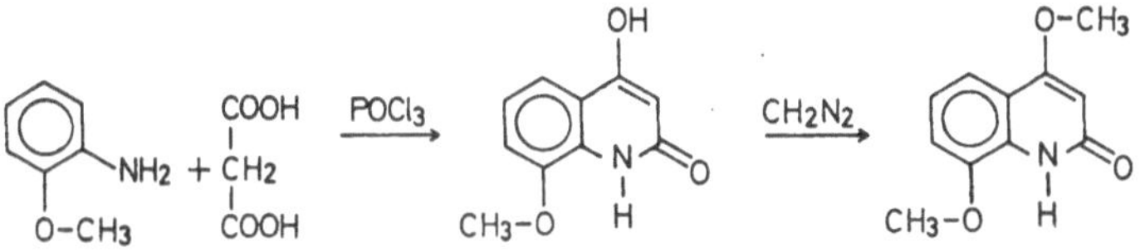

Halfordamin

Halfordamin, $C_{12}H_{13}NO_4$, ein Nebenalkaloid aus *Halfordium scleroxyla* besitzt auf Grund der spektroskopischen Untersuchungen wahrscheinlich die nachstehende Struktur[3]) (mit aromatischem Ring A):

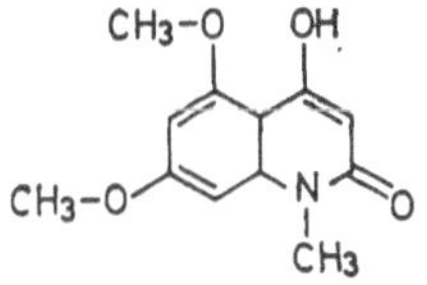

[1]) S. C. Pakrashi, J. Bhattacharyya, T. **24**, 1 (1968)
[2]) Th. Kappe, E. Ziegler, T. L. **16**, 1947 (1968)
[3]) W. D. Crow, J. H. Hodgkin, Austral. J. **21**, 3075 (1968)

Zur Stereochemie der Chinolon-Alkaloide

Vielfach standen in den letzten Jahren Untersuchungen zur Stereochemie im Vordergrund des Interesses. So konnten die relative Konfiguration einiger Chinolon-Alkaloide durch die Ozonolyse in Chloroform bei 0° und anschließender Oxydation mit 30%igem Wasserstoffperoxid abgeleitet werden.

Die Alkaloide (+)-Balfourodin und (—)-Balfourolon liefern hierbei ein (+)-Lacton, während das (—)-Isobalfourodin dabei in ein (—)-Lacton übergeht[1]).

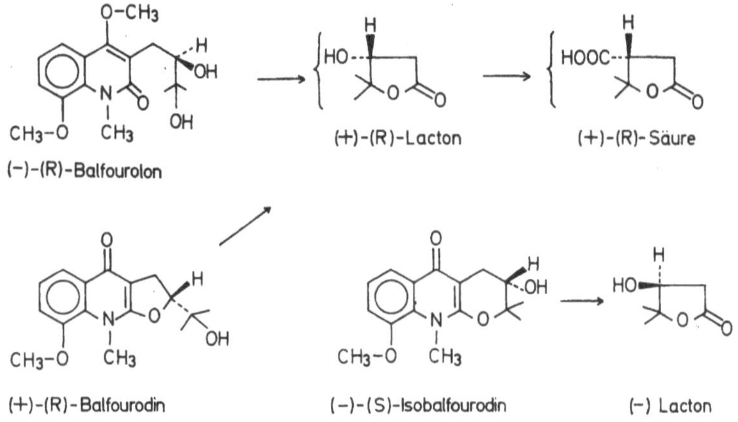

Die absolute Konfiguration des (—)-(S)-Lactons konnte durch eine asymmetrische Synthese sichergestellt werden[2]).

Pumiliotoxin-C

Aus dem Hautdrüsenextrakt des in Panama vorkommenden Frosches *Dendrobates pumilio* läßt sich das gut kristallisierende Hydrochlorid einer Base Pumiliotoxin-C der Formel $C_{13}H_{25}N$ isolieren. Durch Rö-Strukturanalyse dieser Base nach dem symbolischen Additionsverfahren läßt sich zeigen, daß es sich um einen zum ersten Mal in der Natur beobachteten, dem Coniin weitläufig verwandten Giftstofftyp handelt, nämlich um ein 2-n-Propyl-5-methyl-*cis*-decahydrochinolin, dessen vier asymmetrische Zentren in ihrer relativen stereochemischen Beziehung aufgeklärt werden konnten.

Der untersuchte Kristall gehörte zur monoklinen Raumgruppe $P2_1$ mit den folgenden Gitterkonstanten: a = 8,61, b = 7,58, c = 11,60 Å. Der Aufbau der Elementarzelle in der Sicht entlang der b-Achse ist in der folgenden Abb. dargestellt:

[1]) J. Lemmich, B. Eichstedt Nielsen, T. L. 3 (1969)
[2]) J. F. Collins, M. F. Grundon, Chem. Comm. 1078 (1969)

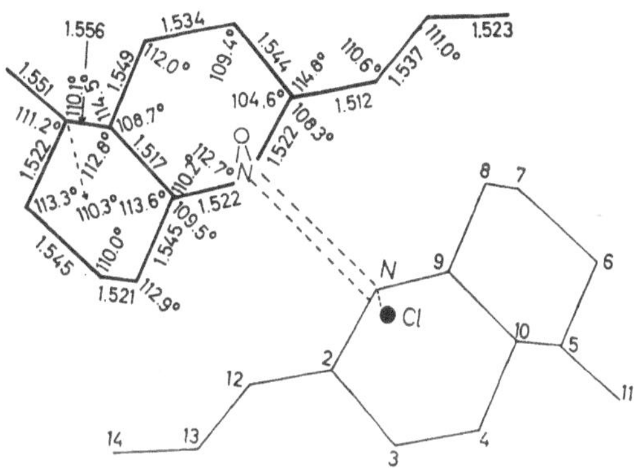

Damit kommt dem Alkaloid die folgende Struktur zu[1]):

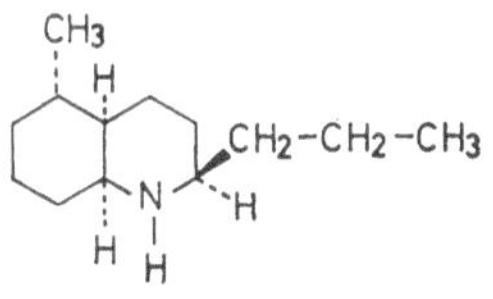

Cyclopenin

Cyclopenin, dem ursprünglich die nachstehende Struktur zugeordnet worden war, besitzt auf Grund des oxydativen Abbaus zu Anthranilsäure, Benzoesäure, Benzaldehyd und 3-Methyl-2,3-chinazolindion die nachstehende Struktur,

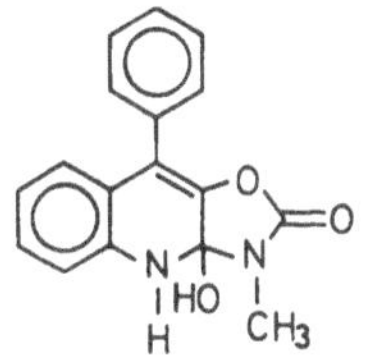

Cyclopenin (alt)

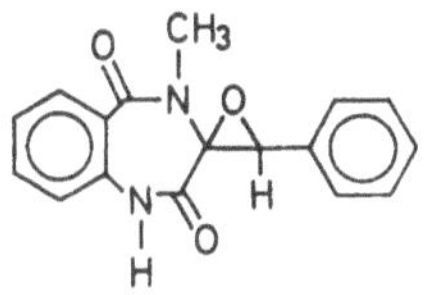

Cyclopenin (neu)

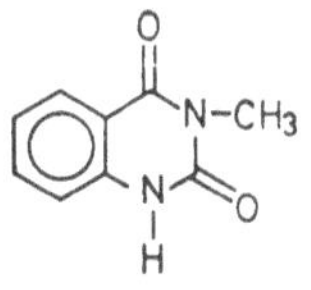

3-Methyl-2,4-chinazolindion

[1]) J. W. Daly, T. Tokuyama, G. Habermehl, I. L. Karle, B. Witkop, Ann. **729**, 198 (1969)

die durch die folgende Synthese bestätigt werden konnte:

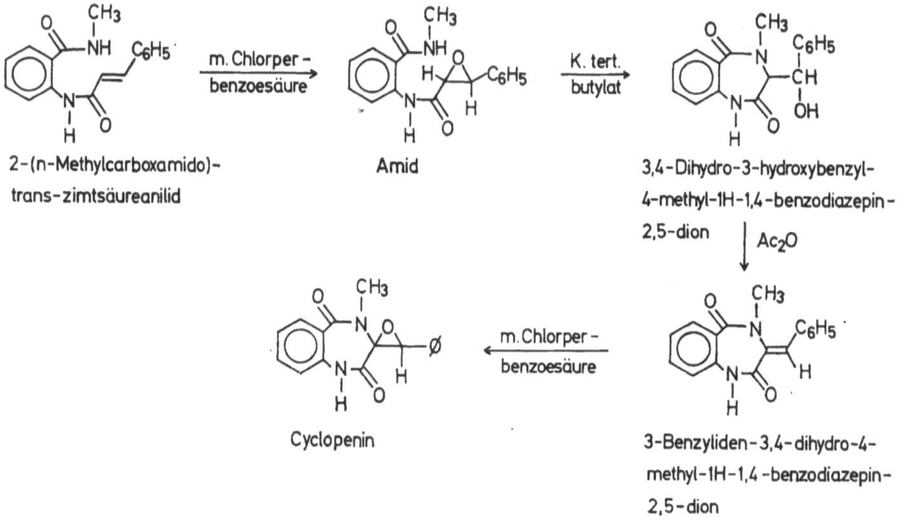

Ptelefructin, Isoptelefolin, Ptelefolidin und Ptelefolidin-methyläther

Aus Früchten, Blüten und Blättern von *Ptelea trifoliata* konnten zahlreiche Chinolon-Alkaloide, die sich z. T. nur sehr geringfügig in ihrem Substitutionsmuster unterscheiden, isoliert werden.

[1]) H. Smith, P. Wegfahrt, H. Rapoport, Am. Soc. **90**, 1668 (1968)

Die Strukturen dieser Basen konnten durch massenspektroskopische Untersuchungen, deren Hauptfragmentierungswege nachstehend formuliert sind, abgeklärt werden:

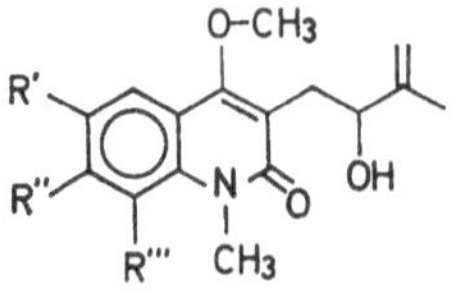

Ptelefolidin-methyläther:	R'' = R''' = OCH_2O, R' = H
Iso-ptelefolin:	R' = H, R'' = R''' = OCH_3
Ptelefolidin:	R' = H, R'' = R''' = OCH_2O
Ptelefroctin:	R' = R'' = OCH_2O, R''' = OCH_3

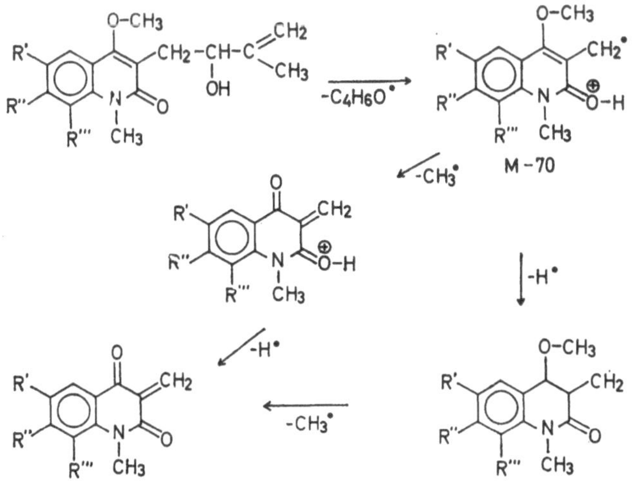

1) J. Reisch, K. Szendrei, V. Papay, E. Minker, J. Novak, T. L. 1945 (1970)

44. Imidazol-Alkaloide

Alkaloide mit dem Ringgerüst des Imidazols kommen nach den derzeitigen Kenntnissen bei höheren Pflanzen fast ausschließlich in den Rutaceen-Gattungen *Pilocarpus* und *Casimiroa* vor. In Pilzen finden sich zahlreiche Imidazol-Derivate, darunter mehrere als Vorstufen der Histidin-Synthese erkannte Verbindungen. Aus tierischen Organismen sind an basischen Abbau- und Umwandlungsprodukten des Histidins, außer dem Histamin, Dimethylhistamin, Hercynin und Ergothionein noch Murexin, Zooanemonin und das als Kondensationsprodukt des Histidins mit einem Formaldehyd-Äquivalent anzusehende Spinacin isoliert worden.

Alkaloid	Schmp.	$[\alpha]_D$	Vorkommen
Dolichotelin $C_{10}H_{17}N_3O$	130—1°	—	*Dolichothele sphaerica*[1])
Longistrobin $C_{17}H_{19}N_3O_3$	145°	—	*Macrorungia longistrobus*[2])
Isolongistrobin $C_{17}H_{19}N_3O_3$	132—6°	—	*Macrorungia longistrobus*[2])
Dehydroisolongistrobin $C_{17}H_{17}N_3O_3$	131°	—	*Macrorungia longistrobus*[2])
Cypholophin $C_{18}H_{26}N_2O_3$	126—7°	0°	*Cyclolophus friesianus*[3])
O-Acetylcypholobin	amorph	—	*Cyclolophus friesianus*[3])

Dolichothelin,

ein Alkaloid aus dem im südlichen Texas und nördlichen Mexico vorkommenden Cactus *Dolichothele sphaerica* besitzt auf Grund der Hydrolyse zu Isovaleriansäure und Histamin die Struktur eines 4(5)-[2-N-isovalerylaminoäthyl]-imidazols und konnte demgemäß auch

[1]) H. Rosenberg, A. G. Paul, Phytochem. **9**, 655 (1970)
[2]) R. R. Arndt, S. H. Eggers, A. Jordaan, T. **25**, 2767 (1969)
[3]) N. K. Hart, S. R. Johns, J. A. Lamberton, J. W. Loder, R. H. Nearn, Chem. Comm. 441 (1970)

aus den beiden Komponenten wieder resynthetisiert werden[1]).

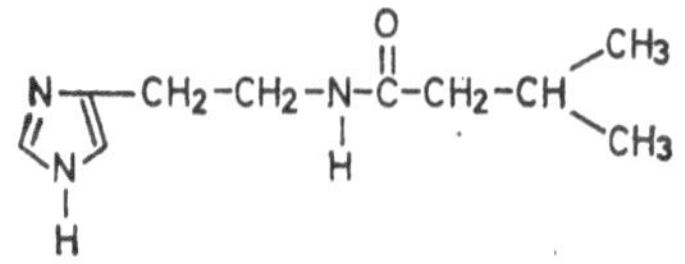

Longistrobin, Isolongistrobin und Dehydroisolongistrobin

Longistrobin und Isolongistrobin besitzen weitgehend ähnliche Eigenschaften und im MS sogar identisches Fragmentierungsverhalten. Die Zn-Staub-Destillation liefert die in ihrer Struktur bekannten Alkaloide Macrorin und Isomacrorin, während das Isolongistrobin bei der Oxydation mit CrO_3/Py in das Dehydroisolongistrobin übergeht[2]).

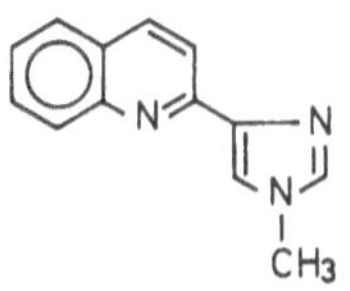

Macrorin

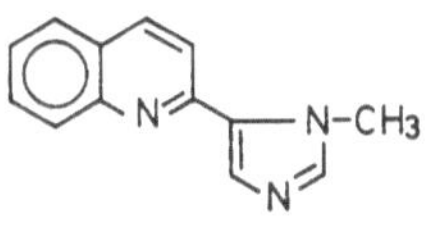

Isomacrorin

Cypholophin und O-Acetylcypholophin

Cypholophin, $C_{18}H_{26}N_2O_3$, liefert bei der Oxydation mit $KMnO_4$ 3,4-Dimethoxybenzoesäure und bei der Acetylierung ein mit dem natürlich vorkommenden O-Acetylcypholophin identisches Produkt. Die durch die KMR-Untersuchungen abzuleitende Struktur konnte durch eine Synthese aus γ-(3,4-Dimethoxyphenyl)-propionylchlorid und Diazoäthan bestätigt werden. Das hierbei entstehende 4-Brom-α-diazoketon wird bei der Umsetzung mit 48% HBr in 4-Brom-1-(3',4'-dimethoxyphenyl)-pentan-3-on umgewandelt, das dann bei der Reaktion mit 2-Iminotetrahydropyran in Cypholophin übergeht[3]).

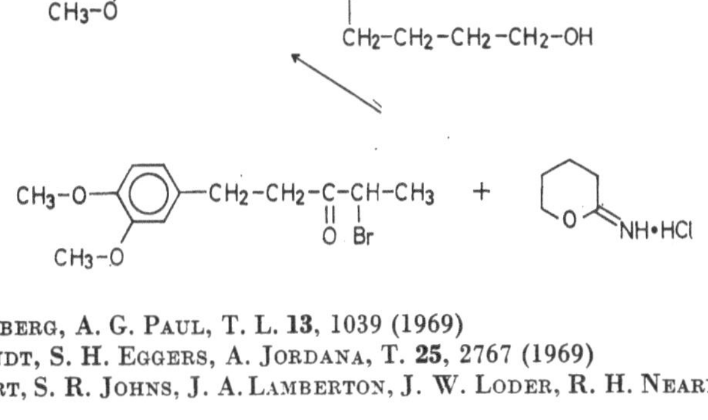

1) H. Rosenberg, A. G. Paul, T. L. **13**, 1039 (1969)
2) R. R. Arndt, S. H. Eggers, A. Jordana, T. **25**, 2767 (1969)
3) N. K. Hart, S. R. Johns, J. A. Lamberton, J. W. Loder, R. H. Nearn, Chem. Comm. 441 (1970)

Pilocarpin

Die durch Alkalieinwirkung zu erzielende Umlagerung des Pilocarpins mit 2S:3R-Konfiguration in das Isopilocarpin mit 2R:3R-Konfiguration verläuft über eine Isomerisierung am C-2 und damit über ein isolierbares Enolsalz, das bei der anschließenden Behandlung mit Wasser eine Hydrolyse zum Isopilocarpin und zur Isopilocarpinsäure erfährt.

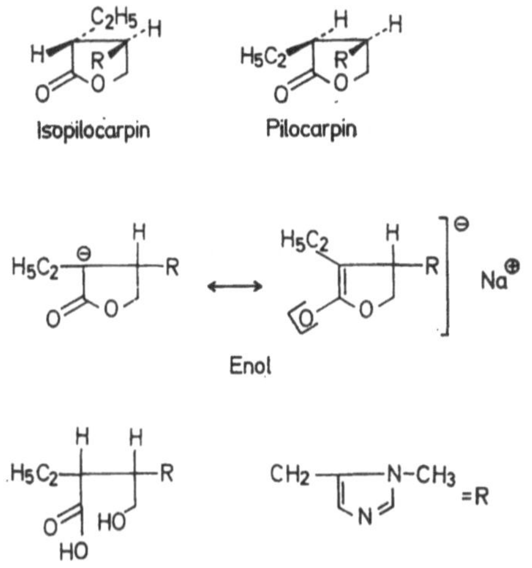

Für die leichte Austauschbarkeit des Protons am C-2 spricht die durch KMR-Untersuchungen nachweisbare Deuterierung. In Übereinstimmung mit diesen Befunden läßt sich z. B. keine Komponente mit geöffnetem Butyrolacton-Ring isomerisieren.

1) W. Döpke, G. d'Heureuse, T. L. **15**, 1807 (1968)

45. Mutterkorn-Alkaloide

Der Schlauchpilz *Claviceps purpurea* und andere auf Gramineen schmarotzende Claviceps-Arten, sowie die zur Familie der Graminaceen gehörenden Gattungen *Pennisetum* und die Convolvulvacea *Ipomoea*, produzieren bei parasitischem Wachstum wie auch in saprophytischer Kultur eine Anzahl von Alkaloiden, die das Ringgerüst des Ergolins, eines partiell hydrierten Indolo-[4.3-f.g]-chinolins, enthalten. Nach ihrer Struktur lassen sie sich in zwei Gruppen aufteilen, von denen die eine einfache Hydroxy- und Dehydro-Derivate des 6.8-Dimethylergolins, die andere Amide und Peptide der Lysergsäure (8-Carboxy-6-methyl-9.10-dehydroergolin) und der stereoisomeren Isolysergsäure umfaßt.

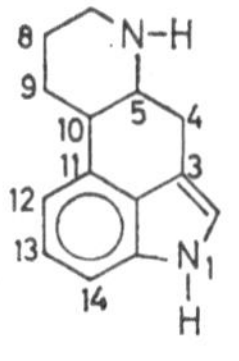

Ergolin

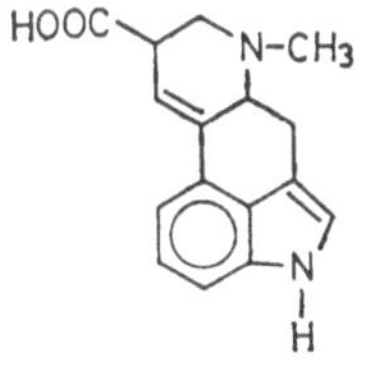

Lysergsäure

Alkaloid	Schmp.	[α]D	Vorkommen
Cycloclavin $C_{16}H_{18}N_2$	—	+39° (Py)	*Ipomoea hildebrandtii*[1])
β-Ergokryptin	—	—	*Ipomoea hildebrandtii*[2])
Norsetoclavin $C_{15}H_{18}N_2O$	—	—	*Pennisetum*[3])
Dihydroergosin $C_{30}H_{39}N_5O_5$	—	+10°	*Spacelia sorghi*[4])

[1]) D. Stauffacher, P. Niklaus, H. Tscherter, H. P. Weber, A. Hofmann, T. **25**, 5879 (1969)

[2]) W. Schliertz, R. Brunner, A. Rüegger, E. Stürmer, A. Hofmann, Pharm. Acta Helv. **43**, 497 (1968)

[3]) E. Ramstad, Chan Lin, H. R. Shoygh, K. J. Goldner, R. P. Parikh, E. H. Taylor, Lloudia **30**, 441 (1969)

[4]) P. G. Manthe, E. S. Waight, Nature **218**, 581 (1968)

Biosynthese der Mutterkorn-Alkaloide

Tryptophan hat sich als Induktor der Ergotalkaloidbiogenese erwiesen.[1,2]) Die Bildung dieser Basen verläuft mit spezifischem Verlust des 5-pro-R-Wasserstoffs der Mevalonat-Vorstufe.[3]) Chanoclavin-I-Aldehyd ist eine Vorstufe für Elymoclavin.[4]) Der oxydative Ringschluß von Chanoclavin-I und Elymoclavin konnte mit zellfreien Systemen erreicht werden.[5]) Dabei ist eine Oxygenase beteiligt.[5,6]) Andere Autoren erreichten im zellfreien System die Bildung von Agroclavin, Elymoclavin, Chanoclavin I und II aus Tryptophan, Isopentenylpyrophosphat und Methionin.[7])

Der Peptidteil des Ergotamins wird aus L-Phenylalanin und L-Prolin aufgebaut.[8]) Die Herkunft der α-Hydroxy-α-aminosäure des Ergotamins scheint noch nicht restlos geklärt zu sein. Es kommen dafür Alanin bzw. Alaninol in Frage.[8]) Für Ergometrin haben sich Alanin und Lysergylalanin aber nicht Alaninol, α-Methylserin und Lysergyl-α-hydroxyäthylamid als Vorstufe der Alaninolseitenkette erwiesen.[9,10]) Als Vorstufen der Ergotoxinalkaloide Ergocornin und Ergokryptin konnten Lysergsäure, Leucin, Valin und Prolin, aber nicht Lysergsäureamid gesichert werden.[11,12]) Für Lysergsäure-N-α-hydroxyäthylamid ist Alanin nicht eine direkte Vorstufe.[13])

Synthese von Ergonin und Ergoptin, zweier Mutterkornalkaloid-Analoga der Ergoxin-Gruppe

In der Systematik der natürlichen Mutterkorn-Peptidalkaloide kennt man bis jetzt folgende drei Strukturtypen:

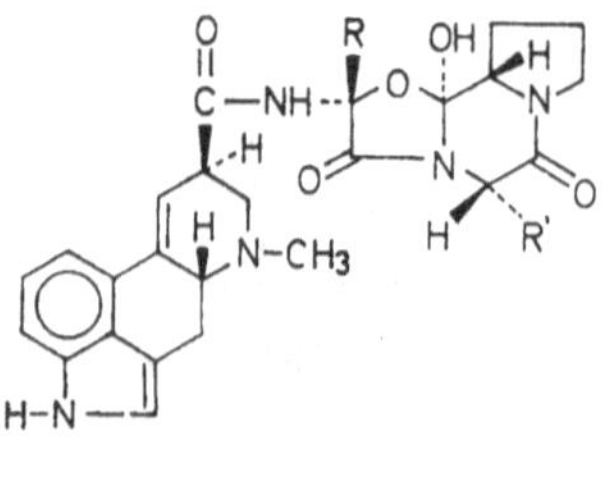

[1]) J. E. ROBBERS, H. G. FLOSS, J. Pharm. Sci. **59**, 702 (1970)
[2]) L. C. VINING, Canad. J. Microbiol. **16**, 473 (1960)
[3]) M. SEILER, W. ACKLIN, D. ARIGONI, Chem. Comm. **1970**, 1394
[4]) B. NAIDOO, J. M. CASSADY, G. E. BLAIR, H. G. FLOSS, Chem. Comm. **1970**, 471
[5]) E. O. OGUNLANA, B. J. WILSON, V. E. TYLER, E. RAMSTAD, Chem. Comm. **1970**, 775
[6]) E. RAMSTAD, V. E. TYLER, J. Pharm. Sci. **58**, 143 (1969)
[7]) F. L. CAVENDER, J. A. ANDERSON, Biochim. biophys. Acta **208**, 345 (1970)
[8]) R. A. BASSETT, E. B. CHAIN, K. CORBETT, Biochem. J. **122**, 58P (1971)
[9]) U. NELSON, S. AGURELL, Acta Chem. Scand. **23**, 3393 (1969)
[10]) G. BASMADJIAN, H. G. FLOSS, D. GRÖGER, D. ERGE, Chem. Comm. **1969**, 418
[11]) D. GRÖGER, D. ERGE, Z. Naturforsch. **25b**, 196 (1970)
[12]) W. MAIER, D. ERGE, G. GRÖGER, Biochem. Physiol. Pflanzen **162**, 559 (1971)
[13]) N. CASTAGNOLI JR., K. CORBETT, E. B. CHAIN, R. THOMAS, Biochem. J. **117**, 451 (1970)

R′	Ergotamingruppe $R = CH_3$	Ergoxingruppe $R = C_2H_5$	Ergotoxingruppe $R = CH(CH_3)_2$
$CH_2-C_6H_5$	Ergotamin	Ergostin	Ergocristin
$CH_2-CH(CH)_3)_2$	Ergosin	Ergoptin[1])	α-Ergokryptin
$CH(CH_3)-CH_2-CH_3$	—	—	β-Ergokryptin
$CH-(CH_3)_2$	Ergovalin[1])	Ergonin[1])	Ergocornin

[1]) In der Natur bisher nicht aufgefunden

In Analogie zur Synthese des Ergotamins haben sich alle bis dahin bekannten Peptidalkaloide herstellen lassen, wobei bewiesen werden konnte, daß sie den gleichen räumlichen Aufbau besitzen. Es lag daher nahe, die in der Systematik noch fehlenden Alkaloide Ergonin und Ergoptin derselben absoluten Konfiguration zu synthetisieren.

Die Namengebung geschah in Analogie zu der des Ergostins, bei dem eine Silbe des nächsthöheren Homologen, des Ergo(cri)stins, ausgelassen worden war. So entstand Ergoxin aus Ergo(to)xin, Ergoptin aus Ergo(kry)ptin und Ergonin aus Ergo(cor)nin[1]).

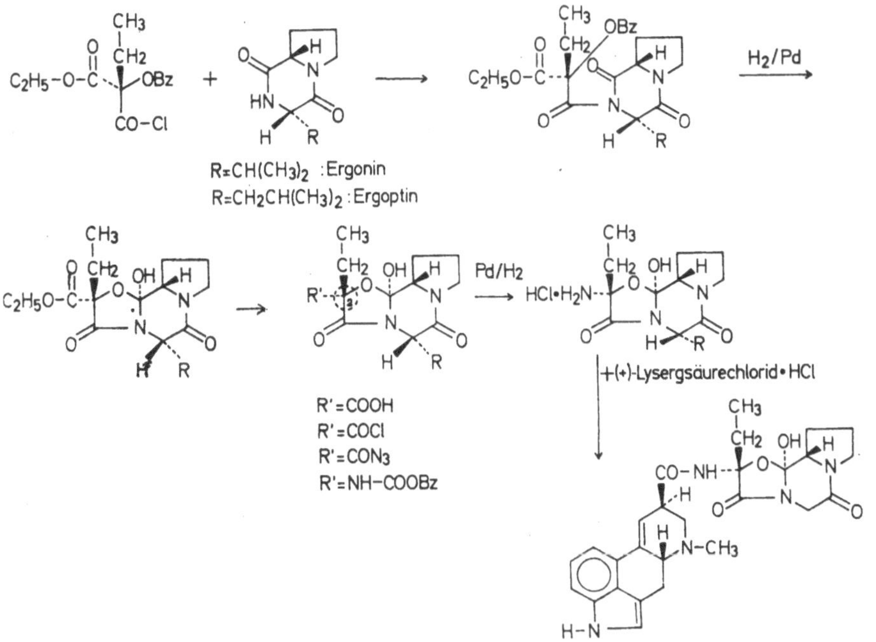

Synthese der Alkaloide der Ergotoxin-Gruppe

Die Mutterkorn-Peptidalkaloide Ergocristin, α- und β-Ergokryptin und Ergocornin werden unter der Bezeichnung Ergotoxin-Gruppe zusammengefaßt, weil ein isomorph kristallisierendes Gemisch dieser Alkaloide früher für ein einheitliches Alkaloid gehalten

[1]) P. Stütz, P. A. Stadler, A. Hofmann, Helv. **53**, 1278 (1970)

und als Ergotoxin bezeichnet worden war. Diese Alkaloide bilden auch in chemisch-strukturellerHinsicht eine Gruppe, indem sie in ihrem Peptidteil den gleichen α-Hydroxy-α-aminosäure-Baustein, nämlich das α-Hydroxy-L-valin, enthalten und sich dadurch von den Alkaloiden der Ergotamin-Gruppe, denen das α-Hydroxy-L-alanin gemeinsam ist, und vom Ergostin, das als Bindeglied zwischen Lysergsäure-Rest und Peptidteil α-Hydroxy-L-α-aminobuttersäure aufweist, unterscheiden.

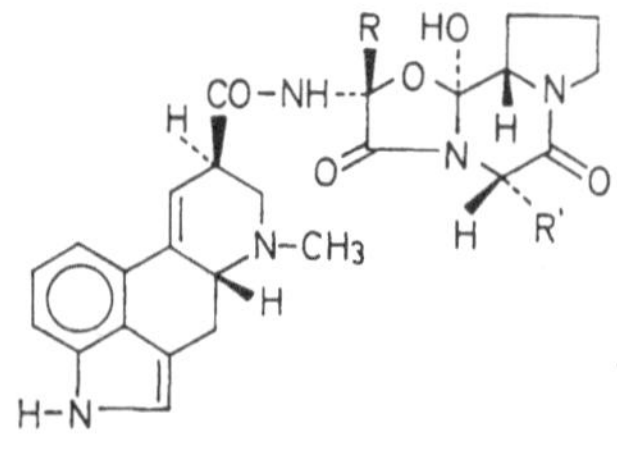

R			
CH_3	CH_2CH_3	$CH(CH_3)_2$	R′
Ergotamin-Gruppe		*Ergotoxin-Gruppe*	
Ergotamin	Ergostin	Ergocristin	$CH_2C_6H_5$
Ergosin	—	α-Ergokryptin	$CH_2CH(CH_3)_2$
—	—	β-Ergokryptin	$CH(CH_3)CH_2CH_3$
[Ergovalin]	—	Ergocornin	$CH(CH_3)_2$

Die Synthese der in der Ergotoxin-Gruppe zusammengefaßten Alkaloide Ergocristin, α- und β-Ergokryptin und Ergocornin gelingt nach dem im folgenden Schema angegebenen Verfahren:

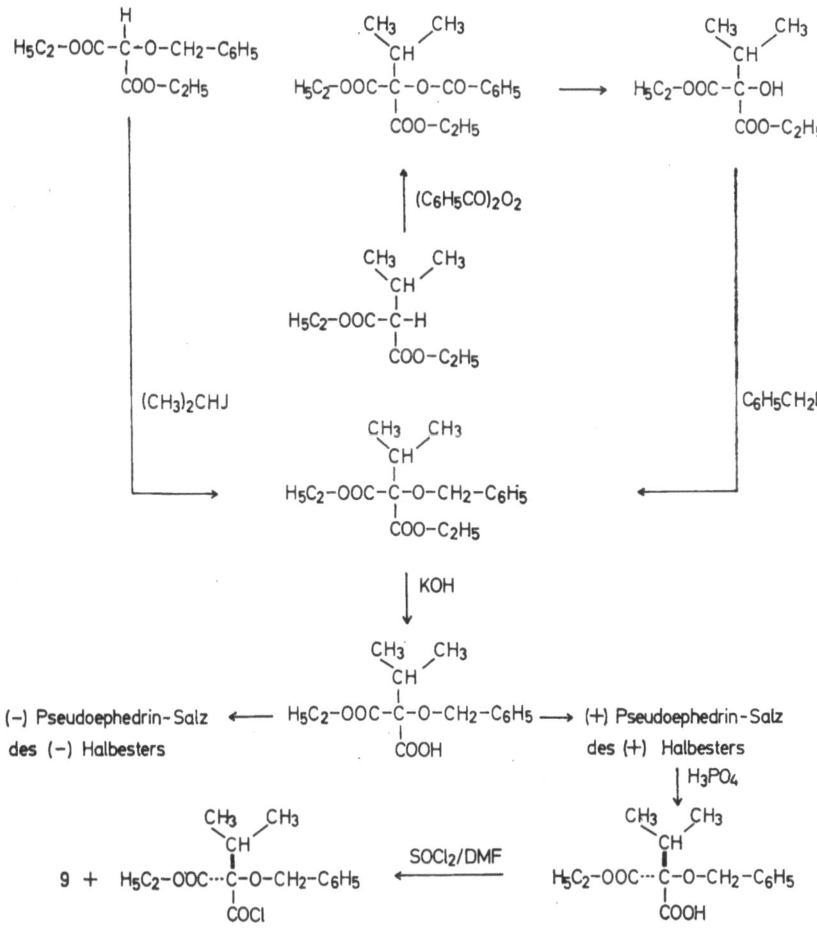
(C6H5CO)2O2
(CH3)2CHJ
C6H5CH2Br
KOH
(−) Pseudoephedrin-Salz des (−) Halbesters
(+) Pseudoephedrin-Salz des (+) Halbesters
H3PO4
SOCl2/DMF
9 +

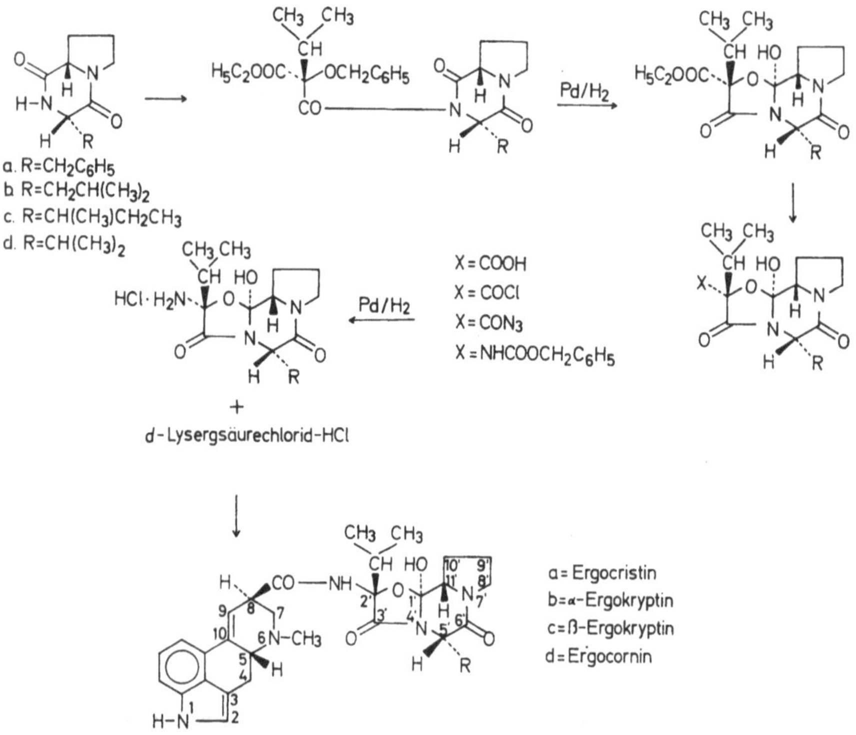

Dihydroergosin wurde als natürlich vorkommendes Alkaloid in den Sclerotien von *Spacelia sorghi* aufgefunden[2]).

[1]) P. A. Stadler, St. Guttmann, H. Hauth, R. L. Huguenin, Ed. Sandrin, G. Wersin, H. Willems, A. Hofmann, Helv. **52**, 1459 (1969)

[2]) P. G. Mantle, E. S. Waight, Nature **218**, 581 (1968)

Eine neue Synthese der Lysergsäure nimmt den folgenden Verlauf[1]):

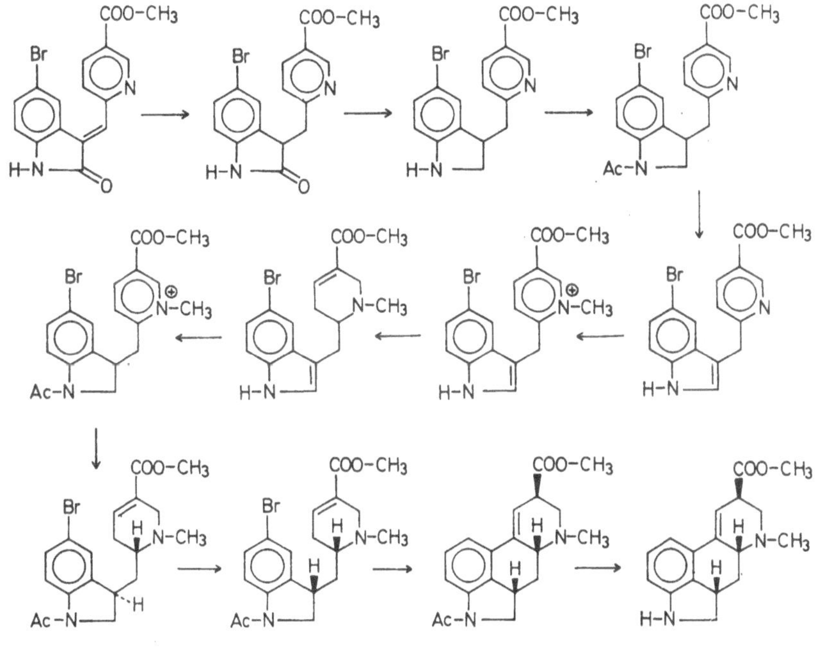

Cycloclavin

Cycloclavin, $C_{16}H_{18}N_2$, ein Alkaloid, das aus den Samen von *Ipomoea hildebrandtii* isoliert worden ist, geht bei der Reaktion mit Na in fl. Ammoniak in Gegenwart von 5—10 Äquivalenten Äthanol in racemisches N-Methyl-5,6,9,10-disecocycloclavin über.

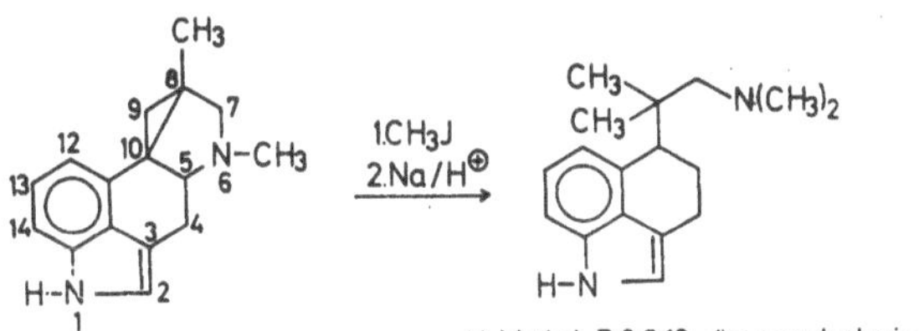

N-Methyl-5,6;9,10-disecocycloclavin

Zur Bestimmung der relativen und absoluten Konfiguration wurde eine Rö-Strukturanalyse von Cycloclavin-methobromid durchgeführt. Das in der Raumgruppe $P6_1$ kristallisierende Methojodid führte zur *trans*-Stellung der Protonen am C-5 und C-9 und damieiner R-Chiralität von C-5. Die *trans*-Verknüpfung des 5- und 6-Ringes im nichtaromatitschen Teil der Molekel bewirkt eine fixierte Konformation, die sich in den Bindungs-

[1]) M. JULIA, F. LEGOFFIC, J. IGOLEN, M. BAILLARGE, T. L. **20**, 1569 (1969)

winkeln widerspiegelt[1]).

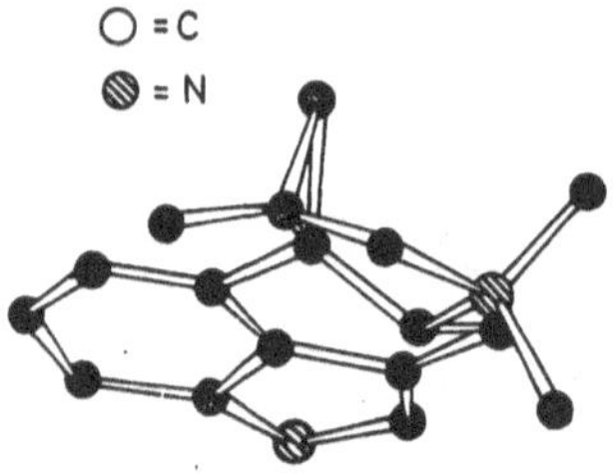

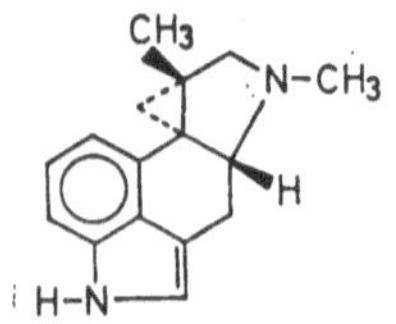

Cycloclavin-methobromid in
absoluter Konfiguration

Damit handelt es sich beim Cycloclavin um ein isomeres Alkaloid des Agroclavins, das an Stelle der 8.9-Doppelbindung einen dreigliedrigen Ring, gebildet aus den C-Atomen 8, 9 und 10 enthält. Die aus der Abb. ableitbaren Chiralitäten sind demnach 5R:8R: 10R.

β-Ergokryptin

Durch verfeinerte chromatographische Untersuchungen des als Ergokryptin bekannten Alkaloids konnte festgestellt werden, daß es sich hierbei um ein isomorph kristallisierendes Gemisch von zwei sehr nahe verwandten Isomeren handelt. Wie aus den Untersuchungen hervorgeht, unterscheidet sich das *α*- vom *β*-Isomeren dadurch, daß im *β*-Ergokryptin im Peptidteil an Stelle des L-Leucin-Restes der L-Isoleucin-Rest vorliegt. Damit kommt dem Alkaloid die folgende Struktur zu[2]):

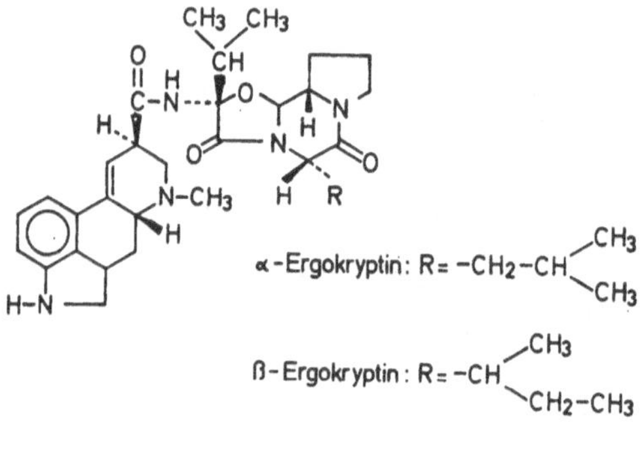

Wie alle Lysergsäure-Derivate lagert sich das *β*-Ergokryptin in alkalischer oder saurer Lösung teilweise in das Isolysergsäure-Isomere um.

[1]) D. Stauffacher, P. Niklaus, H. Tscherter, H. P. Weber, A. Hoffmann, T. **25**, 5879 (1969)
[2]) W. Schlientz, R. Brunner, A. Rüegger, E. Stürmer, A. Hofmann, Pharm. Act. Helv. **43**, 497 (1968)

Norsetoclavin

wurde aus saprophytischen Kulturen von *Pennisetum* isoliert und besitzt wahrscheinlich die folgende Struktur:

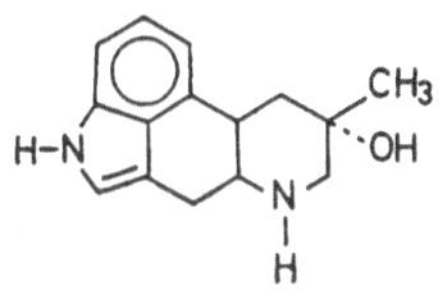

[1]) E. Ramstad, Chan Lin, H. R. Shough, K. J. Goldner, R. P. Parikh, E. H. Taylor, Lloydia **30**, 441 (1969)

46. Furochinolin-Alkaloide

Die als Naturstoffe aufgefundenen Derivate des Furo-[2.3-b]-chinolins lassen sich in zwei Gruppen einteilen, von denen eine durch die Alkaloide des Dictamnin-Typs, die andere durch Alkaloide mit dem Gerüst des 2-Isopropyl-2.3-dihydrofuro-[2.3-b]-chinolins repräsentiert wird.

Die Alkaloide der Dictamnin-Gruppe, die in zahlreichen Arten und Gattungen der Rutaceen vorkommen, besitzen ein Furo-[2.3-b]-chinolin-Gerüst, welches bei allen Vertretern in der Position 4 eine Methoxygruppe trägt und, wenn man vom Dictamnin absieht, darüber hinaus am Benzol-Ring durch Methoxy-, Methylendioxy- oder Dihydroxyisopentyloxygruppen substituiert ist.

In naher biogenetischer Beziehung zu den Isopentylcarbostyrilen und damit zu den Isopropylfurochinolin-Alkaloiden steht offenbar das in einer Flindersia-Art entdeckte Pyranochinolin-Alkaloid Flindersin.

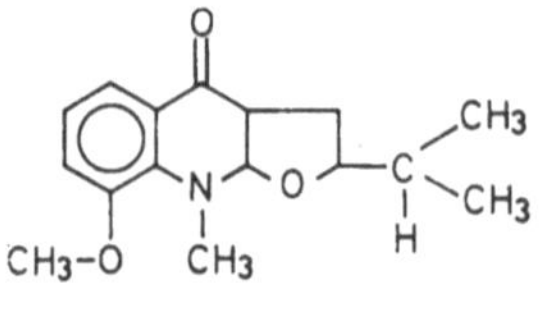

Lunacrin-Typ

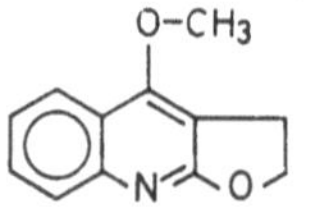

Dictamnin-Typ

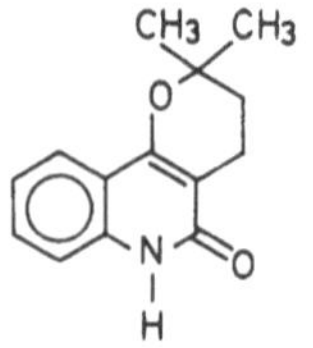

Flindersin

Alkaloid	Schmp.	$[\alpha]_D$	Derivat	Vorkommen
Halfordinin $C_{15}H_{15}NO_5$	150–1°	—	—	*Halfordium scleroxyla*[1])
Acrophyllin $C_{17}H_{17}NO_3$	120°	—	Tetrahydro 174°	*Acronychia haplophylla*[2])
Acrophyllidin $C_{17}H_{19}NO_4$	177–8°	—	—	*Acronychia haplophylla*[2])
Ptelefolin $C_{17}H_{19}NO_4$	70–1°	+2° (C)	—	*Ptelea trifoliata*[3])
Spectabilin $C_{15}H_{17}NO_2$	98–9°	–6° (C)	—	*Lemonia spectabilis*[4])
Ribalinidin $C_{15}H_{17}NO_4$	267–8°	–15° (M)	Acetyl 240–2°	*Balfourodendron riedelianum*[5])

[1]) W. D. Crow, J. H. Hodgkin, Austral. J. **21**, 3075 (1968)
[2]) F. N. Lahey, M. McCamisch, T. L. **12**, 1525 (1968)
[3]) J. Reisch, K. Szendrei, V. Papay, J. Novak, E. Minker, T. L. **38**, 3365 (1970)
[4]) S. K. Talapatra, B. C. Maiti, B. Talapatra, B. C. Das, T. L. **54**, 4789 (1969)
[5]) R. A. Corral, O. O. Orazi, J. A. Denages, T. L. **5**, 545 (1968)

Acrophyllin und Acrophyllidin

Acrophyllin, $C_{17}H_{17}NO_3$, weist ein für N-Alkyl-4-furo-[2,3-b]-chinolone charakteristisches spektrales Verhalten auf und liefert bei der Reduktion mit Pd ein Tetrahydroderivat, während mit PtO_2 ein Hexahydro-Derivat entsteht. Auf Grund der NMR- und MS-Untersuchungen kommt dem Alkaloid daher die folgende Struktur zu:

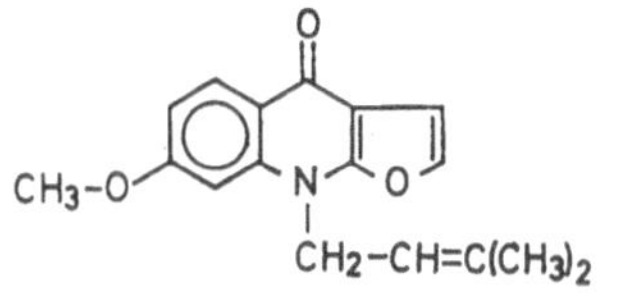

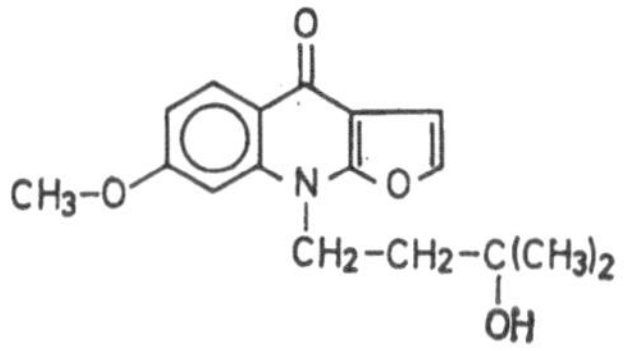

Acrophyllidin, $C_{17}H_{19}NO_4$, hat ein mit dem Acrophyllin identisches UV-Spektrum und besitzt die voranstehende Struktur, da es durch eine säurekatalysierte Hydratisierung in das Acrophyllin übergeführt werden kann[1]).

Ptelefolin

Ptelefolin, $C_{17}H_{19}NO_4$, ein Alkaloid der Chinolon-Familie besitzt nach Auswertung der spektralen Untersuchungen die folgende Struktur[2]):

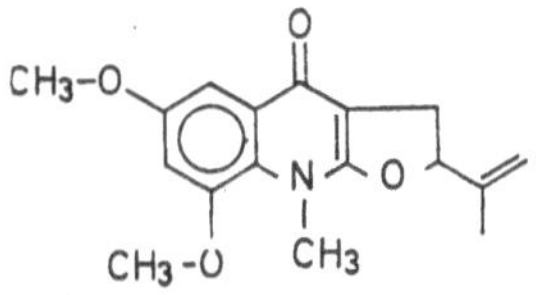

Evellerin und 7-O-Desmethylevolitrin

7-O-Desmethylevolitrin geht bei der Methylierung mit Diazomethan in das Evolitrin über, während die Methylierung durch Erhitzen mit Methyljodid zu einem Gemisch von Evolitrin und Isoevolitrin führt. Die exakte Position der Methoxygruppen konnte durch KMR-Untersuchungen bestätigt werden.

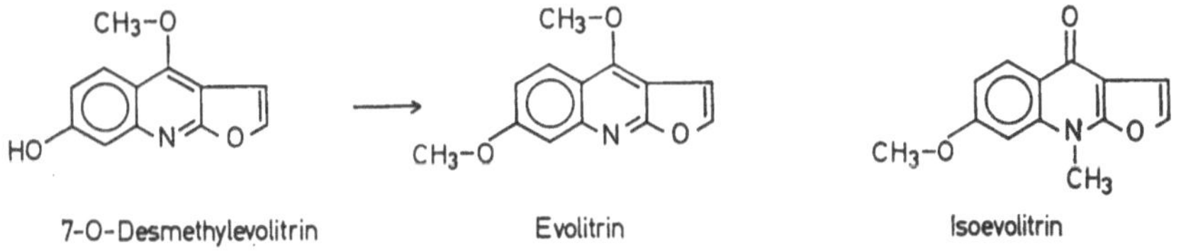

7-O-Desmethylevolitrin Evolitrin Isoevolitrin

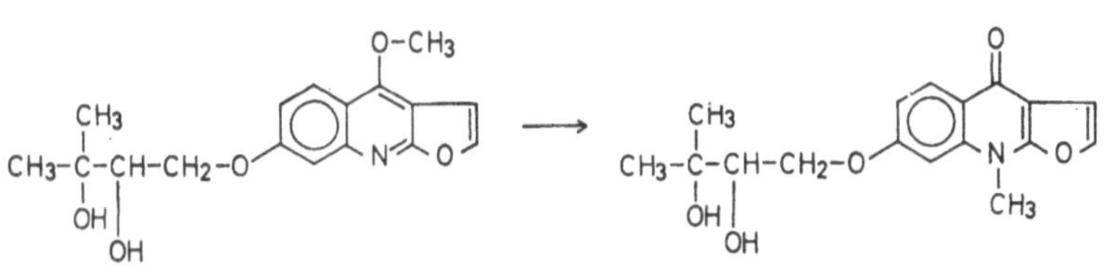

[1]) F. N. Lahey, M. McCamish, T. L. **12**, 1525 (1968)

[2]) J. Reisch, K. Szendrei, V. Papay, I. Novak, E. Minker, T. L. **38**, 3365 (1970)

Evellerin geht beim Erwärmen mit Methyljodid in das Isoevellerin über, wie es für viele 4-Methoxyfurochinoline typisch ist. Die weiteren Strukturableitungen konnten durch KMR- und MS-Untersuchungen geführt werden[1]).

Halfordinin

Halfordinin, $C_{15}H_{15}NO_5$, ein Nebenalkaloid aus *Halfordium scleroxyla* besitzt auf Grund der spektroskopischen Untersuchungen wahrscheinlich die folgende Struktur[2]), bei der die Position der drei OCH_3-Gruppen noch nicht feststeht:

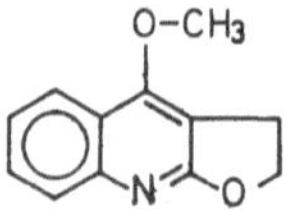

Spectabilin

Spectabilin, $C_{15}H_{17}$ NO_2, besitzt ein für 2-Alkoxy-4-chinolone typisches UV-Spektrum, das im alkalischen Milieu unverändert bleibt. Im Zusammenhang mit KMR- und MS-Untersuchungen muß dem Alkaloid die folgende Struktur zuerkannt werden[3]).

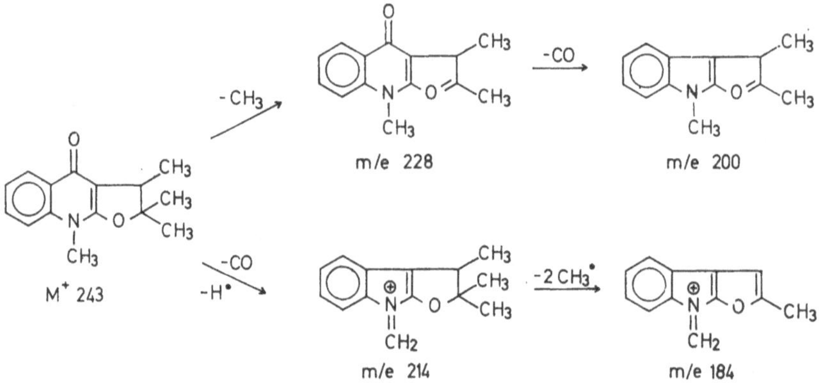

Ribalinidin

ist eine tert. Base der Zusammensetzung $C_{15}H_{17}NO_4$, besitzt eine N-Methyl-, eine geminale C-Dimethylgruppe und einen 2-Alkoxy-4-chinolon-Kern, wie aus dem IR-Spektrum zu entnehmen ist. Da das Alkaloid mit Diazomethan zu einem Methylderivat und mit Acetanhydrid in ein Acetylderivat umgewandelt werden kann, kommt ihm auf Grund des KMR-Spektrums die nachstehende Struktur zu[4]):

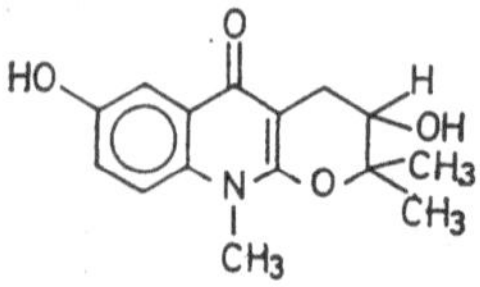

[1]) S. R. Johns, J. A. Lamberton, A. A. Sioumis, Austral. J. **21**, 1897 (1968)
Halfordinin enthält im α-Stellung zum O eine Doppel.....
[2]) W. D. Crow, J. H. Hodgkin, Austral. J. **21**, 3075 (1968)
[3]) S. K. Talapatra, B. C. Maiti, B. Talapatra, B. C. Das, T. L. **54**, 4789 (1969)
[4]) R. A. Corral, O. O. Orazi, I. A. Benages, T. L. **5**, 545 (1968)

Synthese des Dihydro-γ-fagarins und Edulitins[1]):

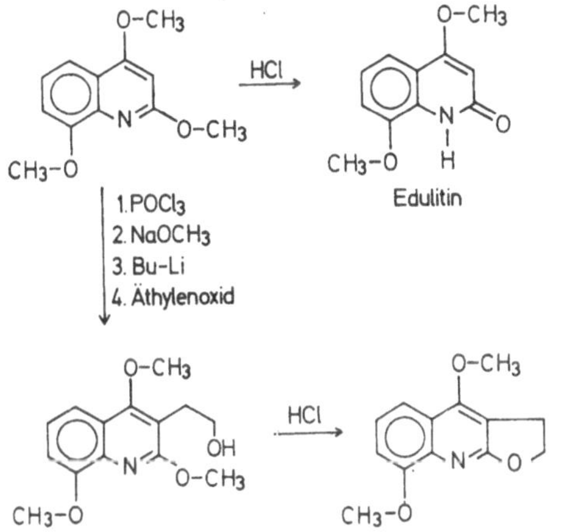

Synthese des Pteleins[2]):

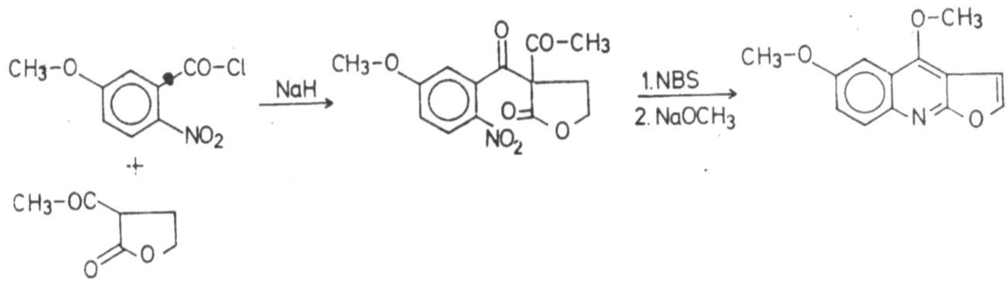

Synthese des Flindersins[3]):

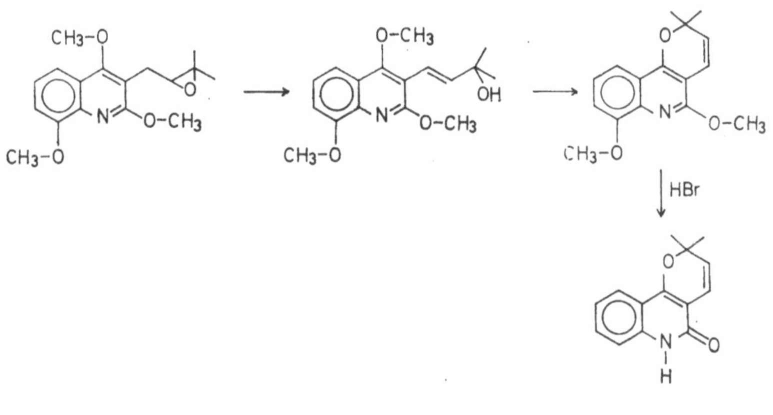

1) N. S. NARASIMHAN, R. H. ALURKAR, Chem. Ind. 515 (1968)
2) Y. KUWAYAMA, T. OTA, T. MIKATA, H. KANDA, J. Pharm. Soc. **88**, 1050 (1968)
3) R. M. BOWMAN, M. F. GRUNDON, L. J. JAMES, Chem. Comm. 660 (1970)

47. Daphniphyllum-Alkaloide

Im Verlauf der letzten fünf Jahre wurden eine Reihe von Alkaloiden aus *Daphniphyllum macropodum*, einem Vertreter aus der Familie der Euphorbiaceen isoliert, die strukturell in zwei Grundtypen unterteilt werden können. Beide Gruppen, von denen die eine durch das Daphniphyllin und die andere durch das Yuzurimin repräsentiert wird, weisen als Aufbauprinzip je vier Isopren- und eine Acetateinheit aus.

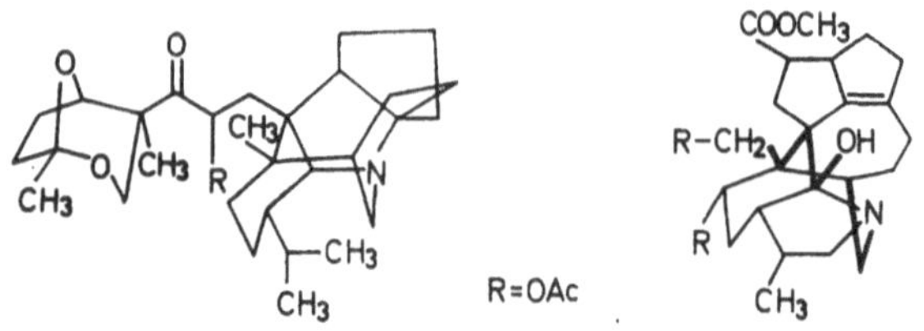

Daphniphyllin Yuzurimin

Die weitere Bearbeitung führte dann zur Isolierung von Homodaphniphyllin-methylester aus den Früchten, als einer möglichen biogenetischen Zwischenstufe der Alkaloide dieser Pflanzenfamilie.

Alkaloid	Schmp.	$[\alpha]_D$	Derivat	Vorkommen
Daphmacrin $C_{32}H_{49}NO_4$	—	—	HBr > 300° $[\alpha]$ +30° (M)	*Daphniphyllum macropodum*
Homodaphniphyllin-methylester $C_{23}H_{37}NO_2$	—	—	HCl 233—4°	*Daphniphyllum macropodum*[1])

Daphniphyllin und Codaphniphyllin

Die bereits durch eine Rö-Kristallstrukturanalyse für Daphniphyllin abgeleitete Struktur konnte durch eine Reihe von chemischen Umwandlungsreaktionen bestätigt werden. Die Hydrolyse mit 0,6 N NaOH in wäßrigem Methanol führt zu Desacetyldaphniphyllin, das bei der Oxydation mit Na-Metaperjodat eine Säure und einen Aldehyd liefert, der bei der Reduktion mit $NaBH_4$ und anschließender Acetylierung in Daphni-

[1]) M. TODA, S. YAMAMURA, Y. HIRATA, T. L. **30**, 2585 (1969)

alkohol-Acetat übergeht.

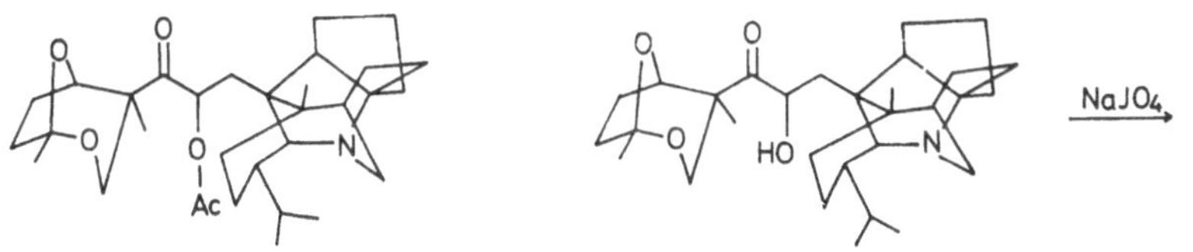

Daphniphyllin Desacetyldaphnyphyllin

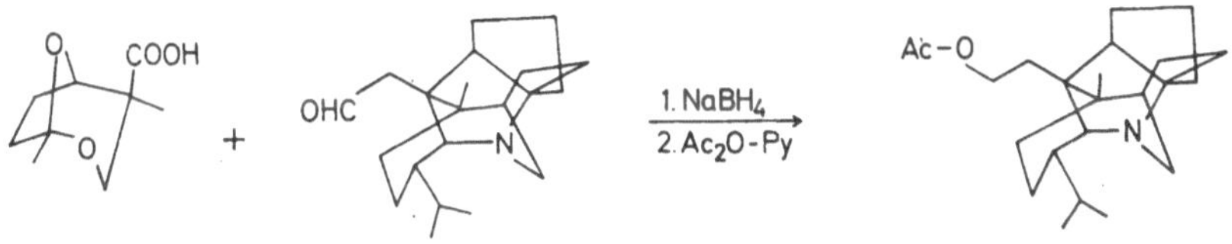

Säure Aldehyd

Die Struktur des Codaphniphyllins folgt aus der nachstehenden Umwandlung des Desacetyldaphniphyllinmethansulfonats durch Reduktion mit HCl/Zn in das Desacetoxydaphniphyllin, das mit Codaphniphyllin identisch ist[1]).

Daphmacrin

Daphmacrin, $C_{32}H_{49}NO_4$, besitzt auf Grund der Rö-Kristallstrukturanalyse des Jodmethylats das im orthorhombischen System der Raumgruppe $P2_12_12_1$ und den Dimensionen a = 14,23, b = 24,85, c = 10,02 Å kristallisiert die nachstehende Struktur[2,3]):

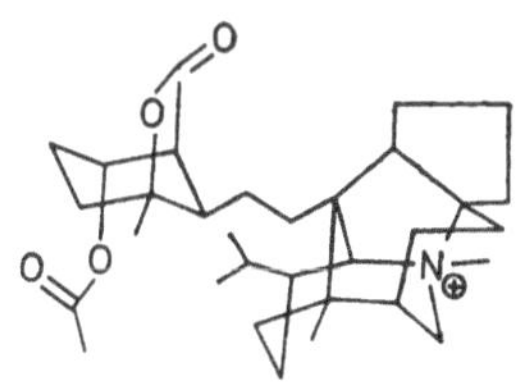

Macrodaphnin

Nach der Rö-Kristallstrukturanalyse des Macrodaphnin-hydrobromids $C_{27}H_{37}NO_7 \cdot HBr$, das im monoklinen System der Raumgruppe $P2_1$ und den Dimensionen a = 8,76, b = 10,11, c = 16,17 Å kristallisiert, kommt dem Alkaloid die nachstehende Struktur

1) H. Irikawa, N. Sakabe, S. Yamamura, Y. Hirata, T. **24**, 5691 (1968)
2) T. Nakano, Y. Saeki, C. S. Gibbons, J. Trotter, Chem. Comm. 600 (1968)
3) C. S. Gibbons, J. Trotter, Chem. Soc. (B) 840 (1969)

eines N-Oxids des Macrodaphnins zu[1]):

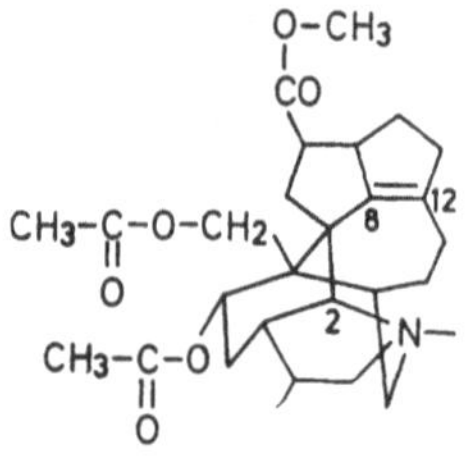

Homodaphniphyllin-methylester

ist ein weiteres Alkaloid aus den Früchten von *Daphniphyllum macropodum*, dem die folgende Struktur zukommt, wie aus der Hydrolyse mit 0,6 N NaOH, Oxydation mit $NaJO_4$, Reduktion mit $NaBH_4$, Tosylierung, Cyanilierung, Hydrolyse mit 6 N HCl und schließlich Veresterung mit Methanol aus Daphniphyllin abzuleiten ist[2]).

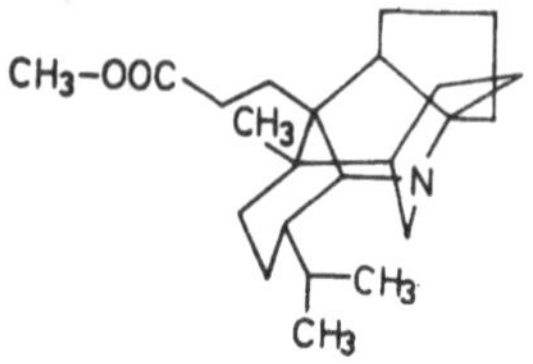

[1]) T. Nakano, B. Nilsson, T. L. **33**, 2883 (1969)
[2]) M. Toda, S. Yamamura, Y. Hirata, T. L. **30**, 2585 (1969)

48. Steroid-Alkaloide

Die Pflanzen der Solanaceen-Gattungen *Solanum*, *Lycopersicum*, der Liliaceen-Gattungen *Veratrum*, *Schoenocaulon*, *Zygadenus*, *Frittilaria* und der Buxacee-Gattungen *Buxus*, *Pachysandra*, *Sarcococca* und *Simmondsia* enthalten als charakteristische Inhaltsstoffe polycyclische Basen mit dem Kohlenstoffskelett der Sterine. So konnten aus 250 Species der Familie der Solanaceen und Liliaceen nahezu 40 Steroidalkamine mit einem C-27-Kohlenstoffskelett isoliert und in ihrer Struktur aufgeklärt werden. Dagegen fand man die C-27-Steroid-Alkaloide mit einem C-nor-D-homo-14(13-12)-*abeo*-Ring-System, wie sie bei den Jervan- und Cevan-Basen vorliegen, bisher nur in Liliaceen.

Die Alkaloide der Solanidin-, der Solasodin- und der Veratramin-Gruppe liegen in der Pflanze zum Teil als freie Aminoalkohole, überwiegend aber als Glykoside vor, bei denen die am C-Atom 3 befindliche Hydroxygruppe an einen Mono- oder Oligosaccarid-Rest gebunden ist. Demgegenüber sind die in *Veratrum*- und *Zygadenus*-Arten aufgefundenen Alkaloide des Cevin-Typs Ester von Polyhydroxyaminen mit aliphatischen oder aromatischen Säuren, die bis zu vier Hydroxygruppen verschließen können.

Bei den *Buxus*-Alkaloiden liegen dagegen vielfach C-3-Derivate von aliphatischen und aromatischen Monocarbonsäuren, C-20-Acetylderivaten und C-17-Acyl-Derivaten vor.

Alkaloid	Schmp.	$[\alpha]_D$	Derivat	Vorkommen
Mityphyllin $C_{31}H_{49}NO_6$	amorph	+20° (C)	Acetyl 126–8°	*Holarrhena mitsi*[1])
Petilin $C_{27}H_{43}NO_2$	205–6°	–	HCl 205–6° HBr 315°	*Petilium raddiana*[20])
Holacurtin $C_{29}H_{49}NO_5$	162°	+42° (M)	Acetyl 210–14°	*Holarrhena curtisii*[15])
Holacurtenin $C_{29}H_{47}NO_4$	136–7°	+57° (M)	–	*Holarrhena curtisii*[15])
Korseveridin $C_{27}H_{43}NO_2$	290°	–49°	–	*Korolkovia sewertzovii*[19])
Spiropachysin $C_{31}H_{46}N_2O$	290–2°	+35°	Desoxyverb. 175°	*Pachysandra terminalis*[14])
Veratrobasin $C_{24}H_{37}NO_3$	–	–	–	–
Korsin $C_{27}H_{43}NO_3$	170° Vak. 157–9°	+87° (A)	HCl 301–3° HBr 324–6° HJ 291–4° Jodm. 273°	*Korolkovia severtzovii*[18])
Sefkorin $C_{34}H_{55}NO_6$	237–8°	–40° (M)	HBr 212–3° HCl 214–6°	*Korolkovia severtzovii*[18])

Alkaloid	Schmp.	$[\alpha]_D$	Derivat	Vorkommen
Veramin $C_{27}H_{41}NO_2$	amorph	—	—	*Veratrum album*[16])
Veralinin $C_{27}H_{43}NO$	124—6°	—80° (C)	—	*Veratrum album*[17])
Mayngain $C_{21}H_{27}NO$	150—2°	+2,1° (C)	—	*Paravallaris maingayi*[2])
Buxaltin $C_{35}H_{48}N_2O_3$	188—91°	—	—	*Buxus sempervirens*[3])
Buxiramin $C_{27}H_{44}N_2O_2$	213—5°	—	—	*Buxus sempervirens*[3])
BX-10	221—24°	—	—	*Buxus sempervirens*[3])
BX-6	207—12°	—	—	*Buxus sempervirens*[3])
7α-Hydroxypara-vallaridin $C_{24}H_{35}NO_4$	213°	—113°	—	*Paravallaris microphylla*[4])
7β-Hydroxypara-vallaridin $C_{24}H_{35}NO_4$	210°	13,5°	—	*Paravallaris microphylla*[4])
11α-Hydroxypara-vallarin $C_{24}H_{35}NO_4$	235°	—55°	—	*Paravallaris microphylla*[4])
Buxen $C_{27}H_{41}NO_3$	202—4°	—	—	*Buxus sempervirens*[5])
N-Methylbuxen $C_{28}H_{43}NO_3$	180—2°	—104° (C)	—	*Buxus sempervirens*[4])
23-Oxo-Solacongestidin $C_{27}H_{43}NO_2$	213—23°	+33° (C)	—	*Solanum congestiflorum*[6])
24-Oxosolacongestidin $C_{27}H_{43}NO_2$	158—62°	+41°	—	*Solanum congestiflorum*[6])
Cyclovirobuxin-C $C_{27}H_{48}N_2O$	201°	+65° (C)	N-Acetyl 216°	*Buxus malayana*[7])
N-Formyl-cycloviro-buxein-B $C_{28}H_{46}N_2O_2$	290°	—167° (C)	—	*Buxus malayana*[7])
O-Vanillylcycloviro-buxein-D $C_{34}H_{52}N_2O_4$	210°	+2° (C)	—	*Buxus malayana*[7])
Edpetilinin $C_{32}H_{55}NO_6$	262—4°	—10° (Py)	—	*Petilium edwardi*[8])
Edpetin $C_{27}H_{41}NO_4$	314—15°	—	—	*Petilium edwardi*[9])
Korsewinin $C_{27}H_{41}NO_3$	224—5°	—16°	—	*Korolkowia sewertzowii*[10])
Solaphyllidin $C_{28}H_{47}NO_5$	—	—	—	*Solanum hypomaloco-phyllum*[12])
Samanin $C_{19}H_{33}NO$	196	—	Diacetyl 69	*Salamandra maculosa*[12])

Alkaloid	Schmp.	$[\alpha]_D$	Derivat	Vorkommen
Buxocyclamin-A $C_{27}H_{48}N_2$	187–8°	+87° (C)	—	*Buxus sempervirens*[21])
Samandinin $C_{24}H_{40}NO_3$	—	—	—	*Salamandra Sp.*[13])
Cyclobuxin-B	—	—	—	*Buxus Sp.*[23])

Samanin

Die bisher bekannten Salamandra-Alkaloide enthalten einen Oxazolidin-Ring oder eine Carbinolamingruppierung, während dem Samanin ein neues Gerüst zugrunde liegt.

Samanin, $C_{19}H_{33}NO$, weist in seinem MS die folgenden typischen Fragmente auf und muß demgemäß die auch durch Synthese bestätigte Struktur besitzen:

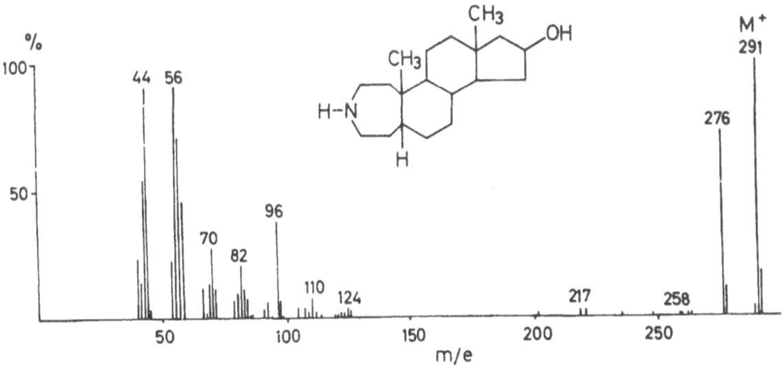

1) M. M. JANOT, M. LEBOEUF, A. CAVA, R. WIGESEKERA, R. GOUTAREL, C. R. (C) 1050 (1968)
2) J. B. DAVIS, K. JEWERS, A. H. MANCHANDRA, A. B. Wood, Chem. Ind. 627 (1970)
3) W. DÖPKE, B. MÜLLER, Pharm. **24**, 649 (1969)
4) H. P. HUSSON, L. FERNANDES, P. PORTIER, J. LEMEN, Bull. 3162 (1969)
5) W. DÖPKE, R. HÄRTEL, H. J. FEHLHABER, T. L. **51**, 4423 (1969)
6) Y. SATO, Y. SATO, H. KANEKO, E. BIAUCHI, H. KATAOKA, Org. Chem. **34**, 1577 (1969)
7) F. KHUONG-HUU, M. J. MAGDEKEINE, Ann. pharm. Franc. **23**, 211 (1970)
8) R. SCHAKIROW, R. N. NURIDDINOV, S. Y. YUNUSOV, Chem. nat. Verb. 605 (1969)
9) R. N. NURIDDINOV, S. Y. YUNUSOV, Chem. nat. Verb. 603 (1969)
10) R. N. NURIDDINOV, S. Y. YUNUSOV, Chem. nat. Verb. 600 (1969)
11) L. J. KARLE, Acta Cryst. Sect. B. **26**, 1639 (1970)
12) G. HABERMEHL, A. HAAF, Ann. **722**, 155 (1969)
13) G. HABERMEHL, Toxicon **7**, 163 (1969)
14) T. KIKUCHI, T. NISHINAGA, M. INAGAKI, M. KOYAMA, T. L. **17**, 2077 (1968)
15) M. M. JANOT, PH. DEVISSAGNET, Q. KHUANG-HUU, J. PARELLO, N. G. BISSET, R. GOUTAREL, C. R. Ser. C 388 (1968)
16) G. ADAM, K. SCHREIBER, J. TOMKO, Z. VOTICKY, A. VASSOVA, T. L. **24**, 2815 (1968)
17) J. TOMKO, A. VASSOVA, G. ADAM, K. SCHREIBER, T. **24**, 6389 (1968)
18) P. N. NURRIDINOV, A. J. SAUDKHODZHAEV, S. Y. YUNUSOV, Chem. nat. Verb. **3**, 161 (1968)
19) R. N. NURIDDINOV, S. Y. YUNUSOV, Chem. nat. Verb. 101 (1968)
20) R. N. NURIDDINOV, B. BABAGER, S. Y. YUNUSOV, Chem. nat. Verb. 168 (1968)
21) W. DÖPKE, B. MÜLLER, P. W. JEFFS, Pharm. **23**, 37 (1968)
22) R. F. KEELER, Steroids, **13**, 579 (1969)
23) Z. VOTICKY, V. PAULICK, B. SEDLACK, Chem. Zvesti **23**, 702 (1969)

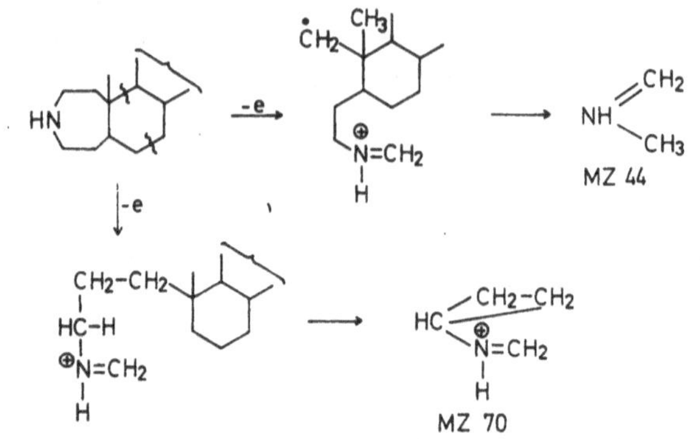

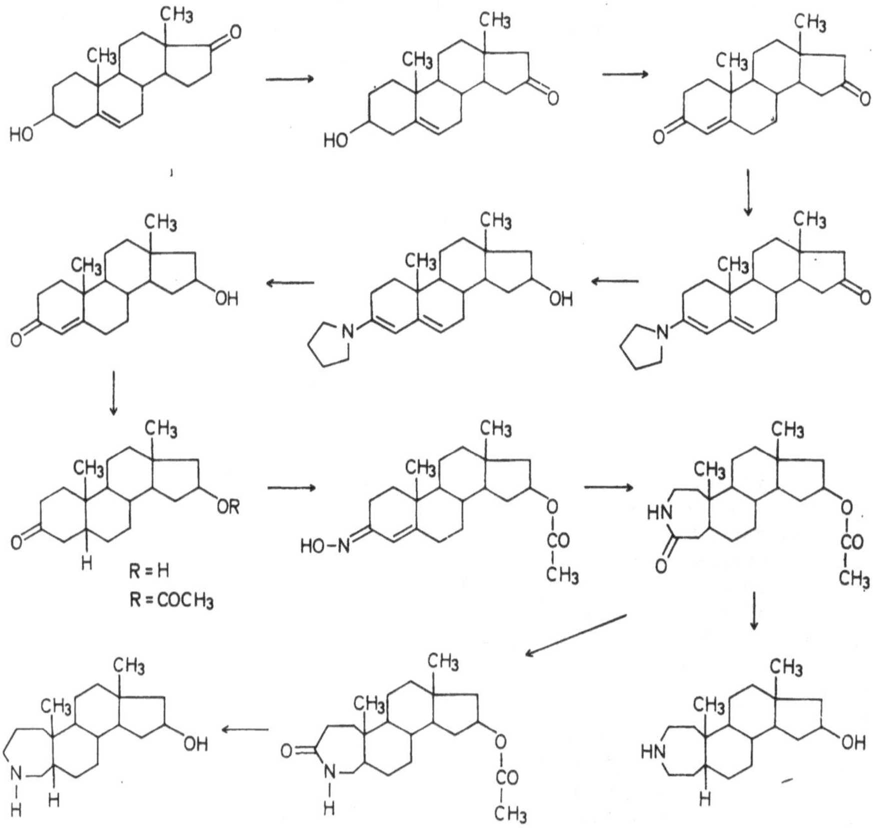

[1]) G. Habermehl, A. Haaf, Ann. **722**, 155 (1969)

Synthese des Samanins[1]):

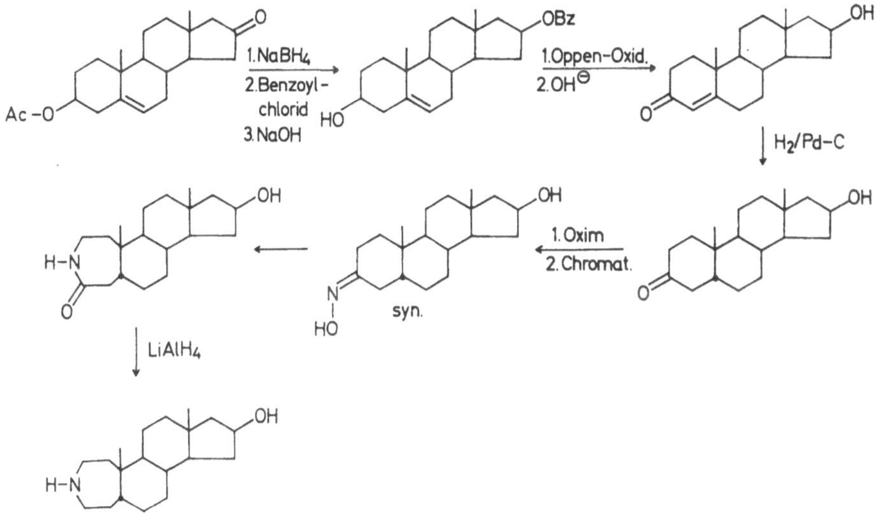

Samandinin

konnte in seiner Struktur ebenfalls durch die Kombination von spektroskopischen Untersuchungen abgeklärt werden[2]).

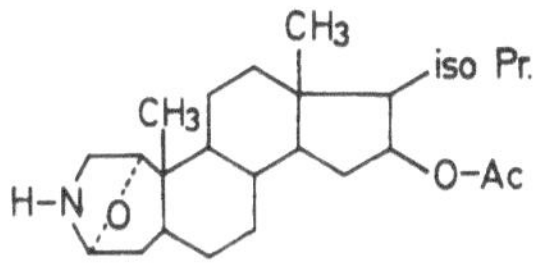

Buxen und N-Methylbuxen,

zwei Alkaloide aus *Buxus sempervirens*, weisen in ihren MS das Fragmention a, ein für 3-Aminosteroide typisches, bei Anwesenheit einer 4,4-Dimethylgruppierung allerdings meist nur in geringer Intensität auftretendes Bruchstück auf. Den zweitstärksten Fragmentpeak liefert das Olefin b, das durch eine McLafferty-Umlagerung unter Eliminierung von Carbaminsäureäthylester entstand und damit das Vorliegen einer Amidgruppierung bewies. Die Struktur beider Alkaloide ließ sich durch die Verknüpfung mit Buxenon, dessen Struktur und Stereochemie eindeutig geklärt sind, absichern: Buxen ergab durch

[1]) K. Oka, S. Hara, T. L. **15**, 1193 (1969)
[2]) G. Habermehl, Toxicon **7**, 163 (1969); C. A. **71**, 113121 (1969)

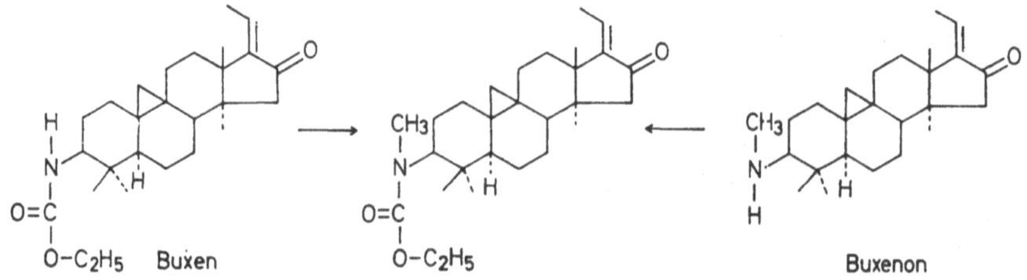

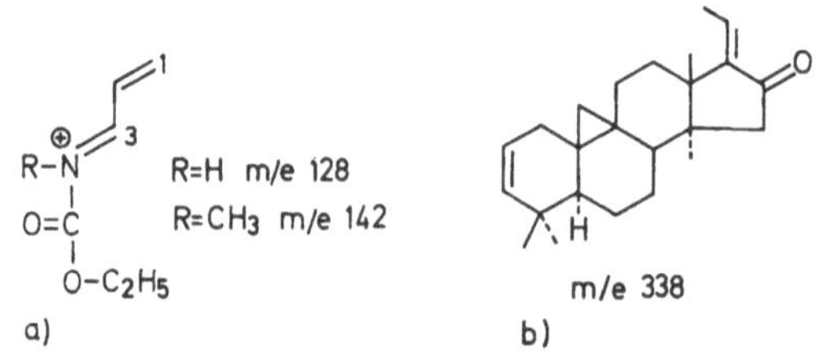

Methylierung mit Formaldehyd/Ameisensäure N-Methylbuxen, das seinerseits aus Buxenon durch Umsetzung mit Chlorameisensäureäthylester gewonnen werden konnte[1]).

Buxaltin und Buxiramin,

zwei weitere Nebenalkaloide aus *Buxus sempervirens*, besitzen auf Grund der spektroskopischen Untersuchungen die folgende Struktur[2]):

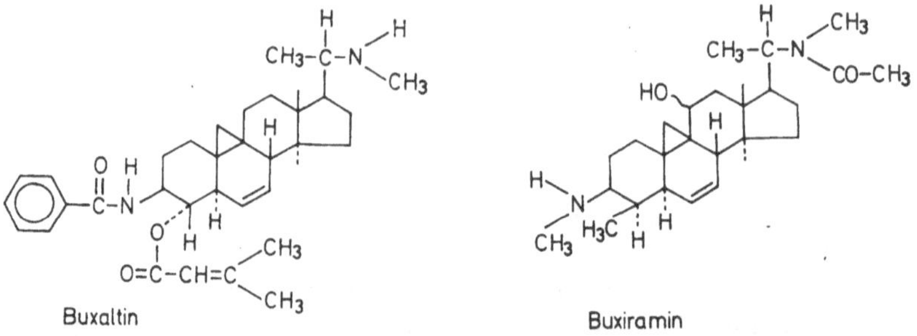

Buxiramin stellt dabei einen neuen, den 11-Ketosteroid-Alkaloiden nahestehenden Strukturtyp dar, der bisher bei *Buxus*-Alkaloiden noch nicht aufgefunden worden ist.

[1]) W. Döpke, R. Härtel, H. J. Fehlhaber, T. L. **51**, 4423 (1969)
[2]) W. Döpke, B. Müller, Pharm. **24**, 649 (1969)

Cyclovirobuxin C,

ein Alkaloid, das durch Gegenstromverteilung aus dem Gesamtextrakt von *Buxus malayana* isolierbar ist, besitzt nach den spektroskopischen Untersuchungen die folgende Struktur[1]):

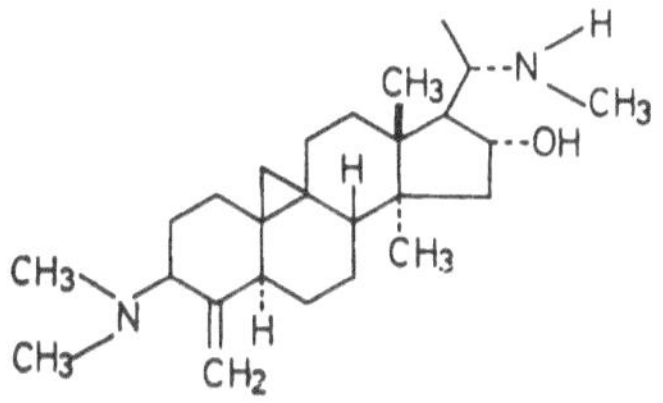

N-Formyl-cyclovirobuxein B

liefert bei der Verseifung mit äthanolischer KOH-Cyclovirobuxein-B und in Übereinstimmung mit den MS-Untersuchungen daher die folgende Struktur[1]):

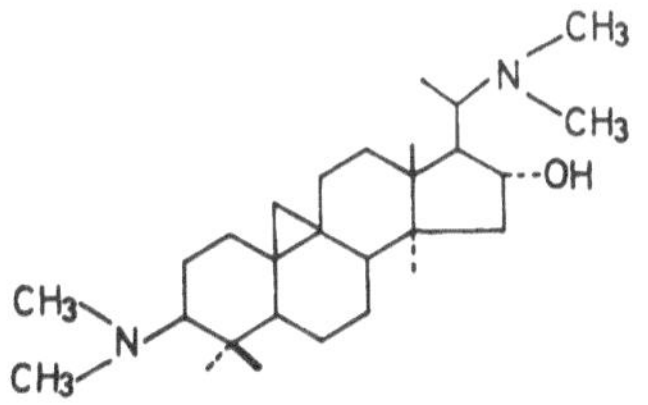

O-Vanillyl-cyclovirobuxein-D

liefert bei der analogen Verseifung Cyclovirobuxin-D und Vanillinsäure[1]).

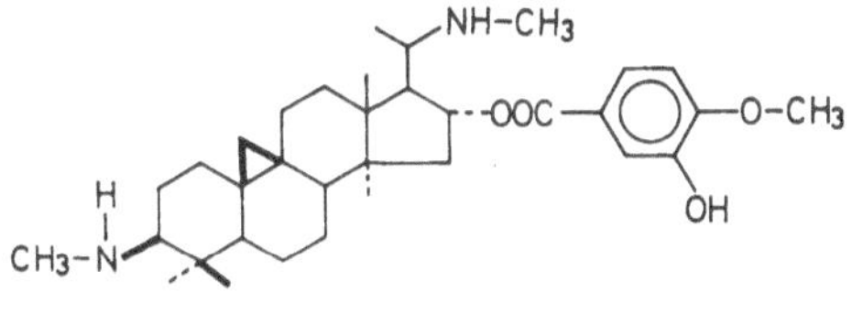

[1]) F. Khuong-Huu, M. J. Magdeleine, Ann. pharm. Franc. **23**, 211 (1970)

Buxocyclamin-A,

ein Alkaloid aus der Aceton-unlöslichen Fraktion der leichtlöslichen Oxalate eines Extraktes von *Buxus sempervirens*, besitzt auf Grund der MS-Untersuchungen die nachstehende Struktur mit einer Monomethyl-Funktion am C-4[1]).

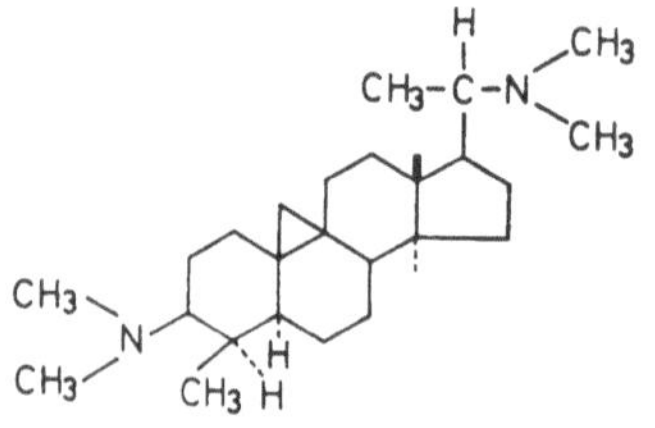

Epipachysandrin-A

Die Umwandlung des Epipaçhysandrin-A in das Pachystermin-A und B gelang auf dem Wege der folgenden zwei Teilschritte:

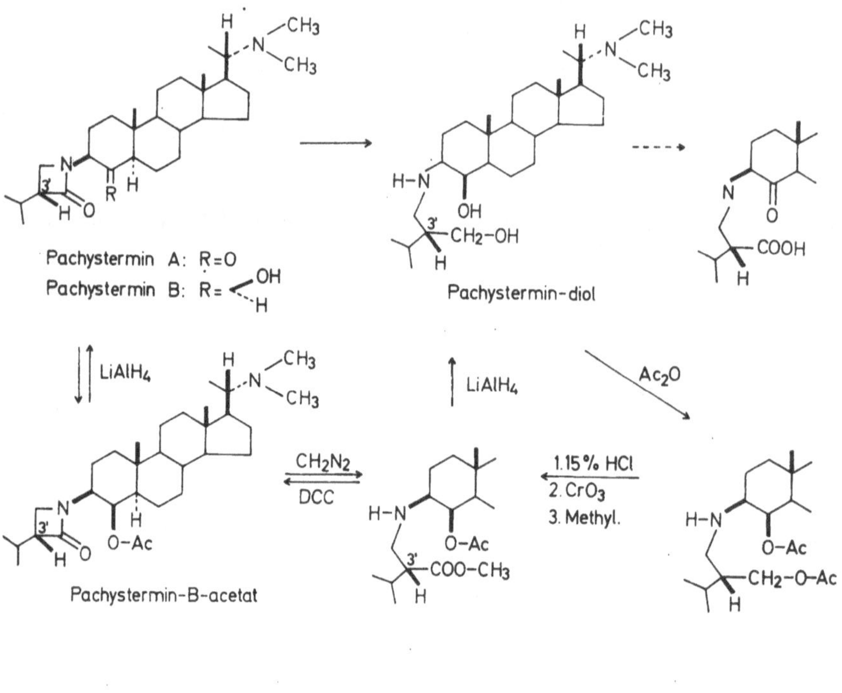

1) W. DÖPKE, B. MÜLLER, P. W. JEFFS, Pharm. **23**, 37 (1968)

Der zweite Schritt bestand in der Korrelierung des Epipachysandrins mit dem Pachystermindiol[1]):

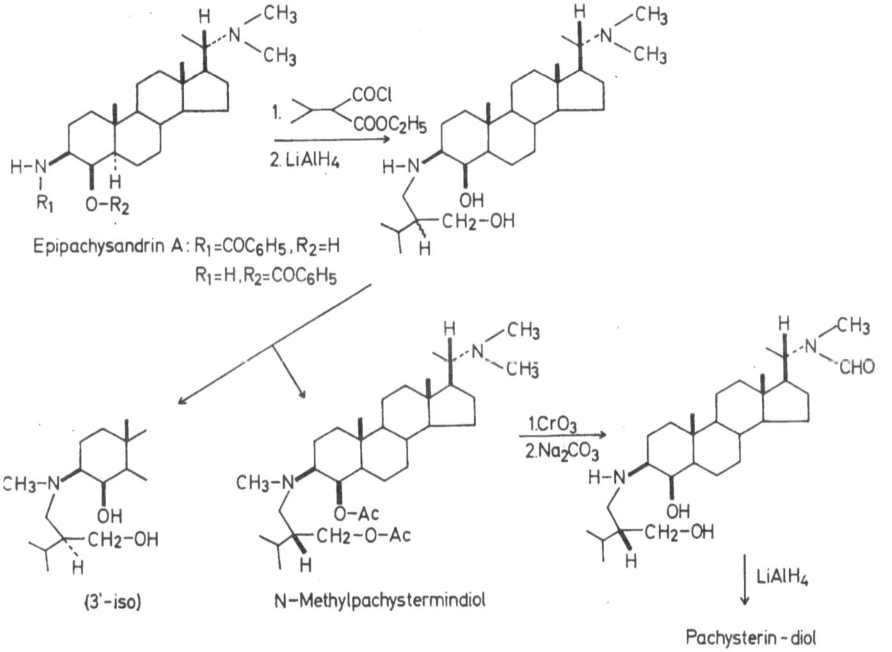

Cyclobuxosuffrin

Cyclobuxosuffrin, Cyclobuxomicrein, Cyclobuxamin-H und Buxocyclamin-A sind Buxus-Alkaloide mit dem Grundgerüst des 9β-19-Cyclo-5α-Pregnans, bei denen die Methylgruppe am C-4 des Cyclobuxamin-H eine α-Konfiguration und diejenige des Dihydrocyclobuxins eine β-Konfiguration besitzt. Zur Abklärung der Frage, ob auch die C-4-Methylgruppe im Cyclobuxosuffrin eine α-Konfiguration besitzt, wurden die folgenden Reaktionen zur Korrelierung mit dem Cyclobuxin-D durchgeführt:

Cyclobuxin-D wurde in ein Keton umgewandelt, das durch anschließende Reduktion mit $LiAlH_4$ in den 16-Alkohol überführbar war und für den aus den KMR-Untersuchungen eine β-Konfiguration der Alkoholfunktion abgeleitet werden konnte.

[1]) T. Kikuchi, T. Nishinaga, S. Uyeo, O. Yamashiro, K. Minami, T. L. **8**, 909 (1968)

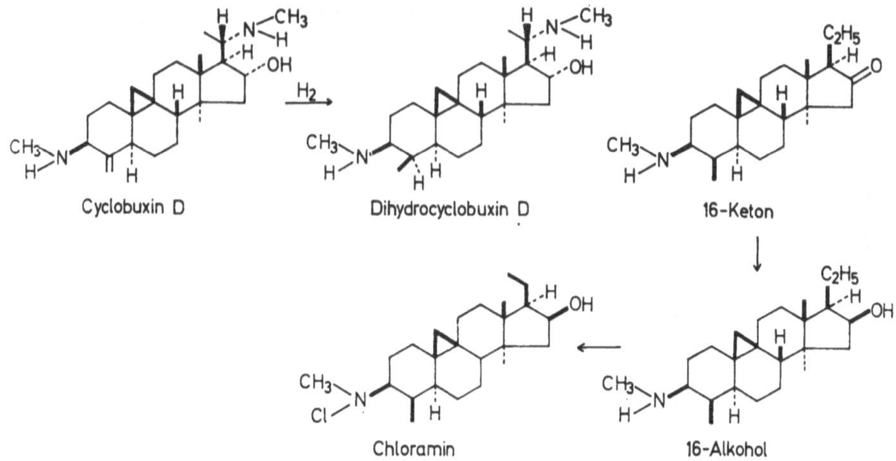

Beim Versetzen mit N-Chlorsuccinimid in trockenem Methanol erhält man das Chloramin, das durch Dehydrierung und anschließende milde Hydrolyse ein Keton liefert. Die ORD-Untersuchungen lieferten für dieses Keton den Beweis einer α-äquatorialen Konfiguration der C-4-Methylgruppe. Die Reduktion des Oxims mit $LiAlH_4$ führte zu einem primären Amin, das seinerseits bei der Methylierung mit Formaldehyd/Ameisensäure und anschließender Hydrolyse in ein Dimethylamino-Derivat überführbar war. Die anschließende Oxydation mit CrO_3/Py. lieferte dann ein Dimethylaminoketon, das in allen physikalischen Eigenschaften identisch war mit dem ebenfalls aus Cyclobuxosuffrin erhältlichen Keton.

Da die Konstitution des Cyclobuxin-D durch die Korrelierung mit dem Triterpen Cycloeucalenol eindeutig bestimmt werden konnte, bestätigt diese Korrelierung nicht nur die Struktur für das Cyclobuxosuffrin, sondern auch die α-Konfiguration der C-4 Methylgruppe[1]).

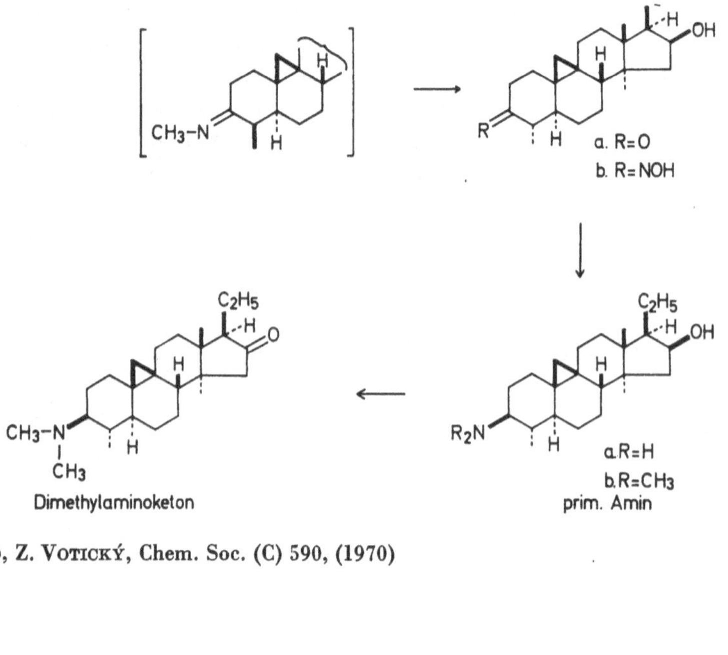

[1]) T. Nakano, Z. Votický, Chem. Soc. (C) 590, (1970)

Cyclobuxin-B

ist ein Alkaloid, das in der Reihe der Cyclobuxin-Alkaloide bisher noch fehlte und besitzt in Übereinstimmung mit den spektroskopischen Befunden die nachstehende Struktur[1]):

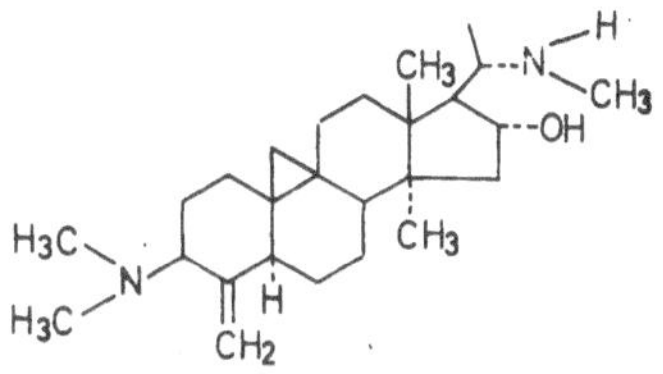

Baleabuxin, Cycloprotobuxin und Buxamin

Die Alkaloide Baleabuxin, Cycloprotobuxin und Buxamin repräsentieren drei Gruppen von Alkaloiden aus Buxus-Arten. Die nachfolgende Synthese, ausgehend vom Lanosterol, bietet die Möglichkeit, das Grundgerüst zu synthetisieren[2]):

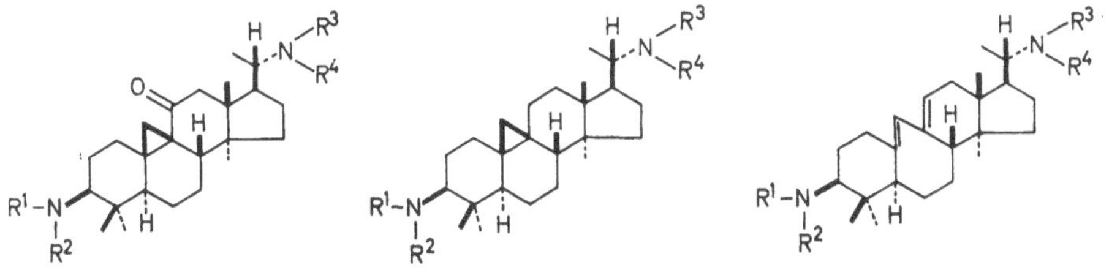

Baleabuxin Cycloprotobuxin Buxamin

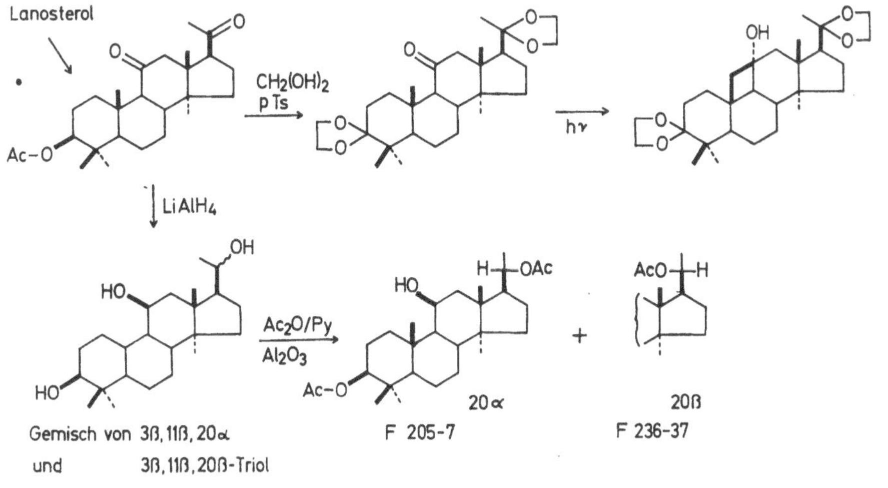

1) Z. Voticky, U. Paulick, B. Sedlak, Chem. Zvesti **23**, 702 (1969)
2) T. Nakano, M. Alonso, A. Martin, T. L. **56**, 4929 (1970)

Veramin

Veramin, $C_{27}H_{41}NO_2$, ein amorphes Alkaloid aus *Veratrum album* ssp. *lobelianum*, liefert bei der Se-Dehydrierung 2-Äthyl-5-methylpyridin, 3-Methyl-1.2-cyclopentanophenanthren und bei der Acetylierung ein amorphes N.O-Diacetat, sowie bei Einwirkung von Acetanhydrid ein amorphes N-Acetylveramin, von denen das N.O-Diacetat beim Erhitzen in $\Delta^{20(22)}$-N.O-Diacetylpseudoveramin übergeht. In Analogie zu anderen Alkaloiden dieses Typs unterliegt das Veramin bei Einwirkung von $LiAlH_4$ einer Spaltung des Ringes E unter Bildung von 17-β-Methyl-18-nor-epiminocholestandiol, das leicht zu Veramin recyclisiert werden kann.

Im Gegensatz zu den normalen Spirosolanen führt die Hydrierung nicht zur Öffnung des Ringes E, sondern bildet ein Tetrahydroderivat, das sicherlich eine 13α-Konfiguration besitzt.

Die partielle Reduktion der 5—12 Doppelbindungen in dem 17β-Methyl-18-nor-epiminocholestandiol führt zu einem Δ^{12}-Derivat, das mit Acetanhydrid/Pyridin in ein amorphes Triacetyl-Derivat übergeführt werden kann und nach der Verseifung zu einem Monoacetat mit CrO_3/Py. zu einem auch aus Veralkamin erhältlichen (22S:25S)-22.26-Acetylepimino-17β-methyl-18-nor-17-iso-5α-cholest-12-en-3.16-dion oxydiert werden kann.

Die ungewöhnliche 17-β-Methyl-18-nor-17-iso-cholestan-Struktur, sowie die 1.2-Doppelbindung und die Konfiguration am C-22 konnten sowohl aus diesen Korrelierungen wie auch aus ORD-Untersuchungen der N-Nitrosoverbindungen abgeleitet werden.

[1]) G. Adam, K. Schreiber, J. Tomko, Z. Voticky, A. Vassova, T. L. **24**, 2815 (1968)
[2]) G. Adam, K. Schreiber, J. Tomko, Z. Voticky, A. Vassova, Coll. **33**, 4054 (1968)

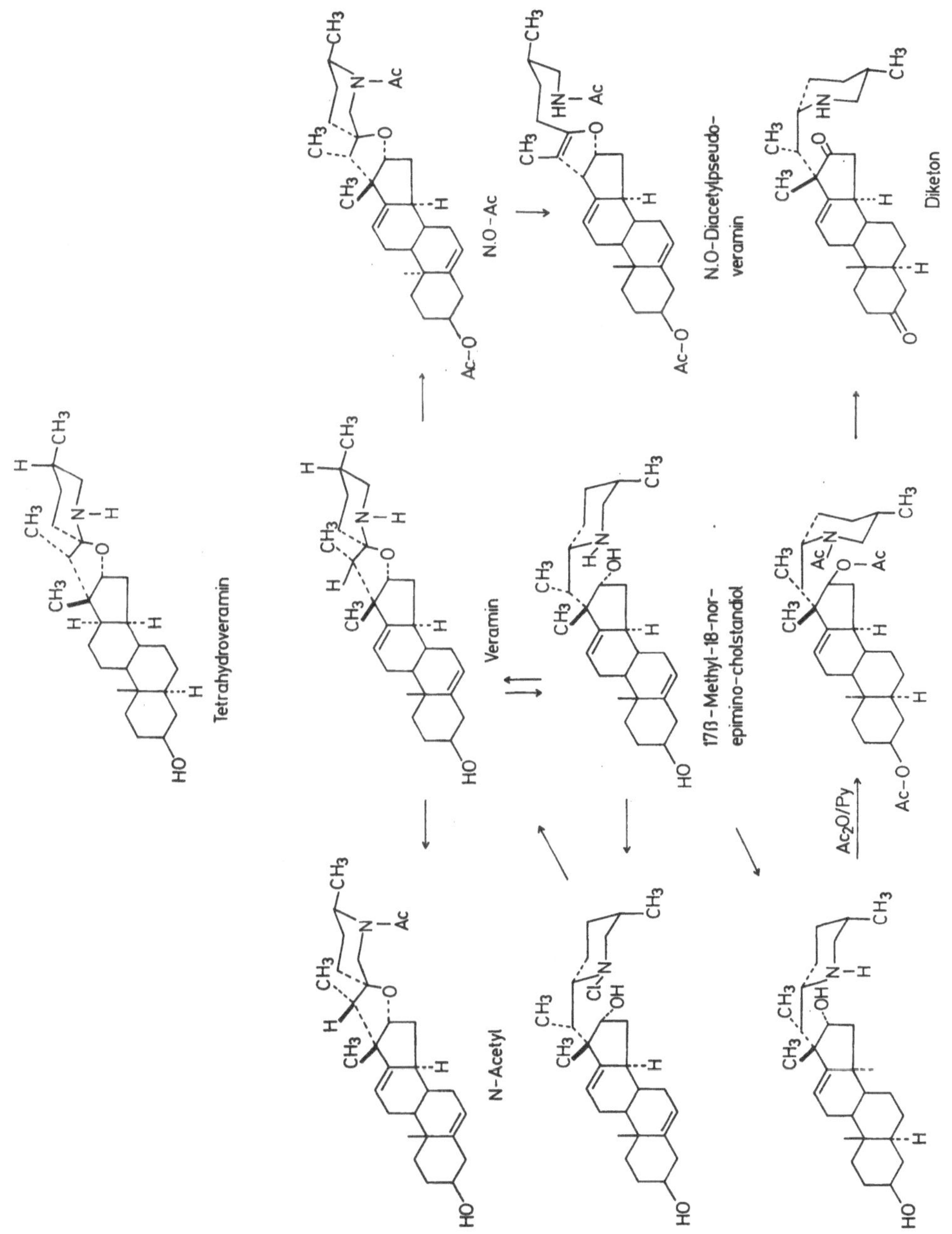
Tetrahydroveramin
N.O-Ac
N.O-Diacetylpseudo-veramin
Diketon
Veramin
17β-Methyl-18-nor-epimino-cholstandiol
Ac_2O/Py
N-Acetyl

Damit ist das Veramin als (25:S)-17β-Methyl-18-nor-17-iso-16α-O-22β-N-Spirosola-5.12-dien-3β-ol-[17S:22S:25S]-22.26-epimino-16α-22-epoxy-18(13→17)-*abeo*-cholesta-5.12-dien-3β-ol zu bezeichnen.

Veralkamin

Veralkamin, ein Nebenalkaloid aus *Veratrum album* subsp. *lobelianum*, besitzt auf Grund der Rö-Kristallstrukturanalyse des im monoklinen System kristallisierenden Hydrojodids, das in der Raumgruppe $P2_1$ und den Dimensionen a = 15,5, b = 9,25, c = 10,36 Å vorkommt, nicht die früher publizierte Struktur[1]), sondern die eines (22S:25S)-22,26-Epimino-17β-methyl-18-nor-cholesta-5,12-dien-3β,16β-diol-[(17S:22S:25S)-22,26-Epimino-18(13→17)*abeo*-cholesta-5,12-iden-3β,16β-diols[2,3]).

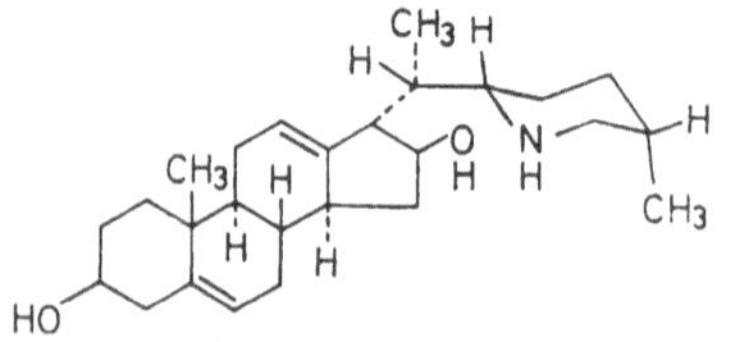

Veralinin

Veralinin, $C_{27}H_{43}NO$, ein weiteres Alkaloid mit 17-β-Methyl-18-nor-17-iso-cholestan-Kohlenstoffgerüst, ist mit Digitonin fällbar, was auf eine 3-β-Hydroxygruppe hinweist. Veralinin bildet ferner ein N-Nitroso-Derivat und bei der Acetylierung mit Acetanhydrid/Pyridin ein N.O-Diacetylderivat, so daß das N-Atom als sekundäres Amin vorliegen muß.

Das im Veralinin vorliegende 22,26-Epimino-17-β-methyl-18-nor-17-isocholestan-Grundgerüst und die Stereochemie der stickstoffhaltigen Seitenkette wurde durch partialsynthetische Verknüpfung mit dem Veralkamin bewiesen. Hierzu wurde das aus Veralkamin darstellbare 16-Keton in ein auch aus Veralinin darstellbares (22S:25S)-22,26-Acetylepimino-17-methyl-18-nor-17-iso-6α-13α-cholestan-3β-ol übergeführt.

[1]) J. Tomko, I. Benedik, Coll. **27**, 1404 (1962)
[2]) J. Tomko, A. Vassova, G. Adam, K. Schreiber, T. **24**, 4865 (1968)
[3]) E. Höhne, G. Adam, K. Schreiber, J. Tomko, T. **24**, 4875 (1968)

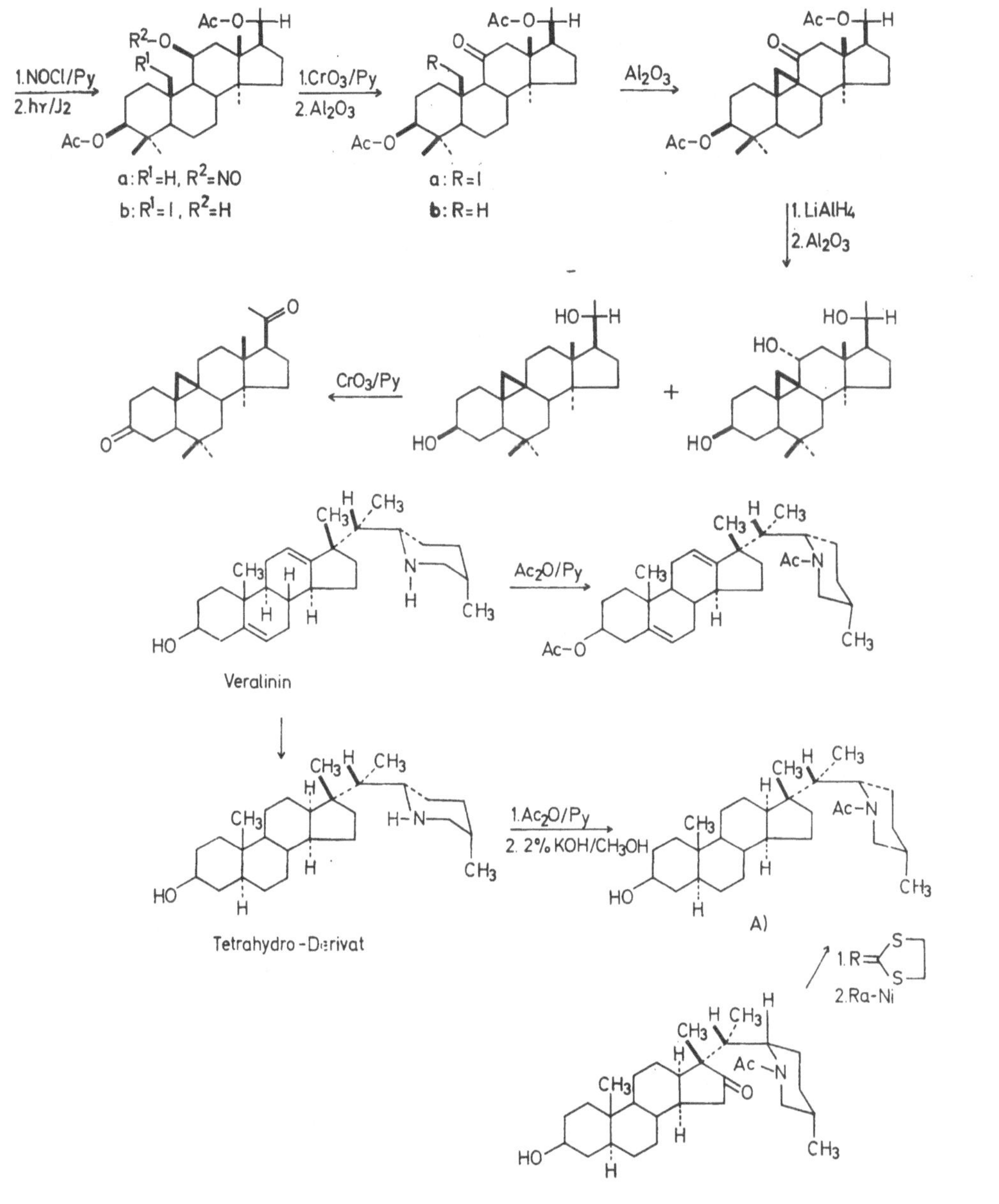

Die Lage der Doppelbindung wurde aus den molaren Rotationsdifferenzen bei der Hydrierung zu der Tetrahydrobase in Analogie zu den vergleichbaren Werten beim Veralkamin, Veramarin abgeleitet. Da ferner das Tetrahydroderivat durch Einwirkung von Acetanhydrid und anschließender Hydrolyse mit 2%iger methanolischer KOH ebenfalls in das auch aus Veralkamin-Keton darstellbare Produkt übergeführt werden konnte, war die Struktur und Stereochemie des Alkaloids als bewiesen anzusehen.

[1]) J. TOMKO, A. VASSOVA, G. ADAM, K. SCHREIBER, T. **24**, 6839 (1968)

Veracevin und Cevin

zeigen beim Messen ihres Circulardichroismus in hochkonzentrierten Lösungen positive Cotton-Effekte. Aus dem Vergleich mit dem dichroitischen Extinktionskoeffizienten von Kaprostan-4-on ergibt sich, daß sowohl Veracevin als auch Cevin in äthanolischer Lösung in Hemiketal-Ketol-Gleichgewichten vorliegen, in dem die Ketolform des Veracevins zu 0,4% bis 0,6%, die des Cevins zu 3–4% beteiligt ist. Aus den Maxima der CD- und UV-Spektren wird abgeleitet, daß im Veracevin Ring-A in der Twist-Form vorliegt[1]).

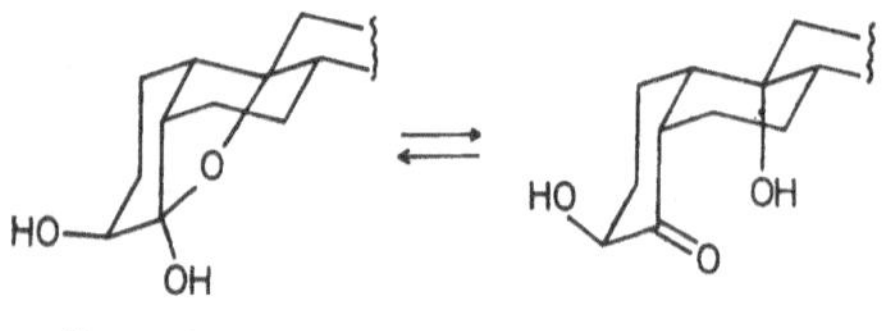

Veracevin

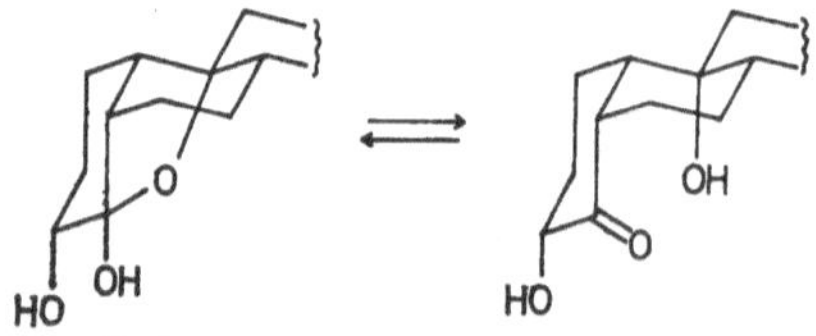

Cevin

Veratrobasin

Veratrobasin, eine sek. Base, der ursprünglich die Bruttoformel $C_{24}H_{37}NO_3$ zugeordnet worden war und eine N-Methylgruppe besitzen sollte, besitzt auf Grund der Rö-Kristallstrukturanalyse die Zusammensetzung $C_{27}H_{41}NO_3$. Das zur Untersuchung verwendete Material kristallisiert mit vier Molekülen in der Zelle, besitzt die Raumgruppe $P2_12_12_1$ und die Dimensionen a = 8,38, b = 15,77, c = 18,03 Å. Die aus den Untersuchungen abzuleitende Struktur ist in der folgenden Abb. dargestellt.

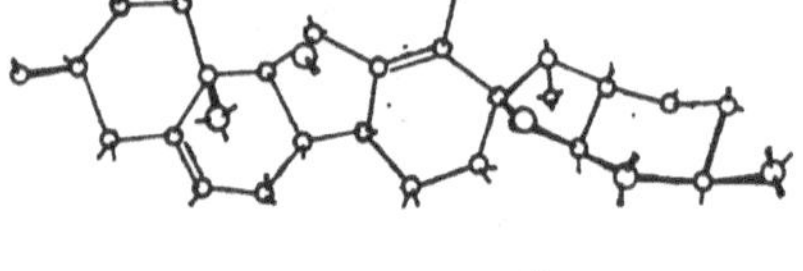

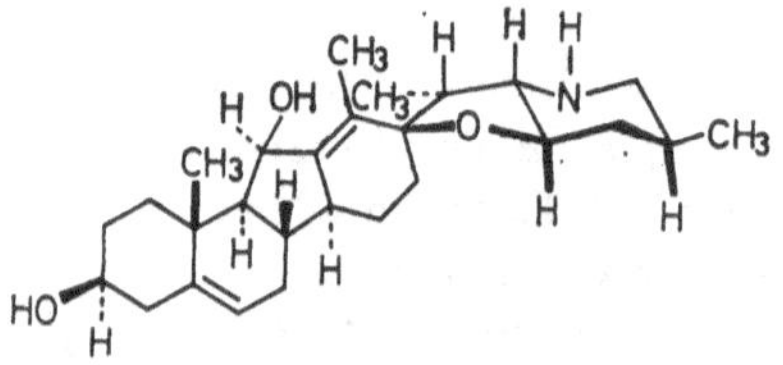

1) H. Auterhoff, H. Ehrhardt, Arch. Pharm. **302**, 748 (1969)

Damit besitzt das Alkaloid die gleiche Grundstruktur wie das Jervin, mit der Ausnahme, daß Veratrobasin eine Hydroxygruppe am C-11 enthält, während das Jervin hier eine Ketofunktion besitzt[1]).

Andererseits ist das Jervin-β-ol identisch mit Veratrobasin. Durch diese Korrelierung des Veratrobasins mit dem Jervin ergibt sich: 1) die β-Orientierung des 17-Oxids in Jerwin und damit auch im 11-Desoxyjervin, 2) die α-Orientierung der 20-Methylgruppe im Jerwin und damit auch im 11-Desoxyjervin, Veratramin und Verarin, 3) die C-22α- und C-23β-Konfiguration für die entsprechenden Substituenten im Jervin und schließlich die absolute Konfiguration des Veratrobasins und Jervins[2]).

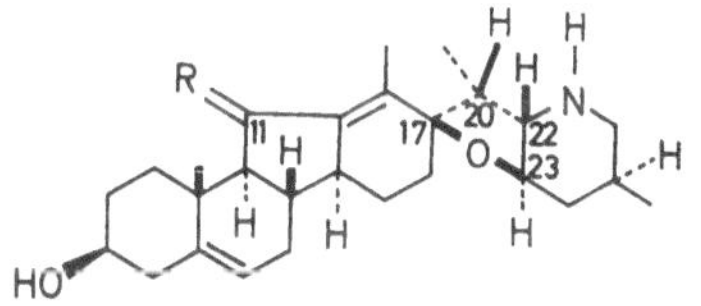

Jervin: : R=O
11-Desoxyjervin: R=H_2
Veratrobasin : R= <(OH)(H)

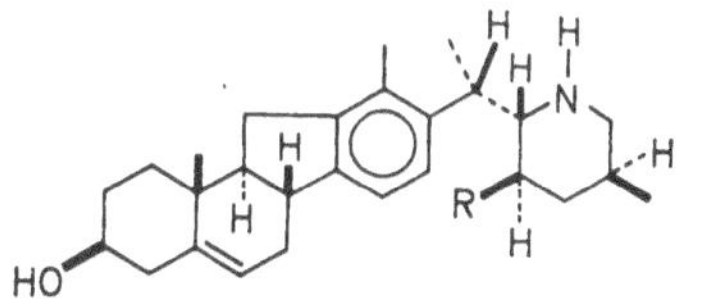

Veratramin: R=OH
Veravin : R=H

Korsin

Korsin, $C_{27}H_{43}NO_3$, ist eine Base mit drei C-Methyl- und drei sekundären Hydroxygruppen, geht bei der Hydrierung in eine Dihydrobase und bei der Oxydation in Dihydrokorsinon über. Auf Grund der MS- und IR-Spektren sollte der Base die nachstehende Struktur zukommen.

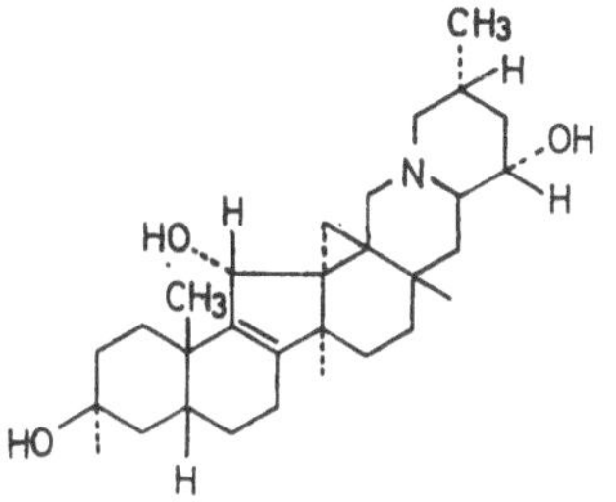

[1]) G. N. Reeke, R. L. Vincent, W. N. Lipscomb, Am. Soc. **90**, 1663 (1968)
[2]) S. M. Kupchan, M. I. Suffness, Am. Soc. **90**, 2730 (1968)

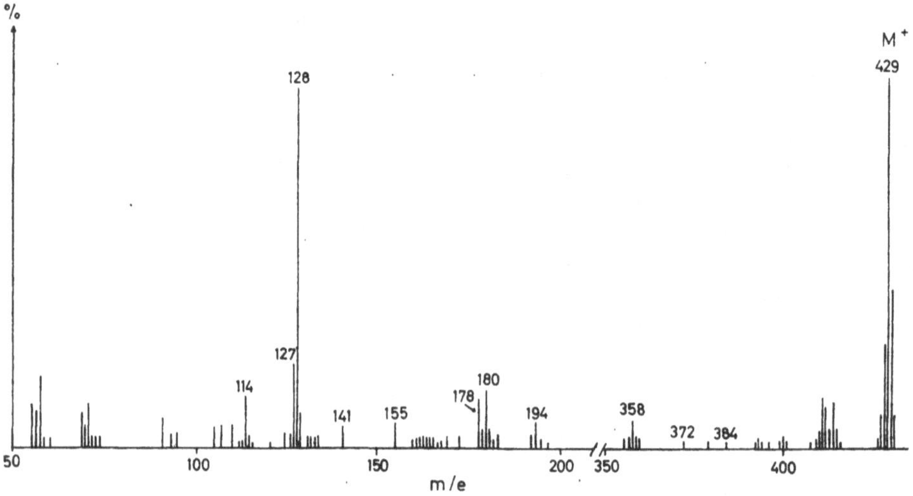

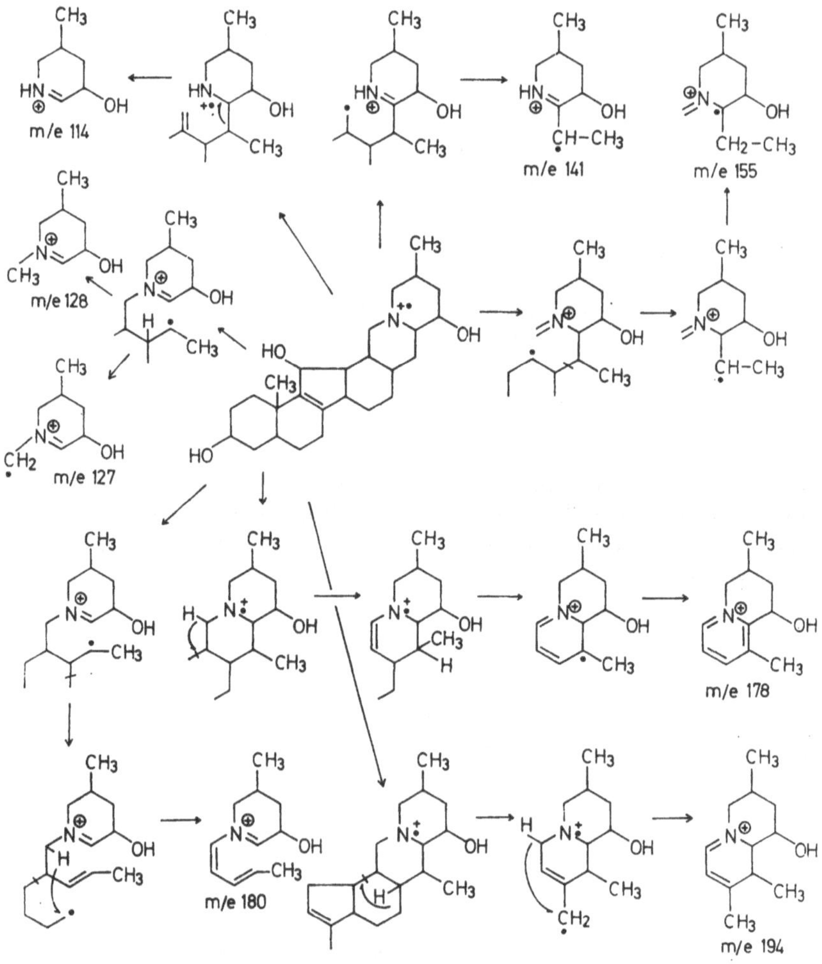

[1]) P. N. Nuridinov, A. I. Saidkhodzhaev, S. Y. Yunusov, Chem. nat. Verb. **3**, 161 (1968)

Korseveridin

Korseveridin, $C_{27}H_{43}NO_2$, ein Alkaloid mit zwei Hydroxygruppen, bildet ein Diacetylderivat und geht bei der Oppenauer-Oxydation in ein Korseveridinon über und besitzt auf Grund der MS- und KMR-Untersuchungen die nachstehende Struktur eines 3β.15β-Dihydroxy-5α.9α.13α,12β,17β,22β,Δ^8(14)-Cevans.

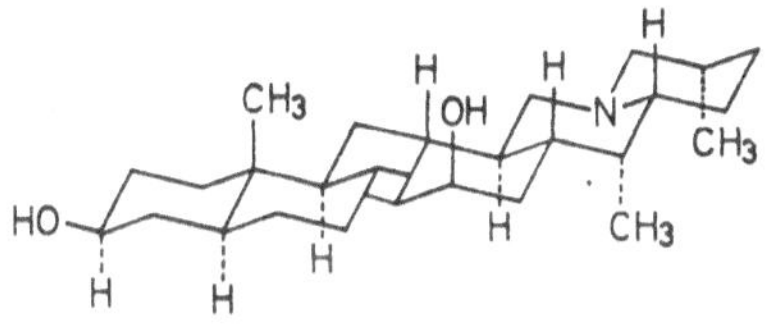

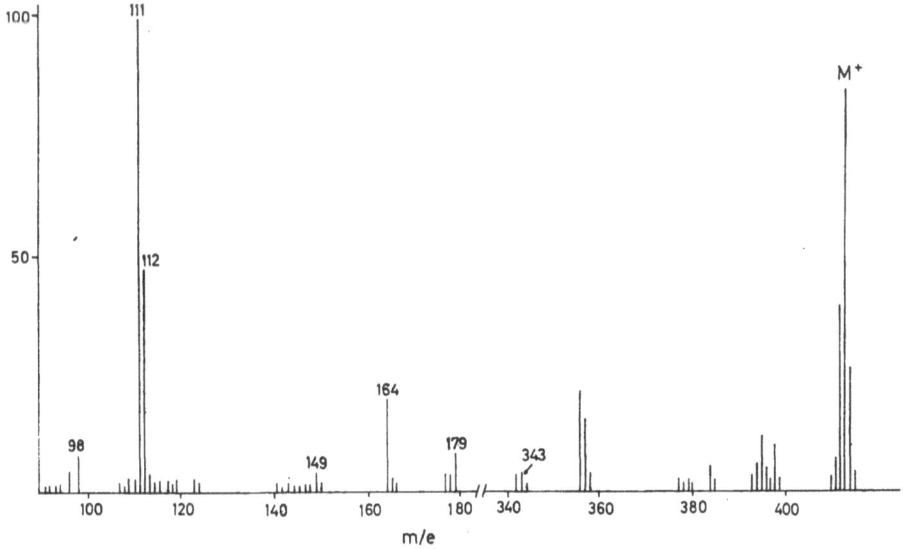

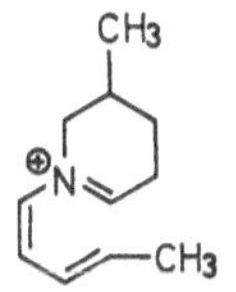

m/e 164

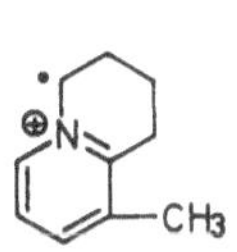

m/e 149

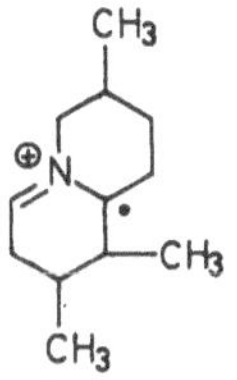

m/e 179

[1]) R. N. Nurriddinov, S. Y. Yunusov, Chem. nat. Verb. 101 (1968); C. A. **69**, 775609 (1968)

Edpetilinin,

ein Alkaloid der Zusammensetzung $C_{32}H_{55}NO_6$, liefert bei der Hydrolyse mit 5%iger Schwefelsäure den Aminoalkohol Edpetilidinin, $C_{27}H_{47}NO_2$, und Xylose. Nach den bisherigen Untersuchungen soll die Struktur und Konfiguration eines β-D-Xylo-Pyranosido-Edpetilidinins vorliegen[1,2]).

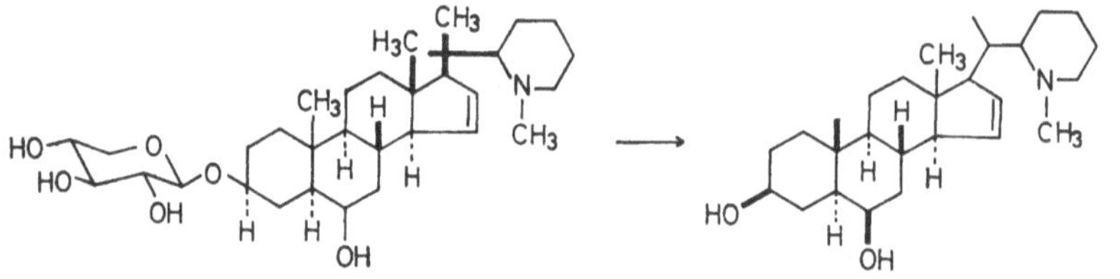

Edpetilinin Edpetilidinin

Edpetin

ist ein weiteres Alkaloid aus *Petilium Edwardi* und besitzt entsprechend den spektroskopischen Befunden die folgende Struktur[3]).

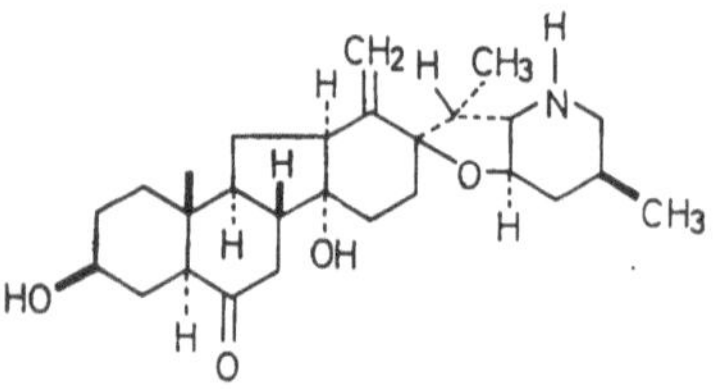

Korsewinin,

eine Base der Zusammensetzung $C_{27}H_{41}NO_3$, liefert bei der Reduktion mit $NaBH_4$ ein Hexahydroprodukt und soll nach den spektroskopischen Untersuchungen wie folgt wiedergegeben werden können

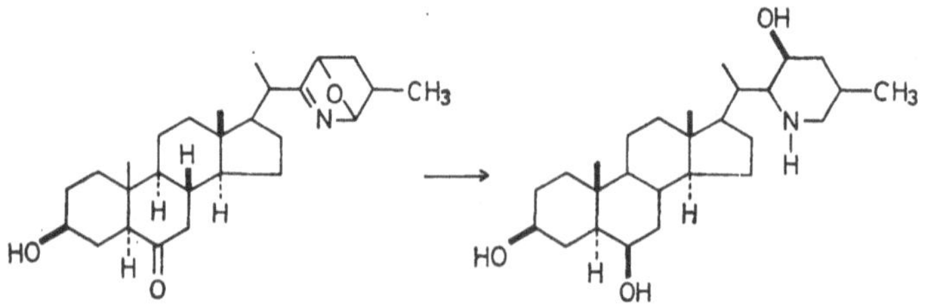

1) R. Schakirow, R. N. Nuriddinov, S. Y. Yunusov, Chem. nat. Verb. 605 (1969)
2) R. N. Nuriddinov, S. Y. Yunusov, Chem. nat. Verb. 601 (1969)
3) R. N. Nuriddinov, S. Y. Yunusov, Chem. nat. Verb. 603 (1969)

da die Fragmentierung wie folgt interpretiert wird[1]):

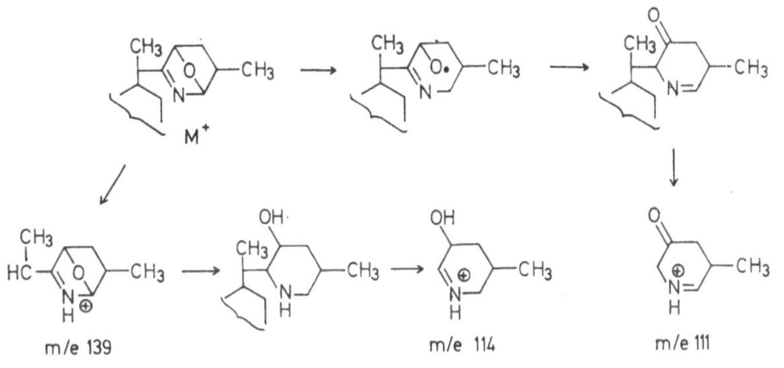

Petilin

Petilin, $C_{27}H_{43}NO_2$, ist eine sekundäre Base mit vier tertiären Methylgruppen, einer Hydroxy- und einer C=O-Gruppierung und soll auf Grund der UV-, IR-, KMR- und MS-Spektren sowie der folgenden Fragmentierung im MS eine der beiden folgenden Strukturen besitzen:

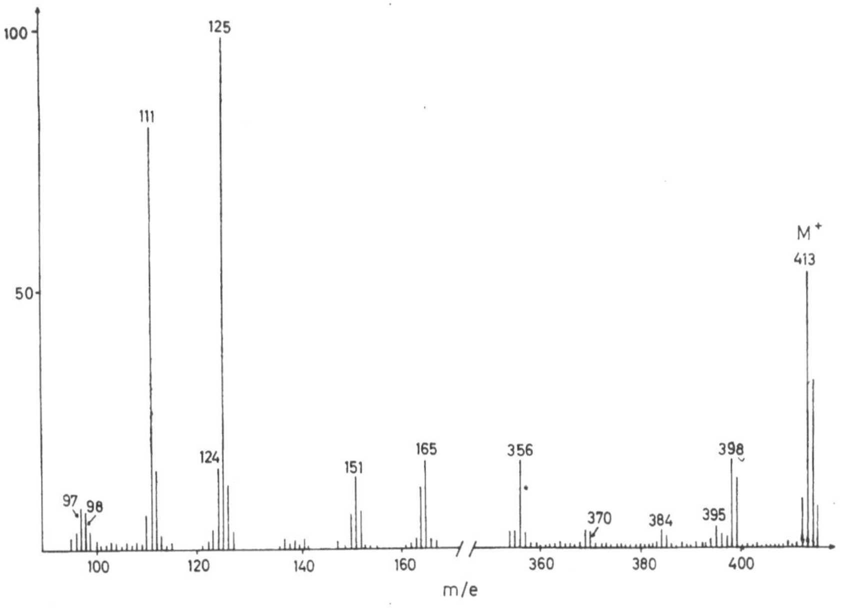

[1]) R. N. Nuriddinov, S. Y. Yunusov, Chem. nat. Verb. 600 (1969)
[2]) R. N. Nuriddinov, B. Babajev, S. Y. Yunusov, Chem. nat. Verb. 168 (1968)
[3]) R. N. Nuriddinov, B. Babajev, S. Y. Yunusov, Chem. nat. Verb. 604 (1969)

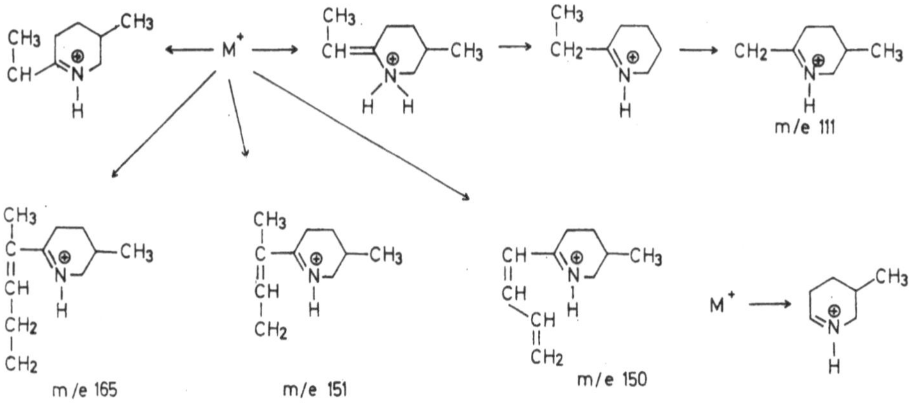

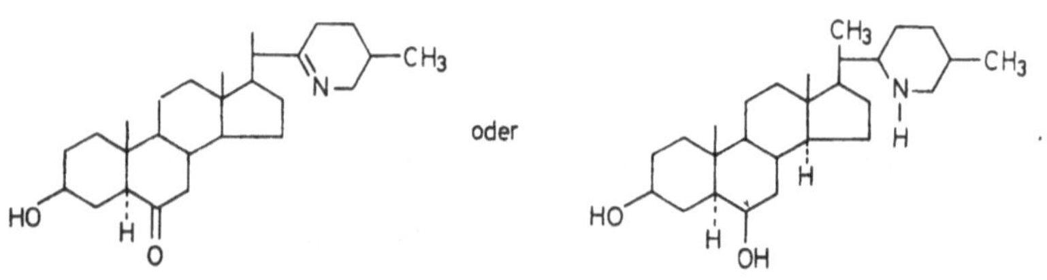

Verticinon

Für das Alkaloid Verticinon aus *Fritillaria verticilata* WILD var., *Thunbergii* BAKER konnte die endgültige Struktur nunmehr durch eine Rö-Kristallstrukturanalyse des Methobromids $C_{28}H_{45}NO_3Br$, das in der Raumgruppe $P2_1$ des monoklinen Systems und den Dimensionen a = 12,49, b = 12,02, c = 9,12 Å kristallisiert, festgelegt werden[1]).

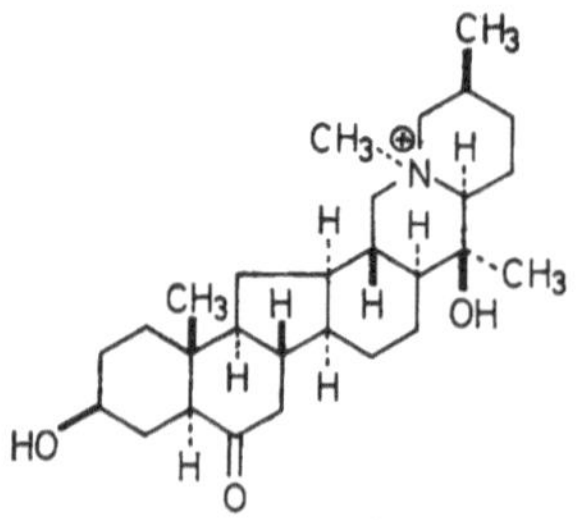

Damit liegen alle sechsgliedrigen Ringe in einer Sessel-Form vor.

[1]) S. ITO, Y. FUKAZAWA, T. OKUDA, T. L. **51**, 5373 (1968)

Cycloposin

Cycloposin konnte in seiner Struktur durch die Kombination von IR-, KMR- und MS-Untersuchungen abgeklärt werden und erwies sich als das 3-Glycosyl-11-desoxojervin[1]).

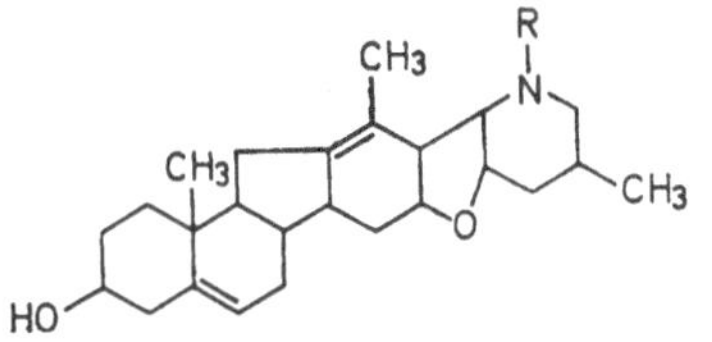

Synthese des Verarins[2]):

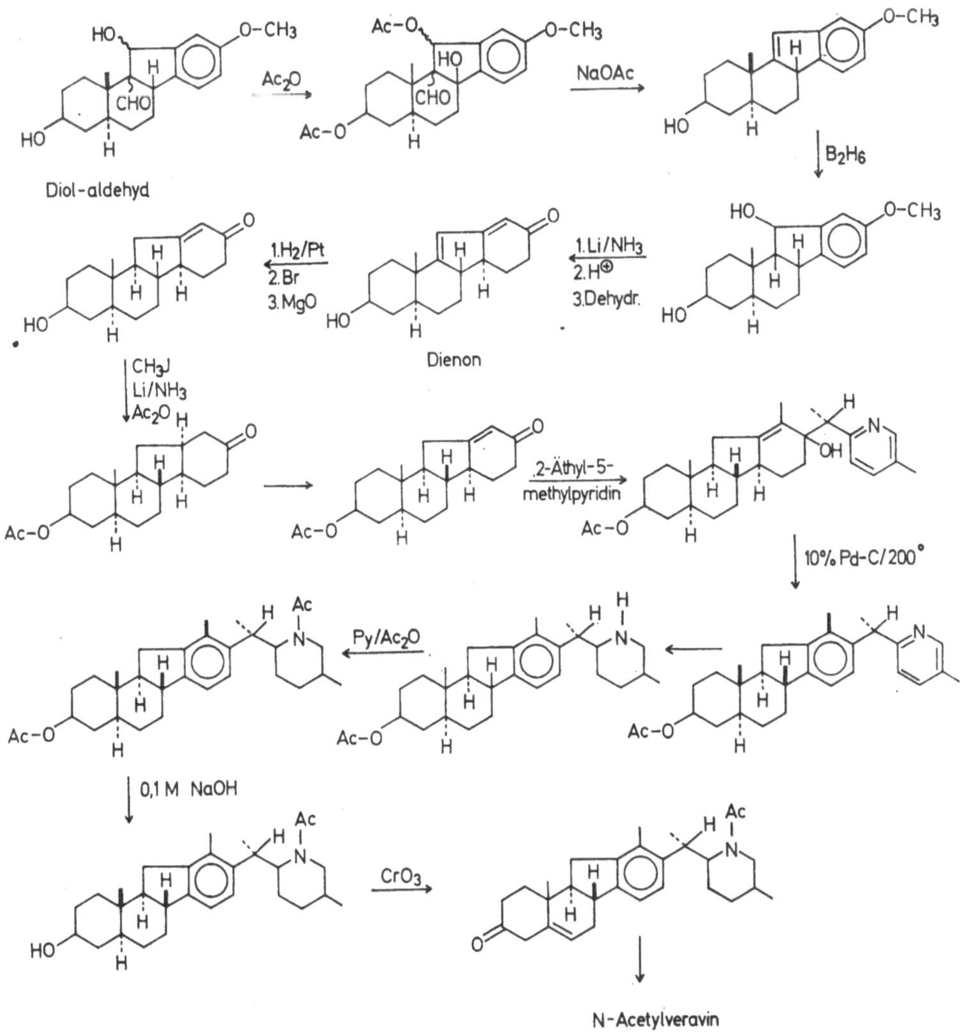

1) R. F. Keeler, Steroids **13**, 579 (1969); C. A. **71**, 39228 (1969)

2) J. P. Kutney, J. Cable, W. A. F. Gladstone, H. W. Hanssen, E. J. Torupka, W. D. Warnock, Am. Soc. **90**, 5332 (1968)

5α-6-Dihydroveratramin

5α-6-Dihydroveratramin kann durch Kupplung von Li-2-Äthyl-3-hydroxy-5-methylpyridin mit 3β-Acetoxyätiojerv-12(13)-en-17-on dargestellt werden[1]).

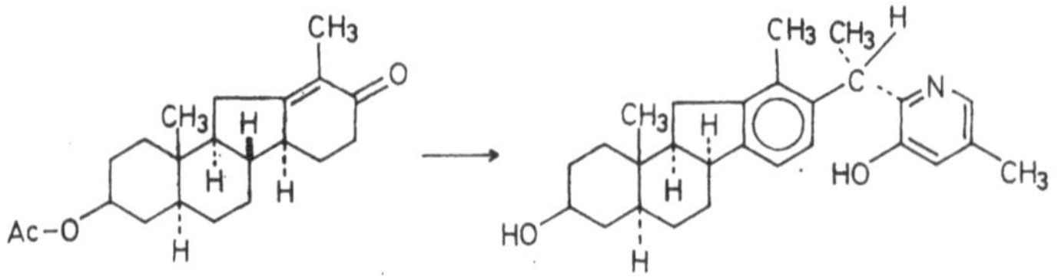

Spiropachysin

Spiropachysin, $C_{31}H_{46}N_2O$, ein Nebenalkaloid aus den Blättern von *Pachysandra terminalis*, weist in seinem IR-Spektrum eine Bande für eine Lactamgruppierung und in seinem KMR-Spektrum Signale für eine N.N-Dimethyl-, eine Amid-N-Methyl-, eine sek. Methylgruppe, zwei tert. Methylgruppen sowie eine Phenylfunktion aus.

Die Reduktion des Alkaloids mit $LiAlH_4$ führt zu einer Desoxyverbindung, die bei der Rückoxydation mit MnO_2 ein Produkt liefert, das nach anschließender Methylierung mit $HCOH/NaBH_4$ identisch mit Spiropachysin ist.

Andererseits kann die Desoxyverbindung einem Hofmann-Abbau unterworfen werden und führt dabei zu einem Δ^2; Δ^3-Isomeren-Gemisch des entsprechenden Methins, das aber bei der Hydrierung zu einem einheitlichen Dihydroprodukt führt.

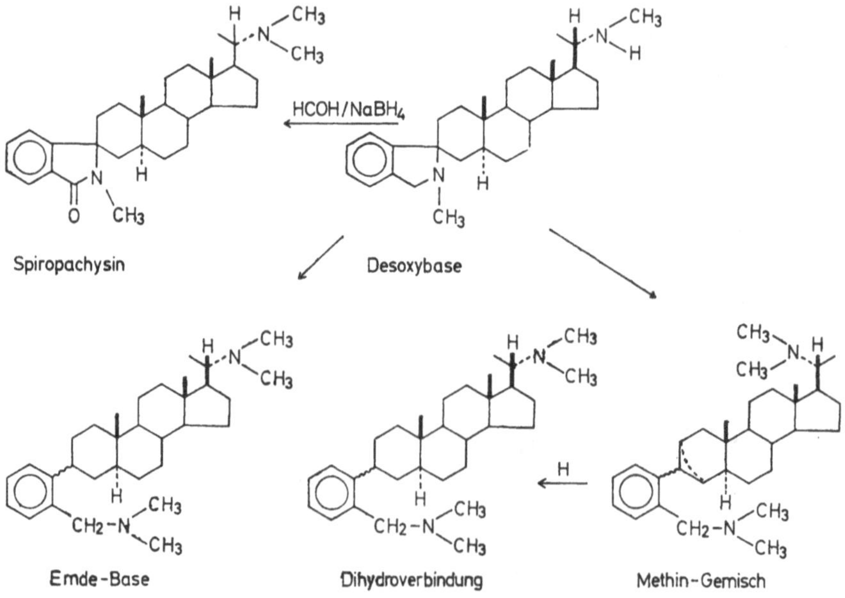

[1]) J. P. Kutney, J. Cable, V. G. Nair, D. C. W. Warnock, Intra Sci. Chem. Rep. 4, 265 (1970); C. A. 31872/74/1970

Der Emde-Abbau des Desoxyspiropachysins führt andererseits zu einem Produkt, das mit dem auf anderem Wege erhaltenen Dihydroprodukt am C-3 stereoisomer ist und das auf folgendem Wege synthetisiert werden konnte[1]:

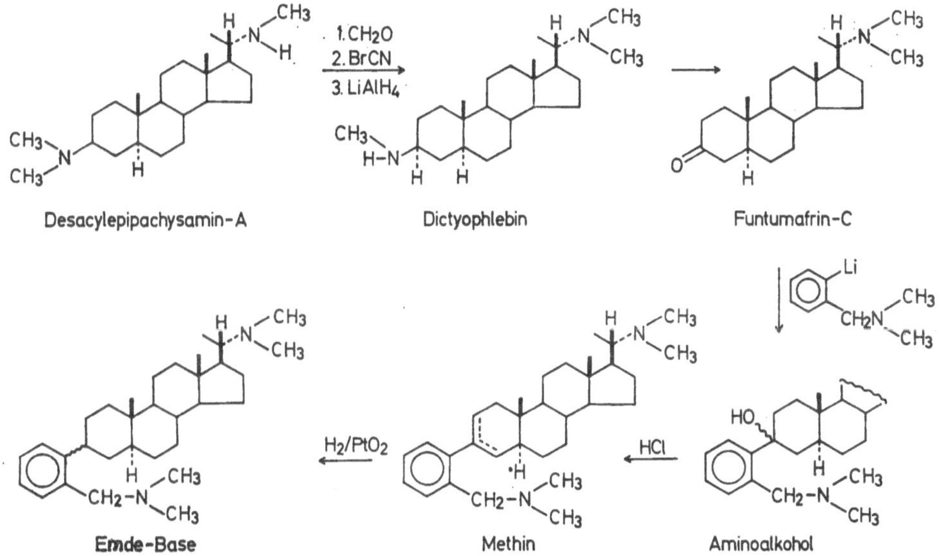

Die Stereochemie konnte durch vergleichende ORD- und CD-Untersuchungen der Alkaloide der Phthalidisochinolin- und Oxindol-Reihe abgeklärt werden[2].

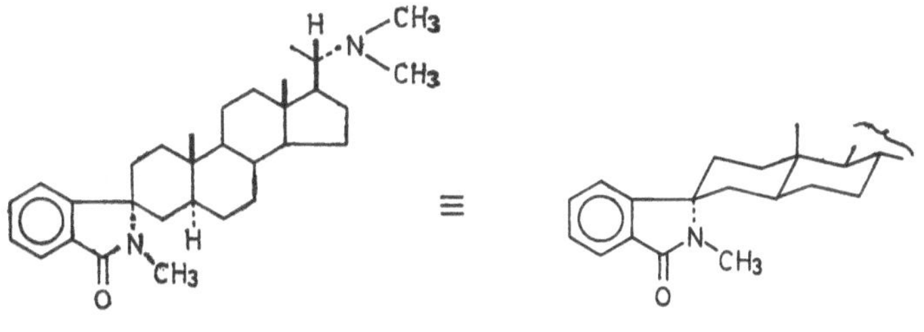

Holacurtin

Holacurtin, $C_{29}H_{49}NO_5$, besitzt auf Grund der spektroskopischen Befunde sowie der Verseifung des N-Acetylholacurtins mit methanolischer HCl zu einem Produkt $C_{21}H_{32}O_2$, die nachfolgende Struktur eines (4′-Desoxy-4′-methylamino-β-D-cymaropyranisido)-3-β-pregnan-5-α-ol-14β-on-20.

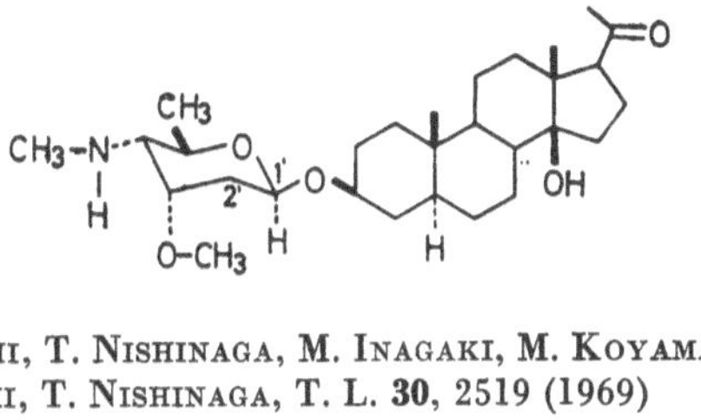

[1]) T. Kikuchi, T. Nishinaga, M. Inagaki, M. Koyama, T. L. 17, 2077 (1968)
[2]) T. Kikuchi, T. Nishinaga, T. L. 30, 2519 (1969)

Holacurtenin

Holacurtenin, $C_{29}H_{47}NO_4$, weist sich in seinem KMR-Spektrum als ein (4-Desoxy-4-methylimino-β-D-cymarpyranisido)-5-α-pregnan-14-en-20-on aus[1]).

Mitiphyllin

Mitiphyllin, $C_{31}H_{49}NO_6$, ein Alkaloid aus *Holarrhena mitis*, besitzt auf Grund der vergleichenden spektroskopischen Untersuchungen die folgende Struktur[2]):

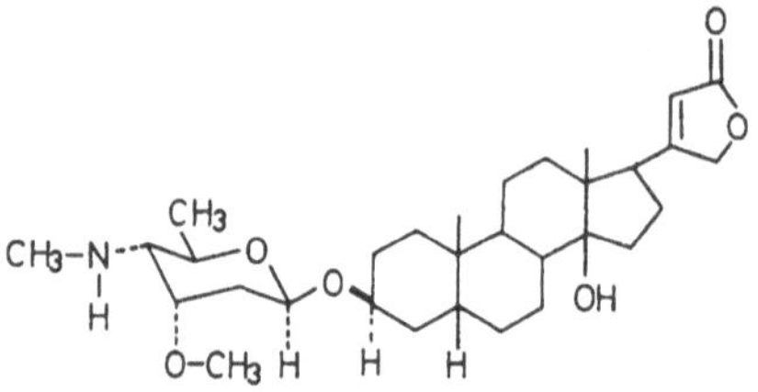

Maingayin

Maingayin, $C_{21}H_{27}NO$, ein weiteres Alkaloid aus *Paravallaris maingayi*, besitzt auf Grund der vergleichenden spektroskopischen Untersuchungen die Struktur eines 11-Desoxy-holonamins[3]).

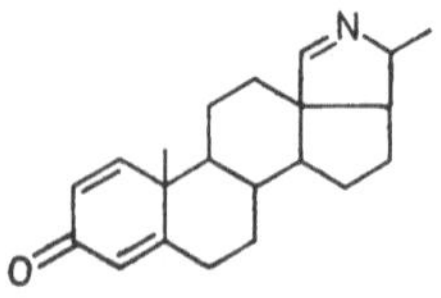

Synthese des Holaphyllamins[4]):

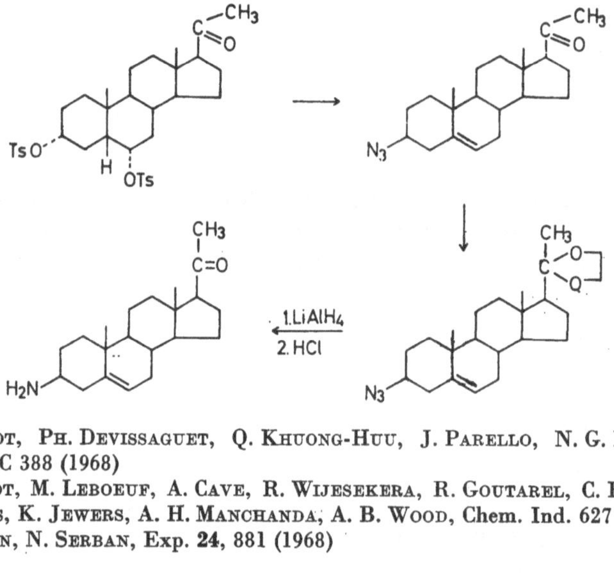

[1]) M. M. Janot, Ph. Devissaguet, Q. Khuong-Huu, J. Parello, N. G. Bisset, R. Goutarel, C. R. Ser. C 388 (1968)
[2]) M. M. Janot, M. Leboeuf, A. Cave, R. Wijesekera, R. Goutarel, C. R. 267 (C) 1050 (1968)
[3]) J. B. Davis, K. Jewers, A. H. Manchanda, A. B. Wood, Chem. Ind. 627 (1970)
[4]) F. Hodosan, N. Serban, Exp. **24**, 881 (1968)

Solanidin

Solanidin kann nach dem folgenden Verfahren synthetisiert werden[1]):

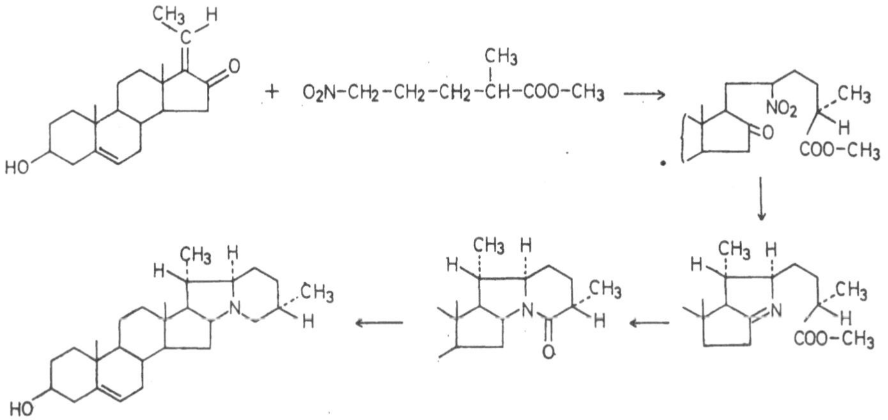

Solanidin

Im Gegensatz zu dem früheren Befund, daß das Jodmethylat des Solanidins keinem Hofmann-Abbau unterworfen werden kann, ist durch eine erneute Untersuchung des v.-Braun-Abbau in siedendem Choroform ein Abbau möglich geworden. So führt der Angriff des BrCN auf das einsame Elektronenpaar am Stickstoff in der S-Konfiguration und der anschließende nucleophile Austausch der quartären Amingruppierung durch ein Br-Ion zur Öffnung des Ringes E und der Substituent am C-16 sollte daher eine α-Konfiguration einnehmen[2]).

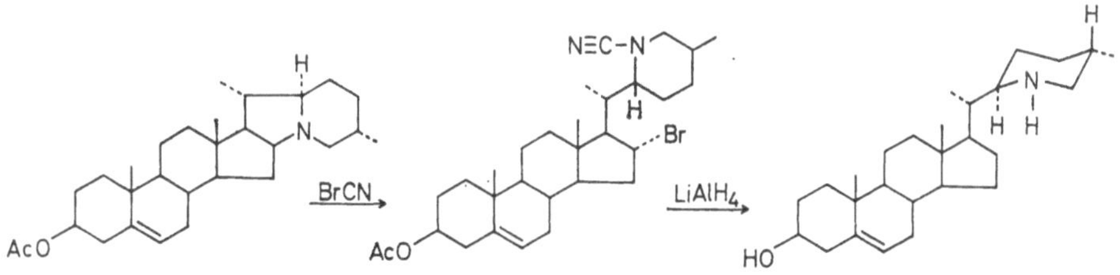

Solanidin

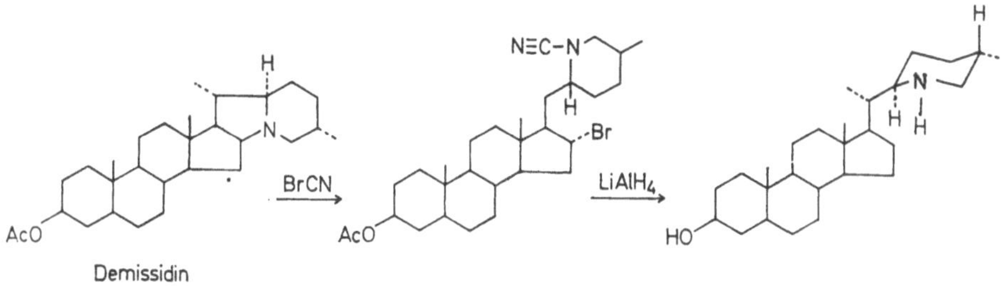

Demissidin

[1]) S. V. Kessar, R. K. Mahajan, S. S. Landhi, A. L. Pampal, T. L. **13**, 1547 (1968)
[2]) J. A. Beisler, Y. Sato, Chem. Comm. 963 (1968)

Solanocapsin

Die früher für das Alkaloid Solanocapsin angegebene Struktur muß zugunsten der nachstehenden Struktur revidiert werden[1]),

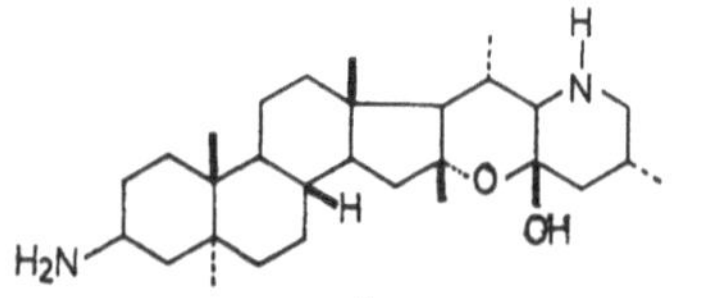

3ß-Amino-22,26-epimino-16α-23-epoxy-5α,22α H,25ß H-cholestan-23ß-ol

wie aus Abbaustudien, NMR-Untersuchungen und der Rö-Kristallstrukturanalyse[3]) hervorgeht.

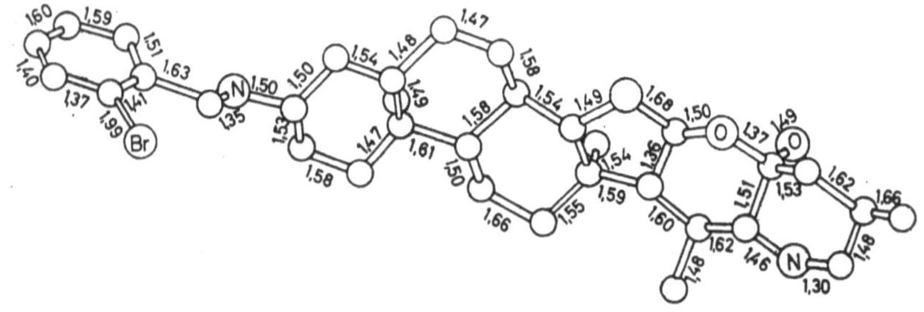

Raumstruktur von N-(2-Brom-benzyliden)-solanocapsin
Molekülmodell mit Bindungsabständen in Å

Eine Synthese, ausgehend vom Solafloridin-(25R)-22.26-epimino-5α-cholest-22(N)-en-3β.16α-diol, nimmt den folgenden Verlauf[2]):

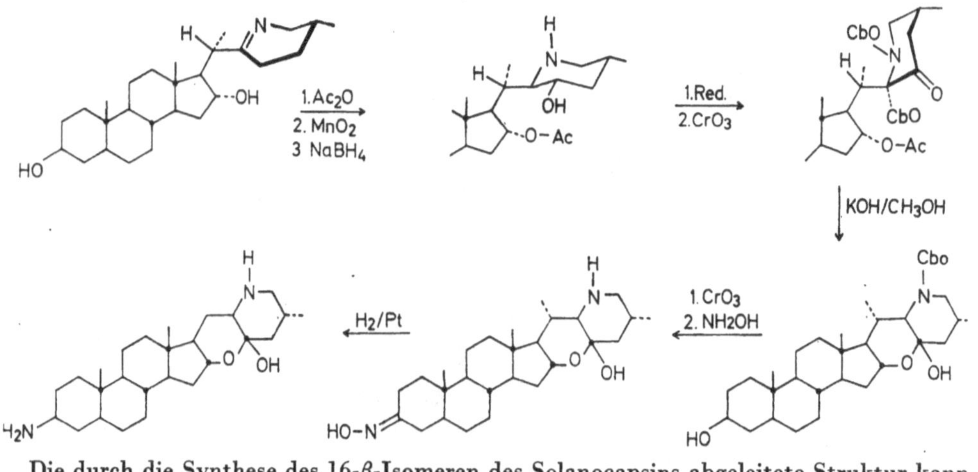

Die durch die Synthese des 16-β-Isomeren des Solanocapsins abgeleitete Struktur kann durch die folgende Synthese bestätigt werden:

[1]) H. Ripperger, F. J. Sych, K. Schreiber, T. L. **60**, 5251 (1970)
[2]) E. Höhne, H. Ripperger, K. Schreiber, T. **26**, 3569 (1970)
[3]) J. L. Karle, Acta Cryst. Sect. B. 1643 (1970)

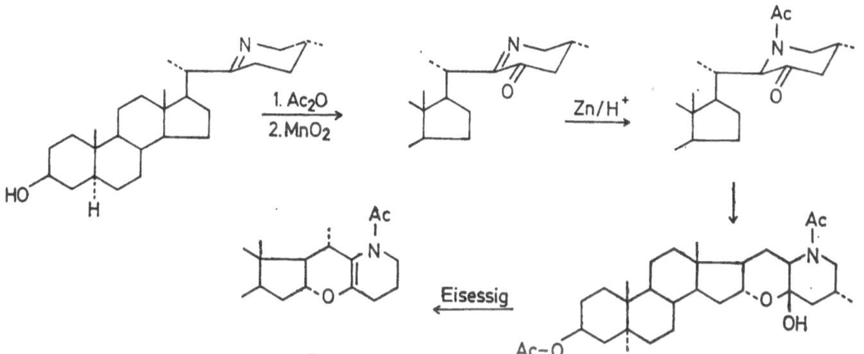

B A

Da sowohl A als auch B mit Vergleichspräparaten übereinstimmten, kann die Struktur nunmehr als gesichert angesehen werden.

In einer Parallelreaktion konnte das 5,6-Dihydropseudosolasodin-B-diacetat in die 16-β-Isomeren von A und B umgewandelt werden und bestätigen damit zugleich die bereits berichteten Ergebnisse.[1])

Solasodin

Die Umwandlung des Solasodins in das Solafloridin und Dihydrosolacongestidin-Acetat gelingt auf dem folgenden Weg[2]):

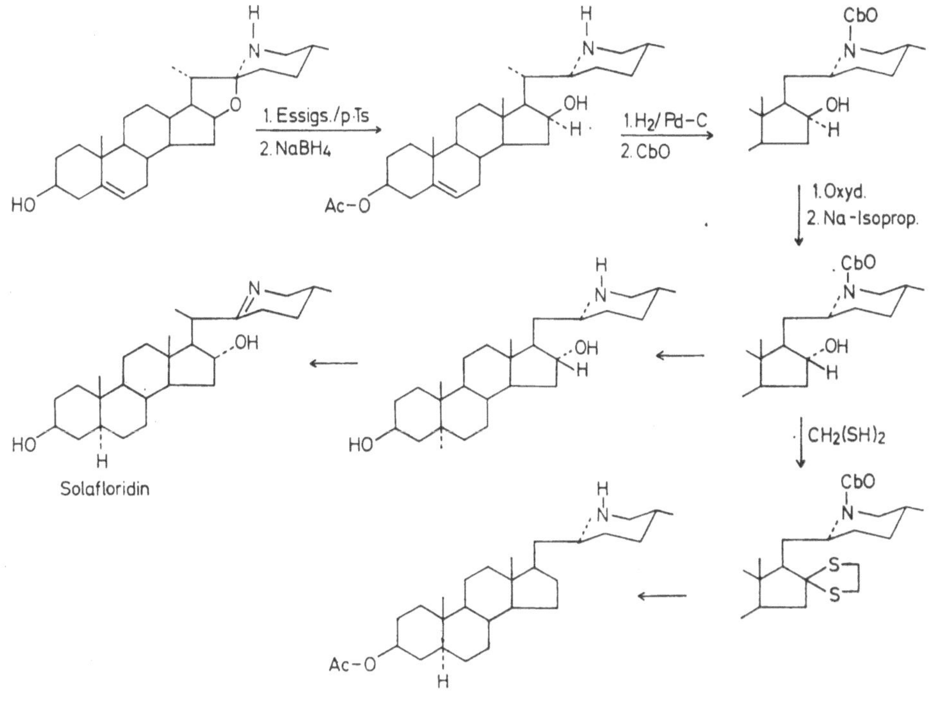

[1]) H. Rippberger, K. Schreiber, Ann. **723**, 159 (1969)
[2]) G. Kusano, N. Aimi, Y. Sato, Org. Chem. **35**, 2624 (1970)

Sefkorin,

eine tert. Base, liefert bei der Hydrolyse L-Glukose und Aminoalkohole. Die Aglykone wurden an Al_2O_3 chromatographiert und eine neue Base Sefkoridin $C_{28}H_{45}NO$ mit einer sek. Hydroxy- und einer N-Methylgruppe erhalten. Beim Erwärmen mit 10% Schwefelsäure entsteht eine Anhydrobase. Auf Grund der IR-, KMR- und MS-Spektren wird die nachstehende Struktur abgeleitet[1]):

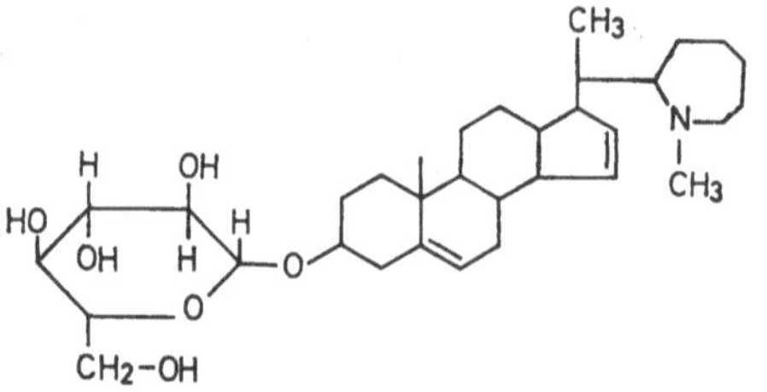

Die Festlegung der absoluten Konfiguration des β-Pipecolins gelang durch die folgende Reaktionsfolge[2]):

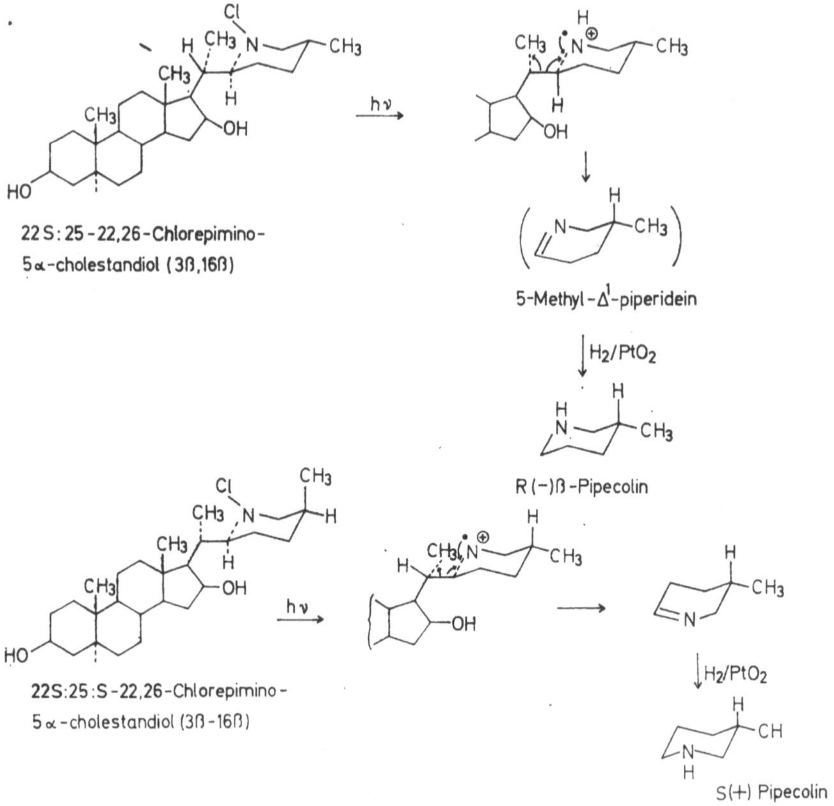

[1]) R. N. NURIDDINOV, S. Y. YUNUSOV, Chem. nat. Verb. 1, 60 (1968)
[2]) G. ADAM, B. 101, 1 (1968)

Solaphyllidin

Solaphyllidin, ein Alkaloid aus *Solanum hypomalocophyllum*, besitzt auf Grund der Rö-Kristallstrukturanalyse der in der Raumgruppe $P2_12_12_1$ und den Dimensionen a = 15,24, b = 10,32, c = 17,50 Å kristallisierenden Base die folgende Struktur[1]):

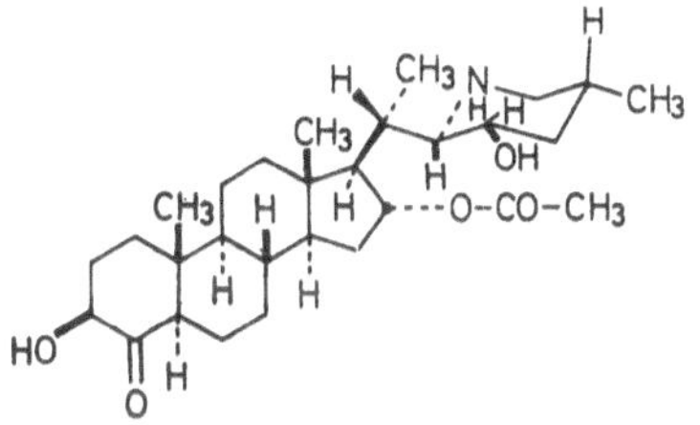

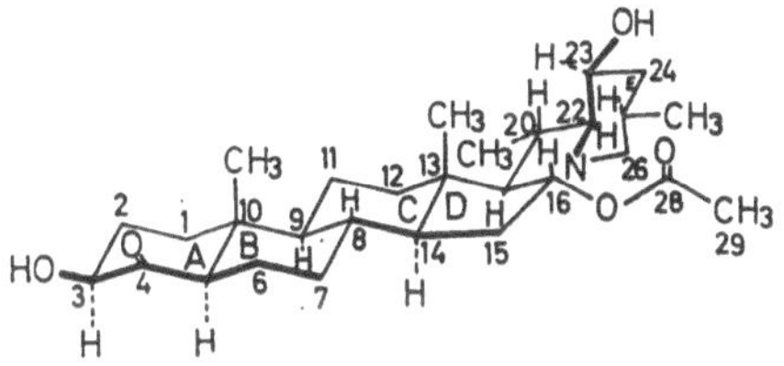

Batrachotoxin

Batrachotoxin, $C_{31}H_{42}N_2O_6$, konnte in seiner Struktur durch die Kombination von hochauflösender Massenspektrometrie sowie KMR-Spektroskopie in seiner Struktur abgeklärt werden, nachdem vor allem die Struktur des Batrachotoxinin-A durch eine Rö-Kristallstrukturanalyse abgeklärt werden konnte.

1) L. J. Karle, Acta Cryst. Sect. B. **26**, 1639 (1970)

Nach Kenntnis dieser Struktur ist das Fragmentierungsverhalten wie folgt zu interpretieren:

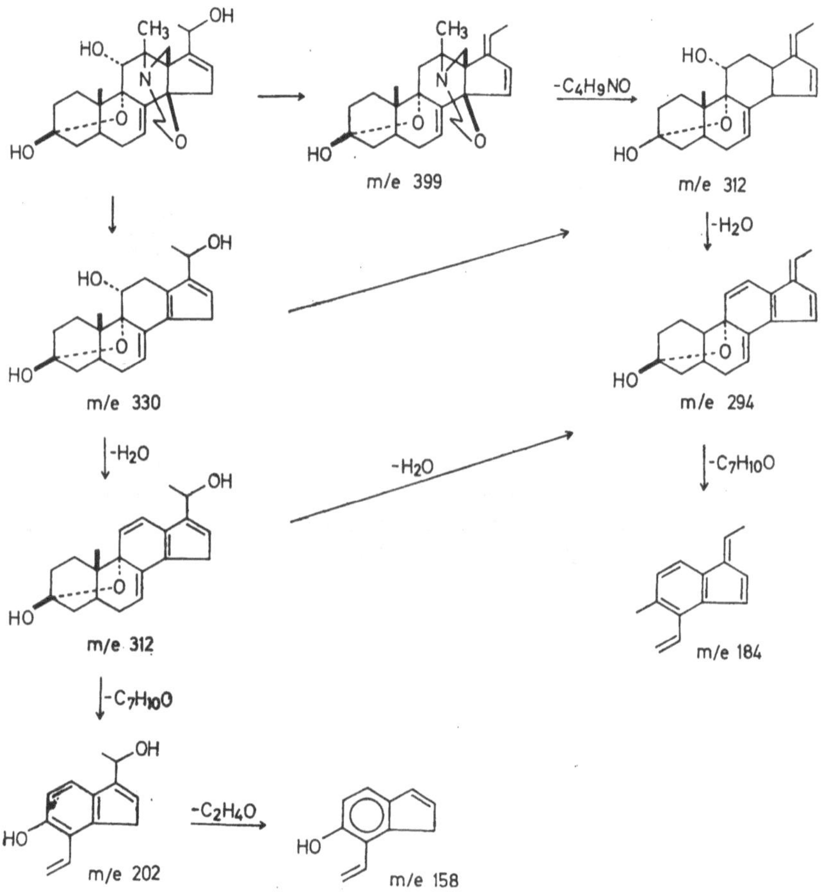

In Übereinstimmung mit diesem Strukturvorschlag kann das Batrachotoxin mit Basen auch zum Batrachotoxinin-A hydrolysiert werden, genau wie die Resynthese aus dem Anhydrid der 2,4-Dimethylpyrrol-3-carbonsäure und Batrachotoxinin-A in 35% Ausbeute durchführbar ist. Batrachotoxin erwies sich als das toxischste Alkaloid dieser Serie mit LD_{50} 2 µg/kg Maus[1]).

Das als Isobatrachotoxin bekannte Alkaloid sollte auf Grund der nunmehr abgeschlossenen Untersuchungen besser als Homobatrachotoxin bezeichnet werden, da es sich als der 20α-Ester des Batrachotoxinin-A mit 2-Äthyl-4-methylpyrrol-3-carbonsäure erwies.

Damit ergeben sich zugleich einige Erkenntnisse, die bisher bei nativen Substanzen nicht festgestellt worden sind: einmal die 9α-Hydroxygruppe, die 3α.9α-Oxidfunktion, die 3β-Hemiketalfunktion, die siebengliedrige 14β-18β-Ringbildung, die 16-Doppelbindung und schließlich die Pyrrolester am C-20α-OH.

[1]) T. Tokuyama, J. Daly, B. Witkop, Am. Soc. **91**, 3931 (1969)

Batrachotoxinin-A

Batrachotoxinin-A, ein Steroid-Alkaloid der Zusammensetzung $C_{24}H_{35}NO_5$, besitzt auf Grund der Rö-Kristallstrukturanalyse des O.p-Brombenzyl-Derivates, das im orthorhombischen System der Raumgruppe $P2_12_12_1$ mit vier Molekülen in einer Zelleinheit der Dimensionen a = 15,42, b = 7,05, c = 26,50 Å kristallisiert, die folgende Struktur[1]):

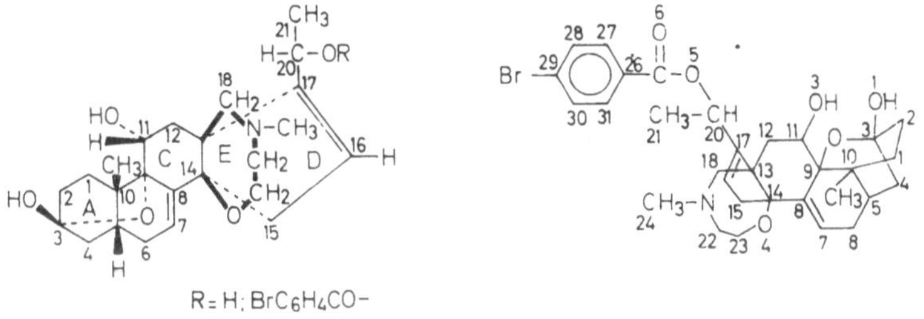

Wird dem Alkaloid die Steroid-Nomenklatur zugrunde gelegt, so ist es damit als ein 3α, 9α-Epoxy-14β, 18β-[epoxyäthano-N-Methylimino]-5β-pregna-7.16-dien-3β, 11α, 20α-triol zu bezeichnen.

[1]) T. Tokuyama, J. Daly, B. Witkop, I. L. Karle, J. Karle, Am. Soc. **90**, 1917 (1968)

49. Diterpen-Alkaloide

In Pflanzen der Ranunculaceen-Gattungen *Aconitum* und *Delphinium*, der Cornaceen-Gattung *Garrya*, einer Art der Compositeen-Gattung *Inula* und neuerdings auch in der zur Familie der Rosaceen gehörenden Gattung *Spirea* sind zahlreiche Alkaloide aufgefunden worden, die sich von tetra- oder pentacyclischen Diterpenen durch Verknüpfung der C-Atome 16 und 17 mit dem Stickstoffatom eines *β*-Aminoäthanol-Äthylamin- oder Methylamin-Moleküls ableiten lassen.

Die Aconitum- und Delphinium-Alkaloide liegen in der Pflanze zum Teil als unveresterte Alkamine, zum Teil als Ester vor, bei denen eine oder zwei Hydroxygruppen des Aminoalkohols durch Essigsäure oder eine aromatische Säure blockiert sind.

Alkaloid	Schmp.	$[\alpha]_H$	Derivat	Vorkommen
Delnudin $C_{20}H_{25}NO_3$	235—7°	—	—	*Delphinium denudatum*[1])
Spirein $C_{22}H_{27}NO_4$	230°	—	—	*Spirea japonica*[2])
Unbenanntes Alk. $C_{34}H_{47}NO_{12}$	—	—12°	Perchlo. 246°	*Aconitum sachalinense*[3])
Thalatisamin $C_{24}H_{39}NO_5$	—	—	—	*Aconitum talassicum*[4])
Hetisinon	—	—	—	*Delphinium cardinale*[5])

1) M. Götz, K. Wiesner, T. L. **60**, 5335 (1969)
2) W. D. Gorbunow, A. J. Bankowski, M. E. Perelson, O. S. Tschischow, Chem. nat. Verb. 454 (1969)
3) Y. Ichinobe, M. Yamaguchi, Bull. Chem. Japan **42**, 10, 303 (1969)
4) M. S. Yunusov, S. Y. Yunusov, Chem. nat. Verb. 198 (1968)
5) R. T. Aplin, M. H. Benn, S. W. Pelletier, J. Solo, S. A. Telang, H. Wright, Canad. J. **46**, 2635 (1968)

Kobusin und Pseudokobusin

Die Struktur und Stereochemie des Kobusins kann auf Grund einer Rö-Kristallstrukturanalyse des Kobusin-jodmethylats, das im monoklinen System und den Dimensionen a = 7,18, b = 10,20 und c = 13,43 Å kristallisiert, zugunsten der folgenden Formel mit zwei in β-Stellung befindlichen Hydroxygruppen geändert werden[1]):

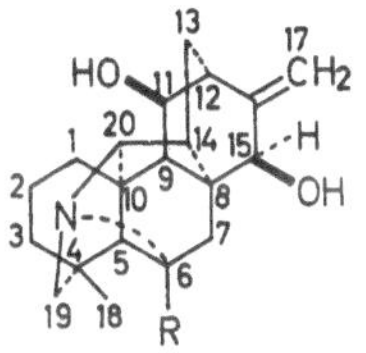

Pseudokobusin: R=OH
Kobusin: R=H

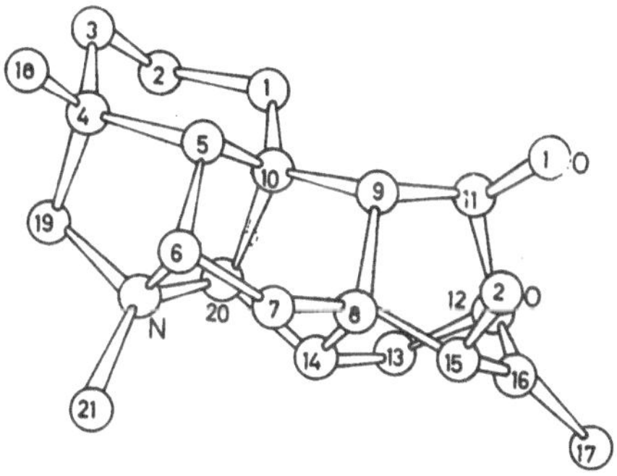

Hetidin

Hetidin, ein Diterpen-Alkaloid der Zusammensetzung $C_{21}H_{27}NO_4$, wurde in seiner Struktur durch eine Rö-Analyse des Hydrojodids aufgeklärt[2]).

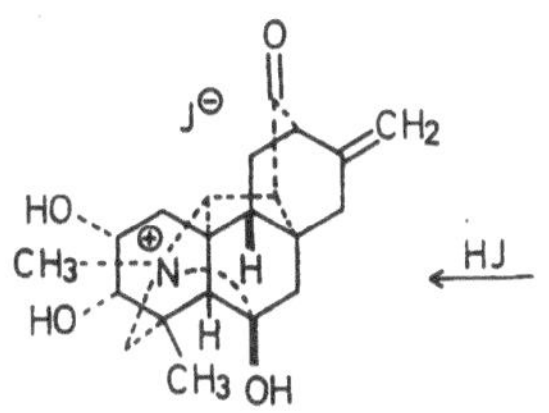

Hetidin-hydrojodid

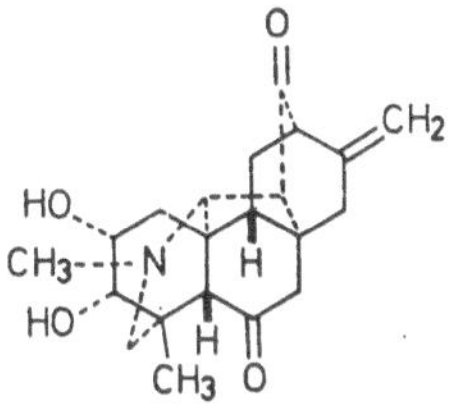

Hetidin

[1]) S. W. Pelletier, L. H. Wright, M. G. Newton, H. Wright, Chem. Comm. 98 (1970)
[2]) S. W. Pelletier, K. N. Iyer, V. K. Bhalla, M. G. Newton, R. Aneja, Chem. Comm. 393 (1970)

Denudatin

Die Struktur des Denudatins konnte durch eine Rö-Kristallstrukturanalyse eines monoklinen Kristalls der Raumgruppe $P2_1$ der in den Dimensionen a = 14,22, b = 7,29, c = 9,6 Å kristallisierte, geklärt werden[1,2,3]).

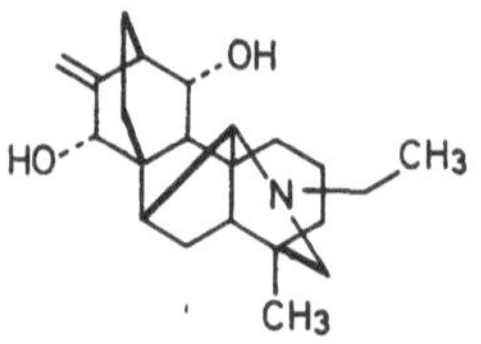

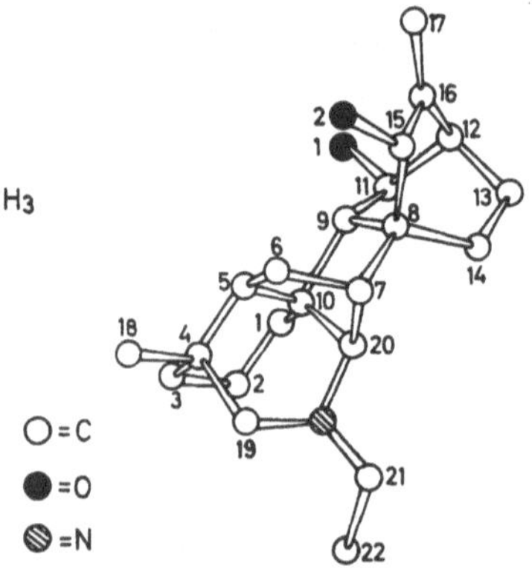

Anhydroignavinol,

das Produkt der alkalischen Verseifung des Ignavins, besitzt auf Grund einer Rö-Strukturanalyse des Jodmethylats, das im orthorhombischen System der Raumgruppe $P2_12_12_1$ (Dimension: a = 13,28, b = 13,87, c = 10,58 Å) kristallisiert, die folgende Struktur[4]):

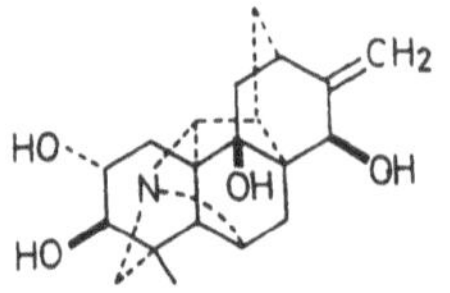

Lappaconin

Lappaconin konnte durch eine Rö-Kristallstrukturanalyse des Hydrobromids, das im orthorhombischen System der Raumgruppe $P2_12_12_1$ (Dimensionen: a = 26,19, b = 10,16, c = 8,80 Å) kristallisiert, in seiner Struktur abgeklärt werden[5,6]).

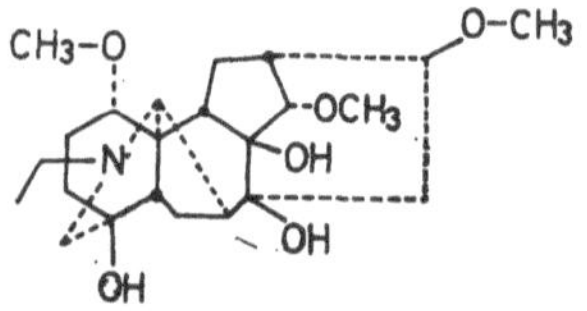

Die erhaltene Struktur stimmt damit mit der auf chemischem Wege ermittelten Struktur überein.

1) F. Brisse, T. L. **50**, 4373 (1969)
2) L. H. Wright, M. G. Newton, S. W. Pelletier, N. Singh, Chem. Comm. 359 (1970)
3) M. Götz u. K. Wiesner, T. L. **50**, 4369 (1969)
4) S. W. Pelletier, S. W. Page, M. G. Newton, T. L. **55**, 4825 (1970)
5) N. Mollov, M. Tada, L. Marion, T. L. **26**, 2189
6) G. I. Birnbaum, T. L. **26**, 2193 (1969)

Delnudin

Delnudin, $C_{20}H_{25}NO_3$, konnte ebenfalls durch eine Rö-Kristallstrukturanalyse des im monoklinen System kristallisierenden Hydrochlorids der Raumgruppe $P2_1$ und den Zelldimensionen a = 9,58, b = 10,33, c = 9,50 Å aufgeklärt werden[1,2]).

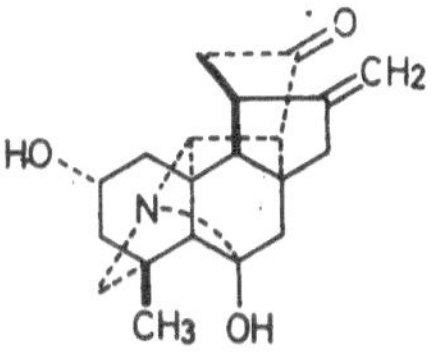

Miyaconitin

Die Struktur des Miyaconitins konnte auf chemischem Wege bisher nicht eindeutig abgeleitet werden, so daß eine Rö-Kristallstrukturanalyse des Miyaconitin-hydrobromid-dihydrates $C_{23}H_{29}NO_6HBr \cdot 2\,H_2O$, das in der monoklinen Raumgruppe $P2_1$ und den Zelldimensionen a = 10,41, b = 13,85, c = 9,63 Å kristallisiert, durchgeführt wurde.

Die nachstehend abgebildete Stereostruktur gibt zugleich auch die absolute Konfiguration wieder[3,4]).

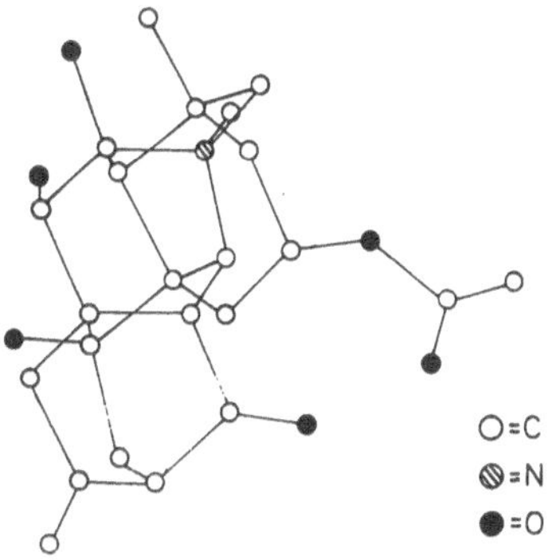

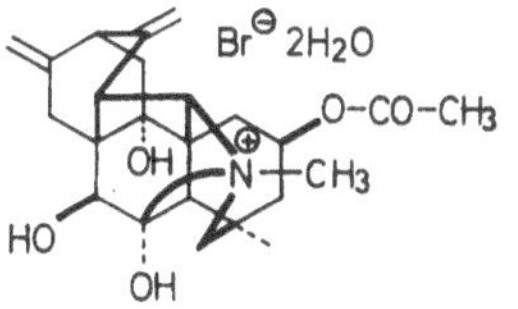

Spirein

Spirein, $C_{22}H_{27}NO_4$, liefert bei der Selendehydrierung eine Verbindung $C_{20}H_{27}NO_2$ und soll auf Grund der spektroskopischen Befunde eine der nachstehenden Strukturen besitzen[5]):

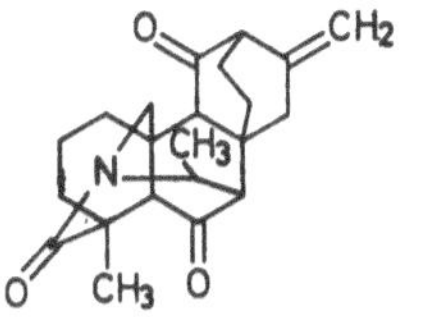

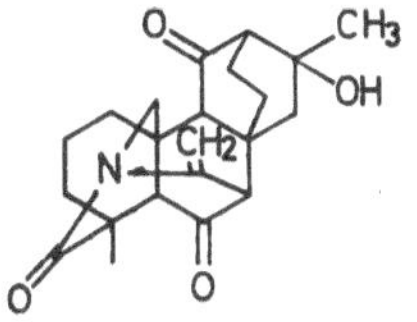

1) K. B. Birnbaum, T. L. **60**, 5245 (1969)
2) M. Götz, K. Wiesner, T. L. **60**, 5335 (1969)
3) H. Shimanouchi, Y. Sasada, T. Takeda, T. L. **27**, 2327 (1970)
4) Y. Ichinohe, M. Yamaguchi, N. Katsui, S. Kashimoto, T. L. **27**, 2323 (1970)
5) W. D. Gorbunow, A. I. Bankowski, M. E. Perelson, O. S. Tschischow, Chem. nat. Verb. 454 (1969)

Thalatisamin

Thalatisamin, $C_{24}H_{39}NO_5$, eine tert. Base mit zwei Methoxy- und zwei Hydroxygruppen, besitzt auf Grund der KMR-Untersuchungen die nachstehende Struktur[1]):

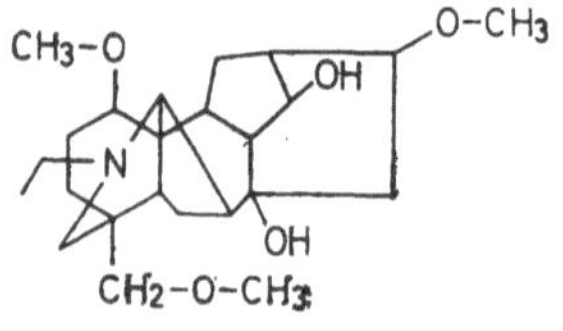

Spiradin

kristallisiert im orthorhombischen System der Raumgruppe $P2_12_12_1$ und den Dimensionen a = 14,04, b = 15,88, c = 8,55 Å. Damit ist die folgende Struktur abzuleiten[2]):

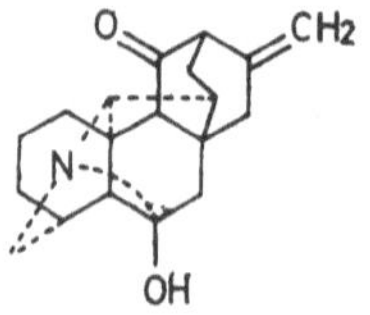

Jesaconitin

Die endgültige Struktur des Jesaconitins konnte durch umfangreiche KMR-Untersuchungen der Base und seiner Pyrolyse-Produkte abgeklärt werden. Nach diesen Befunden besitzt das Alkaloid die folgende Struktur[3]):

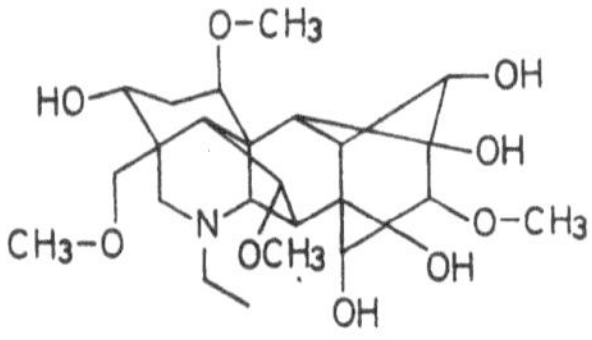

Aconin

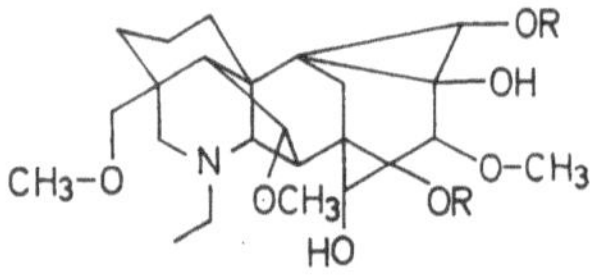

Jesaconitin

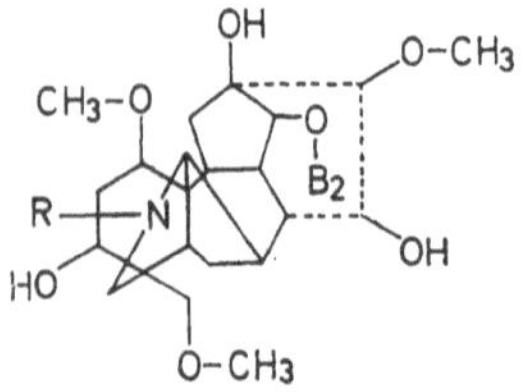

R=C2H5 Aconin

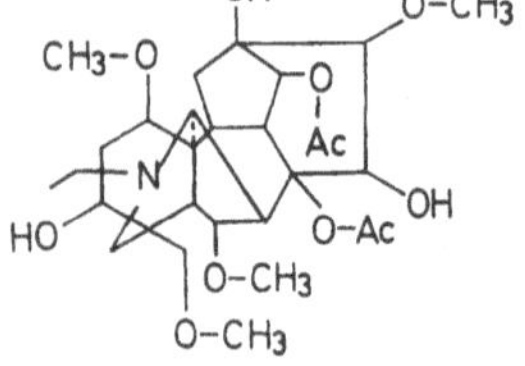

Jesaconitin

1) M. S. YUNUSOV, S. Y. YUNUSOV, Chem. nat. Verb. 198 (1968)
2) K. SASAKI, N. SAKABE, Y. HIRATA, Chem. Soc. (B) 354 (1971)
3) L. H. KEITH, S. W. PELLETIER, Org. Chem. **33**, 2497 (1968)

Hetisinon

Aus *Delphinium cardinale* wurde kürzlich ein Alkaloid isoliert, das sich wie ein Dehydrohetisin verhielt. Der direkte Vergleich ergab auch Identität mit dem Hetisinon, dem die nachfolgende Struktur zukommt, wie u. a. aus der Dehydratisierung des Hetisin-diacetats mit $POCl_3$ folgt. Hierbei wurden zwei Olefine erhalten, denen auf Grund der hochauflösenden KMR-spektroskopischen Untersuchungen die folgenden Strukturen zuzuordnen sind[1]):

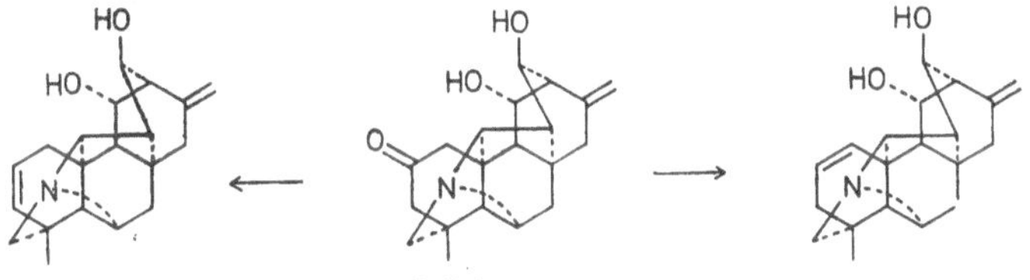

Hetisinon

Deuterierungsexperimente mit D_2O führten zu Produkten, in denen 14% d, 53% d_2, 24% d_3 und 6% d_4 massenspektroskopisch nachgewiesen werden konnten.

[1]) R. T. Aplin, M. H. Benn, S. W. Pelletier, J. Solo, S. A. Telang, H. Wright, Canad. J. **46**, 2635 (1968)

Synthese des Delphinins[1]):

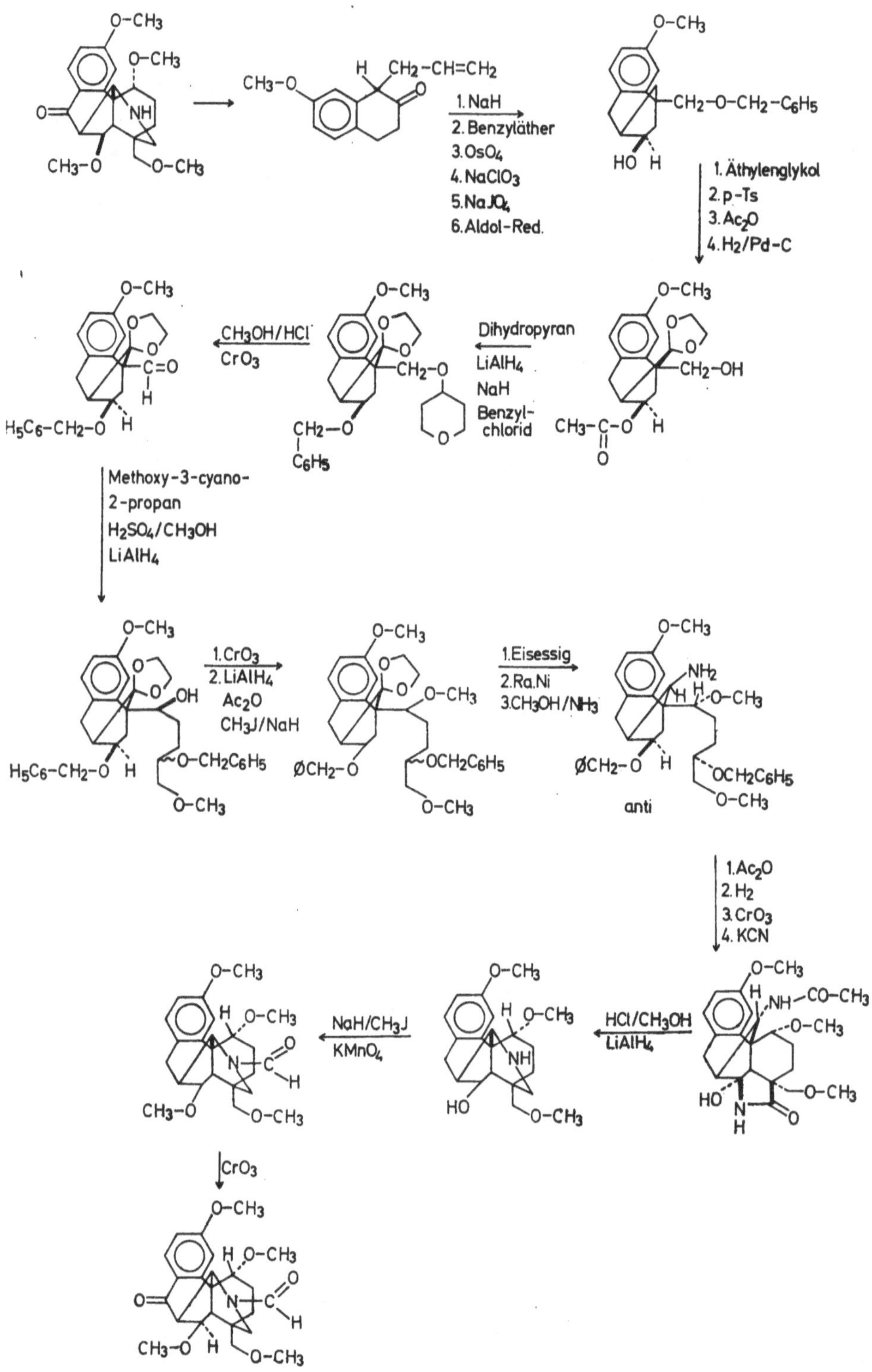

Synthese des optisch aktiven Veatchins[2,3]):

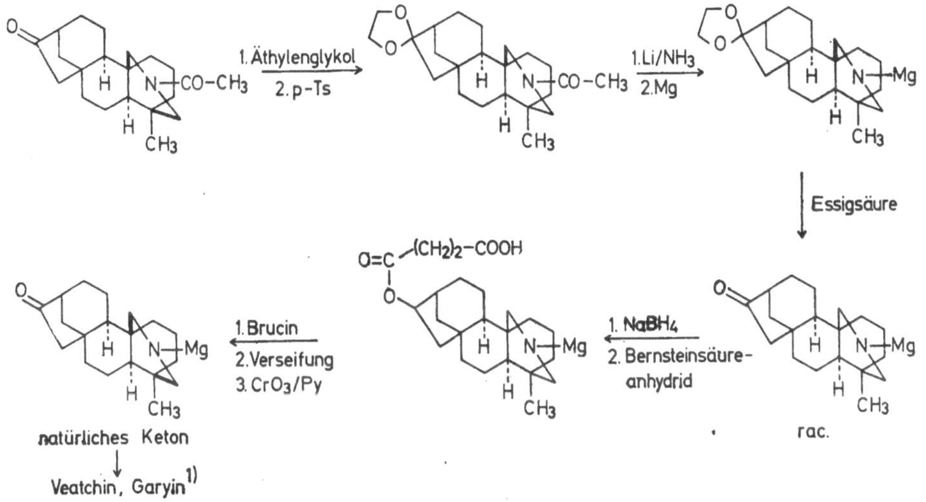

Synthese des Veatchins[4]):

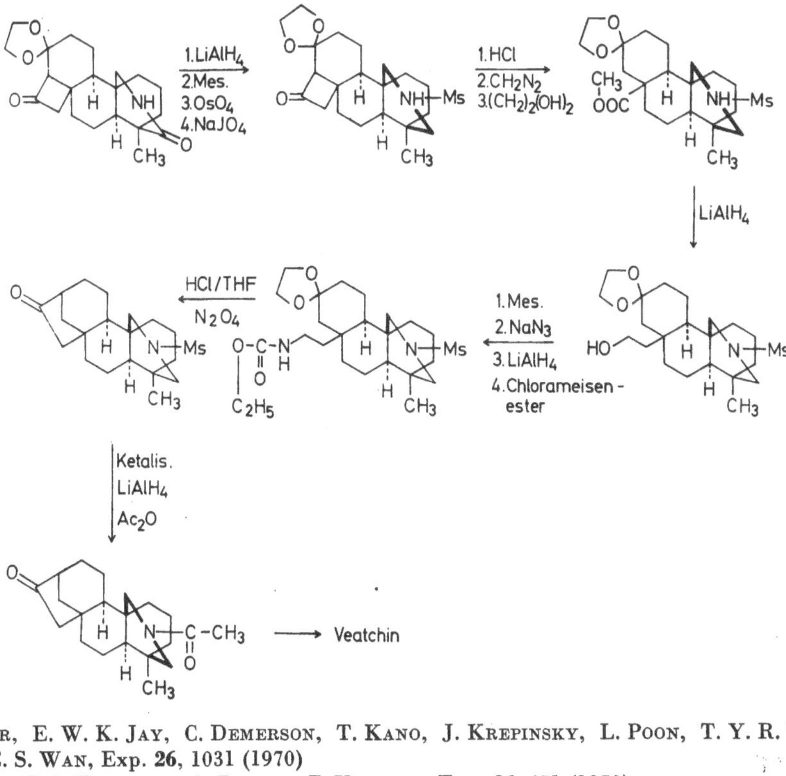

1) K. Wiesner, E. W. K. Jay, C. Demerson, T. Kano, J. Krepinsky, L. Poon, T. Y. R. Taai, A. Vilim, C. S. Wan, Exp. **26**, 1031 (1970)

2) K. Wiesner, Z. I. Komlossy, A. Phillip, Z. Valenta, Exp. **26**, 471 (1970)

2) R. W. Guthrie, W. A. Henry, H. Immer, C. M. Wong, Z. Valenta, K. Wiesner, Coll. **31**, 602 (1966)

4) K. Wiesner, S. Uyeo, A. Philipp, Z. Valenta, T. L. **60**, 6279 (1968)

50. Sesquiterpen-Alkaloide

Die aus der Nymphaeacee *Nuphar japonicum* isolierten Basen sind nach den bisherigen Kenntnissen formal als Derivate des 2-Furylpiperidins bzw. des 4-Furyl-chinolizidins aufzufassen. Die Struktur weist auf eine natürliche Verwandtschaft zu den Sesquiterpenen vom Typ des Farnesols, insbesondere dem Myoporon hin.

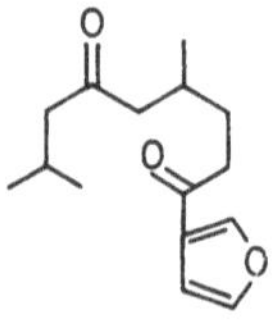

Myoporon

Alkaloid	Schmp.	$[\alpha]_D$	Derivat	Vorkommen
Neopulchellin $C_{15}H_{22}O_4$	166—7°	+43° (Ä)	—	*Gaillardia pulchella*[1])
6,6'-Dihydroxythio-nuphlutin-A $C_{30}H_{42}N_2O_4S$	—	+44°	Diperchlorat 226° +188° (M)	*Nuphar luteum*[2]) *susp. macrophyllum*
6,6'-Dihydroxythio-nuphlutin-B $C_{30}H_{42}N_2O_4S$	—	—69°	—	*Nuphar luteum*[2])
Patchoulipyridin $C_{15}H_{21}N$	—	—29° (Ä)	Perchl. 275—7°	*Pogastemon patchouly*
Neopulchellidin $C_{20}H_{33}NO_4$	131°	—13° (Ä)	—	*Gaillardia pulchella*[1])
Pulchellidin $C_{19}H_{31}NO_4$	185—6°	—23° (Ä)	Diacetyl 135° ·Tetraol 103°	*Gaillardia pulchella*[1])

[1]) R. T. Lalonda, C. F. Wong, W. P. Cullen, T. L. **51**, 4477 (1970)
[2]) M. Yamagita, S. Inayama, T. Kawamata, T. Okura, T. L. **25**, 2073 (1969)

Pulchellidin

Pulchellidin, $C_{20}H_{33}NO_4$, ist eine Lactonbase aus *Gaillardia pulchella*, die bei der Acetylierung in ein Diacetylderivat übergeht, bei der Reduktion mit $LiAlH_4$ ein Tetraol liefert, das bei der anschließenden Dehydrierung zu S-Guaiazulen, Linderazulen und Pyridin abgebaut wird.

Das durch Reaktion mit Methyljodid erhältliche Jodmethylat kann durch Abbau mit heißer Na_2CO_3-Lösung in das α,β-ungesättigte γ-Lacton Epipulchellin übergeführt werden. Die Oxydation des Pulchellidins mit CrO_3/Eisessig liefert Dehydropulchellidin, das seinerseits als Jodmethylat beim Erhitzen mit verd. Sodalösung in Dehydroepipulchellin übergeht. Die Dehydrierung mit Mesylchlorid liefert Anhydrodehydroepipulchellin, das zu einem Cyclopentenon-Derivat hydriert werden konnte.

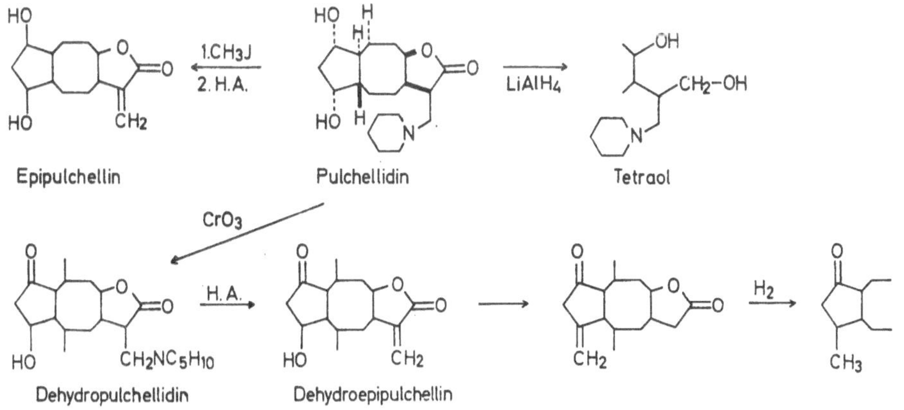

Damit muß die 1.3-Diol- und die Hydroxyfunktion der Lactongruppierung im Pulchellidin am C-2, C-4 und C-8 eines Pseudoguaian-Gerüstes haften und die Piperidinomethylfunktion am C-11 angeordnet sein. Die aus diesen Befunden ableitbare Struktur konnte durch eine Synthese aus Piperidin und Epipulchellin sichergestellt werden.

Die Stereochemie des Neopulchellins und Neopulchellidins konnte auf Grund KMR- und ORD-spektroskopischer Untersuchungen abgeleitet werden.

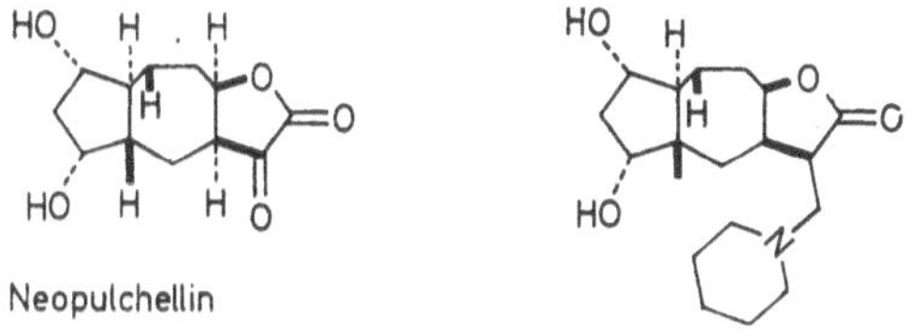

Zur Stereochemie der Nuphar-Alkaloide

Die früher abgeleitete absolute Konfiguration der Nuphar-Alkaloide beruhte auf der Isolierung der (—)-α-Methyladipinsäure, die bei der Oxydation des Anhydrodihydrodes-N-methyldesoxynupharidins gewonnen werden konnte und von der eine S-Konfiguration abgeleitet worden war.

[1]) M. Yanagita, S. Inayama, T. Kawamata, T. L. **34**, 3007 (1970)

Für die kürzlich beim Abbau des Cytochalasins A und B erhaltene (—)-α-Methyladipinsäure wurde jedoch eine R-Konfiguration bestimmt. Der daraufhin wiederholte Hofmann-Abbau des Desoxynupharidins führte ebenfalls zu R(+)-Methylbernsteinsäure. Damit sollte auch der (—)-α-Methyladipinsäure eine R-Konfiguration zukommen und das Alkaloid damit die folgende Stereostruktur besitzen[1]):

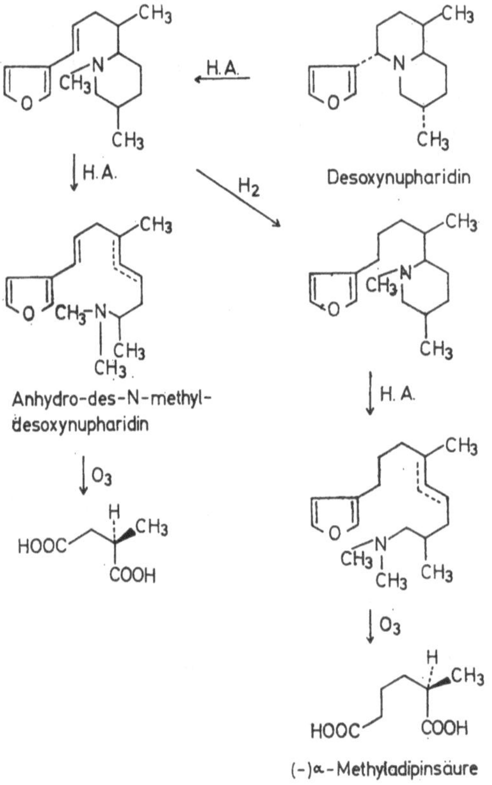

Desoxynupharidin

Desoxynupharidin konnte nunmehr in seiner Stereostruktur durch eine Rö-Kristallstrukturanalyse des Hydrobromids abgeklärt werden[2]).

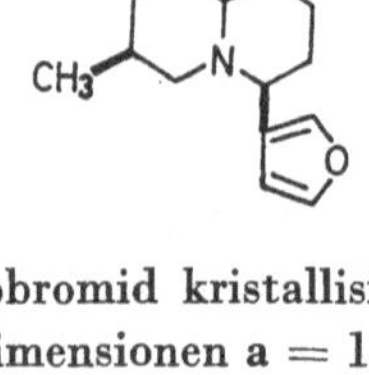

Das Hydrobromid kristallisiert im orthorhombischen System der Raumgruppe $P2_12_12$ und den Dimensionen a = 13,88, b = 12,80, c = 8,4 Å.

[1]) I. Kawasaki, I. Kusumoto, T. Kaneko, Bull. Chem. Soc. Japan **41**, 1264 (1968)
[2]) K. Oda, H. Koyama, Chem. Soc. (B), 1450 (1970)

6,6'-Dihydroxythionuphlutin A und B,

zwei Alkaloide der Bruttozusammensetzung $C_{30}H_{42}N_2O_4S$, besitzen weitgehend ähnliche spektrale Eigenschaften und liefern bei der Reduktion mit $NaBH_4$ Thionuphlutin A und B, deren MS-Fragmentierung weitgehend ähnlich derjenigen des Neothiobinupharidins ist. Auf Grund dieser Untersuchungen sowie der KMR-Spektren sind den beiden Alkaloiden die Strukturen eines C-6,6'-Dicarbinolamins zuerkannt worden[1]).

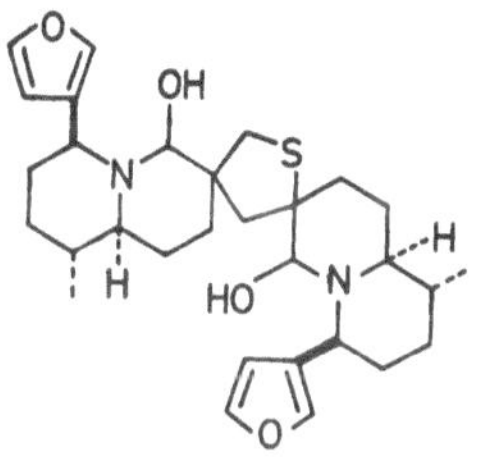

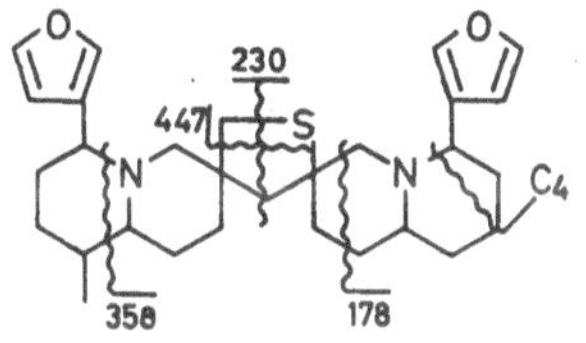

[1]) R. T. La Londe, C. F. Wong, W. P. Culnle, T. L. **51**, 4477 (1970)

51. Lycopodium-Alkaloide

Die bisher auf ihre Inhaltsstoffe geprüften Arten und Varietäten der Kryptogamen-Gattung *Lycopodium* und der Rosaceen-Gattung *Spirea* haben sich als Träger einer größeren Zahl von Alkaloiden erwiesen, die an anderer Stelle im Pflanzenreich anscheinend nicht auftreten. Obgleich eine ganze Zahl dieser Alkaloide bisher nur unzureichend charakterisiert sind, gelang doch durch die Anwendung moderner physikalischer Untersuchungsmethoden die Abklärung einer Reihe wichtiger Strukturen. Hierbei konnte ein neuer Typ von Lycopodium-Alkaloiden, wie das Alopecurin und Alolycopin aufgefunden werden, und vor allem von bereits bekannten Basen die Stereochemie abgeklärt werden.

Alkaloid	Schmp.	$[\alpha]_D$	Derivat	Vorkommen
Alopecurin $C_{23}H_{29}NO_3$	244—5°	—	HBr 300° Jodm. 250°	*Lycopodium alopecuroides*[1])
Alopecuridin $C_{18}H_{27}NO_4$	—	—	Acetyl 223°	*Lycopodium alopecuroides*[1])
Desbenzoylalopecurin $C_{16}H_{25}NO_2$	230—2°	—	HBr 249—51°	*Lycopodium alopecuroides*[1])
Serratinidin $C_{16}H_{23}NO_4$	210—12°	—52° (A)	Diacetyl 203°	*Lycopodium serratum*[2])
Lucidulin $C_{13}H_{21}NO$	—	—10° (A)	Dihydro 65—70°	*Lycopodium lucidulum*[3])
Lucidiolin $C_{16}H_{25}NO_2$	230—3	—	Perchl. 238—40° Dihydro 247—9°	*Lycopodium clavatum*[3])
Spiradin-F $C_{24}H_{43}NO_4$	—	—	HCl 114—7° = Spiridin-G-Acetat	*Spirea japonica*[4])
Spiradin-G $C_{22}H_{31}NO_3$	168—70°	—137° (M)	—	*Spirea japonica*[4])
Acetyldesbenzoyl alopecurin $C_{18}H_{27}NO_3$	238—40°	—	—	*Lacopodium alopecuroides*[5])
Alolycopin $C_{16}H_{21}NO_2$	53—0	—	Acetyl 180—2	*Lacopodium alopecuroides*[5])
Lycopecurin $C_{16}H_{25}NO$	239—41°	—	—	*Lacopodium alopecuroides*[5])
Spiradin-A $C_{20}H_{25}NO_2$	281—2°	—	—	*Spirea japonica*[6])

Alkaloid	Schmp.	$[\alpha]_D$	Derivat	Vorkommen
Spiradin-B $C_{20}H_{27}NO_2$	259—60°	—	—	*Spirea japonica*[6])
Spiradin-C $C_{22}H_{29}NO_3$	248—9°	—	—	*Spirea japonica*[6])
Spiradin-D $C_{22}H_{29}NO_2$	134—5°	—	—	*Spirea japonica*[7])
Alk. L. 23	—	—	—	*Spirea japonica*[8])

Biosynthese der Lycopodiumalkaloide

Acetat, Cadaverin und Lysin konnten spezifisch in Lycopodin eingebaut werden.[9]) Es werden 2 Mole Δ^1-Piperidein, aber nur 1 Mol Pelletierin (in C-9 bis C-16) inkorporiert; dieses Alkaloid ist also kein Dimeres des Pelletierins[10,11]).

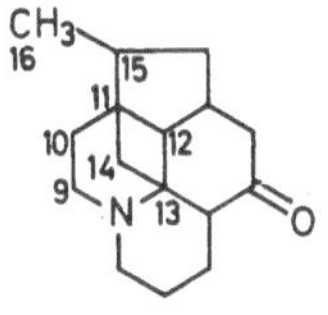

Lycopodin

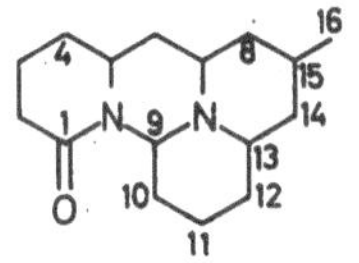

Cernuin

Auch in Cernuin werden Lysin, Cadaverin und Δ^1-Piperidein, aber nur ein Molekül Pelletierin eingebaut, und zwar in die C-Atome 9—16[12,13]).

Spiradin A, B und C

Spiradin A, $C_{20}H_{25}NO_2$, geht bei der Einwirkung von $NaBH_4$ in methanolischer Lösung in das Spiradin B, $C_{20}H_{27}NO_2$, über, das seinerseits bei der Oxydation mit CrO_3 wieder in das Spiradin A übergeführt werden kann. Spiradin C, $C_{22}H_{29}NO_3$, liefert bei Zusatz von 80% äthanolischer KOH Spiradin-B.

1) W. A. Ayer, B. Altenkirk, S. Valverde-Lupesz, B. Douglas, R. F. Raffauf, J. A. Weisbach, Canad. J. **46**, 15 (1968)
2) Y. Inubushi, T. Harayama, M. Akatsu, H. Ishii, Y. Nakahara, Chem. Pharm. Bull. **16**, 561 (1968)
3) W. A. Ayer, N. Masaki, D. S. Nkunika, Canad. J. **46**, 3631 (1968)
4) M. Toda, Y. Hirata, T. L. **53**, 5565 (1968)
5) W. A. Ayer, B. Altenkirk, N. Masaki, S. Valverde-Lopez, Canad. J. **47**, 2449 (1969)
6) G. Goto, K. Sasaki, N. Sakabe, Y. Hirata, T. L. **11**, 1369 (1968)
7) G. Goto, Y. Hirata, T. L. **25**, 2989 (1968)
8) W. A. Ayer, B. Altenkirk, R. H. Burnell, M. Moinas, Canad. J. **47**, 449 (1969)
9) M. Castillo, R. N. Gupta, D. B. MacLean, I. D. Spenser, Canad. J. **48**, 1893 (1970)
10) M. Castillo, R. N. Gupta, Y. K. Ho, D. B. MacLean, I. D. Spenser, Canad. J. **48**, 2911 (1970)
11) M. Castillo, R. N. Gupta, Y. K. Ho, D. B. MacLean, I. D. Spenser, Amer. Soc. **92**, 1074 (1970)
12) Y. K. Ho, R. N. Gupta, D. B. MacLean, I. D. Spenser, Canad. J. **49**, 3353 (1971)
13) R. N. Gupta, Y. K. Ho, D. B. MacLean, I. D. Spenser, Chem. Comm. **1970**, 409

Spiradin-A-jodmethylat, das im orthorhombischen System der Raumgruppe $P2_12_12_1$ und den Dimensionen a = 14,04, b = 15,88, c = 8,55 Å kristallisiert, besitzt die nachstehende Struktur, womit zugleich auch die anderen Basen abgeklärt werden konnten[1]).

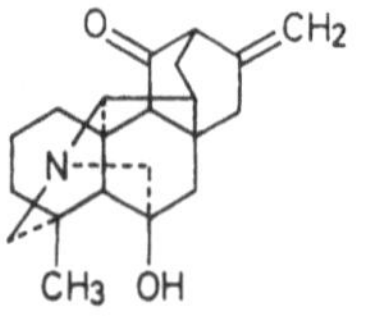

Spiradin-A

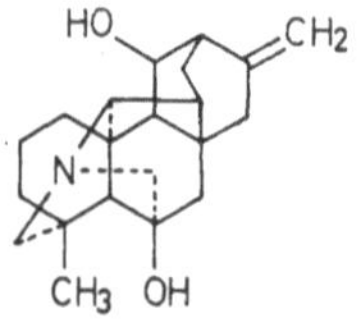

Spiradin-B

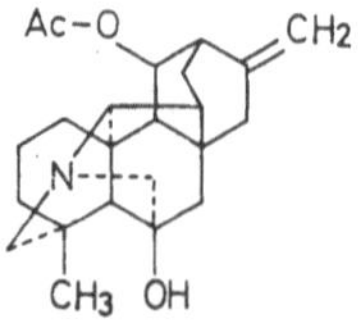

Spiradin-C

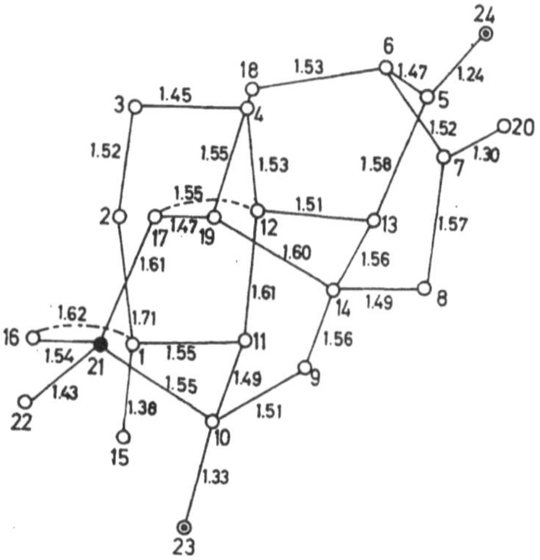

Spiradin D

Spiradin-D, $C_{22}H_{29}NO_2$, geht beim Versetzen mit methanolischer HCl in ein Quartärsalz über, aus dem es durch Schütteln mit Silberoxid wieder regeneriert werden kann.

Die Reduktion mit $NaBH_4$ führt zu einem Hydroxyderivat, das bei der anschließenden Reduktion mit H_2/PtO_2 in ein Dihydro-Spiradin-D übergeht, das andererseits auch aus Spiradin-A über die Stufe des Azins, Reduktion zu einem N-β-Hydroxyäthyl-Derivat und Hydrierung erhalten werden kann.

[1]) G. Goto, K. Sasaki, N. Sakabe, T. L. 11, 1369 (1968)

Damit kann, in Übereinstimmung mit den KMR-Spektren, das Spiradin-D und das Quartärsalz wie folgt formuliert werden[1]):

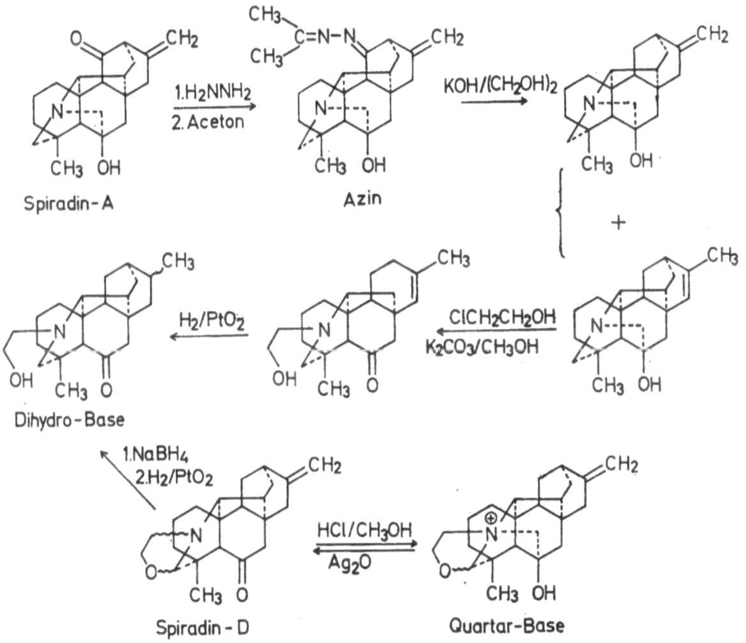

Spiradin F und G

Spiradin F, ein Alkaloid mit einer Carbomethoxygruppe, einer exocyclischen Methylengruppe und zwei Ätherfunktionen, geht bei der milden Reduktion mit $NaBH_4$ in ein Triol über. Während die Oxydation mit CrO_3 ein Monoketon liefert, erhält man bei der analogen Oxydation des Spiradin F ein Hydroxylactam. Die Gegenwart einer exocyclischen Methylengruppe an einem Sechsring ergab sich durch die Hydrierung des Spiradin-G zu einem Methyl-Triol und der Oxydation mit $KMnO_4$ zu einem Sechsringketon. Da die Se-Dehydrierung des Methyltriols zu 6-Isopropyl-1-methylphenanthren und einem Iminoketon führte, besitzen die beiden Alkaloide im Zusammenhang mit den KMR-Unter-

[1]) G. Goto, Y. Hirata, T. L. **25**, 2989 (1968)

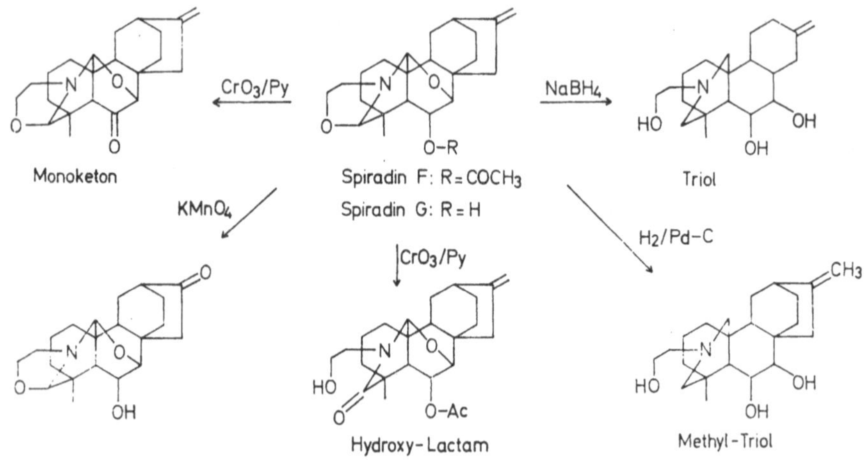

suchungen des Triols und der beiden Basen sowie der ORD-Untersuchungen die folgenden Stereostrukturen[1]):

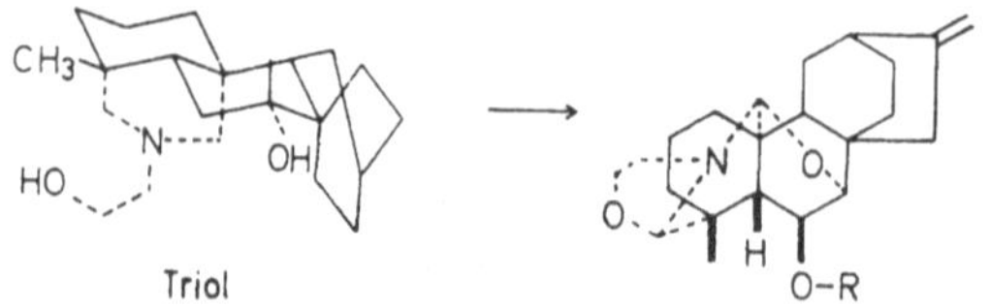

Alopecurin und Alolycopin

Alopecurin, $C_{23}H_{29}NO_3$, bildet einen neuen Typ von pentacyclischen Alkaloiden aus Lycopodium-Arten und konnte in seiner Struktur durch die Rö-Kristallstrukturanalyse des Debenzoylalopecurins und Alopecurin-methobromids abgeklärt werden.

Debenzoylalopecurin-hydrobromid kristallisiert im orthorhombischen System der Raumgruppe $P2_12_12_1$ mit vier Molekülen in einer Zelleinheit der Dimension a = 7,52, b = 28,05, c = 7,05 Å.

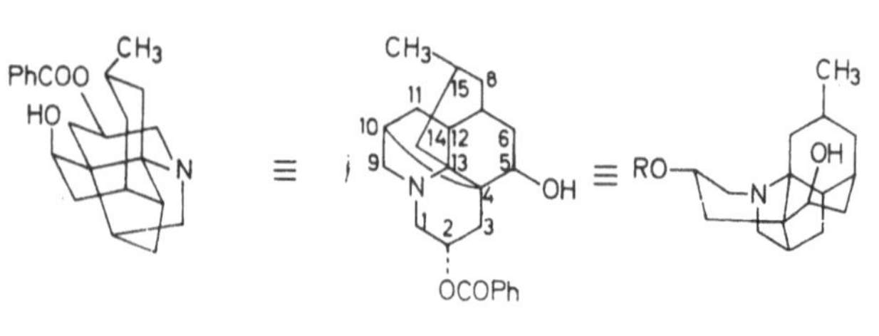

Damit ergeben sich aber auch die Strukturen des Acetyldesbenzoylalopecurins und Alolycopins, das durch Hydrolyse und Oxydation aus dem Acetyldesbenzoylalopecurin

[1]) M. Toda, Y. Hirata, T. L. **53**, 5565 (1968)

erhältlich ist.

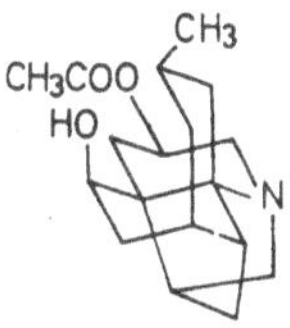

Acetyldesbenzoyl-alopecurin

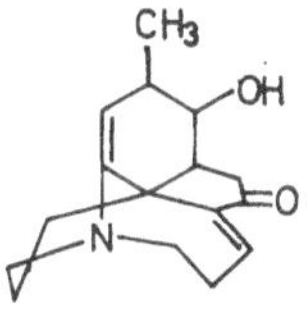

Alolycopin

Diese Strukturen stehen in voller Übereinstimmung mit den KMR- und MS-Untersuchungen und konnten durch die Korrelierung mit dem in seiner Stereochemie bekannten Acetylanhydroaposerratinin bestätigt werden[1,2]).

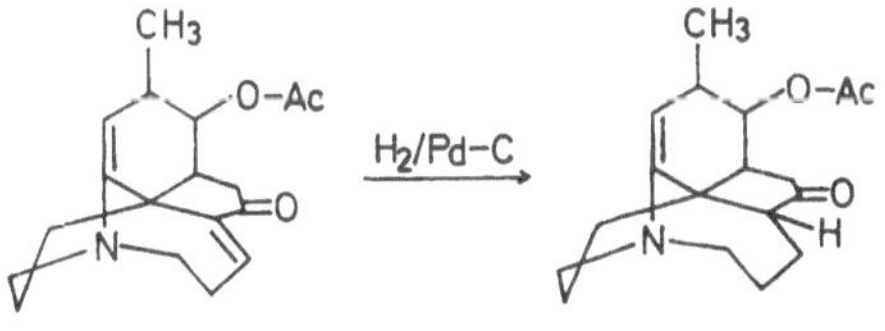

O-Acetylalolycopin Acetylanhydro-aposerratinin

Lucidiolin

Lucidiolin, $C_{16}H_{25}NO_2$, ein Alkaloid aus *Lycopodium lucidulum*, mit zwei Hydroxy- und einer C-Methylgruppe, weist in seinem Fragmentierungsverhalten im MS auf zwei benachbarte Hydroxygruppen hin.

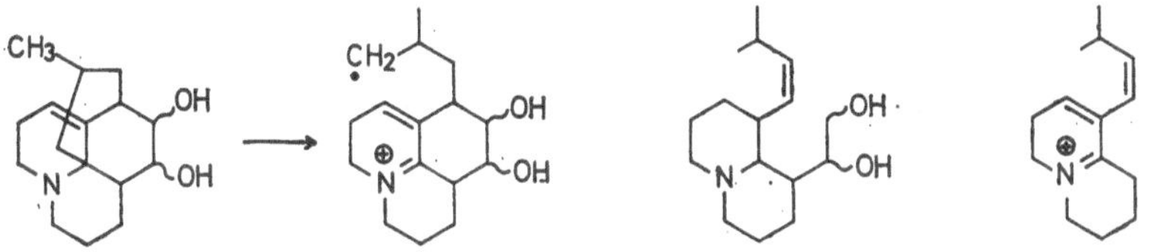

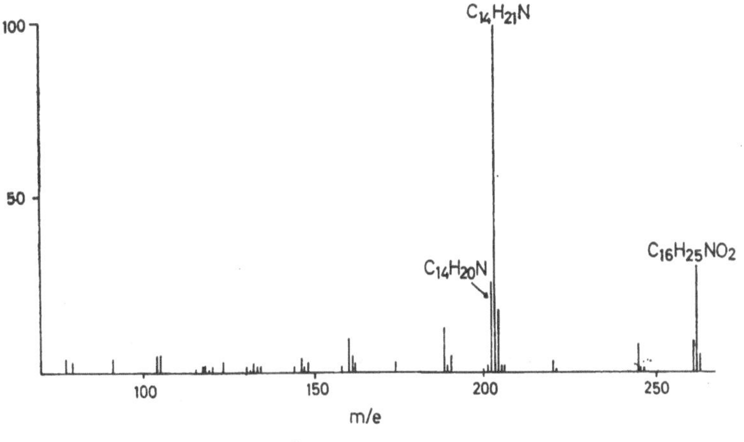

1) W. A. Ayer, B. Altenkirk, N. Masaki, S. Valverde-Lopez, Canad. J. 47, 2449 (1969)
2) W. A. Ayer, B. Altenkirk, Canad. J. 47, 2457 (1969)

Bei der Hydrierung nimmt das Alkaloid ein Mol Wasserstoff auf unter Bildung der beiden Produkte:

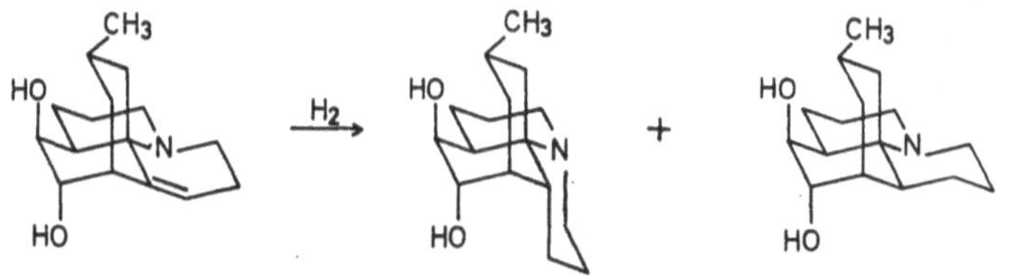

Damit muß dem Alkaloid selber die voranstehende Struktur zuerkannt werden[1]).

Alkaloid L 23,

eine tert. Base mit einer Hydroxygruppe sowie einer im IR-Spektrum nachweisbaren Carbonylfunktion und den für ein *trans*-Chinolizidin-System zu erwartenden Banden, ist mit dem Lycodolin am C-12 und damit auch am N-Atom epimer. Eine direkte Korrelierung gelang in der folgenden Weise:

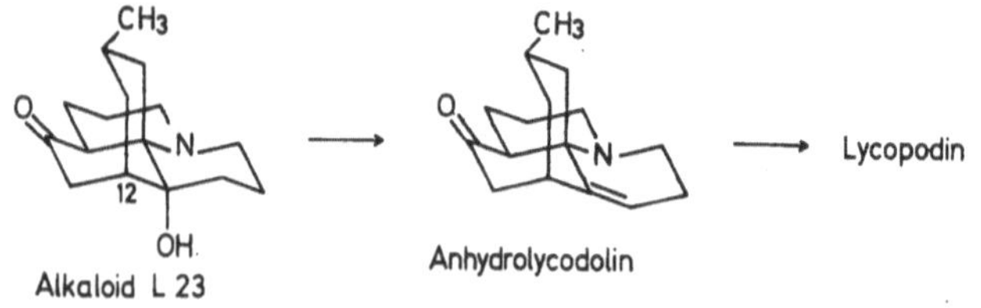

Im Zusammenhang mit weiteren spektroskopischen Untersuchungen kommt damit dem Alkaloid die voranstehende Struktur zu und ist damit ein Epimeres (an C-12 und N) des Alkaloids Lycodolin[2]).

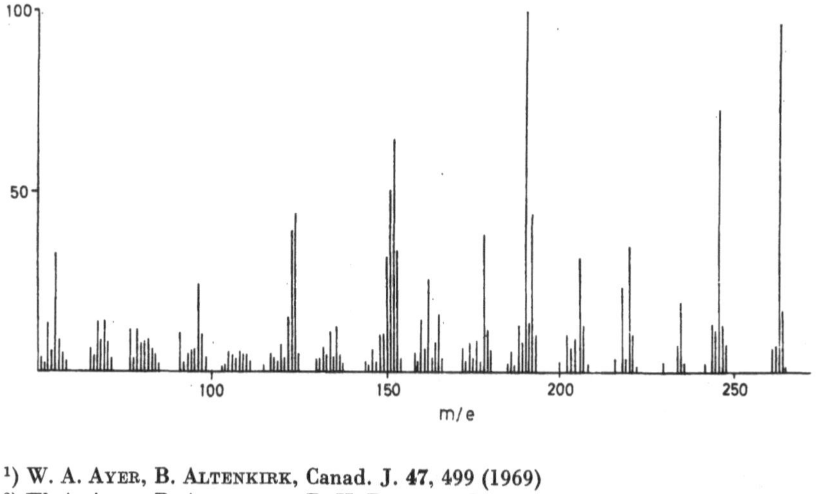

[1]) W. A. Ayer, B. Altenkirk, Canad. J. **47**, 499 (1969)
[2]) W. A. Ayer, B. Altenkirk, R. H. Burnell, M. Moinas, Canad. J. **47**, 449 (1969)

Lycopecurin

Lycopecurin, $C_{16}H_{25}NO$, konnte nur in sehr geringer Menge isoliert werden und besitzt auf Grund der Rö-Kristallstruktur des Hydrobromids, das im orthorhombischen System der Raumgruppe $P2_12_12_1$ und den Dimensionen a = 9,46, b = 17,30, c = 9,17 Å kristallisiert, die folgende Struktur[1]):

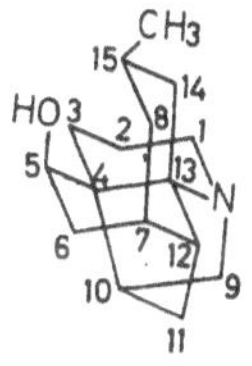

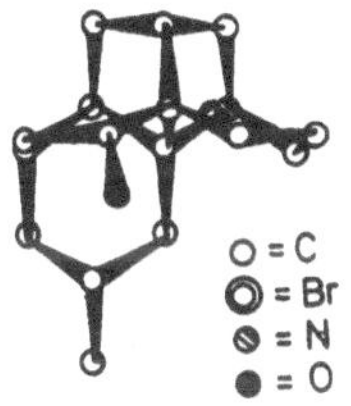

Annopodin

Annopodin, $C_{17}H_{25}NO_3$, besitzt auf Grund der Rö-Kristallstrukturanalyse des Hydrobromids, das im orthorhombischen System der Raumgruppe $P2_12_12_1$ mit vier Molekülen in einer Zelleinheit der Dimension a = 13,4, b = 14,0, c = 9,0 Å kristallisiert, die folgende Struktur[2]):

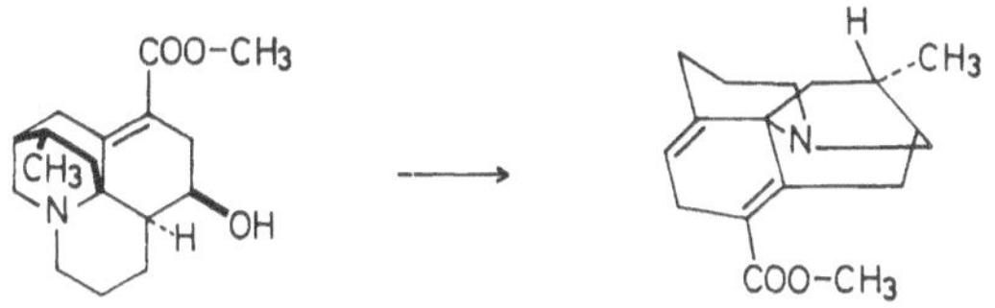

Das Alkaloid bildet damit den ersten Vertreter eines neuen Strukturtyps, wie auch aus der Dehydrierung zu dem unkonjugierten Dien hervorgeht.

1) W. A. Ayer; N. Masaki, Canad. J. **49**, 524 (1970)
2) W. A. Ayer, G. G. Iverach, J. K. Jenkins, N. Masaki, T. L. **44**, 4597 (1968)

Lucidulin

Lucidulin, $C_{13}H_{21}NO$, ein tertiäres Alkaloid mit einer N-Methyl- und einer C-Methylgruppe aus *Lycopodium lucidulum*, besitzt auf Grund der massenspektroskopischen Untersuchungen die folgende Struktur:

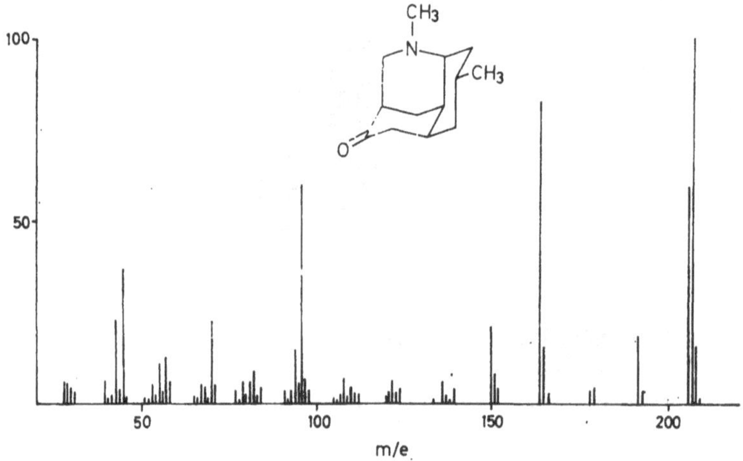

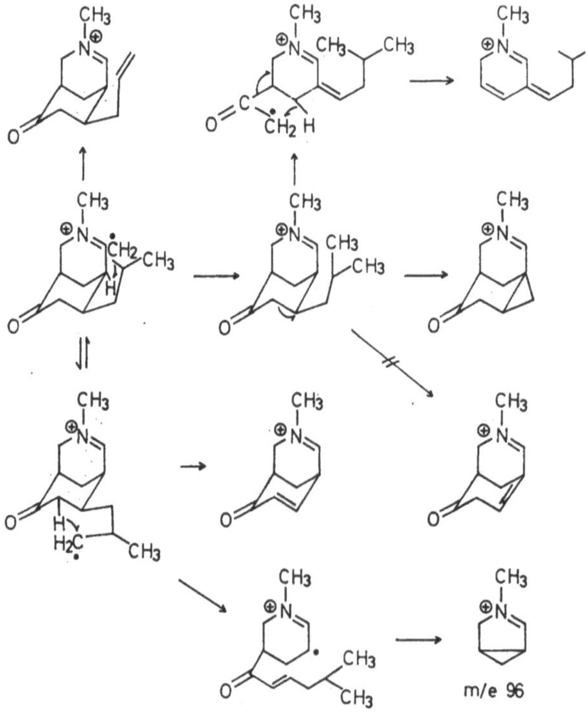

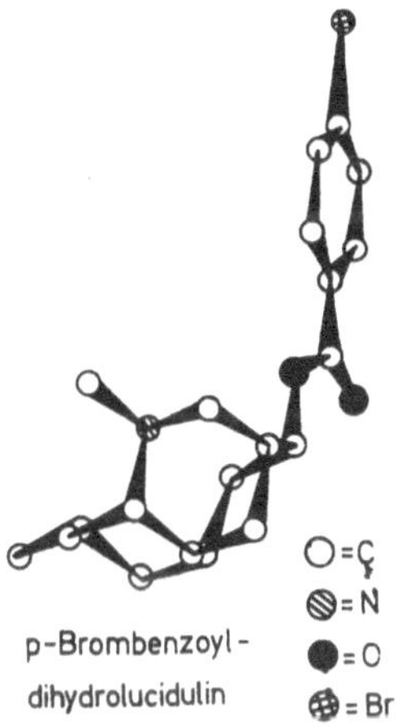

p-Brombenzoyl-dihydrolucidulin

Die auf spektroskopischem Wege abgeleitete Struktur konnte ferner durch eine Rö-Kristallstrukturanalyse des p-Brombenzoyldihydrolucidulins, das in der orthorhombischen Raumgruppe $P2_12_12_1$ mit vier Molekülen in einer Zelle der Dimension a = 11,86, b = 23,70, c = 7,01 Å kristallisiert, bestätigt werden[1]).

Serratinidin

Serratanidin, $C_{16}H_{23}NO_4$, liefert bei der Acetylierung ein Diacetylderivat, das bei der anschließenden Hydrolyse in ein Monoacetylderivat übergeht und mit 8-Dehydroserratinin identisch ist.

Versetzt man das 8-Anhydro-13-acetylserratinin mit OsO_4, erhält man ein *cis*-Diol-A, das bei der Hydrolyse mit Alkali in ein *cis*-Triol-A übergeht. Die Oxydation des *cis*-Diols-A mit CrO_3/Py. führt zu einem Diketon, das mit $NaBH_4$ und anschließender Hydrolyse ein *trans*-Triol-A liefert und wahrscheinlich am C-8 eine epimere Konfiguration aufweist.

Die Oxydation des 8-Anhydro-13-acetylserratinins mit H_2O_2—HCOOH führt zu einem *trans*-Triol-B, das identisch ist mit Serratanidin.

Versetzt man Serratanidin mit Phosgen in Pyridin, so erhält man ein Serratanidincarbonat, so daß die beiden Hydroxygruppen am C-13 und C-15 in einer *cis*-Anordnung vorliegen müssen. Damit ergibt sich für das Serratanidin die folgende absolute Stereostruktur.

1) W. A. Ayer, N. Masaki, D. S. Nkunika, Canad. J. **46**, 3631 (1968)

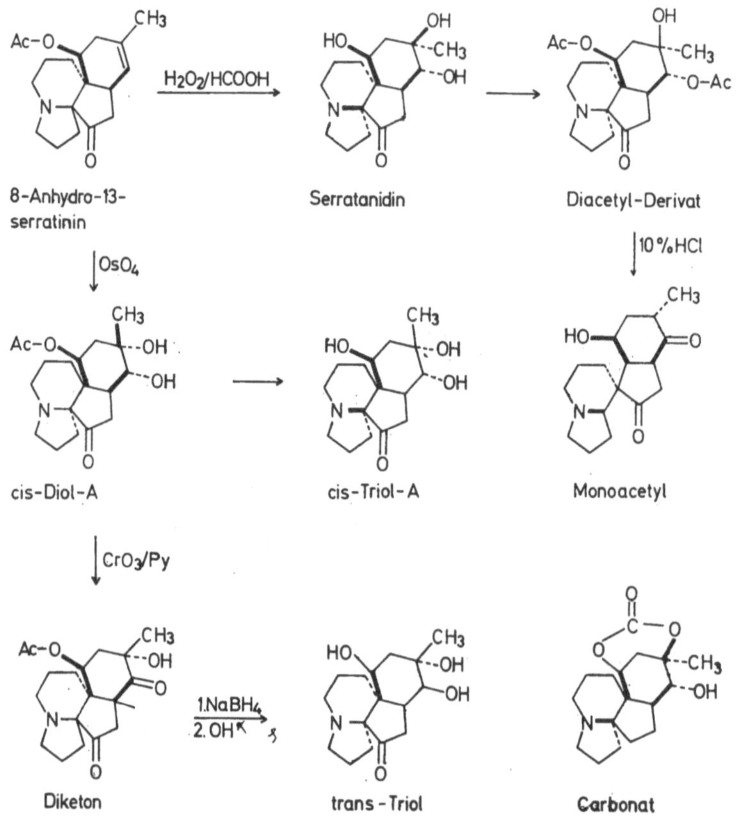

Serratidin

Serratidin, ein tetracyclisches Alkaloid aus *Lycopodium*, besitzt die folgende Partialformel $C_9H_{15}(-CH_2-CO-)(CH-CH_3)-(C-OH)-(CH=C)(N-)$ und das MS zeigt die für Lycopodium-Alkaloide mit einer Hydroxygruppe am C-12 typischen Spitzen.

Die Reduktion mit $NaBH_4$ führt zu einem Alkohol, der bei der anschließenden Dehydratisierung mit $SOCl_2$/Py. in eine Anhydroverbindung übergeht. Die Reduktion des Alkohols mit H_2/PtO_2 führt andererseits zu zwei isomeren Dehydroverbindungen, von denen aber nur eine die erwartete Bohlmann-Bande aufweist, so daß in diesem Produkt die olefinische Doppelbindung in der Position C-11—C-12 haften muß. Die anschließende Acetylierung führt dann zu einem Monoacetat, das beim Umsatz mit PCl_5 ein Chlorid liefert, das seinerseits bei der Oxydation in ein auch aus 12-Epilycopodin erhältliches übergeht.

[1]) Y. Inubushi, T. Harayama, M. Akatsu, H. Isshii, Y. Nakahara, Chem. Pharm. Bull. **16**, 561 (1968)

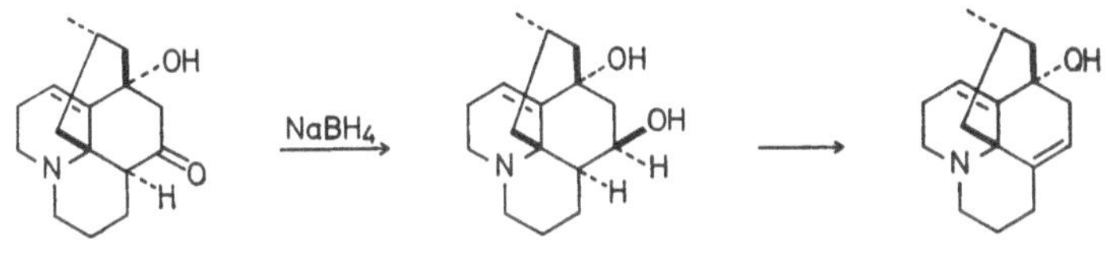

Serratidin Alkohol Anhydroverb.

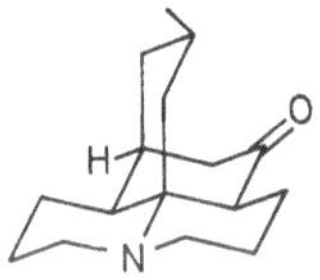

Keton

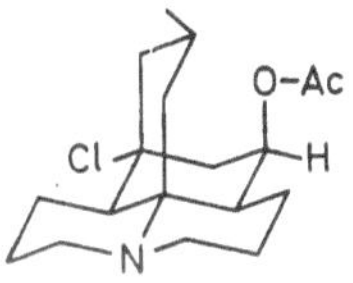

Chlorid

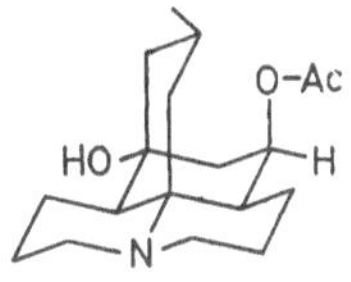

Monoacetat

Wird die isomere Dihydroverbindung der gleichen Reaktionsfolge unterworfen — bis auf die Oxydation — so erhält man Dihydrolycopodin. Damit ist dem Serratidin die absolute Stereostruktur wie voranstehend zuzuordnen.

[1]) Y. INUBUSHI, T. HARAYAMA, M. AKATSU, H. ISHII, Chem. Comm. 1138 (1968)

Synthese des optisch aktiven Annotinins[1]):

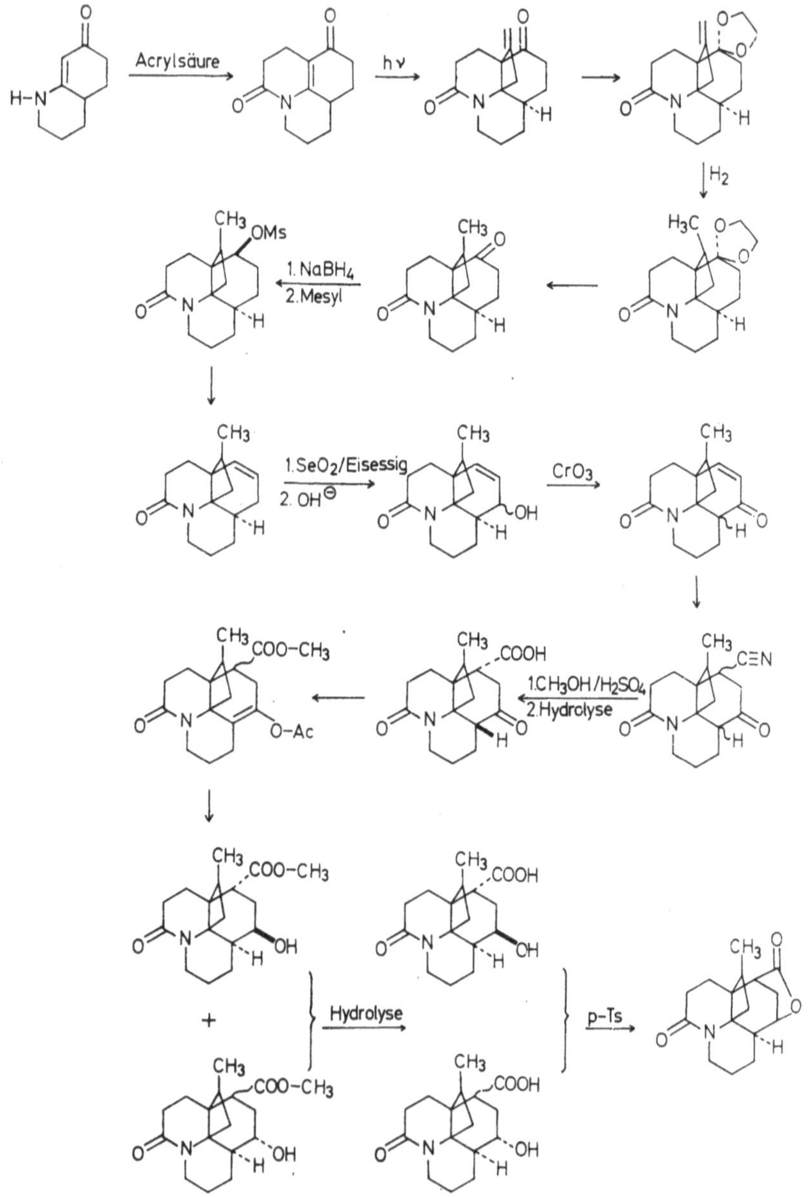

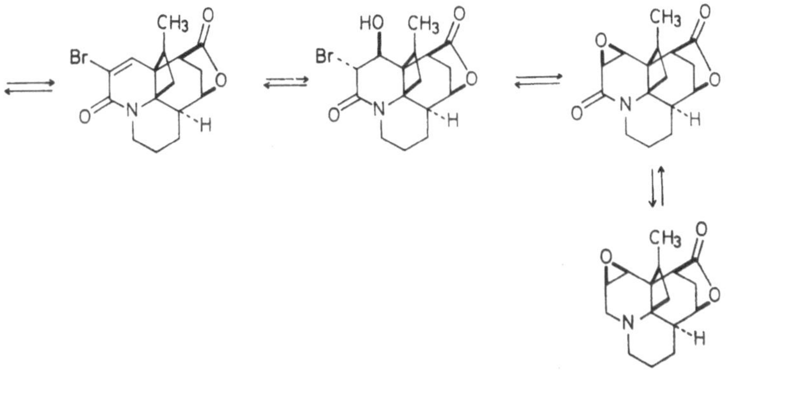

Synthese des 12-epi-Lycopodins[2]):

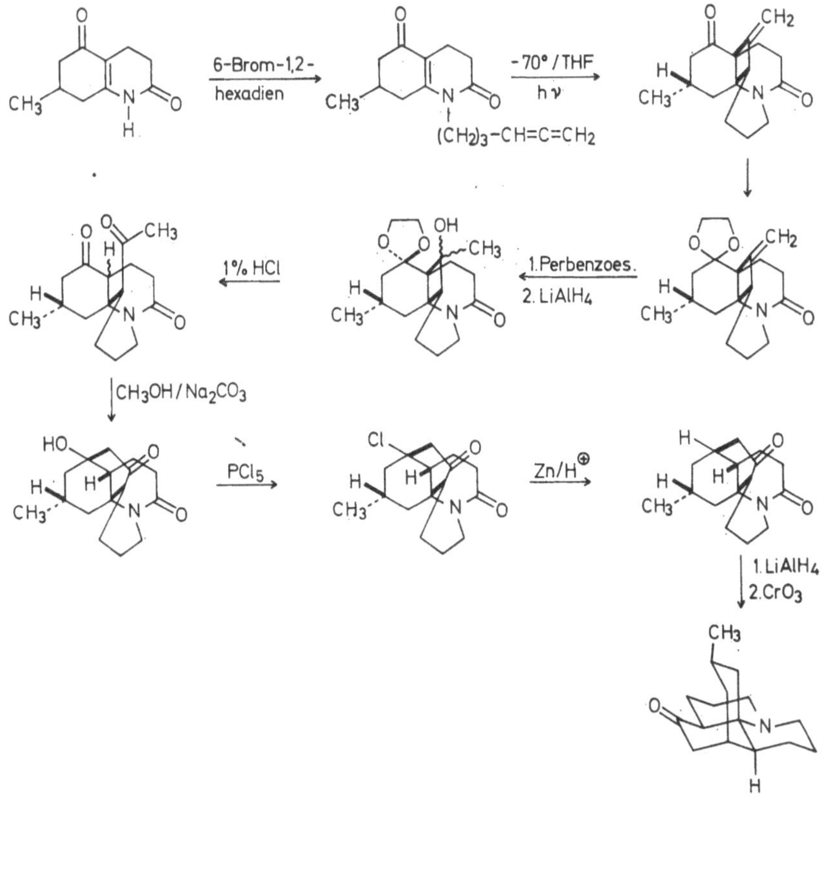

[1]) K. Wiesner, L. Poon, I. Jirkovsky, M. Fishman, Canad. J. **47**, 433 (1969)
[2]) K. Wiesner, V. Musil, K. J. Wiesner, T. L. **54**, 5643 (1968)

Synthesen des (±)-Lycopodins:

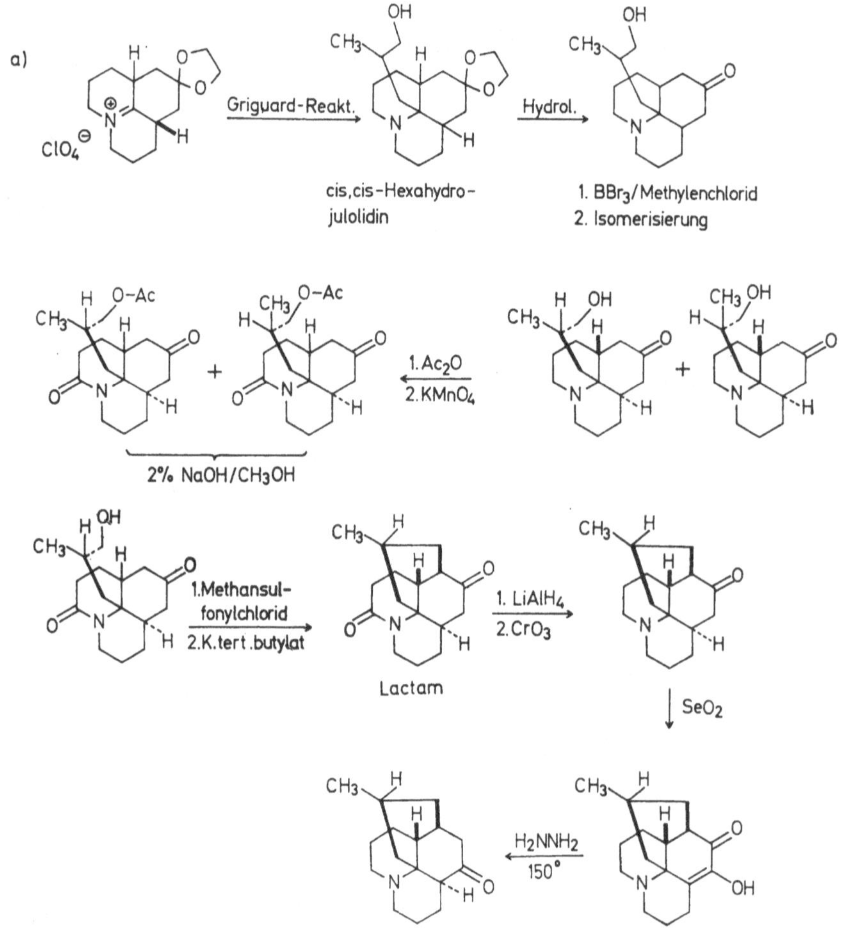

[1]) W. A. Ayer, W. R. Bowman, T. C. Joseph, P. Smith, Am. Soc. **90**, 1648 (1968)

b)

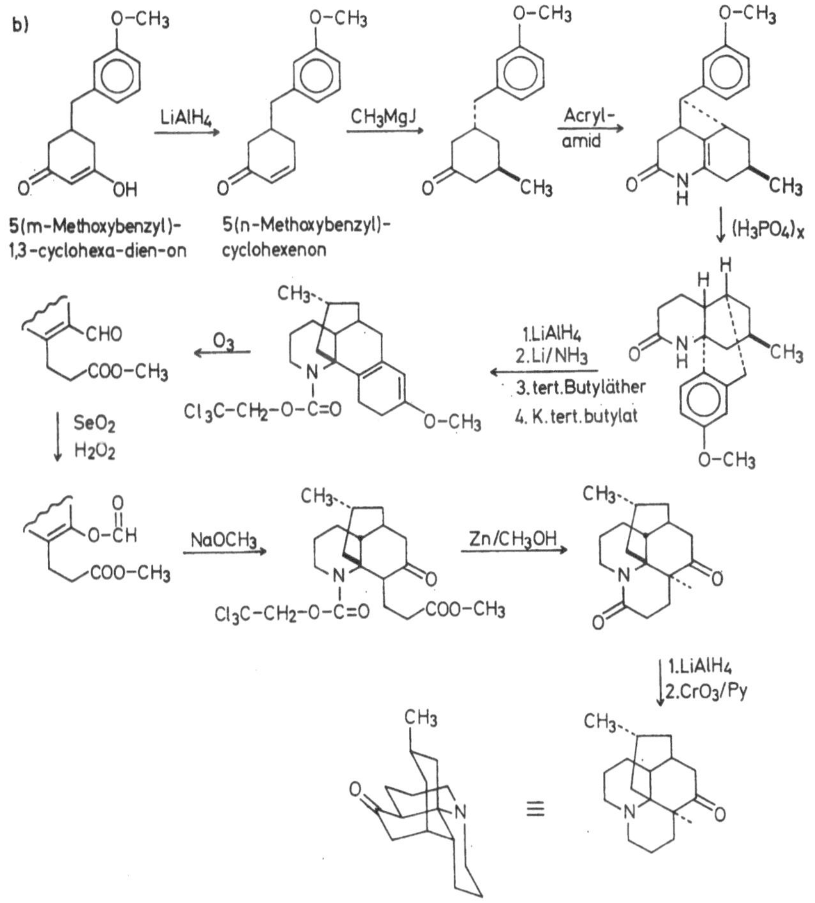

[1]) G. Stork, R. A. Kretschmer, R. H. Schlesinger, Am. Soc. **90**, 1647 (1968)

33*

Alkaloide verschiedener Strukturen

Alkaloid	Schmp.	$[\alpha]_D$	Derivat	Vorkommen
6-Hydroxymethylpterin $C_7H_7N_5O_2$	> 200	—	—	*Pseudomonas roseus fluorescens*[4])
Monapterin $C_9H_{11}N_5O_4$	> 200	+105° (HCl)	—	*Pseudomonas fluorescens*[3])
Alchornein $C_{12}H_{19}NO_3$	43°	−105° (C)	Tartrat 186° Jodm. 159°	*Alchornea floribunda*[14])
Dehydrogliotoxin $C_{13}H_{12}N_2O_4S_2$	—	—	—	*Penicillium terlikowski*[6])
Phyllanthin $C_{14}H_{17}NO_3$	96—8°	−898° (C)	—	*Phyllanthus discoides*[13])
Illudinin $C_{16}H_{17}NO_3$	228—9°	—	—	*Chitocybe illudans*[2])
Stemonin $C_{17}H_{26}NO_4$	—	—	—	*Stemona japonica*[10])
Cephalotaxin $C_{18}H_{21}NO_4$	132—3°	−183° (A)	Jodm. 165—80°	*Cephalotaxus harringtonia*[5])
Sporidesmin-E $C_{18}H_{20}ClN_3O_6S_3$	—	—	Ätherat 180—5° Diacetyl 112°	*Pithomyces chartarum*[9])
Verbindung 3 a $C_{18}H_{21}NO_4$	—	—	—	*Cephalotaxus harringtonia*[5])
Verbindung 4 a $C_{18}H_{21}NO_5$	—	—	—	*Cephalotaxus harringtonia*[5])
Sporidesmin-F $C_{19}H_{22}N_3O_6SCl$	65—70°	—	—	*Pithomyces chartarum*[7])
Sporidesmin-E $C_{18}H_{20}ClO_6N_3S_3$	—	—	—	,, ,,
Sporidesmin-D $C_{20}H_{26}ClN_3O_6S_2$	110—12° —	— —	Ätherat 110—20° Diacetyl 202—4°	*Pithomyces chartarum*[8])
Neoechinulin $C_{23}H_{25}N_2O_3$	237—8°	—	Hydroder. 216°	*Aspergillus amstelodani*[7])
Protostemonin $C_{23}H_{31}NO_6$	—	—	—	*Stemona japonica*[10])
Stemofolin $C_{22}H_{29}NO_5$	87—9°	+27° (M)	—	*Stemona japonica*[10])

Alkaloid	Schmp.	$[\alpha]_D$	Derivat	Vorkommen
Crepidin $C_{21}H_{29}NO_3$	221°	−78° (C)	–	*Dendrobium crepidatum*[12])
Harringtonin $C_{28}H_{37}NO_9$	–	–	–	*Cephalotaxus harringtonia*[5])
Halfordinoliso-pentyläther	–	–	–	*Aeglopsis chevalieri*[1])

2-Isomere Halfordinolisopentyläther

Aus der Rutaceae *Aeglopsis chevalieri* konnten zwei weitere Oxazol-Basen isoliert werden, deren Strukturen durch vergleichende spektroskopische Untersuchungen abgeklärt werden konnten. Die MS-Untersuchungen führten dabei zu unterschiedlichen Fragmenten, so daß die beiden Komponenten des Gemisches eindeutig erkannt werden konnten[15]).

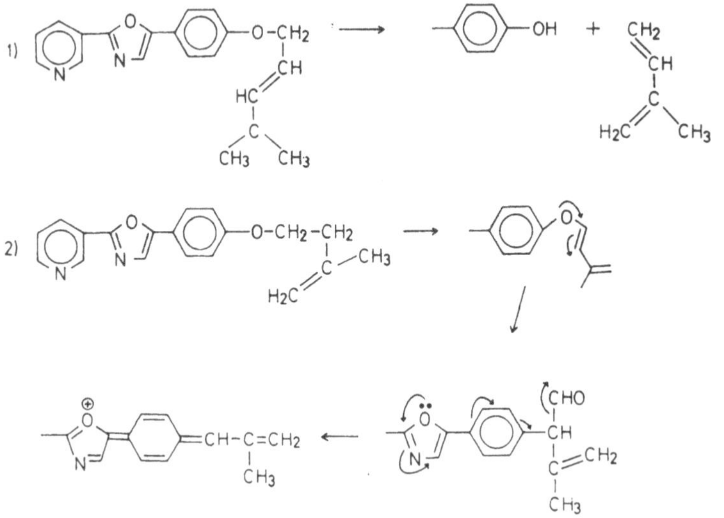

1) D. L. Dreyer, Org. Chem. **33**, 3658 (1968)
2) M. S. R. Nair, H. Takeshita, T. C. MeMorris, M. Anchel, Org. Chem. **34**, 240 (1969)
3) M. Viscontini, R. Bühler-Moor, Helv. **51**, 1548 (1968)
4) M. Viscontini, M. Frater-Schroeder, Helv. **51**, 1554 (1968)
5) R. G. Powell, D. Weisleder, C. R. Smith, J. A. Wolff, T. L. **46**, 4081 (1969)
6) G. Lowe, A. Taylor, L. C. Vining, Chem. Soc. (C) 1799/1969 (1970)
7) M. Barbetta, G. Casnati, A. Pochini, A. Selva, T. L. **51**, 4457 (1969)
8) W. D. Jamieson, R. Rahman, A. Taylor, Chem. Soc. (C) 1564 (1969)
9) R. Rahman, S. Safe, A. Taylor, Chem. Soc. (C) 1665 (1969)
10) S. Uyeo, H. Irie, Fußnote in H. Koaama, K. Oda, Chem. Soc. (B) 1330 (1970)
11) H. Irie, M. Masaki, K. Ohmo, K. Osaki, T. Taga, S. Uyeo, Chem. Comm. 1060 (1970)
12) P. Kierkegaard, A. M. Pilotti, K. Leander, Acta Chem. Scand. 3757 (1970)
13) J. Parello, Bull. 1117 (1968)
14) F. Khuong-Huu, J. P. Leforestier, G. Maillard, R. Goutarel, C. R. Ser. C 2070 (1970)
15) D. L. Dreyer, Org. Chem. **33**, 3658 (1968)

Withasomnin

Synthese des Withasomnins:

1)

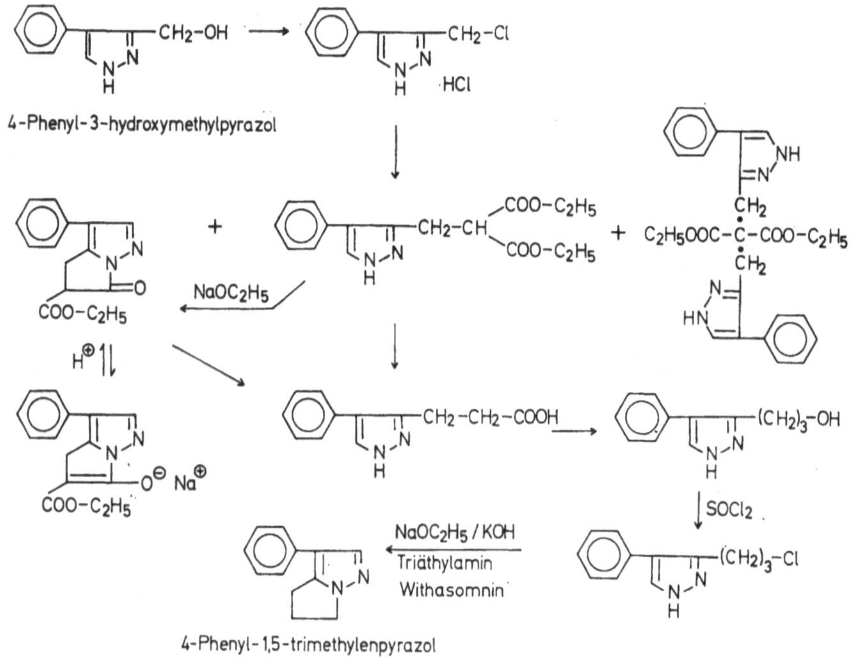

2)

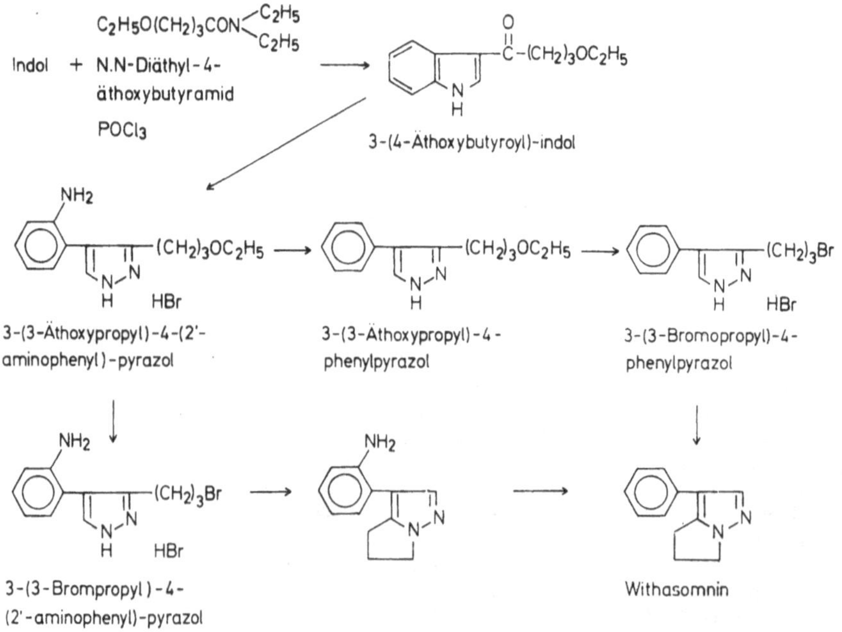

[1]) A. Morimoto, K. Noda, T. Watanabe, T. L. 54, 5707 (1968)

3)

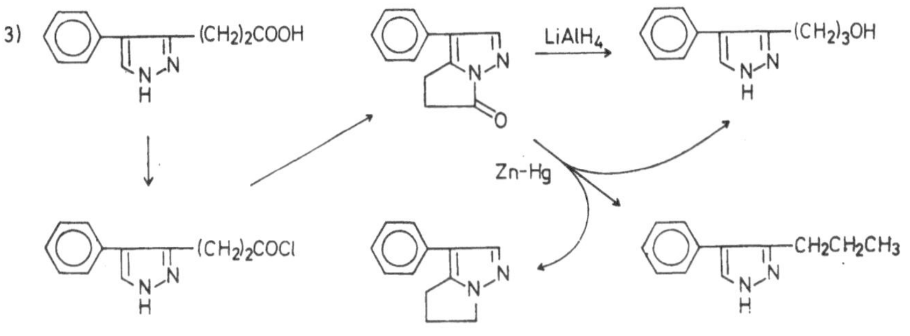

Illudinin

Illudinin, $C_{16}H_{17}NO_3$, ein Metabolit aus *Clitocybe illudens*, liefert bei der Diazotierung mit Diazomethan einen Methylester, der zu einem primären Alkohol reduziert werden kann. Die katalytische Hydrierung führt zu einem Tetrahydro-Derivat und die Pyridin-HCl-Spaltung der Methoxygruppe durch simultane Decarboxylierung zu einem Isochinolin, für das die Struktur eines 8-Hydroxyisochinolins abgeleitet werden konnte[2]).

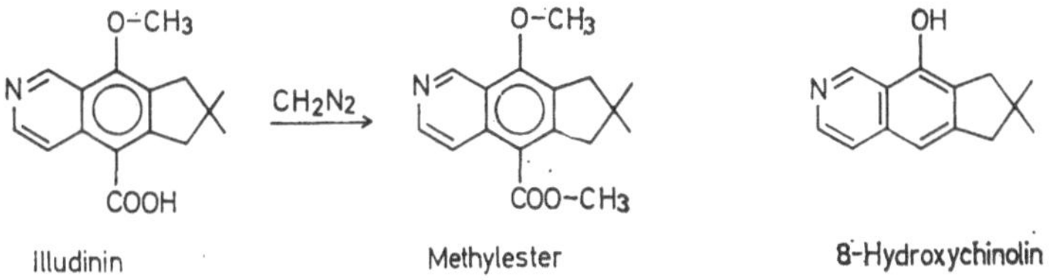

Monapterin

Monapterin, aus einer Kultur von *Pseudomonas roseus fluorescens* und den Ameisenmännchen *Formica rufa* isoliert, erweist sich durch den nachfolgenden Abbau als ein Stereoisomeres des D-Neopterins, nämlich als das 6-[L-threo-1′,2′,3′-Trihydroxypropyl]-pterin[3]).

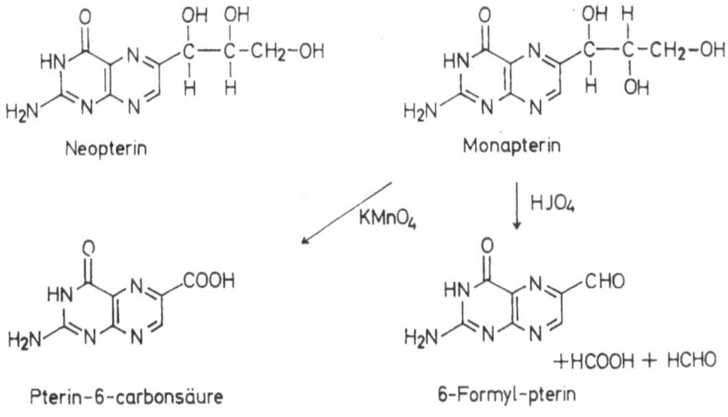

[1]) A. Zubeck, Pharm. 382 (1970)
[2]) M. S. R. Nair, H. Takeshita, T. C. McMorris, M. Anchel, Org. Chem. **34**, 240 (1969)
[3]) M. Viscontini, R. Bühler-Moor, Helv. **51**, 1554 (1968)

Alchornein

Alchornein, $C_{12}H_{19}N_3O$, ist ein aus *Alchornea floribunda* isolierbares Alkaloid mit einer im IR-Spektrum nachweisbaren Methoxygruppe, das bei der Methylierung, anschließendem Hofman-Abbau und Reaktion mit Schwefelsäure zu Imidazolidon abgebaut wird.

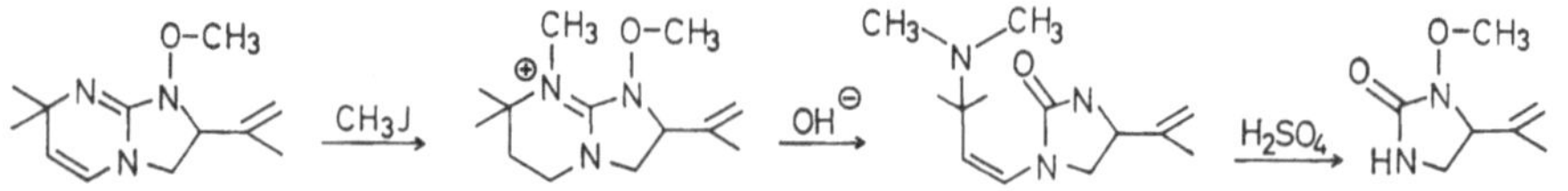

Hiernach sollte dem Alkali die Struktur eines Tetrahydro-Imidazo-[1.2a]-pyrimidins zukommen[1]).

Synthese des Iso- und Norisotuboflavins[2]):

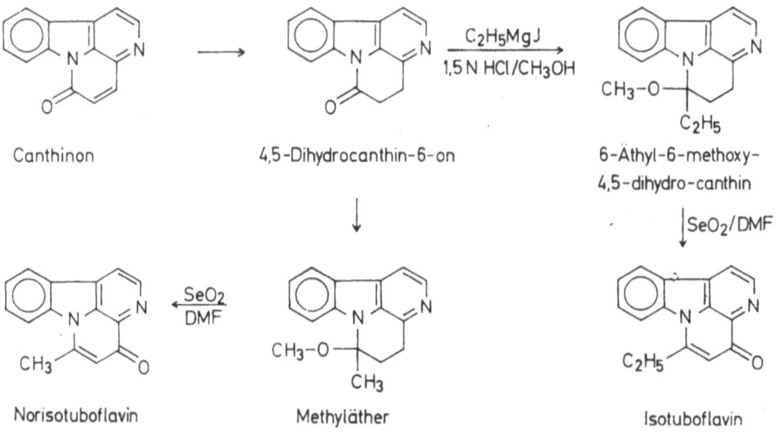

Cephalotaxin und Harringtonin

sowie zwei weitere Alkaloide konnten in ihrer vermeintlichen Struktur durch massenspektroskopische und KMR-Untersuchungen abgeleitet werden.

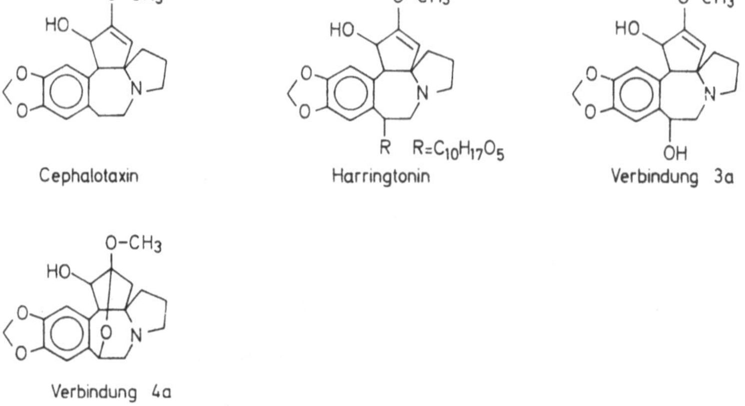

[1]) F. Khuong-Huu, J. P. Leforestier, G. Maillard, R. Goutarel, C. R. Ser. C 2700 (1970)
[2]) H. J. Rosenkranz, H. Schmid, Helv. **51**, 565 (1968)

Bemerkenswert scheint der Befund, daß die Basen optisch aktiv sind, während das Jodmethylat optisch inaktiv ist.

Die Stereostruktur des Jodmethylats ergab sich durch eine Rö-Kristallstrukturanalyse des Jodmethylats, das in der Raumgruppe $P2_1/n$ und den Parametern a = 9,22, b = 11,45 und c = 19,56 Å kristallisierte[1]).

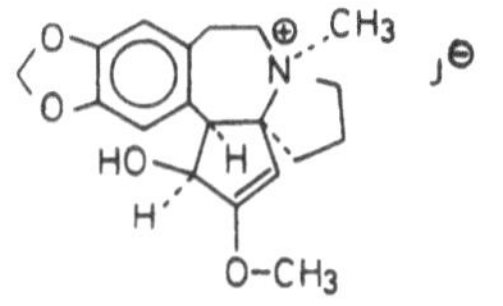

Echinulin

Die absolute Konfiguration des Echinulins konnte durch die ORD-Untersuchungen festgelegt werden, denn hierbei zeigte das Echinulin einen negativen Cotton-Effekt, so daß es damit sterisch dem L-Tryptophan und L-Alanin zugeordnet werden konnte[2]).

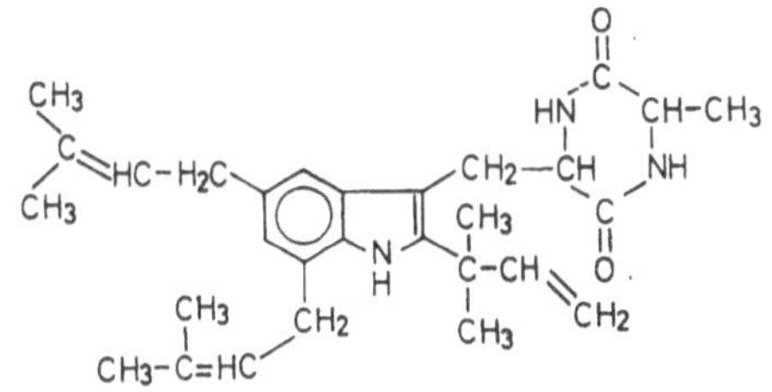

Neoechinulin

Neoechinulin, $C_{23}H_{25}N_3O_3$, wurde aus dem Ätherextrakt des Mizells einer Kultur von *Aspergillus amstelodami* isoliert und geht bei der Hydrierung in ein Hydroechinulin über. Die Oxydation mit $KMnO_4$ im alkalischen Medium und anschließende Verätherung mit Diazomethan liefert 2-Aminoterephthalsäure, während die Oxydation des Hydrierungsproduktes mit Wasserstoffperoxid und darauffolgende Reduktion mit Zn und Methylierung zu N-α,α-Dimethylbutyryl-4-isoamylanthranilsäuremethylester, der bei der alkalischen Hydrolyse zu α,α-Dimethylbuttersäure führt, liefert. Andererseits liefert die alkalische

[1]) D. J. Abraham, R. D. Rosenstein, E. L. McGandy, T. L. **46**, 4085 (1969)
[2]) F. Houghton, J. E. Saxton, T. L. **52**, 5475 (1968)

Hydrolyse 2-t-Pentenyl-3-formyl-6-isopentenylindol und die Ozonolyse Tetraketopiperazin[1]).

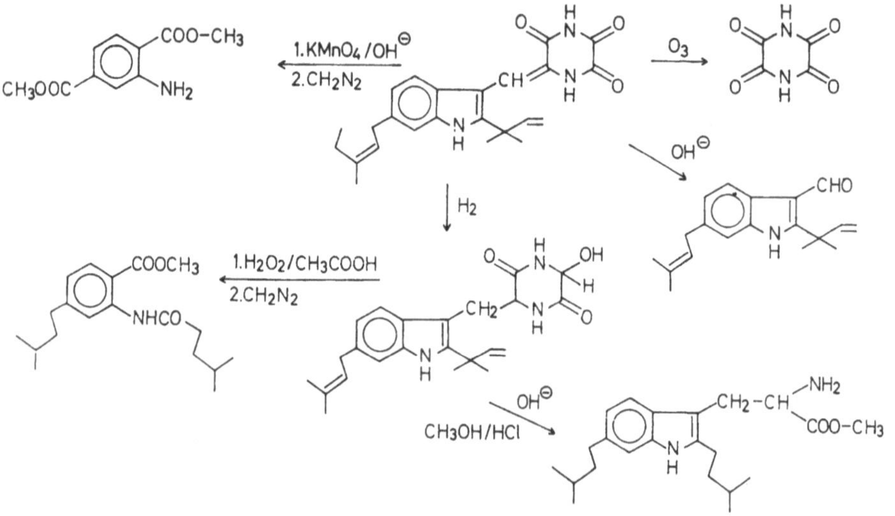

Sporidesmin-D und F

Sporidesmin-D, für das in Übereinstimmung mit dem MS die Bruttozusammensetzung $C_{20}H_{26}ClO_6N_3S_2$ bestimmt werden konnte, liefert bei der Einwirkung von BF_3-Ätherat auf das Diacetylderivat Anhydrodesthiosporidesmin, so daß in beiden Alkaloiden das gleiche Grundgerüst vorausgesetzt werden konnte. Da das Sporidesmin durch Einwirkung von $NaBH_4$ und anschließender Methylierung mit Methyljodid das Sporodesmin-D liefert, ist dem Alkaloid in Übereinstimmung mit den spektroskopischen Befunden die nachstehende Struktur zugeordnet worden:

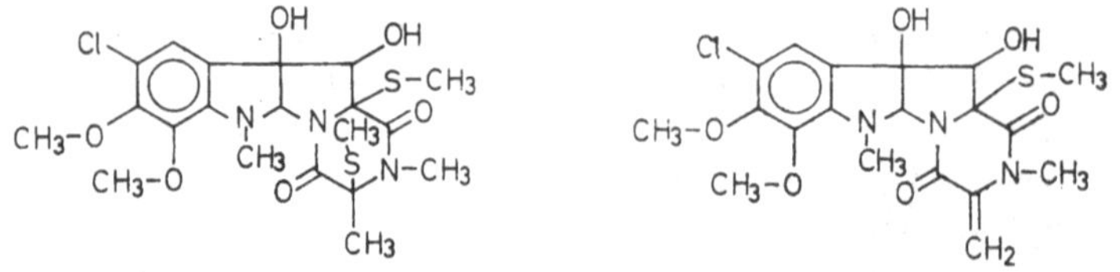

Sporidesmin-D Sporidesmin-F

Sporidesmin-F, das bisher nicht kristallin erhalten werden konnte, besitzt die Bruttozusammensetzung $C_{19}H_{22}ClN_3O_6S$. Auf Grund des Massenspektrums, das auf eine Abspaltung von CH_2S im Sinne des folgenden Mechanismus hindeutet, sollte dem Sporides-

[1]) M. Barbetta, G. Casuati, A. Pochini, A. Selva, T. L. **51**, 4457 (1969)

min-F die voranstehende Struktur zugeordnet werden können[1]).

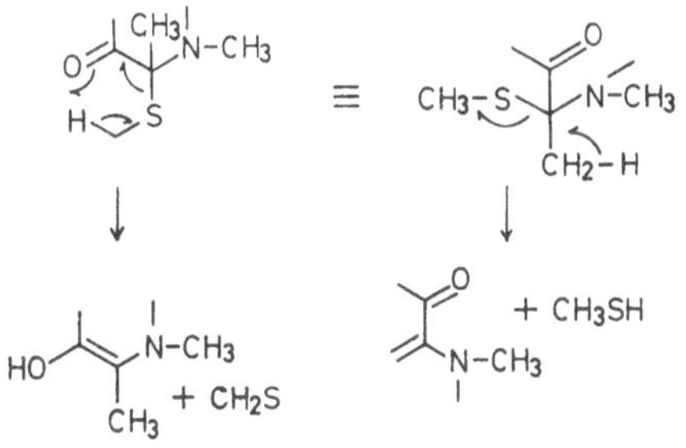

Sporidesmin-E

Sporidesmin-E, $C_{18}H_{20}ClO_6N_3S_3 \cdot C_4H_{10}O$, liefert bei der Fragmentierung im Massenspektrometer keine für die Strukturaufklärung wesentlichen Fragmente. Das aber enge Beziehungen zu den anderen Alkaloiden dieses Typs bestehen, folgt aus der Umwandlung des Sporidesmin-E bei der Einwirkung von $NaBH_4$ und anschließender Methylierung mit Methyljodid, wobei Sporidesmin-D gebildet wird. Sporidesmin-E reagiert außerdem mit Triphenylphosphin zu Sporidesmin und Triphenylphosphin-sulfid und schließlich kann Sporidesmin mit Schwefel und P_2S_5 in das Sporidesmin-E übergeführt werden. Damit sollte sich die folgende Struktur ableiten lassen, allerdings kann eine dimere Struktur nicht mit Sicherheit ausgeschlossen werden[2,3]).

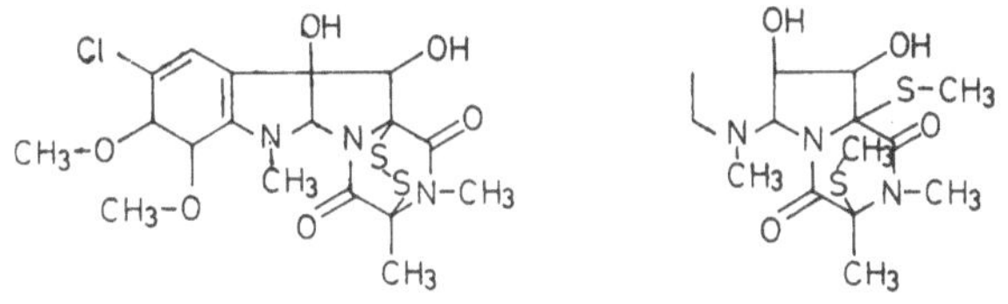

Sporidesmin - E   Sporidesmin - D

Dehydrogliotoxin

wurde aus Kulturen von *Penicillium terlikowski* isoliert, besitzt die Bruttoformel $C_{13}H_{12}N_2O_4S_2$, und geht bei Einwirkung von HCl in Eisessig in Schwefel, 1,2,3,4-Tetrahydro-6-hydroxy-2-methyl-3-methylen-1,4-dioxopyrazino-[1,2a]-indol und das entsprechende 1,3,4-Trioxo-Derivat über. Diese Reaktion entspricht den bereits bekannten Reaktionen in der Sporidesmin-Reihe und beweist damit sowohl die 3,6-Epidithio-2,5-dioxoperazin-Struktur als auch die Position der Hydroxygruppe. Die zweite im Molekül befindliche Hydroxygruppe konnte auf Grund der KMR-Daten am C-3a bewiesen werden[4]).

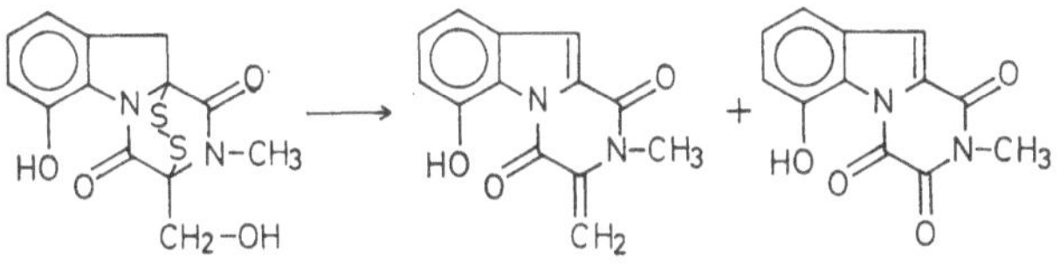

[1]) W. D. JAMIESON, R. RAHMAN, A. TAYLOR, Chem. Soc. (C) 1564 (1969)
[2]) R. RAHMAN, S. SAFE, A. TAYLOR, Chem. Soc. (C) 1665 (1969)
[3]) Syntheseversuche siehe u. a. S. SAFE, A. TAYLOR, Chem. Soc. (C) 432 (1970)
[4]) G. LOWE, A. TAYLOR, L. C. VINING, Chem. Soc. (C) 1799 (1969)

Phyllanthin

Phyllanthin, $C_{14}H_{17}NO_3$, ein weiteres Alkaloid der zur Gruppe Securinega-Basen gehörenden Substanzen der zur Familie der Euphorbiaceen zugeordneten Species *Securinega* und *Phyllanthus* besitzt auf Grund der vergleichenden spektroskopischen Untersuchungen und der Synthese der beiden diastereoisomeren Chinolizidine sowie CD-Untersuchungen die nachstehende Struktur[1]):

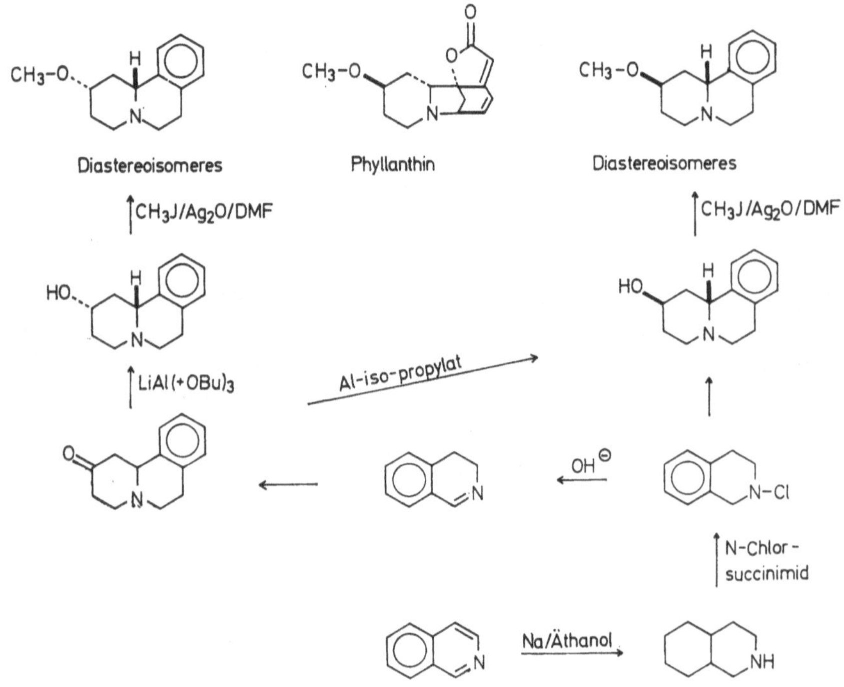

Das für die vergleichenden Untersuchungen wichtige Fragmentierungsverhalten im Massenspektrometer ist für das Alkaloid in der folgenden Abb. dargestellt.

1) J. Parello, Bull. 1117 (1968)

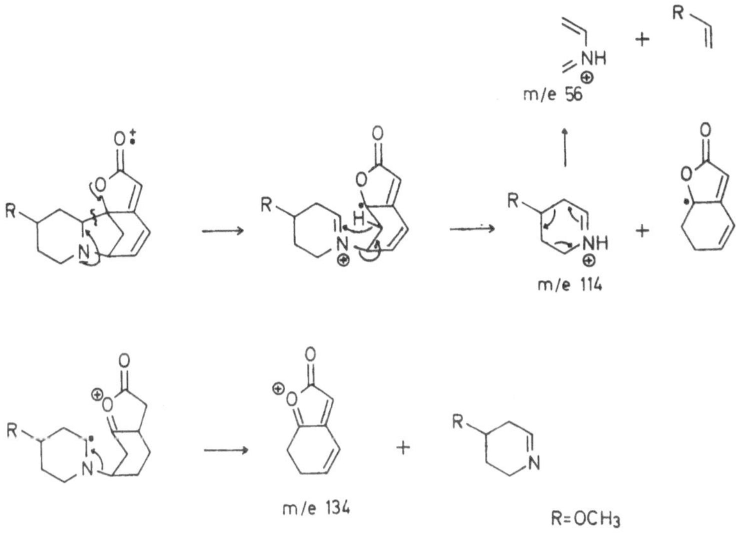

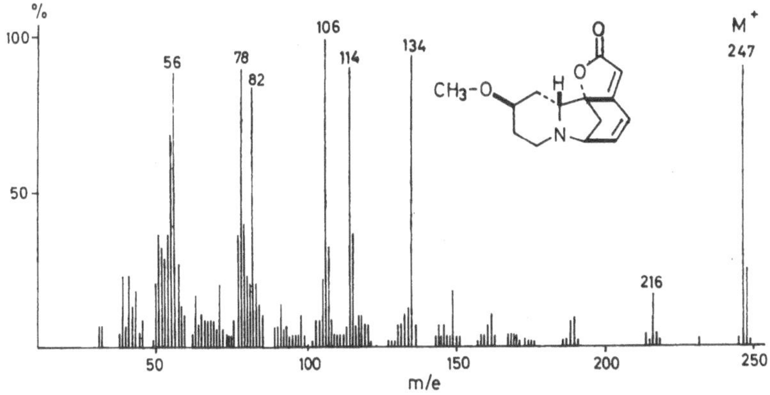

Protostemonin

Protostemonin, $C_{23}H_{31}NO_6$, ein Alkaloid mit einer O-Methylgruppe, zwei sekundären Methyl- und einer olefinischen Methylfunktion, sowie einem γ-Lacton und einem konjugierten Dienon-System, geht bei Einwirkung von HCl in Benzol in das Protostemonin-hydrat-hydrochlorid über, das seinerseits beim Rühren mit 3%iger Natriumcarbonat-Lösung das 4-Hydroxy-3-methoxy-2-methylcrotonlacton liefert und durch Hydrolyse mit

HCl in 3,4-Dihydroxy-2-methylcrotonlacton übergeht.

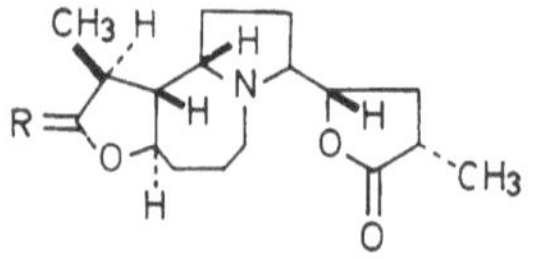

Protostemonin

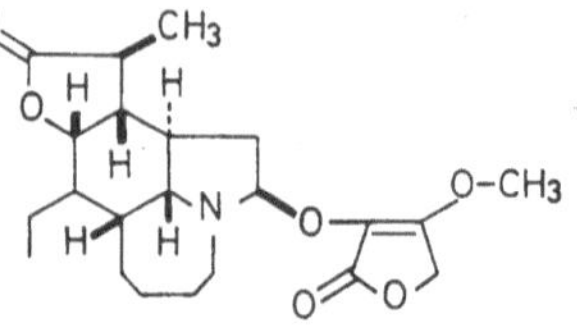

4-Hydroxylacton

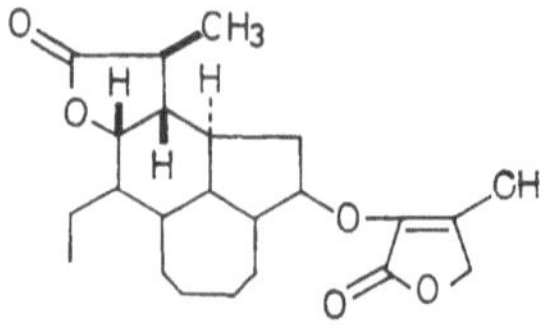

3,4-Hydroxylacton

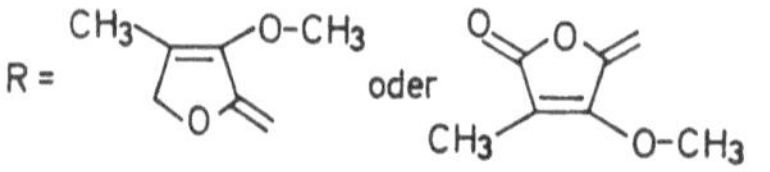

Auf Grund der MS-Vergleichsuntersuchungen mit dem Tuberostemonin und dem Oxotuberostemonin ist dem Protostemonin damit eine der beiden Strukturen zuzuordnen[1]).

Stemonin

Stemonin, ein Alkaloid der Zusammensetzung $C_{17}H_{26}NO_4$, konnte in seiner Struktur durch eine Rö-Kristallstrukturanalyse des Hydrobromidhalbhydrates, das im orthorhombischen System der Raumgruppe $P2_12_12_1$ und den Dimensionen a = 17,78, b = 8,78, c = 11,85 Å kristallisiert, abgeklärt werden[2]).

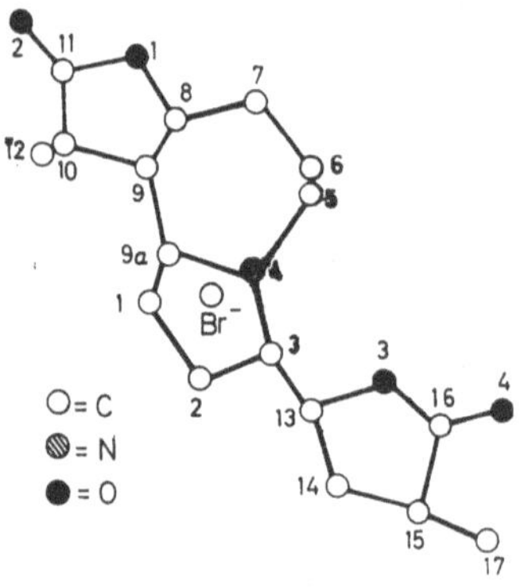

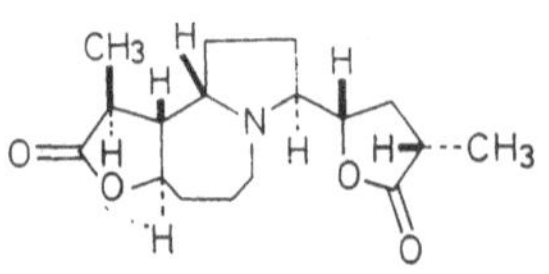

[1]) H. Irie, H. Harada, K. Ohno, T. Mizutani, S. Uyeo, Chem. Comm. 268 (1970)
[2]) H. Koyama, K. Oda, Chem. Soc. (B) 1330 (1970)

Stemofolin

Stemofolin, $C_{22}H_{29}NO_5$, ist ein Nebenalkaloid aus *Stemona japonica* und konnte in seiner Struktur nur durch eine Rö-Kristallstrukturanalyse des Hydrobromid-Monohydrates abgeklärt werden[1]).

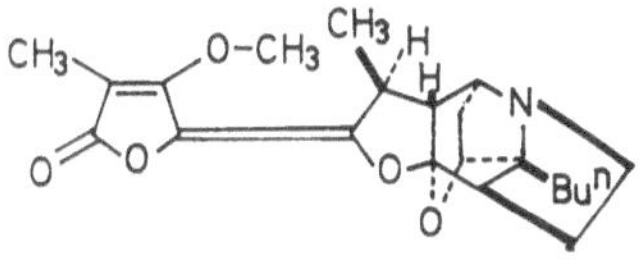

Die untersuchten Kristalle gehören dem orthorhombischen System der Raumgruppe $P2_12_12_1$ an. (Dimensionen: a = 11,80, b = 25,94, c = 7,61 Å)

Die absolute Konfiguration des Moleküls ergibt sich aus der anormalen Rö-Beugung der Br-Atome. Aus der abgeleiteten Struktur kann die enge Beziehung zum Protostemonin[1]) eindeutig abgeleitet werden. Beide Alkaloide besitzen ein Furo-[3,2-c]-pyrrolo-[1,2-a]-azepin-Ringsystem, das mit dem Rest 4-Hydroxy-3-methoxy-2-methylcrotonlacton durch eine Doppelbindung verknüpft ist. Im Gegensatz zum Protostemonin besitzt das Stemofolin an Stelle des γ-Lactons einen N-Butylrest in α-Position zum Stickstoff[2]).

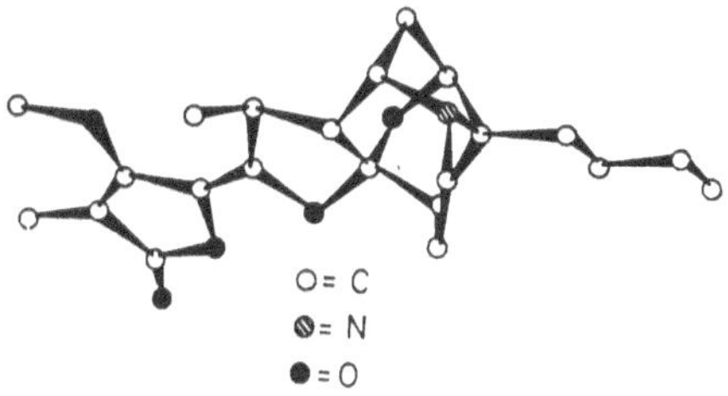

[1]) H. Irie, N. Masaki, K. Ohno, K. Osaki, T. Taga, S. Uyeo, Chem. Comm. 1066 (1970)
[2]) H. Irie, H. Harada, K. Ohno, T. Mizutani, S. Uyeo, Chem. Comm. 268 (1970)

Dendrobin

Durch die Umwandlung des Dendrobins in das Dendrin kann die absolute Stereochemie des Alkaloids wie folgt bestimmt werden:

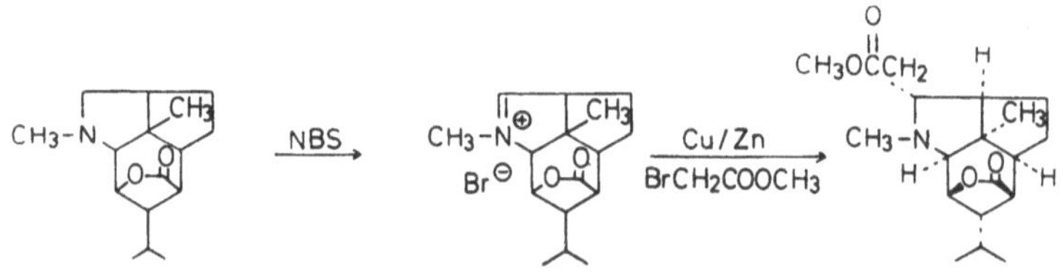

Dendrobin Immonium-Salz Dendrin

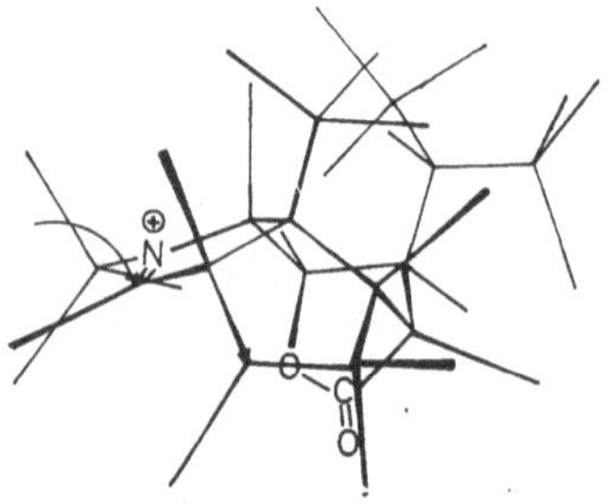

Somit liegt also eine C-14-exo-Anordnung des Substituenten vor, da der Angriff bei der Reformatzki-Synthese von der weniger behinderten Seite aus erfolgt[1]).

Synthese des Dendrobins[2]):

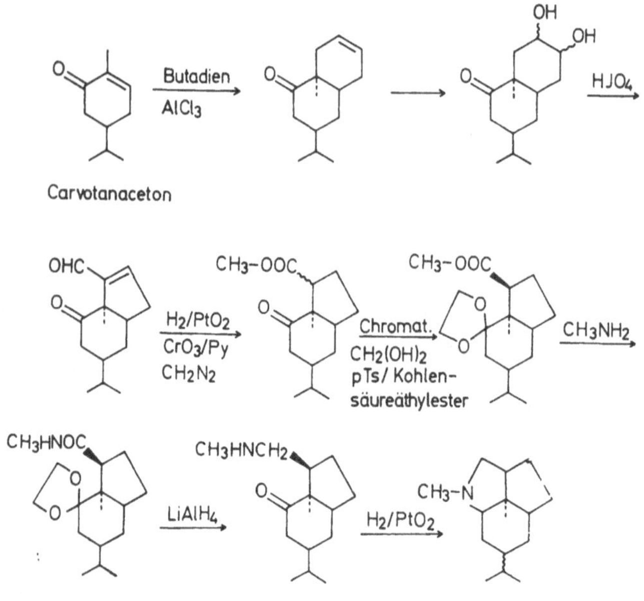

[1]) I. Granelli, K. Leander, Acta Chem. Scand. **24**, 1108 (1970)
[2]) K. Yamamoto, J. Kawasaki, T. Kaneko, T. L. **56**, 4859 (1970)

Crepidin

Crepidin, $C_{21}H_{29}NO_3$, wurde durch eine Rö-Kristallstrukturanalyse des Jodmethylats, das im monoklinen System der Raumgruppe $P2_1$ und den Dimensionen a = 15,30, b = 9,19, c = 7,84 Å kristallisiert, abgeklärt.

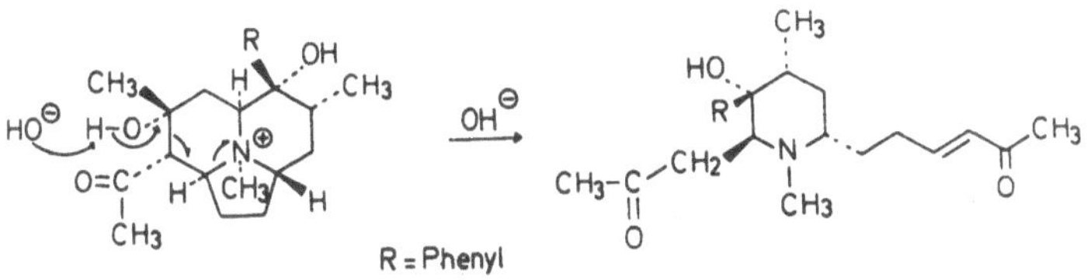

Da der Abbau mit Alkali zu einem spektroskopisch eindeutigen Produkt führt, ist dem Alkaloid die voranstehende relative Konfiguration zuzuordnen[1]).

Securinol B und C

sind beides Stereoisomere des Securinol-A[2]), da das Securinol-B beim Versetzen mit Methansulfonylchlorid ein Mesylat liefert, das bei der anschließenden Behandlung mit Collidin in Viroallosecurinin übergeht.

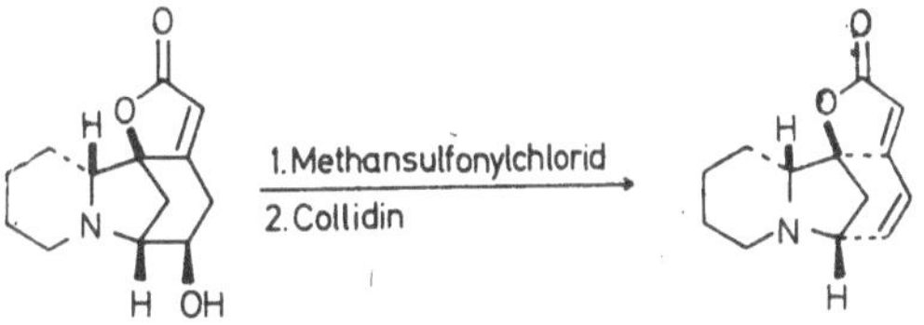

Die Konformation mit dem Ring A in der Wannenform und einem axialen C-5a-Proton ergibt sich aus KMR-Untersuchungen.

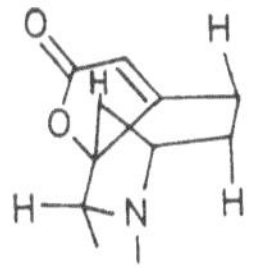

Securinol-C liefert unter analogen Reaktionsbedingungen Allosecurinin. Diese Daten deuten auf eine 4,5-Dihydroallosecurinin-Struktur mit einer C-4-Hydroxygruppe hin, da Securinol-A und B eine Hydroxygruppe am C-5 besitzen und keines der 4,5-Dihydroviroallosecurinine mit dem Securinol-C enantiomer ist.

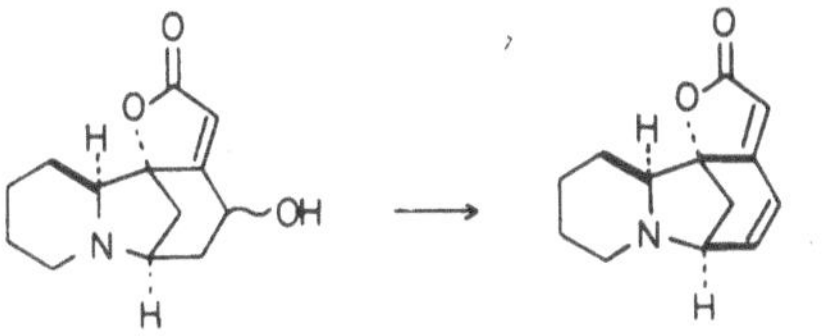

[1]) P. Kierkegaard, A. M. Pilotti, K. Leander, Acta Chem. Scand. **24**, 3757 (1970)
[2]) Z. Hori, M. Yamauchi, M. Ikeda, T. Momose, Chem. Pharm. Bull. **18**, 2009 (1970)

Massenspektrometrie des Serratinins:

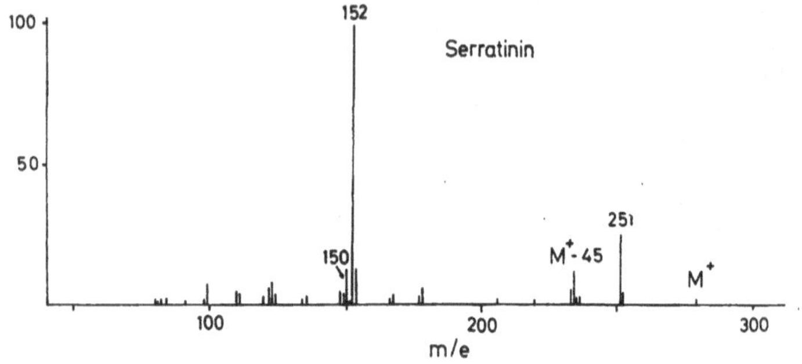

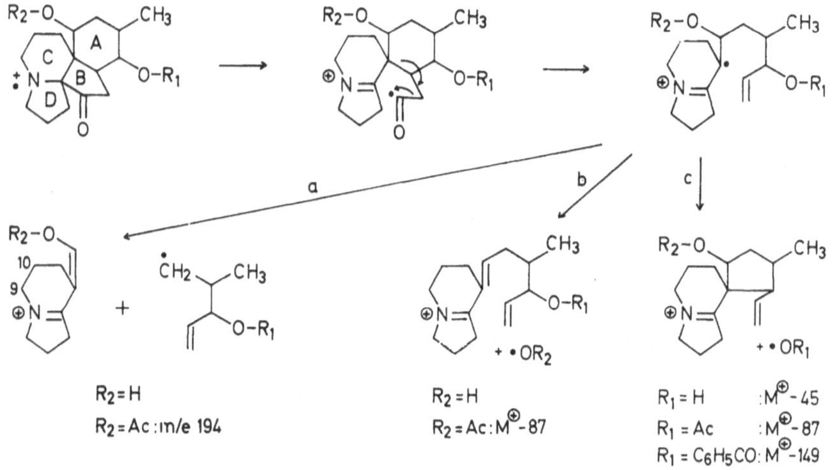

[1]) Y. Inubushi, T. Ibuka, T. Harayama, H. Ishii, T. **24**, 3541 (1968)

Ficin und Isoficin

Die Synthese der einzigen bisher bekannten Alkaloide mit einem Flavon-System Ficin und Isoficin gelang auf dem folgenden Wege[1]:

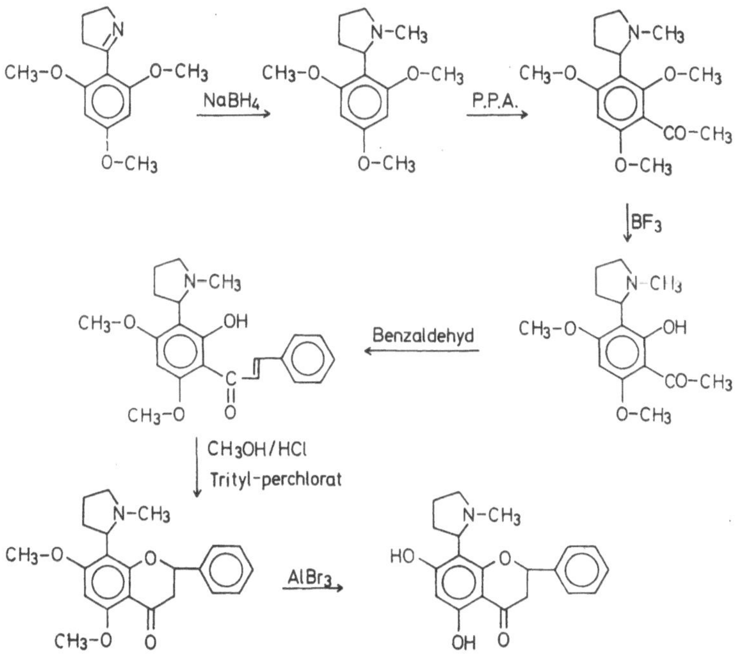

Dioscorin

Für das Dioscorin konnte auf Grund chemischer und kristallographischer Untersuchungen die folgende Struktur abgeleitet werden, in denen das C-13 entweder pseudoaxial oder pseudo-äquatorial angeordnet sein konnte[2]).

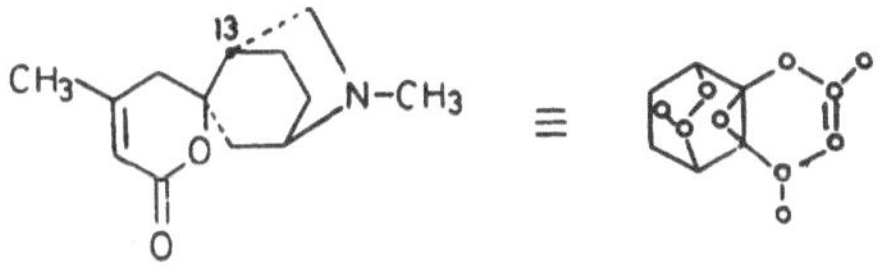

Auf Grund der circulardichroitischen Messungen konnte ebenfalls eine pseudo-äquatoriale Anordnung am C-13 abgeleitet werden, was dann zu der folgenden Stereostruktur führt.

[1]) B. Anjaneyulu, T. R. Govindacharai, T. L. **33**, 2847 (1969)
[2]) A. F. Beecham, H. H. Mils, F. B. Wilson, C. B. Page, A. R. Pinder, T. L. **43**, 3745 (1969)

Haloxin

Haloxin besitzt auf Grund der Rö-Kristallstrukturanalyse des Hydrobromids, das in der centrosymmetrischen Raumgruppe P1 und den Dimensionen a = 8,73, b = 9,12, c = 11,76 Å, $\alpha = 106°07$, $\beta = 107{,}86°$, $\gamma = 81{,}33°$ kristallisiert, die folgende Struktur:

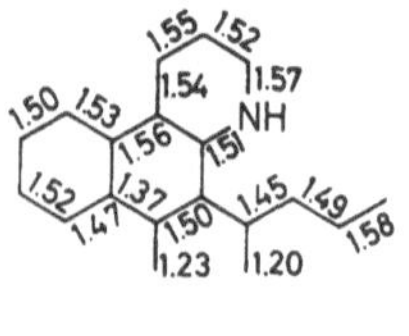

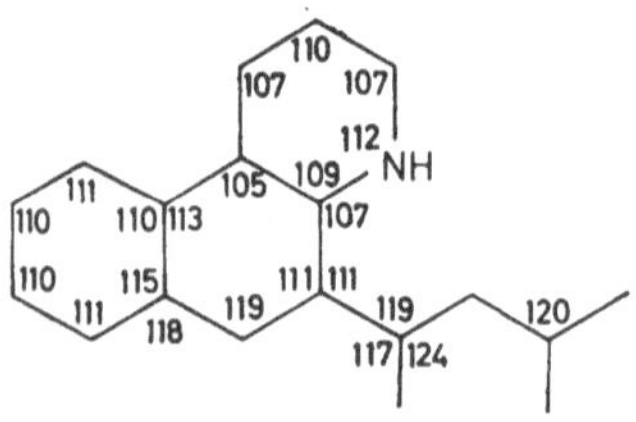

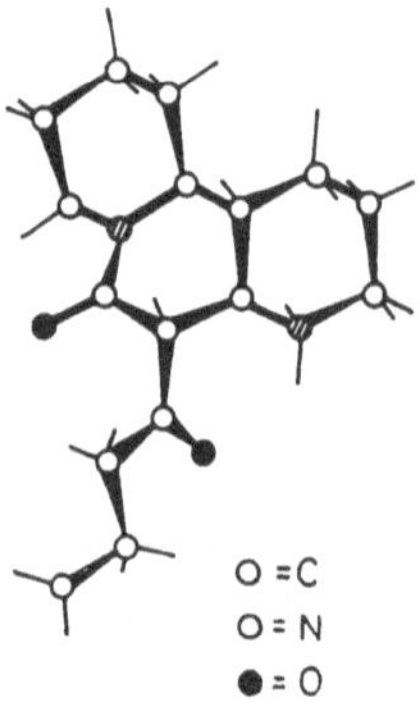

1) B. Nilsson, Acta Cryst. B **24**, 252 (1968)

53. Register

D

E

I

J

K

FSC
www.fsc.org
MIX
Papier | Fördert
gute Waldnutzung
FSC® C083411

Kolibri 360 GmbH
Ferdinand-Jühlke-Straße 7
99095 Erfurt, Deutschland
produktsicherheit@kolibri360.de